한번에 합격하기 합격플래너

폐기물처리기사 기출문제집 필기

[1회독으로 끝내는 끝장구성]

구분		내용	40일 완성	20일 완성
[PART 1] 전 과목 핵심이론		제1과목 폐기물 개론	☐ DAY 1	
		제2과목 폐기물 처리기술	☐ DAY 2	
		제3과목 폐기물 소각 및 열회수	☐ DAY 3	
		제4과목 폐기물 공정시험기준(방법)	☐ DAY 4	☐ DAY 2
		제5과목 폐기물 관계법규	☐ DAY 5	
[PART 2] 과목별 기출문제	제1과목 폐기물 개론	2017~2018년도 1과목 기출문제	☐ DAY 6 ☐ DAY 7	☐ DAY 3
		2019~2020년도 1과목 기출문제	☐ DAY 8 ☐ DAY 9	☐ DAY 4
		2021~2022년도 1과목 기출문제	☐ DAY 10 ☐ DAY 11	☐ DAY 5
	제2과목 폐기물 처리기술	2017~2018년도 2과목 기출문제	☐ DAY 12 ☐ DAY 13	☐ DAY 6
		2019~2020년도 2과목 기출문제	☐ DAY 14 ☐ DAY 15	☐ DAY 7
		2021~2022년도 2과목 기출문제	☐ DAY 16 ☐ DAY 17	☐ DAY 8
	제3과목 폐기물 소각 및 열회수	2017~2018년도 3과목 기출문제	☐ DAY 18 ☐ DAY 19	☐ DAY 9
		2019~2020년도 3과목 기출문제	☐ DAY 20 ☐ DAY 21	☐ DAY 10
		2021~2022년도 3과목 기출문제	☐ DAY 22 ☐ DAY 23	☐ DAY 11
	제4과목 폐기물 공정시험 기준(방법)	2017~2018년도 4과목 기출문제	☐ DAY 24 ☐ DAY 25	☐ DAY 12
		2019~2020년도 4과목 기출문제	☐ DAY 26 ☐ DAY 27	☐ DAY 13
		2021~2022년도 4과목 기출문제	☐ DAY 28 ☐ DAY 29	☐ DAY 14
	제5과목 폐기물 관계법규	2017~2018년도 5과목 기출문제	☐ DAY 30 ☐ DAY 31	☐ DAY 15
		2019~2020년도 5과목 기출문제	☐ DAY 32 ☐ DAY 33	☐ DAY 16
		2021~2022년도 5과목 기출문제	☐ DAY 34 ☐ DAY 35	☐ DAY 17
[PART 3] 최근 CBT 기출문제		2022년 제4회 ~ 2023년 제1회	☐ DAY 36	☐ DAY 18
		2023년 제2회 ~ 2023년 제4회	☐ DAY 37	
		2024년 제1회 ~ 2024년 제2회	☐ DAY 38	☐ DAY 19
		2024년 제3회	☐ DAY 39	
CBT 온라인 모의고사		온라인 모의고사 제1~3회	☐ DAY 40	☐ DAY 20

한번에 합격하기 합격플래너

폐기물처리기사 기출문제집 필기

[1회독으로 끝내는 끝장구성]

구분		내용	1회독 완성
[PART 1] 전 과목 핵심이론		제1과목 폐기물 개론	☐ ___월 ___일 ~ ___월 ___일
		제2과목 폐기물 처리기술	☐ ___월 ___일 ~ ___월 ___일
		제3과목 폐기물 소각 및 열회수	☐ ___월 ___일 ~ ___월 ___일
		제4과목 폐기물 공정시험기준(방법)	☐ ___월 ___일 ~ ___월 ___일
		제5과목 폐기물 관계법규	☐ ___월 ___일 ~ ___월 ___일
[PART 2] 과목별 기출문제	제1과목 폐기물 개론	2017~2018년도 1과목 기출문제	☐ ___월 ___일 ~ ___월 ___일
		2019~2020년도 1과목 기출문제	☐ ___월 ___일 ~ ___월 ___일
		2021~2022년도 1과목 기출문제	☐ ___월 ___일 ~ ___월 ___일
	제2과목 폐기물 처리기술	2017~2018년도 2과목 기출문제	☐ ___월 ___일 ~ ___월 ___일
		2019~2020년도 2과목 기출문제	☐ ___월 ___일 ~ ___월 ___일
		2021~2022년도 2과목 기출문제	☐ ___월 ___일 ~ ___월 ___일
	제3과목 폐기물 소각 및 열회수	2017~2018년도 3과목 기출문제	☐ ___월 ___일 ~ ___월 ___일
		2019~2020년도 3과목 기출문제	☐ ___월 ___일 ~ ___월 ___일
		2021~2022년도 3과목 기출문제	☐ ___월 ___일 ~ ___월 ___일
	제4과목 폐기물 공정시험 기준(방법)	2017~2018년도 4과목 기출문제	☐ ___월 ___일 ~ ___월 ___일
		2019~2020년도 4과목 기출문제	☐ ___월 ___일 ~ ___월 ___일
		2021~2022년도 4과목 기출문제	☐ ___월 ___일 ~ ___월 ___일
	제5과목 폐기물 관계법규	2017~2018년도 5과목 기출문제	☐ ___월 ___일 ~ ___월 ___일
		2019~2020년도 5과목 기출문제	☐ ___월 ___일 ~ ___월 ___일
		2021~2022년도 5과목 기출문제	☐ ___월 ___일 ~ ___월 ___일
[PART 3] 최근 CBT 기출문제		2022년 제4회 ~ 2023년 제1회	☐ ___월 ___일 ~ ___월 ___일
		2023년 제2회 ~ 2023년 제4회	☐ ___월 ___일 ~ ___월 ___일
		2024년 제1회 ~ 2024년 제2회	☐ ___월 ___일 ~ ___월 ___일
		2024년 제3회	☐ ___월 ___일 ~ ___월 ___일
CBT 온라인 모의고사		온라인 모의고사 제1~3회	☐ ___월 ___일 ~ ___월 ___일

한번에 합격하는 폐기물처리기사 기출문제집 필기

김현우 지음

BM (주)도서출판 성안당

■ 도서 A/S 안내

성안당에서 발행하는 모든 도서는 저자와 출판사, 그리고 독자가 함께 만들어 나갑니다.

좋은 책을 펴내기 위해 많은 노력을 기울이고 있습니다. 혹시라도 내용상의 오류나 오탈자 등이 발견되면 **"좋은 책은 나라의 보배"**로서 우리 모두가 함께 만들어 간다는 마음으로 연락주시기 바랍니다. 수정 보완하여 더 나은 책이 되도록 최선을 다하겠습니다.

성안당은 늘 독자 여러분들의 소중한 의견을 기다리고 있습니다. 좋은 의견을 보내주시는 분께는 성안당 쇼핑몰의 포인트(3,000포인트)를 적립해 드립니다.

잘못 만들어진 책이나 부록 등이 파손된 경우에는 교환해 드립니다.

저자 문의 e-mail : yhe_su@naver.com(김현우)
본서 기획자 e-mail : coh@cyber.co.kr(최옥현)
홈페이지 : http://www.cyber.co.kr 전화 : 031) 950-6300

한번에 합격하는 폐기물처리기사 기출문제집 필기

머리말

환경오염으로 인한 문제는 계속해서 증가하고 있으며 그 중 폐기물과 관련된 문제는 일상생활에서도 쉽게 찾아볼 수 있습니다. 하지만 그 심각성에 대한 인식은 매우 낮고, 많은 사람들이 환경보호를 실천하기 보다는 생활의 편리함을 우선으로 생각하고 있는 것이 현실입니다.

폐기물처리기사는 국민의 일상생활에 수반하여 발생하는 생활폐기물과 산업활동 결과 발생하는 사업장 폐기물을 기계적 선별, 여과, 건조, 파쇄, 압축, 흡수, 흡착, 이온교환, 소각, 소성, 생물학적 산화, 소화, 퇴비화 등의 인위적 · 물리적 · 기계적 단위조작과 생물학적 · 화학적 반응공정을 주어 감량화, 무해화, 안전화 등 폐기물을 취급하기 쉽고 위험성이 적은 성상과 형태로 변화시키는 일련의 처리 업무를 배우는 학문입니다.

폐기물처리기사 시험은 환경분야의 다른 기사시험들보다는 계산문제가 어렵지 않고 암기량도 상대적으로 적어, 이 책을 잘 활용하면 다른 기사 자격시험보다 수월하게 취득하실 수 있습니다. 효율적으로 공부하기 위해서는 먼저 핵심내용을 파악하며 전체적인 흐름을 함께 아는 것이 중요합니다. 이 책의 Part 1에 정리된 〈전 과목 핵심이론〉은 시험에 꼭 필요한 이론을 일목요연하게 정리하여 핵심을 파악하는 동시에 전체적인 흐름을 이해할 수 있도록 하였습니다.

그리고 빈출내용은 보다 집중적으로 공부해야 합니다. 단순 암기만으로 공부를 하면 문제가 조금만 변형되도 쉽게 틀리는 경우가 많습니다. 따라서 실기시험까지 한 번에 대비할 수 있도록 내용을 이해하면서 암기하는 것이 중요합니다. 이 책은 출제과목별로 정리된 핵심이론에, 기출문제 역시 과목별로 구분하여 정리함으로써 이론이 어떠한 유형으로 출제되는지 바로 파악하고 이해할 수 있도록 하였습니다. 이론과 문제에 표기된 중요도 표기뿐만 아니라, 책의 구성만을 통해서도 중요한 이론과 빈출문제가 무엇인지 알 수 있어 효율적으로 학습할 수 있습니다.

또한, 최근 CBT 기출문제를 통해 본인의 실력을 점검하고, 온라인 모의고사를 통해 CBT로 시행되는 필기시험에 대한 실전연습을 할 수 있도록 하였으니, 준비된 모든 내용을 반드시 활용하시기 바랍니다.

이 책으로 공부하는 모든 분들의 합격을 기원합니다.

저자 김현우

시험안내

1 자격 기본정보

- 자격명 : 폐기물처리기사(Engineer Wastes Treatment)
- 관련부처 : 환경부
- 시행기관 : 한국산업인력공단

폐기물처리기사 자격시험은 한국산업인력공단에서 시행합니다.
원서접수 및 시험일정 등 기타 자세한 사항은 한국산업인력공단에서 운영하는 사이트인
큐넷(q-net.or.kr)에서 확인하시기 바랍니다.

(1) 개요

문명사회로부터 배출되는 폐기물을 적절하게 처리 및 처분하지 않으면 환경을 오염시킴으로써 인간을 포함하는 생태계의 존속을 위태롭게 할 수 있다. 이에 따라 정부에서도 시대적 조류에 부응하여 폐기물 처리에 대한 전문인의 양성을 위해 자격제도를 제정하였다.

(2) 직무

① 직무/중직무 분야 : 환경 · 에너지/환경

② 수행직무 : 국민의 일상생활에 수반하여 발생하는 일반폐기물과 산업활동에 부수하여 발생하는 산업폐기물을 기계적 분리, 증발, 여과, 건조, 파쇄, 압축, 흡수, 흡착, 이온교환, 소각, 소성, 생물학적 산화, 소화, 퇴비화 등의 인위적 · 물리적 · 기계적 단위조작과 생물학적, 화학적 반응조작을 주어 감량화, 무해화, 안전화 등 폐기물을 취급하기 쉽고 위험성이 작은 성상과 형태로 변화시키는 일련의 처리업무를 담당한다.

③ 직무내용 : 국민의 일상생활에 수반하여 발생하는 생활폐기물과 산업활동 결과 발생하는 사업장폐기물을 기계적 선별, 여과, 건조, 파쇄, 압축, 흡수, 흡착, 이온교환, 소각, 소성, 생물학적 산화, 소화, 퇴비화 등의 인위적 · 물리적 · 기계적 단위조작과 생물학적 · 화학적 반응공정을 주어 감량화, 무해화, 안전화 등 폐기물을 취급하기 쉽고 위험성이 적은 성상과 형태로 변화시키는 일련의 처리업무를 수행하는 직무이다.

(3) 진로 및 전망

① 정부의 환경공무원 폐기물 처리업체 등으로 진출할 수 있다.

② 경제성장으로 인하여 우리나라의 생활폐기물과 사업장폐기물의 배출량은 계속 증가하고 있으나 처리현황에 있어서 매립이 대부분을 차지하고, 이 밖에 소각, 재활용, 보관, 기타(파쇄, 중화 등)의 방법으로 처리하고 있어 이를 관리 및 처리하는 인력 수요가 증가할 것이다.

(4) 관련학과

대학이나 전문대학의 환경공학, 관련 학과

(5) 연도별 검정현황 및 합격률

연도	필기			실기		
	응시	합격	합격률	응시	합격	합격률
2023년	2,980명	1,360명	45.6%	1,717명	794명	46.2%
2022년	2,752명	1,331명	48.4%	1,663명	1,027명	61.8%
2021년	2,759명	1,445명	52.4%	1,505명	909명	60.4%
2020년	1,510명	483명	32%	861명	534명	62%
2019년	1,771명	791명	44.7%	1,244명	580명	46.6%
2018년	1,792명	698명	39%	1,139명	503명	44.2%
2017년	2,107명	795명	37.7%	1,385명	757명	54.7%
2016년	1,883명	670명	35.6%	1,100명	381명	34.6%
2015년	1,689명	665명	39.4%	1,260명	364명	28.9%
2014년	1,744명	626명	35.9%	861명	420명	48.8%

2 시험정보

(1) 시험과목

① 필기 : 폐기물 개론, 폐기물 처리기술, 폐기물 소각 및 열회수, 폐기물 공정시험기준(방법), 폐기물 관계법규

② 실기 : 폐기물 처리 실무

(2) 검정방법

① 필기 : 객관식(4지택일형), 100문제(과목당 20문항), 1시간 40분(과목당 20분)

② 실기 : 필답형(3시간, 100점)

※ 필기시험에 합격한 자에 한하여 실기시험을 응시할 수 있는 기회가 주어지며, 필기시험 합격자 발표일로부터 2년간 필기시험을 면제한다.

(3) 합격기준

① 필기 : 100점을 만점으로 하여 과목당 40점 이상, 전과목 평균 60점 이상

② 실기 : 100점을 만점으로 하여 60점 이상

3 시험 과정 및 일정

(1) 시험과정 및 주의사항

① 원서접수 확인 및 수험표 출력기간은 접수 당일부터 시험 시행일까지이며, 이외 기간에는 조회가 불가하다.
※ 출력장애 등을 대비하여 사전에 출력 보관할 것
② 원서접수는 온라인(인터넷, 모바일앱)에서만 가능하다.
③ 스마트폰, 태블릿 PC 사용자는 모바일앱 프로그램을 설치한 후 접수 및 취소/환불 서비스를 이용한다.
④ 원서접수시간은 원서접수 첫날 10 : 00부터 마지막 날 18 : 00까지이다.
⑤ 필기시험 합격예정자 및 최종합격자 발표시간은 해당 발표일 09 : 00이다.
⑥ 수험 일시와 장소는 접수 즉시 통보된다.
⑦ 본인이 신청한 수험장소와 종목이 수험표의 기재사항과 일치하는지 여부를 확인한다.

STEP 01 필기시험 원서접수
- Q-net(q-net.or.kr) 사이트 회원가입 후 접수 가능
- 반명함 사진 등록 필요 (6개월 이내 촬영본, 3.5cm×4.5cm)

STEP 02 필기시험 응시
- 입실시간 미준수 시 시험 응시 불가 (시험 시작 20분 전까지 입실)
- 수험표, 신분증, 필기구 지참 (공학용 계산기 지참 시 반드시 포맷)

STEP 03 필기시험 합격자 확인
- CBT 시험 종료 후 즉시 합격여부 확인 가능
- Q-net 사이트에 게시된 공고로 확인 가능

STEP 04 실기시험 원서접수
- Q-net 사이트에서 원서접수
- 실기시험 시험일자 및 시험장은 접수 시 수험자 본인이 선택 (먼저 접수하는 수험자가 선택의 폭이 넓음)

(2) 시험일정

구분	필기 원서접수	필기 시험	필기 합격 (예정자) 발표	실기 원서접수	실기 시험	최종합격자 발표일
정기 기사 1회	1월	2월	3월	3월	4월	6월
정기 기사 2회	4월	5월	6월	6월	7월	9월
정기 기사 3회	6월	7월	8월	9월	10월	12월

(3) 응시자격서류 심사

① 응시자격서류 제출기한 내(토, 일, 공휴일 제외)에 소정의 응시자격서류(졸업증명서, 공단 소정 경력증명서 등)를 제출하지 아니할 경우에는 필기시험 합격 예정이 무효된다.

② 응시자격서류를 제출하여 합격 처리된 사람에 한하여 실기 접수가 가능하다.

STEP 05 실기시험 응시

- 수험표, 신분증, 필기구, 공학용 계산기, 종목별 수험자 준비물 지참
(공학용 계산기는 허용된 종류에 한하여 사용 가능하며, 수험자 지참 준비물은 실기시험 접수기간에 확인 가능)

STEP 06 실기시험 합격자 확인

- 문자메시지, SNS 메신저를 통해 합격 통보
(합격자만 통보)
- Q-net 사이트 및 ARS (1666-0100)를 통해서 확인 가능

STEP 07 자격증 교부 신청

- Q-net 사이트에서 신청 가능
- 상장형 자격증, 수첩형 자격증 형식 신청 가능

STEP 08 자격증 수령

- 상장형 자격증은 합격자 발표 당일부터 인터넷으로 발급 가능
(직접 출력하여 사용)
- 수첩형 자격증은 인터넷 신청 후 우편 수령만 가능

4 CBT 안내

(1) CBT란?

CBT란 Computer Based Test의 약자로, 컴퓨터 기반 시험을 의미한다. 정보기기운용기능사, 정보처리기능사, 굴삭기운전기능사, 지게차운전기능사, 제과기능사, 제빵기능사, 한식조리기능사, 양식조리기능사, 일식조리기능사, 중식조리기능사, 미용사(일반), 미용사(피부) 등 12종목은 이미 오래 전부터 CBT 시험을 시행하고 있으며, 폐기물처리기사는 2022년 4회 시험부터 CBT 시험이 시행되었다.
CBT 필기시험은 컴퓨터로 보는 만큼 수험자가 답안을 제출함과 동시에 합격여부를 확인할 수 있다.

(2) CBT 시험 과정

한국산업인력공단에서 운영하는 홈페이지 **큐넷(Q-net)**에서는 누구나 쉽게 CBT 시험을 볼 수 있도록 실제 자격시험 환경과 동일하게 구성한 **가상 웹 체험 서비스를 제공**하고 있다.

가상 웹 체험 서비스를 통해 CBT 시험을 연습하는 과정은 다음과 같다.

① 시험시작 전 신분 확인 절차

- 수험자가 자신에게 배정된 좌석에 앉아 있으면 신분 확인 절차가 진행된다.

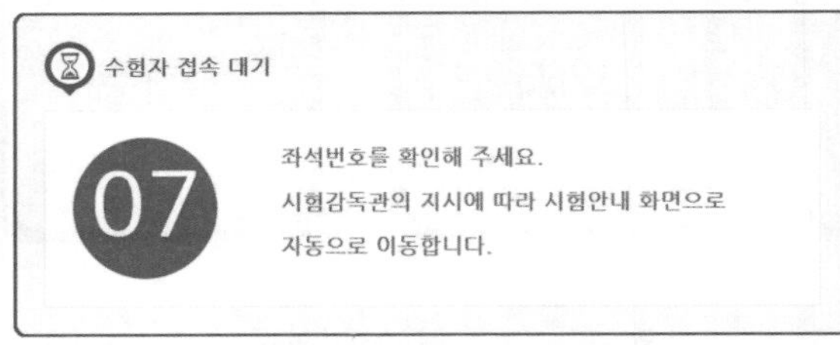

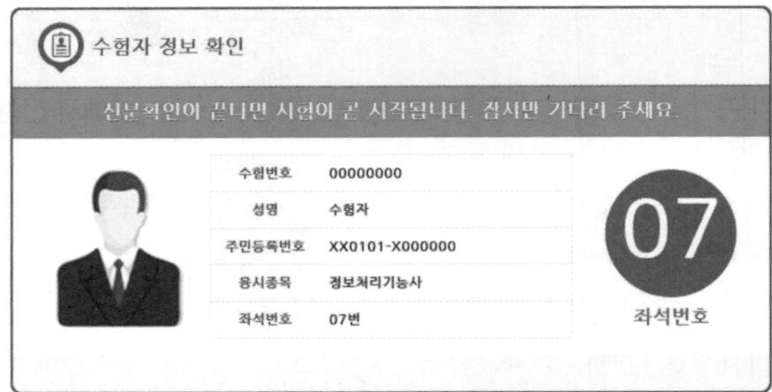

- 신분 확인이 끝난 후 시험시작 전 CBT 시험안내가 진행된다.

안내사항 > 유의사항 > 메뉴 설명 > 문제풀이 연습 > 시험준비 완료

② 시험 [안내사항]을 확인한다.

- 시험은 총 5문제로 구성되어 있으며, 5분간 진행된다.
  자격종목별로 시험문제 수와 시험시간은 다를 수 있다.
  ※ 폐기물처리기사 필기 – 100문제/1시간 40분
- 시험 도중 수험자 PC 장애 발생 시 손을 들어 시험감독관에게 알리면 긴급장애조치 또는 자리이동을 할 수 있다.
- 시험이 끝나면 합격여부를 바로 확인할 수 있다.

③ 시험 [유의사항]을 확인한다.
시험 중 금지되는 행위 및 저작권 보호에 관한 유의사항이 제시된다.

④ 문제풀이 [메뉴 설명]을 확인한다.
문제풀이 기능 설명을 유의해서 읽고 기능을 숙지해야 한다.

⑤ 자격검정 CBT [문제풀이 연습]을 진행한다.
실제 시험과 동일한 방식의 문제풀이 연습을 통해 CBT 시험을 준비한다.

- CBT 시험 문제 화면의 기본 글자크기는 150%이다. 글자가 크거나 작을 경우 크기를 변경할 수 있다.
- 화면배치는 '1단 배치'가 기본 설정이다. 더 많은 문제를 볼 수 있는 '2단 배치'와 '한 문제씩 보기' 설정이 가능하다.

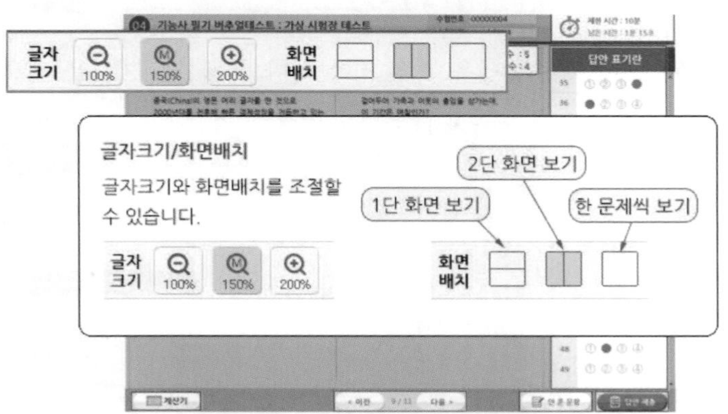

- 답안은 문제의 보기번호를 클릭하거나 답안표기 칸의 번호를 클릭하여 입력할 수 있다.
- 입력된 답안은 문제화면 또는 답안표기 칸의 보기번호를 클릭하여 변경할 수 있다.

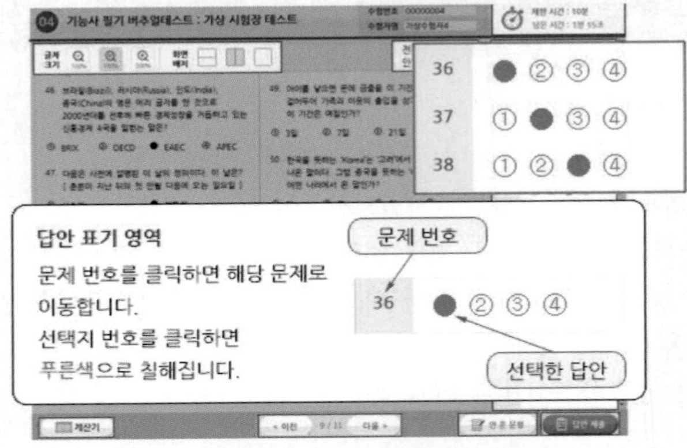

- 페이지 이동은 '페이지 이동' 버튼 또는 답안표기 칸의 문제번호를 클릭하여 이동할 수 있다.

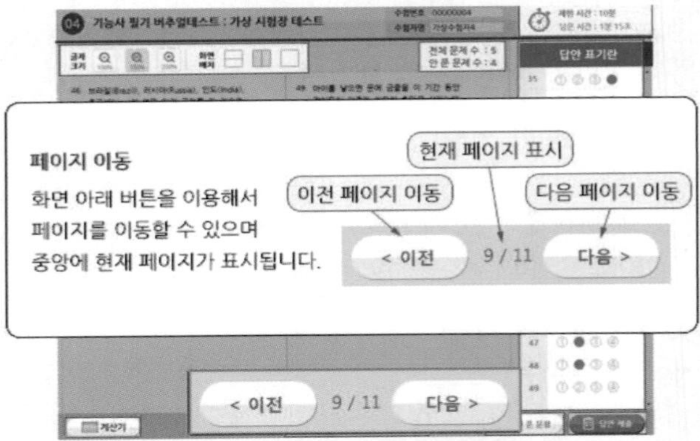

- 응시종목에 계산문제가 있을 경우 좌측 하단의 계산기 기능을 이용할 수 있다.

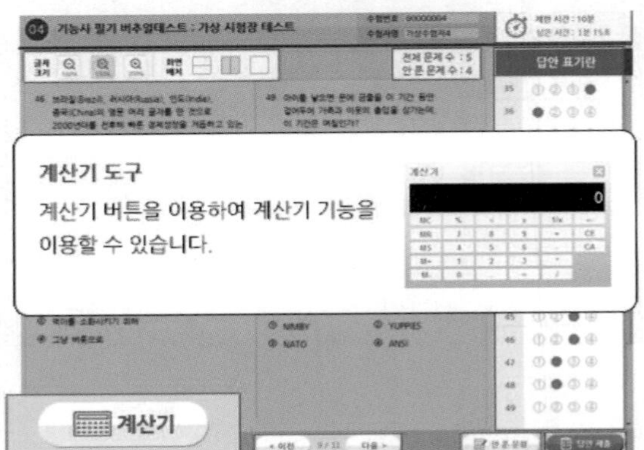

- 안 푼 문제 확인은 답안 표기란 좌측에 안 푼 문제 수를 확인하거나 답안 표기란 하단 '안 푼 문제' 버튼을 클릭하여 확인할 수 있다. 안 푼 문제번호 보기 팝업창에 안 푼 문제번호가 표시된다. 번호를 클릭하면 해당 문제로 이동한다.

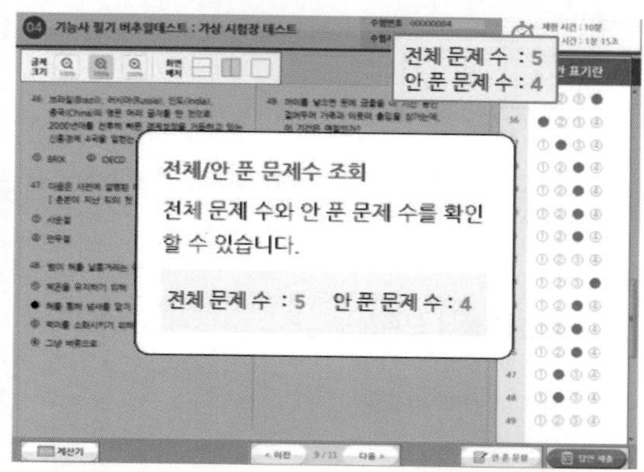

- 시험문제를 다 푼 후 답안 제출을 하거나 시험시간이 모두 경과되었을 경우 시험이 종료되며, 시험결과를 바로 확인할 수 있다.
- '답안 제출' 버튼을 클릭하면 답안 제출 승인 알림창이 나온다. 시험을 마치려면 '예'를, 시험을 계속 진행하려면 '아니오'를 클릭하면 된다. 답안 제출은 실수 방지를 위해 두 번의 확인 과정을 거친다. 이상이 없으면 '예' 버튼을 한 번 더 클릭한다.

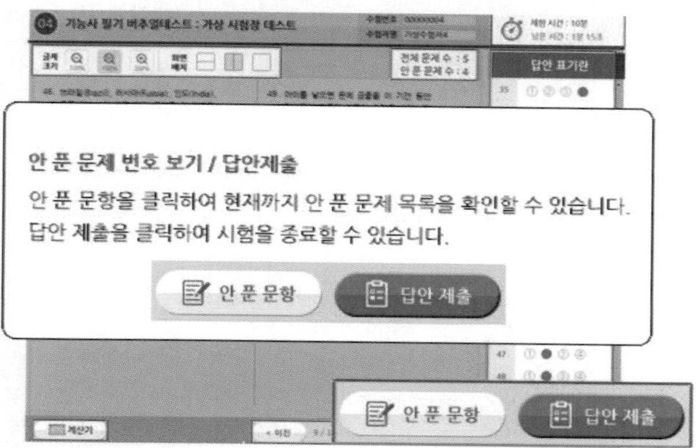

⑥ [시험준비 완료]를 한다.

시험 안내사항 및 문제풀이 연습까지 모두 마친 수험자는 '시험준비 완료' 버튼을 클릭한 후 잠시 대기한다.

⑦ 연습한 대로 CBT 시험을 시행한다.

⑧ 답안 제출 및 합격여부를 확인한다.

출제기준

이 책에 수록된 출제기준의 적용기간은 '2023. 1. 1. ~ 2025. 12. 31.' 입니다.
출제기준 파일은 큐넷(q-net.or.kr)에서 다운로드하실 수 있습니다.

1 필기 출제기준

[1과목] 폐기물 개론

주요 항목	세부 항목	세세 항목
1. 폐기물의 분류	(1) 폐기물의 종류	① 폐기물 분류 및 정의 ② 폐기물 발생원
	(2) 폐기물의 분류체계	① 분류체계 ② 유해성 확인 및 영향
2. 발생량 및 성상	(1) 폐기물의 발생량	① 발생량 현황 및 추이 ② 발생량 예측방법 ③ 발생량 조사방법
	(2) 폐기물의 발생특성	① 폐기물 발생시기 ② 폐기물 발생량 영향인자
	(3) 폐기물의 물리적 조성	① 물리적 조성 조사방법 ② 물리적 조성 및 삼성분
	(4) 폐기물의 화학적 조성	① 화학적 조성 분석방법 ② 화학적 조성
	(5) 폐기물 발열량	발열량 산정방법 (열량계, 원소분석, 추정식 방법 등)
3. 폐기물 관리	(1) 수집 및 운반	① 수집 · 운반 계획 및 노선 설정 ② 수집 · 운반의 종류 및 방법
	(2) 적환장의 설계 및 운전 · 관리	① 적환장 설계 ② 적환장 운전 및 관리
	(3) 폐기물의 관리체계	① 분리배출 및 보관 ② 폐기물 추적 관리체계 ③ 폐기물 관리 관련 제도 및 정책
4. 폐기물의 감량 및 재활용	(1) 감량	① 압축공정 ② 파쇄공정 ③ 선별공정 ④ 탈수 및 건조 공정 ⑤ 기타 감량공정
	(2) 재활용	① 재활용 방법 ② 재활용 기술

[2과목] 폐기물 처리기술

주요 항목	세부 항목	세세 항목
1. 중간처분	중간처분기술	① 기계적 · 화학적 처분 ② 생물학적 처분 ③ 고화 및 고형화 처분 ④ 소각, 열분해 등 열적 처분
2. 최종처분	매립	① 매립지 선정 ② 매립공법 ③ 매립지 내 유기물 분해 ④ 침출수 발생 및 처분 ⑤ 가스 발생 및 처분 ⑥ 매립시설 설계 및 운전관리 ⑦ 사후관리
3. 자원화	(1) 물질 및 에너지 회수	① 금속 및 무기물 자원화 기술 ② 가연성 폐기물의 물질 재활용 및 에너지화 기술 ③ 이용상 문제점 및 대책
	(2) 유기성 폐기물 자원화	① 퇴비화 기술 ② 사료화 기술 ③ 바이오매스 자원화 기술 ④ 매립가스 정제 및 이용기술 ⑤ 유기성 슬러지 이용기술
	(3) 회수자원의 이용	① 자원화 사례 ② 이용상 문제점 및 대책
4. 폐기물에 의한 2차 오염 방지대책	(1) 2차 오염 종류 및 특성	① 열적 처분에 의한 2차 오염 ② 매립에 의한 2차 오염
	(2) 2차 오염의 저감기술	① 기계적 · 화학적 저감기술 ② 생물학적 저감기술 ③ 기타 저감기술
	(3) 토양 및 지하수 2차 오염	① 토양 및 지하수 오염의 개요 ② 토양 및 지하수 오염의 경로 및 특성 ③ 처분기술의 종류 및 특성

[3과목] 폐기물 소각 및 열회수

주요 항목	세부 항목	세세 항목
1. 연소	(1) 연소이론	① 연소형태 ② 연소 및 열효율
	(2) 연소 계산	① 이론 산소량 · 공기량 ② 실제 소요공기량 ③ 이론 및 실제 연소가스량 ④ 연소 배기가스 내 오염물질 종류 및 농도 등
	(3) 발열량	① 고위발열량 ② 저위발열량
	(4) 폐기물 종류별 연소특성	① 생활폐기물 연소특성 ② 사업장폐기물 연소특성 ③ 기타 폐기물 연소특성
2. 소각공정 및 소각로	(1) 소각공정	① 폐기물 투입방식 ② 연소조건 및 영향인자 ③ 소각재 자원화 및 처분
	(2) 소각로의 종류 및 특성	① 소각로의 종류 및 특성 ② 연소방식의 종류 및 특성
	(3) 소각로의 설계 및 운전관리	① 소각로 설계 ② 소각로 운전관리
	(4) 연소가스 처리 및 오염 방지	① 연소가스 처리 방법 및 장치 ② 집진설비의 종류 및 특징
	(5) 에너지 회수 및 이용	① 에너지 회수방법 ② 에너지 회수설비 ③ 회수에너지 이용

[4과목] 폐기물 공정시험기준(방법)

주요 항목	세부 항목	세세 항목
1. 총칙	일반사항	① 용어 정의 ② 기타 시험 조작사항 등 ③ 정도보증/정도관리 등
2. 일반 시험법	(1) 시료채취방법	① 성상에 따른 시료의 채취방법 ② 시료의 양과 수
	(2) 시료의 조제방법	① 시료 전처리 ② 시료 축소방법
	(3) 시료의 전처리방법	① 전처리 필요성 ② 전처리 방법 및 특징
	(4) 함량 시험방법	① 원리 및 적용범위 ② 시험방법
	(5) 용출 시험방법	① 적용범위 및 시료 용액의 조제 ② 용출조작 및 시험방법 ③ 시험결과의 보정

주요 항목	세부 항목	세세 항목
3. 기기 분석법	(1) 자외선/가시선 분광법	① 측정원리 및 적용범위 ② 장치의 구성 및 특성 ③ 조작 및 결과 분석방법
	(2) 원자흡수 분광광도법	① 측정원리 및 적용범위 ② 장치의 구성 및 특성 ③ 조작 및 결과 분석방법
	(3) 유도결합 플라스마 원자발광분광법	① 측정원리 및 적용범위 ② 장치의 구성 및 특성 ③ 조작 및 결과 분석방법
	(4) 기체 크로마토그래피법	① 측정원리 및 적용범위 ② 장치의 구성 및 특성 ③ 조작 및 결과 분석방법
	(5) 이온전극법 등	① 측정원리 및 적용범위 ② 장치의 구성 및 특성 ③ 조작 및 결과 분석방법
4. 항목별 시험방법	(1) 일반항목	① 측정원리 ② 기구 및 기기 ③ 시험방법
	(2) 금속류	① 측정원리 ② 기구 및 기기 ③ 시험방법
	(3) 유기화합물류	① 측정원리 ② 기구 및 기기 ③ 시험방법
	(4) 기타	① 측정원리 ② 기구 및 기기 ③ 시험방법
5. 분석용 시약 제조	시약 제조방법	

[5과목] 폐기물 관계법규

주요 항목	세부 항목
1. 폐기물관리법	(1) 총칙 (2) 폐기물의 배출과 처리 (3) 폐기물 처리업 등 (4) 폐기물 처리업자 등에 대한 지도와 감독 등 (5) 보칙 (6) 벌칙(부칙 포함)
2. 폐기물관리법 시행령	시행령 전문(부칙 및 별표 포함)
3. 폐기물관리법 시행규칙	시행규칙 전문(부칙 및 별표, 서식 포함)
4. 폐기물 관련 법	환경정책기본법 등 폐기물과 관련된 기타 법규 내용

2 실기 출제기준

[수행준거] 폐기물에 대한 전문적 지식을 토대로 하여

1. 폐기물의 조성을 측정 및 분석할 수 있다.
2. 폐기물에 대한 유해성을 평가 및 예측할 수 있다.
3. 폐기물 처리대책을 수립할 수 있다.

[실기 과목명] 폐기물 처리 실무

주요 항목	세부 항목	세세 항목
1. 폐기물 일반	(1) 폐기물 분리배출 및 저장하기	① 수거 폐기물의 종류, 수거빈도 및 공간 크기와 편의성을 토대로 보관용기의 종류와 용량을 결정할 수 있다. ② 폐기물의 재활용 계획을 바탕으로 폐기물 분리수거 계획을 수립할 수 있다. ③ 발생원에서의 폐기물 분리는 재이용과 재활용을 위한 물질 선별을 최적화하여 폐기물을 효과적으로 관리할 수 있다.
	(2) 폐기물 수집 및 운반하기	① 대규모 인구밀집지역과 아파트지역을 대상으로 폐기물 관로수송 계획을 수립할 수 있다. ② 폐기물 정책이나 규정을 바탕으로 수거지점과 수거빈도를 포함한 차량 수거노선 계획을 수립할 수 있다.
	(3) 적환장 관리하기	① 폐기물 발생량, 수거대상 인구, 지형, 수송수단 등의 자료를 활용하여 적환장의 위치와 규모를 파악할 수 있다. ② 적환장으로 이송된 폐기물은 종류별로 별도 분리 · 저장하고 혼합된 폐기물은 선별장치로 선별 · 분리할 수 있다.
	(4) 폐기물 수송하기	작업성의 향상과 감용 · 압축 성능에 따라 적재효율이 향상되도록 폐기물을 수집 · 수송할 수 있다.
	(5) 폐기물 특성 및 발생량 저감하기	① 발생원별 폐기물 특성을 파악할 수 있다. ② 폐기물 발생원을 파악하고 분류할 수 있다. ③ 폐기물 발생량을 조사할 수 있다. ④ 폐기물 발생량에 영향을 미치는 인자를 파악할 수 있다. ⑤ 폐기물 발생량을 예측할 수 있다. ⑥ 폐기물 발생량 저감대책을 수립할 수 있다. ⑦ 국내외 평가기준, 폐기물 공정시험기준 등에 따라 성상 및 특성을 분석할 수 있다.
2. 폐기물 처리	(1) 기계적 · 화학적 처리법 이해하기	① 처리방법의 종류 및 특징을 파악할 수 있다. ② 처리공정 및 시공과정을 이해할 수 있다.
	(2) 생물학적 처리법 이해하기	① 처리방법의 종류 및 특징을 파악할 수 있다. ② 처리공정 및 시공과정을 이해할 수 있다.
	(3) 자원화 및 재활용 이해하기	① 자원화 방법을 이해할 수 있다. ② 재활용 방법을 이해할 수 있다.

주요 항목	세부 항목	세세 항목
3. 소각, 열분해 등 열적 처분	(1) 연소이론 파악 및 연소계산 이해하기	① 연소이론을 이해할 수 있다. ② 연소계산을 수행할 수 있다.
	(2) 소각공정 파악하기	① 소각이론을 이해할 수 있다. ② 소각로 종류 및 특징을 이해할 수 있다.
	(3) 소각로 설계, 해석 및 유지관리하기	① 소각로의 설계 및 시공 과정을 이해할 수 있다. ② 소각로 유지관리 업무를 이해할 수 있다.
	(4) 열회수, 연소가스 처분 및 오염방지하기	① 열회수이론을 이해할 수 있다. ② 연소가스 처분과정을 이해할 수 있다. ③ 연소가스 후처분기술의 종류 및 특징을 파악할 수 있다. ④ 연소생성물 저감 및 처분방법을 이해할 수 있다.
	(5) 열분해 이해하기	① 열분해이론을 이해할 수 있다. ② 열분해 종류 및 특징을 이해할 수 있다.
	(6) 기타 열적 처분	① 용융 등 기타 열적 처분 이론을 이해할 수 있다. ② 용융 등 기타 열적 처분 종류 및 특징을 이해할 수 있다.
4. 매립	(1) 매립방법 파악하기	① 매립방법을 분류할 수 있다. ② 매립공법의 종류 및 특징을 이해할 수 있다.
	(2) 매립지 설계 및 시공하기	① 매립지 설계과정을 이해할 수 있다. ② 매립지 시공업무를 이해할 수 있다.
	(3) 매립지 관리하기	① 매립가스 관리과정을 이해할 수 있다. ② 침출수 관리과정을 이해할 수 있다.
	(4) 매립가스 이용기술	① 매립가스의 포집 및 정제 기술을 이해할 수 있다. ② 매립가스 이용기술의 종류 및 특징을 이해할 수 있다.
	(5) 매립지 환경영향 평가하기	① 매립지 안정화 과정을 이해할 수 있다. ② 사후관리를 수행할 수 있다.

차 례

☑ 공학 기초이론

PART 1 전 과목 핵심이론

제1과목 폐기물 개론

제2과목 폐기물 처리기술

제3과목 폐기물 소각 및 열회수

차 례

제4과목 폐기물 공정시험기준(방법)

제5과목 폐기물 관계법규

PART 2 과목별 기출문제

PART 3 최근 CBT 기출문제

공학 기초이론

1 기초단위

(1) 길이 SI 단위 : m

① $1\text{m} = 10^{-3}\text{km}$

② $1\text{m} = 10^{2}\text{cm} = 10^{3}\text{mm} = 10^{6}\mu\text{m} = 10^{9}\text{nm}$

③ $1\text{ft} = 0.3048\text{m}$, $1\text{in} = 0.0254\text{m}$

참고 넓이와 부피

- 넓이 : m^2
- 부피 : m^3 ($1\text{m}^3 = 10^3\text{L} = 10^6\text{mL}$)($1\text{mL} = 1\text{cm}^3 = 1\text{cc}$)

(2) 무게 SI 단위 : kg

① $1\text{kg} = 10^{-3}\text{ton}$

② $1\text{kg} = 10^{3}\text{g} = 10^{6}\text{mg} = 10^{9}\mu\text{g}$

③ $1\text{lb} = 0.4536\text{kg}$

(3) 온도 SI 단위 : K

① $\text{K} = 273 + ℃$

② $℃ = (℉ - 32) \times \frac{5}{9}$

③ $℉ = ℃ \times \frac{9}{5} + 32$

(4) 밀도 SI 단위 : kg/m^3

단위부피당 질량을 나타내며, 부피가 일정하다고 가정하였을 경우 물체의 밀도가 클수록 물체의 질량은 커진다.

$$\rho = \frac{m}{V} = \frac{\text{질량}}{\text{부피}}$$

(5) 비중

기준물질과 해당 물질의 밀도의 비율로, 단위는 없다.

(6) 비중량 SI 단위 : N/m^3

단위부피당 중량이다.

$$\gamma = \frac{W}{V} = \frac{\text{중량}}{\text{부피}} = \rho \times g$$

여기서, g : 중력가속도

(7) 힘 SI 단위 : N

물체에 작용하여 물체의 모양이나 운동상태를 변화시키는 원인이다.

$$F(\text{N}) = ma = \text{질량} \times \text{가속도}$$

(8) 압력 SI 단위 : Pa

단위면적당 받는 힘이다.

$$P = \frac{N}{A} = \frac{\text{힘}}{\text{단위면적}}$$

참고 압력 단위

1atm = 760mmHg = 10,332mmH_2O = 101,325Pa = 14.7PSI

2 화학식량

(1) 원자량

탄소원자 원자량을 기준으로 다른 원자들의 질량을 비교하여 상대적 질량값으로 나타낸 것이다.

기호	명명법	원자량
H	수소	1
C	탄소	12
N	질소	14
O	산소	16
F	플루오린	19
Na	소듐	23
Mg	마그네슘	24
Al	알루미늄	27
Si	규소	28
P	인	31
S	황	32
Cl	염소	35.5
K	포타슘	39
Ca	칼슘	40

(2) 분자량

원자 질량 단위로 분자의 질량을 나타낸 것이다.

화학식	원소 개수	분자량
H_2O	H 2개, O 1개	$2\times1+16=18$
NH_3	N 1개, H 3개	$14+3\times1=17$
NO_3	N 1개, O 3개	$14+3\times16=62$
N_2	N 2개	$14\times2=28$
SO_2	S 1개, O 2개	$32+2\times16=64$
CO_2	C 1개, O 2개	$12+2\times16=44$
CH_4	C 1개, H 4개	$12+4\times1=16$

3 농도

(1) 몰농도 M

용액에 용해되어 있는 용질의 몰수로, mol/L로 나타낸다.

참고 mol(몰)

- 1mol = 22.4SL = (원자량 혹은 분자량)g
- 1kmol = 22.4Sm^3 = (원자량 혹은 분자량)kg

(2) 노르말농도 N

용액에 용해되어 있는 용질의 g당량수로, eq/L로 나타낸다.

참고 g당량수를 구하는 법

- 원자량/원자가
- 분자량/양이온 가수
- 분자량/H^+
- 분자량/OH^-

(3) 환경공학 농도 표시방법

① 백분율(Parts Per Hundred)

㉠ 용액 100mL 중 성분무게(g) 또는 기체 100mL 중의 성분무게(g) : W/V%

㉡ 용액 100mL 중 성분용량(mL) 또는 기체 100mL 중 성분용량(mL) : V/V%

㉢ 용액 100g 중 성분용량(mL) : V/W%

㉣ 용액 100g 중 성분무게(g) : W/W%

다만, 용액의 농도를 "%"로만 표시할 때는 W/V%를 말한다.

② 천분율(Parts Per Thousand) : g/L, g/kg

③ 백만분율(ppm, Parts Per Million) : mg/L, mg/kg

④ 십억분율(ppb, Parts Per Billion) : μg/L, μg/kg (ppb=1ppm의 1/1,000)

4 환경화학

(1) 화학방정식

좌측은 반응물, 우측은 생성물이며, 하나 이상의 물질이 하나 이상의 다른 물질로 변하는 것이다.

$$CH_4 + \underset{㉠}{\underline{O_2}} \rightarrow \underset{㉡}{\underline{CO_2}} + \underset{㉢}{\underline{H_2O}}$$

① 반응물 중 탄소가 1개이므로, 생성물에도 탄소가 1개이어야 한다.
따라서, ㉡=1이 된다.

② 반응물 중 수소가 4개이므로, 생성물에도 수소가 4개이어야 한다.
따라서, 물은 2개의 수소를 포함하므로 ㉢=2가 된다.

③ 생성물 중 산소가 $2(CO_2)+2(2H_2O)=4$개이므로, 반응물 산소도 3개이어야 한다.
따라서, 산소분자는 2개의 원자를 포함하므로 ㉠=1이 된다.

(2) 수소이온지수 pH

수용액에서의 산도와 염기도를 표현하기 위해 사용한다.

$$pH = \log\frac{1}{[H^+]} = 14 - pOH = 14 - \log\frac{1}{[OH^-]}$$

(3) 산/염기

① 산 : 수용액에서 H^+를 내놓거나 전자를 받는 물질

② 염기 : 수용액에서 OH^-를 내놓거나, H^+를 받거나 전자를 내놓는 물질

(4) 산화/환원

구분	산소	수소	전자
산화	얻음	잃음	잃음
환원	잃음	얻음	얻음

(5) 반응속도

① 0차 반응

$$C_t - C_o = -k \cdot t$$

② 1차 반응

$$\ln\frac{C_t}{C_o} = -k \cdot t$$

③ 2차 반응

$$\frac{1}{C_t} - \frac{1}{C_o} = k \cdot t$$

(6) 혼합공식

$$C_m = \frac{C_1 \cdot Q_1 + C_2 \cdot Q_2}{Q_1 + Q_2}$$

여기서, C_m : 혼합농도(or 온도, pH …)

C_1 : 1의 농도(or 온도, pH …)

C_2 : 2의 농도(or 온도, pH …)

Q_1 : 1의 유량(or 부피 …)

Q_2 : 2의 유량(or 부피 …)

(7) 슬러지의 비중

$$\frac{100}{\rho_{SL}} = \frac{W\%}{\rho_W} + \frac{TS\%}{\rho_{TS}}$$

$$\frac{100}{\rho_{TS}} = \frac{VS\%}{\rho_{VS}} + \frac{FS\%}{\rho_{FS}}$$

여기서, ρ_{SL}, ρ_W, ρ_{TS}, ρ_{VS}, ρ_{FS} : 슬러지, 물, 총 · 휘발성 · 무기성 고형물의 밀도 or 비중

$W\%$, $TS\%$, $VS\%$, $FS\%$: 물, 총 · 휘발성 · 무기성 고형물 함량%

한번에
합격하기

PART 1

전 과목 핵심이론

폐기물처리기사 필기

제1과목 폐기물 개론 / **제2과목** 폐기물 처리기술 / **제3과목** 폐기물 소각 및 열회수
제4과목 폐기물 공정시험기준(방법) / **제5과목** 폐기물 관계법규

어렵고 방대한 이론 NO!

시험에 나오는 이론만 이해하기 쉽게 간결히 정리하여 수록하였습니다.

Engineer Wastes Treatment

1 과목 폐기물 개론

Engineer Wastes Treatment

저자쌤의 이론학습 TIP

폐기물 개론 과목은 폐기물의 기본개념에 대한 내용으로 상대적으로 점수를 얻기 쉬운 과목입니다. 폐기물의 구분 및 처리방법, 운반방법에 관한 내용은 반드시 숙지해야 하며, 중요 개념들은 암기하도록 합니다.

핵심이론

핵심이론 1 폐기물의 구분

(1) 폐기물의 정의

폐기물이란 쓰레기, 연소재, 오니, 폐유, 폐산, 폐알칼리 및 동물의 사체 등으로서 사람의 생활이나 사업활동에 필요하지 아니하게 된 물질로, 크게 생활폐기물, 사업장폐기물, 지정폐기물, 의료폐기물로 구분된다.

(2) 고형물 함량에 따른 폐기물의 구분★

① **고상 폐기물** : 고형물 함량 15% 이상

② **반고상 폐기물** : 고형물 함량 5~15%

③ **액상 폐기물** : 고형물 함량 5% 미만

용어

- 생활폐기물 : 사업장폐기물 외의 폐기물
- 사업장폐기물 : 「대기환경보전법」, 「물환경보전법」 또는 「소음 · 진동관리법」에 따라 배출시설을 설치 · 운영하는 사업장이나 그 밖에 대통령령으로 정하는 사업장에서 발생하는 폐기물
- 지정폐기물 : 사업장폐기물 중 폐유 · 폐산 등 주변 환경을 오염시킬 수 있거나 의료폐기물 등 인체에 위해를 줄 수 있는 해로운 물질로서 대통령령으로 정하는 폐기물
- 의료폐기물 : 보건 · 의료기관, 동물병원, 시험 · 검사기관 등에서 배출되는 폐기물 중 인체에 감염 등 위해를 줄 우려가 있는 폐기물과 인체조직 등 적출물, 실험동물의 사체 등 보건 · 환경보호상 특별한 관리가 필요하다고 인정되는 폐기물로서 대통령령으로 정하는 폐기물

※ 폐기물의 종류에 관해서는 5과목 「폐기물 관계법규」에서 세부적으로 다룹니다.

핵심이론 2 폐기물의 물리 · 화학적 조성

(1) 폐기물의 성분 분석★★

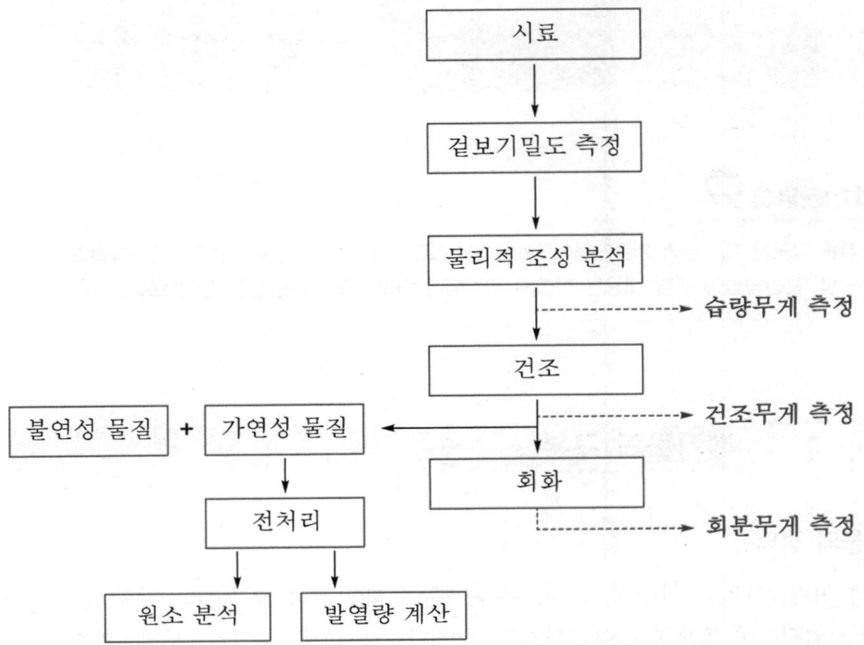

(2) 물리 · 화학적 조성 분석

① 겉보기밀도 측정

겉보기밀도는 고형 연료제품의 주요 품질 결정요인 중 하나로, 시료채취와 운송용량, 보관공간, 에너지밀도 등을 평가하는 데 필요한 사항이다. 원추4분법, 교호삽법으로 얻은 시료의 무게를 측정한 후 아래의 식을 이용하여 겉보기밀도를 계산한다.

$$\text{겉보기밀도}(\text{kg/m}^3) = \frac{\text{시료의 중량(kg)}}{\text{용기의 부피}(\text{m}^3)}$$

② 조성 분석

쓰레기의 성분을 가연물과 불연물로 구분하고, 가연물은 음식물, 종이, 목재, 플라스틱, 섬유, 고무, 피혁, 비닐 등으로, 불연물은 캔류, 유리, 도자기, 연탄재, 금속, 기타 불연물로 세분화한다.

③ 수분 함량

폐기물의 수분 함량을 측정하는 방법으로, 시료를 105~110℃에서 4시간 건조하고 데시케이터에서 식힌 후 무게를 달아 증발접시의 무게차로부터 수분의 양(%)을 구한다.

$$수분(\%) = \frac{W_2 - W_3}{W_2 - W_1} \times 100$$

여기서, W_1 : 평량병 또는 증발접시의 무게

W_2 : 건조 전 평량병 또는 증발접시와 시료의 무게

W_3 : 건조 후 평량병 또는 증발접시와 시료의 무게

④ 강열감량(회분)★★

폐기물의 강열감량 및 유기물 함량을 측정하는 방법으로, 시료에 질산암모늄 용액(25%)을 넣고 가열하여 (600±25)℃의 전기로 안에서 3시간 강열하고 데시케이터에서 식힌 후 무게를 달아 증발접시의 무게 차이로부터 강열감량 및 유기물 함량(%)을 구한다.

$$강열감량\ 또는\ 유기물\ 함량(\%) = \frac{W_2 - W_3}{W_2 - W_1} \times 100$$

여기서, W_1 : 도가니 또는 증발접시의 무게

W_2 : 강열 전 도가니 또는 증발접시와 시료의 무게

W_3 : 강열 후 도가니 또는 증발접시와 시료의 무게

⑤ 가연분 측정★★

전체 폐기물의 양에서 수분(%)과 회분(%)을 뺀 나머지 값을 가연분으로 한다.

$$가연분(\%) = 100 - 수분(\%) - 회분(\%)$$

⑥ 화학적 조성

탄소(C), 수소(H), 산소(O), 질소(N), 황(S)의 항목으로 나누어 분석하며, 폐기물 성분 및 연소용 공기의 물질수지 계산 시 사용한다.

핵심이론

핵심이론 3 폐기물의 발열량 계산

용어

- 고위발열량(Hh) : 단위질량의 시료가 완전연소될 때 발생하는 물의 증발잠열을 포함한 열량
- 저위발열량(Hl) : 단위질량의 시료 중에 존재하는 물과 연소 중 생성되는 물의 증발잠열을 고위발열량에서 뺀 열량

※ Hh와 Hl의 단위는 보통 kcal/kg을 사용한다.

(1) 3성분에 의한 계산(추정식)

$$Hl\,(\text{kcal/kg}) = 45\,V - 6\,W$$

여기서, V, W : 가연분, 수분의 함량(%)

(2) 원소 분석에 의한 계산

① Dulong 식★★

- $$Hh\,(\text{kcal/kg}) = 81\text{C} + 340\left(\text{H} - \frac{\text{O}}{8}\right) + 25\text{S}$$
- $$Hl\,(\text{kcal/kg}) = Hh - 6(9\text{H} + W)$$

여기서, C, H, O, S, W : 탄소(C), 수소(H), 산소(O), 황(S), 수분(Water)의 함량(%)

$$Hl\,(\text{kcal/Sm}^3) = Hh - 480\sum \text{H}_2\text{O}$$

여기서, H_2O : H_2O의 몰수

② Steuer 식(Steuer 식에 의한 결과가 가장 근접하다고 제시)

- $$Hh\,(\text{kcal/kg}) = 81\left(\text{C} - \frac{3\text{O}}{8}\right) + 57 \times \frac{3\text{O}}{8} + 345\left(\text{H} - \frac{\text{O}}{16}\right) + 25\text{S}$$
- $$Hl\,(\text{kcal/kg}) = Hh - 6(9\text{H} + W)$$

여기서, C, O, H, S, W : 탄소(C), 산소(O), 수소(H), 황(S), 수분(Water)의 함량(%)

③ Scheure-Kestner 식

$$Hh\,(\text{kcal/kg}) = 81\left(\text{C} - \frac{3\text{O}}{8}\right) + 57 \times \frac{3\text{O}}{8} + 345\left(\text{H} - \frac{\text{O}}{16}\right) + 25\text{S}$$

$$Hl\,(\text{kcal/kg}) = Hh - 6(9\text{H} + W)$$

여기서, C, O, H, S, W : 탄소(C), 산소(O), 수소(H), 황(S), 수분(Water)의 함량(%)

(3) 물리적 조성에 의한 계산

$$Hl(\text{kcal/kg}) = (45\,V_1 + 80\,V_2) - 6\,W$$

여기서, V_1 : 플라스틱 외의 가연분 함량(%), V_2 : 플라스틱류의 함량(%), W : 수분의 함량(%)

핵심이론 4 폐기물의 발생량 및 발생특성

(1) 폐기물 발생량 예측방법★★★

구분	내용
동적모사모델 (dynamic simulation model)	쓰레기 배출에 영향을 주는 모든 인자를 시간에 대한 함수로 나타낸 후, 시간에 대한 함수로 표현된 각 영향인자들 간의 상관관계를 수식화하는 방법
다중회귀모델 (multiple regression model)	쓰레기 발생량에 영향을 주는 각 인자들의 효과를 총괄적으로 나타내어 복잡한 시스템의 분석에 유용하게 적용하는 방법
경향법 (trend method)	5년 이상의 과거 처리실적을 수식모델에 대입하여 과거의 데이터로 장래를 예측하는 방법

(2) 폐기물 발생량 조사방법★★★

구분	내용
적재차량계수분석법 (load-count analysis method)	일정 기간 동안 특정 지역의 쓰레기 수거 · 운반 차량 대수를 조사하여, 이 결과를 밀도로 이용하여 질량으로 환산하는 방법
직접계근법 (direct weighting method)	• 입구에서 쓰레기가 적재되어 있는 차량을, 출구에서 쓰레기를 적하한 공차량을 직접 계근하여 쓰레기양을 산출하는 방법 • 적재차량계수분석법에 비해 작업량이 많고 번거로움 • 비교적 정확한 쓰레기 발생량을 파악할 수 있음
물질수지법 (material balance method)	• 유입 · 유출되는 쓰레기 속에 들어 있는 오염물질의 양에 대한 물질수지를 세워 추정하는 방법 • 주로 산업폐기물 발생량을 추산할 때 이용 • 물질수지를 세울 수 있는 상세한 데이터가 필요 • 비용이 많이 들어 특수한 경우에 사용

(3) 폐기물 발생량 증가요건

① 쓰레기통의 크기가 클수록

② 수거빈도가 높을수록

③ 도시의 규모가 클수록

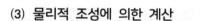

④ 재활용품의 회수 및 재이용률이 낮을수록

핵심이론 5 폐기물의 수거 · 운반 방법

(1) 쓰레기 수거노선 설정 시 고려사항★★★

① 많은 양의 쓰레기가 발생되는 발생원은 하루 중 가장 먼저 수거한다.

② 가능한 한 지형지물 및 도로 경계와 같은 장벽을 이용하여 간선도로 부근에서 시작하고 끝나도록 하여야 한다.

③ 가능한 한 시계방향으로 수거노선을 정한다.

④ 언덕길은 내려가면서 수거한다.

⑤ U자형 회전을 피해 수거한다.

⑥ 될 수 있는 한 한번 간 길은 가지 않는다.

⑦ 쓰레기 발생량은 적지만 수거빈도가 동일하기를 원하는 곳은 같은 날 왕복하면서 수거한다.

⑧ 수거지점과 수거빈도를 결정할 때는 기존 정책과 규정을 참고한다.

(2) 폐기물의 운반방법

구분	내용
모노레일 수송	• 폐기물을 적환장에서 최종처분장까지 수송할 때 모노레일로 운반하는 방법 • 적용 가능성이 큼(무인화 가능) • 가설이 곤란하고, 설비비가 많이 듦
컨베이어 수송	• 지하에 설치된 컨베이어에 의해 수송하는 방법 • 시설비가 비쌈 • 악취 문제 해결 가능
컨테이너 수송	• 컨테이너 수집차로 폐기물을 운반하고,중간에 적환 후 철도와 대형 컨테이너를 이용하여 최종처분장까지 수송하는 방법 • 광대한 국토와 철도망이 있는 곳에서 사용 • 사용 후 세정해야 하므로 세정수 처리 문제를 고려해야 함
관거 수송	• 관거를 연결하여 최종처분장까지 폐기물을 수송하는 방법 • 공기 수송, 슬러리 수송(물과 혼합하여 수송하는 방법), 캡슐 수송 등이 있음

(3) 관거 수송(pipeline)의 장단점★★

장점	단점
• 자동화, 무공해화 가능 • 눈에 띄지 않으며, 악취와 소음을 저감할 수 있음 • 대용량 수송 가능 • 차량 수송에 따른 에너지 소비 절감	• 가설 후에 경로 변경 및 연장이 어려움 • 설치비가 비싸고, 장거리 수송이 어려움 • 대형 쓰레기는 파쇄, 압축 등의 전처리가 필요함 • 잘못 투입된 물건의 회수가 어려움 • 쓰레기 발생밀도가 높은 인구밀집지역 및 아파트 지역 등에서만 현실성이 있음

핵심이론 6 쓰레기 배출량 및 수거횟수

(1) 1인 1일 배출량(kg/인 · day)★★

$$\text{배출량} = \frac{\text{하루에 발생하는 쓰레기 중량(kg/day)}}{\text{수거인부 수(인)}}$$

(2) MHT(Man · Hour/Ton)★★

$$\text{MHT} = \frac{\text{쓰레기 수거인부(Man)} \times \text{수거시간(Hour)}}{\text{총 쓰레기 수거량(Ton)}}$$

정리

추가 수거효율

- SDT(Services/Day · Truck) : 수거트럭 1대당 1일 수거가옥 수
- SMH(Services/Man · Hour) : 수거인부 1인당 1시간 수거가옥 수
- TMH(Ton/Man · Hour) : 수거인부 1인당 1시간 수거량
- TDT(Ton/Day · Truck) : 수거트럭 1대당 1일 수거량

핵심이론 7 청소상태 평가

(1) 지역사회 효과지수(CEI)

$$CEI = \frac{\sum_{i=1}^{n}(S-P)_i}{n}$$

여기서, n : 총 가로의 수
S : 가로의 청결상태(0~100점)
P : 가로 청소상태의 문제점 여부(1개에 10점)

(2) 사용자 만족도지수(USI)

$$USI = \frac{\sum_{i=1}^{n}R_i}{n}$$

여기서, n : 총 설문 회답자의 수
R : 설문지 점수의 합계

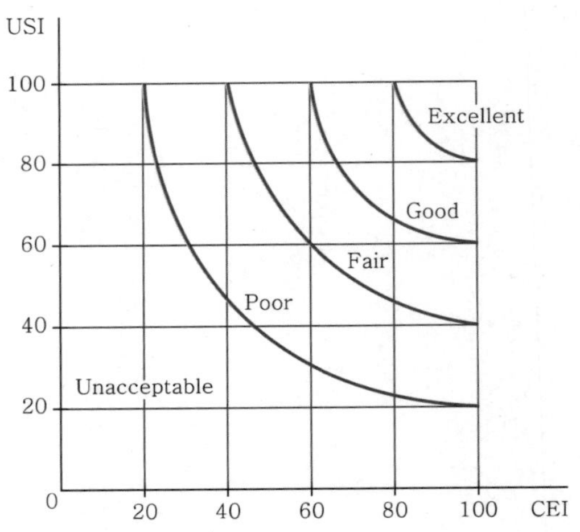

‖ CEI와 USI의 상관관계 ‖

핵심이론 8 적환장의 설계와 형식

(1) 적환장의 기능★

① 수거 시스템과 처리 시스템을 연결하는 중계기지
② 집중화된 수거 거점
③ 처리경로에 맞게 폐기물을 분리하는 간이 선별장
④ 환경교육장의 역할

(2) 적환장을 설치하는 경우★★★

① 저밀도 주거지역이 존재하는 경우
② 슬러지 수송방식이나 공기 수송방식을 사용하는 경우
③ 수거차량이 소형(15m^3 이하)인 경우
④ 상업지역에서 폐기물 수집에 소형 용기를 많이 사용하는 경우
⑤ 불법 투기와 다량의 어질러진 쓰레기들이 발생하는 경우
⑥ 처리장이 멀리 떨어져 있는 경우
⑦ 압축식 수거 시스템인 경우

(3) 적환장 선정 시 고려사항★★★

① 공중위생 및 환경 피해 영향이 최소일 것
② 폐기물 발생지역의 중심부에 위치할 것
③ 작업이 용이하고, 설치가 간편할 것
④ 간선도로와 쉽게 연결되고, 2차적 또는 보조 수송수단 연계가 편리할 것

(4) 투하방식에 따른 적환장의 형식★★

구분	설명
직접 투하방식 (direct discharging method)	• 주택가와 거리가 먼 곳에 설치하며, 소형차에서 대형차로 투하하여 싣는 방식 • 건설비나 운영비가 모두 다른 방법에 비해 적어 소도시에 적용하기 좋음 • 압축이 안 되는 단점이 있음
저장 투하방식 (storage discharging method)	• 쓰레기를 저장 피트(pit)나 플랫폼에 저장한 후 불도저 등의 보조장치를 사용하여 수송차량에 적환하는 방식 • 수거차의 대기시간 없이 빠른 시간 내에 적하를 마치므로 적환 장 내외의 교통체증현상을 없애주는 효과가 있으며, 매립방법이 단순함 • 일반적으로 저장 피트의 깊이는 2~2.5m로, 계획 처리량의 0.5~2일분 쓰레기를 저장 • 분진 발생이 적고 폐기물 함수율이 높을 경우 침출수가 발생할 수 있음 • 대도시에 적용하며, 폐기물이 노출되므로 주택가 근처에서는 사용이 어려움
직접 · 저장 투하방식 (direct and storage discharging method)	• 재활용품이 포함된 폐기물은 선별 후에 불도저 등의 보조장치를 사용하여 상하차 후 매립지로, 부패성 폐기물은 바로 상차 투입구로 수송하는 방식 • 재활용품의 회수율을 증대시킬 수 있음

핵심이론 9 재활용 및 감량화 제도

(1) 폐기물 부담금 제도

폐기물의 발생을 억제하고 자원 낭비를 막기 위하여 특정 대기 · 수질 유해물질 또는 유독물이 들어 있거나 재활용이 어렵고 폐기물 관리상의 문제를 초래할 가능성이 있는 제품 · 재료 · 용기 중 대통령령으로 정하는 제품 · 재료 · 용기의 제조업자나 수입업자에게 그 폐기물의 처리에 드는 비용을 매년 부과 · 징수하는 제도이다.

(2) 쓰레기 종량제

'쓰레기를 버리는 만큼 비용을 낸다'라는 배출자 부담 원칙을 적용하여 폐기물 발생을 줄이고 재활용품의 분리배출을 촉진하기 위한 정책이다. 소비자로 하여금 종량제봉투값을 절약하기 위해 재활용이 가능한 폐기물을 별도로 분리배출하여 종량제봉투에 담는 폐기물을 최소화하는 노력을 유도한다. 정책을 시행한 결과, 폐기물 발생량이 감소하고 재활용이 증가하여 경제적 이득 효과를 거두었다.

(3) 생산자 책임 재활용제도(EPR)

생산자가 제품 생산단계에서부터 재활용을 고려한 설계를 하여 자원 절약 및 환경보전에 기여하고 재활용률을 높일 수 있는 제도이다. 이 제도를 채택한 이유는 책임자를 획일적으로 구분하기 어렵기 때문이다.

정리

폐기물 처리의 우선순위
감량 → 재이용 → 재활용 → 에너지 회수 → 소각 → 매립

핵심이론 10 전과정평가(LCA)

(1) LCA의 의미★★

전과정평가(LCA ; Life Cycle Assessment)란 원료 취득 시 연구개발부터 제품의 생산 · 포장 · 수송 · 유통 · 판매 과정과 소비자의 사용을 거쳐 제품이 폐기되기까지의 전체 과정에서 환경에 미치는 영향을 평가하고 최소화하기 위한 조직적인 방법론이다.

원료 취득 → 생산 및 제조 → 사용 → 유지관리 → 폐기 및 재활용

(2) LCA의 평가절차★★

목적 및 범위 설정 → 목록분석 → 영향평가 → 결과해석(개선평가)

(3) LCA의 구성요소★★

구성요소	내용
목적 및 범위 설정 (goal and scope definition)	• 평가의 목적을 위해 실시하는 배경과 이유, 조사에 필요한 전제조건과 제약조건을 분명히 밝혀 적는 단계 • 범위 설정 시 제품의 기능, 기능단위가 정의되어야 함
목록분석 (inventory analysis)	'목적 및 범위 설정' 단계에서 정의된 제품 시스템을 기초로 하여 공정도를 작성하는 단계
영향평가 (impact assessment)	• '목록분석' 단계에서 얻어진 결과를 지구온난화 등의 환경영향 항목으로 분류하여 환경영향 정도를 평가하는 단계 • 영향평가의 과정 : 분류화 – 특성화 – 정규화 – 가중치 부여
결과해석 (interpretation)	• '목록분석' 및 '영향평가' 단계로부터 얻은 결과 분석을 보고하고 결론을 도출하는 단계 • 해석의 결과는 이해하기 쉽고 일관성이 있어야 함

2 과목 폐기물 처리기술

Engineer Wastes Treatment

저자쌤의 이론학습 TIP

폐기물 처리기술 과목은 폐기물을 처리하는 기술에 대한 내용입니다. 압축 · 파쇄 · 선별에 대한 내용 및 슬러지 구성과 고형화에 대한 이론은 반드시 숙지해야 하며, 용어가 생소할 수 있으므로 주의하여 암기해야 합니다.

핵심이론 1 압축 · 파쇄 · 선별의 목적

(1) 압축의 목적

압축은 폐기물의 중간처리기술로, 폐기물 수송 · 저장에 필요한 부피 · 용적을 줄이고, 매립지의 수명을 연장시키는 효과가 있다. 압축으로 부피를 1/10까지 줄일 수 있으며, 일반적으로 비 맞은 폐기물은 35% 정도, 보통 폐기물은 1~3% 정도 감소하지만, 수분이 없는 마른 상태의 폐기물은 압축을 해도 중량이 감소하지 않는다.

(2) 파쇄의 목적★

① 압축 시 밀도 증가율이 크므로 운반비를 감소할 수 있다.
② 특정 성분을 분리하고, 입자 크기를 균일화한다.
③ 겉보기비중을 증가시키고 부피를 감소시켜 운반 · 저장 효율을 증대시킨다.
④ 비표면적의 증가로, 소각 및 매립 시 조기 안정화에 유리하다.
⑤ 물질별 분리로 고순도의 유가물 회수가 가능하다.
⑥ 조대쓰레기에 의한 소각로의 손상을 방지한다.

(3) 선별의 목적

재활용이 가능한 성분을 분리하여 처리과정의 효율을 증가시키고, 폐기물의 부피를 줄여 운반 및 가공을 편리하게 한다.

정리

파쇄에 작용하는 힘
- 절단작용
- 충격작용
- 압축작용

핵심이론 2 압축비와 부피감소율

(1) **압축비**(CR ; Compaction Ratio)

$$CR = \frac{\text{압축 전 부피}}{\text{압축 후 부피}} = \frac{100}{100 - VR}$$

(2) **부피감소율**(VR ; Volume Reduction)

$$VR(\%) = \frac{\text{압축 전 부피} - \text{압축 후 부피}}{\text{압축 전 부피}} \times 100$$
$$= \frac{\text{압축 후 밀도} - \text{압축 전 밀도}}{\text{압축 후 밀도}} \times 100$$
$$= \left(1 - \frac{1}{CR}\right) \times 100$$

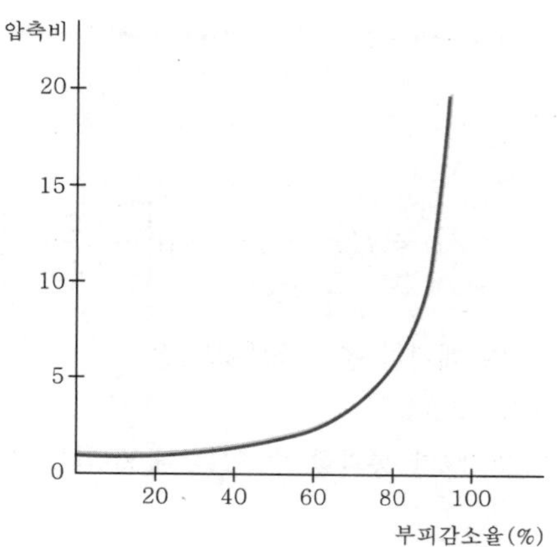

‖ CR과 VR의 관계 ‖

핵심이론 3 균등계수 · 곡률계수와 Rosin-Rammler model

(1) 균등계수★★

$$C_u = \frac{D_{60}}{D_{10}}$$

여기서, C_u : 균등계수
D_{60} : 처리물 중량백분율 60%가 통과하는 입경
D_{10} : 처리물 중량백분율 10%가 통과하는 입경

(2) 곡률계수★★

$$C_g = \frac{D_{30}^2}{D_{10} \cdot D_{60}}$$

여기서, C_g : 곡률계수
D_{60} : 처리물 중량백분율 60%가 통과하는 입경
D_{30} : 처리물 중량백분율 30%가 통과하는 입경
D_{10} : 처리물 중량백분율 10%가 통과하는 입경

용어

- 평균입경(dp_{50}, 중위경, 메디안경) : 입도분포곡선에서 중량백분율 50%에 해당하는 입경
- 유효입경(dp_{10}) : 입도분포곡선에서 중량백분율 10%에 해당하는 입경
- 특성입경($dp_{63.2}$) : 입도분포곡선에서 중량백분율 63.2%에 해당하는 입경

(3) Rosin-Rammler model★

$$y = f(x) = 1 - \exp\left[-\left(\frac{x}{x_0}\right)^n\right]$$

여기서, y : x보다 작은 크기의 폐기물 총 누적무게분율
x : 폐기물 입자 크기
x_0 : 특성입자 크기(63.2%가 통과할 수 있는 체 눈의 크기)
n : 상수

핵심이론 4 에너지 소모량 관련 법칙

$$\frac{dE}{dL} = -CL^{-n}$$

여기서, E : 폐기물의 파쇄에너지
L : 입자의 크기
C, n : 상수

(1) Kick의 법칙($n=1$)

파쇄기에 의한 생활폐기물의 1차 거친 파쇄 및 폐기물 입자를 작게(3cm 미만) 파쇄할 때 적합하다.

$$E = C\ln\left(\frac{L_1}{L_2}\right)$$

여기서, E : 폐기물의 파쇄에너지, C : 상수
L_1 : 초기 폐기물의 크기
L_2 : 나중 폐기물의 크기

(2) Bond의 법칙($n=1.5$)

습식 미분쇄, 건식 조쇄에 적합하다.

$$E = C\left(\frac{1}{\sqrt{D_2}} - \frac{1}{\sqrt{D_1}}\right)$$

여기서, E : 폐기물의 파쇄에너지, C : 상수
D_1 : 파쇄 전 입자의 크기
D_2 : 파쇄 후 입자의 크기

(3) Rittinger의 법칙($n=2$)

거칠게 파쇄하는 공정에 적합하다.

$$E = C\left(\frac{1}{L_2} - \frac{1}{L_1}\right)$$

여기서, E : 폐기물의 파쇄에너지, C : 상수
L_1 : 초기 폐기물의 크기
L_2 : 나중 폐기물의 크기

핵심이론 5 폐기물의 압축기와 파쇄기

(1) 폐기물 압축기의 종류별 특성

종류	특성
고정식 압축기 (stationary compactors)	• 폐기물을 호퍼로 투입시키고 압축피스톤으로 밀어 넣어 압착하는 과정을 반복하며 부피를 줄이는 방식으로, 수압에 의한 압축을 함 • 수평식 · 수직식으로 구분
백 압축기 (bag compactors)	• 수평식 · 수직식, 수동식 · 자동식, 다단식 · 1단식, 연속식 · 회분식으로 구분 • 회분식 : 투입량을 일정량씩 수회 분리하여 간헐적인 조작을 행하는 방식
소용돌이식 압축기 (console compactor), 수직식 압축기 (vertical compactor)	압축피스톤을 유압 또는 공기에 의해 작동시키거나 기계적으로 작동시키는 방식
회전식 압축기 (rotary compactor)	회전판 위에 열린 상태로 놓여 있는 백과 압축피스톤의 조합으로 구성된 압축기
저압 압축기 (low pressure compactor)	• 압력강도 : 700kN/m^2 이하 • 캔류, 병류를 약 2.4atm 정도에서 압축
고압 압축기 (high pressure compactor)	• 압력강도 : 700~35,000kN/m^2 • 폐기물 밀도를 1,600kg/m^3까지 압축 가능(경제적 압축밀도는 1,000kg/m^3)

(2) 폐기물 파쇄기의 종류별 특성

종류		특성
건식	전단식 파쇄기	• 주로 고정칼과 회전칼의 교합으로 폐기물을 전단하는 방식 • 충격식 파쇄기에 비해 파쇄속도는 느리나, 이물질의 혼입에 약함 • 파쇄물의 크기를 고르게 할 수 있음 • 목재류, 플라스틱류, 종이류 등을 파쇄하는 데 주로 이용
	충격식 파쇄기	• 중심축 주위를 고속 회전하는 해머의 충격으로 파쇄하는 장치로, 주로 회전식을 사용 • 유리, 목재류 등을 파쇄하는 데 주로 이용하며, 대량 처리가 가능 • 금속, 고무, 연질 플라스틱류의 파쇄에는 부적합
	압축식 파쇄기	• 압착력을 이용하여 파쇄하는 장치로, Rotary mill식, Impact crusher 등을 사용 • 마모가 적고, 비용이 적게 소요 • 목재류, 플라스틱류, 건축폐기물 등을 파쇄하는 데 주로 이용 • 금속, 고무, 연질 플라스틱류의 파쇄에는 부적합
습식	냉각 파쇄기	• 드라이아이스 또는 액체 질소를 냉매로 사용하는 방식 • 투자비가 커 특수용도로 주로 활용 • 복합재질의 선택 파쇄와 상온에서 파쇄하기 어려운 물질의 파쇄 가능 • 파쇄에 소요되는 동력이 작고, 파쇄기의 발열 및 열화를 방지 • 입도를 작게 할 수 있으며, 유기물을 고순도 · 고회수율로 회수 가능
	회전드럼식 파쇄기	• 폐기물의 강도차를 이용하여 파쇄하는 장치 • 파쇄와 분별을 동시에 하는 방식으로, 회전드럼과 내부 구동장치로 구성
	습식 펄퍼	• 쓰레기를 물과 섞어 잘게 부순 다음, 다시 물과 분리시켜 처리하는 방식 • 소음, 분진 등을 방지

핵심이론 6 선별방법의 구분

(1) 손 선별

종류	특성
고무벨트식	고운 물질의 운반에는 적합하지만, 생쓰레기에는 부적합한 방식 ※ 벨트의 경사각 : 통상 20° 이하
진동식	물질의 흐름을 고르게 해주는 방식
공기식	병원, 대형 빌딩 등에서 봉투에 넣은 생쓰레기의 수송 시 사용하는 방식
나사식	폐기물 저장시설에서 사용하는 방식

참고

인력 선별의 특징
- 사람의 손을 이용한 수동 선별로, 컨베이어벨트 한쪽 · 양쪽에 사람이 서서 선별한다.
- 기계적인 선별보다 작업량이 떨어질 수 있지만, 선별의 정확도가 높다.
- 유입 전 폭발 가능 위험물질을 분류할 수 있다.

(2) 스크린 선별★★★

종류	특성
회전스크린	• 도시 폐기물의 선별에 많이 사용하는 방식 • 대표적인 종류로 트롬멜 스크린이 있음 – 직경 3m 정도의 많이 사용하는 스크린 – 선별효율이 좋고, 유지관리상의 문제가 적음 – 길이가 길면 효율은 증가하지만, 소요동력이 커짐 – 최적속도＝임계속도×0.45$\left(\text{이때, 임계속도}=\sqrt{\frac{g}{4\pi^2 r}}\right)$
진동스크린	• 골재 분리에 많이 사용하는 방식 • 체 눈이 막히는 문제가 발생할 수 있음

참고

회전스크린의 선별효율에 영향을 주는 인자
- 회전속도(도시 폐기물은 5~6rpm이 적정)
- 폐기물의 부하, 특성
- 체 눈의 크기
- 직경
- 경사도(주로 2~3°)

(3) 기타 선별방법

종류	특성
풍력선별 (air classifier)	• 종이, 플라스틱류와 같은 가벼운 물질과 유리, 금속 등의 무거운 물질을 분리하는 데 효과적인 방법 • 종류 : 지그재그(zigzag) 공기선별기(칼럼의 난류를 발달시켜 선별효율을 증진시킨 것)
자력선별 (magnetic field)	• 폐기물 중 철 성분을 회수하기 위해 사용하는 방법 • 자력선별의 과정 : 폐기물 → 저장 → 분쇄 → 자석선별 → 공기선별 → 사이클론
광학선별 (optical sorting)	• 돌, 코크스 등의 불투명한 것과 유리와 같은 투명한 물질의 분리에 이용하는 방법 • 입자는 기계적으로 투입됨 • 광학적으로 조사하며, 조사결과는 전기 · 전자적으로 평가됨
와전류선별 (eddy current)	• 철, 구리, 유리가 혼합된 폐기물에서 각각의 물질을 분리할 수 있는 방법 • 금속과 비금속을 구분하여 폐기물 중 비철금속 등을 선별 · 회수 • 패러데이 법칙을 기초로 함
관성선별 (inertial separation)	폐기물을 가벼운 것과 무거운 것으로 분리하기 위하여 중력이나 탄도학을 이용한 선별방법
스토너 (stoner)	• 밀 등의 곡물에서 돌과 같은 이물질을 제거하기 위하여 고안된 방법 • 약간 경사진 판에 진동을 주어 무거운 것이 빨리 경사판 위로 올라가는 원리를 이용한 폐기물 선별장치 • 공기가 유입되는 다공 진동판으로 구성 • 상당히 좁은 입자 크기분포 범위 내에서 밀도선별기로 작용
섹터 (secators)	물렁거리는 가벼운 물질로부터 딱딱한 물질을 선별하는 데 사용하는 선별분류법
지그 (jigs)	스크린상에서 비중이 다른 입자의 층을 통과하는 액류를 상하로 맥동시켜 층의 수축 · 팽창을 반복하여 무거운 입자는 하층으로, 가벼운 입자는 상층으로 이동시켜 분리하는 중력분리방법
테이블 (table)	물질의 비중 차이를 이용하여 가벼운 것은 왼쪽, 무거운 것은 오른쪽으로 분류하는 방법

정리

폐기물의 선별원리에 따른 선별방법

선별원리	선별방법
입자 크기 차이	스크린선별
비중 차이	풍력선별, 습식선별
투과율 차이	광학선별
전기전도도 및 자성 차이	자력선별, 와전류선별

핵심이론 7 선별효율 계산

(1) Worrell의 선별효율

$$E(\%) = x_{회수율} \times y_{기각률} = \left(\frac{x_2}{x_1} \times \frac{y_3}{y_1}\right) \times 100$$

(2) Rietema의 선별효율

$$E(\%) = x_{회수율} - y_{회수율} = \left(\frac{x_2}{x_1} - \frac{y_2}{y_1}\right) \times 100$$

여기서, E : 선별효율

x_1 : 총 회수대상 물질

x_2 : 회수된 회수대상 물질

y_1 : 총 제거대상 물질

y_3 : 회수된 제거대상 물질

y_2 : 제거된 제거대상 물질

핵심이론 8 슬러지의 구성

(1) 슬러지의 성분★★★

- 슬러지(SL) = 고형물(TS) + 수분(W)
- 고형물(TS) = 유기물(VS) + 무기물(FS)

(2) 슬러지의 비중과 부피★★★

① 슬러지 비중

$$\frac{100}{\rho_{SL}} = \frac{TS\,함량}{\rho_{TS}} + \frac{W\,함량}{\rho_{W}}$$

여기서, ρ_{SL} : 슬러지의 밀도

ρ_{TS} : 고형물의 밀도

ρ_{W} : 물의 밀도

② 슬러지 부피

$$V_1(100 - W_1) = V_2(100 - W_2)$$

여기서, V_1 : 처리 전 슬러지의 부피(무게)
V_2 : 처리 후 슬러지의 부피(무게)
W_1 : 처리 전 슬러지의 함수율
W_2 : 처리 후 슬러지의 함수율

정리

슬러지 처리의 계통
유입 → 농축 → 안정화(소화) → 개량 → 탈수 → 건조 → 소각 → 처분

(3) 슬러지의 수분 결합상태★

① **간극수** : 큰 고형물 입자 간극에 존재하는 수분(가장 많은 양을 차지)
② **표면부착수** : 슬러지의 입자 표면에 부착되어 있는 수분
③ **모관결합수** : 미세한 슬러지 고형물의 입자 사이에 존재하는 수분으로, 모세관현상을 일으켜서 모세관압으로 결합하는 것
④ **내부수(내부보유수)** : 슬러지의 입자를 형성하는 세포의 세포액으로 존재하는 수분

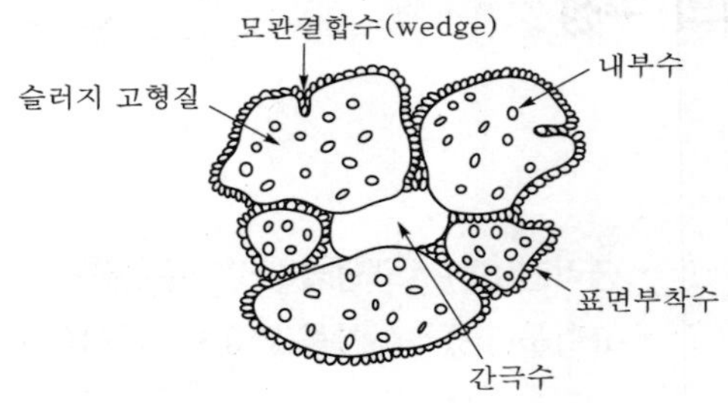

▎슬러지의 수분 함유 형태▕

정리

슬러지의 수분 결합상태에 따른 탈수성의 크기
간극수 > 모관결합수 > 표면부착수 > 내부수

핵심이론 9 슬러지의 농축

(1) 농축의 역할

수처리시설에서 발생한 저농도 슬러지를 농축한 다음, 슬러지 소화 · 탈수를 효과적으로 기능하게 한다.

(2) 농축의 목적

① 소화조의 용적 절감
② 슬러지 가열비 절감
③ 개량에 필요한 화학약품 절감

(3) 슬러지의 함수율

$$H_w = \frac{\text{슬러지 중 수분 중량}}{\text{슬러지 중 수분 중량} + \text{슬러지 중 건조고형물량}} \times 100$$

여기서, H_w : 슬러지 함수율(%)

(4) 슬러지 농축방법의 구분

구분	중력식 농축	부상식 농축	원심분리 농축	중력벨트 농축
설치비	큼	중간	작음	작음
설치면적	큼	중간	작음	중간
부대설비	적음	많음	중간	많음
동력비	작음	중간	큼	중간
장점	• 구조가 간단 • 유지관리 용이 • 1차 슬러지에 적합 • 저장과 농축이 동시에 가능 • 약품을 사용하지 않음	• 잉여 슬러지에 효과적 • 약품 주입 없이도 운전 가능	• 잉여 슬러지에 효과적 • 운전 조작이 용이 • 악취가 적음 • 연속 운전 가능 • 고농도로 농축 가능	• 잉여 슬러지에 효과적 • 벨트 탈수기와 같이 연동 운전 가능 • 고농도로 농축 가능
단점	• 악취 문제 발생 • 잉여 슬러지 농축에 부적합 • 잉여 슬러지의 경우 소요면적이 큼	• 악취 문제 발생 • 소요면적이 큼 • 실내에 설치할 경우 부식 문제 발생	• 동력비가 높음 • 스크루(screw)의 보수가 필요 • 소음이 큼	• 악취 문제 발생 • 소요면적이 큼 • 규격(용량)이 한정됨 • 별도의 세정장치 필요

핵심이론 10 슬러지의 혐기성 소화

(1) 혐기성 소화의 원리

용존산소가 존재하지 않는 환경에서 유기물이 미생물에 의해 분해되는 과정으로, 슬러지 중의 유기물은 혐기성 균에 의해 분해한다.

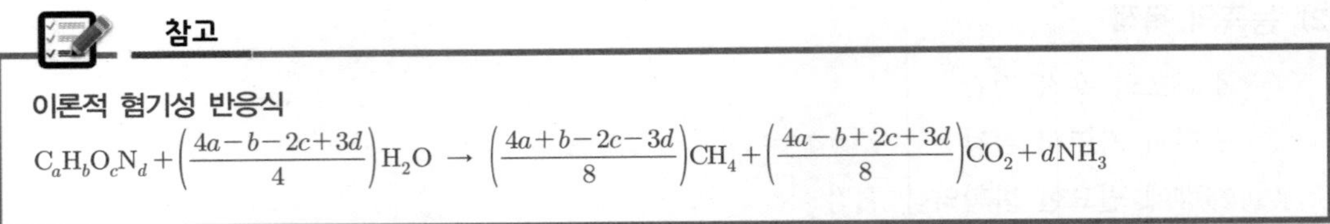

참고

이론적 혐기성 반응식

$$C_aH_bO_cN_d + \left(\frac{4a-b-2c+3d}{4}\right)H_2O \rightarrow \left(\frac{4a+b-2c-3d}{8}\right)CH_4 + \left(\frac{4a-b+2c+3d}{8}\right)CO_2 + dNH_3$$

(2) 혐기성 분해단계

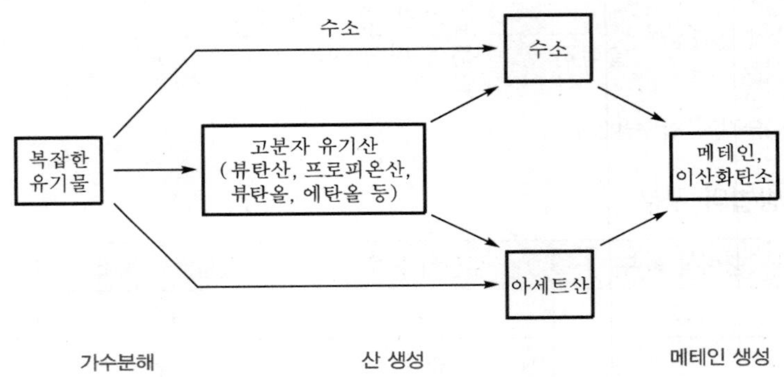

$$4H_2 + CO_2 \rightarrow CH_4 + 2H_2O$$

$$CH_3COOH \rightarrow CH_4 + CO_2$$

(3) 혐기성 소화의 장단점(호기성 소화와 비교)★★

장점	단점
• 유효한 자원(CH_4) 생성 • 슬러지 생성량이 적음 • 동력이 적게 소모됨 • 유지관리비가 적게 듦 • 슬러지 탈수성이 양호함	• 악취(H_2S, NH_3) 발생 • 처리수의 수질이 나쁨 • 반응조의 크기가 큼 • 초기 운전 시 온도, 부하량에 대한 적응시간이 오래 걸림

(4) 혐기성 소화의 목적

① 유기물을 분해시킴으로써 슬러지를 안정화시킨다.
② 병원균을 죽일 수 있다.
③ 이용가치가 있는 가스를 얻을 수 있다.
④ 슬러지 무게 · 부피를 감소시킨다.

(5) 소화율과 소화조 용적

① 소화율

$$소화율(\%) = \left(1 - \frac{VSS_f / FSS_f}{VSS_s / FSS_s}\right) \times 100$$

여기서, VSS_f : 소화 후 휘발성 부유물질
FSS_f : 소화 후 강열잔류 부유물질
VSS_s : 유입 휘발성 부유물질
FSS_s : 유입 강열잔류 부유물질

② 소화조 용적

$$V = \left(\frac{Q_1 + Q_2}{2}\right) \times t$$

여기서, V : 소화조 용적
Q_1 : 소화 전 분뇨(m^3/day)
Q_2 : 소화 후 분뇨(m^3/day)
t : 소화 일수

핵심이론

핵심이론 11 슬러지의 개량과 탈수

(1) 슬러지의 개량방법

슬러지 개량법	단위 공정	기능	특징과 원리
고분자 응집제 첨가	농축 탈수	슬러지 발생량, 케이크의 고형물 비율 및 고형물의 부하 · 농도 · 회수율 개선	• 슬러지는 안정한 콜로이드상의 현탁액으로, 이것을 불안정하게 하는 것이 약품의 기능이다. • 결합수의 분리, 표면전하의 제거 등의 역할도 한다. • 슬러지 입자는 공유결합, 이온결합, 수소결합, 쌍극자결합 등을 형성함으로써 전하를 뺏기도 하고 얻기도 한다. • 슬러지의 응결을 촉진하며, 슬러지 성상을 그대로 두고 탈수성 · 농축성의 개선을 도모한다.
무기약품 첨가	탈수	슬러지 발생량, 케이크의 고형물 비율 및 고형물 회수율 개선	• 금속이온(제2철, 제1철, 알루미늄)은 수중에서 가수분해하여 큰 전하와 중합체의 성질을 갖고, 그 결과 부유물에 대한 전하 중화작용과 부착성을 갖는다. • 무기약품은 슬러지의 pH를 변화시켜 무기질 비율을 증가시키고, 안정화를 도모한다.
세정	탈수	약품 사용량 감소 및 농축률 증대	슬러지 양의 2~4배 가량의 물을 첨가하여 희석시키고 일정시간 침전 농축시킴으로써 혐기성 소화 슬러지의 알칼리도를 감소시켜 산성 금속염의 주입량을 감소시킨다.
열처리	탈수	• 약품 사용량 감소 또는 불필요 • 슬러지 발생량, 케이크의 고형물 비율 및 안정화 개선	• 130~210℃에서 17~28kg/cm^{2}의 압력으로 슬러지의 질과 조성에 변화를 준다. • 미생물 세포를 파괴해 주로 단백질을 분해하고 세포막을 파편으로 한다. • 유기물의 구조변화를 일으킨다. • 슬러지 성분의 일부를 용해시켜 탈수 개선을 도모한다.
소각재(ash) 첨가	탈수	• 벨트 진공 탈수기의 케이크 박리 개선 • 가압 탈수기의 탈수성 개선 • 약품 사용량 감소	슬러지 소각재에는 무기성 물질이 다량 함유되어 있으므로 이를 재이용하여 무기성 응집 보조제로 탈수성을 증대시키는 개량제로 사용하면 소화 슬러지의 함수율을 감소시키고 응결핵으로 작용한다.

(2) 탈수기의 종류별 특징

항목	가압탈수기		벨트프레스(belt press) 탈수기	원심탈수기
	필터프레스(filter press)	스크루프레스(screw press)		
유입 슬러지 고형물 농도	2~3%	0.4~0.8%	2~3%	0.8~2%
케이크 함수율	55~65%	60~80%	76~83%	75~80%
용량	3~5kgDS/m² · hr	–	100~150kgDS/m · hr	1~150m³/hr
소요면적	많음	적음	보통	적음
약품 주입률(고형물당)	• $Ca(OH)_2$ 25~40% • $FeCl_3$ 7~12%	• 고분자 응집제 1% • $FeCl_3$ 10%	고분자 응집제 0.5~0.8%	고분자 응집제 1% 정도
세척수	• 수량 : 보통 • 수압 : 6~8kg/cm²	보통	• 수량 : 많음 • 수압 : 3~5kg/cm²	적음
케이크의 반출	사이클마다 여포실 개방과 여포 이동에 따라 반출	스크루 가압에 의한 연속 반출	여포의 이동에 의한 연속 반출	스크루에 의한 연속 반출
소음	보통(간헐적)	적음	적음	보통
동력	많음	적음	적음	많음
부대장치	많음	많음	많음	적음
소모품	보통	많음	적음	적음

정리

개량과 탈수의 역할
- 개량 : 슬러지의 특성을 개선하여 슬러지의 물리적 · 화학적 특성을 바꿔, 탈수량과 탈수율을 증가시킨다.
- 탈수 : 슬러지의 최종처분 전 부피를 감소시켜 취급이 용이하도록 하며, 용량을 1/5~1/10로 감소시킨다.

핵심이론 12 고형화(고화)의 주요 특징

(1) 고형화의 목적★★

① 폐기물 내 오염물질의 용해도를 감소시킨다.

② 오염물질의 손실과 전달이 발생할 수 있는 표면적을 감소시킨다.

③ 폐기물을 다루기 용이하게 한다.

④ 폐기물의 독성을 감소시킨다.

(2) 고형화의 장단점★★

장점	단점
• 건설비가 저렴함 • 하수의 성상 변화에 적용성이 우수함 • 전반적으로 환경영향이 적음 • 폐기물의 물리적 성질 변화로 취급이 용이해짐 • 폐기물 내 오염물질의 용해도가 감소함 • 매립지 복토재 등에 재이용이 가능함	• 넓은 부지면적이 필요함 • 고화물의 시장 안정성이 낮음 • 고화체 등 부자재 투입으로 인해 감량효과가 적음 • 처리 부산물을 재이용하지 못하면 추가 처분비가 필요함 • 열을 이용한 처리방안보다 처리주기가 긴 편임 • 슬러지 고화에 대한 자료가 부족함

(3) 혼합률과 부피변화율의 계산

① 혼합률(MR)

$$MR = \frac{M_S}{M_W}$$

여기서, M_S : 고화체의 질량, M_W : 폐기물의 질량

② 부피변화율(VCF)

$$VCF = \frac{V_F}{V_S}$$

여기서, V_F : 고화 처리 후 폐기물의 부피, V_S : 고화 처리 전 폐기물의 부피

정리

부피변화율과 혼합률 관계

$$VCF = \frac{V_F}{V_S} = \frac{(M_S + M_W) \div \rho_F}{M_W \div \rho_S}$$ ➡ M_W로 나눔

$$\frac{(MR+1) \div \rho_F}{1 \div \rho_S} = \frac{(MR+1)\rho_S}{\rho_F}$$

여기서, ρ_F : 고화 처리 후 폐기물의 밀도, ρ_S : 고화 처리 전 폐기물의 밀도

핵심이론 13 고형화의 종류와 처리방법

(1) 무기성 · 유기성 고형화의 특징 비교

구분	무기성 고형화	유기성 고형화
특징	• 처리비용 저렴 • 수용성은 작지만, 수밀성은 양호 • 다양한 산업폐기물에 적용 용이 • 독성이 적고, 고형화 재료 확보에 용이 • 상압 · 상온에서 처리 용이 • 물리 · 화학적 안정성 양호 • 기계적 · 구조적 특성 양호 • 고형화 재료에 따라 다양한 형태로 고화체의 체적 증가	• 처리비용 고가 • 수밀성이 매우 커 다양한 폐기물에 적용 용이 • 방사성 폐기물을 제외한 기타 폐기물에 대한 적용 제한 • 소수성의 특성 • 폐기물의 특정 성분에 의한 중합체 구조의 장기적인 약화 가능 • 최종 고화체의 체적 증가 다양 • 미생물, 자외선에 대한 안전성 약함
종류	시멘트기초법, 유리화법, 자가시멘트법, 석회기초법	열가소성 플라스틱법, 유기중합체법, 피막형성법

(2) 무기성 고형화 처리방법의 장단점★

처리방법	장점	단점
시멘트기초법	• 고농도의 중금속 폐기물 처리에 적합 • 원료가 풍부하고, 값이 저렴 • 폐기물의 건조나 탈수가 필요 없음 • 고형화 재료로 포틀랜드시멘트 이용 • 시멘트 혼합과 처리기술이 잘 발달됨	• 시멘트 내 알칼리가 암모니아가스와 함께 암모니아이온으로 빠져나옴 • 폐기물의 무게 및 부피 증가 • 코팅되지 않은 시멘트 기초 제품은 매립을 위하여 설계가 잘 된 매립장이 필요
유리화법	• 첨가제의 비용이 비교적 저렴 • 2차 오염물질 발생이 거의 없음	• 에너지 집약적 • 특수장치에 숙련된 인원이 필요
자가시멘트법	• 혼합률(MR)이 낮고, 중금속 저지에 효과적 • 탈수 등 전처리가 필요 없음 • 고농도 황 함유 폐기물에 적합	• 보조 에너지가 필요 • 장치비가 비쌈 • 숙련된 기술이 필요
석회기초법	• 두 가지 폐기물의 동시 처리 가능 • 공정 운전이 간단 · 용이하고, 탈수가 필요 없음 • 석회 가격이 싸고, 널리 이용됨	• 최종처분물질의 양이 증가 • pH가 낮을 경우 폐기물 성분의 용출 가능성이 증가

참고

• 시멘트기초법의 주요 성분 : CaO, SiO_2
• 포틀랜드시멘트의 주요 성분 : CaO, SiO_2, Al_2O_3, Fe_2O_3, $CaSO_4$
(보통 포틀랜드시멘트의 주성분은 CaO와 SiO_2이며, 가장 이 함유된 성분은 CaO이다.)

(3) 유기성 고형화 처리방법의 장단점★

처리방법	장점	단점
열가소성 플라스틱법	• 고화 처리된 폐기물 성분을 나중에 회수하여 재활용이 가능함 • 용출 손실률이 시멘트기초법보다 낮음 • 대부분의 매트릭스 물질은 수용액 침투에 저항성이 큼	• 높은 온도에서 분해되는 물질에는 사용 불가 • 혼합률(MR)이 비교적 높음 • 에너지 요구량이 큼 • 처리과정 중 화재가 발생할 수 있음 • 고도의 숙련된 기술이 필요함
유기중합체법	• 혼합률(MR)이 비교적 낮음 • 저온도 공정	• 고형 성분만 처리가 가능함 • 고화 처리된 폐기물의 처분 시 2차 용기에 넣어서 매립 필요 • 중합에 사용되는 촉매는 부식성이 상당하여 특별한 혼합장치와 용기 라이너가 필요
피막형성법	• 혼합률(MR)이 비교적 낮음 • 침출성이 낮음	• 에너지 요구량이 큼 • 피막 형성을 위한 수지 가격이 고가 • 처리과정 중 화재가 발생할 수 있음 • 고도의 숙련된 기술이 필요함

핵심이론 14 소각의 주요 특징

(1) 소각의 정의

소각(incineration)은 폐기물을 불에 태워 기체 중에 고온 산화시키는 중간처리방법 중 하나로, 폐기물을 땅속에 묻는 것보다 부피 95% 이상, 무게 80% 이상을 줄일 수 있어 매립공간을 절약할 수 있는 효과적인 처리방법으로 사용된다.

(2) 소각의 처리공정도

폐기물 반입 → 소각로에 투입 (크레인 이용) → 소각로 (850℃ 이상) → 비산재 처리시설 → 폐열 보일러

(3) 소각의 장단점

장점	단점
• 부피와 무게를 줄여 매립공간 절약 가능 • 부패성 유기물, 병원균 등의 무해화 • 열에너지 회수 가능 • 기후에 영향을 받지 않음 • 의료폐기물 처리 가능 • 도시의 중심부에 설치 가능	• 폭발 위험성이 있음 • 건설비가 많이 듦 • 유지관리비 및 운전비가 많이 듦 • 고도의 운전기술이 요구됨 • 질소산화물 및 황산화물 발생

핵심이론 15 열분해의 주요 특징

(1) 열분해의 정의

열분해(pyrolysis)는 폐기물을 무산소상태 또는 공기가 부족한 상태에서 열(400~1,500℃)을 이용해 유용한 연료(기체, 액체, 고체)로 변형시키는 공정이다.

※ 저온법(400~900℃, 열분해), 고온법(1,100~1,500℃, 가스화)

(2) 열분해 생성물

① 기체 : 수소(H_2), 메테인(CH_4), 일산화탄소(CO), 암모니아(NH_3), 황화수소(H_2S) 등

② 액체 : 식초산, 아세톤, 오일, 메탄올, 타르, 방향성 물질 등

③ 고체 : 탄소(char), 불연성 물질 등

(3) 열분해의 영향인자

① 온도가 증가할수록 수소(H_2) 함량이 증가한다.

② 온도가 증가할수록 이산화탄소(CO_2) 함량이 감소한다.

③ 폐기물 입자 크기가 작을수록 쉽게 열분해된다.

④ 수분 함량이 많을수록 많은 시간 소요된다.

(4) 열분해의 장단점

장점	단점
• 불균일한 폐기물을 안정적으로 처리함 • 대기로 방출되는 가스가 적음 • 생성되는 오일, 가스의 재자원화 가능 • 배기가스 중 질소산화물, 염화수소의 양이 적음 • 환원성 분위기로 3가크로뮴(Cr^{3+})이 6가크로뮴(Cr^{6+})으로 변화하지 않음 • 황분, 중금속분이 재(회분) 중에 고정됨	• 처리비용이 많이 듦 • 반응이 활발하지 않음 • 흡열반응이므로 외부로부터 열공급이 필요함 • 반응생성물을 연료로 이용하기 위해 별도의 정제장치 필요함 • 반응기 전체를 밀폐해야 함 • 회분식 운전방법으로 연속 투입이 불가능

(5) 열분해장치의 종류

구분	특징
고정상 열분해장치	분쇄되었거나 분쇄되지 않은 폐기물을 투입하여 건조, 열분해과정을 거쳐 열분해가스와 열분해 고형물로 배출하는 장치
유동층 열분해장치	폐기물을 분쇄하여 상부로부터 투입하고, 유동화되면서 유동층에서 열분해되는 장치
화격자식 열분해장치	폐기물을 화격자로에 투입하고, 고온 용융 가스의 복사열과 부분연소에 의해 열분해가 일어나도록 하는 장치
회전로식 열분해장치	공기가 부족한 상태에서 회전로를 이용하여 열분해시키는 장치

핵심이론 16 폐기물 매립지의 선정

(1) 입지 선정 기준항목

구분	기준항목
지형	• 덮개 흙의 조달 용이도 • 우수 배제 용이도 • 충분한 부지 확보 가능성 • 토공량
수문지질	• 바닥층의 토양 특성 • 지하수의 용도 • 최고지하수위
위치	• 교통 편의성 • 시각적 은폐 • 폐기물의 운반거리 및 수집효율
생태	• 수림 상태 • 특정 동식물의 서식현황
토지이용	• 매립지 주변의 주민 거주현황 • 매립지 주변의 토지 이용현황 • 매립 후 부지 사용 • 지역계획과의 연관성
기타	• 바람 방향 • 사후관리 용이도 • 접근로 • 재해에 대한 안전성 • 침출수 처리를 위한 인근 폐수처리장의 유무

(2) 입지 선정절차

초기 입지 선정 → 후보지 평가 → 최종 입지 결정

① 초기 입지 선정단계

㉠ 기존 자료의 수집 및 분석

㉡ 입지 배제기준 검토

㉢ 관련 법규 고려

㉣ 정책적 사항 고려

㉤ 개략적 경제성 분석

② 후보지 평가단계
   ㉠ 현장 조사(보링 조사 포함)
   ㉡ 후보지 등급 결정
   ㉢ 입지 선정기준에 의한 후보지 평가
③ 최종 입지 결정단계
   ㉠ 경제성 분석
   ㉡ 기술적 · 사회적 · 경제적 사항의 종합 평가
   ㉢ 최종 입지 선정

(3) 입지 선정 시 검토사항

조건	검토사항
입지 조건	• 계획 매립용량의 확보가 가능한 곳 • 폐기물 매립지의 진출입로 설치가 쉬운 곳 • 폐기물의 수집 · 운반 효율성이 높은 곳 • 인근에 하수 종말처리시설이 있는 곳
사회적 조건	• 주거지역으로부터 멀리 떨어져 있을 것 • 규제를 받는 지역은 피할 것 • 문화재 및 시설물이 많은 곳은 피할 것 • 교통량이 많은 곳은 피할 것
환경적 조건	• 공사 시 토공량을 최소화할 수 있을 것 • 경관의 훼손이 적을 것 • 지하수위가 낮고, 토양 투수성이 작을 것 • 지형상 재해에 안전하며 매립작업이 용이할 것 • 복토재 확보가 용이할 것

(4) 입지 선정 시 배제기준

① 100년 빈도의 홍수 · 범람 지역
② 습지대
③ 지하수위가 1.5m 미만인 지역
④ 단층 지역
⑤ 고고학적 또는 역사학적으로 중요한 지역
⑥ 멸종위기 생물 서식지역
⑦ 생태학적 보호지역
⑧ 호소 300m, 공원 및 공공시설 300m, 음용수 수원 600m, 비행장 3,000m 이내 지역

핵심이론 17 매립공법의 분류

(1) 매립방법에 따른 분류

매립공법	특징
단순매립 (비위생매립)	땅에 구덩이를 파고 폐기물을 묻은 후 흙으로 덮는 방법
위생매립	• 폐기물의 부피를 최소화하여 매일 복토로 덮는 방법 • 지역법, 경사법, 도랑법, 계곡매립법 등이 있음 • 부지 확보가 가능할 경우 가장 경제적인 방법 • 거의 모든 종류의 폐기물 처분이 가능 • 처분대상 폐기물의 증가에 따른 추가 인원 및 장비가 많지 않음 • 사후 부지는 공원, 운동장 등으로 이용 가능 • 매립 완료된 매립지는 침하되므로 일정 기간 유지관리가 필요하며, 적절한 위생매립기준이 매일 지켜져야 함 • 매립 완료된 매립지에 건축을 하기 위해서는 침하에 대비한 특수 설계와 시공이 요구됨 • 폐기물 분해 시 폭발성 가스가 생성되어 폐쇄 후 매립지 이용에 장애가 될 수 있음
안전매립	폐기물을 일정하게 쌓아 다진 후 흙을 덮는 방법

(2) 매립구조에 따른 분류

매립공법	특징
혐기성 매립	• 산간지, 저습지에 폐기물을 투기하는 방법 • 환경에 미치는 영향이 크며, 하천, 산 등에 불법 투기하는 경우 문제 발생
혐기성 위생매립	• 폐기물을 2~3m의 높이로 쌓고, 50cm 정도로 복토를 하는 방법 • 악취, 파리 발생 및 화재 문제는 해결되지만, 침출수 문제가 발생할 수 있음 • BOD와 질소 함량이 높음
개량 혐기성 위생매립	• 혐기성 위생매립의 침출수 문제 등을 보완하기 위하여, 일반적으로 매립장 밖에 저류조를 설치하고 바닥 저부에 침출수를 배제하는 집수관을 설치하여 오수를 관리하고 대책을 세우는 방법 • 현재 시행되고 있는 위생매립의 대부분이 이에 속함
준호기성 매립	• 오수를 가능한 빨리 매립지 밖으로 배제하기 위하여, 폐기물층과 저부의 수압을 저감시켜 토양으로의 오수 침투를 방지함과 동시에 집수단계에서 침출수를 정화할 수 있도록 집수장치를 설계한 구조 • 개량형 위생매립에 비하여 침출액의 수질이 매립장 내에서 1/5~1/10 정도로 정화됨
호기성 매립	• 매립층에 강제로 공기를 불어 넣어 폐기물을 빠르게 분해하여 안정화시키는 구조 • 혐기성 매립에 비해 3배 빠른 속도로 안정화가 진행됨 • 매립 종료 1년 후 침출수의 BOD가 가장 낮게 유지되는 매립방법 • 폭기를 진행하므로 운전비가 높으며, 적절한 매립 순서와 방법을 사용하여야 함

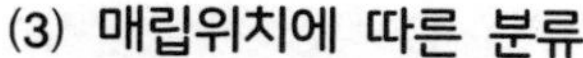

(3) 매립위치에 따른 분류

구분	매립공법	특징
내륙★ 매립방법	도랑형 공법	• 폭 20m, 깊이 10m 정도의 도랑을 판 후 매립하는 방법 • 매립지 바닥이 두껍고 복토로 적합한 지역에 이용 • 파낸 흙을 복토재로 이용이 가능한 경우 경제적인 매립방법 • 사전 정비작업이 거의 필요하지 않으나, 매립용량이 낭비되며 단층 매립만 가능
	셀 공법	• 매립된 쓰레기 및 비탈에 일일 복토를 하는 방법 • 쓰레기 비탈면 경사는 15~25%의 기울기로 하는 것이 좋음 • 1일 작업하는 셀(cell) 크기는 매립 처분량에 따라 결정됨 • 발생가스 및 매립층 내의 수분 이동이 억제됨 • 일일 복토 및 침출수 처리를 통해 위생적인 매립이 가능 • 쓰레기의 흩날림 방지, 악취 및 해충의 발생 방지, 화재의 발생 · 확산 방지 • 순차적으로 매립하므로 사용목적에 따라 대응이 가능 • 시공이 쉽고 비용이 저렴하며, 제방공사와 동시에 매립을 실시
	샌드위치 공법	• 폐기물을 수평으로 깔아 압축한 후 복토를 교대로 쌓는 방법 • 좁은 산간, 협곡, 폐광산 등의 매립지에서 사용 • 복토재의 외부 반입이 필요하며, 압축매립공법에 해당 • 폐기물의 운반이 쉬우며, 안정성이 유리
	압축매립 공법	• 폐기물을 매립하기 전 감용화 목적으로 먼저 압축시킨 후 포장하여 처리하는 방법 • 폐기물의 운반이 쉬우며, 지가가 비쌀 경우 유효한 방법 • 층별로 정렬하는 것이 보편적이며, 매립 층별로 일일 복토(각 층별 5~10cm)를 실시하고, 최종 복토층의 두께는 1.5~2m 정도임
해안 매립방법	수중투기공법, 내수배제공법	• 고립된 매립지 내의 해수를 그대로 둔 채 폐기물을 투기하는 내륙매립과 같은 형태의 방법으로, 오염된 내수를 처리해야 함 • 지반 개량이 필요한 지역과 대규모 매립지 등에 적합
	순차투입 공법	• 호안에서부터 순차적으로 폐기물을 투입하여 육지화를 진행하는 방법 • 수심이 깊은 처분장은 건설비 과다로 내수를 완전히 배제하기가 어려워 해당 공법을 사용하는 경우가 많음 • 바닥 지반이 연약한 경우 폐기물 하중으로 연약층이 유동하거나 국부적으로 두껍게 퇴적되기도 하고, 부유성 쓰레기의 수면 확산에 의해 수면부와 육지부 경계의 구분이 어려워 매립장비가 매몰되기도 함
	박층뿌림 공법	• 밑면이 뚫린 바지선 등으로 쓰레기를 박층으로 떨어뜨려 뿌려줌으로써 바닥 지반의 하중을 균등하게 해주는 방법 • 폐기물 지반의 안정화 및 매립부지 조기 이용에 유리한 방법

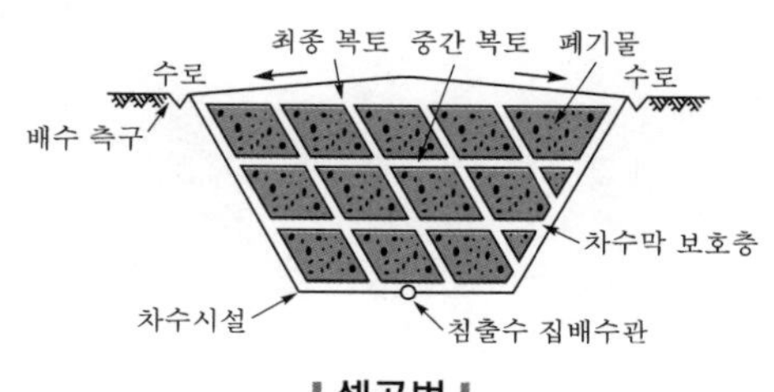

| 셀공법 |

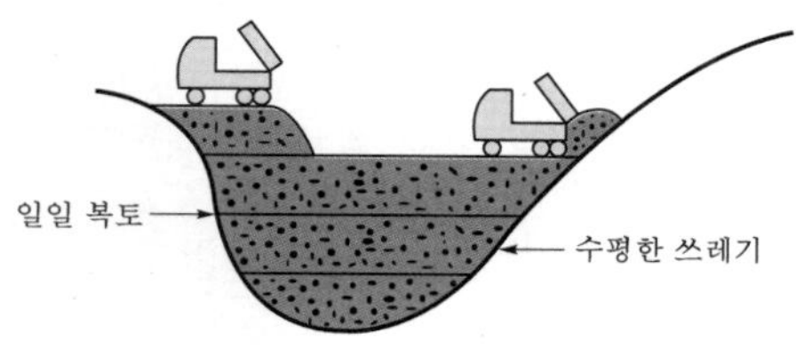

| 샌드위치공법 |

핵심이론 18 매립가스 발생 메커니즘★

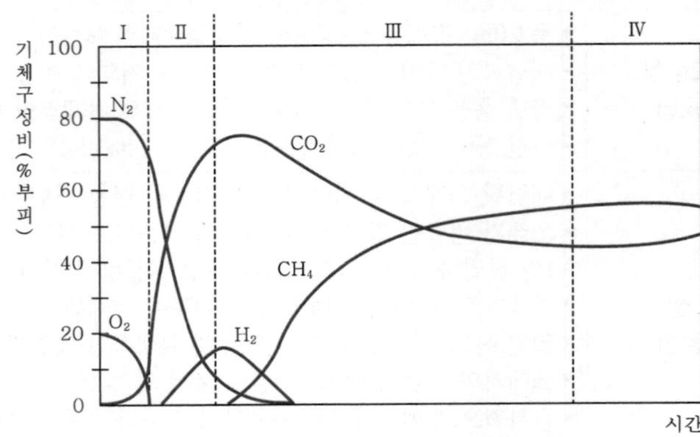

① 호기성 단계(I 단계)

㉠ 매립물의 분해속도에 따라 수일에서 수개월 동안 계속된다.

㉡ 주요 생성기체는 CO_2이며, CO_2는 호기성 반응에 의해 생성되는데, 농도는 높은 경우 90%까지 나타나고, 온도는 70℃ 이상까지 올라가기도 한다.

㉢ 폐기물 내 수분이 많은 경우에는 반응이 가속화된다.

㉣ O_2가 대부분 소모되며, N_2의 양이 감소하기 시작한다.

② 혐기성 비메테인 단계(II단계)

㉠ CH_4가 형성되지 않고, SO_4^{2-}와 NO_3^-가 환원되는 단계이다.

㉡ 주로 CO_2가 생성되며, 소량의 H_2가 생성된다.

③ 메테인 생성 · 축적 단계(III 단계)

㉠ CO_2 농도가 최대이고, 침출수 pH가 가장 낮은 분해단계이다.

㉡ CH_4가 생산되는 혐기성 단계로서 온도가 55℃까지 올라간다.

㉢ $4H_2+CO_2 \rightarrow CH_4+2H_2O$, $CH_3COOH \rightarrow CH_4+CO_2$ 반응을 한다.

④ 정상 혐기성 단계(IV 단계)

CH_4와 CO_2 함량이 정상 상태로 거의 일정하다.

핵심이론 19 침출수의 발생과 처리

(1) 침출수의 정의

침출수는 폐기물층에 침투하여 통과하면서 폐기물 내 용존물질 또는 부유물질이 추출된 액체로, 매립 초기에는 생분해성이 높은 유기물의 비중이 상대적으로 높아 BOD(2,000~30,000mg/L) 및 COD(3,000~60,000mg/L)의 농도가 높고, 매립 후기에는 점차적으로 낮아진다. 또한 암모니아성 질소, 염분 및 알칼리도의 농도가 높으며, 지정폐기물인 경우 중금속 함량이 높은 경우도 있다.

(2) 침출수의 발생원

① 폐기물층에 침투한 빗물
② 폐기물층에 침투한 지하수
③ 폐기물에 포함된 수분
④ 폐기물 분해수

(3) 침출수량의 영향인자

① 표토를 침투하는 강수
② 증발수량
③ 폐기물의 분해율
④ 수분 지체시간
⑤ 지하수위와 지하수 유량
⑥ 지형에 따른 표면 유출량과 침투수량

(4) 매립 연한에 따른 침출수 수질의 변화

구분	매립 후 5년 이내	매립 후 5~10년	매립 후 10년 이상
BOD_5/COD	> 0.5	0.1~0.5	< 0.1
COD/TOC	> 2.8	2.0~2.8	< 2.0
COD_{cr}(mg/L)	> 10,000	500~10,000	< 500
역삼투	보통	양호	양호
이온교환수지	불량	보통	보통
화학적 침전(석회 투여)	보통	불량	불량
화학적 산화	보통	보통	보통
활성탄 흡착	보통	보통	양호
생물학적 처리	양호	보통	불량

(5) 침출수의 처리방법

구분	처리방법	특성
물리 · 화학적 처리	화학 응집침전	• CaO, $Al_2(SO_4)_3$, $Fe_2(SO_4)_3$ 등의 약품을 사용 • SS, 색도 제거에 효율적 • 석회나 가성소다로 침출수의 pH를 증가시킬 때 형성되는 철과 망가니즈 산화물이 침출수 중의 중금속을 흡착 · 침천시킴 • COD 제거에는 비효율적 • 슬러지 생산량이 큼
	활성탄 흡착	• 1차 처리 후 잔류 유기성 탄소, 중금속 등을 제거하는 데 효과적 • 화학적 침전보다 난분해성 유기물 제거에 효율적 • 산화제 주입농도가 높아 비경제적
	역삼투 및 막공법	• 대부분의 오염물질을 동시에 제거할 수 있는 방법 • 직접적인 침출수 처리 시 막힘현상이 있으므로, 생물학적 처리 후 공정을 실시해야 함
	오존 산화처리	상수 처리시설이나 화학폐수 처리시설에 적용
	펜톤 산화처리	• pH 조정조, 급속 · 완속 교반조, 침전지와 같은 시설이 필요 • 주요 약품으로는 과산화수소수와 철염을 사용
생물학적 처리	혐기성 처리	• 고농도 침출수를 희석 없이 처리할 수 있음 • 부산물로 유용한 가스인 메테인가스가 생성됨 • 슬러지 발생량이 적음 • 암모니아성 질소에 대한 후속 처리가 필요함 • 온도, 중금속 등의 영향이 큼
	활성슬러지공법	• 폭기조에서 미생물이 분해하여 처리하는 공법 • 폭기에 사용되는 동력비가 많음 • 질산화를 위해 슬러지 체류시간을 10일 이상 유지해야 함
	MLE 공법	• 탈질 후 질산화 순서로 이루어지는 공법 • 내부 반송에 따른 동력비가 많이 소요됨

참고

침출수 처리 시 방해물질
- COD
- NH_4–N
- 중금속 및 염류

핵심이론 20 침출수 발생량 산정방법

$$Q = \frac{1}{1,000} CIA$$

여기서, Q : 침출수량(m^3/day)
C : 유출계수
I : 연평균 일강우량(mm/day)
A : 매립지 내 쓰레기 매립면적(m^2)

(1) Darcy 법칙

$$Q = kIA$$

여기서, Q : 침출수량(m^3/day)
k : 투수계수(m/day)
I : 동수경사
A : 매질 내부 단면적(m^2)

(2) 침출수 통과 연수★

$$t = \frac{d^2 \times n}{k(d+h)}$$

여기서, t : 침출수 통과 연수(year)
d : 매질의 두께(m)
n : 공극률
k : 투수계수(m/year)
h : 침출수 수두(m)

(3) Manning 공식★

$$V = \frac{1}{n} \times I^{\frac{1}{2}} \times R^{\frac{2}{3}}$$

여기서, V : 유속(m/sec)
n : 조도계수
I : 강우강도(mm/hr)
R : 경심

핵심이론 21 매립시설의 설계와 운전관리

(1) 저류구조물

① 저류구조물의 구비조건

㉠ 폐기물의 압력, 저류수의 수압 등 하중에 대한 안정성

㉡ 홍수 시 우수 배제조치

㉢ 홍수 시 오수 일시저장능력 검토 및 공공수역의 오탁 방지대책

② 저류구조물의 종류

㉠ 육상 매립 : 콘크리트 제방, 콘크리트 옹벽, 성토 제방, 강널말뚝

㉡ 수면 매립 : 강널말뚝식 호안, 사석 호안, 중력식 호안

(2) 차수막(차수설비)

① 차수설비의 재료

재료	구분	내용
점토 (clay soil)	특성	• 입자 직경이 0.002mm 이하인 토양 • 양이온 교환능력 등에 의한 오염물질 정화기능이 있음 • 점토 재료의 획득이 어려움 • 부등침하에 의한 균열이 있음 • 투수율이 상대적으로 높음 • 침출수 내 오염물질의 흡착능력이 뛰어남 • 소성지수(PI) = 액성한계(LL) − 소성한계(PL)
	점토가 매립지의 차수막으로 적합하기 위한 기준	• 액성한계 : 30% 이상 • 소성지수 : 10% 이상 ~ 30% 미만 • 투수계수 : 10^{-7}cm/sec 미만 • 점토 및 미사토 함유량 : 20% 이상 • 자갈 함유량 : 10% 미만 • 직경이 2.5cm 이상인 입자 함유량 : 0
합성차수막 (FML)	특성	• 재료의 가격이 비쌈 • 어떤 지반에도 가능하나, 급경사에는 시공 시 주의가 요구됨 • 내구성이 높으나, 파손 및 열화 위험이 있으므로 주의가 요구됨
	결정도(crystallinity)가 증가할수록 합성차수막이 나타내는 성질	• 인장강도 증가 • 열에 대한 저항성 및 화학물질에 대한 저항성 증가 • 투수계수 감소 • 단단해지고, 충격에 약해짐
소일믹스처 (soil mixture)	특성	토양, 아스팔트, 시멘트, 벤토나이트 등의 혼합물로 만들어진 재료

용어

- 액성한계 : 점토의 수분 함량이 일정 수준 이상이 되면 플라스틱 상태를 유지하지 못하고 액체상태가 되는데, 이때의 수분 함량
- 소성한계 : 점토의 수분 함량이 일정 수준보다 떨어지면 플라스틱 상태를 유지 못하고 부스러지는데, 이때의 수분 함량

② 합성차수막의 종류 및 장단점

종류	장점	단점
High-Density Polyethylene(HDPE) + Low-Density Polyethylene(LDPE)	• 온도에 대한 저항성이 높음 • 화학물질에 대한 저항성이 높음 • 강도가 높고, 접합상태가 양호	유연하지 못하여 구멍 등의 손상을 입을 우려가 있음
Polyvinyl Chloride(PVC)	• 가격이 저렴 • 강도가 높고, 접합이 용이	• 자외선, 오존 및 기후에 약함 • 대부분의 유기화학물질에 약함
Neoprene(CR)	• 마모 및 기계적 충격에 강함 • 대부분의 화학물질에 대한 저항성이 높음	• 가격이 고가 • 접합이 용이하지 못함
Ethylene Propylene Diene Monome(EPDM)	• 강도가 높음 • 수분 함량이 낮음	• 기름, 탄화수소 및 용매류에 약함 • 접합상태가 양호하지 못함
Chlorinated polyethylene(CPE)	강도가 높음	• 방향족 탄화수소 및 기름류에 약함 • 접합상태가 양호하지 못함
Chlorosulfonated Polyethylene(CSPE)	• 산과 알칼리에 특히 강함 • 미생물에 강함 • 접합이 용이	• 강도가 낮음 • 기름, 탄화수소 및 용매류에 약함
Isoprene-Isobutylene Rubber(IIR)	수중에서 부풀어 오르는 정도가 낮음	• 강도가 낮고, 접합이 용이하지 못함 • 탄화수소에 약함

③ 차수막의 종류별 특징

연직차수막	표면차수막
• 지하 매설로서 차수성 확인이 어려움 • 차수막 보강 시공이 가능 • 지하수 집배수시설이 불필요 • 공법으로는 어스댐코어(earth dam core), 강널말뚝, 그라우트(grout) 공법 등이 있음 • 수평방향의 차수층 존재 시에 사용 • 단위면적당 공사비는 비싸지만, 총 공사비는 저렴	• 매립지 지반의 투수계수가 큰 경우에 사용 • 매립 전에는 보수가 용이하나, 매립 후에는 어려움 • 지하수 집배수시설이 필요 • 단위면적당 공사비는 싸지만, 총 공사비는 고가

(3) 집배수설비

[침출수 집배수층의 설계기준]

① 재료 : 일반적으로 자갈을 많이 사용

② 바닥경사 : 2~4%

③ 투수계수 : 최소 1cm/sec

④ 두께 : 최소 30cm

⑤ 재료의 입경 : 10~13mm 또는 16~32mm

참고

집배수층의 조건

- $\dfrac{D_{15}}{d_{85}} < 5$: 집배수층이 주변 물질에 의해 막히지 않기 위한 조건
- $\dfrac{D_{15}}{d_{15}} > 5$: 집배수층의 투수성을 충분히 유지하기 위한 조건

여기서, D : 침출수 집배수층 재료의 입경, d : 집배수층 주변 물질

(4) 복토

① 복토의 목적

㉠ 유해가스의 이동성 저하

㉡ 화재 및 폐기물의 비산 방지

㉢ 매립지의 압축효과에 따른 부등침하 최소화

㉣ 악취 발생 억제

㉤ 우수의 이동 및 침투 방지

② 복토의 종류

㉠ 일일 복토 : 매립작업이 끝난 후 15cm 이상의 두께로 복토

㉡ 중간 복토 : 매립작업이 7일 이상 중단되는 때 30cm 이상의 두께로 복토

㉢ 최종 복토 : 매립시설의 사용이 끝났을 때 60cm 이상의 두께로 복토

정리

매립시설의 종류

- 저류구조물
- 차수막(차수설비)
- 집배수설비
- 복토

핵심이론 22 매립지의 사후관리

(1) 사후관리항목

① 지하수 수질 조사
② 침출수 관리
③ 빗물 배제
④ 발생가스 관리
⑤ 구조물 및 지반의 안정도 유지
⑥ 지표수 수질 조사
⑦ 토양 조사
⑧ 방역

(2) 모니터링 검사항목

① 매립지 최종 덮개설비의 안정성
② 유출수
③ 지하수 검사
④ 불포화층
⑤ 발생가스
⑥ 인근 지표수

핵심이론 23 RDF의 정의와 특징

(1) RDF의 정의

RDF(Refuse Derived Fuel)는 가연성 고체 폐기물을 연료로 하여 물리·생물학적 공정을 통해 만든 일정 발열량 이상의 균일한 고체 연료이다.

(2) RDF의 구비조건★

① 칼로리가 높을 것
② 함수율이 낮을 것
③ 재의 양이 적을 것
④ RDF의 조성이 균일할 것
⑤ 저장 및 수송이 편리할 것
⑥ 조성 배합률이 균일할 것
⑦ 대기오염이 적을 것

(3) RDF의 제조과정

① **선별공정** : 원료로 사용되는 폐기물을 RDF 생산에 맞게 하며, 사용목적에 지장을 주지 않기 위해 선별하는 공정
② **파쇄공정** : 건조 및 성형이 잘 될 수 있도록 원료 크기를 균일하게 파쇄·분쇄하는 공정
③ **건조공정** : 고온의 열원으로 원료를 가열하여 수분을 증발하는 공정
④ **성형공정** : 가연물질을 사용하기 위해 이동·저장하기 편리한 형태로 성형하는 공정

(4) RDF의 종류★

종류	특징
Pellet RDF	• 일반적으로 직경 10~20mm, 길이 30~50mm 크기의 것 • 보관이나 운반의 효율을 높이는 동시에 단위무게당 열량을 향상시킴
Fluff RDF	• 폐기물로부터 불연성 폐기물을 제거한 후 연료로 이용하는 방법 • 열용량이 가장 낮고, 회분이 많으며, 수분 함량이 15~20% 정도의 것 • 운반과 저장에 용이한 크기는 20~50mm인 사각형
Powder RDF	• 1차 절단된 Fluff RDF를 2차 분쇄과정을 통해 0.5mm 이하의 분말형태로 만든 것 • 수분이 4% 이하로 건조되므로 반영구적으로 보관 가능 • 장점 : 장거리 수송 가능, 열용량이 큼 • 단점 : 분쇄에 소요되는 인력과 비용이 큼

(5) RDF 소각로 이용 시 문제점

① 시설비가 고가이고, 숙련된 기술이 필요하다.
② 연료 공급의 신뢰성 문제가 있을 수 있다.
③ 소각시설의 부식 발생으로 수명 단축의 우려가 있다.
④ Cl 함량이 많을수록 문제가 발생한다.
⑤ 연소 분진과 대기오염에 대한 주의가 요망된다.

핵심이론 24 퇴비화

(1) 퇴비화의 정의

퇴비화(composting)는 볏짚류, 톱밥 등의 유기성 폐기물을 일정한 환경조건(고온 40~55℃)하에 인위적으로 조작하여 호기성 미생물이 분해작용을 일으켜 안정된 부식질(humus)을 만드는 것이다.

정리

부식질의 특징★
- 병원균이 사멸되어 거의 없다.
- 물 보유력과 양이온 교환능력이 좋다.
- 악취가 없는 안정된 유기물이다.
- C/N 비가 낮다.
- 뛰어난 토양 개량제이다.
- 짙은 갈색을 띤다.

(2) 퇴비화의 장단점★★

장점	단점
• 병원균의 사멸 가능 • 폐기물 감량화 가능 • 토양 개량제로 사용 가능 • 초기 시설투자비가 낮음 • 고도의 기술수준이 요구되지 않음 • 운영 시 소모 에너지가 낮음	• 다양한 재료를 이용하므로 퇴비제품의 품질 표준화가 어려움 • 퇴비화가 완성되어도 부피가 크게 감소(50% 이하)하지 않음 • 생상된 퇴비는 비료 가치가 낮음 • 부지가 많이 필요하며, 선정에 어려움이 따름 • 악취가 발생할 수 있음

(3) 퇴비화의 영향인자★★

구분	특성
C/N 비	• 탄소(C) : 퇴비화 미생물의 에너지원으로, 일반적으로 탄소가 많으면 퇴비의 pH를 낮춤 • 질소(N) : 미생물체를 구성하는 인자로, 생장에 필요한 단백질 합성에 주로 쓰임 • 최적비 : 25~40(단, 톱밥 : 150~1,000) • 80 이상일 경우 질소 결핍현상으로 퇴비화 반응이 느려짐 • 20보다 낮을 경우 질소가 암모니아로 변하여 pH 증가
함수율	• 적정량 : 50~60% • 40% 미만 시 분해속도 저하 • 65% 이상 시 혐기화로 인한 악취 발생
pH	• 적정 pH : pH 6.5~8.0 • 공기 공급량이 클수록 pH가 빠르게 증가 • 반응이 진행됨에 따라 pH는 낮아짐
온도	• 적정 온도 : 45~65℃ • 온도가 과하게 상승할 경우 통기량을 조절하여 낮춤 • 내부 온도가 60~70℃까지 상승하므로, 병원균, 회충란 등이 사멸됨
입자 크기	크기가 작을수록 표면적 증가하여 분해속도가 빨라짐

(4) 퇴비화 단계

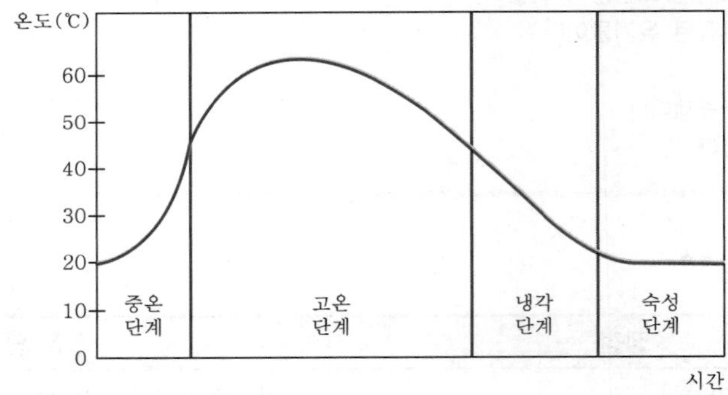

① **중온단계(초기단계)** : 퇴비화 과정의 초기단계에서 중온성(mesophilic) 진균(fungi)과 박테리아에 의해 유기물이 분해되며, 퇴비 더미의 온도가 40℃ 이상으로 상승 시 고온성 세균 및 방선균으로 대체된다.

② **고온단계** : 고온성 미생물의 분해활동으로 이루어지며, 주된 미생물은 Bacillus sp. 등인 것으로 알려져 있다(전반기 : Bacillus, 후반기 : Thermoactinonmyces).

③ **냉각단계** : 온도가 감소하여 곰팡이가 정착하기 시작하고, 분해되기 어려운 물질들의 분해가 시작된다.

④ **숙성단계** : 유기물들은 난분해성인 부식질로 변화되며, 방선균의 밀도가 높아지게 된다.

(5) 퇴비화 공정의 구분

종류	특성
기계식 퇴비화 공법	• 퇴비화가 밀폐된 반응조 내에서 수행되는 방법으로, 기후에 영향이 없고 악취 통제가 용이함 • 초기 시설투자비가 높음 • 수직형 퇴비화 반응조는 반응조 전체에 최적조건을 유지하기 어려워 생산된 퇴비의 질이 떨어짐 • 수평형 퇴비화 반응조는 수직형 퇴비화 반응조와 달리, 공기흐름경로를 짧게 유지할 수 있음
뒤집기식 퇴비단 공법	• 호기성 퇴비화 공정의 가장 오래된 방법 중 하나로, 유기물이 완전히 분해되는 데 3~5년이 소요되는 퇴비화 공법 • 건조가 빠르며, 많은 양을 다룰 수 있음 • 설치비용과 운영비용이 적음 • 상대적으로 투자비가 낮음 • 운영 시 날씨에 많은 영향을 받음 • 소요 부지면적이 큼 • 병원균 파괴율이 낮음 • 뒤집기로 인한 악취 발생

핵심이론 25 토양오염(폐기물에 의한 2차 오염)

(1) 토양오염의 특성

① 오염 영향이 국지적이다.
② 원상복구에 어려움이 있다.
③ 다른 환경인자와의 영향관계에 모호성이 있다.
④ 오염경로가 다양하다.
⑤ 피해 발현이 완만하다.
⑥ 오염의 비인지성이 있다.

(2) BTEX★★

① BTEX란 벤젠(Benzene), 톨루엔(Toluene), 에틸벤젠(Ethylbenzene), 자일렌(Xylene)을 의미한다.
② 석유계 화합물로 다른 석유계 화합물에 비하여 물에 대한 용해도가 높기 때문에 오염되면 지하수 내부에서 오염지역으로부터 멀리 떨어진 지점까지 오염이 확산되는 특징을 가지는 독성물질이다.
③ 일부 호기성 미생물은 BTEX를 분해할 수 있다.

(3) 토양오염 처리기술의 종류

종류	특성
토양세척법	• 적절한 세척제를 사용하여 토양 입자에 결합되어 있는 유해 유기오염물질의 표면 장력을 약화시키거나 중금속을 분리시켜 처리하는 기법 • 세척제로 사용되는 산 · 염기 · 착염 물질은 금속물질을 추출 · 정화시키는 데 주로 이용함 • 적용방법에 따라 in-situ와 ex-situ 방법이 있으며, in-situ 기법은 토양의 투수성에 많은 제약을 받음
토양증기추출법★ (soil vapor extraction)	• 통기성이 좋은 토양을 정화하기 좋은 기법 • 증기압이 낮은 오염물은 제거효율이 낮음 • 추출된 기체는 대기오염 방지를 위해 후처리가 필요함 • 지반 구조의 복잡성으로 총 처리시간의 예측이 어려움 • 비교적 기계 및 장치가 간단함 • 지하수의 깊이에 제한을 받지 않음 • 유지 · 관리비가 싸며, 굴착이 필요 없음 • 오염지역의 대수층이 깊을 경우 사용이 어려움 • 휘발성 · 준휘발성 물질을 제거하는 데 탁월
공기분사공정법 (air sparging)	[Air sparging의 적용이 유리한 경우] • 오염물질의 용해도가 낮은 경우 • 자유면 대수층 조건 • 대수층의 투수도가 10^{-3}cm/sec 이상인 경우 • 토양의 종류가 사질토, 균질토인 경우 • 오염물질의 호기성 생분해능이 높은 경우
생물학적 통풍법★★ (bioventing)	• 토양 투수성은 공기를 토양 내에 강제 순환시킬 때 매우 중요한 영향인자임 • 현장 지반구조 및 오염물 분포에 따른 처리기간의 변동이 심함 • 용해도가 큰 오염물질은 많은 양이 토양 수분 내에 용해상태로 존재하게 되어 처리효율이 떨어짐 • 배출가스 처리의 추가비용이 없음 • 추가적인 영양염류의 공급이 필요함 • 지상활동에 방해 없이 정화작업을 수행할 수 있음 • 장치가 간단하고, 설치가 용이 • 오염 부지 주변 공기 및 물의 이동에 의한 오염물질 확산의 염려가 있음

3
과목

폐기물 소각 및 열회수

Engineer Wastes Treatment

저자쌤의 이론학습 TIP

폐기물 소각 및 열회수 과목은 연소 및 분진, 유해물질 처리에 관한 내용으로, 화학식과 계산문제가 많아 수험생들이 어려워하는 과목입니다. 공식을 단순히 암기하는 것이 아닌, 공식이 나오는 이유를 정확하게 파악하며 이해하는 것이 중요합니다.

핵심이론

핵심이론 1 연소 이론

(1) 연소의 3요소

연소의 3요소	특징
가연물	• 화학적으로 활성이 강할 것 • 활성화 에너지가 작을 것 • 산소 친화력이 클 것 • 연쇄반응을 일으킬 것 • 반응열이 클 것 • 표면적이 클 것 • 발열반응일 것 • 열전도도가 작을 것
점화원	가연물과 산소의 반응이 일어날 수 있도록 도와주는 활성화 에너지로, 생성물질 형성에 필요한 에너지
충분한 산소	공기 중 약 21% 포함

정리

완전연소조건의 3T★★★
- 온도(Temperature)
- 시간(Time)
- 혼합(Turbulence)

(2) 착화온도가 낮아지는 조건★

① 분자구조가 복잡할수록
② 화학적으로 발열량이 클수록
③ 화학반응성이 클수록
④ 화학결합의 활성도가 클수록
⑤ 탄화수소의 분자량이 클수록
⑥ 압력 및 비표면적이 클수록
⑦ 열전도율이 낮을수록
⑧ 석탄의 탄화도 및 고정탄소량이 낮을수록
⑨ 활성화 에너지가 작을수록

(3) 비열과 현열, 잠열의 관계

① 비열(heat capacity)

특정 물질 1g의 온도를 1℃ 높이기 위해 필요한 열량으로, 물질의 고유 특징이다.

※ 물의 비열 : cal/g · ℃

② 현열(sensible heat)

특정 물체에 열을 가할 때 상태변화 없이 온도변화에 소요된 열량이다.

$$Q = C \cdot m \cdot \Delta t$$

여기서, Q : 열량(cal)
C : 비열(cal/g · ℃)
m : 질량(g)
Δt : 온도차(℃)

③ 잠열(latent heat)

특정 물질이 상태변화 시 필요한 열에너지의 총량이다.

$$Q = m \cdot r$$

여기서, Q : 열량(cal)
m : 질량(g)
r : 잠열(cal/g)

(4) 연소의 형태★

연소의 형태	특징
표면연소	• 코크스, 목탄, 탄소와 같은 휘발성 성분이 거의 없는 연료 또는 분해연소가 끝난 석탄은 열분해가 일어나기 어려운 탄소가 주성분으로, 그것 자체가 연소하는 과정으로 적열할 뿐 화염은 없는 연소형태 • 연소속도는 산소의 연료 표면으로의 확산속도와 표면에서의 화학반응속도에 의해 영향을 받음
증발연소	• 황, 파라핀 등(비교적 용융점이 낮은 물질)이 연소되기 이전에 용융되어 액체와 같이 표면에서 증발되는 기체가 연소하는 형태 • 연소속도는 가연성 가스의 증발속도 또는 공기 중의 산소와 가연성 가스의 확산속도 중 더 느린 것에 의해서 지배됨
분해연소	연소 초기에 열분해에 의하여 가연성 가스가 생성되고, 이것이 긴 화염을 발생시키면서 연소하는 형태(목재, 석탄, 타르 등)
내부연소	공기 중 산소를 필요로 하지 않고, 분자 자신의 산소를 이용해 연소하는 형태 (나이트로화합물류, 하이드라진류 등)
액면연소	• 액면에서 증발한 연료가스 주위를 흐르는 공기와 혼합하면서 연소하는 형태 • 연소속도는 주위 공기의 흐름속도에 거의 비례하여 증가
심지연소	• 심지로 연료를 빨아올려 복사열에 의해 발생한 증기가 연소하는 형태 • 공급공기의 유속이 낮을수록, 공기의 온도가 높을수록, 화염의 길이는 길어짐
분무연소	• 액체 연료를 분무화를 통해 미립자로 만들어 공기에 혼합하여 연소하는 형태 • 연소장치를 작게 할 수 있음 • 고부하 연소 가능
확산연소	• 공기와 가스를 예열할 수 있는 연소형태 • 화염의 길이가 길고, 그을음이 발생하기 쉬운 반면, 역화(back fire)의 위험이 없음
예혼합연소	• 화염온도가 높아 연소부하가 큰 경우에 사용 가능 • 화염의 길이가 짧고, 혼합기의 분출속도가 느릴 경우 역화의 위험이 있음

용어

인화점과 발화점

- 인화점(flash point) : 순간적으로 발화하는 온도로 외부에서 에너지가 주어져 발생하며, 점화원에 의해 발화하기 시작하는 최저온도
- 발화점(ignition point) : 주위의 에너지를 충분하게 받아 스스로 점화할 수 있는 최저온도

핵심이론 2 연료의 종류별 특징

(1) 연료의 종류별 장단점

연료	장점	단점
고체 연료	• 연료비와 및 설비비가 저렴 • 인화 · 폭발의 위험성이 적음 • 저장 · 운반 시 노천 야적이 가능 • 연소장치가 간단함	• 점화 · 소화가 용이하지 않음 • 발열량이 작음 • 회분 및 매연 발생량이 많음 • 공기가 많이 필요함
액체 연료	• 수송 · 저장이 용이함 • 연소조절이 쉽고, 발열량이 큼 • 품질이 일정함	• 역화의 위험이 있음 • 연소 시 소음 발생의 우려가 있음 • 황분이 많아 황산화물(SO_X) 발생의 우려가 있음 • 국부적 과열 발생의 우려가 있음
기체 연료	• 점화 · 소화가 용이함 • 연소조절이 쉽고, 발열량이 큼 • 황(S) 함량이 적어 이산화황(SO_2) 발생량이 적음 • 회분 및 유해물질의 배출이 적음 • 적은 과잉공기(10~20%)로 완전연소 가능	• 수송 · 저장이 용이하지 않음 • 취급 시 위험성이 큼 • 설비비가 많이 듦 • 연료비가 비쌈

(2) 석탄(고체 연료)의 주요 특징

구분	내용
탄화도	• 탄화도가 클수록 : 고정탄소, 착화온도, 발열량, 비중, 연료비 증가 • 탄화도가 작을수록 : 비열, 수분, 산소, 연소속도, 매연, 휘발분 감소
성분	• 고정탄소 : 휘발분이 휘발되고 남은 가연성 잔존물 • 휘발분 : 석탄 연소 시 연소를 촉진시킴 • 수분 : 부착수분과 고유수분의 합 • 회분 : 완전연소 후 남은 불연성 잔존물

(3) 석유(액체 연료)의 주요 특징

구분	내용
비중	• 비중이 클수록 : C/H 비(탄화수소비), 점도, 유동점, 착화점 증가 • 비중이 작을수록 : 발열량, 동점도, 연소성 감소
특징	• 석유류의 C/H 비 크기 : 중유 > 경유 > 등유 > 휘발유 • C/H 비가 클수록 : 이론공연비 감소, 휘도 및 방사율 증가, 매연 발생률 증가 • 석유의 분별증류 시 종류 : LPG, 휘발유, 나프타, 등유, 경유, 중유, 아스팔트

핵심이론 3 연소 계산

(1) 이론산소량★★★

① 고체 · 액체 연료

㉠ 산소무게/연료무게(kg/kg)

$$O_o = 2.667\mathrm{C} + 8\mathrm{H} + \mathrm{S} - \mathrm{O}$$

㉡ 산소부피/연료무게(Sm^3/kg)

$$O_o = 1.867\mathrm{C} + 5.6\mathrm{H} + 0.7\mathrm{S} - 0.7\mathrm{O}$$

여기서, O_o : 이론산소량

C, H, S, O : 탄소(C), 수소(H), 황(S), 산소(O)의 함량

② 기체 연료

$$\mathrm{C}_m\mathrm{H}_n + \left(m + \frac{n}{4}\right)\mathrm{O}_2 \rightarrow m\mathrm{CO}_2 + \frac{n}{2}\mathrm{H}_2\mathrm{O}$$

여기서, C_mH_n : 탄화수소의 함량

m, n : 상수

O_2, CO_2, H_2O : 산소(O_2), 이산화탄소(CO_2), 물(H_2O)의 함량

㉠ 산소무게/연료무게(kg/kg)

$$\left(m + \frac{n}{4}\right) \times \frac{32}{12m + n}$$

㉡ 산소부피/연료무게(Sm^3/kg)

$$\left(m + \frac{n}{4}\right) \times \frac{22.4}{12m + n}$$

㉢ 산소부피/연료부피(Sm^3/Sm^3)

$$\left(m + \frac{n}{4}\right)$$

(2) 공기량★★★

① 이론공기량

㉠ 최종 부피 단위

$$A_o = O_o \div 0.21$$

㉡ 최종 무게 단위

$$A_o = O_o \div 0.232$$

여기서, A_o : 이론공기량, O_o : 이론산소량

② 공기비

$$m = \frac{A}{A_o} = \frac{N_2}{N_2 - 3.76(O_2 - 0.5CO)}$$

여기서, A : 실제 공기량, A_o : 이론공기량

N_2, O_2, CO : 질소(N_2), 산소(O_2), 일산화탄소(CO)의 함량

참고

공기비가 클 경우

- 희석효과가 커져, 에너지 및 열 손실이 커진다.
- NO_2, SO_2의 함량이 증가한다.
- 연소실 내 연소온도가 감소한다.
- 배기가스 온도 및 매연 발생량이 감소한다.

③ 등가비

$$\phi = \frac{1}{m} = \frac{\text{실제 연료량/산화제}}{\text{이상적 연료량/산화제}}$$

참고

연소상태

- $\phi>1$: 과잉 연료로 불완전연소
- $\phi=1$: 완전연소
- $\phi<1$: 적은 연료로 과잉 공기

(3) 연소가스 양★★★

① 이론 건연소가스 양

$$G_{od} = (1-0.232)A_o + CO_2 + SO_2$$
$$= (1-0.232)A_o + 3.667C + 2S \cdots \text{kg/kg}$$
$$G_{od} = (1-0.21)A_o + CO_2 + SO_2$$
$$= (1-0.21)A_o + 1.867C + 0.7S \cdots \text{Sm}^3\text{/kg}$$

② 실제 건연소가스 양

$$G_d = (m-0.232)A_o + CO_2 + SO_2$$
$$= (m-0.232)A_o + 3.667C + 2S \cdots \text{kg/kg}$$
$$G_d = (m-0.21)A_o + CO_2 + SO_2$$
$$= (m-0.21)A_o + 1.867C + 0.7S \cdots \text{Sm}^3\text{/kg}$$

③ 이론 습연소가스 양

$$G_{ow} = (1-0.232)A_o + CO_2 + SO_2 + H_2O$$
$$= (1-0.232)A_o + 3.667C + 2S + 9H \cdots \text{kg/kg}$$
$$G_{ow} = (1-0.21)A_o + CO_2 + SO_2 + H_2O$$
$$= (1-0.21)A_o + 1.867C + 0.7S + 11.2H \cdots \text{Sm}^3\text{/kg}$$

④ 실제 습연소가스 양

$$G_w = (m-0.232)A_o + CO_2 + SO_2 + H_2O$$
$$= (m-0.232)A_o + 3.667C + 2S + 9H \cdots \text{kg/kg}$$
$$G_w = (m-0.21)A_o + CO_2 + SO_2 + H_2O$$
$$= (m-0.21)A_o + 1.867C + 0.7S + 11.2H \cdots \text{Sm}^3\text{/kg}$$

여기서, A_o : 이론공기량

CO_2, SO_2, H_2O : 이산화탄소(CO_2), 이산화황(SO_2), 물(H_2O)의 발생량

C, S, H : 탄소(C), 황(S), 수소(H)의 함량

(4) 최대탄산가스 양★★

$$(CO_2)_{max}(\%) = \frac{CO_2}{G_{od}} \times 100 = \frac{21(CO_2 + CO)}{21 - O_2 + 0.395CO}$$

여기서, G_{od} : 이론 건연소가스 양

CO_2, CO, O_2 : 이산화탄소(CO_2), 일산화탄소(CO), 산소(O_2)의 발생량

(5) Rosin 식

① 고체 연료

$$A_o = 1.01 \times \frac{Hl}{1,000} + 0.5 \cdots Sm^3/kg$$

$$G_o = 0.89 \times \frac{Hl}{1,000} + 1.65 \cdots Sm^3/kg$$

② 액체 연료

$$A_o = 0.85 \times \frac{Hl}{1,000} + 2 \cdots Sm^3/kg$$

$$G_o = 1.1 \times \frac{Hl}{1,000} \cdots Sm^3/kg$$

여기서, A_o : 이론공기량

G_o : 이론가스 양

Hl : 저위발열량

핵심이론 4 공연비, 연소온도, 연소실 열발생률, 열효율 계산

(1) 공연비

$$AFR_v = \frac{m_a \times 22.4}{m_f \times 22.4} \cdots \text{부피}$$

$$AFR_m = \frac{M_A \times m_a}{M_F \times m_f} \cdots \text{무게}$$

여기서, m_a : 공기 몰수, m_f : 연료 몰수

M_A : 공기 질량, M_F : 연료 질량

(2) 연소온도

$$t = \frac{Hl}{G \times C_p} + t_a$$

여기서, Hl : 저위발열량(kcal/Sm^3)

G : 연소가스량(Sm^3/Sm^3)

C_p : 평균정압비열(kcal/Sm^3 · ℃)

t_a : 실제 온도(℃)

(3) 연소실 열발생률

$$Q = \frac{Hl \times G_m}{V}$$

여기서, Q : 열발생률(kcal/m^3 · hr)

Hl : 저위발열량(kcal/kg)

G_m : 연료 사용량(kg/hr)

V : 연소실 부피(m^3)

(4) 열효율

$$\eta = \frac{\text{유효열}}{\text{공급열}} = \frac{t_f - t_g}{t_f - t_{SL}}$$

여기서, t_f : 연소온도(℃)

t_g : 배기가스 온도(℃)

t_{SL} : 슬러지 온도(℃)

핵심이론 5 소각공정

(1) 소각공정의 정의

소각공정이란 폐기물을 산소와 접촉시켜 완전산화시키는 것으로, 감량화, 감용화, 안정화, 무해화 등을 하기 위한 공정이다.

참고

소각반응식
유기물질 + O_2 → CO_2 + SO_2 + H_2O + 열

(2) 연소실의 특성

① 운전척도는 공기연료비, 혼합정도, 연소온도 등이다.
② 크기는 주입 폐기물 1톤당 0.4~0.6m^3/day로 설계된다.
③ 주연소실의 연소온도는 약 600~1,000℃ 정도이다.
④ 직사각형, 수직원통형, 혼합형, 회전형 등이 있으며, 대부분 직사각형이다.
⑤ 내화재를 충전한 연소로와 워터월(water wall) 연소기로 구분된다.
⑥ Water wall 연소기는 여분의 공기가 많이 소요되지 않으므로, 대기오염물질 제거장치의 규모는 크지 않다.
⑦ 재는 유입되는 폐기물 부피의 약 5% 무게에 대해서는 13~20% 가량 생산된다.
⑧ 주입된 폐기물을 건조·휘발·점화시켜 연소시키는 1차 연소실과 1차 연소실에서 미연소된 부분을 연소시키는 2차 연소실로 구성되어 있다.

(3) 연소실의 본체 형식

형식	특성
역류식	• 폐기물의 이송방향과 연소가스의 흐름방향이 반대인 형식 • 수분이 많고 저위발열량이 낮은 쓰레기에 적합 • 후연소 내의 온도 저하나 불완전연소가 발생할 수 있음
병류식	• 폐기물의 이송방향과 연소가스의 흐름방향이 같은 형식 • 폐기물의 저위발열량이 높은 경우에 사용하기 적절
교류식	• 역류식과 병류식의 중간 형식 • 중간정도의 발열량을 가지는 폐기물에 적합
복류식	2개의 출구를 가지고 있고 댐퍼의 개폐로 역류식, 병류식, 교류식으로 조절할 수 있어 폐기물의 질이나 저위발열량의 변동이 심할 경우에 사용
향류식	• 폐기물의 이송방향과 연소가스의 흐름방향이 동일한 형식 • 복사열에 의한 건조에 유리하고, 난연성 또는 착화하기 어려운 폐기물에 적합한 형식

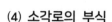

(4) 소각로의 부식

구분	저온 부식	고온 부식
특징	• 결로로 생성된 수분에 산성 가스 등의 부식성 가스가 용해되어 이온으로 해리되면서 금속부와 전기화학적 반응에 의한 금속염으로 저온 부식이 진행됨 • 150~320℃에서는 부식이 잘 일어나지 않고, 노점인 150℃ 이하의 온도에서 저온 부식이 발생함	• 320℃ 이상에서는 소각재가 침착된 금속면에서 고온 부식이 발생하며, 480~700℃ 사이에서는 염화철이나 알칼리철 황산염 분해에 의한 부식이 발생함 • 고온 부식은 600~700℃ 사이에 가장 잘 발생하며, 700℃ 이상에서는 가스층에서의 부식속도와 같이 완만한 속도의 부식이 진행됨
방지대책	• 내부식성 재질을 사용 • 가스를 재가열하여 가스 온도를 노점 이상으로 상승시킴 • 연소가스와의 접촉 방지	• 공기주입량을 늘려서 화격자를 냉각시킴 • 화격자의 냉각률을 높음 • 화격자의 재질을 저니켈강, 고크로뮴으로 함 • 부식되는 부분에 고온 공기를 주입하지 않음

핵심이론

핵심이론 6 소각로의 종류 및 특성

정리

소각로의 종류
- 화격자 소각로
- 고정상 소각로
- 유동층 소각로
- 회전로
- 다단로

(1) 화격자 소각로

① 화격자 소각로의 원리

노 내에 고정 또는 가동 화격자를 설치하고 화격자 위에 소각하고자 하는 폐기물을 투입하여 소각하는 방법으로, 재가 화격자를 통하여 쉽게 떨어질 수 있도록 화격자 하부에 재 저류조가 설치되어 있다.

② 화격자가 갖추어야 할 기능

㉠ 쓰레기를 균일하게 이송시키는 기능

㉡ 쓰레기의 교반 및 혼합을 촉진하는 기능

㉢ 연소용 공기를 적절하게 분배하는 기능

③ 화격자 소각로의 장단점

장점	단점
• 연속적인 소각 및 배출이 가능 • 경사 스토커(stoker)의 경우 수분이 많은 것, 발열량이 낮은 것도 어느 정도 소각 가능	• 체류시간이 길고 교반력이 약해 국부가열의 염려가 있음 • 고온에서 기계적으로 구동하므로 금속부의 마모손실이 심함 • 플라스틱과 같은 물질은 화격자가 막힐 염려가 있음

④ 화격자 소각로의 종류

종류	특징
반전식	스토커식 소각로에 여러 개의 부채형 화격자를 노폭 방향으로 병렬 조합하고, 한 조의 화격자를 형성하여 편심 캠에 의한 역주행 화격자(grate)로 되어 있는 연소장치
계단식	가동 및 고정 화격자가 계단식으로 배열되고, 가동 화격자가 전후로 운동하면서 폐기물을 다음 계단으로 이동시키는 연소장치
역동식	같은 스토커상에서 건조, 연소 및 후연소가 연속적으로 일어나는 연소장치로, 쓰레기의 교반이나 연소조건이 양호하고 화격자가 자기 스스로 청정작용도 하며 소각률이 대단히 높음
이상식	소각로의 쓰레기 이동방식에 따라 구분한 화격자 종류 중 화격자를 무한궤도식으로 설치한 것으로, 건조, 연소 및 후연소의 각 스토커 사이에 높이 차이를 두어 낙하시킴으로써 쓰레기층을 뒤집으며 내구성이 좋은 구조로 되어 있는 연소장치
회전식	폐기물의 흐름방향이 경사진 원통을 회전시켜 폐기물을 교반 · 이송하는 소각로

⑤ 회전식 소각로의 장단점★★

장점	단점
• 넓은 범위의 액상 · 고상 폐기물을 소각할 수 있음 • 소각대상물의 전처리과정이 불필요함 • 소각대상물에 관계없이 소각이 가능 • 연속적으로 재배출 가능 • 연소실 내 폐기물의 체류시간은 노의 회전속도를 조절함으로써 가능 • 용융상태의 물질에 의해 방해받지 않음 • 1,600℃에 달하는 온도에서도 작동될 수 있음	• 처리량이 적은 경우 설치비가 높음 • 구형 · 원통형 물질은 완전연소가 끝나기 전에 굴러 떨어질 수 있음 • 공기유출이 커 종종 대량의 과잉공기가 필요함 • 보수비가 높음

(2) 고정상 소각로

① 고정상 소각로의 원리

화상 위에서 소각물을 태우는 방식으로, 화격자에 적재가 불가능한 슬러지, 입자상 물질 등을 소각할 수 있으며, 구조에 따라 경사식, 수평식, 원호곡면식으로 구분한다.

② 고정상 소각로의 장단점

장점	단점
• 플라스틱과 같이 열에 열화·용해되는 물질의 소각에 유리함 • 화격자에 적재가 불가능한 폐기물의 소각 가능	• 연소효율이 좋지 않음 • 잔사의 용량이 많아짐 • 체류시간 길고 교반력이 약해 국부가열이 발생할 수 있음

(3) 유동층 소각로★★★

① 유동층 소각로의 원리

밑에서 가스를 주입하여 유동사를 띄워 가열시키고 상부에 폐기물을 투입하여 태우는 방식으로, 유기성 슬러지의 소각 시 많이 사용된다.

② 유동층 소각로의 장단점

장점	단점
• 소량의 과잉공기(1.2~1.3)로도 연소 가능 • 노 내의 기계적 가동부분이 없어 유지관리가 용이 • 열량이 적고, 난연성임 • 유동매체로 석회, 돌로마이트 등의 활성매체를 혼입함으로써 노 내에서 바로 탈황·탈염소·탈질 가능 • 유동매체의 열용량이 커서 액상·기상·고상 폐기물의 전소 및 혼소 가능 • 유동매체의 축열량이 높은 관계로 단기간 정지 후 가동 시 보조연료 사용 없이 정상 가동 가능	• 유동매질의 손실로 인한 보충이 필요함 • 상으로부터 찌꺼기의 분리가 어려움 • 투입, 유동화를 위해 파쇄가 필요함 • 운전비, 동력비가 많이 소요됨

③ 층물질(충전재)이 갖추어야 하는 조건

㉠ 비중이 작을 것

㉡ 입도분포가 균일할 것

㉢ 불활성일 것

㉣ 열충격에 강하고, 융점이 높을 것

㉤ 내마모성이 있을 것

㉥ 가격이 저렴할 것

(4) 회전로

① 회전로의 원리

경사진 구조로 되어 있으며, 넓은 범위의 액상 · 고상 폐기물을 소각할 수 있는 방식으로, 유해폐기물의 소각 처리에 많이 사용된다. 원통형 소각로의 길이와 직경의 비는 약 2~10, 회전속도는 0.3~1.5rpm, 처리율은 45kg/hr~2ton/hr, 연소온도는 800~1,600℃ 정도이다.

② 회전로의 장단점

장점	단점
• 조대폐기물을 전처리 없이 주입 가능 • 소각대상물에 관계없이 소각 가능 • 연속적으로 재배출 가능 • 연소실 내 폐기물의 체류시간은 노의 회전속도를 조절함으로써 가능 • 용융상태의 물질에 의해 방해받지 않음 • 공급장치의 대형 용기를 그대로 집어넣을 수 있음	• 비교적 열효율이 낮음 • 대기오염 제어 시스템의 분진 부하율이 높음 • 설치비가 높음 • 공기 유출이 커 다량의 과잉공기가 필요 • 완전연소되기 전 대기 중으로 부유성 물질이 배출될 수 있음

(5) 다단로

① 다단로의 원리

상부로부터 공급된 소각물을 고정상 노에서 교반 레이크로 회전 교반하여 배가스와 접촉을 좋게 함으로써 균등건조를 통해 국부연소를 피하고, 노에서의 클링커 생성을 방지한다. 하수슬러지의 소각 시 많이 사용하였었지만, 현재는 많이 사용하지 않는 방식이다.

② 다단로의 장단점

장점	단점
• 수분 함량이 높은 폐기물의 연소 가능 • 체류시간이 길어 휘발성이 작은 폐기물의 연소에 유리함 • 물리 · 화학적 성분이 서로 다른 폐기물의 처리 가능 • 연소영역이 넓어 연소효율이 높음	• 체류시간이 길어 온도반응이 느림 • 분진 발생률이 높음 • 유해폐기물의 완전분해를 위해 2차 연소실이 필요 • 움직이는 부분이 있어 유지비가 높음 • 보조연료의 사용 조절이 어려움

핵심이론 7 집진장치의 종류와 특성

집진장치	집진원리	장점	단점
중력 집진장치	• 함진가스(50~100μm)를 중력으로 처리하는 장치 • 압력손실(5~10mmH$_2$O)이 적음 • 집진효율이 좋지 않아 전처리 설비로 이용	• 설치비가 저렴 • 압력손실이 적음 • 고온가스 처리에 용이	• 시설 규모가 큰 편 • 집진효율이 낮음 • 먼지 및 유량변동의 적응성이 낮음
관성력 집진장치	• 함진가스를 방해판에 충돌시켜 작용하는 관성력을 이용하여 처리하는 장치 • 집진효율이 좋지 않아 전처리 설비로 이용	• 설치비가 저렴 • 압력손실이 적음	• 집진효율이 낮음 • 먼지 및 유량변동의 적응성이 낮음
원심력 집진장치	• 선회운동을 이용하여 입자에 적용되는 원심력에 의해 함진가스를 처리하는 장치 • 사이클론식과 회전식이 있음	• 설치면적이 작고, 운전비가 저렴 • 조작이 간단하고, 유지관리가 용이 • 건식 포집 · 제진 가능 • 고온가스 처리 가능	• 온도가 높을수록 공기의 점도가 높아져 포집효율이 줄어듦 • 사이클론 내부에서 먼지는 벽면과 마찰을 일으켜 운동에너지를 상실함
세정 집진장치	• 함진가스를 액적 및 액막 등으로 세정시켜 입자의 부착 · 응집을 일으켜 먼지를 분리하는 장치 • 입자 제거기전 : 관성충돌, 직접차단, 확산, 정전기력, 중력, 응집 등	• 입자상 · 가스상 물질의 동시 처리 가능 • 점착성 · 조해성 분진 처리 가능 • 부식성 가스 중화 및 고온가스 냉각 가능	• 소수성 먼지의 처리가 어려움 • 압력손실이 크고, 동력비가 많이 소요됨 • 폐수 발생으로 부식 발생 우려
여과 집진장치	• 함진가스를 여과재를 이용하여 먼지를 분리 · 제거하는 장치 • 포집기전 : 관성충돌, 차단, 확산작용 • 미세한 입자는 확산작용에 의해 집진됨	• 다양한 입자에 적용 가능 • 집진효율이 우수	• 여과재비가 많이 소요됨 • 폭발성 · 점착성 분진 제거가 어려움
전기 집진장치	함진가스를 전기력에 의해 처리하는 장치	• 건식 · 습식에 적용 가능 • 집진효율이 우수함 • 보수가 간단하여 유지비가 적음	• 설치비가 비쌈 • 소요면적이 큼 • 부하변동에 대한 적응성이 낮음

참고

블로다운(blow down) 효과
사이클론의 더스트 박스(dust box), 멀티클론의 호퍼부에서 처리가스 양의 5~10%를 흡입하여 사이클론 내 난류를 억제시켜 집진된 먼지의 비산을 방지하는 방법

핵심이론 8 질소산화물(NO_X) · 황산화물(SO_X)

(1) 생성원인

① **질소산화물** : 질소산화물의 90% 이상이 연료 연소에 의해 대기에 유입되며, 배출원으로는 자동차 배기가스, 공장 매연, 소각로 등이 있다. 질소산화물의 90~95%는 NO의 형태로 배출되며, 굴뚝에서 배출 시 NO_2의 형태로 산화된다.

② **황산화물** : 황을 함유한 연료인 석탄, 석유 등이 연소할 때 주로 배출되며, 황산화물의 대부분을 SO_2가 차지하기 때문에 대기오염과 관련하여 SO_2의 실측을 주로 한다. 인위적 배출원으로는 발전소, 석유정제 등과 같은 산업공정이 있고, 자연적 배출원으로는 화산, 온천 등이 있다.

(2) 질소산화물 생성기구

① Thermal NO_X : 대기 중의 질소가 고온 영역(1,200℃ 이상)에서 산화되어 발생하는 질소산화물

② Fuel NO_X : 연료 자체가 함유하고 있는 질소 성분의 연소로 발생하는 질소산화물

③ Prompt NO_X : 연료와 공기 중 질소의 결합으로 발생하는 질소산화물

(3) 연소조절에 의한 질소산화물 저감방법

① 저과잉공기 연소

② 2단 연소법(초기 연소 시 산소농도 저감)

③ 배기가스 재순환 연소(화염온도 저감)

④ 버너 및 연소실 구조 개량

⑤ 희박 예혼합연소

⑥ 연소부분 냉각

(4) 처리기술의 구분

구분	질소산화물 처리기술	황산화물 처리기술
건식법	• 선택적 촉매환원법 • 선택적 비촉매환원법 • 흡수법 • 흡착법 • 접촉분해법	• 석회수법 • 산화망가니즈 · 구리법 • 흡착법(가열, 세척, 활성탄) • 산화환원법
습식법	• 착염생성흡수법 • 산화흡수법 • 액상환원법 • 산흡수법	• 석회수법 • 암모니아 · 소듐법 • 산화마그네슘 · 칼슘법

참고

중유탈황법
- 미생물에 의한 탈황
- 방사선에 의한 탈황
- 금속산화물 흡착에 의한 탈황
- 접촉 수소화 탈황

(5) 질소산화물 처리기술

① 선택적 촉매환원법(SCR ; Selective Catalytic Reduction)

200~400℃의 범위에서 촉매(TiO_2, V_2O_5)하에 환원제(NH_3, CO 등)를 사용하여 NO_X를 N_2로 전환시키는 기술이다. 배출가스의 온도가 낮아 제거효율 저하 및 저온 부식의 우려가 있고, 촉매독과 부착에 따른 폐색 및 압력손실을 방지하기 위해 유해가스와 분진 제거장치 후단에 설치되는 것이 일반적이며, 암모니아 슬립의 발생이 적다.

$$4NO + 4NH_3 + O_2 \rightarrow 4N_2 + 6H_2O$$

$$NO + NO_2 + 2NH_3 \rightarrow 2N_2 + 3H_2O$$

$$2NO_2 + 4NH_3 + O_2 \rightarrow 3N_2 + 6H_2O$$

$$6NO_2 + 8NH_3 \rightarrow 7N_2 + 12H_2O$$

② 선택적 비촉매환원법(SNCR ; Selective Non-Catalytic Reduction)

촉매 사용 없이 환원제[NH_3, $(NH_2)_2CO$]를 사용하여 NO_X를 N_2로 전환시키는 기술이다. 운전온도는 900~1,000℃ 정도로 고온이며 설치공간이 좁고 설치비가 저렴하지만, 다이옥신의 제거가 매우 어렵고 암모니아 슬립이 발생한다. 질소산화물 제거효율에 미치는 대표적 인자는 온도, NO_X 초기농도, 반응시간, 산소농도 등이 있다.

$$4NO + 2CO(NH_2)_2 + O_2 \rightarrow 4N_2 + 2CO_2 + 4H_2O$$

③ 비선택적 촉매환원법(NSCR ; Non-Selective Catalytic Reduction)

산소를 소모한 후 환원제(CH_4, H_2 등)를 사용하여 NO_X를 N_2로 전환시키는 기술이다. N_2O 제거에도 효과가 있으나, 장치 구동을 위한 연료 소모가 많고 일산화탄소와 같은 부산물이 많이 생성된다.

④ 활성탄 흡착법

활성탄 사용 시 활성속도 및 흡착능력이 우수하지만, 폭발의 위험이 있고 재생하여 활용하기가 어렵다. 120~150℃에서 처리되며, 질소산화물과 황산화물을 동시에 제거할 수 있다.

핵심이론 9 다이옥신

(1) 다이옥신의 생성원인

폐기물 소각로에서 염소를 함유한 PVC 및 폐플라스틱류의 연소, 자동차 배출가스, 금속 제조, 펄프 표백공정 등에서 발생한다. 투입 폐기물에 존재하던 다이옥신(PCDD)과 퓨란(PCDF)이 연소 시 파괴되지 않고 배기가스로 배출되며 저온에서 촉매화 반응에 의해 분진과 결합하여 형성된다.

(2) 다이옥신의 특성

① 다이옥신(PCDD)의 이성체는 75개, 퓨란(PCDF)은 135개이다.
② 860~920℃에 도달하면 파괴된다.
③ 250~300℃에서 다이옥신 생성은 최대치가 된다.
④ 2,3,7,8-PCDD의 독성계수는 1이며, 여타 이성체는 1보다 작은 등가계수를 갖는다.
⑤ 한 개 또는 두 개의 산소원자와 1~8개의 염소원자가 결합된 두 개의 벤젠고리를 포함하고 있다.

(3) 다이옥신의 제어방법

① 연소 전 제어(사전 방지)
폐기물의 사전 분리방법으로, 폐기물을 균질화한다.

② 연소단계 제어
㉠ 860~920℃에 도달하면 다이옥신과 퓨란이 파괴되고, 920~1,000℃에서는 염화벤젠류 등이 파괴되므로, 국부적 온도를 980℃보다 높여 열적으로 분해한다.
㉡ 소각로 상부에 2차 연소로를 설치하여 연소가스의 체류시간을 증가시킨다.
㉢ 연소 시 발생하는 미연분과 비산재의 양을 줄이고, 쓰레기 공급상태를 균질화한다.
㉣ 연소용 공기의 양과 분포를 적절하게 유지하고, 연소가스와 연소공기를 혼합한다.

③ 연소 후 제어
㉠ 촉매분해법 : V_2O_5, TiO_2 등의 촉매를 사용하여 다이옥신을 분해하는 방법
㉡ 활성탄 흡착법 : 활성탄 분말의 흡착성을 이용하여 표면에 다이옥신을 흡착시켜 제거하는 방법
㉢ 광분해법 : 자외선(250~300nm)을 배기가스에 조사시켜 다이옥신의 결합을 파괴하는 방법
㉣ 고온 열분해법 : 배기가스 온도를 850℃ 이상으로 유지하여 다이옥신을 분해하는 방법
㉤ 초임계유체 분해법 : 초임계유체의 극대 용해도(374℃, 218atm)를 이용하여 다이옥신을 흡수 · 제거하는 방법
㉥ 오존산화법 : 용액 중 오존을 주입하여 다이옥신을 분해하는 방법
㉦ 생물학적 분해법 : 세균 등을 이용하여 다이옥신을 생물학적으로 분해하는 방법

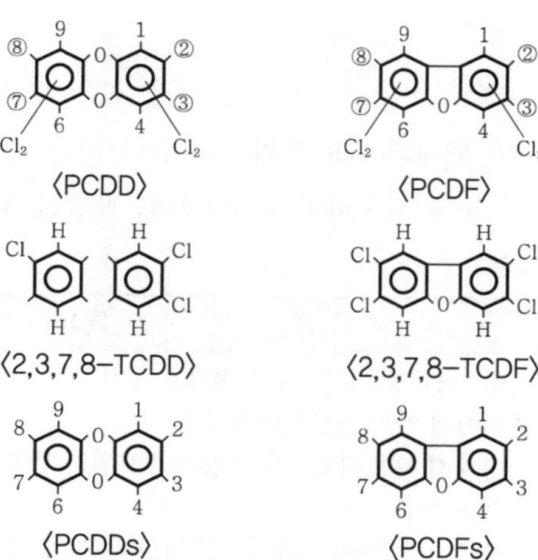

‖ 다이옥신의 구조 ‖

핵심이론

핵심이론 10 폐열 회수설비

(1) 보일러

① 보일러의 원리

연료의 연소열을 압력용기 속 물로 전달한 후 소요압력의 증기를 발생시키는 장치로, 발생한 증기는 저압 포화증기로서 공장 생산용 열원 및 난방용 등으로 광범위하게 사용된다. 또한 고압 과열증기로 만들어 증기 터빈으로 보내 동력을 발생시킨 후 그 배기를 생산용 열원으로 사용하기도 한다.

② 보일러의 종류

구분	종류
원통 보일러	• 직립형 보일러(횡관식, 다관식) • 노통 보일러(코시니, 랭커셔) • 연관 보일러(횡연관, 기관차) • 노통 · 연관 복합 보일러
수관 보일러	• 자연순환 보일러(직관형, 곡관형, 방사형) • 강제순환 보일러 • 관류 보일러 • 간접가열 보일러 • 배열 보일러
특수 보일러	• 특수연료 보일러 • 특수유체 보일러 • 기타(온수 보일러, 전기 보일러)

(2) 열교환기

① 열교환기의 원리

폐열을 전량 흡수하려면 열교환기의 부피가 상당히 커야 하므로 독자적인 폐열 회수시설로 사용하기보다는 보일러 등에 설치하여 보조적으로 폐열을 회수하는 데 이용한다.

② 열교환기의 종류별 특성

종류	특성
과열기	• 방사형, 대류형, 방사 · 대류형으로 구분 • 부착위치에 따라 전열형태가 다름 • 방사형과 대류형 과열기를 조합하여 보일러 부하변동에 대해 과열 증기의 온도변화가 비교적 균일함 • 보일러에서 발생하는 포화증기를 과열하여 수분을 제거한 후 과열도가 높은 증기를 얻기 위해 설치함
재열기	• 과열기와 같은 구조로 되어 있으며, 과열기의 중간 또는 뒤에 배치 • 증기 터빈 속에서 소정의 팽창을 하여 포화증기에 가까워진 증기를 도중에 이끌어내 재차 가열하여 터빈을 돌려 팽창시키는 경우에 사용
절탄기 (economizer)	• 보일러 전열면을 통과한 연소가스의 여열로 보일러 급수를 예열하여 보일러의 효율을 높이는 장치로, 연도에 설치 • 급수온도가 낮을 경우 저온부에 접하는 가스 온도가 노점에 달하여 절탄기를 부식시킴 • 통풍 저항의 증가와 굴뚝 가스의 온도 저하로 인한 굴뚝 통풍 감소에 대해 주의를 요함
공기예열기	• 굴뚝 가스의 여열을 이용해 연소용 공기를 예열함으로써 보일러의 효율을 높이는 장치 • 연료의 착화 · 연소를 양호하게 하고, 연소온도를 높이는 부대효과가 있음 • 절탄기와 병용하는 경우 공기예열기를 저온측에 설치해야 함(공기로의 열전달이 물보다 작아 같은 열량의 회수에 큰 전열넓이가 필요하지만, 절연면의 온도가 많이 내려가지 않으므로 저온의 열회수에 적합)

(3) 증기 터빈

① 증기 터빈의 원리

증기의 열에너지를 회전운동으로 변환시키는 과정에서 먼저 증기의 속도에너지 변환을 필요로 한다.

② 증기 터빈의 종류

구분	종류
증기 작동방식	• 충동 터빈 • 반동 터빈 • 혼합식 터빈
증기 이용방식	• 배압 터빈 • 혼합 터빈 • 추기 복수 터빈 • 추기 배압 터빈 • 복수 터빈
증기 유동방향	• 축류 터빈 • 반경류 터빈
피구동기	• 발전용(직결형 터빈, 감속형 터빈) • 기계구동형(급수펌프 구동 터빈, 압축기 구동 터빈)
케이싱수	• 1케이싱 터빈 • 2케이싱 터빈
흐름수	• 단류 터빈 • 복류 터빈

4 과목 폐기물 공정시험기준(방법)

Engineer Wastes Treatment

저자쌤의 이론학습 TIP

폐기물 공정시험기준(방법) 과목은 「폐기물 공정시험기준」에 관한 내용으로 법령으로 정해진 것이기 때문에 개념과 공식을 그대로 암기해야 합니다. 범위가 워낙 넓어 과락이 많이 발생할 수 있는 과목이기 때문에, 자주 출제되는 내용은 반드시 암기하고, 기출문제에 출제되었던 문제는 정답 위주로 체크하고 넘어가도록 합니다.

핵심이론 1 총칙

(1) 농도의 표시방법★

① 백분율

㉠ 용액 또는 기체 100mL 중 성분무게(g)를 표시할 때 : W/V%

㉡ 용액 또는 기체 100mL 중 성분용량(mL)을 표시할 때 : V/V%

㉢ 용액 또는 기체 100g 중 성분용량(mL)을 표시할 때 : V/W%

㉣ 용액 또는 기체 100g 중 성분무게(g)를 표시할 때 : W/W%

다만, 용액의 농도를 "%"로만 표시할 때는 W/V%를 말한다.

② **천분율(parts per thousand)을 표시할 때** : g/L, g/kg

③ **백만분율(ppm ; parts per million)을 표시할 때** : mg/L, mg/kg

④ **십억분율(ppb ; parts per billion)을 표시할 때** : μg/L, μg/kg(1ppm의 1/1,000)

※ 기체 중의 농도는 표준상태(0℃, 1기압)로 환산하여 표시한다.

(2) 온도의 표시방법★★

(표준온도 : 0℃)

구분	온도	구분	온도
상온	15~25℃	냉수	15℃ 이하
실온	1~35℃	온수	60~70℃
찬 곳	0~15℃	열수	100℃

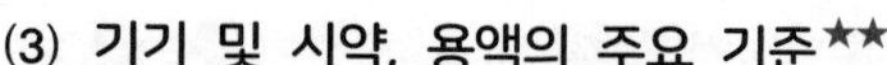

(3) 기기 및 시약, 용액의 주요 기준★★

① 분석용 저울은 0.1mg까지 달 수 있는 것이어야 하며, 분석용 저울 및 분동은 국가검정을 필한 것을 사용하여야 한다.

② 시험에 사용하는 시약은 따로 규정이 없는 한 1급 이상 또는 이와 동등한 규격의 시약을 사용한다.

③ 용액의 농도를 (1→10)으로 표시하는 것은 고체 성분에 있어서는 1g, 액체 성분에 있어서는 1mL를 용매에 녹여 전체 양을 10mL로 하는 비율을 표시한 것이다.

④ 액체 시약의 농도에 있어서, 예를 들어 염산(1+2)라고 되어 있을 때에는 염산 1mL와 물 2mL를 혼합하여 조제한 것을 말한다.

(4) 관련 용어의 정의★★★

① 시험조작 중 "즉시"란 30초 이내에 표시된 조작을 하는 것을 뜻한다.

② "감압 또는 진공"이라 함은 따로 규정이 없는 한 15mmHg 이하를 뜻한다.

③ "바탕시험을 하여 보정한다"라 함은 시료에 대한 처리 및 측정을 할 때, 시료를 사용하지 않고 같은 방법으로 조작한 측정치를 빼는 것을 뜻한다.

④ "방울수"라 함은 20℃에서 정제수 20방울을 적하할 때, 그 부피가 약 1mL 되는 것을 뜻한다.

⑤ "항량으로 될 때까지 건조한다"라 함은 같은 조건에서 1시간 더 건조할 때 전후 무게의 차가 g당 0.3mg 이하일 때를 말한다.

⑥ "밀폐용기"라 함은 취급 또는 저장하는 동안에 이물질이 들어가거나 또는 내용물이 손실되지 아니하도록 보호하는 용기를 말한다.

⑦ "기밀용기"라 함은 취급 또는 저장하는 동안에 밖으로부터의 공기 또는 다른 가스가 침입하지 아니하도록 내용물을 보호하는 용기를 말한다.

⑧ "밀봉용기"라 함은 취급 또는 저장하는 동안에 기체 또는 미생물이 침입하지 아니하도록 내용물을 보호하는 용기를 말한다.

⑨ "차광용기"라 함은 광선이 투과하지 않는 용기 또는 투과하지 않게 포장을 한 용기이며, 취급 또는 저장하는 동안에 내용물이 광화학적 변화를 일으키지 아니하도록 방지할 수 있는 용기를 말한다.

⑩ "정밀히 단다"라 함은 규정된 양의 시료를 취하여 화학저울 또는 미량저울로 칭량함을 말한다.

⑪ 무게를 "정확히 단다"라 함은 규정된 수치의 무게를 0.1mg까지 다는 것을 말한다.

⑫ "정확히 취하여"라 하는 것은 규정한 양의 액체를 홀피펫으로 눈금까지 취하는 것을 말한다.

⑬ "약"이라 함은 기재된 양에 대하여 ±10% 이상의 차가 있어서는 안 된다.

⑭ "냄새가 없다"라고 기재한 것은 냄새가 없거나, 또는 거의 없는 것을 표시하는 것이다.

핵심이론 2 정도보증 · 정도관리

(1) 검정곡선방법의 종류

① 절대검정곡선법(external standard method)
시료의 농도와 지시값과의 상관성을 검정곡선식에 대입하여 작성하는 방법

② 표준물질첨가법(standard addition method)
시료와 동일한 매질에 일정량의 표준물질을 첨가하여 검정곡선을 작성하는 방법으로, 매질 효과가 큰 시험분석방법에서 분석대상 시료와 동일한 매질의 표준시료를 확보하지 못한 경우에 매질 효과를 보정하여 분석할 수 있는 방법

③ 상대검정곡선법(internal standard calibration)
검정곡선 작성용 표준용액과 시료에 동일한 양의 내부표준물질을 첨가하여 시험분석절차 기기 또는 시스템의 변동으로 발생하는 오차를 보정하기 위해 사용하는 방법

(2) 정량한계(LOQ ; Limit Of Quantification)

시험분석대상을 정량화할 수 있는 측정값으로서, 제시된 정량한계 부근의 농도를 포함하도록 시료를 준비하고 이를 반복 측정하여 얻은 결과의 표준편차(s)에 10배한 값을 사용한다.

$$\text{정량한계} = 10\,s$$

(3) 정밀도와 정확도

① 정밀도(precision)
시험분석 결과의 반복성을 나타내는 것으로, 반복 시험하여 얻은 결과를 상대표준편차(RSD ; Relative Standard Deviation)로 나타내며 연속적으로 n회 측정한 결과의 평균값($\overline{x}$)과 표준편차(s)로 구한다.

$$\text{정밀도(\%)} = \frac{s}{\overline{x}} \times 100$$

② 정확도(accuracy)
시험분석 결과가 참값에 얼마나 근접하는가를 나타내는 것으로, 동일한 매질의 인증시료를 확보할 수 있는 경우에는 표준절차서(SOP ; Standard Operational Procedure)에 따라 인증표준물질을 분석한 결과값(C_M)과 인증값(C_C)과의 상대백분율로 구한다.

$$\text{정확도(\%)} = \frac{C_M}{C_C} \times 100$$

핵심이론 3 일반시험기준

1 시료의 채취

(1) 목적

이 시험기준은 폐기물의 성상과 폐기물에 함유된 각종 오염물질을 측정하기 위해 시료를 채취하는 방법과 시료를 조제하는 방법을 설명한다.

(2) 시료 용기

① 시료 용기는 시료를 변질시키거나 흡착하지 않는 것이어야 하며, 기밀하고 누수나 흡습성이 없어야 한다.

② 시료 용기는 무색 경질의 유리병, 폴리에틸렌병 또는 폴리에틸렌백을 사용한다. 다만, 노말헥세인 추출물질, 유기인, 폴리클로리네이티드바이페닐(PCBs) 및 휘발성 저급 염소화 탄화수소류 실험을 위한 시료의 채취 시에는 갈색 경질의 유리병을 사용하여야 한다.

③ 시료 중에 다른 물질의 혼입이나 성분의 손실을 방지하기 위하여 밀봉할 수 있는 마개를 사용하며, 코르크 마개를 사용하여서는 안 된다. 다만, 고무나 코르크 마개에 파라핀지, 유지 또는 셀로판지를 씌워 사용할 수도 있다.

④ 시료 용기에는 폐기물의 명칭, 대상 폐기물의 양, 채취장소, 채취시간 및 일기, 시료 번호, 채취책임자 이름, 시료의 양, 채취방법, 기타 참고자료(보관상태 등)를 기재한다.

(3) 시료의 양

시료의 양은 1회에 100g 이상으로 채취한다. 다만, 소각재의 경우에는 1회에 500g 이상으로 채취한다.

(4) 분석 시료의 수

① 대상 폐기물의 양과 현장 시료의 최소수★★★

대상 폐기물의 양(ton)	현장 시료의 최소수
~ 1 미만	6
1 이상 ~ 5 미만	10
5 이상 ~ 30 미만	14
30 이상 ~ 100 미만	20
100 이상 ~ 500 미만	30
500 이상 ~ 1,000 미만	36
1,000 이상 ~ 5,000 미만	50
5,000 이상 ~	60

② 폐기물이 적재되어 있는 운반차량에서 현장 시료를 채취할 경우에는 ①의 표에 관계없이 적재 폐기물의 성상이 균일하다고 판단되는 깊이에서 현장 시료를 채취한다. 5톤 미만의 차량에 폐기물이 적재되어 있는 경우에는 적재 폐기물을 평면상에서 6등분한 후 각 등분마다 현장 시료를 채취한다. 반면, 5톤 이상의 차량에 폐기물이 적재되어 있는 경우에는 적재 폐기물을 평면상에서 9등분한 후 각 등분마다 현장 시료를 채취한다.

(5) 시료의 전처리

① 분석용 또는 수분 측정용 시료의 양이 많을 경우(이를 "대시료"라 한다)에는 실험에 들어가기 전에 시료의 조성을 균일화하기 위하여 시료의 분할채취방법에 따라 균일화한다.

② 소각 잔재, 슬러지 또는 입자상 물질은 그대로, 작은 돌멩이 등의 이물질은 제거하고, 이외의 폐기물 중 입경이 5mm 미만인 것은 그대로, 입경이 5mm 이상인 것은 분쇄하여 체로 거른 후 입경이 0.5~5mm가 되도록 한다.

(6) 시료의 분할채취방법

① 구획법

㉠ 모아진 대시료를 네모꼴로 엷게, 균일한 두께로 편다.

㉡ 이것을 가로 4등분, 세로 5등분하여 20개의 덩어리로 나눈다.

㉢ 20개의 각 부분에서 균등한 양을 취한 후 혼합하여 하나의 시료로 만든다.

② 교호삽법

㉠ 분쇄한 대시료를 단단하고 깨끗한 평면 위에 원추형으로 쌓는다.

㉡ 원추를 장소를 바꾸어 다시 쌓는다.

㉢ 원추에서 일정한 양을 취하여 장방형으로 도포하고, 계속해서 일정한 양을 취하여 그 위에 입체로 쌓는다.

㉣ 육면체의 측면을 교대로 돌면서 각각 균등한 양을 취하여 두 개의 원추를 쌓는다.

㉤ 하나의 원추는 버리고 나머지 원추를 앞의 조작을 반복하면서 적당한 크기까지 줄인다.

③ 원추4분법★

㉠ 분쇄한 대시료를 단단하고 깨끗한 평면 위에 원추형으로 쌓아 올린다.

㉡ 앞의 원추를 장소를 바꾸어 다시 쌓는다.

㉢ 원추의 꼭지를 수직으로 눌러서 평평하게 만들고, 이것을 부채꼴로 4등분한다.

㉣ 마주보는 두 부분을 취하고, 반은 버린다.

㉤ 반으로 줄어든 시료를 앞의 조작을 반복하여 적당한 크기까지 줄인다.

2 시료의 준비

(1) 분석 기기 및 기구

① 진탕기

상온 · 상압에서 진탕횟수가 분당 약 200회, 진탕의 폭이 4~5cm이고, 진탕시간 6시간의 연속 진탕이 가능한 왕복진탕기를 사용한다.

② 마이크로파 분해장치

시료를 산과 함께 용기에 넣어 마이크로파를 가하면, 강산에 의해 시료가 산화되면서 빠른 진동과 충돌에 의하여 극성 성분들은 시료 내 다른 물질들과의 결합이 끊어져 이온상태로 수용액에 용해된다. 이 장치는 가열속도가 빠르고 재현성이 좋으며, 폐유 등 유기물이 다량 함유된 시료의 전처리에 이용된다.

(2) 용출시험방법

① 시료 용액의 조제

시료의 조제방법에 따라 조제한 시료 100g 이상을 정확히 달아 정제수에 염산을 넣어 pH 5.8~6.3으로 맞춘 용매(mL)를 시료 : 용매 = 1 : 10(W : V)의 비로 2,000mL 삼각플라스크에 넣어 혼합한다. 다만, 정제수의 pH가 5.8~6.3인 경우에는 정제수에 염산을 넣어 pH를 조정하지 않아도 된다.

② 용출조작

시료 용액의 조제가 끝난 혼합액을 상온 · 상압에서 진탕횟수가 분당 약 200회, 진탕의 폭이 4~5cm인 왕복진탕기(수평인 것)를 사용하여 6시간 동안 연속 진탕한 다음, 1.0μm의 유리섬유여과지로 여과하고 여과액을 적당량 취하여 용출실험용 시료 용액으로 한다. 다만, 여과가 어려운 경우에는 원심분리기를 사용하여 분당 3,000회전 이상으로 20분 이상 원심분리한 다음, 상등액을 적당량 취하여 용출실험용 시료 용액으로 한다.

③ 시험결과의 보정★★

항목별 시험기준 중 각 항의 규정에 따라 실험한 용출시험의 결과는 시료 중의 수분 함량 보정을 위해 함수율 85% 이상인 시료에 한하여 "15/{100− 시료의 함수율(%)}"을 곱하여 계산한 값으로 한다.

(3) 산분해법★★

① 질산 분해법

유기물 함량이 낮은 시료에 적용하며, 질산에 의한 유기물 분해방법이다.

② 질산-염산 분해법

유기물 함량이 비교적 높지 않고, 금속의 수산화물, 산화물, 인산염 및 황화물을 함유하고 있는 시료에 적용하며, 질산-염산에 의한 유기물 분해방법이다.

③ 질산-황산 분해법

유기물 등을 많이 함유하고 있는 대부분의 시료에 적용하며, 질산-황산에 의한 유기물 분해방법이다. 그러나 칼슘, 바륨, 납 등을 다량 함유한 시료는 난용성의 황산염을 생성하여 다른 금속 성분을 흡착하므로 주의해야 한다.

④ 질산-과염소산 분해법

유기물을 높은 비율로 함유하고 있으면서 산화 분해가 어려운 시료들에 적용하며, 질산-과염소산에 의한 유기물 분해방법이다.

⑤ 질산-과염소산-불화수소산 분해법

점토질 또는 규산염이 높은 비율로 함유된 시료에 적용하며, 질산-과염소산-불화수소산으로 유기물을 분해하는 방법이다.

⑥ 회화법

목적성분이 400℃ 이상에서 휘산되지 않고 쉽게 회화될 수 있는 시료에 적용하며, 회화에 의한 유기물 분해방법이다. 시료 중에 염화암모늄, 염화마그네슘, 염화칼슘 등이 높은 비율로 함유된 경우에는 납, 철, 주석, 아연, 안티모니 등이 휘산되어 손실이 발생하므로 주의해야 한다.

⑦ 마이크로파 산분해법

전반적인 처리절차 및 원리는 산분해법과 같으나, 마이크로파를 이용해서 시료를 가열하는 것이 다르다. 마이크로파를 이용하여 시료를 가열할 경우 고온 · 고압하에서 조작할 수 있어 전처리효율이 좋아진다.

3 완충용액

① 인산염 완충용액(pH 6.8)

인산이수소포타슘 34g과 무수인산일수소소듐 35.6g을 정제수에 녹여 1,000mL로 한다.

② 인산 · 탄산염 완충용액(수은 실험용)

인산일수소소듐 · 12수화물 150g과 무수탄산포타슘 38g을 정제수에 녹여 1,000mL로 한다. 이 액을 분별깔때기에 옮기고 구연산이암모늄 용액(10W/V%)과 같은 방법으로 디티존사염화탄소 용액(0.005W/V%)으로 씻은 다음 사용한다.

③ 아세트산염 완충용액(pH 4.0)

아세트산소듐 · 3수화물 14g을 정제수에 녹여 100mL로 하고, 따로 아세트산 23mL에 정제수를 넣어 100mL로 한다. 양 액을 동량 섞어 분별깔때기에 옮기고 구연산이암모늄 용액(10W/V%)과 같은 방법으로 디티존사염화탄소 용액(0.005W/V%)으로 씻은 다음 사용한다.

④ 프탈산수소포타슘 완충용액(pH 3.4)

프탈산수소포타슘 완충용액(0.2M) 250mL에 염산 용액(0.2M) 50mL를 섞고 정제수를 넣어 1,000mL로 한다.

핵심이론 4 일반항목

1 강열감량 및 유기물 함량, 기름성분 - 중량법

(1) 강열감량 및 유기물 함량

① 목적★

폐기물의 강열감량 및 유기물 함량을 측정하는 방법으로, 시료에 질산암모늄 용액(25%)을 넣고 가열하여 (600±25)℃의 전기로 안에서 3시간 강열하고 데시케이터에서 식힌 후 질량을 측정하여 증발용기의 질량 차이로부터 강열감량(%) 및 유기물 함량(%)을 구한다.

② 간섭물질

㉠ 눈에 보이는 이물질이 들어 있을 때에는 제거해야 한다.

㉡ 용기 벽에 부착하거나 바닥에 가라앉는 물질이 있는 경우에는 시료를 분취하는 과정에서 오차가 발생할 수 있다.

③ 시료 채취 및 관리

㉠ 시료는 유리병에 채취하고, 가능한 한 빨리 측정한다.

㉡ 시료를 보관하여야 할 경우 미생물에 의한 분해를 방지하기 위해 0~4℃에서 보관한다.

㉢ 시료는 24시간 이내에 증발 처리를 하는 것이 원칙이며, 부득이한 경우에는 최대 7일을 넘기지 말아야 한다. 시료를 분석하기 전에 상온이 되게 한다.

④ 관련 공식★★

$$\text{강열감량(\%) 또는 유기물 함량(\%)} = \frac{(W_2 - W_3)}{(W_2 - W_1)} \times 100$$

여기서, W_1 : 뚜껑을 포함한 증발용기의 질량

W_2 : 강열 전의 뚜껑을 포함한 증발용기와 시료의 질량

W_3 : 강열 후의 뚜껑을 포함한 증발용기와 시료의 질량

(2) 기름성분

① 목적

폐기물 중 기름성분을 측정하는 방법으로 시료를 노말헥세인으로 추출하여 잔류물의 질량으로부터 구하는 방법이다.

② 적용범위

㉠ 폐기물 중의 비교적 휘발되지 않는 탄화수소, 탄화수소유도체, 그리스유상 물질 중 노말헥세인에 용해되는 성분에 적용한다.

㉡ 정량한계는 0.1% 이하로 한다.

핵심이론

③ 간섭물질

㉠ 눈에 보이는 이물질이 들어 있을 때에는 제거해야 한다.

㉡ 용기 벽에 부착하거나 바닥에 가라앉는 물질이 있는 경우는 시료를 분취하는 과정에서 큰 오차가 발생할 수 있다.

④ 분석기기 및 기구

㉠ 전기열판 또는 전기멘틀

㉡ 증발접시

㉢ ㅏ자형 연결관 및 리비히 냉각관

㉣ 삼각플라스크

㉤ 분별깔때기

⑤ 관련 공식

$$기름성분(\%) = (a-b) \times \frac{100}{V}$$

여기서, a : 실험 전후의 증발접시의 질량 차(g)

b : 바탕시험 전후의 증발접시의 질량 차(g)

V : 시료의 양(g)

2 수소이온농도 - 유리전극법★

① 목적

폐기물의 pH를 측정하는 방법으로, 액상 폐기물과 고상 폐기물의 pH를 유리전극과 기준전극으로 구성된 pH 측정기를 사용하여 측정한다.

② 적용범위

pH를 0.01까지 측정한다.

③ 간섭물질

㉠ 유리전극은 일반적으로 용액의 색도, 탁도, 콜로이드성 물질들, 산화 및 환원성 물질들, 그리고 염도에 의해 간섭을 받지 않는다.

㉡ pH 10 이상에서 소듐에 의해 오차가 발생할 수 있는데, 이는 '낮은 소듐 오차전극'을 사용하여 줄일 수 있다.

㉢ 기름층이나 작은 입자상이 전극을 피복하여 pH 측정을 방해할 수 있는데, 이 피복물을 부드럽게 문질러 닦아내거나 세척제로 닦아낸 후 정제수로 세척하고 부드러운 천으로 수분을 제거하여 사용한다. 염산(1+9) 용액을 사용하여 피복물을 제거할 수 있다.

㉣ pH는 온도변화에 따라 영향을 받는다. 대부분의 pH 측정기는 자동으로 온도를 보정할 수 있다.

참고

표준액의 pH 크기(0℃ 기준)
수산염(1.67) > 프탈산염(4.01) > 인산염(6.98) > 붕산염(9.46) > 탄산염(10.32) > 수산화칼슘(13.43)

3 석면 - 편광현미경법, X선 회절기법

(1) 편광현미경법

편광현미경과 입체현미경을 이용하여 고체 시료 중 석면의 특성을 관찰하여 정성과 정량 분석을 하기 위한 것

(2) X선 회절기법

X선 회절기를 이용하여 시료 중 석면의 특정한 회절 피크의 특성을 관찰하여 정성 및 정량 분석을 하기 위한 것이다.

정리

석면의 종류별 형태와 색상

구분	백석면(chrysotile)	갈석면(amosite)	청석면(crocidolite)
섬유형태	• 꼬인 물결 모양의 섬유 • 다발 끝은 분산된 모양	• 곧은 섬유와 섬유 다발 • 다발 끝은 빗자루 같거나 분산된 모양	• 곧은 섬유와 섬유 다발 • 긴 섬유는 만곡 • 다발 끝은 분산된 모양
색상	• 가열하면 무색~밝은 갈색 • 다색성	• 가열하면 무색~갈색 • 약한 다색성	특징적인 청색과 다색성
종횡비	10 : 1 이상	10 : 1 이상	10 : 1 이상

4 사이안 - 자외선/가시선 분광법, 이온전극법, 연속흐름법

(1) 자외선/가시선 분광법

① 목적

폐기물 중 사이안화합물을 측정하는 방법으로, 시료를 pH 2 이하의 산성으로 조절한 후에 에틸렌다이아민테트라아세트산이소듐을 넣고 가열·증류하여 사이안화합물을 사이안화수소로 유출시켜 수산화소듐 용액에 포집한 다음 중화하고, 클로라민-T와 피리딘·피라졸론 혼합액을 넣어 나타나는 청색을 620nm에서 측정하는 방법이다.

② 정도관리 목표값

㉠ 정량한계 : 0.01mg/L

㉡ 검정곡선 : 결정계수$(R^2) \geq 0.98$

㉢ 정밀도 : 상대표준편차 ±25% 이내

㉣ 정확도 : 75~125%

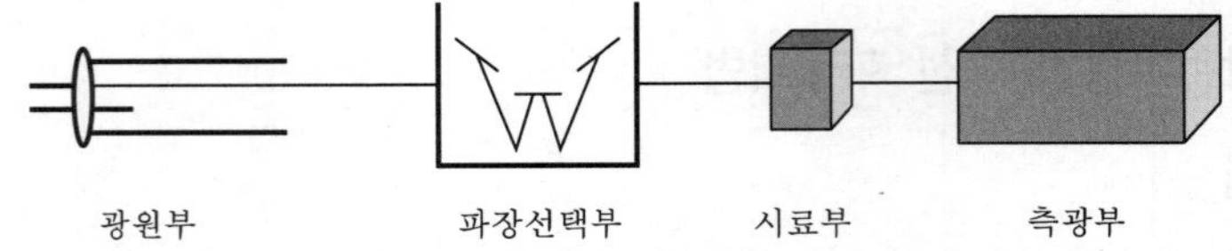

▌자외선/가시선 분광광도계의 구성▐

(2) 이온전극법

① 목적

폐기물 중 사이안을 측정하는 방법으로, 액상 폐기물과 고상 폐기물을 pH 12~13의 알칼리성으로 조절한 후 사이안 이온전극과 비교전극을 사용하여 전위를 측정하고, 그 전위차로부터 사이안을 정량하는 방법이다.

② 용어 정의

㉠ 이온전극 : [이온전극|측정용액|비교전극]의 측정계에서 측정대상 이온에 감응하여 네른스트식에 따라 이온활동도에 비례하는 전위차를 나타낸다.

㉡ 기준전극 : 은-염화은의 칼로멜전극 등으로 구성된 전극으로 pH 측정기에서 측정전위값의 기준이 된다.

㉢ 유리전극(작용전극) : 이온측정기에 유리전극으로서 이온의 농도가 감지되는 전극이다.

(3) 연속흐름법

폐기물 중 사이안화합물을 분석하기 위하여 시료를 산성상태에서 가열 · 증류하여 사이안화물 및 사이안착화합물의 대부분을 사이안화수소로 유출시켜 포집한 다음, 포집된 사이안이온을 중화하고 클로라민-T를 넣어 생성된 염화사이안이 발색시약과 반응하여 나타나는 청색을 620nm 또는 기기에 따라 정해진 파장에서 연속흐름법으로 분석하는 시험방법이다.

핵심이론 5 금속류(용출)

1 원자흡수 분광광도법

(1) 목적

폐기물 중 구리, 납, 카드뮴 등의 측정방법으로, 질산을 가한 시료 또는 산 분해 후 농축시료를 직접 불꽃으로 주입하여 원자화한 후 원자흡수 분광광도법으로 분석한다.

(2) 적용범위

① 이 시험기준은 폐기물 중 구리, 납, 카드뮴 등의 분석에 적용한다.
② 구리, 납, 카드뮴은 공기-아세틸렌 불꽃에 주입하여 분석한다.
③ 낮은 농도의 구리, 납, 카드뮴은 암모니아피롤리딘다이티오카바메이트와 착물을 생성시켜 메틸아이소뷰틸케톤으로 추출하여 공기-아세틸렌 불꽃에 주입하여 분석한다.

(3) 간섭물질

① 화학물질이 공기-아세틸렌 불꽃에서 분자상태로 존재하여 낮은 흡광도를 보일 때가 있다. 이는 불꽃의 온도가 너무 낮아 원자화가 일어나지 않는 경우와 안정한 산화물질로 바뀌어 불꽃에서 원자화가 일어나지 않는 경우에 발생한다.
② 염이 많은 시료를 분석하면 버너 헤드 부분에 고체가 생성되어 불꽃이 자주 꺼지고 버너 헤드를 청소해야 하는데, 이를 방지하기 위해서는 시료를 묽혀 분석하거나 메틸아이소뷰틸케톤 등을 사용하여 추출하여 분석한다.
③ 시료 중에 포타슘, 소듐, 리튬, 세슘과 같이 쉽게 이온화되는 원소가 1,000mg/L 이상의 농도로 존재할 때에는 금속 측정을 간섭한다. 이때에는 검정곡선용 표준물질에 시료의 매질과 유사하게 첨가하여 보정한다.
④ 시료 중에 알칼리금속의 할로겐화합물을 다량 함유하는 경우에는 분자 흡수나 광산란에 의하여 오차를 발생하므로, 추출법으로 카드뮴을 분리하여 실험한다.

(4) 분석 기기 및 기구

① **원자흡수 분광광도계** : 일반적으로 광원부, 시료원자화부, 파장선택부 및 측광부로 구성되어 있으며, 단광속형과 복광속형으로 구분된다. 다원소 분석이나 내부표준물질법을 사용할 수 있는 다중채널형도 있다.
② **광원램프** : 원자흡수 분광광도계에 사용하는 광원으로, 좁은 선폭과 높은 휘도를 갖는 스펙트럼을 방사하는 납 속빈음극램프를 사용한다.
③ **기체** : 원자흡수 분광광도계에 불꽃을 만들기 위해 가연성 기체와 조연성 기체를 사용하는데, 일반적으로 가연성 기체로 아세틸렌을, 조연성 기체로 공기를 사용한다.

핵심이론

(5) 정도관리 목표값

① **정량한계** : 구리(0.008mg/L), 납(0.04mg/L), 카드뮴(0.002mg/L)

② **검정곡선** : 결정계수(R^2) ≥ 0.98

③ **정밀도** : 상대표준편차 ±25% 이내

④ **정확도** : 75~125%

(6) 기타 물질

① **수은(환원기화)** : 폐기물 중 수은의 측정방법으로, 시료 중 수은을 이염화주석에 넣어 금속수은으로 환원시킨 다음, 이 용액에 통기하여 발생하는 수은 증기를 253.7nm의 파장에서 원자흡수 분광광도법에 따라 정량하는 방법이다.

② **크로뮴** : 크로뮴의 농도에 따라 다른 전처리방법을 사용하여 시료를 분해한 후 농축시료를 직접 불꽃으로 주입하여 원자화하여 원자흡수 분광광도법으로 분석하는 방법이다.

2 유도결합 플라스마 - 원자발광분광법

(1) 목적

폐기물 중 금속류를 측정하는 방법으로, 시료를 고주파 유도코일에 의하여 형성된 아르곤 플라스마에 주입하여 6,000~8,000K에서 들뜬 원자가 바닥상태로 이동할 때 방출하는 발광선 및 발광강도를 측정하여 원소의 정성 및 정량 분석을 수행한다.

(2) 적용범위

폐기물 중 구리, 납, 비소, 카드뮴, 크로뮴, 6가크로뮴 등 원소의 동시 분석에 적용한다.

(3) 간섭물질

① 광학 간섭

분석하는 금속원소 이외에서 발광하는 파장은 측정을 간섭한다. 어떤 원소가 동일 파장에서 발광할 때, 파장의 스펙트럼선이 넓어질 때, 이온과 원자의 재결합으로 연속 발광할 때, 분자띠 발광 시에 간섭이 발생한다.

② 물리적 간섭

시료의 분무 또는 운반과정에서 물리적 특성, 즉 점도와 표면장력의 변화 등에 의해 발생한다. 특히 시료 중에 산의 농도가 10V/V% 이상으로 높거나 용존 고형물질이 1,500mg/L 이상으로 높은 반면, 검정용 표준용액의 산 농도는 5% 이하로 낮을 때 발생하며, 이때 시료를 희석하거나 표준용액을 시료의 매질과 유사하게 하거나 표준물질 첨가법을 사용하면 간섭효과를 줄일 수 있다.

③ 화학적 간섭

분자 생성, 이온화 효과, 열화학 효과 등이 시료 분무와 원자화 과정에서 방해요인으로 나타난다. 이 영향은 별로 심하지 않으며, 적절한 운전조건의 선택으로 최소화할 수 있다.

(4) 정도관리 목표값

① 정량한계 : 0.002~0.01mg/L

② 검정곡선 : 결정계수(R^2) ≥ 0.98 또는 감응계수의 상대표준편차 ≤ 10%

③ 정밀도 : 상대표준편차 ±25% 이내

④ 정확도 : 75~125%

3 자외선/가시선 분광법

(1) 목적★

물질	목적
구리	시료 중 구리이온이 알칼리성에서 다이에틸다이티오카르바민산소듐과 반응하여 생성하는 황갈색의 킬레이트화합물을 아세트산뷰틸로 추출하여 흡광도를 440nm에서 측정하는 방법
납	시료 중 납이온이 사이안화포타슘 공존하에 알칼리성에서 디티존과 반응하여 생성하는 납 디티존 착염을 사염화탄소로 추출하고, 과잉의 디티존을 사이안화포타슘 용액으로 씻은 다음, 납 착염의 흡광도를 520nm에서 측정하는 방법
비소	에틸다이티오카르바민산은의 피리딘 용액에 흡수시켜 이때 나타나는 적자색의 흡광도를 530nm에서 측정하는 방법
수은	수은을 황산 산성에서 디티존사염화탄소로 일차 추출하고, 브로민화포타슘 존재하에 황산 산성에서 역추출하여 방해성분과 분리한 다음, 알칼리성에서 디티존사염화탄소로 수은을 추출하여 490nm에서 흡광도를 측정하는 방법
카드뮴	시료 중 카드뮴이온을 사이안화포타슘이 존재하는 알칼리성에서 디티존과 반응시켜 생성하는 카드뮴 착염을 사염화탄소로 추출하고, 추출한 카드뮴 착염을 타타르산 용액으로 역추출한 다음, 수산화소듐과 사이안화포타슘을 넣어 디티존과 반응하여 생성하는 적색의 카드뮴 착염을 사염화탄소로 추출하여 그 흡광도를 520nm에서 측정하는 방법
크로뮴	시료 중에 총 크로뮴을 과망가니즈산포타슘을 사용하여 6가크로뮴으로 산화시킨 다음, 산성에서 다이페닐카바자이드와 반응하여 생성되는 적자색 착화합물의 흡광도를 540nm에서 측정하여 총 크로뮴을 정량하는 방법
6가크로뮴	시료 중 6가크로뮴을 다이페닐카바자이드와 반응시켜 생성하는 적자색 착화합물의 흡광도를 540nm에서 측정하여 6가크로뮴을 정량하는 방법

(2) 적용범위

물질	정량범위	정량한계
구리	0.002~0.03mg	0.002mg
납	0.001~0.04mg	0.001mg
비소	0.002~0.01mg	0.002mg
수은	0.001~0.025mg	0.001mg
카드뮴	0.001~0.03mg	0.001mg
크로뮴	0.002~0.05mg	0.002mg
6가크로뮴	0.04~1.0mg/L	0.04mg/L

(3) 흡수셀★

① 시료액의 흡수파장이 약 370nm 이상일 때는 석영 또는 경질유리 흡수셀을 사용하고, 약 370nm 이하일 때는 석영 흡수셀을 사용한다.

② 따로 흡수셀의 길이를 지정하지 않았을 때는 10mm 셀을 사용한다.

핵심이론 6 유기물질과 휘발성 유기화합물 및 의료폐기물

1 기체 크로마토그래피

(1) 목적

물질	목적
유기인	폐기물 중에 유기인화합물 중 이피엔, 파라티온, 메틸디메톤, 다이아지논 및 펜토에이트의 측정방법으로, 유기인화합물을 기체 크로마토그래프로 분리한 다음 질소인 검출기 또는 불꽃광도 검출기로 분석하는 방법
폴리클로리네이티드 바이페닐(PCBs)	폐기물 중 PCBs를 분석하는 방법으로, 시료 중의 PCBs를 헥세인으로 추출하여 실리카겔 칼럼 등을 통과시켜 정제한 다음, 기체 크로마토그래프에 주입하여 크로마토그램에 나타난 피크 패턴에 따라 PCBs를 확인하고 정량하는 방법
할로겐화 유기물질	폐기물 중 할로겐화 유기물질의 측정방법으로, 폐유기용제 등의 시료 적당량을 희석용 용매로 희석한 후 기체 크로마토그래프에 직접 주입하여 시료 중 할로겐화 유기물질류를 분석하는 방법
휘발성 저급 염소화 탄화수소류	폐기물 중 휘발성 저급 염소화 탄화수소류의 측정방법으로, 시료 중의 트라이클로로에틸렌 및 테트라클로로에틸렌을 헥세인으로 추출하여 기체 크로마토그래프로 정량하는 방법

(2) 적용범위★

물질	검출기	정량한계
유기인	질소인 · 불꽃광도 검출기	0.0005mg/L
PCBs	전자포획검출기	0.0005mg/L(액상 : 0.05mg/L)
할로겐화 유기물질	불꽃이온화 · 전자포획 검출기	10.0mg/kg
휘발성 저급 염소화 탄화수소류	전자포획 · 전해전도 검출기	• 트라이클로로에틸렌 : 0.008mg/L • 테트라클로로에틸렌 : 0.002mg/L

참고

할로겐화 유기물질의 간섭물질

- 추출용매에는 분석성분의 머무름시간에서 피크가 나타나는 간섭물질이 있을 수 있다. 추출용매 안에 간섭물질이 발견되면 증류하거나 칼럼 크로마토그래피에 의해 제거한다.
- 이 실험으로 끓는점이 높거나 극성 유기화합물들이 함께 추출되므로, 이들 중에는 분석을 간섭하는 물질이 있을 수 있다.
- 다이클로로메테인과 같이 머무름시간이 짧은 화합물은 용매의 피크와 겹쳐 분석을 방해할 수 있다.
- 플루오르화 탄소나 다이클로로메테인과 같은 휘발성 유기물은 보관이나 운반 중에 격막(septum)을 통해 시료 안으로 확산되어 시료를 오염시킬 수 있으므로 현장 바탕시료로서 이를 점검하여야 한다.
- 시료에 혼합표준액 일정량을 첨가하여 크로마토그램을 작성하고 미지의 다른 성분과 피크의 중복 여부를 확인한다. 만일 피크가 중복될 경우 극성이 다르고 분리가 양호한 칼럼을 택하여 실험한다.

2 기체 크로마토그래피 - 질량분석법

(1) 목적

물질	목적
유기인	폐기물 중에 유기인화합물 중 이피엔, 파라티온, 메틸디메톤, 다이아지논 및 펜토에이트의 측정방법으로서, 유기인화합물을 기체 크로마토그래프로 분리한 다음 질량검출기로 분석하는 방법
폴리클로리네이티드 바이페닐(PCBs)	폐기물 중 PCBs을 분석하는 방법으로, 시료 중의 PCBs을 헥세인으로 추출하여 실리카겔 칼럼 등을 통과시켜 정제한 다음, 기체 크로마토그래프-질량분석계로 분석하여 크로마토그램에 나타난 피크 패턴에 의하여 PCBs을 정량하는 방법
다환방향족 탄화수소(PAHs)	철도용 폐받침목에 함유되어 있는 PAHs 중 벤조(a)안트라센, 벤조(a)피렌, 다이벤조(a, h)안트라센의 측정방법으로, PAHs를 기체 크로마토그래피-질량분석계로 측정하는 방법
할로겐화 유기물질	폐기물 중 할로겐화 유기물질을 측정방법으로, 폐유기용제 등의 시료 적당량을 희석용 용매로 희석한 후, 기체 크로마토그래프-질량분석계에 직접 주입하여 시료 중 할로겐화 유기물질류를 분석하는 방법
휘발성 저급 염소화 탄화수소류	• 폐기물 중에 존재하는 휘발성 저급 염소화 탄화수소류를 측정하는 방법으로, 시료 중 트라이클로로에틸렌 및 테트라클로로에틸렌을 불활성 기체로 퍼지시켜 기상으로 추출한 다음, 트랩관으로 흡착 · 농축하고, 가열 · 탈착시켜 모세관 칼럼을 사용한 기체 크로마토그래피-질량분석계로 분석 • 폐기물 중에 존재하는 휘발성 저급 염소화 탄화수소류를 측정하는 방법으로, 시료 중 트라이클로로에틸렌 및 테트라클로로에틸렌을 헤드스페이스/기체 크로마토그래피-질량분석계로 분석

(2) 적용범위

물질	정량한계
유기인	0.0005mg/L
PCBs	1.0mg/L
PAHs	0.5mg/kg
할로겐화 유기물질	10.0mg/kg
휘발성 저급 염소화 탄화수소류	0.001mg/L

정리

의료폐기물의 감염성 미생물 검사방법

- 감염성 미생물 – 아포균 검사법
- 감염성 미생물 – 세균배양 검사법
- 감염성 미생물 – 멸균테이프 검사법

5
과목

폐기물 관계법규

Engineer Wastes Treatment

저자쌤의 이론학습 TIP

폐기물 관계법규 과목은 「폐기물관리법」 및 환경 관련 법에 관한 내용으로 법령으로 정해진 것이기 때문에 이해하려고 하기 보다는 그대로 암기하는 것이 중요합니다. 자주 출제되는 내용과 최근 기출문제 위주로 공부하는 것이 중요하며, 핵심이론에는 필수내용만을 담았기 때문에, 관련 내용을 더 알고자 하는 경우에는 "국가법령정보센터"에서 직접 찾아보는 것도 이해를 돕기 위한 방법입니다.

핵심이론

핵심이론 1 폐기물관리법

(1) 용어의 정의★★★

① "폐기물"이란 쓰레기, 연소재, 오니, 폐유, 폐산, 폐알칼리 및 동물의 사체 등으로서 사람의 생활이나 사업활동에 필요하지 아니하게 된 물질을 말한다.

② "생활폐기물"이란 사업장폐기물 외의 폐기물을 말한다.

③ "사업장폐기물"이란 「대기환경보전법」, 「물환경보전법」 또는 「소음 · 진동관리법」에 따라 배출시설을 설치 · 운영하는 사업장이나 그 밖에 대통령령으로 정하는 사업장에서 발생하는 폐기물을 말한다.

④ "지정폐기물"이란 사업장폐기물 중 폐유 · 폐산 등 주변 환경을 오염시킬 수 있거나 의료폐기물 등 인체에 위해를 줄 수 있는 해로운 물질로서 대통령령으로 정하는 폐기물을 말한다.

⑤ "의료폐기물"이란 보건 · 의료 기관, 동물병원, 시험 · 검사 기관 등에서 배출되는 폐기물 중 인체에 감염 등 위해를 줄 우려가 있는 폐기물과 인체조직 등 적출물, 실험동물의 사체 등 보건 · 환경보호상 특별한 관리가 필요하다고 인정되는 폐기물로서 대통령령으로 정하는 폐기물을 말한다.

⑥ "의료폐기물 전용 용기"란 의료폐기물로 인한 감염 등의 위해 방지를 위하여 의료폐기물을 넣어 수집 · 운반 또는 보관에 사용하는 용기를 말한다.

⑦ "처리"란 폐기물의 수집, 운반, 보관, 재활용, 처분을 말한다.

⑧ "처분"이란 폐기물의 소각 · 중화 · 파쇄 · 고형화 등의 중간처분과 매립하거나 해역으로 배출하는 등의 최종처분을 말한다.

⑨ "재활용"이란 다음의 어느 하나에 해당하는 활동을 말한다.

㉠ 폐기물을 재사용 · 재생 이용하거나 재사용 · 재생 이용할 수 있는 상태로 만드는 활동

㉡ 폐기물로부터 「에너지법」에 따른 에너지를 회수하거나 회수할 수 있는 상태로 만들거나 폐기물을 연료로 사용하는 활동으로서 환경부령으로 정하는 활동

⑩ "폐기물 처리시설"이란 폐기물의 중간처분시설, 최종처분시설 및 재활용시설로서 대통령령으로 정하는 시설을 말한다.

⑪ "폐기물 감량화시설"이란 생산공정에서 발생하는 폐기물의 양을 줄이고, 사업장 내 재활용을 통하여 폐기물 배출을 최소화하는 시설로서 대통령령으로 정하는 시설을 말한다.

(2) 적용범위

이 법은 다음의 어느 하나에 해당하는 물질에 대해서는 적용하지 아니한다.

① 「원자력안전법」에 따른 방사성 물질과 이로 인하여 오염된 물질

② 용기에 들어 있지 아니한 기체상태의 물질

③ 「물환경보전법」에 따른 수질오염 방지시설에 유입되거나 공공수역으로 배출되는 폐수

④ 「가축분뇨의 관리 및 이용에 관한 법률」에 따른 가축분뇨

⑤ 「하수도법」에 따른 하수 · 분뇨

⑥ 「가축전염병예방법」에 적용되는 가축의 사체, 오염물건, 수입 금지물건 및 검역 불합격품

⑦ 「수산생물질병관리법」에 적용되는 수산동물의 사체, 오염된 시설 또는 물건, 수입 금지물건 및 검역 불합격품

⑧ 「군수품관리법」에 따라 폐기되는 탄약

⑨ 「동물보호법」에 따른 동물장묘업의 허가를 받은 자가 설치 · 운영하는 동물장묘시설에서 처리되는 동물의 사체

(3) 폐기물 관리의 기본원칙

① 사업자는 제품의 생산방식 등을 개선하여 폐기물의 발생을 최대한 억제하고, 발생한 폐기물을 스스로 재활용함으로써 폐기물의 배출을 최소화하여야 한다.

② 누구든지 폐기물을 배출하는 경우에는 주변 환경이나 주민의 건강에 위해를 끼치지 아니하도록 사전에 적절한 조치를 하여야 한다.

③ 폐기물은 그 처리과정에서 양과 유해성(有害性)을 줄이도록 하는 등 환경보전과 국민건강보호에 적합하게 처리되어야 한다.

④ 폐기물로 인하여 환경오염을 일으킨 자는 오염된 환경을 복원할 책임을 지며, 오염으로 인한 피해의 구제에 드는 비용을 부담하여야 한다.

⑤ 국내에서 발생한 폐기물은 가능하면 국내에서 처리되어야 하고, 폐기물의 수입은 되도록 억제되어야 한다.

⑥ 폐기물은 소각, 매립 등의 처분을 하기보다는 우선적으로 재활용함으로써 자원생산성의 향상에 이바지하도록 하여야 한다.

(4) 재활용을 금지하거나 제한하는 폐기물

① 폐석면

② 폴리클로리네이티드바이페닐(PCBs)이 환경부령으로 정하는 농도 이상 들어 있는 폐기물

③ 의료폐기물(태반은 제외)

④ 폐유독물 등 인체나 환경에 미치는 위해가 매우 높을 것으로 우려되는 폐기물 중 대통령령으로 정하는 폐기물

(5) 폐기물 처리업의 허가를 받거나 전용 용기 제조업의 등록을 할 수 없는 자

① 미성년자, 피성년후견인 또는 피한정후견인

② 파산선고를 받고 복권되지 아니한 자

③ 이 법을 위반하여 금고 이상의 실형을 선고받고 그 형의 집행이 끝나거나 집행을 받지 아니하기로 확정된 후 10년이 지나지 아니한 자

④ 이 법을 위반하여 금고 이상 형의 집행유예를 선고받고 그 집행유예기간이 끝난 날부터 5년이 지나지 아니한 자

⑤ 이 법을 위반하여 대통령령으로 정하는 벌금형 이상을 선고받고 그 형이 확정된 날부터 5년이 지나지 아니한 자

⑥ 폐기물 처리업의 허가가 취소되거나 전용 용기 제조업의 등록이 취소된 자로서 그 허가 또는 등록이 취소된 날부터 10년이 지나지 아니한 자

⑦ 허가취소자 등과의 관계에서 자신의 영향력을 이용하여 허가취소자 등에게 업무 집행을 지시하거나 허가취소자 등의 명의로 직접 업무를 집행하는 등의 사유로 허가취소자 등에게 영향을 미쳐 이익을 얻는 자 등으로서 환경부령으로 정하는 자

⑧ 임원 또는 사용인 중에 위의 어느 하나에 해당하는 자가 있는 법인 또는 개인사업자

핵심이론 2 폐기물관리법 - 보칙 및 벌칙

(1) 2천만원 이하의 과징금

① 폐기물 처리 신고자가 처리금지를 명령하여야 할 때, 해당 처리금지로 인하여 그 폐기물 처리의 이용자가 폐기물을 위탁 처리하지 못하여 폐기물이 사업장 안에 적체됨으로써 이용자의 사업활동에 막대한 지장을 줄 우려가 있는 경우

② 폐기물 처리 신고자가 처리금지를 명령하여야 할 때, 해당 폐기물 처리 신고자가 보관 중인 폐기물 또는 그 폐기물 처리의 이용자가 보관 중인 폐기물의 적체에 따른 환경오염으로 인하여 인근 지역 주민의 건강에 위해가 발생되거나 발생될 우려가 있는 경우
③ 폐기물 처리 신고자가 처리금지를 명령하여야 할 때, 천재지변이나 그 밖의 부득이한 사유로 해당 폐기물 처리를 계속하도록 할 필요가 있다고 인정되는 경우

(2) 7년 이하의 징역이나 7천만원 이하의 벌금

① 특별자치시장, 특별자치도지사, 시장 · 군수 · 구청장이나 공원 · 도로 등 시설의 관리자가 폐기물의 수집을 위하여 마련한 장소나 설비 외의 장소에 폐기물을 버리거나, 특별자치시, 특별자치도, 시 · 군 · 구의 조례로 정하는 방법 또는 공원 · 도로 등 시설의 관리자가 지정한 방법을 따르지 아니하고 생활폐기물을 버려서는 안 되는데, 이를 위반하여 사업장폐기물을 버린 자
② 법에 따라 허가 또는 승인을 받거나 신고한 폐기물 처리시설이 아닌 곳에서 폐기물을 매립하거나 소각하여서는 안 되는데, 이를 위반하여 사업장폐기물을 매립하거나 소각한 자
③ 폐기물의 재활용에 대한 승인을 받지 아니하고 폐기물을 재활용한 자

(3) 5년 이하의 징역이나 5천만원 이하의 벌금

① 승인이 취소되었음에도 불구하고 폐기물을 계속 재활용한 자
② 거짓이나 그 밖의 부정한 방법으로 재활용 환경성평가기관으로 지정 또는 변경지정을 받은 자
③ 지정을 받지 아니하고 재활용 환경성평가를 한 자
④ 대행계약을 체결하지 아니하고 종량제봉투 등을 제작 · 유통한 자
⑤ 허가를 받지 아니하고 폐기물 처리업을 한 자
⑥ 거짓이나 그 밖의 부정한 방법으로 폐기물 처리업 허가를 받은 자
⑦ 등록을 하지 아니하고 전용 용기를 제조한 자
⑧ 거짓이나 그 밖의 부정한 방법으로 전용 용기 제조업 등록을 한 자
⑨ 적합성 확인을 받지 아니하고 폐기물 처리업을 계속한 자
⑩ 거짓이나 그 밖의 부정한 방법으로 적합성 확인을 받은 자
⑪ 폐쇄 명령을 이행하지 아니한 자

(4) 3년 이하의 징역이나 3천만원 이하의 벌금

① 폐기물의 처리기준을 위반하여 폐기물을 매립한 자
② 거짓이나 그 밖의 부정한 방법으로 재활용 환경성평가서를 작성하여 환경부장관에게 제출한 자
③ 변경지정을 받지 아니하고 중요 사항을 변경한 자
④ 다른 자에게 자기의 명의나 상호를 사용하여 재활용 환경성평가를 하게 하거나 재활용 환경성평가기관 지정서를 다른 자에게 빌려준 자

⑤ 다른 자의 명의나 상호를 사용하여 재활용 환경성평가를 하거나 재활용 환경성평가기관 지정서를 빌린 자
⑥ 사업장폐기물 중 음식물류 폐기물을 수집 · 운반 또는 재활용한 자
⑦ 거짓이나 그 밖의 부정한 방법으로 폐기물 분석 전문기관으로 지정을 받거나 변경지정을 받은 자
⑧ 지정 또는 변경지정을 받지 아니하고 폐기물 분석 전문기관의 업무를 한 자
⑨ 업무정지기간 중 폐기물 시험 · 분석 업무를 한 폐기물 분석 전문기관
⑩ 고의로 사실과 다른 내용의 폐기물 분석결과서를 발급한 폐기물 분석 전문기관
⑪ 위탁하여 처리하는 것을 위반하여 사업장폐기물을 처리한 자
⑫ 변경허가를 받지 아니하고 폐기물 처리업의 허가사항을 변경한 자
⑬ 전용 용기 제조업자는 제조한 전용 용기의 구조 · 규격 · 품질 및 표시가 기준에 적합한지 여부에 대하여 환경부령으로 정하는 바에 따라 검사를 받아야 하는데, 이를 위반하여 검사를 받지 아니한 자
⑭ 허가의 취소에 따른 영업정지기간에 영업을 한 자
⑮ 전용 용기 제조업 등록에 따른 영업정지기간에 영업을 한 자
⑯ 승인을 받지 아니하고 폐기물 처리시설을 설치한 자
⑰ 규정을 위반하여 검사를 받지 아니하거나 적합 판정을 받지 아니하고 폐기물 처리시설을 사용한 자
⑱ 거짓이나 그 밖의 부정한 방법으로 폐기물 처리시설 검사기관으로 지정 또는 변경지정을 받은 자
⑲ 폐기물 처리시설 검사기관으로 지정을 받지 아니하고 폐기물 처리시설을 검사한 자
⑳ 개선 명령을 이행하지 아니하거나 사용중지 명령을 위반한 자
㉑ 배출자에 대한 폐기물 처리 명령, 폐기물 처리업자 등에 대한 폐기물 처리 명령 또는 폐기물 처리업자 등의 방치폐기물 처리에 따른 명령을 이행하지 아니한 자
㉒ 폐기물의 회수조치에 따른 조치 명령을 이행하지 아니한 자
㉓ 반입정지 명령을 이행하지 아니한 자
㉔ 폐기물 처리에 따른 조치 명령을 이행하지 아니한 자
㉕ 검사를 받지 아니하거나 적합 판정을 받지 아니하고 폐기물을 매립하는 시설의 사용을 끝내거나 시설을 폐쇄한 자
㉖ 검사 결과 부적합 판정을 받은 경우에는 그 시설을 설치 · 운영하는 자에게 환경부령으로 정하는 바에 따라 기간을 정하여 그 시설의 개선을 명할 수 있는데, 이에 따른 개선 명령을 이행하지 아니한 자
㉗ 사후관리를 하여야 하는 자는 적절한 사후관리가 이루어지고 있는지에 관하여 검사기관으로부터 환경부령으로 정하는 정기검사를 받아야 하는데, 이를 위반하여 정기검사를 받지 아니한 자
㉘ 사후관리를 하여야 하는 자가 이를 제대로 하지 아니하거나 정기검사 결과 부적합 판정을 받은 경우에는 환경부령으로 정하는 바에 따라 기간을 정하여 시정을 명할 수 있는데, 이에 따른 시정 명령을 이행하지 아니한 자

(5) 2년 이하의 징역이나 2천만원 이하의 벌금

① 폐기물의 처리기준 또는 폐기물의 재활용 원칙 및 준수사항을 위반하여 폐기물을 처리한 자
② 재활용 가능 여부에 대해 승인을 하는 경우 국민 건강 또는 환경에 미치는 위해 등을 줄이기 위하여 승인의 유효기간, 폐기물의 양 등 환경부령으로 정하는 조건을 붙일 수 있는데, 이에 따른 승인조건을 위반하여 폐기물을 재활용한 자
③ 시험 · 분석 또는 실태조사 결과 유해성 기준을 위반한 제품 또는 물질을 제조 또는 유통한 자에 대하여 해당 제품 또는 물질의 회수, 파기 등 필요한 조치를 명할 수 있는데, 이에 따른 조치 명령을 이행하지 아니한 자
④ 환경부령으로 정하는 기준에 따른 시설 · 장비를 갖추어 시 · 도지사에게 신고를 하지 아니하거나 허위로 신고를 한 자
⑤ 생활폐기물을 수집 · 운반 시 안전기준을 준수하지 아니한 자
⑥ 기준 및 절차를 준수하지 아니하고 위탁 또는 확인하는 등 필요한 조치를 취하지 아니한 자
⑦ 변경확인을 받지 아니하거나 확인 · 변경확인을 받은 내용과 다르게 지정폐기물을 배출 · 운반 또는 처리한 자
⑧ 다른 자에게 자기의 성명이나 상호를 사용하여 폐기물의 시험 · 분석 업무를 하게 하거나 지정서를 다른 자에게 빌려 준 폐기물 분석 전문기관
⑨ 중대한 과실로 사실과 다른 내용의 폐기물 분석결과서를 발급한 폐기물 분석 전문기관
⑩ 폐기물의 인계 · 인수에 관한 사항과 폐기물 처리현장 정보를 입력하지 아니하거나 거짓으로 입력한 자
⑪ 업종 구분과 영업내용의 범위를 벗어나는 영업을 한 자
⑫ 환경부장관 또는 시 · 도지사는 허가 또는 변경허가를 할 때에는 주민생활의 편익, 주변 환경 보호 및 폐기물 처리업의 효율적 관리 등을 위하여 필요한 조건을 붙일 수 있는데, 이를 위반한 자
⑬ 다른 사람에게 자기의 성명이나 상호를 사용하여 폐기물을 처리하게 하거나 그 허가증을 다른 사람에게 빌려준 자
⑭ 폐기물의 보관 및 처리에 관한 준수사항을 지키지 아니한 폐기물 처리업자. 다만, 처리 명령, 반입정지 명령 또는 조치 명령 등 처분이 내려진 장소로 폐기물을 운반하지 아니한 경우에는 고의 또는 중과실인 경우에 한정한다.
⑮ 변경등록을 하지 아니하거나 거짓으로 변경등록하고 등록한 사항을 변경한 자
⑯ 다른 사람에게 자기의 성명이나 상호를 사용하여 전용 용기를 제조하게 하거나 등록증을 다른 사람에게 빌려준 자
⑰ 기준에 적합하지 아니한 전용 용기를 유통시킨 자
⑱ 설치가 금지되는 폐기물 소각시설을 설치 · 운영한 자
⑲ 신고를 하지 아니하고 폐기물 처리시설을 설치한 자
⑳ 변경승인을 받지 아니하고 승인받은 사항을 변경한 자

㉑ 변경지정을 받지 아니하고 중요 사항을 변경한 자
㉒ 거짓이나 그 밖의 부정한 방법으로 폐기물 처리시설 검사결과서를 발급한 자
㉓ 다른 자에게 자기의 명의나 상호를 사용하여 폐기물 처리시설 검사를 하게 하거나 폐기물 처리시설 검사기관 지정서를 빌려준 자
㉔ 다른 자의 명의나 상호를 사용하여 폐기물 처리시설 검사를 하거나 폐기물 처리시설 검사기관 지정서를 빌린 자
㉕ 관리기준에 적합하지 아니하게 폐기물 처리시설을 유지 · 관리하여 주변 환경을 오염시킨 자
㉖ 측정이나 조사 명령을 이행하지 아니한 자
㉗ 장부 기록사항을 전자정보 프로그램에 입력하지 아니하거나 거짓으로 입력한 자
㉘ 보고를 하지 아니하거나 거짓 보고를 한 자
㉙ 출입 · 검사를 거부 · 방해 또는 기피한 자

(6) 1천만원 이하의 과태료

① 생활폐기물 배출자는 생활폐기물을 스스로 처리하는 경우 매년 2월 말까지 환경부령으로 정하는 바에 따라 폐기물의 위탁 처리실적과 처리방법, 계약에 관한 사항 등을 특별자치시장, 특별자치도지사, 시장 · 군수 · 구청장에게 신고하여야 하는데, 이를 위반하여 신고를 하지 아니하거나 거짓으로 신고한 자
② 생활폐기물 중 음식물류 폐기물을 수집 · 운반 또는 재활용한 자
③ 환경부령으로 정하는 사업장폐기물 배출자는 사업장폐기물의 종류와 발생량 등을 환경부령으로 정하는 바에 따라 특별자치시장, 특별자치도지사, 시장 · 군수 · 구청장에게 신고하여야 하는데, 이를 위반하여 신고를 하지 아니하거나 거짓으로 신고를 한 자
④ 폐기물 분석 전문기관의 준수사항에 따른 준수사항을 지키지 아니한 자
⑤ 유해성 정보 자료를 작성하지 아니하거나 거짓 또는 부정한 방법으로 작성한 자(유해성 정보 자료의 작성을 의뢰받은 전문기관을 포함)
⑥ 유해성 정보 자료를 수탁자에게 제공하지 아니한 자
⑦ 전용 용기 제조를 업으로 하려는 자는 환경부령으로 정하는 기준에 따른 시설 · 장비 등의 요건을 갖추어 환경부장관에게 등록하여야 하며, 등록한 사항 중 환경부령으로 정하는 중요한 사항을 변경하려는 경우에는 변경등록을 하여야 하고, 그 밖의 사항 중 환경부령으로 정하는 사항을 변경하려면 변경신고를 하여야 하는데, 이에 따른 변경신고를 하지 아니하거나 거짓으로 변경신고하고 등록한 사항을 변경한 자
⑧ 전용 용기 제조업자는 기준에 적합한 전용 용기를 제조하는 등 환경부령으로 정하는 준수사항을 지켜야 하는데, 이에 따른 준수사항을 지키지 아니한 자
⑨ 폐기물 처리시설 검사기관의 준수사항을 지키지 아니한 자
⑩ 관리기준에 맞지 아니하게 폐기물 처리시설을 유지 · 관리하거나 오염물질 및 주변 지역에 미치는 영향을 측정 또는 조사하지 아니한 자
⑪ 기술관리인을 임명하지 아니하고 기술관리 대행 계약을 체결하지 아니한 자

⑫ 보고서의 제출 명령을 이행하지 아니한 자
⑬ 계약갱신 명령을 이행하지 아니한 자
⑭ 유해성 기준에 적합하지 아니하게 폐기물을 재활용한 제품 또는 물질을 제조하거나 유통한 자
⑮ 처리금지기간 중 폐기물의 처리를 계속한 자

(7) 300만원 이하의 과태료

① 사업장에서 발생하는 폐기물 중 환경부령으로 정하는 유해물질의 함유량에 따라 지정폐기물로 분류될 수 있는 폐기물에 대해서는 환경부령으로 정하는 바에 따라 폐기물 분석 전문기관에 의뢰하여 지정폐기물에 해당되는지를 미리 확인하여야 하는데, 이에 따른 확인을 하지 아니한 자
② 상호의 변경확인을 받지 아니한 자
③ 고시한 지침의 준수의무를 이행하지 아니한 자
④ 변경신고를 하지 아니하고 신고사항을 변경한 자
⑤ 관계 행정기관이나 그 소속 공무원이 요구하여도 인계번호를 알려주지 아니한 자
⑥ 폐기물을 수탁하여 처리하는 자는 영업정지 · 휴업 · 폐업 또는 폐기물 처리시설의 사용정지 등의 사유로 환경부령으로 정하는 사업장폐기물을 처리할 수 없는 경우에는 환경부령으로 정하는 바에 따라 지체 없이 그 사실을 사업장폐기물의 처리를 위탁한 배출자에게 통보하여야 하는데, 이를 위반하여 통보하지 아니한 자
⑦ 신고를 하지 아니하거나 휴업 또는 폐업의 신고를 하려는 자가 환경부령으로 정하는 바에 따라 보관하는 폐기물을 전부 처리하지 아니한 자
⑧ 폐기물 처리시설을 설치 · 운영하는 자, 음식물류 폐기물의 발생 억제 및 처리 계획을 신고한 자, 사업장폐기물 배출자 신고를 한 자, 지정폐기물을 처리하기 전에 서류를 제출하여 확인을 받은 자, 폐기물 처리업자, 폐기물 처리 신고자 중 어느 하나에 해당하는 자는 환경부령으로 정하는 바에 따라 매년 폐기물의 발생 · 처리에 관한 보고서를 다음 연도 2월 말일까지 해당 허가 · 승인 · 신고기관 또는 확인기관의 장에게 제출하여야 하는데, 이에 따른 보고서를 기한까지 제출하지 아니하거나 거짓으로 작성하여 제출한 자
⑨ 보고서의 제출 명령을 이행하지 아니한 자
⑩ 폐기물 분석 전문기관은 환경부령으로 정하는 바에 따라 매년 폐기물의 시험 · 분석에 관한 보고서를 다음 연도 2월 말일까지 환경부장관에게 제출하여야 하여야 하는데, 이에 따른 보고서를 기한까지 제출하지 아니하거나 거짓으로 작성하여 제출한 자
⑪ 처리이행보증보험의 계약을 갱신하지 아니한 자
⑫ 폐기물 처리 신고자는 신고한 폐기물 처리방법에 따라 폐기물을 처리하는 등 환경부령으로 정하는 준수사항을 지켜야 하는데, 이에 따른 준수사항을 지키지 아니한 자
⑬ 대행계약을 체결하지 아니하고 종량제봉투 등을 판매한 자
⑭ 중요 사항이 변경된 후에도 유해성 정보 자료를 다시 작성하지 아니하거나 거짓 또는 부정한 방법으로 작성한 자

⑮ 다시 작성한 유해성 정보 자료를 수탁자에게 제공하지 아니한 자
⑯ 유해성 정보 자료를 게시하지 아니하거나 비치하지 아니한 자

(8) 100만원 이하의 과태료

① 생활폐기물을 버리거나 매립 또는 소각한 자
② 특별자치시장, 특별자치도지사, 시장 · 군수 · 구청장은 토지나 건물의 소유자 · 점유자 또는 관리자가 청결을 유지하지 아니하면 해당 지방자치단체의 조례에 따라 필요한 조치를 명할 수 있는데, 이에 따른 조치 명령을 이행하지 아니한 자
③ 생활폐기물이 배출되는 토지나 건물의 소유자 · 점유자 또는 관리자는 관할 특별자치시, 특별자치도, 시 · 군 · 구의 조례로 정하는 바에 따라 생활환경보전상 지장이 없는 방법으로 그 폐기물을 스스로 처리하거나 양을 줄여서 배출하여야 하는 것 또는 스스로 처리할 수 없는 생활폐기물의 분리 · 보관에 필요한 보관시설을 설치하고, 그 생활폐기물을 종류별, 성질 · 상태별로 분리하여 보관하여야 하며, 특별자치시, 특별자치도, 시 · 군 · 구에서는 분리 · 보관에 관한 구체적인 사항을 조례로 정하여야 하는 것을 위반한 자
④ 음식물류 폐기물을 다량으로 배출하는 자로서 대통령령으로 정하는 자는 음식물류 폐기물의 발생 억제 및 적정 처리를 위하여 관할 특별자치시, 특별자치도, 시 · 군 · 구의 조례로 정하는 준수사항을 지키지 아니한 자
⑤ 음식물류 폐기물의 발생 억제 및 처리 계획을 신고하지 아니한 자
⑥ 폐기물의 인계 · 인수에 관한 내용을 기간 내에 전자정보처리 프로그램에 입력하지 아니하거나 부실하게 입력한 자
⑦ 폐기물 처리시설을 설치하는 자는 그 설치공사를 끝낸 후 그 시설의 사용을 시작하려면 해당 행정기관의 장에게 신고하여야 하는데, 이에 따른 신고를 하지 아니하고 해당 시설의 사용을 시작한 자
⑧ 교육을 받지 아니한 자 또는 교육을 받게 하지 아니한 자
⑨ 장부를 기록 또는 보존하지 아니하거나 거짓으로 기록한 자
⑩ 장부 기록사항을 기간 내에 전자정보처리 프로그램에 입력하지 아니하거나 부실하게 입력한 자
⑪ 보고서를 기한까지 제출하지 아니하거나 거짓으로 작성하여 제출한 자
⑫ 보고서 작성에 필요한 자료를 기한까지 제출하지 아니하거나 거짓으로 작성하여 제출한 자
⑬ 보험증서 원본을 제출하지 아니한 자
⑭ 조치를 다른 조치로 변경하려는 자는 그 조치를 취한 후 지체 없이 환경부장관 또는 시 · 도지사에게 그 사실을 알려야 하는데, 이에 따른 변경 사실을 알리지 아니한 자
⑮ 설치승인을 받거나 설치신고를 한 후 폐기물 처리시설을 설치한 자는 그가 설치한 폐기물 처리시설의 사용을 끝내거나 폐쇄하려면 환경부령으로 정하는 바에 따라 환경부장관에게 신고하여야 하는데, 이에 따른 신고를 하지 아니한 자

핵심이론

핵심이론 3 폐기물관리법 시행령

(1) 사업장의 범위

① 공공 폐수 처리시설을 설치 · 운영하는 사업장
② 공공 하수 처리시설을 설치 · 운영하는 사업장
③ 분뇨 처리시설을 설치 · 운영하는 사업장
④ 공공 처리시설
⑤ 폐기물 처리시설(폐기물 처리업의 허가를 받은 자가 설치하는 시설을 포함)을 설치 · 운영하는 사업장
⑥ 지정폐기물을 배출하는 사업장
⑦ 폐기물을 1일 평균 300kg 이상 배출하는 사업장
⑧ 폐기물을 5톤(공사를 착공할 때부터 마칠 때까지 발생되는 폐기물의 양을 말함) 이상 배출하는 사업장
⑨ 일련의 공사 또는 작업으로 폐기물을 5톤(공사를 착공하거나 작업을 시작할 때부터 마칠 때까지 발생하는 폐기물의 양을 말함) 이상 배출하는 사업장

(2) 지정폐기물의 종류(별표 1)★★

구분	종류
특정 시설에서 발생되는 폐기물	• 폐합성고분자 화합물 – 폐합성수지(고체상태의 것은 제외) – 폐합성고무(고체상태의 것은 제외) • 오니류(수분 함량 95% 미만, 고형물 함량 5% 이상인 것으로 한정) – 폐수처리 오니 – 공정 오니 • 폐농약(농약의 제조 · 판매 업소에서 발생되는 것으로 한정)
부식성 폐기물	• 폐산(액체상태의 폐기물로 pH 2.0 이하인 것으로 한정) • 폐알칼리(액체상태의 폐기물로 pH 12.5 이상인 것으로 한정, 수산화포타슘 및 수산화소듐 포함)
유기물질 함유 폐기물	• 광재(철광 원석의 사용으로 인한 고로슬래그 제외) • 분진(대기오염 방지시설에서 포집된 것으로 한정, 소각시설에서 발생되는 것은 제외) • 폐주물사 및 샌드블라스트 폐사 • 폐내화물 및 재벌구이 전에 유약을 바른 도자기 조각 • 소각재 • 안정화 또는 고형화 · 고화 처리물 • 폐촉매 • 폐흡착제 및 폐흡수제

구분	종류
폐페인트 및 폐래커	• 페인트 및 래커와 유기용제가 혼합된 것으로서 페인트 및 래커 제조업, 용적 $5m^3$ 이상 또는 동력 3마력 이상의 도장시설, 폐기물을 재활용하는 시설에서 발생되는 것 • 페인트 보관용기에 남아 있는 페인트를 제거하기 위하여 유기용제와 혼합된 것 • 폐페인트 용기(용기 안에 남아 있는 페인트가 건조되어 있고, 그 잔존량이 용기 바닥에서 6mm를 넘지 아니하는 것은 제외)
폐유	폐유[기름성분을 5% 이상 함유한 것을 포함, 폴리클로리네이티드바이페닐(PCBs) 함유 폐기물, 폐식용유와 그 잔재물, 폐흡착제 및 폐흡수제는 제외]
폐석면	• 건조고형물의 함량을 기준으로 하여 석면이 1% 이상 함유된 제품 · 설비(뿜칠로 사용된 것은 포함) 등의 해체 · 제거 시 발생되는 것 • 슬레이트 등 고형화된 석면 제품 등의 연마 · 절단 · 가공 공정에서 발생된 부스러기 및 연마 · 절단 · 가공 시설의 집진기에서 모아진 분진 • 석면의 제거작업에 사용된 바닥비닐시트(뿜칠로 사용된 석면의 해체 · 제거 작업에 사용된 경우에는 모든 비닐시트), 방진마스크, 작업복 등
폴리클로리네이티드 바이페닐 함유 폐기물	• 액체상태의 것(2mg/L 이상 함유한 것으로 한정) • 액체상태 외의 것(용출액 0.003mg/L 이상 함유한 것으로 한정)
폐유독물질	–
의료폐기물	–
천연방사성 제품 폐기물	–
수은 폐기물	• 수은 함유 폐기물[수은과 그 화합물을 함유한 폐램프(폐형광등은 제외), 폐계측기기(온도계, 혈압계, 체온계 등), 폐전지 및 그 밖의 환경부장관이 고시하는 폐제품] • 수은 구성 폐기물(수은 함유 폐기물로부터 분리한 수은 및 그 화합물로 한정) • 수은 함유 폐기물 처리 잔재물(수은 함유 폐기물을 처리하는 과정에서 발생되는 것과 폐형광등을 재활용하는 과정에서 발생되는 것을 포함하되, 「환경분야 시험 · 검사 등에 관한 법률」에 따라 환경부장관이 고시한 폐기물 분야에 대한 환경오염 공정시험기준에 따른 용출시험 결과 용출액 0.005mg/L 이상의 수은 및 그 화합물이 함유된 것으로 한정)
그 밖에 주변 환경을 오염시킬 수 있는 유해한 물질로서 환경부장관이 정하여 고시하는 물질	–

(3) 의료폐기물의 종류(별표 2)★

구분	종류
격리 의료폐기물	「감염병의 예방 및 관리에 관한 법률」의 감염병으로부터 타인을 보호하기 위하여 격리된 사람에 대한 의료행위에서 발생한 일체의 폐기물
위해 의료폐기물	• 조직물류 폐기물 : 인체 또는 동물의 조직 · 장기 · 기관 · 신체의 일부, 동물의 사체, 혈액 · 고름 및 혈액생성물(혈청, 혈장, 혈액제제) • 병리계 폐기물 : 시험 · 검사 등에 사용된 배양액, 배양용기, 보관균주, 폐시험관, 슬라이드, 커버글라스, 폐배지, 폐장갑 • 손상성 폐기물 : 주삿바늘, 봉합바늘, 수술용 칼날, 한방침, 치과용 침, 파손된 유리재질의 시험기구 • 생물 · 화학 폐기물 : 폐백신, 폐항암제, 폐화학치료제 • 혈액오염 폐기물 : 폐혈액백, 혈액 투석 시 사용된 폐기물, 그 밖에 혈액이 유출될 정도로 포함되어 있어 특별한 관리가 필요한 폐기물
일반 의료폐기물	혈액 · 체액 · 분비물 · 배설물이 함유되어 있는 탈지면, 붕대, 거즈, 일회용 기저귀, 생리대, 일회용 주사기, 수액 세트

(4) 폐기물 처리시설의 종류(별표 3)★★

구분		종류
중간 처분시설	소각시설	• 일반 소각시설 • 열분해 소각시설 • 열처리 조합시설 • 고온 소각시설 • 고온 용융시설
	기계적 처분시설	• 압축시설(동력 7.5kW 이상인 시설로 한정) • 파쇄 · 분쇄 시설(동력 15kW 이상인 시설로 한정) • 절단시설(동력 7.5kW 이상인 시설로 한정) • 용융시설(동력 7.5kW 이상인 시설로 한정) • 증발 · 농축 시설 • 정제시설(분리 · 증류 · 추출 · 여과 등의 시설을 이용하여 폐기물을 처분하는 단위시설을 포함) • 유수분리시설 • 탈수 · 건조 시설 • 멸균분쇄시설
	화학적 처분시설	• 고형화 · 고화 · 안정화 시설 • 반응시설(중화 · 산화 · 환원 · 중합 · 축합 · 치환 등의 화학반응을 이용하여 폐기물을 처분하는 단위시설을 포함) • 응집 · 침전 시설
	생물학적 처분시설	• 소멸화시설(1일 처분능력 100kg 이상인 시설로 한정) • 호기성 · 혐기성 분해시설
최종 처분시설	매립시설	• 차단형 매립시설 • 관리형 매립시설(침출수 처리시설, 가스 소각 · 발전 · 연료화 시설 등 부대시설을 포함)

<table>
<tr><th colspan="2">구분</th><th>종류</th></tr>
<tr><td rowspan="10">재활용시설</td><td>기계적
재활용시설</td><td>• 압축 · 압출 · 성형 · 주조 시설(동력 7.5kW 이상인 시설로 한정)
• 파쇄 · 분쇄 · 탈피 시설(동력 15kW 이상인 시설로 한정)
• 절단시설(동력 7.5kW 이상인 시설로 한정)
• 용융 · 용해 시설(동력 7.5kW 이상인 시설로 한정)
• 연료화시설
• 증발 · 농축 시설
• 정제시설(분리 · 증류 · 추출 · 여과 등의 시설을 이용하여 폐기물을 재활용하는 단위시설을 포함)
• 유수분리시설
• 탈수 · 건조 시설
• 세척시설(철도용 폐목재 받침목을 재활용하는 경우로 한정)</td></tr>
<tr><td>화학적
재활용시설</td><td>• 고형화 · 고화 시설
• 반응시설(중화 · 산화 · 환원 · 중합 · 축합 · 치환 등의 화학반응을 이용하여 폐기물을 재활용하는 단위시설을 포함)
• 응집 · 침전 시설
• 열분해시설(가스화시설을 포함)</td></tr>
<tr><td>생물학적
재활용시설</td><td>• 1일 재활용능력이 100kg 이상인 시설
– 부숙시설(1일 재활용능력이 100kg 이상 200kg 미만인 음식물류 폐기물 부숙시설은 제외)
– 사료화시설(건조에 의한 사료화시설을 포함)
– 퇴비화시설(건조에 의한 퇴비화시설, 지렁이 분변토 생산시설 및 생석회 처리시설을 포함)
– 동애등에 분변토 생산시설
– 부숙토 생산시설
• 호기성 · 혐기성 분해시설
• 버섯 재배시설</td></tr>
<tr><td>시멘트 소성로</td><td>–</td></tr>
<tr><td>용해로</td><td>–</td></tr>
<tr><td>소성 · 탄화 시설</td><td>–</td></tr>
<tr><td>골재 가공시설</td><td>–</td></tr>
<tr><td>의약품 제조시설</td><td>–</td></tr>
<tr><td>소각열 회수시설</td><td>–</td></tr>
<tr><td>수은 회수시설</td><td>–</td></tr>
</table>

(5) 폐기물 감량화시설

① 폐기물 재이용시설
② 폐기물 재활용시설
③ 공정 개선시설

(6) 생활폐기물의 처리 대행자

① 폐기물 처리업자
② 폐기물 처리 신고자
③ 한국환경공단
④ 전기 · 전자 제품 재활용 의무생산자 또는 전기 · 전자 제품 판매업자 중 전기 · 전자 제품을 재활용하기 위하여 스스로 회수하는 체계를 갖춘 자

(7) 생활폐기물 수집 · 운반 대행자에 대한 과징금의 부과

특별자치시장, 특별자치도지사, 시장 · 군수 · 구청장은 사업장의 사업규모, 사업지역의 특수성, 위반행위의 정도 및 횟수 등을 고려하여 과징금 금액의 2분의 1의 범위에서 가중하거나 감경할 수 있다. 다만, 가중하는 경우에는 과징금 총액이 1억원을 초과할 수 없다.

(8) 폐기물 발생 억제지침 준수의무대상 배출자의 업종

① 식료품 제조업
② 음료 제조업
③ 섬유제품 제조업(의복 제외)
④ 의복, 의복 액세서리 및 모피제품 제조업
⑤ 코크스(다공질 고체 탄소연료), 연탄 및 석유정제품 제조업
⑥ 화학물질 및 화학제품 제조업(의약품 제외)
⑦ 의료용 물질 및 의약품 제조업
⑧ 고무제품 및 플라스틱제품 제조업
⑨ 비금속 광물제품 제조업
⑩ 1차 금속 제조업
⑪ 금속 가공제품 제조업(기계 및 가구 제외)
⑫ 기타 기계 및 장비 제조업
⑬ 전기장비 제조업
⑭ 전자부품, 컴퓨터, 영상, 음향 및 통신장비 제조업
⑮ 의료, 정밀, 광학기기 및 시계 제조업
⑯ 자동차 및 트레일러 제조업
⑰ 기타 운송장비 제조업
⑱ 전기, 가스, 증기 및 공기 조절 공급업

(9) 폐기물 처리업자에 대한 과징금으로 징수한 금액의 사용 용도

① 폐기물 처리시설의 지도 · 점검에 필요한 시설 · 장비의 구입 및 운영
② 폐기물 처리기준에 적합하지 아니하게 처리한 폐기물 중 그 폐기물을 처리한 자 또는 그 폐기물의 처리를 위탁한 자를 확인할 수 없는 폐기물로 인하여 예상되는 환경상 위해의 제거를 위한 처리

③ 광역 폐기물 처리시설의 확충
④ 공공 재활용 기반시설의 확충

(10) 주변 지역 영향 조사대상 폐기물 처리시설에 대한 기준★

① 1일 처분능력이 50톤 이상인 사업장폐기물 소각시설(같은 사업장에 여러 개의 소각시설이 있는 경우에는 각 소각시설의 1일 처분능력의 합계가 50톤 이상인 경우)
② 매립면적 10,000m^2 이상의 사업장 지정폐기물 매립시설
③ 매립면적 150,000m^2 이상의 사업장 일반폐기물 매립시설
④ 시멘트 소성로(폐기물을 연료로 사용하는 경우로 한정)
⑤ 1일 재활용능력이 50톤 이상인 사업장폐기물 소각열 회수시설(같은 사업장에 여러 개의 소각열 회수시설이 있는 경우에는 각 소각열 회수시설의 1일 재활용능력의 합계가 50톤 이상인 경우)

(11) 기술관리인을 두어야 하는 폐기물 처리시설★★

① 매립시설의 경우
㉠ 지정폐기물을 매립하는 시설로서 면적이 3,300m^2 이상인 시설. 다만, 최종처분시설 중 차단형 매립시설에서는 면적이 330m^2 이상이거나 매립용적이 1,000m^3 이상인 시설
㉡ 지정폐기물 외의 폐기물을 매립하는 시설로서 면적이 10,000m^2 이상이거나 매립용적이 30,000m^3 이상인 시설
② 소각시설로서 시간당 처분능력이 600kg(의료폐기물을 대상으로 하는 소각시설의 경우에는 200kg) 이상인 시설
③ 압축 · 파쇄 · 분쇄 또는 절단시설로서 1일 처분능력 또는 재활용능력이 100톤 이상인 시설
④ 사료화 · 퇴비화 또는 연료화 시설로서 1일 재활용능력이 5톤 이상인 시설
⑤ 멸균분쇄시설로서 시간당 처분능력이 100kg 이상인 시설
⑥ 시멘트 소성로
⑦ 용해로(폐기물에서 비철금속을 추출하는 경우로 한정)로서 시간당 재활용능력이 600kg 이상인 시설
⑧ 소각열 회수시설로서 시간당 재활용능력이 600kg 이상인 시설

(12) 폐기물 처리시설의 유지 · 관리에 관한 기술관리를 대행할 수 있는 자

① 한국환경공단
② 엔지니어링 사업자
③ 기술사 사무소
④ 그 밖에 환경부장관이 기술관리를 대행할 능력이 있다고 인정하여 고시하는 자

(13) 방치 폐기물의 처리량과 처리기간★★

① **폐기물 처리업자가 방치한 폐기물의 경우** : 폐기물 처리업자의 폐기물 허용 보관량의 2배 이내
② **폐기물 처리 신고자가 방치한 폐기물의 경우** : 폐기물 처리 신고자의 폐기물 보관량의 2배 이내

핵심이론 4 폐기물관리법 시행규칙

(1) 폐유기용제 중 할로겐족에 해당되는 물질

① 다이클로로메테인(dichloromethane)
② 트라이클로로메테인(trichloromethane)
③ 테트라클로로메테인(tetrachloromethane)
④ 다이클로로다이플루오로메테인(dichlorodifluoromethane)
⑤ 트라이클로로플루오로메테인(trichlorofluoromethane)
⑥ 다이클로로에테인(dichloroethane)
⑦ 트라이클로로에테인(trichloroethane)
⑧ 트라이클로로트라이플루오로에테인(trichlorotrifluoroethane)
⑨ 트라이클로로에틸렌(trichloroethylene)
⑩ 테트라클로로에틸렌(tetrachloroethylene)
⑪ 클로로벤젠(chlorobenzene)
⑫ 다이클로로벤젠(dichlorobenzene)
⑬ 모노클로로페놀(monochlorophenol)
⑭ 다이클로로페놀(dichlorophenol)
⑮ 1,1-다이클로로에틸렌(1,1-dichloroethylene)
⑯ 1,3-다이클로로프로펜(1,3-dichloropropene)
⑰ 1,1,2-트라이클로로-1,2,2-트라이플로로에테인(1,1,2-trichloro-1,2,2-trifluroethane)
⑱ 위의 물질을 중량비를 기준으로 하여 5% 이상 함유한 물질

(2) 에너지 회수기준의 정의

에너지를 회수하거나 회수할 수 있는 상태로 만들거나 폐기물을 연료로 사용하는 활동이란 다음의 어느 하나에 해당하는 활동을 말한다.

① 가연성 고형 폐기물로부터 에너지를 회수하는 활동
 ㉠ 다른 물질과 혼합하지 아니하고 해당 폐기물의 저위발열량이 3,000kcal/kg 이상일 것
 ㉡ 에너지의 회수효율(회수에너지 총량을 투입에너지 총량으로 나눈 비율)이 75% 이상일 것
 ㉢ 회수열을 모두 열원, 전기 등의 형태로 스스로 이용하거나 다른 사람에게 공급할 것
 ㉣ 환경부장관이 정하여 고시하는 경우에는 폐기물의 30% 이상을 원료나 재료로 재활용하고 그 나머지 중에서 에너지의 회수에 이용할 것

② 폐기물을 에너지를 회수할 수 있는 상태로 만드는 활동
 ㉠ 가연성 고형 폐기물을 고형 연료제품으로 만드는 활동
 ㉡ 폐기물을 혐기성 소화, 정제, 유화 등의 방법으로 에너지를 회수할 수 있는 상태로 만드는 활동

③ 다음의 어느 하나에 해당하는 폐기물(지정폐기물은 제외)을 시멘트 소성로 및 환경부장관이 정하여 고시하는 시설에서 연료로 사용하는 활동
   ㉠ 폐타이어
   ㉡ 폐섬유
   ㉢ 폐목재
   ㉣ 폐합성수지
   ㉤ 폐합성고무
   ㉥ 분진[중유회, 코크스(다공질 고체 탄소 연료) 분진만 해당]
   ㉦ 그 밖에 환경부장관이 정하여 고시하는 폐기물

(3) 에너지 회수기준 측정기관★

① 한국환경공단
② 한국기계연구원 및 한국에너지기술연구원
③ 한국산업기술시험원

(4) 폐기물 처리시설의 설치 · 운영을 위탁받을 수 있는자의 기준 중 소각시설인 경우, 보유하여야 하는 기술인력기준

① 폐기물처리기술사 1명
② 폐기물처리기사 또는 대기환경기사 1명
③ 일반기계기사 1명
④ 시공 분야에서 2년 이상 근무한 자 2명(폐기물 처분시설의 설치를 위탁받으려는 경우에만 해당)
⑤ 1일 50톤 이상의 폐기물 소각시설에서 천장크레인을 1년 이상 운전한 자 1명과 천장크레인 외의 처분시설의 운전 분야에서 2년 이상 근무한 자 2명(폐기물 처분시설의 운영을 위탁받으려는 경우에만 해당)

(5) 관리형 매립시설의 침출수 배출허용기준★★★

구분	생물화학적 산소요구량	화학적 산소요구량	부유물질량
청정지역	30mg/L	200mg/L	30mg/L
가 지역	50mg/L	300mg/L	50mg/L
나 지역	70mg/L	400mg/L	70mg/L

핵심이론

(6) 폐기물 처리업의 변경허가를 받아야 할 중요 사항

① 폐기물 수집 · 운반업에 해당하는 경우

㉠ 수집 · 운반 대상 폐기물의 변경

㉡ 영업구역의 변경

㉢ 주차장 소재지의 변경(지정폐기물을 대상으로 하는 수집 · 운반업만 해당)

㉣ 운반차량(임시차량은 제외)의 증차

② 폐기물 중간처분업, 폐기물 최종처분업 및 폐기물 종합처분업

㉠ 처분대상 폐기물의 변경

㉡ 폐기물 처분시설 소재지의 변경

㉢ 운반차량(임시차량은 제외)의 증차

㉣ 폐기물 처분시설의 신설

㉤ 폐기물 처분시설의 증설, 개 · 보수 또는 그 밖의 방법으로 허가 또는 변경허가를 받은 처분용량의 100분의 30 이상의 변경(허가 또는 변경허가를 받은 후 변경되는 누계)

㉥ 주요 설비의 변경

㉦ 매립시설 제방의 증 · 개축

㉧ 허용보관량의 변경

③ 폐기물 중간재활용업, 폐기물 최종재활용업 및 폐기물 종합재활용업

㉠ 재활용대상 폐기물의 변경

㉡ 폐기물 재활용 유형의 변경

㉢ 폐기물 재활용시설 소재지의 변경

㉣ 운반차량(임시차량은 제외)의 증차

㉤ 폐기물 재활용시설의 신설

㉥ 폐기물 재활용시설의 증설, 개 · 보수 또는 그 밖의 방법으로 허가 또는 변경허가를 받은 재활용 용량의 100분의 30 이상(금속을 회수하는 최종 재활용업 또는 종합 재활용업의 경우에는 100분의 50 이상)의 변경(허가 또는 변경허가를 받은 후 변경되는 누계)

㉦ 주요 설비의 변경

㉧ 허용보관량의 변경

(7) 폐기물 처리시설 배출 오염물질 측정기관(환경부령)

① 보건환경연구원

② 한국환경공단

③ 수질오염물질 측정대행업의 등록을 한 자

④ 수도권매립지관리공사

⑤ 폐기물 분석 전문기관

(8) 폐기물 처리시설의 검사를 받으려는 자가 해당 검사기관에 검사신청서와 함께 첨부하여 제출하여야 하는 서류

구분	첨부서류
소각시설, 멸균분쇄시설, 소각열 회수시설이나 열분해시설의 경우	• 설계도면 • 폐기물 조성비 내용 • 운전 및 유지관리계획서
매립시설의 경우	• 설계도서 및 구조계산서 사본 • 시방서 및 재료 시험성적서 사본 • 설치 및 장비확보 명세서 • 환경부장관이 고시하는 사항을 포함한 시설 설치의 환경성조사서 • 종전에 받은 정기검사결과서 사본
음식물류 폐기물 처리시설의 경우	• 설계도면 • 운전 및 유지관리계획서(물질수지도를 포함) • 재활용 제품의 사용 또는 공급 계획서(재활용의 경우만 제출)
시멘트 소성로의 경우	• 설계도면 • 폐기물 성질 · 상태, 양, 조성비 내용 • 운전 및 유지관리 계획서

(9) 폐기물 처리시설 주변 지역 영향조사기준

① 조사횟수

각 항목당 계절을 달리하여 2회 이상 측정하되, 악취는 여름(6월부터 8월까지)에 1회 이상, 토양은 연 1회 이상 측정해야 한다.

② 조사지점

㉠ 미세먼지와 다이옥신 조사지점은 해당 시설에 인접한 주거지역 중 3개소 이상 지역의 일정한 곳으로 한다.

㉡ 악취 조사지점은 매립시설에 가장 인접한 주거지역에서 냄새가 가장 심한 곳으로 한다.

㉢ 지표수 조사지점은 해당 시설에 인접하여 폐수, 침출수 등이 흘러들거나 흘러들 것으로 우려되는 지역의 상 · 하류 각 1개소 이상의 일정한 곳으로 한다.

㉣ 지하수 조사지점은 매립시설의 주변에 설치된 3개의 지하수 검사정으로 한다.

㉤ 토양 조사지점은 4개소 이상으로 하고, 환경부장관이 정하여 고시하는 토양정밀조사의 방법에 따라 폐기물 매립 및 재활용 지역의 시료채취지점의 표토와 심토에서 각각 시료를 채취해야 하며, 시료채취지점의 지형 및 하부 토양의 특성을 고려하여 시료를 채취해야 한다.

③ 결과보고

조사 완료 후 30일 이내에 시 · 도지사나 지방환경관서의 장에게 제출하여야 한다.

(10) 폐기물 처분시설 또는 재활용시설의 기술관리인 자격기준

구분	자격기준
매립시설	폐기물처리기사, 수질환경기사, 토목기사, 일반기계기사, 건설기계설비기사, 화공기사, 토양환경기사 중 1명 이상
소각시설(의료폐기물을 대상으로 하는 소각시설은 제외), 시멘트 소성로, 용해로 및 소각열 회수시설	폐기물처리기사, 대기환경기사, 토목기사, 일반기계기사, 건설기계설비기사, 화공기사, 전기기사, 전기공사기사, 에너지관리기사 중 1명 이상
의료폐기물을 대상으로 하는 시설	폐기물처리산업기사, 임상병리사, 위생사 중 1명 이상
음식물류 폐기물을 대상으로 하는 시설	폐기물처리산업기사, 수질환경산업기사, 화공산업기사, 토목산업기사, 대기환경산업기사, 일반기계기사, 전기기사 중 1명 이상
그 밖의 시설	같은 시설의 운영을 담당하는 자 1명 이상

(11) 환경보전협회 및 한국폐기물협회에서 교육을 받아야 할 자

① 사업장폐기물 배출자 신고를 한 자 및 서류를 제출한 자 또는 그가 고용한 기술담당자
② 폐기물 처리업자(폐기물 수집 · 운반업자는 제외)가 고용한 기술요원
③ 폐기물 처리시설(설치 신고를 한 폐기물 처리시설만 해당)의 설치 · 운영자 또는 그가 고용한 기술담당자
④ 폐기물 수집 · 운반업자 또는 그가 고용한 기술담당자
⑤ 폐기물 처리 신고자 또는 그가 고용한 기술담당자

핵심이론 5 환경정책기본법

(1) 용어의 정의

① "환경"이란 자연환경과 생활환경을 말한다.

② "자연환경"이란 지하 · 지표(해양을 포함) 및 지상의 모든 생물과 이들을 둘러싸고 있는 비생물적인 것을 포함한 자연의 상태(생태계 및 자연경관을 포함)를 말한다.

③ "생활환경"이란 대기, 물, 토양, 폐기물, 소음 · 진동, 악취, 일조, 인공조명, 화학물질 등 사람의 일상생활과 관계되는 환경을 말한다.

④ "환경오염"이란 사업활동 및 그 밖의 사람의 활동에 의하여 발생하는 대기오염, 수질오염, 토양오염, 해양오염, 방사능오염, 소음 · 진동, 악취, 일조방해, 인공조명에 의한 빛공해 등으로서 사람의 건강이나 환경에 피해를 주는 상태를 말한다.

⑤ "환경훼손"이란 야생 동식물의 남획 및 그 서식지의 파괴, 생태계 질서의 교란, 자연경관의 훼손, 표토의 유실 등으로 자연환경의 본래적 기능에 중대한 손상을 주는 상태를 말한다.

⑥ "환경보전"이란 환경오염 및 환경훼손으로부터 환경을 보호하고 오염되거나 훼손된 환경을 개선함과 동시에 쾌적한 환경 상태를 유지 · 조성하기 위한 행위를 말한다.

⑦ "환경용량"이란 일정한 지역에서 환경오염 또는 환경훼손에 대하여 환경이 스스로 수용, 정화 및 복원하여 환경의 질을 유지할 수 있는 한계를 말한다.

⑧ "환경기준"이란 국민의 건강을 보호하고 쾌적한 환경을 조성하기 위하여 국가가 달성하고 유지하는 것이 바람직한 환경상의 조건 또는 질적인 수준을 말한다.

(2) 환경상태의 조사 · 평가에서 국가 및 지방자치단체가 상시 조사 · 평가하여야 하는 내용

① 자연환경 및 생활환경 현황

② 환경오염 및 환경훼손 실태

③ 환경오염원 및 환경훼손 요인

④ 기후변화 등 환경의 질 변화

⑤ 그 밖에 국가환경종합계획 등의 수립 · 시행에 필요한 사항

MEMO

PART 2

과목별 기출문제

폐기물처리기사 필기

2017년 1회~2022년 2회 1과목 기출문제 / 2017년 1회~2022년 2회 2과목 기출문제
2017년 1회~2022년 2회 3과목 기출문제 / 2017년 1회~2022년 2회 4과목 기출문제
2017년 1회~2022년 2회 5과목 기출문제

〈PART 2〉와 〈PART 3〉에 수록된 기출문제 중 자주 출제되는 문제에는 ★ 표시로 중요도를 표기하였습니다. ★ 표시는 중요도에 따라 1개(★)부터 3개(★★★)로 구분되어 있으며, 중요도가 높은 문제 위주로 복습하면 효율적으로 마무리할 수 있습니다.

Engineer Wastes Treatment

Subject 제 1 과목 폐기물 개론 과목별 기출문제

제1과목 | 폐기물 개론

2017년 제1회 폐기물처리기사

01 폐기물 파쇄의 이점으로 잘못된 것은?

① 압축 시에 밀도증가율이 크므로 운반비가 감소된다.
② 대형 쓰레기에 의한 소각로의 손상을 방지할 수 있다.
③ 매립 시 폐기물 입자의 표면적 감소로 매립지의 조기 안정화를 꾀할 수 있다.
④ 곱게 파쇄하면 매립 시 복토가 필요 없거나 복토 요구량이 절감된다.

✔ ③ 매립 시 폐기물 입자의 비표면적 증가로 매립지의 조기 안정화를 꾀할 수 있다.

02 쓰레기의 가연분, 소각잔사의 미연분, 고형물 중의 유기분을 측정하기 위한 열작감량(안전연소가능량, ignition loss)에 대한 설명으로 가장 거리가 먼 것은?

① 고형물 중 탄산염, 염화물, 황산염 등과 같은 무기물의 감량은 없다.
② 소각잔사는 매립 처분에 있어 중요한 의미를 갖는다.
③ 소각로의 운전상태를 파악할 수 있는 중요한 지표이다.
④ 소각로의 종류, 처리용량에 따른 화격자 면적을 설정하는 데 참고가 된다.

✔ ① 고형물 중 탄산염, 염화물, 황산염 등과 같은 무기물의 감량이 발생한다.

03 도시 쓰레기 수거계획을 수립할 때 가장 우선으로 고려하여야 할 사항은?

① 수거노선
② 수거빈도
③ 수거지역 특성
④ 수거인부의 수

✔ 폐기물 처리 시 수거 및 운반 단계에서 가장 많은 비용이 들기 때문에, 차량의 이동거리를 단축시키기 위하여 수거노선을 가장 우선적으로 고려해야 한다.

04 돌, 코르크 등의 불투명한 것과 유리 같은 투명한 것의 분리에 이용되는 선별방법으로 적절한 것은?

① Floatation
② Optical sorting
③ Inertial separation
④ Electrostatic separation

✔ ② Optical sorting은 광학선별이다.

05 쓰레기를 소각한 후 남은 재의 중량은 소각 전 쓰레기 중량의 약 1/5이라고 한다. 재의 밀도가 2.5ton/m^{3}이고, 재의 용적이 3.3m^{3}가 될 때 소각 전 원래 쓰레기의 중량(ton)은?

① 12.3　　② 23.6
③ 34.8　　④ 41.3

✔ 소각 전 쓰레기 중량 $= \frac{3.3\,m^3}{} \Big| \frac{2.5\,ton}{m^3} \Big| \frac{5}{1}$

$= 41.25\,ton$

06 도시 폐기물을 파쇄할 경우 $x=2.5$cm로 하여 구한 x_0(특성입자, cm)는 약 얼마인가? (단, Rosin-Rammler 모델 적용, $n=1$) ★

① 약 1.1　② 약 1.3
③ 약 1.5　④ 약 1.7

✔ $y=f(x)=1-\exp\left[-\left(\frac{x}{x_0}\right)^n\right]$

여기서, y : x보다 작은 크기 폐기물의 총 누적무게분율
x : 폐기물 입자의 크기
x_0 : 특성입자의 크기(63.2%가 통과할 수 있는 체 눈의 크기)
n : 상수

$0.9=1-\exp\left[-\left(\frac{2.5}{x_0}\right)^1\right]$ ➡ 계산기의 Solve 기능 사용

$\therefore x_0=1.0857 \fallingdotseq 1.09\text{cm}$

07 투입량이 1ton/hr이고, 회수량이 600kg/hr(그 중 회수대상 물질은 500kg/hr)이며, 제거량은 400kg/hr(그 중 회수대상 물질은 100kg/hr)일 때, 선별효율(%)은? (단, Worrell 식 적용)

① 약 63　② 약 69
③ 약 74　④ 약 78

✔ Worrell의 선별효율

$E(\%)=x_{\text{회수율}}\times y_{\text{기각률}}=\left(\frac{x_2}{x_1}\times\frac{y_3}{y_1}\right)\times 100$

여기서, E : 선별효율
x_1 : 총 회수대상 물질
x_2 : 회수된 회수대상 물질
y_1 : 총 제거대상 물질
y_3 : 제거된 제거대상 물질

$\therefore E=\left(\frac{500}{600}\times\frac{300}{400}\right)\times 100=62.5\%$

08 가연성분이 30%(중량기준), 밀도가 620kg/m^{3}인 쓰레기 5m^3 중 가연성분의 중량(kg)은?

① 650　② 750
③ 870　④ 930

✔ 가연성분의 중량 $=\frac{5\,\text{m}^3}{}\left|\frac{620\,\text{kg}}{\text{m}^3}\right|\frac{30}{100}=930\,\text{kg}$

09 폐기물 생산량의 결정방법으로 적합하지 않은 것은?

① 생산량을 직접 추정하는 방법
② 도시의 규모가 커짐을 이용하여 추정하는 방법
③ 주민의 수입 또는 매상고와 같은 이차적인 자료를 이용하여 추정하는 방법
④ 원자재 사용으로부터 추정하는 방법

10 함수율이 77%인 하수 슬러지 20ton을 함수율 26%인 1,000ton의 폐기물과 섞어서 함께 처리하고자 한다. 이 혼합 폐기물의 함수율(%)은? (단, 비중은 1.0 기준) ★★

① 27　② 29
③ 31　④ 34

✔ $W_m=\frac{W_1\cdot Q_1+W_2\cdot Q_2}{Q_1+Q_2}$

여기서, W_m : 혼합 폐기물의 함수율
W_1 : 20ton 하수 슬러지의 함수율
W_2 : 1,000ton 폐기물의 함수율
Q_1 : 하수 슬러지의 양
Q_2 : 폐기물의 양

$\therefore W_m=\frac{77\times 20+26\times 1{,}000}{20+1{,}000}=27\%$

11 다음 중 적환장에 관한 설명으로 가장 거리가 먼 것은? ★★★

① 수거지점으로부터 처리장까지의 거리가 먼 경우 중간에 설치한다.
② 슬러지 수송이나 공기 수송방식을 사용할 때에는 설치가 어렵다.
③ 작은 용기로 수거한 쓰레기를 대형 트럭에 옮겨 싣는 곳이다.
④ 저밀도 주거지역이 존재할 때 설치한다.

✔ ② 슬러지 수송이나 공기 수송방식을 사용할 때 설치가 가능하다.

정답 | 06.① 07.① 08.④ 09.② 10.① 11.②

12 쓰레기의 입도를 분석하였더니 입도누적곡선 상에서 10%, 30%, 60%, 90%의 입경이 각각 2mm, 6mm, 16mm, 25mm이었다면 이 쓰레기의 균등계수는? ★★

① 2.0 ② 3.0
③ 8.0 ④ 13.0

✔ 균등계수 $C_u = \dfrac{D_{60}}{D_{10}}$

여기서, D_{60} : 처리물 중량백분율 60%가 통과하는 입경
D_{10} : 처리물 중량백분율 10%가 통과하는 입경

$\therefore C_u = \dfrac{16}{2} = 8.0$

13 파쇄기의 마모가 적고 비용이 적게 소요되는 장점이 있으나, 금속, 고무의 파쇄는 어렵고, 나무나 플라스틱류, 콘크리트 덩이, 건축폐기물의 파쇄에 이용되며, Rotary mill 식, Impact crusher 등이 해당되는 파쇄기는?

① 충격 파쇄기
② 습식 파쇄기
③ 왕복전단 파쇄기
④ 압축 파쇄기

✔ ① 충격 파쇄기 : 주로 회전식을 사용하며, 중심축 주위를 고속 회전하고 있는 해머의 충격에 의해 파쇄한다.
② 습식 파쇄기 : 냉각 파쇄기, 회전드럼식 파쇄기, 습식 펄퍼 등의 종류가 있다.
③ 왕복전단 파쇄기 : 주로 고정칼과 회전칼의 교합에 의하여 폐기물을 전단한다.

14 LCA의 구성요소가 아닌 것은? ★★

① 자료평가
② 개선평가
③ 목록분석
④ 목적 및 범위의 설정

✔ **전과정평가(LCA)의 구성요소**
- 목적 및 범위 설정
- 목록분석
- 영향평가
- 결과해석(개선평가)

15 침출수의 처리에 대한 설명으로 가장 거리가 먼 것은?

① BOD/COD>0.5인 초기 매립지에선 생물학적 처리가 효과적이다.
② BOD/COD<0.1인 오래된 매립지에선 물리화학적 처리가 효과적이다.
③ 매립지의 매립대상 물질이 가연성 쓰레기가 주종인 경우 물리화학적 처리가 주로 이루어진다.
④ 매립 초기에는 생물학적 처리가 주체가 되지만 유기물질의 안정화가 이루어지는 매립 후기에는 물리화학적 처리가 주로 이루어진다.

✔ ③ 매립지의 매립대상 물질이 가연성 쓰레기가 주종인 경우 생물학적 처리가 주로 이루어진다.

제1과목

16 쓰레기의 발생량 조사법에 대한 설명으로 옳은 것은? ★★★

① 적재차량 계수분석은 쓰레기의 밀도 또는 압축정도를 정확히 파악할 수 있는 장점이 있다.
② 직접계근법은 적재차량 계수분석에 비해 작업량은 적지만 정확한 쓰레기 발생량의 파악이 어렵다.
③ 물질수지법은 산업폐기물의 발생량 추산 시 많이 이용되는 방법이다.
④ 쓰레기의 발생량은 각 지역의 규모나 특성에 따라 많은 차이가 있어 주로 총 발생량으로 표기한다.

✔ ① 적재차량 계수분석법은 일정 기간 동안 특정 지역의 쓰레기 수거 · 운반 차량의 대수를 조사하고, 이 결과를 밀도로 이용하여 질량으로 환산하는 방법이다.
② 직접계근법은 적재차량 계수분석법에 비해 작업량이 많고 번거롭다.
④ 쓰레기의 발생량은 각 지역의 규모나 특성에 따라 많은 차이가 있어 총 발생량보다는 단위발생량으로 표기한다.

정답 | 12.③ 13.④ 14.① 15.③ 16.③

17 1982년 세베소 사건을 계기로 1989년 체결된 국제 조약으로, 유해폐기물의 국가 간 이동 및 그 처분의 규제에 관한 내용을 담고 있는 협약은?

① 리우 협약
② 바젤 협약
③ 베를린 협약
④ 함부르크 협약

✔ ① 리우 협약 : 지구온난화를 막기 위한 온실가스 방출 규제 협약(1992년 6월)
③ 베를린 협약 : 지구온난화를 막기 위한 온실가스 배출 감축 협약(1995년 3월)
④ 함부르크 협약 : 해상 물품 운송에 관한 협약(1992년 11월)

18 어느 아파트단지의 세대수는 400세대이고, 한 세대당 가족 수는 4인이다. 단위용적당 쓰레기 중량이 $120kg/m^3$이고, 적재용량이 $8m^3$인 트럭 7대로 2일마다 수거할 경우, 1인 1일당 쓰레기 배출량(kg)은? ★★

① 약 2.1　　② 약 2.5
③ 약 3.1　　④ 약 3.5

✔ 1인 1일당 쓰레기 배출량

$$= \frac{8.0\text{m}^3 \times 7}{} \Big| \frac{120\text{kg}}{\text{m}^3} \Big| \frac{}{400\text{세대}} \Big| \frac{1\text{세대}}{4\text{인}} \Big| \frac{}{2\text{일}}$$

$= 2.1\text{kg/인}\cdot\text{일}$

19 인구 100,000명인 어느 도시의 1인 1일 쓰레기 배출량이 1.8kg이다. 쓰레기 밀도가 $0.5ton/m^3$이라면 적재량 $15m^3$인 트럭이 처리장으로 한달 동안 운반해야 할 횟수(회)는? (단, 한달은 30일, 트럭은 1대 기준) ★★

① 510　　② 620
③ 720　　④ 840

✔ 한달 동안 트럭으로 운반해야 할 횟수

$$= \frac{1.8\text{kg}}{\text{인}\cdot\text{일}} \Big| \frac{100{,}000\text{인}}{} \Big| \frac{\text{m}^3}{0.5\text{ton}} \Big| \frac{\text{ton}}{10^3\text{kg}} \Big| \frac{\text{회}}{15\text{m}^3} \Big| \frac{30\text{일}}{\text{월}}$$

$= 720\text{회}$

20 다음 중 폐기물의 성상분석단계로 가장 알맞은 것은? ★★★

① 건조 → 물리적 조성 분석 → 분류(가연 · 불연성) → 절단 및 분쇄 → 화학적 조성 분석
② 건조 → 분류(가연 · 불연성) → 물리적 조성 분석 → 발열량 측정 → 화학적 조성 분석
③ 밀도 측정 → 물리적 조성 분석 → 건조 → 분류(가연 · 불연성) → 절단 및 분쇄 → 화학적 조성 분석
④ 밀도 측정 → 전처리 → 물리적 조성 분석 → 분류(가연 · 불연성) → 건조 → 화학적 조성 분석

✔ **폐기물의 성상분석단계**
시료 → 밀도 측정 → 물리 조성(습량무게) → 건조(건조무게) → 분류(가연성, 불연성) → 전처리(원소 및 발열량 분석)

정답 | 17.② 18.① 19.③ 20.③

제1과목 | 폐기물 개론

2017년 제2회 폐기물처리기사

01 폐기물의 수거형태 중 인부가 각 가정에 방문하여 수거하는 방식은?

① 타종 수거 ② 문전 수거
③ 컨테이너 수거 ④ 대형 쓰레기통 수거

✔ ① 타종 수거 : 폐기물 수집차량이 특정 장소에서 종을 울려 폐기물을 배출하도록 알린 후 수거하는 방식
④ 대형 쓰레기통 수거 : 다량의 쓰레기의 투입·보관과 운반이 가능하도록 만들어진 기계식 상차용 롤온 박스 또는 컨테이너 등의 용기를 사용하여 수거하는 방식

02 서비스를 받는 사람들의 만족도를 설문조사하여 지수로 나타내는 청소상태 평가법의 약자는?

① SEI ② CEI
③ USI ④ ESI

✔ • USI : 사용자 만족도지수
• CEI : 지역사회 효과지수

03 도시 폐기물의 유기성 성분 중 셀룰로오스에 해당하는 것은?

① 6탄당의 중합체
② 5탄당과 6탄당의 중합체
③ 아미노산 중합체
④ 방향환과 메톡실기를 포함한 중합체

✔ ② 5탄당과 6탄당의 중합체 : 헤미셀룰로오스
③ 아미노산 중합체 : 단백질
④ 방향환과 메톡실기를 포함한 중합체 : 리그닌

04 가정용 쓰레기를 수거할 때 쓰레기통의 위치와 구조에 따라서 수거효율이 달라진다. 다음 중 수거효율이 가장 좋은 것은?

① 집 밖 이동식 ② 집 안 이동식
③ 벽면 부착식 ④ 집 밖 고정식

✔ **쓰레기통 종류별 MHT 크기 순서**
벽면 부착식 > 문전 수거식 > 집 안 고정식 > 집 밖 이동식

05 우리나라 폐기물관리법에서는 폐기물을 고형물 함량에 따라 액상, 반고상, 고상 폐기물로 구분하고 있다. 액상 폐기물의 기준으로 옳은 것은?

① 고형물 함량이 13% 미만인 것
② 고형물 함량이 5% 미만인 것
③ 고형물 함량이 10% 미만인 것
④ 고형물 함량이 15% 미만인 것

✔ **고형물 함량에 따른 폐기물의 구분**
• 액상 폐기물 : 5% 미만
• 반고상 폐기물 : 5% 이상 15% 미만
• 고상 폐기물 : 15% 이상

06 함수율 50%인 폐기물을 건조시켜 함수율이 20%인 폐기물로 만들기 위해서는 쓰레기 톤당 얼마의 수분을 증발시켜야 하는가? (단, 비중은 1.0 기준) ★★★

① 255kg ② 275kg
③ 355kg ④ 375kg

✔ $V_1(100-W_1)=V_2(100-W_2)$
여기서, V_1 : 건조 전 폐기물 무게
V_2 : 건조 후 폐기물 무게
W_1 : 건조 전 폐기물 함수율
W_2 : 건조 후 폐기물 함수율
$1,000\,\text{kg}\times(100-50)=V_2\times(100-20)$
$V_2=1,000\,\text{kg}\times\dfrac{100-50}{100-20}=625\,\text{kg}$
∴ 증발시켜야 하는 수분의 양 $=1,000-625=375\,\text{kg}$

07 다음 중 폐기물이 거의 완전연소된다는 가정하에서 발열량을 구하는 식은?

① Dulong 식
② Sumegi 식
③ Rosin-Rammler 식
④ Gumz 식

✔ ② Sumegi 식 : 연료에서 산소의 절반이 탄소, 일산화탄소 형태로 존재하고, 나머지는 물과 수소로 존재한다고 가정한 식
③ Rosin-Rammler 식 : 분진의 입경분포를 구하는 것으로 체상 누적에 관한 식

정답 | 01.② 02.③ 03.① 04.① 05.② 06.④ 07.①

08 다음 중 전과정평가(LCA)의 절차로 적절하게 나열된 것은? ★★

① 목록분석 → 목적 및 범위 설정 → 영향평가 → 결과해석
② 목적 및 범위 설정 → 목록분석 → 영향평가 → 결과해석
③ 목적 및 범위 설정 → 목록분석 → 결과해석 → 영향평가
④ 목록분석 → 목적 및 범위 설정 → 결과해석 → 영향평가

09 다음 중 폐기물 파쇄기에 대한 설명으로 적절하지 않은 것은?

① 회전드럼식 파쇄기는 폐기물의 강도차를 이용하는 파쇄장치이며 파쇄와 분별을 동시에 수행할 수 있다.
② 일반적으로 전단파쇄기는 충격파쇄기보다 파쇄속도가 느리다.
③ 압축파쇄기는 기계의 압착력을 이용하여 파쇄하는 장치로 파쇄기의 마모가 적고 비용도 적다.
④ 해머밀 파쇄기는 고정칼, 왕복 또는 회전칼과의 교합에 의하여 폐기물을 전단하는 파쇄기이다.

✔ ④ 해머밀 파쇄기는 회전운동을 하는 파쇄기이다.

10 폐기물의 일반적인 수거방법 중 관거(pipe-line)를 이용한 수거방법이 아닌 것은? ★★

① 캡슐 수송방법
② 슬러리 수송방법
③ 공기 수송방법
④ 모노레일 수송방법

✔ 관거를 이용한 수거방법에는 캡슐 수송, 슬러리 수송, 공기 수송이 있으며, 모노레일 수송은 쓰레기를 적환장에서 최종처분장까지 수송하는 데 적용하는 방법이다.

11 돌, 코크스 등의 불투명한 것과 유리 같은 투명한 것의 분리에 이용되는 방식인 광학선별에 관한 설명으로 틀린 것은?

① 입자는 기계적으로 투입된다.
② 선별입자는 와전류 형성으로 제거된다.
③ 광학적으로 조사된다.
④ 조사결과는 전기 · 전자적으로 평가된다.

✔ ② : 와전류선별

12 습량기준 회분량이 16%인 폐기물의 건량기준 회분량(%)은 얼마인가? (단, 폐기물의 함수율 =20%) ★★

① 20 ② 18
③ 16 ④ 14

✔

$$\text{건량기준 회분량} = \frac{\text{회분}}{\text{건조물질}} \times 100$$

$$= \frac{16}{100-20} \times 100 = 20\%$$

13 다음 중 도시 폐기물의 성상분석절차로 적절한 것은? ★★★

① 시료채취 – 절단 및 분쇄 – 건조 – 물리적 조성 분류 – 겉보기밀도 측정 – 화학적 조성 분석
② 시료채취 – 절단 및 분쇄 – 건조 – 겉보기밀도 측정 – 물리적 조성 분류 – 화학적 조성 분석
③ 시료채취 – 겉보기밀도 측정 – 건조 – 절단 및 분쇄 – 물리적 조성 분류 – 화학적 조성 분석
④ 시료채취 – 겉보기밀도 측정 – 물리적 조성 분류 – 건조 – 절단 및 분쇄 – 화학적 조성 분석

✔ **폐기물의 성상분석절차**
시료 → 밀도 측정 → 물리 조성(습량무게) → 건조(건조무게) → 분류(가연성, 불연성) → 전처리(원소 및 발열량 분석)

정답 I 08.② 09.④ 10.④ 11.② 12.① 13.④

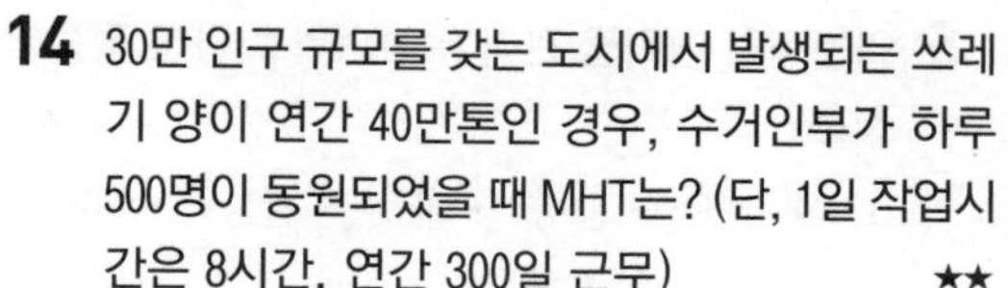

14 30만 인구 규모를 갖는 도시에서 발생되는 쓰레기 양이 연간 40만톤인 경우, 수거인부가 하루 500명이 동원되었을 때 MHT는? (단, 1일 작업시간은 8시간, 연간 300일 근무) ★★

① 3　　② 4

③ 6　　④ 7

✔ $MHT = \dfrac{\text{쓰레기 수거인부(man)} \times \text{수거시간(hr)}}{\text{총 쓰레기 수거량(ton)}}$

$= \dfrac{500\text{명}}{} \Big| \dfrac{\text{year}}{400{,}000\,\text{ton}} \Big| \dfrac{300\,\text{day}}{\text{year}} \Big| \dfrac{8\,\text{hr}}{\text{day}} = 3$

15 폐기물의 관리단계 중 비용이 가장 많이 소요되는 단계는?

① 중간처리 단계

② 수거 및 운반 단계

③ 중간처리된 폐기물의 수송 단계

④ 최종처리 단계

✔ 폐기물 관리(처리) 단계에서 가장 많은 비용이 드는 단계는 수거 및 운반 단계이다.

16 유기성 폐기물의 퇴비화에 있어서 초기 원료가 갖추어야 할 조건이 아닌 것은? ★★

① 적정 입자 크기는 25~75mm가 적당하다.

② 공기공급은 50~200L/min · m^3이 적당하다.

③ 초기 수분 함량은 20~30%가 적당하다.

④ 초기 C/N 비는 25~50이 적당하다.

✔ ③ 적당한 수분 함량은 50~60%이다.

17 사업장에서 배출되는 폐기물을 감량화시키기 위한 대책으로 가장 거리가 먼 것은?

① 원료의 대체

② 공정 개선

③ 제품 내구성 증대

④ 포장횟수의 확대 및 장려

✔ ④ 포장횟수의 축소 및 억제

18 도시에서 폐기물 발생량이 185,000톤/년이고, 수거인부는 1일 550명, 인구는 250,000명이라고 할 때 1인 1일 폐기물 발생량(kg/인 · day)은 얼마인가? ★★

① 2.03　　② 2.35

③ 2.45　　④ 2.77

✔ 1인 1일 폐기물 발생량

$= \dfrac{185{,}000\,\text{ton}}{\text{year}} \Big| \dfrac{10^3\,\text{kg}}{\text{ton}} \Big| \dfrac{}{250{,}000\text{인}} \Big| \dfrac{\text{year}}{365\,\text{day}}$

$= 2.03\,\text{kg/인} \cdot \text{day}$

19 폐기물 발생량 예측방법 중 각 인자들의 효과를 총괄적으로 나타내어 복잡한 시스템의 분석에 유용하게 적용할 수 있는 것은? ★★★

① 경향법

② 다중회귀모델

③ 동적모사모델

④ 인자분석모델

✔ ① 경향법 : 5년 이상의 과거 처리실적을 수식모델에 대입하여 과거의 데이터로 장래를 예측하는 방법

③ 동적모사모델 : 쓰레기 배출에 영향을 주는 모든 인자를 시간에 대한 함수로 나타낸 후, 시간에 대한 함수로 표현된 각 영향인자들 간의 상관관계를 수식화하는 방법

20 폐기물의 밀도가 400kg/m^3인 것을 800kg/m^3의 밀도가 되도록 압축시킬 때 폐기물의 부피변화는? ★★★

① 30% 증가

② 30% 감소

③ 40% 증가

④ 50% 감소

✔ 부피감소율 VR(%)

$= \dfrac{\text{압축 후 밀도} - \text{압축 전 밀도}}{\text{압축 후 밀도}} \times 100$

$= \dfrac{800 - 400}{800}$

$= 50\%$

정답 | 14.① 15.② 16.③ 17.④ 18.① 19.② 20.④

제1과목 | 폐기물 개론

2017년 제4회 폐기물처리기사

01 폐기물 처리장치 중 쓰레기를 물과 섞어 잘게 부순 뒤 다시 물과 분리시키는 습식 처리장치는?

① Baler
② Compactor
③ Pulverizer
④ Shredder

✔ Pulverizer는 분쇄기로, 폐기물을 물과 섞어 잘게 부순 뒤에 다시 물과 분리하는 습식 처리장치이다.

02 2015년의 폐기물 발생량이 1,100ton인 도시의 연간 폐기물 발생 증가율이 10%일 경우, 2020년의 폐기물 예측 발생량(ton)은?

① 1671.6　② 1771.6
③ 1871.6　④ 1971.6

✔ ※ 등비수열을 이용하여 계산하며, 5년이 흘렀으므로 n에 5를 대입한다.

$P_n = P_o \times (1+r)^n$

$\therefore P_5 = 1,100 \times (1+0.1)^5 = 1771.56$

03 도시 폐기물의 수거노선 설정방법으로 가장 거리가 먼 것은? ★★★

① 언덕인 경우 위에서 내려가며 수거한다.
② 반복 운행을 피한다.
③ 출발점은 차고와 가까운 곳으로 한다.
④ 가능한 한 반시계방향으로 설정한다.

✔ ④ 가능한 한 시계방향으로 설정한다.

04 퇴비화의 진행시간에 따른 온도의 변화단계가 순서대로 연결된 것은? ★★

① 고온단계 - 중온단계 - 냉각단계 - 숙성단계
② 중온단계 - 고온단계 - 냉각단계 - 숙성단계
③ 숙성단계 - 고온단계 - 중온단계 - 냉각단계
④ 숙성단계 - 중온단계 - 고온단계 - 냉각단계

05 일반적인 폐기물 관리 우선순위로 가장 적절한 것은? ★★

① 재사용 → 감량 → 물질 재활용 → 에너지 회수 → 최종처분
② 재사용 → 감량 → 에너지 회수 → 물질 재활용 → 최종처분
③ 감량 → 재사용 → 물질 재활용 → 에너지 회수 → 최종처분
④ 감량 → 물질 재활용 → 재사용 → 에너지 회수 → 최종처분

06 함수율이 97%인 수거분뇨를 55% 함수율로 건조하였다면 그 부피변화는 어떻게 되는가? (단, 비중은 1.0 기준) ★★★

① 1/5로 감소　② 1/10로 감소
③ 1/15로 감소　④ 1/20로 감소

✔ $V_1(100-W_1) = V_2(100-W_2)$

여기서, V_1 : 건조 전 수거분뇨 부피
V_2 : 건조 후 수거분뇨 부피
W_1 : 건조 전 수거분뇨 함수율
W_2 : 건조 후 수거분뇨 함수율

$V_1 \times (100-97) = V_2 \times (100-55)$

$\frac{V_2}{V_1} = \frac{100-97}{100-55} = \frac{1}{15}$

∴ 부피는 1/15로 감소한다.

07 밀도가 200kg/m^{3}인 폐기물을 압축하여 밀도가 500kg/m^{3}가 되도록 하였다면 압축된 폐기물의 부피는? ★★★

① 초기 부피의 25%　② 초기 부피의 30%
③ 초기 부피의 40%　④ 초기 부피의 45%

✔ 부피감소율 VR(%)

$= \frac{\text{압축 후 밀도} - \text{압축 전 밀도}}{\text{압축 후 밀도}} \times 100$

$= \frac{500-200}{500} = 60\%$

∴ 압축된 폐기물의 부피는 초기 부피의 40%이다.

정답 | 01.③ 02.② 03.④ 04.② 05.③ 06.③ 07.③

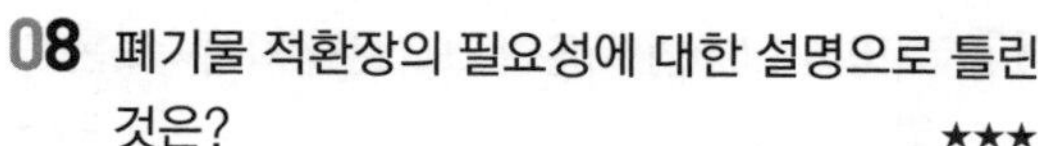

08 폐기물 적환장의 필요성에 대한 설명으로 틀린 것은? ★★★

① 고밀도 주거지역이 존재할 때 필요하다.

② 작은 용량의 수집차량을 사용할 때 필요하다.

③ 상업지역에서 폐기물 수집에 소형 용기를 많이 사용할 때 필요하다.

④ 불법 투기와 다량의 어질러진 폐기물이 발생할 때 필요하다.

✔ ① 저밀도 주거지역이 존재할 때 필요하다.

09 수중에 용해되어 있거나 고체상태로 부유하고 있는 유기물을 고온 · 고압하에 공기에 의해 산화시키는 처리방법은?

① Hydrogasification

② Hydrogenation

③ Wet air oxidation

④ Air stripping

✔ Wet Air Oxidation(WAO, 습식 산화법)은 열적 가수분해를 하여 고형분을 액상화시키고, 고분자가 저분자로 분해된 뒤 산화제(산소, 과산화수소)를 통해 산화시키며, 유기물을 많이 포함한 슬러지를 처리하는 방법 중 하나이다.

10 다음 중 폐기물 성상분석에 대한 분석절차로 옳은 것은? ★★★

① 물리적 조성 → 밀도 측정 → 건조 → 절단 및 분쇄 → 발열량 분석

② 밀도 측정 → 물리적 조성 → 건조 → 절단 및 분쇄 → 발열량 분석

③ 물리적 조성 → 밀도 측정 → 절단 및 분쇄 → 건조 → 발열량 분석

④ 밀도 측정 → 물리적 조성 → 절단 및 분쇄 → 건조 → 발열량 분석

✔ **폐기물의 성상분석절차**

시료 → 밀도 측정 → 물리 조성(습량무게) → 건조(건조무게) → 분류(가연성, 불연성) → 전처리(원소 및 발열량 분석)

11 다음 중 폐기물 관리 차원의 3R에 해당하지 않는 것은?

① Resource

② Recycle

③ Reduction

④ Reuse

✔ **폐기물 관리 차원의 3R**

- Recycle : 재활용
- Reduction : 감량화
- Reuse : 재사용

12 지정폐기물인 폐석면의 입도를 분석한 결과가 $D_{10}=$ 3mm, $D_{30}=$ 6mm, $D_{60}=$ 12mm, D_{90} =15mm인 경우 균등계수와 곡률계수는 얼마인가? ★★

① 1, 0.5 ② 1, 10

③ 4, 0.5 ④ 4, 1.0

✔

- 균등계수 $C_u = \dfrac{D_{60}}{D_{10}}$
- 곡률계수 $C_g = \dfrac{D_{30}^{\ 2}}{D_{10} \cdot D_{60}}$

여기서, D_{60} : 처리물 중량백분율 60%가 통과하는 입경

D_{30} : 처리물 중량백분율 30%가 통과하는 입경

D_{10} : 처리물 중량백분율 10%가 통과하는 입경

$\therefore C_u = \dfrac{12}{3} = 4,\ C_g = \dfrac{6^2}{3 \times 12} = 1.0$

13 폐기물의 관로 수송 시스템에 대한 설명으로 틀린 것은?

① 폐기물의 발생밀도가 높은 지역이 보다 효과적이다.

② 대용량 수송과 장거리 수송에 적합하다.

③ 조대폐기물은 파쇄 등의 전처리가 필요하다.

④ 자동집하시설로 투입하는 폐기물의 종류에 제한이 있다.

✔ ② 장거리 수송에 적합하지 않다.

제1과목

정답 | 08.① 09.③ 10.② 11.① 12.④ 13.②

14 물렁거리는 가벼운 물질로부터 딱딱한 물질을 선별하는 데 사용되는 선별장치는?

① Secators ② Stoners
③ Jigs ④ Table

✔ ② Stoners : 약간 경사진 판에 진동을 주어 무거운 것이 빨리 경사판 위로 올라가는 원리를 이용한 폐기물 선별장치
③ Jigs : 스크린 상에서 비중이 다른 입자의 층을 통과하는 액류를 상하로 맥동시켜서 층의 팽창 · 수축을 반복하여 무거운 입자는 하층, 가벼운 입자는 상층으로 이동시켜 분리하는 중력분리방법
④ Table : 물질의 비중 차이를 이용하여 가벼운 것은 왼쪽, 무거운 것은 오른쪽으로 분류하는 방법

15 폐기물 발생량 조사 및 예측에 대한 설명으로 틀린 것은? ★★★

① 생활폐기물의 발생량은 지역 규모나 지역 특성에 따라 차이가 크기 때문에 주로 kg/인 · 일으로 표기한다.
② 사업장폐기물의 발생량은 제품 제조공정에 따라 다르며 원단위로 ton/종업원수, ton/면적 등이 사용된다.
③ 우리나라 폐기물관리법상 폐기물 관리 종합계획은 10년을 주기로 한다.
④ 폐기물 발생량 예측방법으로 적재차량 계수법, 직접계근법, 물질수지법이 있다.

✔ ④ 폐기물 발생량 조사방법으로 적재차량 계수법, 직접계근법, 물질수지법이 있다.

16 적환장(transfer station)에서 수송차량에 옮겨 싣는 방식이 아닌 것은? ★★

① 직접 투하방식
② 저장 투하방식
③ 연속 투하방식
④ 직접 · 저장 투하 결합방식

✔ **투하방식에 따른 적환장의 형식**
- 직접 투하방식
- 저장 투하방식
- 직접 · 저장 투하방식

17 직경이 1.0m인 트롬멜 스크린의 최적속도는 약 몇 rpm인가? ★★★

① 약 63 ② 약 42
③ 약 19 ④ 약 8

✔ 트롬멜 스크린의 최적속도
$N = N_c \times 0.45$
여기서, N_c : 임계속도(rpm)$\left(= \sqrt{\frac{g}{4\pi^2 r}} \times 60\right)$
이때, g : 중력가속도($= 9.8\,\text{m/sec}^2$)
r : 반경(m)
$\therefore N = \left(\sqrt{\frac{9.8}{4\pi^2 \times 0.5}} \times 60\right) \times 0.45 = 19.02\,\text{rpm}$

18 폐기물의 분석 결과 가연성 물질의 함유율이 35%였다. 밀도가 250kg/m^3인 폐기물 16m^3에 포함된 가연성 물질의 양(kg)은?

① 1,200 ② 1,400
③ 1,600 ④ 1,800

✔ 가연성 물질의 양 $= \frac{16\,\text{m}^3}{} \Big| \frac{250\,\text{kg}}{\text{m}^3} \Big| \frac{35}{100} = 1{,}400\,\text{kg}$

19 단열 열량계로 측정할 때 얻어지는 발열량은?

① 습량기준 저위발열량
② 습량기준 고위발열량
③ 건량기준 저위발열량
④ 건량기준 고위발열량

20 관거(pipeline)를 이용한 수거방식인 공기 수송에 관한 내용으로 틀린 것은? ★★

① 고층 주택 밀집지역에서 적합하다.
② 소음방지시설을 설치해야 한다.
③ 공기 수송에 소요되는 동력은 캡슐 수송에 소요되는 동력보다 훨씬 적게 소요된다.
④ 공기 수송방법 중 가압 수송은 진공 수송보다 수송거리를 더 길게 할 수 있다.

✔ ③ 캡슐 수송에 소요되는 동력은 공기 수송에 소요되는 동력보다도 훨씬 적게 소요된다.

정답 I 14.① 15.④ 16.③ 17.③ 18.② 19.④ 20.③

제1과목 | 폐기물 개론

2018년 제1회 폐기물처리기사

01 수거차의 대기시간 없이 빠른 시간 내에 적하를 마치므로 적환장 내 · 외에서 교통체증 현상을 감소시켜주는 적환 시스템은? ★★

① 직접 투하방식
② 저장 투하방식
③ 간접 투하방식
④ 압축 투하방식

✔ 저장 투하방식이란 쓰레기를 저장 피트(pit)나 플랫폼에 저장한 후 불도저 등의 보조장치를 사용하여 수송차량에 적환하는 방식으로, 대도시에 적용하며 수거차의 대기시간 없이 빠른 시간 내에 적하를 마치므로 적환장 내 · 외의 교통체증 현상을 없애주는 효과가 있다.

02 혐기성 소화에 대한 설명으로 틀린 것은?

① 가수분해, 산 생성, 메테인 생성 단계로 구분된다.
② 처리속도가 느리고 고농도 처리에 적합하다.
③ 호기성 처리에 비해 동력비 및 유지관리비가 적게 든다.
④ 유기산의 농도가 높을수록 처리효율이 좋아진다.

✔ ④ 유기산의 농도가 높을수록 pH가 낮아져 처리효율이 나빠진다.

03 폐기물 선별과정에서 회전방식에 의해 폐기물을 크기에 따라 분리하는 데 사용되는 장치는?

① Reciprocating screen
② Air classifier
③ Ballistic separator
④ Trommel screen

✔ 트롬멜 스크린(trommel screen)은 회전방식에 의해 폐기물을 크기에 따라 분리하는 장치로, 선별효율이 좋고 유지관리상의 문제가 적으며, 길이가 길어질수록 효율은 증가하지만 그만큼 동력이 커지는 단점이 있다.

04 적정한 수집 · 운반 시스템에 대한 대책을 수립하는 과정에서 검토해야 할 항목으로 가장 거리가 먼 것은?

① 수집구역
② 배출방법
③ 수집빈도
④ 최종처분

05 다음 중 트롬멜 스크린에 대한 설명으로 틀린 것은? ★★★

① 수평으로 회전하는 직경 3미터 정도의 원통 형태이며 가장 널리 사용되는 스크린의 하나이다.
② 최적회전속도는 임계회전속도의 45% 정도이다.
③ 도시 폐기물 처리 시 적정회전속도는 100~180rpm이다.
④ 경사도는 대개 2~3°를 채택하고 있다.

✔ ③ 도시 폐기물 처리 시 적정회전속도는 5~6rpm이다.

06 굴림통 분쇄기(roll crusher)에 관한 설명으로 틀린 것은?

① 재회수과정에서 유리 같이 깨지기 쉬운 물질을 분쇄할 때 이용된다.
② 퍼짐성이 있는 금속캔류는 단순히 납작하게 된다.
③ 유리와 금속류가 섞인 폐기물을 굴림통 분쇄기에 투입하면 분쇄된 유리를 체로 쳐서 쉽게 분리할 수 있다.
④ 분쇄는 투입물 선별과정과 이것을 압축시키는 두 가지 과정으로 구성된다.

✔ ④ 분쇄는 투입물 포집과정과 이것을 굴림통 사이로 통과시키는 두 가지 과정으로 구성된다.

정답 | 01.② 02.④ 03.④ 04.④ 05.③ 06.④

07 도시 폐기물의 물리적 특성 중 하나인 겉보기밀도의 대표값이 가장 높은 것은? (단, 비압축상태 기준)

① 재 ② 고무류
③ 가죽류 ④ 알루미늄캔

✔ 보기의 물질을 겉보기밀도의 크기 순서대로 나열하면 다음과 같다.
재 > 알루미늄캔 > 가죽류 > 고무류

08 분뇨 처리 결과를 나타낸 다음 그래프에서 ( ) 안에 들어갈 내용으로 가장 알맞은 것은? (단, S_e : 유출수의 휘발성 고형물질 농도(mg/L), S_o : 유입수의 휘발성 고형물질 농도(mg/L), SRT : 고형물질의 체류시간)

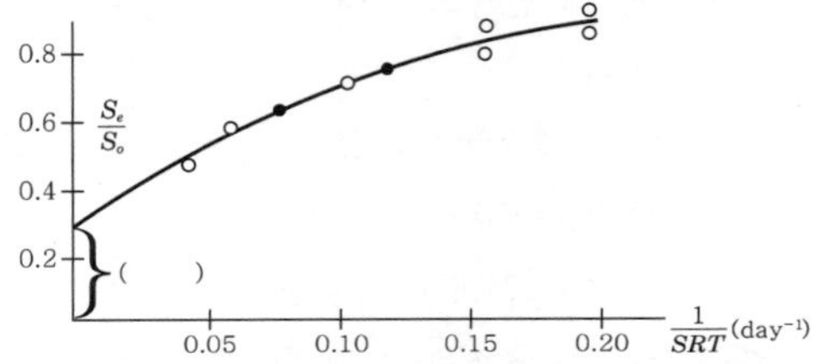

① 생물학적 분해 가능한 유기물질 분율
② 생물학적 분해 불가능한 휘발성 고형물질 분율
③ 생물학적 분해 가능한 무기물질 분율
④ 생물학적 분해 불가능한 유기물질 분율

09 분뇨를 혐기성 소화공법으로 처리할 때 발생하는 CH_4 가스의 부피는 분뇨 투입량의 약 8배라고 한다. 1일 분뇨를 500kL/day씩 처리하는 소화시설에서 발생하는 CH_4 가스를 포함하여 24시간 균등연소시킬 때 시간당 발열량(kcal/hr)은? (단, CH_4 가스의 발열량은 약 5,500kcal/m³)

① 5.5×10^6 ② 2.5×10^7
③ 9.2×10^5 ④ 1.5×10^8

✔ 시간당 발열량 $= \frac{5,500\,\text{kcal}}{\text{m}^3} \bigg| \frac{500\,\text{kL}}{\text{day}} \bigg| \frac{8}{} \bigg| \frac{\text{m}^3}{\text{kL}} \bigg| \frac{\text{day}}{24\,\text{hr}}$
$= 916666.6667 \fallingdotseq 9.2\times10^5\text{kcal/hr}$

10 다음 유기물 중 분해가 가장 빠른 것은?

① 리그닌
② 단백질
③ 셀룰로오스
④ 헤미셀룰로오스

✔ 보기의 물질을 유기물 분해속도가 빠른 순서대로 나열하면 다음과 같다.
단백질 > 헤미셀룰로오스 > 셀룰로오스 > 리그닌

11 다음 중 발열량에 대한 설명으로 적절하지 않은 것은?

① 우리나라 소각로의 설계 시 이용하는 열량은 저위발열량이다.
② 수분을 50% 이상 함유하는 쓰레기는 삼성분 조성비를 바탕으로 발열량을 측정하여야 오차가 적다.
③ 폐기물의 가연분, 수분, 회분의 조성비로 저위발열량을 추정할 수 있다.
④ Dulong 공식에 의한 발열량 계산은 화학적 원소 분석을 기초로 한다.

✔ ② 수분을 50% 이상 함유하는 쓰레기는 삼성분 조성비를 바탕으로 정확한 발열량을 측정할 수 없다.

12 다음 중 적환장에 대한 설명으로 가장 거리가 먼 것은? ★★★

① 적환장의 위치는 주민들의 생활환경을 고려하여 수거지역의 무게중심과 되도록 멀리 설치하여야 한다.
② 최종처분지와 수거지역의 거리가 먼 경우 적환장을 설치한다.
③ 작은 용량의 차량을 이용하여 폐기물을 수집해야 할 때 필요한 시설이다.
④ 폐기물의 수거와 운반을 분리하는 기능을 한다.

✔ ① 적환장의 위치는 주민들의 생활환경을 고려하여 수거지역의 무게중심과 되도록 가까운 곳에 설치하여야 한다.

정답 | 07.① 08.② 09.③ 10.② 11.② 12.①

13 다음 중 쓰레기의 성상분석절차로 가장 적절한 것은? ★★★

① 시료 → 전처리 → 물리적 조성 분류 → 밀도 측정 → 건조 → 분류
② 시료 → 전처리 → 건조 → 분류 → 물리적 조성 분류 → 밀도 측정
③ 시료 → 밀도 측정 → 건조 → 분류 → 전처리 → 물리적 조성 분류
④ 시료 → 밀도 측정 → 물리적 조성 분류 → 건조 → 분류 → 전처리

✔ **폐기물의 성상분석절차**
시료 → 밀도 측정 → 물리 조성(습량무게) → 건조(건조무게) → 분류(가연성, 불연성) → 전처리(원소 및 발열량 분석)

14 다음 중 폐기물의 운송기술에 대한 설명으로 틀린 것은?

① 파이프라인(pipeline) 수송은 폐기물의 발생빈도가 높은 곳에서는 현실성이 있다.
② 모노레일(monorail) 수송은 가설이 곤란하고 설치비가 고가이다.
③ 컨베이어(conveyor) 수송은 넓은 지역에서 사용되고 사용 후 세정에 많은 물을 사용해야 한다.
④ 파이프라인(pipeline) 수송은 장거리 이송이 곤란하고 투입구를 이용한 범죄나 사고의 위험이 있다.

✔ ③ 넓은 지역에서 사용되고 사용 후 세정에 많은 물을 사용해야 하는 것은 컨테이너 수송이다.

15 고형분이 20%인 폐기물 12ton을 건조시켜 함수율이 40%가 되도록 하였을 때 감량된 무게(ton)는? (단, 비중은 1.0 기준) ★★★

① 5　② 6
③ 7　④ 8

✔ $V_1(100-W_1) = V_2(100-W_2)$
여기서, V_1 : 건조 전 폐기물 무게
V_2 : 건조 후 폐기물 무게
W_1 : 건조 전 폐기물 함수율
W_2 : 건조 후 폐기물 함수율

$12 \times (100-80) = V_2 \times (100-40)$

$V_2 = 12 \times \frac{100-80}{100-40} = 4\,\text{ton}$

∴ 감량된 무게 $= 12 - 4 = 8\,\text{ton}$

16 환경경영체제(ISO-14000)에 대한 설명으로 가장 거리가 먼 내용은?

① 기업이 환경문제의 개선을 위해 자발적으로 도입하는 제도이다.
② 환경사업을 기업 영업의 최우선과제 중의 하나로 삼는 경영체제이다.
③ 기업의 친환경성 이미지에 대한 광고효과를 위해 도입할 수 있다.
④ 전과정평가(LCA)를 이용하여 기업의 환경성과를 측정하기도 한다.

✔ 환경경영체제란 기업이 환경친화적인 경영목표를 설정하여 효율적 · 조직적으로 관리하는 것이다.

17 폐기물 발생량 조사방법에 관한 설명으로 틀린 것은? ★★★

① 물질수지법은 일반적인 생활폐기물 발생량을 추산할 때 주로 이용한다.
② 적재차량 계수분석법은 일정 기간 동안 특정 지역의 폐기물 수거 · 운반 차량의 대수를 조사하여, 이 결과에 밀도를 이용하여 질량으로 환산하는 방법이다.
③ 직접계근법은 비교적 정확한 폐기물 발생량을 파악할 수 있다.
④ 직접계근법은 적재차량 계수분석에 비하여 작업량이 많고 번거롭다는 단점이 있다.

✔ ① 물질수지법은 주로 산업폐기물 발생량을 추산할 때 이용한다.

제1과목

정답 | 13.④ 14.③ 15.④ 16.② 17.①

18 폐기물의 성분을 조사한 결과 플라스틱의 함량이 20%(중량비)로 나타났다. 이 폐기물의 밀도가 300kg/m^3라면 6.5m^3 중에 함유된 플라스틱의 양(kg)은?

① 300　② 345
③ 390　④ 415

✔ 플라스틱의 양 $= \frac{6.5\,m^3}{} \Big| \frac{300\,kg}{m^3} \Big| \frac{20}{100} = 390\,kg$

19 폐기물 연소 시 저위발열량과 고위발열량의 차이를 결정짓는 물질은?

① 물
② 탄소
③ 소각재의 양
④ 유기물 총량

✔ 고위발열량은 단위질량의 시료가 완전연소될 때 발생하는 물의 증발잠열을 포함하며, 저위발열량은 물의 증발잠열을 포함하지 않는다.

20 전과정평가(LCA)를 4단계로 구성할 때 다음 중 가장 거리가 먼 것은? ★★

① 영향평가
② 목록분석
③ 해석(개선평가)
④ 현황조사

✔ **전과정평가(LCA)의 구성요소**
- 목적 및 범위 설정
- 목록분석
- 영향평가
- 결과해석(개선평가)

제1과목 | 폐기물 개론

2018년 제2회 폐기물처리기사

01 인구 50만명인 도시의 쓰레기 발생량이 연간 165,000톤일 때 MHT는? (단, 수거인부 148명, 1일 작업시간 8시간, 연간 휴가일수 90일) ★★

① 1.5　② 2
③ 2.5　④ 3

✔ $MHT = \frac{\text{쓰레기 수거인부(man)} \times \text{수거시간(hr)}}{\text{총 쓰레기 수거량(ton)}}$

$= \frac{148\text{명}}{} \Big| \frac{year}{165,000\,ton} \Big| \frac{(365-90)day}{year} \Big| \frac{8\,hr}{day}$

$= 1.97$

02 쓰레기의 발열량을 구하는 식 중 Dulong 식에 대한 설명으로 맞는 것은? ★★

① 고위발열량은 저위발열량, 수소 함량, 수분 함량만으로 구할 수 있다.
② 원소 분석에서 나온 C, H, O, N 및 수분 함량으로 계산할 수 있다.
③ 목재나 쓰레기와 같은 셀룰로오스의 연소에서는 발열량이 약 10% 높게 추정된다.
④ Bomb 열량계로 구한 발열량에 근사시키기 위해 Dulong의 보정식이 사용된다.

✔ 고위발열량은 C, H, O, S의 함량으로 계산할 수 있으며, 셀룰로오스의 연소에서는 발열량이 낮게 추정된다.

03 다음 중 쓰레기 발생량을 예측하는 방법이 아닌 것은?

① Trend method
② Material balance method
③ Multiple regression model
④ Dynamic simulation model

✔ ② Material balance method는 물질수지법으로, 폐기물 발생량 조사방법에 해당된다.

정답 | 18.③ 19.① 20.④ / 01.② 02.④ 03.②

04 도시 폐기물을 $x=2.5$cm로 파쇄하고자 할 때 Rosin-Rammler 모델에 의한 특성입자 크기(x_0, cm)는? (단, $n=1$로 가정) ★

① 1.09 ② 1.18

③ 1.22 ④ 1.34

✔ $y=f(x)=1-\exp\left[-\left(\frac{x}{x_0}\right)^n\right]$

여기서, y : x보다 작은 크기 폐기물의 총 누적무게분율

x : 폐기물 입자의 크기

x_0 : 특성입자의 크기(63.2%가 통과할 수 있는 체 눈의 크기)

n : 상수

$0.9=1-\exp\left[-\left(\frac{2.5}{x_0}\right)^1\right]$ ➡ 계산기의 Solve 기능 사용

$\therefore x_0=1.0857 \fallingdotseq 1.09\,\text{cm}$

05 쓰레기 소각로에서 효율을 향상시키는 인자가 아닌 것은?

① 적당한 압력

② 적당한 온도

③ 적당한 연소시간

④ 적당한 공연비

✔ **쓰레기 소각로에서의 효율 향상 인자**
- 연소온도
- 연소시간
- 공연비
- 혼합정도

06 도시 폐기물의 화학적 특성 중 재의 융점을 설명한 것으로 ( ) 안에 알맞은 내용은?

> 재의 융점은 폐기물 소각으로부터 생긴 재가 용융·응고되어 고형물을 형성시키는 온도로 정의된다. 폐기물로부터 클링커가 생성되는 대표적인 융점의 범위는 ( )이다.

① 700~800℃

② 900~1,000℃

③ 1,100~1,200℃

④ 1,300~1,400℃

07 폐기물의 성상조사 결과, 표와 같은 결과를 구했다. 이 지역에 home compaction unit(가정용 부피축소기)을 설치하고 난 후의 폐기물 전체 밀도가 400kg/m³로 예상된다면 부피감소율(%)은? ★★★

성분	중량비(%)	밀도(kg/m³)
음식물	20	280
종이	50	80
골판지	10	50
기타	20	150

① 약 62 ② 약 67

③ 약 74 ④ 약 78

✔ 평균밀도(압축 전 밀도)

$=\frac{280\times20\%+80\times50\%+50\times10\%+150\times20\%}{100\%}$

$=131\,\text{kg/m}^3$

$\therefore VR(\%)=\frac{\text{압축 후 밀도}-\text{압축 전 밀도}}{\text{압축 후 밀도}}\times100$

$=\frac{400-131}{400}\times100$

$=67.25\%$

08 인구 15만명, 쓰레기 발생량 1.4kg/인·일, 쓰레기 밀도 400kg/m³, 운반거리 6km, 적재용량 12m³, 1회 운반 소요시간 60분(적재시간, 수송시간 등 포함)인 경우, 운반에 필요한 일일 소요차량 대수(대)는? (단, 대기차량을 포함하며, 대기차량은 3대, 압축비는 2.0, 일일 운전시간은 6시간임)

① 6 ② 7

③ 8 ④ 11

✔ 소요차량 대수

$=\frac{1.4\,\text{kg}}{\text{인·일}}\Big|\frac{\text{m}^3}{400\,\text{kg}}\Big|\frac{150{,}000\text{인}}{}\Big|\frac{\text{대}}{12\,\text{m}^3}\Big|\frac{\text{일}}{6}\Big|\frac{}{2}$

$=3.6458$대

※ 대기차량 3대를 더해준다.

∴ 일일 소요차량 대수 $=3.6458+3$

$=6.6458 \fallingdotseq 7$대

제1과목

09 쓰레기 수거계획 수립 시 가장 우선되어야 할 항목은?

① 수거빈도
② 수거노선
③ 차량의 적재량
④ 인부 수

✔ 폐기물 처리 시 수거단계에서 가장 많은 비용이 들기 때문에 차량의 이동거리를 단축시키기 위하여 수거노선을 가장 우선적으로 고려해야 한다.

10 다음 중 폐기물의 열분해에 관한 설명으로 틀린 것은?

① 폐기물의 입자 크기가 작을수록 열분해가 조성된다.
② 열분해장치로는 고정상, 유동상, 부유상태 등의 장치로 구분될 수 있다.
③ 연소가 고도의 발열반응임에 비해 열분해는 고도의 흡열반응이다.
④ 폐기물에 충분한 산소를 공급해서 가열하여 가스, 액체 및 고체의 3성분으로 분리하는 방법이다.

✔ 폐기물의 열분해는 폐기물을 무산소상태 또는 공기가 부족한 상태에서 열(400~1,500℃)을 이용해 유용한 연료(기체, 액체, 고체)로 변형시키는 공정이다.

11 폐기물과 관련된 설명 중 맞는 것은?

① 쓰레기종량제는 1992년에 전국적으로 실시하였다.
② SRF(Solid Refuse Fuel)를 통해 폐기물로부터 에너지를 회수할 수 있다.
③ 쓰레기 수거노동력을 표시하는 단위로 시간당 필요인원(man/hour)을 사용한다.
④ 고로(高爐)에서는 고철을 재활용하여 철강재를 생산한다.

✔ ① 쓰레기종량제는 1995년에 전국적으로 실시하였다.
③ 쓰레기 수거노동력을 표시하는 단위는 MHT이다.
④ 고로란 원료가 되는 철광석을 넣는 곳이다.

12 일반폐기물의 수집 · 운반 · 처리 시 고려사항으로 가장 거리가 먼 것은?

① 지역별 · 계절별 발생량 및 특성 고려
② 다른 지역을 경유 시 밀폐 차량 이용
③ 해충 방지를 위해서 약제 살포 금지
④ 지역 여건에 맞게 기계식 상차방법 이용

✔ ③ 해충 방지를 위해 약제를 살포해야 한다.

13 비자성이고 전기전도성이 좋은 물질(구리, 알루미늄, 아연)을 다른 물질로부터 분리하는 데 가장 적절한 선별방식은?

① 와전류선별　　② 자기선별
③ 자장선별　　④ 정전기선별

✔ 와전류선별은 철, 구리, 유리가 혼합된 폐기물로부터 3가지 물질을 각각 따로 분리가 가능하며, 금속과 비금속을 구분할 수 있어 폐기물 중 비철금속 등을 선별 · 회수하는 방법이다.

14 다음 중 폐기물의 파쇄에 대한 설명으로 틀린 것은?

① 파쇄하면 부피가 커지는 경우도 있다.
② 파쇄를 통해 조성이 균일해진다.
③ 매립작업 시 고밀도 매립이 가능하다.
④ 압축 시 밀도증가율이 감소하므로 운반비가 감소된다.

✔ ④ 압축 시 밀도증가율이 증가하므로 운반비가 감소된다.

15 폐기물을 분류하여 철금속류를 회수하려고 할 때 가장 적당한 분리방법은?

① Air separation
② Screening
③ Floatation
④ Magnetic separation

✔ ④ Magnetic separation(자력선별)은 폐기물 중 철성분을 회수하기 위해 사용하는 방법이다.

정답 | 09.② 10.④ 11.② 12.③ 13.① 14.④ 15.④

16 쓰레기의 발생량과 가장 관계가 적은 것은?

① 주민의 생활법 및 문화수준
② 분리수거제도의 정책 정도
③ 수거차량의 용적 및 처리시설
④ 법규 및 제도

✔ ③ 수거차량의 용적 및 처리시설은 조사방법과 관계가 있다.

17 쓰레기에서 타는 성분의 화학적 성상 분석 시 사용되는 자동원소분석기에 의해 동시 분석이 가능한 항목을 모두 알맞게 나열한 것은?

① 질소, 수소, 탄소
② 탄소, 황, 수소
③ 탄소, 수소, 산소
④ 질소, 황, 산소

18 수분 함량이 20%인 쓰레기의 수분 함량을 10%로 감소시키면, 감소 후의 쓰레기 중량은 처음 중량의 몇 %가 되겠는가? (단, 쓰레기의 비중은 10) ★★★

① 87.6% ② 88.9%
③ 90.3% ④ 92.9%

✔ $V_1(100-W_1)=V_2(100-W_2)$
여기서, V_1 : 처리 전 쓰레기 부피
V_2 : 처리 후 쓰레기 부피
W_1 : 처리 전 쓰레기 함수율
W_2 : 처리 후 쓰레기 함수율
$V_1\times(100-20)=V_2\times(100-10)$
$\frac{V_2}{V_1}=\frac{100-20}{100-10}=\frac{80}{90}$
$\therefore \frac{80}{90}\times100=88.89\%$

19 적환장에 대한 설명으로 틀린 것은? ★★★

① 폐기물의 수거와 운반을 분리하는 기능을 한다.
② 적환장에서 재생 가능한 물질의 선별을 고려하도록 한다.
③ 최종처분지와 수거지역의 거리가 먼 경우에 설치 · 운영한다.
④ 고밀도 거주지역이 존재할 때 설치 · 운영한다.

✔ ④ 저밀도 거주지역이 존재할 때 설치 · 운영한다.

20 입자성 물질의 겉보기비중을 구할 때 맞지 않는 것은?

① 미리 부피를 알고 있는 용기에 시료를 넣는다.
② 60cm 높이에서 2회 낙하시킨다.
③ 낙하시켜 감소하면 감소된 양만큼 추가하여 반복한다.
④ 단위는 kg/m^3 또는 ton/m^3로 나타낸다.

✔ ② 30cm 높이에서 3회 낙하시킨다.

제1과목

정답 | 16.③ 17.① 18.② 19.④ 20.②

제1과목 | 폐기물 개론

2018년 제4회 폐기물처리기사

01 폐기물 수거방법 중 수거효율이 가장 높은 방법은?

① 대형 쓰레기통 수거
② 문전식 수거
③ 타종식 수거
④ 적환식 수거

✔ MHT를 비교해보면, 문전식 수거가 2.7, 대형 쓰레기통 수거가 1.1, 타종식 수거가 0.84로, 타종식 수거의 MHT가 가장 낮아 수거효율이 가장 높다.

02 관거를 이용한 공기 수송에 관한 설명으로 틀린 것은? ★★

① 공기의 동압에 의해 쓰레기를 수송한다.
② 고층 주택 밀집지역에 적합하다.
③ 지하 매설로 수송관에서 발생되는 소음에 대한 방지시설이 필요 없다.
④ 가압 수송은 송풍기로 쓰레기를 불어서 수송하는 것으로 진공 수송보다 수송거리를 길게 할 수 있다.

✔ ③ 수송관에서 발생되는 소음에 대한 방지시설을 설치해야 한다.

03 발생 쓰레기 밀도 500kg/m^3, 차량 적재용량 6m^3, 압축비 2.0, 발생량 1.1kg/인 · 일, 차량 적재함 이용률 85%, 차량 수 3대, 수거대상 인구 15,000명, 수거인부 5명의 조건에서 차량을 동시 운행할 때, 쓰레기 수거는 일주일에 최소 몇 회 이상 하여야 하는가?

① 4 ② 6
③ 8 ④ 10

✔ 일주일 기준 최소 수거횟수

$$= \frac{1.1\,\text{kg}}{\text{인}\cdot\text{일}} \Big| \frac{15{,}000\text{인}}{} \Big| \frac{\text{m}^3}{500\,\text{kg}} \Big| \frac{}{2} \Big| \frac{\text{회}}{6\,\text{m}^3 \times 3 \times 0.85} \Big| \frac{7\text{일}}{\text{주}}$$

$$= 7.55 \fallingdotseq 8\text{회/주}$$

04 적환장에 관한 설명으로 틀린 것은? ★★★

① 공중위생을 위하여 수거지로부터 먼 곳에 설치한다.
② 소형 수거를 대형 수송으로 연결해 주는 장치이다.
③ 적환장에서 재생 가능한 물질의 선별을 고려하도록 한다.
④ 간선도로에 쉽게 연결될 수 있는 곳에 설치한다.

✔ ① 폐기물 발생지역의 중심부에 위치해야 한다.

05 2차 파쇄를 위해 6cm의 폐기물을 1cm로 파쇄하는 데 소요되는 에너지(kW · hr/ton)는? (단, Kick의 법칙을 이용, 동일한 파쇄기를 이용하여 10cm의 폐기물을 2cm로 파쇄하는 데 에너지가 50kW · hr/ton 소모됨)

① 55.66 ② 57.66
③ 59.66 ④ 61.66

✔ $E = C\ln\left(\frac{L_1}{L_2}\right)$

여기서, E : 폐기물 파쇄 에너지
C : 상수
L_1 : 초기 폐기물 크기
L_2 : 나중 폐기물 크기

$$50 = C\ln\left(\frac{10}{2}\right) \Rightarrow C = \frac{50}{\ln(10/2)} = 31.0667$$

$$\therefore E = 31.0667 \times \ln\left(\frac{6}{1}\right)$$

$$= 55.6641 \fallingdotseq 55.66\,\text{kW}\cdot\text{hr/ton}$$

06 쓰레기 수거차 5대가 각각 10m^{3}의 쓰레기를 운반하였다. 쓰레기의 밀도를 0.5ton/m^{3}이라고 하면 운반된 쓰레기의 총 중량(ton)은?

① 5 ② 15
③ 25 ④ 35

✔ 쓰레기의 총 중량 $= \frac{10\,\text{m}^3}{\text{대}} \Big| \frac{5\text{대}}{} \Big| \frac{0.5\,\text{ton}}{\text{m}^3} = 25\,\text{ton}$

정답 | 01.③ 02.③ 03.③ 04.① 05.① 06.③

07 전과정평가(LCA)를 구성하는 4부분 중, 조사분석과정에서 확정된 자원 요구 및 환경부하에 대한 영향을 평가하는 기술적 · 정량적 · 정성적 과정인 것은? ★★

① Impact analysis
② Initiation analys
③ Inventory analysis
④ Improvement analysis

✔ ① Impact analysis는 전과정평가 중 3단계인 영향평가에 해당된다.

08 폐기물 발생량 예측 시 고려되는 직접적인 인자로 가장 거리가 먼 것은?

① 인구 ② GNP
③ 쓰레기통 위치 ④ 자원회수량

09 쓰레기의 발생량 예측에 적용하는 방법이 아닌 것은? ★★★

① 경향법 ② 물질수지법
③ 동적모사모델 ④ 다중회귀모델

✔ ② 물질수지법 : 폐기물 발생량 조사방법

10 청소상태의 평가방법으로 옳지 않은 것은?

① 지역사회 효과지수는 가로 청소상태의 문제점이 관찰되는 경우 각 10점씩 감점한다.
② 지역사회 효과지수에서 가로 청결상태의 scale은 1~10로 정하여 각각 10점 범위로 한다.
③ 사용자 만족도지수는 서비스를 받는 사람들의 만족도를 설문조사하여 계산되며 설문 문항은 6개로 구성되어 있다.
④ 사용자 만족도 설문지 문항의 총점은 100점이다.

✔ ② 지역사회 효과지수에서 가로 청결상태의 scale은 0~100점으로 정하여 각각 25점 범위로 한다.

11 사업장 내에서 폐기물의 발생량을 억제하기 위한 방안으로 가장 거리가 먼 것은?

① 자원, 원료의 선택
② 제조 · 가공 공정의 선택
③ 제품 사용 연수의 감안
④ 최종처분의 체계화

✔ 폐기물 발생량을 억제하는 것이므로 이미 발생한 폐기물의 최종처분과는 관계가 없다.

12 쓰레기 발생량 조사방법이 아닌 것은? ★★★

① 직접계근법
② 경향법
③ 물질수지법
④ 적재차량 계수분석법

✔ ② 경향법 : 폐기물 발생량 예측방법

13 다음 중 와전류선별기에 관한 설명으로 잘못된 것은?

① 비철금속의 분리 · 회수에 이용된다.
② 자력선을 도체가 스칠 때에 진행방향과 직각방향으로 힘이 작용하는 것을 이용해서 분리한다.
③ 연속적으로 변화하는 자장 속에 비자성이며 전기전도성이 좋은 금속을 넣어 분리시킨다.
④ 와전류선별기는 자기드럼식, 자기벨트식, 자기전도식으로 대별된다.

✔ ④ 자기드럼식, 자기벨트식, 자기전도식은 자력선별기의 종류이다.

14 슬러지 수분 중 가장 용이하게 분리할 수 있는 수분의 형태로 옳은 것은? ★

① 모관결합수 ② 세포수
③ 표면부착수 ④ 내부수

✔ **슬러지의 수분 함유형태별 탈수성의 크기**
간극수 > 모관결합수 > 표면부착수 > 내부수

제1과목

정답 | 07.① 08.③ 09.② 10.② 11.④ 12.② 13.④ 14.①

15 파쇄시설의 에너지 소모량은 평균크기비의 상용로그값에 비례한다. 에너지 소모량에 대한 자료가 다음과 같을 때, 평균크기가 10cm인 혼합 도시 폐기물을 1cm로 파쇄하는 데 필요한 에너지 소모율(kW · 시간/톤)은? (단, Kick의 법칙 적용)

파쇄 전 크기	파쇄 후 크기	에너지 소모량
2cm	1cm	3.0kW · 시간/톤
6cm	2cm	4.8kW · 시간/톤
20cm	4cm	7.0kW · 시간/톤

① 7.82 ② 8.61
③ 9.97 ④ 12.83

✔ $E = C\ln\left(\frac{L_1}{L_2}\right)$

여기서, E : 폐기물 파쇄 에너지
C : 상수
L_1 : 초기 폐기물 크기
L_2 : 나중 폐기물 크기

$3.0 = C\ln\left(\frac{2}{1}\right)$ ➡ $C = \frac{3.0}{\ln(2/1)} = 4.3281$

$\therefore E = 4.3281 \times \ln\left(\frac{10}{1}\right) = 9.9658 ≒ 9.97$kW·시간/톤

16 함수율 95%인 분뇨의 유기탄소량이 TS의 35%, 총 질소량은 TS의 10%이다. 이와 혼합할 함수율 20%인 볏짚의 유기탄소량이 TS의 80%이고, 총 질소량이 TS의 4%라면 분뇨와 볏짚을 1 : 1로 혼합했을 때 C/N 비는? ★★

① 17.8 ② 28.3
③ 31.3 ④ 41.3

✔ ※ 전체를 100으로 가정한다.

분뇨의 TS $= \frac{100}{} \Big| \frac{5_{TS}}{100_{분뇨}} = 5$

- 분뇨의 유기탄소량 $= 5 \times 0.35 = 1.75$
- 분뇨의 총 질소량 $= 5 \times 0.1 = 0.5$

볏짚의 TS $= \frac{100}{} \Big| \frac{80_{TS}}{100_{볏짚}} = 80$

- 볏짚의 유기탄소량 $= 80 \times 0.80 = 64$
- 볏짚의 총 질소량 $= 80 \times 0.04 = 3.2$

∴ C/N 비 $= \frac{1.75 + 64}{0.5 + 3.2} = 17.77$

17 수거대상 인구가 10,000명인 도시에서 발생되는 폐기물의 밀도는 0.5ton/m^{3}이고, 하루 폐기물 수거를 위해 차량 적재용량이 10m^{3}인 차량 10대가 사용된다면 1일 1인당 폐기물 발생량(kg/인 · 일)은? (단, 차량은 1일 1회 운행 기준) ★★

① 2 ② 3
③ 4 ④ 5

✔ 1일 1인당 폐기물 발생량

$= \frac{0.5\,\text{ton}}{\text{m}^3} \Big| \frac{10\,\text{m}^3}{\text{대}} \Big| \frac{10\text{대}}{\text{일}} \Big| \frac{}{10{,}000\text{인}} \Big| \frac{10^3\,\text{kg}}{\text{ton}}$

$= 5$kg/인·일

18 폐기물의 성분을 조사한 결과 플라스틱 함량이 30%(중량비)였다. 이 폐기물의 밀도가 300kg/m^{3}라면 10m^3 중에 함유된 플라스틱의 양(kg)은?

① 300 ② 600
③ 900 ④ 1,000

✔ 플라스틱의 양 $= \frac{10\,\text{m}^3}{} \Big| \frac{300\,\text{kg}}{\text{m}^3} \Big| \frac{30}{100} = 900$kg

19 플라스틱 폐기물 중 할로겐화합물을 함유하고 있는 것은?

① 폴리에틸렌
② 멜라민수지
③ 폴리염화바이닐
④ 폴리아크릴로나이트릴

✔ 폴리염화바이닐(PVC)은 $(C_2H_3Cl)_n$이므로, 할로겐(F, I, Br, Cl) 중 Cl을 함유하고 있다.
① 폴리에틸렌 : $(C_2H_4)_n$이므로, 할로겐화합물이 없다.
② 멜라민수지 : $C_3H_6N_6$이므로, 할로겐화합물이 없다.
④ 폴리아크릴로나이트릴 : CH_2CHCN이므로, 할로겐화합물이 없다.

20 쓰레기의 겉보기비중과 관계없는 것은?

① 밀도
② 진비중
③ 시료 중량/용기 부피
④ ton/m^3

정답 | 15.③ 16.① 17.④ 18.③ 19.③ 20.②

제1과목 | 폐기물 개론

2019년 제1회 폐기물처리기사

01 적환장(transfer station)을 설치하는 일반적인 경우와 가장 거리가 먼 것은? ★★★

① 불법투기 쓰레기들이 다량 발생할 때
② 고밀도 거주지역이 존재할 때
③ 상업지역에서 폐기물 수집에 소형 용기를 많이 사용할 때
④ 슬러지 수송이나 공기 수송방식을 사용할 때

✔ ② 저밀도 거주지역이 존재할 때

02 전과정평가(LCA)는 4부분으로 구성된다. 그 중 상품, 포장, 공정, 물질, 원료 및 활동에 의해 발생하는 에너지 및 천연원료 요구량, 대기 · 수질 오염물질 배출, 고형 폐기물과 기타 기술적 자료 구축 과정에 속하는 것은? ★★

① Scoping analysis
② Inventory analysis
③ Impact analysis
④ Improvement analysis

✔ ② Inventory analysis는 전과정평가 중 2단계인 목록분석에 해당된다.

03 분뇨 처리를 위한 혐기성 소화조의 운영과 통제를 위하여 사용하는 분석항목과 직접적 관계가 없는 것은?

① 휘발성 산의 농도
② 소화가스 발생량
③ 세균 수
④ 소화조 온도

✔ **혐기성 소화조 운영의 영향인자**
- 휘발성 산의 농도
- 소화가스 발생량
- 소화조 온도
- 소화가스 중 CO_2, CH_4 함량

04 유해폐기물 성분물질 중 As에 의한 피해증세로 가장 거리가 먼 것은?

① 무기력증 유발
② 피부염 유발
③ Fanconi 씨 증상
④ 암 및 돌연변이 유발

✔ ③ Fanconi 씨 증상 : 카드뮴(Cd)에 의한 피해증세

05 관로를 이용한 쓰레기의 수송에 관한 설명으로 옳지 않은 것은?

① 잘못 투입된 물건은 회수하기가 어렵다.
② 가설 후에 경로 변경이 곤란하고 설치비가 높다.
③ 조대쓰레기의 파쇄 등 전처리가 필요 없다.
④ 쓰레기의 발생밀도가 높은 인구밀집지역에서 현실성이 있다.

✔ ③ 조대쓰레기와 같은 대형 폐기물은 파쇄, 압축 등의 전처리가 필요하다.

06 다음 중 쓰레기 발생량 조사방법이라 볼 수 없는 것은? ★★★

① 적재차량 계수분석법
② 물질수지법
③ 성상분류법
④ 직접계근법

✔ **폐기물 발생량 조사방법**
- 직접계근법
- 적재차량 계수분석법
- 물질수지법

07 분쇄기들 중 그 분쇄물의 크기가 큰 것에서부터 작은 순서대로 적절하게 나열한 것은?

① Jaw crusher – Cone crusher – Ball mill
② Cone crusher – Jaw crusher – Ball mill
③ Ball mill – Cone crusher – Jaw crusher
④ Cone crusher – Ball mill – Jaw crusher

정답 | 01.② 02.② 03.③ 04.③ 05.③ 06.③ 07.①

제1과목

08 밀도가 a인 도시 쓰레기를 밀도가 $b(a < b)$인 상태로 압축시킬 경우 부피감소율(%)은? ★★★

① $100\left(1-\frac{a}{b}\right)$ ② $100\left(1-\frac{b}{a}\right)$

③ $100\left(a-\frac{a}{b}\right)$ ④ $100\left(b-\frac{b}{a}\right)$

✔ 부피감소율 VR(%)

$$= \frac{\text{압축 후 밀도} - \text{압축 전 밀도}}{\text{압축 후 밀도}} \times 100$$

$$= \frac{b-a}{b} \times 100$$

$$= 100\left(1-\frac{a}{b}\right)$$

09 수송설비를 하수도처럼 개설하여 각 가정의 쓰레기를 최종처분장까지 운반할 수 있으나, 전력비, 내구성 및 미생물의 부착 등이 문제가 되는 쓰레기 수송방법은?

① Monorail 수송

② Container 수송

③ Conveyor 수송

④ 철도 수송

✔ ① Monorail 수송 : 폐기물을 적환장에서 최종처분장까지 수송할 때 모노레일로 운반하는 방법

② Container 수송 : 컨테이너 수집차로 폐기물을 운반하며, 중간에 적환 후 철도와 대형 컨테이너를 이용하여 최종처분장까지 수송하는 방법

④ 철도 수송 : 고속도로 수송이 어려울 경우 사용하는 수송방법

10 폐기물의 발열량 분석법으로 타당하지 않은 방법은?

① 폐기물의 원소 분석값을 이용

② 폐기물의 물리적 조성을 이용

③ 열량계에 의한 방법

④ 고정탄소 함유량을 이용

✔ **폐기물의 발열량 분석법**

- 3성분에 의한 계산식
- 원소 분석에 의한 계산식
- 물리적 조성에 의한 방법

11 쓰레기를 체분석하여 $D_{10} = 0.01$mm, $D_{30} = 0.05$mm, $D_{60} = 0.25$mm로 결과를 얻었을 때 곡률계수는? (단, D_{10}, D_{30}, D_{60}은 쓰레기 시료의 체중량 통과백분율이 각각 10%, 30%, 60%에 해당되는 직경임)

① 0.5 ② 0.85

③ 1.0 ④ 1.25

✔ 곡률계수 $C_g = \frac{D_{30}^2}{D_{10} \cdot D_{60}}$

여기서, D_{60} : 처리물 중량백분율 60%가 통과하는 입경

D_{30} : 처리물 중량백분율 30%가 통과하는 입경

D_{10} : 처리물 중량백분율 10%가 통과하는 입경

$$\therefore C_g = \frac{0.05^2}{0.01 \times 0.25} = 1.0$$

12 인력선별에 관한 설명으로 옳지 않은 것은?

① 사람의 손을 통한 수동 선별이다.

② 컨베이어벨트의 한쪽 또는 양쪽에 사람이 서서 선별한다.

③ 기계적인 선별보다 작업량이 떨어질 수 있다.

④ 선별의 정확도가 낮고 폭발 가능 물질 분류가 어렵다.

✔ ④ 선별의 정확도가 높고, 파쇄공정 유입 전 폭발 가능 위험물질을 분류할 수 있다.

13 폐기물 보관을 위한 폐기물 전용 컨테이너에 관한 설명으로 옳지 않은 것은?

① 폐기물 수집작업을 자동화와 기계화할 수 있다.

② 언제라도 폐기물을 투입할 수 있고 주변 미관을 크게 해치지 않는다.

③ 폐기물 수집차와 결합하여 운용이 가능하여 효율적이다.

④ 폐기물 선별 보관, 분리수거가 어려운 단점이 있다.

✔ ④ 폐기물을 선별 보관할 수 있으며, 분리수거가 쉽다.

정답 | 08.① 09.③ 10.④ 11.③ 12.④ 13.④

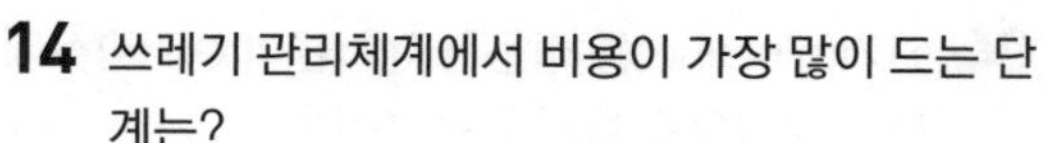

14 쓰레기 관리체계에서 비용이 가장 많이 드는 단계는?

① 저장 ② 매립
③ 퇴비화 ④ 수거

✔ 폐기물 처리 시 비용이 가장 많이 드는 단계는 수거 및 운반이다.

15 다음 중 폐기물 처리와 관련된 설명으로 틀린 것은? ★★

① 지역사회 효과지수(CEI)는 청소상태 평가에 사용되는 지수이다.
② 컨테이너 철도 수송은 광대한 지역에서 효율적으로 적용될 수 있는 방법이다.
③ 폐기물 수거노동력을 비교하는 지표로는 MHT(man/hr · ton)를 주로 사용한다.
④ 직접저장투하 결합방식에서 일반 부패성 폐기물은 직접 상차 투입구로 보낸다.

✔ ③ 폐기물 수거노동력을 비교하는 지표로는 MHT(man · hr/ton)를 주로 사용한다.

16 쓰레기 수거노선 설정에 대한 설명으로 가장 거리가 먼 것은? ★★★

① 출발점은 차고와 가까운 곳으로 한다.
② 언덕 지역의 경우 내려가면서 수거한다.
③ 발생량이 많은 곳은 하루 중 가장 나중에 수거한다.
④ 될 수 있는 한 시계방향으로 수거한다.

✔ ③ 발생량이 많은 곳은 하루 중 가장 먼저 수거한다.

17 폐기물의 화학적 특성 분석에 사용되는 성분 항목이 아닌 것은?

① 탄소성분 ② 수소성분
③ 질소성분 ④ 수분성분

✔ 화학적 조성은 C, H, O, N, S의 항목으로 나누어 분석하며, 폐기물 성분 및 연소용 공기의 물질수지 계산 시 사용한다.

18 함수율 95%인 폐기물 10톤을 탈수공정을 통해 함수율을 각각 85% 및 75%로 감소시킨 경우, 각각 탈수 후 남은 무게(ton)는? (단, 비중은 1.0 기준) ★★

① 3.33, 2.00 ② 3.33, 2.50
③ 5.33, 3.00 ④ 5.33, 3.50

✔ 탈수 전 고형물 무게 $= \frac{10\,\text{ton}}{} \Big| \frac{5_{TS}}{100_{SL}} = 0.5\,\text{ton}$

- 85% 탈수 후 남은 무게 $= \frac{0.5\,\text{ton}}{} \Big| \frac{100_{SL}}{15_{TS}} = 3.33\,\text{ton}$
- 75% 탈수 후 남은 무게 $= \frac{0.5\,\text{ton}}{} \Big| \frac{100_{SL}}{25_{TS}} = 2.00\,\text{ton}$

19 한 해 동안 폐기물 수거량이 253,000톤, 수거인부는 1일 850명, 수거대상 인구는 250,000명일 때 1인 1일 폐기물 발생량(kg/인 · 일)은? ★★

① 1.87 ② 2.77
③ 3.15 ④ 4.12

✔ 1인 1일 폐기물 발생량

$= \frac{253,000\,\text{ton}}{\text{year}} \Big| \frac{10^3\,\text{kg}}{\text{ton}} \Big| \frac{}{250,000\text{인}} \Big| \frac{\text{year}}{365\text{일}}$

$= 2.77\,\text{kg/인} \cdot \text{일}$

20 단열 열량계를 이용하여 측정한 폐기물의 건량기준 고위발열량이 8,000kcal/kg이었을 때 폐기물의 습량기준 고위발열량(kcal/kg)과 저위발열량(kcal/kg)은? (단, 폐기물의 수분 함량은 20%이고, 수분 함량 외 기타 항목에 따른 수분 발생은 고려하지 않음) ★★

① 1,600, 1,480 ② 3,200, 3,080
③ 6,400, 6,280 ④ 7,800, 7,680

✔ 습량기준 저위발열량 Hl(kcal/kg) $= Hh - 6(9\text{H} + W)$
여기서, Hh : 고위발열량(kcal/kg)
H, W : 수소, 수분의 함량(%)

- $Hh = 8,000 \times \frac{80}{100} = 6,400\,\text{kcal/kg}$
- $Hl = 6,400 - 6(9 \times 0 + 20) = 6,280\,\text{kcal/kg}$

제1과목

정답 | 14.④ 15.③ 16.③ 17.④ 18.① 19.② 20.③

제1과목 | 폐기물 개론

2019년 제2회 폐기물처리기사

01 다음 중 폐기물 수거체계방식 가운데 하나인 HCS(견인식 컨테이너 시스템)의 장점으로 옳지 않은 것은?

① 미관상 유리하다.
② 손작업 운반이 용이하다.
③ 시간 및 경비 절약이 가능하다.
④ 비위생의 문제를 제거할 수 있다.

✔ ② HCS 방식은 손작업 운반과 무관하다.

02 적환장의 위치를 결정하는 사항으로 바르지 않은 것은? ★★★

① 건설과 운용이 가장 경제적인 곳
② 수거해야 할 쓰레기 발생지역의 무게가 중심에 가까운 곳
③ 적환장의 운용에 있어서 공중의 반대가 적고 환경적 영향이 최소인 곳
④ 쉽게 간선도로에 연결될 수 있고 2차 보조 수송수단과는 관련이 없는 곳

✔ ④ 간선도로와 쉽게 연결되고 2차적 또는 보조 수송수단 연계가 편리한 곳

03 생활쓰레기 감량화에 대한 설명으로 가장 거리가 먼 것은?

① 가정에서의 물품 저장량을 적정수준으로 유지한다.
② 깨끗하게 다듬은 채소의 시장 반입량을 증가시킨다.
③ 백화점의 무포장센터 설치를 증가시킨다.
④ 상품의 포장공간 비율을 증가시킨다.

✔ ④ 상품의 포장공간 비율을 감소시킨다.

04 관거(pipeline)를 이용한 폐기물의 수거방식에 대한 설명으로 옳지 않은 것은? ★★

① 장거리 수송이 곤란하다.
② 전처리공정이 필요 없다.
③ 가설 후에 경로 변경이 곤란하고 설치비가 비싸다.
④ 쓰레기 발생밀도가 높은 곳에서만 사용이 가능하다.

✔ ② 전처리공정이 필요하다.

05 다음 중 쓰레기 발생량 예측방법으로 적절하지 않는 것은? ★★★

① 물질수지법 ② 경향법
③ 다중회귀모델 ④ 동적모사모델

✔ ① 물질수지법 : 폐기물 발생량 조사방법

06 폐기물의 수거노선 설정 시 고려해야 할 사항과 가장 거리가 먼 것은? ★★★

① 지형이 언덕인 경우는 내려가면서 수거한다.
② 발생량이 적으나 수거빈도가 동일하기를 원하는 곳은 같은 날 왕복하면서 수거한다.
③ 가능한 한 시계방향으로 수거노선을 정한다.
④ 발생량이 가장 적은 곳부터 시작하여 많은 곳으로 수거노선을 정한다.

✔ ④ 발생량이 가장 많은 곳부터 시작하여 적은 곳으로 수거노선을 정한다.

07 유해폐기물을 소각하였을 때 발생하는 물질로서 광화학스모그의 주된 원인이 되는 물질은?

① 염화수소 ② 일산화탄소
③ 메테인 ④ 일산화질소

✔ 광화학스모그는 질소산화물, 탄화수소 등이 태양에너지를 받아 발생된다.

정답 | 01.② 02.④ 03.④ 04.② 05.① 06.④ 07.④

08 강열감량(열작감량)의 정의에 대한 설명으로 가장 거리가 먼 것은?

① 강열감량이 높을수록 연소효율이 좋다.
② 소각잔사의 매립 처분에 있어서 중요한 의미가 있다.
③ 3성분 중에서 가연분이 타지 않고 남는 양으로 표현된다.
④ 소각로의 연소효율을 판정하는 지표 및 설계인자로 사용된다.

✔ ① 강열감량이 높을수록 연소효율이 낮아진다.

09 쓰레기 발생량이 6배로 증가하였으나 쓰레기 수거노동력(MHT)은 그대로 유지시키고자 한다. 수거시간을 50% 증가시키는 경우 수거인원을 몇 배로 증가시켜야 하는가? ★★

① 2.0배　② 3.0배
③ 3.5배　④ 4.0배

✔ $\text{MHT} = \dfrac{\text{쓰레기 수거인부(man)} \times \text{수거시간(hr)}}{\text{총 쓰레기 수거량(ton)}}$

쓰레기 발생량이 6배 증가 시 MHT가 유지된다면, man×hr 또한 6배 증가한다.
수거시간이 1.5배 증가했으므로, man×1.5=6
∴ man = 4배

10 적환장을 이용한 수집 · 수송에 관한 설명으로 가장 거리가 먼 것은? ★★★

① 소형 차량으로 폐기물을 수거하여 대형 차량에 적환 후 수송하는 시스템이다.
② 처리장이 원거리에 위치할 경우에 적환장을 설치한다.
③ 적환장은 수송차량에 싣는 방법에 따라서 직접 투하식, 간접 투하식으로 구별된다.
④ 적환장 설치장소는 쓰레기 발생지역의 무게중심에 되도록 가까운 곳이 알맞다.

✔ ③ 적환장은 투하방식에 따라서 직접 투하방식, 저장 투하방식, 직접 · 저장 투하방식으로 구별된다.

11 물렁거리는 가벼운 물질로부터 딱딱한 물질을 선별하는 데 사용하며 경사진 컨베이어를 통해 폐기물을 주입시켜 천천히 회전하는 드럼 위에 떨어뜨려서 분류하는 것은?

① Stoners
② Jigs
③ Secators
④ Table

✔ ① Stoners : 약간 경사진 판에 진동을 주어 무거운 것이 빨리 경사판 위로 올라가는 원리를 이용한 폐기물 선별장치
② Jigs : 스크린 상에서 비중이 다른 입자의 층을 통과하는 액류를 상하로 맥동시켜서 층의 팽창 · 수축을 반복하여 무거운 입자는 하층, 가벼운 입자는 상층으로 이동시켜 분리하는 중력분리방법
④ Table : 물질의 비중 차이를 이용하여 가벼운 것은 왼쪽, 무거운 것은 오른쪽으로 분류하는 방법

12 도시 쓰레기 중 비가연성 부분이 중량비로 약 60%를 차지하였다. 밀도가 $450kg/m^3$인 쓰레기 $8m^3$가 있을 때 가연성 물질의 양(kg)은?

① 270　② 1,440
③ 2,160　④ 3,600

✔ 가연성 물질의 양 $= \dfrac{8\,m^3}{} \Big| \dfrac{450\,kg}{m^3} \Big| \dfrac{40}{100} = 1{,}440\,kg$

13 국내에서 발생되는 사업장폐기물 및 지정폐기물의 특성에 대한 설명으로 잘못된 것은?

① 사업장폐기물 중 가장 높은 증가율을 보이는 것은 폐유이다.
② 지정폐기물은 사업장폐기물의 한 종류이다.
③ 일반 사업장폐기물 중 무기물류가 가장 많은 비중을 차지하고 있다.
④ 지정폐기물 중 그 배출량이 가장 많은 것은 폐산 · 폐알칼리이다.

✔ ① 사업장폐기물 중 가장 높은 증가율을 보이는 것은 폐유기용제이다.

정답 | 08.① 09.④ 10.③ 11.③ 12.② 13.①

14 다음 중 퇴비화 과정의 초기단계에서 나타나는 미생물은?

① Bacillus sp.
② Streptomyces sp.
③ Asperqillus fumigatus
④ Fungi

✔ 퇴비화 과정의 초기단계에서는 중온성(mesophilic) 진균(fungi)과 박테리아에 의해 유기물이 분해된다.

15 철, 구리, 유리가 혼합된 폐기물로부터 3가지를 각각 따로 분리할 수 있는 방법은?

① 정전기선별 ② 전자석선별
③ 광학선별 ④ 와전류선별

✔ 와전류선별은 철, 구리, 유리가 혼합된 폐기물로부터 3가지 물질을 각각 따로 분리가 가능하며, 금속과 비금속을 구분할 수 있어 폐기물 중 비철금속 등을 선별·회수하는 방법이다.

16 고형물의 함량이 30%, 수분 함량이 70%, 강열감량이 85%인 폐기물의 유기물 함량(%)은 얼마인가? ★★

① 40 ② 50
③ 60 ④ 65

✔ 강열감량 = 수분 + 유기물
유기물 = 강열감량 − 수분 = $85-70=15\%$
∴ 유기물 함량 = $\frac{15}{30}\times 100=50\%$

17 쓰레기 발생량 조사방법이 아닌 것은? ★★★

① 적재차량 계수분석법
② 직접계근법
③ 물질수지법
④ 경향법

✔ **폐기물 발생량 조사방법**
- 직접계근법
- 적재차량 계수분석법
- 물질수지법

18 건조된 쓰레기 성상분석 결과가 다음과 같을 때 생물분해성 분율(BF)은? (단, 휘발성 고형물량=80%, 휘발성 고형물 중 리그닌 함량=25%)

① 0.785 ② 0.823
③ 0.915 ④ 0.985

✔ $BF=0.83-0.028LC$
여기서, BF : 생물분해성 분율
LC : 휘발성 고형분 중 리그닌 함량
∴ $BF=0.83-0.028\times 0.25=0.823$

19 MBT에 관한 설명으로 맞는 것은?

① 생물학적 처리가 가능한 유기성 폐기물이 적은 우리나라는 MBT 설치 및 운영이 적합하지 않다.
② MBT는 지정폐기물의 전처리 시스템으로서 폐기물 무해화에 효과적이다.
③ MBT는 주로 기계적 선별, 생물학적 처리 등을 통해 재활용물질을 회수하는 시설이다.
④ MBT는 생활폐기물 소각 후 잔재물을 대상으로 재활용물질을 회수하는 시설이다.

20 하수처리장에서 발생되는 슬러지와 비교한 분뇨의 특성이 아닌 것은?

① 질소의 농도가 높음
② 다량의 유기물을 포함
③ 염분 농도가 높음
④ 고액 분리가 쉬움

✔ ④ 고액 분리가 어려움

정답 | 14.④ 15.④ 16.② 17.④ 18.② 19.③ 20.④

제1과목 | 폐기물 개론

2019년 제4회 폐기물처리기사

01 종이, 천, 돌, 철, 나뭇조각, 구리, 알루미늄이 혼합된 폐기물 중에서 재활용가치가 높은 구리, 알루미늄만을 따로 분리 · 회수하는 데 가장 적절한 기계적 선별법은?

① 자력선별법
② 트롬멜선별법
③ 와전류선별법
④ 정전기선별법

✔ 와전류선별은 철, 구리, 유리가 혼합된 폐기물로부터 3가지 물질을 각각 따로 분리가 가능하며, 금속과 비금속을 구분할 수 있어 폐기물 중 비철금속 등을 선별 · 회수하는 방법이다.

02 폐기물의 관리정책에서 중점을 두어야 할 우선순위로 가장 적당한 것은?

① 감량화(발생원) > 처리(소각 등) > 재활용 > 최종처분
② 감량화(발생원) > 재활용 > 처리(소각 등) > 최종처분
③ 처리(소각 등) > 감량화(발생원) > 재활용 > 최종처분
④ 재활용 > 처리(소각 등) > 감량화(발생원) > 최종처분

03 폐기물 저장시설과 컨베이어 설계 시 고려할 사항으로 가장 거리가 먼 것은?

① 수분 함량 ② 안식각
③ 입자 크기 ④ 화학 조성

✔ 폐기물 저장시설과 컨베이어 설계 시 고려사항
- 수분 함량
- 안식각
- 입자 크기
- 밀도
- 마모도
- 재료 마찰계수

04 폐기물에 관한 설명으로 맞는 것은?

① 음식폐기물을 분리수거하면 유기물 감소로 인해 생활폐기물의 발열량은 감소한다.
② 일반적으로 생활폐기물의 화학성분 중 제일 많은 것 2개는 산소(O)와 수소(H)이다.
③ 소각로 설계 시 기준발열량은 고위발열량이다.
④ 폐기물의 비중은 일반적으로 겉보기비중을 말한다.

✔ ① 음식폐기물을 분리수거하면 수분 감소로 인해 생활폐기물의 발열량은 증가한다.
② 일반적으로 생활폐기물의 화학성분 중에 제일 많은 것 2개는 산소(O)와 탄소(C)이다.
③ 소각로 설계 시 기준발열량은 저위발열량이다.

05 $x=3.0$cm로 도시 폐기물을 파쇄하고자 한다. 90% 이상을 3.0cm보다 작게 파쇄하고자 할 때 Rosin-Rammler 모델에 의한 특성입자 크기(cm)는? (단, $n=1$) ★

① 1.30 ② 1.42
③ 1.74 ④ 1.92

✔ $y=f(x)=1-\exp\left[-\left(\frac{x}{x_0}\right)^n\right]$

여기서, y : x보다 작은 크기 폐기물의 총 누적무게분율
x : 폐기물 입자의 크기
x_0 : 특성입자의 크기(63.2%가 통과할 수 있는 체 눈의 크기)
n : 상수

$0.9=1-\exp\left[-\left(\frac{3}{x_0}\right)^1\right]$ ➡ 계산기의 Solve 기능 사용

$\therefore x_0=1.3029 \fallingdotseq 1.30\,\text{cm}$

06 폐기물의 소각 시 소각로의 설계기준이 되는 발열량은?

① 고위발열량
② 전수발열량
③ 저위발열량
④ 부분발열량

제1과목

정답 | 01.③ 02.② 03.④ 04.④ 05.① 06.③

07 도시 쓰레기의 특성에 대한 설명으로 옳지 않은 것은?

① 배출량은 생활수준의 향상, 생활양식, 수집형태 등에 따라 좌우된다.
② 도시 쓰레기의 처리에 있어서 그 성상은 크게 문제시되지 않는다.
③ 쓰레기의 질은 지역, 계절, 기후 등에 따라 달라진다.
④ 계절적으로 연말이나 여름철에 많은 양의 쓰레기가 배출된다.

✔ ② 도시 쓰레기의 처리에 있어서 성상에 따라 처리방법이 달라진다.

08 폐기물의 기계적 처리 중 폐기물을 물과 섞어 잘게 부순 뒤 물과 분리하는 장치는?

① Grinder
② Hammer mil
③ Balers
④ Pulverizer

✔ Pulverizer는 분쇄기로, 폐기물을 물과 섞어 잘게 부순 뒤에 다시 물과 분리하는 습식 처리장치이다.

09 폐기물의 수거노선 설정 시 고려해야 할 내용으로 옳지 않은 것은? ★★★

① 언덕 지역에서는 언덕의 꼭대기에서부터 시작하여 적재하면서 차량이 아래로 진행하도록 한다.
② U자 회전을 피하여 수거한다.
③ 아주 많은 양의 쓰레기가 발생되는 발생원은 하루 중 가장 나중에 수거한다.
④ 가능한 한 시계방향으로 수거노선을 정한다.

✔ ③ 아주 많은 양의 쓰레기가 발생되는 발생원은 하루 중 가장 먼저 수거한다.

10 납과 구리의 합금 제조 시 첨가제로 사용되고 발암성과 돌연변이성이 있으며 장기적인 노출 시 피로와 무기력증을 유발하는 성분은?

① As ② Pb
③ 벤젠 ④ 린덴

✔ ① As(비소)는 피로와 무기력증, 피부염, 암과 돌연변이 등을 유발한다.

11 1,000세대(세대당 평균 가족 수 5인) 아파트에서 배출하는 쓰레기를 3일마다 수거하는 데 적재용량 $11.0m^3$의 트럭 5대(1회 기준)가 소요된다. 쓰레기 단위용적당 중량이 $210kg/m^3$라면 1인 1일당 쓰레기 배출량(kg/인 · 일)은? ★★

① 2.31 ② 1.38
③ 1.12 ④ 0.77

✔ 1인 1일당 쓰레기 배출량

$$= \frac{11.0\text{m}^3 \times 5}{} \Big| \frac{210\text{kg}}{\text{m}^3} \Big| \frac{}{1{,}000\text{세대}} \Big| \frac{1\text{세대}}{5\text{인}} \Big| \frac{}{3\text{일}}$$

$$= 0.77\text{kg/인·일}$$

12 50ton/hr 규모의 시설에서 평균크기가 30.5cm인 혼합된 도시 폐기물을 최종크기 5.1cm로 파쇄하기 위해 필요한 동력(kW)은? (단, 평균크기를 15.2cm에서 5.1cm로 파쇄하기 위한 에너지 소모율은 15kW · hr/ton, 킥의 법칙 적용)

① 약 1,033 ② 약 1,156
③ 약 1,228 ④ 약 1,345

✔ $$E = C\ln\left(\frac{L_1}{L_2}\right)$$

여기서, E : 폐기물 파쇄 에너지
C : 상수
L_1 : 초기 폐기물 크기
L_2 : 나중 폐기물 크기

$$C = E \div \ln\left(\frac{L_1}{L_2}\right) = 15 \times 50 \div \ln\left(\frac{15.2}{5.1}\right) = 686.7787$$

$$\therefore E = 686.7787 \times \ln\left(\frac{30.5}{5.1}\right)$$

$$= 1228.2942 \fallingdotseq 1228.29\text{kW}$$

정답 | 07.② 08.④ 09.③ 10.① 11.④ 12.③

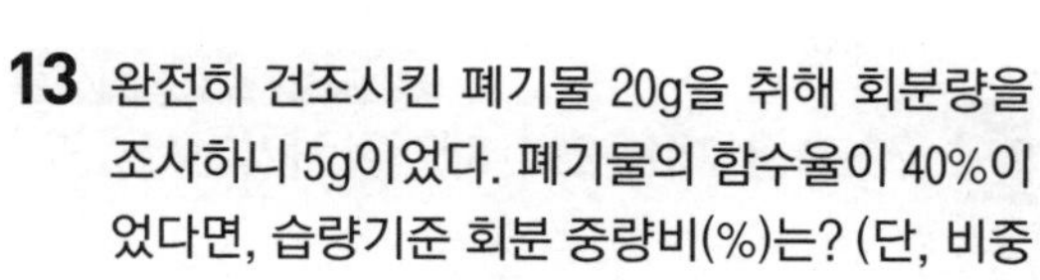

13 완전히 건조시킨 폐기물 20g을 취해 회분량을 조사하니 5g이었다. 폐기물의 함수율이 40%이었다면, 습량기준 회분 중량비(%)는? (단, 비중은 1.0)

① 5　　② 10
③ 15　　④ 20

✔ 습윤 폐기물 $= \frac{20\,g}{} \Big| \frac{100}{60} = 33.3333\,g$

∴ 회분 중량비(%) $= \frac{5}{33.3333} \times 100 = 15\%$

14 적환장의 설치가 필요한 경우와 가장 거리가 먼 것은? ★★★

① 고밀도 거주지역이 존재할 때
② 작은 용량의 수집차량을 사용할 때
③ 슬러지 수송이나 공기 수송방식을 사용할 때
④ 불법투기와 다량의 어질러진 쓰레기들이 발생할 때

✔ ① 저밀도 거주지역이 존재할 때

15 함수율 97%인 분뇨와 함수율 30%인 쓰레기를 무게비 1 : 3으로 혼합하여 퇴비화하고자 할 때 함수율(%)은? (단, 분뇨와 쓰레기의 비중은 같다고 가정함) ★★

① 약 62
② 약 57
③ 약 52
④ 약 47

✔ $W_m = \frac{W_1 \cdot Q_1 + W_2 \cdot Q_2}{Q_1 + Q_2}$

여기서, W_m : 혼합 폐기물의 함수율
W_1 : 분뇨의 함수율
W_2 : 쓰레기의 함수율
Q_1 : 분뇨의 양
Q_2 : 쓰레기의 양

∴ $W_m = \frac{97 \times 1/4 + 30 \times 3/4}{1/4 + 3/4} = 46.75\%$

16 쓰레기 발생량 조사방법에 관한 설명으로 틀린 것은? ★★★

① 직접계근법 : 적재차량 계수분석에 비하여 작업량이 많고 번거롭다는 단점이 있다.
② 물질수지법 : 주로 산업폐기물 발생량 추산에 이용한다.
③ 물질수지법 : 비용이 많이 들어 특수한 경우에 사용한다.
④ 적채차량 계수분석 : 쓰레기의 밀도 또는 압축정도를 정확하게 파악할 수 있다.

✔ ④ 쓰레기의 밀도 또는 압축정도를 정확하게 파악할 수 있는 것은 직접계근법에 대한 설명이다.

17 파쇄에 따른 문제점은 크게 공해발생상의 문제와 안전상의 문제로 나눌 수 있는데, 다음 중 안전상의 문제에 해당하는 것은?

① 폭발　　② 진동
③ 소음　　④ 분진

18 다음 중 관거 수거에 대한 설명으로 옳지 않은 것은? ★★

① 현탁물 수송은 관의 마모가 크고 동력 소모가 많은 것이 단점이다.
② 캡슐 수송은 쓰레기를 충전한 캡슐을 수송관 내에 삽입하여 공기나 물의 흐름을 이용하여 수송하는 방식이다.
③ 공기 수송은 공기의 동압에 의해 쓰레기를 수송하는 것으로, 진공 수송과 가압 수송이 있다.
④ 공기 수송은 고층 주택 밀집지역에 적합하며 소음방지시설 설치가 필요하다.

✔ ① 현탁물 수송은 관의 마모가 적고 동력 소모가 적은 장점이 있다.

제1과목

정답 | 13.③ 14.① 15.④ 16.④ 17.① 18.①

19 유기물을 혐기성 및 호기성으로 분해시킬 때 공통적으로 생성되는 물질은?

① N_2와 H_2O
② NH_3와 CH_4
③ CH_4와 H_2S
④ CO_2와 H_2O

✔ CHON으로 구성된 유기물
• 호기성 분해 시 : CO_2, H_2O, NH_3, HNO_3 등
• 혐기성 분해 시 : CH_4, CO_2, NH_3 등

20 청소상태를 평가하는 방법 중 서비스를 받는 사람들의 만족도를 설문조사하여 계산하는 '사용자 만족도지수'는?

① USI　② UAI
③ CEI　④ CDI

✔ ③ CEI : 지역사회 효과지수
④ CDI : 에너지 저장원리의 이온 분리기술을 활용한 담수화 기술

제1과목 | 폐기물 개론

2020년 제1 · 2회 폐기물처리기사

01 도시의 연간 쓰레기 발생량이 14,000,000ton이고, 수거대상 인구가 8,500,000명, 가구당 인원은 5명, 수거인부는 1일당 12,460명이 작업하며, 1명의 인부가 매일 8시간씩 작업할 경우 MHT는? (단, 1년은 365일) ★★

① 1.9　② 2.1
③ 2.3　④ 2.6

✔ $\text{MHT} = \frac{\text{쓰레기 수거인부(man)} \times \text{수거시간(hr)}}{\text{총 쓰레기 수거량(ton)}}$

$= \frac{12,460\text{명}}{} \Big| \frac{\text{year}}{14,000,000\,\text{ton}} \Big| \frac{365\,\text{day}}{\text{year}} \Big| \frac{8\,\text{hr}}{\text{day}}$

$= 2.6$

02 우리나라 쓰레기 수거형태 중 효율이 가장 나쁜 것은?

① 타종 수거
② 손수레 문전 수거
③ 대형 쓰레기통 수거
④ 컨테이너 수거

✔ MHT를 비교해보면, 문전 수거가 2.7, 대형 쓰레기통 수거가 1.1, 타종 수거가 0.84로, 문전 수거의 MHT가 가장 크므로 수거효율이 가장 나쁘다.

03 1일 1인당 1kg의 폐기물을 배출하고, 1가구당 3인이 살며, 총 가구수가 2,821가구일 때 1주일간 배출된 폐기물의 양(ton)은? (단, 1주일간 7일 배출함)

① 43　② 59
③ 64　④ 76

✔ 배출된 폐기물의 양

$= \frac{1\,\text{kg}}{\text{일} \cdot \text{인}} \Big| \frac{3\text{인}}{1\text{가구}} \Big| \frac{2,821\text{가구}}{} \Big| \frac{7\text{일}}{} \Big| \frac{\text{ton}}{10^3\,\text{kg}}$

$= 59.24\,\text{ton}$

정답 | 19.④ 20.① / 01.④ 02.② 03.②

04 물렁거리는 가벼운 물질로부터 딱딱한 물질을 선별하는 데 사용하며 경사진 컨베이어를 통해 폐기물을 주입시켜 천천히 회전하는 드럼 위에 떨어뜨려 분류하는 것은?

① Stoners
② Secators
③ Conveyor sorting
④ Jigs

✔ ① Stoners : 약간 경사진 판에 진동을 주어 무거운 것이 빨리 경사판 위로 올라가는 원리를 이용한 폐기물 선별장치
④ Jigs : 스크린 상에서 비중이 다른 입자의 층을 통과하는 액류를 상하로 맥동시켜서 층의 팽창·수축을 반복하여 무거운 입자는 하층, 가벼운 입자는 상층으로 이동시켜 분리하는 중력분리방법

05 폐기물의 수거 및 운반 시 적환장의 설치가 필요한 경우로 가장 거리가 먼 것은? ★★★

① 처리장이 멀리 떨어져 있을 경우
② 저밀도 거주지역이 존재할 때
③ 수거차량이 대형인 경우
④ 쓰레기 수송비용 절감이 필요한 경우

✔ ③ 수거차량이 소형인 경우

06 액주입식 소각로의 장점이 아닌 것은?

① 대기오염 방지시설 이외에 재처리설비가 필요 없다.
② 구동장치가 없어 고장이 적다.
③ 운영비가 적게 소요되며 기술개발수준이 높다.
④ 고형분이 있을 경우에도 정상 운영이 가능하다.

✔ ④ 고형분이 있을 경우 노즐이 막힐 수 있어 정상 운영이 불가능하다.

07 다음 중 원소 분석에 의한 듀롱의 발열량 계산식은?

① $Hl(\text{kcal/kg}) = 81C + 242.5(H - O/8) + 32.5S - 9(9H + W)$
② $Hl(\text{kcal/kg}) = 81C + 242.5(H - O/8) + 22.5S - 9(6H + W)$
③ $Hl(\text{kcal/kg}) = 81C + 342.5(H - O/8) + 32.5S - 6(6H + W)$
④ $Hl(\text{kcal/kg}) = 81C + 342.5(H - O/8) + 22.5S - 6(9H + W)$

08 플라스틱 폐기물을 유용하게 재이용할 때 가장 적당하지 않은 이용방법은?

① 열분해이용법
② 접촉산화법
③ 파쇄이용법
④ 용융고화 재생이용법

✔ ② 접촉산화법 : 생물막법의 한 종류로, 반응조 내 접촉제에 호기성 미생물을 부착하여 하수를 처리하는 방법

09 다음 중 스크린 선별에 관한 설명으로 알맞지 않은 것은? ★★★

① 일반적으로 도시 폐기물 선별에 진동 스크린이 많이 사용된다.
② Post-screening의 경우는 선별효율의 증진을 목적으로 한다.
③ Pre-screening의 경우는 파쇄설비의 보호를 목적으로 많이 이용한다.
④ 트롬멜 스크린은 스크린 중에서 선별효율이 좋고 유지관리가 용이하다.

✔ ① 일반적으로 도시 폐기물 선별에 회전 스크린이 많이 사용된다.

제1과목

정답 | 04.② 05.③ 06.④ 07.④ 08.② 09.①

10 10일 동안의 폐기물 발생량(m^3/day)이 다음 표와 같을 때 평균치(m^3/day), 표준편차, 분산계수(%)가 순서대로 나열된 것은?

1	2	3	4	5	6	7	8	9	10	계
34	48	290	61	205	170	120	75	110	90	1,203

① 120.3, 91.2, 75.8
② 120.3, 85.6, 71.2
③ 120.3, 80.1, 66.6
④ 120.3, 77.8, 64.7

✔
- 평균치 $m = \dfrac{\sum_{i=1}^{n} Q_i}{n} = \dfrac{1,203}{10} = 120.3\,\mathrm{m^3/day}$
- 표준편차 $s = \sqrt{\dfrac{\sum_{i=1}^{n}\left(X_i - \overline{X}\right)^2}{n-1}}$

$= \sqrt{\dfrac{57710.1}{10-1}} = 80.08$

이때, $\sum_{i=1}^{n}\left(X_i - \overline{X}\right)^2 =$ ⓐ $+ \cdots +$ ⓙ $= 57710.1$

ⓐ $(34-120.3)^2 = 7447.69$
ⓑ $(48-120.3)^2 = 5227.29$
ⓒ $(290-120.3)^2 = 28798.09$
ⓓ $(61-120.3)^2 = 3516.49$
ⓔ $(205-120.3)^2 = 7174.09$
ⓕ $(170-120.3)^2 = 2470.09$
ⓖ $(120-120.3)^2 = 0.09$
ⓗ $(75-120.3)^2 = 2052.09$
ⓘ $(110-120.3)^2 = 106.09$
ⓙ $(90-120.3)^2 = 918.09$

- 분산계수 $= \dfrac{s}{m} \times 100 = \dfrac{80.08}{120.3} \times 100 = 66.57\%$

11 발열량 계산식 중 폐기물 내 산소의 반은 H_2O 형태로, 나머지 반은 CO_2의 형태로 전환된다고 가정하여 나타낸 식은?

① Dulong 식
② Steuer 식
③ Scheure-Kestner 식
④ 3성분 조성비 이용식

12 집배수관을 덮는 필터 재료가 주변에서 유입된 미립자에 의해 막히지 않도록 하기 위한 조건으로 옳은 것은? (단, D_{15}, D_{85}는 입경 누적곡선에서 통과한 중량의 백분율로 15%, 85%에 상당하는 입경)

① $\dfrac{D_{15}(\text{필터 재료})}{D_{85}(\text{주변 토양})} < 5$

② $\dfrac{D_{15}(\text{필터 재료})}{D_{85}(\text{주변 토양})} > 5$

③ $\dfrac{D_{15}(\text{필터 재료})}{D_{85}(\text{주변 토양})} < 2$

④ $\dfrac{D_{15}(\text{필터 재료})}{D_{85}(\text{주변 토양})} > 2$

13 다음 중 전과정평가(LCA)의 평가단계 순서로 옳은 것은? ★★

① 목적 및 범위 설정 → 목록분석 → 개선 평가 및 해석 → 영향평가
② 목적 및 범위 설정 → 목록분석 → 영향평가 → 개선 평가 및 해석
③ 목록분석 → 목적 및 범위 설정 → 개선 평가 및 해석 → 영향평가
④ 목록분석 → 목적 및 범위 설정 → 영향평가 → 개선 평가 및 해석

14 유기성 폐기물의 퇴비화에 대한 설명으로 가장 거리가 먼 것은? ★★

① 유기성 폐기물을 재활용함으로써 폐기물을 감량화할 수 있다.
② 퇴비로 이용 시 토양의 완충능력이 증가된다.
③ 생산된 퇴비는 C/N 비가 높다.
④ 초기 시설 투자비가 일반적으로 낮다.

✔ ③ 생산된 퇴비는 C/N 비가 낮다.

정답 | 10.③ 11.② 12.① 13.② 14.③

15 다음 중 지정폐기물이 아닌 것은? ★★

① pH 1인 폐산
② pH 11인 폐알칼리
③ 기름성분만으로 이루어진 폐유
④ 폐석면

✔ ② pH 12.5 이상인 폐알칼리

16 함수율이 40%인 폐기물 1톤을 건조시켜 함수율을 15%로 만들었을 때 증발된 수분량(kg)은 얼마인가? ★★★

① 약 104　　② 약 254
③ 약 294　　④ 약 324

✔ $V_1(100-W_1)=V_2(100-W_2)$

여기서, V_1 : 건조 전 폐기물 무게
V_2 : 건조 후 폐기물 무게
W_1 : 건조 전 폐기물 함수율
W_2 : 건조 후 폐기물 함수율

$1{,}000\,\text{kg}\times(100-40)=V_2\times(100-15)$

$V_2=1{,}000\,\text{kg}\times\dfrac{100-40}{100-15}=705.8824\,\text{kg}$

∴ 증발된 수분량 $=1{,}000-705.8824=294.12\,\text{kg}$

17 일반폐기물의 관리체계상 가장 먼저 분리해야 하는 폐기물은?

① 재활용물질　　② 유해물질
③ 자원성 물질　　④ 난분해성 물질

✔ ② 유해물질이 있는 경우 다른 공정에 영향을 끼칠 수 있으므로 가장 먼저 분리해야 한다.

18 다음 중 새로운 쓰레기 수송방법이라 할 수 없는 것은?

① Pipeline 수송
② Monorail 수송
③ Container 수송
④ Dust-box 수송

✔ ④ Dust-box란 원심력 집진장치 하부에 먼지가 모이는 곳을 의미한다.

19 함수율(습윤중량 기준)이 a%인 도시 쓰레기의 함수율을 b%($a>b$)로 감소시켜 소각시키고자 한다면, 함수율 감소 후의 중량은 처음 중량의 몇 %인가? ★★★

① $\dfrac{b}{a}\times100$　　② $\dfrac{a-b}{a}\times100$

③ $\dfrac{100-a}{100-b}\times100$　　④ $\left(1+\dfrac{b}{a}\right)\times100$

✔ $V_1(100-W_1)=V_2(100-W_2)$

여기서, V_1 : 처리 전 쓰레기 무게
V_2 : 처리 후 쓰레기 무게
W_1 : 처리 전 쓰레기 함수율
W_2 : 처리 후 쓰레기 함수율

$V_1(100-a)=V_2(100-b)$

$\therefore\ \dfrac{V_2}{V_1}=\dfrac{100-a}{100-b}\times100$

20 폐기물의 발생원 선별 시 일반적인 고려사항으로 가장 거리가 먼 것은?

① 주민들의 협력과 참여
② 변화하고 있는 주민의 폐기물 저장습관
③ 새로운 컨테이너, 장비, 시설을 위한 투자
④ 방류수 규제기준

✔ ④ 방류수 규제기준과는 무관하다.

제1과목

정답 | 15.② 16.③ 17.② 18.④ 19.③ 20.④

제1과목 | 폐기물 개론

2020년 제3회 폐기물처리기사

01 슬러지를 처리하기 위하여 생슬러지를 분석한 결과 수분은 90%, 총 고형물 중 휘발성 고형물은 70%, 휘발성 고형물의 비중은 1.1, 무기성 고형물의 비중은 2.2일 때 생슬러지의 비중은? (단, 무기성 고형물＋휘발성 고형물＝총 고형물)

① 1.023　② 1.032
③ 1.041　④ 1.053

✔ • $\frac{100}{\rho_{SL}} = \frac{W\%}{\rho_W} + \frac{TS\%}{\rho_{TS}}$

• $\frac{100}{\rho_{TS}} = \frac{VS\%}{\rho_{VS}} + \frac{FS\%}{\rho_{FS}}$

여기서, ρ_{SL}, ρ_W, ρ_{TS}, ρ_{VS}, ρ_{FS} : 슬러지, 물, 총·휘발성·무기성 고형물의 밀도 또는 비중
$W\%$, $TS\%$, $VS\%$, $FS\%$: 물, 총·휘발성·무기성 고형물의 함량(%)

$\frac{100}{\rho_{TS}} = \frac{70}{1.1} + \frac{30}{2.2}$ ➡ $\rho_{TS} = \frac{100}{\frac{70}{1.1} + \frac{30}{2.2}} = 1.2941$

이때, $FS\% = TS\% - VS\% = 100 - 70 = 30$

$\frac{100}{\rho_{SL}} = \frac{90}{1} + \frac{10}{1.2941}$ ※ 물의 비중은 1이다.

$\therefore \rho_{SL} = \frac{100}{\frac{90}{1} + \frac{10}{1.2941}} = 1.0233 ≒ 1.023$

02 폐기물 처리장치 중 쓰레기를 물과 섞어 잘게 부순 뒤 다시 물과 분리시키는 습식 처리장치는?

① Baler　② Compactor
③ Pulverizer　④ Shredder

✔ Pulverizer는 분쇄기로, 폐기물을 물과 섞어 잘게 부순 뒤에 다시 물과 분리하는 습식 처리장치이다.

03 폐기물의 관거(pipeline)을 이용한 수송방법 중 공기를 이용한 방법이 아닌 것은? ★★

① 진공 수송　② 가압 수송
③ 슬러리 수송　④ 캡슐 수송

✔ ③ 슬러리 수송은 물과 혼합하여 수송하는 방법이다.

04 폐기물 파쇄기에 대한 설명으로 틀린 것은?

① 회전드럼식 파쇄기는 폐기물의 강도차를 이용하는 파쇄장치이며 파쇄와 분별을 동시에 수행할 수 있다.
② 일반적으로 전단파쇄기는 충격파쇄기보다 파쇄속도가 느리다.
③ 압축파쇄기는 기계의 압착력을 이용하여 파쇄하는 장치로 파쇄기의 마모가 적고 비용도 적다.
④ 해머밀 파쇄기는 고정칼, 왕복 또는 회전칼과의 교합에 의하여 폐기물을 전단하는 파쇄기이다.

✔ ④ 해머밀 파쇄기는 회전운동을 하는 파쇄기이다.

05 쓰레기를 압축시킨 후 용적이 45% 감소되었다면 압축비는? ★★★

① 1.4　② 1.6
③ 1.8　④ 2.0

✔ 압축비 $CR = \frac{\text{압축 전 부피}}{\text{압축 후 부피}}$

$= \frac{100}{100 - VR} = \frac{100}{100 - 45} = 1.82$

06 4%의 고형물을 함유하는 슬러지 300m³를 탈수시켜 70%의 함수율을 갖는 케이크를 얻었다면 탈수된 케이크의 양(m³)은? (단, 슬러지의 밀도＝1ton/m³) ★★★

① 50　② 40
③ 30　④ 20

✔ $V_1(100 - W_1) = V_2(100 - W_2)$

여기서, V_1 : 탈수 전 슬러지 부피
V_2 : 탈수 케이크 부피
W_1 : 탈수 전 슬러지 함수율
W_2 : 탈수 케이크 함수율

$300 \times (100 - 96) = V_2 \times (100 - 70)$

$\therefore V_2 = 300 \times \frac{100 - 96}{100 - 70} = 40\,\text{m}^3$

정답 | 01.① 02.③ 03.③ 04.④ 05.③ 06.②

07 고정압축기의 작동에 대한 용어로 가장 거리가 먼 것은?

① 적하(loading)
② 카셋용기(cassettes containing bag)
③ 충전(fill charging)
④ 램압축(ram compacts)

08 폐기물의 발생량 예측방법이 아닌 것은?

① Load-count analysis method
② Trend method
③ Multiple regression model
④ Dynamic simulation model

✔ ① Load-count analysis method는 적재차량 계수법으로, 폐기물 발생량 분석법에 해당된다.

09 쓰레기 발생량 예측방법 중 모든 인자를 시간에 대한 함수로 나타낸 후, 시간에 대한 함수로 표현된 각 영향인자들 간의 상관관계를 수식화하는 방법은? ★★★

① 경향법 ② 다중회귀모델
③ 회귀직선모델 ④ 동적모사모델

✔ ① 경향법 : 5년 이상의 과거 처리실적을 수식모델에 대입하여 과거의 데이터로 장래를 예측하는 방법
② 다중회귀모델 : 쓰레기 발생량에 영향을 주는 각 인자들의 효과를 총괄적으로 나타내어 복잡한 시스템의 분석에 유용하게 적용하는 방법

10 쓰레기의 관리체계를 순서대로 올바르게 나열한 것은?

① 발생 – 적환 – 수집 – 처리 및 회수 – 처분
② 발생 – 적환 – 수집 – 처리 및 회수 – 수송 – 처분
③ 발생 – 수집 – 적환 – 수송 – 처리 및 회수 – 처분
④ 발생 – 수집 – 적환 – 처리 및 회수 – 수송 – 처분

11 폐기물 성상분석절차로 알맞은 것은? ★★★

① 시료 → 물리적 조성 파악 → 밀도 측정 → 분류 → 원소 분석
② 시료 → 밀도 측정 → 물리적 조성 파악 → 전처리 → 원소 분석
③ 시료 → 전처리 → 밀도 측정 → 물리적 조성 파악 → 원소 분석
④ 시료 → 분류 → 전처리 → 물리적 조성 파악 → 원소 분석

✔ **폐기물의 성상분석절차**
시료 → 밀도 측정 → 물리 조성(습량무게) → 건조(건조무게) → 분류(가연성, 불연성) → 전처리(원소 및 발열량 분석)

12 함수량이 30%인 쓰레기를 건조기준으로 원소성분 및 열량계로 열량을 측정한 결과가 다음과 같을 때 저위발열량(kcal/kg)은? ★★

- 발열량 = 3,300kcal/kg
- C 65%, H 20%, S 5%

① 1,030 ② 1,040
③ 1,050 ④ 1,060

✔ Dulong 식
$Hl(\text{kcal/kg}) = Hh - 6(9\text{H} + W)$
여기서, H, W : 수소, 수분의 함량(%)
이때, 건조기준 고위발열량 $Hh = 3,300 \times 0.70 = 2,310\,\text{kcal/kg}$
$\therefore Hl = 2,310 - 6(9 \times 20 + 30) = 1,050\,\text{kcal/kg}$

13 LCA의 구성요소가 아닌 것은? ★★

① 자료평가
② 개선평가
③ 목록분석
④ 목적 및 범위의 설정

✔ **전과정평가(LCA)의 구성요소**
- 목적 및 범위 설정
- 목록분석
- 영향평가
- 결과해석(개선평가)

정답 | 07.② 08.① 09.④ 10.③ 11.② 12.③ 13.①

14 환경경영체제(ISO-14000)에 대한 설명으로 가장 거리가 먼 내용은?

① 기업이 환경문제의 개선을 위해 자발적으로 도입하는 제도이다.
② 환경사업을 기업 영업의 최우선과제 중의 하나로 삼는 경영체제이다.
③ 기업의 친환경성 이미지에 대한 광고효과를 위해 도입할 수 있다.
④ 전과정평가(LCA)를 이용하여 기업의 환경성과를 측정하기도 한다.

✔ ② 환경사업을 기업 경영의 최상위이념으로 삼는 체제이다.

15 투입량이 1ton/hr이고, 회수량이 600kg/hr(그 중 회수대상 물질은 500kg/hr)이며, 제거량은 400kg/hr(그 중 회수대상 물질은 100kg/hr)일 때 선별효율(%)은? (단, Worrell 식 적용)

① 약 63　② 약 69
③ 약 74　④ 약 78

✔ Worrell의 선별효율

$$E(\%) = x_{회수율} \times y_{기각률} = \left(\frac{x_2}{x_1} \times \frac{y_3}{y_1}\right) \times 100$$

여기서, E : 선별효율
x_1 : 총 회수대상 물질
x_2 : 회수된 회수대상 물질
y_1 : 총 제거대상 물질
y_3 : 제거된 제거대상 물질

$$\therefore E = \left(\frac{500}{600} \times \frac{300}{400}\right) \times 100 = 62.5\%$$

16 쓰레기 수거효율이 가장 좋은 방식은?

① 타종식 수거방식
② 문전 수거(플라스틱 자루)방식
③ 문전 수거(재사용 가능한 쓰레기통)방식
④ 대형 쓰레기통 이용 수거방식

✔ MHT를 비교해보면, 문전식 수거가 2.7, 대형 쓰레기통 수거가 1.1, 타종식 수거가 0.84로, 타종식 수거의 MHT가 가장 낮아 수거효율이 가장 높다.

17 폐기물의 파쇄목적이 잘못 기술된 것은?

① 입자 크기의 균일화
② 밀도의 증가
③ 유가물의 분리
④ 비표면적의 감소

✔ ④ 비표면적의 증가로 소각 및 매립 시 조기안정화에 유리하다.

18 스크린 상에서 비중이 다른 입자의 층을 통과하는 액류를 상하로 맥동시켜서 층의 팽창 · 수축을 반복하여 무거운 입자는 하층으로, 가벼운 입자는 상층으로 이동시켜 분리하는 중력분리 방법은?

① Secators　② Jigs
③ Melt separation　④ Air stoners

19 도시에서 폐기물 발생량이 185,000톤/년, 수거인부는 1일 550명, 인구는 250,000명이라고 할 때 1인 1일 폐기물 발생량(kg/인 · day)은? (단, 1년 365일 기준) ★★

① 2.03　② 2.35
③ 2.45　④ 2.77

✔ 1인 1일 폐기물 발생량

$$= \frac{185{,}000\,\text{ton}}{\text{year}} \left| \frac{10^3\,\text{kg}}{\text{ton}} \right| \frac{}{250{,}000\text{인}} \left| \frac{\text{year}}{365\,\text{day}} \right.$$

$= 2.03\,\text{kg/인} \cdot \text{day}$

20 폐기물 수집 · 운반을 위한 노선 설정 시 유의할 사항으로 가장 거리가 먼 것은? ★★★

① 될 수 있는 한 반복 운행을 피한다.
② 가능한 한 언덕길은 올라가면서 수거한다.
③ U자형 회전을 피해 수거한다.
④ 가능한 한 시계방향으로 수거노선을 정한다.

✔ ② 가능한 한 언덕길은 내려가면서 수거한다.

정답 | 14.② 15.① 16.① 17.④ 18.② 19.① 20.②

제1과목 | 폐기물 개론

2020년 제4회 폐기물처리기사

01 폐기물관리법에서 폐기물을 고형물 함량에 따라 액상, 반고상, 고상 폐기물로 구분할 때 액상 폐기물의 기준으로 옳은 것은?

① 고형물 함량이 3% 미만인 것
② 고형물 함량이 5% 미만인 것
③ 고형물 함량이 10% 미만인 것
④ 고형물 함량이 15% 미만인 것

✔ 고형물 함량에 따른 폐기물의 구분
- 액상 폐기물 : 5% 미만
- 반고상 폐기물 : 5% 이상 15% 미만
- 고상 폐기물 : 15% 이상

02 일반적인 폐기물 관리 우선순위로 가장 적합한 것은? ★★

① 재사용 → 감량 → 물질 재활용 → 에너지 회수 → 최종처분
② 재사용 → 감량 → 에너지 회수 → 물질 재활용 → 최종처분
③ 감량 → 재사용 → 물질 재사용 → 에너지 회수 → 최종처분
④ 감량 → 물질 재사용 → 재사용 → 에너지 회수 → 최종처분

03 1년을 연속 가동하는 폐기물 소각시설의 저장용량을 결정하고자 한다. 폐기물 수거인부가 주 5일, 일 8시간 근무할 때 필요한 저장시설의 최소용량은? (단, 토요일 및 일요일을 제외한 공휴일에도 폐기물 수거는 시행된다고 가정함)

① 1일 소각용량 이하
② 1~2일 소각용량
③ 2~3일 수거용량
④ 3~4일 수거용량

04 플라스틱 폐기물의 유효 이용방법으로 가장 거리가 먼 것은?

① 분해이용법
② 미생물이용법
③ 용융고화 재생이용법
④ 소각폐열 회수이용법

05 폐기물의 화학적 특성 중 3성분에 속하지 않는 것은?

① 가연분　　② 무기물질
③ 수분　　④ 회분

06 쓰레기 종량제봉투의 재질 중 LDPE의 설명으로 맞는 것은?

① 여름철에만 적합하다.
② 약간 두껍게 제작된다.
③ 잘 찢어지기 때문에 분해가 잘 된다.
④ MDPE와 함께 매립지의 liner용으로 적합하다.

✔ LDPE는 온도에 대한 저항성 및 강도가 높고 접합상태가 양호하지만, 유연하지 못해 구멍 등의 손상을 입을 우려가 있다.

07 소비자 중심의 쓰레기 발생 mechanism 그림에서 폐기물이 발생되는 시점과 재활용이 가능한 구간을 각각 가장 적절하게 나타낸 것은?

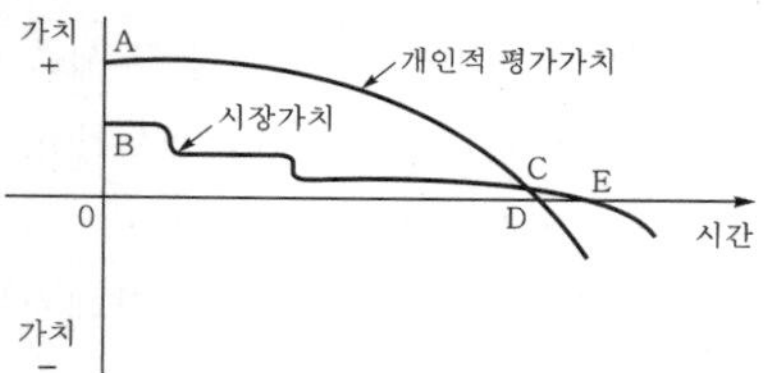

① C, DE　　② D, DE
③ E, CE　　④ E, DE

✔ 개인적인 평가가치가 0일 경우 폐기물이 발생되며, 그 후 시장가치가 남아 있을 경우 재활용을 한다.

제1과목

정답 | 01.② 02.③ 03.③ 04.② 05.② 06.② 07.②

08 폐기물 관리 차원의 3R에 해당하지 않는 것은?

① Resource ② Recycle

③ Reduction ④ Reuse

✔ **폐기물 관리 차원의 3R**
- Recycle : 재활용
- Reduction : 감량화
- Reuse : 재사용

09 $x=5.75$cm로 생활폐기물을 파쇄하는 경우, Rosin-Rammler 모델에 의한 특성입자의 크기 x_0(cm)는? (단, $n=1$) ★

① 1.0 ② 1.5

③ 2.0 ④ 2.5

✔ $y=f(x)=1-\exp\left[-\left(\frac{x}{x_0}\right)^n\right]$

여기서, y : x보다 작은 크기 폐기물의 총 누적무게분율
x : 폐기물 입자의 크기
x_0 : 특성입자의 크기(63.2%가 통과할 수 있는 체 눈의 크기)
n : 상수

$0.9=1-\exp\left[-\left(\frac{5.75}{x_0}\right)^1\right]$ ➡ 계산기의 Solve 기능 사용

$\therefore x_0=2.4972 \fallingdotseq 2.50\,\text{cm}$

10 폐기물 발생량 조사 및 예측에 대한 설명으로 틀린 것은? ★★★

① 생활폐기물의 발생량은 지역 규모나 지역 특성에 따라 차이가 크기 때문에 주로 kg/인 · 일로 표기한다.

② 사업장폐기물의 발생량은 제품 제조공정에 따라 다르며 원단위로 ton/종업원수, ton/면적 등이 사용된다.

③ 물질수지법은 주로 사업장폐기물의 발생량을 추산할 때 사용한다.

④ 폐기물 발생량 예측방법으로 적재차량 계수법, 직접계근법, 물질수지법이 있다.

✔ ④ 적재차량 계수법, 직접계근법, 물질수지법은 폐기물 발생량 조사방법이다.

11 다음 중 단열 열량계로 측정할 때 얻어지는 발열량은?

① 습량기준 저위발열량

② 습량기준 고위발열량

③ 건량기준 저위발열량

④ 건량기준 고위발열량

12 투입량 1.0ton/hr, 회수량 600kg/hr(그 중 회수대상 물질 550kg/hr), 제거량 400kg/hr(그 중 회수대상 물질 70kg/hr)일 때 선별효율(%)은? (단, Worrell 식 적용)

① 77 ② 79

③ 81 ④ 84

✔ Worrell의 선별효율

$E(\%)=x_{회수율}\times y_{기각률}=\left(\frac{x_2}{x_1}\times\frac{y_3}{y_1}\right)\times 100$

여기서, E : 선별효율
x_1 : 총 회수대상 물질
x_2 : 회수된 회수대상 물질
y_1 : 총 제거대상 물질
y_3 : 제거된 제거대상 물질

$\therefore E=\left(\frac{550}{620}\times\frac{330}{380}\right)\times 100=77.04\%$

13 3.5%의 고형물을 함유하는 슬러지 300m³를 탈수시켜 70%의 함수율을 갖는 케이크를 얻었다면 탈수된 케이크의 양(m³)은? (단, 슬러지의 밀도=1ton/m³) ★★★

① 35 ② 40

③ 45 ④ 50

✔ $V_1(100-W_1)=V_2(100-W_2)$

여기서, V_1 : 탈수 전 슬러지 부피
V_2 : 탈수 케이크 부피
W_1 : 탈수 전 슬러지 함수율
W_2 : 탈수 케이크 함수율

$300\times(100-96.5)=V_2\times(100-70)$

$\therefore V_2=\frac{100-96.5}{100-70}=35\,\text{m}^3$

정답 | 08.① 09.④ 10.④ 11.④ 12.① 13.①

14 도시 폐기물의 수거노선 설정방법으로 가장 거리가 먼 것은? ★★★

① 언덕인 경우 위에서 내려가며 수거한다.
② 반복 운행을 피한다.
③ 출발점은 차고와 가까운 곳으로 한다.
④ 가능한 한 반시계방향으로 설정한다.

✔ ④ 가능한 한 시계방향으로 설정한다.

15 다음 플라스틱 폐기물 중 할로겐화합물이 포함된 것은?

① 멜라민수지
② 폴리염화비닐
③ 규소수지
④ 폴리아크릴로나이트릴

✔ ② 폴리염화바이닐(PVC)은 $(C_2H_3Cl)_n$ 이므로, 할로겐(F, I, Br, Cl) 중 Cl을 함유하고 있다.

16 폐기물 관로 수송 시스템에 대한 설명으로 틀린 것은?

① 폐기물의 발생밀도가 높은 지역이 보다 효과적이다.
② 대용량 수송과 장거리 수송에 적합하다.
③ 조대폐기물은 파쇄 등의 전처리가 필요하다.
④ 자동집하시설로 투입하는 폐기물의 종류에 제한이 있다.

✔ ② 장거리 수송에 적합하지 않다.

17 쓰레기통의 위치나 형태에 따른 MHT가 가장 낮은 것은?

① 집 안 고정식
② 벽면 부착식
③ 문전 수거식
④ 집 밖 이동식

✔ **쓰레기통 종류별 MHT 크기 순서**
벽면 부착식 > 문전 수거식 > 집 안 고정식 > 집 밖 이동식

18 폐기물의 함수율은 25%이고, 건조기준으로 원소성분 및 고위발열량이 다음과 같을 경우, 이 폐기물의 저위발열량(kcal/kg)은? ★★

- C = 55%, H = 18%
- 고위발열량 = 2,800kcal/kg

① 1,921 ② 2,100
③ 2,218 ④ 2,602

✔ Dulong 식
$Hl(\text{kcal/kg}) = Hh - 6(9\text{H} + W)$
여기서, Hh : 고위발열량(kcal/kg)
H, W: 수소, 수분의 함량(%)
$\therefore Hl = 2,800 - 6(9 \times 0.75 \times 18 + 25)$
$= 1,921\,\text{kcal/kg}$

19 다음 선별기의 종류 중 습식 선별의 형태가 아닌 것은?

① Stoners
② Jigs
③ Flotation
④ Wet classifiers

✔ ① Stoners는 약간 경사진 판에 진동을 주어 무거운 것이 빨리 경사판 위로 올라가는 원리를 이용한 폐기물 선별장치로, 건식 선별방법이다.

20 폐기물의 성분을 조사한 결과 플라스틱의 함량이 20%(중량비)로 나타났다. 이 폐기물의 밀도가 300kg/m^{3}이라면 5m^3 중에 함유된 플라스틱의 양(kg)은?

① 200 ② 300
③ 400 ④ 500

✔ 플라스틱의 양 $= \frac{5\,\text{m}^3}{} \bigg| \frac{300\,\text{kg}}{\text{m}^3} \bigg| \frac{20}{100} = 300\,\text{kg}$

정답 | 14.④ 15.② 16.② 17.④ 18.① 19.① 20.②

제1과목 | 폐기물 개론

2021년 제1회 폐기물처리기사

01 사업장에서 배출되는 폐기물을 감량화시키기 위한 대책으로 가장 거리가 먼 것은?

① 원료의 대체
② 공정 개선
③ 제품 내구성 증대
④ 포장횟수의 확대 및 장려

✔ ④ 포장횟수의 축소 및 억제

02 압축기에 쓰레기를 넣고 압축시킨 결과 압축비가 5였을 때 부피감소율(%)은? ★★★

① 50 ② 60
③ 80 ④ 90

✔ 압축비 $CR = \frac{\text{압축 전 부피}}{\text{압축 후 부피}} = \frac{100}{100 - VR}$

$\frac{1}{CR} = \frac{100 - VR}{100} = 1 - \frac{VR}{100}$

$\frac{VR}{100} = 1 - \frac{1}{CR}$

$\therefore VR = 100\left(1 - \frac{1}{CR}\right) = 100\left(1 - \frac{1}{5}\right) = 80\%$

03 다음 중 적환장의 설치작용 이유로 가장 거리가 먼 것은? ★★★

① 저밀도 거주지역이 존재할 경우
② 불법투기와 다량의 어질러진 쓰레기들이 발생할 때
③ 부패성 폐기물 다량 발생 지역이 있는 경우
④ 처분지가 수집장소로부터 16km 이상 멀리 떨어져 있는 경우

✔ ③ 부패성 폐기물 다량 발생 지역인 경우 다른 폐기물에 영향을 주기 때문에 적환장의 설치작용과는 거리가 멀다.

04 Eddy current separator는 물질 특성상 세 종류로 분리한다. 이때 구리전선과 같은 종류로 선별되는 것은?

① 은수저 ② 철나사못
③ PVC ④ 희토류 자석

05 폐기물 수거노선의 설정요령으로 적합하지 않은 것은? ★★★

① 수거지점과 수거빈도를 결정하는 데 기존 정책이나 규정을 참고한다.
② 간선도로 부근에서 시작하고 끝나도록 배치한다.
③ 반복 운행을 피하도록 한다.
④ 반시계방향으로 수거노선을 설정한다.

✔ ④ 시계방향으로 수거노선을 설정한다.

06 습량기준 회분량이 16%인 폐기물의 건량기준 회분량(%)은 얼마인가? (단, 폐기물의 함수율 =20%) ★★

① 20 ② 18
③ 16 ④ 14

✔ 건량기준 회분량(%) $= \frac{\text{회분}}{\text{건조물질}} \times 100$

$= \frac{16}{100 - 20} \times 100 = 20\%$

07 쓰레기에서 타는 성분의 화학적 성상 분석 시 사용되는 자동원소분석기에 의해 동시 분석이 가능한 항목을 모두 나열한 것은?

① 탄소, 질소, 수소
② 탄소, 황, 수소
③ 탄소, 수소, 산소
④ 질소, 황, 산소

정답 | 01.④ 02.③ 03.③ 04.① 05.④ 06.① 07.①

08 다음 중 폐기물 성상분석에 대한 분석절차로 적절한 것은? ★★★

① 물리적 조성 → 밀도 측정 → 건조 → 절단 및 분쇄 → 발열량 분석
② 밀도 측정 → 물리적 조성 → 건조 → 절단 및 분쇄 → 발열량 분석
③ 물리적 조성 → 밀도 측정 → 절단 및 분쇄 → 건조 → 발열량 분석
④ 밀도 측정 → 물리적 조성 → 절단 및 분쇄 → 건조 → 발열량 분석

✔ **폐기물의 성상분석절차**
시료 → 밀도 측정 → 물리 조성(습량무게) → 건조(건조무게) → 분류(가연성, 불연성) → 전처리(원소 및 발열량 분석)

09 전과정평가(LCA)를 구성하는 4단계 중 조사분석과정에서 확정된 자원요구 및 환경부하에 대한 영향을 평가하는 기술적 · 정량적 · 정성적 과정인 것은? ★★

① Impact analysis
② Initiation analysis
③ Inventory analysis
④ Improvement analysis

✔ ① Impact analysis는 전과정평가 중 3단계인 영향평가에 해당된다.

10 파이프라인을 이용하여 폐기물을 수송하는 방법에 대한 설명으로 잘못된 것은? ★★

① 보다 친환경적이며 장거리 수송이 용이하다.
② 잘못 투입된 물건을 회수하기가 곤란하다.
③ 쓰레기 발생밀도가 높은 곳일수록 현실성이 높아진다.
④ 조대쓰레기는 파쇄, 압축 등의 전처리를 할 필요가 있다.

✔ ① 장거리 수송이 용이하지 않다.

11 쓰레기의 발열량을 구하는 식 중 Dulong 식에 대한 설명으로 옳은 것은? ★★

① 고위발열량은 저위발열량, 수소 함량, 수분 함량만으로 구할 수 있다.
② 원소 분석에서 나온 C, H, O, N 및 수분 함량으로 계산할 수 있다.
③ 목재나 쓰레기와 같은 셀룰로오스의 연소에서는 발열량이 약 10% 높게 추정된다.
④ Bomb 열량계로 구한 발열량에 근사시키기 위해 Dulong의 보정식이 사용된다.

✔ ① 고위발열량은 연료의 탄소, 수소, 산소, 황 함량으로 구할 수 있다.
② 원소 분석에서 나온 C, H, O, S 및 수분 함량으로 계산할 수 있다.
③ 목재나 쓰레기와 같은 셀룰로오스의 연소에서는 발열량이 낮게 추정된다.

12 다음 중 트롬멜 스크린에 대한 설명으로 잘못된 것은? ★★★

① 수평으로 회전하는 직경 3미터 정도의 원통 형태이며 가장 널리 사용되는 스크린의 하나이다.
② 최적회전속도는 임계회전속도의 45% 정도이다.
③ 도시 폐기물 처리 시 적정회전속도는 100~180rpm이다.
④ 경사도는 대개 2~3°를 채택하고 있다.

✔ ③ 도시 폐기물 처리 시 적정회전속도는 5~6rpm이다.

13 일반폐기물의 수집 · 운반 · 처리 시 고려사항으로 가장 거리가 먼 것은?

① 지역별 · 계절별 발생량 및 특성 고려
② 다른 지역의 경유 시 밀폐 차량 이용
③ 해충 방지를 위해서 약제 살포 금지
④ 지역 여건에 맞게 기계식 상차방법 이용

✔ ③ 해충 방지를 위해 약제를 살포해야 한다.

제1과목

정답 | 08.② 09.① 10.① 11.④ 12.③ 13.③

14 퇴비화 과정에서 공기의 역할로 적절하지 않은 것은?

① 온도를 조절한다.
② 공급량은 많을수록 퇴비화가 잘 된다.
③ 수분과 CO_2 등 다른 가스들을 제거한다.
④ 미생물이 호기적 대사를 할 수 있도록 한다.

✔ ② 공기 공급량이 많아지면 수분이 제거되거나 퇴비온도가 낮아져 효율이 떨어진다.

15 도시의 쓰레기 특성을 조사하기 위해 시료 100kg에 대한 습윤상태의 무게와 함수율을 측정한 결과가 다음 표와 같을 때 이 시료의 건조중량(kg)은?

성분	습윤상태의 무게(kg)	함수율 (%)
연탄재	60	20
채소, 음식물류	10	65
종이, 목재류	10	10
고무, 가죽류	15	3
금속, 초자기류	5	2

① 70　② 80
③ 90　④ 100

✔ 건조중량 =100－평균습윤무게
이때, 평균습윤무게

$$=\frac{60\times20+10\times65+10\times10+15\times3+5\times2}{20+65+10+3+2}$$

$=20.05\,\text{kg}$

∴ 건조중량 $=100-20.05=79.95\,\text{kg}$

16 쓰레기 수거계획 수립 시 가장 우선되어야 할 항목은?

① 수거빈도
② 수거노선
③ 차량의 적재량
④ 인부 수

✔ 폐기물 처리 시 수거단계에서 가장 많은 비용이 들기 때문에 차량의 이동거리를 단축시키기 위하여 수거노선을 가장 우선적으로 고려해야 한다.

17 폐기물의 성분을 조사한 결과 플라스틱의 함량이 20%(중량비)로 나타났다. 이 폐기물의 밀도가 300kg/m^{3}이라면 6.5m^3 중에 함유된 플라스틱의 양(kg)은?

① 300　② 345
③ 390　④ 415

✔ 플라스틱의 양 $=\frac{6.5\,\text{m}^3}{}\Big|\frac{300\,\text{kg}}{\text{m}^3}\Big|\frac{20}{100}=390\,\text{kg}$

18 폐기물 시료를 축분함에 있어 처음 무게의 1/30~1/35의 무게를 얻고자 한다면 원추4분법을 몇 회 시행하여야 하는가? ★

① 10회　② 8회
③ 6회　④ 5회

✔ 원추4분법

$W=\left(\frac{1}{2}\right)^n$

• 1/30의 무게인 경우

$\frac{1}{30}=\left(\frac{1}{2}\right)^n$ ➡ 양변에 log를 취한다.

$\log\frac{1}{30}=n\log\frac{1}{2}$ ➡ $n=\frac{\log\frac{1}{30}}{\log\frac{1}{2}}=4.9069$

• 1/35의 무게인 경우

$\frac{1}{35}=\left(\frac{1}{2}\right)^n$ ➡ 양변에 log를 취한다.

$\log\frac{1}{35}=n\log\frac{1}{2}$ ➡ $n=\frac{\log\frac{1}{35}}{\log\frac{1}{2}}=5.1293$

∴ 4.9069~5.1293의 범위이므로, 5회 시행한다.

19 pH가 2인 폐산 용액은 pH가 4인 폐산 용액에 비해 수소이온이 몇 배 더 함유되어 있는가? ★★

① 2배　② 5배
③ 10배　④ 100배

✔ • pH 2 = 10^{-2}M
• pH 4 = 10^{-4}M
∴ 100배 차이가 난다.

정답 I 14.② 15.② 16.② 17.③ 18.④ 19.④

20 직경이 1.0m인 트롬멜 스크린의 최적속도(rpm)는 얼마인가? ★★★

① 약 63 ② 약 42
③ 약 19 ④ 약 8

✔ 트롬멜 스크린의 최적속도
$N = N_c \times 0.45$

여기서, N_c : 임계속도(rpm)$\left(= \sqrt{\frac{g}{4\pi^2 r}} \times 60\right)$

이때, g : 중력가속도(=9.8m/sec^2)

r : 반경(m)

$\therefore N = \left(\sqrt{\frac{9.8}{4\pi^2 \times 0.5}} \times 60\right) \times 0.45 = 19.02\text{rpm}$

제1과목 | 폐기물 개론

2021년 제2회 폐기물처리기사

01 폐기물 발생량의 결정방법으로 잘못된 것은?

① 발생량을 직접 추정하는 방법
② 도시의 규모가 커짐을 이용하여 추정하는 방법
③ 주민의 수입 또는 매상고와 같은 이차적인 자료를 이용하여 추정하는 방법
④ 원자재 사용으로부터 추정하는 방법

02 쓰레기의 성상분석절차로 옳은 것은? ★★★

① 시료 → 전처리 → 물리적 조성 분류 → 밀도 측정 → 건조 → 분류
② 시료 → 전처리 → 건조 → 분류 → 물리적 조성 분류 → 밀도 측정
③ 시료 → 밀도 측정 → 건조 → 분류 → 전처리 → 물리적 조성 분류
④ 시료 → 밀도 측정 → 물리적 조성 분류 → 건조 → 분류 → 전처리

✔ 폐기물의 성상분석절차
시료 → 밀도 측정 → 물리 조성(습량무게) → 건조(건조 무게) → 분류(가연성, 불연성) → 전처리(원소 및 발열량 분석)

03 다음의 폐기물 파쇄에너지 산정공식을 흔히 무슨 법칙이라 하는가?

$E = C\ln(L_1/L_2)$
여기서, E : 폐기물 파쇄에너지
C : 상수
L_1 : 초기 폐기물 크기
L_2 : 최종 폐기물 크기

① 리팅거(Rittinger) 법칙
② 본드(Bond) 법칙
③ 킥(Kick) 법칙
④ 로신(Rosin) 법칙

정답 | 20.③ / 01.② 02.④ 03.③

04 다음 중 적환장에 대한 설명으로 적절하지 않은 것은? ★★

① 직접 투하방식은 건설비 및 운영비가 다른 방법에 비해 모두 적다.
② 저장 투하방식은 수거차의 대기시간이 직접 투하방식보다 길다.
③ 직접 · 저장 투하 결합방식은 재활용품의 회수율을 증대시킬 수 있는 방법이다.
④ 적환장의 위치는 해당 지역의 발생 폐기물의 무게 중심에 가까운 곳이 유리하다.

✔ ② 저장 투하방식은 수거차의 대기시간이 없다.

05 폐기물 선별과정에서 회전방식에 의해 폐기물을 크기에 따라 분리하는 데 사용되는 장치는?

① Reciprocating screen
② Air classifier
③ Ballistic separator
④ Trommel screen

✔ 트롬멜 스크린(trommel screen)은 회전방식에 의해 폐기물을 크기에 따라 분리하는 장치로, 선별효율이 좋고 유지관리상의 문제가 적으며, 길이가 길어질수록 효율은 증가하지만 그만큼 동력이 커지는 단점이 있다.

06 다음 중 폐기물 관리의 우선순위를 순서대로 나열한 것은?

① 에너지 회수 – 감량화 – 재이용 – 재활용 – 소각 – 매립
② 재이용 – 재활용 – 감량화 – 에너지 회수 – 소각 – 매립
③ 감량화 – 재이용 – 재활용 – 에너지 회수 – 소각 – 매립
④ 소각 – 감량화 – 재이용 – 재활용 – 에너지 회수 – 매립

07 폐기물 차량의 총 중량이 24,725kg, 공차량의 중량이 13,725kg이며, 적재함의 크기가 $L=400$cm, $W=250$cm, $H=170$cm일 때 차량 적재계수(ton/m^3)는?

① 0.757 ② 0.708
③ 0.687 ④ 0.647

✔ 차량 적재계수

$$= \frac{(24,725-13,725)\,\text{kg}}{} \Big| \frac{}{4\,\text{m}\times 2.5\,\text{m}\times 1.7\,\text{m}} \Big| \frac{\text{ton}}{10^3\,\text{kg}}$$

$$= 0.647\,\text{ton/m}^3$$

08 혐기성 소화에 대한 설명으로 틀린 것은?

① 가수분해, 산 생성, 메테인 생성 단계로 구분된다.
② 처리속도가 느리고 고농도 처리에 적합하다.
③ 호기성 처리에 비해 동력비 및 유지관리비가 적게 든다.
④ 유기산의 농도가 높을수록 처리효율이 좋아진다.

✔ ④ 유기산의 농도가 높을수록 pH가 낮아져 처리효율이 나빠진다.

09 폐기물의 수거노선 설정 시 고려해야 할 사항으로 가장 거리가 먼 것은? ★★★

① 언덕길은 내려가면서 수거한다.
② 발생량이 적으나 수거빈도가 동일하기를 원하는 곳은 같은 날 가장 먼저 수거한다.
③ 가능한 한 지형지물 및 도로 경계와 같은 장벽을 사용하여 간선도로 부근에서 시작하고 끝나도록 배치하여야 한다.
④ 가능한 한 시계방향으로 수거노선을 정하며 U자형 회전은 피하여 수거한다.

✔ ② 발생량이 적으나 수거빈도가 동일하기를 원하는 곳은 같은 날 왕복하면서 수거한다.

정답 | 04.② 05.④ 06.③ 07.④ 08.④ 09.②

10 고형분이 20%인 폐기물 10톤을 소각하기 위하여 함수율이 15%가 되도록 건조시켰다. 이 건조 폐기물의 중량(톤)은 얼마인가? (단, 비중은 1.0 기준) ★★★

① 약 1.8 ② 약 2.4
③ 약 3.3 ④ 약 4.3

✔ $V_1(100-W_1)=V_2(100-W_2)$
여기서, V_1 : 건조 전 폐기물 무게
V_2 : 건조 후 폐기물 무게
W_1 : 건조 전 폐기물 함수율
W_2 : 건조 후 폐기물 함수율
$10\times(100-80)=V_2\times(100-15)$
$\therefore V_2=10\times\dfrac{100-80}{100-15}=2.3529 \fallingdotseq 2.35\,\mathrm{ton}$

11 다음 중 폐기물 처리와 관련된 설명으로 적절하지 않은 것은? ★★

① 지역사회 효과지수(CEI)는 청소상태 평가에 사용되는 지수이다.
② 컨테이너 철도 수송은 광대한 지역에서 효율적으로 적용될 수 있는 방법이다.
③ 폐기물 수거노동력을 비교하는 지표로는 MHT(man/hr · ton)를 주로 사용한다.
④ 직접 · 저장 투하 결합방식에서 일반 부패성 폐기물은 직접 상차 투입구로 보낸다.

✔ ③ 폐기물 수거노동력을 비교하는 지표로는 MHT(man · hr/ton)를 주로 사용한다.

12 다음 중 열분해에 영향을 미치는 운전인자가 아닌 것은?

① 운전온도 ② 가열속도
③ 폐기물의 성질 ④ 입자의 입경

✔ **열분해 영향 운전인자**
• 운전온도
• 가열속도
• 폐기물의 성질
• 폐기물의 입자 크기
• 수분 함량

13 인구 1천만명인 도시를 위한 쓰레기 위생 매립지(매립용량 100,000,000m³)를 계획하였다. 매립 후 폐기물의 밀도는 500kg/m³이고, 복토량은 폐기물 : 복토 부피비율로 5 : 1이며, 해당 도시 1인 1일 쓰레기 발생량이 2kg일 경우 매립장의 수명(년)은?

① 5.7 ② 6.8
③ 8.3 ④ 14.6

✔ 쓰레기 발생량 $=\dfrac{2\,\mathrm{kg}}{\text{인}\cdot\text{일}}\Big|\dfrac{10{,}000{,}000\text{인}}{}\Big|\dfrac{365\text{일}}{\text{년}}$
$=7.3\times10^9\,\mathrm{kg/년}$
∴ 매립장의 수명
$=\dfrac{100{,}000{,}000\,\mathrm{m^3}}{}\Big|\dfrac{\text{년}}{7.3\times10^9\,\mathrm{kg}}\Big|\dfrac{500\,\mathrm{kg}}{\mathrm{m^3}}\Big|\dfrac{5}{6}$
$=5.7078 \fallingdotseq 5.71\text{년}$

14 폐기물 발생량 예측방법 중 하나의 수식으로 쓰레기 발생량에 영향을 주는 각 인자들의 효과를 총괄적으로 나타내어 복잡한 시스템의 분석에 유용하게 사용할 수 있는 것은? ★★★

① 상관계수 분석모델
② 다중회귀모델
③ 동적모사모델
④ 경향법 모델

✔ ③ 동적모사모델 : 쓰레기 배출에 영향을 주는 모든 인자를 시간에 대한 함수로 나타낸 후, 시간에 대한 함수로 표현된 각 영향인자들 간의 상관관계를 수식화하는 방법
④ 경향법 모델 : 5년 이상의 과거 처리실적을 수식모델에 대입하여 과거의 데이터로 장래를 예측하는 방법

15 폐기물의 관리목적 또는 폐기물의 발생량을 줄이기 위한 노력을 3R(또는 4R)이라고 줄여 말하고 있다. 이것에 해당하지 않는 것은?

① Remediation ② Recovery
③ Reduction ④ Reuse

✔ **폐기물 관리차원의 3R**
• Recycle : 재활용
• Reduction : 감량화
• Reuse : 재사용
※ Recovery : 회수(4R)

제1과목

정답 | 10.② 11.③ 12.④ 13.① 14.② 15.①

16 다음 중 지정폐기물에 해당하는 폐산 용액을 고르면? ★★

① pH가 2.0 이상인 것
② pH가 12.5 이상인 것
③ 염산 농도가 0.001M 이상인 것
④ 황산 농도가 0.005M 이상인 것

✔ ① pH가 2.0 이상이 아닌, 2.0 이하가 폐산이다.
② pH가 12.5 이상인 것은 폐알칼리이다.
③ 0.001M 염산 $= \frac{0.001\,\text{mol}}{\text{L}} \Big| \frac{36.5\,\text{g}}{\text{mol}} \Big| \frac{\text{eq}}{36.5\,\text{g}} = 0.001\,\text{N}$

$\therefore \text{pH} = \log\frac{1}{[\text{H}^+]} = \log\frac{1}{0.001} = 3$

④ 0.005M 황산 $= \frac{0.005\,\text{mol}}{\text{L}} \Big| \frac{98\,\text{g}}{\text{mol}} \Big| \frac{\text{eq}}{(98/2)\,\text{g}} = 0.01\text{N}$

$\therefore \text{pH} = \log\frac{1}{[\text{H}^+]} = \log\frac{1}{0.01} = 2$

※ 지정폐기물의 기준
- 폐산 : pH 2.0 이하
- 폐알칼리 : pH 12.5 이상

17 분뇨 처리 결과를 나타낸 다음 그래프에서 ( ) 안에 들어갈 내용으로 가장 알맞은 것은? (단, S_e : 유출수의 휘발성 고형물질 농도(mg/L), S_o : 유입수의 휘발성 고형물질 농도(mg/L), SRT : 고형물질의 체류시간)

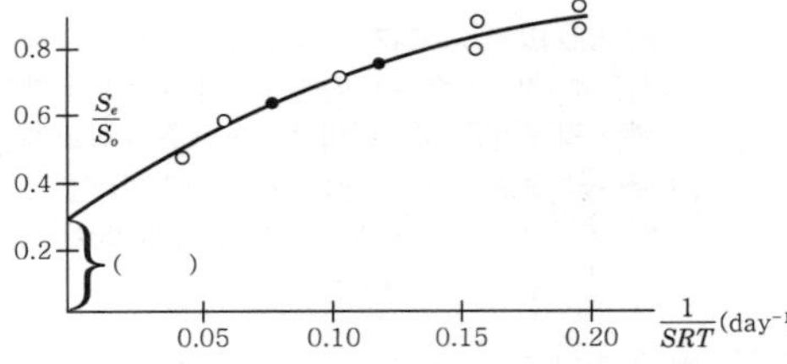

① 생물학적 분해 가능한 유기물질 분율
② 생물학적 분해 불가능한 휘발성 고형물질 분율
③ 생물학적 분해 가능한 무기물질 분율
④ 생물학적 분해 불가능한 유기물질 분율

18 슬러지의 수분을 결합상태에 따라 구분한 것 중에서 탈수가 가장 어려운 것은? ★

① 내부수
② 간극모관결합수
③ 표면부착수
④ 간극수

✔ **슬러지의 수분 함유 형태별 탈수성의 크기**
간극수 > 모관결합수 > 표면부착수 > 내부수

19 유해폐기물 성분물질 중 As에 의한 피해증세로 가장 거리가 먼 것은?

① 무기력증 유발
② 피부염 유발
③ Fanconi 씨 증상
④ 암 및 돌연변이 유발

✔ ③ Fanconi 씨 증상 : 카드뮴(Cd)에 의한 피해증세

20 다음 중 퇴비화 과정의 초기단계에서 나타나는 미생물은?

① Bacillus sp.
② Streptomyces sp.
③ Aspergillus fumigatus
④ Fungi

✔ 퇴비화 과정의 초기단계에서는 중온성(mesophilic) 진균(fungi)과 박테리아에 의해 유기물이 분해된다.

정답 | 16.④ 17.② 18.① 19.③ 20.④

제1과목 | 폐기물 개론

2021년 제4회 폐기물처리기사

01 폐기물 1톤을 건조시켜 함수율을 50%에서 25%로 감소시켰을 때 폐기물 중량(톤)은? ★★★

① 0.42 ② 0.53
③ 0.67 ④ 0.75

✔ $V_1(100-W_1)=V_2(100-W_2)$
여기서, V_1 : 건조 전 폐기물 부피
V_2 : 건조 폐기물 부피
W_1 : 건조 전 폐기물 함수율
W_2 : 건조 폐기물 함수율
$1\times(100-50)=V_2\times(100-25)$
$\therefore\ V_2=1\times\frac{100-50}{100-25}=0.6667 ≒ 0.67\,\text{ton}$

02 하수처리장에서 발생되는 슬러지와 비교한 분뇨의 특성이 아닌 것은?

① 질소의 농도가 높음
② 다량의 유기물을 포함
③ 염분의 농도가 높음
④ 고액 분리가 쉬움

✔ ④ 고액 분리가 어려움

03 인구가 300,000명인 도시에서 폐기물 발생량이 1.2kg/인 · 일이라고 한다. 수거된 폐기물의 밀도가 0.8kg/L, 수거차량의 적재용량이 12m^{3}라면, 1일 2회 수거하기 위한 수거차량의 대수는? (단, 기타 조건은 고려하지 않음)

① 15대
② 17대
③ 19대
④ 21대

✔ 수거차량 대수
$=\frac{1.2\,\text{kg}}{\text{인·일}}\Big|\frac{300,000\text{인}}{}\Big|\frac{\text{L}}{0.8\,\text{kg}}\Big|\frac{\text{m}^3}{10^3\text{L}}\Big|\frac{}{12\,\text{m}^3}\Big|\frac{\text{일}}{2\text{회}}$
$=18.75 ≒ 19\text{대}$

04 우리나라 폐기물관리법에 따른 의료폐기물 중 위해 의료폐기물이 아닌 것은? ★

① 조직물류 폐기물
② 병리계 폐기물
③ 격리 폐기물
④ 혈액오염 폐기물

✔ **위해 의료폐기물의 종류**
- 조직물류 폐기물 : 인체 또는 동물의 조직 · 장기 · 기관 · 신체의 일부, 동물의 사체, 혈액 · 고름 및 혈액생성물(혈청, 혈장, 혈액제제)
- 병리계 폐기물 : 시험 · 검사 등에 사용된 배양액, 배양용기, 보관균주, 폐시험관, 슬라이드, 커버글라스, 폐배지, 폐장갑
- 손상성 폐기물 : 주삿바늘, 봉합바늘, 수술용 칼날, 한방침, 치과용 침, 파손된 유리 재질의 시험기구
- 생물 · 화학 폐기물 : 폐백신, 폐항암제, 폐화학치료제
- 혈액오염 폐기물 : 폐혈액백, 혈액 투석 시 사용된 폐기물, 그 밖에 혈액이 유출될 정도로 포함되어 있어 특별한 관리가 필요한 폐기물

05 다음 중 쓰레기 발생량 조사방법이라 볼 수 없는 것은? ★★★

① 적재차량 계수분석법
② 물질수지법
③ 성상분류법
④ 직접계근법

✔ **폐기물 발생량 조사방법**
- 직접계근법
- 적재차량 계수분석법
- 물질수지법

06 밀도가 400kg/m^{3}인 쓰레기 10ton을 압축시켰더니 처음 부피보다 50%가 줄었다. 이 경우 Compaction Ratio는? ★★★

① 1.5 ② 2.0
③ 2.5 ④ 3.0

✔ 압축비 $CR=\frac{\text{압축 전 부피}}{\text{압축 후 부피}}$
$=\frac{100}{100-VR}=\frac{100}{100-50}=2.0$

정답 | 01.③ 02.④ 03.③ 04.③ 05.③ 06.②

07 30만명의 인구 규모를 갖는 도시에서 발생되는 도시 쓰레기 양이 연간 40만톤이고, 수거인부가 하루 500명이 동원되었다면 MHT는? (단, 1일 작업시간은 8시간, 연간 300일 근무) ★★

① 3 ② 4
③ 6 ④ 7

✔ $MHT = \dfrac{\text{쓰레기 수거인부(man)} \times \text{수거시간(hr)}}{\text{총 쓰레기 수거량(ton)}}$

$= \dfrac{500\text{명}}{} \Big| \dfrac{\text{year}}{400,000\,\text{ton}} \Big| \dfrac{300\,\text{day}}{\text{year}} \Big| \dfrac{8\,\text{hr}}{\text{day}}$

$= 3$

08 효과적인 수거노선 설정에 관한 설명으로 가장 거리가 먼 것은? ★★★

① 적은 양의 쓰레기가 발생하나 동일한 수거빈도를 받기를 원하는 수거지점은 가능한 한 같은 날 왕복 내에서 수거되지 않도록 한다.
② 가능한 한 지형지물 및 도로 경계와 같은 장벽을 이용하여 간선도로 부근에서 시작하고 끝나도록 배치하여야 한다.
③ U자형 회전은 피하고 많은 양의 쓰레기가 발생되는 발생원은 하루 중 가장 먼저 수거하도록 한다.
④ 가능한 한 시계방향으로 수거노선을 정한다.

✔ ① 적은 양의 쓰레기가 발생하나 동일한 수거빈도를 받기를 원하는 수거지점은 가능한 한 같은 날 왕복 내에서 수거한다.

09 폐기물의 성분을 조사한 결과 플라스틱의 함량이 10%(중량비)로 나타났다. 폐기물의 밀도가 300kg/m^{3}이라면 폐기물 10m^3 중에 함유된 플라스틱의 양(kg)은?

① 300 ② 400
③ 500 ④ 600

✔ 플라스틱의 양 $= \dfrac{5\,\text{m}^3}{} \Big| \dfrac{300\,\text{kg}}{\text{m}^3} \Big| \dfrac{20}{100}$

$= 300\,\text{kg}$

10 $x = 4.6$cm로 도시 폐기물을 파쇄하고자 할 때 Rosin-Rammler 모델에 의한 특성입자 크기(x_0, cm)는? (단, $n = 1$로 가정) ★

① 1.2 ② 1.6
③ 2.0 ④ 2.3

✔ $y = f(x) = 1 - \exp\left[-\left(\dfrac{x}{x_0}\right)^n\right]$

여기서, y : x보다 작은 크기 폐기물의 총 누적무게분율
x : 폐기물 입자의 크기
x_0 : 특성입자의 크기(63.2%가 통과할 수 있는 체 눈의 크기)
n : 상수

$0.9 = 1 - \exp\left[-\left(\dfrac{4.6}{x_0}\right)^1\right]$ ➡ 계산기의 Solve 기능 사용

$\therefore x_0 = 1.9978 ≒ 2.0\,\text{cm}$

11 폐기물을 파쇄하여 입도를 분석하였더니 폐기물 입도분포곡선상 통과백분율 10%, 30%, 60%, 90%에 해당되는 입경이 각각 2mm, 4mm, 6mm, 8mm이었다. 곡률계수는?

① 0.93 ② 1.13
③ 1.33 ④ 1.53

✔ 곡률계수 $C_g = \dfrac{D_{30}^{\ 2}}{D_{10} \cdot D_{60}}$

여기서, D_{60} : 처리물 중량백분율 60%가 통과하는 입경
D_{30} : 처리물 중량백분율 30%가 통과하는 입경
D_{10} : 처리물 중량백분율 10%가 통과하는 입경

$\therefore C_g = \dfrac{4^2}{2 \times 6} = 1.33$

12 적환장을 설치하는 일반적인 경우와 가장 거리가 먼 것은? ★★★

① 불법 투기 쓰레기들이 다량 발생할 때
② 고밀도 거주지역이 존재할 때
③ 상업지역에서 폐기물 수집에 소형 용기를 많이 사용할 때
④ 슬러지 수송이나 공기 수송방식을 사용할 때

✔ ② 저밀도 거주지역이 존재할 때

정답 | 07.① 08.① 09.① 10.③ 11.③ 12.②

13 다음 중 강열감량에 대한 설명으로 적적하지 않은 것은?

① 강열감량이 높을수록 연소효율이 좋다.
② 소각잔사의 매립 처분에 있어서 중요한 의미가 있다.
③ 3성분 중에서 가연분이 타지 않고 남는 양으로 표현된다.
④ 소각로의 연소효율을 판정하는 지표 및 설계인자로 사용된다.

✔ ① 강열감량이 높을수록 연소효율이 나쁘다.

14 도시 쓰레기 수거노선을 설정할 때 유의해야 할 사항으로 틀린 것은? ★★★

① 수거지점과 수거빈도를 정하는 데 있어서 기존 정책을 참고한다.
② 수거인원 및 차량 형식이 같은 기존 시스템의 조건들을 서로 관련시킨다.
③ 교통이 혼잡한 지역에서 발생되는 쓰레기는 새벽에 수거한다.
④ 쓰레기 발생량이 많은 지역은 연료 절감을 위해 하루 중 가장 늦게 수거한다.

✔ ④ 쓰레기 발생량이 많은 지역은 하루 중 가장 먼저 수거한다.

15 전과정평가(LCA)는 4부분으로 구성된다. 그 중 상품, 포장, 공정, 물질, 원료 및 활동에 의해 발생하는 에너지 및 천연원료 요구량, 대기 · 수질 오염물질 배출, 고형 폐기물과 기타 기술적 자료 구축과정에 속하는 것은? ★★

① Scoping analysis
② Inventory analysis
③ Impact analysis
④ Improvement analysis

✔ ② Inventory analysis는 전과정평가 중 2단계인 목록분석에 해당된다.

16 고위발열량이 8,000kcal/kg인 폐기물 10톤과 6,000kcal/kg인 폐기물 2톤을 혼합하여 SRF를 만들었다면 SRF의 고위발열량(kcal/kg)은 얼마인가? ★★

① 약 7,567 ② 약 7,667
③ 약 7,767 ④ 약 7,867

✔ $$Hh_m = \frac{Hh_1 \cdot Q_1 + Hh_2 \cdot Q_2}{Q_1 + Q_2}$$

여기서, Hh_m : 혼합 SRF의 고위발열량
Hh_1 : 10ton 폐기물의 고위발열량
Hh_2 : 2ton 폐기물의 고위발열량
Q_1 : 10ton 폐기물의 양
Q_2 : 2ton 폐기물의 양

$$\therefore Hh_m = \frac{8,000 \times 10 + 6,000 \times 2}{10 + 2} = 7666.67\,\text{kcal/kg}$$

17 MBT에 관한 설명으로 맞는 것은?

① 생물학적 처리가 가능한 유기성 폐기물이 적은 우리나라는 MBT 설치 및 운영이 적합하지 않다.
② MBT는 지정폐기물의 전처리 시스템으로서 폐기물 무해화에 효과적이다.
③ MBT는 주로 기계적 선별, 생물학적 처리 등을 통해 재활용물질을 회수하는 시설이다.
④ MBT는 생활폐기물 소각 후 잔재물을 대상으로 재활용물질을 회수하는 시설이다.

18 분뇨 처리를 위한 혐기성 소화조의 운영과 통제를 위하여 사용하는 분석항목이 아닌 것은?

① 휘발성 산의 농도
② 소화가스 발생량
③ 세균 수
④ 소화조 온도

✔ **혐기성 소화조 운영의 영향인자**
- 휘발성 산의 농도
- 소화가스 발생량
- 소화조 온도
- 소화가스 중 CO_2, CH_4 함량

정답 | 13.① 14.④ 15.② 16.② 17.③ 18.③

19 쓰레기 선별에 사용되는 직경이 5.0m인 트롬멜 스크린의 최적속도(rpm)는? ★★★

① 약 9　② 약 11
③ 약 14　④ 약 16

✔ 트롬멜 스크린의 최적속도
$N = N_c \times 0.45$
여기서, N_c : 임계속도(rpm)$\left(=\sqrt{\dfrac{g}{4\pi^2 r}}\times 60\right)$
이때, g : 중력가속도(=9.8m/sec^2)
r : 반경(m)
$\therefore N = \left(\sqrt{\dfrac{9.8}{4\pi^2 \times 2.5}}\times 60\right)\times 0.45 = 8.51\text{rpm}$

20 다음 중 쓰레기 발생량 예측방법으로 적절하지 않은 것은? ★★★

① 경향법
② 물질수지법
③ 다중회귀모델
④ 동적모사모델

✔ ② 물질수지법 : 폐기물 발생량 조사방법

제1과목 I 폐기물 개론

2022년 제1회 폐기물처리기사

01 폐기물에 관한 설명으로 ( ) 안에 가장 적절한 개념은?

> 폐기물을 재질이나 물리화학적 특성의 변화를 가져오는 가공 처리를 통하여 다른 용도로 사용될 수 있는 상태로 만드는 것을 ( )(이)라 한다.

① 재활용(recycling)
② 재사용(reuse)
③ 재이용(reutilization)
④ 재회수(recovery)

02 물렁거리는 가벼운 물질로부터 딱딱한 물질을 선별하는 데 사용하는 선별분류법으로 경사진 컨베이어를 통해 폐기물을 주입시켜 천천히 회전하는 드럼 위에 떨어뜨려서 분류하는 것은?

① Jigs　② Table
③ Secators　④ Stoners

✔ ① Jigs : 스크린 상에서 비중이 다른 입자의 층을 통과하는 액류를 상하로 맥동시켜서 층의 팽창 · 수축을 반복하여 무거운 입자는 하층, 가벼운 입자는 상층으로 이동시켜 분리하는 중력분리방법
② Table : 물질의 비중 차이를 이용하여 가벼운 것은 왼쪽, 무거운 것은 오른쪽으로 분류하는 방법
④ Stoners : 약간 경사진 판에 진동을 주어 무거운 것이 빨리 경사판 위로 올라가는 원리를 이용한 폐기물 선별장치

03 쓰레기의 양이 2,000m^3, 밀도는 0.95ton/m^{3}이다. 적재용량 20ton의 트럭이 있다면 운반하는 데 몇 대의 트럭이 필요한가?

① 48대　② 50대
③ 95대　④ 100대

✔ 트럭 수 $= \dfrac{2{,}000\,\text{m}^3}{} \Big| \dfrac{0.95\,\text{ton}}{\text{m}^3} \Big| \dfrac{\text{대}}{20\,\text{ton}} = 95\text{대}$

정답 I 19.① 20.② / 01.① 02.③ 03.③

04 국내에서 발생되는 사업장폐기물 및 지정폐기물의 특성에 대한 설명으로 잘못된 것은?

① 사업장폐기물 중 가장 높은 증가율을 보이는 것은 폐유이다.
② 지정폐기물은 사업장폐기물의 한 종류이다.
③ 일반 사업장폐기물 중 무기물류가 가장 많은 비중을 차지하고 있다.
④ 지정폐기물 중 그 배출량이 가장 많은 것은 폐산 · 폐알칼리이다.

✔ ① 사업장폐기물 중 가장 높은 증가율을 보이는 것은 건설폐기물이다.

05 인력선별에 관한 설명으로 옳지 않은 것은?

① 사람의 손을 통한 수동 선별이다.
② 컨베이어벨트의 한쪽 또는 양쪽에 사람이 서서 선별한다.
③ 기계적인 선별보다 작업량이 떨어질 수 있다.
④ 선별의 정확도가 낮고 폭발 가능 물질 분류가 어렵다.

✔ ④ 선별의 정확도가 높고, 파쇄공정 유입 전 폭발 가능 위험물질을 분류할 수 있다.

06 함수율 95%의 슬러지를 함수율 80%인 슬러지로 만들려면 슬러지 1ton당 증발시켜야 하는 수분의 양(kg)은? (단, 비중은 1.0 기준) ★★★

① 750　② 650
③ 550　④ 450

✔ $V_1(100-W_1)=V_2(100-W_2)$

여기서, V_1 : 처리 전 슬러지 부피(무게)
V_2 : 처리 후 슬러지 부피(무게)
W_1 : 처리 전 슬러지 함수율
W_2 : 처리 후 슬러지 함수율

$1,000\,\text{kg}\times(100-95)=V_2\times(100-80)$

$V_2=1,000\,\text{kg}\times\dfrac{100-95}{100-80}=250\,\text{kg}$

∴ 증발시켜야 하는 수분의 양 $=1,000-250=750\,\text{kg}$

07 분뇨를 혐기성 소화공법으로 처리할 때 발생하는 CH_4 가스의 부피는 분뇨 투입량의 약 8배라고 한다. 분뇨를 500kL/day씩 처리하는 소화시설에서 발생하는 CH_4 가스를 24시간 균등 연소시킬 때 시간당 발열량(kcal/hr)은? (단, CH_4 가스의 발열량은 약 5,500kcal/m^{3}임)

① 9.2×10^5　② 5.5×10^6
③ 2.5×10^7　④ 1.5×10^8

✔ 시간당 발열량 $=\dfrac{5,500\,\text{kcal}}{\text{m}^3}\Big|\dfrac{500\,\text{kL}}{\text{day}}\Big|\dfrac{8}{}\Big|\dfrac{\text{m}^3}{\text{kL}}\Big|\dfrac{\text{day}}{24\,\text{hr}}$

$=916666.6667 \fallingdotseq 9.2\times10^5\,\text{kcal/hr}$

08 폐기물의 밀도가 0.45ton/m^{3}인 것을 압축기로 압축하여 0.75ton/m^{3}로 하였을 때 부피감소율(%)은? ★★★

① 36　② 40
③ 44　④ 48

✔ 부피감소율 VR(%)

$=\dfrac{\text{압축 전 부피}-\text{압축 후 부피}}{\text{압축 전 부피}}\times100$

$=\dfrac{\text{압축 후 밀도}-\text{압축 전 밀도}}{\text{압축 후 밀도}}\times100$

$=\dfrac{0.75-0.45}{0.75}\times100=40\%$

09 다음 중 폐기물의 운송기술에 대한 설명으로 틀린 것은?

① 파이프라인 수송은 폐기물의 발생빈도가 높은 곳에서는 현실성이 있다.
② 모노레일 수송은 가설이 곤란하고 설치비가 고가이다.
③ 컨베이어 수송은 넓은 지역에서 사용되고 사용 후 세정에 많은 물을 사용해야 한다.
④ 파이프라인 수송은 장거리 이송이 곤란하고 투입구를 이용한 범죄나 사고의 위험이 있다.

✔ ③ 넓은 지역에서 사용되고 사용 후 세정에 많은 물을 사용해야 하는 운송기술은 컨테이너 수송이다.

제1과목

정답 | 04.① 05.④ 06.① 07.① 08.② 09.③

10 쓰레기 수거노선 설정에 대한 설명으로 옳지 않은 것은? ★★★

① 출발점은 차고와 가까운 곳으로 한다.
② 언덕 지역의 경우 내려가면서 수거한다.
③ 발생량이 많은 곳은 하루 중 가장 나중에 수거한다.
④ 될 수 있는 한 시계방향으로 수거한다.

✔ ③ 발생량이 많은 곳은 하루 중 가장 먼저 수거한다.

11 다음 중 발열량에 대한 설명으로 적절하지 않은 것은?

① 우리나라 소각로의 설계 시 이용하는 열량은 저위발열량이다.
② 수분을 50% 이상 함유하는 쓰레기는 삼성분 조성비를 바탕으로 발열량을 측정하여야 오차가 적다.
③ 폐기물의 가연분, 수분, 회분의 조성비로 저위발열량을 추정할 수 있다.
④ Dulong 공식에 의한 발열량 계산은 화학적 원소 분석을 기초로 한다.

✔ ② 수분을 50% 이상 함유하는 쓰레기는 삼성분 조성비를 바탕으로 정확한 발열량을 측정할 수 없다.

12 적환장을 이용한 수집 · 수송에 관한 설명으로 가장 거리가 먼 것은? ★★★

① 소형 차량으로 폐기물을 수거하여 대형 차량에 적환 후 수송하는 시스템이다.
② 처리장이 원거리에 위치할 경우에 적환장을 설치한다.
③ 적환장은 수송차량에 싣는 방법에 따라서 직접 투하식, 간접 투하식으로 구별된다.
④ 적환장 설치장소는 쓰레기 발생지역의 무게중심에 되도록 가까운 곳이 알맞다.

✔ ③ 적환장은 투하방식에 따라서 직접 투하방식, 저장 투하방식, 직접 · 저장 투하방식으로 구별된다.

13 폐기물 연소 시 저위발열량과 고위발열량의 차이를 결정짓는 물질은?

① 물 ② 탄소
③ 소각재의 양 ④ 유기물 총량

✔ 고위발열량은 단위질량의 시료가 완전연소될 때 발생하는 물의 증발잠열을 포함하며, 저위발열량은 물의 증발잠열을 포함하지 않는다.

14 생활폐기물 중 포장 폐기물 감량화에 대한 설명으로 옳은 것은?

① 포장지의 무료 제공
② 상품의 포장공간 비율 감소화
③ 백화점 자체 봉투 사용 장려
④ 백화점에서 구매 직후 상품 겉포장을 벗기는 행위 금지

✔ ② 포장 폐기물은 무게보다 부피에 대한 비율이 크기 때문에 상품의 포장공간 비율을 감소시켜 감량한다.

15 쓰레기 발생량 조사방법이 아닌 것은? ★★★

① 적재차량 계수분석법
② 직접계근법
③ 물질수지법
④ 경향법

✔ **폐기물 발생량 조사방법**
- 직접계근법
- 적재차량 계수분석법
- 물질수지법

16 폐기물 수거방법 중 수거효율이 가장 높은 방법은?

① 대형 쓰레기통 수거
② 문전식 수거
③ 타종식 수거
④ 적환식 수거

✔ MHT를 비교해보면, 문전식 수거가 2.7, 대형 쓰레기통 수거가 1.1, 타종식 수거가 0.84로, 타종식 수거의 MHT가 가장 낮아 수거효율이 가장 높다.

정답 | 10.③ 11.② 12.③ 13.① 14.② 15.④ 16.③

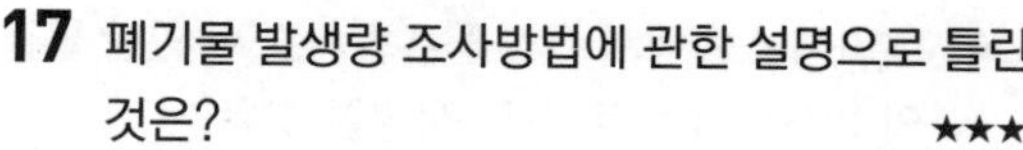

17 폐기물 발생량 조사방법에 관한 설명으로 틀린 것은? ★★★

① 물질수지법은 일반적인 생활폐기물 발생량을 추산할 때 주로 이용한다.

② 적재차량 계수분석법은 일정 기간 동안 특정 지역의 폐기물 수거 · 운반 차량의 대수를 조사하여, 이 결과에 밀도를 이용하여 질량으로 환산하는 방법이다.

③ 직접계근법은 비교적 정확한 폐기물 발생량을 파악할 수 있다.

④ 직접계근법은 적재차량 계수분석에 비하여 작업량이 많고 번거롭다는 단점이 있다.

✔ ① 물질수지법은 주로 산업폐기물 발생량을 추산할 때 이용한다.

18 다음 중 퇴비화 과정의 초기단계에서 나타나는 미생물은?

① Bacillus sp.

② Streptomyces sp.

③ Aspergillus fumigatus

④ Fungi

✔ 퇴비화 과정의 초기단계에서는 중온성(mesophilic) 진균(fungi)과 박테리아에 의해 유기물이 분해된다.

19 폐기물의 운송을 돕기 위하여 압축할 때, 부피감소율(Volume Reduction)이 45%이었다. 압축비(Compaction Ratio)는? ★★★

① 1.42 ② 1.82

③ 2.32 ④ 2.62

✔ 압축비 $CR = \dfrac{\text{압축 전 부피}}{\text{압축 후 부피}}$

$$= \frac{100}{100 - VR}$$

$$= \frac{100}{100 - 45}$$

$$= 1.82$$

20 도시 쓰레기 중 비가연성 부분이 중량비로 약 40% 차지하였다. 밀도가 350kg/m^{3}인 쓰레기 8m^{3}가 있을 때 가연성 물질의 양(ton)은?

① 2.8 ② 1.92

③ 1.68 ④ 1.12

✔ 가연성 물질의 양 $= \dfrac{8\,\text{m}^3}{} \Big| \dfrac{350\,\text{kg}}{\text{m}^3} \Big| \dfrac{60}{100} \Big| \dfrac{\text{ton}}{1{,}000\,\text{kg}}$

$= 1.68\,\text{ton}$

제1과목 | 폐기물 개론

2022년 제2회 폐기물처리기사

01 도시 폐기물의 유기성 성분 중 셀룰로오스에 해당하는 것은?

① 6탄당의 중합체
② 아미노산 중합체
③ 당, 전분 등
④ 방향환과 메톡실기를 포함한 중합체

02 다음 조건을 가진 지역의 일일 최소 쓰레기 수거 횟수(회)는?

- 발생 쓰레기 밀도 : 500kg/m^3
- 쓰레기 발생량 : 1.5kg/인 · 일
- 수거대상 : 200,000인
- 차량 대수 : 4대(동시 사용)
- 차량 적재용적 : 50m^3
- 적재함 이용률 : 80%
- 압축비 : 2
- 수거인부 : 20명

① 2　　② 4
③ 6　　④ 8

✔ 수거횟수

$$= \frac{1.5\,\text{kg}}{\text{인}\cdot\text{일}} \Big| \frac{200{,}000\text{인}}{} \Big| \frac{\text{m}^3}{500\,\text{kg}} \Big| \frac{}{2} \Big| \frac{\text{회}}{50\,\text{m}^3 \times 4 \times 0.8}$$

$= 1.875 \fallingdotseq 2$회

03 완전히 건조시킨 폐기물 20g을 채취해 회분 함량을 분석하였더니 5g이었다. 폐기물의 함수율이 40%이었다면, 습량기준 회분 중량비(%)는? (단, 비중은 1.0)

① 5　　② 10
③ 15　　④ 20

✔ 습윤 폐기물 $= \frac{20\,\text{g}}{} \Big| \frac{100}{60} = 33.3333\,\text{g}$

∴ 회분 중량비(%) $= \frac{5}{33.3333} \times 100 = 15\%$

04 혐기성 소화에서 독성을 유발시킬 수 있는 물질의 농도(mg/L)로 가장 적절한 것은?

① Fe : 1,000
② Na : 3,500
③ Ca : 1,500
④ Mg : 800

05 소각방식 중 회전로(rotary kiln)에 대한 설명으로 옳지 않은 것은? ★★

① 넓은 범위의 액상 · 고상 폐기물을 소각할 수 있다.
② 일반적으로 회전속도는 0.3~1.5rpm, 주변 속도는 5~25mm/sec 정도이다.
③ 예열, 혼합, 파쇄 등 전처리를 거쳐야만 주입이 가능하다.
④ 회전하는 원통형 소각로로서 경사진 구조로 되어있으며 길이와 직경의 비는 2~10 정도이다.

✔ ③ 조대폐기물은 전처리 없이 주입이 가능하다.

06 분뇨의 함수율이 95%이고 유기물 함량이 고형질 질량의 60%를 차지하고 있다. 소화조를 거친 뒤 유기물량을 조사하였더니 원래의 반으로 줄었다고 한다. 소화된 분뇨의 함수율(%)은? (단, 소화 시 수분의 변화는 없고, 분뇨 비중은 1.0으로 가정)

① 95.5　　② 96.0
③ 96.5　　④ 97.0

✔ ※ 전체 분뇨의 양을 100으로 가정한다.

- 고형물 $= 100 - 95 = 5$, 수분 $= 100 \times 0.95 = 95$
- 유기물 $= 5 \times 0.6 = 3$, 무기물 $= 5 - 3 = 2$
- 소화 후 유기물 $= 3 \times \frac{1}{2} = 1.5$
- 소화 후 고형물 $= 1.5 + 2 = 3.5$

∴ 소화 후 분뇨의 함수율 $= \frac{95}{3.5 + 95} \times 100$
$= 96.45\%$

정답 | 01.① 02.① 03.③ 04.① 05.③ 06.③

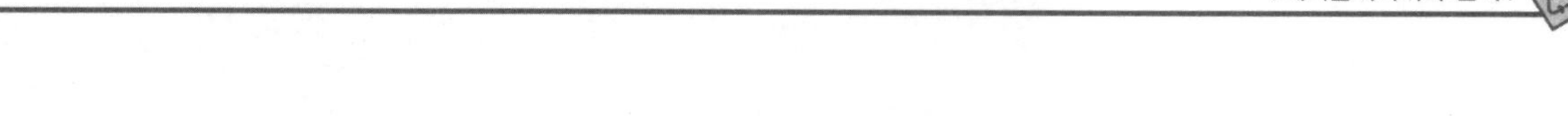

07 전과정평가(LCA)의 구성요소로 가장 거리가 먼 것은? ★★

① 개선평가 ② 영향평가
③ 과정분석 ④ 목록분석

✔ 전과정평가(LCA)의 구성요소
- 목적 및 범위 설정
- 목록분석
- 영향평가
- 결과해석(개선평가)

08 폐기물 처리 또는 재생 방법에 대한 사항의 설명으로 가장 거리가 먼 것은? ★★★

① Compaction의 장점은 공기층 배제에 의한 부피 축소이다.
② 소각의 장점은 부피 축소 및 질량 감소이다.
③ 자력선별장비의 선별효율은 비교적 높다.
④ 스크린의 종류 중 선별효율이 가장 우수한 것은 진동스크린이다.

✔ ④ 스크린의 종류 중 선별효율이 가장 우수한 것은 회전스크린이다.

09 슬러지 처리과정 중 농축(thickening)의 목적으로 적합하지 않은 것은?

① 소화조의 용적 절감
② 슬러지 가열비 절감
③ 독성 물질의 농도 절감
④ 개량에 필요한 화학약품 절감

✔ 슬러지를 농축하여도 독성 물질의 농도는 줄어들지 않는다.

10 다음 폐수처리장의 슬러지 중 2차 슬러지에 속하지 않은 것은?

① 활성 슬러지
② 소화 슬러지
③ 화학적 슬러지
④ 살수여상 슬러지

11 쓰레기 수거노선 설정요령으로 가장 거리가 먼 것은? ★★★

① 지형이 언덕인 경우는 내려가면서 수거한다.
② U자 회전을 피하여 수거한다.
③ 아주 많은 양의 쓰레기가 발생되는 발생원은 하루 중 가장 나중에 수거한다.
④ 가능한 한 시계방향으로 수거노선을 설정한다.

✔ ③ 아주 많은 양의 쓰레기가 발생되는 발생원은 하루 중 가장 먼저 수거한다.

12 1,000세대(세대당 평균 가족 수 5인) 아파트에서 배출하는 쓰레기를 3일마다 수거하는 데 적재용량 $11.0m^3$의 트럭 5대(1회 기준)가 소요된다. 쓰레기 단위용적당 중량이 $210kg/m^3$라면 1인 1일당 쓰레기 배출량(kg/인 · 일)은? ★★

① 2.31 ② 1.38
③ 1.12 ④ 0.77

✔ 1인 1일당 쓰레기 배출량

$$= \frac{11.0\text{m}^3 \times 5}{} \left| \frac{210\text{kg}}{\text{m}^3} \right| \frac{}{1{,}000\text{세대}} \left| \frac{1\text{세대}}{5\text{인}} \right| \frac{}{3\text{일}}$$

$= 0.77\text{kg/인}\cdot\text{일}$

13 다음 중 트롬멜 스크린에 관한 설명으로 옳지 않은 것은? ★★★

① 스크린의 경사도가 크면 효율이 떨어지고 부하율도 커진다.
② 최적속도는 경험적으로 임계속도×0.45 정도이다.
③ 스크린 중 유지관리상의 문제가 적고, 선별효율이 좋다.
④ 스크린의 경사도는 대개 20~30° 정도이다.

✔ ④ 스크린의 경사도는 대개 2~3° 정도이다.

제1과목

정답 | 07.③ 08.④ 09.③ 10.③ 11.③ 12.④ 13.④

14 폐기물 발생량이 5백만톤/년인 지역에서 수거인부의 하루 작업시간은 10시간, 1년의 작업일수는 300일이다. 수거효율(MHT)은 1.8로 운영되고 있다면 필요한 수거인부의 수(명)는? ★★

① 3,000 ② 3,100
③ 3,200 ④ 3,300

✔ $\text{MHT} = \dfrac{\text{쓰레기 수거인부(man)} \times \text{수거시간(hr)}}{\text{총 쓰레기 수거량(ton)}}$

∴ 쓰레기 수거인부(man)

$= \dfrac{\text{MHT} \times \text{총 쓰레기 수거량(ton)}}{\text{수거시간(hr)}}$

$= \dfrac{1.8\,\text{man}\cdot\text{hr}}{\text{ton}} \bigg| \dfrac{5{,}000{,}000\,\text{ton}}{\text{year}} \bigg| \dfrac{\text{year}}{300\,\text{day}} \bigg| \dfrac{\text{day}}{10\,\text{hr}}$

$= 3{,}000\,\text{man}$

15 폐기물 발생량 예측방법 중 각 인자들의 효과를 총괄적으로 나타내어 복잡한 시스템의 분석에 유용하게 적용할 수 있는 것은? ★★★

① 경향법
② 다중회귀모델
③ 동적모사모델
④ 인자분석모델

✔ ① 경향법 : 5년 이상의 과거 처리실적을 수식모델에 대입하여 과거의 데이터로 장래를 예측하는 방법
③ 동적모사모델 : 쓰레기 배출에 영향을 주는 모든 인자를 시간에 대한 함수로 나타낸 후, 시간에 대한 함수로 표현된 각 영향인자들 간의 상관관계를 수식화하는 방법

16 Pipeline(관로 수송)에 의한 폐기물 수송에 대한 설명으로 가장 거리가 먼 것은? ★★

① 단거리 수송에 적합하다.
② 잘못 투입된 물건은 회수하기가 곤란하다.
③ 조대쓰레기에 대해 파쇄, 압축 등의 전처리가 필요하다.
④ 쓰레기 발생밀도가 낮은 곳에서 사용된다.

✔ ④ 쓰레기 발생밀도가 높은 곳에서 사용된다.

17 폐기물을 ultimate analysis에 의해 분석할 때 분석대상 항목이 아닌 것은?

① 질소(N)
② 황(S)
③ 인(P)
④ 산소(O)

✔ **원소 분석의 분석대상**
수소(H), 탄소(C), 질소(N), 산소(O), 황(S)

18 쓰레기의 부피를 감소시키는 폐기물 처리 조작으로 가장 거리가 먼 것은?

① 압축
② 매립
③ 소각
④ 열분해

19 생활폐기물의 관리와 그 기능적 요소에 포함되지 않는 사항은?

① 폐기물의 발생 및 수거
② 폐기물의 처리 및 처분
③ 원료의 절약과 발생 억제
④ 폐기물의 운반 및 수송

✔ **생활폐기물 관리와 기능적 요소**
폐기물의 발생, 수거, 처리, 처분, 운반, 수송, 재활용을 위한 회수

20 재활용 대책으로 생산 · 유통 구조를 개선하고자 할 때 고려해야 할 사항으로 가장 거리가 먼 것은?

① 재활용이 용이한 제품의 생산 촉진
② 폐자원의 원료 사용 확대
③ 발생 부산물의 처리방법 강구
④ 제조업종별 생산사 공동협력체계 강화

정답 | 14.① 15.② 16.④ 17.③ 18.② 19.③ 20.③

Subject 제2과목 폐기물 처리기술 과목별 기출문제

2017년 제1회 폐기물처리기사

21 퇴비화 공정의 설계 및 조작 인자에 대한 설명으로 가장 거리가 먼 것은? ★★

① 공급원료의 C/N 비는 대략 30 : 1 정도이다.
② 포기, 혼합, 온도조절 등이 필요조건이다.
③ 퇴비화의 유기물 분해반응은 혐기성이 가장 빠르다.
④ 함수율은 50~60% 정도이다.

✔ ③ 반응속도는 혐기성 방법보다 호기성 방법이 빠르다.

22 소각장에서 발생하는 비산재를 매립하기 위해 소각재 매립지를 설계하고자 한다. 내부마찰각 ϕ는 30°, 부착도 c는 1kPa, 소각재의 유해성과 특성변화 때문에 안정에 필요한 안전인자 FS는 2.0일 때, 소각재 매립지의 최대경사각 β(°)는?

① 14.7 ② 16.1
③ 17.5 ④ 18.5

✔ $$\beta = \tan^{-1}\left(\frac{\tan\theta}{2}\right) = \tan^{-1}\left(\frac{\tan 30}{2}\right) = 16.10°$$

23 Belt press를 이용한 탈수에 영향을 주는 운전요소와 가장 거리가 먼 것은?

① 벨트의 종류
② 세척수의 유량과 압력
③ 폴리머 주입량과 주입지점
④ Bowl 최대속도 유지시간

✔ ④ Bowl은 원심탈수기와 관련 있다.

24 혐기성 소화단계를 가수분해단계, 산 생성단계, 메테인 생성단계로 나눌 때 산 생성단계에서 생성되는 물질과 가장 거리가 먼 것은?

① 글리세린
② 케톤
③ 알코올
④ 알데하이드

✔ ① 글리세린은 혐기성 소화단계 중 가수분해단계에서 생성된다.

25 매립지에서 침출된 침출수의 농도가 반으로 감소하는 데 약 3.3년이 걸린다면 이 침출수의 농도가 90% 분해되는 데 걸리는 시간(년)은? (단, 1차 반응 기준)

① 약 7 ② 약 9
③ 약 11 ④ 약 13

✔ 1차 반응식

$$\ln\frac{C_t}{C_o} = -k \cdot t$$

여기서, C_t : t시간 후 농도
C_o : 초기 농도
k : 반응속도상수(year^{-1})
t : 시간(year)

$$k = \frac{\ln\frac{C_t}{C_o}}{-t} = \frac{\ln\frac{1}{2}}{-3.3\text{year}} = 0.2100\,\text{year}^{-1}$$

$$\therefore\ t = \frac{\ln\frac{C_t}{C_o}}{-k} = \frac{\ln\frac{10}{100}}{-0.2100} = 10.9647 \fallingdotseq 10.96\,\text{year}$$

정답 | 21.③ 22.② 23.④ 24.① 25.③

26 매립방법에서 침출수 유량조정조의 기능에 대한 설명으로 잘못된 것은?

① 침출수 처리 시 전처리기능
② 침출수 수질 균일화
③ 우수 배제기능
④ 유입수 수량 변동 조정

✔ ③ 유량조정조는 하수 배제기능이 있다.

27 쓰레기와 하수처리장에서 얻어진 슬러지를 함께 매립하려고 한다. 쓰레기와 슬러지의 고형물 함량이 각각 80%, 30%라고 하면 쓰레기와 슬러지를 8 : 2로 섞었을 때, 이 혼합 폐기물의 함수율(%)은? (단, 무게 기준이며 비중은 1.0으로 가정함) ★★

① 30　② 50
③ 70　④ 80

✔ ※ 쓰레기와 슬러지의 무게를 100kg으로 가정한다.

• 쓰레기 $TS = \frac{100\,\text{kg}}{} \Big| \frac{80}{100} = 80\,\text{kg},\ \ W = 20\,\text{kg}$

• 슬러지 $TS = \frac{100\,\text{kg}}{} \Big| \frac{30}{100} = 30\,\text{kg},\ \ W = 70\,\text{kg}$

∴ 혼합 폐기물의 함수율

$= \frac{20 \times 0.8 + 70 \times 0.2}{80 + 20} \times 100 = 30\%$

28 호기성 퇴비화 공정의 설계인자에 대한 설명으로 틀린 것은? ★★

① 퇴비화에 적당한 수분 함량은 50~60%로, 40% 이하가 되면 분해율이 감소한다.
② 온도는 55~60℃로 유지시켜야 하며 70℃를 넘어서면 공기공급량을 증가시켜 온도를 적정하게 조절한다.
③ C/N 비가 20 이하이면 질소가 암모니아로 변하여 pH를 증가시켜 악취를 유발시킨다.
④ 산소요구량은 체적당 20~30%의 산소를 공급하는 것이 좋다.

✔ ④ 산소요구량은 체적당 5~15%의 산소를 공급하는 것이 좋다.

29 매립지 기체의 회수 · 재활용을 위한 조건으로 알맞은 것은?

① 폐기물 1kg당 0.5m^3 이상의 기체가 생성되어야 한다.
② 폐기물 속에 약 60% 이상의 분해 가능한 물질이 포함되어야 한다.
③ 발생기체의 70% 이상을 포집할 수 있어야 한다.
④ 기체의 발열량이 $2{,}200\text{kcal/Sm}^3$ 이상이어야 한다.

✔ ① 폐기물 1kg당 0.37m^3 이상의 기체가 생성되어야 한다.
② 폐기물 속에 약 50% 이상의 분해 가능한 물질이 포함되어야 한다.
③ 발생기체의 50% 이상을 포집할 수 있어야 한다.

30 소각공정에 비해 열분해과정의 장점이라 볼 수 없는 것은?

① 배기가스가 적다.
② 보조연료의 소비량이 적다.
③ 크로뮴의 산화가 억제된다.
④ NO_X의 발생량이 억제된다.

✔ 열분해는 흡열반응이므로 외부에서 열공급을 하기 위한 보조연료가 필요하다.

31 침출수가 점토층을 통과하는 데 소요되는 시간을 계산하는 식으로 옳은 것은? (단, t : 통과시간(year), d : 점토층 두께(m), h : 침출수 수두(m), K : 투수계수(m/year), n : 유효공극률)

① $t = \frac{nd^2}{K(d+h)}$

② $t = \frac{dn}{K(d+h)}$

③ $t = \frac{nd^2}{K(2d+h)}$

④ $t = \frac{dn}{K(2h+d)}$

정답 | 26.③ 27.① 28.④ 29.④ 30.② 31.①

32 토양의 양이온 치환용량(CEC)이 10meq/100g이고, 염기 포화도가 70%라면, 이 토양에서 H^+이 차지하는 양(meq/100g)은?

① 3　　② 5
③ 7　　④ 10

✔ H^+이 차지하는 양 $= 10\text{meq}/100\text{g} \times 0.30$
$= 3\text{meq}/100\text{g}$

33 토양증기 추출공정에서 발생되는 2차 오염 배가스 처리를 위한 흡착방법에 대한 설명으로 옳지 않은 것은? ★

① 배가스의 온도가 높을수록 처리성능은 향상된다.
② 배가스 중의 수분을 전 단계에서 최대한 제거해 주어야 한다.
③ 흡착제의 교체주기는 파과지점을 설계하여 정한다.
④ 흡착반응기 내 채널링(channeling) 현상을 최소화하기 위하여 배가스의 선속도를 적정하게 조절한다.

✔ ① 배가스의 온도가 높을수록 흡착능력이 떨어져 처리성능은 감소된다.

34 침출수 처리를 위한 Fenton 산화법에 관한 설명으로 틀린 것은?

① 여분의 과산화수소수는 후처리의 미생물 성장에 영향을 줄 수 있다.
② 최적반응을 위해 침출수 pH를 9~10으로 조정한다.
③ Fenton액을 첨가하여 난분해성 유기물질을 산화시킨다.
④ Fenton액은 철염과 과산화수소수를 포함한다.

✔ ② 최적반응을 위해 침출수 pH를 3~5로 조정한다.

35 수분 함량 95%(무게%)의 슬러지에 응집제를 소량 가해 농축시킨 결과 상등액과 침전 슬러지의 용적비가 3 : 5였다. 이 침전 슬러지의 함수율(%)은? (단, 응집제의 주입량은 소량이므로 무시, 농축 전후 슬러지 비중은 1) ★★★

① 94　　② 92
③ 90　　④ 88

✔ $V_1(100 - W_1) = V_2(100 - W_2)$
여기서, V_1 : 처리 전 슬러지 부피
V_2 : 처리 후 침전 슬러지 부피
W_1 : 처리 전 슬러지 함수율
W_2 : 처리 후 침전 슬러지 함수율
※ 전체를 1로 가정한다.
$1 \times (100 - 95) = 1 \times \frac{5}{8}(100 - W_2)$ ➡ 계산기의 Solve 기능 사용
$\therefore W_2 = 92\%$

36 혐기성 소화조에서 일반적으로 사용되는 단위용적에 대한 유기물 부하율은 kg · VS/m³ · day로 표시하는데 고율소화조의 유기물 부하율로 가장 적절한 것은?

① 0.2　　② 0.6
③ 1.1　　④ 1.8

37 다음 중 폐기물 부담금 제도에 해당되지 않는 품목은?

① 500mL 이하의 살충제 용기
② 자동차 타이어
③ 껌
④ 일회용 기저귀

✔ **폐기물 부담금 제도의 품목**
- 살충제, 유독물 제품
- 부동액
- 껌
- 일회용 기저귀
- 담배
- 플라스틱 제품

정답 | 32.① 33.① 34.② 35.② 36.④ 37.②

38 침출수 집배수설비에 대한 설명으로 가장 거리가 먼 것은?

① 집배수층은 일반적으로 자갈을 많이 사용한다.
② 집배수관의 최소직경은 30cm 이상이다.
③ 집배수설비는 발생하는 침출수를 차수설비로부터 제거시키는 설비이다.
④ 집배수층의 바닥 경사는 2~4% 정도이다.

✔ ② 집배수관의 최소직경은 15cm이다.

39 유기적 고형화 기술에 대한 설명으로 틀린 것은? (단, 무기적 고형화 기술과 비교)

① 수밀성이 크며, 처리비용이 고가이다.
② 미생물, 자외선에 대한 안정성이 강하다.
③ 방사성 폐기물 처리에 적용한다.
④ 최종 고화체의 체적 증가가 다양하다.

✔ ② 미생물, 자외선에 대한 안정성이 약하다.

40 폐기물 매립지에서 매립기간 경과에 따라 크게 초기조절단계, 전이단계, 산 형성단계, 메테인 발효단계, 숙성단계의 총 5단계로 구분이 되는데, 4단계인 메테인 발효단계에서 나타나는 현상과 가장 근접한 것은?

① 수소 농도가 증가함
② 산 형성속도가 상대적으로 증가함
③ 침출수의 전도도가 증가함
④ pH가 중성값보다 약간 증가함

2017년 제2회 폐기물처리기사

21 점토차수층과 비교하여 합성수지계 차수막에 관한 설명으로 틀린 것은?

① 경제성 : 재료의 가격이 고가이다.
② 차수성 : Bentonite 첨가 시 차수성이 높아진다.
③ 적용지반 : 어떤 지반에도 가능하나 급경사에는 시공 시 주의가 요구된다.
④ 내구성 : 내구성은 높으나 파손 및 열화 위험이 있으므로 주의가 요구된다.

✔ Bentonite는 점토에 첨가하는 물질로, 첨가 시 차수성이 높아지는 특징이 있다.

22 처리용량이 50kL/day인 혐기성 소화식 분뇨 처리장에 가스 저장탱크를 설치하고자 한다. 가스 저류시간을 8시간으로 하고 생성가스 양을 투입분뇨량의 6배로 가정한다면, 가스 탱크의 용량(m^3)은?

① 90　　② 100
③ 110　　④ 120

✔ 가스 탱크의 용량 $= \frac{50\,\text{kL}}{\text{day}} \Big| \frac{\text{m}^3}{\text{kL}} \Big| \frac{\text{day}}{24\,\text{hr}} \Big| \frac{8\,\text{hr}}{} \Big| \frac{6\text{배}}{}$
$= 100\,\text{m}^3$

23 고형화 처리방법 중 가장 흔히 사용되는 시멘트 기초법의 장점에 해당하지 않는 것은? ★

① 원료가 풍부하고 값이 싸다.
② 다양한 폐기물을 처리할 수 있다.
③ 폐기물의 건조나 탈수가 필요하지 않다.
④ 낮은 pH에서도 폐기물 성분의 용출 가능성이 없다.

✔ ④ 낮은 pH에서 폐기물 성분의 용출 가능성이 크다.

정답 | 38.② 39.② 40.④ / 21.② 22.② 23.④

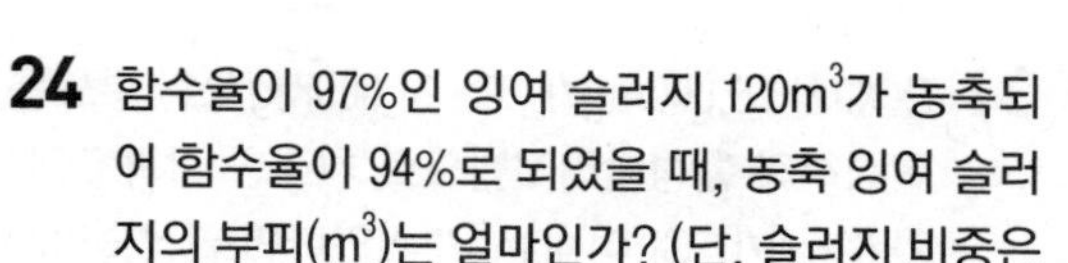

24 함수율이 97%인 잉여 슬러지 120m³가 농축되어 함수율이 94%로 되었을 때, 농축 잉여 슬러지의 부피(m³)는 얼마인가? (단, 슬러지 비중은 1.0) ★★★

① 40　② 50
③ 60　④ 70

✔ $V_1(100-W_1)=V_2(100-W_2)$

여기서, V_1 : 농축 전 슬러지 부피
V_2 : 농축 후 슬러지 부피
W_1 : 농축 전 슬러지 함수율
W_2 : 농축 후 슬러지 함수율

$120\times(100-97)=V_2\times(100-94)$

$\therefore\ V_2=120\times\dfrac{100-97}{100-94}=60\text{m}^3$

25 시멘트 고형화 처리에 대한 설명으로 가장 거리가 먼 것은? ★

① 폐기물의 오염물질 용해도가 감소한다.
② 무기적 방법이며 대표적인 것으로 시멘트기초법, 석회기초법, 자가시멘트법이 있다.
③ 표면적 증가에 따른 운반비용이 증가한다.
④ 폐기물의 독성이 감소한다.

✔ ③ 표면적 감소에 따른 운반비용이 감소한다.

26 매립지 가스 발생량의 추정방법으로 가장 거리가 먼 것은?

① 화학양론적인 접근에 의한 폐기물 조성으로부터 측정
② BMP(Biological Methane Potential)법에 의한 메테인가스 발생량 조사법
③ 라이지미터(lysimeter)에 의한 가스 발생량 추정법
④ 매립지에 화염을 접근시켜 화력에 의해 추정하는 방법

✔ ④ 매립지에 화염을 접근시키는 경우 폭발 위험이 있다.

27 매립지 기체 발생단계를 4단계로 나눌 때 매립 초기의 호기성 단계(혐기성 전 단계)에 대한 설명으로 틀린 것은? ★

① 폐기물 내 수분이 많은 경우에는 반응이 가속화된다.
② O_2가 대부분 소모된다.
③ N_2가 급격히 발생한다.
④ 주요 생성기체는 CO_2이다.

✔ ③ N_2가 감소한다.

28 육상 매립지로서 적합하지 않은 장소는?

① 표층수, 복류수가 없는 곳
② 단층 지대
③ 지지력 2,400~2,900kg/m²인 곳
④ 지하수위 1.5m 이상인 곳

29 휘발성 유기화합물(VOCs)의 물리 · 화학적 특징으로 틀린 것은?

① 증기압이 높다.
② 물에 대한 용해도가 높다.
③ 생물농축계수(BCF)가 낮다.
④ 유기탄소 분배계수가 높다.

✔ ④ 유기탄소 분배계수가 낮다.

30 1일 쓰레기 발생량이 10톤인 지역에서 트렌치 방식으로 매립장을 계획한다면 1년간 필요한 토지면적(m²/년)은? (단, 도랑의 깊이 2.5m, 매립에 따른 쓰레기의 부피감소율 60%, 매립 전 쓰레기 밀도 400kg/m³, 기타 조건은 고려하지 않음)

① 1,153　② 1,460
③ 2,410　④ 2,840

✔ 1년간 필요한 토지면적

$=\dfrac{10\times10^3\text{kg}}{\text{day}}\Big|\dfrac{\text{m}^3}{400\text{kg}}\Big|\dfrac{}{2.5\text{m}}\Big|\dfrac{40}{100}\Big|\dfrac{365\text{day}}{\text{year}}$

$=1{,}460\text{m}^2/\text{year}$

제2과목

정답 | 24.③ 25.③ 26.④ 27.③ 28.② 29.④ 30.②

31 침출수의 혐기성 처리에 대한 설명으로 잘못된 것은?

① 고농도의 침출수를 희석 없이 처리할 수 있다.

② 온도, 중금속 등의 영향이 호기성 공정에 비해 작다.

③ 미생물의 낮은 증식으로 슬러지 발생량이 작다.

④ 호기성 공정에 비해 낮은 영양물 요구량을 가진다.

✔ ② 온도, 중금속 등의 영향이 호기성 공정에 비해 크다.

32 매립공법 중 내륙매립공법에 관한 내용으로 틀린 것은? ★

① 셀(cell) 공법 : 쓰레기 비탈면의 경사는 15~25%의 구배로 하는 것이 좋다.

② 셀(cell) 공법 : 1일 작업하는 셀 크기는 매립처분량에 따라 결정된다.

③ 도랑형 공법 : 파낸 흙이 항상 남는데 이를 복토재로 이용할 수 있다.

④ 도랑형 공법 : 쓰레기를 투입하여 순차적으로 육지화하는 방법이다.

✔ ④ 쓰레기를 투입하여 순차적으로 육지화하는 방법은 순차투입공법이다.

33 매립지에 흔히 쓰이는 합성차수막의 종류인 CR(neoprene)에 관한 내용으로 가장 거리가 먼 것은?

① 대부분의 화학물질에 대한 저항성이 높다.

② 마모 및 기계적 충격에 약하다.

③ 접합이 용이하지 못하다.

④ 가격이 비싸다.

✔ ② 마모 및 기계적 충격에 강하다.

34 BOD가 15,000mg/L, Cl^-이 800mg/L인 분뇨를 희석하여 활성슬러지법으로 처리한 결과 BOD가 60mg/L, Cl^-이 40mg/L이었다면 활성슬러지법의 처리효율(%)은? (단, 희석수 중에 BOD, Cl^-은 없음)

① 90 ② 92

③ 94 ④ 96

✔ 처리효율 $\eta(\%) = \left(1 - \frac{C_o \times P}{C_i}\right) \times 100$

여기서, C_i : 유입 농도

C_o : 유출 농도

P : 희석배수$\left(= \frac{\text{유입 염소}}{\text{유출 염소}}\right)$

$$\therefore \eta = \left(1 - \frac{60 \times \frac{800}{40}}{15,000}\right) \times 100 = 92\%$$

35 방사성 폐기물에 대한 설명으로 틀린 것은?

① 10rem 이상의 고준위 폐기물과 10rem 이하의 저준위 폐기물로 구분된다.

② 방사성 폐기물은 폐기물관리법에 의하여 관리되고 있다.

③ 이들 폐기물은 감용 · 농축이나 고화 처리를 하여 격리 처분하고 있다.

④ 외국의 경우 저준위 방사성 폐기물은 해양투기나 육지 보관을 실시한다.

✔ ② 방사성 폐기물은 「방사성폐기물관리법」에 의하여 관리되고 있다.

36 악취성 물질인 CH_3SH를 나타낸 것은?

① 메틸오닌

② 다이메틸설파이드

③ 메틸메르캅탄

④ 메틸케톤

정답 | 31.② 32.④ 33.② 34.② 35.② 36.③

37 화학구조에 따른 활성탄의 흡착정도에 대한 설명으로 가장 거리가 먼 것은?

① 수산기가 있으면 흡착률이 낮아진다.
② 불포화 유기물이 포화 유기물보다 흡착이 잘 된다.
③ 방향족의 고리 수가 증가하면 일반적으로 흡착률이 증가한다.
④ 방향족 내 할로겐족의 수가 증가하면 일반적으로 흡착률이 감소한다.

✔ ④ 방향족 내 할로겐족의 수가 증가하면 일반적으로 흡착률이 감소한다.

38 퇴비화 과정의 영향인자에 대한 설명으로 가장 거리가 먼 것은? ★★

① 슬러지 입도가 너무 작으면 공기 유통이 나빠져 혐기성 상태가 될 수 있다.
② 슬러지를 퇴비화할 때 bulking agent를 혼합하는 주목적은 산소와 접촉면적을 넓히기 위한 것이다.
③ 숙성퇴비를 반송하는 것은 seeding과 pH 조정이 목적이다.
④ C/N 비가 너무 높으면 유기물의 암모니아화로 악취가 발생한다.

✔ ④ C/N 비가 낮으면 유기물의 암모니아화로 악취가 발생한다.

39 토양오염의 예방대책으로 잘못된 것은?

① 광산 및 채석장의 침전지 설치
② 비료의 적정량 사용
③ 토양오염 측정망 설치 · 운영
④ 상하 토양의 치환

40 기계식 반응조의 퇴비화 공법에 관한 설명으로 가장 거리가 먼 것은?

① 퇴비화가 밀폐된 반응조 내에서 수행된다.
② 일반적으로 퇴비화 원료물질의 성분에 따라 수직형과 수평형으로 나누어 퇴비화를 수행한다.
③ 수직형 퇴비화 반응조는 반응조 전체에 최적조건을 유지하가 어려워 생산된 퇴비의 질이 떨어질 수 있다.
④ 수평형 퇴비화 반응조는 수직형 퇴비화 반응조와 달리 공기흐름경로를 짧게 유지할 수 있다.

✔ ② 일반적으로 퇴비화 원료물질의 흐름에 따라 수직형과 수평형으로 나누어 퇴비화를 수행한다.

제2과목

정답 | 37.④ 38.④ 39.④ 40.②

제2과목 | 폐기물 처리기술

2017년 제4회 폐기물처리기사

21 지정폐기물을 고화 처리 후 적정 처리 여부를 시험 · 조사하는 항목이 아닌 것은?

① 압축강도　　② 인장강도
③ 투수율　　④ 용출시험

22 토양오염의 영향에 대한 설명으로 가장 거리가 먼 것은?

① 분해되지 않는 농약의 토양 축적
② 비료 속의 중금속으로 인한 농경지의 오염
③ 오염된 토양 인근 하천의 부영양화
④ 홑알구조(단립구조)에서 떼알구조(입단구조)로의 변화

✔ ④ 홑알구조에서 떼알구조로 변할 경우 토양의 공극률이 증가하여 뿌리의 산소호흡에 긍정적인 영향을 준다.

23 분뇨 소화조에서 소화 슬러지를 1일 투입량 이상 과다하게 인출하면 소화조 내의 상태는?

① 산성화된다.
② 알칼리성으로 된다.
③ 중성을 유지한다.
④ pH의 변동은 없다.

✔ 소화 슬러지를 과다하게 인출하면 산 생성이 증가하여 산성화가 된다.

24 소각시설에서 다이옥신 생성에 미치는 영향인자가 아닌 것은?

① 투입되는 폐기물 종류
② 질소산화물 농도
③ 배출(후류)가스 온도
④ 연소공기의 양 및 분포

25 매립폭 5m, 한 층의 매립고 3m인 셀에 매일 100ton의 폐기물을 매립하는 매립지에서 초기 압축밀도가 0.5ton/m^3일 때 일일 복토재 소요량(m^3)은? (단, 셀의 사면경사 = 3 : 1, 일일 복토의 두께 = 15cm)

① 32.08　　② 34.08
③ 36.08　　④ 38.08

✔ 매립량 $= \frac{100\,\text{ton}}{\text{day}} \Big| \frac{\text{m}^3}{0.5\,\text{ton}} = 200\,\text{m}^3/\text{day}$

경사는 3 : 1이므로,

빗변 길이 $= 3\,\text{m} \times 3 = 9\,\text{m}$

복토 길이 $= \frac{200\,\text{m}^3}{5\,\text{m} \times 3\,\text{m}} = 13.3333\,\text{m}$

총 면적 $= 5 \times 3\sqrt{10} + 5 \times 13.3333 + 13.3333 \times 3\sqrt{10}$
$= 240.5915\,\text{m}^2$

∴ 일일 복토재 소요량 $= 240.5915 \times 0.15$
$= 36.0887 \fallingdotseq 36.09\,\text{m}^3$

26 지하수 상 · 하류 두 지점의 수두차 1m, 두 지점 사이의 수평거리 500m, 투수계수 200m/day일 때, 대수층의 두께가 2m, 폭이 1.5m인 지하수의 유량(m^3/day)은?

① 1.2　　② 2.4
③ 3.6　　④ 4.8

✔ $Q = KIA$
$= \frac{200\,\text{m}}{\text{day}} \Big| \frac{1}{500} \Big| 2\,\text{m} \times 1.5\,\text{m} = 1.2\,\text{m}^3/\text{day}$

27 퇴비화 과정에서 총 질소 농도의 비율이 증가되는 원인으로 가장 알맞은 것은? ★★

① 퇴비화 과정에서 미생물의 활동으로 질소를 고정시킨다.
② 퇴비화 과정에서 원래의 질소분이 소모되지 않으므로 생긴 결과이다.
③ 질소분의 소모에 비해 탄소분이 급격히 소모되므로 생긴 결과이다.
④ 단백질의 분해로 생긴 결과이다.

정답 | 21.② 22.④ 23.① 24.② 25.③ 26.① 27.③

28 다음 물질을 같은 조건하에서 혐기성 처리를 할 때 슬러지 생산량이 가장 많은 것은?

① Protein
② Amino acid
③ Carbohydrate
④ Lipid

29 COD/TOC<2.0, BOD/COD<0.1이고, COD가 500mg/L 미만이며, 매립 연한이 10년 이상 된 곳에서 발생된 침출수의 처리공정 효율성을 잘못 나타낸 것은?

① 활성탄 – 불량
② 이온교환수지 – 보통
③ 화학적 침전(석회 투여) – 불량
④ 화학적 산화 – 보통

✔ ① 활성탄 – 양호

30 진공 여과 탈수기로 투입되는 슬러지의 양이 $240m^3$/hr이고, 슬러지 함수율이 98%, 여과율(고형물 기준)이 $120kg/m^2 \cdot hr$의 조건을 가질 때 여과면적(m^2)은? (단, 탈수기는 연속 가동, 슬러지 비중 = 1.0)

① 40 ② 50
③ 60 ④ 70

✔ $여과면적 = \frac{240\,m^3}{hr} \Big| \frac{2}{100} \Big| \frac{1,000\,kg}{m^3} \Big| \frac{m^2 \cdot hr}{120\,kg}$

$= 40\,m^2$

31 폐기물 매립지의 중간 복토재 또는 당일 복토재로 점토를 사용할 경우, 기능상 가장 취약한 것은?

① 외관 및 쓰레기 비산 방지
② 위생 해충 서식 억제
③ 수분 보유능력
④ 표면수 침투 억제

32 매립 시 폐기물 분해과정을 시간순으로 적절하게 나열한 것은?

① 혐기성 분해 → 호기성 분해 → 메테인 생성 → 유기산 형성
② 호기성 분해 → 혐기성 분해 → 산성 물질 생성 → 메테인 생성
③ 호기성 분해 → 유기산 생성 → 혐기성 분해 → 메테인 생성
④ 혐기성 분해 → 호기성 분해 → 산성 물질 생성 → 메테인 생성

33 수은을 함유한 폐액 처리방법으로 적절한 것은?

① 황화물침전법
② 열가수분해법
③ 산화제에 의한 습식 산화분해법
④ 자외선 오존 산화 처리

✔ **수은을 함유한 폐액 처리방법**
- 황화물침전법
- 이온교환법
- 활성탄흡착법

34 C/N 비가 낮은 경우(20 이하)에 대한 설명이 아닌 것은? ★★

① 암모니아가스가 발생할 가능성이 높아진다.
② 질소원의 손실이 커서 비료 효과가 저하될 가능성이 높다.
③ 유기산 생성량의 증가로 pH가 저하된다.
④ 퇴비화 과정 중 좋지 않은 냄새가 발생된다.

✔ ③ 유기산 생성량의 증가로 pH가 저하되는 것은 C/N 비가 80 이상일 경우이다.

35 매립 후 중기단계(10년 정도)에서 배출되는 매립가스의 주요 성분은? ★

① CO_2, CH_4 ② CO, CH_4
③ H_2, CO_2 ④ CO, H_2

정답 | 28.③ 29.① 30.① 31.③ 32.② 33.① 34.③ 35.①

36 지정폐기물의 고화 처리에 대한 설명으로 알맞지 않은 것은?

① 고화의 비용은 다른 처리에 비하여 일반적으로 저렴하다.
② 처리공정은 다른 처리공정에 비하여 비교적 간단하다.
③ 고화 처리 후 폐기물의 밀도가 커지고 부피가 줄어 운반비를 절감할 수 있다.
④ 고화 처리 후 유해물질의 용해도는 감소한다.

✔ 고화 처리는 오염물질의 손실과 전달이 발생할 수 있는 표면적이 감소되는 것에 목적이 있다.

37 매립방법의 분류에 관한 설명으로 가장 알맞은 것은?

① 폐기물 유·무해성에 따른 분류는 혐기성 매립구조, 혐기성 위생매립, 준호기성 매립 등으로 나눌 수 있다.
② 폐기물 분해성상에 따른 분류는 차단형, 안정형, 관리형 매립 등으로 나눌 수 있다.
③ 폐기물 매립방법에 따라 단순매립, 위생매립, 안전매립 등으로 나눌 수 있다.
④ 폐기물 매립형상에 따른 분류는 도랑식, 지역식 등으로 나눌 수 있다.

38 폐기물을 위생 매립하여 처리할 때의 가장 큰 단점은?

① 다른 방법에 비해 초기 투자비용이 높다.
② 처분대상 폐기물의 증가에 따른 추가 인원 및 장비가 크다.
③ 인구밀집지역에서는 경제적 수송거리 내에서 부지확보 문제가 있다.
④ 폐기물의 분류가 선행되어야 한다.

39 다음은 분뇨를 혐기성 소화와 활성슬러지공법을 연계하여 처리할 때의 공정들이다. 가장 합리적 처리계통 순서는?

㉠ 1차 소화조	㉡ 2차 소화조
㉢ 폭기조	㉣ 소독조
㉤ 저류조	㉥ 투입조
㉦ 희석조	㉧ 침전조

① ㉤-㉥-㉠-㉡-㉢-㉧-㉣-㉦
② ㉥-㉧-㉤-㉠-㉡-㉦-㉢-㉣
③ ㉥-㉤-㉧-㉠-㉡-㉢-㉣-㉦
④ ㉥-㉤-㉠-㉡-㉦-㉢-㉧-㉣

40 쓰레기 수거차의 적재능력은 $10m^3$이고, 8톤을 적재할 수 있다. 밀도가 $0.7ton/m^3$인 폐기물 $3,000m^3$을 동시에 수거하려고 할 때 필요한 수거차(대)는?

① 200 ② 250
③ 300 ④ 350

✔ 수거차 대수 $= \frac{3,000\,m^3}{} \Big| \frac{대수}{10\,m^3} = 300$대

정답 | 36.③ 37.③ 38.③ 39.④ 40.③

제2과목 | 폐기물 처리기술

2018년 제1회 폐기물처리기사

21 흔히 사용되는 폐기물 고화 처리방법은 보통 포틀랜드시멘트를 이용한 방법이다. 보통 포틀랜드시멘트에서 가장 많이 함유한 성분은?

① SiO_2 ② Al_2O_3
③ Fe_2O_3 ④ CaO

22 합성차수막인 CSPE에 관한 설명으로 옳지 않은 것은?

① 미생물에 강하다.
② 강도가 약하다.
③ 접합이 용이하다.
④ 산과 알칼리에 약하다.

✔ ④ 산과 알칼리에 강하다.

23 다음 조건의 관리형 매립지에서 침출수의 통과 연수는? (단, 기타 조건은 고려하지 않음) ★

- 점토층 두께 = 1m
- 유효공극률 = 0.2
- 투수계수 = 10^{-7}cm/sec
- 침출수 수두 = 0.4m

① 약 6.33년 ② 약 5.24년
③ 약 4.53년 ④ 약 3.81년

✔ $t = \dfrac{nd^2}{K(d+h)}$

여기서, t : 침출수 통과 연수(year)
n : 유효공극률
d : 점토층 두께(cm)
K : 투수계수(cm/year)
h : 침출수 수두(m)

$K = \dfrac{10^{-7}\text{cm}}{\text{sec}} \Big| \dfrac{3,600\text{sec}}{\text{hr}} \Big| \dfrac{24\text{hr}}{\text{day}} \Big| \dfrac{365\text{day}}{\text{year}}$
$= 3.1536\text{cm/year}$

$\therefore t = \dfrac{0.20 \times 100^2}{3.1536 \times (100+40)} = 4.53\text{year}$

24 수중 유기화합물의 활성탄 흡착에 관한 사항으로 틀린 것은?

① 가지 구조의 화합물이 직선 구조의 화합물보다 잘 흡착된다.
② 기공 확산이 율속단계인 경우, 분자량이 클수록 흡착속도는 늦다.
③ 불포화 탄화수소가 포화 탄화수소보다 잘 흡착된다.
④ 물에 대한 용해도가 높은 화합물이 낮은 화합물보다 잘 흡착된다.

✔ ④ 물에 대한 용해도가 높은 화합물은 낮은 화합물보다 잘 흡착되지 않는다.

25 토양 수분장력이 100,000cm 물기둥 높이의 압력과 같다면 pF(potential Force)의 값은?

① 4.5 ② 5.0
③ 5.5 ④ 6.0

✔ $\text{pF} = \log H = \log 100,000 = 5.0$

26 수거분뇨 1kL를 전처리(SS 제거율 30%)하여 발생한 슬러지를 수분 함량 80%로 탈수한 슬러지의 양(kg)은? (단, 수거분뇨 SS 농도=4%, 비중=1.0 기준)

① 20 ② 40
③ 60 ④ 80

✔ 탈수한 슬러지 양 $= \dfrac{1\text{kL}}{} \Big| \dfrac{\text{m}^3}{\text{kL}} \Big| \dfrac{1,000\text{kg}}{\text{m}^3} \Big| \dfrac{30}{100} \Big| \dfrac{20}{100}$
$= 60\text{kg}$

27 뒤집기 퇴비단 공법의 장점이 아닌 것은?

① 건조가 빠르다.
② 병원균 파괴율이 높다.
③ 많은 양을 다룰 수 있다.
④ 상대적으로 투자비가 낮다.

✔ ② 병원균 파괴율이 높은 것은 공기주입식 퇴비단 공법의 장점에 해당된다.

제2과목

정답 | 21.④ 22.④ 23.③ 24.④ 25.② 26.③ 27.②

28 다이옥신과 퓨란에 대한 설명으로 틀린 것은?

① PVC 또는 플라스틱 등을 포함하는 합성물질을 연소시킬 때 발생한다.
② 여러 개의 염소원자와 1~2개의 수소원자가 결합된 두 개의 벤젠고리를 포함하고 있다.
③ 다이옥신의 이성체는 75개, 퓨란은 135개이다.
④ 2,3,7,8-PCDD의 독성계수가 1이며, 여타 이성체는 1보다 작은 등가계수를 갖는다.

✔ ② 여러 개의 염소원자와 1~2개의 산소원자가 결합된 두 개의 벤젠고리를 포함하고 있다.

29 고형물 농도 80kg/m^{3}의 농축 슬러지를 1시간에 8m^{3}를 탈수시키려 한다. 슬러지 중의 고형물당 소석회 첨가량을 중량기준으로 20% 첨가했을 때 함수율 90%의 탈수 cake가 얻어졌다. 이 탈수 cake의 겉보기비중량을 1,000kg/m^{3}로 할 경우 발생 cake의 부피(m^3/hr)는?

① 약 5.5　② 약 6.6
③ 약 7.7　④ 약 8.8

✔ 소석회 첨가 후 고형물 $= \frac{80\,\text{kg}}{\text{m}^3} \Big| \frac{8\,\text{m}^3}{\text{hr}} \Big| \frac{120}{100} = 768\,\text{kg/hr}$

∴ 발생 cake의 부피 $= \frac{768\,\text{kg}}{\text{hr}} \Big| \frac{\text{m}^3}{1{,}000\,\text{kg}} \Big| \frac{100_{\text{SL}}}{10_{\text{TS}}} = 7.68\,\text{m}^3/\text{hr}$

30 일반적인 폐기물의 매립방법에 관한 설명 중 틀린 것은?

① 폐기물은 매일 1.8~2.4m의 높이로 매립한다.
② 중간 복토는 30cm의 흙으로 덮고, 최종 복토는 60cm의 흙으로 덮는다.
③ 다짐 후 폐기물 밀도가 390~740kg/m^{3}이 되도록 한다.
④ 폐기물을 충분히 다짐하면 공기 함유량이 감소되어 CH_4의 생성이 감소한다.

✔ ④ 폐기물을 충분히 다짐하면 공기 함유량이 감소되어 CH_4의 생성이 증가한다.

31 혐기성 분해 시 메테인균은 pH에 민감하다. 메테인균의 최적환경으로 가장 적합한 것은?

① 강산성 상태　② 약산성 상태
③ 약알칼리성 상태　④ 강알칼리성 상태

32 6.3%의 고형물을 함유한 150,000kg의 슬러지를 농축한 후 소화조로 이송할 경우 농축 슬러지의 무게는 70,000kg이다. 이때 소화조로 이송한 농축된 슬러지의 고형물 함유율(%)은? (단, 슬러지의 비중은 1.0, 상등액의 고형물 함량은 무시)

① 11.5　② 13.5
③ 15.5　④ 17.5

✔ 고형물 함유율(%) $= \frac{\text{고형물}}{\text{소화 후 슬러지}} \times 100$

$TS = \frac{150{,}000\,\text{kg}_{\text{SL}}}{} \Big| \frac{6.3_{\text{TS}}}{100_{\text{SL}}} = 9{,}450\,\text{kg}_{\text{TS}}$

∴ 고형물 함유율 $= \frac{9{,}450}{70{,}000} \times 100 = 13.5\%$

33 차수설비인 복합 차수층에서 일반적으로 합성차수막 바로 상부에 위치하는 것은?

① 점토층
② 침출수 집배수층
③ 차수막 지지층
④ 공기층(완충지층)

34 오염토의 토양증기추출법 복원기술에 대한 장단점으로 옳은 것은? ★

① 증기압이 낮은 오염물질의 제거효율이 높다.
② 다른 시약이 필요 없다.
③ 추출된 기체의 대기오염 방지를 위한 후처리가 필요 없다.
④ 유지 및 관리비가 많이 소요된다.

✔ ① 증기압이 높은 오염물질의 제거효율이 높다.
③ 추출된 기체의 대기오염 방지를 위한 후처리가 필요하다.
④ 유지 및 관리비가 적게 소요된다.

정답 | 28.② 29.③ 30.④ 31.③ 32.② 33.② 34.②

35 혐기성 소화공법에 비해 호기성 소화공법이 갖는 장단점이라 볼 수 없는 것은?

① 상등액의 BOD 농도가 낮다.
② 소화 슬러지 양이 많다.
③ 소화 슬러지의 탈수성이 좋다.
④ 운전이 용이하다.

✔ ③ 소화 슬러지의 탈수성이 좋지 않다.

36 다음 중 육상매립공법에 대한 설명으로 틀린 것은? ★

① 트렌치 굴착방식(trench method)은 폐기물을 일정한 두께로 매립한 다음 인접 도랑에서 굴착된 복토재로 복토하는 방법이다.
② 지역식 매립(area method)은 바닥을 파지 않고 제방을 쌓아 입지조건과 규모에 따라 매립지의 길이를 정한다.
③ 트렌치 굴착은 지하수위가 높은 지역에서 가능하다.
④ 지역식 매립은 해당 지역이 트렌치 굴착을 하기에 적당하지 않은 지역에 적용할 수 있다.

✔ ③ 트렌치 굴착은 지하수위가 낮은 지역에서 가능하다.

37 소각로에서 발생되는 다이옥신을 저감하기 위한 방법으로 잘못 설명된 것은?

① 쓰레기 조성 및 공급 특성을 일정하게 유지하여 정상 소각이 되도록 한다.
② 미국 EPA에서는 다이옥신 제어를 위해 완전 혼합상태에서 평균 980℃ 이상으로 소각하도록 권장하고 있다.
③ 쓰레기 소각로로부터 빠져나가는 이월(carry-over) 입자의 양을 최대화하도록 한다.
④ 연소기 출구와 굴뚝 사이의 후류온도를 조절하여 다이옥신이 재형성되지 않도록 한다.

✔ ③ 쓰레기 소각로로부터 빠져나가는 이월(carryover) 입자의 양을 최소화하도록 한다.

38 매립지 침하에 영향을 미치는 내용과 가장 관계가 없는 것은?

① 다짐정도 ② 생물학적 분해정도
③ 폐기물의 성상 ④ 차수재 종류

39 매립가스 추출에 대한 설명으로 틀린 것은?

① 매립가스에 의한 환경영향을 최소화하기 위해 매립지 운영 및 사용 종료 후에도 지속적으로 매립가스를 강제적으로 추출하여야 한다.
② 굴착정의 깊이는 매립깊이의 75% 수준으로 하며, 바닥 차수층이 손상되지 않도록 주의하여야 한다.
③ LFG 추출 시에는 공기 중의 산소가 충분히 유입되도록 일정 깊이(6m)까지는 유공 부위를 설치하지 않고, 그 아래에 유공 부위를 설치한다.
④ 여름철 집중호우 시 지표면에서 6m 이내에 있는 포집정 주위에는 매립지 내 지하수위가 상승하여 LFG 진공 추출 시 지하수도 함께 빨려 올라올 수 있으므로 주의하여야 한다.

✔ ③ LFG 추출 시에는 공기 중의 산소가 충분히 유입되지 않도록 일정 깊이(6m)까지는 유공 부위를 설치하지 않고, 그 아래에 유공 부위를 설치한다.

40 체의 통과백분율이 10%, 30%, 50%, 60%인 입자의 직경이 각각 0.05mm 0.15m, 0.45mm, 0.55mm일 때 곡률계수는?

① 0.82 ② 1.32
③ 2.76 ④ 3.71

✔ 곡률계수 $C_g = \frac{{D_{30}}^2}{D_{10} \cdot D_{60}}$

여기서, D_{60} : 처리물 중량백분율 60%가 통과하는 입경
D_{30} : 처리물 중량백분율 30%가 통과하는 입경
D_{10} : 처리물 중량백분율 10%가 통과하는 입경

$\therefore C_g = \frac{0.15^2}{0.05 \times 0.55} = 0.82$

정답 | 35.③ 36.③ 37.③ 38.④ 39.③ 40.①

제2과목 | 폐기물 처리기술

2018년 제2회 폐기물처리기사

21 다음 중 슬러지를 개량하는 목적으로 가장 적합한 것은?

① 슬러지의 탈수가 잘 되게 하기 위해서
② 탈리액의 BOD를 감소시키기 위해서
③ 슬러지 건조를 촉진하기 위해서
④ 슬러지의 악취를 줄이기 위해서

22 침출수 중에 함유된 고농도의 질소를 제거하기 위하여 적용되는 생물학적 처리방법인 MLE (Modified Ludzack Ettinger) 공정에서 내부 반송비가 300%인 경우, 이론적인 탈질효율(%)은? (단, 탈질조로 내부 반송되는 질소산화물은 전량 탈질된다고 가정)

① 50　② 67
③ 75　④ 80

✔ 내부 반송은 호기조에서 무산소조로 이뤄지며, 내부 반송되는 양만큼 탈질된다.
따라서, 3/4만큼 탈질되므로 75%의 탈질효율을 갖는다.

23 다음 중 폐기물 매립장의 복토에 대한 설명으로 틀린 것은?

① 폐기물을 덮어 주어 미관을 보존하고 바람에 의한 날림을 방지한다.
② 매립가스에 의한 악취 및 화재 발생 등을 방지한다.
③ 강우의 지하침투를 방지하여 침출수 발생을 최소화할 수 있다.
④ 복토재로 부숙토(컴포스트)나 생물발효를 시킨 오니를 사용하면 폐기물의 분해를 저해할 수 있다.

✔ ④ 복토재로 부숙토(컴포스트)나 생물발효를 시킨 오니를 사용하면 폐기물의 분해를 촉진시킨다.

24 유동상식 소각로의 특징과 거리가 먼 것은?

① 반응시간이 빠르고 연소효율이 높다.
② 이차 연소실이 필요하다.
③ 과잉공기량이 낮아 NO_X가 적게 배출된다.
④ 유동매체의 손실로 인한 보충이 필요하다.

✔ ② 미연분 생성량이 적어 이차 연소실이 필요 없다.

25 함수율이 99%인 슬러지와 함수율이 40%인 톱밥을 2 : 3으로 혼합하여 복합비료로 만들고자 할 때 함수율(%)은? ★★

① 약 61　② 약 64
③ 약 67　④ 약 70

✔ $W_m = \dfrac{W_1 \cdot Q_1 + W_2 \cdot Q_2}{Q_1 + Q_2}$

여기서, W_m : 혼합 폐기물의 함수율
W_1 : 슬러지의 함수율
W_2 : 톱밥의 함수율
Q_1 : 슬러지의 양
Q_2 : 톱밥의 양

$\therefore W_m = \dfrac{99 \times 2/5 + 40 \times 3/5}{2/5 + 3/5} = 63.6\%$

26 토양오염 처리기술 중 화학적 처리기술이 아닌 것은?

① 토양증기 추출　② 용매 추출
③ 토양 세척　④ 열탈착법

✔ ④ 열탈착법 : 물리적 처리기술

27 석면 해체 및 제조 작업의 조치기준으로 적합하지 않은 것은?

① 건식으로 작업할 것
② 당해 장소를 음압으로 유지시킬 것
③ 당해 장소를 밀폐시킬 것
④ 신체를 감싸는 보호의를 착용할 것

✔ ① 석면 해체 시 석면 분진이 날릴 수 있으므로 습식으로 작업하도록 한다.

정답 | 21.① 22.③ 23.④ 24.② 25.② 26.④ 27.①

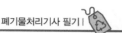

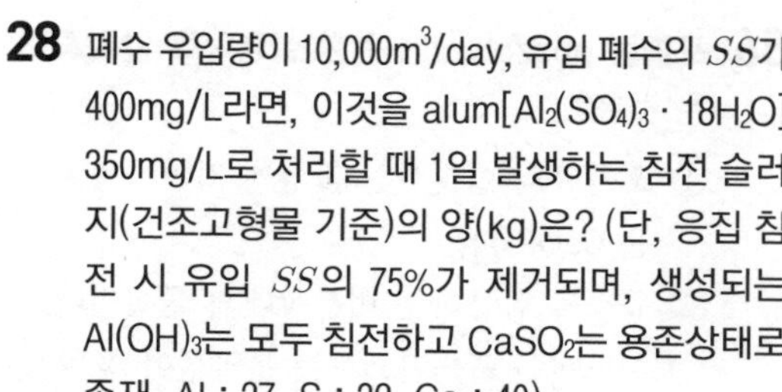

28 폐수 유입량이 10,000m^3/day, 유입 폐수의 SS가 400mg/L라면, 이것을 alum[$Al_2(SO_4)_3 \cdot 18H_2O$] 350mg/L로 처리할 때 1일 발생하는 침전 슬러지(건조고형물 기준)의 양(kg)은? (단, 응집 침전 시 유입 SS의 75%가 제거되며, 생성되는 $Al(OH)_3$는 모두 침전하고 $CaSO_2$는 용존상태로 존재, Al : 27, S : 32, Ca : 40)

$Al_2(SO_4)_3 \cdot 18H_2O + 3Ca(HCO_3)_2$ $\rightarrow 2Al(OH)_3 + 3CaSO_4 + 6CO_2 + 18H_2O$

① 약 3,520
② 약 3,620
③ 약 3,720
④ 약 3,820

✔ • 침전 $SS = \frac{400\,mg}{L} \Big| \frac{10,000\,m^3}{day} \Big| \frac{kg}{10^6\,mg} \Big| \frac{10^3\,L}{m^3} \Big| \frac{75}{100}$

$= 3,000\,kg$

• 침전 $Al(OH)_3$

〈반응비〉 $Al_2(SO_4)_3 \cdot 18H_2O$: $Al(OH)_3$

666kg : 156kg

Alum 주입량 : X

Alum 주입량 $= \frac{10,000\,m^3}{day} \Big| \frac{350\,mg}{L} \Big| \frac{kg}{10^6\,mg} \Big| \frac{10^3\,L}{m^3}$

$= 3,500\,kg$

$X = \frac{156 \times 3,500}{666} = 819.8198\,kg$

∴ 침전 슬러지의 양 $= 3,000 + 819.8198$

$= 3819.8198 \fallingdotseq 3819.82\,kg$

29 용매 추출 처리에 이용 가능성이 높은 유해폐기물과 가장 거리가 먼 것은?

① 미생물에 의해 분해가 힘든 물질
② 활성탄을 이용하기에는 농도가 너무 높은 물질
③ 낮은 휘발성으로 인해 스트리핑하기가 곤란한 물질
④ 물에 대한 용해도가 높아서 회수성이 낮은 물질

✔ ④ 물에 대한 용해도가 낮은 물질

30 중유 연소 시 황산화물을 탈황시키는 방법이 아닌 것은?

① 미생물에 의한 탈황
② 방사선에 의한 탈황
③ 금속산화물 흡착에 의한 탈황
④ 질산염 흡수에 의한 탈황

31 부식질(humus)의 특징으로 옳지 않은 것은?

① 뛰어난 토양개량제이다.
② C/N 비가 30~50 정도로 높다.
③ 물 보유력과 양이온 교환능력이 좋다.
④ 짙은 갈색이다.

✔ ② 부식질의 C/N 비는 10~20 정도로 낮다.

32 쓰레기 매립지에 침출수 유량조정조를 설치하기 위해 과거 10년간의 강우조건을 조사한 결과가 다음 표와 같다. 매립작업 면적은 30,000m^{2}이며, 매립작업 시 강우의 침출계수를 0.3으로 적용할 때 침출수 유량조정조의 적정용량(m^3)은 얼마인가? ★

1일 강우량 (mm/일)	강우일수 (일)	1일 강우량 (mm/일)	강우일수 (일)
10	10	30	6
15	17	35	3
20	13	40	2
25	5	45	2

① 945m^3 이상　② 930m^3 이상
③ 915m^3 이상　④ 900m^3 이상

✔ $Q = \frac{1}{1,000} CIA$

여기서, Q : 침출수량(m^3/day)
C : 유출계수
I : 연평균 일 강우량(mm/day)
A : 매립지 내 쓰레기 매립면적(m^2)

※ 최근 10년간 1일 강우량이 10mm 이상인 강우일수 중 최다빈도 1일 강우량의 7배를 한다.

∴ $Q = \frac{1}{1,000} \times 0.3 \times 15 \times 30,000 \times 7 = 945\,m^3$

제2과목

정답 | 28.④ 29.④ 30.④ 31.② 32.①

33 COD/TOC<2.0, BOD/COD<0.1인 매립지에서 발생하는 침출수 처리에 가장 효과적이지 못한 공정은? (단, 매립 연한이 10년 이상, COD(mg/L)=500 이하)

① 생물학적 처리공정
② 역삼투공정
③ 이온교환공정
④ 활성탄 흡착공정

✔ ① 생물학적 처리공정은 유기물 함량이 낮아 침출수 처리에 효과적이지 못하다.

34 고형 폐기물 매립 시 10kg의 $C_6H_{12}O_6$가 혐기성 분해를 한다면 이론적 가스 발생량(L)은? (단, 밀도는 CH_4 : 0.7167kg/L, CO_2 : 1.9768kg/L)

① 약 7.131 ② 약 7.431
③ 약 8.131 ④ 약 8.831

✔ 〈반응식〉 $C_6H_{12}O_6 \rightarrow 3CH_4 + 3CO_2$
180kg : 3×16kg : 3×44kg
10kg : X : Y

• $X = \dfrac{10\times3\times16}{180} = 2.6667\,\text{kg}$

➡ $\dfrac{2.6667\,\text{kg}}{} \Big| \dfrac{\text{L}}{0.7167\,\text{kg}} = 3.7208\,\text{L}$

• $Y = \dfrac{10\times3\times44}{180} = 7.3333\,\text{kg}$

➡ $\dfrac{7.3333\,\text{kg}}{} \Big| \dfrac{\text{L}}{1.9768\,\text{kg}} = 3.7097\,\text{L}$

∴ 이론적 가스양 $= X+Y = 3.7208 + 3.7097$
$= 7.4305\,\text{L}$

35 다음 매립의 종류 중 매립구조에 따른 분류가 아닌 것은?

① 혐기성 위생매립
② 위생매립
③ 혐기성 매립
④ 호기성 매립

✔ ② 위생매립 : 매립방법에 따른 분류

36 포졸란(pozzolan)에 관한 설명으로 알맞지 않은 것은?

① 포졸란의 실질적인 활성에 기여하는 부분은 CaO이다.
② 규소를 함유하는 미분상태의 물질이다.
③ 대표적인 포졸란으로는 분말성이 좋은 fly ash가 있다.
④ 포졸란은 석회와 결합하면 불용성 · 수밀성 화합물을 형성한다.

✔ ① 포졸란의 실질적인 활성에 기여하는 부분은 SiO_2이다.

37 토양의 현장처리기법 중 토양세척법의 장점이 아닌 것은?

① 유기물 함량이 높을수록 세척효율이 높아진다.
② 오염 토양의 부피를 급격히 줄일 수 있다.
③ 무기물과 유기물을 동시에 처리할 수 있다.
④ 다양한 오염 토양 농도에 적용 가능하다.

✔ ① 유기물 함량이 높을수록 세척효율이 낮아지므로 전처리 후 처리한다.

38 인구 100만명인 어느 도시의 쓰레기 발생률은 2.0kg/인 · 일이다. 아래의 조건들에 따라 쓰레기를 매립하고자 할 때, 연간 매립지의 소요면적(m^2)은? (단, 기타 조건은 고려하지 않음)

• 매립 쓰레기의 압축밀도 = 500kg/m^3
• 매립지 cell 1층의 높이 = 5m
• 총 8개의 층으로 매립

① 32,500 ② 34,200
③ 36,500 ④ 38,200

✔ 소요면적
$= \dfrac{2.0\,\text{kg}}{\text{인·일}} \Big| \dfrac{1{,}000{,}000\text{인}}{} \Big| \dfrac{365\text{일}}{\text{연}} \Big| \dfrac{\text{m}^3}{500\,\text{kg}} \Big| \dfrac{}{5\,\text{m}} \Big| \dfrac{}{8}$
$= 36{,}500\,\text{m}^2$

정답 I 33.① 34.② 35.② 36.① 37.① 38.③

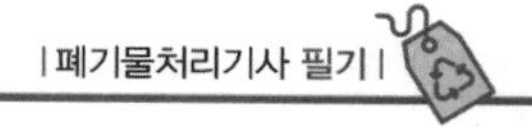

39 퇴비화 과정에서 필수적으로 필요한 공기 공급에 관한 내용 중 알맞지 않은 것은?

① 온도조절 역할을 수행한다.
② 일반적으로 5~15%의 산고가 퇴비물질 공극 내에 잠재하도록 해야 한다.
③ 공기 주입률은 일반적으로 15~20L/min · m^3 정도가 적합하다.
④ 수분증발 역할을 수행하며 자연순환 공기 공급이 가장 바람직하다.

✔ ③ 공기 주입률은 일반적으로 50~200L/min · m^3 정도가 적합하다.

40 슬러지를 안정화시키는 데 사용되는 첨가제는?

① 시멘트
② 포졸란
③ 석회
④ 용해성 규산염

제2과목 | 폐기물 처리기술

2018년 제4회 폐기물처리기사

21 유기성 폐기물의 퇴비화 과정(초기단계 – 고온단계 – 숙성단계) 중 고온단계에서 주된 역할을 담당하는 미생물은?

① 전반기 : Pseudomnas,
후반기 : Bacillus
② 전반기 : Thermoactinomyces,
후반기 : Enterbactor
③ 전반기 : Enterbactor,
후반기 : Pseudomonas
④ 전반기 : Bacillus,
후반기 : Thermoactinonmyces

22 매립지 중간 복토에 관한 설명으로 틀린 것은?

① 복토는 메테인가스가 외부로 나가는 것을 방지한다.
② 폐기물이 바람에 날리는 것을 방지한다.
③ 복토재로는 모래나 점토질을 사용하는 것이 좋다.
④ 지반의 안정과 강도를 증가시킨다.

✔ ③ 복토재로 모래를 사용할 경우 침투가 잘 되지만, 점토를 사용할 경우 침투가 잘 안 되므로 사용하지 않는 것이 좋다.

23 매립가스의 강제포집방식 중 수직포집방식의 장점과 거리가 먼 것은?

① 폐기물 부등침하에 영향이 적음
② 파손된 포집정의 교환이나 추가 시공이 가능함
③ 포집공의 압력조절이 가능함
④ 포집효율이 비교적 낮음

✔ ④ 포집정의 압력조절이 가능하므로 포집효율이 좋다.

제2과목

정답 | 39.③ 40.③ / 21.④ 22.③ 23.④

24 합성차수막 중 CR의 장단점이 아닌 것은?

① 가격이 비싸다.
② 마모 및 기계적 충격에 약하다.
③ 접합이 용이하지 못하다.
④ 대부분의 화학물질에 대한 저항성이 높다.

✔ ② 마모 및 기계적 충격에 강하다.

25 고형 폐기물을 매립 처리할 때 $C_6H_{12}O_6$ 성분 1톤(ton)의 폐기물이 혐기성 분해를 한다면 이론적 메테인가스 발생량(L)은? (단, 메테인가스 밀도=0.7167kg/L)

① 약 280 ② 약 370
③ 약 450 ④ 약 560

✔ 〈반응식〉 $C_6H_{12}O_6 \rightarrow 3CH_4 + 3CO_2$
180kg : 3×16kg
1,000kg : X

$$\therefore X = \frac{1{,}000 \times 3 \times 16}{180} = 266.6667\,\text{kg}$$

$$\Rightarrow \frac{266.6667\,\text{kg}}{}\bigg|\frac{\text{L}}{0.7167\,\text{kg}} = 372.0758 ≒ 372.08\,\text{L}$$

26 일반적으로 C/N 비가 가장 높은 것은?

① 신문지 ② 톱밥
③ 잔디 ④ 낙엽

27 퇴비화 대상 유기물질의 화학식이 $C_{99}H_{148}O_{59}N$이라고 하면, 이 유기물질의 C/N 비는?

① 64.9 ② 84.9
③ 104.9 ④ 124.9

✔ $\text{C/N 비} = \frac{12 \times 99}{14 \times 1} = 84.86$

28 매립지 바닥에 복토가 충분할 때 사용하는 내륙 매립방법은?

① 계곡매립법 ② 지역법
③ 경사법 ④ 도랑법

29 폐기물 건조기 중 기류건조기의 특징과 거리가 먼 것은?

① 건조시간이 짧다.
② 고온의 건조가스 사용이 가능하다.
③ 가연성 재료에서는 분진 폭발 및 화재의 위험성이 있다.
④ 작은 입경의 폐기물 건조에는 적합하지 않다.

✔ ④ 작은 입경의 폐기물 건조에도 적합하다.

30 분뇨 저장탱크 내의 악취 발생공간 체적이 40m^3이고, 이를 시간당 5차례 교환하고자 한다. 발생된 악취공기를 퇴비 여과방식을 채택하여 투과속도 20m/hr로 처리하고자 할 때 필요한 퇴비 여과상의 면적(m^2)은?

① 6 ② 8
③ 10 ④ 12

✔ $A = \frac{Q}{V} = \frac{5 \times 40}{20} = 10\,\text{m}^2$

31 관리형 폐기물 매립지에서 발생하는 침출수의 주된 발생원은?

① 주위의 지하수로부터 유입되는 물
② 주변으로부터의 유입 지표수
③ 강우에 의하여 상부로부터 유입되는 물
④ 폐기물 자체의 수분 및 분해에 의하여 생성되는 물

32 폐기물 매립 시 사용되는 인공 복토재의 조건으로 옳지 않은 것은?

① 연소가 잘 되지 않아야 한다.
② 살포가 용이하여야 한다.
③ 투수계수가 높아야 한다.
④ 미관상 좋아야 한다.

✔ ③ 투수계수가 높을 경우 복토재의 기능이 떨어진다.

정답 | 24.② 25.② 26.① 27.② 28.④ 29.④ 30.③ 31.③ 32.③

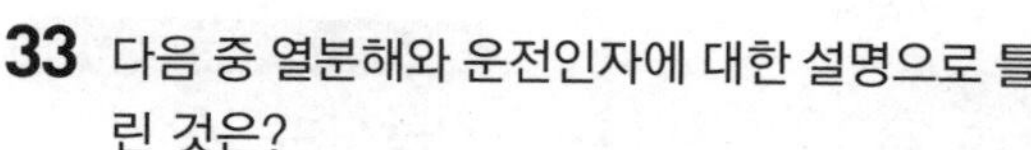

33 다음 중 열분해와 운전인자에 대한 설명으로 틀린 것은?

① 열분해는 무산소상태에서 일어나는 반응이며 필요한 에너지를 외부에서 공급해 주어야 한다.
② 열분해가스 중 CO, H_2, CH_4 등의 생성률은 열공급속도가 커짐에 따라 증가한다.
③ 열분해반응에서는 열공급속도가 커짐에 따라 유기성 액체와 수분, 그리고 char의 생성량은 감소한다.
④ 산소가 일부 존재하는 조건에서 열분해가 진행되면 CO_2의 생성량이 최대가 된다.

✔ ④ 산소가 일부 존재하는 경우 열분해공정을 유지하는 데 필요한 열을 생산한다.

34 폐기물 처리시설 설치의 환경성 조사서에 포함되어야 할 사항이 아닌 것은?

① 지역의 폐기물 처리에 관한 사항
② 처리시설 입지에 관한 사항
③ 처리시설에 관한 사항
④ 소요사업비 및 재원조달계획

✔ **폐기물 처리시설 설치 환경성 조사서의 포함사항**
- 지역현황
- 지역의 폐기물 처리에 관한 사항
- 처리시설 입자에 관한 사항
- 처리시설에 관한 사항
- 처리시설 주변에 미치는 환경영향 및 저감대책

35 호기성 소화공법이 혐기성 소화공법에 비하여 갖고 있는 장점이라 할 수 없는 것은?

① 반응시간이 짧아 시설비가 저렴할 수 있다.
② 운전이 용이하고 악취 발생이 적다.
③ 생산된 슬러지의 탈수성이 우수하다.
④ 반응조의 가온이 불필요하다.

✔ ③ 호기성 소화공법은 혐기성 소화공법에 비해 반응시간이 짧아 생산된 슬러지의 탈수성이 우수하지 못하다.

36 Soil washing 기법을 적용하기 위하여 토양의 입도분포를 조사한 결과가 다음과 같을 경우, 유효입경(mm)과 곡률계수는? (단, D_{10}, D_{30}, D_{60}은 각각 통과백분율 10%, 30%, 60%에 해당하는 입자 직경) ★★

구분	D_{10}	D_{30}	D_{60}
입자의 크기(mm)	0.25	0.60	0.90

① 유효입경 : 0.25, 곡률계수 : 1.6
② 유효입경 : 3.60, 곡률계수 : 1.6
③ 유효입경 : 0.25, 곡률계수 : 2.6
④ 유효입경 : 3.60, 곡률계수 : 2.6

✔ 곡률계수 $C_g = \dfrac{D_{30}^{\ 2}}{D_{10} \cdot D_{60}}$

여기서, D_{10} : 처리물 중량백분율 10%가 통과하는 입경
D_{30} : 처리물 중량백분율 30%가 통과하는 입경
D_{60} : 처리물 중량백분율 60%가 통과하는 입경

∴ 유효입경 $D_{10} = 0.25$

곡률계수 $C_g = \dfrac{0.6^2}{0.25 \times 0.90} = 1.6$

37 다음 조건으로 분뇨를 소화시킨 후의 소화조 내 전체에 대한 함수율(%)은? (단, 처리방식은 batch 식이며, 탈리액을 인출하지 않음)

- 생분뇨의 함수율 = 95%
- 분뇨 내 고형물 중 유기물량 = 60%
- 소화 시 유기물 함량 = 60%(가스화)
- 비중 = 1.0

① 95.6　② 96.8
③ 97.5　④ 98.6

✔ ※ 전체 분뇨의 양을 100으로 가정한다.
- 고형물 $= 100 - 95 = 5$, 수분 $= 100 \times 0.95 = 95$
- 유기물 $= 5 \times 0.6 = 3$, 무기물 $= 5 - 3 = 2$
- 소화 후 유기물 $= 3 \times \dfrac{1}{2} = 1.5$
- 소화 후 고형물 $= 1.5 + 2 = 3.5$

∴ 소화 후 분뇨의 함수율 $= \dfrac{95}{3.5 + 95} \times 100 = 96.45\%$

정답 | 33.④ 34.④ 35.③ 36.① 37.②

제2과목

38 분뇨 처리 프로세스 중 습식 고온 · 고압 산화 처리방식에 대한 설명으로 옳지 않은 것은?

① 일반적으로 70기압과 210℃로 가동된다.
② 처리시설의 수명이 짧다.
③ 완전 멸균이 되고, 질소 등 영양소의 제거율이 높다.
④ 탈수성이 좋고 고액 분리가 잘 된다.

✔ ③ 질소 제거율이 낮다.

39 폐기물의 고화 처리방법 중 피막형성법의 장점으로 옳은 것은?

① 화재 위험성이 없다.
② 혼합률이 높다.
③ 에너지 소비가 적다.
④ 침출성이 낮다.

✔ ① 처리과정 중 화재가 발생할 수 있다.
② 혼합률(MR)이 비교적 낮다.
③ 에너지 요구량이 크다.

40 위생매립의 장점이 아닌 것은?

① 타 방법과 비교하여 초기 투자비용이 높다.
② 부지 확보가 가능할 경우 가장 경제적인 방법이다.
③ 거의 모든 종류의 폐기물 처분이 가능하다.
④ 사후 부지는 공원, 운동장 등으로 이용될 수 있다.

✔ ① 투자비용이 높은 것은 장점에 해당되지 않는다.

제2과목 | 폐기물 처리기술

2019년 제1회 폐기물처리기사

21 다이옥신을 제어하는 촉매로 가장 비효과적인 것은?

① Al_2O_3 ② V_2O_5
③ TiO_2 ④ Pd

✔ ① Al_2O_3는 포틀랜드시멘트의 주요 성분으로, 다이옥신을 제어하는 촉매로는 비효과적이다.

22 펄프 공장의 폐수를 생물학적으로 처리한 결과 매일 500kg의 슬러지가 발생하였다. 함수율이 80%이면 건조 슬러지의 중량(kg/일)은? (단, 비중은 1.0 기준) ★★

① 50 ② 100
③ 200 ④ 400

✔ 건조 슬러지의 중량(고형물) $= \frac{500\,\text{kg}}{} \Big| \frac{20}{100} = 100\,\text{kg}$

23 혐기성 소화법의 특성이 아닌 것은?

① 탈수성이 호기성에 비해 양호하다.
② 부패성 유기물을 안정화시킨다.
③ 암모니아, 인산 등 영양염류의 제거율이 높다.
④ 슬러지의 양을 감소시킨다.

✔ 혐기성 소화법은 유기물을 분해하여 CH_4, CO_2, NH_3 등이 발생한다.

24 사료화 기계설비의 구비요건으로 틀린 것은?

① 사료화의 소요시간이 길고 우수한 품질의 사료 생산이 가능해야 한다.
② 오수 발생, 소음 등의 2차 환경오염이 없어야 한다.
③ 미생물 첨가제 등 발효제의 안정적 공급과 일정 시간 미생물 활성이 유지되어야 한다.
④ 내부식성이 있고 소요부지가 적어야 한다.

✔ ① 사료화의 소요시간이 짧을수록 좋다.

정답 | 38.③ 39.④ 40.① / 21.① 22.② 23.③ 24.①

25 매립방식 중 cell 방식에 대한 내용으로 가장 거리가 먼 것은? ★

① 일일 복토 및 침출수 처리를 통해 위생적인 매립이 가능하다.
② 쓰레기의 흩날림을 방지하며, 악취 및 해충의 발생을 방지하는 효과가 있다.
③ 일일 복토와 bailing을 통한 폐기물 압축으로 매립부피를 줄일 수 있다.
④ Cell마다 독립된 매립층이 완성되므로 화재 확산 방지에 유리하다.

✔ ③ 일일 복토와 bailing을 통한 폐기물 압축으로 매립부피를 줄일 수 있는 것은 압축매립공법이다.

26 쓰레기의 퇴비화가 가장 빨리 형성되는 탄질비(C/N 비)의 범위는? (단, 기타 조건은 모두 동일) ★★

① 25~50　② 50~80
③ 80~100　④ 100~150

27 슬러지를 처리하기 위해 하수처리장 활성슬러지 1% 농도의 폐액 $100m^3$을 농축조에 넣었더니 5% 농도의 슬러지로 농축되었다. 농축조에 농축되어 있는 슬러지의 양(m^3)은? (단, 상징액의 농도는 고려하지 않으며, 비중은 1.0)

① 35　② 30
③ 25　④ 20

✔ 농축 슬러지의 양 $= \frac{100\,m^3}{} \left| \frac{1}{100} \right| \frac{100}{5} = 20\,m^3$

28 고농도 액상 폐기물의 혐기성 소화공정 중 중온 소화와 고온 소화의 비교에 관한 내용으로 옳지 않은 것은?

① 부하능력은 고온 소화가 우수하다.
② 탈수여액의 수질은 고온 소화가 우수하다.
③ 병원균의 사멸은 고온 소화가 유리하다.
④ 중온 소화에서 미생물의 활성이 쉽다.

✔ ② 탈수여액의 수질은 중온 소화가 우수하다.

29 토양오염 복원기법 중 bioventing에 관한 설명으로 옳지 않은 것은? ★★

① 토양 투수성은 공기를 토양 내에 강제 순환시킬 때 매우 중요한 영향인자이다.
② 오염부지 주변의 공기 및 물의 이동에 의한 오염물질의 확산의 염려가 있다.
③ 현장 지반구조 및 오염물 분포에 따른 처리기간의 변동이 심하다.
④ 용해도가 큰 오염물질은 많은 양이 토양 수분 내에 용해상태로 존재하게 되어 처리효율이 좋아진다.

✔ Bioventing은 용해도가 큰 오염물질 처리에 사용하지 않는다.

30 1일 처리량이 100kL인 분뇨 처리장에서 중온 소화방식을 택하고자 한다. 소화 후 슬러지의 양(m^3/day)은?

• 투입 분뇨의 함수율 = 98% • 고형물 중 유기물 함유율 = 70% (그 중 60%가 액화 및 가스화) • 소화 슬러지 함수율 = 96% • 슬러지 비중 = 1.0

① 15　② 29
③ 44　④ 53

✔ • 투입 분뇨의 양 $= \frac{100\,kL}{day} \left| \frac{m^3}{kL} = 100\,m^3/day \right.$
• 투입 분뇨의 고형물 $= 2\,m^3/day$
투입 분뇨의 수분 $= 98\,m^3/day$
• 투입 분뇨의 고형물 중 유기물 $= 1.4\,m^3/day$
투입 분뇨의 고형물 중 무기물 $= 0.6\,m^3/day$
• 소화 후 유기물 중 남은 양 $= 0.56\,m^3/day$
• 소화 후 고형물 $= 0.56 + 0.6 = 1.16\,m^3/day$
∴ 소화 후 슬러지 양 $= \frac{1.16\,m^3_{TS}}{day} \left| \frac{100_{SL}}{4_{TS}} \right.$
$= 29\,m^3/day$

31 다음 토양오염물질 중 BTEX에 포함되지 않는 것은? ★★

① 벤젠 ② 톨루엔
③ 에틸렌 ④ 자일렌

✔ BTEX
- Benzene(벤젠)
- Toluene(톨루엔)
- Ethylbenzene(에틸벤젠)
- Xylene(자일렌)

32 강우량으로부터 매립지 내의 지하 침투량(C)을 산정하는 식으로 옳은 것은? (단, P : 총 강우량, R : 유출률, S : 폐기물의 수분 저장량, E : 증발량)

① $C = P(1-R) - S - E$
② $C = P(1-R) + S - E$
③ $C = P - R + S - E$
④ $C = P - R - S - E$

33 유해물질별 처리 가능 기술이 아닌 것은?

① 납 – 응집
② 비소 – 침전
③ 수은 – 흡착
④ 사이안 – 용매 추출

✔ 사이안 처리방법으로는 이온교환법, 알칼리염소법, 오존 산화법 등이 있다.

34 다음 중 바이오리액터형 매립공법의 장점이 아닌 것은? ★

① 침출수 재순환에 의한 염분 및 암모니아성 질소 농축
② 매립지가스 회수율의 증대
③ 추가 공간 확보로 인한 매립지 수명 연장
④ 폐기물의 조기 안정화

✔ ①은 단점에 해당된다.

35 토양 층위에 해당하지 않는 것은?

① O층 ② B층
③ R층 ④ D층

✔ 토양 층위
- 암반층(R층)
- 모재층(C층)
- 집적층(B층)
- 용탈층(A층)
- 유기물층(O층)

36 분뇨를 1차 처리한 후 BOD 농도가 4,000mg/L이었다. 이를 약 20배로 희석한 후 2차 처리를 하려 한다. 분뇨의 방류수 허용기준 이하로 처리하려면 2차 처리공정에서 요구되는 BOD 제거효율은? (단, 분뇨 BOD 방류수 허용기준은 40mg/L, 기타 조건은 고려하지 않음)

① 50% 이상 ② 60% 이상
③ 70% 이상 ④ 80% 이상

✔ 제거효율 $\eta(\%) = \left(1 - \frac{C_o}{C_i}\right) \times 100$

여기서, C_i : 유입 농도(mg/L)
C_o : 유출 농도(mg/L)

$C_i = 4{,}000 \times \frac{1}{20} = 200\,\text{mg/L}$

$\therefore \eta = \left(1 - \frac{40}{200}\right) \times 100 = 80\%$

37 매립지 주위의 우수를 배수하기 위한 배수관의 결정에 관한 사항으로 틀린 것은?

① 수로의 형상은 장방형 또는 사다리꼴이 좋으며 조도계수 또한 크게 하는 것이 좋다.
② 유수단면적은 토사의 혼입으로 인한 유량 증가 및 여유고를 고려하여야 한다.
③ 우수의 배수에 있어서 토수로의 경우는 평균유속이 3m/sec 이하가 좋다.
④ 우수의 배수에 있어서 콘크리트 수로의 경우는 평균유속이 8m/sec 이하가 좋다.

✔ 조도계수는 유속과 반비례하므로, 조도계수가 작을수록 유속이 빨라진다.

정답 | 31.③ 32.① 33.④ 34.① 35.④ 36.④ 37.①

38 폐기물 매립지에 설치되어 있는 침출수 유량조정설비의 기능 설명으로 가장 잘못된 것은?

① 침출수의 수질 균등화
② 호우 시 또는 계절적 수량 변동의 조정
③ 수처리설비의 전처리기능
④ 매립지 부등침하의 최소화

✔ ④ 매립지의 부등침하와는 관계가 없다.

39 안정화된 도시 폐기물 매립장에서 발생되는 주요 가스 성분인 메테인가스와 탄산가스에 대하여 올바르게 설명한 것은?

① 혐기성 상태가 된 매립지에서 메테인가스와 탄산가스의 무게 구성비는 50%, 50%이다.
② 탄산가스나 메테인가스 모두 공기보다 가벼워 매립지 지표면으로 상승한다.
③ 탄산가스는 침출수의 산도를 높인다.
④ 메테인가스는 악취 성분을 가지고 있고, 일반적으로 유기성 토양으로 복토하면 대부분 제어될 수 있다.

✔ ① 혐기성 상태가 된 매립지에서 메테인가스와 탄산가스의 무게 구성비는 55%, 45%이다.
② 탄산가스는 공기보다 무겁고, 메테인가스는 공기보다 가볍다.
④ 메테인가스는 악취가 나지 않는 무취의 기체이다.

40 퇴비화에 사용되는 통기개량제의 종류별 특성으로 옳지 않은 것은?

① 볏짚 : 포타슘분이 높다.
② 톱밥 : 주성분이 분해성 유기물이기 때문에 분해가 빠르다.
③ 파쇄목편 : 폐목재 내 퇴비화에 영향을 줄 수 있는 유해물질의 함유 가능성이 있다.
④ 왕겨(파쇄) : 발생기간이 한정되어 있기 때문에 저류공간이 필요하다.

✔ ② 톱밥 : 주성분이 난분해성 유기물이기 때문에 분해가 느린 편이다.

제2과목 | 폐기물 처리기술

2019년 제2회 폐기물처리기사

21 분진 제거를 위한 집진시설에 대한 설명으로 틀린 것은?

① 중력식 집진장치는 내부 가스 유속을 5~10m/sec 정도로 유지하는 것이 바람직하다.
② 관성력식 집진장치는 10~100μm 이상의 분진을 50~70%까지 집진할 수 있다.
③ 여과식 집진장치는 운전비가 많이 들고 고온다습한 가스에는 부적합하다.
④ 전기식 집진장치는 집진효율이 좋으며, 고온(350℃)에서도 운전이 가능하다.

✔ ① 중력식 집진장치는 내부 가스 유속을 1~3m/sec 정도로 유지하는 것이 바람직하다.

22 매립가스 이용을 위한 정제기술 중 흡착법(PSA)의 장점으로 가장 거리가 먼 것은?

① 다양한 가스 조성에 적용이 가능함
② 고농도 CO_2 처리에 적합함
③ 대용량의 가스 처리에 유리함
④ 공정수 및 폐수 발생이 없음

✔ ③ 소용량의 가스 처리에 유리하다.

23 내륙매립방법인 셀(cell) 공법에 관한 설명으로 옳지 않은 것은?

① 화재의 확산을 방지할 수 있다.
② 쓰레기 비탈면의 경사는 15~25%의 기울기로 하는 것이 좋다.
③ 1일 작업하는 셀 크기는 매립장 면적에 따라 결정된다.
④ 발생가스 및 매립층 내 수분의 이동이 억제된다.

✔ ③ 1일 작업하는 셀 크기는 매립 처분량에 따라 결정된다.

제2과목

정답 | 38.④ 39.③ 40.② / 21.① 22.③ 23.③

24 유기물($C_6H_{12}O_6$) 0.1ton을 혐기성 소화할 때 생성될 수 있는 최대 메테인의 양(kg)은?

① 12.5　② 26.7
③ 37.3　④ 42.9

✔ 〈반응식〉 $C_6H_{12}O_6 \rightarrow 3CH_4 + 3CO_2$
180kg : 3×16kg
100kg : X

$$\therefore X = \frac{100\times3\times16}{180} = 26.6667 ≒ 26.67\,\text{kg}$$

25 VS 75%를 함유하고 있는 슬러지 고형물을 1ton/day로 받아들일 경우 소화조의 부하율(kgVS/m³ · day)은? (단, 슬러지의 소화용적 =550m³, 비중=1.0)

① 1.26　② 1.36
③ 1.46　④ 1.56

✔ 소화조의 부하율 $= \frac{VS}{V}$

여기서, VS : 유기물의 함량(kgVS)
V : 소화조의 부피(m³ · day)

소화조의 부하율 $= \frac{1{,}000\times0.75}{550} = 1.36\,\text{kgVS/m}^3\cdot\text{day}$

26 매립지에서 폐기물의 생물학적 분해과정(5단계) 중 산 형성단계(제3단계)에 대한 설명으로 가장 거리가 먼 것은?

① 호기성 미생물에 의한 분해가 활발함
② 침출수의 pH가 5 이하로 감소함
③ 침출수의 BOD와 COD는 증가함
④ 매립가스의 메테인 구성비가 증가함

✔ ① 혐기성 미생물에 의한 분해가 활발함

27 도시 쓰레기를 위생 매립 시 고려하여야 할 사항으로 가장 거리가 먼 것은?

① 지반의 침하
② 침출수에 의한 지하수 오염
③ CH_4 가스 발생
④ CO_2 가스 발생

28 합성차수막의 종류 중 PVC의 장점에 관한 설명으로 틀린 것은?

① 가격이 저렴하다.
② 접합이 용이하다.
③ 강도가 높다.
④ 대부분의 유기화학물질에 강하다.

✔ ④ 대부분의 유기화학물질에 약하다.

29 분뇨를 혐기성 소화법으로 처리하는 경우, 정상적인 작동 여부를 파악할 때 꼭 필요한 조사 항목으로 가장 거리가 먼 것은?

① 분뇨의 투입량에 대한 발생가스 양
② 발생가스 중 CH_4와 CO_2의 비
③ 슬러지 내의 유기산 농도
④ 투입 분뇨의 비중

✔ ④ 투입 분뇨의 비중이 아닌, 농도를 조사해야 한다.

30 하수처리장에서 발생한 생슬러지 내 고형물은 유기물(VS) 85%, 무기물(FS) 15%로 되어 있으며, 이를 혐기 소화조에서 처리하여 소화 슬러지 내 고형물이 유기물(VS) 70%, 무기물(FS) 30%로 되었을 때 소화율(%)은?

① 45.8　② 48.8
③ 54.8　④ 58.8

✔ 소화율 $= \left(1 - \frac{VSS_f / FSS_f}{VSS_s / FSS_s}\right)\times100$

$= \left(1 - \frac{70\div30}{85\div15}\right)\times100$

$= 58.82\%$

31 토양이 휘발성 유기물에 의해 오염되었을 경우 가장 적합한 공정은? ★

① 토양세척법
② 토양증기추출법
③ 열탈착법
④ 이온교환수지법

정답 | 24.② 25.② 26.① 27.④ 28.④ 29.④ 30.④ 31.②

32 유해폐기물의 고형화 방법 중 열가소성 플라스틱법에 관한 설명으로 옳지 않은 것은?

① 고온에서 분해되는 물질에는 사용할 수 없다.
② 용출손실률이 시멘트기초법보다 낮다.
③ 혼합률(MR)이 비교적 낮다.
④ 고화 처리된 폐기물 성분을 나중에 회수하여 재활용할 수 있다.

✔ ③ 혼합률(MR)이 비교적 높다.

33 매립지에서 침출된 침출수 농도가 반으로 감소하는 데 약 3년이 걸린다면 이 침출수 농도가 90% 분해되는 데 걸리는 시간(년)은? ★★★

① 6　② 8
③ 10　④ 12

✔ 1차 반응식 $\ln\frac{C_t}{C_o} = -k \cdot t$

여기서, C_t : t시간 후 농도
C_o : 초기 농도
k : 반응속도상수(year^{-1})
t : 시간(year)

$$k = \frac{\ln\frac{C_t}{C_o}}{-t} = \frac{\ln\frac{1}{2}}{-3\,\text{year}} = 0.2310\,\text{year}^{-1}$$

$$\therefore t = \frac{\ln\frac{C_t}{C_o}}{-k} = \frac{\ln\frac{10}{100}}{-0.2310} = 9.9679 \fallingdotseq 9.97\,\text{year}$$

34 차수설비는 표면차수막과 연직차수막으로 구분되는데, 연직차수막에 대한 일반적인 내용으로 가장 거리가 먼 것은?

① 지중에 수평방향의 차수층이 존재하는 경우에 작용한다.
② 지하수 집배수시설이 필요하다.
③ 지하에 매설하기 때문에 차수성 확인이 어렵다.
④ 차수막 단위면적당 공사비가 비싸지만 총 공사비는 싸다.

✔ ② 지하수 집배수시설이 필요한 것은 표면차수막이다.

35 고형물의 농도 10kg/m^3, 함수율 98%, 유량 700m^3/day인 슬러지를 고형물 농도 50kg/m^3, 함수율 95%인 슬러지로 농축시키고자 하는 경우 농축조의 소요 단면적(m^2)은? (단, 침강속도=10m/day)

① 51　② 56
③ 60　④ 72

✔
- 농축 전 $TS = \frac{10\,\text{kg}}{\text{m}^3} \Big| \frac{700\,\text{m}^3}{\text{day}} = 7{,}000\,\text{kg/day}$
- 농축 후 부피 $= \frac{7{,}000\,\text{kg/day}}{50\,\text{kg/m}^3} = 140\,\text{m}^3/\text{day}$
- 침강량 $= 700 - 140 = 560\,\text{m}^3/\text{day}$

$\therefore$ 농축조 소요 단면적 $= \frac{560}{10} = 56\,\text{m}^2$

36 슬러지 수분 결합상태 중 탈수하기 가장 어려운 형태는? ★

① 모관결합수
② 간극모관결합수
③ 표면부착수
④ 내부수

✔ **슬러지의 수분 함유형태별 탈수성의 크기**
간극수 > 모관결합수 > 표면부착수 > 내부수

37 가연성 물질의 연소 시 연소효율은 완전연소량에 비하여 실제 연소되는 양의 백분율로 표시한다. 관계식을 맞게 나타낸 것은? (단, η_0 : 연소효율(%), Hl : 저위발열량, L_c : 미연소손실, L_i : 불완전연소손실)

① $\eta_0(\%) = \frac{Hl - (L_c + L_i)}{Hl} \times 100$
② $\eta_0(\%) = \frac{(L_c + L_i) - Hl}{Hl} \times 100$
③ $\eta_0(\%) = \frac{(L_c + L_i) - Hl}{(L_c + L_i)} \times 100$
④ $\eta_0(\%) = \frac{Hl - (L_c + L_i)}{(L_c + L_i)} \times 100$

제2과목

정답 | 32.③ 33.③ 34.② 35.② 36.④ 37.①

38 다음 조건에서 침출수 통과 연수(년)는? ★

- 점토층의 두께 = 1m
- 유효공극률 = 0.40
- 투수계수 = 10^{-7}cm/sec
- 상부 침출수 수두 = 0.4m

① 약 7 ② 약 8
③ 약 9 ④ 약 10

✔ 침출수 통과 연수 $t = \dfrac{nd^2}{K(d+h)}$

여기서, t : 통과시간(year)
n : 유효공극률
d : 점토층 두께(cm)
K : 투수계수(cm/year)
h : 침출수 수두(m)

$$K = \frac{10^{-7}\text{cm}}{\text{sec}} \Big| \frac{3{,}600\text{sec}}{\text{hr}} \Big| \frac{24\text{hr}}{\text{day}} \Big| \frac{365\text{day}}{\text{year}}$$

$= 3.1536\text{cm/year}$

$$\therefore t = \frac{0.40 \times 100^2}{3.1536 \times (100+40)} = 9.06\text{year}$$

39 분뇨 슬러지를 퇴비화할 때 고려하여야 할 사항이 아닌 것은?

① 자연상태에서 생화학적으로 안정되어야 함
② 병원균, 회충란 등의 유무는 무관함
③ 악취 등의 발생이 없어야 함
④ 취급이 용이한 상태여야 함

40 주유소에서 오염된 토양을 복원하기 위해 오염정도 조사를 실시한 결과, 토양 오염부피는 5,000m^3이고, BTEX는 평균 300mg/kg으로 나타났다. 이때 오염 토양에 존재하는 BTEX의 총 함량(kg)은? (단, 토양의 bulk density = 1.9g/cm^3)

① 2,650 ② 2,850
③ 3,050 ④ 3,250

✔ BTEX 총 함량

$$= \frac{5{,}000\text{m}^3}{} \Big| \frac{1.9\text{g}}{\text{cm}^3} \Big| \frac{10^3\text{cm}^3}{\text{L}} \Big| \frac{10^3\text{L}}{\text{m}^3} \Big| \frac{\text{kg}}{10^3\text{g}} \Big| \frac{300\text{mg}}{\text{kg}} \Big| \frac{\text{kg}}{10^6\text{mg}} = 2{,}850\text{kg}$$

제2과목 | 폐기물 처리기술

2019년 제4회 폐기물처리기사

21 소각공정에 비해 열분해과정의 장점이라 볼 수 없는 것은?

① 배기가스가 적다.
② 보조연료의 소비량이 적다.
③ 크로뮴의 산화가 억제된다.
④ NO_X의 발생량이 억제된다.

✔ 열분해는 흡열반응이므로, 외부에서 열공급을 하기 위한 보조연료가 필요하다.

22 아래와 같은 조건일 때 혐기성 소화조의 용량(m^3)은? (단, 유기물 양의 50%가 액화 및 가스화된다고 하며, 방식은 2조식)

- 분뇨 투입량 = 1,000kL/day
- 투입 분뇨 함수율 = 95%
- 유기물 농도 = 60%
- 소화일수 = 30일
- 인발 슬러지 함수율 = 90%

① 12,350 ② 17,850
③ 20,250 ④ 25,500

✔ 소화조 용적 $V = \left(\dfrac{Q_1 + Q_2}{2}\right) \times t$

여기서, Q_1 : 소화 전 분뇨(m^3/day)
Q_2 : 소화 후 분뇨(m^3/day)
t : 소화일수

$$TS = \frac{1{,}000\text{kL}}{\text{day}} \Big| \frac{\text{m}^3}{\text{kL}} \Big| \frac{5_{TS}}{100_{SL}} = 50\text{m}^3/\text{day}$$

- 소화 전 $VS = 50 \times 0.6 = 30\text{m}^3/\text{day}$
  $FS = 50 - 30 = 20\text{m}^3/\text{day}$
- 소화 후 $VS = 30 \times 0.5 = 15\text{m}^3/\text{day}$
  $FS = 20\text{m}^3/\text{day}$

※ 소화 전·후의 FS는 그대로 유지된다.

$$Q_2 = \frac{(15+20)\text{m}^3}{\text{day}} \Big| \frac{100}{10} = 350\text{m}^3/\text{day}$$

$$\therefore V = \left(\frac{1{,}000+350}{2}\right) \times 30 = 20{,}250\text{m}^3$$

정답 | 38.③ 39.② 40.② / 21.② 22.③

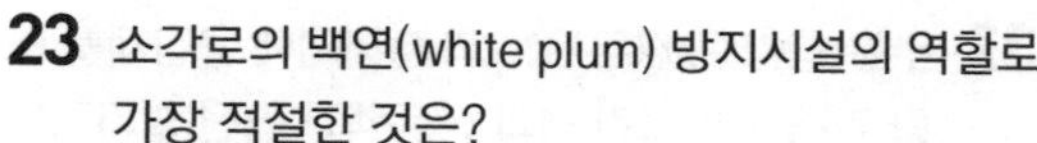

23 소각로의 백연(white plum) 방지시설의 역할로 가장 적절한 것은?

① 배출가스 중 수증기 응축을 방지하여 지역 주민의 대기오염 피해의식을 줄이기 위해
② 먼지 제거
③ 폐열 회수
④ 질소산화물 제거

24 토양 복원기술 중 압력 및 농도구배를 형성하기 위하여 추출정을 굴착하여 진공상태로 만들어 줌으로써 토양 내의 휘발성 오염물질을 휘발 · 추출하는 기술은? ★

① Biopile
② Bioaugmentation
③ Soil vapor extraction
④ Thermal Decomposition

25 다음 중 소각로의 부식에 대한 설명으로 적절하지 않은 것은?

① 480~700℃ 사이에서는 염화철이나 알칼리철 황산염 분해에 의한 부식이 발생된다.
② 저온 부식은 100~150℃ 사이에서 부식속도가 가장 느리고, 고온 부식은 600~700℃에서 가장 부식이 잘 된다.
③ 150~320℃에서는 부식이 잘 일어나지 않고, 고온 부식은 320℃ 이상에서 소각재가 침착된 금속면에서 발생된다.
④ 320~480℃ 사이에서는 염화철이나 알칼리철 황산염 생성에 의한 부식이 발생된다.

✔ ② 저온 부식은 100~150℃ 사이에서 부식속도가 가장 빠르고, 고온 부식은 600~700℃ 사이에서 가장 부식이 잘 된다.

26 함수율이 96%인 슬러지 10L에 응집제를 가하여 침전 · 농축시킨 결과 상층액과 침전 슬러지의 용적비가 2 : 1이었다면 침전 슬러지의 함수율(%)은 얼마인가? (단, 비중은 1.0 기준이며, 상층액 SS, 응집제량 등의 기타 사항은 고려하지 않음) ★★★

① 84 ② 88
③ 92 ④ 94

✔ $V_1(100-W_1)=V_2(100-W_2)$

여기서, V_1 : 처리 전 슬러지 부피
V_2 : 처리 후 침전 슬러지 부피
W_1 : 처리 전 슬러지 함수율
W_2 : 처리 후 침전 슬러지 함수율

$10\times(100-96)=10\times\frac{1}{3}(100-W_2)$ ➡ 계산기의 Solve 기능 사용

$\therefore W_2=88\%$

27 피부염, 피부궤양을 일으키며, 흡입으로 코, 폐, 위장에 점막을 생성하고 폐암을 유발하는 중금속은?

① 비소 ② 납
③ 6가크로뮴 ④ 구리

28 다음 중 폐기물 부담금 제도에 해당되지 않는 품목은?

① 500mL 이하의 살충제 용기
② 자동차 타이어
③ 껌
④ 일회용 기저귀

✔ **폐기물 부담금 제도의 품목**
- 살충제, 유독물 제품
- 부동액
- 껌
- 일회용 기저귀
- 담배
- 플라스틱 제품

제2과목

정답 | 23.① 24.③ 25.② 26.② 27.③ 28.②

29 매립지 가스 발생량의 추정방법으로 가장 거리가 먼 것은?

① 화학양론적인 접근에 의한 폐기물 조성으로부터 추정
② BMP(Biological Methane Potential)법에 의한 메테인가스 발생량 조사법
③ 라이지미터(lysimeter)에 의한 가스 발생량 추정법
④ 매립지에 화염을 접근시켜 화력에 의해 추정하는 방법

✔ ④ 매립지에 화염을 접근시키는 경우 폭발 위험이 있다.

30 다음 중 퇴비화의 장단점으로 가장 거리가 먼 것은? ★★

① 병원균 사멸이 가능한 장점이 있다.
② 다양한 재료를 이용하므로 퇴비제품의 품질 표준화가 어려운 담점이 있다.
③ 퇴비화가 완성되어도 부피가 크게 감소(50% 이하)하지 않는 단점이 있다.
④ 생산된 퇴비는 비료가치가 높다는 장점이 있다.

✔ ④ 생산된 퇴비는 비료가치가 낮다.

31 침출수가 점토층을 통과하는 데 소요되는 시간을 계산하는 식으로 옳은 것은? (단, t : 통과시간(year), d : 점토층 두께(m), h : 침출수 수두(m), K : 투수계수(m/year), n : 유효공극률)

① $t=\dfrac{nd^2}{K(d+h)}$

② $t=\dfrac{dn}{K(d+h)}$

③ $t=\dfrac{nd^2}{K(2d+h)}$

④ $t=\dfrac{dn}{K(2h+d)}$

32 수분 함량 95%(무게%)의 슬러지에 응집제를 소량 가해 농축시킨 결과 상등액과 침전 슬러지의 용적비가 3 : 5이었다. 이 침전 슬러지의 함수율(%)은? (단, 응집제의 주입량은 소량이므로 무시, 농축 전후 슬러지 비중은 1) ★★★

① 94 ② 92
③ 90 ④ 88

✔ $V_1(100-W_1)=V_2(100-W_2)$

여기서, V_1 : 처리 전 슬러지 부피
V_2 : 처리 후 침전 슬러지 부피
W_1 : 처리 전 슬러지 함수율
W_2 : 처리 후 침전 슬러지 함수율

※ 전체를 1로 가정한다.

$1\times(100-95)=1\times\dfrac{5}{8}(100-W_2)$ ➡ 계산기의 Solve 기능 사용

$\therefore W_2=92\ \%$

33 매립지에서 침출된 침출수의 농도가 반으로 감소하는 데 약 3.3년의 걸린다면 이 침출수의 농도가 90% 분해되는 데 걸리는 시간(년)은? (단, 1차 반응 기준) ★★★

① 약 7 ② 약 9
③ 약 11 ④ 약 13

✔ 1차 반응식 $\ln\dfrac{C_t}{C_o}=-k\cdot t$

여기서, C_t : t시간 후 농도
C_o : 초기 농도
k : 반응속도상수(year^{-1})
t : 시간(year)

$$k=\dfrac{\ln\dfrac{C_t}{C_o}}{-t}=\dfrac{\ln\dfrac{1}{2}}{-3.3\text{year}}=0.2100\text{year}^{-1}$$

$$\therefore t=\dfrac{\ln\dfrac{C_t}{C_o}}{-k}=\dfrac{\ln\dfrac{10}{100}}{-0.2100}=10.9647\fallingdotseq 10.96\text{year}$$

34 토양세척법의 처리효과가 가장 높은 토양 입경 정도는?

① 슬러지 ② 점토
③ 미사 ④ 자갈

정답 I 29.④ 30.④ 31.① 32.② 33.③ 34.④

35 폐기물 퇴비화에 관한 설명으로 틀린 것은? ★★

① C/N 비가 클수록 퇴비화에 시간이 많이 요구된다.

② 함수율이 높을수록 미생물의 분해속도는 빠르다.

③ 공기가 과잉 공급되면 열손실이 생겨 미생물의 대사열을 빼앗겨서 동화작용이 저해된다.

④ 공기공급이 부족하면 혐기성 분해에 의해 퇴비화 속도의 저하를 초래하고 악취 발생의 원인이 된다.

✔ ② 함수율이 높을수록 미생물의 분해속도는 느려지므로 50~60% 정도를 유지한다.

36 폐기물 매립지에서 매립시간 경과에 따라 크게 초기조절단계, 전이단계, 산 형성단계, 메테인 발효단계, 숙성단계의 총 5단계로 구분이 되는데, 4단계인 메테인 발효단계에서 나타나는 현상과 가장 근접한 것은?

① 수소 농도가 증가함

② 산 형성속도가 상대적으로 증가함

③ 침출수의 전도도가 증가함

④ pH가 중성값보다 약간 증가함

37 폐기물 매립지에서 나오는 침출수에 관한 설명으로 가장 거리가 먼 것은?

① 폐기물을 통과하면서 폐기물 내의 성분을 용해시키거나 부유물질을 함유하기도 한다.

② 가스 발생량이 많을수록 침출수 내 유기물질 농도는 증가한다.

③ 외부에서 침투하는 물과 내부에 있는 물이 유출되어 형성한다.

④ 매립지 침출수의 이동은 서서히 이동된다고 한다.

✔ ② 가스 발생량이 많을수록 침출수 내 유기물질 농도는 감소한다(유기물질이 감소하며 가스가 발생하기 때문).

38 함수율이 95%이고 고형물 중 유기물이 70%인 하수 슬러지 $300m^3$/day를 소화시켜 유기물의 2/3가 분해되고, 함수율 90%인 소화 슬러지를 얻었다. 소화 슬러지 양(m^3/day)은? (단, 슬러지 비중은 1.0) ★★★

① 80 ② 90

③ 100 ④ 110

✔ • 소화 전 : 고형물 $= 300\,m^3/day \times \frac{5}{100} = 15\,m^3/day$

유기물 $= 15\,m^3/day \times \frac{70}{100} = 10.5\,m^3/day$

무기물 $= 15\,m^3/day \times \frac{30}{100} = 4.5\,m^3/day$

• 소화 후 : 유기물 $= 10.5\,m^3/day \times \frac{1}{3} = 3.5\,m^3/day$

무기물 = 소화 전 무기물의 양

고형물 $= (3.5 + 4.5)\,m^3/day = 8\,m^3/day$

∴ 소화 슬러지 $= 8\,m^3/day \times \frac{100}{10} = 80\,m^3/day$

39 매립지 바닥이 두껍고(지하수면이 지표면으로부터 깊은 곳에 있는 경우) 복토로 적합한 지역에 이용하는 방법으로, 거의 단층 매립만 가능한 공법은? ★

① 도랑굴착 매립공법

② 압축매립공법

③ 샌드위치공법

④ 순차투입공법

40 폐기물 매립 시 매립된 물질의 분해과정은?

① 혐기성 → 호기성 → 메테인 생성 → 산성 물질 형성

② 호기성 → 혐기성 → 산성 물질 형성 → 메테인 생성

③ 호기성 → 혐기성 → 메테인 생성 → 산성 물질 형성

④ 혐기성 → 호기성 → 산성 물질 형성 → 메테인 생성

제2과목

정답 | 35.② 36.④ 37.② 38.① 39.① 40.②

제2과목 | 폐기물 처리기술

2020년 제1·2회 폐기물처리기사

21 유기성 폐기물의 생물학적 처리 시 화학 종속영양계 미생물의 에너지원과 탄소원을 나열한 것으로 옳은 것은?

① 유기 산화환원반응, CO_2
② 무기 산화환원반응, CO_2
③ 유기 산화환원반응, 유기탄소
④ 무기 산화환원반응, 유기탄소

✔ **미생물의 분류**

구분	탄소원
독립영양계(autotrophic)	CO_2
종속영양계(heterotrophic)	유기탄소

구분	에너지원
광합성(photo)	빛
화학합성(chemo)	유기산화, 환원반응

22 희석분뇨의 유량이 1,000m^3/day, 유입 BOD가 250mg/L, BOD 제거율이 65%일 경우, Lagoon의 표면적(m^2)은? (단, Lagoon의 수심=5m, 산화속도 K=0.53)

① 1,000 ② 700
③ 500 ④ 200

✔ Lagoon의 표면적 $A=\frac{V}{H}$

여기서, V : Lagoon의 부피(m^3)
H : Lagoon의 수심(m)

- $C_o = C_i(1-\eta) = 87.5\text{mg/L}$
- $V = \frac{Q(C_i - C_o)}{K \cdot C_o}$

여기서, Q : 희석분뇨의 유량(m^3/day)
C_i : 유입 BOD 농도(mg/L)
C_o : 유출 BOD 농도(mg/L)
K : 산화속도(day^{-1})

$$V = \frac{1,000\text{m}^3}{\text{day}} \bigg| \frac{(250-87.5)\text{mg}}{\text{L}} \bigg| \frac{\text{day}}{0.53} \bigg| \frac{\text{L}}{87.5\text{mg}}$$
$$= 3504.0431\text{m}^3$$
$$\therefore A = \frac{3504.0431\text{m}^3}{5\text{m}} = 700.8086 \fallingdotseq 700.81\text{m}^2$$

23 중금속의 토양오염원이 아닌 것은?

① 공장 폐수 ② 도시 하수
③ 소각장 배연 ④ 지하수

✔ ④ 지하수는 중금속의 토양오염원이 아니다.

24 다음 중 유동층 소각로의 특징으로 적절하지 않은 것은? ★★★

① 밑에서 공기를 주입하여 유동매체를 띄운 후 이를 가열시키고 상부에서 폐기물을 주입하여 소각하는 방식이다.
② 내화물을 입힌 가열판, 중앙의 회전축, 일련의 평판상으로 구성되며, 건조영역, 연소영역, 냉각영역으로 구분된다.
③ 생활폐기물은 파쇄 등의 전처리가 필히 요구된다.
④ 기계적 구동부분이 작아 고장률이 낮다.

✔ ②의 내용은 유동층 소각로가 아닌, 다단로식 소각로에 대한 특징이다.

25 매립 연한이 10년 이상 경과된 침출수의 특성에 대한 설명으로 옳은 것은?

① BOD/COD : 0.1 미만, COD : 500mg/L 미만
② BOD/COD : 0.1 초과, COD : 500mg/L 초과
③ BOD/COD : 0.5 미만, COD : 10,000mg/L 초과
④ BOD/COD : 0.5 초과, COD : 10,000mg/L 미만

✔ **매립 연한에 따른 침출수질의 변화**

구분	BOD5/COD	COD/TOC	CODcr(mg/L)
매립 후 5년 이내	> 0.5	> 2.8	> 10,000
매립 후 5~10년	0.1~0.5	2.0~2.8	500~10,000
매립 후 10년 이상	< 0.1	< 2.0	< 500

정답 | 21.③ 22.② 23.④ 24.② 25.①

26 폐기물 매립지의 4단계 분해과정에 대한 설명으로 옳지 않은 것은? ★

① 1단계 : 호기성 단계로서 며칠 또는 몇 개월 가량 지속되며, 용존산소가 쉽게 고갈된다.

② 2단계 : 혐기성 단계이며 메테인가스가 형성되지 않고 SO_4^{2-}와 NO_3^-가 환원되는 단계이다.

③ 3단계 : 혐기성 단계로 메테인가스와 수소가스 발생량이 증가되고 온도가 약 55℃ 내외로 증가된다.

④ 4단계 : 혐기성 단계로 메테인가스와 이산화탄소 함량이 정상 상태로 거의 일정하다.

✔ ③ 3단계 : 혐기성 단계로 메테인가스가 증가하고, 수소가스는 거의 없으며, 온도가 약 55℃까지 증가된다.

27 음식물쓰레기의 혐기성 소화에 있어서 메테인 발효조의 효과적인 운전조건과 거리가 먼 것은?

① 온도 : 35~37℃

② pH : 7.0~7.8

③ ORP : 100mV

④ 발생가스 : CH_4 60% 이상 유지

✔ ③ ORP : −100 ~ −400mV

28 매립지 바닥의 차수막으로서 양이온 교환능이 10meq/100g인 점토를 비중 2로 조성하였다면, 점토 차수막 물질 1m³에 교환 · 흡수될 수 있는 Ca^{2+} 이온의 질량(g)은? (단, 원자량은 Ca=40g/mol임)

① 1,000 ② 2,000

③ 3,000 ④ 4,000

✔ Ca^{2+} 이온의 질량

$$= \frac{10\,\text{meq}}{100\,\text{g}} \left| \frac{\text{eq}}{10^3\,\text{meq}} \right| \frac{(40/2)\,\text{g}}{\text{eq}} \left| \frac{2{,}000\,\text{kg}}{} \right| \frac{10^3\,\text{g}}{\text{kg}}$$

$$= 4{,}000\,\text{g}$$

29 퇴비화에 적합한 초기 탄질(C/N)비는 30 내외이다. 탄질비가 15인 음식물쓰레기를 초기 퇴비화 조건으로 조정하고자 할 때 가장 효과적인 물질은? (단, 혼합비율은 무게비율로 1 : 1임)

① 우분

② 슬러지

③ 낙엽

④ 도축 폐기물

✔ $C_m = \frac{C_1 \cdot Q_1 + C_2 \cdot Q_2}{Q_1 + Q_2}$

여기서, C_m : 혼합 탄질비

C_1 : 음식물쓰레기 탄질비

C_2 : 효과적인 물질 탄질비

Q_1 : 음식물쓰레기 양

Q_2 : 효과적인 물질 양

$30 = \frac{15 \times 1 + C_2 \times 1}{1+1}$ ➡ $C_2 = 45$

∴ 45의 탄질비를 갖는 것은 낙엽(40~80)이다.

30 매립지에서 사용하는 열가소성(thermoplastic) 합성차수막이 아닌 것은?

① Ethylene Propylene Diene Monomer(EPDM)

② High-Density Polyethylene(HDPE)

③ Chlorinated Polyethylene(CPE)

④ Polyvinyl Chloride(PVC)

✔ ① EPDM은 열경화성이다.

31 유해성 폐기물을 대상으로 침전, 이온교환기술을 적용하기 가장 어려운 것은?

① As

② CN

③ Pb

④ Hg

✔ 사이안(CN) 처리방법으로는 이온교환법, 알칼리염소법, 오존산화법 등이 있다.

제2과목

정답 | 26.③ 27.③ 28.④ 29.③ 30.① 31.②

32 함수율 97%의 슬러지를 농축하였더니 부피가 처음 부피의 1/3로 줄어들었을 때 농축 슬러지의 함수율(%)은? (단, 비중은 함수율과 관계없이 1.0으로 동일) ★★★

① 95 ② 93
③ 91 ④ 89

✔ $V_1(100-W_1)=V_2(100-W_2)$

여기서, V_1 : 농축 전 슬러지 부피
V_2 : 농축 슬러지 부피
W_1 : 농축 전 슬러지 함수율
W_2 : 농축 슬러지 함수율

$V_1\times(100-97)=V_2\times(100-W_2)$

$(100-97)=\frac{V_2}{V_1}\times(100-W_2)=\frac{1}{3}\times(100-W_2)$

$\therefore\ W_2=100-(100-97)\times3=91\%$

33 다음 중 호기성 퇴비화에 대한 설명으로 옳지 않은 것은? ★★

① 생산된 퇴비의 비료가치가 높다.
② 퇴비 완성 후에 부피감소가 50% 이하로 크지 않다.
③ 퇴비화 과정을 거치면서 병원균, 기생충 등이 사멸된다.
④ 다른 폐기물 처리기술에 비해 고도의 기술수준을 요구하지 않는다.

✔ ① 생산된 퇴비의 비료가치가 낮다.

34 어느 쓰레기 수거차의 적재능력은 15m^3 또는 10톤을 적재할 수 있다. 밀도가 0.6ton/m^{3}인 폐기물 3,000m^{3}을 동시에 수거하려 할 때, 필요한 수거차의 대수는? (단, 기타 사항은 고려하지 않음)

① 180대 ② 200대
③ 220대 ④ 240대

✔ 수거차의 대수 $=\frac{3{,}000\,\text{m}^3}{}\Big|\frac{\text{대}}{15\,\text{m}^3}=200$대

35 혐기성 소화에 의한 유기물의 분해단계로 적절한 것은?

① 산 생성 → 가수분해 → 수소 생성 → 메테인 생성
② 산 생성 → 수소 생성 → 가수분해 → 메테인 생성
③ 가수분해 → 수소 생성 → 산 생성 → 메테인 생성
④ 가수분해 → 산 생성 → 수소 생성 → 메테인 생성

36 호기성 퇴비화 공정의 설계 시 운영 고려인자에 관한 설명으로 적합하지 않은 것은?

① 교반/뒤집기 : 공기의 단회로(channeling) 현상 발생이 용이하도록 규칙적으로 교반하거나 뒤집어준다.
② pH 조절 : 암모니아가스에 의한 질소 손실을 줄이기 위해서 pH 8.5 이상 올라가지 않도록 주의한다.
③ 병원균의 제어 : 정상적인 퇴비화 공정에서는 병원균의 사멸이 가능하다.
④ C/N 비 : C/N 비가 낮은 경우는 암모니아가스가 발생한다.

✔ ① 공기의 단회로 현상이 발생하지 않도록 규칙적으로 교반하거나 뒤집어준다.

37 소각 처리에 가장 부적합한 폐기물은?

① 폐종이
② 폐유
③ 폐목재
④ PVC

✔ ④ PVC 소각 시 염화수소가스가 발생하여 인체 및 기계에 해롭다.

정답 | 32.③ 33.① 34.② 35.④ 36.① 37.④

38 도시 가정 쓰레기의 매립 시 유출되는 침출수의 정화시설 운전 시 주의할 사항이 아닌 것은?

① BOD : N : P의 비율을 조사하여 생물학적 처리의 문제점을 조사할 것
② 강우상태에 따른 매립장에서의 유출 오수량 조절방안을 강구할 것
③ 폐수 처리 시 거품의 발생과 제거에 대한 방안을 강구할 것
④ 생물학적 처리에 유해한 고농도의 유해 중금속물질 처리를 위한 처리방안을 조사할 것

39 폐기물 매립지에 소요되는 연직차수막과 표면차수막의 비교 설명으로 옳지 않은 것은?

① 연직차수막은 지중에 수직방향의 차수층이 존재하는 경우에 적용한다.
② 표면차수막은 매립지 지반의 투수계수가 큰 경우에 사용되는 방법이다.
③ 표면차수막에 비하여 연직차수막의 단위면적당 공사비는 비싸지만 총 공사비는 더 싸다.
④ 연직차수막은 지하수 집배수시설이 불필요하나 표면차수막은 필요하다.

✔ ① 연직차수막은 지중에 수평방향의 차수층이 존재하는 경우에 적용한다.

40 해안매립공법인 순차투입방법에 대한 설명으로 옳은 것은? ★

① 밑면이 뚫린 바지선을 이용하여 폐기물을 떨어뜨려 뿌려줌으로써 바닥 지반 하중을 균등하게 해준다.
② 외주 호안 등에 부가되는 수압이 증대되어 과대한 구조가 되기 쉽다.
③ 수심이 깊은 처분장은 내수를 완전히 배제한 후 순차투입방법을 택하는 경우가 많다.
④ 바닥 지반이 연약한 경우 쓰레기 하중으로 연약층이 유동하거나 국부적으로 두껍게 퇴적되기도 한다.

제2과목 | 폐기물 처리기술

2020년 제3회 폐기물처리기사

21 매립지 입지 선정절차 중 후보지 평가단계에서 수행해야 할 일로 가장 거리가 먼 것은?

① 경제성 분석
② 후보지 등급 결정
③ 현장 조사(보링 조사 포함)
④ 입지 선정기준에 의한 후보지 평가

✔ ① 경제성 분석은 초기에 수행한다.

22 저항성 탐사에서의 토양의 저항성(R)을 나타내는 것은? (단, I는 전류, s는 전극간격, V는 측정전압을 의미)

① $R = \frac{2\pi s V}{I}$
② $R = \frac{2\pi s I}{V}$
③ $R = \frac{s V}{2\pi I}$
④ $R = \frac{s I}{2\pi V}$

23 침출수의 혐기성 처리에 대한 설명으로 옳지 않은 것은?

① 고농도의 침출수를 희석 없이 처리할 수 있다.
② 미생물의 낮은 증식으로 슬러지 발생량이 적다.
③ 온도, 중금속 등의 영향이 호기성 공정에 비해 크다.
④ 호기성 공정에 비해 높은 영양물질 요구량을 가진다.

✔ ④ 호기성 공정에 비해 낮은 영양물질 요구량을 가진다.

제2과목

정답 | 38.④ 39.① 40.④ / 21.① 22.① 23.④

24 친산소성 퇴비화 과정의 온도와 유기물의 분해 속도에 대한 일반적인 상관관계로 옳은 것은?

① 40℃ 이하에서 가장 분해속도가 빠르다.
② 40~55℃ 정도에서 가장 분해속도가 빠르다.
③ 55~60℃ 정도에서 가장 분해속도가 빠르다.
④ 60℃ 이상에서 가장 분해속도가 빠르다.

25 다음 중 스크린 선별에 대한 설명으로 적절한 것은? ★★★

① 트롬멜 스크린의 경사도는 2~3°가 적정하다.
② 파쇄 후에 설치되는 스크린은 파쇄설비 보호가 목적이다.
③ 트롬멜 스크린의 회전속도가 증가할수록 선별효율이 증가한다.
④ 회전 스크린은 주로 골재 분리에 이용되며 구멍이 막히는 문제가 자주 발생한다.

✔ ② 파쇄 후 설치되는 스크린은 폐기물 분류가 목적이다.
③ 트롬멜 스크린의 회전속도가 증가할수록 선별효율이 감소한다.
④는 진동 스크린에 대한 설명이다.

26 용적이 1,000m^3인 혐기성 소화조에서 하루에 함수율 95%의 슬러지 20m^3를 소화시킨다고 한다. 이때 이 소화조의 유기물 부하율(kgVS/m^3 · day)은? (단, 슬러지 고형물 중 무기물 비율은 40%, 슬러지의 비중은 1.0으로 가정)

① 0.2　　② 0.4
③ 0.6　　④ 0.8

✔ 소화조의 유기물 부하율 $= \frac{VS}{V}$

여기서, VS : 유기물의 함량(kg/day)
V : 소화조의 부피(m^3)

$$VS = \frac{20\,m^3}{day} \Big| \frac{1,000\,kg}{m^3} \Big| \frac{5_{TS}}{100_{SL}} \Big| \frac{60_{VS}}{100_{TS}} = 600\,kg/day$$

$$\therefore \frac{VS}{V} = \frac{600}{1,000} = 0.6\,kg\,VS/m^3 \cdot day$$

27 유기성 폐기물의 C/N 비는 미생물의 분해대상인 기질의 특성으로 효과적인 퇴비화를 위해 가장 직접적인 중요 인자이다. 일반적으로 초기 C/N 비로 가장 적합한 것은? ★★

① 5~15　　② 25~35
③ 55~65　　④ 85~100

28 규모가 3,785m^3/일인 하수처리장에 유입되는 BOD와 SS 농도가 각각 200mg/L이다. 1차 침전에 의하여 SS는 60%가 제거되고, 이에 따라 BOD도 30%가 제거된다. 후속 처리인 활성슬러지공법(폭기조)에 의해 남은 BOD의 90%가 제거되며, 제거된 kgBOD당 0.2kg의 슬러지가 생산된다면 1차 침전에서 발생한 슬러지와 활성슬러지공법에 의해 발생된 슬러지 양의 총합(kg/일)은? (단, 비중은 1.0 기준, 기타 조건은 고려 안함)

① 약 530　　② 약 550
③ 약 570　　④ 약 590

✔ • 1차 침전지 발생 슬러지

$$= \frac{3,785\,m^3}{day} \Big| \frac{200\,mg}{L} \Big| \frac{10^3 L}{m^3} \Big| \frac{kg}{10^6 mg} \Big| \frac{60}{100}$$
$$= 454.2\,kg/day$$

• 2차 침전지 발생 슬러지

$$= \frac{3,785\,m^3}{day} \Big| \frac{200\,mg}{L} \Big| \frac{10^3 L}{m^3} \Big| \frac{kg}{10^6 mg} \Big| \frac{70}{100} \Big| \frac{90}{100} \Big| \frac{0.2\,kg\,SL}{kg\,BOD}$$
$$= 95.382\,kg/day$$

∴ 슬러지 양의 총합 $= 454.2 + 95.382 = 549.58\,kg/day$

29 매립지 차수막으로써 점토의 조건으로 적합하지 않은 것은?

① 액성한계 : 60% 이상
② 투수계수 : 10^{-7}cm/sec 미만
③ 소성지수 : 10% 이상 30% 미만
④ 자갈 함유량 : 10% 미만

✔ ① 액성한계 : 30% 이상

정답 | 24.③ 25.① 26.③ 27.② 28.② 29.①

30 고형화 처리 중 시멘트기초법에서 가장 흔히 사용되는 포틀랜드시멘트의 화합물 조성 중 가장 많은 부분을 차지하고 있는 것은? ★

① $2SiO_2 \cdot Fe_2O_3$
② $3CaO \cdot SiO_2$
③ $2CaO \cdot MgO$
④ $3CaO \cdot Fe_2O_3$

31 분뇨를 호기성 소화방식으로 일 500m³의 부피를 처리하고자 한다. 1차 처리에 필요한 산기관 수는? (단, 분뇨 BOD 20,000mg/L, 1차 처리효율 60%, 소요공기량 50m³/kgBOD, 산기관 통풍량 0.5m³/min · 개)

① 347 ② 417
③ 694 ④ 1,157

✔ 산기관 수 $n = \frac{Q_T}{Q_i}$

$$Q_T = \frac{500\,m^3}{day} \bigg| \frac{20{,}000\,mg}{L} \bigg| \frac{10^3 L}{m^3} \bigg| \frac{kg}{10^6 mg} \bigg| \frac{60}{100} \bigg| \frac{50\,m^3}{kg\,BOD} \bigg| \frac{day}{24\,hr} \bigg| \frac{hr}{60\,min}$$

$$= 208.3333\,m^3/min$$

$$\therefore n = \frac{208.3333}{0.5} = 416.6666 \fallingdotseq 417\text{개}$$

32 칼럼의 유입구와 유출구 사이에 수리학적 수두의 차이가 없을 때 오염물질은 무엇에 따라 다공성 매체를 이동하는가?

① 농도 경사 ② 이류 이동
③ 기계적 분산 ④ Darcy 플럭스

33 6가크로뮴을 함유한 유해폐기물의 처리방법으로 가장 적절한 것은?

① 양이온교환수지법
② 황산제1철환원법
③ 화학추출분해법
④ 전기분해법

34 유기염소계 화학물질을 화학적 탈염소화 분해할 경우 적합한 기술이 아닌 것은?

① 화학추출 분해법
② 알칼리촉매 분해법
③ 초임계 수산화 분해법
④ 분별증류촉매 수소화 탈염소법

35 생활폐기물 소각시설의 폐기물 저장조에 대한 설명 중 틀린 것은?

① 500톤 이상의 폐기물 저장조의 용량은 원칙적으로 계획 1일 최대처리량의 3배 이상의 용량(중량기준)으로 설치한다.
② 저장조의 용량 산정은 실측 자료가 없는 경우 우리나라 평균밀도인 0.22ton/m³를 적용한다.
③ 저장조 내에서 자연발화 등에 의한 화재에 대비하여 소화기 등 화재대비시설을 검토한다.
④ 폐기물 저장조의 설치 시 가능한 한 깊이보다 넓이를 최소화하여 오염되는 면적을 줄이도록 한다.

✔ ④ 폐기물 저장조의 설치 시 가능한 한 깊이를 최소화하여 크레인을 이용한 작업 시 효율을 증가시킨다.

36 매립지의 표면차수막에 관한 설명으로 옳지 않은 것은?

① 매립지 지반의 투수계수가 큰 경우에 사용한다.
② 지하수 집배수시설이 필요하다.
③ 단위면적당 공사비는 비싸나 총 공사비는 싸다.
④ 보수는 매립 전에는 용이하나 매립 후는 어렵다.

✔ ③ 단위면적당 공사비는 저렴하고 총 공사비는 비싸다.

제2과목

정답 | 30.② 31.② 32.① 33.② 34.③ 35.④ 36.③

37 매립지 기체 발생단계를 4단계로 나눌 때 매립 초기의 호기성 단계(혐기성 전 단계)에 대한 설명으로 옳지 않은 것은? ★

① 폐기물 내 수분이 많은 경우에는 반응이 가속화된다.
② 주요 생성기체는 CO_2이다.
③ O_2가 급격히 소모된다.
④ N_2가 급격히 발생한다.

✔ ④ N_2가 감소한다.

38 매립지의 침출수 농도가 반으로 감소하는 데 약 3년이 걸렸다면 이 침출수의 농도가 99% 감소하는 데 걸리는 시간(년)은? (단, 1차 반응 기준)

① 10 ② 15
③ 20 ④ 2

✔ 1차 반응식 $\ln\frac{C_t}{C_o} = -k \cdot t$

여기서, C_t : t시간 후 농도
C_o : 초기 농도
k : 반응속도상수($year^{-1}$)
t : 시간(year)

$$k = \frac{\ln\frac{C_t}{C_o}}{-t} = \frac{\ln\frac{1}{2}}{-3\text{year}} = 0.2310\text{year}^{-1}$$

$$\therefore t = \frac{\ln\frac{C_t}{C_o}}{-k} = \frac{\ln\frac{1}{100}}{-0.2310} = 19.9358 \fallingdotseq 19.94\text{year}$$

39 매립지에서 유기물의 완전분해식을 $C_{68}H_{111}O_{50}N + \alpha H_2O \rightarrow \beta CH_4 + 33CO_2 + NH_3$로 가정할 때 유기물 200kg을 완전분해 시 소모되는 물의 양(kg)은?

① 16 ② 21
③ 25 ④ 33

✔ $C_{68}H_{111}O_{50}N + 16H_2O \rightarrow 35CH_4 + 33CO_2 + NH_3$
1,741kg : 16×18kg
200kg : X

$$\therefore X = \frac{200 \times 16 \times 18}{1{,}741} = 33.08\text{kg}$$

40 재활용을 위한 매립가스의 회수조건으로 거리가 먼 것은?

① 발생기체의 50% 이상을 포집할 수 있어야 한다.
② 폐기물 1kg당 $0.37m^3$ 이상의 기체가 생성되어야 한다.
③ 폐기물 속에는 약 15~40%의 분해 가능한 물질이 포함되어 있어야 한다.
④ 생성된 기체의 발열량은 $2{,}200kcal/Sm^3$ 이상이어야 한다.

✔ ③ 폐기물 속에 약 50% 이상의 분해 가능한 물질이 포함되어 있어야 한다.

정답 I 37.④ 38.③ 39.④ 40.③

제2과목 | 폐기물 처리기술

2020년 제4회 폐기물처리기사

21 처리용량이 50kL/day인 분뇨 처리장에 가스 저장탱크를 설치하고자 한다. 가스의 저류시간을 8시간, 생성가스의 양을 투입 분뇨량의 6배로 가정한다면, 가스 탱크의 저장용량(m^3)은?

① 90 ② 100
③ 110 ④ 120

✔ 가스 탱크의 저장용량 $= \frac{50\,kL}{day} \Big| \frac{day}{24\,hr} \Big| \frac{8\,hr}{} \Big| \frac{6}{} \Big| \frac{m^3}{kL}$
$= 100\,m^3$

22 유기물($C_6H_{12}O_6$)을 혐기성(피산소성) 소화시킬 때 반응에 대한 설명으로 옳지 않은 것은?

① 유기물 1kg 분해 시 메테인 $0.37Sm^3$가 생성된다.
② 유기물 1kg 분해 시 이산화탄소 $0.37Sm^3$가 생성된다.
③ 유기물 90kg 분해 시 메테인 24kg이 생성된다.
④ 유기물 90kg 분해 시 이산화탄소 24kg이 생성된다.

✔ 〈반응식〉 $C_6H_{12}O_6 \rightarrow 3CH_4 + 3CO_2$
180kg : 3×44kg
90kg : X

$\therefore X = \frac{90 \times 3 \times 44}{180} = 66\,kg$

따라서, 유기물 90kg 분해 시 이산화탄소 66kg이 생성된다.

23 1일 수거 분뇨 투입량은 300kL, 수거차 용량은 3.0kL/대, 수거차 1대의 투입시간은 20분이 소요되며, 분뇨 처리장 작업시간은 1일 8시간으로 계획하면, 분뇨 투입구 수(개)는? (단, 최대수거율을 고려하여 안전율은 1.2배)

① 2 ② 5
③ 8 ④ 13

✔ 분뇨 투입구 수
$= \frac{300\,kL}{day} \Big| \frac{대}{3.0\,kL} \Big| \frac{20\,min}{대} \Big| \frac{day}{8\,hr} \Big| \frac{hr}{60\,min}$
$= 4.1667 ≒ 5$개

24 호기성 퇴비화 공정의 가장 오래된 방법 중 하나로 설치비용과 운영비용은 낮으나, 부지 소요가 크고 유기물이 완전히 분해되는 데 3~5년이 소요되는 퇴비화 공법은?

① 뒤집기식 퇴비단 공법
② 통기식 정체 퇴비단 공법
③ 플러그형 기계식 퇴비화 공법
④ 교반형 기계식 퇴비화 공법

25 매립지에서 침출된 침출수 농도가 반으로 감소하는 데 약 3.5년이 걸렸다면 이 침출수 농도가 95% 분해되는 데 소요되는 시간(년)은? (단, 침출수 분해반응은 1차 반응)

① 약 5 ② 약 10
③ 약 15 ④ 약 20

✔ 1차 반응식 $\ln\frac{C_t}{C_o} = -k \cdot t$

여기서, C_t : t시간 후 농도
C_o : 초기 농도
k : 반응속도상수(year^{-1})
t : 시간(year)

$$k = \frac{\ln\frac{C_t}{C_o}}{-t} = \frac{\ln\frac{1}{2}}{-3.5\,year} = 0.1980\,year^{-1}$$

$$\therefore t = \frac{\ln\frac{C_t}{C_o}}{-k} = \frac{\ln\frac{5}{100}}{-0.1980} = 15.1300 ≒ 15.13\,year$$

26 폐기물 매립지로 사용할 수 있는 곳은?

① 산림 조성지로 부적격지
② 습지대 또는 단층 지역
③ 100년 빈도의 홍수 범람지역
④ 지하수위가 1.5미터 미만인 곳

제2과목

정답 | 21.② 22.④ 23.② 24.① 25.③ 26.①

27 차단형 매립지에서 차수설비에 쓰이는 재료 중 투수율이 상대적으로 높고 불투수층을 균일하게 시공하기가 어려운 단점이 있지만, 침출수 중의 오염물질 흡착능력이 우수한 장점이 있는 차수재는?

① CSPE
② Soil mixture
③ HDPE
④ Clay soil

28 점토의 수분 함량과 관계되는 지표로서 점토의 수분 함량이 일정 수준 미만이 되면 플라스틱 상태를 유지하지 못하고 부스러지는 상태에서의 수분 함량을 의미하는 것은?

① 소성한계 ② 액성한계
③ 소성지수 ④ 극성한계

② 액성한계 : 액성에서 가소성 상태로 변화 시 최소함수비
③ 소성지수 = 액성한계 − 소성한계

29 정상적으로 운전되고 있는 혐기성 소화조에서 발생되는 가스의 구성비로 맞는 것은?

① $CH_4 > CO_2 > H_2 > O_2$
② $CH_4 > CO_2 > O_2 > H_2$
③ $CH_4 > H_2 > CO_2 > O_2$
④ $CH_4 > O_2 > CO_2 > H_2$

30 매립지의 4단계 분해과정 중 이산화탄소 농도가 최대이고 침출수의 pH가 가장 낮은 분해단계는? ★

① 1단계 : 호기성 단계
② 2단계 : 혐기성 단계
③ 3단계 : 산 생성단계
④ 4단계 : 메테인 생성단계

31 다음 토양오염물질 중 BTEX에 포함되지 않는 것은? ★★

① 벤젠 ② 톨루엔
③ 에틸렌 ④ 자일렌

BTEX
- Benzene(벤젠)
- Toluene(톨루엔)
- Ethylbenzene(에틸벤젠)
- Xylene(자일렌)

32 매립지 내 물의 이동을 나타내는 Darcy의 법칙을 기준으로, 침출수의 유출을 방지하기 위한 방법으로 옳은 것은?

① 투수계수는 감소, 수두차는 증가시킨다.
② 투수계수는 증가, 수두차는 감소시킨다.
③ 투수계수 및 수두차를 증가시킨다.
④ 투수계수 및 수두차를 감소시킨다.

33 시료의 성분 분석 결과 수분 10%, 회분 44%, 고정탄소 36%, 휘발분 10%이고, 원소 분석 결과 휘발분 중 수소 20%, 황 10%, 산소 30%, 탄소 40%일 때 저위발열량(kcal/kg)은? (단, 각 원소의 단위질량당 열량은 C : 8,100, H : 34,000, S : 2,500kcal/kg)

① 2,650 ② 3,650
③ 4,650 ④ 5,560

Dulong 식
- $Hh(\text{kcal/kg}) = 81\text{C} + 340\left(\text{H} - \frac{\text{O}}{8}\right) + 25\text{S}$
- $Hl(\text{kcal/kg}) = Hh - 6(9\text{H} + W)$

여기서, C, H, O, S, W : 탄소, 수소, 산소, 황, 수분의 함량(%)

$$Hh = 81(36 + 0.1 \times 40) + 340\left(0.1 \times 20 - \frac{0.1 \times 30}{8}\right) + 25(0.1 \times 10) = 3817.5\,\text{kcal/kg}$$

$$\therefore Hl = 3817.5 - 6(9 \times 0.1 \times 20 + 10) = 3649.5\,\text{kcal/kg}$$

정답 | 27.④ 28.① 29.① 30.③ 31.③ 32.④ 33.②

34 결정도(crystallinity)가 증가할수록 합성차수막에 나타나는 성질이라 볼 수 없는 것은?

① 인장강도 증가
② 열에 대한 저항성 증가
③ 화학물질에 대한 저항성 증가
④ 투수계수 증가

✔ ④ 투수계수 감소

35 유기성 폐기물의 생물분해성을 추정하는 식은 $BF=0.83-0.028LC$로 나타낼 수 있다. 여기서 LC가 의미하는 것은?

① 휘발성 고형물 함량
② 고정탄소분 중 리그닌 함량
③ 휘발성 고형분 중 리그닌 함량
④ 생물분해성 분율

36 진공여과기 1대를 사용하여 슬러지를 탈수하고 있다. 다음 조건에서 건조고형물 기준의 여과속도 27kg/m^2 · hr인 진공여과기의 1일 운전시간(hr)은? (단, 비중은 1.0 기준)

- 폐수 유입량 = 20,000m^3/day
- 유입 SS의 농도 = 300mg/L
- SS 제거율 = 85%
- 약품 첨가량 = 제거 SS 양의 20%
- 여과면적 = 20m^2
- 건조고형물 여과 회수율 = 100%
- 제거 SS 양+약품 첨가량 = 총 건조고형물량

① 15.4　　② 13.2
③ 11.3　　④ 9.5

✔ 진공여과기의 1일 운전시간

$$= \frac{20,000\,m^3}{day}\Big|\frac{300\,mg}{L}\Big|\frac{85}{100}\Big|\frac{120}{100}\Big|\frac{10^3 L}{m^3}\Big|\frac{kg}{10^6 mg}\Big|\frac{m^2\cdot hr}{27kg}\Big|\frac{}{20\,m^2}$$

$= 11.3333 ≒ 11.33hr$

37 퇴비화 과정의 영향인자에 대한 설명으로 가장 거리가 먼 것은? ★★

① 슬러지 입도가 너무 작으면 공기 유통이 나빠져 혐기성 상태가 될 수 있다.
② 슬러지를 퇴비화할 때 bulking agent를 혼합하는 주목적은 산소와 접촉면적을 넓히기 위한 것이다.
③ 숙성퇴비를 반송하는 것은 seeding과 pH 조정이 목적이다.
④ C/N 비가 너무 높으면 유기물의 암모니아화로 악취가 발생한다.

✔ ④ C/N 비가 낮으면 유기물의 암모니아화로 악취가 발생한다.

38 지하수의 특성으로 가장 거리가 먼 것은?

① 무기이온 함유량이 높고, 경도가 높다.
② 광범위한 지역의 환경조건에 영향을 받는다.
③ 미생물이 거의 없고 자정속도가 느리다.
④ 유속이 느리고 수온변화가 적다.

✔ ② 국지적 환경조건에 영향을 받는다.

39 유해폐기물 고화 처리방법 중 대표적인 방법인 시멘트기초법에 가장 많이 쓰이는 고화체는?

① 알루미나 포틀랜드시멘트
② 보통 포틀랜드시멘트
③ 황산염 저항 포틀랜드시멘트
④ 일반 조강 포틀랜드시멘트

40 토양의 양이온 치환용량(CEC)이 10meq/100g이고, 염기 포화도가 70%라면, 이 토양에서 H^+이 차지하는 양(meq/100g)은?

① 3　　② 5
③ 7　　④ 10

✔ H^+이 차지하는 양 = 10meq/100g × 0.30
= 3meq/100g

정답 | 34.④ 35.③ 36.③ 37.④ 38.② 39.② 40.①

제2과목 | 폐기물 처리기술

2021년 제1회 폐기물처리기사

21 일반적으로 매립장 침출수 생성에 가장 큰 영향을 미치는 인자는?

① 쓰레기의 함수율
② 지하수의 유입
③ 표토를 침투하는 강수
④ 쓰레기 분해과정에서 발생하는 발생수

22 매립지에서 발생하는 메테인가스는 온실가스로, 이산화탄소에 비하여 약 21배의 지구온난화 효과가 있는 것으로 알려져 있어 매립지에서 발생하는 메테인가스를 메테인산화세균을 이용하여 처리하고자 한다. 메테인산화세균에 의한 메테인 처리와 관련한 설명 중 틀린 것은?

① 메테인산화세균은 혐기성 미생물이다.
② 메테인산화세균은 자가영양미생물이다.
③ 메테인산화세균은 주로 복토층 부근에서 많이 발견된다.
④ 메테인은 메테인산화세균에 의해 산화되며, 이산화탄소로 바뀐다.

✔ ① 메테인산화세균은 호기성 미생물이다.

23 매립지에서의 물수지(water balance)를 고려하여 침출수량을 추정하고자 한다. 강수량을 P, 폐기물 함유 수분량을 W, 증발산량을 ET, 유출(run-off)량을 R로 표시하고, 기타 항을 무시할 때, 침출수량을 나타내는 식은?

① $P-W-ET-R$
② $W+P-ET+R$
③ $ET+R+P-W$
④ $P+W-ET-R$

24 폐기물을 중간처리(소각처리)하는 과정에서 얻어지는 결과로 가장 거리가 먼 것은?

① 대체에너지화
② 폐기물 감량화
③ 유독물질 안정화
④ 대기오염 방지화

✔ 폐기물 소각처리 시 대기오염이 발생할 수 있다.

25 시멘트를 이용한 유해폐기물 고화 처리 시 압축강도, 투수계수, 물/시멘트비(water/cement ratio) 사이의 관계를 바르게 설명한 것은?

① 물/시멘트비는 투수계수에 영향을 주지 않는다.
② 압축강도와 투수계수 사이는 정비례한다.
③ 물/시멘트비가 낮을 경우 투수계수는 증가한다.
④ 물/시멘트비가 높을 경우 압축강도는 낮아진다.

✔ ① 물/시멘트비는 투수계수에 영향을 준다.
② 압축강도와 투수계수 사이는 반비례한다.
③ 물/시멘트비는 초기 투수계수에는 영향을 주지 않지만, 일정비 이상이 될 경우 투수계수는 증가한다.

26 연소효율식으로 옳은 것은? (단, η (%) : 연소효율, Hl : 저위발열량, L_c : 미연소손실, L_i : 불완전연소손실)

① $\eta(\%)=\dfrac{Hl+(L_c-L_i)}{Hl}\times 100$

② $\eta(\%)=\dfrac{Hl-(L_c+L_i)}{Hl}\times 100$

③ $\eta(\%)=\dfrac{(L_c+L_i)-Hl}{Hl}\times 100$

④ $\eta(\%)=\dfrac{(L_c-L_i)-Hl}{Hl}\times 100$

정답 | 21.③ 22.① 23.④ 24.④ 25.④ 26.②

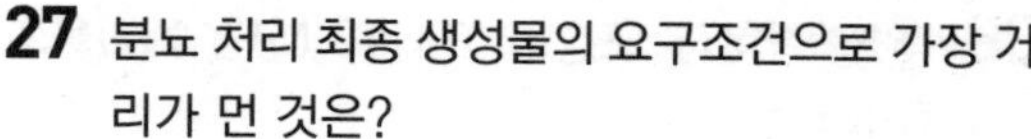

27 분뇨 처리 최종 생성물의 요구조건으로 가장 거리가 먼 것은?

① 위생적으로 안전할 것
② 생화학적으로 분해가 가능할 것
③ 최종 생성물의 감량화를 기할 것
④ 공중 혐오감을 주지 않을 것

✔ ② 생화학적으로 분해가 불가능할 것

28 토양증기추출법(SVE)에 대한 설명으로 옳지 않은 것은? ★

① 생물학적 처리효율을 높여준다.
② 오염물질의 독성은 변화가 없다.
③ 총 처리시간을 예측하기가 용이하다.
④ 추출된 기체는 대기오염 방지를 위해 후처리가 필요하다.

✔ ③ 총 처리시간을 예측하기가 용이하지 않다.

29 호기성 퇴비화 공정의 설계인자에 대한 설명으로 틀린 것은? ★★

① 퇴비화에 적당한 수분 함량은 50~60%로, 40% 이하가 되면 분해율이 감소한다.
② 온도는 55~60℃로 유지시켜야 하며, 70℃를 적정하게 조절한다.
③ C/N 비가 20 이하이면 질소가 암모니아로 변하여 pH를 증가시켜 악취를 유발시킨다.
④ 산소 요구량은 체적당 20~30%의 산소를 공급하는 것이 좋다.

✔ ④ 산소 요구량은 체적당 5~15%의 산소를 공급하는 것이 좋다.

30 다음 물질을 같은 조건하에서 혐기성 처리를 할 때, 슬러지 생산량이 가장 많은 것은?

① Lipid ② Protein
③ Amino acid ④ Carbohydrate

31 분뇨를 희석폭기방식으로 처리하려 할 때, 적절한 방법으로 볼 수 없는 것은?

① BOD 부하는 1kg/m^3 · day 이하로 한다.
② 반송 슬러지 양은 희석된 분뇨량의 50~60%를 표준으로 한다.
③ 폭기시간은 12시간 이상으로 한다.
④ 조의 유효수심은 3.5~5m를 표준으로 한다.

✔ ② 반송 슬러지 양은 희석된 분뇨량의 20~40%를 표준으로 한다.

32 아주 적은 양의 유기성 오염물질도 지하수의 산소를 고갈시킬 수 있기 때문에 생물학적 in-situ 정화에서는 인위적으로 지하수에 산소를 공급하여야 한다. 이와 같은 산소부족을 해결할 수 있는 대안 공급물질로 가장 적절한 것은?

① 과산화수소
② 이산화탄소
③ 에탄올
④ 인산염

33 다음 중 매립지 가스에 의한 환경영향이라 볼 수 없는 것은?

① 화재와 폭발
② VOC 용해로 인한 지하수 오염
③ 충분한 산소 제공으로 인한 식물 성장
④ 매립가스 내 VOC 함유로 인한 건강 위해

✔ ③ 매립지에서 발생하는 가스는 유해성이 있어 식물 성장이 억제된다.

34 점토의 수분 함량 지표인 소성지수, 액성한계, 소성한계의 관계로 옳은 것은?

① 소성지수 = 액성한계 − 소성한계
② 소성지수 = 액성한계 + 소성한계
③ 소성지수 = 액성한계 / 소성한계
④ 소성지수 = 소성한계 / 액성한계

정답 | 27.② 28.③ 29.④ 30.④ 31.② 32.① 33.③ 34.①

35 완전히 건조된 고형분의 비중이 1.3이며, 건조 이전의 슬러지 내 고형분 함량이 42%일 때 건조 이전 슬러지 케이크의 비중은?

① 1.042 ② 1.107
③ 1.132 ④ 1.163

✔ $\frac{100}{\rho_{SL}} = \frac{W(\%)}{\rho_W} + \frac{TS(\%)}{\rho_{TS}}$

여기서, ρ_{SL}, ρ_W, ρ_{TS} : 슬러지, 물, 총 고형물의 밀도 또는 비중

W, TS : 물, 총 고형물의 함량(%)

$\frac{100}{\rho_{SL}} = \frac{58}{1} + \frac{42}{1.3}$

$\therefore \rho_{SL} = \frac{100}{\frac{58}{1} + \frac{42}{1.3}} = 1.1073 ≒ 1.107$

36 매립 쓰레기의 혐기성 분해과정을 나타낸 반응식이 아래와 같을 때, 발생가스 중 메테인 함유율(발생량 부피%)을 구하는 식(㉢)은?

> $C_aH_bO_cN_d$ + (㉠)H_2O
> → (㉡)CO_2 + (㉢)CH_4 + (㉣)NH_3

① $\frac{4a+b+2c+3d}{8}$

② $\frac{4a-2b-2c+3d}{8}$

③ $\frac{4a+b-2c-3d}{8}$

④ $\frac{4a+2b-2c-3d}{8}$

37 매립지의 침출수를 혐기성 처리하고자 할 때 장점이 아닌 것은?

① 슬러지 처리비용이 적어진다.
② 온도에 대한 영향이 거의 없다.
③ 고농도 침출수를 희석 없이 처리할 수 있다.
④ 난분해성 물질이 함유된 침출수 처리에 효과적이다.

✔ ② 온도에 대한 영향이 있다.

38 대표 화학적 조성이 $C_7H_{10}O_5N_2$인 폐기물의 C/N 비는?

① 2 ② 3
③ 4 ④ 5

✔ C/N 비 $= \frac{7\times12}{2\times14} = 3$

39 수분이 90%인 젖은 슬러지를 건조시켜 수분이 20%인 건조 슬러지로 만들고자 한다. 젖은 슬러지 kg당 생산되는 건조 슬러지의 양(kg)은?

① 0.1 ② 0.125
③ 0.25 ④ 0.5

✔ $V_1(100-W_1) = V_2(100-W_2)$

여기서, V_1 : 처리 전 슬러지 양

V_2 : 처리 후 슬러지 양

W_1 : 처리 전 슬러지 함수율

W_2 : 처리 후 슬러지 함수율

$1\text{kg}\times(100-90) = V_2\times(100-20)$

$\therefore V_2 = 1\,\text{kg}\times\frac{100-90}{100-20} = 0.125\,\text{kg}$

40 다음 그래프는 쓰레기 매립지에서 발생되는 가스의 성상이 시간에 따라 변하는 과정을 보이고 있다. 곡선 (가)와 (나)에 해당하는 가스는?

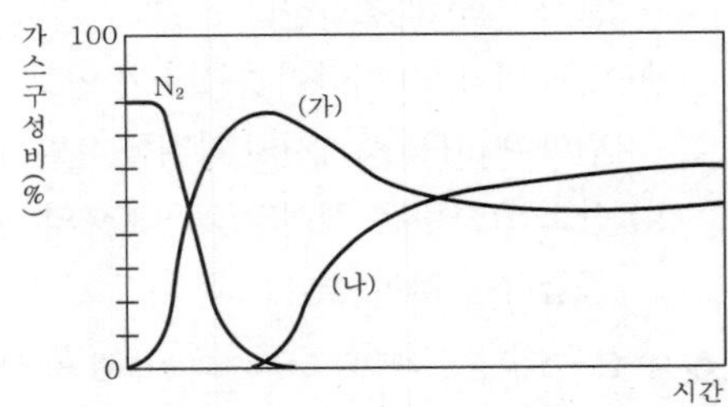

① (가) H_2, (나) CH_4
② (가) CH_4, (나) CH_2
③ (가) CO_2, (나) CH_4
④ (가) CH_4, (나) H_2

정답 | 35.② 36.③ 37.② 38.② 39.② 40.③

제2과목 | 폐기물 처리기술

2021년 제2회 폐기물처리기사

21 0차 반응에 대한 설명 중 옳은 것은?

① 초기 농도가 높으면 반감기가 짧다.
② 반응시간이 경과함에 따라 분해반응속도가 빨라진다.
③ 초기 농도의 높고 낮음에 관계없이 반감기가 일정하다.
④ 반응시간이 경과해도 분해반응속도는 변하지 않고 일정하다.

22 폐기물 매립지에서 사용하는 인공 복토재의 특징이 아닌 것은?

① 독성이 없어야 한다.
② 가격이 저렴해야 한다.
③ 투수계수가 높아야 한다.
④ 악취 발생량을 저감시킬 수 있어야 한다.

✔ ③ 투수계수가 낮아야 한다.

23 퇴비화 대상 유기물질의 화학식이 $C_{99}H_{148}O_{59}N$이라고 하면, 이 유기물질의 C/N 비는?

① 64.9 ② 84.9
③ 104.9 ④ 124.9

✔ C/N 비 $= \dfrac{12\times99}{14\times1} = 84.86$

24 중유 연소 시 발생한 황산화물을 탈황시키는 방법이 아닌 것은?

① 미생물에 의한 탈황
② 방사선에 의한 탈황
③ 질산염 흡수에 의한 탈황
④ 금속산화물 흡착에 의한 탈황

25 매립 시 폐기물 분해과정을 시간순으로 적절하게 나열한 것은?

① 호기성 분해 → 혐기성 분해 → 산성 물질 생성 → 메테인 생성
② 혐기성 분해 → 호기성 분해 → 메테인 생성 → 유기산 형성
③ 호기성 분해 → 유기산 생성 → 혐기성 분해 → 메테인 생성
④ 혐기성 분해 → 호기성 분해 → 산성 물질 생성 → 메테인 생성

26 활성탄 흡착법으로 처리하기 가장 어려울 것으로 예상되는 것은?

① 농약
② 알코올
③ 유기 할로겐화합물(HCCs)
④ 다핵방향족 탄화수소(PAHs)

✔ ② 알코올은 극성 물질이므로 무극성 물질을 흡착 처리하는 활성탄 흡착법을 사용하는 것은 부적절하다.

27 분뇨의 슬러지 건량은 $3m^3$, 함수율은 95%이다. 함수율을 80%까지 농축하는 경우 농축조에서 분리액의 부피(m^3)는? (단, 비중은 1.0) ★★★

① 40 ② 45
③ 50 ④ 55

✔ $V_1(100-W_1) = V_2(100-W_2)$

여기서, V_1 : 농축 전 분뇨의 슬러지 부피
V_2 : 농축 슬러지 부피
W_1 : 농축 전 분뇨의 슬러지 함수율
W_2 : 농축 슬러지 함수율

• $V_1 = 3m^3 \times \dfrac{100}{(100-95)} = 60m^3$
• $60m^3 \times (100-95) = V_2 \times (100-80)$
➡ $V_2 = 60m^3 \times \dfrac{100-95}{100-80} = 15m^3$

∴ 농축조에서 분리액의 부피 $= 60-15 = 45m^3$

정답 | 21.④ 22.③ 23.② 24.③ 25.① 26.② 27.②

28 시멘트 고형화 방법 중 연소가스 탈황 시 발생된 슬러지 처리에 주로 적용되는 것은? ★

① 시멘트기초법 ② 석회기초법
③ 포졸란첨가법 ④ 자가시멘트법

29 유해폐기물 처리기술 중 용매 추출에 대한 설명으로 가장 거리가 먼 것은?

① 액상 폐기물에서 제거하고자 하는 성분을 용매 쪽으로 흡수시키는 방법이다.
② 용매 추출에 사용되는 용매는 점도가 높아야 하며 극성이 있어야 한다.
③ 용매 추출의 경제성을 좌우하는 가장 큰 인자는 추출을 위해 요구되는 용매의 양이다.
④ 미생물에 의해 분해가 힘든 물질 및 활성탄을 이용하기에 농도가 너무 높은 물질 등에 적용 가능성이 크다.

✔ ② 용매 추출에 사용되는 용매는 점도가 낮아야 하며 무극성이어야 한다.

30 매립을 위해 쓰레기를 압축시킨 결과 용적감소율이 60%였다면 압축비는? ★★★

① 2.5 ② 5
③ 7.5 ④ 10

✔ 압축비 $CR = \dfrac{\text{압축 전 부피}}{\text{압축 후 부피}}$

$= \dfrac{100}{100 - VR}$

$= \dfrac{100}{100 - 60} = 2.5$

31 우리나라의 매립지에서 침출수 생성에 가장 큰 영향을 주는 인자는?

① 쓰레기 분해과정에서 발생하는 발생수
② 매립 쓰레기 자체 수분
③ 표토를 침투하는 강수
④ 지하수 유입

32 혐기 소화과정의 가수분해단계에서 생성되는 물질과 가장 거리가 먼 것은?

① 아미노산
② 단당류
③ 글리세린
④ 알데하이드

✔ ④ 알데하이드는 산 생성단계에서 생성되는 물질이다.

33 사용 종료된 폐기물 매립지에 대한 안정화 평가기준 항목으로 가장 거리가 먼 것은?

① 침출수의 수질이 2년 연속 배출허용기준에 적합하고 BOD/COD_{cr}이 0.1 이하일 것
② 매립 폐기물 토사성분 중의 가연물 함량이 5% 미만이거나 C/N 비가 10 이하일 것
③ 매립가스 중 CH_4 농도가 5~15% 이내에 들 것
④ 매립지 내부 온도가 주변 지중 온도와 유사할 것

✔ ③ 매립가스 중 CH_4 농도가 5% 이하일 것

34 수위 40cm인 침출수가 투수계수 10^{-7}cm/sec, 두께 90cm인 점토층을 통과하는 데 소요되는 시간(년)은? ★

① 11.7 ② 19.8
③ 28.5 ④ 64.4

✔ 침출수 통과 연수 $t = \dfrac{nd^2}{K(d+h)}$

여기서, t : 통과시간(year)
n : 유효공극률
d : 점토층 두께(cm)
K : 투수계수(cm/year)
h : 침출수 수두(m)

$K = \dfrac{10^{-7}\,\text{cm}}{\text{sec}} \Big| \dfrac{3{,}600\,\text{sec}}{\text{hr}} \Big| \dfrac{24\,\text{hr}}{\text{day}} \Big| \dfrac{365\,\text{day}}{\text{year}}$

$= 3.1536\,\text{cm/year}$

$\therefore t = \dfrac{90^2}{3.1536 \times (90+40)} = 19.76\,\text{year}$

정답 | 28.④ 29.② 30.① 31.③ 32.④ 33.③ 34.②

35 부식질(humus)의 특징으로 틀린 것은?

① 짙은 갈색이다.
② 뛰어난 토양 개량제이다.
③ C/N 비가 30~50 정도로 높다.
④ 물 보유력과 양이온 교환능력이 좋다.

✔ ③ C/N 비는 10~20 정도로 낮다.

36 토양 속 오염물을 직접 분해하지 않고 보다 처리하기 쉬운 형태로 전환하는 기법으로, 토양의 형태나 입경의 영향을 적게 받고 탄화수소계 물질로 인한 오염 토양 복원에 효과적인 기술은?

① 용매추출법
② 열탈착법
③ 토양증기추출법
④ 탈할로겐화법

37 함수율 95%인 분뇨의 유기탄소량이 TS의 35%이고, 총 질소량은 TS의 10%이며, 이와 혼합할 함수율 20%인 볏짚의 유기탄소량이 TS의 80%이고, 총 질소량이 TS의 4%라면, 분뇨와 볏짚을 무게비 2 : 1로 혼합했을 때 C/N 비는? (단, 비중은 1.0, 기타 사항은 고려하지 않음) ★★

① 16 ② 18
③ 20 ④ 22

✔ ※ 전체를 100으로 가정한다.

분뇨의 TS $= \frac{100}{} \Big| \frac{5_{TS}}{100_{분뇨}} = 5$

- 분뇨의 유기탄소량 $= 5 \times 0.35 = 1.75$
- 분뇨의 총 질소량 $= 5 \times 0.1 = 0.5$

볏짚의 TS $= \frac{100}{} \Big| \frac{80_{TS}}{100_{볏짚}} = 80$

- 볏짚의 유기탄소량 $= 80 \times 0.80 = 64$
- 볏짚의 총 질소량 $= 80 \times 0.04 = 3.2$

∴ C/N 비 $= \frac{1.75 \times 2 + 64}{0.5 \times 2 + 3.2} = 16.07$

38 생활폐기물인 음식물쓰레기의 처리방법으로 가장 거리가 먼 것은?

① 감량 및 소멸화
② 사료화
③ 호기성 퇴비화
④ 고형화

39 침출수 집배수관의 종류 중 유공흄관에 관한 설명으로 옳은 것은?

① 관의 변형이 우려되는 곳에 적당하다.
② 지반의 침하에 어느 정도 적응할 수 있다.
③ 경량으로 가공이 비교적 용이하고 시공성이 좋다.
④ 소규모 처분장의 집수관으로 사용하는 경우가 많다.

40 토양오염 처리공법 중 토양증기추출법의 특징이 아닌 것은? ★

① 통기성이 좋은 토양을 정화하기 좋은 기술이다.
② 오염지역의 대수층이 깊을 경우 사용이 어렵다.
③ 총 처리시간 예측이 용이하다.
④ 휘발성 · 준휘발성 물질을 제거하는 데 탁월하다.

✔ ③ 총 처리시간 예측이 용이하지 않다.

제2과목

정답 | 35.③ 36.② 37.① 38.④ 39.① 40.③

제2과목 | 폐기물 처리기술

2021년 제4회 폐기물처리기사

21 매립지의 연직차수막에 관한 설명으로 적절한 것은?

① 지중에 암반이나 점성토의 불투수층이 수직으로 깊이 분포하는 경우에 설치한다.
② 지하수 집배수시설이 불필요하다.
③ 지하에 매설되므로 차수막 보강시공이 불가능하다.
④ 차수막의 단위면적당 공사비는 적게 소요되나 총 공사비는 비싸다.

22 토양증기 추출공정에서 발생되는 2차 오염 배가스 처리를 위한 흡착방법에 대한 설명으로 옳지 않은 것은? ★

① 배가스의 온도가 높을수록 처리성능은 향상된다.
② 배가스 중의 수분을 전 단계에서 최대한 제거해 주어야 한다.
③ 흡착제의 교체주기는 파과지점을 설계하여 정한다.
④ 흡착반응기 내 채널링 현상을 최소화하기 위하여 배가스의 선속도를 적정하게 조절한다.

✔ ① 배가스의 온도가 높을수록 처리성능은 떨어진다.

23 휘발성 유기화합물질(VOCs)이 아닌 것은?

① 벤젠
② 다이클로로에테인
③ 아세톤
④ 디디티

✔ ④ 디디티는 농업용 살충제로, 염소를 1개씩 달고 있는 벤젠고리 2개와 3개의 염소가 결합한 형태이다.

24 다음 중 매립지 중간 복토에 관한 설명으로 틀린 것은?

① 복토는 메테인가스가 외부로 나가는 것을 방지한다.
② 폐기물이 바람에 날리는 것을 방지한다.
③ 복토재로는 모래나 점토질을 사용하는 것이 좋다.
④ 지반의 안정과 강도를 증가시킨다.

✔ ③ 복토재로 투수계수가 큰 모래를 사용하는 것은 좋지 않다.

25 폐기물의 고화 처리방법 중 피막형성법의 장점으로 옳은 것은?

① 화재 위험성이 없다.
② 혼합률이 높다.
③ 에너지 소비가 적다.
④ 침출성이 낮다.

✔ ① 화재 위험성이 있다.
② 혼합률이 낮다.
③ 에너지 소비가 크다.

26 고형물의 농도가 80,000ppm인 농축 슬러지 $20m^3/hr$를 탈수하기 위해 개량제[$Ca(OH)_2$]를 고형물당 10wt% 주입하여 함수율 85wt%인 슬러지 cake를 얻었다면 예상 슬러지 cake의 양(m^3/hr)은? (단, 비중은 1.0 기준) ★★

① 약 7.3
② 약 9.6
③ 약 11.7
④ 약 13.2

✔ $$\text{고형물} = \frac{80,000\,\text{mg}}{\text{L}} \Big| \frac{20\,\text{m}^3}{\text{hr}} \Big| \frac{110}{100} \Big| \frac{10^3\text{L}}{\text{m}^3} \Big| \frac{\text{kg}}{10^6\text{mg}} = 1,760\,\text{kg/hr}$$

$$\therefore \text{슬러지 cake} = \frac{1,760\,\text{kg}}{\text{hr}} \Big| \frac{\text{m}^3}{1,000\,\text{kg}} \Big| \frac{100_{SL}}{15_{TS}} = 11.7333 \fallingdotseq 11.72\,\text{m}^3/\text{hr}$$

정답 | 21.② 22.① 23.④ 24.③ 25.④ 26.③

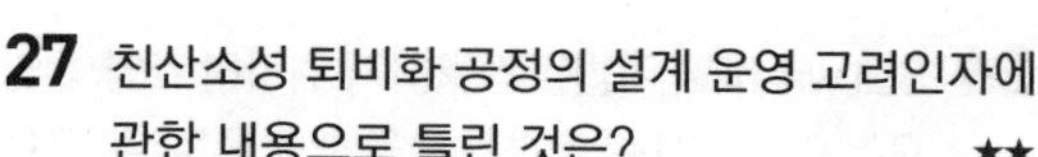

27 친산소성 퇴비화 공정의 설계 운영 고려인자에 관한 내용으로 틀린 것은? ★★

① 수분 함량 : 퇴비화 기간 동안 수분 함량은 50~60% 범위에서 유지된다.

② C/N 비 : 초기 C/N 비는 25~50이 적당하며, C/N 비가 높은 경우는 암모니아가스가 발생한다.

③ pH 조절 : 적당한 분해작용을 위해서는 pH 7~7.5 범위를 유지하여야 한다.

④ 공기공급 : 이론적인 산소요구량은 식을 이용하여 추정이 가능하다.

✔ ② C/N 비 : 초기 C/N 비는 25~50이 적당하며, C/N 비가 낮을 경우 암모니아가스가 발생한다.

28 분뇨 슬러지를 퇴비화할 경우, 영향을 주는 요소로 가장 거리가 먼 것은? ★★

① 수분 함량

② 온도

③ pH

④ SS 농도

✔ **퇴비화 영향인자**
- 수분 함량
- 온도
- pH
- C/N 비
- 입자 크기
- 산소

29 유기물($C_6H_{12}O_6$) 0.1ton을 혐기성 소화할 때 생성될 수 있는 최대 메테인의 양(kg)은?

① 12.5 ② 26.7

③ 37.3 ④ 42.9

✔ 〈반응식〉 $C_6H_{12}O_6 \rightarrow 3CH_4 + 3CO_2$

180kg : 3×16kg

100kg : X

$$\therefore X = \frac{100\times3\times16}{180} = 26.6667 ≒ 26.67\,\text{kg}$$

30 매립지에서 침출된 침출수 농도가 반으로 감소하는 데 약 3년이 걸린다면 이 침출수 농도가 90% 분해되는 데 걸리는 시간(년)은? (단, 일차 반응 기준) ★★★

① 6 ② 8

③ 10 ④ 12

✔ 1차 반응식 $\ln\frac{C_t}{C_o} = -k\cdot t$

여기서, C_t : t시간 후 농도

C_o : 초기 농도

k : 반응속도상수(year^{-1})

t : 시간(year)

$$k = \frac{\ln\frac{C_t}{C_o}}{-t} = \frac{\ln\frac{1}{2}}{-3\,\text{year}} = 0.2310\,\text{year}^{-1}$$

$$\therefore t = \frac{\ln\frac{C_t}{C_o}}{-k} = \frac{\ln\frac{10}{100}}{-0.2310} = 9.9679 ≒ 9.97\,\text{year}$$

31 소각장에서 발생하는 비산재를 매립하기 위해 소각재 매립지를 설계하고자 한다. 내부 마찰각 ϕ는 30°, 부착도 c는 1kPa, 소각재의 유해성과 특성변화 때문에 안정에 필요한 안전인자 FS는 2.0일 때, 소각재 매립지의 최대경사각 β(°)는?

① 14.7 ② 16.1

③ 17.5 ④ 18.5

✔ $\beta = \tan^{-1}\left(\frac{\tan\theta}{2}\right) = \tan^{-1}\left(\frac{\tan 30}{2}\right) = 16.10°$

32 슬러지 수분 결합상태 중 탈수하기 가장 어려운 형태는? ★

① 모관결합수

② 간극모관결합수

③ 표면부착수

④ 내부수

✔ **슬러지의 수분 함유형태별 탈수성의 크기**
간극수 > 모관결합수 > 표면부착수 > 내부수

제2과목

정답 | 27.② 28.④ 29.② 30.③ 31.② 32.④

33 쓰레기의 밀도가 750kg/m^{3}이며 매립된 쓰레기의 총량은 30,000ton이다. 여기에서 유출되는 연간 침출수량(m^3)은? (단, 침출수 발생량은 강우량의 60%, 쓰레기의 매립높이=6m, 연간 강우량=1,300mm, 기타 조건은 고려하지 않음)

① 2,600　② 3,200
③ 4,300　④ 5,200

✔ 연간 침출수량

$$= \frac{30,000\,\text{ton}}{} \Big| \frac{10^3\text{kg}}{\text{ton}} \Big| \frac{\text{m}^3}{750\,\text{kg}} \Big| \frac{}{6\,\text{m}} \Big| \frac{1.3\,\text{m}}{\text{year}} \Big| \frac{60}{100}$$

$= 5,200\,\text{m}^3/\text{year}$

34 총 질소 2%인 고형 폐기물 1ton을 퇴비화했더니 총 질소는 2.5%가 되고 고형 폐기물의 무게는 0.75ton이 되었다. 결과적으로 퇴비화 과정에서 소비된 질소의 양(kg)은? (단, 기타 조건은 고려하지 않음)

① 1.25　② 3.25
③ 5.25　④ 7.25

✔ 소비된 질소의 양

$$= \left(\frac{1\,\text{ton}}{} \Big| \frac{10^3\text{kg}}{\text{ton}} \Big| \frac{2}{100}\right) - \left(\frac{0.75\,\text{ton}}{} \Big| \frac{10^3\text{kg}}{\text{ton}} \Big| \frac{2.5}{100}\right)$$

$= 1.25\,\text{kg}$

35 쓰레기의 발생량은 1,000ton/day이고, 밀도는 0.5ton/m^{3}이며, trench법으로 매립할 계획이다. 압축에 따른 부피감소율 40%, trench 깊이는 4.0m이고, 매립에 사용되는 도랑 면적 점유율이 전체 부지의 60%라면, 연간 필요한 전체 부지 면적(m^2)은?

① 182,500　② 243,500
③ 292,500　④ 325,500

✔ $$A_T = \frac{1,000\,\text{ton}}{\text{day}} \Big| \frac{\text{m}^3}{0.5\,\text{ton}} \Big| \frac{}{4\,\text{m}} \Big| \frac{365\,\text{day}}{\text{year}} \Big| \frac{60}{100} \Big| \frac{100}{60}$$

$= 182,500\,\text{m}^2$

36 Soil washing 기법을 적용하기 위하여 토양의 입도분포를 조사한 결과가 다음과 같을 경우, 유효입경(mm)과 곡률계수는? (단, D_{10}, D_{30}, D_{60}은 각각 통과백분율 10%, 30%, 60%에 해당하는 입자 직경) ★★

구분	D_{10}	D_{30}	D_{60}
입자의 크기(mm)	0.25	0.60	0.90

① 유효입경 : 0.25, 곡률계수 : 1.6
② 유효입경 : 3.60, 곡률계수 : 1.6
③ 유효입경 : 0.25, 곡률계수 : 2.6
④ 유효입경 : 3.60, 곡률계수 : 2.6

✔ 곡률계수 $C_g = \dfrac{{D_{30}}^2}{D_{10} \cdot D_{60}}$

여기서, D_{10} : 처리물 중량백분율 10%가 통과하는 입경
D_{30} : 처리물 중량백분율 30%가 통과하는 입경
D_{60} : 처리물 중량백분율 60%가 통과하는 입경

∴ 유효입경 $= D_{10} = 0.25$

곡률계수 $C_g = \dfrac{0.6^2}{0.25 \times 0.90} = 1.6$

37 함수율이 60%인 쓰레기를 건조시켜 함수율을 20%로 만들기 위해 건조시켜야 할 수분의 양(kg/톤)은 얼마인가? ★★★

① 150　② 300
③ 500　④ 700

✔ $V_1(100 - W_1) = V_2(100 - W_2)$

여기서, V_1 : 건조 전 쓰레기 양
V_2 : 건조 후 쓰레기 양
W_1 : 건조 전 쓰레기 함수율
W_2 : 건조 후 쓰레기 함수율

$1,000\,\text{kg} \times (100-60) = V_2 \times (100-20)$

$V_2 = 1,000\,\text{kg} \times \dfrac{100-60}{100-20} = 500\,\text{kg}$

∴ 건조시켜야 할 수분의 양 $= 1,000 - 500$
$= 500\,\text{kg}$

정답 | 33.④ 34.① 35.① 36.① 37.③

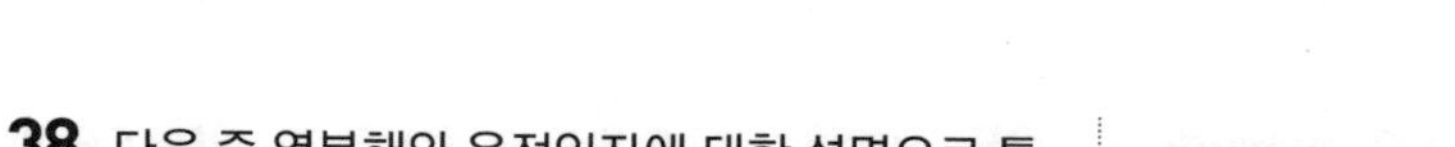

38 다음 중 열분해와 운전인자에 대한 설명으로 틀린 것은?

① 열분해는 무산소상태에서 일어나는 반응이며 필요한 에너지를 외부에서 공급해 주어야 한다.
② 열분해가스 중 CO, H_2, CH_4 등의 생성률은 열공급속도가 커짐에 따라 증가한다.
③ 열분해반응에서는 열공급속도가 커짐에 따라 유기성 액체와 수분, 그리고 char의 생성량은 감소한다.
④ 산소가 일부 존재하는 조건에서 열분해가 진행되면 CO_2의 생성량이 최대가 된다.

✔ ④ 산소가 일부 존재하는 조건에서 연소가 진행되면 CO_2 생성량이 최대가 된다.

39 다음과 같은 특성을 가진 침출수의 처리에 가장 효율적인 공정은?

- COD/TOC < 2.0
- BOD/COD < 0.1
- 매립 연한 10년 이상
- COD 500 이하
- 단위 : mg/L

① 이온교환수지
② 활성탄
③ 화학적 침전(석회 투여)
④ 화학적 산화

40 설계확률 강우강도를 계산할 때 적용되지 않는 공식은? ★

① Talbot형
② Sherman형
③ Japanese형
④ Manning형

✔ ④ Manning은 관에 흐르는 액체의 유속을 구하는 공식이다.

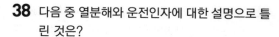

제2과목 | 폐기물 처리기술

2022년 제1회 폐기물처리기사

21 폐기물을 수평으로 고르게 깔고 압축하면서 폐기물층과 복토층을 교대로 쌓는 공법은? ★

① Cell 공법
② 압축매립공법
③ 샌드위치공법
④ 도랑형 매립공법

✔ 샌드위치공법은 폐기물을 수평으로 깔아 압축한 후 복토를 교대로 쌓는 것으로, 좁은 산간, 협곡, 폐광산 등의 매립지에서 사용하는 매립방법이다.

22 호기성 퇴비화 4단계에 따른 온도변화로 가장 알맞은 것은? ★★

① 고온단계－중온단계－냉각단계－숙성단계
② 중온단계－고온단계－냉각단계－숙성단계
③ 냉각단계－중온단계－고온단계－숙성단계
④ 숙성단계－냉각단계－중온단계－고온단계

23 유해폐기물의 고형화 처리 중 무기적 고형화와 비교한 유기적 고형화의 특징에 대한 설명으로 틀린 것은?

① 수밀성이 크며, 처리비용이 고가이다.
② 미생물, 자외선에 대한 안정성이 강하다.
③ 방사성 폐기물 처리에 많이 적용한다.
④ 최종 고화체의 체적 증가가 다양하다.

✔ ② 미생물, 자외선에 대한 안정성이 약하다.

24 유기오염물질의 지하 이동 모델링에 포함되는 주요 인자가 아닌 것은?

① 유기오염물질의 분배계수
② 토양의 수리전도도
③ 생물학적 분해속도
④ 토양 pH

제2과목

정답 | 38.④ 39.② 40.④ / 21.③ 22.② 23.② 24.④

25 지하수 중 에틸벤젠을 탈기(air stripping) 충전탑으로 제거하고자 한다. 지하수량(Q_w) 5L/sec, 공기 공급량(Q_a) 100L/sec일 때, 에틸벤젠의 무차원 헨리상수값이 0.3이라면 탈기계수(stripping factor)값은?

① 20 ② 10
③ 6 ④ 3

✔ $f = h \times \dfrac{\text{가스 양}}{\text{액체 양}}$
$= 0.3 \times \dfrac{100}{5}$
$= 6$

26 SRF 소각로에서 사용 시 문제점에 관한 설명으로 가장 거리가 먼 것은?

① 시설비가 고가이고, 숙련된 기술이 필요하다.
② 연료 공급의 신뢰성 문제가 있을 수 있다.
③ Cl 함량 및 연소먼지 문제는 거의 없지만, 황 함량이 많아 SO_x 발생이 상대적으로 많은 편이다.
④ Cl 함량이 높을 경우 소각시설의 부식 발생으로 수명 단축의 우려가 있다.

✔ ③ Cl 함량 및 연소먼지 문제가 있으며, 황 함량이 적어 SO_x 발생이 상대적으로 적은 편이다.

27 유해폐기물을 고화 처리하는 방법 중 유기중합체법의 단점으로 옳지 않은 것은?

① 고형성분만 처리 가능하다.
② 최종 처리 시 2차 용기에 넣어 매립하여야 한다.
③ 중합에 사용되는 촉매 중 부식성이 있고, 특별한 혼합장치와 용기 라이너가 필요하다.
④ 혼합률(MR)이 높고 고온 공정이다.

✔ ④ 혼합률(MR)이 비교적 낮고 저온 공정이다.

28 매립가스를 유용하게 활용하기 위해 CH_4와 CO_2를 분리하여야 한다. 다음 중 분리방법으로 적합하지 않은 것은?

① 물리적 흡착에 의한 분리
② 막분리에 의한 분리
③ 화학적 흡착에 의한 분리
④ 생물학적 분해에 의한 분리

✔ 매립가스 중 메테인과 이산화탄소는 흡착, 막분리 등으로 분리하며, 생물학적 분해와는 관련이 없다.

29 함수율 95%인 슬러지를 함수율 70%의 탈수 cake로 만들었을 경우의 무게비(탈수 후/탈수 전)는? (단, 비중 1.0, 분리액과 함께 유출된 슬러지 양은 무시) ★★★

① 1/4 ② 1/5
③ 1/6 ④ 1/7

✔ $V_1(100 - W_1) = V_2(100 - W_2)$
여기서, V_1 : 탈수 전 슬러지 무게
V_2 : 탈수 후 슬러지 무게
W_1 : 탈수 전 슬러지 함수율
W_2 : 탈수 후 슬러지 함수율
$V_1 \times (100 - 95) = V_2 \times (100 - 70)$
∴ 무게비(탈수 후/탈수 전) $= \dfrac{V_2}{V_1} = \dfrac{100-95}{100-70} = \dfrac{1}{6}$

30 위생매립방법에 대한 설명으로 잘못된 것은?

① 도랑식 매립법은 도랑을 약 2.5~7m 정도의 깊이로 파고 폐기물을 묻은 후에 다지고 흙을 덮은 방법이다.
② 평지 매립법은 매립의 가장 보편적인 형태로 폐기물을 다진 후에 흙을 덮는 방법이다.
③ 경사식 매립법은 어느 경사면에 폐기물을 쌓은 후에 다지고 그 위에 흙을 덮는 방법이다.
④ 도랑식 매립법은 매립 후 흙이 부족하며 지면이 높아진다.

✔ ④ 도랑식 매립법은 매립 후 흙이 남아 복토재로 이용이 가능하다.

정답 | 25.③ 26.③ 27.④ 28.④ 29.③ 30.④

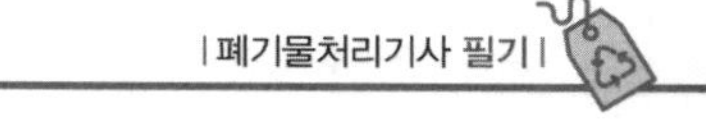

31 매립구조에 따라 분류하였을 때 매립 종료 1년 후 침출수의 BOD가 가장 낮게 유지되는 매립방법은? (단, 매립조건, 환경 등은 모두 같다고 가정함)

① 혐기성 위생매립
② 개량형 혐기성 위생매립
③ 준호기성 매립
④ 호기성 매립

32 생활폐기물 자원화를 위한 처리시설 중 선별시설의 설치지침으로 틀린 것은?

① 선별라인은 반입형태, 반입량, 작업효율 등을 고려하여 계열화할 수 있다.
② 입도선별, 비중선별, 금속선별 등 필요에 따라 적정하게 조합하여 설치하되, 고형 연료의 품질 제고를 위하여 PVC 등을 선별할 수 있다.
③ 선별된 물질이 후속공정에 연속적으로 이송될 수 있도록 저류시설을 설치하여야 한다.
④ 선별시설은 계절적 변화 등에 관계없이 고형 연료제품 제조 시 목표품질을 달성할 수 있는 적합한 선별시설을 계획하여야 한다.

✔ ③ 선별된 물질이 후속공정과 연계하여 연속적으로 이송이 안 될 경우 저류시설을 설치하여야 한다.

33 차수설비의 기능과 관계가 없는 사항은?

① 매립지 내 오수 및 주변 지하수의 유입 방지
② 매립지 주위의 배수공에 의해 우수 및 지하수 유입 방지
③ 우수로 인해 매립지 내 바닥 이하로의 침수 방지
④ 배수공에 의해 침출수 집수 및 매립지 밖으로의 배수

34 폐기물 매립으로 인하여 발생할 수 있는 피해내용에 대한 설명으로 틀린 것은?

① 육상 매립으로 인한 유역의 변화로 우수의 수로가 영향을 받기 쉽다.
② 매립지에서 대량 발생되는 파리의 방제에 살충제를 사용하면 점차 저항성이 생겨 약제를 변경해야 한다.
③ 쓰레기의 호기성 분해로 생긴 메테인가스 등에 자연 착화하기 쉽다.
④ 쓰레기 부패로 악취가 발생하여 주변 지역에 악영향을 준다.

✔ ③ 메테인가스는 쓰레기의 혐기성 분해로 발생한다.

35 폐기물을 매립 시 덮개 흙으로 덮어야 하는 이유로 가장 거리가 먼 것은?

① 쥐나 파리의 서식처를 없애기 위해
② CO_2 가스가 외부로 나가는 것을 방지하기 위해
③ 폐기물이 바람에 의해 날리는 것을 방지하기 위해
④ 미관상 보기에 좋지 않아서

✔ ② 복토를 통해 유해가스가 외부로 나가는 것을 방지할 수 있지만, CO_2 가스는 유해가스가 아니다.

36 음식물쓰레기 처리방법으로 가장 부적합한 방법은?

① 매립
② 바이오가스 생산 처리
③ 퇴비화
④ 사료화

✔ 음식물쓰레기는 함수율 및 유기성이 높은 편이라 소각 후 매립을 진행하여야 한다.

제2과목

정답 | 31.④ 32.③ 33.③ 34.③ 35.② 36.①

37 슬러지를 건조하여 농토로 사용하기 위하여 여과기로 원래 슬러지의 함수율을 40%로 낮추고자 한다. 여과속도 10kg/m^2 · hr(건조 고형물 기준), 여과면적 10m^{2}의 조건에서 시간당 탈수 슬러지 발생량(kg/hr)은?

① 약 186
② 약 167
③ 약 154
④ 약 143

✔ 탈수 슬러지 발생량 $= \frac{10\,\text{kg}_{TS}}{\text{m}^2 \cdot \text{hr}} \Big| \frac{10\,\text{m}^2}{} \Big| \frac{100_{SL}}{60_{TS}}$
$= 166.67\,\text{kg/hr}$

38 1일 처리량이 100kL인 분뇨 처리장에서 분뇨를 중온 소화방식으로 처리하고자 한다. 이때, 소화 후 슬러지의 양(m^3/day)은? (단, 슬러지 비중은 1.0)

- 투입 분뇨의 함수율 = 98%
- 고형물 중 유기물 함유율 = 70%
  (그 중 60%가 액화 및 가스화)
- 소화 슬러지의 함수율 = 96%

① 15　② 29
③ 44　④ 53

✔
- 투입 분뇨의 양 $= \frac{100\,\text{kL}}{\text{day}} \Big| \frac{\text{m}^3}{\text{kL}} = 100\,\text{m}^3/\text{day}$
- 투입 분뇨의 고형물 $= 2\,\text{m}^3/\text{day}$
  투입 분뇨의 수분 $= 98\,\text{m}^3/\text{day}$
- 투입 분뇨의 고형물 중 유기물 $= 1.4\,\text{m}^3/\text{day}$
  투입 분뇨의 고형물 중 무기물 $= 0.6\,\text{m}^3/\text{day}$
- 소화 후 유기물 중 남은 양 $= 0.56\,\text{m}^3/\text{day}$
- 소화 후 고형물 $= 0.56 + 0.6 = 1.16\,\text{m}^3/\text{day}$

∴ 소화 후 슬러지 양 $= \frac{1.16\,\text{m}^3_{TS}}{\text{day}} \Big| \frac{100_{SL}}{4_{TS}} = 29\,\text{m}^3/\text{day}$

39 용매 추출 처리에 이용 가능성이 높은 유해폐기물과 가장 거리가 먼 것은?

① 미생물에 의해 분해가 힘든 물질
② 활성탄을 이용하기에는 농도가 너무 높은 물질
③ 낮은 휘발성으로 인해 스트리핑하기가 곤란한 물질
④ 물에 대한 용해도가 높아 회수성이 낮은 물질

✔ ④ 물에 대한 용해도가 낮은 물질

40 BOD가 15,000mg/L, Cl$^-$이 800ppm인 분뇨를 희석하여 활성슬러지법으로 처리한 결과 BOD가 45mg/L, Cl$^-$이 40ppm이었다면, 활성슬러지법의 처리효율(%)은? (단, 희석수 중에 BOD, Cl$^-$은 없음)

① 92　② 94
③ 96　④ 98

✔ 처리효율 $\eta(\%) = \left(1 - \frac{C_o \times P}{C_i}\right) \times 100$

여기서, C_i : 유입 농도
C_o : 유출 농도
P : 희석배수$\left(= \frac{\text{유입 염소}}{\text{유출 염소}}\right)$

$\therefore \eta = \left(1 - \frac{45 \times \frac{800}{40}}{15{,}000}\right) \times 100 = 94\%$

정답 | 37.② 38.② 39.④ 40.②

제2과목 | 폐기물 처리기술

2022년 제2회 폐기물처리기사

21 매립지 주위의 우수를 배수하기 위한 배수로 단면을 결정하고자 한다. 이때 유속을 계산하기 위해 사용되는 식(Manning 공식)에 포함되지 않는 것은? ★

① 유출계수 ② 조도계수
③ 경심 ④ 강우강도

✔ Manning의 유속 공식

$$V=\frac{1}{n}\times I^{\frac{1}{2}}\times R^{\frac{2}{3}}$$

여기서, V : 유속(m/sec)
n : 조도계수
I : 강우강도(mm/hr)
R : 경심

22 폐기물이 매립될 때 매립된 유기성 물질의 분해과정으로 옳은 것은?

① 호기성 → 혐기성(메테인 생성 → 산 생성)
② 호기성 → 혐기성(산 생성 → 메테인 생성)
③ 혐기성 → 호기성(메테인 생성 → 산 생성)
④ 혐기성 → 호기성(산 생성 → 메테인 생성)

23 매립방식 중 cell 방식에 대한 내용으로 가장 거리가 먼 것은? ★

① 일일 복토 및 침출수 처리를 통해 위생적인 매립이 가능하다.
② 쓰레기의 흩날림을 방지하며, 악취 및 해충의 발생을 방지하는 효과가 있다.
③ 일일 복토와 bailing을 통한 폐기물 압축으로 매립부피를 줄일 수 있다.
④ Cell마다 독립된 매립층이 완성되므로 화재 확산 방지에 유리하다.

✔ ③ 일일 복토와 bailing을 통한 폐기물 압축으로 매립부피를 줄일 수 있는 것은 압축매립공법이다.

24 플라스틱을 재활용하는 방법이 아닌 것은?

① 열분해이용법
② 용융고화 재생이용법
③ 유리화 이용법
④ 파쇄이용법

25 아래와 같은 조건일 때 혐기성 소화조의 용량(m^3)은? (단, 유기물 양의 50%가 액화 및 가스화되며, 방식은 2조식임)

- 분뇨 투입량 = 1,000kL/day
- 투입 분뇨 함수율 = 95%
- 유기물 농도 = 60%
- 소화일수 = 30일
- 인발 슬러지 함수율 = 90%

① 12,350 ② 17,850
③ 20,250 ④ 25,500

✔ 소화조 용적 $V=\left(\frac{Q_1+Q_2}{2}\right)\times t$

여기서, Q_1 : 소화 전 분뇨(m^3/day)
Q_2 : 소화 후 분뇨(m^3/day)
t : 소화일수

- $TS=\frac{1,000\,\text{kL}}{\text{day}}\Big|\frac{\text{m}^3}{\text{kL}}\Big|\frac{5_{\text{TS}}}{100_{\text{SL}}}=50\,\text{m}^3/\text{day}$
- 소화 전 $VS=50\times0.6=30\,\text{m}^3/\text{day}$
  $FS=50-30=20\,\text{m}^3/\text{day}$
- 소화 후 $VS=30\times0.5=15\,\text{m}^3/\text{day}$
  $FS=20\,\text{m}^3/\text{day}$

※ 소화 전·후의 FS는 그대로 유지된다.

- $Q_2=\frac{(15+20)\text{m}^3}{\text{day}}\Big|\frac{100}{10}=350\,\text{m}^3/\text{day}$

$\therefore\ V=\left(\frac{1,000+350}{2}\right)\times30=20,250\,\text{m}^3$

26 토양 수분의 물리학적 분류 중 1,000cm 물기둥의 압력으로 결합되어 있는 경우, 다음 중 어디에 속하는가?

① 모세관수 ② 흡습수
③ 유효수분 ④ 결합수

정답 | 21.① 22.② 23.③ 24.③ 25.③ 26.①

27 매일 200ton의 쓰레기를 배출하는 도시가 있다. 매립지의 평균 매립두께를 5m, 매립밀도를 $0.8ton/m^3$로 가정할 때, 1년 동안 쓰레기를 매립하기 위한 최소한의 매립지 면적(m^2)은? (단, 기타 조건은 고려하지 않음)

① 12,250　② 15,250
③ 18,250　④ 21,250

✔ $A = \frac{200\,\text{ton}}{\text{day}} \Big| \frac{\text{m}^3}{0.8\,\text{ton}} \Big| \frac{}{5\,\text{m}} \Big| \frac{365\,\text{day}}{\text{year}} = 18,250\,\text{m}^2$

28 시멘트 고형화법 중 자가시멘트법에 대한 설명으로 가장 거리가 먼 것은? ★

① 혼합률이 낮고 중금속 저지에 효과적이다.
② 탈수 등 전처리와 보조 에너지가 필요하다.
③ 장치비가 크고 숙련된 기술을 요한다.
④ 고농도 황화물 함유 폐기물에만 적용된다.

✔ ② 탈수 등 전처리가 필요 없으며 보조 에너지는 필요하다.

29 고형물 4.2%를 함유한 슬러지 150,000kg을 농축조로 이송한다. 농축조에서 농축 후 고형물의 손실 없이 농축 슬러지를 소화조로 이송할 경우 슬러지의 무게가 70,000kg이라면 농축된 슬러지의 고형물 함유율(%)은? (단, 슬러지 비중은 1.0으로 가정함)

① 6.0　② 7.0
③ 8.0　④ 9.0

✔ 고형물 함유율(%) $= \frac{\text{고형물}}{\text{소화 후 슬러지}} \times 100$

이때, $TS = \frac{150,000\,\text{kg}_{SL}}{} \Big| \frac{4.2_{TS}}{100_{SL}} = 6,300\,\text{kg}_{TS}$

∴ 고형물 함유율 $= \frac{6,300}{70,000} \times 100 = 9.0\%$

30 고형화 처리 중 시멘트기초법에서 가장 흔히 사용되는 보통 포틀랜드시멘트의 주성분은? ★

① CaO, Al_2O_3　② CaO, SiO_2
③ CaO, MgO　④ CaO, Fe_2O_3

31 비배출량(specific discharge)이 1.6×10^{-8}m/sec이고, 공극률이 0.4인 수분 포화상태의 매립지에서 물의 침투속도(m/sec)는?

① 4.0×10^{-8}　② 0.96×10^{-8}
③ 0.64×10^{-8}　④ 0.25×10^{-8}

✔ $V = \frac{1.6\times10^{-8}}{0.4} = 4.0\times10^{-8}\text{m/sec}$

32 파쇄과정에서 폐기물의 입도분포를 측정하여 입도 누적곡선상에 나타낼 때 10%에 상당하는 입경(전체 중량의 10%를 통과시킨 체 눈의 크기에 상당하는 입경)은? ★★

① 평균입경　② 메디안경
③ 유효입경　④ 중위경

33 1일 폐기물 배출량이 700ton인 도시에서 도랑(trench)법으로 매립지를 선정하려 한다. 쓰레기의 압축이 30%가 가능하다면 1일 필요한 매립지 면적(m^2)은? (단, 발생된 쓰레기의 밀도는 $250kg/m^3$, 매립지의 깊이는 2.5m)

① 634　② 784
③ 854　④ 964

✔ $A = \frac{700\,\text{ton}}{\text{day}} \Big| \frac{70}{100} \Big| \frac{\text{m}^3}{250\,\text{kg}} \Big| \frac{}{2.5\,\text{m}} \Big| \frac{10^3\,\text{kg}}{} = 784\,\text{m}^2$

34 도시 폐기물 중 불연성분 70%, 가연성분 30%이고, 이 지역의 폐기물 발생량은 1.4kg/인 · 일이다. 인구 50,000명인 이 지역에서 불연성분 60%, 가연성분 70%를 회수하여 이 중 가연성분으로 SRF를 생산한다면 SRF의 일일 생산량(ton)은?

① 약 14.7　② 약 20.2
③ 약 25.6　④ 약 30.1

✔ • 폐기물 발생량 $= \frac{1.4\,\text{kg}}{\text{인}\cdot\text{day}} \Big| \frac{50,000\text{인}}{} \Big| \frac{\text{ton}}{10^3\text{kg}}$
$= 70\,\text{ton/day}$

• 폐기물 가연성분 $= 70\times0.3 = 21\text{ton/day}$

∴ SRF의 일일 생산량 $= 21\times0.7 = 14.7\,\text{ton/day}$

정답 | 27.③ 28.② 29.④ 30.② 31.① 32.③ 33.② 34.①

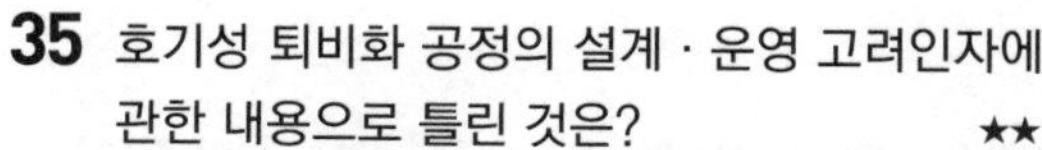

35 호기성 퇴비화 공정의 설계 · 운영 고려인자에 관한 내용으로 틀린 것은? ★★

① 공기의 채널링이 원활하게 발생하도록 반응기간 동안 규칙적으로 교반하거나 뒤집어 주어야 한다.
② 퇴비단의 온도는 초기 며칠간은 50~55℃를 유지하여야 하며 활발한 분해를 위해서는 55~60℃가 적당하다.
③ 퇴비화 기간 동안 수분 함량은 50~60% 범위에서 유지되어야 한다.
④ 초기 C/N 비는 25~50이 적정하다.

✔ ① 공기의 채널링 현상을 방지하기 위하여 규칙적으로 교반하거나 뒤집어 주어야 한다.

36 토양오염 정화방법 중 bioventing 공법의 장단점으로 틀린 것은? ★★

① 배출가스 처리의 추가비용이 없다.
② 지상의 활동에 방해 없이 정화작업을 수행할 수 있다.
③ 주로 포화층에 적용한다.
④ 장치가 간단하고 설치가 용이하다.

✔ ③ 주로 불포화층에 적용한다.

37 6.3%의 고형물을 함유한 150,000kg의 슬러지를 농축한 후, 소화조로 이송할 경우 농축 슬러지의 무게는 70,000kg이다. 이때 소화조로 이송한 농축된 슬러지의 고형물 함유율(%)은? (단, 슬러지의 비중은 1.0, 상등액의 고형물 함량은 무시)

① 11.5 ② 13.5
③ 15.5 ④ 17.5

✔

$$고형물\ 함유율(\%) = \frac{고형물}{소화\ 후\ 슬러지} \times 100$$

이때, $TS = \frac{150{,}000\,kg_{SL}}{} \Big| \frac{6.3_{TS}}{100_{SL}} = 9{,}450\,kg_{TS}$

$\therefore$ 고형물 함유율 $= \frac{9{,}450}{70{,}000} \times 100 = 13.5\%$

38 퇴비화 방법 중 뒤집기식 퇴비단 공법의 특징이 아닌 것은?

① 일반적으로 설치비용이 적다.
② 공기공급량 제어가 쉽고 악취 영향반경이 작다.
③ 운영 시 날씨에 많은 영향을 받는다는 문제점이 있다.
④ 일반적으로 부지 소요가 크나 운영비용은 낮다.

✔ ② 악취가 발생한다.

39 인구가 400,000명인 도시의 쓰레기 배출원 단위가 1.2kg/인 · day이고, 밀도는 0.45ton/m^3로 측정되었다. 쓰레기를 분쇄하여 그 용적이 2/3로 되었으며, 분쇄된 쓰레기를 다시 압축하면서 또다시 1/3의 용적이 축소되었다. 분쇄만 하여 매립할 때와 분쇄 · 압축한 후에 매립할 때 두 경우의 연간 매립 소요면적의 차이(m^2)는? (단, trench 깊이는 4m이며, 기타 조건은 고려 안함)

① 약 12,820 ② 약 16,230
③ 약 21,630 ④ 약 28,540

✔ • 분쇄 매립

$$A_1 = \frac{1.2\,kg}{인 \cdot day} \Big| \frac{400{,}000인}{} \Big| \frac{m^3}{0.45\,ton} \Big| \frac{ton}{10^3\,kg} \Big| \frac{}{4\,m} \Big| \frac{365\,day}{year} \times \frac{2}{3} = 64888.8889\,m^2$$

• 분쇄 · 압축 매립

$$A_2 = \frac{1.2\,kg}{인 \cdot day} \Big| \frac{400{,}000인}{} \Big| \frac{m^3}{0.45\,ton} \Big| \frac{ton}{10^3\,kg} \Big| \frac{}{4\,m} \Big| \frac{365\,day}{year} \times \frac{2}{3} \times \frac{2}{3} = 43259.2593\,m^2$$

$\therefore$ 소요면적 차이 $= A_1 - A_2$
$= 64888.8889 - 43259.2593$
$= 21629.63\,m^2$

40 토양오염의 특성으로 가장 거리가 먼 것은?

① 오염 영향의 국지성
② 피해 발현의 급진성
③ 원상복구의 어려움
④ 타 환경인자와 영향관계의 모호성

제2과목

정답 | 35.① 36.③ 37.② 38.② 39.③ 40.②

Subject 제3과목

폐기물 소각 및 열회수 과목별 기출문제

제3과목 | 폐기물 소각 및 열회수

2017년 제1회 폐기물처리기사

41 메테인을 공기비 1.1에서 완전연소시킬 경우 건조연소가스 중의 CO_2%는? ★

① 약 10.6

② 약 12.3

③ 약 14.5

④ 약 15.4

✔ 〈반응식〉 $CH_4+2O_2 \rightarrow CO_2+2H_2O$

$A_o = O_o \div 0.21$

$= 2 \div 0.21$

$= 9.5238$

$\therefore CO_2\% = \dfrac{CO_2}{G_d} \times 100$

$= \dfrac{1}{(1.1-0.21)\times 9.5238+1} \times 100$

$= 10.5528 ≒ 10.6\%$

42 로터리킬른(rotary kiln)식 소각로의 단점으로 옳지 않은 것은? ★★

① 처리량이 적은 경우 설치비가 높다.

② 구형 및 원통형 물질은 완전연소가 끝나기 전에 굴러 떨어질 수 있다.

③ 노에서의 공기 유출이 크므로 종종 대량의 과잉공기가 필요하다.

④ 습식 가스 세정 시스템과 함께 사용할 수 없다.

✔ ④ 습식 가스 세정 시스템과 함께 사용이 가능한 장점이 있다.

43 액체 연료의 연소속도에 영향을 미치는 인자로 거리가 먼 것은?

① 분무입경

② 기름방울과 공기의 혼합률

③ 충분한 체류시간

④ 연료의 예열온도

✔ 액체 연료의 연소속도에 영향을 미치는 인자

- 분무입경
- 분무각도
- 연료의 예열온도
- 기름방울과 공기의 혼합률

44 증기 터빈의 분류관점에 따른 터빈 형식이 잘못 연결된 것은?

① 증기 작동방식 – 충동 터빈, 반동 터빈, 혼합식 터빈

② 흐름수 – 단류 터빈, 복류 터빈

③ 피구동기(발전용) – 직결용 터빈, 감속형 터빈

④ 증기 이용방식 – 반경류 터빈, 축류 터빈

✔ ④ 증기 유동방향 – 반경류 터빈, 축류 터빈

45 유동층 소각로의 bed(층) 물질이 갖추어야 하는 조건으로 틀린 것은?

① 비중이 클 것

② 입도분포가 균일할 것

③ 불활성일 것

④ 열충격에 강하고 융점이 높을 것

✔ ① 비중이 작을 것

정답 | 41.① 42.④ 43.③ 44.④ 45.①

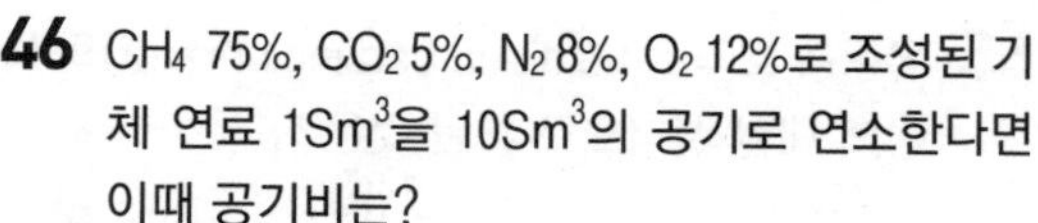

46 CH_4 75%, CO_2 5%, N_2 8%, O_2 12%로 조성된 기체 연료 1Sm^3을 10Sm^3의 공기로 연소한다면 이때 공기비는?

① 1.22 ② 1.32
③ 1.42 ④ 1.52

✔ 〈반응식〉 $CH_4 + 2O_2 \rightarrow CO_2 + 2H_2O$

$A_o = O_o \div 0.21$

$= (2 \times 0.75 - 0.12) \div 0.21 = 6.5714\text{Sm}^3$

$\therefore$ 공기비 $m = \dfrac{A}{A_o} = \dfrac{10}{6.5714} = 1.5217 \fallingdotseq 1.52$

47 RDF(Refuse Derived Fuel)가 갖추어야 하는 조건에 관한 설명으로 옳지 않은 것은? ★

① 제품의 함수율이 낮아야 한다.
② RDF용 소각로 제작이 용이하도록 발열량이 높지 않아야 한다.
③ 원료 중에 비가연성 성분이나 연소 후 잔류하는 재의 양이 적어야 한다.
④ 조성 배합률이 균일하여야 하고 대기오염이 적어야 한다.

✔ ② 발열량이 높아야 한다.

48 폐기물의 연소 및 열분해에 관한 설명으로 잘못된 것은?

① 열분해는 무산소 또는 저산소 상태에서 유기성 폐기물을 열분해시키는 방법이다.
② 습식 산화는 젖은 폐기물이나 슬러지를 고온·고압하에서 산화시키는 방법이다.
③ Steam reforming은 산화 시에 스팀을 주입하여 일산화탄소와 수소를 생성시키는 방법이다.
④ 가스화는 완전연소에 필요한 양보다 과잉공기 상태에서 산화시키는 방법이다.

✔ ④ 가스화는 열분해방법 중 하나로, 무산소·저산소 조건에서 적용하며, 산소 또는 공기 공급 대신 불활성 가스를 주입하여 처리한다.

49 폐기물의 소각시설에서 발생하는 분진의 특징에 대한 설명으로 틀린 것은?

① 흡수성이 작고 냉각되면 고착하기 어렵다.
② 부피에 비해 비중이 작고 가볍다.
③ 입자가 큰 분진은 가스 냉각장치 등의 비교적 가스 통과속도가 느린 부분에서 침강하기 때문에 분진의 평균입경이 작다.
④ 염화수소나 황산화물을 포함하기 때문에 설비의 부식을 방지하기 위해 일반적으로 가스 냉각장치 출구에서 250℃ 정도의 온도가 되어야 한다.

✔ ① 흡수성이 크고 냉각되면 고착하기 쉽다.

50 다음 중 연소에 대한 설명으로 틀린 것은?

① 연소공정은 폐기물 주입 → 연소 → 연소가스 처리 → 재의 처분 등으로 구성되어 있다.
② 연소기 설계 시 폐기물의 예상 생산량보다 2배 이상을 처리할 수 있는 크기로 설계하여야 한다.
③ 폐기물을 연소기에 주입시키는 방법에는 회분식과 연속식이 있다.
④ 폐기물은 강우에 의해 젖지 않도록 지붕을 씌워서 보관한다.

✔ ② 연소기 설계 시 저장탱크는 2~3일분의 폐기물을 저장할 수 있는 크기여야 한다.

51 다음 중 착화온도에 대한 설명으로 옳지 않은 것은? ★

① 화학결합의 활성도가 클수록 착화온도는 낮다.
② 분자구조가 간단할수록 착화온도는 낮다.
③ 화학반응성이 클수록 착화온도는 낮다.
④ 화학적으로 발열량이 클수록 착화온도는 낮다.

✔ ② 분자구조가 복잡할수록 착화온도는 낮다.

52 탄소 85%, 수소 14%, 황 1% 조성의 중유 연소 시 배기가스 조성은 $(CO_2)+(SO_2)$가 13%, O_2가 3%, CO가 0.5%였다. 건조연소가스 중 SO_2의 농도(ppm)는?

① 약 525　② 약 575
③ 약 625　④ 약 675

✔ • $O_o = 1.867 \times 0.85 + 5.6 \times 0.14 + 0.7 \times 0.01$
$= 2.3780$

• $A_o = O_o \div 0.21 = 2.3780 \div 0.21 = 11.3238$

• $m = \frac{N_2}{N_2 - 3.76(O_2 - 0.5CO)}$
$= \frac{83.5}{83.5 - 3.76(3 - 0.5 \times 0.5)} = 1.1413$

• $G_d = (m - 0.21)A_o + CO_2 + SO_2$
$= (1.1413 - 0.21) \times 11.3238 + 1.867 \times 0.85 + 0.7 \times 0.01$
$= 12.1398$

∴ SO_2 농도 $= \frac{SO_2}{G_d} \times 10^6$
$= \frac{0.7 \times 0.01}{12.1398} \times 10^6$
$= 576.6158 ≒ 576.62\,ppm$

53 황화수소 $1Sm^3$의 이론연소공기량(Sm^3)은 얼마인가? ★★★

① 7.1　② 8.1
③ 9.1　④ 10.1

✔ 〈반응식〉 $H_2S + 1.5O_2 \rightarrow H_2O + SO_2$
이론공기량 $A_o = O_o \div 0.21$
$= 1.5 \div 0.21 = 7.14Sm^3$

54 배기가스 성분 중 O_2의 양이 5.25%(부피기준)였을 때 완전연소로 가정한다면 공기비는? (단, N_2는 79%)

① 1.33　② 1.54
③ 1.84　④ 1.94

✔ $m = \frac{21}{21 - O_2} = \frac{21}{21 - 5.25} = 1.3333$

55 유동층 소각로(fluidized bed incinerator)의 특성에 대한 설명으로 틀린 것은? ★★★

① 미연소분 배출이 많아 2차 연소실이 필요하다.
② 반응시간이 빨라 소각시간이 짧다.
③ 기계적 구동부분이 상대적으로 적어 고장률이 낮다.
④ 소량의 과잉공기량으로도 연소가 가능하다.

✔ 유동층 소각로는 소량의 과잉공기로도 연소가 가능하므로, 2차 열손실이 필요 없다.

56 소각로를 이용하여 폐기물을 소각할 때의 장점으로 옳지 않은 것은?

① 폐기물의 부피를 최대한 감소시켜 매립지 면적을 감소
② 폐기물 중 부패성 유기물, 병원균 등의 완전산화를 통한 무해화
③ 소각공정을 통해 발생된 열에너지를 회수
④ 2차 오염물질을 발생시키지 않음

✔ ④ 소각 시 질소산화물 및 황산화물 등의 오염물질이 발생함

57 연소실 내 가스와 폐기물의 흐름에 관한 설명으로 가장 거리가 먼 것은?

① 병류식은 폐기물의 발열량이 낮은 경우에 적합한 형식이다.
② 교류식은 향류식과 병류식의 중간적인 형식이다.
③ 교류식은 중간 정도의 발열량을 가지는 폐기물에 적합하다.
④ 역류식은 폐기물의 이송방향과 연소가스의 흐름이 반대로 향하는 형식이다.

✔ ① 병류식은 폐기물의 발열량이 높은 경우에 적합한 형식이다.

정답 | 52.② 53.① 54.① 55.① 56.④ 57.①

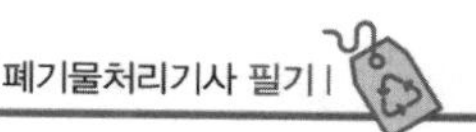

58 기체 연료에 관한 내용으로 옳지 않은 것은?

① 적은 과잉공기(10~20%)로 완전연소가 가능하다.
② 황 함유량이 적어 SO_2 발생량이 적다.
③ 저질 연료로 고온 얻기와 연료의 예열이 어렵다.
④ 취급 시 위험성이 크다.

✔ ③ 저질 연료로도 고온을 얻을 수 있다.

59 연소에 대한 설명으로 옳지 않은 것은? ★

① 증발연소는 비교적 용융점이 낮은 고체가 연소되기 이전에 용융되어 액체와 같이 표면에서 증발되는 기체가 연소하는 현상이다.
② 분해연소는 가열에 의해 열분해된 휘발하기 쉬운 성분이 표면으로부터 떨어진 곳에서 연소하는 현상이다.
③ 액면연소는 산소나 산화가스가 고체 표면이나 내부의 빈 공간에 확산되어 표면반응하는 현상이다.
④ 내부연소는 물질 자체가 포함하고 있는 산소에 의해서 연소하는 현상이다.

✔ ③ 액면연소는 액면에서 증발하여 연료가스 주위를 흐르는 공기와 혼합하면서 연소하는 것으로, 연소속도는 주위 공기의 흐름속도에 거의 비례하여 증가한다.

60 연소기 내에 단회로(short-circuit)가 형성되면 불완전연소된 가스가 외부로 배출된다. 이를 방지하기 위한 대책으로 가장 적절한 것은?

① 보조버너를 가동시켜 연소온도를 증대시킨다.
② 2차 연소실에서 체류시간을 늘린다.
③ Grate의 간격을 줄인다.
④ Baffle을 설치한다.

✔ ④ Baffle을 설치하면 난류형태를 일으키고 혼합효율이 좋아져 완전연소상태가 된다.

제3과목 | 폐기물 소각 및 열회수

2017년 제2회 폐기물처리기사

41 다음 중 소각로의 부식에 대한 설명으로 적절하지 않은 것은?

① 150~320℃에서는 부식이 잘 일어나지 않고 노점인 150℃ 이하의 온도에서는 저온부식이 발생한다.
② 320℃ 이상에서는 소각재가 침착된 금속면에서 고온 부식이 발생한다.
③ 저온 부식은 결로로 생성된 수분에 산성 가스 등의 부식성 가스가 용해되어 이온으로 해리되면서 금속부와 전기화학적 반응에 의한 금속염으로 부식이 진행된다.
④ 480℃까지는 염화철 또는 알칼리철 황산염 분해에 의한 부식이고, 700℃까지는 염화철 또는 알칼리철 황산염 생성에 의한 부식이 진행된다.

✔ ④ 480~700℃ 사이에서는 염화철이나 알칼리철 황산염 분해에 의한 부식이 발생된다.

42 다이옥신(dioxin)과 퓨란(furan)의 생성기전에 대한 설명으로 옳지 않은 것은?

① 투입 폐기물 내에 존재하던 PCDD/PCDF가 연소 시 파괴되지 않고 배기가스 중으로 배출
② 전구물질(클로로페놀, 폴리염화바이페닐 등)이 반응을 통하여 PCDD/PCDF로 전환되어 생성
③ 여러 가지 유기물과 염소공여체로부터 생성
④ 약 800℃의 고온 촉매화 반응에 의해 분진으로부터 생성

✔ ④ 다이옥신은 약 800℃의 고온일 경우 파괴된다.

제3과목

정답 | 58.③ 59.③ 60.④ / 41.④ 42.④

43 폐기물의 소각에 따른 열회수에 대한 설명으로 옳지 않은 것은?

① 회수된 열을 이용하여 전력만 생산할 경우 70~80%의 높은 에너지효율을 얻을 수 있다.
② 온수나 연소공기 예열 및 증기 생산 등의 에너지 활용은 단순에너지 활용으로 소규모 소각방식에 적합하다.
③ 열병합방식을 활용하면 에너지의 활용을 극대화시킬 수 있다.
④ 열회수장치는 고온 연소가스와 냉각수나 공기 사이에서 대류, 전도, 복사열 전달현상에 의하여 열을 회수한다.

✔ ① 회수된 열을 이용하여 높은 에너지효율을 얻는 것은 온도에 대한 것이다.

44 연소에 있어 검댕이의 생성에 대한 설명으로 가장 거리가 먼 것은?

① A중유 < B중유 < C중유 순으로 검댕이가 발생한다.
② 공기비가 매우 적을 때 다량 발생한다.
③ 중합, 탈수소축합 등의 반응을 일으키는 탄화수소가 적을수록 검댕이는 많이 발생한다.
④ 전열면 등으로 발열속도보다 방열속도가 빨라서 화염의 온도가 저하될 때 많이 발생한다.

✔ ③ 중합, 탈수소축합 등의 반응을 일으키는 탄화수소가 많을수록 검댕이는 많이 발생한다.

45 소각 시 발생되는 황산화물(SO_X)의 발생 방지법으로 틀린 것은?

① 저황 함유 연료의 사용
② 높은 굴뚝으로의 배출
③ 촉매산화법 이용
④ 입자 이월의 최소화

✔ 황산화물은 가스상태이므로 입자와는 무관하다.

46 다음 중 다단로 소각로에 대한 설명으로 잘못된 것은?

① 신속한 온도반응으로 보조연료 사용 조절이 용이하다.
② 다량의 수분이 증발되므로 수분 함량이 높은 폐기물의 연소가 가능하다.
③ 물리 · 화학적으로 성분이 다른 각종 폐기물을 처리할 수 있다.
④ 체류시간이 길어 휘발성이 적은 폐기물 연소에 유리하다.

✔ ① 보조연료 사용을 조절하기 어렵다.

47 폐기물의 원소 조성 성분을 분석해 보니 C 51.9%, H 7.62%, O 38.15%, N 2.0%, S 0.33%이었다면 고위발열량(kcal/kg)은? (단, Hh = 8,100C + 34,000(H‾(O/8)) + 2,500S) ★★

① 약 8,800 ② 약 7,200
③ 약 6,100 ④ 약 5,200

✔ Dulong 식

$$Hh(\text{kcal/kg}) = 81\text{C} + 340\left(\text{H} - \frac{\text{O}}{8}\right) + 25\text{S}$$

여기서, C, H, O, S : 탄소, 수소, 산소, 황의 함량(%)

$$\therefore Hh = 81 \times 51.9 + 340\left(7.62 - \frac{38.15}{8}\right) + 25 \times 0.33$$

$$= 5181.58\,\text{kcal/kg}$$

48 소각로에서 배출되는 비산재(fly ash)에 대한 설명으로 옳지 않은 것은?

① 입자 크기가 바닥재보다 미세하다.
② 유해물질을 함유하고 있지 않아 일반폐기물로 취급된다.
③ 폐열 보일러 및 연소가스 처리설비 등에서 포집된다.
④ 시멘트 제품 생산을 위한 보조원료로 사용 가능하다.

✔ ② 비산재는 일반폐기물이 아닌, 지정폐기물로 취급된다.

정답 I 43.① 44.③ 45.④ 46.① 47.④ 48.②

49 소각로 배출가스 중 염소(Cl_2)가스의 농도가 0.5%인 배출가스 3,000Sm^3/hr를 수산화칼슘 현탁액으로 처리하고자 할 때 이론적으로 필요한 수산화칼슘의 양(kg/hr)은? (단, Ca 원자량은 40)

① 약 12.4 ② 약 24.8
③ 약 49.6 ④ 약 62.1

✔ 수산화칼슘의 양 $= \frac{3,000\,Sm^3}{hr} \Big| \frac{0.5}{100} \Big| \frac{74\,kg}{22.4\,Sm^3}$
$= 49.55\,kg/hr$

50 우리나라 폐기물관리법상 소각시설의 설치기준 중 연소실의 출구온도로 옳지 않은 것은?

① 일반 소각시설 – 850℃ 이상
② 고온 소각시설 – 1,100℃ 이상
③ 열분해시설 – 1,200℃ 이상
④ 고온 용융시설 – 1,200℃ 이상

✔ ③ 열분해시설 – 850℃ 이상

51 착화온도에 관한 설명으로 옳지 않은 것은? (단, 고체 연료 기준) ★

① 분자구조가 간단할수록 착화온도는 낮다.
② 화학적으로 발열량이 클수록 착화온도는 낮다.
③ 화학반응성이 클수록 착화온도는 낮다.
④ 화학결합의 활성도가 클수록 착화온도는 낮다.

✔ ① 분자구조가 복잡할수록 착화온도는 낮다.

52 폐기물 소각 시 완전한 연소를 위해 필요한 조건이 아닌 것은? ★★★

① 적절히 높은 온도
② 충분한 접촉시간과 혼합이 된 상태
③ 충분한 산소 공급
④ 적절한 유동매체 보충 공급

✔ 완전연소조건의 3TO
- 온도(Temperature)
- 시간(Time)
- 혼합(Turbulence)
- 산소(Oxygen)

53 폐기물의 원소 조성이 다음과 같을 때 완전연소에 필요한 이론공기량(Sm^3/kg)은? (단, 가연성분 : 70%(C 50%, H 10%, O 35%, S 5%), 수분 : 20%, 회분 : 10%) ★★★

① 3.4 ② 3.7
③ 4.0 ④ 4.3

✔ $A_o = O_o \div 0.21$
이때, $O_o = 1.867C + 5.6H + 0.7S - 0.7O$
$= (1.867 \times 0.50 + 5.6 \times 0.10 + 0.7 \times 0.05 - 0.7 \times 0.35) \times 0.70$
$= 0.8985\,Sm^3/kg$
$\therefore A_o = 0.8985 \div 0.21 = 4.28\,Sm^3/kg$

54 유동층 연소의 단점 중 하나는 부하 변동에 따른 적응력이 나쁜 점이다. 이를 해결하기 위하여 연소율을 바꾸고자 할 때 적당하지 않은 것은?

① 층 내의 연료 비율을 변화시킨다.
② 공기분산판을 통합하여 층을 전체적으로 유동시킨다.
③ 유동층을 몇 개의 셀로 분할하여 부하에 따라 작동시키는 수를 변화시킨다.
④ 층의 높이를 변화시킨다.

✔ ② 공기분산판을 분할하여 층을 부분적으로 유동시킨다.

55 프로페인(C_3H_8)의 고위발열량이 24,300kcal/Sm^3일 때 저위발열량(kcal/Sm^3)은? ★★

① 22,380 ② 22,840
③ 23,340 ④ 23,820

✔ 저위발열량 $Hl = Hh - 480\sum H_2O$
여기서, Hh : 고위발열량(kcal/Sm^3)
H_2O : H_2O의 몰수
〈반응식〉 $C_3H_8 + 5O_2 \rightarrow 3CO_2 + 4H_2O$
$\therefore Hl = 24,300 - 480 \times 4 = 22,380\,kcal/Sm^3$

제3과목

정답 | 49.③ 50.③ 51.① 52.④ 53.④ 54.② 55.①

56 연소설비의 열효율 강의에 대한 설명으로 틀린 것은?

① 열효율 η=(공급열/유효열)×100(%)으로 표시한다.
② 공급열은 열수지에서 입열 전부를 취하는 경우와 연료의 연소열만을 취하는 경우가 있다.
③ 유효열은 연소에 의한 생성열을 증발, 건조, 가열에 이용하는 경우 100% 이용은 불가능하다.
④ 유효열은 복사전도에 의한 열손실, 배가스의 현열손실, 불완전연소에 의한 손실열 등을 공급열에서 뺀 값이다.

✔ ① 열효율 η=(유효열/공급열)×100(%)으로 표시한다.

57 사이클론(cyclone) 집진장치에 대한 설명으로 틀린 것은?

① 원심력을 활용하는 집진장치이다.
② 설치면적이 작고 운전비용이 비교적 적은 편이다.
③ 온도가 높을수록 포집효율이 높다.
④ 사이클론 내부에서 먼지는 벽면과 마찰을 일으켜 운동에너지를 상실한다.

✔ ③ 온도가 높을수록 함진가스의 점도가 높아져 포집효율이 낮아진다.

58 고체 및 액체 연료의 이론적인 습윤연소가스 양을 산출하는 계산식이다. ㉠, ㉡의 값으로 적당한 것은? ★★★

$$G_{ow} = 8.89C + 32.3H + 3.3S + 0.8N + (\ ㉠\ )W - (\ ㉡\ )O\ (Sm^3/kg)$$

① ㉠ 1.12, ㉡ 1.32
② ㉠ 1.24, ㉡ 2.64
③ ㉠ 2.48, ㉡ 5.28
④ ㉠ 4.96, ㉡ 10.56

59 폐기물 처리공정에서 소각공정과 열분해공정을 비교한 설명으로 틀린 것은?

① 소각공정은 산소가 존재하는 조건에서 시행되고, 열분해공정은 산소가 거의 없거나 무산소상태에서 진행된다.
② 열분해공정은 소각공정에 비하여 배기가스 양이 많다.
③ 열분해공정은 소각공정에 비하여 NO_x(질소산화물) 발생량이 적다.
④ 소각공정은 발열반응이나, 열분해공정은 흡열반응이다.

✔ ② 열분해공정은 소각공정에 비하여 배기가스 양이 적다.

60 공기비가 클 때 일어나는 현상으로 가장 거리가 먼 것은?

① 연소가스가 폭발할 위험이 커진다.
② 연소실의 온도가 낮아진다.
③ 부식이 증가한다.
④ 열손실이 커진다.

✔ ① 공기비가 크면 희석효과가 생겨 폭발할 위험은 작아진다.

정답 | 56.① 57.③ 58.② 59.② 60.①

제3과목 | 폐기물 소각 및 열회수

2017년 제4회 폐기물처리기사

41 탄소 80%, 수소 10%, 산소 8%, 황 2%로 조성된 중유 1kg을 공기비 1.2로 완전연소시킬 때 필요한 실제 공기량(Sm^3/kg)은?

① 8.5　② 9.5
③ 10.5　④ 11.5

✔ • $O_o = 1.867C + 5.6H + 0.7S - 0.7O$
$= 1.867 \times 0.80 + 5.6 \times 0.10 + 0.7 \times 0.02 - 0.7 \times 0.08$
$= 2.012\,Sm^3/kg$
• $A_o = O_o \div 0.21 = 2.012 \div 0.21 = 9.5810\,Sm^3/kg$
∴ 필요한 실제 공기량 $A = mA_o$
$= 1.2 \times 9.5810$
$= 11.4972$
$\fallingdotseq 11.5\,Sm^3/kg$

42 폐기물 소각시설의 연소실에 대한 설명으로 틀린 것은?

① 연소실은 내화재를 충전한 연소로와 water wall 연소기로 구분된다.
② 연소로의 모양은 대부분 직사각형인 box 형식이다.
③ Water wall 연소기는 여분의 공기가 많이 소요되므로 대기오염 방지시설의 규모가 커진다.
④ 대체로 주입되는 공기량은 폐기물 주입량의 13~17배 정도가 된다.

✔ ③ Water wall 연소기는 여분의 공기가 많이 소요되지 않으므로, 대기오염 방지시설(대기오염물질 제거장치)의 규모는 크지 않다.

43 전처리기술에 해당되는 것은?

① 열분해　② 용융
③ 발효　④ 파쇄

44 다음 연소장치 중 가장 적은 공기비의 값을 요구하는 것은?

① 가스 버너
② 유류 버너
③ 미분탄 버너
④ 수동수평 화격자

✔ 기체 > 액체 > 고체 순으로 적은 공기비가 필요하며, 가스 버너는 기체 연료의 버너에 해당된다.

45 NO_X 처리를 위하여 사용되는 선택적 촉매환원기술(SCR)에 대한 설명으로 틀린 것은?

① SCR은 촉매하에서 NH_3, CO 등의 환원제를 사용하여 NO_X를 N_2로 전환시키는 기술이다.
② 연소방법의 개선이나 저농도 NO_X 연소기의 사용은 공정상에서 직접 이루어지는 질소산화물 저감방법이다.
③ 촉매독과 분진의 부착에 따른 폐색과 압력손실을 방지하기 위하여 유해가스 제거 및 분진 제거장치 후단에 설치되는 것이 일반적이다.
④ 분진 제거 SCR로 유입되는 배출가스의 온도가 150~200℃이므로 제거효율의 저하 및 저온 부식의 우려가 있다.

✔ ② 연소방법의 개선이나 저농도 NO_X 연소기의 사용은 공정상에서 직접 이루어지는 질소산화물 저감방법이지만, 근본적으로 NO_X를 제거하지 못하여 SCR 방법 등을 사용하여 제거한다.

46 화씨온도 100℉는 몇 ℃인가?

① 35.2　② 37.8
③ 39.7　④ 41.3

✔ $℃ = (℉ - 32) \times \frac{5}{9}$
$= (100 - 32) \times \frac{5}{9}$
$= 37.78℃$

제3과목

정답 | 41.④ 42.③ 43.④ 44.① 45.② 46.②

47 소각로의 설계기준이 되고 있는 저위발열량에 대한 설명으로 옳은 것은?

① 쓰레기 속의 수분과 연소에 의해 생성된 수분의 응축열을 포함한 열량
② 고위발열량에서 수분의 응축열을 빼고 남는 열량
③ 쓰레기를 연소할 때 발생되는 열량으로 수분의 수증기 열량이 포함된 열량
④ 연소 배출가스 속의 수분에 의한 응축열

48 소각로의 화격자에서 고온 부식 방지대책으로 틀린 것은?

① 화격자의 냉각률을 올린다.
② 부식되는 부분으로 고온 공기를 주입하지 않는다.
③ 화격자의 재질을 고크로뮴강, 저니켈강으로 한다.
④ 공기 주입량을 감소시켜 화격자를 가온시킨다.

✔ ④ 공기 주입량을 늘려서 화격자를 냉각시킨다.

49 CO 100kg을 이론적으로 완전연소시킬 때 필요한 O_2의 부피(Sm^3)와 생성되는 CO_2의 부피(Sm^3)는?

① 20, 40
② 40, 80
③ 60, 120
④ 80, 160

✔ 〈반응식〉

CO	+	$0.5O_2$	→	CO_2
28kg	:	$0.5\times22.4Sm^3$	:	$22.4Sm^3$
100kg	:	X	:	Y

• O_2의 부피 $X=\dfrac{100\times0.5\times22.4}{28}=40\,Sm^3$

• CO_2의 부피 $Y=\dfrac{100\times22.4}{28}=80\,Sm^3$

50 소각로 설계에서 중요하게 활용되고 있는 저위발열량을 추정하는 방법에 대한 설명으로 옳지 않은 것은?

① 폐기물의 입자 분포에 의한 방법
② 단열 열량계에 의한 방법
③ 물리적 조성에 의한 방법
④ 원소 분석에 의한 방법

✔ **폐기물의 발열량 분석법**
- 3성분에 의한 계산식
- 원소 분석에 의한 계산식
- 물리적 조성에 의한 방법

51 플라스틱 처리에 가장 유리한 소각방식은?

① Grate 방식
② 고정상 방식
③ 로터리킬른 방식
④ Stoker 방식

✔ 고정상 소각로는 화상 위에서 폐기물을 소각하는 것으로, 플라스틱과 같은 열에 열화되는 물질 소각에 적합하다.

52 다음의 공법을 비교하여 설명한 내용으로 적절한 것은?

> 폐기물 소각 시스템에서 발생되는 질소산화물(NO_X)을 저감시키는 방법에는 일반적으로 선택적 비촉매환원법(SNCR, 요소수 사용)과 선택적 촉매환원법(SCR, 암모니아수 사용) 등을 많이 이용하고 있다.

① 소요공사비는 선택적 촉매환원법이 선택적 비촉매환원법보다 저렴하다.
② 유지관리비는 선택적 촉매환원법이 선택적 비촉매환원법보다 저렴하다.
③ 질소산화물 제거율은 선택적 촉매환원법이 선택적 비촉매환원법보다 높다.
④ 취급약품의 안전성은 선택적 촉매환원법이 선택적 비촉매환원법보다 안전하다.

정답 | 47.② 48.④ 49.② 50.① 51.② 52.③

53 다음 집진장치 중 압력손실이 가장 큰 것은?

① Venturi scrubber

② Cyclone scrubber

③ Packed tower

④ Jet scrubber

✔ 보기 집진장치의 압력손실 크기는 다음과 같다.
① Venturi scrubber : 약 300~800
② Cyclone scrubber : 약 50~300
③ Packed scrubber : 약 100~250
④ Jet scrubber : 약 0~150

54 조건이 다음과 같을 때 도시 폐기물의 저위발열량(Hl, kcal/kg)은?

- 도시 폐기물의 중량 조성 : C=65%, H=6%, O=8%, S=3%, 수분=3%
- 각 원소의 단위질량당 열량 : C=8,100kcal/kg, H=34,000kcal/kg, S=2,200kcal/kg
- 연소조건은 상온이며, 상온상태에서 물의 증발잠열=600kcal/kg

① 5,473　② 6,689

③ 7,135　④ 8,288

✔ Dulong 식
- Hl(kcal/kg) $= Hh - 6(9\text{H} + W)$
- Hh(kcal/kg) $= 81\text{C} + 340\left(\text{H} - \frac{\text{O}}{8}\right) + 22\text{S}$

여기서 C, H, O, S, W : 탄소, 수소, 산소, 황, 수분의 함량(%)

$$\therefore Hl = \left[81 \times 65 + 340\left(6 - \frac{8}{8}\right) + 22 \times 3\right] - 6(9 \times 6 + 3) = 6{,}689\,\text{kcal/kg}$$

55 질소산화물의 제거 · 처리를 위한 선택적 촉매환원법(SCR)과 비교한 선택적 비촉매환원법(SNCR)에 대한 설명으로 틀린 것은?

① 운전온도는 850~950℃ 정도로 고온이다.

② 다이옥신의 제거는 매우 어렵다.

③ 설치공간이 적고 설치비도 저렴하다.

④ 암모니아 슬립(slip)이 적다.

✔ ④ 암모니아 슬립이 발생한다.

56 소각로 내의 온도가 너무 높으면 NO_x나 O_x가 많이 생성되지만 반대로 온도가 너무 낮을 경우 불완전연소에 의해 생성되는 물질은?

① H_2O와 CO_2

② HC와 CO

③ $Ca(OH)_2$와 SO_2

④ Cl과 CH_4

57 소각에 대한 설명으로 틀린 것은?

① 1차 연소실은 폐기물을 건조 · 휘발 · 점화시키는 기능을, 2차 연소실은 1차 연소실의 미연소분을 연소시키는 기능을 한다.

② 연소기 내 격벽(baffle)을 설치함으로써 불완전연소에 의한 가스가 유출되는 문제를 예방할 수 있다.

③ 폐기물의 이송방향과 연소가스의 흐름방향에 따라 노 본체의 형식을 구분하며, 소각 폐기물의 성상과 수분에 따라 형식을 달리 적용한다.

④ 불완전연소 가능량이란 연소율 및 소각잔사의 중량비를 나타내는 척도로써 소각재 잔사 중에 존재하는 미연소분량을 표시한다.

✔ ④의 설명은 불완전연소 가능량이 아닌, 강열감량에 대한 설명이다.

58 소각로 본체의 형식 중 병류식에 관한 설명으로 틀린 것은?

① 폐기물의 이송방향과 연소가스의 흐름방향이 같은 형식이다.

② 수분이 적고 저위발열량이 높은 폐기물에 적합하다.

③ 건조대에서의 건조효율이 저하될 수 있다.

④ 폐기물의 질이나 저위발열량 변동이 심한 경우에 사용한다.

✔ ④ 폐기물의 발열량이 높은 경우에 사용한다.

제3과목

정답 I 53.① 54.② 55.④ 56.② 57.④ 58.④

59 유동층 소각로에서 슬러지의 온도가 30℃, 연소온도가 850℃, 배기온도가 450℃일 때, 유동층 소각로의 열효율(%)은?

① 49 ② 51
③ 62 ④ 77

✔ 열효율 $\eta(\%) = \dfrac{t_f - t_g}{t_f - t_{SL}}$

여기서, t_g : 배기가스 온도(℃)
t_{SL} : 슬러지 온도(℃)
t_f : 연소온도(℃)

$\therefore \eta = \dfrac{850-450}{850-30} = 0.4878 \fallingdotseq 48.78\%$

60 탄소분 50wt%, 불연분 50wt%인 고형 폐기물 100kg을 완전연소시킬 때 필요한 이론공기량(Sm^3)은? ★★★

① 약 93 ② 약 256
③ 약 445 ④ 약 577

✔ 이론공기량 $A_o = O_o \div 0.21$

이때, $O_o = 1.867C + 5.6H + 0.7S - 0.7O$
$= 1.867 \times 0.50 = 0.9335\,Sm^3/kg$

$\therefore A_o = 0.9335 \div 0.21 = 4.4452\,Sm^3/kg$
➡ $4.4452 \times 100 = 444.52\,Sm^3$

제3과목 | 폐기물 소각 및 열회수

2018년 제1회 폐기물처리기사

41 폐기물을 소각할 때 발생하는 폐열을 회수하여 이용할 수 있는 보일러에 대한 설명으로 틀린 것은?

① 보일러의 배출가스 온도는 대략 100~200℃이다.
② 보일러는 연료의 연소열을 압력용기 속의 물로 전달하여 소요압력의 증기를 발생시키는 장치이다.
③ 보일러의 용량 표시는 정격증발량으로 나타내는 경우와 환산증발량으로 나타내는 경우가 있다.
④ 보일러의 효율은 연료의 연소에 의한 화학에너지가 열에너지로 전달되었는가를 나타내는 것이다.

✔ ① 보일러의 배출가스 온도는 대략 250~300℃이다.

42 유동상 소각로의 특징으로 옳지 않은 것은?

① 과잉공기율이 작아도 된다.
② 층내 압력손실이 작다.
③ 층내 온도의 제어가 용이하다.
④ 노 부하율이 높다.

✔ ② 층내 압력손실이 크다.

43 저위발열량 10,000kcal/Sm^3인 기체연료 연소 시 이론습연소가스 양이 20Sm^3/Sm^3이고, 이론연소온도는 2,500℃라고 한다. 연료 연소가스의 평균정압비열(kcal/Sm^3 · ℃)은? (단, 연소용 공기, 연료 온도는 15℃)

① 0.2 ② 0.3
③ 0.4 ④ 0.5

✔ 평균정압비열 $= \dfrac{10,000\,kcal}{Sm^3} \Big| \dfrac{Sm^3}{20\,Sm^3} \Big| \dfrac{}{2,500℃}$
$= 0.2\,kcal/Sm^3 \cdot ℃$

정답 | 59.① 60.③ / 41.① 42.② 43.①

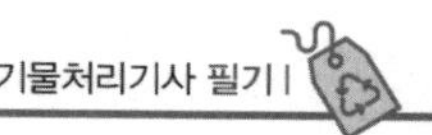

44 폐기물 소각로 중 회전로식 소각로(rotary kiln incinerator)의 장점이 아닌 것은? ★★

① 소각대상물에 관계없이 소각이 가능하며 또한 연속적으로 재배출이 가능하다.
② 연소실 내 폐기물의 체류시간은 노의 회전속도를 조절함으로써 가능하다.
③ 연소효율이 높으며, 미연소분의 배출이 적고 2차 연소실이 불필요하다.
④ 소각대상물의 전처리과정이 불필요하다.

✔ ③은 유동층 소각로에 대한 설명이다.

45 메테인 80%, 에테인 11%, 프로페인 6%, 나머지는 뷰테인으로 구성된 기체 연료의 고위발열량이 10,000kcal/Sm^{3}이다. 이 기체 연료의 저위발열량(kcal/Sm^3)은? ★★

① 약 8,100 ② 약 8,300
③ 약 8,500 ④ 약 8,900

✔ 저위발열량 $Hl = Hh - 480\sum H_2O$
여기서, Hh : 고위발열량(kcal/Sm^3)
H_2O : H_2O의 몰수

〈반응식〉 $CH_4 + 2O_2 \rightarrow CO_2 + 2H_2O$ … 0.80×2
$C_2H_6 + 3.5O_2 \rightarrow 2CO_2 + 3H_2O$ … 0.11×3
$C_3H_8 + 5O_2 \rightarrow 3CO_2 + 4H_2O$ … 0.06×4
$C_4H_{10} + 6.5O_2 \rightarrow 4CO_2 + 5H_2O$ … 0.03×5

$\therefore Hl = 10,000 - 480 \times (0.80 \times 2 + 0.11 \times 3 + 0.06 \times 4 + 0.03 \times 5)$
$= 8886.4\,\text{kcal/Sm}^3$

46 열분해에 의한 에너지 회수법의 단점으로 옳지 않은 것은?

① 보일러 튜브가 쉽게 부식된다.
② 초기 시설비가 매우 높다.
③ 열공급에 대한 확실성이 없으며 또한 시장의 절대적 화보가 어렵다.
④ 지역난방에 효과적이지 못하다.

✔ ④ 지역난방에 효과적이다.

47 표면연소에 대한 설명으로 옳은 것은? ★

① 코크스나 목탄과 같은 휘발성 성분이 거의 없는 연료의 연소형태를 말한다.
② 휘발유와 같이 끓는점이 낮은 기름의 연소나 왁스가 액화하여 다시 기화되어 연소하는 것을 말한다.
③ 기체 연료와 같이 공기의 확산에 의한 연소를 말한다.
④ 나이트로글리세린 등과 같이 공기 중 산소를 필요로 하지 않고 분자 자신 속의 산소에 의해서 연소하는 것을 말한다.

✔ ② : 증발연소
③ : 확산연소
④ : 내부연소

48 슬러지 소각에 부적합한 소각로는?

① 고정상 소각로 ② 다단로 소각로
③ 유동층 소각로 ④ 화격자 소각로

49 소각로에 폐기물을 연속적으로 주입하기 위해서는 충분한 저장시설을 확보하여야 한다. 연속주입을 위한 폐기물의 일반적인 저장시설 크기로 적당한 것은?

① 24~36시간분 ② 2~3일분
③ 7~10일분 ④ 15~20일분

50 수분 함량이 20%인 폐기물의 발열량을 단열 열량계로 분석한 결과가 1,500kcal/kg이라면 저위발열량(kcal/kg)은?

① 1,320 ② 1,380
③ 1,410 ④ 1,500

✔ Dulong 식
저위발열량 Hl(kcal/kg) $= Hh - 6(9H + W)$
여기서, Hh : 고위발열량(kcal/kg)
H, W : 수소, 수분의 함량(%)
$\therefore Hl = 1,500 - 6(9 \times 0 + 20) = 1,380\,\text{kcal/kg}$

정답 | 44.③ 45.④ 46.④ 47.① 48.④ 49.② 50.②

51 액체 주입형 소각로의 단점이 아닌 것은?

① 대기오염 방지시설 이외에 소각재 처리설비가 필요하다.

② 완전히 연소시켜 주어야 하며 내화물의 파손을 막아주어야 한다.

③ 고농도 고형분으로 인하여 버너가 막히기 쉽다.

④ 대량 처리가 어렵다.

✔ ① 대기오염 방지시설 이외에 소각재 처리설비가 필요 없다.

52 소각능이 있는 1,200kg/m^2 · hr인 스토커형 소각로에서 1일 80톤의 폐기물을 소각시킨다. 이 소각로의 화격자 면적(m^2)은? (단, 소각로는 1일 16시간 가동)

① 약 2.1 ② 약 2.8

③ 약 4.2 ④ 약 6.6

✔ 화격자 면적 $= \frac{80\,\text{ton}}{\text{day}} \Big| \frac{m^2 \cdot \text{hr}}{1{,}200\,\text{kg}} \Big| \frac{\text{day}}{16\,\text{hr}} \Big| \frac{10^3\text{kg}}{\text{ton}}$

$= 4.17\text{m}^2$

53 표준상태(0℃, 1기압)에서 어떤 배기가스 내에 CO_2 농도가 0.05%라면 몇 mg/m^3인가?

① 832 ② 982

③ 1,124 ④ 1,243

✔ CO_2 농도 $= \frac{0.05\,\text{L}}{100\,\text{L}} \Big| \frac{44\,\text{g}}{22.4\,\text{SL}} \Big| \frac{10^3\text{mg}}{\text{g}} \Big| \frac{10^3\,\text{L}}{\text{m}^3}$

$= 982.14\,\text{mg/Sm}^3$

54 열분해방법을 습식 산화법, 저온 열분해, 고온 열분해로 구분할 때, 각각의 온도영역을 순서대로 나열한 것은?

① 100~200℃, 300~400℃, 700~800℃

② 200~300℃, 400~600℃, 900~1,000℃

③ 200~300℃, 500~900℃, 1,100~1,500℃

④ 300~500℃, 700~900℃, 1,100~1,500℃

55 폐기물 소각 연소과정에서 연소효율을 향상시키는 대책이 아닌 것은?

① 복사전열에 의한 방열손실을 최대한 줄인다.

② 연소생성열량을 피연소물에 유효하게 전달하고 배기가스에 의한 열손실을 줄인다.

③ 연소과정에서 발생하는 배기가스를 재순환시켜 전열효율을 높이고, 최종 배출가스 온도를 높이다.

④ 연소잔사에 의한 열손실을 줄인다.

✔ 배기가스를 재순환시키는 것은 배가스 중 NO_X를 감소시키기 위함이다.

56 연소시키는 물질의 발화온도, 함수량, 공급공기량, 연소기의 형태에 따라 연소온도가 변화된다. 연소온도에 관한 설명 중 옳지 않은 것은?

① 연소온도가 낮아지면 불완전연소로 HC나 CO 등이 생성되며 냄새가 발생된다.

② 연소온도가 너무 높아지면 NO_X나 SO_X가 생성되며 냉각공기의 주입량이 많아지게 된다.

③ 소각로의 최소온도는 650℃ 정도이지만 스팀으로 에너지를 회수하는 경우에는 연소온도를 870℃ 정도로 높인다.

④ 함수율이 높으면 연소온도가 상승하며, 연소물질의 입자가 커지면 연소시간이 짧아진다.

✔ ④ 함수율이 높으면 연소온도가 낮아지며, 연소물질의 입자가 커지면 연소시간이 길어진다.

57 폐기물 소각 후 발생하는 소각재의 처리방법에는 여러 가지가 있다. 소각재 고형화 처리방식이 아닌 것은? ★

① 전기를 이용한 포졸란 고화방식

② 시멘트를 이용한 콘크리트 고화방식

③ 아스팔트를 이용한 아스팔트 고화방식

④ 킬레이트 등 약제를 이용한 고화방식

정답 I 51.① 52.③ 53.② 54.③ 55.③ 56.④ 57.①

58 폐기물 중 가연분을 셀룰로오스로 간주하여 계산하는 값은?

① 최대이산화탄소 발생량
② 이론산소량
③ 이론공기량
④ 과잉공기계수

59 도시 폐기물 성분 중 수소 5kg이 완전연소되었을 때 필요로 하는 이론적 산소요구량(kg)과 연소생성물인 수분의 양(kg)은? (단, 산소(O_2), 수분(H_2O) 순서)

① 25, 30　　② 30, 35
③ 35, 40　　④ 40, 45

✔ 〈반응식〉 H_2 + $0.5O_2$ → H_2O
2kg : 0.5×32kg : 18kg
5kg : X : Y

• 산소요구량 $X=\frac{5\times0.5\times32}{2}=40\,\text{kg}$

• 수분의 양 $Y=\frac{5\times18}{2}=45\,\text{kg}$

60 폐기물의 조성이 $C_8H_{20}O_{16}N_{10}S$이라면 고위발열량을 Dulong 식을 이용하여 계산한 값은 약 몇 kcal/kg인가? ★★

① 약 790　　② 약 830
③ 약 910　　④ 약 1090

✔ Dulong 식 : Hh(kcal/kg) $=81\text{C}+340\left(\text{H}-\frac{\text{O}}{8}\right)+25\text{S}$

여기서, C, H, O, S : 탄소, 수소, 산소, 황의 함량(%)

• $C_8H_{20}O_{16}N_{10}S$의 분자량
$=12\times8+1\times20+16\times16+14\times10+32\times1=544$

• 탄소 함량 $=\frac{12\times8}{544}\times100=17.6471\%$

• 수소 함량 $=\frac{1\times20}{544}\times100=3.6765\%$

• 산소 함량 $=\frac{16\times16}{544}\times100=47.0588\%$

• 황 함량 $=\frac{32\times1}{544}\times100=5.8824\%$

$\therefore Hh=81\times17.6471+340\left(3.6765-\frac{47.0588}{8}\right)$
$+25\times5.8824=826.49\,\text{kcal/kg}$

제3과목 | 폐기물 소각 및 열회수

2018년 제2회 폐기물처리기사

41 고체 및 액체 연료의 연소 이론산소량을 중량으로 구하는 경우의 산출식은? ★★★

① 2.67C+8H+O+S(kg/kg)
② 3.67C+8H+O+S(kg/kg)
③ 2.67C+8H−O+S(kg/kg)
④ 3.67C+8H−O+S(kg/kg)

42 고체 연료의 장점이 아닌 것은?

① 점화와 소화가 용이하다.
② 인화 · 폭발의 위험성이 적다.
③ 가격이 저렴하다.
④ 저장 · 운반 시 노천 야적이 가능하다.

✔ ① 고체 연료는 기체 및 액체 연료에 비해 점화와 소화가 용이하지 않다.

43 저위발열량이 8,000kcal/Sm^3인 가스 연료의 이론연소온도(℃)는 얼마인가?(단, 이론연소가스 양은 10Sm^3/Sm^3, 연료 연소가스의 평균정압비열은 0.35kcal/Sm^3 · ℃, 기준온도는 실온(15℃), 지금 공기는 예열되지 않으며, 연소가스는 해리되지 않는 것으로 가정) ★

① 약 2,100
② 약 2,200
③ 약 2,300
④ 약 2,400

✔ 연소온도 $t=\frac{Hl}{G\times C_p}+t_a$

여기서, Hl : 저위발열량(kcal/Sm^3)
G : 연소가스 양(Sm^3/Sm^3)
C_p : 평균정압비열(kcal/Sm^3 · ℃)
t_a : 실제 온도(℃)

$\therefore t=\frac{8,000}{10\times0.35}+15=2300.71℃$

제3과목

정답 | 58.③ 59.④ 60.② / 41.③ 42.① 43.③

44 폐기물의 저위발열량을 폐기물 3성분 조성비를 바탕으로 추정할 때 3가지 성분에 포함되지 않는 것은?

① 수분 ② 회분
③ 가연분 ④ 휘발분

45 기체 연료 중 건성 가스의 주성분은?

① H_2 ② CO
③ CO_2 ④ CH_4

46 다단로 소각로방식에 대한 설명으로 옳지 않은 것은?

① 온도 제어가 용이하고 동력이 적게 들며 운전비가 저렴하다.
② 수분이 적고 혼합된 슬러지 소각에 적합하다.
③ 가동부분이 많아 고장률이 높다.
④ 24시간 연속 운전을 필요로 한다.

✔ ② 수분 함량이 높은 폐기물도 연소가 가능하다.

47 폐타이어를 소각 전에 분석한 결과, C 78%, H 6.7%, O 1.9%, S 1.9%, N 1.1%, Fe 9.3%, Zn 1.1%의 조성을 보였다. 공기비(m)가 2.2일 때, 연소 시 발생되는 질소의 양(Sm^3/kg)은?

① 약 15.16 ② 약 25.16
③ 약 35.16 ④ 약 45.16

✔ • $O_o = 1.867C + 5.6H + 0.7S - 0.7O$
$= 1.867 \times 0.78 + 5.6 \times 0.067 + 0.7 \times 0.019 - 0.7 \times 0.019$
$= 1.8315\,Sm^3/kg$

• $A_o = O_o \div 0.21$
$= 1.8315 \div 0.21 = 8.7214\,Sm^3/kg$

∴ 발생되는 질소의 양 $= 0.79 \times mA_o$
$= 0.79 \times 2.2 \times 8.7214$
$= 15.1578 \fallingdotseq 15.16\,Sm^3/kg$

※ 0.79를 곱한 이유는 질소의 함량이기 때문이다.

48 주성분이 $C_{10}H_{17}O_6N$인 활성슬러지 폐기물을 소각 처리하려고 한다. 폐기물 5kg당 필요한 이론적 공기의 무게(kg)는? (단, 공기 중 산소량은 중량비로 23%)

① 약 12 ② 약 22
③ 약 32 ④ 약 42

✔ 〈반응식〉

$C_{10}H_{17}O_6N + 11.25O_2 \rightarrow 10CO_2 + 8.5H_2O + 0.5N_2$
247kg : 11.25×32kg
5kg : X

$X = \dfrac{11.25 \times 32 \times 5}{247} = 7.2874\,kg$

∴ 이론적 공기의 무게 $A_o = O_o \div 0.232$
$= 7.2874 \div 0.232$
$= 31.4112 \fallingdotseq 31.41\,kg$

※ 부피비는 0.21, 무게비는 0.232이다.

49 폐열 회수를 위한 열교환기 중 연도에 설치하며, 보일러 전열면을 통하여 연소가스의 여열로 보일러 급수를 예열하여 보일러 효율을 높이는 장치는?

① 재열기 ② 절탄기
③ 공기예열기 ④ 과열기

✔ ① 재열기 : 증기 터빈 속에서 소정의 팽창을 하여 포화증기에 가까워진 증기를 도중에 이끌어내 재차 가열하여 터빈을 돌려 팽창시키는 경우에 사용하는 장치
③ 공기예열기 : 굴뚝 가스 여열을 이용해 연소용 공기를 예열함으로써 보일러의 효율을 높이는 장치
④ 과열기 : 보일러에서 발생하는 포화증기를 과열하여 수분을 제거한 후 과열도가 높은 증기를 얻기 위해 설치하는 장치

50 30ton/day의 폐기물을 소각한 후 남은 재는 전체 질량의 20%이다. 남은 재의 용적이 $10.3m^3$일 때 재의 밀도(ton/m^3)는?

① 0.32 ② 0.58
③ 1.45 ④ 2.30

✔ 재의 밀도 $= \dfrac{30\,ton}{day}\Big|\dfrac{20}{100}\Big|\dfrac{}{10.3\,m^3} = 0.58\,ton/m^3$

정답 | 44.④ 45.④ 46.② 47.① 48.③ 49.② 50.②

51 통풍에 관한 설명으로 옳지 않은 것은?

① 자연통풍은 연돌에만 의존하는 통풍이다.
② 흡인통풍의 경우, 일반적으로 연소실 내 압력을 (−)로 유지한다.
③ 평형통풍은 냉공기의 침입 및 화염의 손실을 방지하지 못한다.
④ 연돌고를 2배 증가시키면 통풍력은 2배로 향상된다.

✔ ③ 평형통풍은 냉공기의 침입 및 화염의 손실을 방지하는 이점이 있다.

52 가로 1.2m, 세로 2.0m, 높이 11.5m의 연소실에서 저위발열량 10,000kcal/kg의 중유를 1시간에 100kg 연소한다. 이때, 연소실의 열발생률($kcal/m^3 \cdot hr$)은?

① 약 29,200 ② 약 36,200
③ 약 43,200 ④ 약 51,200

✔ 연소실의 열발생률

$$= \frac{10,000\,kcal}{kg} \Big| \frac{100\,kg}{hr} \Big| \frac{}{1.2\,m \times 2.0\,m \times 11.5\,m}$$
$$= 36231.88\,kcal/m^3 \cdot hr$$

53 다음 중 유동층 소각로의 장점으로 적절하지 않은 아닌 것은? ★★★

① 연소효율이 높아 미연소분의 배출이 적고 2차 연소실이 불필요하다.
② 유동매체의 열용량이 커서 액상 · 기상 · 고형 폐기물의 전소 및 혼소가 가능하다.
③ 유동매체의 축열량이 높은 관계로 단기간 정지 후 가동 시 보조연료 사용 없이 정상가동이 가능하다.
④ 층의 유동으로 상(床)으로부터 찌꺼기 분리가 용이하다.

✔ ④ 상으로부터 찌꺼기 분리가 어렵다.

54 발열량 계산의 대표적인 공식인 Dulong 식의 (H−O/8)과 (9H+W)의 의미로 가장 알맞게 짝지어진 것은?

① 이론수소 − 총 수분량
② 결합수소 − 증발잠열
③ 과잉수소 − 증발잠열
④ 유효수소 − 총 수분량

55 소각로에 발생하는 질소산화물의 발생 억제방법으로 옳지 않은 것은?

① 버너 및 연소실의 구조를 개선한다.
② 배기가스를 재순환한다.
③ 예열온도를 높여 연소온도를 상승시킨다.
④ 2단 연소시킨다.

✔ 온도가 높을수록 질소산화물은 생성량이 증가한다.

56 폐기물 1톤을 소각 처리하고자 한다. 폐기물의 조성이 C : 70%, H : 20%, O : 10%일 때 이론공기량(Sm^3)은? ★★★

① 약 6,200 ② 약 8,200
③ 약 9,200 ④ 약 11,200

✔ 이론공기량 $A_o = O_o \div 0.21$

이때, $O_o = 1.867C + 5.6H + 0.7S - 0.7O$
$= 1.867 \times 0.70 + 5.6 \times 0.20 - 0.7 \times 0.10$
$= 2.3569\,Sm^3/kg$

$\therefore A_o = 2.3569 \div 0.21 = 11.2233\,Sm^3/kg$

➡ $11.2233 \times 1,000 = 11223.3\,Sm^3$

57 폐기물 50ton/day를 소각로에서 1일 24시간 연속 가동하여 소각 처리할 때 화상면적(m^2)은? (단, 화상부하 = $150kg/m^2 \cdot hr$)

① 약 14 ② 약 18
③ 약 22 ④ 약 26

✔ 화상면적 $= \frac{50\,ton}{day} \Big| \frac{m^2 \cdot hr}{150\,kg} \Big| \frac{10^3 kg}{ton} \Big| \frac{day}{24\,hr} = 13.89\,m^2$

정답 | 51.③ 52.② 53.④ 54.④ 55.③ 56.④ 57.①

58 폐기물 내 유기물을 완전연소시키기 위해서는 3T라는 조건이 구비되어야 한다. 다음 중 3T에 해당하지 않는 것은? ★★★

① 충분한 온도
② 충분한 연소시간
③ 충분한 연료
④ 충분한 혼합

✔ **완전연소조건의 3T**
- 온도(Temperature)
- 시간(Time)
- 혼합(Turbulence)

59 배연탈황법에 대한 설명으로 틀린 것은?

① 석회석 슬러리를 이용한 흡수법은 탈황률의 유지 및 스케일 형성을 방지하기 위해 흡수액의 pH를 6으로 조정한다.
② 활성탄 흡착법에서 SO_2는 활성탄 표면에서 산화된 후 수증기와 반응하여 황산으로 고정된다.
③ 수산화소듐 용액 흡수법에서는 탄산소듐의 생성을 억제하기 위해 흡수액의 pH를 7로 조정한다.
④ 활성산화망가니즈는 상온에서 SO_2 및 O_2와 반응하여 황산망가니즈를 생성한다.

✔ ④ 활성산화망가니즈는 상온에서 SO_2 및 MnO_2와 반응하여 황산망가니즈($MnSO_4$)를 생성한다.

60 소각로에서 고체, 액체 및 기체 연료가 잘 연소되기 위한 조건이 아닌 것은?

① 공기연료비가 잘 맞아야 한다.
② 충분한 산소가 공급되어야 한다.
③ 점화를 위해 혼합도가 높아야 한다.
④ 노 내의 체류시간은 가급적 짧아야 한다.

✔ ④ 노 내의 체류시간은 연료가 충분히 연소될 수 있도록 길어야 한다.

제3과목 | 폐기물 소각 및 열회수

2018년 제4회 폐기물처리기사

41 화상부하율(연소량/화상면적)에 대한 설명으로 옳지 않은 것은?

① 화상부하율을 크게 하기 위해서는 연소량을 늘리거나 화상면적을 줄인다.
② 화상부하율이 너무 크면 노 내 온도가 저하하기도 한다.
③ 화상부하율이 작아질수록 화상면적이 축소되어 compact화 된다.
④ 화상부하율이 너무 커지면 불완전연소의 문제를 야기시킨다.

✔ ③ 화상부하율이 작아질수록 화상면적이 확대된다.

42 폐기물 처리방법 중 소각공정에 대한 열분해공정의 비교 설명으로 옳은 것은?

① 열분해공정은 소각공정에 비해 배기가스 양이 많다.
② 열분해공정은 소각공정에 비해 황 및 중금속이 회분 속에 고정되는 비율이 적다.
③ 열분해공정은 소각공정에 비해 질소산화물 발생량이 적다.
④ 열분해공정은 소각공정에 비해 산화성 분위기를 유지한다.

✔ ① 열분해공정은 소각공정에 비해 배기가스 양이 적다.
② 열분해공정은 소각공정에 비해 황 및 중금속이 회분 속에 고정되는 비율이 많다.
④ 열분해공정은 소각공정에 비해 환원성 분위기를 유지한다.

43 폐기물 소각에 따른 문제점은 지구온난화가스의 형성이다. 다음 배가스 성분 중 온실가스는?

① CO_2　② NO_X
③ SO_2　④ HCl

정답 | 58.③ 59.④ 60.④ / 41.③ 42.③ 43.①

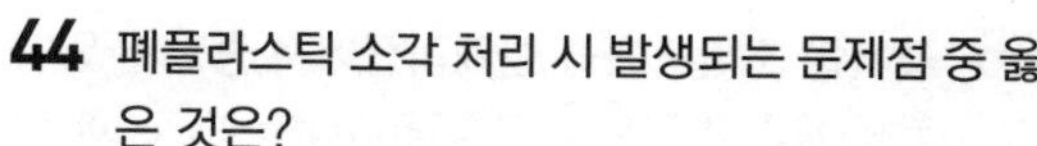

44 폐플라스틱 소각 처리 시 발생되는 문제점 중 옳은 것은?

① 플라스틱은 ~~용융~~점이 높아 화격자나 구동장치 등에 고장을 일으킨다.
② 플라스틱 발열량은 보통 3,000~5,000kcal/kg 범위로 도시 폐기물 발열량의 2배 정도이다.
③ 플라스틱 자체의 열전도율이 낮아 온도분포가 불균일하다.
④ PVC를 연소 시 HCN이 다량 발생되어 시설의 부식을 일으킨다.

✔ ① 플라스틱은 용융점이 낮다.
② 플라스틱 발열량은 보통 5,000~10,000kcal/kg이다.
④ PVC 연소 시 포스겐(COCl)이 발생된다.

45 유동상식 소각로의 장단점에 대한 설명으로 틀린 것은?

① 반응시간이 빨라 소각시간이 짧다(노 부하율이 높다).
② 연소효율이 높아 미연소분 배출이 적고 2차 연소실이 불필요하다.
③ 기계적 구동부분이 많아 고장률이 높다.
④ 상으로부터 찌꺼기의 분리가 어려우며 운전비, 특히 동력비가 높다.

✔ ③ 기계적 구동부분이 없어 고장률이 낮다.

46 준연속연소식 소각로의 가동시간으로 적당한 설계조건은?

① 8시간　　② 12시간
③ 16시간　　④ 18시간

47 폐기물 소각 시 발생되는 질소산화물 저감 및 처리방법이 아닌 것은?

① 알칼리흡수법　　② 산화흡수법
③ 접촉환원법　　④ 다이메틸아닐린법

✔ ④ 다이메틸아닐린은 기름기가 있는 유독성 액체이므로 질소산화물 저감 및 처리방법이라 볼 수 없다.

48 폐기물 소각로에서 배출되는 연소공기의 조성이 조건과 같을 때 연소가스의 평균분자량은? (단, CO_2=13.0%, O_2=8%, H_2O=10%, N_2=69%)

① 27.4　　② 28.4
③ 28.8　　④ 29.4

✔ Mw_m

$$= \frac{Mw_1 \times V_1 + Mw_2 \times V_2 + Mw_3 \times V_3 + Mw_4 \times V_4}{V_1 + V_2 + V_3 + V_4}$$

$$= \frac{44 \times 13.0 + 32 \times 8 + 18 \times 10 + 28 \times 69}{13.0 + 8 + 10 + 69} = 29.4$$

49 소각과정에 대한 설명으로 틀린 것은?

① 수분이 적을수록 착화도달시간이 적다.
② 회분이 많을수록 발열량이 낮아진다.
③ 폐기물의 건조는 자유건조 → 항률건조 → 감률건조 순으로 이루어진다.
④ 발열량이 작을수록 연소온도가 높아진다.

✔ ④ 발열량이 작을수록 연소온도가 낮아진다.

50 수소 22.0%, 수분 0.7%인 중유의 고위발열량이 12,600kcal/kg일 때 저위발열량(kcal/kg)은 얼마인가? ★★

① 11,408　　② 17,245
③ 19,328　　④ 20,314

✔ 저위발열량 Hl(kcal/kg) $= Hh - 6(9\text{H} + W)$
여기서, Hh : 고위발열량(kcal/kg)
H, W : 수소, 수분의 함량(%)
$\therefore Hl = 12{,}600 - 6(9 \times 22 + 0.7) = 11407.8\,\text{kcal/kg}$

51 아세틸렌(C_2H_2) 100kg을 완전연소시킬 때 필요한 이론적 산소요구량(kg)은?

① 123　　② 214
③ 308　　④ 415

✔ 〈반응식〉 $C_2H_2 + 2.5O_2 \rightarrow 2CO_2 + H_2O$
26kg : 2.5×32kg
100kg : X

$$\therefore X = \frac{2.5 \times 32 \times 100}{26} = 307.6923 \fallingdotseq 307.69\,\text{kg}$$

정답 | 44.③ 45.③ 46.③ 47.④ 48.④ 49.④ 50.① 51.③

52 에틸렌(C_2H_4)의 고위발열량이 15,280kcal/Sm^3라면 저위발열량(kcal/Sm^3)은? ★★

① 14,920　② 14,800
③ 14,680　④ 14,320

✔ 저위발열량 $Hl = Hh - 480\sum H_2O$
여기서, Hh : 고위발열량(kcal/Sm^3)
H_2O : H_2O의 몰수
〈반응식〉 $C_2H_4 + 3O_2 \rightarrow 2CO_2 + 2H_2O$
$\therefore Hl = 15,280 - 480 \times 2 = 14,320\,\text{kcal/Sm}^3$

53 화격자 연소기(grate or stoker)에 대한 설명으로 옳은 것은?

① 휘발성분이 많고 열분해하기 쉬운 물질을 소각할 경우 상향식 연소방식을 쓴다.
② 이동식 화격자는 주입 폐기물을 잘 운반시키거나 뒤집지는 못하는 문제점이 있다.
③ 수분이 많거나 플라스틱과 같이 열에 쉽게 용해되는 물질에 의한 화격자 막힘의 우려가 없다.
④ 체류시간이 짧고 교반력이 강하여 국부가열이 발생할 우려가 있다.

✔ ① 휘발성분이 많고 열분해하기 쉬운 물질을 소각할 경우 하향식 연소방식을 쓴다.
③ 플라스틱과 같이 열에 쉽게 용해되는 물질에 의한 화격자 막힘의 우려가 있다.
④ 체류시간이 짧고 교반력이 약하여 국부가열이 발생할 우려가 있다.

54 스크러버는 액적 또는 액막을 형성시켜 함진가스와의 접촉에 의해 오염물질을 제거시키는 장치이다. 다음 중 스크러버의 장점 및 단점에 대한 설명이 아닌 것은?

① 2차적 분진 처리가 불필요하다.
② 냉한기에 세정수의 동결에 의한 대책 수립이 필요하다.
③ 좁은 공간에도 설치가 필요하다.
④ 부식성 가스의 흡수로 재료 부식이 방지된다.

✔ ④ 부식성 가스의 용해로 인하여 재료 부식이 발생된다.

55 폐기물 소각 · 매립 설계과정에서 중요한 인자로 작용하고 있는 강열감량(ignition loss)에 대한 설명으로 틀린 것은?

① 소각로의 운전상태를 파악할 수 있는 중요한 지표
② 소각로의 종류, 처리용량에 따른 화격자의 면적을 선정하는 데 중요한 자료
③ 소각잔사 중 가연분을 중량백분율로 나타낸 수치
④ 폐기물의 매립 처분에 있어서 중요한 지표

✔ ③ 소각잔사 중 미연분을 백분율로 나타낸 수치

56 표준상태에서 배기가스 내에 존재하는 CO_2 농도가 0.01%일 때, 이것은 몇 mg/m^3인가?

① 146　② 196
③ 266　④ 296

✔ CO_2 농도 $= \dfrac{0.01\,\text{mL}}{100\,\text{mL}} \left| \dfrac{44\,\text{mg}}{22.4\,\text{SmL}} \right| \dfrac{10^6\,\text{mL}}{\text{m}^3}$
$= 196.43\,\text{mg/Sm}^3$

57 도시 폐기물의 중량 조성이 C 65%, H 6%, O 8%, S 3%, 수분 3%, 각 원소의 단위질량당 열량은 C 8,100kcal/kg, H 34,000kcal/kg, S 2,200kcal/kg이었다. 이 도시 폐기물의 저위발열량(Hl, kcal/kg)은? (단, 연소조건은 상온으로 보고, 상온상태 물의 증발잠열은 600kcal/kg으로 함)

① 5,473　② 6,689
③ 7,135　④ 8,288

✔ Dulong 식
• Hl(kcal/kg) $= Hh - 6(9\text{H} + W)$
• Hh(kcal/kg) $= 81\text{C} + 340\left(\text{H} - \dfrac{\text{O}}{8}\right) + 22\text{S}$
여기서, C, H, O, S, W : 탄소, 수소, 산소, 황, 수분의 함량(%)
$\therefore Hl = \left[81 \times 65 + 340\left(6 - \dfrac{8}{8}\right) + 22 \times 3\right]$
$- 6(9 \times 6 + 3)$
$= 6,689\,\text{kcal/kg}$

정답 | 52.④ 53.② 54.④ 55.③ 56.② 57.②

58 화격자 연소기의 장단점에 대한 설명으로 옳지 않은 것은?

① 연속적인 소각과 배출이 가능하다.

② 수분이 많거나 열에 쉽게 용해되는 물질의 소각에 주로 적용된다.

③ 체류시간이 길고 교반력이 약하여 국부가 열의 염려가 있다.

④ 고온 중에서 기계적으로 구동하기 때문에 금속부의 마모 손실이 심하다.

✔ ② 수분이 많거나 열에 쉽게 용해되는 물질을 사용할 경우 화격자가 막힐 수 있다.

59 폐기물 소각로의 화상부하율이 600kg/m^2 · hr, 하루에 소각할 폐기물의 양이 200ton일 경우 요구되는 화상면적(m^2)은? (단, 소각로는 전연속식, 가동시간은 24hr/일)

① 6.91　　② 8.54

③ 10.27　　④ 13.89

✔ 화상면적 $= \frac{200\,\text{ton}}{\text{day}} \Big| \frac{\text{m}^2 \cdot \text{hr}}{600\,\text{kg}} \Big| \frac{10^3\text{kg}}{\text{ton}} \Big| \frac{\text{day}}{24\,\text{hr}}$
$= 13.89\,\text{m}^2$

60 중유에 대한 설명으로 옳지 않은 것은?

① 중유의 탄수소비(C/H)가 증가하면 비열은 감소한다.

② 중유의 유동점은 일정 시험기에서 온도와 유동상태를 관찰하여 측정하며, 고온에서 취급 시 난이도를 표시하는 척도이다.

③ 비중이 큰 중유는 일반적으로 발열량이 낮고 비중이 작을수록 연소성이 양호하다.

④ 잔류탄소가 많은 중유는 일반적으로 점도가 높으며, 일반적으로 중질유일수록 잔류탄소가 많다.

✔ 유동점이란 유동성을 유지할 수 있는 최저온도이다.

제3과목 | 폐기물 소각 및 열회수

2019년 제1회 폐기물처리기사

41 가스 연료의 저위발열량 15,000kcal/Sm^3, 이론연소가스 양 20Sm^3/Sm^3, 공기온도 20℃일 때 연료의 이론연소온도(℃)는? (단, 연료 연소가스의 평균정압비열 0.75kcal/Sm^3 · ℃, 공기는 예열되지 않으며, 연소가스는 해리되지 않음) ★

① 720　　② 880

③ 920　　④ 1,020

✔ 연소온도 $t = \frac{Hl}{G \times C_p} + t_a$

여기서, Hl : 저위발열량(kcal/Sm^3)
G : 연소가스 양(Sm^3/Sm^3)
C_p : 평균정압비열(kcal/Sm^3 · ℃)
t_a : 실제 온도(℃)

$\therefore t = \frac{15{,}000}{20 \times 0.75} + 20 = 1{,}020$℃

42 소각 연소공정에서 발생하는 질소산화물(NOx)의 발생 억제에 관한 설명으로 틀린 것은?

① 이단연소법은 열적 NOx 및 연료 NOx의 억제에 효과가 있다.

② 저산소운전법으로 연소실 내 연소가스 온도를 최대한 높게 하는 것이 NOx의 억제에 효과가 있다.

③ 화염온도의 저하는 열적 NOx의 억제에 효과가 있다.

④ 저 NOx 버너는 열적 NOx의 억제에 효과가 있다.

✔ 질소산화물 발생을 억제하기 위해서는 저산소운전 및 연소가스 온도를 낮게 해야 한다.

43 석탄의 재 성분에 다량 포함되어 있고, 재의 융점이 높은 것은?

① Fe_2O_3　　② MgO

③ Al_2O_3　　④ CaO

제3과목

44 열효율 65%인 유동층 소각로에서 15℃의 슬러지 2톤을 소각시켰다. 배기온도가 400℃라면 연소온도(℃)는? (단, 열효율은 배기온도만 고려)

① 955 ② 988
③ 1,015 ④ 1,115

✔ 열효율 $\eta = \dfrac{t_f - t_g}{t_f - t_{SL}}$

여기서, t_g : 배기가스 온도(℃)
t_{SL} : 슬러지 온도(℃)
t_f : 연소온도(℃)

$0.65 = \dfrac{t_f - 400}{t_f - 15}$ ➡ 계산기의 Solve 기능 사용

$\therefore t_f = 1{,}115℃$

45 1차 반응에서 1,000초 동안 반응물의 1/2이 분해되었다면 반응물이 1/10 남을 때까지 소요되는 시간(sec)은?

① 3,923 ② 3,623
③ 3,323 ④ 3,023

✔ 1차 반응식 $\ln\dfrac{C_t}{C_o} = -k \cdot t$

여기서, C_t : t시간 후 농도
C_o : 초기 농도
k : 반응속도상수(sec^{-1})
t : 시간(sec)

$$k = \frac{\ln\dfrac{C_t}{C_o}}{-t} = \frac{\ln\dfrac{1}{2}}{-1{,}000} = 6.9315\times10^{-4}\text{sec}^{-1}$$

$$\therefore\ t = \frac{\ln\dfrac{C_t}{C_o}}{-k} = \frac{\ln\dfrac{1}{10}}{-6.9315\times10^{-4}}$$

$= 3321.9146 ≒ 3321.91\text{sec}$

46 열분해 발생가스 중 온도가 증가할수록 함량이 증가하는 것은? (단, 열분해온도에 따른 가스 구성비(%) 기준)

① 메테인 ② 일산화탄소
③ 이산화탄소 ④ 수소

47 다음 중 유동층 소각로의 특징으로 옳지 않은 것은? ★★★

① 가스의 온도가 높고 과잉공기량이 많아 NO_X 배출이 많다.
② 투입이나 유동화를 위해 파쇄가 필요하다.
③ 연소효율이 높아 미연소분의 배출이 적다.
④ 반응시간이 빨라 소각시간이 짧다(노 부하율이 높다).

✔ ① 가스의 온도가 낮고 과잉공기량이 적어 NO_X도 적게 배출된다.

48 H_2S의 완전연소 시 이론공기량 A_o(Sm^3/Sm^3)은 얼마인가? ★★★

① 6.14 ② 7.14
③ 8.14 ④ 9.14

✔ 이론공기량 $A_o = O_o \div 0.21$
〈반응식〉 $H_2S + 1.5O_2 \rightarrow H_2O + SO_2$
$\therefore A_o = 1.5 \div 0.21 = 7.14\text{Sm}^3$

49 폐기물의 건조과정에서 함수율과 표면온도의 변화에 대한 설명으로 잘못된 것은?

① 폐기물의 건조방식은 쓰레기의 허용온도, 형태, 물리적 및 화학적 성질 등에 의해 결정된다.
② 수분을 함유한 폐기물의 건조과정은 예열건조기간 → 항율건조기간 → 감율건조기간 순으로 건조가 이루어진다.
③ 항율건조기간에는 건조시간에 비례하여 수분 감량과 함께 건조속도가 빨라진다.
④ 감율건조기간에는 고형물의 표면온도 상승 및 유입되는 열량 감소로 건조속도가 느려진다.

✔ ③ 항율건조기간은 건조속도가 일정한 단계이다.

정답 I 44.④ 45.③ 46.④ 47.① 48.② 49.③

50 보일러 전열면을 통하여 연소가스의 여열로 보일러 급수를 예열하여 보일러 효율을 높이는 열교환장치는?

① 공기예열기 ② 절탄기
③ 과열기 ④ 재열기

✔ ① 공기예열기 : 굴뚝 가스 여열을 이용해 연소용 공기를 예열함으로써 보일러의 효율을 높이는 장치
③ 과열기 : 보일러에서 발생하는 포화증기를 과열하여 수분을 제거한 후 과열도가 높은 증기를 얻기 위해 설치하는 장치
④ 재열기 : 증기 터빈 속에서 소정의 팽창을 하여 포화증기에 가까워진 증기를 도중에 이끌어내 재차 가열하여 터빈을 돌려 팽창시키는 경우에 사용하는 장치

51 화격자 연소 중 상부투입연소에 대한 설명으로 잘못된 것은?

① 공급공기는 우선 재층을 통과한다.
② 연료와 공기의 흐름이 반대이다.
③ 하부투입연소보다 높은 연소온도를 얻는다.
④ 착화면 이동방향과 공기 흐름방향이 반대이다.

✔ ④ 착화면 이동방향과 공기 흐름방향이 같다.

52 착화온도에 관한 설명으로 틀린 것은? ★

① 화학반응성이 클수록 착화온도는 낮다.
② 분자구조가 간단할수록 착화온도는 높다.
③ 화학결합의 활성도가 클수록 착화온도는 낮다.
④ 화학적 발열량이 클수록 착화온도는 높다.

✔ ④ 화학적 발열량이 클수록 착화온도는 낮다.

53 소각로의 종류 중 유동층 소각로(fluidized bed incinerator)를 구성하는 구성인자가 아닌 것은?

① Wind box ② 역동식 화격자
③ Tuyeres ④ Free board 층

✔ ② 역동식 화격자는 화격자 소각로의 종류 중 하나이다.

54 소각대상물 중 함수율이 높은 폐기물의 소각 시 유의할 내용이 아닌 것은?

① 가능한 연소속도를 느리게 한다.
② 함수율이 높은 폐기물의 종류에는 주방 쓰레기 및 하수 슬러지 등이 있다.
③ 건조장치 설치 시 건조효율이 높은 기기를 선정한다.
④ 폐기물의 교란, 반전, 유동 등의 조작을 겸할 수 있는 기종을 선정한다.

✔ ① 가능한 연소속도를 빠르게 한다.

55 매시간 4톤의 폐유를 소각하는 소각로에서 발생하는 황산화물을 접촉산화법으로 탈황하고 부산물로 50%의 황산을 회수한다면 회수되는 부산물의 양(kg/hr)은? (단, 폐유 중 황 성분 3%, 탈황률 95%)

① 약 500 ② 약 600
③ 약 700 ④ 약 800

✔ 〈반응식〉 $S + O_2 \rightarrow SO_2$
$SO_2 + 0.5O2 \rightarrow SO_3$
$SO_3 + H_2O \rightarrow H_2SO_4$

따라서, 반응비 S : H_2SO_4
32kg : 98kg
S 생성량 : $X \times 0.50$

$$\text{S 생성량} = \frac{4{,}000\,\text{kg}}{\text{hr}} \bigg| \frac{3}{100} \bigg| \frac{95}{100} = 114\,\text{kg/hr}$$

$$\therefore X = \frac{114 \times 98}{32 \times 0.50} = 698.25\,\text{kg/hr}$$

56 소각로에서 쓰레기의 소각과 동시에 배출되는 가스 성분을 분석한 결과 N_2 85%, O_2 6%, CO 1%와 같은 조성일 때 소각로의 공기비는?

① 1.25 ② 1.32
③ 1.81 ④ 2.28

✔ 공기비 $m = \dfrac{N_2}{N_2 - 3.76(O_2 - 0.5CO)}$

$$= \frac{85}{85 - 3.76(6 - 0.5 \times 1)} = 1.32$$

정답 | 50.② 51.④ 52.④ 53.② 54.① 55.③ 56.②

57 스토커식 도시 폐기물 소각로에서 유기물을 완전 연소시키기 위한 3T 조건이 아닌 것은? ★★★

① 혼합 ② 체류시간
③ 온도 ④ 압력

✔ 완전연소조건의 3T
- 온도(Temperature)
- 시간(Time)
- 혼합(Turbulence)

58 증기 터빈을 증기 이용방식에 따라 분류했을 때의 형식이 아닌 것은?

① 반동 터빈(reaction turbine)
② 복수 터빈(condensing turbine)
③ 혼합 터빈(mixed pressure turbine)
④ 배압 터빈(back pressure turbine)

✔ ① 반동 터빈은 증기 작동방식에 따른 분류이다.

59 메테인의 고위발열량이 9,000kcal/Sm³이라면 저위발열량(kcal/Sm³)은? ★★

① 8,640 ② 8,440
③ 8,240 ④ 8,040

✔ 저위발열량 $Hl = Hh - 480\Sigma H_2O$
여기서, Hh : 고위발열량(kcal/Sm³)
H_2O : H_2O의 몰수
〈반응식〉 $CH_4 + 2O_2 \rightarrow CO_2 + 2H_2O$
$\therefore Hl = 9{,}000 - 480 \times 2 = 8{,}040\,\text{kcal/Sm}^3$

60 액체 주입형 연소기의 설명으로 틀린 것은?

① 소각재 배출설비가 있어 회분 함량이 높은 액상 폐기물에도 널리 사용된다.
② 구동장치가 없어서 고장이 적다.
③ 고형분의 농도가 높으면 버너가 막히기 쉽다.
④ 하방 점화방식의 경우에는 염이나 입상 물질을 포함한 폐기물의 소각이 가능하다.

✔ ① 소각재 배출설비가 없어 회분 함량이 낮은 액상 폐기물을 사용한다.

제3과목 | 폐기물 소각 및 열회수

2019년 제2회 폐기물처리기사

41 탄소(C) 10kg을 완전연소시키는 데 필요한 이론적 산소량(Sm³)은? ★★★

① 약 7.8 ② 약 12.6
③ 약 15.5 ④ 약 18.7

✔ 이론산소량 $O_o(\text{Sm}^3/\text{kg})$
$= 1.867C + 5.6H + 0.7S - 0.7O$
※ 탄소만 존재하므로 H, S, O에는 0을 대입한다.
$\therefore O_o = 1.867\,\text{Sm}^3/\text{kg} \times 10\,\text{kg} = 18.67 \fallingdotseq 18.67\,\text{Sm}^3$

42 도시 폐기물의 연속 소각로 과잉공기비로 가장 적당한 것은?

① 0.1~1.0 ② 1.5~2.5
③ 5~10 ④ 25~35

43 다음 조건과 같은 함유 성분의 폐기물을 연소처리할 때 저위발열량(kcal/kg)은? (단, Dulong 식 기준)

- 함수율 : 30%
- 불활성분 : 14%
- 탄소 : 20%
- 수소 : 10%
- 산소 : 24%
- 황 : 2%

① 약 2,400 ② 약 3,300
③ 약 4,200 ④ 약 4,600

✔ Dulong 식
- $Hh(\text{kcal/kg}) = 81C + 340\left(H - \frac{O}{8}\right) + 25S$
- $Hl(\text{kcal/kg}) = Hh - 6(9H + W)$

여기서, C, H, O, S, W : 탄소, 수소, 산소, 황, 수분의 함량(%)

$$\therefore Hl = 81 \times 20 + 340\left(10 - \frac{24}{8}\right) + 25 \times 2 - 6(9 \times 10 + 30) = 3{,}330\,\text{kcal/kg}$$

정답 | 57.④ 58.① 59.④ 60.① / 41.④ 42.② 43.②

44 유동층 소각로의 bed(층) 물질이 갖추어야 하는 조건으로 틀린 것은?

① 비중이 클 것
② 입도분포가 균일할 것
③ 불활성일 것
④ 열충격에 강하고 융점이 높을 것

✔ ① 비중이 작을 것

45 배가스 세정 흡수탑의 조건에 관한 설명으로 가장 거리가 먼 것은?

① 흡수장치에 들어가는 가스의 온도는 일정하게 높게 유지시켜 주어야 한다.
② 세정액에 중화제액 혼입에 의한 화학반응 속도를 향상시킬 필요가 있다.
③ 세정액과 가스의 접촉면적을 크게 잡고 교란에 의한 기체 · 액체 접촉을 높여야 한다.
④ 비교적 물에 대한 용해도가 낮은 CO, NO, H_2S 등의 흡수 평행조건은 헨리의 법칙을 따른다.

✔ ① 가스의 온도가 높을 경우 집진효율이 떨어진다.

46 스토커식 소각로에 있어서 여러 개의 부채형 화격자를 노 폭 방향으로 조합하고, 한 조의 화격자를 형성하여 편심 캠에 의한 역주행 grate로 되어 있는 연소장치의 종류는?

① 반전식(traveling back stoker)
② 계단식(multistepped pushing grate stoker)
③ 병렬계단식(rows forced feed grate stoker)
④ 역동식(pushing back grate stoker)

✔ ② 계단식 : 가동 및 고정 화격자가 계단식으로 배열되어 가동 화격자가 전후로 운동하여 폐기물을 다음 계단으로 이동시키는 연소장치
③ 병렬계단식 : 한 줄의 화격자가 계단상으로 되어 있으며 고정 및 가동 화격자가 교대로 조합되어 설치된 연소장치
④ 역동식 :같은 스토커상에서 건조, 연소 및 후연소가 연속적으로 일어나며 쓰레기의 교반이나 연소조건이 양호하고 화격자가 자기 스스로 청정작용도 하며 소각률이 대단히 높은 장치

47 밀도가 600kg/m^{3}인 도시 쓰레기 100ton을 소각시킨 결과 밀도가 1,200kg/m^{3}인 재 10ton이 남았다. 이 경우 부피감소율과 무게감소율에 관한 설명으로 옳은 것은? ★★★

① 부피감소율이 무게감소율보다 크다.
② 무게감소율이 부피감소율보다 크다.
③ 부피감소율과 무게감소율은 동일하다.
④ 주어진 조건만으로는 알 수 없다.

✔ • 부피감소율 $= 1 - \dfrac{10 \times 10^3\text{kg} \div 1,200\,\text{kg/m}^3}{100 \times 10^3\text{kg} \div 600\,\text{kg/m}^3} = 0.95$

• 무게감소율 $= 1 - \dfrac{10}{100} = 0.90$

따라서, 부피감소율이 무게감소율보다 크다.

48 폐기물의 연소실에 관한 설명으로 적절하지 않은 것은?

① 연소실은 폐기물을 건조 · 휘발 · 점화시켜 연소시키는 1차 연소실과 여기서 미연소될 것을 연소시키는 2차 연소실로 구성된다.
② 연소실의 온도는 1,500~2,000℃ 정도이다.
③ 연소실의 크기는 주입 폐기물의 무게(ton) 당 0.4~0.6m^3/day로 설계되고 있다.
④ 연소로의 모형은 직사각형, 수직원통형, 혼합형, 로터리킬른형 등이 있다.

✔ 일반소각시설인 경우 연소실의 온도는 850℃ 이상이다.

49 유동층 소각로 특성에 대한 설명으로 옳지 않은 것은? ★★★

① 미연소분 배출이 많아 2차 연소실이 필요하다.
② 반응시간이 빨라 소각시간이 짧다.
③ 기계적 구동부분이 상대적으로 적어 고장률이 낮다.
④ 소량의 과잉공기량으로도 연소가 가능하다.

✔ 유동층 소각로는 소량의 과잉공기로도 연소가 가능하므로, 2차 연소실이 필요 없다.

제3과목

정답 | 44.① 45.① 46.① 47.① 48.② 49.①

50 소각로 본체 내부는 내화벽돌로 구성되어 있다. 내부에서부터 차례로 두께가 114, 65, 230mm이고, k의 값은 0.104, 0.0595, 1.04kal/m · hr · ℃이다. 내부 온도 900℃, 외벽 온도 40℃일 경우 단위면적당 전체 열저항(m^2 · hr · ℃/kcal)은 얼마인가?

① 1.42 ② 1.52
③ 2.42 ④ 2.52

✔ $\text{전체 열저항} = \frac{0.114}{0.104} + \frac{0.065}{0.0595} + \frac{0.230}{1.04}$
$= 2.41\text{m}^2 \cdot \text{hr} \cdot ℃/\text{kcal}$

51 소각로의 연소온도에 관한 설명으로 가장 거리가 먼 것은?

① 연소온도가 너무 높아지면 NOx 또는 SOx가 생성된다.
② 연소온도가 낮게 되면 불완전연소로 HC 또는 CO 등이 생성된다.
③ 연소온도는 600~1,000℃ 정도이다.
④ 연소실에서 굴뚝으로 유입되는 온도는 700~800℃ 정도이다.

✔ ④ 연소실에서 굴뚝으로 유입되는 온도는 약 300~400℃ 정도이다.

52 소각공정에서 발생하는 다이옥신에 관한 설명으로 가장 거리가 먼 것은?

① 쓰레기 중 PVC 또는 플라스틱류 등을 포함하고 있는 합성물질을 연소시킬 때 발생한다.
② 연소 시 발생하는 미연분의 양과 비산재의 양을 줄여 다이옥신을 저감할 수 있다.
③ 다이옥신 재형성 온도구역을 최대화하여 재합성 양을 줄일 수 있다.
④ 활성탄과 백필터를 적용하여 다이옥신을 제거하는 설비가 많이 이용된다.

✔ ③ 다이옥신 재형성 온도구역을 최소화하여 재합성 양을 줄일 수 있다.

53 탄소 및 수소의 중량 조성이 각각 80%, 20%인 액체 연료를 매시간 200kg씩 연소시켜 배기가스의 조성을 분석한 결과 CO_2 12.5%, O_2 3.5%, N_2 84%이였다. 이 경우 시간당 필요한 공기량(Sm^3)은? ★★★

① 약 3,450 ② 약 2,950
③ 약 2,450 ④ 약 1,950

✔ • $O_o = 1.867\text{C} + 5.6\text{H} + 0.7\text{S} - 0.7\text{O}$
$= (1.867 \times 0.80 + 5.6 \times 0.20)$
$= 2.6136\,\text{Sm}^3/\text{kg}$

• $A_o = O_o \div 0.21$
$= 2.6136 \div 0.21$
$= 12.4457\,\text{Sm}^3/\text{kg}$

• $m = \frac{N_2}{N_2 - 3.76(O_2 - 0.5CO)}$
$= \frac{84}{84 - 3.76(3.5 - 0)}$
$= 1.1858$

∴ 시간당 필요한 공기량
$= 1.1858 \times 12.4457\,\text{Sm}^3/\text{kg} \times 200\,\text{kg}$
$= 2951.6222 ≒ 2951.62\,\text{Sm}^3$

54 황화수소 $1Sm^3$의 이론연소공기량(Sm^3)은 얼마인가? ★★★

① 7.1 ② 8.1
③ 9.1 ④ 10.1

✔ 이론공기량 $A_o = O_o \div 0.21$
〈반응식〉 $H_2S + 1.5O_2 \rightarrow H_2O + SO_2$
$\therefore A_o = 1.5 \div 0.21 = 7.14\,\text{Sm}^3$

55 화격자 연소 중 상부투입연소에 대한 설명으로 잘못된 것은?

① 공급공기는 우선 재층을 통과한다.
② 연료와 공기의 흐름이 반대이다.
③ 하부투입연소보다 높은 연소온도를 얻는다.
④ 착화면 이동방향과 공기 흐름방향이 반대이다.

✔ ④ 착화면 이동방향과 공기 흐름방향이 같다.

정답 I 50.③ 51.④ 52.③ 53.② 54.① 55.④

56 연소기 내에 단회로(short-circuit)가 형성되면 불완전연소된 가스가 외부로 배출된다. 이를 방지하기 위한 대책으로 가장 적절한 것은?

① 보조버너를 가동시켜 연소온도를 증대시킨다.
② 2차 연소실에서 체류시간을 늘린다.
③ Grate의 간격을 줄인다.
④ Baffle을 설치한다.

✔ Baffle을 설치하면 난류형태를 일으키고 혼합효율이 좋아져 완전연소상태가 된다.

57 오리피스 구멍에서 유량과 유압의 관계가 옳은 것은?

① 유량은 유압에 정비례한다.
② 유량은 유압의 세제곱근에 비례한다.
③ 유량은 유압의 제곱근에 비례한다.
④ 유량은 유압의 제곱에 비례한다.

✔ **오리피스 유량 계산식**

$$Q = C \cdot A\sqrt{\frac{2\Delta P}{\rho}}$$

58 소각로 설계에 필요한 쓰레기의 발열량 분석방법이 아닌 것은?

① 단열 열량계에 의한 방법
② 원소 분석에 의한 방법
③ 추정식에 의한 방법
④ 상온상태하의 수분 증발잠열에 의한 방법

✔ **폐기물의 발열량 분석법**
- 3성분에 의한 계산식
- 원소 분석에 의한 계산식
- 물리적 조성에 의한 방법

59 소각로로부터 폐열을 회수하는 경우의 장점에 해당되지 않는 것은?

① 열회수로 연소가스의 온도와 부피를 줄일 수 있다.
② 과잉공기량이 비교적 적게 요구된다.
③ 소각로의 연소실 크기가 비교적 크지 않다.
④ 조작이 간단하며 수증기 생산설비가 필요 없다.

✔ ④ 수증기 생산설비가 필요하다.

60 소각로의 연소효율을 증대시키는 방법이 아닌 것은?

① 적절한 연소시간
② 적절한 온도 유지
③ 적절한 공기 공급과 연료비
④ 연소조건은 층류

✔ ④ 연소조건은 난류

정답 | 56.④ 57.③ 58.④ 59.④ 60.④

제3과목 | 폐기물 소각 및 열회수

2019년 제4회 폐기물처리기사

41 폐기물의 이송과 연소가스의 유동방향에 의해 소각로의 형상을 구분할 때 난연성 또는 착화하기 어려운 폐기물에 적합한 방식은?

① 병류식 ② 하향식
③ 향류식 ④ 중간류식

✔ 폐기물의 이송방향과 연소가스의 흐름방향이 반대로 향하는 형식으로, 복사열에 의한 건조에 유리하고 난연성 또는 착화하기 어려운 폐기물에 적합한 형식이다.

42 폐기물 조성이 $C_{760}H_{1980}O_{870}N_{12}S$일 때 고위발열량(kcal/kg)은 얼마인가? (단, Dulong 식을 이용하여 계산) ★★

① 약 5,860 ② 약 4,560
③ 약 3,260 ④ 약 2,860

✔ Dulong 식

$Hh(\text{kcal/kg}) = 81C + 340\left(H - \frac{O}{8}\right) + 25S$

여기서, C, H, O, S : 탄소, 수소, 산소, 황의 함량(%)

- $C_{760}H_{1980}O_{870}N_{12}S$의 분자량
  $= 12\times760 + 1\times1,980 + 16\times870 + 14\times12 + 32\times1$
  $= 25,220$
- 탄소 함량 $= \frac{12\times760}{25,220}\times100 = 36.1618\%$
- 수소 함량 $= \frac{1\times1,980}{25,220}\times100 = 7.8509\%$
- 산소 함량 $= \frac{16\times870}{25,220}\times100 = 55.1943\%$
- 황 함량 $= \frac{32\times1}{25,220}\times100 = 0.1269\%$

$\therefore Hh = 81\times36.1618 + 340\left(7.8509 - \frac{55.1943}{8}\right) + 25\times0.1269$
$= 3255.83\,\text{kcal/kg}$

43 폐기물의 열분해 시 저온 열분해의 온도범위로 적절한 것은?

① 100~300℃ ② 500~900℃
③ 1,100~1,500℃ ④ 1,300~1,900℃

✔ 열분해의 온도범위
- 습식 산화법 : 200~300℃
- 저온 열분해 : 500~900℃
- 고온 열분해 : 1,100~1,500℃

44 다음은 고체 및 액체 연료의 이론적인 습윤연소가스 양을 산출하는 계산식이다. ㉠, ㉡의 값으로 적당한 것은? ★★★

$G_{ow} = 8.89C + 32.3H + 3.3S + 0.8N + (\ ㉠\ )W - (\ ㉡\ )O\ (\text{Sm}^3/\text{kg})$

① ㉠ 1.12, ㉡ 1.32
② ㉠ 1.24, ㉡ 2.64
③ ㉠ 2.48, ㉡ 5.28
④ ㉠ 4.96, ㉡ 10.56

45 폐기물의 연소 및 열분해에 관한 설명으로 잘못된 것은?

① 열분해는 무산소 또는 저산소 상태에서 유기성 폐기물을 열분해시키는 방법이다.
② 습식 산화는 젖은 폐기물이나 슬러지를 고온 · 고압하에서 산화시키는 방법이다.
③ Steam reforming은 산화 시에 스팀을 주입하여 일산화탄소와 수소를 생성시키는 방법이다.
④ 가스화는 완전연소에 필요한 양보다 과잉 공기상태에서 산화시키는 방법이다.

✔ ④ 가스화는 열분해방법 중 하나로, 무산소 · 저산소 조건에서 적용하며, 산소 또는 공기 공급 대신 불활성 가스를 주입하여 처리한다.

46 연소를 위한 공기의 상태로 가장 좋은 것은?

① 연소용 공기를 직접 이용한다.
② 연소용 공기를 예열한다.
③ 연소용 공기를 냉각시켜 온도를 낮춘다.
④ 연소용 공기에 벙커의 폐수를 분사하여 습하게 하여 주입시킨다.

정답 | 41.③ 42.③ 43.② 44.② 45.④ 46.②

47 소각로에서 배출되는 비산재(fly ash)에 대한 설명으로 옳지 않은 것은?

① 입자 크기가 바닥재보다 미세하다.
② 유해물질을 함유하고 있지 않아 일반폐기물로 취급된다.
③ 폐열 보일러 및 연소가스 처리설비 등에서 포집된다.
④ 시멘트 재품 생산을 위한 보조원료로 사용 가능하다.

✔ ② 비산재는 일반폐기물이 아닌, 지정폐기물로 취급된다.

48 도시 생활폐기물을 대상으로 하는 소각방법에 많이 이용되는 형식이 아닌 것은?

① Stoker type incinerator
② Multiple hearth incinerator
③ Rotary kiln incinerator
④ Fluidized bed incinerator

✔ ② Multiple hearth incinerator(다단식 소각로)는 예전에는 하수 슬러지의 소각 시 많이 사용하였지만, 현재는 많이 사용하지 않는 방식이다.

49 다음 중 폐플라스틱 소각에 대한 설명으로 틀린 것은?

① 열가소성 폐플라스틱은 열분해 휘발분이 매우 많고 고정탄소는 적다.
② 열가소성 폐플라스틱은 분해연소를 원칙으로 한다.
③ 열경화성 폐플라스틱은 일반적으로 연소성이 우수하고 점화가 용이하여 수열에 의한 팽윤균열이 적다.
④ 열경화성 폐플라스틱의 노 형식은 전처리 파쇄 후 유동층방식에 의한 것이다.

✔ ③ 열경화성 폐플라스틱은 연소성이 불량하고 수열에 따른 팽윤균열이 발생한다.

50 폐기물의 소각시설에서 발생하는 분진의 특징에 대한 설명으로 가장 거리가 먼 것은?

① 흡수성이 작고 냉각되면 고착하기 어렵다.
② 부피에 비해 비중이 작고 가볍다.
③ 입자가 큰 분진은 가스 냉각장치 등의 비교적 가스 통과속도가 느린 부분에서 침강하기 때문에 분진의 평균입경이 작다.
④ 염화수소나 황산화물로 인한 설비의 부식을 방지하기 위해 일반적으로 가스 냉각장치 출구에서 250℃ 정도의 온도가 되어야 한다.

✔ ① 흡수성이 크고 냉각되면 고착하기 쉽다.

51 연소실의 부피를 결정하려고 한다. 연소실의 부하율은 $3.6\times10^5 kcal/m^3\cdot hr$이고, 발열량이 1,600kcal/kg인 쓰레기를 1일 400ton 소각시킬 때 소각로의 연소실 부피는? (단, 소각로는 연속으로 작동 가능)

① 74 ② 84
③ 104 ④ 974

✔ 소각로의 연소실 부피

$$= \frac{400\times10^3 kg}{day}\Big|\frac{1,600\,kcal}{kg}\Big|\frac{m^3\cdot hr}{3.6\times10^5 kcal}\Big|\frac{day}{24\,hr}$$

$= 74.07 m^3$

52 다음 중 원심력식 집진장치의 장점으로 적절하지 않은 것은?

① 조작이 간단하고 유지관리가 용이하다.
② 건식 포집 및 제진이 가능하다.
③ 고온 가스의 처리가 가능하다.
④ 분진량과 유량의 변화에 민감하다.

✔ ④ 원심력 집진장치는 다른 고효율 집진장치에 비하여 분진량과 유량의 변화에 민감하지 않다.

제3과목

53 원소 분석으로부터 미지의 쓰레기 발열량은 듀롱(Dulong) 식으로부터 계산될 수 있다. 계산식에서 $\left(H-\frac{O}{8}\right)$가 의미하는 것은?

① 유효수소　② 무효수소
③ 이론수소　④ 과잉수소

54 다음 중 불연성분에 해당하는 것은?

① H(수소)　② O(산소)
③ N(질소)　④ S(황)

55 연소실 내 가스와 폐기물의 흐름에 관한 설명으로 가장 거리가 먼 것은?

① 병류식은 폐기물의 발열량이 낮은 경우에 적합한 형식이다.
② 교류식은 향류식과 병류식의 중간적인 형식이다.
③ 교류식은 중간 정도의 발열량을 가지는 폐기물에 적합하다.
④ 역류식은 폐기물의 이송방향과 연소가스의 흐름이 반대로 향하는 형식이다.

✔ ① 병류식은 폐기물의 발열량이 높은 경우에 적합한 형식이다.

56 유동층 소각로에서 슬러지의 온도가 30℃, 연소온도가 850℃, 배기온도가 450℃일 때, 유동층 소각로의 열효율(%)은?

① 49　② 51
③ 62　④ 77

✔ 열효율 $\eta(\%)=\frac{t_f-t_g}{t_f-t_{SL}}$

여기서, t_g : 배기가스 온도(℃)
t_{SL} : 슬러지 온도(℃)
t_f : 연소온도(℃)

$\therefore \eta=\frac{850-450}{850-30}=0.4878 \fallingdotseq 48.78\%$

57 연소속도에 영향을 미치는 요인으로 가장 거리가 먼 것은?

① 산소의 농도　② 촉매
③ 반응계의 온도　④ 연료의 발열량

✔ 연소속도에 영향을 미치는 요인

- 산소의 농도
- 촉매
- 반응계의 온도
- 산소 혼합비
- 활성화 에너지

58 SO_2 100kg의 표준상태에서 부피(m^3)는? (단, SO_2는 이상기체, 표준상태로 가정)

① 63.3　② 59.5
③ 44.3　④ 35.0

✔ 표준상태에서 SO_2의 부피 $=\frac{100\,kg}{}\Big|\frac{22.4\,Sm^3}{64\,kg}$

$=35\,Sm^3$

59 기체 연료에 관한 내용으로 옳지 않은 것은?

① 적은 과잉공기(10~20%)로 완전연소가 가능하다.
② 황 함유량이 적어 SO_2 발생량이 적다.
③ 저질 연료로 고온 얻기와 연료의 예열이 어렵다.
④ 취급 시 위험성이 크다.

✔ ③ 저질 연료로도 고온을 얻을 수 있다.

60 소각로의 완전연소조건에 고려되어야 할 사항으로 가장 거리가 먼 것은?

① 소각로 출구온도 850℃ 이상 유지
② 연소 시 CO 농도 30ppm 이하 유지
③ O_2 농도 6~12% 유지(화격자식)
④ 강열감량(미연분) 5% 이상 유지

✔ ④ 강열감량(미연분) 5% 이하 유지

정답 I 53.① 54.③ 55.① 56.① 57.④ 58.④ 59.③ 60.④

제3과목 | 폐기물 소각 및 열회수

2020년 제1·2회 폐기물처리기사

41 유동층을 이용한 슬러지(sludge)의 소각 특성에 대한 설명으로 틀린 것은?

① 소각로 가동 시 모래층의 온도는 약 600℃ 정도가 적당하다.
② 슬러지의 유입은 노의 하부 또는 상부에서도 유입이 가능하다.
③ 유동층에서 슬러지의 연소상태에 따라 유동매체인 모래 입자들의 뭉침현상이 발생할 수도 있다.
④ 소각 시 유동매체의 손실이 생겨 보통 매 300시간 가동에 총 모래 부피의 약 5% 정도의 유실량을 보충해 주어야 한다.

✔ ① 소각로 가동 시 모래층의 온도는 약 700~800℃ 정도가 적당하다.

42 소각로의 열효율을 향상시키기 위한 대책이라 할 수 없는 것은?

① 연소잔사의 현열손실을 감소
② 전열효율의 향상을 위한 간헐 운전 지향
③ 복사전열에 의한 방열손실을 최대한 감소
④ 배기가스 재순환에 의한 전열효율 향상과 최종 배출가스 온도 저감

✔ ② 연소조절 시스템을 이용하여 지속적인 운전을 한다.

43 백필터(bag filter) 재질과 최고운전온도가 적절하게 연결된 것은?

① Wool – 120~180℃
② Teflon – 300~330℃
③ Glass fiber – 280~300℃
④ Polyesters – 240~260℃

✔ ① Wool – 80℃
② Teflon – 150℃
④ Polyesters – 150℃

44 슬러지를 유동층 소각로에서 소각시키는 경우와 다단로에서 소각시키는 경우의 차이에 대한 설명으로 옳지 않은 것은? ★★★

① 유동층 소각로에서는 주입 슬러지가 고온에 의하여 급속히 건조되어 큰 덩어리를 이루면 문제가 일어나게 된다.
② 유동층 소각로에서는 유출 모래에 의하여 시스템의 보조기기들이 마모되어 문제점을 일으키기도 한다.
③ 유동층 소각로는 고온 영역에서 작동되는 기기가 없기 때문에 다단로보다 유지관리가 용이하다.
④ 유동층 소각로의 연소온도가 다단로의 연소온도보다 높다.

✔ ④ 유동층 소각로 연소온도는 다단로 연소온도보다 낮다.

45 어떤 폐기물의 원소 조성이 다음과 같을 때 연소 시 필요한 이론공기량(kg/kg)은? (단, 중량 기준, 표준상태 기준으로 계산) ★★★

• 가연성분 : 70%(C 60%, H 10%, O 25%, S 5%)
• 회분 : 30%

① 6.65　② 7.15
③ 8.35　④ 9.45

✔ 이론공기량 $A_o = O_o \div 0.232$
이때, $O_o = 2.667\mathrm{C} + 8\mathrm{H} + \mathrm{S} - \mathrm{O}$
$= (2.667 \times 0.60 + 8 \times 0.10 + 0.05 - 0.25) \times 0.70$
$= 1.5401\,\mathrm{kg/kg}$
$\therefore A_o = 1.5401 \div 0.232 = 6.6384 \fallingdotseq 6.64\,\mathrm{kg/kg}$
※ 부피비는 0.21, 무게비는 0.232이다.

46 쓰레기 소각 후 남은 재의 중량은 소각 전 쓰레기 중량의 1/4이다. 쓰레기 30ton을 소각하였을 때 재의 용량이 $4m^3$라면 재의 밀도(ton/m^3)는?

① 1.3　② 1.6
③ 1.9　④ 2.1

✔ 재의 밀도 $= \frac{30\,\mathrm{ton}}{4\mathrm{m}^3} \Big| \frac{1}{4} = 1.88\,\mathrm{ton/m^3}$

정답 | 41.① 42.② 43.③ 44.④ 45.① 46.③

47 다음 중 일반적으로 사용되는 열분해장치의 종류와 거리가 먼 것은?

① 고정상 열분해장치
② 다단상 열분해장치
③ 유동상 열분해장치
④ 부유상 열분해장치

✔ **열분해장치의 종류**
- 고정상
- 유동상
- 화격자식
- 회전로식
- 부유상

48 다음 성분의 중유 연소에 필요한 이론공기량(Sm^3/kg)은? ★★★

탄소	수소	산소	황
87wt%	4wt%	8wt%	1wt%

① 1.80 ② 5.63
③ 8.57 ④ 17.16

✔ 이론공기량 $A_o = O_o \div 0.21$
이때, $O_o = 1.867C + 5.6H + 0.7S - 0.7O$
$= (1.867 \times 0.87 + 5.6 \times 0.04 + 0.7 \times 0.01 - 0.7 \times 0.08)$
$= 1.7993\,Sm^3/kg$
$\therefore A_o = 1.7993 \div 0.21$
$= 8.5681 ≒ 8.57\,Sm^3/kg$

49 다음 중 연소의 특성을 설명한 내용으로 잘못된 것은?

① 수분이 많을 경우는 착화가 나쁘고 열손실을 초래한다.
② 휘발분(고분자물질)이 많을 경우는 매연 발생이 억제된다.
③ 고정탄소가 많을 경우 발열량이 높고 매연 발생이 적다.
④ 회분이 많을 경우 발열량이 낮다.

✔ ② 휘발분이 많을 경우는 매연 발생이 많아진다.

50 소각 시 강열감량에 관한 내용으로 가장 거리가 먼 것은?

① 연소효율에 대응하는 미연분과 회잔사의 강열감량이 항상 일치하지는 않는다.
② 강열감량이 작으면 완전연소에 가깝다.
③ 연소효율이 높은 노는 강열감량이 작다.
④ 가연분 비율이 큰 대상물은 강열감량의 저감이 쉽다.

51 플라스틱을 열분해에 의하여 처리하고자 한다. 열분해온도가 적절하지 못한 것은?

① PE, PP, PS : 550℃에서 완전분해
② PVC, 페놀수지, 요소수지 : 650℃에서 완전분해
③ HDPE : 400~600℃에서 완전분해
④ ABS : 350~550℃에서 완전분해

✔ ② PVC, 페놀수지, 요소수지 : 800℃에서도 완전분해되지 않는다.

52 기체 연료인 메테인(CH_4)의 고위발열량이 9,500 $kcal/Sm^3$이라면 저위발열량($kcal/Sm^3$)은 얼마인가? ★★

① 8,260 ② 8,380
③ 8,420 ④ 8,540

✔ 저위발열량 $Hl = Hh - 480\sum H_2O$
여기서, Hh : 고위발열량($kcal/Sm^3$)
H_2O : H_2O의 몰수
〈반응식〉 $CH_4 + 2O_2 \rightarrow CO_2 + 2H_2O$
$\therefore Hl = 9{,}500 - 480 \times 2 = 8{,}540\,kcal/Sm^3$

53 이론공기량(A_o)과 이론연소가스 양(G_o)은 연료 종류에 따라 특유한 값을 취하며, 연료 중의 탄소분은 저위발열량에 대략 비례한다고 나타낸 식은?

① Bragg의 식 ② Rosin의 식
③ Pauli의 식 ④ Lewis의 식

정답 | 47.② 48.③ 49.② 50.④ 51.② 52.④ 53.②

54 폐열 회수를 위한 열교환기 중 공기예열기에 관한 설명으로 옳지 않은 것은?

① 굴뚝 가스 여열을 이용하여 연소용 공기를 예열하여 보일러의 효율을 높이는 장치이다.
② 연료의 착화와 연소를 양호하게 하고 연소 온도를 높이는 부대효과가 있다.
③ 대표적으로 판상 공기예열기, 관형 공기예열기 및 재생식 공기예열기 등이 있다.
④ 이코노마이저와 병용 설치하는 경우에는 공기예열기를 고온측에 설치한다.

✔ ④ 이코노마이저와 병용 설치하는 경우에는 공기예열기를 저온측에 설치한다.

55 질량분율이 H : 12.0%, S : 1.4%, O : 1.6%, C : 85%, 수분 2%인 중유 1kg을 연소시킬 때 연소효율이 80%라면 저위발열량(kcal/kg)은? (단, 각 원소의 단위질량당 열량은 C : 8,100, H : 34,000, S : 2,500kcal/kg)

① 10,540　　② 9,965
③ 8,218　　④ 6,970

✔ Dulong 식

- Hh(kcal/kg) $= 81C + 340\left(H - \frac{O}{8}\right) + 25S$
- Hl(kcal/kg) $= Hh - 6(9H + W)$

여기서, C, H, O, S, W : 탄소, 수소, 산소, 황, 수분의 함량(%)

$$\therefore Hl = [81 \times 85 + 340\left(12 - \frac{1.6}{8}\right) + 25 \times 1.4 - 6(9 \times 12 + 2)] \times 0.8 = 8217.6\,\text{kcal/kg}$$

56 소각로에서 소요되는 과잉공기량이 지나치게 클 경우 나타나는 현상이 아닌 것은?

① 연소실의 온도 저하
② 배기가스에 의한 열손실
③ 배기가스 온도의 상승
④ 연소효율 감소

✔ 과잉공기량이 지나치게 클 경우 희석되는 양이 증가하여 배기가스 온도는 감소하게 된다.

57 열분해장치의 방식 중 주입 폐기물의 입자가 작아야 하고 주입량이 크지 못한 단점과 어떤 종류의 폐기물도 처리 가능한 장점을 가지는 것은?

① 부유상 방식　　② 유동상 방식
③ 다단상 방식　　④ 고정상 방식

58 열분해방법 중 산소흡입 고온 열분해법의 특징에 대한 설명으로 가장 거리가 먼 것은?

① 폐플라스틱, 폐타이어 등의 열분해시설로 많이 사용된다.
② 분해온도는 높지만 공기를 공급하지 않기 때문에 질소산화물의 발생량이 적다.
③ 이동바닥로의 밑으로부터 소량의 순산소를 주입, 노 내의 폐기물 일부를 연소 · 강열시켜 이때 발생되는 열을 이용해 상부의 쓰레기를 열분해한다.
④ 폐기물을 선별, 파쇄 등 전처리과정을 하지 않거나 간단히 하여도 된다.

✔ ① 폐플라스틱, 폐타이어 등은 융점이 낮은 특징이 있어 저온 열분해법을 사용한다.

59 다음 중 연소실의 운전척도가 아닌 것은?

① 공기와 폐기물의 공급비
② 폐기물의 혼합정도
③ 연소가스의 온도
④ Ash의 발생량

60 어떤 소각로에서 배출되는 가스 양은 8,000kg/hr, 온도는 1,000℃(1기압 기준)이다. 배기가스가 소각로 내에서 2초간 체류한다면 소각로 용적(m^3)은? (단, 표준상태에서 배기가스 밀도 $= 0.2kg/m^3$)

① 약 84　　② 약 94
③ 약 104　　④ 약 114

✔ 소각로 용적

$$= \frac{8{,}000\,\text{kg}}{\text{hr}} \left| \frac{\text{Sm}^3}{0.2\,\text{kg}} \right| \frac{2\,\text{sec}}{} \left| \frac{\text{hr}}{3{,}600\,\text{sec}} \right| \frac{273 + 1{,}000}{273} = 103.62\,\text{m}^3$$

제3과목

정답 | 54.④ 55.③ 56.③ 57.① 58.① 59.④ 60.③

제3과목 | 폐기물 소각 및 열회수

2020년 제3회 폐기물처리기사

41 다단로 소각로의 설명으로 틀린 것은?

① 휘발성이 적은 폐기물 연소에 유리하다.
② 용융제를 포함한 폐기물이나 대형 폐기물의 소각에는 부적당하다.
③ 타 소각로에 비해 체류시간이 길어 수분 함량이 높은 폐기물의 소각이 가능하다.
④ 온도반응이 늦기 때문에 보조연료 사용량의 조절이 용이하다.

✔ ④ 보조연료 사용량의 조절이 용이하지 못하다.

42 사이클론(cyclone) 집진장치에 대한 설명으로 틀린 것은?

① 원심력을 활용하는 집진장치이다.
② 설치면적이 작고 운전비용이 비교적 적은 편이다.
③ 온도가 높을수록 포집효율이 높다.
④ 사이클론 내부에서 먼지는 벽면과 마찰을 일으켜 운동에너지를 상실한다.

✔ ③ 온도가 높을수록 함진가스의 점도가 높아져 포집효율이 낮아진다.

43 탄소 1kg을 완전연소하는 데 소요되는 이론공기량(Sm^3)은? (단, 공기는 이상기체로 가정, 공기의 분자량은 28.84g/mol임) ★★★

① 1.866 ② 5.848
③ 8.889 ④ 17.544

✔ 이론공기량 $A_o = O_o \div 0.21$

〈반응식〉 C + O_2 → CO_2
12kg : $22.4Sm^3$
1kg : O_o

$$O_o = \frac{22.4}{12} = 1.8667\,\text{Sm}^3$$

$$\therefore\ A_o = 1.8667 \div 0.21 = 8.889\,\text{Sm}^3$$

44 절대온도의 눈금은 어느 법칙에서 유도된 것인가?

① Raoult의 법칙
② Henry의 법칙
③ 에너지 보존의 법칙
④ 열역학 제2법칙

45 도시 쓰레기를 소각방법으로 처리할 때의 장점이 아닌 것은?

① 쓰레기의 최종 처분단계이다.
② 쓰레기의 부피를 감소시킬 수 있다.
③ 발생되는 폐열을 회수할 수 있다.
④ 병원성 생물을 분해 · 제거 · 사멸시킬 수 있다.

✔ ① 최종 처분단계인 것을 장점으로 보기는 어렵다.

46 소각 시 유해가스 처리방법 중 건식, 습식, 반건식의 장단점에 대한 설명으로 적절하지 않은 것은?

① 유해가스 제거효율 : 건식법은 비교적 낮으나 습식법은 매우 높다.
② 백연대책 : 건식법과 반건식법은 대책이 불필요하나 습식법은 배기가스 냉각 등 백연대책이 필요하다.
③ 운전비 및 건설비 : 건식법은 낮으나 습식법은 높은 편이다.
④ 운전 및 유지관리 : 건식법은 재처리, 부식방지 등 관리가 어려우나 습식법은 폐수로 처리되어 건식법에 비해 유지관리가 용이하다.

✔ ④ 습식법은 재처리, 부식방지 등 관리가 어려우며, 건식법에 비해 유지관리가 용이하지 않다.

정답 | 41.④ 42.③ 43.③ 44.④ 45.① 46.④

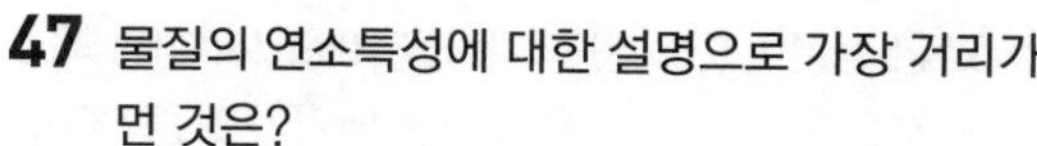

47 물질의 연소특성에 대한 설명으로 가장 거리가 먼 것은?

① 탄소의 착화온도는 700℃이다.
② 황의 착화온도는 목재의 경우보다 높다.
③ 수소의 착화온도는 장작의 경우보다 높다.
④ 용광로가스의 착화온도는 700~800℃ 부근이다.

✔ ② 목재의 착화온도는 황의 경우보다 높다.

48 전기집진기의 집진성능에 영향을 주는 인자에 관한 설명 중 틀린 것은?

① 수분 함량이 증가할수록 집진효율이 감소한다.
② 처리가스 양이 증가하면 집진효율이 감소한다.
③ 먼지의 전기비저항이 10^4~$5\times10^{10}\Omega\cdot$cm 이상에서 정상적인 집진성능을 보인다.
④ 먼지 입자의 직경이 작으면 집진효율이 감소한다.

✔ ① 수분 함량이 증가할수록 전기전도도가 증가하여 집진효율이 증가한다.

49 다음과 같은 조건으로 연소실을 설계할 때 필요한 연소실의 크기(m^3)는?

- 연소실 열부하 : 8.2×10^4kcal/$m^3\cdot$hr
- 저위발열량 : 300kcal/kg
- 폐기물 : 200ton/day
- 작업시간 : 8hr

① 76　② 86
③ 92　④ 102

✔ 연소실의 크기

$$=\frac{200\,\text{ton}}{\text{day}}\bigg|\frac{300\,\text{kcal}}{\text{kg}}\bigg|\frac{\text{day}}{8\,\text{hr}}\bigg|\frac{10^3\,\text{kg}}{\text{ton}}\bigg|\frac{\text{m}^3\cdot\text{hr}}{8.2\times10^4\,\text{kcal}}$$

$$=91.46\,\text{m}^3$$

50 용적밀도가 800kg/m^3인 폐기물을 처리하는 소각로에서 질량감소율과 부피감소율이 각각 90%, 95%인 경우 이 소각로에서 발생하는 소각재의 밀도(kg/m^3)는?

① 1,500　② 1,600
③ 1,700　④ 1,800

✔ 소각재의 밀도 $=\frac{800\,\text{kg}}{\text{m}^3}\bigg|\frac{10}{100}\bigg|\frac{100}{5}=1{,}600\,\text{kg/m}^3$

51 연소가스 흐름에 따라 소각로의 형식을 분류한다. 폐기물의 이송방향과 연소가스의 흐름방향이 반대로 향하고, 폐기물의 질이 나쁜 경우에 적당한 방식은?

① 향류식　② 병류식
③ 교류식　④ 2회류식

✔ 향류식 소각로는 폐기물의 이송방향과 연소가스의 흐름방향이 반대로 향하는 형식으로, 복사열에 의한 건조에 유리하고 난연성 또는 착화하기 어려운 폐기물에 적합하다.

52 폐기물의 물리화학적 분석 결과가 아래와 같을 때, 이 폐기물의 저위발열량(kcal/kg)은? (단, Dulong 식 적용, 단위 : wt%)

수분	회분	가연분						소계
		C	H	O	N	Cl	S	
65	12	11.7	1.81	8.76	0.39	0.31	0.03	23
가연분의 원소 조성		50.87	7.85	38.08	1.70	1.35	0.15	100

① 약 700　② 약 950
③ 약 1,200　④ 약 1,450

✔ Dulong 식

- Hh(kcal/kg) $=81\text{C}+340\left(\text{H}-\frac{\text{O}}{8}\right)+25\text{S}$
- Hl(kcal/kg) $=Hh-6(9\text{H}+W)$

여기서, C, H, O, S, W : 탄소, 수소, 산소, 황, 수분의 함량(%)

$$\therefore Hl=81\times11.7+340\left(1.81-\frac{8.76}{8}\right)+25\times0.03-6(9\times1.81+65)$$
$$=703.81\,\text{kcal/kg}$$

정답 | 47.② 48.① 49.③ 50.② 51.① 52.①

제3과목

53 폐기물 소각공정에서 발생하는 소각재 중 비산재(fly ash)의 안정화 처리기술이 아닌 것은?

① 산 · 용매추출
② 이온고정화
③ 약제처리
④ 용융고화

✔ **비산재 처리방법**
- 산 · 용매추출법
- 약제처리법
- 용융고화법
- 시멘트고화법

54 소각공정과 비교하였을 때, 열분해공정이 갖는 단점으로 볼 수 없는 것은?

① 반응이 활발하지 못하다.
② 환원성 분위기로 Cr^{3+}이 Cr^{6+}으로 전환되지 않는다.
③ 흡열반응이므로 외부에서 열을 공급시켜야 한다.
④ 반응생성물을 연료로서 이용하기 위해서는 별도의 정제장치가 필요하다.

✔ ② 환원성 분위기로 Cr^{3+}이 Cr^{6+}으로 전환되지 않는 것은 장점에 해당된다.

55 Thermal NO_X에 대한 설명으로 틀린 것은?

① 연소를 위하여 주입되는 공기에 포함된 질소와 산소의 반응에 의해 형성된다.
② Fuel NO_X와 함께 연소 시 발생하는 대표적인 질소산화물의 발생원이다.
③ 연소 전 폐기물로부터 유기질소원을 제거하는 발생원 분리가 효과적인 통제방법이다.
④ 연소 통제와 배출가스 처리에 의해 통제할 수 있다.

✔ Thermal NO_X는 공기 중 질소가 고온 연소 시 공기 중 산소와 반응하여 생성되는 것이다.

56 황 성분이 0.8%인 폐기물을 20ton/hr 성능의 소각로로 연소한다. 배출되는 배기가스 중 SO_2를 $CaCO_3$로 완전히 탈황하려 할 때, 하루에 필요한 $CaCO_3$의 양(ton/day)은? (단, 폐기물 중의 S는 모두 SO_2로 전환되며, 소각로의 1일 가동시간은 16시간, Ca 원자량은 40임)

① 1.0　　② 2.0
③ 4.0　　④ 8.0

✔ 〈반응식〉 $S + O_2 \rightarrow SO_2$

$SO_2 + CaCO_3 \rightarrow CaSO_3 + CO_2$

따라서, S와 $CaCO_3$는 1 : 1 비율이다.

S : $CaCO_3$

32 : 100

S 발생량 : X

$$S\text{ 발생량} = \frac{20\,\text{ton}}{\text{hr}}\bigg|\frac{16\,\text{hr}}{\text{day}}\bigg|\frac{0.8}{100} = 2.56\,\text{ton/day}$$

$$\therefore \text{필요한 } CaCO_3\text{의 양 } X = \frac{2.56\times100}{32} = 8\,\text{ton/day}$$

57 소각로 공사 및 운전과정에서 발생하는 악취, 소음, 배출가스 등의 발생원인별 개선방안으로 거리가 먼 것은?

① 쓰레기 반입장의 악취 : Air curtain 설비를 설치 후 가동상태 및 효과 점검 등으로 외부 확산을 근본적으로 방지
② 쓰레기 저장조 및 반입장의 악취 : 흡착 탈취 및 미생물 분해, 탈취제 살포 등으로 악취 원인물질 제거
③ 쓰레기 수거차량의 침출수 : 수거차량의 정기 세차 및 소내 차량 운행속도를 증가하여 쓰레기 침출수를 외부로 누출 방지
④ 소음 차단용 수립대 조성 : 소음원의 공학적 분석에 의한 소음 발생 저지

✔ ③ 쓰레기 수거차량의 침출수 : 밀폐구조의 수집장치를 사용하여 침출수가 외부로 누출되는 것을 방지

정답 | 53.② 54.② 55.③ 56.④ 57.③

58 초기 다단로 소각로(multiple hearth)의 설계 시 목적 소각물은?

① 하수 슬러지
② 타르
③ 입자상 물질
④ 폐유

✔ 초기 다단로 소각로는 발열량이 낮은 하수 슬러지 처리에 많이 사용된다.

59 화격자에 대한 설명 중 틀린 것은?

① 노 내의 폐기물 이동을 원활하게 해준다.
② 화격자의 폐기물 이동방향은 주로 하단부에서 상단부 방향으로 이동시킨다.
③ 화격자는 폐기물을 잘 연소하도록 교반시키는 역할을 한다.
④ 화격자는 아래에서 연소에 필요한 공기가 공급되도록 설계하기도 한다.

✔ ② 화격자의 폐기물 이동방향은 주로 상단부에서 하단부 방향이다.

60 소각로에서 하루 10시간 조업에 10,000kg의 폐기물을 소각 처리한다. 소각로 내의 열부하는 30,000kcal/m^3 · hr이고, 노의 체적은 15m^{3}일 때 폐기물의 발열량(kcal/kg)은?

① 150　② 300
③ 450　④ 600

✔ 폐기물의 발열량 $= \frac{30,000\,\text{kcal}}{\text{m}^3 \cdot \text{hr}} \Big| \frac{15\,\text{m}^3}{} \Big| \frac{10\,\text{hr}}{10,000\,\text{kg}}$
$= 450\,\text{kcal/kg}$

제3과목 | 폐기물 소각 및 열회수

2020년 제4회 폐기물처리기사

41 백필터를 통과한 가스의 분진 농도가 8mg/Sm^{3}이고 분진의 통과율이 10%라면 백필터를 통과하기 전 가스 중의 분진 농도(g/Sm^3)는?

① 0.08　② 0.88
③ 0.80　④ 8.8

✔ $P(\%) = \frac{C_o}{C_i} \times 100$

$10\% = \frac{8\,\text{mg/Sm}^3}{C_i} \times 100$

∴ 가스 중 분진 농도 $C_i = \frac{8\,\text{mg}}{\text{Sm}^3} \Big| \frac{\text{g}}{10^3\,\text{mg}} \times \frac{100}{10}$
$= 0.08\,\text{g/Sm}^3$

42 열분해시설의 전처리단계로 적절한 것은?

① 파쇄 → 건조 → 선별 → 2차 파쇄
② 파쇄 → 2차 파쇄 → 건조 → 선별
③ 파쇄 → 선별 → 건조 → 2차 선별
④ 선별 → 파쇄 → 건조 → 2차 선별

43 화격자(stoker)식 소각로에서 쓰레기 저장소(pit)로부터 크레인에 의하여 소각로 안으로 쓰레기를 주입하는 방식은?

① 상부투입식　② 하부투입식
③ 강제유입식　④ 자연유하식

44 소각 시 탈취방법인 촉매연소법에 대한 설명으로 가장 거리가 먼 것은?

① 제거효율이 높다.
② 처리경비가 저렴하다.
③ 처리대상 가스의 제한이 없다.
④ 저농도 유해물질에도 적합하다.

✔ 촉매연소법은 촉매독물질(철, 납, 규소, 아연 등)이 포함된 가스를 사용하기 어렵다.

제3과목

정답 | 58.① 59.② 60.③ / 41.① 42.③ 43.④ 44.③

45 플라스틱 재질 중 발열량(kcal/kg)이 가장 낮은 것은?

① 폴리에틸렌(PE)
② 폴리프로필렌(PP)
③ 폴리스타이렌(PS)
④ 폴리염화바이닐(PVC)

✔ 각 보기 물질의 발열량은 다음과 같다.
① 폴리에틸렌(PE) : 11,040kcal/kg
② 폴리프로필렌(PP) : 11,040kcal/kg
③ 폴리스타이렌(PS) : 9,680kcal/kg
④ 폴리염화바이닐(PVC) : 4,230kcal/kg

46 액체 연료의 연소속도에 영향을 미치는 인자로 거리가 먼 것은?

① 분무입경
② 충분한 체류시간
③ 연료의 예열온도
④ 기름방울과 공기의 혼합률

✔ **액체 연료의 연소속도에 영향을 미치는 인자**
- 분무입경
- 분무각도
- 연료의 예열온도
- 기름방울과 공기의 혼합률

47 폐기물 소각시설로부터 생성되는 고형 잔류물에 대한 설명으로 틀린 것은?

① 고형 잔류물의 관리는 폐기물 소각로 설계와 운전 시에 매우 중요하다.
② 소각로 연소능력 평가는 재연소지수(ABI)를 이용하여 평가한다.
③ 가스세정기 슬러지(잔류물)는 질소산화물 세정에서 발생되는 고형 잔류물이다.
④ 비산재는 전기집진기나 백필터에 의해 99% 이상 제거가 가능하다.

✔ ③ 가스세정기 슬러지는 황산화물 세정에서 발생되는 고형 잔류물이다.

48 연소조건 중 온도에 대한 설명으로 옳은 것은?

① 도시 폐기물의 발화온도는 260~370℃ 정도이지만 필요한 연소기의 최소온도는 850℃이다.
② 연소온도가 너무 높아지면 질소산화물(NO_X)이나 산화물(O_X)이 억제된다.
③ 연소기로부터의 에너지 회수방법 중 스팀 생산을 효과적으로 하기 위해 연소온도를 450℃로 높인다.
④ 연소온도가 높으면 연소에 필요한 소요시간이 짧아지고 어느 일정 온도 이상에서는 연소시간이 중요하지 않게 된다.

✔ ① 도시 폐기물의 발화온도는 260~370℃ 정도이지만, 필요한 연소기의 최소온도는 650℃이다.
② 연소온도가 너무 높아지면 질소산화물(NO_X)이나 산화물(O_X) 생성량이 증가한다.

49 저위발열량이 8,000kcal/kg인 중유를 연소시키는 데 필요한 이론공기량(Sm^3/kg)은? (단, Rosin 식 적용)

① 8.8　② 9.6
③ 10.5　④ 11.5

✔ $A_o = 0.85 \times \frac{Hl}{1,000} + 2$ … **액체 연료**

$= 0.85 \times \frac{8,000}{1,000} + 2 = 8.8\,Sm^3/kg$

50 화격자(grate system)의 설명으로 틀린 것은?

① 노 내의 폐기물 이동을 원활하게 해준다.
② 화격자는 폐기물을 잘 연소하도록 교반시키는 역할을 한다.
③ 화격자는 아래에서 연소에 필요한 공기가 공급되도록 설계하기도 한다.
④ 화격자의 폐기물 이동방향은 주로 하단부에서 상단부 방향으로 이동시킨다.

✔ ④ 화격자의 폐기물 이동방향은 주로 상단부에서 하단부 방향이다.

정답 | 45.④ 46.② 47.③ 48.④ 49.① 50.④

51 연소실의 주요 재질 중 내화재가 아닌 것은?

① 캐스터블
② 아우스테니트
③ 점토질 내화벽돌
④ 고알루미나, SiC 벽돌

52 페놀 188g을 무해화하기 위하여 완전연소시켰을 때 발생되는 CO_2의 발생량(g)은?

① 132 ② 264
③ 528 ④ 1,056

✔ 〈반응식〉 $C_6H_5OH + 7O_2 \rightarrow 6CO_2 + 3H_2O$
94g : 6×44g
188g : X

$\therefore$ CO_2 발생량 $X = \dfrac{188 \times 6 \times 44}{94} = 528\,g$

53 연소가스에 대한 설명으로 틀린 것은?

① 연소가스 – 연료가 연소하여 생성되는 고온 가스
② 배출가스 – 연소가스가 피열물에 열을 전달한 후 연도로 방출되는 가스
③ 습윤연소가스 – 연소 배가스 내에 포화상태의 수증기를 포함한 가스
④ 연소 배가스의 분석 결과치 – 건조가스를 기준으로 조성비율을 나타냄

✔ ③ 습윤연소가스 – 연소 배가스 내에 불포화상태의 수증기를 포함한 가스

54 폐기물관리법령상 고온 용융시설의 개별기준으로 옳은 것은?

① 잔재물의 강열감량은 5% 이하이어야 한다.
② 잔재물의 강열감량은 10% 이하이어야 한다.
③ 연소실은 연소가스가 1초 이상 체류할 수 있어야 한다.
④ 연소실은 연소가스가 2초 이상 체류할 수 있어야 한다.

✔ ①, ② 잔재물의 강열감량은 1% 이하이어야 한다.
④ 연소실은 연소가스가 1초 이상 체류할 수 있어야 한다.

55 전기집진기의 특징으로 거리가 먼 것은?

① 회수가치성이 있는 입자 포집이 가능하다.
② 압력손실이 적고 미세입자까지도 제거할 수 있다.
③ 유지관리가 용이하고 유지비가 저렴하다.
④ 전압 변동과 같은 조건 변동에 적용하기가 용이하다.

✔ ④ 전압 변동과 같은 조건 변동에 적용하기가 용이하지 않다.

56 습식(액체) 연소법의 설명으로 옳은 것은?

① 분무연소법과 증발연소법이 있다.
② 압력과 온도를 낮출수록 산화가 촉진된다.
③ Winkler 가스 발생로로써 공업화가 이루어졌다.
④ 가연성 물질의 함량에 관계없이 보조연료가 필요하다.

✔ ② 압력과 온도가 높은 조건에서 처리하는 방법이다.
③ Winkler 가스는 유동층 가스화에 해당된다.
④ 가연성 물질의 함량이 적으면 보조연료가 필요하다.

57 소각로의 종류별 장점과 단점에 대한 설명으로 틀린 것은?

① 회전로방식 : 설치비가 저렴하나 수분 함량이 많은 폐기물은 처리할 수 없다.
② 다단로방식 : 수분 함량이 높은 폐기물도 연소가 가능하나 온도반응이 더디다.
③ 고정상방식 : 격자에 적재가 불가능한 폐기물을 소각할 수 있으나 연소효율이 나쁘다.
④ 화격자방식 : 연속적인 소각과 배출이 가능하나 체류시간이 길고 국부가열이 발생할 염려가 있다.

✔ ① 회전로방식 : 설치비가 비싸며, 수분 함량이 많은 폐기물을 처리할 수 있다.

제3과목

정답 | 51.② 52.③ 53.③ 54.③ 55.④ 56.① 57.①

58 CH_3OH 2kg을 연소시키는 데 필요한 이론공기량의 부피(Sm^3)는? ★★★

① 7 ② 8
③ 9 ④ 10

✔ 이론공기량 $A_o = O_o \div 0.21$
〈반응식〉 $CH_3OH + 1.5O_2 \rightarrow CO_2 + 2H_2O$
32kg : 1.5×22.4
2kg : X

$$X = \frac{2 \times 1.5 \times 22.4}{32} = 2.1\,\mathrm{Sm^3}$$

$$\therefore A_o = 2.1 \div 0.21 = 10\,\mathrm{Sm^3}$$

59 폐기물의 소각과정에서 연소효율을 높이기 위한 방법으로 보조연료를 사용하는 경우, 보조연료의 특징으로 옳은 것은?

① 매연 생성도는 방향족, 나프텐계, 올레핀계, 파라핀계 순으로 높다.
② C/H 비가 클수록 비교적 비점이 높은 연료이며 매연 발생이 쉽다.
③ C/H 비가 클수록 휘발성이 낮고 방사율이 작다.
④ 중질유의 연료일수록 C/H 비가 작다.

✔ ① C/H 비가 클수록 매연이 잘 발생하며 C/H 비는 방향족 > 올레핀계 > 나프텐계 > 파라핀계 순이다.
③ C/H 비가 클수록 휘도가 높고 방사율이 크다.
④ 중질유의 연료일수록 C/H 비가 크다.

60 RDF(Refuse Derived Fuel)가 갖추어야 하는 조건에 관한 설명으로 옳지 않은 것은? ★

① 제품의 함수율이 낮아야 한다.
② RDF용 소각로 제작이 용이하도록 발열량이 높지 않아야 한다.
③ 원료 중에 비가연성 성분이나 연소 후 잔류하는 재의 양이 적어야 한다.
④ 조성 배합율이 균일하여야 하고 대기오염이 적어야 한다.

✔ ② RDF의 발열량이 높아야 한다.

제3과목 | 폐기물 소각 및 열회수

2021년 제1회 폐기물처리기사

41 다음 중 유동층 소각로의 장점으로 적절하지 않은 것은? ★★★

① 가스의 온도가 낮고 과잉공기량이 적어 NO_X도 적게 배출된다.
② 노 내 온도의 자동제어와 열회수가 용이하다.
③ 노 내 내축열량이 높아 투입이나 유동화를 위한 파쇄가 필요 없다.
④ 연소효율이 높아 미연소분의 배출이 적고 2차 연소실이 불필요하다.

✔ ③ 투입이나 유동화를 위해 파쇄가 필요하다.

42 연소실의 온도는 850℃ 이상을 유지하면서 연소가스의 체류시간은 2초 이상을 유지하는 것이 좋다고 한다. 그 이유가 아닌 것은?

① 완전연소를 시키기 위해서
② 화격자의 온도를 높이기 위해서
③ 연소가스 온도를 균일하게 하기 위해서
④ 다이옥신 등 유해가스를 분해하기 위해서

43 배연탈황법에 대한 설명으로 잘못된 것은?

① 활성탄 흡착법에서 SO_2는 활성탄 표면에서 산화된 후 수증기와 반응하여 황산으로 고정된다.
② 수산화소듐의 생성을 억제하기 위해 흡수액의 pH를 7로 조정한다.
③ 활성산화망가니즈는 상온에서 SO_2 및 O_2와 반응하여 황산망가니즈를 생성한다.
④ 석회석 슬러리를 이용한 흡수법은 탈황률의 유지 및 스케일 형성을 방지하기 위해 흡수액의 pH를 6으로 조정한다.

✔ ③ 활성산화망가니즈는 SO_2 및 MnO_2와 반응하여 황산망가니즈($MnSO_4$)를 생성한다.

정답 | 58.④ 59.② 60.② / 41.③ 42.② 43.③

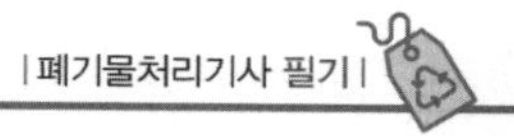

44 소각로에서 폐기물의 이송방향과 연소가스의 흐름방향이 같은 형식의 구조는?

① 향류식 ② 중간류식
③ 교류식 ④ 병류식

✔ 병류식 소각로는 폐기물의 이송방향과 연소가스의 흐름 방향에 따라 소각로를 분류하는 것으로, 폐기물의 발열량이 상당히 높은 경우에 사용하기 적절하다.

45 폐기물별 발열량을 짝지어 놓은 것 중 틀린 것은? (단, 단위는 kcal/kg)

① 플라스틱 : 5,000~11,000
② 도시 폐기물 : 1,000~4,000
③ 하수 슬러지 : 2,000~3,500
④ 열분해 생성가스 : 12,000~15,000

✔ 열분해 시 생성가스는 대부분 메테인(약 13,270kcal/kg)과 일산화탄소(2,420kcal/kg)이므로, 10,000kcal/kg 미만으로 볼 수 있다.

46 아래의 설명에 부합하는 복토방법은?

굴착하기 어려운 곳에서 폐기물을 위생매립하기 위한 방법으로, 구릉지 등에 폐기물을 살포시키고 다진 후에 복토하는 방법을 말하며, 복토할 흙을 타지(인근)에서 가져와 복토를 진행한다.

① 도랑매립법 ② 평지매립법
③ 경사매립법 ④ 개량매립법

47 뷰테인 1,000kg을 기화시켜 $15Sm^3/hr$의 속도로 연소시킬 때, 뷰테인이 전부 연소되는 데 필요한 시간(hr)은? (단, 뷰테인은 전량 기화된다고 가정)

① 13 ② 17
③ 26 ④ 34

✔ 뷰테인이 전부 연소되는 데 필요한 시간

$$t = \frac{1,000\,kg}{} \Big| \frac{22.4\,Sm^3}{58\,kg} \Big| \frac{hr}{15\,Sm^3}$$
$$= 25.7471 \fallingdotseq 25.75\,hr$$

48 폐열 보일러에 1,200℃의 연소 배가스가 속도 $10Sm^3/kg \cdot hr$로 공급되어 200℃로 냉각될 때, 보일러 냉각수가 흡수한 열량(kcal/kg · hr)은? (단, 보일러 내의 열손실은 없으며, 배가스의 평균정압비열은 $1.2kcal/Sm^3 \cdot ℃$로 가정)

① 1.2×10^4 ② 1.6×10^4
③ 2.2×10^4 ④ 2.6×10^4

✔ $$\text{흡수열량} = \frac{10\,Sm^3}{kg \cdot hr} \Big| \frac{1.2\,kcal}{Sm^3 \cdot ℃} \Big| \frac{(1,200-200)℃}{}$$
$$= 12,000 = 1.2\times10^4 kcal/kg \cdot hr$$

49 연소실과 열부하에 대한 설명으로 옳은 것은?

① 열부하는 설계된 연소실 체적의 적절함을 판단하는 기준이 된다.
② 폐기물의 고위발열량을 기준으로 산정한다.
③ 열부하가 너무 작으면 미연분, 다이옥신 등이 발생한다.
④ 연소실 설계 시 회분(batch) 연소식은 연속 연소식에 비해 열부하를 크게 하여 설계한다.

✔ ② 폐기물의 저위발열량과 시간당 처리량을 기준으로 산정한다.
③ 열부하가 너무 작으면 연소가스 냉각으로 인하여 온도 유지가 어렵다.
④ 연소실 설계 시 회분(batch) 연소식은 연속 연소식에 비해 열부하를 작게 하여 설계한다.

50 액화분무소각로(liquid injection incinerator)의 특징으로 가장 거리가 먼 것은?

① 광범위한 종류의 액상 폐기물 소각에 이용 가능하다.
② 구동장치가 없어 고장이 적다.
③ 소각재의 처리설비가 필요 없다.
④ 충분한 연소로 노 내 내화물의 파손이 적다.

✔ ④ 내화물의 파손이 발생할 수 있어 파손을 막아야 한다.

정답 | 44.④ 45.④ 46.② 47.③ 48.① 49.① 50.④

51 폐수 처리 슬러지를 연소하기 위한 전처리에 대한 설명으로 틀린 것은?

① 수분을 제거하고 고형물의 농도를 낮춘다.
② 통상적인 탈수 케이크보다 더 높은 탈수 케이크를 만드는 것이 필요하다.
③ 탈수효율이 낮을수록 연소로에서는 더 많은 연료가 필요하게 된다.
④ 탈수가 효율적으로 수행되면 연료비가 향상되어 최대 슬러지의 처리용량을 얻을 수 있다.

✔ ① 수분을 제거하고 고형물의 농도를 높인다.

52 연소과정에서 발생하는 질소산화물 중 Fuel NO_X 저감효과가 가장 높은 방법은?

① 연소실에서 수증기를 주입한다.
② 이단 연소에 의해 연소시킨다.
③ 연소실 내 산소 농도를 낮게 유지한다.
④ 연소용 공기의 예열온도를 낮게 유지한다.

53 에틸렌(C_2H_4)의 고위발열량이 15,280kcal/Sm^{3}이라면 저위발열량(kcal/Sm^3)은? ★★

① 14,320 ② 14,680
③ 14,800 ④ 14,920

✔ 저위발열량 $Hl = Hh - 480\Sigma H_2O$
여기서, Hh : 고위발열량(kcal/Sm^3)
H_2O : H_2O의 몰수
〈반응식〉 $C_2H_4 + 3O_2 \rightarrow 2CO_2 + 2H_2O$
$\therefore Hl = 15,280 - 480 \times 2 = 14,320\,\text{kcal/Sm}^3$

54 폐기물 열분해 시 생성되는 물질로 가장 거리가 먼 것은?

① Char/tar
② 방향성 물질
③ 식초산
④ NO_X

✔ ④ NO_X는 소각 시 생성되는 물질이다.

55 소각로나 보일러에서 열정산 시 출열(出熱) 항목에 포함되지 않는 것은?

① 축열 손실
② 방열 손실
③ 배기 손실
④ 증기 손실

56 주성분이 $C_{10}H_{17}O_6N$인 슬러지 폐기물을 소각처리하고자 한다. 폐기물 5kg 소각에 이론적으로 필요한 산소의 질량(kg)은?

① 3 ② 5
③ 7 ④ 9

✔ 〈반응식〉
$C_{10}H_{17}O_6N + 11.25O_2 \rightarrow 10CO_2 + 8.5H_2O + 0.5N_2$
247 : 11.25×32
5kg : X
$\therefore X = \dfrac{11.25 \times 32 \times 5}{247} = 7.2874 \fallingdotseq 7.29\,\text{kg}$

57 다음 중 열분해공정에 대한 설명으로 가장 거리가 먼 것은?

① 산소가 없는 상태에서 열에 의해 유기성 물질을 분해와 응축반응을 거쳐 기체·액체·고체상 물질로 분리한다.
② 가스상 주요 생성물로는 수소, 메테인, 일산화탄소 그리고 대상 물질 특성에 따른 가스성분들이 있다.
③ 수분 함량이 높은 폐기물의 경우에 열분해 효율 저하와 에너지소비량 증가 문제를 일으킨다.
④ 연소가스화 공정이 높은 흡열반응인 데 비하여 열분해공정은 외부 열원이 필요한 발열반응이다.

✔ ④ 연소가스화 공정은 발열반응, 열분해공정은 흡열반응이다.

정답 | 51.① 52.② 53.① 54.④ 55.④ 56.③ 57.④

58 저위발열량이 9,000kcal/Sm³인 가스 연료의 이론연소온도(℃)는? (단, 이론연소가스 양은 10Sm³/Sm³, 기준온도는 15℃, 연료 연소가스의 정압비열은 0.35kcal/Sm³ · ℃) ★

① 1,008 ② 1,293
③ 2,015 ④ 2,586

✔ 연소온도 $t = \frac{Hl}{G \times C_p} + t_a$

여기서, Hl : 저위발열량(kcal/Sm³)
G : 연소가스 양(Sm³/Sm³)
C_p : 평균정압비열(kcal/Sm³ · ℃)
t_a : 실제 온도(℃)

$\therefore t = \frac{9,000}{10 \times 0.35} + 15 = 2586.43℃$

59 다음의 기체 중 각각을 1Sm³씩 연소하는 데 필요한 이론산소량이 가장 많은 것은? (단, 동일 조건임) ★★★

① C_2H_6 ② C_3H_8
③ CO ④ H_2

✔ 각 보기의 연소반응식은 다음과 같다.
① $C_2H_6 + 3.5O_2 \rightarrow 2CO_2 + 3H_2O$
② $C_3H_8 + 5O_2 \rightarrow 3CO_2 + 4H_2O$
③ $CO + 0.5O_2 \rightarrow CO_2$
④ $H_2 + 0.5O_2 \rightarrow H_2O$

60 소각로의 연소효율을 향상시키는 대책으로 틀린 것은?

① 간헐 운전 시 전열효율 향상에 의한 승온시간 연장
② 열작감량을 작게 하여 완전연소화
③ 복사전열에 의한 방열손실 감소
④ 최종 배출가스 온도 저감 도모

✔ 연속적으로 가동하는 것이 유리하므로 간헐 운전은 가급적 피한다.

제3과목 | 폐기물 소각 및 열회수

2021년 제2회 폐기물처리기사

41 폐기물을 열분해시킬 경우의 장점에 해당되지 않는 것은?

① 분해가스, 분해유 등 연료를 얻을 수 있다.
② 소각에 비해 저장이 가능한 에너지를 회수할 수 있다.
③ 소각에 비해 빠른 속도로 폐기물을 처리할 수 있다.
④ 신규 석탄이나 석유 사용량을 줄일 수 있다.

✔ ③ 소각에 비해 느린 속도로 폐기물을 처리한다.

42 폐기물의 건조과정에서 함수율과 표면온도의 변화에 대한 설명으로 잘못된 것은?

① 폐기물의 건조방식은 쓰레기의 허용온도, 형태, 물리적 및 화학적 성질 등에 의해 결정된다.
② 수분을 함유한 폐기물의 건조과정은 예열건조기간 → 항율건조기간 → 감율건조기간 순으로 건조가 이루어진다.
③ 항율건조기간에는 건조시간에 비례하여 수분 감량과 함께 건조속도가 빨라진다.
④ 감율건조기간에는 고형물의 표면온도 상승과 유입되는 열량 감소로 건조속도가 느려진다.

✔ ③ 항율건조기간은 건조속도가 일정한 단계이다.

43 하수처리장에서 발생하는 하수 sludge류를 효과적으로 처리하기 위한 건조방법 중에서 직접열 또는 열풍건조라고 불리는 전열방식은?

① 전도 전열방식
② 대류 전열방식
③ 방사 전열방식
④ 마이크로파 전열방식

제3과목

정답 | 58.④ 59.② 60.① / 41.③ 42.③ 43.②

44 폐기물의 원소 조성이 C 80%, H 10%, O 10%일 때 이론공기량(kg/kg)은? ★★★

① 8.3 ② 10.3
③ 12.3 ④ 14.3

✔ 이론공기량 $A_o = O_o \div 0.232$
이때, $O_o = 2.667\text{C}+8\text{H}+\text{S}-\text{O}$
$= (2.667\times0.80+8\times0.10-0.10)$
$= 2.8336\,\text{kg/kg}$
$\therefore A_o = 2.8336\div0.232 = 12.2138 \fallingdotseq 12.21\,\text{kg/kg}$
※ 부피비는 0.21, 무게비는 0.232이다.

45 쓰레기의 저위발열량이 4,500kcal/kg인 쓰레기를 연소할 때 불완전연소에 의한 손실이 10%, 연소 중 미연소 손실이 5%일 때 연소효율(%)은?

① 80 ② 85
③ 90 ④ 95

✔ $\eta(\%) = 100\times(1-0.10)\times(1-0.05) = 85.5\%$

46 30ton/day의 폐기물을 소각한 후 남은 재는 전체 질량의 20%이다. 남은 재의 용적이 10.3m³일 때 재의 밀도(ton/m³)는?

① 0.32 ② 0.58
③ 1.45 ④ 2.30

✔ 재의 밀도 $= \dfrac{30\,\text{ton}}{\text{day}}\Big|\dfrac{20}{100}\Big|\dfrac{}{10.3\,\text{m}^3} = 0.58\,\text{ton/m}^3$

47 다단로방식 소각로에 대한 설명으로 틀린 것은?

① 신속한 온도반응으로 보조연료 사용 조절이 용이하다.
② 다량의 수분이 증발되므로 수분 함량이 높은 폐기물의 연소가 가능하다.
③ 물리 · 화학적으로 성분이 다른 각종 폐기물을 처리할 수 있다.
④ 체류시간이 길어 휘발성이 적은 폐기물 연소에 유리하다.

✔ ① 보조연료 사용을 조절하기 어렵다.

48 다음 중 유동층 소각로의 장단점에 대한 설명으로 틀린 것은? ★★★

① 가스의 온도가 높고 과잉공기량이 많다.
② 투입이나 유동화를 위해 파쇄가 필요하다.
③ 유동매체의 손실로 인한 보충이 필요하다.
④ 기계적 구동부분이 적어 고장률이 낮다.

✔ ① 가스의 온도가 낮고 과잉공기량이 적어 NO_x도 적게 배출된다.

49 폐기물의 소각을 위해 원소 분석을 한 결과, 가연성 폐기물 1kg당 C 50%, H 10%, O 16%, S 3%, 수분 10%, 나머지는 재로 구성된 것으로 나타났다. 이 폐기물을 공기비 1.1로 연소시킬 경우 발생하는 습윤연소가스 양(Sm³/kg)은 약 얼마인가? ★★★

① 약 6.3 ② 약 6.8
③ 약 7.7 ④ 약 8.2

✔ • $O_o = 1.867\times0.50+5.6\times0.10+0.7\times0.03$
$-0.7\times0.16 = 1.4025\,\text{Sm}^3/\text{kg}$
• $A_o = O_o\div0.21 = 1.4025\div0.21 = 6.6786\,\text{Sm}^3/\text{kg}$
• 수분 $= \dfrac{22.4}{18}\times0.10 = 0.1244\,\text{Sm}^3/\text{kg}$
$\therefore$ 습연소가스 양 G_w
$= (m-0.21)A_o + CO_2 + SO_2 + H_2O$
$= (1.1-0.21)\times6.6786+1.867\times0.50+0.7\times0.03$
$+(11.2\times0.10+0.1244)$
$= 8.1429 \fallingdotseq 8.14\,\text{Sm}^3/\text{kg}$

50 액체 주입형 연소기에 관한 설명으로 가장 거리가 먼 것은?

① 구동장치가 없어서 고장이 적다.
② 하방 점화방식의 경우에는 염이나 입상 물질을 포함한 폐기물의 소각도 가능하다.
③ 연소기의 가장 일반적인 형식은 수평 점화식이다.
④ 버너 노즐 없이 액체 미립화가 용이하며, 대량 처리에 주로 사용된다.

✔ ④ 대량 처리가 불가능하다.

정답 | 44.③ 45.② 46.② 47.① 48.① 49.④ 50.④

51 1차 반응에서 1,000초 동안 반응물의 1/2이 분해되었다면 반응물이 1/10 남을 때까지 소요되는 시간(sec)은?

① 3,923 ② 3,623
③ 3,323 ④ 3,023

✔ 1차 반응식 $\ln\frac{C_t}{C_o} = -k \cdot t$

여기서, C_t : t시간 후 농도
C_o : 초기 농도
k : 반응속도상수(sec^{-1})
t : 시간(sec)

$$k = \frac{\ln\frac{C_t}{C_o}}{-t} = \frac{\ln\frac{1}{2}}{-1,000} = 6.9315\times10^{-4}sec^{-1}$$

$$\therefore\ t = \frac{\ln\frac{C_t}{C_o}}{-k} = \frac{\ln\frac{1}{10}}{-6.9315\times10^{-4}}$$

$= 3321.9146 \fallingdotseq 3321.91sec$

52 연소에 있어 검댕이의 생성에 대한 설명으로 가장 거리가 먼 것은?

① A중유 < B중유 < C중유 순으로 검댕이가 발생한다.
② 공기비가 매우 적을 때 다량 발생한다.
③ 중합, 탈수소축합 등의 반응을 일으키는 탄화수소가 적을수록 검댕이는 많이 발생한다.
④ 전열면 등으로 발열속도보다 방열속도가 빨라서 화염의 온도가 저하될 때 많이 발생한다.

✔ ③ 중합, 탈수소축합 등의 반응을 일으키는 탄화수소가 많을수록 검댕이는 많이 발생한다.

53 폐기물 소각에 따른 문제점은 지구온난화가스의 형성이다. 다음 배가스 성분 중 온실가스는?

① CO_2 ② NO_X
③ SO_2 ④ HCl

✔ 온실가스에는 CO_2, N_2O, CH_4, HFCs, PFCs, SF_6 등이 있다.

54 다음 중 연소실의 운전척도가 아닌 것은?

① 공기연료비 ② 체류시간
③ 혼합정도 ④ 연소온도

✔ ② 체류시간은 연소실 설계 시 필요한 인자이다.

55 CH_4 75%, CO_2 5%, N_2 8%, O_2 12%로 조성된 기체 연료 $1Sm^3$을 $10Sm^3$의 공기로 연소할 때 공기비는?

① 1.22 ② 1.32
③ 1.42 ④ 1.52

✔ 〈반응식〉 $CH_4 + 2O_2 \rightarrow CO_2 + 2H_2O$

$A_o = O_o \div 0.21$
$= (2\times0.75 - 0.12) \div 0.21 = 6.5714Sm^3$

$\therefore$ 공기비 $m = \frac{A}{A_o} = \frac{10}{6.5714} = 1.5217 \fallingdotseq 1.52$

56 스토커식 도시 폐기물 소각로에서 유기물을 완전연소시키기 위한 3T 조건으로 적절하지 않은 것은? ★★★

① 혼합 ② 체류시간
③ 온도 ④ 압력

✔ **완전연소조건의 3T**
- 온도(Temperature)
- 시간(Time)
- 혼합(Turbulence)

57 로터리킬른식(rotary kiln) 소각로의 특징에 대한 설명으로 틀린 것은? ★★

① 습식 가스 세정 시스템과 함께 사용할 수 있다.
② 넓은 범위의 액상 및 고상 폐기물을 소각할 수 있다.
③ 용융상태의 물질에 의하여 방해받지 않는다.
④ 예열, 혼합, 파쇄 등 전처리 후 주입한다.

✔ ④ 소각대상물의 전처리과정이 불필요하다.

정답 | 51.③ 52.③ 53.① 54.② 55.④ 56.④ 57.④

58 폐기물 소각 시 발생되는 질소산화물의 저감 및 처리 방법이 아닌 것은?

① 알칼리흡수법
② 산화흡수법
③ 접촉환원법
④ 다이메틸아닐린법

✔ ④ 다이메틸아닐린은 기름기가 있는 유독성 액체이므로 질소산화물의 저감 및 처리 방법이라 볼 수 없다.

59 연소 배출가스 양이 5,400Sm^3/hr인 소각시설의 굴뚝에서 정압을 측정하였더니 20mmH_2O였다. 여유율 20%인 송풍기를 사용할 경우 필요한 소요동력(kW)은? (단, 송풍기 정압효율 80%, 전동기 효율 70%)

① 약 0.18　　② 약 0.32
③ 약 0.63　　④ 약 0.87

✔ $\text{소요동력} = \dfrac{\Delta \times Q}{102\eta} \times \alpha$

여기서, ΔP : 압력손실(mmH_2O)
Q : 배출가스 양(m^3/sec)
η : 효율
α : 여유율

- $Q = \dfrac{5,400\,\text{Sm}^3}{\text{hr}} \Big| \dfrac{\text{hr}}{3,600\,\text{sec}} = 1.5\,\text{Sm}^3/\text{sec}$
- $\eta = 0.80 \times 0.70 = 0.56$

$\therefore \text{소요동력} = \dfrac{20 \times 1.5}{102 \times 0.56} \times 1.20 = 0.63\,\text{kW}$

60 폐기물의 연소 시 연소기의 부식 원인이 되는 물질이 아닌 것은?

① 염소화합물　　② PVC
③ 황화합물　　④ 분진

제3과목 | 폐기물 소각 및 열회수

2021년 제4회 폐기물처리기사

41 고형 폐기물의 중량 조성이 C : 2%, H : 6%, O : 8%, S : 2%, 수분 : 12%일 때 저위발열량(kcal/kg)은? (단, 단위질량당 열량은 C : 8,100kcal/kg, H : 34,250kcal/kg, S : 2,250kcal/kg)

① 7,016　　② 7,194
③ 7,590　　④ 7,914

✔ Dulong 식

- $Hh(\text{kcal/kg}) = 81\text{C} + 340\left(\text{H} - \dfrac{\text{O}}{8}\right) + 25\text{S}$
- $Hl(\text{kcal/kg}) = Hh - 6(9\text{H} + W)$

여기서, C, H, O, S, W : 탄소, 수소, 산소, 황, 수분의 함량(%)

$\therefore Hl = 81 \times 72 + 342.5\left(6 - \dfrac{8}{8}\right) + 25 \times 2$
$- 6(9 \times 6 + 12)$
$= 7198.5\,\text{kcal/kg}$

42 다음 중 유동층 소각로 방식에 대한 설명으로 틀린 것은?

① 반응시간이 빨라 소각시간이 짧다(노 부하율이 높다).
② 기계적 구동부분이 많아 고장률이 높다.
③ 폐기물의 투입이나 유동화를 위해 파쇄가 필요하다.
④ 가스 온도가 낮고 과잉공기량이 적어 NO_X도 적게 배출된다.

✔ ② 기계적 구동부분이 없어 고장률이 낮다.

43 탄화도가 클수록 석탄이 가지게 되는 성질에 관한 내용으로 틀린 것은?

① 고정탄소의 양이 증가한다.
② 휘발분이 감소한다.
③ 연소속도가 커진다.
④ 착화온도가 높아진다.

✔ ③ 연소속도가 작아진다.

정답 | 58.④ 59.③ 60.④ / 41.② 42.② 43.③

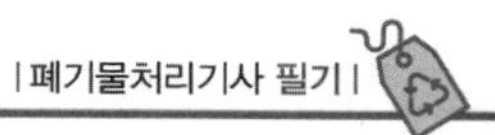

44 플라스틱 폐기물의 소각 및 열분해에 대한 설명으로 옳지 않은 것은?

① 감압증류법은 황의 함량이 낮은 저유황유를 회수할 수 있다.
② 멜라민수지를 불완전연소하면 HCN과 NH_3가 생성된다.
③ 열분해에 의해 생성된 모노머는 발화성이 크고, 생성가스의 연소성도 크다.
④ 고온 열분해법에서는 타르, char 및 액체상태의 연료가 많이 생성된다.

✔ ④ 고온 열분해법은 가스상태의 연료가 생성된다.

45 일반적으로 연소과정에서 매연(검댕)의 발생이 최대로 되는 온도는?

① 300~450℃ ② 400~550℃
③ 500~650℃ ④ 600~750℃

46 분자식이 C_mH_n인 탄화수소가스 $1Sm^3$의 완전연소에 필요한 이론공기량(Sm^3/Sm^3)은? ★★★

① $3.76m+1.19n$ ② $4.76m+1.19n$
③ $3.76m+1.83n$ ④ $4.76m+1.83n$

✔ 이론공기량 $A_o = O_o \div 0.21$

〈반응식〉 $C_mH_n + \left(m+\frac{n}{4}\right)O_2 \rightarrow mCO_2 + \frac{n}{2}H_2O$

$\therefore A_o = \left(m+\frac{n}{4}\right) \div 0.21 = 4.76m+1.19n$

47 화씨온도 100°F는 몇 ℃인가?

① 35.2 ② 37.8
③ 39.7 ④ 41.3

✔ $℃ = (°F-32)\times\frac{5}{9}$
$= (100-32)\times\frac{5}{9}$
$= 37.78℃$

48 다음 연소장치 중 가장 적은 공기비의 값을 요구하는 것은?

① 가스 버너
② 유류 버너
③ 미분탄 버너
④ 수동수 평화격자

✔ 기체 > 액체 > 고체 순으로 적은 공기비가 필요하며, 가스 버너는 기체 연료의 버너에 해당된다.

49 저위발열량이 8,000kcal/Sm^3인 가스 연료의 이론연소온도(℃)는 얼마인가? (단, 이론연소가스양은 10Sm^3/Sm^3, 연료 연소가스의 평균정압비열은 0.35kcal/Sm^3·℃, 기준온도는 실온(15℃), 지금 공기는 예열되지 않으며, 연소가스는 해리되지 않는 것으로 가정) ★

① 약 2,100 ② 약 2,200
③ 약 2,300 ④ 약 2,400

✔ 연소온도 $t = \frac{Hl}{G\times C_p} + t_a$

여기서, Hl : 저위발열량(kcal/Sm^3)
G : 연소가스 양(Sm^3/Sm^3)
C_p : 평균정압비열(kcal/Sm^3·℃)
t_a : 실제 온도(℃)

$\therefore t = \frac{8,000}{10\times0.35} + 15 = 2300.71℃$

50 다음 중 열분해공정에 대한 설명으로 잘못된 것은?

① 배기가스 양이 적다.
② 환원성 분위기를 유지할 수 있어 3가크로뮴이 6가크로뮴으로 변화하지 않는다.
③ 황분, 중금속분이 회분 속에 고정되는 비율이 적다.
④ 질소산화물의 발생량이 적다.

✔ ③ 황 및 중금속이 회분 속에 고정되는 비율이 높다.

정답 | 44.④ 45.② 46.② 47.② 48.① 49.③ 50.③

제3과목

51 열교환기 중 절탄기의 설명으로 틀린 것은?

① 급수 예열에 의해 보일러수와의 온도차가 감소함에 따라 보일러 드럼에 열응력이 증가한다.
② 급수 온도가 낮을 경우, 굴뚝가스 온도가 저하하면 절탄기 저온부에 접하는 가스 온도가 노점에 달하여 절탄기를 부식시킨다.
③ 굴뚝의 가스 온도 저하로 인한 굴뚝 통풍력의 감소에 주의하여야 한다.
④ 보일러 전열면을 통하여 연소가스의 여열로 보일러 급수를 예열하여 보일러의 효율을 높이는 장치이다.

✔ ① 급수 예열에 의해 보일러수와의 온도차가 감소함에 따라 보일러 드럼에 열응력이 감소한다.

52 액체 주입형 소각로의 단점이 아닌 것은?

① 대기오염 방지시설 이외의 소각재 처리설비가 필요하다.
② 완전히 연소시켜 주어야 하며 내화물의 파손을 막아주어야 한다.
③ 고농도 고형분으로 인하여 버너가 막히기 쉽다.
④ 대량 처리가 어렵다.

✔ ① 대기오염 방지시설 이외의 소각재 처리설비가 필요하지 않다.

53 수분 함량이 20%인 폐기물의 발열량을 단열 열량계로 분석한 결과가 1,500kcal/kg이라면 저위발열량(kcal/kg)은?

① 1,320　　② 1,380
③ 1,410　　④ 1,500

✔ Dulong 식
Hl(kcal/kg) $= Hh - 6(9\mathrm{H} + W)$
여기서, Hh : 고위발열량(kcal/kg)
H, W : 수소, 수분의 함량(%)
$\therefore Hl = 1,500 - 6(9 \times 0 + 20) = 1,380\,\mathrm{kcal/kg}$

54 폐기물의 저위발열량을 폐기물 3성분 조성비를 바탕으로 추정할 때 3가지 성분에 포함되지 않는 것은?

① 수분　　② 회분
③ 가연분　　④ 휘발분

55 도시 폐기물의 소각로 설계 시 열수지(heat blalnce) 수립에 필요한 물, 수증기 그리고 건조 공기의 열용량(specific heat capacity)은? (단, 단위는 Btu/lb · ℉)

① 1, 0.5, 0.26
② 1, 0.5, 0.5
③ 0.5, 0.5, 0.26
④ 0.5, 0.26, 0.26

56 표준상태에서 배기가스 내에 존재하는 CO_2 농도가 0.01%일 때 이것은 몇 mg/m^{3}인가?

① 146　　② 196
③ 266　　④ 296

✔ CO_2 농도 $= \dfrac{0.01\,\mathrm{mg}}{100\,\mathrm{mg}} \Big| \dfrac{10^6\mathrm{mg}}{\mathrm{kg}} \Big| \dfrac{44\,\mathrm{kg}}{22.4\,\mathrm{Sm^3}}$
$= 196.43\,\mathrm{mg/Sm^3}$

57 황 함량이 2%인 벙커C유 1.0ton을 연소시킬 경우 발생되는 SO_2의 양(kg)은? (단, 황 성분 전량이 SO_2로 전환됨)

① 30　　② 40
③ 50　　④ 60

✔ 〈반응식〉 S + O_2 → SO_2
32kg : 64kg
S 발생량 : X

S 발생량 $= \dfrac{1,000\,\mathrm{kg}}{} \Big| \dfrac{2}{100} = 20\,\mathrm{kg}$

$\therefore X = \dfrac{64 \times 20}{32} = 40\,\mathrm{kg}$

정답 | 51.① 52.① 53.② 54.④ 55.① 56.② 57.②

58 옥테인(C_8H_{18})이 완전연소하는 경우의 AFR은? (단, kg mol_{air}/kg mol_{fuel})

① 15.1 ② 29.1
③ 32.5 ④ 59.5

✔ 〈반응식〉 $C_8H_{18} + 12.5O_2 \rightarrow 8CO_2 + 9H_2O$

$$AFR_v = \frac{m_a \times 22.4}{m_f \times 22.4} = \frac{12.5 \div 0.21 \times 22.4}{1 \times 22.4} = 59.52$$

59 유동상 소각로의 특징으로 옳지 않은 것은?

① 과잉공기율이 작아도 된다.
② 층내 압력손실이 작다.
③ 층내 온도의 제어가 용이하다.
④ 노 부하율이 높다.

✔ ② 층내 압력손실이 크다.

60 할로겐족 함유 폐기물의 소각 처리가 적합하지 않은 이유에 관한 설명으로 틀린 것은?

① 소각 시 HCl 등이 발생한다.
② 대기오염 방지시설의 부식 문제를 야기한다.
③ 발열량이 다른 성분에 비해 상대적으로 낮다.
④ 연소 시 수증기의 생산량이 많다.

✔ ④ 연소 시 다이옥신 등의 유해물질 생산량이 많다.

2022년 제1회 폐기물처리기사

41 다음 중 소각로 설계에서 중요하게 활용되고 있는 발열량을 추정하는 방법에 대한 설명으로 틀린 것은?

① 폐기물의 입자 분포에 의한 방법
② 단열 열량계에 의한 방법
③ 물리적 조성에 의한 방법
④ 원소 분석에 의한 방법

✔ **폐기물의 발열량 분석법**
- 3성분에 의한 계산식
- 원소 분석에 의한 계산식
- 물리적 조성에 의한 방법

42 폐기물 처리시설 내 소요전력을 생산하는 데 가장 많이 사용하는 터빈은?

① 충동 터빈
② 배압 터빈
③ 반동 터빈
④ 복수 터빈

43 고체 연료의 중량 조성비가 조건과 같은 경우, 저위발열량(kcal/kg)은 얼마인가? (단, C=78%, H=6%, O=4%, S=1%, 수분=5%, Dulong 식 적용)

① 7,259 ② 7,459
③ 7,659 ④ 7,859

✔ Dulong 식
- $Hh(\text{kcal/kg}) = 81C + 340\left(H - \frac{O}{8}\right) + 25S$
- $Hl(\text{kcal/kg}) = Hh - 6(9H + W)$

여기서, C, H, O, S, W: 탄소, 수소, 산소, 황, 수분의 함량(%)

$$\therefore Hl = 81 \times 78 + 340\left(6 - \frac{4}{8}\right) + 25 \times 1 - 6(9 \times 6 + 5) = 7{,}859\,\text{kcal/kg}$$

정답 | 58.④ 59.② 60.④ / 41.① 42.② 43.④

44 기체 연료 중 천연가스(LNG)의 주성분은?

① H_2 ② CO
③ CO_2 ④ CH_4

45 액체 주입형 연소기에 관한 설명으로 잘못된 것은?

① 구동장치가 없어서 고장이 적다.
② 대기오염 방지시설과 소각재의 처리설비가 필요하다.
③ 연소기의 가장 일반적인 형식은 수평 점화식이다.
④ 버너 노즐을 통하여 액체를 미립화하여야 하며 대량 처리가 어렵다.

✔ ② 대기오염 방지시설은 필요하지만 소각재의 처리설비는 필요하지 않다.

46 다음 중 폐기물의 자원화 기술에 관한 용어가 아닌 것은?

① Landfill
② Composting
③ Gasification & Pyrolysis
④ SRF

✔ ① Landfill : '매립'이란 뜻으로, 자원화 기술과는 관계가 없다.

47 회전식(rotary) 소각로에 대한 설명으로 옳지 않은 것은? ★★

① 일반적으로 열효율이 상대적으로 높다.
② 킬른은 1,600℃에 달하는 온도에서도 작동될 수 있다.
③ 높은 설치비와 보수비가 요구된다.
④ 다양한 액상 및 고형 폐기물을 독립적으로 조합하지 않고서도 소각시킬 수 있다.

✔ ① 열효율이 다단층 소각로에 비해 낮다.

48 유동상식 소각로의 장단점에 대한 설명으로 틀린 것은?

① 반응시간이 빨라 소각시간이 짧다(노 부하율이 높다).
② 연소효율이 높아 미연소분 배출이 적고 2차 연소실이 불필요하다.
③ 기계적 구동부분이 많아 고장률이 높다.
④ 상(床)으로부터 찌꺼기의 분리가 어려우며 운전비, 특히 동력비가 높다.

✔ ③ 기계적 구동부분이 없어 고장률이 낮다.

49 다음 중 소각조건의 3T가 적절하게 나열된 것은? ★★★

① 온도, 연소량, 혼합
② 온도, 연소량, 압력
③ 온도, 압력, 혼합
④ 온도, 연소시간, 혼합

✔ 소각조건의 3T
- 온도(Temperature)
- 시간(Time)
- 혼합(Turbulence)

50 다음 설명 중 잘못된 내용은?

① 1kcal은 표준기압에서 순수한 물 1kg를 1℃(14.5~15.5℃) 올리는 데 필요한 열량이다.
② 단위질량의 물질을 1℃ 상승하는 데 필요한 열량은 비열이다.
③ 포화증기온도 이상으로 가열한 증기를 과열증기라 한다.
④ 고체에서 기체가 될 때에 취하는 열을 증발열이라 한다.

✔ ④ 고체에서 기체가 될 때 취하는 열을 승화열이라 한다.

정답 | 44.④ 45.② 46.① 47.① 48.③ 49.④ 50.④

51 소각로의 쓰레기 이동방식에 따라 구분한 화격자 종류 중 화격자를 무한궤도식으로 설치한 구조로 되어 있고, 건조 · 연소 · 후연소의 각 스토커 사이에 높이 차이를 두어 낙하시킴으로써 쓰레기층을 뒤집으며 내구성이 좋은 구조로 되어 있는 것은?

① 낙하식 스토커
② 역동식 스토커
③ 계단식 스토커
④ 이상식 스토커

52 다음 중 소각로의 연소효율을 증대시키는 방법으로 가장 거리가 먼 것은?

① 적절한 연소시간 유지
② 적절한 온도 유지
③ 적절한 공기공급과 연료비 설정
④ 층류상태 유지

✔ 난류상태에서 확산속도가 증가하고 연소효율이 증대된다.

53 폐기물 50ton/day를 소각로에서 1일 24시간 연속 가동하여 소각 처리할 때 화상면적(m^2)은? (단, 화상부하=150kg/m^2 · hr)

① 약 14　　② 약 18
③ 약 22　　④ 약 26

✔ 화상면적 $= \frac{50\,\text{ton}}{\text{day}} \bigg| \frac{\text{m}^2 \cdot \text{hr}}{150\,\text{kg}} \bigg| \frac{10^3\text{kg}}{\text{ton}} \bigg| \frac{\text{day}}{24\,\text{hr}} = 13.89\,\text{m}^2$

54 다음 중 쓰레기 투입방식에 따른 소각로의 분류에 해당하지 않는 것은?

① 상부 투입방식　　② 중간 투입방식
③ 하부 투입방식　　④ 십자 투입방식

✔ **폐기물 투입방식**
- 상부 투입방식
- 하부 투입방식
- 십자 투입방식

55 폐기물 소각설비의 주요 공정 중 폐기물 반입 및 공급 설비에 해당되지 않는 것은?

① 폐열 보일러
② 폐기물 계량장치
③ 폐기물 투입문
④ 폐기물 크레인

✔ ① 폐열 보일러는 폐기물 소각 후 발생된 열을 물에 전달하여 증기로 발생시키는 설비이다.

56 소각로에서 쓰레기의 소각과 동시에 배출되는 가스성분을 분석한 결과, N_2=82%, O_2=5%였을 때 소각로의 공기과잉계수(m)는? (단, 완전연소라고 가정)

① 1.3　　② 2.3
③ 2.8　　④ 3.5

✔ 공기비 $m = \frac{N_2}{N_2 - 3.76(O_2 - 0.5CO)}$

$$= \frac{82}{82 - 3.76(5 - 0.5 \times 0)} = 1.30$$

57 구성 성분이 O 20%, H 6%, C 30%, 회분 14%, 수분 30%인 폐기물을 소각했을 때 고위발열량(kcal/kg)은? (단, Dulong 식 기준) ★★

① 약 2,420　　② 약 2,700
③ 약 3,130　　④ 약 3,620

✔ Dulong 식

$$Hh(\text{kcal/kg}) = 81\text{C} + 340\left(\text{H} - \frac{\text{O}}{8}\right) + 25\text{S}$$

여기서, C, H, O, S : 탄소, 수소, 산소, 황의 함량(%)

$$\therefore Hh = 81 \times 30 + 340\left(6 - \frac{20}{8}\right) = 3{,}620\,\text{kcal/kg}$$

58 폐기물의 소각 처리 시 여분의 공기(excess air)는 이론적인 산화에 필요한 양에 최소 몇 % 정도 더 넣어주어야 하는가?

① 5　　② 10
③ 20　　④ 60

정답 | 51.④ 52.④ 53.① 54.② 55.① 56.① 57.④ 58.④

59 열효율이 65%인 유동층 소각로에서 15℃의 슬러지 2톤을 소각시켰다. 배기온도가 400℃라면 연소온도(℃)는? (단, 열효율은 배기온도만을 고려)

① 955 ② 988
③ 1,015 ④ 1,115

✔ 열효율 $\eta = \frac{t_f - t_g}{t_f - t_{SL}}$

여기서, t_g : 배기가스 온도(℃)
t_{SL} : 슬러지 온도(℃)
t_f : 연소온도(℃)

$0.65 = \frac{t_f - 400}{t_f - 15}$ ➡ 계산기의 Solve 기능 사용

$\therefore t_f = 1{,}115℃$

60 중유 보일러의 적정 공기비(m)가 1.1~1.3일 때, CO_2 농도의 범위(%)는?

① 10~8%
② 12~10%
③ 16~12%
④ 20~16%

제3과목 | 폐기물 소각 및 열회수

2022년 제2회 폐기물처리기사

41 쓰레기 발열량을 H, 불완전연소에 의한 열손실을 Q, 태우고 난 후의 재의 열손실을 R이라 할 때 연소효율 η을 구하는 공식으로 옳은 것은?

① $\eta = \frac{H-Q-R}{H}$ ② $\eta = \frac{H+Q+R}{H}$
③ $\eta = \frac{H-Q+R}{H}$ ④ $\eta = \frac{H+Q-R}{H}$

42 완전연소의 경우, 고위발열량(kcal/kg)이 가장 큰 것은?

① 메테인 ② 에테인
③ 프로페인 ④ 뷰테인

✔ ① 메테인 : 13,270kcal/kg
② 에테인 : 12,400kcal/kg
③ 프로페인 : 12,030kcal/kg
④ 뷰테인 : 11,830kcal/kg

43 소각로에 폐기물을 연속적으로 주입하기 위해서는 충분한 저장시설을 확보하여야 한다. 연속주입을 위한 폐기물의 일반적인 저장시설 크기로 적당한 것은?

① 24~36시간분 ② 2~3일분
③ 7~10일분 ④ 15~20일분

44 프로페인(C_3H_8) : 뷰테인(C_4H_{10})이 40vol% : 60vol%로 혼합된 기체 $1Sm^3$가 완전연소될 때 발생되는 CO_2의 부피(Sm^3)는?

① 3.2 ② 3.4
③ 3.6 ④ 3.8

✔ 〈반응식〉 $C_3H_8 + 5O_2 \rightarrow 3CO_2 + 4H_2O$
$0.4Sm^3$: $3\times0.4Sm^3$
〈반응식〉 $C_4H_{10} + 6.5O_2 \rightarrow 4CO_2 + 5H_2O$
$0.6Sm^3$: $4\times0.6Sm^3$
$\therefore CO_2 = 3\times0.4 + 4\times0.6 = 3.6Sm^3$

정답 | 59.④ 60.③ / 41.① 42.① 43.② 44.③

45 열교환기 중 과열기에 대한 설명으로 적절하지 않은 것은?

① 보일러에서 발생하는 포화증기에 다량의 수분이 함유되어 있으므로 이것을 과열하여 수분을 제거하고 과열도가 높은 증기를 얻기 위해 설치한다.

② 일반적으로 보일러 부하가 높아질수록 대류과열기에 의한 과열온도는 저하하는 경향이 있다.

③ 과열기는 그 부착위치에 따라 전열형태가 다르다.

④ 방사형 과열기는 주로 화염의 방사열을 이용한다.

✔ ② 일반적으로 보일러 부하가 높아질수록 대류과열기에 의한 과열온도는 증가하는 경향이 있다.

46 프로페인(C_3H_8)의 고위발열량이 24,300kcal/Sm^3일 때 저위발열량(kcal/Sm^3)은? ★★

① 22,380 ② 22,840
③ 23,340 ④ 23,820

✔ 저위발열량 $Hl = Hh - 480\sum H_2O$
여기서, Hh : 고위발열량(kcal/Sm^3)
H_2O : H_2O의 몰수
〈반응식〉 $C_3H_8 + 5O_2 \rightarrow 3CO_2 + 4H_2O$
$\therefore Hl = 24,300 - 480 \times 4 = 22,380\,\text{kcal/Sm}^3$

47 연료는 일반적으로 탄화수소화합물로 구성되어 있는데, 액체 연료의 질량 조성이 C 75%, H 25%일 때 C/H 물질량(mol) 비는?

① 0.25 ② 0.50
③ 0.75 ④ 0.90

✔
C/H 물질량(mol) 비 $= \dfrac{0.75\,\text{kg} \times \dfrac{\text{mol}}{12\,\text{kg}}}{0.25\,\text{kg} \times \dfrac{\text{mol}}{1\,\text{kg}}} = 0.25$

48 황화수소 1Sm^3의 이론연소공기량(Sm^3)은 얼마인가? ★★★

① 7.1 ② 8.1
③ 9.1 ④ 10.1

✔ 이론공기량 $A_o = O_o \div 0.21$
〈반응식〉 $H_2S + 1.5O_2 \rightarrow H_2O + SO_2$
$\therefore A_o = 1.5 \div 0.21 = 7.14\,\text{Sm}^3$

49 소각로에서 열교환기를 이용해 배기가스의 열을 전량 회수하여 급수 예열을 한다고 한다. 급수 입구온도가 20℃일 경우 급수의 출구온도(℃)는? (단, 급수량 및 배기가스 양 1,000kg/hr, 물의 비열 1.03kcal/kg · ℃, 배기가스의 입구온도 400℃, 배기가스의 출구온도 100℃, 배기가스 평균정압비열 0.25kcal/kg · ℃)

① 79 ② 82
③ 87 ④ 93

✔ 급수 출구온도 $= \dfrac{0.25\,\text{kcal}}{\text{kg}\cdot℃}\Big|\dfrac{(400-100)℃}{}\Big|\dfrac{1,000\,\text{kg}}{\text{hr}}\Big|\dfrac{\text{kg}\cdot℃}{1.03\,\text{kcal}}\Big|\dfrac{\text{hr}}{1,000\,\text{kg}} + 20℃$
$= 92.82℃$

50 화상부하율(연소량/화상면적)에 대한 설명으로 옳지 않은 것은?

① 화상부하율을 크게 하기 위해서는 연소량을 늘리거나 화상면적을 줄인다.

② 화상부하율이 너무 크면 노 내 온도가 저하하기도 한다.

③ 화상부하율이 적어질수록 화상면적이 축소되어 compact화 된다.

④ 화상부하율이 너무 커지면 불완전연소의 문제가 발생하기도 한다.

✔ ③ 화상부하율이 적어질수록 화상면적이 확대된다.

정답 | 45.② 46.① 47.① 48.① 49.④ 50.①

51 다단로방식 소각로의 장단점이 아닌 것은?

① 유해폐기물의 완전분해를 위한 2차 연소실이 필요 없다.
② 분진 발생량이 많다.
③ 휘발성이 적은 폐기물 연소에 유리하다.
④ 체류시간이 길기 때문에 온도반응이 더디다.

✔ ① 유해폐기물의 완전분해를 위한 2차 연소실이 필요하다.

52 화격자 연소기에 대한 설명으로 옳은 것은?

① 휘발성분이 많고 열분해하기 쉬운 물질을 소각할 경우 상향식 연소방식을 쓴다.
② 이동식 화격자는 주입 폐기물을 잘 운반시키거나 뒤집지는 못하는 문제점이 있다.
③ 수분이 많거나 플라스틱과 같이 열에 쉽게 용해되는 물질에 의한 화격자 막힘의 우려가 없다.
④ 체류시간이 짧고 교반력이 강하여 국부가열이 발생할 우려가 있다.

✔ ① 휘발성분이 많고 열분해하기 쉬운 물질을 소각할 경우 하향식 연소방식을 쓴다.
③ 플라스틱과 같이 열에 쉽게 용해되는 물질에 의한 화격자 막힘의 우려가 있다.
④ 체류시간이 짧고 교반력이 약하여 국부가열이 발생할 우려가 있다.

53 소각공정과 비교할 때 열분해공정의 장점으로 옳지 않은 것은?

① 배기가스 양이 적다.
② 황 및 중금속이 회분 속에 고정되는 비율이 낮다.
③ NO_X의 발생량이 적다.
④ 환원성 분위기가 요구되므로 3가크로뮴이 6가크로뮴으로 변화되기 어렵다.

✔ ② 황 및 중금속이 회분 속에 고정되는 비율이 높다.

54 다음 중 다이옥신을 억제시키는 방법이 아닌 것은?

① 제1차적(사전방지) 방법
② 제2차적(노 내) 방법
③ 제3차적(후처리) 방법
④ 제4차적 전자선 조사법

✔ ④ 전자선 조사법 : 컨베이어벨트에 의해 이송되는 물체에 전자선을 조사하여 미생물 등을 사멸시키는 방법

55 연소시키는 물질의 발화온도, 함수량, 공급공기량, 연소기의 형태에 따라 연소온도가 변화된다. 연소온도에 관한 설명 중 잘못된 것은?

① 연소온도가 낮아지면 불완전연소로 HC나 CO 등이 생성되며 냄새가 발생된다.
② 연소온도가 너무 높아지면 NO_X나 SO_X가 생성되며 냉각공기의 주입량이 많아지게 된다.
③ 소각로의 최소온도는 650℃ 정도이지만 스팀으로 에너지를 회수하는 경우에는 연소온도를 870℃ 정도로 높인다.
④ 함수율이 높으면 연소온도가 상승하며, 연소물질의 입자가 커지면 연소시간이 짧아진다.

✔ ④ 함수율이 높으면 연소온도가 낮아지며, 연소물질의 입자가 커지면 연소시간이 길어진다.

56 유동층 소각로에 관한 설명으로 가장 거리가 먼 것은? ★★★

① 상(床)으로부터 슬러지의 분리가 어렵다.
② 가스의 온도가 낮고 과잉공기량이 낮다.
③ 미연소분 배출로 2차 연소실이 필요하다.
④ 기계적 구동부분이 적어 고장률이 낮다.

✔ ③ 2차 연소실이 필요하지 않다.

정답 | 51.① 52.② 53.② 54.④ 55.④ 56.③

57 소각로에 폐기물을 투입하는 1시간 중에 투입작업시간을 40분, 나머지 20분은 정리시간과 휴식시간으로 한다. 크레인 버킷 용량이 $4m^3$, 1회 투입하는 시간은 120초, 버킷 용적중량은 최대 $0.4ton/m^3$일 때 폐기물의 1일 최대공급능력(ton/day)은? (단, 소각로는 24시간 연속 가동)

① 524　② 684
③ 768　④ 874

✔ 하루 투입횟수 $= \frac{1회}{120\,sec} \Big| \frac{24\,hr}{} \Big| \frac{40\,min}{1\,hr} \Big| \frac{60\,sec}{min}$
$= 480회$

∴ 1일 최대공급능력 $= \frac{4\,m^3}{1회} \Big| \frac{0.4\,ton}{m^3} \Big| \frac{480회}{day}$
$= 768\,ton/day$

58 아래와 같은 가연성분 조성비를 갖는 폐기물을 완전연소시킬 때의 이론공기량(Sm^3/kg)은 얼마인가? ★★★

C : 40%, H : 5%, O : 10%, S : 5%, 회분 : 40%

① 2.7　② 3.7
③ 4.7　④ 5.7

✔ 이론공기량 $A_o = O_o \div 0.21$
이때, $O_o = 1.867C + 5.6H + 0.7S - 0.7O$
$\therefore A_o = (1.867 \times 0.40 + 5.6 \times 0.05 + 0.7 \times 0.05 - 0.7 \times 0.10) \div 0.21$
$= 4.72\,Sm^3/kg$

59 소각로의 설계기준이 되고 있는 저위발열량에 대한 설명으로 옳은 것은?

① 쓰레기 속의 수분과 연소에 의해 생성된 수분의 응축열을 포함한 열량
② 고위발열량에서 수분의 응축열을 제외한 열량
③ 쓰레기를 연소할 때 발생되는 열량으로 수분의 수증기 열량이 포함된 열량
④ 연소 배출가스 속의 수분에 의한 응축열

60 폐기물 내 유기물을 완전연소시키기 위해서는 3T라는 조건이 구비되어야 한다. 다음 중 3T에 해당하지 않는 것은? ★★★

① 충분한 온도
② 충분한 연소시간
③ 충분한 연료
④ 충분한 혼합

✔ **완전연소조건의 3T**
- 온도(Temperature)
- 시간(Time)
- 혼합(Turbulence)

제3과목

정답 | 57.③ 58.③ 59.② 60.③

Subject 제4과목 폐기물 공정시험기준(방법) 과목별 기출문제

2017년 제1회 폐기물처리기사

61 기름성분 – 중량법(노말헥세인 추출방법)에 대한 설명 중 옳지 않은 것은?

① 폐기물 중 비교적 휘발되지 않는 탄화수소 및 탄화수소유도체, 그리스유상 물질 등을 측정하기 위한 시험이다.
② 시료 중에 있는 기름성분의 분해 방지를 위하여 수산화소듐(0.1N)을 사용하여 pH 11 이상으로 조정한다.
③ 시료를 노말헥세인으로 추출한 후 무수황산소듐으로 수분을 제거하여야 한다.
④ 노말헥세인을 휘산하기 위해 알맞은 온도는 80℃ 정도이다.

✔ 시료를 보관하여야 할 경우 미생물에 의한 분해를 방지하기 위해 0~4℃로 보관한다.

62 시료 용출시험방법에 관한 설명에서 ( ) 안에 알맞은 내용은? ★

> 시료의 조제방법에 따라 조제한 시료 100g 이상을 정확히 달아 정제수에 염산을 넣어 pH를 (㉠)(으)로 한 용매(mL)를 시료 : 용매 = (㉡)($W:V$)의 비로 2,000mL 삼각플라스크에 넣어 혼합한다.

① ㉠ 4.5~5.5, ㉡ 1 : 5
② ㉠ 4.5~5.5, ㉡ 1 : 10
③ ㉠ 5.8~6.3, ㉡ 1 : 5
④ ㉠ 5.8~6.3, ㉡ 1 : 10

63 기름성분을 중량법으로 분석할 때에 관련된 내용으로 ( ) 안에 옳은 내용은?

> 추출 시 에멀션을 형성하여 액층이 분리되지 않거나 노말헥세인층이 탁할 경우에는 분별깔때기 안의 수층을 원래의 시료 용기에 옮긴다. 이후 에멀션층이 분리되거나 노말헥세인층이 맑아질 때까지 에멀션층 또는 헥세인층에 적당량의 ( ) 또는 황산암모늄을 넣어 환류냉각관(약 300mm)을 부착하고 80℃ 물중탕에서 약 10분간 가열 · 분해한 다음 시험기준에 따라 시험한다.

① 질산암모늄　　② 염화소듐
③ 아비산소듐　　④ 질산소듐

64 검정곡선 작성용 표준용액과 시료에 동일한 양의 내부표준물질을 첨가하여 시험분석 절차, 기기 또는 시스템의 변동으로 발생하는 오차를 보정하기 위해 사용하는 방법은?

① 절대검정곡선법
(external standard method)
② 표준물질첨가법
(standard addition method)
③ 상대검정곡선법
(internal standard calibration)
④ 백분율법

✔ ① 절대검정곡선법 : 시료의 농도와 지시값과의 상관성을 검정곡선식에 대입하여 작성하는 방법
② 표준물질첨가법 : 시료와 동일한 매질에 일정량의 표준물질을 첨가하여 검정곡선을 작성하는 방법

정답 | 61.① 62.④ 63.② 64.③

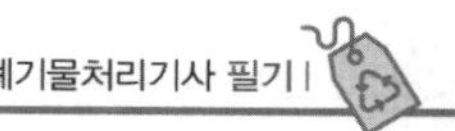

65 폐기물 시료 용기에 기재해야 할 사항으로 틀린 것은?

① 시료 번호
② 채취시간 및 일기
③ 채취책임자 이름
④ 채취장비

✔ **폐기물 시료 용기 기재사항**
- 폐기물의 명칭
- 대상 폐기물의 양
- 채취장소
- 채취시간 및 일기
- 시료 번호
- 채취책임자 이름
- 시료의 양
- 채취방법
- 기타 참고자료(보관상태 등)

66 유도결합 플라스마 발광광도법(ICP)에 관한 설명 중 틀린 것은?

① ICP는 시료를 고주파 유도코일에 의하여 형성된 아르곤 플라스마에 도입하여 4,000~6,000K에서 기저된 원자가 여기상태로 이동할 때 방출하는 발광선 및 발광강도를 측정하여 원소의 정성 및 정량 분석에 이용하는 방법이다.
② ICP는 아르곤가스를 플라스마가스로 사용하여 수정발진식 고주파 발생기로부터 발생된 27.13MHz 주파수 영역에서 유도코일에 의하여 플라스마를 발생시킨다.
③ ICP의 구조는 중심에 저온·저전자 밀도의 영역이 형성되어 도넛 형태로 되는데, 이 도넛 모양의 구조가 ICP의 특징이다.
④ 플라스마의 온도는 최고 15,000K까지 이른다.

✔ ① ICP는 시료를 고주파 유도코일에 의하여 형성된 아르곤 플라스마에 주입하여 6,000~8,000K에서 들뜬 원자가 바닥상태로 이동할 때 방출하는 발광선 및 발광강도를 측정하여 원소의 정성 및 정량 분석을 수행한다.

67 원자흡수 분광광도법에 의한 수은 분석방법에 관한 설명으로 틀린 것은?

① 수은증기를 253.7nm 파장에서 측정한다.
② 시료 중 수은을 이염화주석에 넣어 금속수은으로 환원시킨다.
③ 시료 중 염화물이온이 다량 함유된 경우에는 과망가니즈산포타슘 분해 후 헥세인으로 이들 물질을 추출·분리한 다음 실험한다.
④ 이 실험에 의한 폐기물 중 수은의 정량한계는 0.0005mg/L이다.

✔ ③ 시료 중 염화물이온이 다량 함유된 경우에는 산화조작 시 유리염소를 발생하여 253.7nm에서 흡광도를 나타낸다. 이때 염산하이드록실아민 용액을 과잉으로 넣어 유리염소를 환원시키고 용기 중에 잔류하는 염소는 질소가스를 통기시켜 추출한다.

68 다음에서 설명하는 시료 축소방법은?

- 모아진 대시료를 네모꼴로 엷게 균일한 두께로 편다.
- 이것을 가로 4등분, 세로 5등분하여 20개의 덩어리로 나눈다.
- 20개의 각 부분에서 균등량씩을 취하여 혼합하여 하나의 시료로 한다.

① 구획법　② 등분법
③ 균등법　④ 분할법

69 소각재 5g의 Pb 함유량을 측정하기 위해 질산-염산 분해법의 전처리과정을 거친 100mL 용액의 Pb 농도를 원자흡수 분광광도계를 이용하여 측정하였더니 10mg/L이었을 때, 소각재의 Pb 함유량(mg/kg)은?

① 100　② 200
③ 300　④ 400

✔ $$\text{Pb 함유량} = \frac{10\,\text{mg}}{\text{L}} \Big| \frac{100\,\text{mL}}{} \Big| \frac{}{5\,\text{g}} \Big| \frac{\text{L}}{10^3\,\text{mL}} \Big| \frac{10^3\,\text{g}}{\text{kg}}$$
$$= 200\,\text{mg/kg}$$

제4과목

70 흡광광도법에서 기본원리인 Lambert-Beer 법칙에 관한 설명으로 틀린 것은? ★★

① 흡광도는 광이 통과하는 용액층의 두께에 비례한다.

② 흡광도는 광이 통과하는 용액층의 농도에 비례한다.

③ 흡광도는 용액층의 투광도에 비례한다.

④ 램버트-비어의 법칙을 식으로 표현하면 $A=\varepsilon Cl$이다. (단, A : 흡광도, ε : 흡광계수, C : 농도, l : 빛의 투과거리)

✔ 흡광도 $A=\log\frac{1}{10^{-\varepsilon Cl}}=\log\frac{I_o}{I_t}$

따라서, 흡광도는 투광도에 반비례한다.

71 수분 및 고형물을 중량법으로 측정할 때 사용하는 데시케이터에 관한 내용으로 옳은 것은?

① 실리카젤과 묽은 황산을 넣어 사용한다.

② 실리카젤과 염화칼슘이 담겨 있는 것을 사용한다.

③ 무수황산소듐이 담겨 있는 것을 사용한다.

④ 활성탄 분말과 염화포타슘을 넣어 사용한다.

72 중금속 분석에 있어, 산화 분해가 어려운 유기물을 다량 함유하고 있는 시료의 전처리방법으로 적당한 것은? ★★

① 질산 분해법

② 질산-염산 분해법

③ 질산-과염소산 분해법

④ 질산-과염소산-불화수소산 분해법

✔ ① 질산 분해법 : 유기물 함량이 낮은 시료에 적용하며, 질산에 의한 유기물 분해방법

② 질산-염산 분해법 : 유기물 함량이 비교적 높지 않고 금속의 수산화물, 산화물, 인산염 및 황화물을 함유하고 있는 시료에 적용하며, 질산-염산에 의한 유기물 분해방법

④ 질산-과염소산-불화수소산 분해법 : 점토질 또는 규산염이 높은 비율로 함유된 시료에 적용하며, 질산-과염소산-불화수소산으로 유기물을 분해하는 방법

73 유도결합 플라스마 발광광도계의 토치에 흐르는 운반물질, 보조물질, 냉각물질의 종류는 몇 종류의 물질로 구성되는가?

① 2종의 액체와 1종의 기체

② 1종의 액체와 2종의 기체

③ 1종의 액체와 1종의 기체

④ 1종의 기체

74 자외선/가시선 분광법에 의한 수은 측정 시, 전처리된 시료에서 수은의 분리 추출을 위하여 사용되는 용액은?

① 과망가니즈산포타슘

② 염산하이드록실아민

③ 염화제일주석

④ 디티존사염화탄소

✔ **자외선/가시선 분광법에 의한 수은 측정방법**
수은을 황산 산성에서 디티존사염화탄소로 1차 추출하고 브로민화포타슘 존재하에 황산 산성에서 역추출하여 방해성분과 분리한 다음, 알칼리성에서 디티존사염화탄소로 수은을 추출하여 490nm에서 흡광도를 측정하는 방법

75 성상에 따른 시료의 채취방법에 대한 설명으로 틀린 것은?

① 콘크리트 고형화물이 소형일 때는 적당한 채취도구를 사용하며, 한 번에 일정량씩을 채취하여야 한다.

② 고상 혼합물의 경우, 시료는 적당한 시료채취도구를 사용하여 한 번에 일정량씩을 채취하여야 한다.

③ 액상 혼합물이 용기에 들어 있을 때에는 교란되어 혼합되지 않도록 하여 균일한 상태로 채취한다.

④ 액상 혼합물의 경우는 원칙적으로 최종 지점의 낙하구에서 흐르는 도중에 채취한다.

✔ ③ 액상 혼합물이 용기에 들어 있을 때에는 잘 혼합하여 균일한 상태로 만든 후에 채취한다.

정답 | 70.③ 71.② 72.③ 73.④ 74.④ 75.③

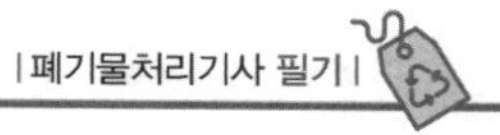

76 폐기물 공정시험기준에서 규정하고 있는 진공에 해당되지 않는 것은? ★★★

① 10mmHg

② 13torr

③ 0.03atm

④ 0.18mH$_2$O

✔ "감압 또는 진공"이라 함은 따로 규정이 없는 한 15mmHg 이하를 뜻한다.

② 13torr = 13mmHg

③ $0.03\,atm = \frac{0.03\,atm}{} \Big| \frac{760\,mmHg}{1\,atm} = 22.8\,mmHg$

④ $0.18\,mH_2O = \frac{0.18\,mH_2O}{} \Big| \frac{760\,mmHg}{10.332\,mH_2O}$

$= 13.24\,mmHg$

따라서, 0.03atm은 해당되지 않는다.

77 이온전극법에 관한 설명에서 (　) 안에 들어갈 내용으로 옳은 것은?

> 이온전극은 [이온전극 | 측정용액 | 비교전극]의 측정계에서 측정대상 이온에 감응하여 (　)에 따라 이온활동도에 비례하는 전위차를 나타낸다.

① 네른스트(Nernst)식

② 램버트(Lambert)식

③ 패러데이식

④ 플래밍식

78 유기인을 기체 크로마토그래피로 분석할 때 헥세인으로 추출하면 메틸디메톤의 추출률이 낮아질 수 있으므로 이에 대체하여 사용하는 물질로 가장 적합한 것은?

① 다이클로로메테인과 헥세인의 혼합액(15 : 85)

② 메틸에틸케톤과 에탄올의 혼합액(15 : 85)

③ 메틸에틸케톤과 헥세인의 혼합액(15 : 85)

④ 다이클로로메테인과 에탄올의 혼합액(15 : 85)

79 유기인 정량 시 검량선을 작성하기 위해 사용되는 표준용액이 아닌 것은? ★

① 이피엔 표준액

② 파라티온 표준액

③ 다이아지논 표준액

④ 바비트레이트 표준액

✔ **유기인 정량 시 검량선 작성을 위해 사용되는 표준용액**

- 이피엔 표준액
- 파라티온 표준액
- 다이아지논 표준액
- 펜토에이트 표준액

80 용출액 중의 PCBs 시험방법(기체 크로마토그래프법)을 설명한 것으로 틀린 것은?

① 용출액 중의 PCBs를 헥세인으로 추출한다.

② 전자포획형 검출기(ECD)를 사용한다.

③ 정제는 활성탄 칼럼을 사용한다.

④ 용출용액의 정량한계는 0.0005mg/L이다.

✔ ③ 정제는 실리카겔 칼럼을 사용한다.

제4과목

정답 | 76.③ 77.① 78.① 79.④ 80.③

제4과목 | 폐기물 공정시험기준(방법)

2017년 제2회 폐기물처리기사

61 자외선/가시선 분광법으로 크로뮴을 측정할 때 시료 중 총 크로뮴을 6가크로뮴으로 산화시키는 데 사용되는 시약은?

① 과망가니즈산포타슘
② 이염화주석
③ 사이안화포타슘
④ 다이티오황산소듐

62 폐기물로부터 유류 추출 시 에멀션을 형성하여 액층이 분리되지 않을 경우, 조작법으로 옳은 것은? ★

① 염화제이철 용액 4mL를 넣고 pH를 7~9로 하여 자석교반기로 교반한다.
② 메틸오렌지를 넣고 황색이 적색이 될 때까지 (1+1)염산을 넣는다.
③ 노말헥세인층에 무수황산소듐을 넣어 수분간 방치한다.
④ 에멀션층 또는 헥세인층에 적당량의 황산암모늄을 넣고 환류냉각관을 부착한 후 80℃ 물중탕에서 가열한다.

✔ 추출 시 에멀션을 형성하여 액층이 분리되지 않거나 노말헥세인층이 탁할 경우에는 분별깔때기 안의 수층을 원래의 시료 용기에 옮긴다. 이후 에멀션층이 분리되거나 노말헥세인층이 맑아질 때까지 에멀션층 또는 헥세인층에 적당량의 염화소듐 또는 황산암모늄을 넣어 환류냉각관(약 300mm)을 부착하고 80℃ 물중탕에서 약 10분간 가열 · 분해한 다음, 시험기준에 따라 시험한다.

63 다음 중 십억분율(parts per billion)을 표시하는 기호는?

① %　　② g/L
③ ppm　　④ μg/L

✔ 십억분율(ppb ; parts per billion)을 표시할 때는 μg/L, μg/kg의 기호를 쓰며, 1ppm의 1/1,000이다.

64 유도결합 플라스마 - 원자발광분광법에 대한 설명으로 틀린 것은?

① 바닥상태의 원자가 이 원자 증기층을 투과하는 특유 파장의 빛을 흡수하는 현상을 이용한다.
② 아르곤가스를 플라스마가스로 사용하여 수정발진식 고주파 발생기로부터 발생된 주파수 영역에서 유도코일에 의하여 플라스마를 발생시킨다.
③ 아르곤플라스마를 점등시키려면 테슬라코일에 방전하여 아르곤가스의 일부가 전리되도록 한다.
④ 유도결합 플라스마의 중심부는 저온 · 저전자 밀도가 형성되며 화학적으로 불활성이다.

✔ 고온(6,000~8,000K)에서 들뜬 원자가 바닥상태로 이동할 때 방출하는 발광강도를 측정한다.

65 정량한계에 관한 다음 내용에서 ( ) 안에 들어갈 내용으로 옳은 것은?

> 정량한계란 시험분석대상을 정량화할 수 있는 측정값으로서, 제시된 정량한계 부근의 농도를 포함하도록 시료를 준비하고 이를 반복 측정하여 얻은 결과의 표준편차(s)에 ( )한 값을 사용한다.

① 3배　　② 3.3배
③ 5배　　④ 10배

66 시료의 전처리방법과 사용되는 용액의 산 농도 값과 일치하지 않는 것은?

① 질산에 의한 유기물 분해 : 약 0.7N
② 질산-염산에 의한 유기물 분해 : 약 0.5N
③ 질산-황산에 의한 유기물 분해 : 약 0.6N
④ 질산-과염소산에 의한 유기물 분해 : 약 0.8N

✔ ③ 질산-황산에 의한 유기물 분해 : 약 1.5~3.0N

정답 | 61.① 62.④ 63.④ 64.① 65.④ 66.③

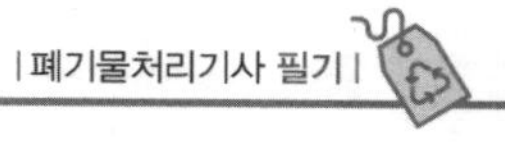

67 트라이클로로에틸렌 정량을 위한 전처리 및 분석 방법에 대한 설명으로 틀린 것은?

① 휘발성이 있으므로 마개 있는 시험관이나 삼각플라스크를 사용한다.
② 시료의 전처리 시 진탕기를 이용하여 6시간 연속 교반한다.
③ 시료와 용매의 혼합액이 삼각플라스크의 용량과 비슷한 것을 사용하여 삼각플라스크 상부의 headspace를 가능한 적게 한다.
④ 유지시간에 해당하는 크로마토그램의 피크 높이 또는 면적을 측정하여 표준액 농도와의 관계선을 작성한다.

✔ ② 시료의 전처리 시에는 상온 · 상압하에서 자력교반기로 6시간 연속 교반한 다음 10~30분간 정치한다.

68 시료의 수분 함량이 85% 이상이면 용출시험 결과를 보정하는 이유는?

① 수분 함량에 따라 중금속 농도 분석오차가 다르기 때문에
② 수분 함량에 따라 유기물 농도가 변하기 때문에
③ 수분 함량에 따라 소각 시 중금속 용출이 다르기 때문에
④ 매립을 위한 최대함수율 기준이 정해져 있기 때문에

69 기체 크로마토그래피를 이용한 유기인 분석에 관한 설명으로 가장 거리가 먼 것은?

① 검출기는 불꽃광도검출기(FPD)를 사용한다.
② 규산 칼럼 또는 실리카겔 칼럼을 사용하여 시료를 농축시킨다.
③ 칼럼 온도는 40~280℃로 사용한다.
④ 유기인화합물 중 이피엔, 파라티온, 메틸디메톤, 다이아지논, 펜토에이트의 측정에 적용된다.

✔ 실리카겔, 플로리실, 활성탄 칼럼을 사용하여 시료를 농축시킨다.

70 폐기물 시료에 대해 강열감량과 유기물 함량을 조사하기 위해 다음과 같은 실험을 하였다. 이 결과를 이용한 강열감량(%)은? ★★

- 600±25℃에서 30분간 강열하고 데시케이터 안에서 방냉 후 접시의 무게(W_1) : 48.256g
- 여기에 시료를 취한 후 접시와 시료의 무게(W_2) : 73.352g
- 여기에 25% 질산암모늄 용액을 넣어 시료를 적시고 천천히 가열하여 탄화시킨 다음 600±25℃에서 3시간 강열하고 데시케이터 안에서 방냉 후 무게(W_3) : 52.824g

① 약 74% ② 약 76%
③ 약 82% ④ 약 89%

✔ 강열감량 또는 유기물 함량(%) $= \dfrac{(W_2 - W_3)}{(W_2 - W_1)} \times 100$

여기서, W_1 : 뚜껑을 포함한 증발용기의 질량
W_2 : 강열 전 뚜껑을 포함한 증발용기와 시료의 질량
W_3 : 강열 후 뚜껑을 포함한 증발용기와 시료의 질량

∴ 강열감량 $= \dfrac{73.352 - 52.824}{73.352 - 48.256} \times 100 = 81.80\%$

71 유기물 함량이 비교적 높지 않고 금속의 수산화물, 산화물, 인산염 및 황화물을 함유하고 있는 시료에 적용되는 전처리방법으로 가장 적합한 것은? ★★

① 질산–염산 분해법
② 질산–황산 분해법
③ 질산–과염소산 분해법
④ 질산–불화수소산 분해법

✔ ② 질산–황산 분해법 : 유기물 등을 많이 함유하고 있는 대부분의 시료에 적용하며, 질산–황산에 의한 유기물 분해방법
③ 질산–과염소산 분해법 : 유기물을 높은 비율로 함유하고 있으면서 산화 분해가 어려운 시료들에 적용하며, 질산–과염소산에 의한 유기물 분해방법

제4과목

정답 | 67.② 68.④ 69.② 70.③ 71.①

72 조건이 다음과 같을 경우 폐기물의 강열감량(%)과 유기물 함량(%)은? (단, 수분 20%, 고형물 80%) ★★

- 탄화(강열) 전의 도가니+시료 무게= 74.59g
- 탄화(강열) 후의 도가니+시료 무게= 55.23g
- 도가니 무게=50.43g

① 강열감량 : 약 25%, 유기물 함량 : 약 75%
② 강열감량 : 약 25%, 유기물 함량 : 약 94%
③ 강열감량 : 약 80%, 유기물 함량 : 약 75%
④ 강열감량 : 약 80%, 유기물 함량 : 약 94%

✔ 강열감량 또는 유기물 함량(%) $= \dfrac{(W_2 - W_3)}{(W_2 - W_1)} \times 100$

여기서, W_1 : 뚜껑을 포함한 증발용기의 질량
W_2 : 강열 전 뚜껑을 포함한 증발용기와 시료의 질량
W_3 : 강열 후 뚜껑을 포함한 증발용기와 시료의 질량

- 강열감량 $= \dfrac{74.59-55.23}{74.59-50.43} \times 100 = 80.1325\%$
- 유기물 함량 $= \dfrac{VS}{TS} \times 100$
$= \dfrac{60.1325}{80} \times 100 = 75.1656\%$

이때, $VS = 80.1325 - 20 = 60.1325\%$

∴ 강열감량 $= 80.13\%$
유기물 함량 $= 75.17\%$

73 자외선/가시선 분광법으로 카드뮴을 정량하는 경우의 설명으로 적절하지 않은 것은?

① 시료 중에 카드뮴이온을 사이안화칼륨이 존재하는 알칼리성에서 디티존과 반응시켜 생성하는 카드뮴 착염을 사염화탄소로 추출한다.
② 520nm에서 측정한다.
③ 정량한계는 0.02mg이다.
④ 정량범위는 0.001~0.03mg이다.

✔ ③ 정량한계는 0.001mg이다.

74 중금속시료(염화암모늄, 염화마그네슘, 염화칼슘 등이 다량 함유된 경우)의 전처리 시, 회화에 의한 유기물의 분해과정 중에 휘산되어 손실을 가져오는 중금속으로 거리가 가장 먼 것은?

① 크로뮴 ② 납
③ 철 ④ 아연

✔ 시료 중에 염화암모늄, 염화마그네슘, 염화칼슘 등이 높은 비율로 함유된 경우에는 납, 철, 주석, 아연, 안티모니 등이 휘산되어 손실이 발생하므로 주의하여야 한다.

75 원자흡수 분광광도법에 의한 수은(Hg)의 측정 방법에 관한 내용으로 틀린 것은?

① 환원기화장치를 사용하여 수은증기를 발생시킨다.
② 시료 중의 수은을 금속수은으로 환원시키려면 이 염화주석 용액이 필요하다.
③ 황산 산성에서 방해성분과 분리한 다음 알칼리성에서 디티존사염화탄소로 수은을 추출한다.
④ 시료 중 벤젠, 아세톤 등의 휘발성 유기물질도 253.7nm에서 흡광도를 나타내므로 추출 · 분리 후 시험한다.

✔ 수은을 황산 산성에서 디티존사염화탄소로 일차 추출하고 브로민화포타슘 존재하에 황산 산성에서 역추출하여 방해성분과 분리한 다음 알칼리성에서 디티존사염화탄소로 수은을 추출한다.

76 pH 측정(유리전극법)의 내부 정도관리 주기 및 목표 기준에 대한 설명으로 옳은 것은? ★

① 시료를 측정하기 전에 표준용액 2개 이상으로 보정한다.
② 시료를 측정하기 전에 표준용액 3개 이상으로 보정한다.
③ 정도관리 목표(정도관리 항목 : 정밀도)는 ±0.01 이내이다.
④ 정도관리 목표(정도관리 항목 : 정밀도)는 ±0.03 이내이다.

정답 I 72.③ 73.③ 74.① 75.③ 76.①

77 원자흡수 분광광도법으로 구리를 측정할 때 정밀도(RSD)는? (단, 정량한계는 0.008mg/L)

① ±10% 이내
② ±15% 이내
③ ±20% 이내
④ ±25% 이내

78 유도결합 플라스마 - 원자발광분광법의 장치에 포함되지 않는 것은?

① 시료주입부, 고주파전원부
② 광원부, 분광부
③ 운반가스 유로, 가열오븐
④ 연산처리부

✔ 유도결합 플라스마 - 원자발광분광기는 시료주입(도입)부, 고주파전원부, 광원부, 분광부, 연산처리부 및 기록부로 구성된다.

79 3,000g의 시료에 대하여 원추4분법을 5회 조작하여 최종 분취된 시료(g)는? ★

① 약 31.3 ② 약 62.5
③ 약 93.8 ④ 약 124.2

✔ 원추4분법으로 최종 분취된 시료

$=$시료의 양$\times\left(\frac{1}{2}\right)^n$

$=3{,}000\times\left(\frac{1}{2}\right)^5$

$=93.75\,\text{g}$

80 10mm 셀을 사용하여 흡광도를 측정한 결과 흡광도가 0.5였다. 이 정색액을 5mm의 셀을 사용한다면 흡광도는? ★★

① 0.1 ② 0.25
③ 1 ④ 2

✔ $A=\varepsilon Cl$이므로, 셀 길이와 흡광도는 비례한다.

10mm : 0.5 = 5mm : X

$\therefore X=\frac{0.5\times5}{10}=0.25$

제4과목 | 폐기물 공정시험기준(방법)

2017년 제4회 폐기물처리기사

61 유기인과 PCBs 실험에서 사용하는 구데르나다니쉬 농축기의 용도는?

① n-Hexane을 휘발시킨다.
② 다이클로로메테인을 휘산시킨다.
③ 수분을 휘발시킨다.
④ 염분을 휘발시킨다.

62 유도결합 플라스마 발광광도법(ICP)에 대한 설명 중 틀린 것은?

① 시료 중의 원소가 여기되는 데 필요한 온도는 6,000~8,000K이다.
② ICP 분석장치에서 에어로졸 상태로 분무된 시료는 가장 안쪽의 관을 통하여 도넛 모양의 플라스마 중심부에 도달한다.
③ 시료 측정에 따른 정량분석은 검량선법, 내부표준법, 표준첨가법을 사용한다.
④ 플라스마는 그 자체가 광원으로 이용되기 때문에 매우 좁은 농도범위의 시료를 측정하는 데 주로 사용된다.

✔ ④ 플라스마는 그 자체가 광원으로 이용되기 때문에 매우 넓은 농도범위의 시료를 측정하는 데 주로 사용된다.

63 유기인 시험법에서 유기인의 정제용 칼럼으로 사용되지 않는 것은?

① 실리카젤 칼럼
② 플로리실 칼럼
③ 활성탄 칼럼
④ 활성규산마그네슘 칼럼

✔ 유기인의 정제용 칼럼
- 실리카젤 칼럼
- 플로리실 칼럼
- 활성탄 칼럼

제4과목

정답 | 77.④ 78.③ 79.③ 80.② / 61.① 62.④ 63.④

64 폐기물 공정시험기준의 총칙에서 규정하고 있는 사항 중 옳은 내용은? ★★★

① "약"이라 함은 기재된 양에 대하여 15% 이상의 차가 있어서는 안 된다.

② "정밀히 단다"라 함은 규정된 양의 시료를 취하여 화학저울 또는 미량저울로 칭량함을 말한다.

③ "정확히 취하여"라 하는 것은 규정한 양의 액체를 메스플라스크로 눈금까지 취하는 것을 말한다.

④ "정량적으로 씻는다"라 함은 사용된 용기 등에 남은 대상 성분을 수돗물로 씻어냄을 말한다.

✔ ① "약"이라 함은 기재된 양에 대하여 ±10% 이상의 차가 있어서는 안 된다.
③ "정확히 취하여"라 하는 것은 규정한 양의 액체를 홀피펫으로 눈금까지 취하는 것을 말한다.
④ "정량적으로 씻는다"라 함은 어떤 조작으로부터 다음 조작으로 넘어갈 때 사용한 비커, 플라스크 등의 용기 및 여과막 등에 부착한 정량대상 성분을 사용한 용매로 씻어 그 씻어낸 용액을 합하고 먼저 사용한 같은 용매를 채워 일정 용량으로 하는 것을 뜻한다.

65 함수율이 95%인 시료의 용출시험 결과를 보정하기 위해 곱하여야 하는 값은? ★★

① 1.5　② 2.0
③ 2.5　④ 3.0

✔ 시료 중의 수분 함량 보정을 위해 함수율 85% 이상인 시료에 한하여 "15/{100－시료의 함수율(%)}"을 곱하여 계산한 값으로 한다.

$$\therefore \frac{15}{100-95}=3.0$$

66 0.002N NaOH 용액의 pH는? ★★

① 11.3　② 11.5
③ 11.7　④ 11.9

✔ $$\mathrm{pH}=14-\log\frac{1}{[\mathrm{OH}^-]}=14-\log\frac{1}{0.002}=11.30$$

67 단색광이 임의의 시료용액을 통과할 때 그 빛의 80%가 흡수되었다면 흡광도는? ★★

① 약 0.5　② 약 0.6
③ 약 0.7　④ 약 0.8

✔ 흡광도 $$A=\log\frac{1}{10^{-\varepsilon Cl}}=\log\frac{I_o}{I_t}=\log\frac{1}{T}=\log\frac{1}{0.2}=0.70$$

68 기체 크로마토그래피에 의한 정성분석에 관한 설명으로 틀린 것은?

① 머무름값의 표시는 무효부피의 보정 유무를 기록하여야 한다.

② 일반적으로 5~30분 정도에서 측정하는 봉우리의 머무름시간은 반복 시험을 할 때 ±3% 오차범위 이내이어야 한다.

③ 머무름시간을 측정할 때는 3회 측정하여 그 중 최대치로 정한다.

④ 머무름값의 종류로는 머무름시간, 머무름부피, 머무름비, 머무름지표 등이 있다.

✔ ③ 머무름시간을 측정할 때는 3회 측정하여 그 평균치를 구한다.

69 중량법에 의해 기름성분을 측정할 때 필요한 기구 또는 기기와 가장 거리가 먼 것은?

① 전기열판 또는 전기멘틀

② 분별깔대기

③ 회전증발농축기

④ 리비히 냉각관

✔ 기름성분 – 중량법의 분석 기기 및 기구
• 전기열판 또는 전기멘틀
• 증발접시
• ㅏ자형 연결관 및 리비히 냉각관
• 삼각플라스크
• 분별깔때기

정답 | 64.② 65.④ 66.① 67.③ 68.③ 69.③

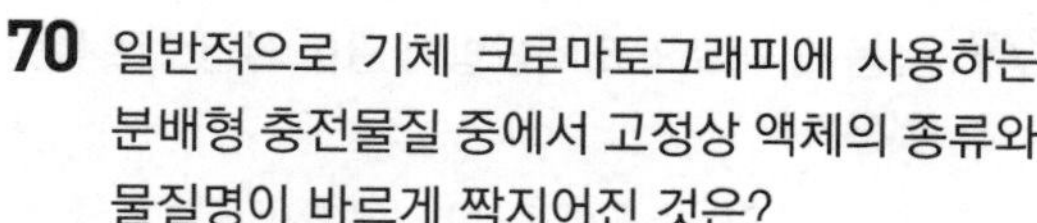

70 일반적으로 기체 크로마토그래피에 사용하는 분배형 충전물질 중에서 고정상 액체의 종류와 물질명이 바르게 짝지어진 것은?

① 탄화수소계 – 폴리페닐에터
② 실리콘계 – 플루오린화규소
③ 에스터계 – 스쿠아란
④ 폴리글리콜계 – 고진공 그리스

✔ **고정상 액체의 종류**(실리콘계)
- 메틸실리콘
- 페닐실리콘
- 사이아노실리콘
- 플루오린화규소

71 기체 크로마토그래피 분석에 사용하는 검출기에 대한 설명으로 틀린 것은? ★

① 열전도도검출기(TCD) – 유기할로겐화합물
② 전자포획검출기(ECD) – 나이트로화합물 및 유기금속화합물
③ 불꽃광도검출기(FPD) – 유기질소화합물 및 유기인화합물
④ 불꽃열이온검출기(FTD) – 유기질소화합물 및 유기염소화합물

✔ ① 열전도도검출기(TCD)는 아르곤, 질소, 수소, 소형 탄화수소분자 등을 분석하는 데 사용하는 검출기이다.

72 시료 준비를 위한 회화법에 관한 기준으로 옳은 것은?

① 목적성분이 400℃ 이상에서 회화되지 않고 쉽게 휘산될 수 있는 시료에 적용
② 목적성분이 400℃ 이상에서 휘산되지 않고 쉽게 회화될 수 있는 시료에 적용
③ 목적성분이 800℃ 이상에서 회화되지 않고 쉽게 휘산될 수 있는 시료에 적용
④ 목적성분이 800℃ 이상에서 휘산되지 않고 쉽게 회화될 수 있는 시료에 적용

73 강열감량 측정실험에서 다음 데이터를 얻었을 때 유기물 함량(%)은? ★★

- 접시 무게(W_1) = 30.5238g
- 접시와 시료의 무게(W_2) = 58.2695g
- 항량으로 건조 · 방냉 후 무게(W_3) = 57.1253g
- 강열 · 방냉 후 무게(W_4) = 43.3767g

① 49.56　　② 51.68
③ 53.68　　④ 95.88

✔ 강열감량 또는 유기물 함량(%) $= \dfrac{(W_2 - W_3)}{(W_2 - W_1)} \times 100$

여기서, W_1 : 뚜껑을 포함한 증발용기의 질량
W_2 : 강열 전 뚜껑을 포함한 증발용기와 시료의 질량
W_3 : 강열 후 뚜껑을 포함한 증발용기와 시료의 질량

∴ 강열감량 $= \dfrac{58.2695 - 43.3767}{58.2695 - 30.5238} \times 100 = 53.68\%$

74 중량법에 의한 기름성분 분석방법에 관한 설명으로 옳지 않은 것은?

① 시료를 직접 사용하거나, 시료에 적당한 응집제 또는 흡착제 등을 넣어 노말헥세인 추출물질을 포집한 다음 노말헥세인으로 추출한다.
② 시험기준의 정량한계는 0.1% 이하로 한다.
③ 폐기물 중의 휘발성이 높은 탄화수소, 탄화수소유도체, 그리스유상 물질 중 노말헥세인에 용해되는 성분에 적용한다.
④ 눈에 보이는 이물질이 들어 있을 때에는 제거해야 한다.

✔ ③ 폐기물 중의 비교적 휘발되지 않는 탄화수소, 탄화수소유도체, 그리스유상 물질 중 노말헥세인에 용해되는 성분에 적용한다.

제4과목

정답 | 70.② 71.① 72.② 73.③ 74.③

75 자외선/가시선 분광법에서 시료액의 흡수파장이 약 370nm 이하일 때 일반적으로 사용하는 흡수셀은? ★

① 젤라틴셀 ② 석영셀
③ 유리셀 ④ 플라스틱셀

✔ 시료액의 흡수파장이 약 370nm 이상일 때는 석영 또는 경질 유리 흡수셀을 사용하고, 약 370nm 이하일 때는 석영 흡수셀을 사용한다.

76 시료의 전처리(산분해법) 방법 중 유기물 등을 많이 함유하고 있는 대부분의 시료에 적용하는 것은? ★★

① 질산-염산 분해법
② 질산-황산 분해법
③ 염산-황산 분해법
④ 염산-과염소산 분해법

✔ ① 질산-염산 분해법 : 유기물 함량이 비교적 높지 않고 금속의 수산화물, 산화물, 인산염 및 황화물을 함유하고 있는 시료에 적용하며, 질산-염산에 의한 유기물 분해방법

77 회분식 연소방식 소각재 반출설비의 시료채취에 관한 내용에서 ( ) 안에 들어갈 옳은 내용은?

> 회분식 연소방식의 소각재 반출설비에서 채취하는 경우에는 하루 동안의 운전횟수에 따라 매 운전 시마다 (㉠) 이상 채취하는 것을 원칙으로 하고, 시료의 양은 1회에 (㉡) 이상으로 한다.

① ㉠ 2회, ㉡ 100g ② ㉠ 4회, ㉡ 100g
③ ㉠ 2회, ㉡ 500g ④ ㉠ 4회, ㉡ 500g

78 폐기물이 적재되어 있는 운반차량에서 시료를 채취할 경우 5톤 이상의 차량에 적재되어 있을 때에는 적재 폐기물을 평면상에서 몇 등분한 후 각 등분마다 시료를 채취하는가?

① 3등분 ② 6등분
③ 9등분 ④ 12등분

79 다음 중 시료의 조제방법에 관한 설명으로 틀린 것은? ★

① 시료의 축소방법에는 구획법, 교호삽법, 원추4분법이 있다.
② 소각 잔재, 슬러지 또는 입자상 물질 중 입경이 5mm 이상인 것은 분쇄하여 체로 걸러서 입경 0.5~5mm로 한다.
③ 시료의 축소방법 중 구획법은 대시료를 네모꼴로 엷게 균일한 두께로 편 후, 가로 4등분, 세로 5등분하여 20개의 덩어리로 나누어 20개의 각 부분에서 균등량씩을 취해 혼합하여 하나의 시료로 한다.
④ 축소라 함은 폐기물에서 시료를 채취할 경우 혹은 조제된 시료의 양이 많은 경우에 모은 시료의 평균적 성질을 유지하면서 양을 감소시켜 측정용 시료를 만드는 것을 말한다.

✔ ③ 소각 잔재, 슬러지 또는 입자상 물질은 그대로 작은 돌멩이 등의 이물질을 제거하고, 이외의 폐기물 중 입경이 5mm 미만인 것은 그대로, 입경이 5mm 이상인 것은 분쇄하여 체로 거른 후 입경 0.5~5mm로 한다.

80 정도보증/정도관리를 위한 검정곡선 작성법 중 검정곡선 작성용 표준용액과 시료에 동일한 양의 내부 표준물질을 첨가하여 시험분석 절차, 기기 또는 시스템의 변동으로 발생하는 오차를 보정하기 위해 사용하는 방법은?

① 상대검정곡선법
② 표준검정곡선법
③ 절대검정곡선법
④ 보정검정곡선법

✔ 검정곡선방법의 종류에는 문제에서 설명하는 상대검정곡선법 이외에 다음의 것들이 있다.
- 절대검정곡선법 : 시료의 농도와 지시값과의 상관성을 검정곡선식에 대입하여 작성하는 방법
- 표준물질첨가법 : 시료와 동일한 매질에 일정량의 표준물질을 첨가하여 검정곡선을 작성하는 방법

정답 | 75.② 76.② 77.③ 78.③ 79.② 80.①

제4과목 | 폐기물 공정시험기준(방법)

2018년 제1회 폐기물처리기사

61 시료의 전처리방법 중 질산-황산에 의한 유기물 분해에 해당하는 항목들로 바르게 짝지어진 것은? ★★

> ㉠ 시료를 서서히 가열하여 액체의 부피가 약 15mL가 될 때까지 증발 · 농축한 후 공기 중에서 식힌다.
> ㉡ 용액의 산 농도는 약 0.8N이다.
> ㉢ 염산(1+1) 10mL와 물 15mL를 넣고 약 15분간 가열하여 잔류물을 녹인다.
> ㉣ 분해가 끝나면 공기 중에서 식히고 정제수 50mL를 넣어 끓기 직전까지 서서히 가열하여 침전된 용해성 염들을 녹인다.
> ㉤ 유기물 등을 많이 함유하고 있는 대부분의 시료에 적용된다.

① ㉡, ㉢, ㉣
② ㉢, ㉣, ㉤
③ ㉠, ㉣, ㉤
④ ㉠, ㉢, ㉤

✔ ㉡ : 질산-과염소산 분해법
㉢ : 질산-염산 분해법

62 기체 크로마토그래피로 유기인 분석 시 검출기에 관한 설명에서 다음 ( ) 안에 들어갈 알맞은 내용은?

> 질소인검출기(NPD) 또는 불꽃광도검출기(FPD)는 질소나 인이 불꽃 또는 열에서 생성된 이온이 ( )염과 반응하며 전자를 전달하며, 이때 흐르는 전자가 포착되어 전류의 흐름으로 바꾸어 측정하는 방법으로 유기인화합물 및 유기질소화합물을 선택적으로 검출할 수 있다.

① 세슘　　② 루비듐
③ 프란슘　　④ 니켈

63 금속류-원자흡수 분광광도법에 대한 설명으로 옳지 않은 것은?

① 폐기물 중의 구리, 납, 카드뮴 등의 측정방법으로, 질산을 가한 시료 또는 산 분해 후 농축시료를 직접 불꽃으로 주입하여 원자화한 후 원자흡수 분광광도법으로 분석한다.
② 정확도는 첨가한 표준물질의 농도에 대한 측정 평균값의 상대백분율로 나타내고 그 값이 75~125% 이내이어야 한다.
③ 원자흡수 분광광도계(AAS)는 일반적으로 광원부, 시료원자화부, 파장선택부 및 측광부로 구성되어 있으며 단광속형과 복광속형으로 구분된다.
④ 원자흡수 분광광도계에 불꽃을 만들기 위해 가연성 기체와 조연성 기체를 사용하는데, 일반적으로 조연성 기체로 아세틸렌을, 가연성 기체로 공기를 사용한다.

✔ ④ 원자흡수 분광광도계에 불꽃을 만들기 위해 가연성 기체와 조연성 기체를 사용하는데, 일반적으로 가연성 기체로 아세틸렌을, 조연성 기체로 공기를 사용한다.

64 다음 중 총칙의 용어 설명으로 적절하지 않은 것은? ★★★

① 액상 폐기물이라 함은 고형물의 함량이 5% 미만인 것을 말한다.
② 방울수라 함은 20℃에서 정제수 20방울을 적하할 때, 그 부피가 약 0.1mL 되는 것을 뜻한다.
③ 시험조작 중 즉시란 30초 이내에 표시된 조작을 하는 것을 뜻한다.
④ 고상 폐기물이라 함은 고형물의 함량이 15% 이상인 것을 말한다.

✔ ② 방울수라 함은 20℃에서 정제수 20방울을 적하할 때, 그 부피가 약 1mL 되는 것을 뜻한다.

제4과목

정답 | 61.③ 62.② 63.④ 64.②

65 다음 중 유도결합 플라스마 – 원자발광분광법(ICP)에 의한 중금속 측정원리에 대한 설명으로 옳은 것은?

① 고온(6,000~8,000K)에서 들뜬 원자가 바닥상태로 이동할 때 방출하는 발광강도를 측정한다.
② 고온(6,000~8,000K)에서 들뜬 원자가 바닥상태로 이동할 때 흡수되는 흡광강도를 측정한다.
③ 바닥상태의 원자가 고온(6,000~8,000K)에서 들뜬 상태로 이동할 때 방출되는 발광강도를 측정한다.
④ 바닥상태의 원자가 고온(6,000~8,000K)에서 들뜬 상태로 이동할 때 흡수되는 발광강도를 측정한다.

✔ ICP는 시료를 고주파 유도코일에 의하여 형성된 아르곤 플라스마에 주입하여 6,000~8,000K에서 들뜬 원자가 바닥상태로 이동할 때 방출하는 발광선 및 발광강도를 측정하여 원소의 정성 및 정량 분석을 수행한다.

66 PCBs를 기체 크로마토그래피로 분석할 때 실리카젤 칼럼에 무수황산소듐을 첨가하는 이유로 적절한 것는?

① 유분 제거 ② 수분 제거
③ 먼지 제거 ④ 미량 중금속 제거

67 용매 추출 후 기체 크로마토그래피를 이용하여 휘발성 저급 염소화 탄화수소류 분석 시 가장 적합한 물질은?

① Dioxin
② Polychlorinated biphenyls
③ Trichloroethylene
④ Polyvinylchloride

✔ 기체 크로마토그래피를 이용하여 휘발성 저급 염소화 탄화수소류 분석 시 적합한 물질은 트라이클로로에틸렌과 테트라클로로에틸렌이다.

68 유도결합 플라스마 – 원자발광분광기의 구성 장치로 가장 옳은 것은?

① 시료도입부, 고주파전원부, 광원부, 분광부, 연산처리부, 기록부
② 시료도입부, 시료원자화부, 광원부, 측광부, 연산처리부, 기록부
③ 시료도입부, 고주파전원부, 광원부, 파장선택부, 연산처리부, 기록부
④ 시료도입부, 시료원자화부, 파장선택부, 측광부, 연산처리부, 기록부

✔ 유도결합 플라스마 – 원자발광분광기는 시료도입부, 고주파전원부, 광원부, 분광부, 연산처리부 및 기록부로 구성된다.

69 발색용액의 흡광도를 20mm 셀을 사용하여 측정한 결과 흡광도는 1.34이었다. 이 액을 10mm의 셀로 측정한다면 흡광도는? ★★

① 0.32 ② 0.67
③ 1.34 ④ 2.68

✔ $A=\varepsilon Cl$이므로, 셀 길이와 흡광도는 비례한다.
20mm : 1.34 = 10mm : X
$\therefore X=\frac{1.34\times10}{20}=0.67$

70 강열감량 및 유기물 함량을 중량법으로 분석 시 이에 대한 설명으로 옳지 않은 것은? ★

① 시료에 질산암모늄 용액(25%)을 넣고 가열한다.
② 600±25℃의 전기로 안에서 1시간 강열한다.
③ 시료는 24시간 이내에 증발 처리를 하는 것이 원칙이며, 부득이한 경우에는 최대 7일을 넘기지 말아야 한다.
④ 용기 벽에 부착하거나 바닥에 가라앉는 물질이 있는 경우에는 시료를 분취하는 과정에서 오차가 발생할 수 있다.

✔ ② 600±25℃의 전기로 안에서 3시간 강열한다.

정답 | 65.① 66.② 67.③ 68.① 69.② 70.②

71 자외선/가시선 분광법에서 램버트-비어의 법칙을 올바르게 나타내는 식은? (단, I_o : 입사강도, I_t : 투과강도, l : 셀의 두께, ε : 상수, C : 농도) ★★

① $I_t = I_o \times 10^{-\varepsilon Cl}$

② $I_o = I_t \times 10^{-\varepsilon Cl}$

③ $I_t = C \times I_o \times 10^{-\varepsilon l}$

④ $I_o = l \times I_t \times 10^{-\varepsilon C}$

72 원자흡수 분광광도법 분석 시, 질산-염산법으로 유기물을 분해시켜 분석한 결과 폐기물 시료량 5g, 최종 여액량 100mL, Pb 농도가 20mg/L였다면, 이 폐기물의 Pb 함유량(mg/kg)은?

① 100 ② 200

③ 300 ④ 400

✔ Pb 함유량 $= \frac{20\,\text{mg}}{\text{L}} \Big| \frac{100\,\text{mL}}{} \Big| \frac{}{5\,\text{g}} \Big| \frac{\text{L}}{10^3\,\text{mL}} \Big| \frac{10^3\,\text{g}}{\text{kg}}$

$= 400\,\text{mg/kg}$

73 '항량으로 될 때까지 건조한다'라 함은 같은 조건에서 1시간 더 건조할 때 전후 무게의 차가 g 당 몇 mg 이하일 때를 말하는가? ★★★

① 0.01mg ② 0.03mg

③ 0.1mg ④ 0.3mg

74 pH가 2인 용액 2L와 pH가 1인 용액 2L를 혼합하였을 때 pH는? ★★

① 약 1.0 ② 약 1.3

③ 약 1.5 ④ 약 1.8

✔ $[\text{H}^+]_m = \frac{[\text{H}^+]_1 \times Q_1 + [\text{H}^+] \times Q_2}{Q_1 + Q_2}$

$= \frac{10^{-2} \times 2 + 10^{-1} \times 2}{2+2} = 0.055$

$\therefore \text{pH} = \log\frac{1}{[\text{H}^+]} = \log\frac{1}{0.055} = 1.26$

75 자외선/가시선 분광법으로 납을 측정할 때 전처리를 하지 않고 직접 시료를 사용하는 경우 시료 중에 사이안화합물이 함유되었을 때 조치사항으로 옳은 것은?

① 염산 산성으로 하여 끓여 사이안화물을 완전히 분해 · 제거한다.

② 사염화탄소로 추출하고 수층을 분리하여 사이안화물을 완전히 제거한다.

③ 음이온 계면활성제와 소량의 활성탄을 주입하여 사이안화물을 완전히 흡착 · 제거한다.

④ 질산(1+5)와 과산화수소를 가하여 사이안화물을 완전히 분해 · 제거한다.

76 환경측정의 정도보증/정도관리(QA/AC)에서 검정곡선방법으로 옳지 않은 것은?

① 절대검정곡선법

② 표준물질첨가법

③ 상대검정곡선법

④ 외부표준법

✔ 정도보증/정도관리에서의 검정곡선방법
- 절대검정곡선법
- 표준물질첨가법
- 상대검정곡선법

77 용출시험방법에서 함수율 95%인 시료의 용출시험 결과에 수분 함량 보정을 위해 곱해야 하는 값은? ★★

① 1.5 ② 3.0

③ 4.5 ④ 5.0

✔ 시료 중의 수분 함량 보정을 위해 함수율 85% 이상인 시료에 한하여 "15/{100－시료의 함수율(%)}"을 곱하여 계산한 값으로 한다.

$\therefore \frac{15}{100-95} = 3.0$

제4과목

정답 | 71.① 72.④ 73.④ 74.② 75.① 76.④ 77.②

78 원자흡수 분광광도법으로 수은을 측정하고자 한다. 분석절차(전처리) 과정 중 과잉의 과망가니즈산포타슘을 분해하기 위해 사용하는 용액은?

① 10W/V% 염화하이드록시암모늄 용액
② (1+4) 암모니아수
③ 10W/V% 아염화주석 용액
④ 10W/V% 과황산포타슘

79 시료의 조제방법으로 옳지 않은 것은? ★

① 돌멩이 등의 이물질을 제거하고, 입경이 5mm 이상인 것은 분쇄하여 체로 거른 후 입경 0.5~5mm로 한다.
② 시료의 축소방법으로는 구획법, 교호삽법, 원추4분법이 있다.
③ 원추4분법을 3회 시행하면 원래 양의 1/3이 된다.
④ 교호삽법과 원추4분법은 축소과정에서 공히 원추를 쌓는다.

✔ ③ 원추4분법을 3회 시행하면 원래 양의 1/8이 된다.
※ **원추4분법 공식** : 최종 분취 시료＝시료의 양$\times\left(\frac{1}{2}\right)^n$

80 아래와 같은 방식으로 폐기물 시료의 크기를 줄이는 방법은? ★

> 분쇄한 대시료를 단단하고 깨끗한 평면 위에 원추형으로 쌓는다. → 원추를 장소를 바꾸어 다시 쌓는다. → 원추에서 일정한 양을 취하여 장방형으로 도포하고 계속해서 일정한 양을 취하여 그 위에 입체로 쌓는다. → 육면체의 측면을 교대로 돌면서 각각 균등한 양을 취하여 두 개의 원추를 쌓는다. → 이 중 하나는 버린다. → 조작을 반복하면서 적당한 크기까지 줄인다.

① 원추2분법　　② 원추4분법
③ 교호삽법　　④ 구획법

제4과목 | 폐기물 공정시험기준(방법)

2018년 제2회 폐기물처리기사

61 다음 중 자외선/가시선 분광법으로 사이안을 분석할 때 간섭물질을 제거하는 방법으로 잘못된 것은? ★

① 사이안화합물을 측정할 때 방해물질들은 증류하면 대부분 제거된다. 그러나 다량의 지방성분, 잔류염소, 황화합물은 사이안화합물을 분석할 때 간섭할 수 있다.
② 황화합물이 함유된 시료는 아세트산아연 용액(10W/V%) 2mL를 넣어 제거한다.
③ 다량의 지방성분을 함유한 시료는 아세트산 또는 수산화소듐 용액으로 pH 6~7로 조절한 후 노말헥세인 또는 클로로폼을 넣어 추출하여 수층은 버리고 유기물층을 분리하여 사용한다.
④ 잔류염소가 함유된 시료는 잔류염소 20mg당 L－아스코르빈산(10W/V%) 0.6mL 또는 이산화비소산소듐 용액(10W/V%) 0.7mL를 넣어 제거한다.

✔ ③ 다량의 지방성분을 함유한 시료는 아세트산 또는 수산화소듐 용액으로 pH 6~7로 조절한 후 시료의 약 2%에 해당하는 부피의 노말헥세인 또는 클로로폼을 넣어 추출하여 유기물층은 버리고 수층을 분리하여 사용한다.

62 정량한계에 대한 설명에서 (　) 안에 알맞은 내용은?

> 정량한계(LOQ ; Limit Of Quantification)란 시험분석대상을 정량화할 수 있는 측정값으로서, 제시된 정량한계 부근의 농도를 포함하도록 시료를 준비하고 이를 반복 측정하여 얻은 결과의 표준편차에 (　)배한 값을 사용한다.

① 2　　② 5
③ 10　　④ 20

정답 | 78.① 79.③ 80.③ / 61.③ 62.③

63 용출시험방법의 용출조작기준에 대한 설명으로 옳은 것은? ★

① 진탕기의 진폭은 5~10cm로 한다.

② 진탕기의 진탕횟수는 매분당 약 100회로 한다.

③ 진탕기를 사용하여 6시간 연속 진탕한 다음 1.0μm의 유리섬유여지로 여과한다.

④ 시료 : 용매 = 1 : 20(W : V)의 비로 2,000mL 삼각플라스크에 넣어 혼합한다.

✔ ① 진탕기의 진폭은 4~5cm로 한다.
② 진탕기의 진탕횟수는 분당 약 200회로 한다.
④ 시료 : 용매 = 1 : 10(W : V)의 비로 2,000mL 삼각플라스크에 넣어 혼합한다.

64 원자흡수 분광광도법에 있어서 간섭이 발생되는 경우가 아닌 것은?

① 불꽃의 온도가 너무 낮아 원자화가 일어나지 않는 경우

② 불안정한 환원물질로 바뀌어 불꽃에서 원자화가 일어나지 않는 경우

③ 염이 많은 시료를 분석하여 버너 헤드 부분에 고체가 생성되는 경우

④ 시료 중에 알칼리금속의 할로겐화합물을 다량 함유하는 경우

✔ **원자흡수 분광광도법의 간섭물질**
- 화학물질이 공기-아세틸렌 불꽃에서 분자상태로 존재하여 낮은 흡광도를 보일 때가 있다. 이는 불꽃의 온도가 너무 낮아 원자화가 일어나지 않는 경우와 안정한 산화물질로 바뀌어 불꽃에서 원자화가 일어나지 않는 경우에 발생한다.
- 염이 많은 시료를 분석하면 버너 헤드 부분에 고체가 생성되어 불꽃이 자주 꺼지고 버너 헤드를 청소해야 하는데, 이를 방지하기 위해서는 시료를 묽혀 분석하거나 메틸아이소뷰틸케톤 등을 사용하여 추출하여 분석한다.
- 시료 중에 포타슘, 소듐, 리튬, 세슘과 같이 쉽게 이온화되는 원소가 1,000mg/L 이상의 농도로 존재할 때에는 금속 측정을 간섭한다. 이때 검정곡선용 표준물질에 시료의 매질과 유사하게 첨가하여 보정한다.
- 시료 중에 알칼리금속의 할로겐화합물을 다량 함유하는 경우에는 분자 흡수나 광산란에 의하여 오차를 발생하므로 추출법으로 카드뮴을 분리하여 실험한다.

65 마이크로파에 의한 유기물 분해방법으로 옳지 않은 것은?

① 밀폐용기 내의 최고압력은 약 120~200psi이다.

② 분해가 끝난 후 충분히 용기를 냉각시키고 용기 내에 남아 있는 질산가스를 제거한다. 필요하면 여과하고 거름종이를 정제수로 2~3회 씻는다.

③ 시료는 고체 0.25g 이하 또는 용출액 50mL 이하를 정확하게 취하여 용기에 넣고 수산화소듐 10~20mL를 넣는다.

④ 마이크로파 전력은 밀폐용기 1~3개의 경우 300W, 4~6개는 600W, 7개 이상은 1,200W로 조정한다.

✔ ③ 시료는 고체 0.25g 이하 또는 용출액 50mL 이하를 정확하게 취하여 용기에 넣고, 여기에 질산 10~20mL를 넣는다.

66 휘발성 저급 염소화 탄화수소류를 기체 크로마토그래피로 정량분석 시 검출기와 운반기체로 적절하게 짝지어진 것은? ★

① ECD – 질소

② TCD – 질소

③ ECD – 아세틸렌

④ TCD – 헬륨

✔ ① ECD – 질소 또는 헬륨

67 원자흡수 분광광도법으로 크로뮴 정량 시 공기-아세틸렌 불꽃에서 철, 니켈 등의 공존물질에 의한 방해영향을 최소화하기 위해 첨가하는 물질은?

① 수산화소듐

② 사이안화포타슘

③ 황산소듐

④ L-아스코르빈산

제4과목

정답 | 63.③ 64.② 65.③ 66.① 67.③

68 기체 크로마토그래피법에 대한 설명으로 옳지 않은 것은?

① 일정 유량으로 유지되는 운반가스는 시료 도입부로부터 분리관 내를 흘러서 검출기를 통하여 외부로 방출된다.
② 할로겐화합물을 다량 함유하는 경우에는 분자 흡수나 광산란에 의하여 오차가 발생하므로 추출법으로 분리하여 실험한다.
③ 유기인 분석 시 추출용매 안에 함유하고 있는 불순물이 분석을 방해할 수 있으므로 바탕시료나 시약 바탕시료를 분석하여 확인할 수 있다.
④ 장치의 기본구성은 압력조절밸브, 유량조절기, 압력계, 유량계, 시료 도입부, 분리관, 검출기 등으로 되어 있다.

✔ ②의 내용은 금속류–원자흡수 분광광도법의 설명으로, 시료 중에 알칼리금속의 할로겐화합물을 다량 함유하는 경우에는 분자 흡수나 광산란에 의하여 오차를 발생하므로 추출법으로 카드뮴을 분리하여 실험한다.

69 용출시험방법에 관한 설명으로 ( ) 안에 옳은 내용은? ★

시료의 조제방법에 따라 조제한 시료 100g 이상을 정확히 달아 정제수에 염산을 넣어 (　　　)(으)로 한 용매(mL)를 시료 : 용매 = 1 : 10(W : V)의 비로 2,000mL 삼각플라스크에 넣어 혼합한다.

① pH 4 이하 ② pH 4.3~5.8
③ pH 5.8~6.3 ④ pH 6.3~7.2

70 기체 크로마토그래피법을 이용하여 폴리클로리네이티드바이페닐(PCBs)을 분석할 때 사용되는 검출기로 가장 적당한 것은? ★

① ECD ② TCD
③ FPD ④ FID

71 폐기물 공정시험기준 중 수소이온농도 시험방법에 관한 내용 중 옳지 않은 것은?

① pH는 수소이온농도를 그 역수의 상용대수로서 나타내는 값이다.
② 유리전극을 정제수로 잘 씻고 남아 있는 물을 여과지 등으로 조심하여 닦아낸 다음 측정값이 0.5 이하의 pH 차이를 보일 때까지 반복 측정한다.
③ 산성 표준용액은 3개월, 염기성 표준용액은 산화칼슘 흡수관을 부착하여 1개월 이내에 사용한다.
④ pH 미터는 임의의 한 종류의 표준용액에 대하여 검출부를 정제수로 잘 씻은 다음 5회 되풀이하여 측정하였을 때 재현성이 ±0.05 이내의 것을 쓴다.

✔ ② 유리전극을 정제수로 잘 씻고 남아 있는 물을 여과지 등으로 조심하여 닦아낸 다음 시료에 담가 측정값을 읽고, 이때 온도를 함께 측정한다. 측정값이 0.05 이하의 pH 차이를 보일 때까지 반복 측정한다.

72 폴리클로리네이티드바이페닐(PCBs)의 기체 크로마토그래피법 분석에 대한 설명으로 옳지 않은 것은?

① 운반기체는 부피백분율 99.999% 이상의 아세틸렌을 사용한다.
② 고순도의 시약이나 용매를 사용하여 방해물질을 최소화하여야 한다.
③ 정제칼럼으로는 플로리실 칼럼과 실리카겔 칼럼을 사용한다.
④ 농축장치로 구데르나다니쉬(KD) 농축기 또는 회전증발농축기를 사용한다.

✔ ① 운반기체는 부피백분율 99.999% 이상의 질소를 사용한다.

정답 | 68.② 69.③ 70.① 71.② 72.①

73 감염성 미생물의 분석방법으로 가장 거리가 먼 것은?

① 아포균 검사법
② 열멸균 검사법
③ 세균배양 검사법
④ 멸균테이프 검사법

✔ **감염성 미생물의 분석방법**
- 아포균 검사법
- 세균배양 검사법
- 멸균테이프 검사법

74 대상 폐기물의 양이 5,400톤인 경우 채취해야 할 시료의 최소수는? ★★★

① 20 ② 40
③ 60 ④ 80

✔ **대상 폐기물의 양과 현장 시료의 최소수**

대상 폐기물의 양(ton)	현장 시료의 최소수
~ 1 미만	6
1 이상 ~ 5 미만	10
5 이상 ~ 30 미만	14
30 이상 ~ 100 미만	20
100 이상 ~ 500 미만	30
500 이상 ~ 1,000 미만	36
1,000 이상 ~ 5,000 미만	50
5,000 이상 ~	60

75 수분 함량이 94%인 시료의 카드뮴(Cd)을 용출하여 실험한 결과 농도가 1.2mg/L이었다면 시료의 수분 함량을 보정한 농도(mg/L)는? ★★

① 1.2 ② 2.4
③ 3.0 ④ 3.4

✔ 시료 중의 수분 함량 보정을 위해 함수율 85% 이상인 시료에 한하여 "15/{100−시료의 함수율(%)}"을 곱하여 계산한 값으로 한다.

$$\frac{15}{100-94}=2.5$$

$\therefore\ 1.2\times2.5=3.0\,\text{mg/L}$

76 강도 I_o의 단색광이 발색용액을 통과할 때 그 빛의 30%가 흡수되었다면 흡광도는? ★★

① 0.155 ② 0.181
③ 0.216 ④ 0.283

✔ 흡광도 $A=\log\dfrac{1}{10^{-\varepsilon Cl}}$

$$=\log\frac{I_o}{I_t}$$

$$=\log\frac{1}{T}$$

$$=\log\frac{1}{0.7}=0.155$$

77 다음 ( ) 안에 들어갈 적절한 내용은?

> 기체 크로마토그래피 분석에서 머무름시간을 측정할 때는 (㉠)회 측정하여 그 평균치를 구한다. 일반적으로 (㉡)분 정도에서 측정하는 피크의 머무름시간은 반복 시험을 할 때 (㉢)% 오차범위 이내이어야 한다.

① ㉠ 3, ㉡ 5~30, ㉢ ±3
② ㉠ 5, ㉡ 5~30, ㉢ ±5
③ ㉠ 3, ㉡ 5~15, ㉢ ±3
④ ㉠ 5, ㉡ 5~15, ㉢ ±5

78 기체 크로마토그래피법의 정량분석에 관한 설명으로 ( ) 안에 옳지 않은 것은?

> 각 분석방법에서 규정하는 방법에 따라 시험하여 얻어진 ( ), ( ), ( )와(과)의 관계를 검토하여야 한다.

① 크로마토그램의 재현성
② 시료 성분의 양
③ 분리관의 검출한계
④ 봉우리의 면적 또는 높이

제4과목

정답 | 73.② 74.③ 75.③ 76.① 77.① 78.③

79 수소이온농도 $[H^+]$와 pH와의 관계가 올바르게 설명된 것은? ★★

① pH는 $[H^+]$의 역수의 상용대수이다.
② pH는 $[H^+]$의 상용대수의 절대상수이다.
③ pH는 $[H^+]$의 상용대수이다.
④ pH는 $[H^+]$의 상용대수의 역이다.

✔ $pH = \log \frac{1}{[H^+]}$

80 흡광도를 이용한 자외선/가시선 분광법에 대한 내용으로 옳지 않은 것은? ★★

① 흡광도는 투과도의 역수이다.
② 램버트-비어 법칙에서 흡광도는 농도에 비례한다는 의미이다.
③ 흡광계수가 증가하면 흡광도도 증가한다.
④ 검량선을 얻으면 흡광계수값을 몰라도 농도를 알 수 있다.

✔ ① 흡광도는 투과도의 역수에 상용로그를 취한 것이다.

제4과목 | 폐기물 공정시험기준(방법)

2018년 제4회 폐기물처리기사

61 폐기물 시료의 용출시험방법에 대한 설명으로 틀린 것은?

① 지정폐기물의 판정이나 매립방법을 결정하기 위한 시험에 적용한다.
② 시료 100g 이상을 정확히 달아 정제수에 염산을 넣어 pH 4.5~5.3 정도로 조절한 용매와 1 : 5의 비율로 혼합한다.
③ 진탕 여과한 액을 검액으로 사용하거나 여과가 어려운 경우 원심분리기를 이용한다.
④ 용출시험 결과는 수분 함량 보정을 위해 함수율 85% 이상인 시료에 한하여 [15/(100－시료의 함수율(%))]을 곱하여 계산된 값으로 한다.

✔ ② 시료 100g 이상을 정확히 달아 정제수에 염산을 넣어 pH 5.8~6.3 정도로 조절한 용매와 1 : 10의 비율로 혼합한다.

62 원자흡수 분광광도법에서 일어나는 분광학적 간섭에 해당하는 것은?

① 불꽃 중에서 원자가 이온화하는 경우
② 시료용액의 점성이나 표면장력 등에 의하여 일어나는 경우
③ 분석에 사용하는 스펙트럼선이 다른 인접선과 완전히 분리되지 않는 경우
④ 공존물질과 작용하여 해리하기 어려운 화합물이 생성되어 흡광에 관계하는 기저상태의 원자 수가 감소하는 경우

✔ **원자흡수 분광광도법의 분광학적 간섭**
- 분석에 사용하는 스펙트럼선이 다른 인접선과 완전히 분리되지 않는 경우
- 분석에 사용하는 스펙트럼의 불꽃 중에서 생성되는 목적원소의 원자 증기 이외의 물질에 의하여 흡수되는 경우

정답 | 79.① 80.① / 61.② 62.③

63 자외선/가시선 분광광도계 광원부의 광원 중 자외부의 광원으로 주로 사용하는 것은? ★

① 속빈음극램프 ② 텅스텐램프
③ 광전관 ④ 중수소방전관

✔ 광원부의 광원으로는 가시부와 근적외부의 광원으로는 텅스텐램프를, 자외부의 광원으로는 중수소방전관을, 자외부 내지 가시부 파장의 광원으로는 광전관, 광전자증배관을 주로 사용한다.

64 다음 중 시료의 조제방법에 대한 내용으로 틀린 것은? ★

① 폐기물 중 입경이 5mm 미만인 것은 그대로, 입경이 5mm 이상인 것은 분쇄하여 입경이 0.5~5mm로 한다.
② 구획법 – 20개의 각 부분에서 균등량 취하여 혼합하여 하나의 시료로 한다.
③ 교호삽법 – 일정량을 장방형으로 도포하고 균등량씩 취하여 하나의 시료로 한다.
④ 원추4분법 – 원추의 꼭지를 눌러 평평하게 한 후 균등량씩 취하여 하나의 시료로 한다.

✔ ④ 원추4분법 – 원추의 꼭지를 수직으로 눌러서 평평하게 만들고 이것을 부채꼴로 4등분한다.

65 강열감량 및 유기물 함량 분석에 관한 내용으로 (　)에 알맞은 것은?

도가니 또는 접시를 미리 (㉠)에서 30분 동안 강열하고 데시케이터 안에서 식힌 후 사용하기 직전에 무게를 단다. 수분을 제거한 시료 적당량(㉡)을 취하여 도가니 또는 접시와 시료의 무게를 정확히 단다. 여기에 (㉢)을 넣어 시료를 적시고 서서히 가열하여 (㉣)의 전기로 안에서 3시간 동안 강열하고 데시케이터 안에 넣어 식힌 후 무게를 정확히 단다.

① ㉠ (550±25)℃
② ㉡ 10g 이상
③ ㉢ 25% 황산암모늄 용액
④ ㉣ (600±25)℃

66 석면의 종류 중 백석면의 형태와 색상에 관한 내용으로 가장 거리가 먼 것은?

① 곧은 물결 모양의 섬유
② 다발에 끝은 분산
③ 다색성
④ 가열되면 무색 ~ 밝은 갈색

✔ ① 꼬인 물결 모양의 섬유

67 노말헥세인 추출물질을 측정하기 위해 시료 30g을 사용하여 공정시험기준에 따라 실험하였다. 실험 전후 증발용기의 무게 차는 0.0176g이고, 바탕실험 전후 증발용기의 무게 차가 0.0011g이었다면, 이를 적용하여 계산된 노말헥세인 추출물질(%)은?

① 0.035 ② 0.055
③ 0.075 ④ 0.095

✔ 기름성분(%) $= (a-b)\times\dfrac{100}{V}$

여기서, a : 실험 전후 증발접시의 질량 차(g)
b : 바탕실험 전후 증발접시의 질량 차(g)
V : 시료의 양(g)

∴ 기름성분 $= (0.0176-0.0011)\times\dfrac{100}{30} = 0.055\%$

68 기체 중의 농도는 표준상태로 환산 표시한다. 이때 표준상태를 바르게 표현한 것은?

① 25℃, 1기압 ② 25℃, 0기압
③ 0℃, 1기압 ④ 0℃, 0기압

69 0.1N-$AgNO_3$ 규정액 1mL는 몇 mg의 NaCl과 반응하는가? (단, 분자량 : $AgNO_3$ = 169.87, NaCl = 58.5)

① 0.585 ② 5.85
③ 58.5 ④ 585

✔ $\dfrac{0.1\,\text{meq}}{\text{mL}}\Big|\dfrac{1\,\text{mL}}{}\Big|\dfrac{58.5\,\text{mg}}{\text{meq}} = 5.85\,\text{mg}$

정답 | 63.④ 64.④ 65.④ 66.① 67.② 68.③ 69.②

70 음식물 폐기물의 수분을 측정하기 위해 실험하여 다음과 같은 결과를 얻었을 때, 수분은 몇 %인가? ★★★

- 건조 전 시료의 무게 = 50g
- 증발접시의 무게 = 7.25g
- 증발접시 및 시료의 건조 후 무게 = 15.75g

① 87% ② 83%
③ 78% ④ 74%

✔ $수분(\%) = \frac{(W_2 - W_3)}{(W_2 - W_1)} \times 100$

여기서, W_1 : 평량병 또는 증발접시의 무게
W_2 : 건조 전 평량병 또는 증발접시와 시료의 무게
W_3 : 건조 후 평량병 또는 증발접시와 시료의 무게

$\therefore 수분 = \frac{(57.25 - 15.75)}{50} \times 100 = 83\%$

71 ICP(유도결합 플라스마 – 원자발광분광법)의 특징을 설명한 것으로 틀린 것은?

① 6,000~8,000℃에서 여기된 원자가 바닥상태에서 방출하는 발광선 및 발광강도를 측정하여 정성 및 정량 분석하는 방법이다.
② 아르곤가스를 플라스마가스로 사용하여 수정발진식 고주파 발생기로부터 27.13MHz 영역에서 유도코일에 의하여 플라스마를 발생시킨다.
③ 토치는 3중으로 된 석영관이 이용되며 제일 안쪽이 운반가스, 중간이 보조가스, 그리고 제일 바깥쪽이 냉각가스가 도입된다.
④ ICP 구조는 중심에 저온·저전자 밀도의 영역이 도넛 형태로 형성된다.

✔ ① 시료를 고주파 유도코일에 의하여 형성된 아르곤 플라스마에 주입하여 6,000~8,000K에서 들뜬 원자가 바닥상태로 이동할 때 방출하는 발광선 및 발광강도를 측정하여 원소의 정성 및 정량 분석을 수행한다.

72 자외선/가시선 분광법으로 크로뮴을 정량할 때 $KMNO_4$를 사용하는 목적은?

① 시료 중의 총 크로뮴을 6가크로뮴으로 하기 위해서다.
② 시료 중의 총 크로뮴을 3가크로뮴으로 하기 위해서다.
③ 시료 중의 총 크로뮴을 이온화하기 위해서다.
④ 다이페닐카바자이드와 반응을 최적화하기 위해서다.

73 대상 폐기물의 양이 1,100톤인 경우 현장 시료의 최소수(개)는? ★★★

① 40 ② 50
③ 60 ④ 80

✔ 대상 폐기물의 양과 현장 시료의 최소수

대상 폐기물의 양(ton)	현장 시료의 최소수
~ 1 미만	6
1 이상 ~ 5 미만	10
5 이상 ~ 30 미만	14
30 이상 ~ 100 미만	20
100 이상 ~ 500 미만	30
500 이상 ~ 1,000 미만	36
1,000 이상 ~ 5,000 미만	50
5,000 이상 ~	60

74 기체 크로마토그래피법에 의한 유기인 정량에 관한 설명이 가장 부적합한 것은? ★

① 검출기는 수소염 이온화검출기 또는 질소인검출기(NPD)를 사용한다.
② 운반기체는 질소 또는 헬륨을 사용한다.
③ 시료 전처리를 위한 추출용매로는 주로 노말헥세인을 사용한다.
④ 방해물질을 함유되지 않은 시료의 경우는 정제조작을 생략할 수 있다.

✔ ① 검출기는 질소인검출기 또는 불꽃광도검출기를 사용한다.

정답 I 70.② 71.① 72.① 73.② 74.①

75 원자흡수 분광광도계에서 해리하기 어려운 내화성 산화물을 만들기 쉬운 원소의 분석에 적당한 불꽃은?

① 아세틸렌-공기
② 프로페인-공기
③ 아세틸렌-아산화질소
④ 수소-공기

✔ 아세틸렌-아산화질소 불꽃은 불꽃온도가 높기 때문에 불꽃 중에서 해리하기 어려운 내화성 산화물(refractory oxide)을 만들기 쉬운 원소의 분석에 적당하다.

76 자외선/가시선 분광법에 의한 사이안 시험법에 대한 설명으로 옳은 것은?

① 염소이온을 제거하기 위하여 황산을 첨가한다.
② 사이안 측정용 시료를 보관할 경우 황산을 넣어서 pH 2로 만든다.
③ 클로라민-T 용액 및 피리딘·피라졸론 혼합용액은 사용할 때 조제한다.
④ 클로라민-T를 첨가하는 목적은 중금속을 제거하기 위해서이다.

✔ ① 잔류염소가 함유된 시료는 L-아스코르빈산 또는 이산화비소산소듐 용액을 넣어 제거한다.
② 시료는 수산화소듐 용액을 가하여 pH 12 이상으로 조절하여 냉암소에서 보관한다. 최대보관시간은 24시간이며 가능한 한 즉시 실험한다.

77 기체 크로마토그래피에서 일반적으로 전자포획형 검출기에서 사용하는 운반가스는? ★

① 순도 99.9% 이상의 수소나 헬륨
② 순도 99.9% 이상의 질소 또는 헬륨
③ 순도 99.999% 이상의 질소 또는 헬륨
④ 순도 99.999% 이상의 수소 또는 헬륨

78 다음 중 총칙에서 규정하고 있는 내용으로 틀린 것은? ★★★

① 표준온도는 0℃, 찬 곳은 1~15℃, 열수는 약 100℃, 온수는 50~60℃를 말한다.
② "약"이라 함은 기재된 양에 대하여 ±10% 이상의 차가 있어서는 안 된다.
③ 무게를 "정확히 단다"라 함은 규정된 수치의 무게를 0.1mg까지 다는 것을 말한다.
④ "감압 또는 진공"이라 함은 따로 규정이 없는 한 15mmHg 이하를 뜻한다.

✔ ① 표준온도는 0℃, 찬 곳은 0~15℃, 열수는 약 100℃, 온수는 60~70℃를 말한다.

79 휘발성 저급 염소화 탄화수소류 정량을 위해 사용하는 기체 크로마토그래프의 검출기로 가장 알맞은 것은? ★

① 열전도도검출기(TCD)
② 불꽃이온화검출기(FID)
③ 불꽃광도검출기(FPD)
④ 전해전도검출기(HECD)

80 다음 완충용액 중 pH 4.0 부근에서 조제되는 것은?

① 수산염 표준액
② 아세트산염 표준액
③ 인산염 표준액
④ 붕산염 표준액

제4과목

정답 | 75.③ 76.③ 77.③ 78.① 79.④ 80.②

제4과목 | 폐기물 공정시험기준(방법)

2019년 제1회 폐기물처리기사

61 이온전극법으로 분석이 가능한 것은? (단, 폐기물 공정시험기준 적용)

① 사이안 ② 비소
③ 유기인 ④ 크로뮴

✔ 사이안 분석시험
- 자외선/가시선 분광법
- 이온전극법
- 연속흐름법

62 용출시험방법의 용출조작을 나타낸 것으로 옳지 않은 것은? ★

① 혼합액을 상온 · 상압에서 진탕횟수가 분당 약 200회 되도록 한다.
② 진폭이 7~9cm의 진탕기를 사용한다.
③ 6시간 연속 진탕한 다음 1.0μm의 유리섬유여과지로 여과한다.
④ 여과가 어려운 경우 원심분리기를 사용하여 매분당 3,000회전 이상으로 20분 이상 원심분리한다.

✔ ② 진탕기의 진폭은 4~5cm로 한다.

63 사이안(CN)을 분석하기 위한 자외선/가시선 분광법에 대한 설명으로 옳지 않은 것은?

① 클로라민-T와 피리딘 · 피라졸론 혼합액을 넣어 나타나는 청색을 620nm에서 측정한다.
② 정량한계는 0.01mg/L이다.
③ pH 2 이하 산성에서 피리딘 · 피라졸론을 넣고 가열 · 증류한다.
④ 유출되는 사이안화수소를 수산화소듐 용액으로 포집한 다음 중화한다.

✔ ③ pH 2 이하의 산성으로 조절한 후에 에틸렌다이아민테트라아세트산이소듐을 넣고 가열 · 증류한다.

64 원자흡수 분광광도법(AAS)을 이용하여 중금속을 분석할 때 중금속의 종류와 측정파장이 옳지 않은 것은?

① 크로뮴 – 357.9nm
② 6가크로뮴 – 253.7nm
③ 카드뮴 – 228.8nm
④ 납 – 283.3nm

✔ ② 6가크로뮴 – 357.9nm

65 유해특성(재활용 환경성평가) 중 폭발성 시험방법에 대한 설명으로 옳지 않은 것은?

① 격렬한 연소반응이 예상되는 경우에는 시료의 양을 0.5g으로 하여 시험을 수행하며, 폭발성 폐기물로 판정될 때까지 시료의 양을 0.5g씩 점진적으로 늘려준다.
② 시험 결과는 게이지압력이 690kPa에서 2,070kPa까지 상승할 때 걸리는 시간과 최대게이지압력 2,070kPa에 도달 여부로 해석한다.
③ 최대연소속도는 산화제를 무게비율로써 10~90%를 포함한 혼합물질의 연소속도 중 가장 빠른 측정값을 의미한다.
④ 최대게이지압력이 2,070kPa이거나 그 이상을 나타내는 폐기물은 폭발성 폐기물로 간주하며, 점화 실패는 폭발성이 없는 것으로 간주한다.

✔ ③의 내용은 해당 시험방법에 해당되지 않는다.

66 액상 폐기물에서 유기인을 추출하고자 하는 경우 가장 적합한 추출용매는?

① 아세톤
② 노말헥세인
③ 클로로폼
④ 아세토나이트릴

정답 | 61.① 62.② 63.③ 64.② 65.③ 66.②

67 폐기물 공정시험기준에 따라 용출시험한 결과는 함수율 85% 이상인 시료에 한하여 시료의 수분 함량을 보정한다. 수분 함량이 90%일 때 보정계수는? ★★

① 0.67　② 0.9
③ 1.5　④ 2.0

✔ 시료 중의 수분 함량 보정을 위해 함수율 85% 이상인 시료에 한하여 "15/{100－시료의 함수율(%)}"을 곱하여 계산한 값으로 한다.

$\therefore \dfrac{15}{100-90}=1.5$

68 다음 중 취급 또는 저장하는 동안에 기체 또는 미생물이 침입하지 않도록 내용물을 보호하는 용기는? ★

① 차광용기
② 밀봉용기
③ 기밀용기
④ 밀폐용기

✔ ① 차광용기 : 광선이 투과하지 않는 용기 또는 투과하지 않게 포장을 한 용기이며, 취급 또는 저장하는 동안에 내용물이 광화학적 변화를 일으키지 아니하도록 방지할 수 있는 용기
③ 기밀용기 : 취급 또는 저장하는 동안에 밖으로부터의 공기 또는 다른 가스가 침입하지 아니하도록 내용물을 보호하는 용기
④ 밀폐용기 : 취급 또는 저장하는 동안에 이물질이 들어가거나 또는 내용물이 손실되지 아니하도록 보호하는 용기

69 기체 크로마토그래피로 유기인을 분석할 때 시료 관리기준으로 (　)에 옳은 것은?

> 시료채취 후 추출하기 전까지 (㉠) 보관하고 7일 이내에 추출하고 (㉡) 이내에 분석한다.

① ㉠ 4℃ 냉암소에서, ㉡ 21일
② ㉠ 4℃ 냉암소에서, ㉡ 40일
③ ㉠ pH 4 이하로, ㉡ 21일
④ ㉠ pH 4 이하로, ㉡ 40일

70 유리전극법에 의한 수소이온농도 측정 시 간섭물질에 관한 설명으로 옳지 않은 것은? ★

① pH 10 이상에서 소듐에 의해 오차가 발생할 수 있는데 이는 '낮은 소듐 오차전극'을 사용하여 줄일 수 있다.
② 유리전극은 일반적으로 용액의 색도, 탁도, 염도, 콜로이드성 물질들, 산화 및 환원성 물질들 등에 의해 간섭을 많이 받는다.
③ 기름층이나 작은 입자상이 전극을 피복하여 pH 측정을 방해할 경우에는 세척제로 닦아낸 후 정제수로 세척하고 부드러운 천으로 수분을 제거하여 사용한다.
④ 피복물을 제거할 때는 염산(1+9) 용액을 사용할 수 있다.

✔ ② 유리전극은 일반적으로 용액의 색도, 탁도, 염도, 콜로이드성 물질들, 산화 및 환원성 물질들에 의해 간섭을 받지 않는다.

71 폐기물 내 납을 5회 분석한 결과 각각 1.5, 1.8, 2.0, 1.4, 1.6mg/L를 나타내었다. 분석에 대한 정밀도(%)는? (단, 표준편차＝0.241)

① 약 1.66　② 약 2.41
③ 약 14.5　④ 약 16.6

✔
$$\text{정밀도(\%)}=\frac{\text{표준편차}}{\text{평균값}}\times 100$$
$$=\frac{0.241}{(1.5+1.8+2.0+1.4+1.6)\div 5}\times 100$$
$$=14.35\%$$

72 중금속 분석의 전처리인 질산-과염소산 분해법에서 진한 질산이 공존하지 않는 상태에서 과염소산을 넣을 경우 발생되는 문제점은?

① 킬레이트 형성으로 분해효율이 저하됨
② 급격한 가열반응으로 휘산됨
③ 폭발 가능성이 있음
④ 중금속의 응집 침전이 발생함

정답 | 67.③ 68.② 69.② 70.② 71.③ 72.③

제4과목

73 휘발성 저급 염소화 탄화수소류의 기체 크로마토그래프법에 대한 설명으로 옳지 않은 것은?

① 검출기는 전자포획검출기 또는 전해전도 검출기를 사용한다.
② 시료 중의 트라이클로로에틸렌 및 테트라클로로에틸렌 성분은 염산으로 추출한다.
③ 운반기체는 부피백분율 99.999% 이상의 헬륨(또는 질소)을 사용한다.
④ 시료 도입부 온도는 150~250℃ 범위이다.

✔ ② 시료 중의 트라이클로로에틸렌 및 테트라클로로에틸렌 성분은 헥세인으로 추출한다.

74 폐기물 중에 포함된 수분과 고형물을 정량하여 다음과 같은 결과를 얻었을 때 수분 함량(%)과 고형물 함량(%)은? (단, 수분 함량, 고형물 함량 순서) ★★

- 미리 105~110℃에서 1시간 건조시킨 증발접시의 무게(W_1) = 48.953g
- 이 증발접시에 시료를 담은 후 무게(W_2) = 68.057g
- 수욕상에서 수분을 거의 날려보내고 105~110℃에서 4시간 건조시킨 후 무게(W_3) = 63.125g

① 25.82, 74.18
② 74.18, 25.82
③ 34.80, 65.20
④ 65.20, 34.80

✔ 강열감량 또는 유기물 함량(%) $= \dfrac{(W_2 - W_3)}{(W_2 - W_1)} \times 100$

여기서, W_1 : 뚜껑을 포함한 증발용기의 질량
W_2 : 강열 전 뚜껑을 포함한 증발용기와 시료의 질량
W_3 : 강열 후 뚜껑을 포함한 증발용기와 시료의 질량

- 강열감량 $= \dfrac{68.057 - 63.125}{68.057 - 48.953} \times 100 = 25.8166\%$
- 고형물 함량 $= 100 - 25.8166 = 74.1834\%$

∴ 수분 함량 = 25.82%, 고형물 함량 = 74.18%

75 시료채취를 위한 용기 사용에 관한 설명으로 옳지 않은 것은?

① 시료 용기는 무색 경질의 유리병 또는 폴리에틸렌병, 폴리에틸렌백을 사용한다.
② 시료 중에 다른 물질의 혼입이나 성분의 손실을 방지하기 위하여 밀봉할 수 있는 마개를 사용하며 코르크 마개를 사용하여서는 안 된다. 다만 고무나 코르크 마개에 파라핀지, 유지 또는 셀로판지를 씌워 사용할 수도 있다.
③ 휘발성 저급 염소화 탄화수소류 실험을 위한 시료의 채취 시에는 폴리에틸렌병을 사용하여야 한다.
④ 시료 용기는 시료를 변질시키거나 흡착하지 않는 것이어야 하며 기밀하고 누수나 흡습성이 없어야 한다.

✔ 시료 용기는 무색 경질의 유리병, 폴리에틸렌병 또는 폴리에틸렌백을 사용한다. 다만, 노말헥세인 추출물질, 유기인, 폴리클로리네이티드바이페닐(PCBs) 및 휘발성 저급 염소화 탄화수소류 실험을 위한 시료의 채취 시에는 갈색 경질의 유리병을 사용하여야 한다.

76 수산화소듐(NaOH) 40%(무게기준) 용액을 조제한 후 100mL를 취하여 다시 물에 녹여 2,000mL로 하였을 때 수산화소듐의 농도(N)는? (단, Na 원자량 = 23)

① 0.1 ② 0.5
③ 1 ④ 2

✔ NaOH의 농도

$$= \frac{100\,\text{mL}}{} \Big| \frac{40\,\text{g}}{100\,\text{mL}} \Big| \frac{}{2{,}000\,\text{mL}} \Big| \frac{\text{eq}}{40\,\text{g}} \Big| \frac{10^3\,\text{mL}}{\text{L}} = 0.5\,\text{N}$$

77 5톤 이상의 차량에서 적재 폐기물의 시료를 채취할 때 평면상에서 몇 등분하여 채취하는가?

① 3등분 ② 5등분
③ 6등분 ④ 9등분

정답 I 73.② 74.① 75.③ 76.② 77.④

78 자외선/가시선 분광법으로 비소를 측정할 때 비화수소를 발생시키기 위해 시료 중의 비소를 3가비소로 환원한 다음 넣어주는 시약은?

① 아연
② 이염화주석
③ 염화제일주석
④ 사이안화포타슘

79 pH 표준용액 조제에 대한 설명으로 옳지 않은 것은?

① 염기성 표준용액은 산화칼슘(생석회) 흡수관을 부착하여 2개월 이내에 사용한다.
② 조제한 pH 표준용액은 경질 유리병에 보관한다.
③ 산성 표준용액은 3개월 이내에 사용한다.
④ 조제한 pH 표준용액은 폴리에틸렌병에 보관한다.

✔ ① 염기성 표준용액은 산화칼슘(생석회) 흡수관을 부착하여 1개월 이내에 사용한다.

80 수질오염 공정시험기준 총칙에서 규정하고 있는 사항 중 옳은 것은? ★★★

① "약"이라 함은 기재된 양에 대하여 ±5% 이상의 차이가 있어서는 안 된다.
② "감압 또는 진공"이라 함은 따로 규정이 없는 한 $15mmH_2O$ 이하를 말한다.
③ 무게를 "정확히 단다"라 함은 규정된 수치의 무게를 0.1mg까지 다는 것을 말한다.
④ "정확히 취하여"라 함은 규정한 양의 검체 또는 시액을 뷰렛으로 취하는 것을 말한다.

✔ ① "약"이라 함은 기재된 양에 대하여 ±10% 이상의 차가 있어서는 안 된다.
② "감압 또는 진공"이라 함은 따로 규정이 없는 한 15mmHg 이하를 뜻한다.
④ "정확히 취하여"라 함은 것은 규정한 양의 액체를 홀피펫으로 눈금까지 취하는 것을 말한다.

제4과목 | 폐기물 공정시험기준(방법)

2019년 제2회 폐기물처리기사

61 다음에 설명한 시료 축소방법은?

- 모아진 대시료를 네모꼴로 엷게 균일한 두께로 편다.
- 이것을 가로 4등분, 세로 5등분하여 20개의 덩어리로 나눈다.
- 20개의 각 부분에서 균등량씩을 취하여 혼합하여 하나의 시료로 한다.

① 구획법　② 등분법
③ 균등법　④ 분할법

62 다음 중 폐기물 공정시험기준의 용어 정의로 잘못된 것은? ★★★

① 시험조작 중 "즉시"란 30초 이내에 표시된 조작을 하는 것을 뜻한다.
② "감압 또는 진공"이라 함은 따로 규정이 없는 한 15mmHg 이하를 말한다.
③ "항량으로 될 때까지 건조한다"라 함은 같은 조건에서 1시간 더 건조할 때 전후 무게의 차가 g당 0.1mg 이하일 때를 말한다.
④ "비함침성 고상 폐기물"이라 함은 금속판, 구리선 등 기름을 흡수하지 않는 평면 또는 비평면 형태의 변압기 내부 부재를 말한다.

✔ ③ "항량으로 될 때까지 건조한다"라 함은 같은 조건에서 1시간 더 건조할 때 전후 무게의 차가 g당 0.3mg 이하일 때를 말한다.

63 수소이온농도(유리전극법) 측정을 위한 표준용액 중 가장 강한 산성을 나타내는 것은? ★

① 수산염 표준액　② 인산염 표준액
③ 붕산염 표준액　④ 탄산염 표준액

✔ **표준액의 pH 크기**(0℃ 기준)
수산염(1.67) > 프탈산염(4.01) > 인산염(6.98) > 붕산염(9.46) > 탄산염(10.32) > 수산화칼슘(13.43)

제4과목

64 pH가 각각 10과 12인 폐액을 동일 부피로 혼합하면 pH는? ★★

① 10.3　② 10.7
③ 11.3　④ 11.7

✔ $[OH^-]_m = \frac{[OH^-]_1 \times Q_1 + [OH^-] \times Q_2}{Q_1 + Q_2}$

$= \frac{10^{-4} \times 1 + 10^{-2} \times 1}{1+1} = 5.05 \times 10^{-3}$

$\therefore pH = 14 - \log \frac{1}{[OH^-]}$

$= 14 - \log \frac{1}{5.05 \times 10^{-3}} = 11.70$

65 자외선/가시선 분광법과 원자흡수 분광광도법의 두 가지 시험방법으로 모두 분석할 수 있는 항목은? (단, 폐기물 공정시험기준에 준함)

① 사이안
② 수은
③ 유기인
④ 폴리클로리네이티드바이페닐

66 원자흡수 분광광도법에 의한 분석 시 일반적으로 일어나는 간섭과 가장 거리가 먼 것은?

① 장치나 불꽃의 성질에 기인하는 분광학적 간섭
② 시료용액의 점성이나 표면장력 등에 의한 물리적 간섭
③ 시료 중에 포함된 유기물 함량, 성분 등에 의한 유기적 간섭
④ 불꽃 중에서 원자가 이온화하거나 공존물질과 작용하여 해리하기 어려운 화합물을 생성, 기저상태 원자 수가 감소되는 것과 같은 화학적 간섭

✔ **원자흡수 분광광도법의 간섭 종류**
- 분광학적 간섭
- 물리학적 간섭
- 화학적 간섭

67 시료 중 수분 함량 및 고형물 함량을 정량한 결과가 다음과 같은 경우 고형물 함량(%)은 얼마인가? ★★

- 증발접시의 무게(W_1) = 245g
- 건조 전 증발접시와 시료의 무게(W_2) = 260g
- 건조 후 증발접시와 시료의 무게(W_3) = 250g

① 약 21　② 약 24
③ 약 28　④ 약 33

✔ 강열감량 또는 유기물 함량(%) $= \frac{(W_2 - W_3)}{(W_2 - W_1)} \times 100$

여기서, W_1 : 뚜껑을 포함한 증발용기의 질량
W_2 : 강열 전 뚜껑을 포함한 증발용기와 시료의 질량
W_3 : 강열 후 뚜껑을 포함한 증발용기와 시료의 질량

$\therefore$ 강열감량 $= \frac{250-245}{260-245} \times 100 = 33.33\%$

68 운반가스로 순도 99.99% 이상의 질소 또는 헬륨을 사용하여야 하는 기체 크로마토그래피의 검출기는? ★

① 열전도도형 검출기
② 알칼리열이온화 검출기
③ 염광광도형 검출기
④ 전자포획형 검출기

69 시료의 용출시험방법에 관한 설명으로 ( ) 안에 옳은 내용은? (단, 상온 · 상압 기준) ★

용출 조작의 경우 진폭이 4~5cm인 진탕기로 (㉠)회/min으로 (㉡)시간 연속 진탕한다.

① ㉠ 200, ㉡ 6
② ㉠ 200, ㉡ 8
③ ㉠ 300, ㉡ 6
④ ㉠ 300, ㉡ 8

정답 | 64.④ 65.② 66.③ 67.④ 68.④ 69.①

70 기름성분을 중량법으로 측정할 때의 정량한계 기준은?

① 0.1%까지 ② 1.0%까지
③ 3.0%까지 ④ 5.0%까지

71 폐기물 시료 20g에 고형물 함량이 1.2g이었다면 다음 중 어떤 폐기물에 속하는가? (단, 폐기물의 비중은 1.0) ★

① 액상 폐기물 ② 반액상 폐기물
③ 반고상 폐기물 ④ 고상 폐기물

✔ 고형물의 함량 $= \frac{1.2}{20} \times 100 = 6\%$
5% 이상 15% 미만이므로, 반고상 폐기물에 속한다.

72 자외선/가시선 분광법으로 비소를 측정하는 방법으로 ( ) 안에 옳은 내용은?

> 시료 중의 비소를 3가비소로 환원시킨 다음 ( )을 넣어 발생되는 비화수소를 다이에틸다이티오카르바민산의 피리딘 용액에 흡수시켜 이때 나타나는 적자색의 흡광도를 측정한다.

① 과망가니즈산포타슘 용액
② 과산화수소수 용액
③ 아이오딘
④ 아연

73 자외선/가시선 분광광도계의 광원에 관한 설명으로 ( ) 안에 알맞은 내용은? ★

> 광원부의 광원으로 가시부와 근적외부의 광원으로는 주로 (㉠)을(를) 사용하고 자외부의 광원으로는 주로 (㉡)을(를) 사용한다.

① ㉠ 텅스텐램프, ㉡ 중수소방전관
② ㉠ 중수소방전관, ㉡ 텅스텐램프
③ ㉠ 할로겐램프, ㉡ 헬륨방전관
④ ㉠ 헬륨 방전관, ㉡ 할로겐램프

74 용출시험대상의 시료용액 조제에 있어서 사용하는 용매의 pH 범위는? ★

① 4.8~5.3 ② 5.8~6.3
③ 6.8~7.3 ④ 7.8~8.3

75 반고상 폐기물이라 함은 고형물의 함량이 몇 %인 것을 말하는가? ★

① 5% 이상 10% 미만
② 5% 이상 15% 미만
③ 5% 이상 20% 미만
④ 5% 이상 25% 미만

76 용출액 중의 PCBs 시험방법(기체 크로마토그래피법)을 설명한 것으로 틀린 것은?

① 용출액 중 PCBs를 헥세인으로 추출한다.
② 전자포획형 검출기(ECD)를 사용한다.
③ 정제는 활성탄 칼럼을 사용한다.
④ 용출용액의 정량한계는 0.0005mg/L이다.

✔ ③ 정제는 실리카젤 칼럼을 사용한다.

77 수소이온농도를 유리전극법으로 측정할 때 적용범위 및 간섭물질에 관한 설명으로 옳지 않은 것은? ★

① 적용범위 : 시험기준으로 pH를 0.01까지 측정한다.
② pH 10 이상에서 소듐에 의해 오차가 발생할 수 있는데 이는 '낮은 소듐 오차전극'을 사용하여 줄일 수 있다.
③ 유리전극은 일반적으로 용액의 색도, 탁도에 영향을 받지 않는다.
④ 유리전극은 산화 및 환원성 물질이나 염도에는 간섭을 받는다.

✔ 유리전극은 일반적으로 용액의 색도, 탁도, 콜로이드성 물질들, 산화 및 환원성 물질들, 그리고 염도에 의해 간섭을 받지 않는다.

제4과목

정답 | 70.① 71.③ 72.④ 73.① 74.② 75.② 76.③ 77.④

78 폐기물 소각시설의 소각재 시료채취에 관한 내용 중 회분식 연소방식의 소각재 반출설비에서의 시료채취 내용으로 옳은 것은?

① 하루 동안의 운행시간에 따라 매 시간마다 2회 이상 채취하는 것을 원칙으로 한다.
② 하루 동안의 운행시간에 따라 매 시간마다 3회 이상 채취하는 것을 원칙으로 한다.
③ 하루 동안의 운전횟수에 따라 매 운전 시마다 2회 이상 채취하는 것을 원칙으로 한다.
④ 하루 동안의 운전횟수에 따라 매 운전 시마다 3회 이상 채취하는 것을 원칙으로 한다.

79 다음 중 HCl의 농도가 가장 높은 것은? (단, HCl 용액의 비중은 1.18)

① 14W/W%
② 15W/V%
③ 155g/L
④ 1.3×10^5ppm

✔ ① 14W/W% $=1.4\times10^5$ppm
※ 1% $=10^4$ppm

② $15\text{W/V\%}=\frac{15\text{g}}{100\text{mL}}\Big|\frac{\text{mL}}{1.18\text{g}}$
$=0.1271\text{mL/mL}$
$=1.271\times10^5\text{ppm}$

③ $155\text{g/L}=\frac{155\text{g}}{\text{L}}\Big|\frac{\text{mL}}{1.18\text{g}}\Big|\frac{\text{L}}{10^3\text{mL}}$
$=0.1314$
$=1.314\times10^5\text{ppm}$

④ 1.3×10^5ppm

80 정도관리 요소 중 다음의 내용이 설명하고 있는 것은?

동일한 매질의 인증시료를 확보할 수 있는 경우에는 표준절차서에 따라 인증표준물질을 분석한 결과값과 인증값과의 상대백분율로 구한다.

① 정확도 ② 정밀도
③ 검출한계 ④ 정량한계

제4과목 | 폐기물 공정시험기준(방법)

2019년 제4회 폐기물처리기사

61 Lambert－Beer 법칙에 관한 설명으로 틀린 것은? (단, A : 흡광도, ε : 흡광계수, C : 농도, l : 빛의 투과거리) ★★

① 흡광도는 광이 통과하는 용액층의 두께에 비례한다.
② 흡광도는 광이 통과하는 용액층의 농도에 비례한다.
③ 흡광도는 용액층의 투과도에 비례한다.
④ 램버트－비어의 법칙을 식으로 표현하면 $A=\varepsilon\times C\times l$

✔ 흡광도 $A=\log\frac{1}{10^{-\varepsilon Cl}}=\log\frac{I_o}{I_t}$
따라서, 흡광도는 투광도에 반비례한다.

62 대상 폐기물의 양이 450톤인 경우, 현장 시료의 최소수는? ★★★

① 14 ② 20
③ 30 ④ 36

✔ 대상 폐기물의 양과 현장 시료의 최소수

대상 폐기물의 양(ton)	현장 시료의 최소수
~ 1 미만	6
1 이상 ~ 5 미만	10
5 이상 ~ 30 미만	14
30 이상 ~ 100 미만	20
100 이상 ~ 500 미만	30
500 이상 ~ 1,000 미만	36
1,000 이상 ~ 5,000 미만	50
5,000 이상 ~	60

63 액상 폐기물 중 PCBs를 기체 크로마토그래피로 분석 시 사용되는 시약이 아닌 것은?

① 수산화칼슘 ② 무수황산소듐
③ 실리카겔 ④ 노말헥세인

✔ ① 수산화칼슘이 아닌, 수산화포타슘이 사용되는 시약이다.

정답 | 78.③ 79.① 80.① / 61.③ 62.③ 63.①

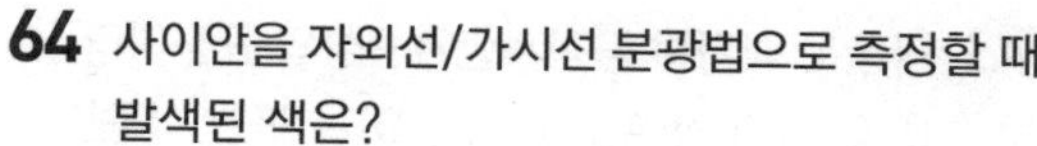

64 사이안을 자외선/가시선 분광법으로 측정할 때 발색된 색은?

① 적자색
② 황갈색
③ 적색
④ 청색

✔ 사이안(CN)을 자외선/가시선 분광법으로 측정할 경우, 클로라민-T와 피리딘 · 피라졸론 혼합액을 넣어 나타나는 청색을 620nm에서 측정한다.

65 다음의 pH 표준액 중에서 pH 값이 가장 높은 것은? ★

① 붕산염 표준액
② 인산염 표준액
③ 프탈산염 표준액
④ 수산염 표준액

✔ **온도별 표준액의 pH 크기**(0℃ 기준)
수산염(1.67) > 프탈산염(4.01) > 인산염(6.98) > 붕산염(9.46) > 탄산염(10.32) > 수산화칼슘(13.43)

66 0.1N HCl 표준용액 50mL를 반응시키기 위하여 0.1M $Ca(OH)_2$를 사용하였다. 이때 사용된 $Ca(OH)_2$의 소비량(mL)은? (단, HCl와 $Ca(OH)_2$의 역가는 각각 0.995와 1.005임)

① 24.75　　② 25.00
③ 49.50　　④ 50.00

✔ 중화 공식
$N_1 V_1 f_1 = N_2 V_2 f_2$
여기서, N_1 : HCl의 노르말농도(N)
N_2 : $Ca(OH)_2$의 노르말농도(N)
V_1 : HCl의 표준용액(mL)
V_2 : $Ca(OH)_2$ 소비량(mL)
f_1 : HCl의 역가
f_2 : $Ca(OH)_2$의 역가
$0.1 \times 50 \times 0.995 = 0.2 \times V_2 \times 1.005$
이때, $N_2 = \frac{0.1\,\text{mol}}{\text{L}} \Big| \frac{2\,\text{eq}}{\text{mol}} = 0.2\,\text{eq/L}$
$\therefore V_2 = \frac{0.1 \times 50 \times 0.995}{0.2 \times 1.005} = 24.75$

67 기체 크로마토그래프를 이용하면 물질의 정량 및 정성 분석이 가능하다. 이 중 정량 및 정성 분석을 가능하게 하는 측정치는?

① 정량 – 머무름시간, 정성 – 봉우리의 높이
② 정량 – 머무름시간, 정성 – 봉우리의 폭
③ 정량 – 봉우리의 높이, 정성 – 머무름시간
④ 정량 – 봉우리의 폭, 정성 – 머무름시간

68 중금속시료(염화암모늄, 염화마그네슘, 염화칼슘 등이 다량 함유된 경우)의 전처리 시, 회화에 의한 유기물의 분배과정 중에 휘산되어 손실을 가져오는 중금속으로 거리가 먼 것은?

① 크로뮴　　② 납
③ 철　　④ 아연

✔ 시료 중에 염화암모늄, 염화마그네슘, 염화칼슘 등이 높은 비율로 함유된 경우에는 납, 철, 주석, 아연, 안티모니 등이 휘산되어 손실이 발생하므로 주의하여야 한다.

69 폐기물로부터 유류 추출 시 에멀션을 형성하여 액층이 분리되지 않을 경우, 조작법으로 옳은 것은? ★

① 염화제이철 용액 4mL를 넣고 pH를 7~9로 하여 자석교반기로 교반한다.
② 메틸오렌지를 넣고 황색이 적색이 될 때까지 (1+1)염산을 넣는다.
③ 노말헥세인층에 무수황산소듐을 넣어 수분간 방치한다.
④ 에멀션층 또는 헥세인층에 적당량의 황산암모늄을 넣고 환류냉각관을 부착한 후 80℃ 물중탕에서 가열한다.

✔ 폐기물로부터 유류 추출 시 에멀션을 형성하여 액층이 분리되지 않거나 노말헥세인층이 탁할 경우에는 분별깔때기 안의 수층을 원래의 시료 용기에 옮긴다. 이후 에멀션층이 분리되거나 노말헥세인층이 맑아질 때까지 에멀션층 또는 헥세인층에 적당량의 염화소듐 또는 황산암모늄을 넣어 환류냉각관(약 300mm)을 부착하고 80℃ 물중탕에서 약 10분간 가열 · 분해한 다음, 시험기준에 따라 시험한다.

제4과목

정답 | 64.④ 65.① 66.① 67.③ 68.① 69.④

70 시료의 전처리방법 중 유기물 등을 많이 함유하고 있는 대부분의 시료에 적용되는 방법은 무엇인가? ★★

① 질산 분해법
② 질산-염산 분해법
③ 질산-황산 분해법
④ 질산-과염소산 분해법

✔ ① 질산 분해법 : 유기물 함량이 낮은 시료에 적용하며, 질산에 의한 유기물 분해방법
② 질산-염산 분해법 : 유기물 함량이 비교적 높지 않고 금속의 수산화물, 산화물, 인산염 및 황화물을 함유하고 있는 시료에 적용하며, 질산-염산에 의한 유기물 분해방법
④ 질산-과염소산 분해법 : 유기물을 높은 비율로 함유하고 있으면서 산화 분해가 어려운 시료들에 적용하며, 질산-과염소산에 의한 유기물 분해방법

71 원자흡수 분광광도계의 구성 순서로 가장 알맞은 것은?

① 시료원자화부-광원부-단색화부-측광부
② 시료원자화부-광원부-측광부-단색화부
③ 광원부-시료원자화부-단색화부-측광부
④ 광원부-시료원자화부-측광부-단색화부

72 자외선/가시선 분광법을 적용한 사이안화합물 측정에 관한 내용으로 틀린 것은? ★

① 사이안화합물을 측정할 때 방해물질들은 증류하면 대부분 제거된다.
② 황화합물이 함유된 시료는 아세트산 용액을 넣어 제거한다.
③ 잔류염소가 함유된 시료는 L-아스코르빈산 용액을 넣어 제거한다.
④ 잔류염소가 함유된 시료는 이산화비소산소듐 용액을 넣어 제거한다.

✔ ② 황화합물이 함유된 시료는 아세트산아연 용액(10W/V%) 2mL를 넣어 제거한다.

73 다음은 폐기물 공정시험기준상의 규정이다. A, B, C, D의 합(A+B+C+D)을 구한 값은?

- 방울수는 20℃에서 정제수 (A)방울을 적하 시, 부피가 약 1mL가 되는 것을 뜻한다.
- 항량으로 건조 시는 같은 조건에서 1시간 더 건조할 때 전후 무게의 차가 g당 (B)mg 이하일 때다.
- 상온의 최저온도는 (C)℃이다.
- ppm은 pphb의 (D)배이다.

① 31.3　② 45.3
③ 58.3　④ 68.3

✔ • A : 20
• B : 0.3
• C : 15
• D : 10
∴ A+B+C+D=45.3

74 다량의 점토질 또는 규산염을 함유한 시료에 적용되는 시료의 전처리방법은? ★★

① 질산-과염소산-불화수소산 분해법
② 질산-염산 분해법
③ 질산-과염소산 분해법
④ 질산-황산 분해법

✔ ② 질산-염산 분해법 : 유기물 함량이 비교적 높지 않고 금속의 수산화물, 산화물, 인산염 및 황화물을 함유하고 있는 시료에 적용하며, 질산-염산에 의한 유기물 분해방법
③ 질산-과염소산 분해법 : 유기물을 높은 비율로 함유하고 있으면서 산화 분해가 어려운 시료들에 적용하며, 질산-과염소산에 의한 유기물 분해방법
④ 질산-황산 분해법 : 유기물 등을 많이 함유하고 있는 대부분의 시료에 적용하며, 질산-황산에 의한 유기물 분해방법

75 원자흡수 분광광도법으로 구리를 측정할 때 정밀도(RDS)는? (단, 정량한계는 0.008mg/L)

① ±10% 이내　② ±15% 이내
③ ±20% 이내　④ ±25% 이내

정답 | 70.③ 71.③ 72.② 73.② 74.① 75.④

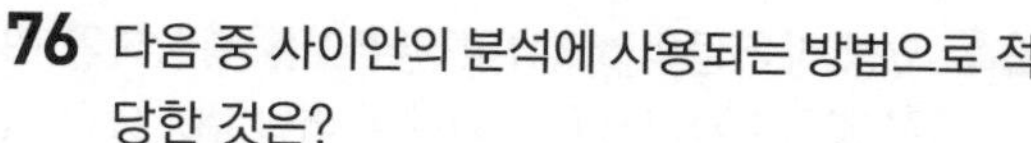

76 다음 중 사이안의 분석에 사용되는 방법으로 적당한 것은?

① 피리딘 · 피라졸론법
② 다이페닐카르바지드법
③ 다이에틸다이티오카르바민산법
④ 디티존법

77 다음 설명 중 틀린 것은?

① 공정시험기준에서 사용하는 모든 기구 및 기기는 측정결과에 대한 오차가 허용되는 범위 이내인 것을 사용하여야 한다.
② 연속 측정 또는 현장 측정의 목적으로 사용하는 측정기기는 공정시험기준에 의한 측정치와의 정확한 보정을 행한 후 사용할 수 있다.
③ 각각의 시험은 따로 규정이 없는 한 실온에서 실시하고 조작 직후에 그 결과를 관찰한다. 단, 온도의 영향이 있는 것의 판정은 상온을 기준으로 한다.
④ 비함침성 고상 폐기물이라 함은 금속판, 구리선 등 기름을 흡수하지 않는 평면 또는 비평면 형태의 변압기 내부 부재를 말한다.

✔ ③ 각각의 시험은 따로 규정이 없는 한 상온에서 조작하고, 조작 직후에 그 결과를 관찰한다. 단, 온도의 영향이 있는 것의 판정은 표준온도를 기준으로 한다.

78 자외선/가시선 분광광도계의 흡수셀 중에서 자외부의 파장범위를 측정할 때 사용하는 것은?

① 유리
② 석영
③ 플라스틱
④ 광전판

✔ 유리제는 주로 가시 및 근적외부 파장범위를, 석영제는 자외부 파장범위를, 플라스틱제는 근적외부 파장범위를 측정할 때 사용한다.

79 기체 크로마토그래피법에 대한 설명으로 틀린 것은?

① 일반적으로 유기화합물에 대한 정성 및 정량 분석에 이용한다.
② 일정 유량으로 유지되는 운반가스는 시료 도입부로부터 분리관 내를 흘러서 검출기를 통하여 외부로 방출된다.
③ 정성분석은 동일 조건하에서 특정한 미지 성분의 머무름값과 예측되는 물질의 피크의 머무름값을 비교하여야 한다.
④ 분리관은 충전물질을 채운 내경 2~7mm의 시료에 대하여 활성 금속, 유리 또는 합성 수지관으로 각 분석방법에 사용한다.

✔ ④ 분리관(column)은 충전물질을 채운 내경 2~7mm(모세관식 분리관을 사용할 수도 있음)의 시료에 대하여 불활성 금속, 유리 또는 합성수지관으로 각 분석방법에서 규정하는 것을 사용한다.

80 시료채취 시 시료 용기에 기재하는 사항으로 가장 거리가 먼 것은?

① 폐기물의 명칭
② 폐기물의 성분
③ 채취책임자 이름
④ 채취시간 및 일기

✔ **폐기물 시료 용기 기재사항**
- 폐기물의 명칭
- 대상 폐기물의 양
- 채취장소
- 채취시간 및 일기
- 시료 번호
- 채취책임자 이름
- 시료의 양
- 채취방법
- 기타 참고자료(보관상태 등)

정답 | 76.① 77.③ 78.② 79.④ 80.②

제4과목 | 폐기물 공정시험기준(방법)

2020년 제1·2회 폐기물처리기사

61 폐기물의 강열감량 및 유기물 함량을 중량법으로 시험 시 시료를 탄화시키기 위해 사용하는 용액은?

① 15% 황산암모늄 용액
② 15% 질산암모늄 용액
③ 25% 황산암모늄 용액
④ 25% 질산암모늄 용액

62 자외선/가시선 분광광도계 광원부의 광원 중 자외부의 광원으로 주로 사용되는 것은? ★

① 중수소방전관
② 텅스텐램프
③ 소듐램프
④ 중공음극램프

✔ 광원부의 광원으로 가시부와 근적외부의 광원으로는 주로 텅스텐램프를 사용하고, 자외부의 광원으로는 주로 중수소방전관을 사용한다.

63 폐기물이 1톤 미만으로 야적되어 있는 적환장에서 채취하여야 할 최소 시료의 총량(g)은? (단, 소각재는 아님) ★★★

① 100　② 400
③ 600　④ 900

✔ 대상 폐기물의 양과 현장 시료의 최소수

대상 폐기물의 양(ton)	현장 시료의 최소수
~ 1 미만	6
1 이상 ~ 5 미만	10
5 이상 ~ 30 미만	14
30 이상 ~ 100 미만	20
100 이상 ~ 500 미만	30
500 이상 ~ 1,000 미만	36
1,000 이상 ~ 5,000 미만	50
5,000 이상 ~	60

1톤 미만일 경우 현장 시료의 최소수가 6이므로, 600g이 된다.

64 고상 폐기물의 pH(유리전극법)를 측정하기 위한 실험절차에서 ( ) 안에 들어갈 내용으로 옳은 것은? ★

> 고상 폐기물 10g을 50mL 비커에 취한 다음 정제수 25mL를 넣어 잘 교반하여 ( ) 이상 방치한 후 이 현탁액을 시료용액으로 하거나 원심분리한 후 상층액을 시료용액으로 사용한다.

① 10분　② 30분
③ 2시간　④ 4시간

65 0.1N NaOH 용액 10mL를 중화하는 데 어떤 농도의 HCl 용액이 100mL 소요되었다. 이 HCl 용액의 pH는? ★★

① 1　② 2
③ 2.5　④ 3

✔ 중화 공식

$N_1V_1 = N_2V_2$

여기서, N_1 : HCl 노르말농도(N)
N_2 : 어떤 농도의 HCl 노르말농도(N)
V_1 : HCl 표준용액(mL)
V_2 : 어떤 농도의 HCl 소비량(mL)

$0.1 \times 10 = N_2 \times 1.00$

$N_2 = \frac{0.1 \times 10}{100} = 0.01$

$\therefore \mathrm{pH} = \log\frac{1}{[\mathrm{H}^+]} = \log\frac{1}{0.01} = 2$

66 시료의 채취방법에 관한 설명에서 ( ) 안에 들어갈 내용으로 옳은 것은?

> 콘크리트 고형화물의 경우 대형 고형화물로써 분쇄가 어려운 경우에는 임의의 (㉠)에서 채취하여 각각 파쇄하여 (㉡)씩 균등량 혼합하여 채취한다.

① ㉠ 2개소, ㉡ 100g
② ㉠ 2개소, ㉡ 500g
③ ㉠ 5개소, ㉡ 100g
④ ㉠ 5개소, ㉡ 500g

정답 | 61.④ 62.① 63.③ 64.② 65.② 66.③

67 분석용 저울은 최소 몇 mg까지 달 수 있는 것이어야 하는가? (단, 총칙 기준) ★★

① 1.0　② 0.1
③ 0.01　④ 0.001

68 사이안-이온전극법에 관한 내용으로 ( ) 안에 옳은 내용은?

> 폐기물 중 사이안을 측정하는 방법으로 액상 폐기물과 고상 폐기물을 ( )으로 조절한 후 사이안 이온전극과 비교전극을 사용하여 전위를 측정하고 그 전위차로부터 사이안을 정량하는 방법이다.

① pH 2 이하의 산성
② pH 4.5~5.3의 산성
③ pH 10의 알칼리성
④ pH 12~13의 알칼리성

69 자외선/가시선 분광법에 의한 사이안 분석방법에 관한 설명으로 틀린 것은? ★

① 시료를 pH 10~12의 알칼리성으로 조절한 후에 질산소듐을 넣고 가열 · 증류하여 사이안화합물을 사이안화수소로 유출하는 방법이다.
② 클로라민-T와 피리딘 · 피라졸론 혼합액을 넣어 나타나는 청색을 620nm에서 측정하는 방법이다.
③ 사이안화합물을 측정할 때 방해물질들은 증류하면 대부분 제거되나 다량의 지방성분, 잔류염소, 황화합물은 사이안화합물을 분석할 때 간섭할 수 있다.
④ 황화합물이 함유된 시료는 아세트산아연 용액(10W/V%) 2mL를 넣어 제거한다.

✔ ① 시료를 pH 2 이하의 산성으로 조절한 후에 에틸렌다이아민테트라아세트산이소듐을 넣고 가열 · 증류하여 사이안화합물을 사이안화수소로 유출하는 방법이다.

70 폐기물에 함유된 오염물질을 분석하기 위한 용출시험방법 중 시료용액의 조제에 관한 설명으로 ( ) 안에 알맞은 것은? ★

> 조제한 시료 100g 이상을 정확히 달아 정제수에 염산을 넣어 ( )으로 맞춘 용매(mL)를 시료 : 용매 = 1 : 10(W : V)의 비로 넣어 혼합한다.

① pH 8.8~9.3
② pH 7.8~8.3
③ pH 6.8~7.3
④ pH 5.8~6.3

71 원자흡수 분광광도법에 의하여 크로뮴을 분석하는 경우 적합한 가연성 가스는?

① 공기
② 헬륨
③ 아세틸렌
④ 일산화이질소

✔ 원자흡수 분광광도계에 불꽃을 만들기 위해 가연성 기체와 조연성 기체를 사용하는데, 아세틸렌-공기와 아세틸렌-일산화이질소의 조합을 사용한다. 일반적으로 가연성 기체로 아세틸렌을, 조연성 기체로 공기를 사용한다.

72 자외선/가시선 분광법을 이용한 카드뮴 측정에 관한 설명으로 ( ) 안에 옳은 내용은? ★

> 시료 중의 카드뮴이온을 사이안화포타슘이 존재하는 알칼리성에서 디티존과 반응시켜 생성하는 카드뮴 착염을 사염화탄소로 추출하고 이를 ( )(으)로 역추출한 다음 수산화소듐과 사이안화포타슘을 넣어 디티존과 반응하여 생성하는 적색의 카드뮴 착염을 사염화탄소로 추출하여 그 흡광도는 520nm에서 측정한다.

① 염화제일주석산 용액
② 뷰틸알코올
③ 타타르산 용액
④ 에틸알코올

제4과목

정답 | 67.② 68.④ 69.① 70.④ 71.③ 72.③

73 할로겐화 유기물질(기체 크로마토그래피 - 질량분석법) 측정 시 간섭물질에 관한 설명으로 틀린 것은?

① 추출용매 안에 간섭물질이 발견되면 증류하거나 칼럼 크로마토그래피에 의해 제거한다.
② 다이클로로메테인과 같이 머무름시간이 긴 화합물을 용매의 피크와 겹쳐 분석을 방해할 수 있다.
③ 끓는점이 높거나 극성 유기화합물들이 함께 추출되므로 이들 중에는 분석을 간섭하는 물질이 있을 수 있다.
④ 플루오르화탄소나 다이클로로메테인과 같은 휘발성 유기물은 보관이나 운반 중에 격막을 통해 시료 안으로 확산되어 시료를 오염시킬 수 있으므로 현장 바탕시료로써 이를 점검하여야 한다.

✔ ② 다이클로로메테인과 같이 머무름시간이 짧은 화합물은 용매의 피크와 겹쳐 분석을 방해할 수 있다.

74 원자흡수 분광광도법의 분석장치를 나열한 것으로 적당하지 않은 것은?

① 광원부 - 중공음극램프, 램프점등장치
② 시료원자화부 - 버너, 가스유량조절기
③ 파장선택부 - 분광기, 멀티패스광학계
④ 측광부 - 검출기, 증폭기

✔ 광학계는 시료원자화부에 해당된다.

75 유기질소화합물 및 유기인을 기체 크로마토그래피로 분석할 경우 사용되는 검출기는? ★

① 불꽃광도검출기(FPD)
② 열전도도검출기(TCD)
③ 전자포획형검출기(ECD)
④ 불꽃이온화검출기(FID)

✔ 유기인을 기체 크로마토그래피로 분석하는 경우 질소인 검출기 또는 불꽃광도검출기로 분석한다.

76 폐기물 공정시험기준에서 규정하고 있는 대상 폐기물의 양과 시료의 최소수가 잘못 연결된 것은? ★★★

① 1톤 이상 ~ 5톤 미만 : 10
② 5톤 이상 ~ 30톤 미만 : 14
③ 100톤 이상 ~ 500톤 미만 : 20
④ 500톤 이상 ~ 1,000톤 미만 : 36

✔ 대상 폐기물의 양과 현장 시료의 최소수

대상 폐기물의 양(ton)	현장 시료의 최소수
~ 1 미만	6
1 이상 ~ 5 미만	10
5 이상 ~ 30 미만	14
30 이상 ~ 100 미만	20
100 이상 ~ 500 미만	30
500 이상 ~ 1,000 미만	36
1,000 이상 ~ 5,000 미만	50
5,000 이상 ~	60

77 $K_2Cr_2O_7$을 사용하여 1,000mg/L의 Cr 표준원액 100mL를 제조하려면 필요한 $K_2Cr_2O_7$의 양(mg)은? (단, 원자량 K=39, Cr=52, O=16)

① 141 ② 283
③ 354 ④ 565

✔ 필요한 $K_2Cr_2O_7$의 양

$$= \frac{1,000\,\text{mg}}{\text{L}} \bigg| \frac{294\,\text{g}}{2\times52\,\text{g}} \bigg| \frac{\text{L}}{10^3\,\text{mL}} \bigg| 100\,\text{mL}$$

$= 282.69\,\text{mg}$

78 폐기물 용출조작에 관한 설명에서 ( ) 안에 들어갈 내용을 순서대로 나열한 것은? ★

> 시료용액 조제가 끝난 혼합액을 상온 · 상압에서 진탕횟수가 매분당 약 200회, 진폭 ( )의 진탕기를 사용하여 ( ) 연속 진탕한 다음 여과하고 여과액을 적당량 취하여 용출시험용 시료용액으로 한다.

① 4~5cm, 4시간 ② 4~5cm, 6시간
③ 5~6cm, 4시간 ④ 5~6cm, 6시간

정답 | 73.② 74.③ 75.① 76.③ 77.② 78.②

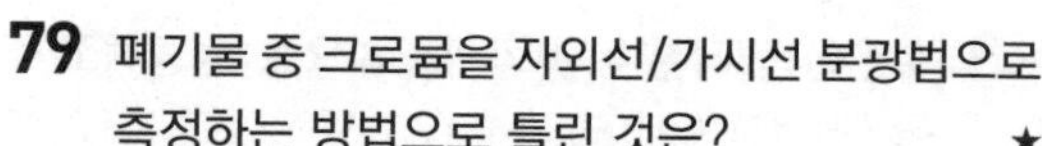

79 폐기물 중 크로뮴을 자외선/가시선 분광법으로 측정하는 방법으로 틀린 것은? ★

① 흡광도는 540nm에서 측정한다.

② 총 크로뮴을 다이페닐카바자이드를 사용하여 6가크로뮴으로 전환시킨다.

③ 흡광도의 측정값이 0.2~0.8의 범위에 들도록 실험용액의 농도를 조절한다.

④ 크로뮴의 정량한계는 0.002mg이다.

✔ ② 총 크로뮴을 과망가니즈산포타슘을 사용하여 6가크로뮴으로 산화한다.

80 정량한계(LOQ)에 관한 설명에서 ( ) 안에 들어갈 내용으로 옳은 것은?

> 정량한계란 시험분석대상을 정량화할 수 있는 측정값으로서, 제시된 정량한계 부근의 농도를 포함하도록 시료를 준비하고 이를 반복 측정하여 얻은 결과의 표준편차에 ( )한 값을 사용한다.

① 3배 ② 3.3배

③ 5배 ④ 10배

제4과목 | 폐기물 공정시험기준(방법)

2020년 제3회 폐기물처리기사

61 다음 중 1μg/L와 동일한 농도는? (단, 액상의 비중은 1)

① 1pph ② 1ppt

③ 1ppm ④ 1ppb

✔ 십억분율(ppb ; parts per billion)을 표시할 때는 μg/L, μg/kg의 기호를 쓰며, 1ppm의 1/1,000이다.

62 유기물 함량이 비교적 높지 않고 금속의 수산화물, 산화물, 인산염 및 황화물을 함유하고 있는 시료에 적용되는 전처리방법은? ★★

① 질산-염산 분해법

② 질산-황산 분해법

③ 질산-과염소산 분해법

④ 질산-불화수소산 분해법

✔ ② 질산-황산 분해법 : 유기물 등을 많이 함유하고 있는 대부분의 시료에 적용하며, 질산-황산에 의한 유기물 분해방법

③ 질산-과염소산 분해법 : 유기물을 높은 비율로 함유하고 있으면서 산화 분해가 어려운 시료들에 적용하며, 질산-과염소산에 의한 유기물 분해방법

제4과목

63 정도보증/정도관리에 적용하는 기기 검출한계에 관한 내용으로 ( )에 옳은 것은?

> 바탕시료를 반복 측정 · 분석한 결과의 표준편차에 ( )한 값

① 2배 ② 3배

③ 5배 ④ 10배

64 자외선/가시선 분광법으로 구리를 측정할 때 알칼리성에서 다이에틸다이티오카르바민산소듐과 반응하여 생성되는 킬레이트화합물의 색으로 옳은 것은? ★

① 적자색 ② 청색

③ 황갈색 ④ 적색

정답 | 79.② 80.④ / 61.④ 62.① 63.② 64.③

65 환경측정의 정도보증/정도관리(QA/AC)에서 검정곡선방법으로 옳지 않은 것은?

① 절대검정곡선법
② 표준물질첨가법
③ 상대검정곡선법
④ 외부표준법

✔ 정도보증/정도관리에서의 검정곡선방법
- 절대검정곡선법
- 표준물질첨가법
- 상대검정곡선법

66 다음 중 온도에 관한 기준으로 적절하지 않은 것은? ★★

① 찬 곳은 따로 규정이 없는 한 0~15℃의 곳을 뜻한다.
② 각각의 시험은 따로 규정이 없는 한 실온에서 조작한다.
③ 온수는 60~70℃로 한다.
④ 냉수는 15℃ 이하로 한다.

✔ 각각의 시험은 따로 규정이 없는 한 상온에서 조작하고, 조작 직후에 그 결과를 관찰한다. 단, 온도의 영향이 있는 것의 판정은 표준온도를 기준으로 한다.

67 환원기화법(원자흡수 분광광도법)으로 수은을 측정할 때 시료 중에 염화물이 존재할 경우에 대한 설명으로 옳지 않은 것은?

① 시료 중의 염소는 산화 조작 시 유리염소를 발생시켜 253.7nm에서 흡광도를 나타낸다.
② 시료 중의 염소는 과망가니즈산포타슘으로 분해 후 헥세인으로 추출·제거한다.
③ 유리염소는 과량의 염산하이드록실아민 용액으로 환원시킨다.
④ 용액 중에 잔류하는 염소는 질소가스를 통기시켜 추출한다.

✔ ② 시료 중의 벤젠, 아세톤 등 휘발성 유기물질은 과망가니즈산포타슘으로 분해 후 헥세인으로 이들 물질을 추출·분리한다.

68 수은을 원자흡수 분광광도법으로 정량하고자 할 때 정량한계(mg/L)는?

① 0.0005 ② 0.002
③ 0.05 ④ 0.5

69 자외선/가시선 분광법에 의한 납의 측정시료에 비스무트(Bi)가 공존하면 사이안화포타슘 용액으로 수회 씻어도 무색이 되지 않는다. 이때 납과 비스무트를 분리하기 위해 추출된 사염화탄소층에 가해주는 시약으로 적절한 것은?

① 프탈산수소포타슘 완충액
② 구리아민동 혼합액
③ 수산화소듐 용액
④ 염산하이드록실아민 용액

70 시료채취에 관한 내용으로 (　)에 옳은 것은?

> 회분식 연소방식의 소각재 반출설비에서 채취하는 경우에는 하루 동안의 운전횟수에 따라 매 운전 시마다 (㉠) 이상 채취하는 것을 원칙으로 하고, 시료의 양은 1회에 (㉡) 이상으로 한다.

① ㉠ 2회, ㉡ 100g
② ㉠ 4회, ㉡ 100g
③ ㉠ 2회, ㉡ 500g
④ ㉠ 4회, ㉡ 500g

71 함수율 85%인 시료인 경우, 용출시험 결과에 시료 중의 수분 함량 보정을 위하여 곱하여야 하는 값은? ★★

① 0.5 ② 1.0
③ 1.5 ④ 2.0

✔ 시료 중의 수분 함량 보정을 위해 함수율 85% 이상인 시료에 한하여 "15/{100−시료의 함수율(%)}"을 곱하여 계산한 값으로 한다.

$$\therefore \frac{15}{100-85}=1.0$$

정답 | 65.④ 66.② 67.② 68.① 69.① 70.③ 71.②

72 청석면의 형태와 색상으로 옳지 않은 것은? (단, 편광현미경법 기준)

① 꼬인 물결 모양의 섬유
② 다발 끝은 분산된 모양
③ 긴 섬유는 만곡
④ 특징적인 청색과 다색성

✔ ① 꼬인 물결 모양의 섬유 형태를 가진 것은 백석면이다.

73 세균배양 검사법에 의한 감염성 미생물 분석 시 시료의 채취 및 보존 방법에 관한 내용으로 ( )에 적절한 것은?

시료의 채취는 가능한 한 무균적으로 하고 멸균된 용기에 넣어 1시간 이내에 실험실로 운반 · 실험하여야 하며, 그 이상의 시간이 소요될 경우에는 (㉠) 이하로 냉장하여 (㉡) 이내에 실험실로 운반하여 실험실에 도착한 후 (㉢) 이내에 배양 조작을 완료하여야 한다.

① ㉠ 4℃, ㉡ 6시간, ㉢ 2시간
② ㉠ 4℃, ㉡ 2시간, ㉢ 6시간
③ ㉠ 10℃, ㉡ 6시간, ㉢ 2시간
④ ㉠ 10℃, ㉡ 2시간, ㉢ 6시간

74 다음 중 원자흡수 분광광도계에 대한 설명으로 틀린 것은?

① 광원부, 시료원자화부, 파장선택부 및 측광부로 구성되어 있다.
② 일반적으로 가연성 기체로 아세틸렌을, 조연성 기체로 공기를 사용한다.
③ 단광속형과 복광속형으로 구분된다.
④ 광원으로 넓은 선폭과 낮은 휘도를 갖는 스펙트럼을 방사하는 납 음극램프를 사용한다.

✔ ④ 광원으로 좁은 선폭과 높은 휘도를 갖는 스펙트럼을 방사하는 납 속빈음극램프를 사용한다.

75 자외선/가시선 분광법으로 크로뮴을 측정할 때 시료 중 총 크로뮴을 6가크로뮴으로 산화시키는 데 사용되는 시약은?

① 과망가니즈산포타슘
② 이염화주석
③ 사이안화포타슘
④ 다이티오황산소듐

76 다음 중 시약 제조방법으로 틀린 것은?

① 1M-NaOH 용액은 NaOH 42g을 정제수 950mL를 넣어 녹이고 새로 만든 수산화바륨용액(포화)을 침전이 생기지 않을 때까지 한 방울씩 떨어뜨려 잘 섞고 마개를 하여 24시간 방치한 다음 여과하여 사용한다.
② 1M-HCl 용액은 염산 120mL에 정제수를 넣어 1,000mL로 한다.
③ 20W/V%-KI(비소 시험용) 용액은 KI 20g을 정제수에 녹여 100mL로 하며 사용할 때 조제한다.
④ 1M-H_2SO_4 용액은 황산 60mL를 정제수 1L 중에 섞으면서 천천히 넣어 식힌다.

✔ ② 1M-HCl 용액은 염산 90mL에 정제수를 넣어 1,000mL로 한다.

77 자외선/가시선 분광광도계에서 사용하는 흡수셀의 준비사항으로 잘못된 것은? ★

① 흡수셀은 미리 깨끗하게 씻은 것을 사용한다.
② 흡수셀의 길이를 따로 지정하지 않았을 때는 10mm 셀을 사용한다.
③ 시료셀에는 실험용액을, 대조셀에는 따로 규정이 없는 한 정제수를 넣는다.
④ 시료용액의 흡수파장이 약 370nm 이하일 때는 경질 유리 흡수셀을 사용한다.

✔ ④ 시료액의 흡수파장이 약 370nm 이상일 때는 석영 또는 경질 유리 흡수셀을 사용하고, 약 370nm 이하일 때는 석영흡수셀을 사용한다.

제4과목

정답 | 72.① 73.③ 74.④ 75.① 76.② 77.④

78 폐기물 시료에 대해 강열감량과 유기물 함량을 조사하기 위해 다음과 같은 실험을 하였다. 이 결과를 이용한 강열감량(%)은? ★★

- 600±25℃에서 30분간 강열하고 데시케이터 안에서 방냉 후 접시의 무게(W_1) : 48.256g
- 여기에 시료를 취한 후 접시와 시료의 무게(W_2) : 73.352g
- 여기에 25% 질산암모늄 용액을 넣어 시료를 적시고 천천히 가열하여 탄화시킨 다음 600±25℃에서 3시간 강열하고 데시케이터 안에서 방냉 후 무게(W_3) : 52.824g

① 약 74% ② 약 76%
③ 약 82% ④ 약 89%

✔ 강열감량 또는 유기물 함량(%) $= \dfrac{(W_2 - W_3)}{(W_2 - W_1)} \times 100$

여기서, W_1 : 뚜껑을 포함한 증발용기의 질량
W_2 : 강열 전 뚜껑을 포함한 증발용기와 시료의 질량
W_3 : 강열 후 뚜껑을 포함한 증발용기와 시료의 질량

$\therefore$ 강열감량 $= \dfrac{73.352 - 52.824}{73.352 - 48.256} \times 100 = 81.80\%$

79 기체 크로마토그래피를 적용한 유기인 분석에 관한 내용으로 틀린 것은?

① 유기인화합물 중 이피엔, 파라티온, 메틸디메톤, 다이아지논 및 펜토에이트의 측정에 이용된다.
② 유기인의 정량분석에 사용되는 검출기는 질소인검출기 또는 불꽃광도검출기이다.
③ 정량한계는 사용하는 장치의 측정조건에 따라 다르나 각 성분당 0.0005mg/L이다.
④ 유기인을 정량할 때 주로 사용하는 정제용 칼럼은 활성알루미나 칼럼이다.

✔ **유기인의 정제용 칼럼**
- 실리카젤 칼럼
- 플로리실 칼럼
- 활성탄 칼럼

80 밀도가 $0.3ton/m^3$인 쓰레기 $1,200m^3$가 발생되어 있다면 폐기물의 성상분석을 위한 최소 시료 수(개)는? ★★★

① 20 ② 30
③ 36 ④ 50

✔ **대상 폐기물의 양과 현장 시료의 최소수**

대상 폐기물의 양(ton)	현장 시료의 최소수
~ 1 미만	6
1 이상 ~ 5 미만	10
5 이상 ~ 30 미만	14
30 이상 ~ 100 미만	20
100 이상 ~ 500 미만	30
500 이상 ~ 1,000 미만	36
1,000 이상 ~ 5,000 미만	50
5,000 이상 ~	60

폐기물의 양 $= 0.3ton/m^3 \times 1,200m^3 = 360ton$
위 표에 따라, 최소 시료 수는 30개이다.

정답 | 78.③ 79.④ 80.②

제4과목 | 폐기물 공정시험기준(방법)

2020년 제4회 폐기물처리기사

61 원자흡수 분광광도법에 의한 검량선 작성방법 중 분석시료의 조성은 알고 있으나 공존성분이 복잡하거나 불분명한 경우, 공존성분의 영향을 방지하기 위해 사용하는 방법은?

① 검량선법 ② 표준첨가법
③ 내부표준법 ④ 외부표준법

62 시료채취 시 대상 폐기물의 양과 최소 시료 수가 적절하게 짝지어진 것은? ★★★

① 1ton 미만 : 6
② 1ton 이상 5ton 미만 : 12
③ 5ton 이상 30ton 미만 : 15
④ 30ton 이상 100ton 미만 : 30

✔ 대상 폐기물의 양과 현장 시료의 최소수

대상 폐기물의 양(ton)	현장 시료의 최소수
~ 1 미만	6
1 이상 ~ 5 미만	10
5 이상 ~ 30 미만	14
30 이상 ~ 100 미만	20
100 이상 ~ 500 미만	30
500 이상 ~ 1,000 미만	36
1,000 이상 ~ 5,000 미만	50
5,000 이상 ~	60

63 자외선/가시선 분광법으로 카드뮴을 정량하는 경우의 설명으로 적절하지 않은 것은?

① 시료 중에 카드뮴이온을 사이안화칼륨이 존재하는 알칼리성에서 디티존과 반응시켜 생성하는 카드뮴 착염을 사염화탄소로 추출한다.
② 520nm에서 측정한다.
③ 정량한계는 0.02mg이다.
④ 정량범위는 0.001~0.03mg이다.

✔ ③ 정량한계는 0.001mg이다.

64 노말헥세인 추출물질 시험결과가 다음과 같을 때 노말헥세인 추출물질량(mg/L)은?

- 건조 · 증발용 플라스크 무게 : 42.0424g
- 추출 · 건조 후 증발용 플라스크 무게와 잔류물질 무게 : 42.0748g
- 시료량 : 200mL

① 152 ② 162
③ 252 ④ 272

✔ 노말헥세인 추출물질량

$$= \frac{(42.0748 - 42.0424)\,g}{} \Big| \frac{}{200\,mL} \Big| \frac{10^3 mg}{g} \Big| \frac{10^3 mL}{L}$$

$= 162\,mg/L$

65 감염성 미생물 검사법이 아닌 것은?

① 아포균 검사법
② 최적확수 검사법
③ 세균배양 검사법
④ 멸균테이프 검사법

✔ 감염성 미생물의 분석방법
- 아포균 검사법
- 세균배양 검사법
- 멸균테이프 검사법

66 정도보증/정도관리를 위한 현장 이중시료에 관한 내용으로 ( )에 알맞은 것은?

현장 이중시료는 동일 위치에서 동일한 조건으로 중복 채취한 시료로서 독립적으로 분석하여 비교한다. 현장 이중시료는 필요시 하루에 ( ) 이하의 시료를 채취할 경우에는 1개를, 그 이상의 시료를 채취할 때에는 시료 ( )당 1개를 추가로 채취한다.

① 5개 ② 10개
③ 15개 ④ 20개

정답 | 61.② 62.① 63.③ 64.② 65.② 66.④

67 HCl(비중 1.18) 200mL를 1L의 메스플라스크에 넣은 후 증류수로 표선까지 채웠을 때 이 용액의 염산 농도(W/V%)는?

① 19.6　② 20.0
③ 23.1　④ 23.6

✔ 염산 농도 $= \frac{200\,\text{mL}}{} \Big| \frac{1.18\,\text{g}}{\text{mL}} \Big| \frac{}{1\text{L}} \Big| \frac{\text{L}}{10^3\text{mL}} \Big| \frac{100}{}$

$= 23.6\%$

68 유기인의 정제용 칼럼이 아닌 것은?

① 실리카젤 칼럼　② 플로리실 칼럼
③ 활성탄 칼럼　④ 실리콘 칼럼

✔ 유기인의 정제용 칼럼
- 실리카젤 칼럼
- 플로리실 칼럼
- 활성탄 칼럼

69 지정폐기물에 함유된 유해물질의 기준으로 옳은 것은?

① 납 − 3mg/L
② 카드뮴 − 3mg/L
③ 구리 − 0.3mg/L
④ 수은 − 0.0005mg/L

✔ ② 카드뮴 − 0.3mg/L
③ 구리 − 3mg/L
④ 수은 − 0.005mg/L

70 자외선/가시선 분광법을 적용한 구리 측정에 관한 내용으로 옳은 것은? ★

① 정량한계는 0.002mg이다.
② 적갈색의 킬레이트화합물이 생성된다.
③ 흡광도는 520nm에서 측정한다.
④ 정량범위는 0.01~0.05mg/L이다.

✔ ② 황갈색의 킬레이트화합물이 생성된다.
③ 흡광도는 440nm에서 측정한다.
④ 정량범위는 0.002~0.03mg이다.

71 기체 크로마토그래피법에서 사용하는 열전도도 검출기(TCD)에 사용되는 가스의 종류는? ★

① 질소
② 헬륨
③ 프로페인
④ 아세틸렌

72 폐기물 공정시험기준에 적용되는 관련 용어에 관한 내용으로 틀린 것은? ★★★

① 반고상 폐기물 : 고형물의 함량이 5% 이상 15% 미만인 것을 말한다.
② 비함침성 고상 폐기물 : 금속판, 구리선 등 기름을 흡수하지 않는 평면 또는 비평면 형태의 변압기 내부 부재를 말한다.
③ 바탕시험을 하여 보정한다 : 규정된 시료를 사용하여 같은 방법으로 실험하여 측정치를 보정하는 것을 말한다.
④ 정밀히 단다 : 규정된 양의 시료를 취하여 화학저울 또는 미량저울로 칭량함을 말한다.

✔ ③ 바탕시험을 하여 보정한다 : 시료에 대한 처리 및 측정을 할 때, 시료를 사용하지 않고 같은 방법으로 조작한 측정치를 빼는 것을 뜻한다.

73 강열 전 접시와 시료의 무게가 200g, 강열 후 접시와 시료의 무게가 150g, 접시 무게가 100g일 때 시료의 강열감량(%)은? ★★

① 40　② 50
③ 60　④ 70

✔ 강열감량 또는 유기물 함량(%) $= \frac{(W_2 - W_3)}{(W_2 - W_1)} \times 100$

여기서, W_1 : 뚜껑을 포함한 증발용기의 질량
W_2 : 강열 전 뚜껑을 포함한 증발용기와 시료의 질량
W_3 : 강열 후 뚜껑을 포함한 증발용기와 시료의 질량

∴ 강열감량 $= \frac{200-150}{200-100} \times 100 = 50\%$

정답 | 67.④ 68.④ 69.① 70.① 71.② 72.③ 73.②

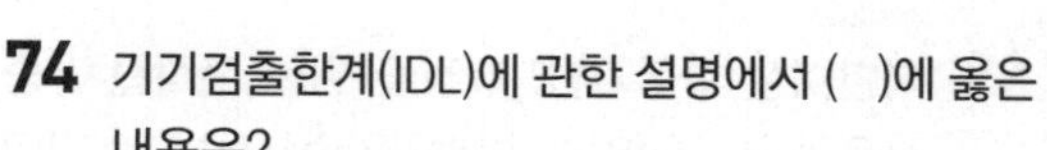

74 기기검출한계(IDL)에 관한 설명에서 (   )에 옳은 내용은?

> 시험분석대상 물질을 기기가 검출할 수 있는 최소한의 농도 또는 양으로서 바탕시료를 반복 측정 · 분석한 결과의 표준편차에 (   )배한 값을 말한다.

① 2　　② 3
③ 5　　④ 10

75 유도결합 플라스마 – 원자발광분광법의 장치에 포함되지 않는 것은?

① 시료주입부, 고주파전원부
② 광원부, 분광부
③ 운반가스 유로, 가열오븐
④ 연산처리부

✔ 유도결합 플라스마 – 원자발광분광기는 시료주입(도입)부, 고주파전원부, 광원부, 분광부, 연산처리부 및 기록부로 구성된다.

76 온도에 대한 규정에서 14℃가 포함되지 않은 것은? ★★

① 상온　　② 실온
③ 냉수　　④ 찬곳

✔ ① 상온 : 15~25℃
② 실온 : 1~35℃
③ 냉수 : 15℃ 이하
④ 찬 곳 : 0~15℃

77 자외선/가시선 분광법에서 시료액의 흡수파장이 약 370nm 이하일 때 일반적으로 사용하는 흡수셀은? ★

① 젤라틴셀　　② 석영셀
③ 유리셀　　④ 플라스틱셀

✔ 시료액의 흡수파장이 약 370nm 이상일 때는 석영 또는 경질 유리 흡수셀을 사용하고, 약 370nm 이하일 때는 석영 흡수셀을 사용한다.

78 시료 준비를 위한 회화법에 관한 기준으로 (   ) 안에 옳은 내용은?

> 목적성분이 (㉠) 이상에서 (㉡)되지 않고 쉽게 (㉢)될 수 있는 시료에 적용

① ㉠ 400℃, ㉡ 회화, ㉢ 휘산
② ㉠ 400℃, ㉡ 휘산, ㉢ 회화
③ ㉠ 800℃, ㉡ 회화, ㉢ 휘산
④ ㉠ 800℃, ㉡ 휘산, ㉢ 회화

79 중량법으로 기름성분을 측정할 때 시료채취 및 관리에 관한 내용에서 (   ) 안에 들어갈 내용으로 옳은 것은?

> 시료는 (㉠) 이내 증발 처리를 하여야 하나 최대한 (㉡)을 넘기지 말아야 한다.

① ㉠ 6시간, ㉡ 24시간
② ㉠ 8시간, ㉡ 24시간
③ ㉠ 12시간, ㉡ 7일
④ ㉠ 24시간, ㉡ 7일

80 시료의 전처리(산분해법)방법 중 유기물 등을 많이 함유하고 있는 대부분의 시료에 적용하는 것은? ★★

① 질산–염산 분해법
② 질산–황산 분해법
③ 염산–황산 분해법
④ 염산–과염소산 분해법

✔ ① 질산–염산 분해법 : 유기물 함량이 비교적 높지 않고 금속의 수산화물, 산화물, 인산염 및 황화물을 함유하고 있는 시료에 적용하며, 질산–염산에 의한 유기물 분해방법

제4과목

정답 | 74.② 75.③ 76.① 77.② 78.② 79.④ 80.②

제4과목 I 폐기물 공정시험기준(방법)

2021년 제1회 폐기물처리기사

61 자외선/가시선 분광법으로 사이안을 분석할 때 간섭물질을 제거하는 방법으로 틀린 것은? ★

① 사이안화합물을 측정할 때 방해물질들을 증류하면 대부분 제거된다. 그러나 다량의 지방성분, 잔류염소, 황화합물은 사이안화합물을 분석할 때 간섭할 수 있다.

② 황화합물이 함유된 시료는 아세트산아연 용액(10W/V%) 2mL를 넣어 제거한다.

③ 다량의 지방성분을 함유한 시료는 아세트산 또는 수산화소듐 용액으로 pH 6~7로 조절한 후 노말헥세인 또는 클로로폼을 넣어 추출하여 수층은 버리고 유기물층을 분리하여 사용한다.

④ 잔류염소가 함유된 시료는 잔류염소 20mg당 L-아스코르빈산(10W/V%) 0.6mL 또는 이산화비소산소듐 용액(10W/V%) 0.7mL를 넣어 제거한다.

✔ ③ 다량의 지방성분을 함유한 시료는 아세트산 또는 수산화소듐 용액으로 pH 6~7로 조절한 후 시료의 약 2%에 해당하는 부피의 노말헥세인 또는 클로로폼을 넣어 추출하여 유기물층은 버리고 수층을 분리하여 사용한다.

62 용출시험방법에 관한 설명으로 ( ) 안에 옳은 내용은? ★

> 시료의 조제방법에 따라 조제한 시료 100g 이상을 정확히 달아 정제수에 염산을 넣어 ( )(으)로 한 용매(mL)를 시료 : 용매 = 1 : 10 ($W:V$)의 비로 2,000mL 삼각플라스크에 넣어 혼합한다.

① pH 4 이하
② pH 4.3~5.8
③ pH 5.8~6.3
④ pH 6.3~7.2

63 석면(X선 회절기법) 측정을 위한 분석절차 중 시료의 균일화에 관한 내용(기준)으로 ( ) 안에 옳은 것은?

> 정성분석용 시료의 입자 크기는 ( )μm 이하로 분쇄를 한다.

① 0.1 ② 1.0
③ 10 ④ 100

64 용출시험방법의 용출조작에 관한 내용으로 ( ) 안에 옳은 내용은? ★

> 시료용액 조제가 끝난 혼합액을 상온 · 상압에서 진탕횟수가 매분당 약 200회이고, 진폭이 4~5cm인 진탕기를 사용하여 6시간 연속 진탕한 다음 1.0μm의 유리섬유여과지로 여과하고 여과액을 적당량 취하여 용출시험용 시료용액으로 한다. 다만, 여과가 어려운 경우 원심분리기를 사용하여 매분당 ( ) 원심분리한 다음 상징액을 적당량 취하여 용출시험용 시료용액으로 한다.

① 2,000회전 이상으로 20분 이상
② 2,000회전 이상으로 30분 이상
③ 3,000회전 이상으로 20분 이상
④ 3,000회전 이상으로 30분 이상

65 pH 표준용액 조제에 관한 설명으로 옳지 않은 것은?

① 조제한 pH 표준용액은 경질 유리병 또는 폴리에틸렌병에 보관한다.

② 염기성 표준용액은 산화칼슘 흡수관을 부착하여 1개월 이내에 사용한다.

③ 현재 국내외에 상품화되어 있는 표준용액을 사용할 수 있다.

④ pH 표준용액용 정제수는 묽은 염산을 주입한 후 증류하여 사용한다.

정답 I 61.③ 62.③ 63.④ 64.③ 65.④

66 단색광이 임의의 시료용액을 통과할 때 그 빛의 80%가 흡수되었다면 흡광도는? ★★

① 약 0.5 ② 약 0.6
③ 약 0.7 ④ 약 0.8

✔ 흡광도 $A = \log \frac{1}{10^{-\varepsilon Cl}}$

$$= \log \frac{I_o}{I_t} = \log \frac{1}{T} = \log \frac{1}{0.2} = 0.70$$

67 용매 추출 후 기체 크로마토그래피를 이용하여 휘발성 저급 염소화 탄화수소류 분석 시 가장 적합한 물질은?

① Dioxin
② Polychlorinated biphenyls
③ Trichloroethylene
④ Polyvinylchoride

✔ 기체 크로마토그래피를 이용하여 휘발성 저급 염소화 탄화수소류 분석 시 적합한 물질은 트라이클로로에틸렌과 테트라클로로에틸렌이다.

68 다음 중 실험 총칙에 관한 내용으로 적절하지 않은 것은? ★★★

① 연속 측정 또는 현장 측정의 목적으로 사용하는 측정기기는 공정시험기준에 의한 측정치와의 정확한 보정을 행한 후 사용할 수 있다.
② 분석용 저울은 0.1mg까지 달 수 있는 것이어야 하며 분석용 저울 및 분동은 국가검정을 필한 것을 사용하여야 한다.
③ 공정시험기준에 각 항목의 분석에 사용되는 표준물질은 특급시약으로 제조하여야 한다.
④ 시험에 사용하는 시약은 따로 규정이 없는 한 1급 이상의 시약 또는 동등한 규격의 시약을 사용하여 각 시험항목별 '시약 및 표준용액'에 따라 조제하여야 한다.

✔ ③ 공정시험기준에서 각 항목의 분석에 사용되는 표준물질은 국가표준에 소급성이 인증된 인증표준물질을 사용한다.

69 구리(자외선/가시선 분광법 기준) 측정에 관한 내용으로 ( ) 안에 옳은 내용은? ★

폐기물 중에 구리를 자외선/가시선 분광법으로 측정하는 방법으로 시료 중에 구리이온이 알칼리성에서 다이에틸다이티오카르바민산소듐과 반응하여 생성하는 황갈색의 킬레이트화합물을 ( )(으)로 추출하여 흡광도를 440nm에서 측정하는 방법이다.

① 아세트산뷰틸
② 사염화탄소
③ 벤젠
④ 노말헥세인

70 용출시험방법의 적용에 관한 사항으로 ( ) 안에 옳은 내용은?

( )에 대하여 폐기물관리법에서 규정하고 있는 지정폐기물의 판정 및 지정폐기물의 중간처리방법 또는 매립방법을 결정하기 위한 실험에 적용한다.

① 수거 폐기물
② 고상 폐기물
③ 일반 폐기물
④ 고상 및 반고상 폐기물

71 유리전극법을 이용하여 수소이온농도를 측정할 때 적용범위기준으로 옳은 것은? ★

① pH를 0.01까지 측정한다.
② pH를 0.05까지 측정한다.
③ pH를 0.1까지 측정한다.
④ pH를 0.5까지 측정한다.

정답 | 66.③ 67.③ 68.③ 69.① 70.④ 71.①

제4과목

72 시료의 조제방법으로 옳지 않은 것은? ★

① 돌멩이 등의 이물질을 제거하고, 입경이 5mm 이상인 것은 분쇄하여 체로 거른 후 입경이 0.5~5mm로 한다.

② 시료의 축소방법으로는 구획법, 교호삽법, 원추4분법이 있다.

③ 원추4분법을 3회 시행하면 원래 양의 1/3이 된다.

④ 시료의 분할채취방법에 따라 시료의 조성을 균일화한다.

✔ ③ 원추4분법을 3회 시행하면 원래 양의 1/8이 된다.

※ **원추4분법 공식** : 최종 분취 시료 = 시료의 양 $\times \left(\frac{1}{2}\right)^n$

73 다음 중 유기인화합물 및 유기질소화합물을 선택적으로 검출할 수 있는 기체 크로마토그래피 검출기는? ★

① TCD ② FID

③ ECD ④ FPD

74 음식물 폐기물의 수분을 측정하기 위해 실험하여 다음과 같은 결과를 얻었을 때 수분은 몇 %인가? ★★★

- 건조 전 시료의 무게 = 50kg
- 증발접시의 무게 = 7.25g
- 증발접시 및 시료의 건조 후 무게 = 15.75g

① 87 ② 83

③ 78 ④ 74

✔ 수분(%) $= \frac{(W_2 - W_3)}{(W_2 - W_1)} \times 100$

여기서, W_1 : 평량병 또는 증발접시의 무게

W_2 : 건조 전 평량병 또는 증발접시와 시료의 무게

W_3 : 건조 후 평량병 또는 증발접시와 시료의 무게

∴ 수분 $= \frac{(57.25 - 15.75)}{50} \times 100 = 83\%$

75 노말헥세인 추출물질을 측정하기 위해 시료 30g을 사용하여 공정시험기준에 따라 실험하였다. 실험 전후 증발용기의 무게 차는 0.0176g이고, 바탕실험 전후 증발용기의 무게 차가 0.0011g이었다면, 이를 적용하여 계산된 노말헥세인 추출물질(%)은?

① 0.035 ② 0.055

③ 0.075 ④ 0.095

✔ 기름성분(%) $= (a - b) \times \frac{100}{V}$

여기서, a : 실험 전후 증발접시의 질량 차(g)

b : 바탕실험 전후 증발접시의 질량 차(g)

V : 시료의 양(g)

∴ 기름성분 $= (0.0176 - 0.0011) \times \frac{100}{30} = 0.055\%$

76 다음 중 농도가 가장 낮은 것은?

① 수산화소듐(1 → 10)

② 수산화소듐(1 → 20)

③ 수산화소듐(5 → 100)

④ 수산화소듐(3 → 100)

✔ 각 보기의 농도는 다음과 같다.

① 수산화소듐(1 → 10) : 0.1

② 수산화소듐(1 → 20) : 0.05

③ 수산화소듐(5 → 100) : 0.05

④ 수산화소듐(3 → 100) : 0.03

77 기체 크로마토그래피의 장치구성 순서로 옳은 것은?

① 운반가스 – 유량계 – 시료도입부 – 분리관 – 검출기 – 기록부

② 운반가스 – 시료도입부 – 유량계 – 분리관 – 검출기 – 기록부

③ 운반가스 – 유량계 – 시료도입부 – 광원부 – 검출기 – 기록부

④ 운반가스 – 시료도입부 – 유량계 – 광원부 – 검출기 – 기록부

정답 I 72.③ 73.④ 74.② 75.② 76.④ 77.①

78 PCBs(기체 크로마토그래피 – 질량분석법) 분석 시 PCBs 정량한계(mg/L)는?

① 0.001 ② 0.05
③ 0.1 ④ 1.0

79 다음 중 폐기물 시료의 강열감량을 측정한 결과가 다음과 같았다. 이때 해당 시료의 강열감량(%)은? ★★

- 도가니의 무게(W_1) = 51.045g
- 강열 전 도가니와 시료의 무게(W_2) = 92.345g
- 강열 후 도가니와 시료의 무게(W_3) = 53.125g

① 약 93 ② 약 95
③ 약 97 ④ 약 99

✔ 강열감량 또는 유기물 함량(%) $= \dfrac{(W_2 - W_3)}{(W_2 - W_1)} \times 100$

여기서, W_1 : 뚜껑을 포함한 증발용기의 질량
W_2 : 강열 전 뚜껑을 포함한 증발용기와 시료의 질량
W_3 : 강열 후 뚜껑을 포함한 증발용기와 시료의 질량

∴ 강열감량 $= \dfrac{92.345 - 53.125}{92.345 - 51.045} \times 100 = 94.96\%$

80 자외선/가시선 분광법에서 램버트–비어의 법칙을 올바르게 나타내는 식은? (단, I_o : 입사강도, I_t : 투과강도, l : 셀의 두께, ε : 상수, C : 농도) ★★

① $I_t = I_o 10^{-\varepsilon Cl}$
② $I_o = I_t 10^{-\varepsilon Cl}$
③ $I_t = CI_o 10^{-\varepsilon l}$
④ $I_o = l I_t 10^{-\varepsilon C}$

제4과목 | 폐기물 공정시험기준(방법)

2021년 제2회 폐기물처리기사

61 용출시험대상의 시료용액 조제에 있어서 사용하는 용매의 pH 범위는? ★

① 4.8~5.3 ② 5.8~6.3
③ 6.8~7.3 ④ 7.8~8.3

62 폐기물의 용출시험방법에 관한 사항으로 ( )에 옳은 내용은? ★

시료용액 조제가 끝난 혼합액을 상온 · 상압에서 진탕횟수가 매분당 약 200회, 진폭 4~5cm의 진탕기를 사용하여 ( ) 동안 연속 진탕한다.

① 2시간 ② 4시간
③ 6시간 ④ 8시간

63 흡광광도 분석장치에서 근적외부의 광원으로 사용되는 것은? ★

① 텅스텐램프
② 중수소방전관
③ 석영저압수은관
④ 수소방전관

✔ 광원부의 광원으로 가시부와 근적외부의 광원으로는 주로 텅스텐램프를 사용하고 자외부의 광원으로는 주로 중수소방전관을 사용한다.

64 정량한계에 대한 다음 설명에서 ( ) 안에 옳은 내용은?

정량한계(LOQ)란 시험분석대상을 정량화할 수 있는 측정값으로서, 제시된 정량한계 부근의 농도를 포함하도록 시료를 준비하고 이를 반복 측정하여 얻은 결과의 표준편차에 ( )배한 값을 사용한다.

① 2 ② 5
③ 10 ④ 20

제4과목

정답 | 78.④ 79.② 80.① / 61.② 62.③ 63.① 64.③

65 대상 폐기물의 양이 5,400톤인 경우 채취해야 할 시료의 최소수는? ★★★

① 20　② 40
③ 60　④ 80

✔ 대상 폐기물의 양과 현장 시료의 최소수

대상 폐기물의 양(ton)	현장 시료의 최소수
~ 1 미만	6
1 이상 ~ 5 미만	10
5 이상 ~ 30 미만	14
30 이상 ~ 100 미만	20
100 이상 ~ 500 미만	30
500 이상 ~ 1,000 미만	36
1,000 이상 ~ 5,000 미만	50
5,000 이상 ~	60

66 이온전극법에 관한 설명으로 ( ) 안에 옳은 내용은?

> 이온전극은 [이온전극 | 측정용액 | 비교전극]의 측정계에서 측정대상 이온에 감응하여 ( )에 따라 이온활동도에 비례하는 전위차를 나타낸다.

① 네른스트식　② 램버트식
③ 패러데이식　④ 플래밍식

67 다음 중 총칙의 용어 설명으로 적절하지 않은 것은? ★★★

① 액상 폐기물이라 함은 고형물의 함량이 5% 미만인 것을 말한다.
② 방울수라 함은 20℃에서 정제수 20방울을 적하할 때, 그 부피가 약 0.1mL 되는 것을 뜻한다.
③ 시험조작 중 즉시란 30초 이내에 표시된 조작을 하는 것을 뜻한다.
④ 고상 폐기물이라 함은 고형물의 함량이 15% 이상인 것을 말한다.

✔ ② 방울수라 함은 20℃에서 정제수 20방울을 적하할 때, 그 부피가 약 1mL 되는 것을 뜻한다.

68 유기인의 분석에 관한 내용으로 틀린 것은?

① 기체 크로마토그래피를 사용할 경우 질소인 검출기 또는 불꽃광도검출기를 사용한다.
② 기체 크로마토그래피는 유기인화합물 중 이피엔, 파라티온, 메틸디메톤, 다이아지논 및 펜토에이트 분석에 적용된다.
③ 시료채취는 유리병을 사용하며 채취 전 시료로 3회 이상 세척하여야 한다.
④ 시료는 시료채취 후 추출하기 전까지 4℃ 냉암소에 보관하고 7일 이내에 추출하고 40일 이내에 분석한다.

✔ ③ 시료채취는 유리병을 사용하며 채취 전에 시료로 세척하지 않아야 한다.

69 PCBs를 기체 크로마토그래피로 분석할 때 실리카겔 칼럼에 무수황산소듐을 첨가하는 이유는 무엇인가?

① 유분 제거
② 수분 제거
③ 미량 중금속 제거
④ 먼지 제거

70 다음 중 ICP 원자발광분광기의 구성에 속하지 않는 것은?

① 고주파전원부　② 시료원자화부
③ 광원부　④ 분광부

✔ ② 시료원자화부는 원자흡수 분광광도법의 구성되는 장치이다.

71 30% 수산화소듐(NaOH)은 몇 몰(M)인가? (단, NaOH의 분자량은 40) ★★★

① 4.5　② 5.5
③ 6.5　④ 7.5

✔ NaOH의 몰농도 $= \frac{30\,\text{g}}{100\,\text{mL}} \Big| \frac{\text{mol}}{40\,\text{g}} \Big| \frac{10^3\,\text{mL}}{\text{L}} = 7.5\,\text{M}$

정답 | 65.③ 66.① 67.② 68.③ 69.② 70.② 71.④

72 비소(자외선/가시선 분광법) 분석 시 발생되는 비화수소를 다이에틸다이티오카르바민산은의 피리딘 용액에 흡수시키면 나타나는 색은? ★

① 적자색 ② 청색
③ 황갈색 ④ 황색

73 다량의 점토질 또는 규산염을 함유한 시료에 적용되는 시료의 전처리방법으로 가장 적절한 것은? ★★

① 질산-과염소산-불화수소산 분해법
② 질산-염산 분해법
③ 질산-과염소산 분해법
④ 질산-황산 분해법

✔ ② 질산-염산 분해법 : 유기물 함량이 비교적 높지 않고 금속의 수산화물, 산화물, 인산염 및 황화물을 함유하고 있는 시료에 적용하며, 질산-염산에 의한 유기물 분해방법
③ 질산-과염소산 분해법 : 유기물을 높은 비율로 함유하고 있으면서 산화 분해가 어려운 시료들에 적용하며, 질산-과염소산에 의한 유기물 분해방법
④ 질산-황산 분해법 : 유기물 등을 많이 함유하고 있는 대부분의 시료에 적용하며, 질산-황산에 의한 유기물 분해방법

74 폐기물 중에 납을 자외선/가시선 분광법으로 측정하는 방법에 관한 내용으로 틀린 것은?

① 납 착염의 흡광도를 520nm에서 측정하는 방법이다.
② 전처리를 하지 않고 직접 시료를 사용하는 경우, 시료 중에 사이안화합물이 함유되어 있으면 염산 산성으로 끓여 사이안화물을 완전히 분해·제거한 다음 실험한다.
③ 시료에 다량의 비스무트(Bi)가 공존하면 사이안화포타슘 용액으로 수회 씻어 무색으로 하여 실험한다.
④ 정량한계는 0.001mg이다.

✔ ③ 시료에 다량의 비스무트(Bi)가 공존하면 사이안화포타슘 용액으로 수회 씻어도 무색이 되지 않는다.

75 70mL의 0.08N-HCl과 0.04N-NaOH 수용액 130mL를 혼합했을 때 pH는? (단, 완전해리된다고 가정) ★★

① 2.7 ② 3.6
③ 5.6 ④ 11.3

✔ $N_m = \dfrac{N_1 \times Q_1 + N_2 \times Q_2}{Q_1 + Q_2}$

$= \dfrac{0.08 \times 70 - 0.04 \times 130}{70 + 130}$

$= 2.0 \times 10^{-3}$

$\therefore \mathrm{pH} = \log \dfrac{1}{[\mathrm{H^+}]}$

$= \log \dfrac{1}{2.0 \times 10^{-3}} = 2.70$

76 투사광의 강도가 10%일 때의 흡광도(A_{10})와 20%일 때의 흡광도(A_{20})를 비교한 설명으로 옳은 것은? ★★

① A_{10}은 A_{20}보다 흡광도가 약 1.4배 높다.
② A_{20}은 A_{10}보다 흡광도가 약 1.4배 높다.
③ A_{10}은 A_{20}보다 흡광도가 약 2.0배 높다.
④ A_{20}은 A_{10}보다 흡광도가 약 2.0배 높다.

✔ 흡광도 $A = \log \dfrac{1}{10^{-\varepsilon C l}} = \log \dfrac{I_o}{I_t} = \log \dfrac{1}{T}$

• $A_{10} = \log \dfrac{1}{0.1} = 1$

• $A_{20} = \log \dfrac{1}{0.2} = 0.6990$

$\therefore \dfrac{A_{10}}{A_{20}} = \dfrac{1}{0.6990} = 1.43$

77 수은을 원자흡수 분광광도법으로 측정할 때 시료 중 수은을 금속수은으로 환원시키기 위해 넣는 시약은?

① 아연분말
② 황산소듐
③ 사이안화포타슘
④ 이염화주석

제4과목

정답 | 72.① 73.① 74.③ 75.① 76.① 77.④

78 기체 크로마토그래피의 검출기 중 인 또는 황화합물을 선택적으로 검출할 수 있는 것으로 운반가스와 조연가스의 혼합부, 수소공급구, 연소노즐, 광학필터, 광전자증배관 및 전원 등으로 구성된 것은? ★

① TCD(Thermal Conductivity Detector)
② FID(Flame Ionization Detector)
③ FPD(Flame Photometric Detector)
④ FTD(Flame Thermionic Detector)

79 비소를 자외선/가시선 분광법으로 측정할 때에 대한 내용으로 틀린 것은?

① 정량한계는 0.002mg이다.
② 적자색의 흡광도를 530nm에서 측정한다.
③ 정량범위는 0.002~0.01mg이다.
④ 시료 중의 비소에 아연을 넣어 3가비소로 환원시킨다.

✔ 시료 중의 비소를 3가비소로 환원시킨 다음 아연을 넣어 발생되는 비화수소를 다이에틸다이티오카르바민산은의 피리딘 용액에 흡수시킨다.

80 다음 ( ) 안에 들어갈 적절한 내용은?

기체 크로마토그래피 분석에서 머무름시간을 측정할 때는 (㉠)회 측정하여 그 평균치를 구한다. 일반적으로 (㉡)분 정도에서 측정하는 피크의 머무름시간은 반복 시험을 할 때 (㉢)% 오차범위 이내이어야 한다.

① ㉠ 3, ㉡ 5~30, ㉢ ±3
② ㉠ 5, ㉡ 5~30, ㉢ ±5
③ ㉠ 3, ㉡ 5~15, ㉢ ±3
④ ㉠ 5, ㉡ 5~15, ㉢ ±5

2021년 제4회 폐기물처리기사

61 용액의 농도를 %로만 표현하는 경우를 바르게 나타낸 것은? (단, W : 무게, V : 부피) ★★

① V/V% ② W/W%
③ V/W% ④ W/V%

62 시료의 전처리방법으로 많은 시료를 동시에 처리하기 위하여 회화에 의한 유기물 분해방법을 이용하고자 하며, 시료 중에는 염화칼슘이 다량 함유되어 있는 것으로 조사되었다. 아래 보기 중 회화에 의한 유기물 분해방법이 적용 가능한 중금속은?

① 납(Pb)
② 철(Fe)
③ 안티모니(Sb)
④ 크로뮴(Cr)

✔ 시료 중에 염화암모늄, 염화마그네슘, 염화칼슘 등이 높은 비율로 함유된 경우에는 납, 철, 주석, 아연, 안티모니 등이 휘산되어 손실이 발생하므로 주의하여야 한다.

63 원자흡수 분광광도법에 의하여 비소를 측정하는 방법에 대한 설명으로 거리가 먼 것은?

① 정량한계는 0.005mg/L이다.
② 운반가스로 아르곤가스(순도 99.99% 이상)를 사용한다.
③ 아르곤－수소 불꽃에서 원자화시켜 253.7nm에서 흡광도를 측정한다.
④ 전처리한 시료용액 중에 아연 또는 소듐붕소수화물을 넣어 생성된 수소화비소를 원자화시킨다.

✔ 수소화비소를 아르곤－수소 불꽃 중에 주입하여 193.7nm에서 흡광도를 측정하고, 미리 작성한 검정곡선으로부터 비소의 양을 구하고 농도(mg/L)를 산출한다.

정답 | 78.③ 79.④ 80.① / 61.④ 62.④ 63.③

64 자외선/가시선 분광법으로 크로뮴을 정량할 때 $KMnO_4$를 사용하는 목적은?

① 시료 중의 총 크로뮴을 6가크로뮴으로 하기 위해서다.

② 시료 중의 총 크로뮴을 3가크로뮴으로 하기 위해서다.

③ 시료 중의 총 크로뮴을 이온화하기 위해서다.

④ 다이페닐카바자이드와 반응을 최적화하기 위해서다.

65 감염성 미생물의 분석방법으로 가장 거리가 먼 것은?

① 아포균 검사법

② 열멸균 검사법

③ 세균배양 검사법

④ 멸균테이프 검사법

✔ 감염성 미생물의 분석방법
- 아포균 검사법
- 세균배양 검사법
- 멸균테이프 검사법

66 기체 크로마토그래피에 관한 일반적인 사항으로 옳지 않은 것은?

① 충전물로서 적당한 담체에 고정상 액체를 함침시킨 것을 사용할 경우 기체-액체 크로마토그래피라 한다.

② 무기화합물에 대한 정성 및 정량 분석에 이용한다.

③ 운반기체는 시료도입부로부터 분리관 내를 흘러서 검출기를 통하여 외부로 방출된다.

④ 시료도입부, 분리관검출기 등은 필요한 온도를 유지해 주어야 한다.

✔ ② 무기물 또는 유기물의 대기오염물질에 대한 정성 · 정량 분석에 이용한다.

67 중량법에 의한 기름성분 분석방법에 관한 설명으로 옳지 않은 것은?

① 시료를 직접 사용하거나, 시료에 적당한 응집제 또는 흡착제 등을 넣어 노말헥세인 추출물질을 포집한 다음 노말헥세인으로 추출한다.

② 시험기준의 정량한계는 0.1% 이하로 한다.

③ 폐기물 중의 휘발성이 높은 탄화수소, 탄화수소유도체, 그리스유상 물질 중 노말헥세인에 용해되는 성분에 적용한다.

④ 눈에 보이는 이물질이 들어 있을 때에는 제거해야 한다.

✔ ③ 폐기물 중의 비교적 휘발되지 않는 탄화수소, 탄화수소유도체, 그리스유상 물질 중 노말헥세인에 용해되는 성분에 적용한다.

68 기체 크로마토그래피에 의한 휘발성 저급 염소화 탄화수소류 분석방법에 관한 설명과 가장 거리가 먼 것은?

① 끓는점이 낮거나 비극성 유기화합물들이 함께 추출되어 간섭현상이 일어난다.

② 시료 중에 트라이클로로에틸렌(C_2HCl_3)의 정량한계는 0.008mg/L, 테트라클로로에틸렌(C_2Cl_4)의 정량한계는 0.002mg/L이다.

③ 다이클로로메테인과 같은 휘발성 유기물은 보관이나 운반 중에 격막(septum)을 통해 시료 안으로 확산되어 시료를 오염시킬 수 있으므로 현장 바탕시료로 이를 점검하여야 한다.

④ 다이클로로메테인과 같이 머무름시간이 짧은 화합물은 용매의 피크와 겹쳐 분석을 방해할 수 있다.

✔ ① 끓는점이 높거나 극성 유기화합물들이 함께 추출되어 간섭현상이 일어난다.

제4과목

정답 | 64.① 65.② 66.② 67.③ 68.①

69 석면의 종류 중 백석면의 형태와 색상에 관한 내용으로 가장 거리가 먼 것은?

① 곧은 물결 모양의 섬유
② 다발의 끝은 분산
③ 다색성
④ 가열되면 무색 ~ 밝은 갈색

✔ ① 꼬인 물결 모양의 섬유

70 사이안의 자외선/가시선 분광법에 관한 내용으로 ( ) 안에 옳은 내용은? ★

클로라민-T와 피리딘 · 피라졸론 혼합액을 넣어 나타나는 ( )에서 측정한다.

① 적색을 460nm
② 황갈색을 560nm
③ 적자색을 520nm
④ 청색을 620nm

71 폐기물 시료의 용출시험방법에 대한 설명으로 틀린 것은?

① 지정폐기물의 판정이나 매립방법을 결정하기 위한 시험에 적용한다.
② 시료 100g 이상을 정확히 달아 정제수에 염산을 넣어 pH를 4.5~5.3으로 맞춘 용매와 1 : 5의 비율로 혼합한다.
③ 진탕 여과한 액을 검액으로 사용하나 여과가 어려운 경우 원심분리기를 이용한다.
④ 용출시험 결과는 수분 함량 보정을 위해 함수율이 85% 이상인 시료에 한하여 [15/(100−시료의 함수율(%))]을 곱하여 계산된 값으로 한다.

✔ ② 시료 100g 이상을 정확히 달아 정제수에 염산을 넣어 pH 5.8 ~ 6.3으로 맞춘 용매와 1 : 10의 비율로 혼합한다.

72 원자흡수 분광광도법에서 일어나는 분광학적 간섭에 해당하는 것은?

① 불꽃 중에서 원자가 이온화하는 경우
② 시료용액의 점성이나 표면장력 등에 의하여 일어나는 경우
③ 분석에 사용하는 스펙트럼선이 다른 인접선과 완전히 분리되지 않는 경우
④ 공존물질과 작용하여 해리하기 어려운 화합물이 생성되어 흡광에 관계하는 기저상태의 원자 수가 감소하는 경우

✔ **원자흡수 분광광도법의 분광학적 간섭**
- 분석에 사용하는 스펙트럼선이 다른 인접선과 완전히 분리되지 않는 경우
- 분석에 사용하는 스펙트럼의 불꽃 중에서 생성되는 목적원소의 원자 증기 이외의 물질에 의하여 흡수되는 경우

73 대상 폐기물의 양이 1,100톤인 경우 현장 시료의 최소수(개)는? ★★★

① 40 ② 50
③ 60 ④ 80

✔ **대상 폐기물의 양과 현장 시료의 최소수**

대상 폐기물의 양(ton)	현장 시료의 최소수
~ 1 미만	6
1 이상 ~ 5 미만	10
5 이상 ~ 30 미만	14
30 이상 ~ 100 미만	20
100 이상 ~ 500 미만	30
500 이상 ~ 1,000 미만	36
1,000 이상 ~ 5,000 미만	50
5,000 이상 ~	60

74 PCB 측정 시 시료의 전처리 조작으로 유분의 제거를 위하여 알칼리 분해를 실시하는 과정에서 알칼리제로 사용하는 것은?

① 산화칼슘 ② 수산화포타슘
③ 수산화소듐 ④ 수산화칼슘

정답 | 69.① 70.④ 71.② 72.③ 73.② 74.②

75 수소이온농도(pH) 시험방법에 관한 설명으로 틀린 것은? (단, 유리전극법 기준) ★

① pH를 0.1까지 측정한다.

② 기준전극은 은-염화은의 칼로멜전극 등으로 구성된 전극으로 pH 측정기에서 측정 전위값의 기준이 된다.

③ 유리전극은 일반적으로 용액의 색도, 탁도, 콜로이드성 물질들, 산화 및 환원성 물질들 그리고 염도에 의해 간섭을 받지 않는다.

④ pH는 온도변화에 영향을 받는다.

✔ ① pH를 0.01까지 측정한다.

76 폐기물 소각시설의 소각재 시료채취에 관한 내용 중 회분식 연소방식의 소각재 반출설비에서의 시료채취 내용으로 옳은 것은?

① 하루 동안의 운행시간에 따라 매 시간마다 2회 이상 채취하는 것을 원칙으로 한다.

② 하루 동안의 운행시간에 따라 매 시간마다 3회 이상 채취하는 것을 원칙으로 한다.

③ 하루 동안의 운전횟수에 따라 매 운전 시마다 2회 이상 채취하는 것을 원칙으로 한다.

④ 하루 동안의 운전횟수에 따라 매 운전 시마다 3회 이상 채취하는 것을 원칙으로 한다.

77 사이안(CN)을 분석하기 위한 자외선/가시선 분광법에 대한 설명으로 옳지 않은 것은?

① 사이안화합물을 측정할 때 방해물질들은 증류하면 대부분 제거된다.

② 정량한계는 0.01mg/L이다.

③ pH 2 이하 산성에서 피리딘 · 피라졸론을 넣고 가열 · 증류한다.

④ 유출되는 사이안화수소를 수산화소듐 용액으로 포집한 다음 중화한다.

✔ ③ 시료를 pH 2 이하의 산성으로 조절한 후에 에틸렌다이아민테트라아세트산이소듐을 넣고 가열 · 증류한다.

78 다음 중 총칙에서 규정하고 있는 내용으로 틀린 것은? ★★★

① "항량으로 될 때까지 건조한다"라 함은 같은 조건에서 10시간 더 건조할 때 전후 무게의 차가 g당 0.1mg 이하일 때를 말한다.

② "방울수"라 함은 20℃에서 정제수 20방울을 적하할 때, 그 부피가 약 1mL 되는 것을 뜻한다.

③ "감압 또는 진공"이라 함은 따로 규정이 없는 한 15mmHg 이하를 뜻한다.

④ 무게를 "정확히 단다"라 함은 규정된 수치의 무게를 0.1mg까지 다는 것을 말한다.

✔ ① "항량으로 될 때까지 건조한다"라 함은 같은 조건에서 1시간 더 건조할 때 전후 무게의 차가 g당 0.3mg 이하일 때를 말한다.

79 다음 중 시료의 조제방법에 관한 설명으로 틀린 것은? ★

① 시료의 축소방법에는 구획법, 교호삽법, 원추4분법이 있다.

② 소각 잔재, 슬러지 또는 입자상 물질 중 입경이 5mm 이상인 것은 분쇄하여 체로 걸러서 입경이 0.5~5mm로 한다.

③ 시료의 축소방법 중 구획법은 대시료를 네모꼴로 엷게 균일한 두께로 편 후, 가로 4등분, 세로 5등분하여 20개의 덩어리로 나누어 20개의 각 부분에서 균등량씩을 취해 혼합하여 하나의 시료로 한다.

④ 축소라 함은 폐기물에서 시료를 채취할 경우 혹은 조제된 시료의 양이 많은 경우에 모은 시료의 평균적 성질을 유지하면서 양을 감소시켜 측정용 시료를 만드는 것을 말한다.

✔ ② 소각 잔재, 슬러지 또는 입자상 물질은 그대로 작은 돌멩이 등의 이물질을 제거하고, 이외의 폐기물 중 입경이 5mm 미만인 것은 그대로, 입경이 5mm 이상인 것은 분쇄하여 체로 거른 후 입경이 0.5~5mm로 한다.

정답 | 75.① 76.③ 77.③ 78.① 79.②

80 폐기물 시료 20g에 고형물 함량이 1.2g이었다면 다음 중 어떤 폐기물에 속하는가? (단, 폐기물의 비중은 1.0) ★

① 액상 폐기물
② 반액상 폐기물
③ 반고상 폐기물
④ 고상 폐기물

✔ 고형물의 함량 $= \frac{1.2}{20} \times 100 = 6\%$
5% 이상 15% 미만이므로, 반고상 폐기물에 속한다.

제4과목 | 폐기물 공정시험기준(방법)

2022년 제1회 폐기물처리기사

61 유도결합 플라스마 – 원자발광분광법을 사용한 금속류 측정에 관한 내용으로 틀린 것은?

① 대부분의 간섭물질은 산 분해에 의해 제거된다.
② 유도결합 플라스마 – 원자발광분광기는 시료도입부, 고주파전원부, 광원부, 분광부, 연산처리부 및 기록부로 구성된다.
③ 시료 중에 칼슘과 마그네슘의 농도가 높고 측정값이 규제값의 90% 이상일 때는 희석 측정하여야 한다.
④ 유도결합 플라스마 – 원자발광분광기의 분광부는 검출 및 측정에 따라 연속주사형 단원소 측정장치와 다원소 동시측정장치로 구분된다.

✔ ③ 시료 중에 칼슘과 마그네슘의 농도 합이 500mg/L 이상이고 측정값이 규제값의 90% 이상일 때는 표준물질첨가법에 의해 측정하는 것이 좋다.

62 유도결합 플라스마 발광광도법(ICP)에 대한 설명 중 틀린 것은?

① 시료 중의 원소가 여기되는 데 필요한 온도는 6,000~8,000K이다.
② ICP 분석장치에서 에어로졸 상태로 분무된 시료는 가장 안쪽의 관을 통하여 도넛 모양의 플라스마 중심부에 도달한다.
③ 시료 측정에 따른 정량분석은 검량선법, 내부표준법, 표준첨가법을 사용한다.
④ 플라스마는 그 자체가 광원으로 이용되기 때문에 매우 좁은 농도범위의 시료를 측정하는 데 주로 사용된다.

✔ ④ 플라스마는 그 자체가 광원으로 이용되기 때문에 매우 넓은 농도범위의 시료를 측정하는 데 주로 사용된다.

정답 | 80.③ / 61.③ 62.④

63 자외선/가시선 분광법에 의하여 폐기물 내 크로뮴을 분석하기 위한 실험방법에 관한 설명으로 옳은 것은? ★

① 발색 시 수산화소듐의 최적농도는 0.5N이다. 만일 수산화소듐의 양이 부족하면 5mL를 넣어 시험한다.

② 시료 중에 철이 5mg 이상으로 공존할 경우에는 다이페닐카바자이드 용액을 넣기 전에 10% 피로인산소듐 · 10수화물 용액 5mL를 넣는다.

③ 적자색의 착화합물을 흡광도 540nm에서 측정한다.

④ 총 크로뮴을 과망가니즈산소듐을 사용하여 6가크로뮴으로 산화시킨 다음 알칼리성에서 다이페닐카바자이드와 반응시킨다.

✔ ① 발색 시 황산의 최적농도는 0.1M이다.
② 시료 중 철이 2.5mg 이하로 공존할 경우에는 다이페닐카바자이드 용액을 넣기 전에 피로인산소듐 · 10수화물 용액(5%) 2mL를 넣어 주면 간섭을 줄일 수 있다.
④ 총 크로뮴을 과망가니즈산포타슘을 사용하여 6가크로뮴으로 산화시킨 다음, 산성에서 다이페닐카바자이드와 반응시킨다.

64 폐기물 중 유기물 함량(%)을 식으로 나타낸 것으로 적절한 것은? (단, W_1 : 도가니 또는 접시의 무게, W_2 : 강열 전 도가니 또는 접시와 시료의 무게, W_3 : 강열 후 도가니 또는 접시와 시료의 무게) ★★★

① $\dfrac{(W_2 - W_3)}{(W_3 - W_2)} \times 100$

② $\dfrac{(W_2 - W_1)}{(W_3 - W_1)} \times 100$

③ $\dfrac{(W_3 - W_2)}{(W_2 - W_1)} \times 100$

④ $\dfrac{(W_2 - W_3)}{(W_2 - W_1)} \times 100$

65 기체 크로마토그래피법에 대한 설명으로 옳지 않은 것은?

① 일정 유량으로 유지되는 운반가스는 시료도입부로부터 분리관 내를 흘러서 검출기를 통하여 외부로 방출된다.

② 할로겐화합물을 다량 함유하는 경우에는 분자 흡수나 광산란에 의하여 오차가 발생하므로 추출법으로 분리하여 실험한다.

③ 유기인 분석 시 추출용매 안에 함유하고 있는 불순물이 분석을 방해할 수 있으므로 바탕시료나 시약 바탕시료를 분석하여 확인할 수 있다.

④ 장치의 기본구성은 압력조절밸브, 유량조절기, 압력계, 유량계, 시료도입부, 분리관, 검출기 등으로 되어 있다.

✔ 시료 중에 알칼리금속의 할로겐화합물을 다량 함유하는 경우에는 분자 흡수나 광산란에 의하여 오차가 발생하므로 추출법으로 카드뮴을 분리하여 실험하는 것은 금속류–원자흡수 분광광도법이다.

66 시료의 전처리방법 중 질산–황산에 의한 유기물 분해에 해당되는 항목들로 적절하게 짝지어진 것은? ★★

> ㉠ 시료를 서서히 가열하여 액체의 부피가 약 15mL가 될 때까지 증발 · 농축한 후 공기 중에서 식힌다.
> ㉡ 용액의 산 농도는 약 0.8N이다.
> ㉢ 염산(1+1) 10mL와 물 15mL를 넣고 약 15분간 가열하며 잔류물을 녹인다.
> ㉣ 분해가 끝나면 공기 중에서 식히고 정제수 50mL를 넣어 끓기 직전까지 서서히 가열하여 침전된 용해성 염들을 녹인다.
> ㉤ 유기물 등을 많이 함유하고 있는 대부분의 시료에 적용된다.

① ㉡, ㉢, ㉣ ② ㉢, ㉣, ㉤
③ ㉠, ㉣, ㉤ ④ ㉠, ㉢, ㉤

✔ ㉡ : 질산–과염소산 분해법
㉢ : 질산–염산 분해법

정답 | 63.③ 64.④ 65.② 66.③

67 다음 중 원자흡수 분광광도계 장치의 구성으로 옳은 것은?

① 광원부 – 파장선택부 – 측광부 – 시료부
② 광원부 – 시료원자화부 – 파장선택부 – 측광부
③ 광원부 – 가시부 – 측광부 – 시료부
④ 광원부 – 가시부 – 시료부 – 측광부

68 다음 중 이온전극법을 적용하여 분석하는 항목은? (단, 폐기물 공정시험기준에 의함)

① 사이안
② 수은
③ 유기인
④ 비소

✔ **사이안의 분석항목**
- 자외선/가시선 분광법
- 이온전극법
- 연속흐름법

69 유리전극법에 의한 수소이온농도 측정 시 간섭물질에 관한 설명으로 옳지 않은 것은? ★

① pH 10 이상에서 소듐에 의한 오차가 발생할 수 있는데 이는 '낮은 소듐 오차전극'을 사용하여 줄일 수 있다.
② 유리전극은 일반적으로 용액의 색도, 탁도, 염도, 콜로이드성 물질들, 산화 및 환원성 물질들 등에 의해 간섭을 많이 받는다.
③ 기름층이나 작은 입자상이 전극을 피복하여 pH 측정을 방해할 경우에는 세척제로 닦아낸 후 정제수로 세척하고 부드러운 천으로 수분을 제거하여 사용한다.
④ 피복물을 제거할 때는 염산(1+9) 용액을 사용할 수 있다.

✔ ② 유리전극은 일반적으로 용액의 색도, 탁도, 콜로이드성 물질들, 산화 및 환원성 물질들 그리고 염도에 의해 간섭을 받지 않는다.

70 5톤 이상의 차량에서 적재 폐기물의 시료를 채취할 때 평면상에서 몇 등분하여 채취하는가?

① 3등분 ② 5등분
③ 6등분 ④ 9등분

71 2N 황산 10L를 제조하려면 3M 황산 얼마가 필요한가?

① 9.99L ② 6.66L
③ 5.55L ④ 3.33L

✔ 2N 황산의 몰농도 $= \frac{2\text{eq}}{\text{L}} \Big| \frac{(98/2)\text{g}}{\text{eq}} \Big| \frac{\text{mol}}{98\text{g}} = 1\text{M}$

$\therefore 10\text{L} \div 3 = 3.33\text{L}$

72 폐기물의 시료채취방법에 관한 설명으로 가장 거리가 먼 것은?

① 시료의 채취는 일반적으로 폐기물이 생성되는 단위공정별로 구분하여 채취하여야 한다.
② 폐기물 소각시설의 연속식 연소방식 소각재 반출설비에서 채취할 때 소각재가 운반차량에 적재되어 있는 경우에는 적재차량에서 채취하는 것을 원칙으로 한다.
③ 폐기물 소각시설의 연속식 연소방식 소각재 반출설비에서 채취하는 경우, 비산재 저장조에서는 부설된 크레인을 이용하여 채취한다.
④ PCBs 및 휘발성 저급 염소화 탄화수소류 실험을 위한 시료의 채취 시는 무색 경질의 유리병을 사용한다.

✔ ③ 연속식 연소방식의 소각재 반출설비에서 채취하는 경우, 바닥재 저장조에서는 부설된 크레인을 이용하여 채취하고, 비산재 저장조에서는 낙하구 밑에서 채취하며, 소각재가 운반차량에 적재되어 있는 경우에는 적재차량에서 채취하고, 부지 내에 야적되어 있는 경우에는 야적 더미에서 각 층별로 채취하는 것을 원칙으로 한다.

정답 | 67.② 68.① 69.② 70.④ 71.④ 72.③

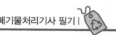

73 강도 I_o의 단색광이 발색용액을 통과할 때 그 빛의 30%가 흡수되었다면 흡광도는? ★★

① 0.155　② 0.181
③ 0.216　④ 0.283

✔ 흡광도 $A = \log\frac{1}{10^{-\varepsilon Cl}} = \log\frac{I_o}{I_t}$

$= \log\frac{1}{T} = \log\frac{1}{0.7} = 0.155$

74 유해특성(재활용 환경성평가) 중 폭발성 시험방법에 대한 설명으로 옳지 않은 것은?

① 격렬한 연소반응이 예상되는 경우에는 시료의 양을 0.5g으로 하여 시험을 수행하며, 폭발성 폐기물로 판정될 때까지 시료의 양을 0.5g씩 점진적으로 늘려준다.
② 시험 결과는 게이지압력이 690kPa에서 2,070kPa까지 상승할 때 걸리는 시간과 최대 게이지압력 2,070kPa에의 도달 여부로 해석한다.
③ 최대연소속도는 산화제를 무게비율로써 10~90%를 포함한 혼합물질의 연소속도 중 가장 빠른 측정값을 의미한다.
④ 최대 게이지압력이 2,070kPa이거나 그 이상을 나타내는 폐기물은 폭발성 폐기물로 간주하며, 점화 실패는 폭발성이 없는 것으로 간주한다.

✔ ③의 내용은 폭발성 시험방법에 해당되지 않는다.

75 '항량으로 될 때까지 건조한다'라 함은 같은 조건에서 1시간 더 건조할 때 전후 무게의 차가 g당 몇 mg 이하일 때를 말하는가? ★★★

① 0.01mg　② 0.03mg
③ 0.1mg　④ 0.3mg

76 유기물 함량이 비교적 높지 않고 금속의 수산화물, 산화물, 인산염 및 황화물을 함유하는 시료에 적용하는 산분해법은? ★★

① 질산 분해법
② 질산 – 황산 분해법
③ 질산 – 염산 분해법
④ 질산 – 과염소산 분해법

✔ ① 질산 분해법 : 유기물 함량이 낮은 시료에 적용하며 질산에 의한 유기물 분해방법
② 질산–황산 분해법 : 유기물 등을 많이 함유하고 있는 대부분의 시료에 적용하며, 질산–황산에 의한 유기물 분해방법
④ 질산–과염소산 분해법 : 유기물을 높은 비율로 함유하고 있으면서 산화 분해가 어려운 시료들에 적용하며, 질산–과염소산에 의한 유기물 분해방법

77 폐기물 공정시험기준에서 규정하고 있는 온도에 대한 설명으로 틀린 것은? ★★

① 실온 – 1~35℃
② 온수 – 60~70℃
③ 열수 – 약 100℃
④ 냉수 – 4℃ 이하

✔ ④ 냉수 – 15℃ 이하

78 pH 측정(유리전극법)의 내부 정도관리 주기 및 목표 기준에 대한 설명으로 옳은 것은? ★

① 시료를 측정하기 전에 표준용액 2개 이상으로 보정한다.
② 시료를 측정하기 전에 표준용액 3개 이상으로 보정한다.
③ 정도관리 목표(정도관리 항목 : 정밀도)는 ±0.01 이내이다.
④ 정도관리 목표(정도관리 항목 : 정밀도)는 ±0.03 이내이다.

정답 | 73.① 74.③ 75.④ 76.③ 77.④ 78.①

79 폴리클로리네이티드바이페닐(PCBs)의 기체 크로마토그래피법 분석에 대한 설명으로 옳지 않은 것은?

① 운반기체는 부피백분율 99.999% 이상의 아세틸렌을 사용한다.

② 고순도의 시약이나 용매를 사용하여 방해물질을 최소화하여야 한다.

③ 정제칼럼으로는 플로리실 칼럼과 실리카젤 칼럼을 사용한다.

④ 농축장치로 구데르나다니쉬(KD) 농축기 또는 회전증발농축기를 사용한다.

✔ ① 운반기체는 부피백분율 99.999% 이상의 질소를 사용한다.

80 원자흡수 분광광도법에 의한 구리(Cu) 시험방법으로 옳0은 것은?

① 정량범위는 440nm에서 0.2~4mg/L 범위 정도이다.

② 정밀도는 측정값의 상대표준편차(RSD)로 산출하며 측정한 결과 ±25% 이내이어야 한다.

③ 검정곡선의 결정계수(R^2)는 0.999 이상이어야 한다.

④ 표준편차율은 표준물질의 농도에 대한 측정평균값의 상대백분율로서 나타내며 5~15% 범위이다.

✔ ① 정량범위는 324.7nm에서 0.008~4mg/L 범위 정도이다.
③ 검정곡선의 결정계수(R^2)는 0.98 이상이어야 한다.
④ 정확도는 첨가한 표준물질의 농도에 대한 측정 평균값의 상대백분율로서 나타내고, 그 값이 75~125% 이내이어야 한다.

제4과목 | 폐기물 공정시험기준(방법)

2022년 제2회 폐기물처리기사

61 기체 크로마토그래피로 유기인을 분석할 때 시료 관리기준으로 ( ) 안에 옳은 것은?

시료채취 후 추출하기 전까지 (㉠) 보관하고 7일 이내에 추출하고 (㉡) 이내에 분석한다.

① ㉠ 4℃ 냉암소에서, ㉡ 21일

② ㉠ 4℃ 냉암소에서, ㉡ 40일

③ ㉠ pH 4 이하로, ㉡ 21일

④ ㉠ pH 4 이하로, ㉡ 40일

62 가스의 농도는 표준상태로 환산 표시한다. 이 조건에 해당되지 않는 것은?

① 상대습도 : 100%

② 온도 : 0℃

③ 기압 : 760mmHg

④ 온도 : 273K

✔ 표준상태는 0℃, 1기압이다.

63 유기인 측정(기체 크로마토그래피법)에 대한 설명으로 옳지 않은 것은?

① 크로마토그램을 작성하여 각 분석성분 및 내부표준물질의 머무름시간에 해당하는 피크로부터 면적을 측정한다.

② 추출물 10~30μL를 취하여 기체 크로마토그래프에 주입하여 분석한다.

③ 시료채취는 유리병을 사용하며 채취 전에 시료로서 세척하지 말아야 한다.

④ 농축장치는 구데르나다니쉬 농축기를 사용한다.

✔ ② 추출물 1~3μL를 취하여 기체 크로마토그래프에 주입하여 분석한다.

정답 | 79.① 80.② / 61.② 62.① 63.②

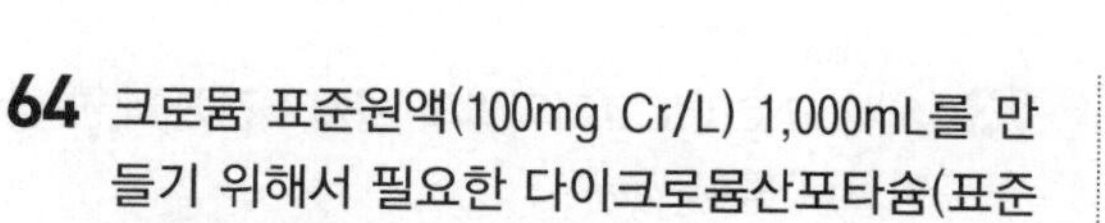

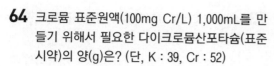

64 크로뮴 표준원액(100mg Cr/L) 1,000mL를 만들기 위해서 필요한 다이크로뮴산포타슘(표준시약)의 양(g)은? (단, K : 39, Cr : 52)

① 0.213　② 0.283
③ 0.353　④ 0.393

✔ 필요한 $K_2Cr_2O_7$의 양

$$=\frac{1{,}000\text{mg}}{\text{L}}\Big|\frac{294\text{g}}{2\times52\text{g}}\Big|\frac{\text{L}}{10^3\text{mL}}\Big|\frac{100\text{mL}}{}\Big|\frac{\text{g}}{10^3\text{mg}}$$

$=0.283\,\text{g}$

65 유도결합 플라스마 발광광도계의 토치에 흐르는 운반물질, 보조물질, 냉각물질의 종류는 몇 종류의 물질로 구성되는가?

① 2종의 액체와 1종의 기체
② 1종의 액체와 2종의 기체
③ 1종의 액체와 1종의 기체
④ 1종의 기체

66 원자흡수 분광광도법에서 일반적인 간섭에 해당되지 않는 것은?

① 분광학적 간섭　② 물리적 간섭
③ 화학적 간섭　④ 첨가물질의 간섭

✔ **원자흡수 분광광도법의 간섭의 종류**
- 분광학적 간섭
- 물리적 간섭
- 화학적 간섭

67 3,000g의 시료에 대하여 원추4분법을 5회 조작하여 최종 분취된 시료의 양(g)은? ★

① 약 31.3　② 약 62.5
③ 약 93.8　④ 약 124.2

✔ 원추4분법으로 최종 분취된 시료

$=$시료의 양$\times\left(\frac{1}{2}\right)^n$

$=3{,}000\,\text{g}\times\left(\frac{1}{2}\right)^5$

$=93.75\,\text{g}$

68 시료의 용출시험방법에 관한 설명으로 ( )에 옳은 것은? (단, 상온 · 상압 기준)

> 용출조작은 진탕의 폭이 4~5cm인 진탕기로 (㉠)회/min으로 (㉡)시간 동안 연속 진탕한다.

① ㉠ 200, ㉡ 6
② ㉠ 200, ㉡ 8
③ ㉠ 300, ㉡ 6
④ ㉠ 300, ㉡ 8

69 기체 크로마토그래피를 이용하면 물질의 정량 및 정성 분석이 가능하다. 이 중 정량 및 정성 분석을 가능하게 하는 측정치는?

① 정량 – 머무름시간, 정성 – 봉우리의 높이
② 정량 – 머무름시간, 정성 – 봉우리의 폭
③ 정량 – 봉우리의 높이, 정성 – 머무름시간
④ 정량 – 봉우리의 폭, 정성 – 머무름시간

70 폐기물로부터 유류 추출 시 에멀션을 형성하여 액층이 분리되지 않을 경우의 조작법으로 옳은 것은? ★

① 염화제이철 용액 4mL를 넣고 pH를 7~9로 하여 자석교반기로 교반한다.
② 메틸오렌지를 넣고 황색이 적색이 될 때까지 (1+1)염산을 넣는다.
③ 노말헥세인층에 무수황산소듐을 넣어 수분간 방치한다.
④ 에멀션층 또는 헥세인층에 적당량의 황산암모늄을 물중탕에서 가열한다.

✔ 추출 시 에멀션을 형성하여 액층이 분리되지 않거나 노말헥세인층이 탁할 경우에는 분별깔때기 안의 수층을 원래의 시료용기에 옮긴다. 이후 에멀션층이 분리되거나 노말헥세인층이 맑아질 때까지 에멀션층 또는 헥세인층에 적당량의 염화소듐 또는 황산암모늄을 넣어 환류냉각관(약 300mm)을 부착하고 80℃ 물중탕에서 약 10분간 가열 · 분해한 다음, 시험기준에 따라 시험한다.

제4과목

정답 | 64.② 65.④ 66.④ 67.③ 68.① 69.③ 70.④

71 분석하고자 하는 대상 폐기물의 양이 100톤 이상 500톤 미만인 경우에 채취하는 시료의 최소 수(개)는? ★★★

① 30 ② 36
③ 45 ④ 50

✔ **대상 폐기물의 양과 현장 시료의 최소수**

대상 폐기물의 양(ton)	현장 시료의 최소수
~ 1 미만	6
1 이상 ~ 5 미만	10
5 이상 ~ 30 미만	14
30 이상 ~ 100 미만	20
100 이상 ~ 500 미만	30
500 이상 ~ 1,000 미만	36
1,000 이상 ~ 5,000 미만	50
5,000 이상 ~	60

72 다음 중 pH 측정에 관한 설명으로 적절하지 않은 것은?

① 수소이온전극의 기전력은 온도에 의하여 변화한다.
② pH 11 이상의 시료는 오차가 크므로 알칼리용액에서 오차가 적은 특수전극을 사용한다.
③ 조제한 pH 표준용액 중 산성 표준용액은 보통 1개월, 염기성 표준용액은 산화칼슘(생석회) 흡수관을 부착하여 3개월 이내에 사용한다.
④ pH 미터는 임의의 한 종류의 pH 표준용액에 대하여 검출부를 정제수로 잘 씻은 다음 5회 되풀이하여 측정했을 때 그 재현성이 ±0.05 이내이어야 한다.

✔ ③ 조제한 pH 표준용액은 경질 유리병 또는 폴리에틸렌병에 보관하며, 보통 산성 표준용액은 3개월, 염기성 표준용액은 산화칼슘(생석회) 흡수관을 부착하여 1개월 이내에 사용하며, 현재 국내외에 상품화되어 있는 표준용액을 사용할 수 있다.

73 기체 크로마토그래피법의 설치조건에 대한 설명으로 틀린 것은?

① 실온 5~35℃, 상대습도 85% 이하로서 직사일광을 쪼이지 않는 곳으로 한다.
② 전원 변동은 지정전압의 35% 이내로 주파수의 변동이 없는 것이어야 한다.
③ 설치장소는 진동이 없고 분석에 사용하는 유해물질을 안전하게 처리할 수 있어야 한다.
④ 부식가스나 먼지가 적은 곳으로 한다.

✔ ② 전원 변동은 지정전압의 10% 이내로서 주파수의 변동이 없는 것이어야 한다.

74 원자흡수 분광광도법에 있어서 간섭이 발생되는 경우가 아닌 것은?

① 불꽃의 온도가 너무 낮아 원자화가 일어나지 않는 경우
② 불안정한 환원물질로 바뀌어 불꽃에서 원자화가 일어나지 않는 경우
③ 염이 많은 시료를 분석하여 버너 헤드 부분에 고체가 생성되는 경우
④ 시료 중에 알칼리금속에 할로겐화합물을 다량 함유하는 경우

✔ **원자흡수 분광광도법의 간섭물질**

- 화학물질이 공기-아세틸렌 불꽃에서 분자상태로 존재하여 낮은 흡광도를 보일 때가 있다. 이는 불꽃의 온도가 너무 낮아 원자화가 일어나지 않는 경우와 안정한 산화물질로 바뀌어 불꽃에서 원자화가 일어나지 않는 경우에 발생한다.
- 염이 많은 시료를 분석하면 버너 헤드 부분에 고체가 생성되어 불꽃이 자주 꺼지고 버너 헤드를 청소해야 하는데 이를 방지하기 위해서는 시료를 묽혀 분석하거나, 메틸아이소뷰틸케톤 등을 사용하여 추출하여 분석한다.
- 시료 중에 포타슘, 소듐, 리튬, 세슘과 같이 쉽게 이온화되는 원소가 1,000mg/L 이상의 농도로 존재할 때에는 금속 측정을 간섭한다. 이때 검정곡선용 표준물질에 시료의 매질과 유사하게 첨가하여 보정한다.
- 시료 중에 알칼리금속의 할로겐화합물을 다량 함유하는 경우에는 분자 흡수나 광산란에 의하여 오차를 발생하므로 추출법으로 카드뮴을 분리하여 실험한다.

정답 | 71.① 72.③ 73.② 74.②

75 휘발성 저급 염소화 탄화수소류를 기체 크로마토그래피법을 이용하여 측정한다. 이때 사용하는 운반가스는?

① 아르곤 ② 아세틸렌
③ 수소 ④ 질소

✔ 휘발성 저급 염소화 탄화수소류를 기체 크로마토그래피법으로 측정하는 경우, 운반가스로 질소 또는 헬륨을 사용한다.

76 크로뮴 및 6가크로뮴의 정량에 관한 내용 중 틀린 것은?

① 크로뮴을 원자흡수 분광광도법으로 시험할 경우 정량한계는 0.01mg/L이다.
② 크로뮴을 흡광광도법으로 측정하려면 발색시약으로 다이에틸다이티오카르바민산을 사용한다.
③ 6가크로뮴을 흡광광도법으로 정량 시 시료 중에 잔류염소가 공존하면 발색을 방해한다.
④ 6가크로뮴을 흡광광도법으로 정량 시 적자색의 착화합물의 흡광도를 측정한다.

✔ ② 시료 중 크로뮴은 아세틸렌-공기 또는 아세틸렌-일산화이질소 불꽃에 주입하여 분석한다.

77 강열감량 및 유기물 함량(중량법) 측정에 관한 다음 설명에서 ( ) 안에 들어갈 내용으로 옳은 것은? ★

> 시료에 질산암모늄 용액(25%)을 넣고 가열하여 (600±25)℃의 전기로 안에서 ( ) 강열하고 데시케이터에서 식힌 후 무게를 달아 증발접시의 무게 차이로부터 강열감량 및 유기물 함량(%)을 구한다.

① 2시간 ② 3시간
③ 4시간 ④ 5시간

78 흡광광도법에서 흡광도 눈금의 보정에 관한 내용으로 ( )에 옳은 것은?

> 다이크로뮴산포타슘을 ( )에 녹여 다이크로뮴산포타슘 용액을 만든다.

① N/10 수산화소듐 용액
② N/20 수산화소듐 용액
③ N/10 수산화포타슘 용액
④ N/20 수산화포타슘 용액

79 총칙에 관한 내용으로 틀린 것은? ★★★

① "정밀히 단다"라 함은 규정된 수치의 무게를 0.1mg까지 다는 것을 말한다.
② "정확히 취하여"라 하는 것은 규정한 양의 액체를 홀피펫으로 눈금까지 취하는 것을 말한다.
③ "냄새가 없다"라고 기재한 것은 냄새가 없거나, 또는 거의 없는 것을 표시하는 것이다.
④ "방울수"라 함은 20℃에서 정제수 20방울을 적하할 때, 그 부피가 약 1mL 되는 것을 뜻한다.

✔ ① "정밀히 단다"라 함은 규정된 양의 시료를 취하여 화학저울 또는 미량저울로 칭량함을 말한다.

80 흡광광도법에 의한 사이안(CN) 시험에서 측정원리를 바르게 나타낸 것은?

① 피리딘 · 피라졸론법 – 청색
② 다이페닐카르바지드법 – 적자색
③ 디디존법 – 적색
④ 다이에틸다이티오카르바민산은법 – 적자색

제4과목

정답 | 75.④ 76.② 77.② 78.④ 79.① 80.①

Subject 제5과목 폐기물 관계법규 과목별 기출문제

제5과목 | 폐기물 관계법규

2017년 제1회 폐기물처리기사

81 폐기물 처리시설 중 기계적 재활용시설이 아닌 것은? ★★

① 연료화시설
② 탈수 · 건조 시설
③ 응집 · 침전 시설
④ 증발 · 농축 시설

기계적 재활용시설의 종류
- 압축 · 압출 · 성형 · 주조 시설(동력 7.5kW 이상인 시설로 한정)
- 파쇄 · 분쇄 · 탈피 시설(동력 15kW 이상인 시설로 한정)
- 절단시설(동력 7.5kW 이상인 시설로 한정)
- 용융 · 용해 시설(동력 7.5kW 이상인 시설로 한정)
- 연료화시설
- 증발 · 농축 시설
- 정제시설(분리 · 증류 · 추출 · 여과 등의 시설을 이용하여 폐기물을 재활용하는 단위시설을 포함)
- 유수분리시설
- 탈수 · 건조 시설
- 세척시설(철도용 폐목재 받침목을 재활용하는 경우로 한정)

82 폐기물 처분시설인 매립시설의 기술관리인 자격기준에 해당되지 않는 것은?

① 화공기사
② 대기환경기사
③ 토목기사
④ 토양환경기사

폐기물 처분시설 또는 재활용시설 중 매립시설의 기술관리인 자격기준
폐기물처리기사, 수질환경기사, 토목기사, 일반기계기사, 건설기계설비기사, 화공기사, 토양환경기사 중 1명 이상

83 폐기물 처리시설을 설치 · 운영하는 자는 일정한 기간마다 정기검사를 받아야 한다. 소각시설의 경우 최초 정기검사는?

① 사용 개시일부터 5년이 되는 날
② 사용 개시일부터 3년이 되는 날
③ 사용 개시일부터 2년이 되는 날
④ 사용 개시일부터 1년이 되는 날

폐기물 처리시설의 최초 정기검사
- 소각시설, 소각열 회수시설 및 열분해시설 : 사용 개시일부터 3년이 되는 날
- 매립시설 : 사용 개시일부터 1년이 되는 날
- 멸균분쇄시설 : 사용 개시일부터 3개월
- 음식물류 폐기물 처리시설 : 사용 개시일부터 1년이 되는 날
- 시멘트 소성로 : 사용 개시일부터 3년이 되는 날

84 변경허가를 받지 아니하고 폐기물 처리업의 허가사항을 변경한 자에 대한 벌칙기준으로 맞는 것은?

① 3년 이하의 징역 또는 3천만원 이하의 벌금
② 2년 이하의 징역 또는 2천만원 이하의 벌금
③ 1년 이하의 징역 또는 1천만원 이하의 벌금
④ 6월 이하의 징역 또는 600만원 이하의 벌금

85 폐기물 처리업의 업종 구분과 영업내용의 범위를 벗어나는 영업을 한 자에 대한 벌칙기준으로 적절한 것은?

① 1년 이하의 징역이나 5백만원 이하의 벌금
② 1년 이하의 징역이나 1천만원 이하의 벌금
③ 2년 이하의 징역이나 2천만원 이하의 벌금
④ 3년 이하의 징역이나 3천만원 이하의 벌금

정답 | 81.③ 82.② 83.② 84.① 85.③

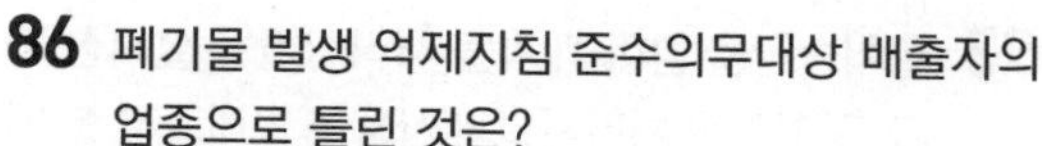

86 폐기물 발생 억제지침 준수의무대상 배출자의 업종으로 틀린 것은?

① 비금속 광물제품 제조업
② 전기, 가스, 증기 및 공기 조절 공급업
③ 1차 금속 제조업
④ 봉제 · 의복 제품 제조업

✔ **폐기물 발생 억제지침 준수의무대상 배출자의 업종**
- 식료품 제조업
- 음료 제조업
- 섬유제품 제조업(의복 제외)
- 의복, 의복액세서리 및 모피제품 제조업
- 코크스(다공질 고체 탄소 연료), 연탄 및 석유정제품 제조업
- 화학물질 및 화학제품 제조업(의약품 제외)
- 의료용 물질 및 의약품 제조업
- 고무제품 및 플라스틱제품 제조업
- 비금속 광물제품 제조업
- 1차 금속 제조업
- 금속 가공제품 제조업(기계 및 가구 제외)
- 기타 기계 및 장비 제조업
- 전기장비 제조업
- 전자부품, 컴퓨터, 영상, 음향 및 통신장비 제조업
- 의료, 정밀, 광학기기 및 시계 제조업
- 자동차 및 트레일러 제조업
- 기타 운송장비 제조업
- 전기, 가스, 증기 및 공기 조절 공급업

87 다음 중 지정폐기물 종류에 관한 설명으로 틀린 것은? ★★

① 폐수처리 오니 : 환경부령으로 정하는 물질을 함유한 것으로 환경부장관이 고시한 시설에서 발생되는 것으로 한정한다.
② 폐산 : 액체상태의 폐기물로서 수소이온농도지수가 2.0 이하인 것에 한정한다.
③ 폐알칼리 : 액체상태의 폐기물로서 수소이온농도지수가 12.5 이상인 것으로 한정하며 수산화포타슘 및 수산화소듐을 포함한다.
④ 분진 : 소각시설에서 발생된 것으로 한정하되, 대기오염 방지시설에서 포집된 것은 제외한다.

✔ ④ 분진 : 대기오염 방지시설에서 포집된 것으로 한정하되, 소각시설에서 발생되는 것은 제외한다.

88 다음 중 폐기물 처리업의 변경허가를 받아야 하는 중요 사항으로 틀린 것은? (단, 폐기물 중간처분업, 폐기물 최종처분업 및 폐기물 종합처분업인 경우)

① 주차장 소재지의 변경
② 운반차량(임시차량은 제외한다)의 증차
③ 처분대상 폐기물의 변경
④ 폐기물 처분시설의 신설

✔ **폐기물 처리업의 변경허가를 받아야 하는 중요 사항**(폐기물 중간처분업, 폐기물 최종처분업 및 폐기물 종합처분업의 경우)
- 처분대상 폐기물의 변경
- 폐기물 처분시설 소재지의 변경
- 운반차량(임시차량은 제외)의 증차
- 폐기물 처분시설의 신설
- 폐기물 처분시설의 증설, 개 · 보수 또는 그 밖의 방법으로 허가 또는 변경허가를 받은 처분용량의 100분의 30 이상의 변경(허가 또는 변경허가를 받은 후 변경되는 누계를 말함)
- 주요 설비의 변경
- 매립시설 제방의 증 · 개축
- 허용보관량의 변경

89 대통령령으로 정하는 폐기물 처리시설을 설치 · 운영하는 자는 그 폐기물 처리시설의 설치 · 운영이 주변 지역에 미치는 영향을 몇 년마다 조사하고, 그 결과를 누구에게 제출하여야 하는가?

① 3년, 유역환경청장
② 3년, 환경부장관
③ 5년, 유역환경청장
④ 5년, 환경부장관

90 지정폐기물 배출자는 사업장에서 발생되는 지정폐기물인 폐산을 보관 개시일부터 최소 며칠을 초과하여 보관하여서는 안 되는가?

① 90일　② 70일
③ 60일　④ 45일

정답 | 86.④ 87.④ 88.① 89.② 90.④

91 다음 중 폐기물 수집 · 운반업의 허가를 받기 위한 허가신청서에 첨부해야 할 서류의 종류가 아닌 것은?

① 처분대상 폐기물의 처분공정도

② 시설 및 장비 명세서

③ 수집 · 운반 대상 폐기물의 수집 · 운반 계획서

④ 기술능력의 보유현황 및 그 자격을 증명하는 서류

폐기물 수집 · 운반업 허가신청서의 첨부서류

- 시설 및 장비 명세서
- 수집 · 운반 대상 폐기물의 수집 · 운반 계획서
- 기술능력의 보유현황 및 그 자격을 증명하는 서류

92 주변 지역 영향조사대상 폐기물 처리시설에 대한 기준으로 적절한 것은? (단, 폐기물 처리업자가 설치 · 운영함) ★★★

① 매립용량 1만세제곱미터 이상의 사업장 지정폐기물 매립시설

② 매립용량 3만세제곱미터 이상의 사업장 지정폐기물 매립시설

③ 매립면적 1만제곱미터 이상의 사업장 지정폐기물 매립시설

④ 매립면적 3만제곱미터 이상의 사업장 지정폐기물 매립시설

주변 지역 영향조사대상 폐기물 처리시설

- 1일 처분능력이 50톤 이상인 사업장폐기물 소각시설(같은 사업장에 여러 개의 소각시설이 있는 경우에는 각 소각시설의 1일 처분능력의 합계가 50톤 이상인 경우를 말함)
- 매립면적 1만제곱미터 이상의 사업장 지정폐기물 매립시설
- 매립면적 15만제곱미터 이상의 사업장 일반폐기물 매립시설
- 시멘트 소성로(폐기물을 연료로 사용하는 경우로 한정)
- 1일 재활용능력이 50톤 이상인 사업장폐기물 소각열 회수시설(같은 사업장에 여러 개의 소각열 회수시설이 있는 경우에는 각 소각열 회수시설의 1일 재활용능력의 합계가 50톤 이상인 경우를 말함)

93 설치승인을 받아 폐기물 처리시설을 설치한 자가 그 폐기물 처리시설의 사용을 끝내고자 할 때는 환경부장관에게 신고하여야 하는데, 그 신고를 하지 않은 경우 과태료 부과기준은?

① 1천만원 이하 ② 500만원 이하

③ 300만원 이하 ④ 100만원 이하

94 지정폐기물 처리계획서 등을 제출하여야 하는 경우의 폐기물과 양에 대한 기준이 올바르게 연결된 것은?

① 폐농약, 광재, 분진, 폐주물사 – 각각 월평균 100킬로그램 이상

② 고형화 처리물, 폐촉매, 폐흡착제, 폐유 – 각각 월평균 100킬로그램 이상

③ 폐합성고분자 화합물, 폐산, 폐알칼리 – 각각 월평균 100킬로그램 이상

④ 오니 – 월평균 300킬로그램 이상

폐기물 처리계획서 등을 제출하여야 하는 지정폐기물 배출 사업자

- 오니를 월평균 500킬로그램 이상 배출하는 사업자
- 폐농약, 광재, 분진, 폐주물사, 폐사, 폐내화물, 도자기 조각, 소각재, 안정화 또는 고형화 처리물, 폐촉매, 폐흡착제, 폐흡수제, 폐유기용제 또는 폐유를 각각 월평균 50킬로그램 또는 합계 월평균 130킬로그램 이상 배출하는 사업자
- 폐합성고분자 화합물, 폐산, 폐알칼리, 폐페인트 또는 폐래커를 각각 월평균 100킬로그램 또는 합계 월평균 200킬로그램 이상 배출하는 사업자
- 폐석면을 월평균 20킬로그램 이상 배출하는 사업자. 이 경우 축사 등 환경부장관이 정하여 고시하는 시설물을 운영하는 사업자가 5톤 미만의 슬레이트 지붕 철거 · 제거 작업을 전부 도급한 경우에는 수급인(하수급인은 제외)이 사업자를 갈음하여 지정폐기물 처리계획의 확인을 받을 수 있다.
- 폴리클로리네이티드바이페닐 함유 폐기물을 배출하는 사업자
- 폐유독물질을 배출하는 사업자
- 의료폐기물을 배출하는 사업자
- 수은폐기물을 배출하는 사업자
- 천연방사성 제품 폐기물을 배출하는 사업자
- 지정폐기물을 환경부장관이 정하여 고시하는 양 이상으로 배출하는 사업자

정답 | 91.① 92.③ 93.④ 94.③

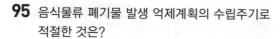

95 음식물류 폐기물 발생 억제계획의 수립주기로 적절한 것은?

① 1년　② 2년
③ 3년　④ 5년

96 기술관리인을 두어야 할 폐기물 처리시설 기준으로 틀린 것은? (단, 폐기물 처리업자가 운영하는 폐기물 처리시설은 제외) ★★★

① 시멘트 소성로(폐기물을 연료로 사용하는 경우로 한정한다)로서 1일 재활용능력이 10톤 이상인 시설
② 용해로(폐기물에서 비철금속을 추출하는 경우로 한정한다)로서 시간당 재활용능력이 600킬로그램 이상인 시설
③ 멸균분쇄시설로서 시간당 처분능력이 100킬로그램 이상인 시설
④ 사료화 · 퇴비화 또는 연료화 시설로서 1일 재활용능력이 5톤 이상인 시설

✔ 기술관리인을 두어야 할 폐기물 처리시설
- 매립시설의 경우
  - 지정폐기물을 매립하는 시설로서 면적이 3천300제곱미터 이상인 시설. 다만, 최종처분시설 중 차단형 매립시설에서는 면적이 330제곱미터 이상이거나 매립용적이 1천세제곱미터 이상인 시설로 한다.
  - 지정폐기물 외의 폐기물을 매립하는 시설로서 면적이 1만제곱미터 이상이거나 매립용적이 3만세제곱미터 이상인 시설
- 소각시설로서 시간당 처분능력이 600킬로그램(의료폐기물을 대상으로 하는 소각시설의 경우에는 200킬로그램) 이상인 시설
- 압축 · 파쇄 · 분쇄 또는 절단 시설로서 1일 처분능력 또는 재활용능력이 100톤 이상인 시설
- 사료화 · 퇴비화 또는 연료화 시설로서 1일 재활용능력이 5톤 이상인 시설
- 멸균분쇄시설로서 시간당 처분능력이 100킬로그램 이상인 시설
- 시멘트 소성로
- 용해로(폐기물에서 비철금속을 추출하는 경우로 한정)로서 시간당 재활용능력이 600킬로그램 이상인 시설
- 소각열 회수시설로서 시간당 재활용능력이 600킬로그램 이상인 시설

97 설치를 마친 후 검사기관으로부터 정기검사를 받아야 하는 환경부령으로 정하는 폐기물 처리시설만을 적절하게 짝지은 것은? ★★

① 소각시설 – 매립시설 – 멸균분쇄시설 – 소각열 회수시설
② 소각시설 – 매립시설 – 소각열 분해시설 – 멸균분쇄시설
③ 소각시설 – 매립시설 – 분쇄 · 파쇄 시설 – 열분해시설
④ 매립시설 – 증발 · 농축 · 정제 · 반응 시설 – 멸균분쇄시설 – 음식물류 폐기물 처리시설

✔ 환경부령으로 정하는 폐기물 처리시설
- 소각시설
- 매립시설
- 멸균분쇄시설
- 음식물류 폐기물 처리시설(음식물류 폐기물에 대한 중간처리 후 새로 발생한 폐기물을 처리하는 시설을 포함)
- 시멘트 소성로(폐기물을 연료로 사용하는 경우로 한정)
- 소각열 회수시설
- 열분해시설

98 다음 중 3년 이하의 징역이나 3천만원 이하의 벌금에 처하는 경우가 아닌 것은?

① 거짓이나 그 밖의 부정한 방법으로 폐기물 분석 전문기관으로 지정을 받거나 변경지정을 받은 자
② 다른 자의 명의나 상호를 사용하여 재활용 환경성평가를 하거나 재활용 환경성평가기관 지정서를 빌린 자
③ 유해성 기준에 적합하지 아니하게 폐기물을 재활용한 제품 또는 물질을 제조하거나 유통한 자
④ 고의로 사실과 다른 내용의 폐기물 분석 결과서를 발급한 폐기물 분석 전문기관

✔ ③ 유해성 기준에 적합하지 아니하게 폐기물을 재활용한 제품 또는 물질을 제조하거나 유통한 자 : 1천만원 이하의 과태료

제5과목

정답 | 95.④ 96.① 97.① 98.③

99 관리형 매립시설에서 발생되는 침출수의 배출허용기준으로 옳은 것은? (단, 청정지역 기준, 항목 : 부유물질량, 단위 : mg/L) ★★★

① 10 ② 20
③ 30 ④ 40

✔ 침출수의 배출허용기준(관리형 매립시설)

구분	생물화학적 산소요구량	화학적 산소요구량	부유물질량
청정지역	30mg/L	200mg/L	30mg/L
가 지역	50mg/L	300mg/L	50mg/L
나 지역	70mg/L	400mg/L	70mg/L

100 폐기물 처리업의 업종 구분과 영업내용으로 틀린 것은?

① 폐기물 수집 · 운반업 : 폐기물을 수집하여 재활용 또는 처분 장소로 운반하거나 폐기물을 수출하기 위하여 수집 · 운반하는 영업
② 폐기물 중간처분업 : 폐기물 중간처분시설을 갖추고 폐기물을 소각 처분, 기계적 처분, 생물학적 처분, 그 밖에 환경부장관이 폐기물을 안전하게 중간처분할 수 있다고 인정하여 고시하는 방법으로 중간처분하는 영업
③ 폐기물 종합처분업 : 폐기물 처분시설을 갖추고 폐기물의 수집 · 운반부터 최종처분까지 하는 영업
④ 폐기물 최종처분업 : 폐기물 최종처분시설을 갖추고 폐기물을 매립 등(해역 배출은 제외한다)의 방법으로 최종처분하는 영업

✔ ③ 폐기물 종합처분업 : 폐기물 중간처분시설 및 최종처분시설을 갖추고 폐기물의 중간처분과 최종처분을 함께하는 영업

제5과목 | 폐기물 관계법규

2017년 제2회 폐기물처리기사

81 폐기물 중간처리업의 기준에서 지정폐기물 외의 폐기물(건설폐기물을 제외)을 중간처리하는 경우 시설기준으로 틀린 것은?

① 소각시설(소각 전문의 경우) : 시간당 처분능력 2톤 이상
② 처분시설(기계적 처분 전문의 경우) : 시간당 처분능력 200킬로그램 이상
③ 처분시설(화학적 처분 또는 생물학적 처분 전문의 경우) : 1일 처리능력 10톤 이상
④ 보관시설(소각 전문의 경우) : 1일 처분능력의 10일분 이상 30일분 이하의 폐기물을 보관할 수 있는 규모의 시설

✔ ③ 처분시설(화학적 처분 또는 생물학적 처분 전문의 경우) : 1일 처리능력 5톤 이상

82 사후관리 이행보증금의 사전적립대상이 되는 폐기물을 매립하는 시설의 규모기준으로 가장 적합한 것은? ★★

① 면적 3천300m^2 이상인 시설
② 면적 1만m^2 이상인 시설
③ 용적 3천300m^2 이상인 시설
④ 용적 1만m^3 이상인 시설

83 환경부장관이나 시 · 도지사가 폐기물 처리업자에게 영업의 정지를 명령하려는 때 그 영업의 정지가 천재지변이나 그 밖에 부득이한 사유로 해당 영업을 계속하도록 할 필요가 있다고 인정되는 경우에 그 영업의 정지를 갈음하여 부과할 수 있는 최대과징금은?

① 5천만원 ② 1억원
③ 2억원 ④ 3억원

정답 | 99.③ 100.③ / 81.③ 82.① 83.②

84 폐기물 처리시설인 재활용시설 중 기계적 재활용시설의 종류로 틀린 것은? ★★

① 절단시설(동력 10마력 이상인 시설로 한정한다)

② 응집 · 침전 시설(동력 10마력 이상인 시설로 한정한다)

③ 압축 · 압출 · 성형 · 주조 시설(동력 10마력 이상인 시설로 한정한다)

④ 파쇄 · 분쇄 · 탈피 시설(동력 20마력 이상인 시설로 한정한다)

✔ ② 응집 · 침전 시설 : 재활용시설 중 화학적 재활용시설

85 다음 용어의 정의로 틀린 것은?

① "환경용량"이란 일정한 지역에서 환경오염 또는 환경훼손에 대하여 환경이 스스로 수용 · 정화 및 복원하여 환경의 질을 유지할 수 있는 한계를 말한다.

② "생활환경"이란 대기, 물, 토양, 폐기물, 소음 · 진동, 악취, 일조 등 사람의 일상생활과 관계되지 않는 환경을 말한다.

③ "자연환경"이란 지하 · 지표(해양을 포함한다) 및 지상의 모든 생물과 이들을 둘러싸고 있는 비생물적인 것을 포함한 자연의 상태(생태계 및 자연경관을 포함한다)를 말한다.

④ "환경보전"이란 환경오염 및 환경훼손으로부터 환경을 보호하고 오염되거나 훼손된 환경을 개선함과 동시에 쾌적한 환경의 상태를 유지 · 조성하기 위한 행위를 말한다.

✔ ② "생활환경"이란 대기, 물, 토양, 폐기물, 소음 · 진동, 악취, 일조, 인공조명, 화학물질 등 사람의 일상생활과 관계되는 환경을 말한다.

86 폐기물 처리 신고자에게 처리금지를 갈음하여 부과할 수 있는 최대과징금은?

① 1천만원 ② 2천만원
③ 5천만원 ④ 1억원

87 폐기물관리법에서 사업장폐기물을 배출하는 사업장 범위의 기준으로 맞는 것은?

① 건설공사로 인하여 폐기물을 1일 평균 500kg 이상 배출하는 사업장

② 「물환경보전법」 규정에 의한 가축분뇨 처리시설을 관리하는 사업장

③ 폐기물을 1일 평균 300kg 이상을 배출하는 사업장

④ 폐기물을 일련의 공사, 작업 등으로 인하여 1일 평균 1톤 이상을 배출하는 사업장

✔ **사업장의 범위**
- 공공 폐수 처리시설을 설치 · 운영하는 사업장
- 공공 하수 처리시설을 설치 · 운영하는 사업장
- 분뇨 처리시설을 설치 · 운영하는 사업장
- 공공 처리시설
- 폐기물 처리시설(폐기물 처리업의 허가를 받은 자가 설치하는 시설을 포함)을 설치 · 운영하는 사업장
- 지정폐기물을 배출하는 사업장
- 폐기물을 1일 평균 300킬로그램 이상 배출하는 사업장
- 폐기물을 5톤(공사를 착공할 때부터 마칠 때까지 발생되는 폐기물의 양) 이상 배출하는 사업장
- 일련의 공사 또는 작업으로 폐기물을 5톤(공사를 착공하거나 작업을 시작할 때부터 마칠 때까지 발생하는 폐기물의 양) 이상 배출하는 사업장

88 방치 폐기물의 처리를 폐기물 처리 공제조합에 명할 수 있는 방치 폐기물 처리량 기준에서 다음 ( ) 안에 들어갈 내용으로 옳은 것은?

폐기물 처리 신고자가 방치한 폐기물의 경우 : 그 폐기물 처리 신고자의 폐기물 보관량의 ( ) 이내

① 1.5배 ② 2배
③ 2.5배 ④ 3배

89 폐기물 통계조사 중 폐기물 발생원 등에 관한 조사의 실시주기는?

① 3년 ② 5년
③ 7년 ④ 10년

제5과목

정답 | 84.② 85.② 86.② 87.③ 88.② 89.②

90 폐기물 처리시설의 유지 · 관리에 관한 기술관리를 대행할 수 있는 자는? ★

① 환경보전협회 ② 환경관리인협회
③ 폐기물처리협회 ④ 한국환경공단

폐기물 처리시설의 유지 · 관리에 관한 기술관리를 대행할 수 있는 자
- 한국환경공단
- 엔지니어링 사업자
- 기술사 사무소
- 그 밖에 환경부장관이 기술관리를 대행할 능력이 있다고 인정하여 고시하는 자

91 설치신고대상 폐기물 처리시설 기준으로 틀린 것은?

① 기계적 처분시설 중 증발 · 농축 · 정제 또는 유수분리 시설로서 시간당 처분능력이 125킬로그램 미만인 시설
② 생물학적 처분시설로서 1일 처분능력이 100톤 미만인 시설
③ 기계적 처분시설 중 압축 · 파쇄 · 분쇄 · 절단 · 용융 또는 연료화 시설로서 1일 처분능력이 100톤 미만인 시설
④ 소각열 회수시설로서 1일 재활용능력이 100톤 이상인 시설

설치신고대상 폐기물 처리시설
- 일반 소각시설로서 1일 처분능력이 100톤(지정폐기물의 경우에는 10톤) 미만인 시설
- 고온 소각시설 · 열분해 소각시설 · 고온 용융시설 또는 열처리 조합시설로서 시간당 처분능력이 100킬로그램 미만인 시설
- 기계적 처분시설 또는 재활용시설 중 증발 · 농축 · 정제 또는 유수분리 시설로서 시간당 처분능력 또는 재활용능력이 125킬로그램 미만인 시설
- 기계적 처분시설 또는 재활용시설 중 압축 · 압출 · 성형 · 주조 · 파쇄 · 분쇄 · 탈피 · 절단 · 용융 · 용해 · 연료화 · 소성(시멘트 소성로는 제외) 또는 탄화 시설로서 1일 처분능력 또는 재활용능력이 100톤 미만인 시설
- 기계적 처분시설 또는 재활용시설 중 탈수 · 건조 시설, 멸균분쇄시설 및 화학적 처분시설 또는 재활용시설
- 생물학적 처분시설 또는 재활용시설로서 1일 처분능력 또는 재활용능력이 100톤 미만인 시설
- 소각열 회수시설로서 1일 재활용능력이 100톤 미만인 시설

92 폐기물 처리 신고자의 준수사항에 관한 기준으로 ( ) 안에 옳은 내용은?

폐기물 처리 신고자는 폐기물의 재활용을 위탁한 자와 폐기물 위탁재활용(운반) 계약서를 작성하고, 그 계약서를 ( ) 보관하여야 한다.

① 1년간 ② 2년간
③ 3년간 ④ 5년간

93 의료폐기물 발생 의료기관 및 시험 · 검사 기관에 대한 기준으로 틀린 것은?

① 「의료법」에 따라 설치된 기업체의 부속 의료기관으로서 면적이 100제곱미터 이상인 의무시설
② 「국군의무사령부령」에 따른 연대급 이상 군부대에 설치된 의무시설
③ 「수의사법」에 따른 동물병원
④ 「노인복지법」에 따른 노인요양시설

의료폐기물 발생 의료기관 및 시험 · 검사 기관
- 의료기관
- 보건소 및 보건지소
- 보건진료소
- 혈액원
- 검역소 및 동물검역기관
- 동물병원
- 국가나 지방자치단체의 시험 · 연구 기관(의학 · 치과의학 · 한의학 · 약학 및 수의학에 관한 기관)
- 대학 · 산업대학 · 전문대학 및 그 부속 시험 · 연구 기관(의학 · 치과의학 · 한의학 · 약학 및 수의학에 관한 기관)
- 학술연구나 제품의 제조 · 발명에 관한 시험 · 연구를 하는 연구소(의학 · 치과의학 · 한의학 · 약학 및 수의학에 관한 연구소)
- 장례식장
- 교도소 · 소년교도소 · 구치소 등에 설치된 의무시설
- 기업체의 부속 의료기관으로서 면적이 100제곱미터 이상인 의무시설
- 사단급 이상 군부대에 설치된 의무시설
- 노인요양시설
- 의료폐기물 중 태반을 대상으로 폐기물 재활용업의 허가를 받은 사업장
- 조직은행
- 그 밖에 환경부장관이 정하여 고시하는 기관

정답 I 90.④ 91.④ 92.③ 93.②

94 폐기물 처리시설을 설치 · 운영하는 자는 환경부령으로 정하는 기간마다 검사기관으로부터 정기검사를 받아야 한다. 환경부령으로 정하는 폐기물 처리시설(멸균분쇄시설 기준)의 정기검사기간 기준으로 (   ) 안에 옳은 것은?

> 최초 정기검사는 사용 개시일부터 (㉠), 2회 이후의 정기검사는 최종 정기검사일로부터 (㉡)

① ㉠ 1개월, ㉡ 3개월
② ㉠ 3개월, ㉡ 3개월
③ ㉠ 3개월, ㉡ 6개월
④ ㉠ 6개월, ㉡ 6개월

95 다음 중 의료폐기물 전용 용기 검사기관은?

① 한국화학융합시험연구원
② 한국건설환경기술시험원
③ 한국의료기기시험연구원
④ 한국건설환경시설공단

✔ **전용 용기 검사기관**
- 한국환경공단
- 한국화학융합시험연구원
- 한국건설생활환경시험연구원
- 그 밖에 환경부장관이 전용 용기에 대한 검사능력이 있다고 인정하여 고시하는 기관

96 생활폐기물이 배출되는 토지나 건물의 소유자 · 점유자 또는 관리자는 관할 특별자치시, 특별자치도, 시 · 군 · 구의 조례로 정하는 바에 따라 생활환경보전상 지장이 없는 방법으로 그 폐기물을 스스로 처리하거나 양을 줄여서 배출하여야 한다. 이를 위반한 자에 대한 과태료 부과기준은?

① 100만원 이하
② 200만원 이하
③ 300만원 이하
④ 500만원 이하

97 다음 중 위해 의료폐기물의 종류에 해당되지 않는 것은? ★

① 접촉성 폐기물
② 손상성 폐기물
③ 병리계 폐기물
④ 조직물류 폐기물

✔ **위해 의료폐기물의 종류**
- 조직물류 폐기물 : 인체 또는 동물의 조직 · 장기 · 기관 · 신체의 일부, 동물의 사체, 혈액 · 고름 및 혈액생성물(혈청, 혈장, 혈액제제)
- 병리계 폐기물 : 시험 · 검사 등에 사용된 배양액, 배양용기, 보관균주, 폐시험관, 슬라이드, 커버글라스, 폐배지, 폐장갑
- 손상성 폐기물 : 주삿바늘, 봉합바늘, 수술용 칼날, 한방침, 치과용 침, 파손된 유리 재질의 시험기구
- 생물 · 화학 폐기물 : 폐백신, 폐항암제, 폐화학치료제
- 혈액오염 폐기물 : 폐혈액백, 혈액 투석 시 사용된 폐기물, 그 밖에 혈액이 유출될 정도로 포함되어 있어 특별한 관리가 필요한 폐기물

98 폐기물관리법에서 사용하는 용어의 뜻으로 틀린 것은? ★★★

① 생활폐기물 : 사업장폐기물 외의 폐기물을 말한다.
② 폐기물 감량화시설 : 생산공정에서 발생하는 폐기물의 양을 줄이고, 사업장 내 재활용을 통하여 폐기물 배출을 최소화하는 시설로서 대통령령으로 정하는 시설을 말한다.
③ 처분 : 폐기물을 소각 · 중화 · 파쇄 · 고형화 등의 중간처분과 매립하는 등의 최종처분을 위한 대통령령으로 정하는 활동을 말한다.
④ 폐기물 : 쓰레기, 연소재, 오니, 폐유, 폐산, 폐알칼리 및 동물의 사체 등으로서 사람의 생활이나 사업활동에 필요하지 아니하게 된 물질을 말한다.

✔ ③ 처분 : 폐기물의 소각 · 중화 · 파쇄 · 고형화 등의 중간처분과 매립하거나 해역으로 배출하는 등의 최종처분을 말한다.

제5과목

정답 | 94.② 95.① 96.① 97.① 98.③

99 폐기물관리법을 적용하지 아니하는 물질에 대한 내용으로 틀린 것은? ★★

① 「원자력안전법」에 따른 방사성 물질과 이로 인하여 오염된 물질
② 용기에 들어 있는 기체상의 물질
③ 「하수도법」에 따른 하수
④ 「물환경보전법」에 따른 수질오염 방지시설에 유입되거나 공공수역으로 배출되는 폐수

폐기물관리법의 적용범위
- 「원자력안전법」에 따른 방사성 물질과 이로 인하여 오염된 물질
- 용기에 들어 있지 아니한 기체상태의 물질
- 「물환경보전법」에 따른 수질오염 방지시설에 유입되거나 공공수역으로 배출되는 폐수
- 「가축분뇨의 관리 및 이용에 관한 법률」에 따른 가축분뇨
- 「하수도법」에 따른 하수 · 분뇨
- 「가축전염병예방법」에 적용되는 가축의 사체, 오염 물건, 수입 금지물건 및 검역 불합격품
- 「수산생물질병관리법」에 적용되는 수산동물의 사체, 오염된 시설 또는 물건, 수입 금지물건 및 검역 불합격품
- 「군수품관리법」에 따라 폐기되는 탄약
- 「동물보호법」에 따른 동물장묘업의 등록을 한 자가 설치 · 운영하는 동물장묘시설에서 처리되는 동물의 사체

100 폐기물 처리 담당자 등은 3년마다 교육을 받아야 하는데 폐기물 처분시설의 기술관리인이나 폐기물 처분시설의 설치자로서 스스로 기술관리를 하는 자에 대한 교육기관이 아닌 것은?

① 국립환경과학원
② 한국폐기물협회
③ 국립환경인력개발원
④ 한국환경공단

폐기물 처분시설의 설치자로서 스스로 기술관리를 하는 자에 대한 교육기관
- 국립환경인력개발원
- 한국환경공단
- 한국폐기물협회

제5과목 | 폐기물 관계법규

2017년 제4회 폐기물처리기사

81 폐기물 처리업의 업종 구분과 영업내용의 범위를 벗어나는 영업을 한 자에 대한 벌칙기준은?

① 7년 이하의 징역 또는 7천만원 이하의 벌금
② 5년 이하의 징역 또는 5천만원 이하의 벌금
③ 3년 이하의 징역 또는 3천만원 이하의 벌금
④ 2년 이하의 징역 또는 2천만원 이하의 벌금

82 사후관리 이행보증금과 사전적립금의 용도에 관한 설명으로 ( )에 맞는 내용은?

사후관리 이행보증금과 매립시설의 사후관리를 위한 사전적립금의 ( )

① 융자
② 지원
③ 납부
④ 환불

사후관리 이행보증금과 사전적립금의 용도
- 사후관리 이행보증금과 매립시설의 사후관리를 위한 사전적립금의 환불
- 매립시설의 사후관리 대행
- 최종 복토 등 폐쇄절차 대행
- 그 밖에 대통령령으로 정하는 용도

83 전용 용기의 검사기관으로 틀린 것은?

① 한국건설생활환경시험연구원
② 한국환경공단
③ 한국기계연구원
④ 한국화학융합시험연구원

전용 용기 검사기관
- 한국환경공단
- 한국화학융합시험연구원
- 한국건설생활환경시험연구원
- 그 밖에 환경부장관이 전용 용기에 대한 검사능력이 있다고 인정하여 고시하는 기관

정답 | 99.② 100.① / 81.④ 82.④ 83.③

84 폐기물관리법상 지정폐기물의 보관창고에 표지판을 설치할 때 표지판의 색깔은? (단, 감염성 폐기물 제외)

① 노란색 바탕에 하얀색 선 및 하얀색 글자
② 빨간색 바탕에 파란색 선 및 파란색 글자
③ 노란색 바탕에 검은색 선 및 검은색 글자
④ 노란색 바탕에 빨간색 선 및 빨간색 글자

85 기술관리인을 두지 않아도 되는 폐기물 처리시설은? ★★★

① 면적이 2,000m^2인 지정폐기물 매립시설 (단, 차단형 매립시설은 제외)
② 시간당 처리능력이 660kg인 소각시설
③ 면적 12,000m^2의 지정폐기물 외의 폐기물을 매립하는 시설
④ 면적이 340m^2 이상인 지정폐기물을 매립하는 차단형 매립시설

기술관리인을 두어야 할 폐기물 처리시설
- 매립시설의 경우
  - 지정폐기물을 매립하는 시설로서 면적이 3천300제곱미터 이상인 시설. 다만, 최종처분시설 중 차단형 매립시설에서는 면적이 330제곱미터 이상이거나 매립용적이 1천세제곱미터 이상인 시설로 한다.
  - 지정폐기물 외의 폐기물을 매립하는 시설로서 면적이 1만제곱미터 이상이거나 매립용적이 3만세제곱미터 이상인 시설
- 소각시설로서 시간당 처분능력이 600킬로그램(의료폐기물을 대상으로 하는 소각시설의 경우에는 200킬로그램) 이상인 시설
- 압축 · 파쇄 · 분쇄 또는 절단 시설로서 1일 처분능력 또는 재활용능력이 100톤 이상인 시설
- 사료화 · 퇴비화 또는 연료화 시설로서 1일 재활용능력이 5톤 이상인 시설
- 멸균분쇄시설로서 시간당 처분능력이 100킬로그램 이상인 시설
- 시멘트 소성로
- 용해로(폐기물에서 비철금속을 추출하는 경우로 한정)로서 시간당 재활용능력이 600킬로그램 이상인 시설
- 소각열 회수시설로서 시간당 재활용능력이 600킬로그램 이상인 시설

86 폐기물관리법에서 정하고 있는 폐기물 처리시설의 정기검사 주기로 맞는 것은?

① 소각시설의 최초 정기검사 : 사용 개시일부터 2년
② 매립시설의 최초 정기검사 : 사용 개시일부터 2년
③ 멸균분쇄시설의 최초 정기검사 : 사용 개시일부터 3개월
④ 음식물류 폐기물 처리시설의 최초 정기검사 : 사용 개시일부터 6개월

폐기물 처리시설의 최초 정기검사
- 소각시설, 소각열 회수시설 및 열분해시설 : 사용 개시일부터 3년이 되는 날
- 매립시설 : 사용 개시일부터 1년이 되는 날
- 멸균분쇄시설 : 사용 개시일부터 3개월
- 음식물류 폐기물 처리시설 : 사용 개시일부터 1년이 되는 날
- 시멘트 소성로 : 사용 개시일부터 3년이 되는 날

87 폐기물 처분시설인 멸균분쇄시설의 설치검사 항목으로 틀린 것은?

① 분쇄시설의 작동상태
② 밀폐형으로 된 자동제어에 의한 처리방식인지 여부
③ 악취 방지시설 · 건조장치의 작동상태
④ 계량 · 투입 시설의 설치 여부 및 작동상태

멸균분쇄시설의 설치검사 항목
- 멸균능력의 적절성 및 멸균조건의 적절 여부(멸균검사 포함)
- 분쇄시설의 작동상태
- 밀폐형으로 된 자동제어에 의한 처리방식인지 여부
- 자동기록장치의 작동상태
- 폭발사고와 화재 등에 대비한 구조인지 여부
- 자동투입장치와 투입량 자동계측장치의 작동상태
- 악취 방지시설 · 건조장치의 작동상태

※ **계량 · 투입 시설의 설치 여부 및 작동상태 : 음식물류 폐기물 처리시설에 관한 검사 항목**

정답 | 84.③ 85.① 86.③ 87.④

88 폐기물관리법에 적용되지 않는 물질에 대한 설명으로 틀린 것은?

① 「하수도법」에 의한 하수 · 분뇨
② 「가축분뇨의 관리 및 이용에 관한 법률」에 따른 가축분뇨
③ 용기에 들어 있지 아니한 기체상태의 물질
④ 수질오염 방지시설에 유입되지 아니하거나 공공수역으로 배출되는 폐수

폐기물관리법의 적용범위

- 「원자력안전법」에 따른 방사성 물질과 이로 인하여 오염된 물질
- 용기에 들어 있지 아니한 기체상태의 물질
- 「물환경보전법」에 따른 수질오염 방지시설에 유입되거나 공공수역으로 배출되는 폐수
- 「가축분뇨의 관리 및 이용에 관한 법률」에 따른 가축분뇨
- 「하수도법」에 따른 하수 · 분뇨
- 「가축전염병예방법」에 적용되는 가축의 사체, 오염 물건, 수입 금지물건 및 검역 불합격품
- 「수산생물질병관리법」에 적용되는 수산동물의 사체, 오염된 시설 또는 물건, 수입 금지물건 및 검역 불합격품
- 「군수품관리법」에 따라 폐기되는 탄약
- 「동물보호법」에 따른 동물장묘업의 등록을 한 자가 설치 · 운영하는 동물장묘시설에서 처리되는 동물의 사체

89 폐기물 인계 · 인수 내용의 입력 방법 및 절차로 ( ) 안에 알맞은 것은?

사업장폐기물 운반자는 배출자로부터 폐기물을 인수받은 날부터 (㉠)에 전달받은 인계번호를 확인하여 전자정보처리 프로그램에 입력하여야 한다. 다만, 적재능력이 작은 차량으로 폐기물을 수집하여 적재능력이 큰 차량으로 옮겨 싣기 위하여 임시보관장소를 경유하여 운반하는 경우에는 처리자에게 인계한 후 (㉡)에 입력하여야 한다.

① ㉠ 1일 이내, ㉡ 1일 이내
② ㉠ 3일 이내, ㉡ 1일 이내
③ ㉠ 1일 이내, ㉡ 3일 이내
④ ㉠ 2일 이내, ㉡ 2일 이내

90 폐기물 처리시설을 설치 · 운영하는 자는 그 폐기물 처리시설의 설치 · 운영이 주변 지역에 미치는 영향을 몇 년마다 조사하여 그 결과를 누구에게 제출하여야 하는가?

① 1년, 시 · 도지사 ② 3년, 시 · 도지사
③ 1년, 환경부장관 ④ 3년, 환경부장관

91 영업의 정지에 갈음하여 징수할 수 있는 최대 과징금 액수는?

① 1억원 ② 2억원
③ 3억원 ④ 5억원

92 광역 폐기물 처리시설의 설치 · 운영을 위탁할 수 있는 자로 틀린 것은?

① 한국에너지기술연구원
② 한국환경공단
③ 지방자치단체 조합으로서 폐기물의 광역 처리를 위하여 설립된 조합
④ 해당 광역 폐기물 처리시설을 시공한 자(그 시설의 운영을 위탁하는 경우에만 해당한다)

광역 폐기물 처리시설의 설치 · 운영을 위탁할 수 있는 자

- 한국환경공단
- 수도권매립지관리공사
- 지방자치단체 조합으로서 폐기물의 광역 처리를 위하여 설립된 조합
- 해당 광역 폐기물 처리시설을 시공한 자(그 시설의 운영을 위탁하는 경우에만 해당)

93 기술관리인을 임명하지 아니하고 기술관리 대행계약을 체결하지 아니한 자에 대한 과태료 처분기준은?

① 100만원 이하의 과태료
② 300만원 이하의 과태료
③ 500만원 이하의 과태료
④ 1,000만원 이하의 과태료

정답 | 88.④ 89.④ 90.④ 91.① 92.① 93.④

94 폐기물 수집 · 운반업의 허가를 받기 위한 허가 신청서에 첨부해야 할 서류의 종류로 틀린 것은?

① 수집 · 운반 대상 폐기물의 수집 · 운반 계획서
② 시설 및 장비 명세서
③ 처분대상 폐기물의 처분공정도
④ 기술능력의 보유현황 및 그 자격을 증명하는 서류

폐기물 수집 · 운반업 허가신청서의 첨부서류
- 시설 및 장비 명세서
- 수집 · 운반 대상 폐기물의 수집 · 운반 계획서
- 기술능력의 보유현황 및 그 자격을 증명하는 서류

95 폐기물 처리시설 설치 · 운영자, 폐기물 처리업자, 폐기물과 관련된 단체, 그 밖에 폐기물과 관련된 업무에 종사하는 자가 폐기물에 관한 조사 연구 · 기술개발 · 정보 보급 등 폐기물 분야의 발전을 도모하기 위하여 환경부장관의 허가를 받아 설립할 수 있는 단체는?

① 한국폐기물협회
② 한국폐기물학회
③ 폐기물관리공단
④ 폐기물처리공제조합

96 매립지에서 침출수량 등의 변동에 대응하기 위한 침출수 유량조정조의 설치규모 기준에서 다음 ( ) 안에 들어갈 내용이 순서대로 나열된 것은? (단, 관리형 매립시설)

> 최근 (㉠) 1일 강우량이 (㉡) 이상인 강우일수 중 최다빈도의 1일 강우량의 (㉢) 이상에 해당하는 침출수를 저장할 수 있는 규모

① ㉠ 7년간, ㉡ 20밀리미터, ㉢ 10배
② ㉠ 7년간, ㉡ 10밀리미터, ㉢ 10배
③ ㉠ 10년간, ㉡ 20밀리미터, ㉢ 7배
④ ㉠ 10년간, ㉡ 10밀리미터, ㉢ 7배

97 폐기물 처리업의 허가를 받은 자가 변경허가를 받지 아니하고 폐기물 처리업의 허가사항을 변경한 경우의 벌칙기준으로 옳은 것은?

① 1년 이하의 징역이나 1천만원 이하의 벌금
② 2년 이하의 징역이나 2천만원 이하의 벌금
③ 3년 이하의 징역이나 3천만원 이하의 벌금
④ 5년 이하의 징역이나 5천만원 이하의 벌금

98 폐기물 처리업의 허가를 받을 수 없는 자에 대한 기준으로 틀린 것은?

① 미성년자
② 파산선고를 받고 복권된 날부터 2년이 지나지 아니한 자
③ 폐기물 처리업의 허가가 취소된 자로서 그 허가가 취소된 날부터 2년이 지나지 아니한 자
④ 「폐기물관리법」을 위반하여 징역 이상의 형의 집행유예를 선고받고 그 집행유예기간이 지나지 아니한 자

폐기물 처리업의 허가를 받거나 전용 용기 제조업의 등록을 할 수 없는 자
- 미성년자, 피성년후견인 또는 피한정후견인
- 파산선고를 받고 복권되지 아니한 자
- 이 법을 위반하여 금고 이상의 실형을 선고받고 그 형의 집행이 끝나거나 집행을 받지 아니하기로 확정된 후 10년이 지나지 아니한 자
- 금고 이상 형의 집행유예를 선고받고 그 집행유예기간이 끝난 날부터 5년이 지나지 아니한 자
- 대통령령으로 정하는 벌금형 이상을 선고받고 그 형이 확정된 날부터 5년이 지나지 아니한 자
- 폐기물 처리업의 허가가 취소되거나 전용 용기 제조업의 등록이 취소된 자로서 그 허가 또는 등록이 취소된 날부터 10년이 지나지 아니한 자
- 허가취소자 등과의 관계에서 자신의 영향력을 이용하여 허가취소자 등에게 업무 집행을 지시하거나 허가취소자 등의 명의로 직접 업무를 집행하는 등의 사유로 허가취소자 등에게 영향을 미쳐 이익을 얻는 자 등으로서 환경부령으로 정하는 자
- 임원 또는 사용인 중에 위의 어느 하나에 해당하는 자가 있는 법인 또는 개인사업자

제5과목

정답 | 94.③ 95.① 96.④ 97.③ 98.②

99 다음 중 폐기물관리법상 용어의 정의로 옳지 않은 것은? ★★★

① 지정폐기물 : 사업장폐기물 중 폐유 · 폐산 등 주변 환경을 오염시킬 수 있거나 의료폐기물 등 인체에 위해를 줄 수 있는 해로운 물질로서 대통령령으로 정하는 폐기물
② 폐기물 처리시설 : 폐기물의 중간처분시설, 최종처분시설 및 재활용시설로서 대통령령으로 정하는 시설
③ 처리 : 폐기물 수거 · 운반에 의한 중간처리와 매립, 해역 배출 등에 의한 최종처리
④ 생활폐기물 : 사업장폐기물 외의 폐기물

✔ ③ 처리 : 폐기물의 수집, 운반, 보관, 재활용, 처분

100 제출된 폐기물 처리 사업계획서의 적합 통보를 받은 자가 천재지변이나 그 밖의 부득이한 사유로 정해진 기간 내에 허가신청을 하지 못한 경우에 실시하는 연장기간에 대한 설명에서 다음 ( ) 안에 들어갈 기간이 맞게 나열된 것은?

> 환경부장관 또는 시 · 도지사는 신청에 따라 폐기물 수집 · 운반업의 경우에는 총 연장기간 (㉠), 폐기물 최종처리업과 폐기물 종합처리업의 경우에는 총 연장기간 (㉡)의 범위에서 허가신청기간을 연장할 수 있다.

① ㉠ 6개월, ㉡ 1년
② ㉠ 6개월, ㉡ 2년
③ ㉠ 1년, ㉡ 2년
④ ㉠ 1년, ㉡ 3년

제5과목 | 폐기물 관계법규

2018년 제1회 폐기물처리기사

81 전용 용기의 검사기관으로 틀린 것은?

① 한국건설생활환경시험연구원
② 한국환경공단
③ 한국기계연구원
④ 한국화학융합시험연구원

✔ **전용 용기 검사기관**
- 한국환경공단
- 한국화학융합시험연구원
- 한국건설생활환경시험연구원
- 그 밖에 환경부장관이 전용 용기에 대한 검사능력이 있다고 인정하여 고시하는 기관

82 폐기물관리법의 제정 목적으로 가장 거리가 먼 것은?

① 폐기물 발생을 최대한 억제
② 발생한 폐기물을 친환경적으로 처리
③ 환경보전과 국민생활의 질적 향상에 이바지
④ 발생 폐기물의 신속한 수거 · 이송 처리

✔ **폐기물관리법의 목적**
폐기물의 발생을 최대한 억제하고 발생한 폐기물을 친환경적으로 처리함으로써 환경보전과 국민생활의 질적 향상에 이바지하는 것

83 관리형 매립시설에서 발생하는 침출수의 배출허용기준(BOD - SS 순서)은? (단, 가 지역이며, 단위는 mg/L) ★★★

① 30 - 30 ② 30 - 50
③ 50 - 50 ④ 50 - 70

✔ **침출수의 배출허용기준**(관리형 매립시설)

구분	생물화학적 산소요구량	화학적 산소요구량	부유물질량
청정지역	30mg/L	200mg/L	30mg/L
가 지역	50mg/L	300mg/L	50mg/L
나 지역	70mg/L	400mg/L	70mg/L

정답 | 99.③ 100.② / 81.③ 82.④ 83.③

84 폐기물부담금 및 재활용부담금의 용도로 틀린 것은?

① 재활용 가능 자원의 구입 및 비축
② 재활용을 촉진하기 위한 사업의 지원
③ 폐기물부담금(가산금을 제외한다) 또는 재활용부과금(가산금을 제외한다)의 징수비용 교부
④ 폐기물의 재활용을 위한 사업 및 폐기물 처리시설의 설치 지원

✔ **폐기물부담금과 재활용부과금의 용도**
- 폐기물의 재활용을 위한 사업 및 폐기물 처리시설의 설치 지원
- 폐기물의 효율적 재활용과 폐기물 줄이기를 위한 연구 및 기술개발
- 지방자치단체에 대한 폐기물의 회수 · 재활용 및 처리 지원
- 재활용 가능 자원의 구입 및 비축
- 재활용을 촉진하기 위한 사업의 지원
- 폐기물부담금(가산금을 포함) 또는 재활용부과금(가산금을 포함)의 징수비용 교부
- 그 밖에 자원의 절약 및 재활용 촉진을 위하여 필요한 사업의 지원

85 폐기물 처리업의 업종 구분과 영업내용을 연결한 것으로 틀린 것은?

① 폐기물 수집 · 운반업 – 폐기물을 수집하여 재활용 또는 처분장소로 운반하거나 폐기물을 수출하기 위하여 수집 · 운반하는 영업
② 폐기물 중간처분업 – 폐기물 중간처분시설 및 최종처분시설을 갖추고 폐기물을 소각 · 중화 · 파쇄 · 고형화 등의 방법에 의하여 중간처분 및 중간가공 폐기물을 만드는 영업
③ 폐기물 최종처분업 – 폐기물 최종처분시설을 갖추고 폐기물을 매립 등(해역 배출은 제외한다)의 방법으로 최종처분하는 영업
④ 폐기물 종합처분업 – 폐기물 중간처분시설 및 최종처분시설을 갖추고 폐기물의 중간처분과 최종처분을 함께 하는 영업

✔ ② 폐기물 중간처분업 – 폐기물 중간처분시설을 갖추고 폐기물을 소각 처분, 기계적 처분, 화학적 처분, 생물학적 처분, 그 밖에 환경부장관이 폐기물을 안전하게 중간처분할 수 있다고 인정하여 고시하는 방법으로 중간처분하는 영업

86 폐기물 재활용업자가 시 · 도지사로부터 승인받은 임시보관시설에 태반을 보관하는 경우, 시 · 도지사가 임시보관시설을 승인할 때 따라야 하는 기준으로 틀린 것은? (단, 폐기물 처리 사업장 외의 장소에서의 폐기물 보관시설 기준)

① 폐기물 재활용업자는 「약사법」에 따른 의약품제조업 허가를 받은 자일 것
② 태반의 배출장소와 그 태반 재활용시설이 있는 사업장의 거리가 100킬로미터 이상일 것
③ 임시보관시설에서의 태반 보관 허용량은 1톤 미만일 것
④ 임시보관시설에서의 태반 보관 기간은 태반이 임시보관시설에 도착한 날부터 5일 이내일 것

✔ **폐기물 재활용업자가 임시보관시설에 태반을 보관하는 경우, 임시보관시설의 승인기준**
- 폐기물 재활용업자는 「약사법」에 따른 의약품제조업 허가를 받은 자일 것
- 태반의 배출장소와 그 태반 재활용시설이 있는 사업장의 거리가 100킬로미터 이상일 것
- 임시보관시설에서의 태반 보관 허용량은 5톤 미만일 것
- 임시보관시설에서의 태반 보관 기간은 태반이 임시보관시설에 도착한 날부터 5일 이내일 것

87 환경부장관과 또는 시 · 도지사가 폐기물 처리 공제조합에 처리를 명할 수 있는 방치 폐기물의 처리량 기준으로 ( ) 안에 맞는 내용은?

> 폐기물 처리업자가 방치한 폐기물의 경우 : 그 폐기물 처리업자의 폐기물 허용 보관량의 ( ) 이내

① 1.5배　② 2.0배
③ 2.5배　④ 3.0배

정답 | 84.③ 85.② 86.③ 87.②

88 매립시설의 사후관리 기준 및 방법에 관한 내용 중 발생가스 관리방법(유기성 폐기물을 매립한 폐기물 매립시설만 해당)에 관한 내용이다. ( ) 안에 공통으로 들어갈 내용은?

외기온도, 가스온도, 메테인, 이산화탄소, 암모니아, 황화수소 등의 조사항목을 매립 종료 후 ( )까지는 분기 1회 이상, ( )이 지난 후에는 연 1회 이상 조사하여야 한다.

① 1년 ② 2년
③ 3년 ④ 5년

89 해당 폐기물 처리 신고자가 보관 중인 폐기물 또는 그 폐기물 처리의 이용자가 보관 중인 폐기물의 적체에 따른 환경오염으로 인하여 인근지역 주민의 건강에 위해가 발생되거나 발생될 우려가 있는 경우, 그 처리금지를 갈음하여 부과할 수 있는 과징금은?

① 2천만원 이하 ② 5천만원 이하
③ 1억원 이하 ④ 2억원 이하

✔ **2천만원 이하의 과징금을 부과하는 경우**
- 해당 처리금지로 인하여 그 폐기물 처리의 이용자가 폐기물을 위탁 처리하지 못하여 폐기물이 사업장 안에 적체됨으로써 이용자의 사업활동에 막대한 지장을 줄 우려가 있는 경우
- 해당 폐기물 처리 신고자가 보관 중인 폐기물 또는 그 폐기물 처리의 이용자가 보관 중인 폐기물의 적체에 따른 환경오염으로 인하여 인근지역 주민의 건강에 위해가 발생되거나 발생될 우려가 있는 경우
- 천재지변이나 그 밖의 부득이한 사유로 해당 폐기물 처리를 계속하도록 할 필요가 있다고 인정되는 경우

90 설치신고대상 폐기물 처분시설 규모기준으로 ( ) 안에 맞는 내용은?

생물학적 처분시설로서 1일 처분능력이 ( ) 미만인 시설

① 5톤 ② 10톤
③ 50톤 ④ 100톤

91 폐기물 처리시설의 설치 · 운영을 위탁받을 수 있는 자의 기준 중 소각시설인 경우에 보유하여야 하는 기술인력기준에 포함되지 않는 것은?

① 폐기물처리기술사 1명
② 폐기물처리기술사 또는 대기환경기사 1명
③ 토목기사 1명
④ 시공 분야에서 2년 이상 근무한 자 2명(폐기물 처분시설의 설치를 위탁받으려는 경우에만 해당한다)

✔ **폐기물 처리시설의 설치 · 운영을 위탁받을 수 있는 자의 기준에 따라 보유하여야 하는 기술인력**(소각시설의 경우)
- 폐기물처리기술사 1명
- 폐기물처리기사 또는 대기환경기사 1명
- 일반기계기사 1명
- 시공 분야에서 2년 이상 근무한 자 2명(폐기물 처분시설의 설치를 위탁받으려는 경우에만 해당)
- 1일 50톤 이상의 폐기물 소각시설에서 천장크레인을 1년 이상 운전한 자 1명과 천장크레인 외의 처분시설의 운전 분야에서 2년 이상 근무한 자 2명(폐기물 처분시설의 운영을 위탁받으려는 경우에만 해당)

92 폐기물 처리시설 주변 지역 영향조사기준 중 조사지점에 관한 사항으로 다음 ( ) 안에 적절한 내용은?

토양 조사지점은 매립시설에 인접하여 토양오염이 우려되는 ( ) 이상의 일정한 곳으로 한다.

① 2개소 ② 3개소
③ 4개소 ④ 5개소

✔ **폐기물 처리시설 주변 지역 영향조사기준 중 조사지점**
- 미세먼지와 다이옥신 조사지점은 해당 시설에 인접한 주거지역 중 3개소 이상 지역의 일정한 곳으로 한다.
- 악취 조사지점은 매립시설에 가장 인접한 주거지역에서 냄새가 가장 심한 곳으로 한다.
- 지표수 조사지점은 해당 시설에 인접하여 폐수, 침출수 등이 흘러들거나 흘러들 것으로 우려되는 지역의 상 · 하류 각 1개소 이상의 일정한 곳으로 한다.
- 지하수 조사지점은 매립시설의 주변에 설치된 3개의 지하수 검사정으로 한다.
- 토양 조사지점은 4개소 이상으로 한다.

정답 | 88.④ 89.① 90.④ 91.③ 92.③

93 폐기물의 광역 관리를 위해 광역 폐기물 처리시설의 설치 또는 운영을 위탁할 수 없는 자는?

① 해당 광역 폐기물 처리시설을 발주한 지자체
② 한국환경공단
③ 수도권매립지관리공사
④ 폐기물의 광역 처리를 위해 설립된 지방자치단체 조합

광역 폐기물 처리시설의 설치 · 운영을 위탁할 수 있는 자
- 한국환경공단
- 수도권매립지관리공사
- 지방자치단체 조합으로서 폐기물의 광역 처리를 위하여 설립된 조합
- 해당 광역 폐기물 처리시설을 시공한 자(그 시설의 운영을 위탁하는 경우에만 해당)

94 다음 중 폐기물의 에너지 회수기준으로 잘못된 것은?

① 에너지 회수효율(회수에너지 총량을 투입에너지 총량으로 나눈 비율)이 75% 이상일 것
② 다른 물질과 혼합하지 아니하고 해당 폐기물의 저위발열량이 kg당 3천kcal 이상일 것
③ 폐기물의 50% 이상을 원료 또는 재료로 재활용하고 나머지를 에너지 회수에 이용할 것
④ 회수열을 모두 열원으로 스스로 이용하거나 다른 사람에게 공급할 것

③ 폐기물의 30% 이상을 원료나 재료로 재활용하고 그 나머지 중에서 에너지 회수에 이용할 것

95 기술관리인을 두어야 할 폐기물 처리시설이 아닌 것은? ★★★

① 시간당 처분능력이 120킬로그램인 의료폐기물 대상 소각시설
② 면적이 4천제곱미터인 지정폐기물 매립시설
③ 절단시설로서 1일 처분능력이 200톤인 시설
④ 연료화시설로서 1일 처분능력이 7톤인 시설

기술관리인을 두어야 할 폐기물 처리시설
- 매립시설의 경우
  - 지정폐기물을 매립하는 시설로서 면적이 3천300제곱미터 이상인 시설. 다만, 최종처분시설 중 차단형 매립시설에서는 면적이 330제곱미터 이상이거나 매립용적이 1천세제곱미터 이상인 시설로 한다.
  - 지정폐기물 외의 폐기물을 매립하는 시설로서 면적이 1만제곱미터 이상이거나 매립용적이 3만세제곱미터 이상인 시설
- 소각시설로서 시간당 처분능력이 600킬로그램(의료폐기물을 대상으로 하는 소각시설의 경우에는 200킬로그램) 이상인 시설
- 압축 · 파쇄 · 분쇄 또는 절단 시설로서 1일 처분능력 또는 재활용능력이 100톤 이상인 시설
- 사료화 · 퇴비화 또는 연료화 시설로서 1일 재활용능력이 5톤 이상인 시설
- 멸균분쇄시설로서 시간당 처분능력이 100킬로그램 이상인 시설
- 시멘트 소성로
- 용해로(폐기물에서 비철금속을 추출하는 경우로 한정)로서 시간당 재활용능력이 600킬로그램 이상인 시설
- 소각열 회수시설로서 시간당 재활용능력이 600킬로그램 이상인 시설

96 다음 중 폐기물 관리의 기본원칙으로 적절하지 않은 것은?

① 폐기물은 소각, 매립 등의 처분을 하기 보다는 우선적으로 재활용함으로써 자원생산성의 향상에 이바지하도록 하여야 한다.
② 국내에서 발생한 폐기물은 가능하면 국내에서 처리되어야 하고, 폐기물은 수입할 수 없다.
③ 누구든지 폐기물을 배출하는 경우에는 주변 환경이나 주민의 건강에 위해를 끼치지 아니하도록 사전에 적절한 조치를 하여야 한다.
④ 사업자는 제품의 생산방식 등을 개선하여 폐기물의 발생을 최대한 억제하고, 발생한 폐기물을 스스로 재활용함으로써 폐기물의 배출을 최소화하여야 한다.

② 국내에서 발생한 폐기물은 가능하면 국내에서 처리되어야 하고, 폐기물의 수입은 되도록 억제되어야 한다.

제5과목

정답 | 93.① 94.③ 95.① 96.②

97 폐기물 처리시설 설치에 있어서 승인을 받았거나 신고한 사항 중 환경부령으로 정하는 중요 사항을 변경하려는 경우, 변경승인을 받지 아니하고 승인받은 사항을 변경한 자에 대한 벌칙기준은?

① 5년 이하의 징역 또는 5천만원 이하의 벌금
② 3년 이하의 징역 또는 3천만원 이하의 벌금
③ 2년 이하의 징역 또는 2천만원 이하의 벌금
④ 1년 이하의 징역 또는 1천만원 이하의 벌금

98 주변 지역 영향조사대상 폐기물 처리시설에 해당하지 않는 것은? (단, 대통령령으로 정하는 폐기물 처리시설로 폐기물 처리업자가 설치·운영하는 시설) ★★★

① 시멘트 소성로(폐기물을 연료로 사용하는 경우는 제외한다)
② 매립면적 15만제곱미터 이상의 사업장 일반폐기물 매립시설
③ 매립면적 1만제곱미터 이상의 사업장 지정폐기물 매립시설
④ 1일 처분능력이 50톤 이상인 사업장폐기물 소각시설(같은 사업장에 여러 개의 소각시설이 있는 경우에는 각 소각시설의 1일 처분능력의 합계가 50톤 이상인 경우를 말한다)

✔ 주변 지역 영향조사대상 폐기물 처리시설

- 1일 처분능력이 50톤 이상인 사업장폐기물 소각시설(같은 사업장에 여러 개의 소각시설이 있는 경우에는 각 소각시설의 1일 처분능력의 합계가 50톤 이상인 경우를 말함)
- 매립면적 1만제곱미터 이상의 사업장 지정폐기물 매립시설
- 매립면적 15만제곱미터 이상의 사업장 일반폐기물 매립시설
- 시멘트 소성로(폐기물을 연료로 사용하는 경우로 한정)
- 1일 재활용능력이 50톤 이상인 사업장폐기물 소각열 회수시설(같은 사업장에 여러 개의 소각열 회수시설이 있는 경우에는 각 소각열 회수시설의 1일 재활용능력의 합계가 50톤 이상인 경우를 말함)

99 폐기물 처리시설의 사후관리에 대한 내용으로 틀린 것은?

① 폐기물을 매립하는 시설을 사용 종료하거나 폐쇄하려는 자는 검사기관으로부터 환경부령으로 정하는 검사에서 적합 판정을 받아야 한다.
② 매립시설의 사용을 끝내거나 폐쇄하려는 자는 그 시설의 사용 종료일 또는 폐쇄 예정일 1개월 이전에 사용 종료·폐쇄 신고서를 시·도지사나 지방환경관서의 장에게 제출하여야 한다.
③ 폐기물 매립시설을 사용 종료하거나 폐쇄한 자는 그 시설로 인한 주민의 피해를 방지하기 위해 환경부령으로 정하는 침출수 처리시설을 설치·가동하는 등의 사후관리를 하여야 한다.
④ 시·도지사나 지방환경관서의 장이 사후관리 시정명령을 하려면 그 시정에 필요한 조치의 난이도 등을 고려하여 6개월 범위에서 그 이행기간을 정하여야 한다.

✔ ② 폐기물 처리시설의 사용을 끝내거나 폐쇄하려는 자는 그 시설의 사용 종료일 또는 폐쇄 예정일 1개월 이전에 사용 종료·폐쇄 신고서를 시·도지사나 지방환경관서의 장에게 제출하여야 한다.

100 한국폐기물협회에 관한 내용으로 틀린 것은?

① 환경부장관의 허가를 받아 한국폐기물협회를 설립할 수 있다.
② 한국폐기물협회는 법인으로 한다.
③ 한국폐기물협회의 업무, 조직, 운영 등에 관한 사항은 환경부령으로 정한다.
④ 폐기물 산업의 발전을 위한 지도 및 조사·연구 업무를 수행한다.

✔ ③ 한국폐기물협회의 조직·운영, 그 밖에 필요한 사항은 그 설립목적을 달성하기 위하여 필요한 범위에서 대통령령으로 정한다.

정답 | 97.③ 98.① 99.② 100.③

제5과목 | 폐기물 관계법규

2018년 제2회 폐기물처리기사

81 생활폐기물 수집 · 운반 대행자에 대한 대행실적 평가 실시기준으로 옳은 것은?

① 분기에 1회 이상 ② 반기에 1회 이상
③ 매년 1회 이상 ④ 2년간 1회 이상

82 위해 의료폐기물 중 조직물류 폐기물에 해당되는 것은? ★

① 폐혈액백
② 혈액 투석 시 사용된 폐기물
③ 혈액, 고름 및 혈액생성물(혈청, 혈장, 혈액제제)
④ 폐항암제

위해 의료폐기물의 종류
- 조직물류 폐기물 : 인체 또는 동물의 조직 · 장기 · 기관 · 신체의 일부, 동물의 사체, 혈액 · 고름 및 혈액생성물(혈청, 혈장, 혈액제제)
- 병리계 폐기물 : 시험 · 검사 등에 사용된 배양액, 배양용기, 보관균주, 폐시험관, 슬라이드, 커버글라스, 폐배지, 폐장갑
- 손상성 폐기물 : 주삿바늘, 봉합바늘, 수술용 칼날, 한방침, 치과용 침, 파손된 유리 재질의 시험기구
- 생물 · 화학 폐기물 : 폐백신, 폐항암제, 폐화학치료제
- 혈액오염 폐기물 : 폐혈액백, 혈액 투석 시 사용된 폐기물, 그 밖에 혈액이 유출될 정도로 포함되어 있어 특별한 관리가 필요한 폐기물

83 폐기물 발생 억제지침 준수의무대상 배출자의 규모기준으로 ( ) 안에 옳은 것은?

> 최근 3년간의 연평균 배출량을 기준으로 (㉠)을 (㉡) 이상 배출하는 자

① ㉠ 지정폐기물, ㉡ 300톤
② ㉠ 지정폐기물, ㉡ 500톤
③ ㉠ 지정폐기물 외의 폐기물, ㉡ 500톤
④ ㉠ 지정폐기물 외의 폐기물, ㉡ 1,000톤

84 폐기물 처리업자 중 폐기물 재활용업자의 준수사항에 관한 내용으로 ( ) 안에 옳은 것은?

> 유기성 오니를 화력발전소에서 연료로 사용하기 위해 가공하는 자는 유기성 오니 연료의 저위발열량, 수분 함유량, 회분 함유량, 황분 함유량, 길이 및 금속성분을 ( ) 이상 측정하여 그 결과를 시 · 도지사에게 제출하여야 한다.

① 매년당 1회 ② 매분기당 1회
③ 매월당 1회 ④ 매주당 1회

85 다음 중 폐기물 수집 · 운반업자가 의료폐기물을 임시보관장소에 보관할 수 있는 환경조건과 기간은?

① 섭씨 6도 이하의 일반보관시설에서 8일 이내
② 섭씨 4도 이하의 일반보관시설에서 5일 이내
③ 섭씨 6도 이하의 전용보관시설에서 8일 이내
④ 섭씨 4도 이하의 전용보관시설에서 5일 이내

86 폐기물 처리시설에 대한 기술관리 대행계약에 포함될 점검항목으로 틀린 것은? (단, 중간처분시설 중 소각시설 및 고온 열분해시설)

① 안전설비의 정상가동 여부
② 배출가스 중의 오염물질의 농도
③ 연도 등의 기밀유지상태
④ 유해가스 처리시설의 정상가동 여부

폐기물 처리시설에 대한 기술관리 대행계약에 포함되는 점검항목(소각시설 및 고온 열분해시설의 경우)
- 내화물의 파손 여부
- 연소버너 · 보조버너의 정상가동 여부
- 안전설비의 정상가동 여부
- 방지시설의 정상가동 여부
- 배출가스 중의 오염물질 농도
- 연소실 등의 청소 실시 여부
- 냉각펌프의 정상가동 여부
- 연도 등의 기밀유지상태
- 정기성능검사 실시 여부
- 시설 가동 개시 시 적절 온도까지 높인 후 폐기물 투입 여부 및 시설 가동 중단방법의 적절성 여부
- 온도 · 압력 등의 적절 유지 여부

제5과목

정답 | 81.③ 82.③ 83.④ 84.② 85.④ 86.④

87 폐기물을 매립하는 시설의 사후관리 기준 및 방법 중 발생가스 관리방법(유기성 폐기물을 매립한 폐기물 매립시설만 해당됨)에 관한 내용으로 ( ) 안에 옳은 것은?

> 외기온도, 가스온도, 메테인, 이산화탄소, 암모니아, 황화수소 등의 조사항목을 매립 종료 후 5년까지는 (㉠), 5년이 지난 후에는 (㉡) 조사하여야 한다.

① ㉠ 주 1회 이상, ㉡ 월 1회 이상
② ㉠ 월 1회 이상, ㉡ 연 2회 이상
③ ㉠ 분기 1회 이상, ㉡ 연 2회 이상
④ ㉠ 분기 1회 이상, ㉡ 연 1회 이상

88 폐기물 처리시설인 재활용시설 중 화학적 재활용시설이 아닌 것은? ★★

① 고형화 · 고화 시설
② 반응시설(중화 · 산화 · 환원 · 중합 · 축합 · 치환 등의 화학반응을 이용하여 폐기물을 재활용하는 단위시설을 포함한다)
③ 연료화시설
④ 응집 · 침전 시설

화학적 재활용시설
- 고형화 · 고화 시설
- 반응시설(중화 · 산화 · 환원 · 중합 · 축합 · 치환 등의 화학반응을 이용하여 폐기물을 재활용하는 단위시설을 포함)
- 응집 · 침전 시설
- 열분해시설(가스화시설을 포함)

89 폐기물 처리시설 주변 지역 영향조사기준 중 조사방법(조시지점)에 관한 기준으로 옳은 것은?

> 미세먼지와 다이옥신 조사지점은 해당 시설에 인접한 주거지역 중 ( ) 이상의 일정한 곳으로 한다.

① 2개소 ② 3개소
③ 4개소 ④ 5개소

폐기물 처리시설 주변 지역 영향조사기준 중 조사지점
- 미세먼지와 다이옥신 조사지점은 해당 시설에 인접한 주거지역 중 3개소 이상 지역의 일정한 곳으로 한다.
- 악취 조사지점은 매립시설에 가장 인접한 주거지역에서 냄새가 가장 심한 곳으로 한다.
- 지표수 조사지점은 해당 시설에 인접하여 폐수, 침출수 등이 흘러들거나 흘러들 것으로 우려되는 지역의 상 · 하류 각 1개소 이상의 일정한 곳으로 한다.
- 지하수 조사지점은 매립시설의 주변에 설치된 3개의 지하수 검사정으로 한다.
- 토양 조사지점은 4개소 이상으로 한다.

90 설치신고대상 폐기물 처리시설기준으로 알맞지 않은 것은?

① 지정폐기물 소각시설로서 1일 처리능력이 10톤 미만인 시설
② 열처리 조합시설로서 시간당 처리능력이 100킬로그램 미만인 시설
③ 유수분리시설로서 1일 처리능력이 100톤 미만인 시설
④ 연료화시설로서 1일 처리능력이 100톤 미만인 시설

설치신고대상 폐기물 처리시설기준
- 일반 소각시설로서 1일 처분능력이 100톤(지정폐기물의 경우에는 10톤) 미만인 시설
- 고온 소각시설 · 열분해 소각시설 · 고온 용융시설 또는 열처리 조합시설로서 시간당 처분능력이 100킬로그램 미만인 시설
- 기계적 처분시설 또는 재활용시설 중 증발 · 농축 · 정제 또는 유수분리 시설로서 시간당 처분능력 또는 재활용능력이 125킬로그램 미만인 시설
- 기계적 처분시설 또는 재활용시설 중 압축 · 압출 · 성형 · 주조 · 파쇄 · 분쇄 · 탈피 · 절단 · 용융 · 용해 · 연료화 · 소성(시멘트 소성로는 제외) 또는 탄화 시설로서 1일 처분능력 또는 재활용능력이 100톤 미만인 시설
- 기계적 처분시설 또는 재활용시설 중 탈수 · 건조 시설, 멸균분쇄시설 및 화학적 처분시설 또는 재활용시설
- 생물학적 처분시설 또는 재활용시설로서 1일 처분능력 또는 재활용능력이 100톤 미만인 시설
- 소각열 회수시설로서 1일 재활용능력이 100톤 미만인 시설

정답 | 87.④ 88.③ 89.② 90.③

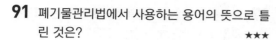

91 폐기물관리법에서 사용하는 용어의 뜻으로 틀린 것은? ★★★

① 폐기물 : 쓰레기, 연소재, 오니, 폐유, 폐산, 폐알칼리 및 동물의 사체 등으로서 사람의 생활이나 사업활동에 필요하지 아니하게 된 물질을 말한다.

② 폐기물 처리시설 : 폐기물의 중간처분시설 및 최종처분시설 중 재활용 처리시설을 제외한 환경부령으로 정하는 시설을 말한다.

③ 지정폐기물 : 사업장폐기물 중 폐유 · 폐산 등 주변 환경을 오염시킬 수 있거나 의료폐기물 등 인체에 위해를 줄 수 있는 해로운 물질로서 대통령령으로 정하는 폐기물을 말한다.

④ 폐기물 감량화시설 : 생산공정에서 발생하는 폐기물의 양을 줄이고, 사업장 내 재활용을 통하여 폐기물 배출을 최소화하는 시설로서 대통령령으로 정하는 시설을 말한다.

✔ ② 폐기물 처리시설 : 폐기물의 중간처분시설, 최종처분시설 및 재활용시설로서 대통령령으로 정하는 시설을 말한다.

92 대통령령으로 정하는 폐기물 처리시설을 설치 · 운영하는 자는 그 폐기물 처리시설의 설치 · 운영이 주변 지역이 미치는 영향을 3년마다 조사하고, 그 결과를 환경부장관에게 제출하여야 한다. 대통령령으로 정하는 폐기물 처리시설과 가장 거리가 먼 것은? ★★★

① 1일 처분능력이 50톤 이상인 사업장폐기물 소각시설

② 매립면적 1만제곱미터 이상의 사업장 지정폐기물 매립시설

③ 매립면적 10만제곱미터 이상의 사업장 일반폐기물 매립시설

④ 시멘트 소성로(폐기물을 연료로 사용하는 경우로 한정한다)

✔ **주변 지역 영향조사대상 폐기물 처리시설**

- 1일 처분능력이 50톤 이상인 사업장폐기물 소각시설(같은 사업장에 여러 개의 소각시설이 있는 경우에는 각 소각시설의 1일 처분능력의 합계가 50톤 이상인 경우를 말함)
- 매립면적 1만제곱미터 이상의 사업장 지정폐기물 매립시설
- 매립면적 15만제곱미터 이상의 사업장 일반폐기물 매립시설
- 시멘트 소성로(폐기물을 연료로 사용하는 경우로 한정)
- 1일 재활용능력이 50톤 이상인 사업장폐기물 소각열 회수시설(같은 사업장에 여러 개의 소각열 회수시설이 있는 경우에는 각 소각열 회수시설의 1일 재활용능력의 합계가 50톤 이상인 경우를 말함)

93 기술관리인을 두어야 하는 폐기물 처리시설이라 볼 수 없는 것은? ★★★

① 1일 처리능력이 120톤인 절단시설

② 1일 처리능력이 150톤인 압축시설

③ 1일 처리능력이 10톤인 연료화시설

④ 1일 처리능력이 50톤인 파쇄시설

✔ **기술관리인을 두어야 할 폐기물 처리시설**

- 매립시설의 경우
  - 지정폐기물을 매립하는 시설로서 면적이 3천300제곱미터 이상인 시설. 다만, 최종처분시설 중 차단형 매립시설에서는 면적이 330제곱미터 이상이거나 매립용적이 1천세제곱미터 이상인 시설로 한다.
  - 지정폐기물 외의 폐기물을 매립하는 시설로서 면적이 1만제곱미터 이상이거나 매립용적이 3만세제곱미터 이상인 시설
- 소각시설로서 시간당 처분능력이 600킬로그램(의료폐기물을 대상으로 하는 소각시설의 경우에는 200킬로그램) 이상인 시설
- 압축 · 파쇄 · 분쇄 또는 절단 시설로서 1일 처분능력 또는 재활용능력이 100톤 이상인 시설
- 사료화 · 퇴비화 또는 연료화 시설로서 1일 재활용능력이 5톤 이상인 시설
- 멸균분쇄시설로서 시간당 처분능력이 100킬로그램 이상인 시설
- 시멘트 소성로
- 용해로(폐기물에서 비철금속을 추출하는 경우로 한정)로서 시간당 재활용능력이 600킬로그램 이상인 시설
- 소각열 회수시설로서 시간당 재활용능력이 600킬로그램 이상인 시설

정답 | 91.② 92.③ 93.④

94 폐기물관리법령상 폐기물 중간처분시설의 분류 중 기계적 처분시설에 해당되지 않는 것은?

① 멸균분쇄시설
② 세척시설
③ 유수분리시설
④ 탈수 · 건조 시설

중간처분시설 중 기계적 처분시설의 종류
- 압축시설(동력 7.5kW 이상인 시설로 한정)
- 파쇄 · 분쇄 시설(동력 15kW 이상인 시설로 한정)
- 절단시설(동력 7.5kW 이상인 시설로 한정)
- 용융시설(동력 7.5kW 이상인 시설로 한정)
- 증발 · 농축 시설
- 정제시설(분리 · 증류 · 추출 · 여과 등의 시설을 이용하여 폐기물을 처분하는 단위시설을 포함)
- 유수분리시설
- 탈수 · 건조 시설
- 멸균분쇄시설

95 관리형 매립시설에서 발생하는 침출수의 부유물질 허용기준(mg/L 이하)은? (단, 가 지역 기준) ★★★

① 20　② 30
③ 50　④ 70

침출수의 배출허용기준(관리형 매립시설)

구분	생물화학적 산소요구량	화학적 산소요구량	부유물질량
청정지역	30mg/L	200mg/L	30mg/L
가 지역	50mg/L	300mg/L	50mg/L
나 지역	70mg/L	400mg/L	70mg/L

96 폐기물 처리업자는 장부를 갖추어 두고 폐기물의 발생 · 배출 · 처리 상황 등을 기록하고, 보존하여야 한다. 장부를 보존해야 할 기간으로 ( ) 안에 맞는 내용은?

마지막으로 기록한 날로부터 (　)간 보존

① 1년　② 3년
③ 5년　④ 7년

97 폐기물관리법상 대통령령으로 정하는 사업장의 범위에 해당하지 않는 것은?

① 「하수도법」에 따라 공공 하수 처리시설을 설치 · 운영하는 사업장
② 폐기물을 1일 평균 300킬로그램 이상 배출하는 사업장
③ 「건설산업기본법」에 따른 건설공사로 폐기물을 3톤(공사를 착공할 때부터 마칠 때까지 발생되는 폐기물의 양을 말한다) 이상 배출하는 사업장
④ 「폐기물관리법」에 따른 지정폐기물을 배출하는 사업장

사업장의 범위
- 공공 폐수 처리시설을 설치 · 운영하는 사업장
- 공공 하수 처리시설을 설치 · 운영하는 사업장
- 분뇨 처리시설을 설치 · 운영하는 사업장
- 공공 처리시설
- 폐기물 처리시설(폐기물 처리업의 허가를 받은 자가 설치하는 시설을 포함)을 설치 · 운영하는 사업장
- 지정폐기물을 배출하는 사업장
- 폐기물을 1일 평균 300킬로그램 이상 배출하는 사업장
- 폐기물을 5톤(공사를 착공할 때부터 마칠 때까지 발생되는 폐기물의 양) 이상 배출하는 사업장
- 일련의 공사 또는 작업으로 폐기물을 5톤(공사를 착공하거나 작업을 시작할 때부터 마칠 때까지 발생하는 폐기물의 양) 이상 배출하는 사업장

98 다음 중 의료폐기물 전용 용기 검사기관으로 옳은 것은?

① 한국의료기기시험연구원
② 환경보전협회
③ 한국건설생활환경시험연구원
④ 한국화학시험원

전용 용기 검사기관
- 한국환경공단
- 한국화학융합시험연구원
- 한국건설생활환경시험연구원
- 그 밖에 환경부장관이 전용 용기에 대한 검사능력이 있다고 인정하여 고시하는 기관

정답 | 94.② 95.③ 96.② 97.③ 98.③

99 광역 폐기물 처리시설의 설치·운영을 위탁받은 자가 보유하여야 할 기술인력에 대한 설명으로 틀린 것은?

① 매립시설 : 9,900제곱미터 이상의 지정폐기물 또는 33,000제곱미터 이상의 생활폐기물을 매립하는 시설에서 2년 이상 근무한 자 2명

② 소각시설 : 1일 50톤 이상의 폐기물 소각시설에서 폐기물 처분시설의 운영을 위탁받으려고 할 경우 천장크레인을 1년 이상 운전한 자 2명

③ 음식물류 폐기물 처분시설 : 1일 50톤 이상의 음식물류 폐기물 처분시설의 설치를 위탁받으려고 할 경우에는 시공 분야에서 2년 이상 근무한 자 2명

④ 음식물류 폐기물 재활용시설 : 1일 50톤 이상의 음식물류 폐기물 재활용시설의 운영을 위탁받으려고 할 경우에는 운전 분야에서 2년 이상 근무한 자 2명

✔ ② 소각시설 : 1일 50톤 이상의 폐기물 소각시설에서 천장크레인을 1년 이상 운전한 자 1명과 천장크레인 외의 처분시설의 운전 분야에서 2년 이상 근무한 자 2명(폐기물 처분시설의 운영을 위탁받으려는 경우에만 해당)

100 다음 중 에너지 회수기준을 측정하는 기관이 아닌 것은? ★

① 한국환경공단

② 한국기계연구원

③ 한국산업기술시험원

④ 한국시설안전공단

✔ **에너지 회수기준을 측정하는 기관**
- 한국환경공단
- 한국기계연구원 및 한국에너지기술연구원
- 한국산업기술시험원

제5과목 | 폐기물 관계법규

2018년 제4회 폐기물처리기사

81 폐기물 처리업 중 폐기물 중간처분업, 폐기물 최종처분업 및 폐기물 종합처분업의 변경허가를 받아야 하는 중요 사항이 아닌 것은?

① 운반차량(임시차량 제외) 주차장 소재지의 변경

② 처분대상 폐기물의 변경

③ 매립시설의 제방의 증·개축

④ 폐기물 처분시설의 신설

✔ **폐기물 처리업의 변경허가를 받아야 하는 중요 사항**(폐기물 중간처분업, 폐기물 최종처분업 및 폐기물 종합처분업의 경우)
- 처분대상 폐기물의 변경
- 폐기물 처분시설 소재지의 변경
- 운반차량(임시차량은 제외)의 증차
- 폐기물 처분시설의 신설
- 폐기물 처분시설의 증설, 개·보수 또는 그 밖의 방법으로 허가 또는 변경허가를 받은 처분용량의 100분의 30 이상의 변경(허가 또는 변경허가를 받은 후 변경되는 누계를 말함)
- 주요 설비의 변경
- 매립시설 제방의 증·개축
- 허용보관량의 변경

82 폐기물 처리시설의 사후관리 업무를 대행할 수 있는 자는?

① 시·도 보건환경연구원

② 국립환경연구원

③ 한국환경공단

④ 지방환경관리청

83 폐기물 처리업의 업종 구분과 영업내용의 범위를 벗어나는 영업을 한 자에 대한 벌칙기준은?

① 1년 이하의 징역 또는 5백만원 이하의 벌금

② 1년 이하의 징역 또는 1천만원 이하의 벌금

③ 2년 이하의 징역 또는 1천만원 이하의 벌금

④ 2년 이하의 징역 또는 2천만원 이하의 벌금

제5과목

정답 | 99.② 100.④ / 81.① 82.③ 83.④

84 동물성 잔재물과 의료폐기물 중 조직물류 폐기물 등 부패나 변질의 우려가 있는 폐기물인 경우 처리명령대상이 되는 조업중단기간은?

① 5일 ② 10일
③ 15일 ④ 30일

85 폐기물 처리시설의 종류인 재활용시설 중 기계적 재활용시설이 아닌 것은? ★★

① 연료화시설
② 고형화 · 고화 시설
③ 세척시설(철도용 폐목재 침목을 재활용하는 경우로 한정한다)
④ 절단시설(동력 10마력 이상인 시설로 한정한다)

✔ 기계적 재활용시설의 종류
- 압축 · 압출 · 성형 · 주조 시설(동력 7.5kW 이상인 시설로 한정)
- 파쇄 · 분쇄 · 탈피 시설(동력 15kW 이상인 시설로 한정)
- 절단시설(동력 7.5kW 이상인 시설로 한정)
- 용융 · 용해 시설(동력 7.5kW 이상인 시설로 한정)
- 연료화시설
- 증발 · 농축 시설
- 정제시설(분리 · 증류 · 추출 · 여과 등의 시설을 이용하여 폐기물을 재활용하는 단위시설을 포함)
- 유수분리시설
- 탈수 · 건조 시설
- 세척시설(철도용 폐목재 받침목을 재활용하는 경우로 한정)

86 다음 중 에너지 회수기준을 측정하는 기관이 아닌 것은? ★

① 한국산업기술시험원
② 한국에너지기술연구원
③ 한국기계연구원
④ 한국화학기술연구원

✔ 에너지 회수기준을 측정하는 기관
- 한국환경공단
- 한국기계연구원 및 한국에너지기술연구원
- 한국산업기술시험원

87 폐기물관리법 벌칙 중에서 5년 이하의 징역이나 5천만원 이하의 벌금에 처할 수 있는 경우가 아닌 자는?

① 허가를 받지 아니하고 폐기물 처리업을 한 자
② 승인을 받지 아니하고 폐기물 처리시설을 설치한 자
③ 대행계약을 체결하지 아니하고 종량제봉투 등을 제작 · 유통한 자
④ 거짓이나 그 밖의 부정한 방법으로 폐기물 처리업의 허가를 받은 자

✔ ② 승인을 받지 아니하고 폐기물 처리시설을 설치한 자 : 3년 이하의 징역이나 3천만원 이하의 벌금

88 지정폐기물 배출자는 그의 사업장에서 발생되는 지정폐기물 중 폐산, 폐알칼리를 최대 며칠까지 보관할 수 있는가? (단, 보관 개시일부터)

① 120일 ② 90일
③ 60일 ④ 45일

89 폐기물 처리시설을 설치하고자 하는 자는 폐기물 처분시설 또는 재활용시설 설치승인신청서를 누구에게 제출하여야 하는가?

① 환경부장관 또는 지방환경관서의 장
② 시 · 도지사 또는 지방환경관서의 장
③ 국립환경연구원장 또는 지방자치단체의 장
④ 보건환경연구원장 또는 지방자치단체의 장

90 특별자치시장, 특별자치도지사, 시장 · 군수 · 구청장이 생활폐기물 수집 · 운반 대행자에게 영업의 정지를 명하려는 경우, 그 영업정지를 갈음하여 부과할 수 있는 최대과징금은?

① 2천만원 ② 5천만원
③ 1억원 ④ 2억원

정답 | 84.③ 85.② 86.④ 87.② 88.④ 89.② 90.③

91 폐기물 처리업의 업종이 아닌 것은?

① 폐기물 최종처리업
② 폐기물 수집 · 운반업
③ 폐기물 중간처분업
④ 폐기물 중간재활용업

✔ **폐기물 처리업의 업종**
- 폐기물 수집 · 운반업
- 폐기물 중간처분업
- 폐기물 최종처분업
- 폐기물 종합처분업
- 폐기물 중간재활용업
- 폐기물 최종재활용업
- 폐기물 종합재활용업

92 폐기물관리법에서 사용하는 용어의 정의로 틀린 것은?

① 처리란 폐기물의 수집, 운반, 보관, 재활용, 처분을 말한다.
② 생활폐기물이란 사업폐기물 외의 폐기물을 말한다.
③ 폐기물 처리시설이란 폐기물의 중간처분시설과 최종처분시설로서 대통령령이 정하는 시설을 말한다.
④ 재활용이란 폐기물을 재사용 · 재생하거나 대통령령이 정하는 에너지 회수활동을 말한다.

✔ **재활용의 정의**
- 폐기물을 재사용 · 재생 이용하거나 재사용 · 재생 이용할 수 있는 상태로 만드는 활동
- 폐기물로부터 에너지를 회수하거나 회수할 수 있는 상태로 만들거나 폐기물을 연료로 사용하는 활동으로서 환경부령으로 정하는 활동

93 다음 중 국민의 책무가 아닌 것은?

① 자연환경과 생활환경을 청결히 유지
② 폐기물의 분리수거 노력
③ 폐기물의 감량화 노력
④ 폐기물의 자원화 노력

✔ **국민의 책무**
- 자연환경과 생활환경을 청결히 유지
- 폐기물의 감량화 노력
- 폐기물의 자원화 노력

94 재활용의 에너지 회수기준 등에서 환경부령으로 정하는 활동 중 가연성 고형 폐기물로부터 규정된 기준에 맞게 에너지를 회수하는 활동이 아닌 것은?

① 다른 물질과 혼합하지 아니하고 해당 폐기물의 고위발열량이 킬로그램당 4천킬로칼로리 이상일 것
② 에너지의 회수효율(회수에너지 총량을 투입에너지 총량으로 나눈 비율을 말한다)이 75퍼센트 이상일 것
③ 회수열을 모두 열원으로 스스로 이용하거나 다른 사람에게 공급할 것
④ 환경부장관이 정하여 고시하는 경우에는 폐기물의 30퍼센트 이상을 원료나 재료로 재활용하고 그 나머지 중에서 에너지의 회수에 이용할 것

✔ ① 다른 물질과 혼합하지 아니하고 해당 폐기물의 저위발열량이 킬로그램당 3천킬로칼로리 이상일 것

95 폐기물 처리업자가 방치한 폐기물의 처리량과 처리기간으로 옳은 것은? (단, 폐기물 처리 공제조합에 처리를 명하는 경우이며 연장 처리기간은 고려하지 않음) ★★

① 폐기물 처리업자의 폐기물 허용 보관량의 1.5배 이내, 1개월 범위
② 폐기물 처리업자의 폐기물 허용 보관량의 1.5배 이내, 2개월 범위
③ 폐기물 처리업자의 폐기물 허용 보관량의 2.0배 이내, 1개월 범위
④ 폐기물 처리업자의 폐기물 허용 보관량의 2.0배 이내, 2개월 범위

제5과목

정답 | 91.① 92.④ 93.② 94.① 95.④

96 기술관리인을 두어야 할 폐기물 처리시설에 해당하는 것은? ★★★

① 면적이 3천제곱미터인 차단형 지정폐기물 매립시설
② 매립면적 3천제곱미터인 일반폐기물 매립시설
③ 소각시설로서 시간당 500킬로그램을 처리하는 시설
④ 압축 · 파쇄 · 분쇄 시설로 1일 처리능력이 50톤인 시설

✔ **기술관리인을 두어야 할 폐기물 처리시설**
- 매립시설의 경우
  - 지정폐기물을 매립하는 시설로서 면적이 3천300제곱미터 이상인 시설. 다만, 최종처분시설 중 차단형 매립시설에서는 면적이 330제곱미터 이상이거나 매립용적이 1천세제곱미터 이상인 시설로 한다.
  - 지정폐기물 외의 폐기물을 매립하는 시설로서 면적이 1만제곱미터 이상이거나 매립용적이 3만세제곱미터 이상인 시설
- 소각시설로서 시간당 처분능력이 600킬로그램(의료폐기물을 대상으로 하는 소각시설의 경우에는 200킬로그램) 이상인 시설
- 압축 · 파쇄 · 분쇄 또는 절단 시설로서 1일 처분능력 또는 재활용능력이 100톤 이상인 시설
- 사료화 · 퇴비화 또는 연료화 시설로서 1일 재활용능력이 5톤 이상인 시설
- 멸균분쇄시설로서 시간당 처분능력이 100킬로그램 이상인 시설
- 시멘트 소성로
- 용해로(폐기물에서 비철금속을 추출하는 경우로 한정)로서 시간당 재활용능력이 600킬로그램 이상인 시설
- 소각열 회수시설로서 시간당 재활용능력이 600킬로그램 이상인 시설

97 폐기물 처리시설의 종류 중 중간처분시설이 아닌 것은? ★★

① 관리형 매립시설
② 고온 소각시설
③ 파쇄 · 분쇄 시설
④ 고형화 · 안정화 시설

✔ ① 관리형 매립시설 : 최종처분시설

98 음식물류 폐기물 발생 억제계획의 수립주기로 적절한 것은?

① 1년 ② 2년
③ 3년 ④ 5년

99 관리형 매립시설에서 발생되는 침출수의 배출량이 1일 2,000세제곱미터 이상인 경우 오염물질 측정주기 기준은? ★★

• 화학적 산소요구량 : (㉠) • 화학적 산소요구량 외의 오염물질 : (㉡)

① ㉠ 매일 2회 이상, ㉡ 주 1회 이상
② ㉠ 매일 1회 이상, ㉡ 주 1회 이상
③ ㉠ 주 2회 이상, ㉡ 월 1회 이상
④ ㉠ 주 1회 이상, ㉡ 월 1회 이상

100 설치를 마친 후 검사기관으로부터 정기검사를 받아야 하는 환경부령으로 정하는 폐기물 처리시설만을 적절하게 짝지은 것은? ★★

① 소각시설 – 매립시설 – 멸균분쇄시설 – 소각열 회수시설
② 소각시설 – 매립시설 – 소각열 분해시설 – 멸균분쇄시설
③ 소각시설 – 매립시설 – 분쇄 · 파쇄 시설 – 열분해시설
④ 매립시설 – 증발 · 농축 · 정제 · 반응 시설 – 멸균분쇄시설 – 음식물류 폐기물 처리시설

✔ **환경부령으로 정하는 폐기물 처리시설**
- 소각시설
- 매립시설
- 멸균분쇄시설
- 음식물류 폐기물 처리시설(음식물류 폐기물에 대한 중간처리 후 새로 발생한 폐기물을 처리하는 시설을 포함)
- 시멘트 소성로(폐기물을 연료로 사용하는 경우로 한정)
- 소각열 회수시설
- 열분해시설

정답 I 96.① 97.① 98.④ 99.② 100.①

제5과목 | 폐기물 관계법규

2019년 제1회 폐기물처리기사

81 폐기물관리법에서 사용하는 용어 설명으로 잘못된 것은?

① "지정폐기물"이란 사업장폐기물 중 폐유 · 폐산 등 주변 환경을 오염시킬 수 있거나 유해폐기물 등 인체에 위해를 줄 수 있는 해로운 물질로서 환경부령으로 정하는 폐기물을 말한다.

② "의료폐기물"이란 보건 · 의료 기관, 동물병원, 시험 · 검사 기관 등에서 배출되는 폐기물 중 인체에 감염 등 위해를 줄 우려가 있는 폐기물과 인체조직 등 적출물(摘出物), 실험동물의 사체 등 보건 · 환경보호상 특별한 관리가 필요하다고 인정되는 폐기물로서 대통령령으로 정하는 폐기물을 말한다.

③ "처리"란 폐기물의 수집, 운반, 보관, 재활용, 처분을 말한다.

④ "처분"이란 폐기물의 소각 · 중화 · 파쇄 · 고형화 등의 중간처분과 매립하거나 해역으로 배출하는 등의 최종처분을 말한다.

✔ ① "지정폐기물"이란 사업장폐기물 중 폐유 · 폐산 등 주변 환경을 오염시킬 수 있거나 의료폐기물 등 인체에 위해를 줄 수 있는 해로운 물질로서 대통령령으로 정하는 폐기물을 말한다.

82 폐기물 처리업에 대한 과징금에 관한 내용으로 ( )에 옳은 내용은?

> 환경부장관이나 시 · 도지사는 사업장의 사업규모, 사업지역의 특수성, 위반행위의 정도 및 횟수 등을 고려하여 법의 규정에 따른 과징금 금액의 ( ) 범위에서 가중하거나 감경할 수 있다. 다만 가중하는 경우에는 과징금의 총액이 1억원을 초과할 수 없다.

① 2분의 1　② 3분의 1
③ 4분의 1　④ 5분의 1

83 폐기물 수집 · 운반업의 변경허가를 받아야 할 중요 사항으로 틀린 것은?

① 수집 · 운반 대상 폐기물의 변경
② 영업구역의 변경
③ 처분시설 소재지의 변경
④ 운반차량(임시차량은 제외한다)의 증차

✔ **폐기물 처리업의 변경허가를 받아야 할 중요 사항**(폐기물 수집 · 운반업의 경우)
- 수집 · 운반 대상 폐기물의 변경
- 영업구역의 변경
- 주차장 소재지의 변경(지정폐기물을 대상으로 하는 수집 · 운반업만 해당)
- 운반차량(임시차량은 제외)의 증차

84 폐기물 감량화시설의 종류가 아닌 것은?

① 폐기물 자원화시설
② 폐기물 재이용시설
③ 폐기물 재활용시설
④ 공정 개선시설

✔ **폐기물 감량화시설의 종류**
- 폐기물 재이용시설
- 폐기물 재활용시설
- 공정 개선시설

85 폐기물을 매립하는 시설 중 사후관리 이행보증금의 사전적립대상인 시설의 면적기준은? ★★

① $3,000m^2$ 이상
② $3,300m^2$ 이상
③ $3,600m^2$ 이상
④ $3,900m^2$ 이상

86 영업정지기간에 영업을 한 자에 대한 벌칙기준은?

① 1년 이하의 징역이나 1천만원 이하의 벌금
② 2년 이하의 징역이나 2천만원 이하의 벌금
③ 3년 이하의 징역이나 3천만원 이하의 벌금
④ 5년 이하의 징역이나 5천만원 이하의 벌금

정답 | 81.① 82.① 83.③ 84.① 85.② 86.③

87 특별자치시장, 특별자치도지사, 시장 · 군수 · 구청장이 관할구역의 음식물류 폐기물의 발생을 최대한 줄이고 발생한 음식물류 폐기물을 적절하게 처리하기 위하여 수립하는 음식물류 폐기물 발생 억제계획에 포함되어야 하는 사항으로 틀린 것은?

① 음식물류 폐기물 처리기술의 개발계획
② 음식물류 폐기물의 발생 억제목표 및 목표 달성방안
③ 음식물류 폐기물의 발생 및 처리 현황
④ 음식물류 폐기물 처리시설의 설치현황 및 향후 설치계획

음식물류 폐기물 발생 억제계획의 수립사항
- 음식물류 폐기물의 발생 및 처리 현황
- 음식물류 폐기물의 향후 발생 예상량 및 적정 처리계획
- 음식물류 폐기물의 발생 억제목표 및 목표 달성방안
- 음식물류 폐기물 처리시설의 설치현황 및 향후 설치계획
- 음식물류 폐기물의 발생 억제 및 적정 처리를 위한 기술적 · 재정적 지원방안(재원의 확보계획을 포함)

88 주변 지역 영향조사대상 폐기물 처리시설(폐기물 처리업자가 설치 · 운영하는 시설) 기준으로 ( ) 안에 알맞은 내용은? ★★★

매립면적 ( )제곱미터 이상의 사업장 일반폐기물 매립시설

① 3만　② 5만
③ 10만　④ 15만

주변 지역 영향조사대상 폐기물 처리시설
- 1일 처분능력이 50톤 이상인 사업장폐기물 소각시설(같은 사업장에 여러 개의 소각시설이 있는 경우에는 각 소각시설의 1일 처분능력의 합계가 50톤 이상인 경우를 말함)
- 매립면적 1만제곱미터 이상의 사업장 지정폐기물 매립시설
- 매립면적 15만제곱미터 이상의 사업장 일반폐기물 매립시설
- 시멘트 소성로(폐기물을 연료로 사용하는 경우로 한정)
- 1일 재활용능력이 50톤 이상인 사업장폐기물 소각열 회수시설(같은 사업장에 여러 개의 소각열 회수시설이 있는 경우에는 각 소각열 회수시설의 1일 재활용능력의 합계가 50톤 이상인 경우를 말함)

89 환경부장관 또는 시 · 도지사가 폐기물 처리 공제조합에 방치 폐기물의 처리를 명할 때에는 처리량과 처리기간에 대하여 대통령령으로 정하는 범위 안에서 할 수 있도록 명하여야 한다. 이와 같이 폐기물 처리 공제조합에 처리를 명할 수 있는 방치 폐기물의 처리량에 대한 기준으로 옳은 것은? (단, 폐기물 처리업자가 방치한 폐기물의 경우) ★★

① 그 폐기물 처리업자의 폐기물 허용 보관량의 1.5배 이내
② 그 폐기물 처리업자의 폐기물 허용 보관량의 2.0배 이내
③ 그 폐기물 처리업자의 폐기물 허용 보관량의 2.5배 이내
④ 그 폐기물 처리업자의 폐기물 허용 보관량의 3.0배 이내

90 폐기물 매립시설의 사후관리계획서에 포함되어야 할 내용으로 틀린 것은?

① 토양 조사계획
② 지하수 수질 조사계획
③ 빗물 배제계획
④ 구조물과 지반 등의 안정도 유지계획

사후관리계획서 포함사항
- 폐기물 매립시설 설치 · 사용 내용
- 사후관리 추진일정
- 빗물 배제계획
- 침출수 관리계획(차단형 매립시설은 제외)
- 지하수 수질 조사계획
- 발생가스 관리계획(유기성 폐기물을 매립하는 시설만 해당)
- 구조물과 지반 등의 안정도 유지계획

91 토지 이용의 제한기간은 폐기물 매립시설의 사용이 종료되거나 그 시설이 폐쇄된 날부터 몇 년 이내로 하는가?

① 15년　② 20년
③ 25년　④ 30년

정답 | 87.① 88.④ 89.② 90.① 91.④

92 3년 이하의 징역이나 3천만원 이하의 벌금에 해당하는 벌칙기준에 해당하지 않는 것은?

① 고의로 사실과 다른 내용의 폐기물 분석결과서를 발급한 폐기물 분석 전문기관
② 승인을 받지 아니하고 폐기물 처리시설을 설치한 자
③ 다른 사람에게 자기의 성명이나 상호를 사용하여 폐기물을 처리하게 하거나 그 허가증을 다른 사람에게 빌려준 자
④ 폐기물 처리시설의 설치 또는 유지 · 관리가 기준에 맞지 아니하여 지시된 개선명령을 이행하지 아니하거나 사용중지 명령을 위반한 자

✔ ③ 다른 사람에게 자기의 성명이나 상호를 사용하여 폐기물을 처리하게 하거나 그 허가증을 다른 사람에게 빌려준 자 : 2년 이하의 징역이나 2천만원 이하의 벌금

93 음식물류 폐기물 배출자는 음식물류 폐기물의 발생 억제 및 처리 계획을 환경부령으로 정하는 바에 따라 특별자치시장, 특별자치도지사, 시장 · 군수 · 구청장에게 신고하여야 한다. 이를 위반하여 음식물류 폐기물의 발생 억제 및 처리 계획을 신고하지 아니한 자에 대한 과태료 부과기준은?

① 100만원 이하 ② 300만원 이하
③ 500만원 이하 ④ 1,000만원 이하

94 재활용활동 중에는 폐기물(지정폐기물 제외)을 시멘트 소성로 및 환경부장관이 정하여 고시하는 시설에서 연료로 사용하는 활동이 있다. 이 시멘트 소성로 및 환경부장관이 정하여 고시하는 시설에서 연료로 사용하는 폐기물(지정폐기물 제외)이 아닌 것은? (단, 그 밖에 환경부장관이 고시하는 폐기물 제외)

① 폐타이어 ② 폐유
③ 폐섬유 ④ 폐합성고무

✔ **시멘트 소성로 및 환경부장관이 정하여 고시하는 시설에서 연료로 사용하는 폐기물**
- 폐타이어
- 폐섬유
- 폐목재
- 폐합성수지
- 폐합성고무
- 분진[중유회, 코크스(다공질 고체 탄소 연료) 분진만 해당]
- 그 밖에 환경부장관이 정하여 고시하는 폐기물

95 기술관리인을 두어야 할 폐기물 처리시설 기준으로 옳은 것은? (단, 폐기물 처리업자가 운영하는 폐기물 처리시설은 제외) ★★★

① 시멘트 소성로로서 시간당 처분능력이 600킬로그램 이상인 시설
② 멸균분쇄시설로서 시간당 처분능력이 600킬로그램 이상인 시설
③ 사료화 · 퇴비화 또는 연료화 시설로서 1일 재활용능력이 1톤 이상인 시설
④ 압축 · 파쇄 · 분쇄 또는 절단 시설로서 1일 처분능력 또는 재활용능력이 100톤 이상인 시설

✔ **기술관리인을 두어야 할 폐기물 처리시설**
- 매립시설의 경우
  - 지정폐기물을 매립하는 시설로서 면적이 3천300제곱미터 이상인 시설. 다만, 최종처분시설 중 차단형 매립시설에서는 면적이 330제곱미터 이상이거나 매립용적이 1천세제곱미터 이상인 시설로 한다.
  - 지정폐기물 외의 폐기물을 매립하는 시설로서 면적이 1만제곱미터 이상이거나 매립용적이 3만세제곱미터 이상인 시설
- 소각시설로서 시간당 처분능력이 600킬로그램(의료폐기물을 대상으로 하는 소각시설의 경우에는 200킬로그램) 이상인 시설
- 압축 · 파쇄 · 분쇄 또는 절단 시설로서 1일 처분능력 또는 재활용능력이 100톤 이상인 시설
- 사료화 · 퇴비화 또는 연료화 시설로서 1일 재활용능력이 5톤 이상인 시설
- 멸균분쇄시설로서 시간당 처분능력이 100킬로그램 이상인 시설
- 시멘트 소성로
- 용해로(폐기물에서 비철금속을 추출하는 경우로 한정)로서 시간당 재활용능력이 600킬로그램 이상인 시설
- 소각열 회수시설로서 시간당 재활용능력이 600킬로그램 이상인 시설

제5과목

정답 | 92.③ 93.① 94.② 95.④

96 폐기물 처리시설 설치 · 운영자, 폐기물 처리업자, 폐기물과 관련된 단체, 그 밖에 폐기물과 관련된 업무에 종사하는 자가 폐기물에 관한 조사 연구 · 기술개발 · 정보 보급 등 폐기물 분야의 발전을 도모하기 위하여 환경부장관의 허가를 받아 설립할 수 있는 단체는?

① 한국폐기물협회
② 한국폐기물학회
③ 폐기물관리공단
④ 폐기물처리공제조합

97 폐기물 처리시설의 사후관리 이행보증금은 사후관리기간에 드는 비용을 합산하여 산출한다. 산출 시 합산되는 비용과 가장 거리가 먼 것은? (단, 차단형 매립시설은 제외)

① 지하수정 유지 및 지하수 오염 처리에 드는 비용
② 매립시설 제방, 매립가스 처리시설, 지하수 검사정 등의 유지 · 관리에 드는 비용
③ 매립시설 주변의 환경오염 조사에 드는 비용
④ 침출수 처리시설의 가동과 유지 · 관리에 드는 비용

✔ **사후관리기간에 드는 비용을 합산하여 산출할 때의 항목**
- 매립시설 제방, 매립가스 처리시설, 지하수 검사정 등의 유지 · 관리에 드는 비용
- 매립시설 주변의 환경오염 조사에 드는 비용
- 침출수 처리시설의 가동과 유지 · 관리에 드는 비용

98 폐기물 처리 신고자의 준수사항에 관한 내용으로 ( )에 알맞은 것은?

> 폐기물 처리 신고자는 폐기물의 재활용을 위탁한 자와 폐기물 위탁 재활용(운반) 계약서를 작성하고, 그 계약서를 (   ) 보관하여야 한다.

① 1년간 ② 2년간
③ 3년간 ④ 5년간

99 폐기물 처리업의 업종 구분에 따른 영업내용으로 틀린 것은? ★

① 폐기물 종합처분업 : 폐기물 최종처분시설을 갖추고 폐기물을 매립 등의 방법으로 최종처분하는 영업
② 폐기물 중간재활용업 : 폐기물 재활용시설을 갖추고 중간가공 폐기물을 만드는 영업
③ 폐기물 최종재활용업 : 폐기물 재활용시설을 갖추고 중간가공 폐기물을 폐기물의 재활용 원칙 및 준수사항에 따라 재활용하는 영업
④ 폐기물 종합재활용업 : 폐기물 재활용시설을 갖추고 중간재활용업과 최종재활용업을 함께하는 영업

✔ ① 폐기물 종합처분업 : 폐기물 중간처분시설 및 최종처분시설을 갖추고 폐기물의 중간처분과 최종처분을 함께하는 영업

100 폐기물 처리시설의 사후관리 이행보증금과 사전적립금의 용도로 가장 적합한 것은?

① 매립시설의 사후 주변 경관 조성비용
② 폐기물 처리시설 설치비용의 지원
③ 사후관리 이행보증금과 매립시설의 사후관리를 위한 사전적립금의 환불
④ 매립시설에서 발생하는 침출수 처리시설 비용

✔ **사후관리 이행보증금과 사전적립금의 용도**
- 사후관리 이행보증금과 매립시설의 사후관리를 위한 사전적립금의 환불
- 매립시설의 사후관리 대행
- 최종 복토 등 폐쇄절차 대행
- 그 밖에 대통령령으로 정하는 용도

정답 | 96.① 97.① 98.③ 99.① 100.③

제5과목 | 폐기물 관계법규

2019년 제2회 폐기물처리기사

81 사업장폐기물 배출자는 사업장폐기물의 종류와 발생량 등을 환경부령으로 정하는 바에 따라 신고하여야 한다. 이를 위반하여 신고를 하지 아니하거나 거짓으로 신고를 한 자에 대한 과태료 처분기준은?

① 200만원 이하
② 300만원 이하
③ 500만원 이하
④ 1천만원 이하

82 폐기물 처리시설의 사용 개시 신고 시에 첨부하여야 하는 서류는?

① 해당 시설의 유지관리계획서
② 폐기물의 처리계획서
③ 예상 배출내역서
④ 처리 후 발생되는 폐기물의 처리계획서

✔ **사용 개시 신고 시 첨부하여야 하는 서류**
- 해당 시설의 유지관리계획서
- 다음 시설의 경우에는 폐기물 처리시설 검사기관에서 발급한 그 시설의 검사결과서
  - 소각시설
  - 멸균분쇄시설
  - 음식물류 폐기물을 처리하는 시설로서 1일 처리능력 100kg 이상인 시설
  - 시멘트 소성로(폐기물을 연료로 사용하는 경우로 한정)
  - 소각열 회수시설
  - 열분해시설(가스화시설을 포함)

83 매립시설의 사후관리 이행보증금의 산출기준 항목으로 틀린 것은?

① 침출수 처리시설의 가동 및 유지 · 관리에 드는 비용
② 매립시설 제방 등의 유실 방지에 드는 비용
③ 매립시설 주변의 환경오염 조사에 드는 비용
④ 매립시설에 대한 민원 처리에 드는 비용

✔ **사후관리기간에 드는 비용을 합산하여 산출할 때의 항목**
- 매립시설 제방, 매립가스 처리시설, 지하수 검사정 등의 유지 · 관리에 드는 비용
- 매립시설 주변의 환경오염 조사에 드는 비용
- 침출수 처리시설의 가동과 유지 · 관리에 드는 비용

84 음식물류 폐기물 발생 억제계획의 수립주기는 얼마인가?

① 1년 ② 2년
③ 3년 ④ 5년

85 사후관리 이행보증금의 사전적립에 관한 설명으로 ( )에 알맞은 것은? ★★

> 사후관리 이행보증금의 사전적립대상이 되는 폐기물을 매립하는 시설은 면적이 (㉠)인 시설로 한다. 이에 따른 매립시설의 설치자는 그 시설의 사용을 시작한 날부터 (㉡)에 환경부령으로 정하는 바에 따라 사전적립금 적립계획서를 환경부장관에게 제출하여야 한다.

① ㉠ 1만제곱미터 이상, ㉡ 1개월 이내
② ㉠ 1만제곱미터 이상, ㉡ 15일 이내
③ ㉠ 3천300제곱미터 이상, ㉡ 1개월 이내
④ ㉠ 3천300제곱미터 이상, ㉡ 15일 이내

86 지정폐기물을 배출하는 사업자가 지정폐기물을 처리하기 전에 환경부장관에게 제출하여야 하는 서류가 아닌 것은?

① 폐기물 감량화 및 재활용 계획서
② 수탁처리자의 수탁확인서
③ 폐기물 분석 전문기관의 폐기물 분석결과서
④ 폐기물 처리계획서

✔ **지정폐기물을 배출하는 사업자가 그 지정폐기물을 처리하기 전에 환경부장관에게 제출하여 확인받아야 할 서류**
- 폐기물 처리계획서
- 폐기물 분석 전문기관의 폐기물 분석결과서
- 지정폐기물의 처리를 위탁하는 경우에는 수탁처리자의 수탁확인서

제5과목

정답 | 81.④ 82.① 83.④ 84.④ 85.③ 86.①

87 폐기물 처리업의 변경허가를 받아야 하는 중요 사항으로 틀린 것은? (단, 폐기물 중간처분업, 폐기물 최종처분업 및 폐기물 종합처분업인 경우)

① 주차장 소재지의 변경
② 운반차량(임시차량은 제외한다)의 증차
③ 처분대상 폐기물의 변경
④ 폐기물 처분시설의 신설

✔ **폐기물 처리업의 변경허가를 받아야 하는 중요 사항**(폐기물 중간처분업, 폐기물 최종처분업 및 폐기물 종합처분업의 경우)
- 처분대상 폐기물의 변경
- 폐기물 처분시설 소재지의 변경
- 운반차량(임시차량은 제외)의 증차
- 폐기물 처분시설의 신설
- 폐기물 처분시설의 증설, 개 · 보수 또는 그 밖의 방법으로 허가 또는 변경허가를 받은 처분용량의 100분의 30 이상의 변경(허가 또는 변경허가를 받은 후 변경되는 누계를 말함)
- 주요 설비의 변경
- 매립시설 제방의 증 · 개축
- 허용보관량의 변경

88 폐기물 처리업의 시설 · 장비 · 기술 능력의 기준 중 폐기물 수집 · 운반업(지정폐기물 중 의료폐기물을 수집 · 운반하는 경우) 장비기준으로 ( ) 안에 옳은 내용은?

적재능력 (㉠) 이상의 냉장 차량(섭씨 4도 이하인 것을 말한다) (㉡) 이상

① ㉠ 0.25톤, ㉡ 5대
② ㉠ 0.25톤, ㉡ 3대
③ ㉠ 0.45톤, ㉡ 5대
④ ㉠ 0.45톤, ㉡ 3대

89 폐기물 처리시설 중 기계적 재활용시설이 아닌 것은? ★★

① 연료화시설 ② 탈수 · 건조 시설
③ 응집 · 침전 시설 ④ 증발 · 농축 시설

✔ ③ 응집 · 침전 시설 : 화학적 재활용시설

90 폐기물 처리 담당자가 받아야 할 교육과정이 아닌 것은?

① 폐기물 처리 신고자 과정
② 폐기물 재활용 신고자 과정
③ 폐기물 처리업 기술요원 과정
④ 폐기물 재활용시설 기술담당자 과정

✔ **폐기물 처리 담당자가 받아야 할 교육과정**
- 사업장폐기물 배출자 과정
- 폐기물 처리업 기술요원 과정
- 폐기물 처리 신고자 과정
- 폐기물 처분시설 또는 재활용시설 기술담당자 과정
- 재활용 환경성평가기관 기술인력 과정
- 폐기물 분석 전문기관 기술요원 과정

91 폐기물관리법에서 사용하는 용어 설명으로 틀린 것은?

① 지정폐기물이란 사업장폐기물 중 폐유 · 폐산 등 주변 환경을 오염시킬 수 있거나 유해폐기물 등 인체에 위해를 줄 수 있는 해로운 물질로서 환경부령으로 정하는 폐기물을 말한다.
② 의료폐기물이란 보건 · 의료 기관, 동물병원, 시험 · 검사 기관 등에서 배출되는 폐기물 중 인체에 감염 등 위해를 줄 우려가 있는 폐기물과 인체조직 등 적출물, 실험동물의 사체 등 보건 · 환경보호상 특별한 관리가 필요하다고 인정되는 폐기물로서 대통령령으로 정하는 폐기물을 말한다.
③ 처리란 폐기물의 수집, 운반, 보관, 재활용, 처분을 말한다.
④ 처분이란 폐기물의 소각 · 중파 · 파쇄 · 고형화 등의 중간처분과 매립하거나 해역으로 배출하는 등의 최종처분을 말한다.

✔ ① 지정폐기물이란 사업장폐기물 중 폐유 · 폐산 등 주변 환경을 오염시킬 수 있거나 의료폐기물 등 인체에 위해를 줄 수 있는 해로운 물질로서 대통령령으로 정하는 폐기물을 말한다.

정답 | 87.① 88.④ 89.③ 90.② 91.①

92 폐기물 처리시설을 설치 · 운영하는 자는 환경부령으로 정하는 기간마다 검사기관으로부터 정기검사를 받아야 한다. 환경부령으로 정하는 폐기물 처리시설(멸균분쇄시설 기준)의 정기검사기간 기준으로 ( )에 옳은 것은?

> 최초 정기검사는 사용 개시일부터 (㉠), 2회 이후의 정기검사는 최종 정기검사일로부터 (㉡)

① ㉠ 1개월, ㉡ 3개월
② ㉠ 3개월, ㉡ 3개월
③ ㉠ 3개월, ㉡ 6개월
④ ㉠ 6개월, ㉡ 6개월

93 매립지의 사후관리기준 방법에 관한 내용 중 토양 조사횟수기준(토양 조사방법)으로 옳은 것은?

① 월 1회 이상 조사
② 매분기 1회 이상 조사
③ 매반기 1회 이상 조사
④ 연 1회 이상 조사

94 관리형 매립시설에서 발생하는 침출수의 배출허용기준 중 청정지역의 부유물질량에 대한 기준으로 옳은 것은? (단, 침출수 매립시설 환원정화설비를 통하여 매립시설로 주입되는 침출수의 경우에는 제외) ★★★

① 20mg/L 이하
② 30mg/L 이하
③ 40mg/L 이하
④ 50mg/L 이하

✔ **침출수의 배출허용기준**(관리형 매립시설)

구분	생물화학적 산소요구량	화학적 산소요구량	부유물질량
청정지역	30mg/L	200mg/L	30mg/L
가 지역	50mg/L	300mg/L	50mg/L
나 지역	70mg/L	400mg/L	70mg/L

95 특별자치시장, 특별자치도지사, 시장 · 군수 · 구청장이 관할구역의 음식물류 폐기물의 발생을 최대한 줄이고 발생한 음식물류 폐기물을 적절하게 처리하기 위하여 수립하는 음식물류 폐기물 발생 억제계획에 포함되어야 하는 사항과 가장 거리가 먼 것은?

① 음식물류 폐기물 재활용 및 재이용 방안
② 음식물류 폐기물의 발생 억제목표 및 목표 달성방안
③ 음식물류 폐기물의 발생 및 처리 현황
④ 음식물류 폐기물 처리시설의 설치현황 및 향후 설치계획

✔ **음식물류 폐기물 발생 억제계획의 수립사항**

- 음식물류 폐기물의 발생 및 처리 현황
- 음식물류 폐기물의 향후 발생 예상량 및 적정 처리계획
- 음식물류 폐기물의 발생 억제목표 및 목표 달성방안
- 음식물류 폐기물 처리시설의 설치현황 및 향후 설치계획
- 음식물류 폐기물의 발생 억제 및 적정 처리를 위한 기술적 · 재정적 지원 방안(재원의 확보계획을 포함)

96 의료폐기물(위해 의료폐기물) 중 시험 · 검사 등에 사용된 배양액, 배양용기, 보관균주, 폐시험관, 슬라이드, 커버글라스, 폐배지, 폐장갑이 해당되는 것은? ★

① 병리계 폐기물
② 손상성 폐기물
③ 위생계 폐기물
④ 보건성 폐기물

✔ **위해 의료폐기물의 종류**

- 조직물류 폐기물 : 인체 또는 동물의 조직 · 장기 · 기관 · 신체의 일부, 동물의 사체, 혈액 · 고름 및 혈액생성물(혈청, 혈장, 혈액제제)
- 병리계 폐기물 : 시험 · 검사 등에 사용된 배양액, 배양용기, 보관균주, 폐시험관, 슬라이드, 커버글라스, 폐배지, 폐장갑
- 손상성 폐기물 : 주삿바늘, 봉합바늘, 수술용 칼날, 한방침, 치과용 침, 파손된 유리 재질의 시험기구
- 생물 · 화학 폐기물 : 폐백신, 폐항암제, 폐화학치료제
- 혈액오염 폐기물 : 폐혈액백, 혈액 투석 시 사용된 폐기물, 그 밖에 혈액이 유출될 정도로 포함되어 있어 특별한 관리가 필요한 폐기물

제5과목

정답 | 92.② 93.④ 94.② 95.① 96.①

97 다음 중 정기적으로 주변 지역에 미치는 영향을 조사하여야 할 폐기물 처리시설에 해당하는 것은? ★★★

① 1일 처분능력이 30톤 이상인 사업장폐기물 소각시설
② 1일 재활용능력이 30톤 이상인 사업장폐기물 소각열 회수시설
③ 매립면적이 1만제곱미터 이상의 사업장 지정폐기물 매립시설
④ 매립면적이 10만제곱미터 이상의 사업장 일반폐기물 매립시설

주변 지역 영향조사대상 폐기물 처리시설
- 1일 처분능력이 50톤 이상인 사업장폐기물 소각시설(같은 사업장에 여러 개의 소각시설이 있는 경우에는 각 소각시설의 1일 처분능력의 합계가 50톤 이상인 경우를 말함)
- 매립면적 1만제곱미터 이상의 사업장 지정폐기물 매립시설
- 매립면적 15만제곱미터 이상의 사업장 일반폐기물 매립시설
- 시멘트 소성로(폐기물을 연료로 사용하는 경우로 한정)
- 1일 재활용능력이 50톤 이상인 사업장폐기물 소각열 회수시설(같은 사업장에 여러 개의 소각열 회수시설이 있는 경우에는 각 소각열 회수시설의 1일 재활용능력의 합계가 50톤 이상인 경우를 말함)

98 폐기물 처리 신고자와 광역 폐기물 처리시설 설치 · 운영자의 폐기물 처리기간에 대한 설명으로 ( )에 들어갈 내용을 순서대로 알맞게 나열한 것은? (단, 폐기물관리법 시행규칙 기준)

> "환경부령으로 정하는 기간"이란 (㉠)을 말한다. 다만 폐기물 처리 신고자가 고철을 재활용하는 경우에는 (㉡)을 말한다.

① ㉠ 10일, ㉡ 30일
② ㉠ 15일, ㉡ 30일
③ ㉠ 30일, ㉡ 60일
④ ㉠ 60일, ㉡ 90일

99 기술관리인을 두어야 하는 폐기물 처리시설이 아닌 것은? ★★★

① 폐기물에서 비철금속을 추출하는 용해로로서 시간당 재활용능력이 600킬로그램 이상인 시설
② 소각열 회수시설로서 시간당 재활용능력이 500킬로그램 이상인 시설
③ 압축 · 파쇄 · 분쇄 또는 절단 시설로서 1일 처분능력 또는 재활용능력이 100톤 이상인 시설
④ 사료화 · 퇴비화 또는 연료화 시설로서 1일 재활용능력이 5톤 이상인 시설

기술관리인을 두어야 할 폐기물 처리시설
- 매립시설의 경우
  - 지정폐기물을 매립하는 시설로서 면적이 3천300제곱미터 이상인 시설. 다만, 최종처분시설 중 차단형 매립시설에서는 면적이 330제곱미터 이상이거나 매립용적이 1천세제곱미터 이상인 시설로 한다.
  - 지정폐기물 외의 폐기물을 매립하는 시설로서 면적이 1만제곱미터 이상이거나 매립용적이 3만세제곱미터 이상인 시설
- 소각시설로서 시간당 처분능력이 600킬로그램(의료폐기물을 대상으로 하는 소각시설의 경우에는 200킬로그램) 이상인 시설
- 압축 · 파쇄 · 분쇄 또는 절단 시설로서 1일 처분능력 또는 재활용능력이 100톤 이상인 시설
- 사료화 · 퇴비화 또는 연료화 시설로서 1일 재활용능력이 5톤 이상인 시설
- 멸균분쇄시설로서 시간당 처분능력이 100킬로그램 이상인 시설
- 시멘트 소성로
- 용해로(폐기물에서 비철금속을 추출하는 경우로 한정)로서 시간당 재활용능력이 600킬로그램 이상인 시설
- 소각열 회수시설로서 시간당 재활용능력이 600킬로그램 이상인 시설

정답 I 97.③ 98.③ 99.②

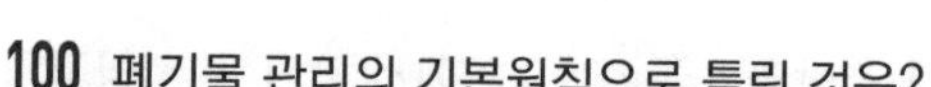

100 폐기물 관리의 기본원칙으로 틀린 것은?

① 사업자는 제품의 생산방식 등을 개선하여 폐기물의 발생을 최대한 억제해야 한다.
② 폐기물은 우선적으로 소각, 매립 등의 처분을 한다.
③ 폐기물로 인하여 환경오염을 일으킨 자는 오염된 환경을 복원할 책임을 져야 한다.
④ 누구든지 폐기물을 배출하는 경우에는 주변 환경이나 주민의 건강에 위해를 끼치지 아니하도록 사전에 적절한 조치를 하여야 한다.

✔ ② 폐기물은 소각, 매립 등의 처분을 하기보다는 우선적으로 재활용함으로써 자원생산성의 향상에 이바지하도록 하여야 한다.

제5과목 | 폐기물 관계법규

2019년 제4회 폐기물처리기사

81 설치신고대상 폐기물 처리시설기준으로 ( )에 옳은 것은?

생물학적 처분시설 또는 재활용시설로서 1일 처분능력 또는 재활용능력이 (   ) 미만인 시설

① 5톤　　② 10톤
③ 50톤　　④ 100톤

82 폐기물 처리시설의 종류 중 재활용시설에 해당하지 않는 것은? ★★

① 용해로(폐기물에서 비철금속을 추출하는 경우로 한정한다)
② 소성(시멘트 소성로는 제외한다)·탄화시설
③ 세척시설(동력 7.5kW 이상인 시설로 한정한다)
④ 의약품 제조시설

✔ ③ 세척시설(철도용 폐목재 받침목을 재활용하는 경우로 한정한다)

83 다음 중 의료폐기물 전용 용기 검사기관으로 옳은 것은?

① 한국의료기기시험연구원
② 환경보전협회
③ 한국건설생활환경시험연구원
④ 한국화학시험원

✔ **전용 용기 검사기관**
- 한국환경공단
- 한국화학융합시험연구원
- 한국건설생활환경시험연구원
- 그 밖에 환경부장관이 전용 용기에 대한 검사능력이 있다고 인정하여 고시하는 기관

제5과목

정답 | 100.② / 81.④ 82.③ 83.③

84 폐기물 처리시설 중 화학적 처분시설이 아닌 것은? (단, 폐기물 처리시설 전부) ★★★

① 연료화시설
② 고형화시설
③ 응집 · 침전 시설
④ 안정화시설

✔ **중간처분시설 중 화학적 처분시설의 종류**
- 고형화 · 고화 · 안정화 시설
- 반응시설(중화 · 산화 · 환원 · 중합 · 축합 · 치환 등의 화학반응을 이용하여 폐기물을 처분하는 단위시설을 포함)
- 응집 · 침전 시설

85 환경부령으로 정하는 재활용시설과 가장 거리가 먼 것은?

① 재활용 가능 자원의 수집 · 운반 · 보관을 위하여 특별히 제조 또는 설치되어 사용되는 수집 · 운반 장비 또는 보관시설
② 재활용 제품의 제조에 필요한 전처리 장치 · 장비 · 설비
③ 유기성 폐기물을 이용하여 퇴비 · 사료를 제조하는 퇴비화 · 사료화 시설 및 에너지화시설
④ 생활폐기물 중 혼합폐기물의 소각시설

✔ **환경부령으로 정하는 재활용시설**
- 재활용 가능 자원의 수집 · 운반 · 보관을 위하여 특별히 제조 또는 설치되어 사용되는 수집 · 운반 장비 또는 보관시설
- 재활용 가능 자원의 효율적인 운반 또는 가공을 위한 압축시설, 파쇄시설, 용융시설 등의 중간가공시설
- 재활용 제품을 제조 · 가공 · 보관하는 데 사용되는 장치 · 장비 · 시설
- 재활용 제품의 제조에 필요한 전처리 장치 · 장비 · 설비
- 유기성 폐기물을 이용하여 퇴비 · 사료를 제조하는 퇴비화 · 사료화 시설 및 에너지화시설
- 폐기물 중간재활용업, 폐기물 최종재활용업 및 폐기물 종합재활용업의 허가를 받은 자와 폐기물 처리 신고자가 폐기물의 재활용에 사용하는 시설 및 장비
- 건설폐기물 중간처리업 허가를 받은 자가 건설폐기물의 재활용에 사용하는 시설 및 장비
- 그 밖에 환경부장관이 재활용 가능 자원의 효율적인 재활용을 위하여 필요하다고 인정하여 고시하는 장치 · 장비 · 설비 등

86 환경상태의 조사 · 평가에서 국가 및 지방자치단체가 상시 조사 · 평가하여야 하는 내용으로 틀린 것은?

① 환경의 질 변화
② 환경오염원 및 환경훼손 요인
③ 환경오염지역의 원상회복 실태
④ 자연환경 및 생활환경 현황

✔ **환경상태의 조사 · 평가에서 국가 및 지방자치단체가 상시 조사 · 평가하여야 하는 내용**
- 자연환경 및 생활환경 현황
- 환경오염 및 환경훼손 실태
- 환경오염원 및 환경훼손 요인
- 기후변화 등 환경의 질 변화
- 그 밖에 국가환경종합계획 등의 수립 · 시행에 필요한 사항

87 다음 중 생활폐기물 처리에 관한 설명으로 틀린 것은?

① 시장 · 군수 · 구청장은 관할구역에서 배출되는 생활폐기물을 처리하여야 한다.
② 시장 · 군수 · 구청장은 해당 지방자치단체의 조례로 정하는 바에 따라 대통령령으로 정하는 자에게 생활폐기물 수집, 운반, 처리를 대행하게 할 수 있다.
③ 환경부장관은 지역별 수수료 차등을 방지하기 위하여 지방자치단체에 수수료 기준을 권고할 수 있다.
④ 시장 · 군수 · 구청장은 생활폐기물을 처리할 때에는 배출되는 생활폐기물의 종류, 양 등에 따라 수수료를 징수할 수 있다.

✔ ③ 환경부장관은 생활폐기물의 처리와 관련하여 필요하다고 인정하는 경우에는 해당 특별자치시장, 특별자치도지사, 시장 · 군수 · 구청장에 대하여 필요한 자료 제출을 요구하거나 시정조치를 요구할 수 있으며, 생활폐기물 처리에 관한 기준의 준수 여부 등을 점검 · 확인할 수 있다.

정답 | 84.① 85.④ 86.③ 87.③

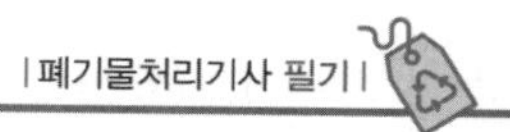

88 환경부령으로 정하는 가연성 고형 폐기물로부터 에너지를 회수하는 활동기준으로 옳지 않은 것은?

① 다른 물질과 혼합하고 해당 폐기물의 고위발열량이 킬로그램당 3천킬로칼로리 이상일 것
② 에너지 회수효율(회수에너지 총량을 투입에너지 총량으로 나눈 비율을 말한다)이 75% 이상일 것
③ 회수열을 모두 열원, 전기 등의 형태로 스스로 이용하거나 다른 사람에게 공급할 것
④ 환경부장관이 정하여 고시하는 경우에는 폐기물의 30% 이상을 원료나 재료로 재활용하고 그 나머지 중에서 에너지의 회수에 이용할 것

✔ ① 다른 물질과 혼합하지 아니하고 해당 폐기물의 저위발열량이 킬로그램당 3천킬로칼로리 이상일 것

89 폐기물 운반자는 배출자로부터 폐기물을 인수받은 날로부터 며칠 이내에 전자정보처리 프로그램에 입력하여야 하는가?

① 1일 ② 2일
③ 3일 ④ 5일

90 폐기물 처리시설의 유지 · 관리에 관한 기술관리를 대행할 수 있는 자는? ★

① 한국환경공단
② 국립환경연구원
③ 시 · 도 보건환경연구원
④ 지방환경관리청

✔ **폐기물 처리시설의 유지 · 관리에 관한 기술관리를 대행할 수 있는 자**
- 한국환경공단
- 엔지니어링 사업자
- 기술사 사무소
- 그 밖에 환경부장관이 기술관리를 대행할 능력이 있다고 인정하여 고시하는 자

91 시 · 도지사나 지방환경관서의 장이 폐기물 처리시설의 개선명령을 명할 때 개선 등에 필요한 조치의 내용, 시설의 종류 등을 고려하여 정하여야 하는 기간은? (단, 연장기간은 고려하지 않음)

① 3개월
② 6개월
③ 1년
④ 1년 6개월

92 폐기물의 수집 · 운반, 재활용 또는 처분을 업으로 하려는 경우와 '환경부령으로 정하는 중요사항'을 변경하려는 때에도 폐기물 처리 사업계획서를 제출해야 한다. 폐기물 수집 · 운반업의 경우 '환경부령으로 정하는 중요 사항'의 변경항목에 해당하지 않는 것은?

① 영업구역(생활폐기물의 수집 · 운반업만 해당한다)
② 수집 · 운반 폐기물의 종류
③ 운반차량의 수 또는 종류
④ 폐기물 처분시설 설치 예정지

✔ **환경부령으로 정하는 중요 사항의 변경항목**(폐기물 수집 · 운반업의 경우)
- 대표자 또는 상호
- 연락장소 또는 사무실 소재지(지정폐기물 수집 · 운반업의 경우에는 주차장 소재지를 포함)
- 영업구역(생활폐기물의 수집 · 운반업만 해당)
- 수집 · 운반 폐기물의 종류
- 운반차량의 수 또는 종류

93 폐기물 처리업의 업종 구분과 영업내용의 범위를 벗어나는 영업을 한 자에 대한 벌칙기준은?

① 1년 이하의 징역이나 5백만원 이하의 벌금
② 1년 이하의 징역이나 1천만원 이하의 벌금
③ 2년 이하의 징역이나 2천만원 이하의 벌금
④ 3년 이하의 징역이나 3천만원 이하의 벌금

제5과목

정답 | 88.① 89.② 90.① 91.③ 92.④ 93.③

94 폐기물관리법에서 사용되는 용어의 정의로 틀린 것은? ★★★

① 의료폐기물 : 보건 · 의료 기관, 동물병원, 시험 · 검사 기관 등에서 배출되어 인간에게 심각한 위해를 초래하는 폐기물로 환경부령으로 정하는 폐기물을 말한다.

② 생활폐기물 : 사업장폐기물 외의 폐기물을 말한다.

③ 지정폐기물 : 사업장폐기물 중 폐유 · 폐산 등 주변 환경을 오염시킬 수 있거나 의료폐기물 등 인체에 위해를 줄 수 있는 해로운 물질로서 대통령령으로 정하는 폐기물을 말한다.

④ 폐기물 처리시설 : 폐기물의 중간처분시설, 최종처분시설 및 재활용시설로서 대통령령으로 정하는 시설을 말한다.

✔ ① 의료폐기물 : 보건 · 의료 기관, 동물병원, 시험 · 검사 기관 등에서 배출되는 폐기물 중 인체에 감염 등 위해를 줄 우려가 있는 폐기물과 인체조직 등 적출물, 실험 동물의 사체 등 보건 · 환경보호상 특별한 관리가 필요하다고 인정되는 폐기물로서 대통령령으로 정하는 폐기물을 말한다.

95 최종처분시설 중 관리형 매입시설의 관리기준에 관한 내용으로 (　)에 옳은 내용은?

> 매립시설 두 변의 지하수 검사정 및 빗물 · 지하수 배제시설의 수질검사 또는 해수 수질검사는 해당 매립시설의 사용 시작 신고일 2개월 전부터 사용 시작 신고일까지의 기간 중에는 (㉠), 사용 시작 신고일 후부터는 (㉡) 각각 실시하여야 하며, 검사실적을 매년 (㉢)까지 시 · 도지사 또는 지방환경관서의 장에게 보고하여야 한다.

① ㉠ 월 1회 이상, ㉡ 분기 1회 이상, ㉢ 1월 말

② ㉠ 월 1회 이상, ㉡ 반기 1회 이상, ㉢ 12월 말

③ ㉠ 월 2회 이상, ㉡ 분기 1회 이상, ㉢ 1월 말

④ ㉠ 월 3회 이상, ㉡ 반기 1회 이상, ㉢ 12월 말

96 폐기물관리법에 적용되지 않는 물질의 기준으로 틀린 것은?

① 「하수도법」에 따른 하수

② 용기에 들어 있지 아니한 기체상태의 물질

③ 「원자력안전법」에 따른 방사성 물질과 이로 인하여 오염된 물질

④ 「물환경보전법」에 따른 오수 · 분뇨

✔ **폐기물관리법의 적용범위**

- 「원자력안전법」에 따른 방사성 물질과 이로 인하여 오염된 물질
- 용기에 들어 있지 아니한 기체상태의 물질
- 「물환경보전법」에 따른 수질오염 방지시설에 유입되거나 공공수역으로 배출되는 폐수
- 「가축분뇨의 관리 및 이용에 관한 법률」에 따른 가축분뇨
- 「하수도법」에 따른 하수 · 분뇨
- 「가축전염병예방법」에 적용되는 가축의 사체, 오염 물건, 수입 금지물건 및 검역 불합격품
- 「수산생물질병관리법」에 적용되는 수산동물의 사체, 오염된 시설 또는 물건, 수입 금지물건 및 검역 불합격품
- 「군수품관리법」에 따라 폐기되는 탄약
- 「동물보호법」에 따른 동물장묘업의 등록을 한 자가 설치 · 운영하는 동물장묘시설에서 처리되는 동물의 사체

97 위해 의료폐기물의 종류 중 시험 · 검사 등에 사용된 배양액, 배양용기, 보관균주, 폐시험관, 슬라이드, 커버글라스, 폐배지, 폐장갑이 해당되는 폐기물 분류는? ★

① 생물 · 화학 폐기물

② 손상성 폐기물

③ 병리계 폐기물

④ 조직물류 폐기물

✔ **위해 의료폐기물의 종류**

- 조직물류 폐기물 : 인체 또는 동물의 조직 · 장기 · 기관 · 신체의 일부, 동물의 사체, 혈액 · 고름 및 혈액생성물(혈청, 혈장, 혈액제제)
- 병리계 폐기물 : 시험 · 검사 등에 사용된 배양액, 배양용기, 보관균주, 폐시험관, 슬라이드, 커버글라스, 폐배지, 폐장갑
- 손상성 폐기물 : 주삿바늘, 봉합바늘, 수술용 칼날, 한방침, 치과용 침, 파손된 유리 재질의 시험기구
- 생물 · 화학 폐기물 : 폐백신, 폐항암제, 폐화학치료제
- 혈액오염 폐기물 : 폐혈액백, 혈액 투석 시 사용된 폐기물, 그 밖에 혈액이 유출될 정도로 포함되어 있어 특별한 관리가 필요한 폐기물

정답 | 94.① 95.① 96.④ 97.③

98 폐기물 매립시설의 사후관리 업무를 대행할 수 있는 자는? (단, 그 밖에 환경부장관이 사후관리를 대행할 능력이 있다고 인정하여 고시하는 자의 경우 제외)

① 유역 · 지방 환경청
② 국립환경과학원
③ 한국환경공단
④ 시 · 도 보건환경연구원

99 생활폐기물 배출자는 특별자치시, 특별자치도, 시 · 군 · 구의 조례로 정하는 바에 따라 스스로 처리할 수 없는 생활폐기물을 종류별, 성질 · 상태별로 분리하여 보관하여야 한다. 이를 위반한 자에 대한 과태료 부과기준은?

① 100만원 이하의 과태료
② 200만원 이하의 과태료
③ 300만원 이하의 과태료
④ 500만원 이하의 과태료

100 폐기물 처리시설의 종류에 따른 분류가 잘못 짝지어진 것은? ★★

① 용융시설(동력 7.5kW 이상인 시설로 한정한다) – 기계적 처분시설 – 중간처분시설
② 사료화시설(건조에 의한 사료화시설은 제외한다) – 생물학적 처분시설 – 중간처분시설
③ 관리형 매립시설(침출수 처리시설, 가스 소각 · 발전 · 연료화 시설 등 부대시설을 포함한다) – 매립시설 – 최종처분시설
④ 열분해시설(가스화시설을 포함한다) – 소각시설 – 중간처분시설

✔ ② 사료화시설(건조에 의한 사료화시설을 포함) – 생물학적 재활용시설 – 재활용시설

제5과목 | 폐기물 관계법규

2020년 제1 · 2회 폐기물처리기사

81 의료폐기물 수집 · 운반 차량의 차체는 어떤 색으로 색칠하여야 하는가?

① 청색 ② 흰색
③ 황색 ④ 녹색

✔ **폐기물 수집 · 운반 차량의 차체 색상 기준**
- 의료폐기물 : 흰색
- 지정폐기물 : 노란색

82 과징금으로 징수한 금액의 사용 용도로 알맞지 않은 것은?

① 불법 투기된 폐기물의 처리비용
② 폐기물 처리시설의 지도 · 점검에 필요한 시설 · 장비의 구입 및 운영
③ 폐기물 처리기준에 적합하지 아니하게 처리한 폐기물 중 그 폐기물을 처리한 자 또는 그 폐기물의 처리를 위탁한 자를 확인할 수 없는 폐기물로 인하여 예상되는 환경상 위해의 제거를 위한 처리
④ 광역 폐기물 처리시설의 확충

✔ **과징금으로 징수한 금액의 사용 용도**
- 폐기물 처리시설의 지도 · 점검에 필요한 시설 · 장비의 구입 및 운영
- 폐기물 처리기준에 적합하지 아니하게 처리한 폐기물 중 그 폐기물을 처리한 자 또는 그 폐기물의 처리를 위탁한 자를 확인할 수 없는 폐기물로 인하여 예상되는 환경상 위해의 제거를 위한 처리
- 광역 폐기물 처리시설의 확충
- 공공 재활용 기반시설의 확충

83 폐기물 처리업자나 폐기물 처리 신고자가 휴업, 폐업 또는 재개업을 한 경우에 휴업, 폐업 또는 재개업을 한 날부터 며칠 이내에 신고서(서류첨부)를 시 · 도지사나 지방환경관서의 장에게 제출하여야 하는가?

① 3일 ② 10일
③ 20일 ④ 30일

제5과목

정답 | 98.③ 99.① 100.② / 81.② 82.① 83.③

84 폐기물 중간처분업자가 폐기물 처리업의 변경허가를 받아야 할 중요 사항으로 틀린 것은?

① 처분대상 폐기물의 변경
② 운반차량(임시차량은 제외한다)의 증차
③ 처분용량의 100분의 30 이상의 변경
④ 폐기물 재활용시설의 신설

✔ **폐기물 처리업의 변경허가를 받아야 하는 중요 사항**(폐기물 중간처분업, 폐기물 최종처분업 및 폐기물 종합처분업의 경우)
- 처분대상 폐기물의 변경
- 폐기물 처분시설 소재지의 변경
- 운반차량(임시차량은 제외)의 증차
- 폐기물 처분시설의 신설
- 폐기물 처분시설의 증설, 개·보수 또는 그 밖의 방법으로 허가 또는 변경허가를 받은 처분용량의 100분의 30 이상의 변경(허가 또는 변경허가를 받은 후 변경되는 누계를 말함)
- 주요 설비의 변경
- 매립시설 제방의 증·개축
- 허용보관량의 변경

85 폐기물관리법에서 사용하는 용어의 정의로 틀린 것은? ★★★

① 생활폐기물이란 사업장폐기물 외의 폐기물을 말한다.
② 폐기물이란 쓰레기, 연소재, 오니, 폐유, 폐산, 폐알칼리 및 동물의 사체 등으로서 사람의 생활이나 사업활동에 필요하지 아니하게 된 물질을 말한다.
③ 지정폐기물이란 사업장폐기물 중 폐유·폐산 등 주변 환경을 오염시킬 수 있거나 의료폐기물 등 인체에 위해를 줄 수 있는 해로운 물질로서 대통령령으로 정하는 폐기물을 말한다.
④ 폐기물 처리시설이란 폐기물의 최초 및 중간처리시설과 최종처리시설로서 환경부령으로 정하는 시설을 말한다.

✔ ④ 폐기물 처리시설이란 폐기물의 중간처분시설, 최종처분시설 및 재활용시설로서 대통령령으로 정하는 시설을 말한다.

86 폐기물 처리시설의 유지·관리에 관한 기술관리를 대행할 수 있는 자는? ★

① 환경보전협회 ② 환경관리인협회
③ 폐기물처리협회 ④ 한국환경공단

✔ **폐기물 처리시설의 유지·관리에 관한 기술관리를 대행할 수 있는 자**
- 한국환경공단
- 엔지니어링 사업자
- 기술사 사무소
- 그 밖에 환경부장관이 기술관리를 대행할 능력이 있다고 인정하여 고시하는 자

87 기술관리인을 두어야 할 폐기물 처리시설이 아닌 것은? ★★★

① 시간당 처리능력이 120킬로그램인 감염성 폐기물대상 소각시설
② 면적이 3천5백제곱미터인 지정폐기물 매립시설
③ 절단시설로서 1일 처리능력이 150톤인 시설
④ 연료화시설로서 1일 처리능력이 8톤인 시설

✔ **기술관리인을 두어야 할 폐기물 처리시설**
- 매립시설의 경우
  - 지정폐기물을 매립하는 시설로서 면적이 3천300제곱미터 이상인 시설. 다만, 최종처분시설 중 차단형 매립시설에서는 면적이 330제곱미터 이상이거나 매립용적이 1천세제곱미터 이상인 시설로 한다.
  - 지정폐기물 외의 폐기물을 매립하는 시설로서 면적이 1만제곱미터 이상이거나 매립용적이 3만세제곱미터 이상인 시설
- 소각시설로서 시간당 처분능력이 600킬로그램(의료폐기물을 대상으로 하는 소각시설의 경우에는 200킬로그램) 이상인 시설
- 압축·파쇄·분쇄 또는 절단 시설로서 1일 처분능력 또는 재활용능력이 100톤 이상인 시설
- 사료화·퇴비화 또는 연료화 시설로서 1일 재활용능력이 5톤 이상인 시설
- 멸균분쇄시설로서 시간당 처분능력이 100킬로그램 이상인 시설
- 시멘트 소성로
- 용해로(폐기물에서 비철금속을 추출하는 경우로 한정)로서 시간당 재활용능력이 600킬로그램 이상인 시설
- 소각열 회수시설로서 시간당 재활용능력이 600킬로그램 이상인 시설

정답 | 84.④ 85.④ 86.④ 87.①

88 다음 폐기물 중 사업장폐기물에 해당되지 않는 것은?

① 「대기환경보전법」에 따라 배출시설을 설치·운영하는 사업자에서 발생하는 폐기물
② 「물환경보전법」에 따라 배출시설을 설치·운영하는 사업자에서 발생하는 폐기물
③ 「소음·진동관리법」에 따라 배출시설을 설치·운영하는 사업자에서 발생하는 폐기물
④ 환경부장관이 정하는 사업장에서 발생하는 폐기물

✔ 사업장폐기물이란 「대기환경보전법」, 「물환경보전법」 또는 「소음·진동관리법」에 따라 배출시설을 설치·운영하는 사업장이나 그 밖에 대통령령으로 정하는 사업장에서 발생하는 폐기물을 말한다.

89 폐기물 처리시설을 설치하고자 하는 자가 제출하여야 하는 폐기물 처분시설 설치승인신청서에 첨부되는 서류로 틀린 것은?

① 처분대상 폐기물의 처분계획서
② 폐기물 처분 시 소요되는 예산계획서
③ 폐기물 처분시설의 설계도서
④ 처분 후에 발생하는 폐기물의 처분계획서

✔ **폐기물 처분시설 또는 재활용시설 설치승인신청서의 첨부서류**

- 처분 또는 재활용 대상 폐기물 배출업체의 제조공정도 및 폐기물 배출 명세서
- 폐기물의 종류, 성질·상태 및 예상배출량 명세서
- 처분 또는 재활용 대상 폐기물의 처분 또는 재활용 계획서
- 폐기물 처분시설 또는 재활용시설의 설치 및 장비확보 계획서
- 폐기물 처분시설 또는 재활용시설의 설계도서
- 처분 또는 재활용 후에 발생하는 폐기물의 처분 또는 재활용 계획서
- 공동 폐기물 처분시설 또는 재활용시설의 설치·운영에 드는 비용 부담 등에 관한 규약
- 폐기물 매립시설의 사후관리계획서
- 환경부장관이 고시하는 사항을 포함한 시설 설치의 환경성조사서
- 배출시설의 설치허가 신청 또는 신고 시의 첨부서류

90 다음 중 용어의 정의로 틀린 것은? ★★★

① 환경용량이란 일정한 지역에서 환경오염 또는 환경훼손에 대하여 환경이 스스로 수용·정화 및 복원하여 환경의 질을 유지할 수 있는 한계를 말한다.
② 생활환경이란 인공적이지 않은 대기, 물, 토양에 관한 자연과 관련된 주변 환경을 말한다.
③ 자연환경이란 지하·지표(해양을 포함한다) 및 지상의 모든 생물과 이들을 둘러싸고 있는 비생물적인 것을 포함한 자연의 상태(생태계 및 자연경관을 포함한다)를 말한다.
④ 환경보전이란 환경오염 및 환경훼손으로부터 환경을 보호하고 오염되거나 훼손된 환경을 개선함과 동시에 쾌적한 환경의 상태를 유지·조성하기 위한 행위를 말한다.

✔ ② 생활환경이란 대기, 물, 토양, 폐기물, 소음·진동, 악취, 일조, 인공조명, 화학물질 등 사람의 일상생활과 관계되는 환경을 말한다.

91 지정폐기물 중 부식성 폐기물(폐알칼리) 기준으로 옳은 것은? ★★

① 액체상태의 폐기물로서 수소이온농도지수가 12.0 이상인 것으로 한정하며 수산화포타슘 및 수산화소듐을 포함한다.
② 액체상태의 폐기물로서 수소이온농도지수가 12.0 이상인 것으로 한정하며 수산화포타슘 및 수산화소듐을 제외한다.
③ 액체상태의 폐기물로서 수소이온농도지수가 12.5 이상인 것으로 한정하며 수산화포타슘 및 수산화소듐을 포함한다.
④ 액체상태의 폐기물로서 수소이온농도지수가 12.5 이상인 것으로 한정하며 수산화포타슘 및 수산화소듐을 제외한다.

제5과목

정답 | 88.④ 89.② 90.② 91.③

92 다음 중 5년 이하의 징역이나 5천만원 이하의 벌금에 처하는 경우가 아닌 것은?

① 허가를 받지 아니하고 폐기물 처리업을 한 자
② 폐쇄 명령을 이행하지 아니한 자
③ 대행계약을 체결하지 아니하고 종량제봉투 등을 제작 · 유통한 자
④ 영업정지기간 중에 영업행위를 한 자

✔ ④ 영업정지기간 중에 영업행위를 한 자 : 허가의 취소

93 '대통령령으로 정하는 폐기물 처리시설'을 설치 · 운영하는 자는 그 폐기물 처리시설의 설치 · 운영이 주변 지역에 미치는 영향을 3년마다 조사하여 그 결과를 환경부장관에게 제출하여야 한다. 다음 중 대통령령으로 정하는 폐기물 처리시설 기준으로 틀린 것은? ★★★

① 매립면적 1만제곱미터 이상의 사업장 지정폐기물 매립시설
② 매립면적 15만제곱미터 이상의 사업장 일반폐기물 매립시설
③ 시멘트 소성로(폐기물을 연료로 하는 경우로 한정한다)
④ 1일 처분능력이 10톤 이상인 사업장폐기물 소각시설

✔ **주변 지역 영향조사대상 폐기물 처리시설**
- 1일 처분능력이 50톤 이상인 사업장폐기물 소각시설(같은 사업장에 여러 개의 소각시설이 있는 경우에는 각 소각시설의 1일 처분능력의 합계가 50톤 이상인 경우를 말함)
- 매립면적 1만제곱미터 이상의 사업장 지정폐기물 매립시설
- 매립면적 15만제곱미터 이상의 사업장 일반폐기물 매립시설
- 시멘트 소성로(폐기물을 연료로 사용하는 경우로 한정)
- 1일 재활용능력이 50톤 이상인 사업장폐기물 소각열 회수시설(같은 사업장에 여러 개의 소각열 회수시설이 있는 경우에는 각 소각열 회수시설의 1일 재활용능력의 합계가 50톤 이상인 경우를 말함)

94 폐기물 처리시설(소각시설, 소각열 회수시설이나 멸균분쇄시설)의 검사를 받으려는 자가 해당 검사기관에 검사신청서와 함께 첨부하여 제출하여야 하는 서류와 가장 거리가 먼 것은?

① 설계도면
② 폐기물 조성비 내용
③ 설치 및 장비 확보 명세서
④ 운전 및 유지관리 계획서

✔ **폐기물 처리시설의 검사를 받으려는 자가 제출하여야 하는 서류**(소각시설, 멸균분쇄시설, 소각열 회수시설이나 열분해시설의 경우)
- 설계도면
- 폐기물 조성비 내용
- 운전 및 유지관리 계획서

95 폐기물 재활용을 금지하거나 제한하는 항목 기준으로 옳지 않은 것은?

① 폴리클로리네이티드바이페닐(PCBs)을 환경부령으로 정하는 농도 이상 함유하는 폐기물
② 폐유독물 등 인체나 환경에 미치는 위해가 매우 높을 것으로 우려되는 폐기물 중 대통령령으로 정하는 폐기물
③ 태반을 포함한 의료폐기물
④ 폐석면

✔ **재활용을 금지하거나 제한하는 폐기물**
- 폐석면
- 폴리클로리네이티드바이페닐(PCBs)이 환경부령으로 정하는 농도 이상 들어 있는 폐기물
- 의료폐기물(태반은 제외)
- 폐유독물 등 인체나 환경에 미치는 위해가 매우 높을 것으로 우려되는 폐기물 중 대통령령으로 정하는 폐기물

96 국가 차원의 환경보전을 위한 종합계획인 국가환경종합계획의 수립주기는?

① 20년 ② 15년
③ 10년 ④ 5년

정답 | 92.④ 93.④ 94.④ 95.③ 96.①

97 방치 폐기물의 처리를 폐기물 처리 공제조합에 명할 수 있는 방치 폐기물 처리량 기준으로 ( ) 안에 옳은 것은?

> 폐기물 처리 신고자가 방치한 폐기물의 경우 : 그 폐기물 처리 신고자의 폐기물 보관량의 ( ) 이내

① 1.5배 ② 2배
③ 2.5배 ④ 3배

98 대통령령으로 정하는 폐기물 처리시설을 설치·운영하는 자는 그 처리시설에서 배출되는 오염물질을 측정하거나 환경부령으로 정하는 측정기관으로 하여금 측정하게 하고, 그 결과를 환경부장관에게 보고하여야 한다. 다음 중 환경부령으로 정하는 측정기관이 아닌 것은?

① 수도권매립지관리공사
② 보건환경연구원
③ 국립환경과학원
④ 한국환경공단

✔ **폐기물 처리시설 배출 오염물질 측정기관**
- 보건환경연구원
- 한국환경공단
- 「환경분야 시험·검사 등에 관한 법률」에 따라 수질오염물질 측정대행업의 등록을 한 자
- 수도권매립지관리공사
- 폐기물 분석 전문기관

99 생활폐기물 처리 대행자(대통령령으로 정하는 자)에 대한 기준으로 틀린 것은?

① 폐기물 처리업자
② 「폐기물관리법」에 따른 건설폐기물 재활용업의 허가를 받은 자
③ 「자원의 절약과 재활용 촉진에 관한 법률」에 따른 재활용센터를 운영하는 자(같은 법에 따른 대형 폐기물을 수집·운반 및 재활용하는 것만 해당한다)
④ 폐기물 처리 신고자

✔ **생활폐기물 처리 대행자**
- 폐기물 처리업자
- 폐기물 처리 신고자
- 「한국환경공단법」에 따른 한국환경공단

100 폐기물관리법을 적용하지 아니하는 물질에 대한 내용으로 옳지 않은 것은?

① 용기에 들어 있지 아니한 기체상의 물질
② 「물환경보전법」에 의한 오수·분뇨 및 가축분뇨
③ 「하수도법」에 따른 하수
④ 「원자력안전법」에 따른 방사성 물질과 이로 인하여 오염된 물질

✔ **폐기물관리법의 적용범위**
- 「원자력안전법」에 따른 방사성 물질과 이로 인하여 오염된 물질
- 용기에 들어 있지 아니한 기체상태의 물질
- 「물환경보전법」에 따른 수질오염 방지시설에 유입되거나 공공수역으로 배출되는 폐수
- 「가축분뇨의 관리 및 이용에 관한 법률」에 따른 가축분뇨
- 「하수도법」에 따른 하수·분뇨
- 「가축전염병예방법」에 적용되는 가축의 사체, 오염 물건, 수입 금지물건 및 검역 불합격품
- 「수산생물질병관리법」에 적용되는 수산동물의 사체, 오염된 시설 또는 물건, 수입 금지물건 및 검역 불합격품
- 「군수품관리법」에 따라 폐기되는 탄약
- 「동물보호법」에 따른 동물장묘업의 등록을 한 자가 설치·운영하는 동물장묘시설에서 처리되는 동물의 사체
- 「전기·전자 제품 및 자동차의 자원순환에 관한 법률」에 따른 전기·전자 제품 재활용 의무생산자 또는 전기·전자 제품 판매업자(전기·전자 제품 재활용 의무생산자 또는 전기·전자 제품 판매업자로부터 회수·재활용을 위탁받은 자를 포함) 중 전기·전자 제품을 재활용하기 위하여 스스로 회수하는 체계를 갖춘 자
- 「자원의 절약과 재활용 촉진에 관한 법률」에 따른 재활용센터를 운영하는 자(대형 폐기물을 수집·운반 및 재활용하는 것만 해당)
- 「자원의 절약과 재활용 촉진에 관한 법률」에 따른 재활용 의무생산자 중 제품·포장재를 스스로 회수하여 재활용하는 체계를 갖춘 자(재활용 의무생산자로부터 재활용을 위탁받은 자를 포함)
- 「건설폐기물 재활용 촉진에 관한 법률」에 따라 건설폐기물 처리업의 허가를 받은 자(공사·작업 등으로 인하여 5톤 미만으로 발생되는 생활폐기물을 기준과 방법에 따라 재활용하기 위하여 수집·운반하거나 재활용하는 경우만 해당)

정답 | 97.② 98.③ 99.② 100.②

제5과목 | 폐기물 관계법규

2020년 제3회 폐기물처리기사

81 환경부령으로 정하는 폐기물 처리시설의 설치를 마친 자는 환경부령으로 정하는 검사기관으로부터 검사를 받아야 한다. 검사를 받으려는 자가 검사를 받기 위해 검사기관에 제출하는 검사신청서에 첨부하여야 하는 서류가 아닌 것은? (단, 음식물류 폐기물 처리시설의 경우)

① 설계도면
② 폐기물 성질, 상태, 양, 조성비 내용
③ 재활용 제품의 사용 또는 공급 계획서(재활용의 경우만 제출한다)
④ 운전 및 유지관리 계획서(물질수지도를 포함한다)

✔ **폐기물 처리시설의 검사를 받으려는 자가 제출하여야 하는 서류**(음식물류 폐기물 처리시설의 경우)
- 설계도면
- 운전 및 유지관리 계획서(물질수지도를 포함)
- 재활용제품의 사용 또는 공급 계획서(재활용의 경우만 제출)

82 폐기물 처리시설의 사용 종료 또는 폐쇄 신고를 한 경우에 사후관리기간의 기준은 사용 종료 또는 폐쇄 신고를 한 날부터 몇 년 이내인가?

① 10년　　② 20년
③ 30년　　④ 50년

83 사후관리 이행보증금의 사전적립대상이 되는 폐기물을 매립하는 시설의 규모기준으로 옳은 것은? ★★

① 면적 3천300m^2 이상인 시설
② 면적 1만m^2 이상인 시설
③ 용적 3천300m^3 이상인 시설
④ 용적 1만m^3 이상인 시설

84 폐기물의 수집 · 운반 · 보관 · 처리에 관한 구체적 기준 및 방법에 관한 설명으로 옳지 않은 것은?

① 사업장 일반폐기물 배출자는 그의 사업장에서 발생하는 폐기물을 보관이 시작되는 날부터 15일을 초과하여 보관하여서는 아니 된다.
② 지정폐기물(의료폐기물 제외) 수집 · 운반 차량의 차체는 노란색으로 색칠하여야 한다.
③ 음식물류 폐기물 처리 시 가열에 의한 건조에 의하여 부산물의 수분 함량을 25% 미만으로 감량하여야 한다.
④ 폐합성고분자 화합물은 소각하여야 하지만, 소각이 곤란한 경우에는 최대지름 15센티미터 이하의 크기로 파쇄 · 절단 또는 용융한 후 관리형 매립시설에 매립할 수 있다.

✔ ① 사업장 일반폐기물 배출자는 그의 사업장에서 발생하는 폐기물을 보관이 시작되는 날부터 90일(중간가공 폐기물의 경우는 120일)을 초과하여 보관하여서는 아니 된다.

85 폐기물의 광역 관리를 위해 광역 폐기물 처리시설의 설치 · 운영을 위탁할 수 있는 자에 해당되지 않는 것은?

① 해당 광역 폐기물 처리시설을 발주한 지자체
② 한국환경공단
③ 수도권매립지관리공사
④ 폐기물의 광역 처리를 위해 설립된 지방자치단체 조합

✔ **광역 폐기물 처리시설의 설치 · 운영을 위탁할 수 있는 자**
- 한국환경공단
- 수도권매립지관리공사
- 지방자치단체 조합으로서 폐기물의 광역 처리를 위하여 설립된 조합
- 해당 광역 폐기물 처리시설을 시공한 자(그 시설의 운영을 위탁하는 경우에만 해당)

정답 | 81.② 82.③ 83.① 84.① 85.①

86 폐기물 처리업의 변경허가를 받아야 하는 중요 사항에 관한 내용으로 틀린 것은? (단, 폐기물 수집 · 운반업 기준)

① 운반차량(임시차량 제외)의 증차
② 수집 · 운반 대상 폐기물의 변경
③ 영업구역의 변경
④ 수집 · 운반 시설 소재지 변경

✔ **폐기물 처리업의 변경허가를 받아야 하는 중요 사항**(폐기물 수집 · 운반업의 경우)
- 수집 · 운반 대상 폐기물의 변경
- 영업구역의 변경
- 주차장 소재지의 변경(지정폐기물을 대상으로 하는 수집 · 운반업만 해당)
- 운반차량(임시차량은 제외)의 증차

87 주변 지역 영향조사대상 폐기물 처리시설기준으로 옳은 것은? (단, 동일 사업장에 1개의 소각시설이 있는 경우)

① 1일 처리능력이 5톤 이상인 사업장폐기물 소각시설
② 1일 처리능력이 10톤 이상인 사업장폐기물 소각시설
③ 1일 처리능력이 30톤 이상인 사업장폐기물 소각시설
④ 1일 처리능력이 50톤 이상인 사업장폐기물 소각시설

✔ **주변 지역 영향조사대상 폐기물 처리시설**
- 1일 처분능력이 50톤 이상인 사업장폐기물 소각시설(같은 사업장에 여러 개의 소각시설이 있는 경우에는 각 소각시설의 1일 처분능력의 합계가 50톤 이상인 경우를 말함)
- 매립면적 1만제곱미터 이상의 사업장 지정폐기물 매립시설
- 매립면적 15만제곱미터 이상의 사업장 일반폐기물 매립시설
- 시멘트 소성로(폐기물을 연료로 사용하는 경우로 한정)
- 1일 재활용능력이 50톤 이상인 사업장폐기물 소각열 회수시설(같은 사업장에 여러 개의 소각열 회수시설이 있는 경우에는 각 소각열 회수시설의 1일 재활용능력의 합계가 50톤 이상인 경우를 말함)

88 폐기물 처리업에 종사하는 기술요원, 폐기물 처리시설의 기술관리인, 그 밖에 대통령령으로 정하는 폐기물 처리 담당자는 환경부령으로 정하는 교육기관이 실시하는 교육을 받아야 함에도 불구하고 이를 위반하여 교육을 받지 아니한 자에 대한 과태료 처분기준은?

① 100만원 이하의 과태료 부과
② 200만원 이하의 과태료 부과
③ 300만원 이하의 과태료 부과
④ 500만원 이하의 과태료 부과

89 환경정책기본법에 따른 용어의 정의로 옳지 않은 것은?

① "환경용량"이란 일정한 지역에서 환경오염 또는 환경훼손에 대하여 환경의 스스로 수용, 정화 및 복원하여 환경의 질을 유지할 수 있는 한계를 말한다.
② "생활환경"이란 지상의 모든 생물과 이들을 둘러싸고 있는 비생물적인 것을 포함한 자연의 상태를 말한다.
③ "환경훼손"이란 야생동식물의 남획 및 그 서식지의 파괴, 생태계 질서의 교란, 자연경관의 훼손, 표토의 유실 등으로 자연환경의 본래적 기능에 중대한 손상을 주는 상태를 말한다.
④ "환경보전"이란 환경오염 및 환경훼손으로부터 환경을 보호하고 오염되거나 훼손된 환경을 개선함과 동시에 쾌적한 환경상태를 유지 · 조성하기 위한 행위를 말한다.

✔ ② "생활환경"이란 대기, 물, 토양, 폐기물, 소음 · 진동, 악취, 일조, 인공조명, 화학물질 등 사람의 일상생활과 관계되는 환경을 말한다.

제5과목

정답 | 86.④ 87.④ 88.① 89.②

90 환경부장관이나 시 · 도지사가 폐기물 처리업자에게 영업의 정지를 명령하고자 할 때 천재지변이나 그 밖의 부득이한 사유로 해당 영업을 계속하도록 할 필요가 있다고 인정되는 경우 영업정지에 갈음하여 부과할 수 있는 과징금의 범위 기준으로 ( )에 들어갈 옳은 내용은?

매출액에 ( )을(를) 곱한 금액을 초과하지 아니하는 범위

① 100분의 3　　② 100분의 5
③ 100분의 7　　④ 100분의 9

91 폐기물 처리시설의 사후관리 업무를 대행할 수 있는 자로 옳은 것은? (단, 그 밖에 환경부장관이 사후관리를 대행할 능력이 있다고 인정하고 고시하는 자는 고려하지 않음)

① 폐기물관리학회
② 환경보전협회
③ 한국환경공단
④ 폐기물처리협의회

92 폐기물 처리시설의 유지 · 관리를 위해 기술관리인을 두어야 하는 폐기물 처리시설의 기준으로 옳지 않은 것은? (단, 폐기물 처리업자가 운영하는 폐기물 처리시설은 제외) ★★★

① 멸균 · 분쇄 시설로서 시간당 처리능력이 100킬로그램 이상인 시설
② 압축 · 파쇄 · 분쇄 또는 절단 시설로서 1일 처리능력이 10톤 이상인 시설
③ 사료화 · 퇴비화 또는 연료화 시설로서 1일 처리능력이 5톤 이상인 시설
④ 의료폐기물을 대상으로 하는 소각시설로서 시간당 처리능력이 200킬로그램 이상인 시설

✔ **기술관리인을 두어야 할 폐기물 처리시설**

- 매립시설의 경우
  - 지정폐기물을 매립하는 시설로서 면적이 3천300제곱미터 이상인 시설. 다만, 최종처분시설 중 차단형 매립시설에서는 면적이 330제곱미터 이상이거나 매립용적이 1천세제곱미터 이상인 시설로 한다.
  - 지정폐기물 외의 폐기물을 매립하는 시설로서 면적이 1만제곱미터 이상이거나 매립용적이 3만세제곱미터 이상인 시설
- 소각시설로서 시간당 처분능력이 600킬로그램(의료폐기물을 대상으로 하는 소각시설의 경우에는 200킬로그램) 이상인 시설
- 압축 · 파쇄 · 분쇄 또는 절단 시설로서 1일 처분능력 또는 재활용능력이 100톤 이상인 시설
- 사료화 · 퇴비화 또는 연료화 시설로서 1일 재활용능력이 5톤 이상인 시설
- 멸균분쇄시설로서 시간당 처분능력이 100킬로그램 이상인 시설
- 시멘트 소성로
- 용해로(폐기물에서 비철금속을 추출하는 경우로 한정)로서 시간당 재활용능력이 600킬로그램 이상인 시설
- 소각열 회수시설로서 시간당 재활용능력이 600킬로그램 이상인 시설

93 다음 중 폐기물관리법에서의 용어 정의로 옳지 않은 것은? ★★★

① 생활폐기물 : 사업장폐기물 외의 폐기물을 말한다.
② 사업장폐기물 : 「대기환경보전법」, 「물환경보전법」 또는 「소음 · 진동관리법」에 따라 배출시설을 설치 · 운영하는 사업장이나 그 밖에 대통령령으로 정하는 사업장에서 발생하는 폐기물을 말한다.
③ 폐기물 처리시설 : 폐기물의 중간처분시설, 최종처분시설 및 재활용시설로서 대통령령으로 정하는 시설을 말한다.
④ 처리 : 폐기물의 수거, 운반, 중화, 파쇄, 고형화 등의 중간 처분과 매립하거나 해역으로 배출하는 등의 활동을 말한다.

✔ ④ 처리 : 폐기물의 수집, 운반, 보관, 재활용, 처분을 말한다.

정답 | 90.② 91.③ 92.② 93.④

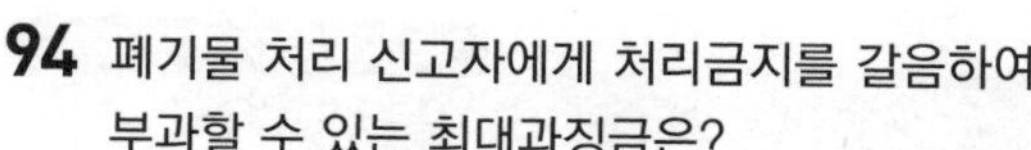

94 폐기물 처리 신고자에게 처리금지를 갈음하여 부과할 수 있는 최대과징금은?

① 1천만원
② 2천만원
③ 5천만원
④ 1억원

95 폐기물 처리시설을 사용 종료하거나 폐쇄하고자 하는 자는 사용 종료 · 폐쇄 신고서에 폐기물 처리시설 사후관리계획서(매립시설에 한함)를 첨부하여 제출하여야 한다. 이때 폐기물 매립시설 사후관리계획서에 포함되어야 할 사항으로 거리가 먼 것은?

① 지하수 수질 조사계획
② 구조물과 지반 등의 안정도 유지계획
③ 빗물 배제계획
④ 사후 환경영향 평가계획

✔ 폐기물 매립시설 사후관리계획서의 포함사항
- 폐기물 매립시설 설치 · 사용 내용
- 사후관리 추진일정
- 빗물 배제계획
- 침출수 관리계획(차단형 매립시설은 제외)
- 지하수 수질 조사계획
- 발생가스 관리계획(유기성 폐기물을 매립하는 시설만 해당)
- 구조물과 지반 등의 안정도 유지계획

96 폐기물 처리시설의 중간처분시설 중 화학적 처분시설에 해당되는 것은? ★★

① 정제시설
② 연료화시설
③ 응집 · 침전 시설
④ 소멸화시설

✔ 중간처분시설 중 화학적 처분시설의 종류
- 고형화 · 고화 · 안정화 시설
- 반응시설(중화 · 산화 · 환원 · 중합 · 축합 · 치환 등의 화학반응을 이용하여 폐기물을 처분하는 단위시설을 포함)
- 응집 · 침전 시설

97 폐유기용제 중 할로겐족에 해당되는 물질이 아닌 것은?

① 다이클로로에테인
② 트라이클로로트라이플루오로에테인
③ 트라이클로로프로펜
④ 다이클로로디플루오로메테인

✔ 폐유기용제 중 할로겐족에 해당하는 물질
- 다이클로로메테인(dichloromethane)
- 트라이클로로메테인(trichloromethane)
- 테트라클로로메테인(tetrachloromethane)
- 다이클로로다이플루오로메테인(dichlorodifluoromethane)
- 트라이클로로플루오로메테인(trichlorofluoromethane)
- 다이클로로에테인(dichloroethane)
- 트라이클로로에테인(trichloroethane)
- 트라이클로로트라이플루오로에테인(trichlorotrifluoroethane)
- 트라이클로로에틸렌(trichloroethylene)
- 테트라클로로에틸렌(tetrachloroethylene)
- 클로로벤젠(chlorobenzene)
- 다이클로로벤젠(dichlorobenzene)
- 모노클로로페놀(monochlorophenol)
- 다이클로로페놀(dichlorophenol)
- 1,1-다이클로로에틸렌(1,1-dichloroethylene)
- 1,3-다이클로로프로펜(1,3-dichloropropene)
- 1,1,2-트라이클로로-1,2,2-트라이플로로에테인(1,1,2-trichloro-1,2,2-trifluroethane)
- 위에 해당하는 물질을 중량비를 기준으로 하여 5퍼센트 이상 함유한 물질

98 폐기물 처리업의 업종이 아닌 것은?

① 폐기물 재생처리업
② 폐기물 종합처분업
③ 폐기물 중간처분업
④ 폐기물 수집 · 운반업

✔ 폐기물 처리업의 업종
- 폐기물 수집 · 운반업
- 폐기물 중간처분업
- 폐기물 최종처분업
- 폐기물 종합처분업
- 폐기물 중간재활용업
- 폐기물 최종재활용업
- 폐기물 종합재활용업

제5과목

정답 | 94.② 95.④ 96.③ 97.③ 98.①

99 폐기물관리법상의 의료폐기물의 종류가 아닌 것은?

① 격리 의료폐기물
② 일반 의료폐기물
③ 유사 의료폐기물
④ 위해 의료폐기물

의료폐기물의 종류
- 격리 의료폐기물
- 위해 의료폐기물
- 일반 의료폐기물

100 다음 중 폐기물관리법의 적용범위에 해당하는 물질은?

① 「대기환경보전법」에 의한 대기오염 방지시설에 유입되어 포집된 물질
② 용기에 들어 있지 아니한 기체상태의 물질
③ 「하수도법」에 의한 하수
④ 「물환경보전법」에 따른 수질오염 방지시설에 유입되거나 공공수역으로 배출되는 폐수

폐기물관리법의 적용범위
- 「원자력안전법」에 따른 방사성 물질과 이로 인하여 오염된 물질
- 용기에 들어 있지 아니한 기체상태의 물질
- 「물환경보전법」에 따른 수질오염 방지시설에 유입되거나 공공수역으로 배출되는 폐수
- 「가축분뇨의 관리 및 이용에 관한 법률」에 따른 가축분뇨
- 「하수도법」에 따른 하수 · 분뇨
- 「가축전염병예방법」에 적용되는 가축의 사체, 오염 물건, 수입 금지물건 및 검역 불합격품
- 「수산생물질병관리법」에 적용되는 수산동물의 사체, 오염된 시설 또는 물건, 수입 금지물건 및 검역 불합격품
- 「군수품관리법」에 따라 폐기되는 탄약
- 「동물보호법」에 따른 동물장묘업의 등록을 한 자가 설치 · 운영하는 동물장묘시설에서 처리되는 동물의 사체

제5과목 | 폐기물 관계법규

2020년 제4회 폐기물처리기사

81 폐기물 처리시설 중 차단형 매립시설의 정기검사 항목이 아닌 것은?

① 소화장비 설치 · 관리 실태
② 축대벽의 안정성
③ 사용 종료 매립지 밀폐상태
④ 침출수 집배수시설의 기능

차단형 매립시설의 정기검사 항목
- 소화장비 설치 · 관리 실태
- 축대벽의 안정성
- 빗물 · 지하수 유입 방지조치
- 사용 종료 매립지 밀폐상태

82 사업장폐기물을 배출하는 사업장 중 대통령령으로 정하는 사업장의 범위에 해당되지 않는 것은?

① 지정폐기물을 배출하는 사업장
② 폐기물을 1일 평균 300킬로그램 이상 배출하는 사업장
③ 폐기물을 1회에 200킬로그램 이상 배출하는 사업장
④ 일련의 공사 또는 작업으로 폐기물을 5톤(공사를 착공하거나 작업을 시작할 때부터 마칠 때까지 발생하는 폐기물의 양을 말한다) 이상 배출하는 사업장

사업장의 범위
- 공공 폐수 처리시설을 설치 · 운영하는 사업장
- 공공 하수 처리시설을 설치 · 운영하는 사업장
- 분뇨 처리시설을 설치 · 운영하는 사업장
- 공공 처리시설
- 폐기물 처리시설(폐기물 처리업의 허가를 받은 자가 설치하는 시설을 포함)을 설치 · 운영하는 사업장
- 지정폐기물을 배출하는 사업장
- 폐기물을 1일 평균 300킬로그램 이상 배출하는 사업장
- 폐기물을 5톤(공사를 착공할 때부터 마칠 때까지 발생되는 폐기물의 양) 이상 배출하는 사업장
- 일련의 공사 또는 작업으로 폐기물을 5톤(공사를 착공하거나 작업을 시작할 때부터 마칠 때까지 발생하는 폐기물의 양) 이상 배출하는 사업장

정답 | 99.③ 100.① / 81.④ 82.③

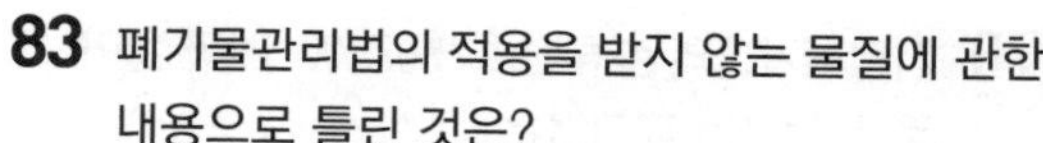

83 폐기물관리법의 적용을 받지 않는 물질에 관한 내용으로 틀린 것은?

① 「대기환경보전법」에 의한 대기오염 방지시설에 유입되어 포집된 물질
② 「하수도법」에 의한 하수 · 분뇨
③ 용기에 들어 있지 아니한 기체상태의 물질
④ 「원자력안전법」에 따른 방사성 물질과 이로 인하여 오염된 물질

폐기물관리법의 적용범위
- 「원자력안전법」에 따른 방사성 물질과 이로 인하여 오염된 물질
- 용기에 들어 있지 아니한 기체상태의 물질
- 「물환경보전법」에 따른 수질오염 방지시설에 유입되거나 공공수역으로 배출되는 폐수
- 「가축분뇨의 관리 및 이용에 관한 법률」에 따른 가축분뇨
- 「하수도법」에 따른 하수 · 분뇨
- 「가축전염병예방법」에 적용되는 가축의 사체, 오염 물건, 수입 금지물건 및 검역 불합격품
- 「수산생물질병관리법」에 적용되는 수산동물의 사체, 오염된 시설 또는 물건, 수입 금지물건 및 검역 불합격품
- 「군수품관리법」에 따라 폐기되는 탄약
- 「동물보호법」에 따른 동물장묘업의 등록을 한 자가 설치 · 운영하는 동물장묘시설에서 처리되는 동물의 사체

84 폐기물 처리시설의 설치 · 운영을 위탁받을 수 있는 자의 기준 중 음식물류 폐기물 처분시설 또는 재활용시설의 설치 · 운영을 위탁받을 수 있는 자의 기준에 해당되지 않는 기술인력은?

① 폐기물처리기사
② 기계정비산업기사
③ 수질환경기사
④ 위생사

폐기물 처리시설의 설치 · 운영을 위탁받을 수 있는 자의 기준에 따라 보유하여야 하는 기술인력(음식물류 폐기물 처분시설 또는 재활용시설의 경우)
- 폐기물처리기사 1명
- 수질환경기사 또는 대기환경기사 1명
- 기계정비산업기사 1명
- 1일 50톤 이상의 음식물류 폐기물 처분시설 또는 재활용시설의 시공 분야에서 2년 이상 근무한 자 2명
- 1일 50톤 이상의 음식물류 폐기물 처분시설 또는 재활용시설의 운전 분야에서 2년 이상 근무한 자 2명

85 관리형 매립시설에서 발생하는 침출수의 배출허용기준 중 청정지역의 부유물질량에 대한 기준으로 옳은 것은? (단, 침출수 매립시설 환원정화설비를 통하여 매립시설로 주입되는 침출수의 경우에는 제외) ★★★

① 20mg/L 이하　② 30mg/L 이하
③ 40mg/L 이하　④ 50mg/L 이하

침출수의 배출허용기준(관리형 매립시설)

구분	생물화학적 산소요구량	화학적 산소요구량	부유물질량
청정지역	30mg/L	200mg/L	30mg/L
가 지역	50mg/L	300mg/L	50mg/L
나 지역	70mg/L	400mg/L	70mg/L

86 의료폐기물을 제외한 지정폐기물의 보관에 관한 기준 및 방법으로 틀린 것은?

① 지정폐기물은 지정폐기물 외의 폐기물과 구분하여 보관하여야 한다.
② 폐유기용제는 폭발의 위험이 있으므로 밀폐된 용기에 보관하지 않는다.
③ 흩날릴 우려가 있는 폐석면은 습도 조절 등의 조치 후 고밀도 내수성 재질의 포대로 2중 포장하거나 견고한 용기에 밀봉하여 흩날리지 아니하도록 보관하여야 한다.
④ 지정폐기물은 지정폐기물에 의하여 부식되거나 파손되지 아니하는 재질로 된 보관시설 또는 보관용기를 사용하여 보관하여야 한다.

② 폐유기용제는 휘발되지 아니하도록 밀폐된 용기에 보관하여야 한다.

87 생활폐기물 수집 · 운반 대행자에 대한 대행실적 평가 실시기준으로 옳은 것은?

① 분기에 1회 이상　② 반기에 1회 이상
③ 매년 1회 이상　④ 2년간 1회 이상

정답 | 83.① 84.④ 85.② 86.② 87.③

제5과목

88 폐기물의 처리에 관한 구체적 기준 및 방법에서 지정폐기물 중 의료폐기물의 기준 및 방법으로 옳지 않은 것은? (단, 의료폐기물 전용 용기 사용의 경우)

① 한 번 사용한 전용 용기는 다시 사용하여서는 아니 된다.
② 전용 용기는 봉투형 용기 및 상자형 용기로 구분하되, 봉투형 용기의 재질은 합성수지류로 한다.
③ 봉투형 용기에 담은 의료폐기물의 처리를 위탁하는 경우에는 상자형 용기에 다시 담아 위탁하여야 한다.
④ 봉투형 용기에는 그 용량의 90퍼센트 미만으로 의료폐기물을 넣어야 한다.

✔ ④ 봉투형 용기에는 그 용량의 75퍼센트 미만으로 의료폐기물을 넣어야 한다.

89 관련법을 위반한 폐기물 처리업자로부터 과징금으로 징수한 금액의 사용 용도로 적합하지 않은 것은?

① 광역 폐기물 처리시설의 확충
② 폐기물 처리 관리인의 교육
③ 폐기물 처리시설의 지도 · 점검에 필요한 시설 · 장비의 구입 및 운영
④ 폐기물의 처리를 위탁한 자를 확인할 수 없는 폐기물로 인하여 예상되는 환경상 위해를 제거하기 위한 처리

✔ **과징금으로 징수한 금액의 사용 용도**
- 폐기물 처리시설의 지도 · 점검에 필요한 시설 · 장비의 구입 및 운영
- 폐기물 처리기준에 적합하지 아니하게 처리한 폐기물 중 그 폐기물을 처리한 자 또는 그 폐기물의 처리를 위탁한 자를 확인할 수 없는 폐기물로 인하여 예상되는 환경상 위해의 제거를 위한 처리
- 광역 폐기물 처리시설의 확충
- 공공 재활용 기반시설의 확충

90 지정폐기물의 분류번호가 07-00-00과 같이, 07로 시작되는 폐기물은?

① 폐유기용제
② 유해물질 함유 폐기물
③ 폐석면
④ 부식성 폐기물

✔ 보기에 주어진 지정폐기물의 분류번호는 다음과 같다.
① 폐유기용제 : 04
② 유해물질 함유 폐기물 : 03
③ 폐석면 : 07
④ 부식성 폐기물 : 02

91 방치 폐기물의 처리를 폐기물 처리 공제조합에 명할 수 있는 방치 폐기물의 처리량 기준으로 옳은 것은? (단, 폐기물 처리업자가 방치한 폐기물의 경우) ★★

① 그 폐기물 처리업자의 폐기물 허용 보관량의 1.2배 이내
② 그 폐기물 처리업자의 폐기물 허용 보관량의 1.5배 이내
③ 그 폐기물 처리업자의 폐기물 허용 보관량의 2배 이내
④ 그 폐기물 처리업자의 폐기물 허용 보관량의 3배 이내

92 다음의 조항을 위반하여 설치가 금지되는 폐기물 소각시설을 설치 · 운영한 자에 대한 벌칙기준은?

> 폐기물 처리시설은 환경부령으로 정하는 기준에 맞게 설치하되, 환경부령으로 정하는 규모 미만의 폐기물 소각시설을 설치 · 운영하여서는 아니 된다.

① 2년 이하의 징역이나 2천만원 이하의 벌금
② 3년 이하의 징역이나 3천만원 이하의 벌금
③ 5년 이하의 빙역이나 5천만원 이하의 벌금
④ 7년 이하의 징역이나 7천만원 이하의 벌금

정답 I 88.④ 89.② 90.③ 91.③ 92.①

93 폐기물 처리업에 관한 설명으로 틀린 것은?

① 폐기물 수집 · 운반업 : 폐기물을 수집하여 재활용 또는 처분 장소로 운반하거나 폐기물을 수출하기 위하여 수집 · 운반하는 영업
② 폐기물 중간재활용업 : 폐기물 재활용시설을 갖추고 중간가공 폐기물을 만드는 영업
③ 폐기물 최종처분업 : 폐기물 최종처분시설을 갖추고 폐기물을 매립 등(해역 배출은 제외한다)의 방법으로 최종처분하는 영업
④ 폐기물 종합처분업 : 폐기물 재활용시설을 갖추고 중간재활용업과 최종재활용업을 함께 하는 영업

✔ ④ 폐기물 종합처분업 : 폐기물 중간처분시설 및 최종처분시설을 갖추고 폐기물의 중간처분과 최종처분을 함께 하는 영업

94 폐기물관리법에서 사용하는 용어의 정의로 옳지 않은 것은?

① 생활폐기물이란 사업장폐기물 외의 폐기물을 말한다.
② 폐기물 처리시설이란 폐기물의 중간처분시설과 최종처분시설 및 재활용시설로서 대통령령으로 정하는 시설을 말한다.
③ 재활용이란 생산공정에서 발생하는 폐기물의 양을 줄이고 재사용, 재생을 통하여 폐기물 배출을 최소화하는 활동을 말한다.
④ 처분이란 폐기물의 소각 · 중화 · 파쇄 · 고형화 등의 중간처분과 매립하거나 해역으로 배출하는 등의 최종처분을 말한다.

✔ 재활용의 정의
- 폐기물을 재사용 · 재생 이용하거나 재사용 · 재생 이용할 수 있는 상태로 만드는 활동
- 폐기물로부터 에너지를 회수하거나 회수할 수 있는 상태로 만들거나 폐기물을 연료로 사용하는 활동으로서 환경부령으로 정하는 활동

95 환경부장관이나 시 · 도지사가 폐기물 처리업자에게 영업정지에 갈음하여 과징금을 부과할 때, 폐기물 처리업자가 매출이 없거나 매출액을 산정하기 곤란한 경우로서 대통령령으로 정하는 경우에 부과할 수 있는 과징금의 최대액수는?

① 5천만원　② 1억원
③ 2억원　④ 3억원

96 의료폐기물의 종류 중 위해 의료폐기물에 해당하지 않는 것은? ★

① 조직물류 폐기물
② 격리계 폐기물
③ 생물 · 화학 폐기물
④ 혈액오염 폐기물

✔ 위해 의료폐기물의 종류
- 조직물류 폐기물 : 인체 또는 동물의 조직 · 장기 · 기관 · 신체의 일부, 동물의 사체, 혈액 · 고름 및 혈액생성물(혈청, 혈장, 혈액제제)
- 병리계 폐기물 : 시험 · 검사 등에 사용된 배양액, 배양용기, 보관균주, 폐시험관, 슬라이드, 커버글라스, 폐배지, 폐장갑
- 손상성 폐기물 : 주삿바늘, 봉합바늘, 수술용 칼날, 한방침, 치과용 침, 파손된 유리 재질의 시험기구
- 생물 · 화학 폐기물 : 폐백신, 폐항암제, 폐화학치료제
- 혈액오염 폐기물 : 폐혈액백, 혈액 투석 시 사용된 폐기물, 그 밖에 혈액이 유출될 정도로 포함되어 있어 특별한 관리가 필요한 폐기물

97 폐기물 처리시설 주변 지역 영향조사 기준 중 조사횟수에 관한 내용으로 괄호에 알맞은 내용이 순서대로 짝지어진 것은?

각 항목당 계절을 달리하여 (　) 이상 측정하되, 악취는 여름(6월부터 8월까지)에 (　) 이상 측정해야 한다.

① 4회, 2회　② 4회, 1회
③ 2회, 2회　④ 2회, 1회

제5과목

정답 I 93.④ 94.③ 95.② 96.② 97.④

98 환경부령으로 정하는 지정폐기물을 배출하는 사업자가 그 지정폐기물을 처리하기 전에 환경부장관에게 제출하여 확인받아야 할 서류가 아닌 것은?

① 폐기물 수집 · 운반 계획서
② 폐기물 처리계획서
③ 법에 따른 폐기물 분석 전문기관의 폐기물 분석결과서
④ 지정폐기물의 처리를 위탁하는 경우에는 수탁처리자의 수탁확인서

지정폐기물을 배출하는 사업자가 그 지정폐기물을 처리하기 전에 환경부장관에게 제출하여 확인받아야 할 서류
- 폐기물 처리계획서
- 폐기물 분석 전문기관의 폐기물 분석결과서
- 지정폐기물의 처리를 위탁하는 경우에는 수탁처리자의 수탁확인서

99 폐기물 중간처분시설 중 기계적 처분시설에 속하는 것은? ★★★

① 증발 · 농축 시설
② 고형화시설
③ 소멸화시설
④ 응집 · 침전 시설

중간처분시설 중 기계적 처분시설의 종류
- 압축시설(동력 7.5kW 이상인 시설로 한정)
- 파쇄 · 분쇄 시설(동력 15kW 이상인 시설로 한정)
- 절단시설(동력 7.5kW 이상인 시설로 한정)
- 용융시설(동력 7.5kW 이상인 시설로 한정)
- 증발 · 농축 시설
- 정제시설(분리 · 증류 · 추출 · 여과 등의 시설을 이용하여 폐기물을 처분하는 단위시설을 포함)
- 유수분리시설
- 탈수 · 건조 시설
- 멸균분쇄시설

100 주변 지역 영향조사대상 폐기물 처리시설 기준으로 옳은 것은? ★★★

① 매립면적 3천300제곱미터 이상의 사업장 지정폐기물 매립시설
② 매립용적 1천세제곱미터 이상의 사업장 지정폐기물 매립시설
③ 매립면적 1만제곱미터 이상의 사업장 지정폐기물 매립시설
④ 매립용적 3만세제곱미터 이상의 사업장 지정폐기물 매립시설

주변 지역 영향조사대상 폐기물 처리시설
- 1일 처분능력이 50톤 이상인 사업장폐기물 소각시설(같은 사업장에 여러 개의 소각시설이 있는 경우에는 각 소각시설의 1일 처분능력의 합계가 50톤 이상인 경우를 말함)
- 매립면적 1만제곱미터 이상의 사업장 지정폐기물 매립시설
- 매립면적 15만제곱미터 이상의 사업장 일반폐기물 매립시설
- 시멘트 소성로(폐기물을 연료로 사용하는 경우로 한정)
- 1일 재활용능력이 50톤 이상인 사업장폐기물 소각열 회수시설(같은 사업장에 여러 개의 소각열 회수시설이 있는 경우에는 각 소각열 회수시설의 1일 재활용능력의 합계가 50톤 이상인 경우를 말함)

정답 | 98.① 99.① 100.③

제5과목 | 폐기물 관계법규

2021년 제1회 폐기물처리기사

81 과징금 부과에 대한 설명으로 ( )에 들어갈 알맞은 내용은?

> 폐기물을 부적정 처리함으로써 얻은 부적정 처리 이익의 ( ) 이하에 해당하는 금액과 폐기물의 제거 및 원상회복에 드는 비용을 과징금으로 부과할 수 있다.

① 1.5배　　② 2배
③ 2.5배　　④ 3배

82 폐기물 중간처분시설에 관한 설명으로 옳지 않은 것은?

① 용융시설(동력 7.5kW 이상인 시설로 한정한다)
② 압축시설(동력 7.5kW 이상인 시설로 한정한다)
③ 파쇄 · 분쇄 시설(동력 7.5kW 이상인 시설로 한정한다)
④ 절단시설(동력 7.5kW 이상인 시설로 한정한다)

✔ ③ 파쇄 · 분쇄 시설(동력 15kW 이상인 시설로 한정한다)

83 관리형 매립시설에서 발생하는 침출수에 대한 부유물질량의 배출허용기준은? (단, 물환경보전법 시행규칙의 나 지역 기준) ★★★

① 50mg/L　　② 70mg/L
③ 100mg/L　　④ 150mg/L

✔ **침출수의 배출허용기준**(관리형 매립시설)

구분	생물화학적 산소요구량	화학적 산소요구량	부유물질량
청정지역	30mg/L	200mg/L	30mg/L
가 지역	50mg/L	300mg/L	50mg/L
나 지역	70mg/L	400mg/L	70mg/L

84 다음 중 국가환경종합계획의 수립주기로 옳은 것은?

① 5년　　② 10년
③ 15년　　④ 20년

85 폐기물 처리 신고를 하고 폐기물을 재활용할 수 있는 자에 관한 기준으로 ( )에 알맞은 내용은?

> 유기성 오니나 음식물류 폐기물을 이용하여 지렁이 분변토를 만드는 자 중 재활용 용량이 1일 ( ) 미만인 자

① 1톤　　② 3톤
③ 5톤　　④ 10톤

86 폐기물 발생 억제지침 준수의무대상 배출자의 업종에 해당하지 않는 것은?

① 금속 가공제품 제조업(기계 및 가구 제외)
② 연료제품 제조업(핵연료 제조 제외)
③ 자동차 및 트레일러 제조업
④ 전기장비 제조업

✔ **폐기물 발생 억제지침 준수의무대상 배출자의 업종**

- 식료품 제조업
- 음료 제조업
- 섬유제품 제조업(의복 제외)
- 의복, 의복액세서리 및 모피제품 제조업
- 코크스(다공질 고체 탄소 연료), 연탄 및 석유정제품 제조업
- 화학물질 및 화학제품 제조업(의약품 제외)
- 의료용 물질 및 의약품 제조업
- 고무제품 및 플라스틱제품 제조업
- 비금속 광물제품 제조업
- 1차 금속 제조업
- 금속 가공제품 제조업(기계 및 가구 제외)
- 기타 기계 및 장비 제조업
- 전기장비 제조업
- 전자부품, 컴퓨터, 영상, 음향 및 통신장비 제조업
- 의료, 정밀, 광학기기 및 시계 제조업
- 자동차 및 트레일러 제조업
- 기타 운송장비 제조업
- 전기, 가스, 증기 및 공기 조절 공급업

정답 | 81.④ 82.③ 83.② 84.④ 85.③ 86.②

87 의료폐기물을 제외한 지정폐기물의 수집 · 운반에 관한 기준 및 방법으로 잘못된 것은?

① 분진 · 폐농약 · 폐석면 중 알갱이상태의 것은 흩날리지 아니하도록 폴리에틸렌이나 이와 비슷한 재질의 포대에 담아 수집 · 운반하여야 한다.

② 액체상태의 지정폐기물을 수집 · 운반하는 경우에는 흘러나올 우려가 없는 전용의 탱크 · 용기 · 파이프 또는 이와 비슷한 설비를 사용하고, 혼합이나 유동으로 생기는 위험이 없도록 하여야 한다.

③ 지정폐기물 수집 · 운반 차량(임시로 사용하는 운반차량을 포함)은 차체를 흰색으로 도색하여야 한다.

④ 지정폐기물의 수집 · 운반 차량 적재함의 양쪽 옆면에는 지정폐기물 수집 · 운반 차량, 회사명 및 전화번호를 잘 알아볼 수 있도록 붙이거나 표기하여야 한다.

✔ ③ 지정폐기물 수집 · 운반차량의 차체는 노란색으로 색칠하여야 한다. 다만, 임시로 사용하는 운반차량인 경우에는 그러하지 아니하다.

88 폐기물 처분시설 또는 재활용시설의 설치기준에서 고온 소각시설의 설치기준으로 틀린 것은?

① 2차 연소실의 출구온도는 섭씨 1,100도 이상이어야 한다.

② 2차 연소실은 연소가스가 2초 이상 체류할 수 있고 충분하게 혼합될 수 있는 구조이어야 한다.

③ 배출되는 바닥재의 강열감량이 3퍼센트 이하가 될 수 있는 소각성능을 갖추어야 한다.

④ 1차 연소실에 접속된 2차 연소실을 갖춘 구조이어야 한다.

✔ ③ 배출되는 바닥재의 강열감량이 5퍼센트 이하가 될 수 있는 소각성능을 갖추어야 한다.

89 폐기물 처리시설 주변 지역 영향조사기준에 관한 내용으로 ( )에 알맞은 것은?

미세먼지 및 다이옥신 조사지점은 해당 시설에 인접한 주거지역 중 ( ) 이상 지역의 일정한 곳으로 한다.

① 2개소 ② 3개소
③ 4개소 ④ 6개소

✔ **폐기물 처리시설 주변 지역 영향조사기준 중 조사지점**
- 미세먼지와 다이옥신 조사지점은 해당 시설에 인접한 주거지역 중 3개소 이상 지역의 일정한 곳으로 한다.
- 악취 조사지점은 매립시설에 가장 인접한 주거지역에서 냄새가 가장 심한 곳으로 한다.
- 지표수 조사지점은 해당 시설에 인접하여 폐수, 침출수 등이 흘러들거나 흘러들 것으로 우려되는 지역의 상 · 하류 각 1개소 이상의 일정한 곳으로 한다.
- 지하수 조사지점은 매립시설의 주변에 설치된 3개의 지하수 검사정으로 한다.
- 토양 조사지점은 4개소 이상으로 한다.

90 폐기물관리법에서 사용되는 용어로 정의로 옳지 않은 것은? ★★★

① 처분이란 폐기물의 소각 · 중화 · 파쇄 · 고형화 등의 중간처분과 매립하거나 해역으로 배출하는 등의 최종처분을 말한다.

② 폐기물 처리시설이란 생산공정에서 발생하는 폐기물의 양을 줄이고, 사업장 내 재활용을 통하여 폐기물을 최종처분하는 시설을 말한다.

③ 폐기물이란 쓰레기, 연소재, 오니, 폐유, 폐산, 폐알칼리 및 동물의 사체 등으로서 사람의 생활이나 사업활동에 필요하지 아니하게 된 물질을 말한다.

④ 생활폐기물이란 사업장폐기물 외의 폐기물을 말한다.

✔ ② 폐기물 처리시설이란 폐기물의 중간처분시설, 최종처분시설 및 재활용시설로서 대통령령으로 정하는 시설을 말한다.

정답 | 87.③ 88.③ 89.② 90.②

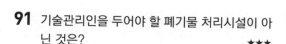

91 기술관리인을 두어야 할 폐기물 처리시설이 아닌 것은? ★★★

① 시간당 처분능력이 120킬로그램인 의료폐기물대상 소각시설
② 면적이 4천제곱미터인 지정폐기물 매립시설
③ 전단시설로서 1일 처분능력이 200톤인 시설
④ 연료화시설로서 1일 처분능력이 7톤인 시설

✔ **기술관리인을 두어야 할 폐기물 처리시설**

- 매립시설의 경우
  - 지정폐기물을 매립하는 시설로서 면적이 3천300제곱미터 이상인 시설. 다만, 최종처분시설 중 차단형 매립시설에서는 면적이 330제곱미터 이상이거나 매립용적이 1천세제곱미터 이상인 시설로 한다.
  - 지정폐기물 외의 폐기물을 매립하는 시설로서 면적이 1만제곱미터 이상이거나 매립용적이 3만세제곱미터 이상인 시설
- 소각시설로서 시간당 처분능력이 600킬로그램(의료폐기물을 대상으로 하는 소각시설의 경우에는 200킬로그램) 이상인 시설
- 압축 · 파쇄 · 분쇄 또는 절단 시설로서 1일 처분능력 또는 재활용능력이 100톤 이상인 시설
- 사료화 · 퇴비화 또는 연료화 시설로서 1일 재활용능력이 5톤 이상인 시설
- 멸균분쇄시설로서 시간당 처분능력이 100킬로그램 이상인 시설
- 시멘트 소성로
- 용해로(폐기물에서 비철금속을 추출하는 경우로 한정)로서 시간당 재활용능력이 600킬로그램 이상인 시설
- 소각열 회수시설로서 시간당 재활용능력이 600킬로그램 이상인 시설

92 폐기물 처분시설 또는 재활용시설 중 의료폐기물을 대상으로 하는 시설의 기술관리인 자격기준에 해당하지 않는 자격은?

① 수질환경산업기사
② 폐기물처리산업기사
③ 임상병리사
④ 위생사

✔ **폐기물 처분시설 또는 재활용시설 중 의료폐기물을 대상으로 하는 시설의 기술관리인 자격기준**

폐기물처리산업기사, 임상병리사, 위생사 중 1명 이상

93 지정폐기물의 종류 및 유해물질 함유 폐기물로 옳은 것은? (단, 환경부령으로 정하는 물질을 함유한 것으로 한정) ★★

① 광재(철광 원석의 사용으로 인한 고로 슬래그를 포함한다)
② 폐흡착제 및 폐흡수제(광물유 · 동물유의 정제에 사용된 폐토사는 제외한다)
③ 분진(소각시설에서 발생되는 것으로 한정하되, 대기오염 방지시설에서 포집된 것은 제외한다)
④ 폐내화물 및 재벌구이 전에 유약을 바른 도자기 조각

✔ ① 광재(철광 원석의 사용으로 인한 고로 슬래그는 제외한다)
② 폐흡착제 및 폐흡수제(광물유 · 동물유 및 식물유의 정제에 사용된 폐토사를 포함한다)
③ 분진(대기오염 방지시설에서 포집된 것으로 한정하되, 소각시설에서 발생되는 것은 제외한다)

94 위해 의료폐기물 중 손상성 폐기물과 거리가 먼 것은? ★

① 일회용 주사기
② 수술용 칼날
③ 봉합바늘
④ 한방침

✔ **위해 의료폐기물의 종류**

- 조직물류 폐기물 : 인체 또는 동물의 조직 · 장기 · 기관 · 신체의 일부, 동물의 사체, 혈액 · 고름 및 혈액생성물(혈청, 혈장, 혈액제제)
- 병리계 폐기물 : 시험 · 검사 등에 사용된 배양액, 배양용기, 보관균주, 폐시험관, 슬라이드, 커버글라스, 폐배지, 폐장갑
- 손상성 폐기물 : 주삿바늘, 봉합바늘, 수술용 칼날, 한방침, 치과용 침, 파손된 유리 재질의 시험기구
- 생물 · 화학 폐기물 : 폐백신, 폐항암제, 폐화학치료제
- 혈액오염 폐기물 : 폐혈액백, 혈액 투석 시 사용된 폐기물, 그 밖에 혈액이 유출될 정도로 포함되어 있어 특별한 관리가 필요한 폐기물

제5과목

정답 | 91.① 92.① 93.④ 94.①

95 폐기물 관리의 기본원칙과 거리가 먼 것은?

① 폐기물은 중간처리보다는 소각 및 매립의 최종처리를 우선하여 비용과 유해성을 최소화하여야 한다.

② 폐기물로 인하여 환경오염을 일으킨 자는 오염된 환경을 복원할 책임을 지며, 오염으로 인한 피해의 구제에 드는 비용을 부담하여야 한다.

③ 국내에서 발생한 폐기물은 가능하면 국내에서 처리되어야 하고, 폐기물의 수입은 되도록 억제되어야 한다.

④ 누구든지 폐기물을 배출하는 경우에는 주변 환경이나 주민의 건강에 위해를 끼치지 아니하도록 사전에 적절한 조치를 하여야 한다.

✔ ① 폐기물은 소각, 매립 등의 처분을 하기보다는, 우선적으로 재활용함으로써 자원생산성의 향상에 이바지하도록 하여야 한다.

96 폐기물 처리업 업종 구분과 영업내용의 범위를 벗어나는 영업을 한 자에 대한 벌칙기준은?

① 5년 이하의 징역 또는 5천만원 이하의 벌금
② 3년 이하의 징역 또는 3천만원 이하의 벌금
③ 2년 이하의 징역 또는 2천만원 이하의 벌금
④ 1천만원 이하의 과태료

97 주변 지역 영향조사대상 폐기물 처리시설에서 폐기물 처리업자가 설치 · 운영하는 사업장 지정폐기물 매립시설의 매립면적에 대한 기준으로 옳은 것은? ★★★

① 매립면적 1만제곱미터 이상
② 매립면적 2만제곱미터 이상
③ 매립면적 3만제곱미터 이상
④ 매립면적 5만제곱미터 이상

✔ **주변 지역 영향조사대상 폐기물 처리시설**
- 1일 처분능력이 50톤 이상인 사업장폐기물 소각시설(같은 사업장에 여러 개의 소각시설이 있는 경우에는 각 소각시설의 1일 처분능력의 합계가 50톤 이상인 경우를 말함)
- 매립면적 1만제곱미터 이상의 사업장 지정폐기물 매립시설
- 매립면적 15만제곱미터 이상의 사업장 일반폐기물 매립시설
- 시멘트 소성로(폐기물을 연료로 사용하는 경우로 한정)
- 1일 재활용능력이 50톤 이상인 사업장폐기물 소각열 회수시설(같은 사업장에 여러 개의 소각열 회수시설이 있는 경우에는 각 소각열 회수시설의 1일 재활용능력의 합계가 50톤 이상인 경우를 말함)

98 사업장폐기물을 배출하는 사업자가 지켜야 할 사항에 대한 설명으로 옳지 않은 것은?

① 사업장에서 발생하는 폐기물 중 유해물질의 함유량에 따라 지정폐기물로 분류될 수 있는 폐기물에 대해서는 폐기물 분석 전문기관에 의뢰하여 지정폐기물에 해당되는지를 미리 확인하여야 한다.

② 사업장에서 발생하는 모든 폐기물을 폐기물의 처리 기준과 방법 및 폐기물의 재활용 원칙 및 준수사항에 적합하게 처리하여야 한다.

③ 생산공정에서는 폐기물 감량화시설의 설치, 기술개발 및 재활용 등의 방법으로 사업장폐기물의 발생을 최대한으로 억제하여야 한다.

④ 폐기물의 처리를 위탁하는 경우에는 발생된 폐기물을 최대한 신속하게 직접 처리하여야 한다.

✔ ④ 폐기물의 처리를 위탁하는 경우에는 환경부령으로 정하는 위탁 · 수탁의 기준 및 절차를 따라야 한다.

정답 | 95.① 96.③ 97.① 98.④

99 폐기물 처리업의 허가를 받을 수 없는 자에 대한 기준으로 틀린 것은?

① 폐기물 처리업의 허가가 취소된 자로서 그 허가가 취소된 날부터 10년이 지나지 아니한 자
② 파산선고를 받고 복권되지 아니한 자
③ 「폐기물관리법」을 위반하여 금고 이상의 형의 집행유예를 선고받고 그 집행유예기간이 끝난 날부터 5년이 지나지 아니한 자
④ 「폐기물관리법」 외의 법을 위반하여 금고 이상의 형을 선고받고 그 형의 집행이 끝난 날부터 2년이 지나지 아니한 자

✔ **폐기물 처리업의 허가를 받거나 전용 용기 제조업의 등록을 할 수 없는 자**
- 미성년자, 피성년후견인 또는 피한정후견인
- 파산선고를 받고 복권되지 아니한 자
- 이 법을 위반하여 금고 이상의 실형을 선고받고 그 형의 집행이 끝나거나 집행을 받지 아니하기로 확정된 후 10년이 지나지 아니한 자
- 금고 이상 형의 집행유예를 선고받고 그 집행유예기간이 끝난 날부터 5년이 지나지 아니한 자
- 대통령령으로 정하는 벌금형 이상을 선고받고 그 형이 확정된 날부터 5년이 지나지 아니한 자
- 폐기물 처리업의 허가가 취소되거나 전용 용기 제조업의 등록이 취소된 자로서 그 허가 또는 등록이 취소된 날부터 10년이 지나지 아니한 자
- 허가취소자 등과의 관계에서 자신의 영향력을 이용하여 허가취소자 등에게 업무 집행을 지시하거나 허가취소자 등의 명의로 직접 업무를 집행하는 등의 사유로 허가취소자 등에게 영향을 미쳐 이익을 얻는 자 등으로서 환경부령으로 정하는 자
- 임원 또는 사용인 중에 위의 어느 하나에 해당하는 자가 있는 법인 또는 개인사업자

100 액체상태의 것은 고온 소각하거나 고온 용융 처리하고, 고체상태의 것은 고온 소각 또는 고온 용융 처리하거나 차단형 매립시설에 매립하여야 하는 것은?

① 폐농약 ② 폐촉매
③ 폐주물사 ④ 광재

제5과목 | 폐기물 관계법규

2021년 제2회 폐기물처리기사

81 음식물류 폐기물 발생 억제계획의 수립주기는?

① 1년 ② 2년
③ 3년 ④ 5년

82 주변 지역 영향조사대상 폐기물 처리시설의 기준으로 옳은 것은? ★★★

매립면적 ( )제곱미터 이상의 사업장 일반폐기물 매립시설

① 1만 ② 3만
③ 5만 ④ 15만

✔ **주변 지역 영향조사대상 폐기물 처리시설**
- 1일 처분능력이 50톤 이상인 사업장폐기물 소각시설(같은 사업장에 여러 개의 소각시설이 있는 경우에는 각 소각시설의 1일 처분능력의 합계가 50톤 이상인 경우를 말함)
- 매립면적 1만제곱미터 이상의 사업장 지정폐기물 매립시설
- 매립면적 15만제곱미터 이상의 사업장 일반폐기물 매립시설
- 시멘트 소성로(폐기물을 연료로 사용하는 경우로 한정)
- 1일 재활용능력이 50톤 이상인 사업장폐기물 소각열 회수시설(같은 사업장에 여러 개의 소각열 회수시설이 있는 경우에는 각 소각열 회수시설의 1일 재활용능력의 합계가 50톤 이상인 경우를 말함)

83 관리형 매립시설에서 발생하는 침출수의 배출허용기준(BOD – SS 순서)은? (단, 가 지역, 단위 mg/L) ★★★

① 30 – 30 ② 30 – 50
③ 50 – 50 ④ 50 – 70

✔ **침출수의 배출허용기준**(관리형 매립시설)

구분	생물화학적 산소요구량	화학적 산소요구량	부유물질량
청정지역	30mg/L	200mg/L	30mg/L
가 지역	50mg/L	300mg/L	50mg/L
나 지역	70mg/L	400mg/L	70mg/L

정답 | 99.④ 100.① / 81.④ 82.④ 83.③

84 대통령령으로 정하는 폐기물 처리시설을 설치·운영하는 자는 그 시설의 유지관리에 관한 기술업무를 담당하게 하기 위해 기술관리인을 임명하거나 기술관리능력이 있다고 대통령령으로 정하는 자와 기술관리 대행계약을 체결하여야 한다. 이를 위반하여 기술관리인을 임명하지 아니하고 기술관리 대행계약을 체결하지 아니한 자에 대한 과태료 처분기준은?

① 2백만원 이하의 과태료
② 3백만원 이하의 과태료
③ 5백만원 이하의 과태료
④ 1천만원 이하의 과태료

85 제출된 폐기물 처리 사업계획서의 적합 통보를 받은 자가 천재지변이나 그 밖의 부득이한 사유로 정해진 기간 내에 허가신청을 하지 못한 경우에 실시하는 연장기간에 대한 설명으로 ( )에 들어갈 기간이 적절하게 나열된 것은?

> 폐기물 수집·운반업의 경우에는 총연장기간 (㉠), 폐기물 최종처리업과 폐기물 종합처리업의 경우에는 총연장기간 (㉡)의 범위에서 허가신청기간을 연장할 수 있다.

① ㉠ 6개월, ㉡ 1년
② ㉠ 6개월, ㉡ 2년
③ ㉠ 1년, ㉡ 2년
④ ㉠ 1년, ㉡ 3년

86 사업장에서 발생하는 폐기물 중 유해물질의 함유량에 따라 지정폐기물로 분류될 수 있는 폐기물에 대해서는 폐기물 분석 전문기관에 의뢰하여 지정폐기물에 해당되는지를 미리 확인하여야 한다. 이를 위반하여 확인하지 아니한 자에 대한 과태료 부과기준은?

① 200만원 이하 ② 300만원 이하
③ 500만원 이하 ④ 1,000만원 이하

87 폐기물관리법령상 용어의 정의로 적절하지 않은 것은? ★★★

① 폐기물 : 쓰레기, 연소재, 오니, 폐유, 폐산, 폐알칼리 및 동물의 사체 등으로서 사람의 생활이나 사업활동에 필요하지 아니하게 된 물질을 말한다.
② 폐기물 처리시설 : 폐기물의 중간처분시설 및 최종처분시설 중 재활용 처리시설을 제외한 환경부령으로 정하는 시설을 말한다.
③ 지정폐기물 : 사업장폐기물 중 폐유·폐산 등 주변 환경을 오염시킬 수 있거나 의료폐기물 등 인체에 위해를 줄 수 있는 해로운 물질로서 대통령령으로 정하는 폐기물을 말한다.
④ 폐기물 감량화시설 : 생산공정에서 발생하는 폐기물의 양을 줄이고, 사업장 내 재활용을 통하여 폐기물 배출을 최소화하는 시설로서 대통령령으로 정하는 시설을 말한다.

✔ ② "폐기물 처리시설"이란 폐기물의 중간처분시설, 최종처분시설 및 재활용시설로서 대통령령으로 정하는 시설을 말한다.

88 지정폐기물의 수집·운반·보관 기준에 관한 설명으로 옳은 것은?

① 폐농약·폐촉매는 보관 개시일부터 30일을 초과하여 보관하여서는 아니 된다.
② 수집·운반 차량은 녹색 도색을 하여야 한다.
③ 지정폐기물과 지정폐기물 외의 폐기물을 구분 없이 보관하여야 한다.
④ 폐유기용제는 휘발되지 아니하도록 밀폐된 용기에 보관하여야 한다.

✔ ① 폐농약·폐촉매는 보관 개시일부터 45일을 초과하여 보관하여서는 아니 된다.
② 녹색 도색은 의료폐기물의 수집·운반 차량에만 해당된다.
③ 지정폐기물과 지정폐기물 외의 폐기물은 서로 혼합되지 아니하도록 구분하여 실어야 한다.

정답 | 84.④ 85.② 86.② 87.② 88.④

89 위해 의료폐기물 중 조직물류 폐기물에 해당되는 것은? ★

① 폐혈액백
② 혈액 투석 시 사용된 폐기물
③ 혈액, 고름 및 혈액 생성물(혈청, 혈장, 혈액제제)
④ 폐항암제

✔ **위해 의료폐기물의 종류**
- 조직물류 폐기물 : 인체 또는 동물의 조직 · 장기 · 기관 · 신체의 일부, 동물의 사체, 혈액 · 고름 및 혈액생성물(혈청, 혈장, 혈액제제)
- 병리계 폐기물 : 시험 · 검사 등에 사용된 배양액, 배양용기, 보관균주, 폐시험관, 슬라이드, 커버글라스, 폐배지, 폐장갑
- 손상성 폐기물 : 주삿바늘, 봉합바늘, 수술용 칼날, 한방침, 치과용 침, 파손된 유리 재질의 시험기구
- 생물 · 화학 폐기물 : 폐백신, 폐항암제, 폐화학치료제
- 혈액오염 폐기물 : 폐혈액백, 혈액 투석 시 사용된 폐기물, 그 밖에 혈액이 유출될 정도로 포함되어 있어 특별한 관리가 필요한 폐기물

90 대통령령으로 정하는 폐기물 처리시설을 설치 · 운영하는 자는 그 처리시설에서 배출되는 오염물질을 측정하거나 환경부령으로 정하는 측정기관으로 하여금 측정하게 하고 그 결과를 환경부장관에게 제출하여야 하는데, 이때 '환경부령으로 정하는 측정기관'에 해당되지 않는 것은?

① 보건환경연구원
② 국립환경과학원
③ 한국환경공단
④ 수도권매립지관리공사

✔ **폐기물 처리시설 배출 오염물질 측정기관**
- 보건환경연구원
- 한국환경공단
- 「환경분야 시험 · 검사 등에 관한 법률」에 따라 수질오염물질 측정대행업의 등록을 한 자
- 수도권매립지관리공사
- 폐기물 분석 전문기관

91 폐기물 처리시설인 중간처분시설 중 기계적 처분시설의 종류로 틀린 것은? ★★

① 절단시설(동력 7.5kW 이상인 시설로 한정)
② 응집 · 침전 시설(동력 15kW 이상인 시설로 한정)
③ 압축시설(동력 7.5kW 이상인 시설로 한정)
④ 탈수 · 건조 시설

✔ ② 응집 · 침전 시설은 재활용시설 중 화학적 재활용시설에 해당된다.

92 기술관리인을 두어야 할 폐기물 처리시설이 아닌 것은? ★★★

① 압축 · 파쇄 · 분쇄 시설로서 1일 처분능력이 50톤 이상인 시설
② 사료화 · 퇴비화 시설로서 1일 재활용능력이 5톤 이상인 시설
③ 시멘트 소성로
④ 소각열 회수시설로서 시간당 재활용능력이 600킬로그램 이상인 시설

✔ **기술관리인을 두어야 할 폐기물 처리시설**
- 매립시설의 경우
  - 지정폐기물을 매립하는 시설로서 면적이 3천300제곱미터 이상인 시설. 다만, 최종처분시설 중 차단형 매립시설에서는 면적이 330제곱미터 이상이거나 매립용적이 1천세제곱미터 이상인 시설로 한다.
  - 지정폐기물 외의 폐기물을 매립하는 시설로서 면적이 1만제곱미터 이상이거나 매립용적이 3만세제곱미터 이상인 시설
- 소각시설로서 시간당 처분능력이 600킬로그램(의료폐기물을 대상으로 하는 소각시설의 경우에는 200킬로그램) 이상인 시설
- 압축 · 파쇄 · 분쇄 또는 절단 시설로서 1일 처분능력 또는 재활용능력이 100톤 이상인 시설
- 사료화 · 퇴비화 또는 연료화 시설로서 1일 재활용능력이 5톤 이상인 시설
- 멸균분쇄시설로서 시간당 처분능력이 100킬로그램 이상인 시설
- 시멘트 소성로
- 용해로(폐기물에서 비철금속을 추출하는 경우로 한정)로서 시간당 재활용능력이 600킬로그램 이상인 시설
- 소각열 회수시설로서 시간당 재활용능력이 600킬로그램 이상인 시설

제5과목

정답 | 89.③ 90.② 91.② 92.①

93 폐기물 발생 억제지침 준수의무대상 배출자의 규모기준으로 옳은 것은?

① 최근 2년간 연평균 배출량을 기준으로 지정폐기물을 100톤 이상 배출하는 자
② 최근 2년간 연평균 배출량을 기준으로 지정폐기물을 200톤 이상 배출하는 자
③ 최근 3년간 연평균 배출량을 기준으로 지정폐기물을 100톤 이상 배출하는 자
④ 최근 3년간 연평균 배출량을 기준으로 지정폐기물을 200톤 이상 배출하는 자

94 폐기물 감량화시설의 종류가 아닌 것은?

① 폐기물 재사용시설
② 폐기물 재활용시설
③ 폐기물 재이용시설
④ 공정 개선시설

✔ **폐기물 감량화시설의 종류**
- 폐기물 재이용시설
- 폐기물 재활용시설
- 공정 개선시설

95 지정폐기물 중 유해물질 함유 폐기물의 종류로 틀린 것은? (단, 환경부령으로 정하는 물질을 함유한 것으로 한정) ★★

① 광재(철광 원석의 사용으로 인한 고로 슬래그는 제외한다)
② 분진(대기오염 방지시설에서 포집된 것으로 한정하되, 소각시설에서 발생되는 것은 제외한다)
③ 폐흡착제 및 폐흡수제(광물유, 동물유 및 식물유의 정제에 사용된 폐토사는 제외한다)
④ 폐내화물 및 재벌구이 전에 유약을 바른 도자기 조각

✔ ③ 폐흡착제 및 폐흡수제(광물유 · 동물유 및 식물유의 정제에 사용된 폐토사를 포함한다)

96 관할구역의 폐기물 배출 및 처리 상황을 파악하여 폐기물이 적정하게 처리될 수 있도록 폐기물 처리시설을 설치 · 운영하여야 하는 자는?

① 유역환경청장
② 폐기물 배출자
③ 환경부장관
④ 특별자치시장, 특별자치도지사, 시장 · 군수 · 구청장

97 주변 지역 영향조사대상 폐기물 처리시설 중 '대통령령으로 정하는 폐기물 처리시설' 기준으로 옳지 않은 것은? (단, 폐기물 처리업자가 설치 · 운영) ★★★

① 시멘트 소성로(폐기물을 연료로 사용하는 경우로 한정한다)
② 매립면적 3만제곱미터 이상의 사업장 일반폐기물 매립시설
③ 매립면적 1만제곱미터 이상의 사업장 지정폐기물 매립시설
④ 1일 처분능력이 50톤 이상인 사업장폐기물 소각시설(같은 사업장에 여러 개의 소각시설이 있는 경우에는 각 소각시설의 1일 처분능력의 합계가 50톤 이상인 경우를 말한다)

✔ **주변 지역 영향조사대상 폐기물 처리시설**
- 1일 처분능력이 50톤 이상인 사업장폐기물 소각시설(같은 사업장에 여러 개의 소각시설이 있는 경우에는 각 소각시설의 1일 처분능력의 합계가 50톤 이상인 경우를 말함)
- 매립면적 1만제곱미터 이상의 사업장 지정폐기물 매립시설
- 매립면적 15만제곱미터 이상의 사업장 일반폐기물 매립시설
- 시멘트 소성로(폐기물을 연료로 사용하는 경우로 한정)
- 1일 재활용능력이 50톤 이상인 사업장폐기물 소각열 회수시설(같은 사업장에 여러 개의 소각열 회수시설이 있는 경우에는 각 소각열 회수시설의 1일 재활용능력의 합계가 50톤 이상인 경우를 말함)

정답 | 93.③ 94.① 95.③ 96.④ 97.②

98 환경부장관, 시 · 도지사 또는 시장 · 군수 · 구청장은 관계 공무원에게 사무소나 사업장 등에 출입하여 관계 서류나 시설 또는 장비 등을 검사하게 할 수 있다. 이에 따른 보고를 하지 아니하거나 거짓 보고를 한 자에 대한 과태료 기준은?

① 100만원 이하
② 200만원 이하
③ 300만원 이하
④ 500만원 이하

99 폐기물 처리시설 설치승인신청서에 첨부하여야 하는 서류로 가장 거리가 먼 것은?

① 처분 또는 재활용 후에 발생하는 폐기물의 처분 또는 재활용 계획서
② 처분대상 폐기물 발생 저감 계획서
③ 폐기물 처분시설 또는 재활용시설의 설계도서(음식물류 폐기물을 처분 또는 재활용하는 시설인 경우에는 물질수지도를 포함한다)
④ 폐기물 처분시설 또는 재활용시설의 설치 및 장비확보 계획서

폐기물 처분시설 또는 재활용시설 설치승인신청서의 첨부서류

- 처분 또는 재활용 대상 폐기물 배출업체의 제조공정도 및 폐기물배출명세서
- 폐기물의 종류, 성질 · 상태 및 예상 배출량명세서
- 처분 또는 재활용 대상 폐기물의 처분 또는 재활용 계획서
- 폐기물 처분시설 또는 재활용시설의 설치 및 장비확보 계획서
- 폐기물 처분시설 또는 재활용시설의 설계도서
- 처분 또는 재활용 후에 발생하는 폐기물의 처분 또는 재활용계획서
- 공동 폐기물 처분시설 또는 재활용시설의 설치 · 운영에 드는 비용 부담 등에 관한 규약
- 폐기물 매립시설의 사후관리계획서
- 환경부장관이 고시하는 사항을 포함한 시설 설치의 환경성조사서
- 배출시설의 설치허가 신청 또는 신고 시의 첨부서류

100 폐기물 처분시설의 설치기준에서 재활용시설의 경우 파쇄 · 분쇄 · 절단 시설이 갖추어야 할 기준으로 (　)에 맞은 것은?

파쇄 · 분쇄 · 절단 조각의 크기는 최대직경 (　) 이하로 각각 파쇄 · 분쇄 · 절단할 수 있는 시설이어야 한다.

① 3센티미터　② 5센티미터
③ 10센티미터　④ 15센티미터

제5과목

정답 | 98.① 99.② 100.④

제5과목 | 폐기물 관계법규

2021년 제4회 폐기물처리기사

81 폐기물 처리시설을 설치 · 운영하는 자는 환경부령이 정하는 기간마다 정기검사를 받아야 한다. 음식물류 폐기물 처리시설인 경우의 검사기간 기준으로 (   )에 옳은 것은?

최초 정기검사는 사용 개시일부터 (㉠)이 되는 날, 2회 이후의 정기검사는 최종 정기검사일로부터 (㉡)이 되는 날

① ㉠ 3년, ㉡ 3년
② ㉠ 1년, ㉡ 3년
③ ㉠ 3개월, ㉡ 3개월
④ ㉠ 1년, ㉡ 1년

82 음식물류 폐기물을 대상으로 하는 폐기물 처분시설의 기술관리인 자격으로 틀린 것은?

① 일반기계산업기사
② 전기기사
③ 토목산업기사
④ 대기환경산업기사

✔ **폐기물 처분시설 또는 재활용시설 중 음식물류 폐기물을 대상으로 하는 시설의 기술관리인 자격기준**
폐기물처리산업기사, 수질환경산업기사, 화공산업기사, 토목산업기사, 대기환경산업기사, 일반기계기사, 전기기사 중 1명 이상

83 의료폐기물 중 일반 의료폐기물이 아닌 것은?

① 일회용 주사기
② 수액 세트
③ 혈액 · 체액 · 분비물 · 배설물이 함유되어 있는 탈지면
④ 파손된 유리 재질의 시험기구

✔ ④ 파손된 유리 재질의 시험기구 : 의료폐기물 중 손상성 폐기물

84 폐기물 처리시설의 폐쇄 명령을 이행하지 아니한 자에 대한 벌칙기준은?

① 1년 이하의 징역 또는 1천만원 이하의 벌금
② 2년 이하의 징역 또는 2천만원 이하의 벌금
③ 3년 이하의 징역 또는 3천만원 이하의 벌금
④ 5년 이하의 징역 또는 5천만원 이하의 벌금

85 기술관리인을 두어야 할 폐기물 처리시설은? (단, 폐기물 처리업자가 운영하는 폐기물 처리시설 제외) ★★★

① 사료화 · 퇴비화 시설로서 1일 처리능력이 1톤인 시설
② 최종처분시설 중 차단형 매립시설에 있어서는 면적이 200제곱미터인 매립시설
③ 지정폐기물 외의 폐기물을 매립하는 시설로서 매립용적이 2만세제곱미터인 시설
④ 연료화시설로서 1일 재활용능력이 10톤인 시설

✔ **기술관리인을 두어야 할 폐기물 처리시설**
- 매립시설의 경우
  - 지정폐기물을 매립하는 시설로서 면적이 3천300제곱미터 이상인 시설. 다만, 최종처분시설 중 차단형 매립시설에서는 면적이 330제곱미터 이상이거나 매립용적이 1천세제곱미터 이상인 시설로 한다.
  - 지정폐기물 외의 폐기물을 매립하는 시설로서 면적이 1만제곱미터 이상이거나 매립용적이 3만세제곱미터 이상인 시설
- 소각시설로서 시간당 처분능력이 600킬로그램(의료폐기물을 대상으로 하는 소각시설의 경우에는 200킬로그램) 이상인 시설
- 압축 · 파쇄 · 분쇄 또는 절단 시설로서 1일 처분능력 또는 재활용능력이 100톤 이상인 시설
- 사료화 · 퇴비화 또는 연료화 시설로서 1일 재활용능력이 5톤 이상인 시설
- 멸균분쇄시설로서 시간당 처분능력이 100킬로그램 이상인 시설
- 시멘트 소성로
- 용해로(폐기물에서 비철금속을 추출하는 경우로 한정)로서 시간당 재활용능력이 600킬로그램 이상인 시설
- 소각열 회수시설로서 시간당 재활용능력이 600킬로그램 이상인 시설

정답 | 81.④ 82.① 83.④ 84.④ 85.④

86 폐기물 처리시설을 설치 · 운영하는 자가 폐기물 처리시설의 유지 · 관리에 관한 기술관리 대행을 체결할 경우 대행하게 할 수 있는 자로서 옳지 않은 것은? ★

① 한국환경공단
② 「엔지니어링산업 진흥법」에 따라 신고한 엔지니어링 사업자
③ 「기술사법」에 따른 기술사 사무소
④ 국립환경과학원

✔ **폐기물 처리시설의 유지 · 관리에 관한 기술관리를 대행할 수 있는 자**
- 한국환경공단
- 엔지니어링 사업자
- 기술사 사무소
- 그 밖에 환경부장관이 기술관리를 대행할 능력이 있다고 인정하여 고시하는 자

87 주변 지역 영향조사대상 폐기물 처리시설의 기준으로 옳은 것은? ★★★

① 1일 처리능력이 100톤 이상인 사업장폐기물 소각시설
② 매립면적 3300제곱미터 이상의 사업장 지정폐기물 매립시설
③ 매립용적 3만세제곱미터 이상의 사업장 지정폐기물 매립시설
④ 매립면적 15만제곱미터 이상의 사업장 일반폐기물 매립시설

✔ **주변 지역 영향조사대상 폐기물 처리시설**
- 1일 처분능력이 50톤 이상인 사업장폐기물 소각시설(같은 사업장에 여러 개의 소각시설이 있는 경우에는 각 소각시설의 1일 처분능력의 합계가 50톤 이상인 경우를 말함)
- 매립면적 1만제곱미터 이상의 사업장 지정폐기물 매립시설
- 매립면적 15만제곱미터 이상의 사업장 일반폐기물 매립시설
- 시멘트 소성로(폐기물을 연료로 사용하는 경우로 한정)
- 1일 재활용능력이 50톤 이상인 사업장폐기물 소각열 회수시설(같은 사업장에 여러 개의 소각열 회수시설이 있는 경우에는 각 소각열 회수시설의 1일 재활용능력의 합계가 50톤 이상인 경우를 말함)

88 에너지 회수기준으로 알맞지 않은 것은?

① 다른 물질과 혼합하지 아니하고 해당 폐기물의 저위발열량이 킬로그램당 3천킬로칼로리 이상일 것
② 환경부장관이 정하여 고시하는 경우에는 폐기물의 30퍼센트 이상을 원료나 재료로 재활용하고 그 나머지 중에서 에너지의 회수에 이용할 것
③ 회수열을 50퍼센트 이상 열원으로 스스로 이용하거나 다른 사람에게 공급할 것
④ 에너지의 회수효율(회수에너지 총량을 투입에너지 총량으로 나눈 비율을 말한다)이 75퍼센트 이상일 것

✔ ③ 회수열을 모두 열원, 전기 등의 형태로 스스로 이용하거나 다른 사람에게 공급할 것

89 관리형 매립시설 침출수 중 COD의 청정지역 배출허용기준으로 맞는 것은? (단, 청정지역은 물환경보전법 시행규칙의 지역 구분에 따름) ★★★

① 200mg/L ② 400mg/L
③ 600mg/L ④ 800mg/L

✔ **침출수의 배출허용기준**(관리형 매립시설)

구분	생물화학적 산소요구량	화학적 산소요구량	부유물질량
청정지역	30mg/L	200mg/L	30mg/L
가 지역	50mg/L	300mg/L	50mg/L
나 지역	70mg/L	400mg/L	70mg/L

90 폐기물 처리 사업계획의 적합 통보를 받은 자 중 소각시설의 설치가 필요한 경우에는 환경부장관이 요구하는 시설 · 장비 · 기술능력을 갖추어 허가를 받아야 한다. 허가신청서에 추가서류를 첨부하여 적합 통보를 받은 날부터 언제까지 시 · 도지사에게 제출하여야 하는가?

① 6개월 이내 ② 1년 이내
③ 2년 이내 ④ 3년 이내

정답 | 86.④ 87.④ 88.③ 89.① 90.④

91 폐기물 처리업자, 폐기물 처리시설을 설치 · 운영하는 자 등은 환경부령이 정하는 바에 따라 장부를 갖추어 두고, 폐기물의 발생 · 배출 · 처리 상황 등을 기록하여 최종 기재한 날부터 얼마 동안 보존하여야 하는가?

① 6개월 ② 1년
③ 3년 ④ 5년

92 사업장 일반폐기물 배출자가 그의 사업장에서 발생하는 폐기물을 보관할 수 있는 기간의 기준은? (단, 중간가공 폐기물의 경우는 제외)

① 보관이 시작된 날로부터 45일
② 보관이 시작된 날로부터 90일
③ 보관이 시작된 날로부터 120일
④ 보관이 시자된 날로부터 180일

✔ 사업장 일반폐기물 배출자는 그의 사업장에서 발생하는 폐기물을 보관이 시작되는 날부터 90일(중간가공 폐기물의 경우는 120일)을 초과하여 보관하여서는 아니 된다.

93 폐기물 관리의 기본원칙으로 틀린 것은?

① 폐기물은 소각, 매립 등의 처분을 하기보다는 우선적으로 재활용함으로써 자원생산성의 향상에 이바지하도록 하여야 한다.
② 국내에서 발생한 폐기물은 가능하면 국내에서 처리되어야 하고, 폐기물은 수입할 수 없다.
③ 누구든지 폐기물을 배출하는 경우에는 주변 환경이나 주민의 건강에 위해를 끼치지 아니하도록 사전에 적절한 조치를 하여야 한다.
④ 사업자는 제품의 생산방식 등을 개선하여 폐기물의 발생을 최대한 억제하고, 발생한 폐기물을 스스로 재활용함으로써 폐기물의 배출을 최소화하여야 한다.

✔ ② 국내에서 발생한 폐기물은 가능하면 국내에서 처리되어야 하고, 폐기물의 수입은 되도록 억제되어야 한다.

94 폐기물 처리시설을 설치 · 운영하는 자는 오염물질의 측정결과를 매 분기가 끝나는 달의 다음 달 몇 일까지 시 · 도지사나 지방환경관서의 장에게 보고하여야 하는가?

① 5일 ② 10일
③ 15일 ④ 20일

95 폐기물 처리시설인 재활용시설 중 기계적 재활용시설과 가장 거리가 먼 것은? ★★

① 연료화시설
② 골재가공시설
③ 증발 · 농축 시설
④ 유수분리시설

✔ 기계적 재활용시설의 종류
- 압축 · 압출 · 성형 · 주조 시설(동력 7.5kW 이상인 시설로 한정)
- 파쇄 · 분쇄 · 탈피 시설(동력 15kW 이상인 시설로 한정)
- 절단시설(동력 7.5kW 이상인 시설로 한정)
- 용융 · 용해 시설(동력 7.5kW 이상인 시설로 한정)
- 연료화시설
- 증발 · 농축 시설
- 정제시설(분리 · 증류 · 추출 · 여과 등의 시설을 이용하여 폐기물을 재활용하는 단위시설을 포함)
- 유수분리시설
- 탈수 · 건조 시설
- 세척시설(철도용 폐목재 받침목을 재활용하는 경우로 한정)

96 다음 중 100만원 이하의 과태료가 부과되는 경우에 해당하는 것은?

① 폐기물 처리 가격의 최저액보다 낮은 가격으로 폐기물 처리를 위탁한 자
② 폐기물 운반자가 규정에 의한 서류를 지니지 아니하거나 내보이지 아니한 자
③ 장부를 기록 또는 보존하지 아니하거나 거짓으로 기록한 자
④ 처리이행보증보험의 계약을 갱신하지 아니하거나 처리이행보증금의 증액 조정을 신청하지 아니한 자

정답 | 91.③ 92.② 93.② 94.② 95.② 96.③

97 사업장폐기물 배출자는 배출기간이 2개 연도 이상에 걸치는 경우에는 매 연도의 폐기물 처리 실적을 언제까지 보고하여야 하는가?

① 당해 12월 말까지
② 다음 연도 1월 말까지
③ 다음 연도 2월 말까지
④ 다음 연도 3월 말까지

98 폐기물 발생량 억제지침 준수의무대상 배출자의 규모에 대한 기준으로 옳은 것은?

① 최근 3년간의 연평균 배출량을 기준으로 지정폐기물을 100톤 이상 배출하는 자
② 최근 3년간의 연평균 배출량을 기준으로 지정폐기물을 200톤 이상 배출하는 자
③ 최근 3년간의 연평균 배출량을 기준으로 지정폐기물 외의 폐기물을 250톤 이상 배출하는 자
④ 최근 3년간의 연평균 배출량을 기준으로 지정폐기물 외의 폐기물을 500톤 이상 배출하는 자

99 폐기물 처리업자(폐기물 재활용업자)의 준수사항에 관한 내용으로 ( )에 알맞은 것은?

> 유기성 오니를 화력발전소에서 연료로 사용하기 위해 가공하는 자는 유기성 오니 연료의 저위발열량, 수분 함유량, 회분 함유량, 황분 함유량, 길이 및 금속성분을 ( ) 측정하여 그 결과를 시 · 도지사에게 제출하여야 한다.

① 매월 1회 이상
② 매 2월 1회 이상
③ 매 분기당 1회 이상
④ 매 반기당 1회 이상

100 사업장폐기물을 공동으로 처리할 수 있는 사업자(둘 이상의 사업장폐기물 배출자)에 해당하지 않는 자는?

① 「여객자동차 운수사업법」에 따라 여객자동차 운송사업을 하는 자
② 「공중위생관리법」에 따라 세탁업을 하는 자
③ 「출판문화산업 진흥법」 관련 규정의 출판사를 경영하는 자
④ 의료폐기물을 배출하는 자

✔ 둘 이상의 사업장폐기물 배출자

- 「자동차관리법」에 따른 자동차 정비업을 하는 자와 기준에 따른 작업을 업으로 하는 자
- 「건설기계관리법」에 따른 건설기계 정비업을 하는 자
- 「여객자동차 운수사업법」에 따른 여객자동차 운송사업을 하는 자
- 「화물자동차 운수사업법」에 따른 화물자동차 운송사업을 하는 자
- 「공중위생관리법」에 따른 세탁업을 하는 자
- 「인쇄문화산업 진흥법」의 인쇄사를 경영하는 자
- 같은 법인의 사업자 및 「독점규제 및 공정거래에 관한 법률」에 따른 동일한 기업집단의 사업자
- 같은 산업단지 등 사업장 밀집지역의 사업장을 운영하는 자
- 의료폐기물을 배출하는 자(「의료법」의 종합병원은 제외)
- 사업장폐기물이 소량으로 발생하여 공동으로 수집 · 운반하는 것이 효율적이라고 시 · 도지사, 시장 · 군수 · 구청장 또는 지방환경관서의 장이 인정하는 사업장을 운영하는 자

제5과목

정답 | 97.③ 98.① 99.③ 100.③

제5과목 | 폐기물 관계법규

2022년 제1회 폐기물처리기사

81 의료폐기물을 배출, 수집 · 운반, 재활용 또는 처분하는 자는 환경부령이 정하는 바에 따라 전자정보처리 프로그램에 입력을 하여야 한다. 이때 이용되는 인식방법으로 옳은 것은?

① 바코드 인식방법
② 블루투스 인식방법
③ 유선주파수 인식방법
④ 무선주파수 인식방법

82 폐기물 처리시설의 종류 중 재활용시설(기계적 재활용시설)의 기준으로 틀린 것은? ★★

① 용융시설(동력 7.5kW 이상인 시설로 한정)
② 응집 · 침전 시설(동력 7.5kW 이상인 시설로 한정)
③ 압축시설(동력 7.5kW 이상인 시설로 한정)
④ 파쇄 · 분쇄 시설(동력 15kW 이상인 시설로 한정)

✔ ② 응집 · 침전 시설은 재활용시설 중 화학적 재활용시설에 해당된다.

83 폐기물 관리의 기본원칙으로 틀린 것은?

① 사업자는 제품의 생산방식 등을 개선하여 폐기물의 발생을 최대한 억제해야 한다.
② 폐기물은 우선적으로 소각, 매립 등의 처분을 한다.
③ 폐기물로 인하여 환경오염을 일으킨 자는 오염된 환경을 복원할 책임을 져야 한다.
④ 누구든지 폐기물을 배출하는 경우에는 주변 환경이나 주민의 건강에 위해를 끼치지 아니하도록 사전에 적절한 조치를 하여야 한다.

✔ ② 폐기물은 소각, 매립 등의 처분을 하기보다는 우선적으로 재활용함으로써 자원생산성의 향상에 이바지하도록 하여야 한다.

84 폐기물 처리업자의 영업정지 처분에 따라 당해 영업의 이용자 등에게 심한 불편을 주는 경우 과징금을 부과할 수 있도록 하고 있다. 관련 내용 중 틀린 것은?

① 환경부령이 정하는 바에 따라 그 영업의 정지에 갈음하여 3억원 이하의 과징금을 부과할 수 있다.
② 사업장의 사업규모, 사업지역의 특수성, 위반행위의 정도 및 횟수 등을 참작하여 과징금의 금액의 2분의 1 범위 안에서 가중 또는 감경할 수 있다.
③ 영업의 정지를 갈음하여 대통령령으로 정하는 매출액에 100분의 5를 곱한 금액을 초과하지 아니하는 범위에서 과징금을 부과할 수 있다.
④ 과징금을 납부하지 아니한 때에는 국세 체납 처분 또는 지방세 체납 처분의 예에 따라 과징금을 징수한다.

✔ ① 대통령령으로 정하는 바에 따라 그 영업의 정지를 갈음하여 1억원 이하의 과징금을 부과할 수 있다.

85 사업장폐기물 배출자는 사업장폐기물의 종류와 발생량 등을 환경부령으로 정하는 바에 따라 신고하여야 한다. 이를 위반하여 신고를 하지 아니하거나 거짓으로 신고를 한 자에 대한 과태료 처분기준은?

① 200만원 이하
② 300만원 이하
③ 500만원 이하
④ 1천만원 이하

정답 | 81.④ 82.② 83.② 84.① 85.④

86 폐기물 처리시설의 설치를 마친 자가 폐기물 처리시설 검사기관으로 검사를 받아야 하는 시설이 아닌 것은?

① 소각시설
② 파쇄시설
③ 매립시설
④ 소각열 회수시설

✔ **폐기물 처리시설의 설치를 마친 후 폐기물 처리시설 검사기관으로부터 검사를 받아야 하는 시설**
- 소각시설
- 매립시설
- 멸균분쇄시설
- 음식물류 폐기물 처리시설(음식물류 폐기물에 대한 중간처리 후 새로 발생한 폐기물을 처리하는 시설을 포함)
- 시멘트 소성로(폐기물을 연료로 사용하는 경우로 한정)
- 소각열 회수시설
- 열분해시설

87 폐기물 처리시설(중간처리시설, 유수분리시설)에 대한 기술관리 대행계약에 포함될 점검항목과 가장 거리가 먼 것은?

① 분리수 이동설비의 파손 여부
② 회수유 저장조의 부식 또는 파손 여부
③ 분리시설 교반장치의 정상가동 여부
④ 이물질 제거망의 청소 여부

✔ **중간처리시설 중 유수분리시설에 대한 기술관리 대행계약에 포함될 점검항목**
- 분리수 이동설비의 파손 여부
- 회수유 저장조의 부식 또는 파손 여부
- 이물질 제거망의 청소 여부
- 폐유 투입량 조절장치의 정상가동 여부
- 정기적인 여과포의 교체 또는 세척 여부

88 사후관리 항목 및 방법에 따라 조사한 결과를 토대로 매립시설이 주변 환경에 미치는 영향에 대한 종합보고서를 매립시설의 사용종료 신고 후 몇 년마다 작성하여야 하는가?

① 2년마다　　② 3년마다
③ 5년마다　　④ 10년마다

89 주변 지역 영향조사대상 폐기물 처리시설기준으로 ( )에 적절한 것은? ★★★

매립면적 ( )제곱미터 이상의 사업장 지정폐기물 매립시설

① 330　　② 3,300
③ 1만　　④ 3만

✔ **주변 지역 영향조사대상 폐기물 처리시설**
- 1일 처분능력이 50톤 이상인 사업장폐기물 소각시설(같은 사업장에 여러 개의 소각시설이 있는 경우에는 각 소각시설의 1일 처분능력의 합계가 50톤 이상인 경우를 말함)
- 매립면적 1만 제곱미터 이상의 사업장 지정폐기물 매립시설
- 매립면적 15만 제곱미터 이상의 사업장 일반폐기물 매립시설
- 시멘트 소성로(폐기물을 연료로 사용하는 경우로 한정)
- 1일 재활용능력이 50톤 이상인 사업장폐기물 소각열 회수시설(같은 사업장에 여러 개의 소각열 회수시설이 있는 경우에는 각 소각열 회수시설의 1일 재활용능력의 합계가 50톤 이상인 경우를 말함)

90 폐기물 처리시설 중 기계적 재활용시설에 해당되는 것은? ★★

① 시멘트 소성로
② 고형화시설
③ 열처리 조합시설
④ 연료화시설

✔ **기계적 재활용시설의 종류**
- 압축 · 압출 · 성형 · 주조 시설(동력 7.5kW 이상인 시설로 한정)
- 파쇄 · 분쇄 · 탈피 시설(동력 15kW 이상인 시설로 한정)
- 절단시설(동력 7.5kW 이상인 시설로 한정)
- 용융 · 용해 시설(동력 7.5kW 이상인 시설로 한정)
- 연료화시설
- 증발 · 농축 시설
- 정제시설(분리 · 증류 · 추출 · 여과 등의 시설을 이용하여 폐기물을 재활용하는 단위시설을 포함)
- 유수분리시설
- 탈수 · 건조 시설
- 세척시설(철도용 폐목재 받침목을 재활용하는 경우로 한정)

제5과목

정답 | 86.② 87.③ 88.③ 89.③ 90.④

91 폐기물 처리시설 중 멸균분쇄시설의 경우 기술관리인을 두어야 하는 기준으로 맞는 것은? (단, 폐기물 처리업자가 운영하지 않음) ★★★

① 1일 처리능력이 5톤 이상인 시설
② 1일 처리능력이 10톤 이상인 시설
③ 시간당 처리능력이 100kg 이상인 시설
④ 시간당 처리능력이 200kg 이상인 시설

✔ **기술관리인을 두어야 할 폐기물 처리시설**

- 매립시설의 경우
  - 지정폐기물을 매립하는 시설로서 면적이 3천300제곱미터 이상인 시설. 다만, 최종처분시설 중 차단형 매립시설에서는 면적이 330제곱미터 이상이거나 매립용적이 1천세제곱미터 이상인 시설로 한다.
  - 지정폐기물 외의 폐기물을 매립하는 시설로서 면적이 1만제곱미터 이상이거나 매립용적이 3만세제곱미터 이상인 시설
- 소각시설로서 시간당 처분능력이 600킬로그램(의료폐기물을 대상으로 하는 소각시설의 경우에는 200킬로그램) 이상인 시설
- 압축 · 파쇄 · 분쇄 또는 절단시설로서 1일 처분능력 또는 재활용능력이 100톤 이상인 시설
- 사료화 · 퇴비화 또는 연료화 시설로서 1일 재활용능력이 5톤 이상인 시설
- 멸균분쇄시설로서 시간당 처분능력이 100킬로그램 이상인 시설
- 시멘트 소성로
- 용해로(폐기물에서 비철금속을 추출하는 경우로 한정)로서 시간당 재활용능력이 600킬로그램 이상인 시설
- 소각열 회수시설로서 시간당 재활용능력이 600킬로그램 이상인 시설

92 한국폐기물협회의 수행업무에 해당하지 않는 것은? (단, 그 밖의 정관에서 정하는 업무는 제외)

① 폐기물 처리절차 및 이행 업무
② 폐기물 관련 국제 협력
③ 폐기물 관련 국제 교류
④ 폐기물과 관련된 업무로서 국가나 지방자치단체로부터 위탁받은 업무

✔ **한국폐기물협회의 수행업무**

- 폐기물 관련 국제 교류 및 협력
- 폐기물과 관련된 업무로서 국가나 지방자치단체로부터 위탁받은 업무
- 그 밖에 정관에서 정하는 업무

93 폐기물 처리시설의 설치기준 중 멸균분쇄시설(기계적 처분시설)에 관한 내용으로 적절하지 않은 것은?

① 밀폐형으로 된 자동제어에 의한 처분방식이어야 한다.
② 폐기물은 원형이 파쇄되어 재사용할 수 없도록 분쇄하여야 한다.
③ 수분 함량이 30% 이하가 되도록 건조하여야 한다.
④ 폭발 사고와 화재 등에 대비하여 안전한 구조이어야 한다.

✔ 악취를 방지할 수 있는 시설과 수분 함량이 50% 이하가 되도록 처리할 수 있는 건조장치를 갖추어야 한다.

94 사후관리 이행보증금의 사전적립에 관한 설명으로 ( )에 알맞은 것은? ★★

> 사후관리 이행보증금의 사전적립대상이 되는 폐기물을 매립하는 시설은 면적이 (㉠)인 시설로 한다. 이에 따른 매립시설의 설치자는 그 시설의 사용을 시작한 날부터 (㉡)에 환경부령으로 정하는 바에 따라 사전적립금 적립계획서를 환경부장관에게 제출하여야 한다.

① ㉠ 1만제곱미터 이상, ㉡ 1개월 이내
② ㉠ 1만제곱미터 이상, ㉡ 15일 이내
③ ㉠ 3천300제곱미터 이상, ㉡ 1개월 이내
④ ㉠ 3천300제곱미터 이상, ㉡ 15일 이내

95 토지 이용의 제한기간은 폐기물 매립시설의 사용이 종료되거나 그 시설이 폐쇄된 날부터 몇 년 이내로 하는가?

① 15년
② 20년
③ 25년
④ 30년

정답 | 91.③ 92.① 93.③ 94.③ 95.④

96 대통령령이 정하는 폐기물 처리시설을 설치·운영하는 자는 그 폐기물 처리시설의 설치·운영이 주변 지역에 미치는 영향을 몇 년마다 조사하여야 하는가?

① 10년 ② 5년
③ 3년 ④ 2년

97 폐기물 인계·인수 사항과 폐기물 처리현장 정보를 전자정보처리 프로그램에 입력할 때 이용하는 매체가 아닌 것은?

① 컴퓨터
② 이동형 통신수단
③ 인터넷 통신망
④ 전산처리기구의 ARS

폐기물 인계·인수 사항과 폐기물 처리현장 정보를 전자정보처리 프로그램에 입력할 때 이용하는 매체
- 컴퓨터
- 이동형 통신수단
- 전산처리기구의 ARS

98 환경보전협회에서 교육을 받아야 할 자가 아닌 것은?

① 폐기물 재활용신고자
② 폐기물 처리시설의 설치·운영자가 고용한 기술담당자
③ 폐기물 처리업자(폐기물 수집·운반업자는 제외)가 고용한 기술요원
④ 폐기물 수집·운반업자

환경보전협회 및 한국폐기물협회에서 교육을 받아야 할 자
- 사업장폐기물 배출자 신고를 한 자 및 서류를 제출한 자 또는 그가 고용한 기술담당자
- 폐기물 처리업자(폐기물 수집·운반업자는 제외)가 고용한 기술요원
- 폐기물 처리시설(설치신고를 한 폐기물 처리시설만 해당)의 설치·운영자 또는 그가 고용한 기술담당자
- 폐기물 수집·운반업자 또는 그가 고용한 기술담당자
- 폐기물 처리 신고자 또는 그가 고용한 기술담당자

99 폐기물 처리시설 주변 지역 영향조사 시 조사횟수기준으로 ( ) 안에 맞는 내용은?

> 각 항목당 계절을 달리하여 (㉠) 이상 측정하되, 악취는 여름(6월부터 8월까지)에 (㉡) 이상 측정해야 한다.

① ㉠ 4회, ㉡ 2회
② ㉠ 4회, ㉡ 1회
③ ㉠ 2회, ㉡ 2회
④ ㉠ 2회, ㉡ 1회

100 주변 지역 영향조사대상 폐기물 처리시설에 해당하는 것은? ★★★

① 1일 처리능력 30톤인 사업장폐기물 소각시설
② 1일 처리능력 15톤인 사업장폐기물 소각시설이 사업장 부지 내에 3개 있는 경우
③ 매립면적 1만5천제곱미터인 사업장 지정폐기물 매립시설
④ 매립면적 11만제곱미터인 사업장 일반폐기물 매립시설

주변 지역 영향조사대상 폐기물 처리시설
- 1일 처분능력이 50톤 이상인 사업장폐기물 소각시설(같은 사업장에 여러 개의 소각시설이 있는 경우에는 각 소각시설의 1일 처분능력의 합계가 50톤 이상인 경우를 말함)
- 매립면적 1만 제곱미터 이상의 사업장 지정폐기물 매립시설
- 매립면적 15만 제곱미터 이상의 사업장 일반폐기물 매립시설
- 시멘트 소성로(폐기물을 연료로 사용하는 경우로 한정)
- 1일 재활용능력이 50톤 이상인 사업장폐기물 소각열 회수시설(같은 사업장에 여러 개의 소각열 회수시설이 있는 경우에는 각 소각열 회수시설의 1일 재활용 능력의 합계가 50톤 이상인 경우를 말함)

제5과목

정답 | 96.③ 97.③ 98.① 99.① 100.③

제5과목 | 폐기물 관계법규

2022년 제2회 폐기물처리기사

81 폐기물 처리업자에게 영업정지에 갈음하여 부과할 수 있는 과징금에 관한 설명으로 ( ) 안에 옳은 내용은?

> 환경부장관이나 시·도지사는 폐기물 처리업자에게 영업의 정지를 명령하려는 때 그 영업의 정지를 갈음하여 대통령령으로 정하는 ( )을 초과하지 아니하는 범위에서 과징금을 부과할 수 있다.

① 매출액에 100분의 1을 곱한 금액
② 매출액에 100분의 5를 곱한 금액
③ 매출액에 100분의 10을 곱한 금액
④ 매출액에 100분의 15를 곱한 금액

82 주변 지역 영향조사대상 폐기물 처리시설기준으로 ( ) 안에 적절한 것은? ★★★

> 매립면적 ( )제곱미터 이상의 사업장 일반폐기물 매립시설

① 3만 ② 5만
③ 10만 ④ 15만

✔ **주변 지역 영향조사대상 폐기물 처리시설**
- 1일 처분능력이 50톤 이상인 사업장폐기물 소각시설(같은 사업장에 여러 개의 소각시설이 있는 경우에는 각 소각시설의 1일 처분능력의 합계가 50톤 이상인 경우를 말함)
- 매립면적 1만 제곱미터 이상의 사업장 지정폐기물 매립시설
- 매립면적 15만 제곱미터 이상의 사업장 일반폐기물 매립시설
- 시멘트 소성로(폐기물을 연료로 사용하는 경우로 한정)
- 1일 재활용능력이 50톤 이상인 사업장폐기물 소각열 회수시설(같은 사업장에 여러 개의 소각열 회수시설이 있는 경우에는 각 소각열 회수시설의 1일 재활용 능력의 합계가 50톤 이상인 경우를 말함)

83 3년 이하의 징역이나 3천만원 이하의 벌금에 해당하는 벌칙기준에 해당하지 않는 것은?

① 고의로 사실과 다른 내용의 폐기물 분석 결과서를 발급한 폐기물 분석 전문기관
② 승인을 받지 아니하고 폐기물 처리시설을 설치한 자
③ 다른 사람에게 자기의 성명이나 상호를 사용하여 폐기물을 처리하게 하거나 그 허가증을 다른 사람에게 빌려준 자
④ 폐기물 처리시설의 설치 또는 유지·관리가 기준에 맞지 아니하여 지시된 개선명령을 이행하지 아니하거나 사용중지 명령을 위반한 자

✔ ③ 다른 사람에게 자기의 성명이나 상호를 사용하여 폐기물을 처리하게 하거나 그 허가증을 다른 사람에게 빌려준 자 : 2년 이하의 징역이나 2천만원 이하의 벌금

84 재활용의 에너지 회수기준 등에서 환경부령으로 정하는 활동 중 가연성 고형 폐기물로부터 규정된 기준에 맞게 에너지를 회수하는 활동이 아닌 것은?

① 다른 물질과 혼합하지 아니하고 해당 폐기물의 고위발열량이 킬로그램당 5천킬로칼로리 이상일 것
② 에너지의 회수효율(회수에너지 총량을 투입에너지 총량으로 나눈 비율을 말한다)이 75퍼센트 이상일 것
③ 회수열을 모두 열원으로 스스로 이용하거나 다른 사람에게 공급할 것
④ 환경부장관이 정하여 고시하는 경우에는 폐기물의 30퍼센트 이상을 원료나 재료로 재활용하고 그 나머지 중에서 에너지의 회수에 이용할 것

✔ ① 다른 물질과 혼합하지 아니하고 해당 폐기물의 저위발열량이 킬로그램당 3천킬로칼로리 이상일 것

정답 | 81.② 82.④ 83.③ 84.①

85 지정폐기물 중 의료폐기물을 수집 · 운반하는 경우의 시설, 장비, 기술능력 기준으로 틀린 것은? (단, 폐기물 처리업 중 폐기물 수집 · 운반업의 기준)

① 적재능력 0.45톤 이상의 냉장차량(섭씨 4도 이하인 것을 말한다) 3대 이상
② 소독장비 1식 이상
③ 폐기물처리산업기사, 임상병리사 또는 위생사 중 1명 이상
④ 모든 차량을 주차할 수 있는 규모의 주차장

✔ ③ 폐기물처리산업기사, 임상병리사 또는 위생사 중 1명 이상 : 폐기물 중간처분업의 기준

86 폐기물 처리시설에서 배출되는 오염물질을 측정하기 위해 환경부령으로 정하는 측정기관이 아닌 것은? (단, 국립환경과학원장이 고시하는 기관은 제외함)

① 한국환경공단
② 보건환경연구원
③ 한국산업기술시험원
④ 수도권매립지관리공사

✔ **폐기물 처리시설 배출 오염물질 측정기관**
- 보건환경연구원
- 한국환경공단
- 「환경분야 시험 · 검사 등에 관한 법률」에 따라 수질오염물질 측정대행업의 등록을 한 자
- 수도권매립지관리공사
- 폐기물 분석 전문기관

87 폐기물 처리시설(매립시설인 경우)을 폐쇄하고자 하는 자는 당해 시설의 폐쇄 예정일 몇 개월 이전에 폐쇄신고서를 제출하여야 하는가?

① 1개월
② 2개월
③ 3개월
④ 6개월

88 매립시설의 사후관리 기준 및 방법에 관한 내용 중 발생가스 관리방법(유기성 폐기물을 매립한 폐기물 매립시설만 해당)에 관한 내용이다. (   ) 안에 공통으로 들어갈 내용은?

> 외기온도, 가스온도, 메테인, 이산화탄소, 암모니아, 황화수소 등의 조사항목을 매립 종료 후 (   )까지는 분기 1회 이상, (   )이 지난 후에는 연 1회 이상 조사하여야 한다.

① 1년
② 2년
③ 3년
④ 5년

89 폐기물을 매립하는 시설 중 사후관리 이행보증금의 사전적립대상인 시설의 면적기준은? ★★

① 3,000m^2 이상
② 3,300m^2 이상
③ 3,600m^2 이상
④ 3,900m^2 이상

90 매립시설의 설치를 마친 자가 환경부령으로 정하는 검사기관으로부터 설치검사를 받고자 하는 경우, 검사를 받고자 하는 날 15일 전까지 검사신청서에 각 서류를 첨부하여 검사기관에 제출하여야 하는데 그 서류에 해당하지 않는 것은?

① 설계도서 및 구조계산서 사본
② 시설 운전 및 유지관리 계획서
③ 설치 및 장비 확보명세서
④ 시방서 및 재료시험성적서 사본

✔ **폐기물 처리시설의 설치를 마친 후 설치검사 시 검사신청서의 첨부서류**(매립시설의 경우)
- 설계도서 및 구조계산서 사본
- 시방서 및 재료시험성적서 사본
- 설치 및 장비확보 명세서
- 환경부장관이 고시하는 사항을 포함한 시설설치의 환경성조사서(면적이 1만제곱미터 이상이거나 매립용적이 3만세제곱미터 이상인 매립시설의 경우만 제출)
- 종전에 받은 정기검사 결과서 사본(종전에 검사를 받은 경우에 한정)

정답 | 85.③ 86.③ 87.③ 88.④ 89.② 90.②

91 폐기물 처리업의 변경허가를 받아야 할 중요 사항으로 틀린 것은? (단, 폐기물 수집 · 운반업에 해당하는 경우)

① 수집 · 운반 대상 폐기물의 변경
② 영업구역의 변경
③ 연락장소 또는 사무실 소재지의 변경
④ 운반차량(임시차량은 제외한다)의 증차

✔ **폐기물 처리업의 변경 허가를 받아야 할 중요 사항**(폐기물 수집 · 운반업의 경우)
- 수집 · 운반 대상 폐기물의 변경
- 영업구역의 변경
- 주차장 소재지의 변경(지정폐기물을 대상으로 하는 수집 · 운반업만 해당)
- 운반차량(임시차량은 제외)의 증차

92 폐기물 처분시설 중 관리형 매립시설에서 발생하는 침출수의 배출허용기준 중 '나 지역'의 생물화학적 산소요구량의 기준(mg/L 이하)은 얼마인가? ★★★

① 60 ② 70
③ 80 ④ 90

✔ **침출수의 배출허용기준**(관리형 매립시설)

구분	생물화학적 산소요구량	화학적 산소요구량	부유물질량
청정지역	30mg/L	200mg/L	30mg/L
가 지역	50mg/L	300mg/L	50mg/L
나 지역	70mg/L	400mg/L	70mg/L

93 폐기물의 재활용을 금지하거나 제한하는 것이 아닌 것은?

① 폐석면 ② PCBs
③ VOCs ④ 의료폐기물

✔ **재활용을 금지하거나 제한하는 폐기물**
- 폐석면
- 폴리클로리네이티드바이페닐(PCBs)이 환경부령으로 정하는 농도 이상 들어 있는 폐기물
- 의료폐기물(태반은 제외)
- 폐유독물 등 인체나 환경에 미치는 위해가 매우 높을 것으로 우려되는 폐기물 중 대통령령으로 정하는 폐기물

94 환경부장관은 폐기물에 관한 시험 · 분석 업무를 전문적으로 수행하기 위하여 폐기물 시험 · 분석 전문기관으로 지정할 수 있다. 이에 해당되지 않는 기관은?

① 한국건설기술연구원
② 한국환경공단
③ 수도권매립지관리공사
④ 보건환경연구원

✔ **폐기물 시험 · 분석 전문기관**(폐기물 분석 전문기관)
- 한국환경공단
- 수도권매립지관리공사
- 보건환경연구원

95 기술관리인을 두어야 하는 멸균분쇄시설의 시설기준으로 적절한 것은? ★★★

① 시간당 처분능력이 100kg 이상인 시설
② 시간당 처분능력이 125kg 이상인 시설
③ 시간당 처분능력이 200kg 이상인 시설
④ 시간당 처분능력이 300kg 이상인 시설

✔ **기술관리인을 두어야 할 폐기물 처리시설**
- 매립시설의 경우
  - 지정폐기물을 매립하는 시설로서 면적이 3천300제곱미터 이상인 시설. 다만, 최종처분시설 중 차단형 매립시설에서는 면적이 330제곱미터 이상이거나 매립용적이 1천세제곱미터 이상인 시설로 한다.
  - 지정폐기물 외의 폐기물을 매립하는 시설로서 면적이 1만제곱미터 이상이거나 매립용적이 3만세제곱미터 이상인 시설
- 소각시설로서 시간당 처분능력이 600킬로그램(의료폐기물을 대상으로 하는 소각시설의 경우에는 200킬로그램) 이상인 시설
- 압축 · 파쇄 · 분쇄 또는 절단시설로서 1일 처분능력 또는 재활용능력이 100톤 이상인 시설
- 사료화 · 퇴비화 또는 연료화 시설로서 1일 재활용능력이 5톤 이상인 시설
- 멸균분쇄시설로서 시간당 처분능력이 100킬로그램 이상인 시설
- 시멘트 소성로
- 용해로(폐기물에서 비철금속을 추출하는 경우로 한정)로서 시간당 재활용능력이 600킬로그램 이상인 시설
- 소각열 회수시설로서 시간당 재활용능력이 600킬로그램 이상인 시설

정답 | 91.③ 92.② 93.③ 94.① 95.①

96 지정폐기물의 종류 중 유해물질 함유 폐기물(환경부령으로 정하는 물질을 함유한 것으로 한정)에 관한 기준으로 틀린 것은?

① 광재(철광 원석의 사용으로 인한 고로 슬래그는 제외한다)
② 분진(대기오염 방지시설에서 포집된 것으로 한정하되, 소각시설에서 발생되는 것은 제외한다)
③ 폐합성수지
④ 폐내화물 및 재벌구이 전에 유약을 바른 도자기 조각

✔ 지정폐기물 중 유해물질 함유 폐기물
폐농약, 광재, 분진, 폐주물사, 폐사, 폐내화물, 도자기 조각, 소각재, 안정화 또는 고형화 처리물, 폐촉매, 폐흡착제, 폐흡수제, 폐유기용제 또는 폐유

97 폐기물 관리의 기본원칙으로 틀린 것은?

① 폐기물은 소각, 매립 등의 처분을 하기보다는 우선적으로 재활용함으로써 자원생산성의 향상에 이바지하도록 하여야 한다.
② 국내에서 발생한 폐기물은 가능하면 국내에서 처리되어야 하고, 폐기물은 수입할 수 없다.
③ 누구든지 폐기물을 배출하는 경우에는 주변 환경이나 주민의 건강에 위해를 끼치지 아니하도록 사전에 적절한 조치를 하여야 한다.
④ 사업자는 제품의 생산방식 등을 개선하여 폐기물의 발생을 최대한 억제하고, 발생한 폐기물을 스스로 재활용함으로써 폐기물의 배출을 최소화하여야 한다.

✔ ② 국내에서 발생한 폐기물은 가능하면 국내에서 처리되어야 하고, 폐기물의 수입은 되도록 억제되어야 한다.

98 폐기물 처리업자가 폐기물의 발생, 배출, 처리상황 등을 기록한 장부의 보존기간은? (단, 최종 기재일 기준)

① 6개월간　② 1년간
③ 3년간　④ 5년간

99 다음 중 폐기물 처리시설 종류의 구분으로 틀린 것은? ★★

① 기계적 재활용시설 : 유수분리시설
② 화학적 재활용시설 : 연료화시설
③ 생물학적 재활용시설 : 버섯 재배시설
④ 생물학적 재활용시설 : 호기성 · 혐기성 분해시설

✔ ② 기계적 재활용시설 : 연료화시설

100 지정폐기물인 부식성 폐기물 기준에서 (　) 안에 올바른 내용은? ★★

폐산 : 액체상태의 폐기물로서 수소이온농도지수가 (　) 이하인 것에 한한다.

① 1.0　② 1.5
③ 2.0　④ 2.5

정답 | 96.③ 97.② 98.③ 99.② 100.③

MEMO

PART
3

최근 CBT 기출문제

폐기물처리기사 필기

최근 CBT 기출복원문제

폐기물처리기사는 2022년 4회부터 CBT(Computer Based Test) 방식으로 시행되고 있으며, 이 책에 수록된 기출복원문제는 수험생의 기억을 바탕으로 복원된 문제입니다. 실제 시험과 같은 방식으로 컴퓨터로 문제를 풀어보며 실전감각을 익힐 수 있도록 온라인 모의고사를 제공하고 있으니, 표지 안쪽에 수록된 〈CBT 온라인 모의고사 쿠폰〉을 확인해 주세요.

Engineer Wastes Treatment

2022 제 4 회 폐기물처리기사 2022년 9월 14일 시행

제1과목 | 폐기물 개론

01 함수율 40%인 폐기물 1톤을 건조시켜 함수율 15%로 만들었을 때 증발된 수분량(kg)은? ★★★

① 약 104 ② 약 254

③ 약 294 ④ 약 324

✔ $V_1(100-W_1)=V_2(100-W_2)$

여기서, V_1 : 건조 전 폐기물 무게

V_2 : 건조 후 폐기물 무게

W_1 : 건조 전 폐기물 함수율

W_2 : 건조 후 폐기물 함수율

$1{,}000\,\text{kg}\times(100-40)=V_2\times(100-15)$

$V_2=1{,}000\,\text{kg}\times\dfrac{100-40}{100-15}=705.8824\,\text{kg}$

∴ 증발된 수분량 $=1{,}000-705.8824=294.12\,\text{kg}$

02 다음과 같은 쓰레기를 적재무게 8톤 트럭으로 운반하려는 경우 이 트럭의 적재함 용적은 얼마로 설계하는 것이 적절한가? (단, 쓰레기 조성은 변하지 않는다고 가정하며, 이외의 조건은 고려하지 않음)

조성	밀도(ton/m^3)	무게조성비(%)
가연성	0.8	44
불연성	1.35	56

① 7.7m^3 ② 8.5m^3

③ 9m^3 ④ 9.7m^3

✔ 적재함 용적

$=\left(\dfrac{\text{m}^3}{0.8\,\text{ton}}\Big|\dfrac{8\,\text{ton}\times0.44}{}\right)+\left(\dfrac{\text{m}^3}{1.35\,\text{ton}}\Big|\dfrac{8\,\text{ton}\times0.56}{}\right)$

$=7.72\,\text{m}^3$

03 다음 중 폐기물 관리 차원의 3R에 해당하지 않는 것은?

① Resource

② Recycle

③ Reduction

④ Reuse

✔ 폐기물 관리 차원의 3R

- Recycle : 재활용
- Reduction : 감량화
- Reuse : 재사용

04 채취한 쓰레기 시료에 대한 성상분석절차 중 가장 먼저 시행하는 것은? ★★★

① 밀도 측정

② 분류

③ 건조

④ 절단 및 분쇄

✔ 폐기물의 성상분석단계

시료 → 밀도 측정 → 물리 조성(습량무게) → 건조(건조무게) → 분류(가연성, 불연성) → 전처리(원소 및 발열량 분석)

05 하수처리장에서 발생되는 슬러지와 비교한 분뇨의 특성이 아닌 것은?

① 질소의 농도가 높음

② 다량의 유기물을 포함

③ 염분 농도가 높음

④ 고액 분리가 쉬움

✔ ④ 고액 분리가 어려움

정답 | 01.③ 02.① 03.① 04.① 05.④

06 지정폐기물인 폐석면의 입도를 분석한 결과 d_{10}=3mm, d_{30}=5mm, d_{60}=9mm 그리고 d_{90}=10mm이었다. 이때 곡률계수는?

① 0.63
② 0.73
③ 0.83
④ 0.93

✔ 곡률계수 $C_g = \dfrac{D_{30}^2}{D_{10} \cdot D_{60}}$

여기서, D_{60} : 처리물 중량백분율 60%가 통과하는 입경
D_{30} : 처리물 중량백분율 30%가 통과하는 입경
D_{10} : 처리물 중량백분율 10%가 통과하는 입경

$\therefore C_g = \dfrac{5^2}{3 \times 9} = 0.93$

07 1982년 세베소 사건을 계기로 1989년 체결된 국제조약으로, 유해폐기물의 국가 간 이동 및 그 처분의 규제에 관한 내용을 담고 있는 협약은?

① 리우 협약
② 바젤 협약
③ 베를린 협약
④ 함부르크 협약

✔ ① 리우 협약 : 지구온난화를 막기 위한 온실가스 방출 규제 협약(1992년 6월)
③ 베를린 협약 : 지구온난화를 막기 위한 온실가스 배출 감축 협약(1995년 3월)
④ 함부르크 협약 : 해상 물품 운송에 관한 협약(1992년 11월)

08 쓰레기 수집방법 중 pipeline 방식에 관한 설명으로 옳지 않은 것은? ★★

① 고장 및 긴급사고 발생에 대한 대처방법이 필요하다.
② 쓰레기 발생빈도가 낮아야 현실성이 있다.
③ 장거리 수송이 곤란하다.
④ 가설 후 경로변경이 곤란하고 설치비가 높다.

✔ ② 쓰레기 발생빈도가 높은 곳에서 사용한다.

09 다음 중 유해폐기물의 불법 매립과 가장 관련이 깊은 사건은?

① 러브커넬 사건
② 도노라 사건
③ 뮤즈계곡 사건
④ 포자리카 사건

✔ 러브커넬 사건은 1940~1952년까지 미국 후커케미컬사가 나이아가라 폭포 부근 러브운하 작업이 중단된 웅덩이에 유해폐기물을 매립하면서 발생한 사건이다.

10 물렁거리는 가벼운 물질로부터 딱딱한 물질을 선별하는 데 사용하는 선별분류법으로 경사진 컨베이어를 통해 폐기물을 주입시켜 천천히 회전하는 드럼 위에 떨어뜨려서 분류하는 것은?

① Jigs
② Table
③ Secators
④ Stoners

✔ ① Jigs : 스크린 상에서 비중이 다른 입자의 층을 통과하는 액류를 상하로 맥동시켜서 층의 팽창 · 수축을 반복하여 무거운 입자는 하층, 가벼운 입자는 상층으로 이동시켜 분리하는 중력분리방법
② Table : 물질의 비중 차이를 이용하여 가벼운 것은 왼쪽, 무거운 것은 오른쪽으로 분류하는 방법
④ Stoners : 약간 경사진 판에 진동을 주어 무거운 것이 빨리 경사판 위로 올라가는 원리를 이용한 폐기물 선별장치

11 다음 중 쓰레기 저위발열량 추정에 사용되지 않는 방법은?

① 추정식에 의한 방법
② 물질수지에 의한 방법
③ 원소분석에 의한 방법
④ 단열열량계에 의한 방법

✔ **폐기물의 발열량 분석법**
• 3성분에 의한 계산식
• 원소 분석에 의한 계산식
• 물리적 조성에 의한 방법

정답 | 06.④ 07.② 08.② 09.① 10.③ 11.②

12 폐기물 발생량이 5백만톤/년인 지역에서 수거인부의 하루 작업시간은 10시간, 1년의 작업일수는 300일이다. 수거효율(MHT)은 1.8로 운영되고 있다면 필요한 수거인부의 수(명)는? ★★

① 3,000 ② 3,100
③ 3,200 ④ 3,300

✔ $\text{MHT} = \dfrac{\text{쓰레기 수거인부(man)} \times \text{수거시간(hr)}}{\text{총 쓰레기 수거량(ton)}}$

∴ 쓰레기 수거인부(man)

$= \dfrac{\text{MHT} \times \text{총 쓰레기 수거량(ton)}}{\text{수거시간(hr)}}$

$= \dfrac{1.8\,\text{man}\cdot\text{hr}}{\text{ton}} \Big| \dfrac{5{,}000{,}000\,\text{ton}}{\text{year}} \Big| \dfrac{\text{year}}{300\,\text{day}} \Big| \dfrac{\text{day}}{10\,\text{hr}}$

$= 3{,}000\,\text{man}$

13 파쇄장치 중 전단식 파쇄기에 관한 설명으로 틀린 것은?

① 고정칼이나 왕복칼 또는 회전칼을 이용하여 폐기물을 전단한다.
② 충격파쇄기에 비하여 대체적으로 파쇄속도가 느리다.
③ 파쇄 후 폐기물의 입도가 거칠지만 파쇄물의 크기를 고르게 할 수 있다.
④ 파쇄 시 이물질 혼입에 대한 영향이 적다.

✔ ④ 파쇄 시 이물질 혼입에 대한 영향이 크다.

14 폐기물의 함수율은 25%이고, 건조기준으로 원소성분 및 열량계를 이용하여 열량을 측정한 결과가 다음과 같을 경우, 폐기물의 저위발열량은?

- 화학적 조성 분석치 : 수소 18%
- 고위발열량 : 2,800kcal/kg

① 1,802kcal/kg ② 1,678kcal/kg
③ 1,523kcal/kg ④ 1,324kcal/kg

✔ 저위발열량 Hl(kcal/kg) $= Hh - 6(9\text{H} + W)$

여기서, H, W : 수소, 수분의 함량(%)

$\therefore Hl = 2{,}800 - 6(9 \times 18 + 25) = 1{,}678\,\text{kcal/kg}$

15 도시 폐기물의 선별작업에서 사용되는 트롬멜 스크린의 선별효율에 영향을 주는 인자와 가장 거리가 먼 것은?

① 진동속도
② 폐기물 부하
③ 경사도
④ 체의 눈 크기

✔ **선별효율에 영향을 주는 인자**
- 회전속도(도시 폐기물은 5~6rpm이 적정)
- 폐기물 부하, 특성
- 체 눈의 크기
- 직경
- 경사도(주로 2~3°)

16 쓰레기 발생량 예측방법 중 모든 인자를 시간에 대한 함수로 나타낸 후, 시간에 대한 함수로 표현된 각 영향인자들 간의 상관관계를 수식화하는 방법은? ★★★

① 경향법
② 다중회귀모델
③ 회귀직선모델
④ 동적모사모델

✔ ① 경향법 : 5년 이상의 과거 처리실적을 수식모델에 대입하여 과거의 데이터로 장래를 예측하는 방법
② 다중회귀모델 : 쓰레기 발생량에 영향을 주는 각 인자들의 효과를 총괄적으로 나타내어 복잡한 시스템의 분석에 유용하게 적용하는 방법

17 매립을 위해 쓰레기를 압축시킨 결과 부피감소율이 60%였다면 압축비는? ★★★

① 2.5 ② 5
③ 7.5 ④ 10

✔ 압축비 $CR = \dfrac{\text{압축 전 부피}}{\text{압축 후 부피}}$

$= \dfrac{100}{100 - VR}$

$= \dfrac{100}{100 - 60} = 2.5$

정답 | 12.① 13.④ 14.② 15.① 16.④ 17.①

18 다음 중 적환장에 관한 설명으로 적절하지 않은 것은? ★★★

① 공중위생을 위하여 수거지로부터 먼 곳에 설치한다.

② 소형 수거를 대형 수송으로 연결해 주는 장치이다.

③ 적환장에서 재생 가능한 물질의 선별을 고려하도록 한다.

④ 간선도로에 쉽게 연결될 수 있는 곳에 설치한다.

✔ ① 폐기물 발생지역의 중심부에 위치해야 한다.

19 폐기물 발생량에 관한 설명으로 잘못된 것은?

① 상업지역, 주택지역 등 장소에 따라 발생량과 성상이 달라진다.

② 대체로 생활수준이 향상되면 발생량이 증가한다.

③ 일반적으로 수집빈도가 높을수록 원활한 처리로 인해 발생량은 감소한다.

④ 쓰레기통이 클수록 버리기 쉬워 발생량은 증가한다.

✔ ③ 일반적으로 수집빈도가 높을수록 폐기물 발생량은 증가한다.

20 쓰레기 성분별 함수율이 다음 표와 같을 경우, 전체 쓰레기의 함수율(%)은?

성분	중량(kg)	함수율(%)
음식찌꺼기	30	70
종이류	60	6
금속류	10	3

① 약 20% ② 약 25%

③ 약 30% ④ 약 35%

✔ 전체 쓰레기의 함수율

$$= \frac{30\times0.70+60\times0.06+10\times0.03}{100}\times100 = 24.9\%$$

제2과목 | 폐기물 처리기술

21 다음 토양오염물질 중 BTEX에 포함되지 않는 것은? ★★

① 벤젠 ② 톨루엔

③ 자일렌 ④ 에틸렌

✔ BTEX

- Benzene(벤젠)
- Toluene(톨루엔)
- Ethylbenzene(에틸벤젠)
- Xylene(자일렌)

22 플라스틱을 다시 활용하는 방법과 가장 거리가 먼 것은?

① 열분해이용법

② 용융고화 재생이용법

③ 유리화 이용법

④ 파쇄이용법

23 슬러지 소화(sluge digestion)의 목적에 대한 설명 중 가장 타당한 내용은?

① 혐기성 또는 호기성 처리공법으로 슬러지의 양을 감소시키기 위한 것이다.

② 혐기성 또는 호기성 처리공법으로 이용 가능한 가스를 생산하기 위한 것이다.

③ 혐기성 처리공법으로 온도가 높은 cake를 생산할 수 있다.

④ 혐기성 처리공법으로 비료가치가 높은 슬러지를 생산할 수 있다.

24 쓰레기를 위생매립하기 위한 복토 재료로 가장 적당한 것은?

① 점토 ② 모래

③ 미사질 양토 ④ 자갈

✔ ③ 미사질 양토는 양토에 비해 입자가 작고 물을 품고 있는 성질이 강하여 쓰레기의 위생매립 복토로 적합하다.

정답 | 18.① 19.③ 20.② 21.④ 22.③ 23.① 24.③

25 보통 포틀랜드 시멘트의 화학성분 중 가장 많은 부분을 차지하고 있는 것은? ★

① 산화철(Fe_2O_3) ② 알루미나(Al_2O_3)
③ 규산(SiO_2) ④ 석회(CaO)

26 지정폐기물을 고화 처리 후 적정 처리 여부를 시험 · 조사하는 항목이 아닌 것은?

① 압축강도 ② 인장강도
③ 투수율 ④ 용출시험

27 함수율 95%인 분뇨의 유기탄소량이 TS의 35%, 총 질소량은 TS의 10%이다. 이와 혼합할 함수율 20%인 볏짚의 유기탄소량이 TS의 80%이고, 총 질소량이 TS의 4%라면 분뇨와 볏짚을 1 : 1로 혼합했을 때 C/N 비는? ★★

① 17.8 ② 28.3
③ 31.3 ④ 41.3

✔ ※ 전체를 100으로 가정한다.

분뇨의 TS $= \frac{100}{} \Big| \frac{5_{TS}}{100_{분뇨}} = 5$

- 분뇨의 유기탄소량 $= 5 \times 0.35 = 1.75$
- 분뇨의 총 질소량 $= 5 \times 0.1 = 0.5$

볏짚의 TS $= \frac{100}{} \Big| \frac{80_{TS}}{100_{볏짚}} = 80$

- 볏짚의 유기탄소량 $= 80 \times 0.80 = 64$
- 볏짚의 총 질소량 $= 80 \times 0.04 = 3.2$

∴ C/N 비 $= \frac{1.75 + 64}{0.5 + 3.2} = 17.77$

28 폐기물의 고화 처리방법 중 피막형성법의 장점으로 옳은 것은?

① 화재 위험성이 없다.
② 혼합률이 높다.
③ 에너지 소비가 적다.
④ 침출성이 낮다.

✔ ① 처리과정 중 화재가 발생할 수 있다.
② 혼합률(MR)이 비교적 낮다.
③ 에너지 요구량이 크다.

29 함수율 95%인 슬러지를 함수율 70%의 탈수 cake로 만들었을 경우의 무게비(탈수 후/탈수 전)는? (단, 비중 1.0, 분리액과 함께 유출된 슬러지 양은 무시) ★★★

① 1/3 ② 1/4
③ 1/5 ④ 1/6

✔ $V_1(100 - W_1) = V_2(100 - W_2)$

여기서, V_1 : 탈수 전 슬러지 무게
V_2 : 탈수 후 슬러지 무게
W_1 : 탈수 전 슬러지 함수율
W_2 : 탈수 후 슬러지 함수율

$V_1 \times (100 - 95) = V_2 \times (100 - 70)$

∴ 무게비(탈수 후/탈수 전) $= \frac{V_2}{V_1} = \frac{100 - 95}{100 - 70} = \frac{1}{6}$

30 매립지 선정에 있어서 고려하여야 하는 항목과 가장 거리가 먼 것은?

① 매립지로 유입되는 쓰레기 성상
② 사후 매립지 이용계획
③ 주변 환경조건
④ 운반 도로의 확보 및 지형 · 지질

31 다음 중 퇴비화 과정에 관한 설명으로 적절하지 않은 것은?

① 초기단계 : 주로 저온성 진균과 세균들이 유기물을 분해하여 lignin 함량을 높이는 것으로 알려져 있다.
② 고온단계 : 고온성 미생물의 분해활동으로 이루어지며 주된 미생물은 bacillus sp. 등인 것으로 알려져 있다.
③ 숙성단계 : 유기물들은 난분해성인 부식질로 변화된다.
④ 숙성단계 : 방선균의 밀도가 높아지게 된다.

✔ ① 초기단계 : 주로 중온성 진균과 박테리아에 의해 유기물이 분해된다.

2022

정답 | 25.④ 26.② 27.① 28.④ 29.④ 30.① 31.①

32 인구가 50만이고, 분뇨 발생량이 1.1L/인 · 일이며, 수거율이 75%인 도시에서 수거되는 분뇨를 처리장까지 운반하는 데 필요한 차량 대수는? (단, 수거차량의 용량은 4.5kL, 하루에 8시간 작업, 수거 및 운반 시간은 90분)

① 14대　② 16대
③ 18대　④ 20대

✔ 소요차량 대수

$= \frac{1.1\,L}{인 \cdot 일} \Big| \frac{500{,}000인}{} \Big| \frac{75}{100} \Big| \frac{대}{4.5\,kL} \Big| \frac{kL}{10^3 L} \Big| \frac{일}{(8\times60)/90}$

$= 17.1875$대

따라서, 필요한 차량은 18대이다.

33 사이안을 함유한 폐액의 처리방법에 대한 설명 중 옳지 않은 것은?

① 알칼리염소법으로 처리할 경우 최종 생성물은 CO_2와 N_2이다.
② 사이안을 철의 착화합물로 침전 · 제거시키는 방법은 슬러지 양이 많고 사이안 제거가 완전하지 못하다.
③ pH 10 이상에서 산화 시 HCN 가스가 다량 발생하므로 주의를 요한다.
④ 오존에 의한 사이안 처리의 장점은 처리과정 중 화합물의 투여가 불필요하다는 것이다.

✔ ③ pH 9 이하에서 산화 시 HCN의 형태로 대기 중으로 방출된다.

34 다음 중 슬러지를 개량하는 목적으로 가장 적합한 것은?

① 슬러지의 탈수가 잘 되게 하기 위해서
② 탈리액의 BOD를 감소시키기 위해서
③ 슬러지 건조를 촉진하기 위해서
④ 슬러지의 악취를 줄이기 위해서

35 어느 도시의 1일 쓰레기 발생량이 120톤이다. 이를 trench 법으로 매몰하는 데 압축률이 50%이고, trench의 깊이가 2.5m라면, 1년간 부지면적은 얼마나 되겠는가? (단, 발생 쓰레기 밀도 600kg/m^3, 도랑 면적 점유율 60%)

① 약 $43{,}620\,m^2$
② 약 $24{,}330\,m^2$
③ 약 $18{,}670\,m^2$
④ 약 $12{,}090\,m^2$

✔ $A_T = \frac{120\,ton}{day} \Big| \frac{m^3}{0.6\,ton} \Big| \frac{}{2.5\,m} \Big| \frac{365\,day}{year} \Big| \frac{50}{100} \Big| \frac{100}{60}$

$= 24333.33\,m^2$

36 슬러지 수분 결합상태 중 탈수하기 가장 어려운 형태는? ★

① 모관결합수
② 간극모관결합수
③ 표면부착수
④ 내부수

✔ **슬러지의 수분 함유형태별 탈수성의 크기**
간극수 > 모관결합수 > 표면부착수 > 내부수

37 유기성 폐기물로부터 에너지를 회수하기 위한 열분해 처리공법에 대한 설명으로 적절하지 않은 것은?

① 소각 처리에 비해 배가스 양이 적다.
② 소각 처리에 비해 황 및 중금속이 회분 속에 고정되는 비율이 적다.
③ 소각 처리에 비해 상대적으로 저온이기 때문에 NO_X의 발생량이 적다.
④ 환원성 분위기가 유지되므로 Cr^{3+}이 Cr^{6+}으로 변화되기 어렵다.

✔ ② 소각 처리에 비해 황 및 중금속이 회분 속에 고정되는 비율이 크다.

정답 | 32.③ 33.③ 34.① 35.② 36.④ 37.②

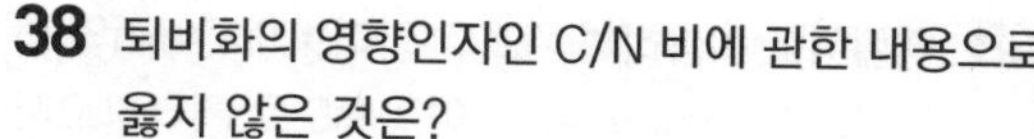

38 퇴비화의 영향인자인 C/N 비에 관한 내용으로 옳지 않은 것은?

① 질소는 미생물 생장에 필요한 단백질 합성에 주로 쓰인다.
② 보통 미생물 세포의 탄질비는 25~50 정도이다.
③ 탄질비가 너무 낮으면 암모니아가스가 발생한다.
④ 일반적으로 퇴비화 탄소가 많으면 퇴비의 pH를 낮춘다.

✔ ② 보통 미생물 세포의 탄질비는 5~15 정도이다.

39 글리신($C_2H_5O_2N$) 5mol이 혐기성 소화에 의해 완전분해될 때 생성 가능한 이론적인 메테인가스 양은? (단, 표준상태 기준, 분해 최종산물은 CH_4, CO_2, NH_3)

① 84L
② 96L
③ 108L
④ 120L

✔ 〈반응식〉

$4C_2H_5O_2N + 2H_2O \rightarrow 3CH_4 + 5CO_2 + 4NH_3$

4mol : 3×22.4SL

5mol : x

$\therefore x = \frac{5\times3\times22.4}{4} = 84\text{L}$

40 퇴비화는 도시 폐기물 중 음식찌꺼기, 낙엽 또는 하수처리장 찌꺼기와 같은 유기물을 안정한 상태의 부식질(humus)로 변화시키는 공정이다. 다음 중 부식질의 특징으로 옳지 않은 것은?

① 병원균이 사멸되어 거의 없다.
② C/N 비가 높아져 토양 개량제로 사용된다.
③ 물 보유력과 양이온 교환능력이 좋다.
④ 악취가 없는 안정된 유기물이다.

✔ ② 부식질의 C/N 비는 낮다.

제3과목 | 폐기물 소각 및 열회수

41 유동층 소각로의 bed(층) 물질이 갖추어야 하는 조건으로 틀린 것은?

① 비중이 클 것
② 입도분포가 균일할 것
③ 불활성일 것
④ 열충격에 강하고 융점이 높을 것

✔ ① 비중이 작을 것

42 '반응열의 양은 반응이 일어나는 과정에 무관하고, 반응 전후에 있어서의 물질 및 그 상태에 의하여 결정된다'는 내용으로 알맞는 법칙은?

① Graham의 법칙
② Dalton의 법칙
③ Hess의 법칙
④ Le Chatelier의 법칙

43 어떤 폐기물의 원소 조성이 조건과 같을 때 이론공기량은? (단, 가연분 : 80%(C 45%, H 10%, O 40%, S 5%), 수분 : 10%, 회분 : 10%) ★★★

① $2.1Sm^3/kg$　　② $3.3Sm^3/kg$
③ $4.4Sm^3/kg$　　④ $5.5Sm^3/kg$

✔ 이론공기량 $A_o = O_o \div 0.21$

이때, $O_o = 1.867C + 5.6H + 0.7S - 0.7O$

$\therefore A_o = ((1.867\times0.45 + 5.6\times0.10 + 0.7\times0.05 - 0.7\times0.40)\times0.80) \div 0.21 = 4.4Sm^3/kg$

44 폐기물 처리 시 에너지 회수방법이 될 수 없는 것은?

① 열분해　　② 고화 처리
③ 혐기성 소화　　④ RDF

✔ ② 고화 처리는 폐기물 내 오염물질의 용해도, 독성을 감소시키며 폐기물을 다루기 용이하게 한다.

정답 | 38.② 39.① 40.② 41.① 42.③ 43.③ 44.②

45 기체 연료에 관한 내용으로 옳지 않은 것은?

① 적은 과잉공기(10~20%)로 완전연소가 가능하다.
② 황 함유량이 적어 SO_2 발생량이 적다.
③ 저질 연료로 고온 얻기와 연료의 예열이 어렵다.
④ 취급 시 위험성이 크다.

✔ ③ 저질 연료로도 고온을 얻을 수 있다.

46 공기를 사용하여 C_4H_{10}을 완전연소시킬 때 건조연소가스 중의 CO_2%는? ★

① 12.4　② 14.1
③ 16.6　④ 18.3

✔ 〈반응식〉 $C_4H_{10} + 6.5O_2 \rightarrow 4CO_2 + 5H_2O$

$A_o = O_o \div 0.21$
$= 6.5 \div 0.21 = 30.9524$

$\therefore CO_2\% = \frac{CO_2}{G_d} \times 100$

$= \frac{4}{(1-0.21)\times 30.9524 + 4} \times 100$

$= 14.0586 \fallingdotseq 14.1\%$

47 어떤 1차 반응에서 800초 동안 반응물의 1/3이 분해되었다면 반응물이 1/5 남을 때까지는 얼마의 시간이 소요되겠는가?

① 1,772초　② 1,472초
③ 1,172초　④ 1,072초

✔ 1차 반응식 $\ln\frac{C_t}{C_o} = -k \cdot t$

여기서, C_t : t시간 후 농도
C_o : 초기 농도
k : 반응속도상수(sec^{-1})
t : 시간(sec)

$k = \frac{\ln\frac{C_t}{C_o}}{-t} = \frac{\ln\frac{1}{3}}{-800} = 1.3733\times 10^{-3}\,\text{sec}^{-1}$

$\therefore t = \frac{\ln\frac{C_t}{C_o}}{-k} = \frac{\ln\frac{1}{5}}{-1.3733\times 10^{-3}}$

$= 1171.9493 \fallingdotseq 1171.95\,\text{sec}$

48 백필터를 이용하여 가스 유량이 100m^3/min인 함진가스를 2.0cm/sec의 여과속도로 처리하고자 한다. 소요되는 여과포의 유효면적(m^2)은?

① 83.3　② 94.5
③ 111.2　④ 124.3

✔ $Q = AV$

$\therefore A = \frac{100\,\text{m}^3}{\text{min}} \Big| \frac{\text{sec}}{2.0\,\text{cm}} \Big| \frac{\text{min}}{60\,\text{sec}} \Big| \frac{100\,\text{cm}}{\text{m}} = 83.3\,\text{m}^2$

49 RDF(Refuse Derived Fuel)가 갖추어야 하는 조건에 관한 설명으로 옳지 않은 것은? ★

① 제품의 함수율이 낮아야 한다.
② RDF용 소각로 제작이 용이하도록 발열량이 높지 않아야 한다.
③ 원료 중에 비가연성 성분이나 연소 후 잔류하는 재의 양이 적어야 한다.
④ 조성 배합률이 균일하여야 하고 대기오염이 적어야 한다.

✔ ② 발열량이 높아야 한다.

50 폐기물의 소각을 위해 원소 분석을 한 결과, 가연성 폐기물 1kg당 C 50%, H 10%, O 16%, S 3%, 수분 10%, 나머지는 재로 구성된 것으로 나타났다. 이 폐기물을 공기비 1.1로 연소시킬 경우 발생하는 습윤연소가스 양(Sm^3/kg)은 약 얼마인가? ★★★

① 약 6.3　② 약 6.8
③ 약 7.7　④ 약 8.2

✔ • $O_o = 1.867\times 0.50 + 5.6\times 0.10 + 0.7\times 0.03 - 0.7\times 0.16 = 1.4025\,\text{Sm}^3/\text{kg}$

• $A_o = O_o \div 0.21 = 1.4025 \div 0.21 = 6.6786\,\text{Sm}^3/\text{kg}$

• 수분 $= \frac{22.4}{18}\times 0.10 = 0.1244\,\text{Sm}^3/\text{kg}$

∴ 습연소가스 양 G_w

$= (m-0.21)A_o + CO_2 + SO_2 + H_2O$

$= (1.1-0.21)\times 6.6786 + 1.867\times 0.50 + 0.7\times 0.03 + (11.2\times 0.10 + 0.1244)$

$= 8.1429 \fallingdotseq 8.14\,\text{Sm}^3/\text{kg}$

정답 | 45.③ 46.② 47.③ 48.① 49.② 50.④

51 배기가스의 분석치가 CO_2 20%, O_2 10%, N_2 80%이면 연소 시 공기비(m)는?

① 약 1.38 ② 약 1.54
③ 약 1.76 ④ 약 1.89

✔ 공기비 $m = \dfrac{N_2}{N_2 - 3.76(O_2 - 0.5CO)}$

$= \dfrac{80}{80 - 3.76(10 - 0.5 \times 0)} = 1.89$

52 다음과 같은 조건에서 연료의 이론연소온도는?

- 가스 연료의 저위발열량 : 5,000kcal/Sm^3
- 연소가스의 양 : 8Sm^3/Sm^3
- 평균정압비열 : 0.32kcal/Sm^3 · ℃
- 실온 : 30℃

① 1,971℃ ② 1,983℃
③ 1,992℃ ④ 2,004℃

✔ 연소온도 $t = \dfrac{Hl}{G \times C_p} + t_a$

여기서, Hl : 저위발열량(kcal/Sm^3)
G : 연소가스의 양(Sm^3/Sm^3)
C_p : 평균정압비열(kcal/Sm^3 · ℃)
t_a : 실제 온도(℃)

$\therefore t = \dfrac{5,000}{8 \times 0.32} + 30 = 1983.13℃$

53 다음 중 과열기의 설명으로 틀린 것은?

① 과열기에는 방사형, 대류형, 그리고 방사 · 대류형 과열기가 있다.
② 과열기는 그 부착위치에 관계없이 전열형태가 같다.
③ 방사형 과열기는 주로 화염의 방사열을 이용한다.
④ 대류 및 방사 과열기를 조합하여 보일러의 부하변동에 대해 과열 증기의 온도변화를 비교적 균일화할 수 있다.

✔ ② 과열기는 그 부착위치에 따라 전열형태가 다르다.

54 쓰레기 소각 후 남은 재의 중량은 소각 전 쓰레기 중량의 1/4이다. 쓰레기 30ton을 소각하였을 때 재의 용량이 4m^3라면 재의 밀도(ton/m^3)는?

① 1.3 ② 1.6
③ 1.9 ④ 2.1

✔ 재의 밀도 $= \dfrac{30\,\text{ton}}{4\,\text{m}^3} \Big| \dfrac{1}{4} = 1.88\text{ton/m}^3$

55 다음의 집진장치 중 압력손실이 가장 큰 것은?

① 벤투리 스크러버(venturi scrubber)
② 사이클론 스크러버(cyclone scrubber)
③ 충전탑(packed tower)
④ 분무탑(spray tower)

✔ 보기 집진장치의 압력손실 크기는 다음과 같다.
① 벤투리 스크러버 : 약 300~800mmH_2O
② 사이클론 스크러버 : 약 50~300mmH_2O
③ 충전탑 : 약 100~250mmH_2O
④ 분무탑 : 약 25mmH_2O

56 연소속도에 관한 설명으로 옳은 것은?

① 고온 · 저압일수록 연소속도는 증가한다.
② 저온 · 고압일수록 연소속도는 증가한다.
③ 연소속도는 온도에만 영향을 받는다.
④ 연소속도는 온도, 압력에 무관하다.

✔ **연소속도에 영향을 미치는 요인**
- 산소의 농도
- 촉매
- 반응계의 온도
- 산소 혼합비
- 활성화 에너지

57 폐기물의 저위발열량을 폐기물 3성분 조성비를 바탕으로 추정할 때 3가지 성분에 포함되지 않는 것은?

① 수분 ② 회분
③ 가연분 ④ 휘발분

2022

정답 | 51.④ 52.② 53.② 54.③ 55.① 56.④ 57.④

58 다이옥신의 처리대책으로 틀린 것은?

① 촉매분해법 : 촉매로는 금속산화물(V_2O_5, TiO_2 등), 귀금속(Pt, Pd)이 사용된다.
② 광분해법 : 자외선파장(250~340nm)이 가장 효과적인 것으로 알려져 있다.
③ 열분해방법 : 산소가 아주 적은 환원성 분위기에서 탈염소화, 수소첨가반응 등에 의해 분해시킨다.
④ 오존분해법 : 수중 분해 시 순수의 경우는 산성일수록, 온도는 20℃ 전후에서 분해속도가 커지는 것으로 알려져 있다.

✔ ④ 오존분해법은 염기성 조건 및 온도가 높을수록 분해속도가 빨라진다.

59 일반적인 착화온도의 내용으로 잘못된 것은? ★

① 연료의 분자구조가 간단할수록 착화온도는 높아진다.
② 연료의 화학적 발열량이 클수록 착화온도는 낮다.
③ 연료의 화학결합 활성도가 작을수록 착화온도는 낮다.
④ 연료의 화학반응성이 클수록 착화온도는 낮다.

✔ ③ 연료의 화학결합 활성도가 클수록 착화온도는 낮다.

60 황 함량이 2%인 벙커C유 1.0ton을 연소시킬 경우 발생되는 SO_2의 양(kg)은? (단, 황 성분 전량이 SO_2로 전환됨)

① 30 ② 40
③ 50 ④ 60

✔ 〈반응식〉 $S + O_2 \rightarrow SO_2$

32kg : 64kg

S 발생량 : X

$$\text{S 발생량} = \frac{1{,}000\,\text{kg}}{} \bigg| \frac{2}{100} = 20\,\text{kg}$$

$$\therefore X = \frac{64 \times 20}{32} = 40\,\text{kg}$$

제4과목 | 폐기물 공정시험기준(방법)

61 다음은 자외선/가시선 분광법으로 납을 측정하는 방법이다. ( )에 들어갈 적절한 내용은?

> 납을 자외선/가시선 분광법으로 측정하는 방법으로 시료 중에 납이온이 (㉠) 공존하에 알칼리성에서 (㉡)과 반응하여 생성하는 납 디티존 착염을 사염화탄소로 추출하고 과잉의 디티존을 사이안화포타슘 용액으로 씻은 다음 납 착염의 흡광도를 (㉢)에서 측정하는 방법

① ㉠ 사이안화소듐, ㉡ 아세트산뷰틸, ㉢ 520
② ㉠ 사이안화포타슘, ㉡ 디티존, ㉢ 520
③ ㉠ 사이안화소듐, ㉡ 아세트산뷰틸, ㉢ 560
④ ㉠ 사이안화포타슘, ㉡ 디티존, ㉢ 560

62 다음 중 자외선/가시선 분광법과 원자흡수 분광광도법의 두 가지 시험방법으로 모두 분석할 수 있는 항목으로 가장 거리가 먼 것은? (단, 폐기물 공정시험기준(방법)에 준함)

① 크로뮴 ② 카드뮴
③ 비소 ④ 사이안

✔ 사이안 분석항목
- 자외선/가시선 분광법
- 이온전극법
- 연속흐름법

63 기체 크로마토그래피법으로 측정하여야 하는 시험항목이 아닌 것은?

① 납
② PCBs
③ 유기인
④ 휘발성 저급 염소화 탄화수소류

✔ 납 분석항목
- 원자흡수 분광광도법
- 유도결합 플라스마 – 원자발광분광법
- 자외선/가시선 분광법

정답 | 58.④ 59.③ 60.② 61.② 62.④ 63.①

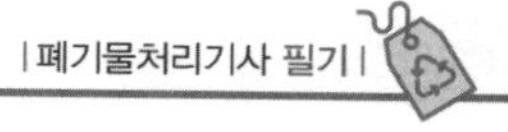

64 폐기물 용출시험방법 중 용출조작기준으로 옳은 것은? ★

① 진탕시간을 4시간 연속으로 한다.
② 진탕기의 진탕횟수는 매분당 약 300회로 한다.
③ 진탕기의 진폭은 4~5cm로 한다.
④ 여과가 어려운 경우에는 10분 이상 원심분리한 후 상등액을 시료용액으로 한다.

✔ ① 진탕시간을 6시간 연속으로 한다.
② 진탕기의 진탕횟수는 매분당 약 200회로 한다.
④ 여과가 어려운 경우에는 20분 이상 원심분리한 후 상등액을 시료용액으로 한다.

65 다음은 6가크로뮴을 자외선/가시선 분광법으로 측정 시 흡수셀 세척에 관한 내용이다. ( ) 안에 들어갈 내용으로 옳은 것은?

> • ( )에 소량의 음이온 계면활성제를 가한 용액에 흡수셀을 담가 놓고 필요하면 40~50℃로 약 10분간 가열한다.
> • 흡수셀을 꺼내 정제수로 씻은 후 질산(1+5)에 소량의 과산화수소를 가한 용액에 약 30분간 담가 놓았다가 꺼내어 정제수로 잘 씻는다.

① 과망가니즈산포타슘 용액(2W/V%)
② 질산암모늄 용액(2W/V%)
③ 질산소듐 용액(2W/V%)
④ 탄산소듐 용액(2W/V%)

66 자외선/가시선 분광광도계 광원부의 광원 중 자외부의 광원으로 주로 사용하는 것은? ★

① 속빈음극램프
② 텅스텐램프
③ 광전관
④ 중수소방전관

✔ 광원부의 광원으로는 가시부와 근적외부의 광원으로는 텅스텐램프를, 자외부의 광원으로는 중수소방전관을, 자외부 내지 가시부 파장의 광원으로는 광전관, 광전자증배관을 주로 사용한다.

67 30% 수산화소듐(NaOH)은 몇 몰(M)인가? (단, NaOH의 분자량은 40) ★★★

① 4.5 ② 5.5
③ 6.5 ④ 7.5

✔ NaOH의 몰농도 $= \frac{30\,g}{100\,mL} \Big| \frac{mol}{40\,g} \Big| \frac{10^3 mL}{L} = 7.5\,M$

68 유기인의 정제용 칼럼이 아닌 것은?

① 실리카겔 칼럼
② 플로리실 칼럼
③ 활성탄 칼럼
④ 실리콘 칼럼

✔ 유기인의 정제용 칼럼
• 실리카겔 칼럼
• 플로리실 칼럼
• 활성탄 칼럼

69 $K_2Cr_2O_7$을 사용하여 1,000mg/L의 Cr 표준원액 100mL를 제조하는 경우 필요한 $K_2Cr_2O_7$의 양(mg)은? (단, 원자량 K=39, Cr=52, O=16)

① 141 ② 283
③ 354 ④ 565

✔ 필요한 $K_2Cr_2O_7$의 양
$= \frac{1{,}000\,mg}{L} \Big| \frac{294\,g}{2 \times 52\,g} \Big| \frac{L}{10^3 mL} \Big| 100\,mL$
$= 282.69\,mg$

70 사이안의 자외선/가시선 분광법에 관한 내용으로 ( ) 안에 옳은 내용은? ★

> 클로라민-T와 피리딘 · 피라졸론 혼합액을 넣어 나타나는 ( )에서 측정한다.

① 적색을 460nm
② 황갈색을 560nm
③ 적자색을 520nm
④ 청색을 620nm

2022

정답 | 64.③ 65.④ 66.④ 67.④ 68.④ 69.② 70.④

71 PCBs(기체 크로마토그래피 – 질량분석법) 분석 시 PCBs 정량한계(mg/L)는?

① 0.001　② 0.05
③ 0.1　④ 1.0

72 괄호 안에 들어갈 내용으로 옳은 것은? ★

(　　)라 함은 취급 또는 저장하는 동안에 기체 또는 미생물이 침입하지 아니하도록 내용물을 보호하는 용기를 말한다.

① 밀폐용기　② 기밀용기
③ 밀봉용기　④ 차광용기

✔ ① 밀폐용기 : 취급 또는 저장하는 동안에 이물질이 들어가거나 또는 내용물이 손실되지 아니하도록 보호하는 용기
② 기밀용기 : 취급 또는 저장하는 동안에 밖으로부터의 공기 또는 다른 가스가 침입하지 아니하도록 내용물을 보호하는 용기
④ 차광용기 : 광선이 투과하지 않는 용기 또는 투과하지 않게 포장을 한 용기이며, 취급 또는 저장하는 동안에 내용물이 광화학적 변화를 일으키지 아니 하도록 방지할 수 있는 용기

73 폐기물 공정시험기준(방법)에서 사용하는 용어의 정의로 옳지 않은 것은? ★★★

① "고상폐기물"이라 함은 고형물의 함량이 15% 이상인 것을 말한다.
② "함침성 고상 폐기물"이라 함은 종이, 목재 등 기름을 흡수하는 변압기 내부 부재(종이, 나무와 금속이 서로 혼합되어 있어 분리가 어려운 경우를 포함한다)를 말한다.
③ 시험조작 중 "즉시"란 10초 이내에 표시된 조작을 하는 것을 뜻한다.
④ "바탕시험을 하여 보정한다"라 함은 시료에 대한 처리 및 측정을 할 때, 시료를 사용하지 않고 같은 방법으로 조작한 측정치를 빼는 것을 뜻한다.

✔ ③ 시험조작 중 "즉시"란 30초 이내에 표시된 조작을 하는 것을 뜻한다.

74 정량한계(LOQ)에 관한 설명에서 (　) 안에 들어갈 내용으로 옳은 것은?

정량한계란 시험분석대상을 정량화할 수 있는 측정값으로서, 제시된 정량한계 부근의 농도를 포함하도록 시료를 준비하고 이를 반복 측정하여 얻은 결과의 표준편차에 (　　)한 값을 사용한다.

① 3배　② 5배
③ 10배　④ 15배

75 시료 준비를 위한 회화법에 관한 기준으로 옳은 것은?

① 목적성분이 400℃ 이상에서 회화되지 않고 쉽게 휘산될 수 있는 시료에 적용
② 목적성분이 400℃ 이상에서 휘산되지 않고 쉽게 회화될 수 있는 시료에 적용
③ 목적성분이 800℃ 이상에서 회화되지 않고 쉽게 휘산될 수 있는 시료에 적용
④ 목적성분이 800℃ 이상에서 휘산되지 않고 쉽게 회화될 수 있는 시료에 적용

76 시료의 산분해 전처리방법 중 유기물 등이 많이 함유하고 있는 대부분의 시료에 적용하는 것으로 가장 적합한 것은? ★★

① 질산 분해법
② 염산 분해법
③ 질산-염산 분해법
④ 질산-황산 분해법

✔ ① 질산 분해법 : 유기물 함량이 낮은 시료에 적용하며, 질산에 의한 유기물 분해방법
③ 질산-염산 분해법 : 유기물 함량이 비교적 높지 않고 금속의 수산화물, 산화물, 인산염 및 황화물을 함유하고 있는 시료에 적용하며, 질산-염산에 의한 유기물 분해방법

정답 I 71.④ 72.③ 73.③ 74.③ 75.② 76.④

77 폐기물 시료의 분할채취방법 중 모아진 대시료를 네모꼴로 엷게 균일한 두께로 펴서 20개의 덩어리로 나눈 후 각 등분에서 균등량을 취하여 하나의 시료로 하는 것은?

① 사각분할법 ② 구획법
③ 교호삽법 ④ 원추4분법

78 2N 황산 10L를 제조하려면 3M 황산 얼마가 필요한가?

① 9.99L ② 6.66L
③ 5.55L ④ 3.33L

✔ 2N 황산의 몰농도 $= \frac{2\text{eq}}{\text{L}} \left| \frac{(98/2)\text{g}}{\text{eq}} \right| \frac{\text{mol}}{98\text{g}} = 1\text{M}$
$\therefore 10\text{L} \div 3 = 3.33\text{L}$

79 기름성분 – 중량법에 대한 설명으로 옳지 않은 것은?

① 폐기물 중의 비교적 휘발되지 않는 탄화수소, 탄화수소유도체, 그리스유상 물질 중 노말헥세인에 용해되는 성분에 적용한다.
② 전기열판 또는 전기멘틀은 200℃ 온도조절이 가능한 것을 사용한다.
③ 정량한계는 0.1% 이하로 한다.
④ 눈에 보이는 이물질이 들어 있을 때는 제거해야 한다.

✔ ② 전기열판 또는 전기멘틀은 80℃ 온도조절이 가능한 것을 사용한다.

80 편광현미경법으로 석면을 분석할 때 천장, 벽, 바닥재의 경우 50m^2의 크기를 갖는다면 최소 시료채취 수는 얼마인가?

① 1 ② 3
③ 5 ④ 7

✔ **천장, 벽, 바닥재의 경우 최소 시료채취 수**
- 25m^2 미만 : 1
- $25\sim100\text{m}^2$: 3
- $100\sim500\text{m}^2$: 5
- 500m^2 이상 : 7

제5과목 | 폐기물 관계법규

81 의료폐기물 수집 · 운반 차량의 차체는 어떤 색으로 색칠하여야 하는가?

① 청색 ② 흰색
③ 황색 ④ 녹색

✔ **폐기물 수집 · 운반 차량의 차체 색상 기준**
- 의료폐기물 : 흰색
- 지정폐기물 : 노란색

2022

82 다음 중 5년 이하의 징역이나 5천만원 이하의 벌금에 처하는 경우가 아닌 것은?

① 승인이 취소되었음에도 불구하고 폐기물을 계속 재활용한 자
② 폐쇄 명령을 이행하지 아니한 자
③ 재활용 환경성평가기관의 지정을 받지 아니하고 재활용 환경성평가를 한 자
④ 폐기물의 처리기준을 위반하여 폐기물을 매립한 자

✔ ④ 폐기물의 처리기준을 위반하여 폐기물을 매립한 자 : 3년 이하의 징역이나 3천만원 이하의 벌금

83 폐기물 처리업의 변경허가를 받아야 하는 중요사항에 관한 내용으로 틀린 것은? (단, 폐기물 수집 · 운반업 기준)

① 운반차량(임시차량 제외)의 증차
② 수집 · 운반 대상 폐기물의 변경
③ 영업구역의 변경
④ 수집 · 운반 시설 소재지 변경

✔ **폐기물 처리업의 변경허가를 받아야 하는 중요 사항**(폐기물 수집 · 운반업의 경우)
- 수집 · 운반 대상 폐기물의 변경
- 영업구역의 변경
- 주차장 소재지의 변경(지정폐기물을 대상으로 하는 수집 · 운반업만 해당)
- 운반차량(임시차량은 제외)의 증차

정답 | 77.② 78.④ 79.② 80.② 81.② 82.④ 83.④

84 사후관리 이행보증금의 사전적립대상이 되는 폐기물을 매립하는 시설의 규모기준으로 옳은 것은? ★★

① 면적 3천300m^2 이상인 시설
② 면적 1만m^2 이상인 시설
③ 용적 3천300m^3 이상인 시설
④ 용적 1만m^3 이상인 시설

85 폐기물관리법에서 사용하는 용어의 정의로 옳지 않은 것은?

① 생활폐기물이란 사업장폐기물 외의 폐기물을 말한다.
② 폐기물 처리시설이란 폐기물의 중간처분시설과 최종처분시설 및 재활용시설로서 대통령령으로 정하는 시설을 말한다.
③ 재활용이란 생산공정에서 발생하는 폐기물의 양을 줄이고 재사용, 재생을 통하여 폐기물 배출을 최소화하는 활동을 말한다.
④ 처분이란 폐기물의 소각 · 중화 · 파쇄 · 고형화 등의 중간처분과 매립하거나 해역으로 배출하는 등의 최종처분을 말한다.

재활용의 정의
- 폐기물을 재사용 · 재생 이용하거나 재사용 · 재생 이용할 수 있는 상태로 만드는 활동
- 폐기물로부터 에너지를 회수하거나 회수할 수 있는 상태로 만들거나 폐기물을 연료로 사용하는 활동으로서 환경부령으로 정하는 활동

86 액체상태의 것은 고온 소각하거나 고온 용융 처리하고, 고체상태의 것은 고온 소각 또는 고온 용융 처리하거나 차단형 매립시설에 매립하여야 하는 것은?

① 폐주물사
② 폐촉매
③ 폐농약의 처리
④ 광재

87 폐기물 처리시설의 설치를 마친 자가 폐기물 처리시설 검사기관으로 검사를 받아야 하는 시설이 아닌 것은?

① 소각시설
② 파쇄시설
③ 매립시설
④ 소각열 회수시설

폐기물 처리시설의 설치를 마친 후 폐기물 처리시설 검사기관으로부터 검사를 받아야 하는 시설
- 소각시설
- 매립시설
- 멸균분쇄시설
- 음식물류 폐기물 처리시설(음식물류 폐기물에 대한 중간처리 후 새로 발생한 폐기물을 처리하는 시설을 포함)
- 시멘트 소성로(폐기물을 연료로 사용하는 경우로 한정)
- 소각열 회수시설
- 열분해시설

88 폐기물관리법상 폐기물 처리시설 중 중간처리시설에 대하여 잘못 연결된 것은?

① 생물학적 처리시설 – 소멸화시설
② 기계적 처리시설 – 압축시설, 파쇄 · 분쇄시설
③ 화학적 처리시설 – 정제시설, 고형화 · 안정화 시설
④ 소각시설 – 고온 소각시설, 고온 용융시설

중간처분시설 중 화학적 처분시설의 종류
- 고형화 · 고화 · 안정화 시설
- 반응시설(중화 · 산화 · 환원 · 중합 · 축합 · 치환 등의 화학반응을 이용하여 폐기물을 처분하는 단위시설을 포함)
- 응집 · 침전 시설

89 지정폐기물 배출자는 사업장에서 발생되는 지정폐기물인 폐산을 보관 개시일부터 최소 며칠을 초과하여 보관하여서는 안 되는가?

① 90일 ② 70일
③ 60일 ④ 45일

정답 | 84.① 85.③ 86.③ 87.② 88.③ 89.④

90 다음 중 에너지 회수기준을 측정하는 기관이 아닌 것은? ★

① 한국산업기술시험원
② 한국에너지기술연구원
③ 한국기계연구원
④ 한국화학기술연구원

에너지 회수기준을 측정하는 기관
- 한국환경공단
- 한국기계연구원 및 한국에너지기술연구원
- 한국산업기술시험원

91 과징금으로 징수한 금액의 사용 용도로 알맞지 않은 것은?

① 불법 투기된 폐기물의 처리비용
② 폐기물 처리시설의 지도 · 점검에 필요한 시설 · 장비의 구입 및 운영
③ 폐기물 처리기준에 적합하지 아니하게 처리한 폐기물 중 그 폐기물을 처리한 자 또는 그 폐기물의 처리를 위탁한 자를 확인할 수 없는 폐기물로 인하여 예상되는 환경상 위해의 제거를 위한 처리
④ 광역 폐기물 처리시설의 확충

과징금으로 징수한 금액의 사용 용도
- 폐기물 처리시설의 지도 · 점검에 필요한 시설 · 장비의 구입 및 운영
- 폐기물 처리기준에 적합하지 아니하게 처리한 폐기물 중 그 폐기물을 처리한 자 또는 그 폐기물의 처리를 위탁한 자를 확인할 수 없는 폐기물로 인하여 예상되는 환경상 위해의 제거를 위한 처리
- 광역 폐기물 처리시설의 확충
- 공공 재활용 기반시설의 확충

92 폐기물 처리시설의 사용 종료 또는 폐쇄 신고를 한 경우에 사후관리기간의 기준은 사용 종료 또는 폐쇄 신고를 한 날부터 몇 년 이내인가?

① 10년 ② 20년
③ 30년 ④ 50년

93 '대통령령으로 정하는 폐기물 처리시설'을 설치 · 운영하는 자는 그 폐기물 처리시설의 설치 · 운영이 주변 지역에 미치는 영향을 3년마다 조사하여 그 결과를 환경부장관에게 제출하여야 한다. 다음 중 대통령령으로 정하는 폐기물 처리시설 기준으로 틀린 것은? ★★★

① 매립면적 1만제곱미터 이상의 사업장 지정폐기물 매립시설
② 매립면적 15만제곱미터 이상의 사업장 일반폐기물 매립시설
③ 시멘트 소성로(폐기물을 연료로 하는 경우로 한정한다)
④ 1일 처분능력이 10톤 이상인 사업장폐기물 소각시설

주변 지역 영향조사대상 폐기물 처리시설
- 1일 처분능력이 50톤 이상인 사업장폐기물 소각시설(같은 사업장에 여러 개의 소각시설이 있는 경우에는 각 소각시설의 1일 처분능력의 합계가 50톤 이상인 경우를 말함)
- 매립면적 1만제곱미터 이상의 사업장 지정폐기물 매립시설
- 매립면적 15만제곱미터 이상의 사업장 일반폐기물 매립시설
- 시멘트 소성로(폐기물을 연료로 사용하는 경우로 한정)
- 1일 재활용능력이 50톤 이상인 사업장폐기물 소각열 회수시설(같은 사업장에 여러 개의 소각열 회수시설이 있는 경우에는 각 소각열 회수시설의 1일 재활용능력의 합계가 50톤 이상인 경우를 말함)

94 폐기물관리법상의 의료폐기물의 종류가 아닌 것은?

① 격리 의료폐기물
② 일반 의료폐기물
③ 유사 의료폐기물
④ 위해 의료폐기물

의료폐기물의 종류
- 격리 의료폐기물
- 위해 의료폐기물
- 일반 의료폐기물

2022

정답 | 90.④ 91.① 92.③ 93.④ 94.③

95 폐기물 중간처분시설 중 기계적 처분시설에 속하는 것은? ★★★

① 증발 · 농축 시설
② 고형화시설
③ 소멸화시설
④ 응집 · 침전 시설

✔ **중간처분시설 중 기계적 처분시설의 종류**
- 압축시설(동력 7.5kW 이상인 시설로 한정)
- 파쇄 · 분쇄 시설(동력 15kW 이상인 시설로 한정)
- 절단시설(동력 7.5kW 이상인 시설로 한정)
- 용융시설(동력 7.5kW 이상인 시설로 한정)
- 증발 · 농축 시설
- 정제시설(분리 · 증류 · 추출 · 여과 등의 시설을 이용하여 폐기물을 처분하는 단위시설을 포함)
- 유수분리시설
- 탈수 · 건조 시설
- 멸균분쇄시설

96 관리형 매립시설에서 발생하는 침출수의 배출허용기준(BOD – SS 순서)은? (단, 가 지역, 단위 mg/L) ★★★

① 30 – 30　　② 30 – 50
③ 50 – 50　　④ 50 – 70

✔ **침출수의 배출허용기준**(관리형 매립시설)

구분	생물화학적 산소요구량	화학적 산소요구량	부유물질량
청정지역	30mg/L	200mg/L	30mg/L
가 지역	50mg/L	300mg/L	50mg/L
나 지역	70mg/L	400mg/L	70mg/L

97 다음은 처리이행보증보험 금액의 산출기준에 대한 내용이다. 괄호 안에 알맞은 내용은?

> 폐기물 처리업자 : 폐기물의 종류별 처리단가에 따른 양을 곱한 금액의 (　)배

① 1.0　　② 1.5
③ 2.0　　④ 2.5

98 다음 중 폐기물 관리의 기본원칙으로 적절하지 않은 것은?

① 사업자는 제품의 생산방식 등을 개선하여 폐기물의 발생을 최대한 억제해야 한다.
② 폐기물은 우선적으로 소각, 매립 등의 처분을 한다.
③ 폐기물로 인하여 환경오염을 일으킨 자는 오염된 환경을 복원할 책임을 져야 한다.
④ 누구든지 폐기물을 배출하는 경우에는 주변 환경이나 주민의 건강에 위해를 끼치지 아니하도록 사전에 적절한 조치를 하여야 한다.

✔ ② 폐기물은 소각, 매립 등의 처분을 하기보다는 우선적으로 재활용함으로써 자원생산성의 향상에 이바지하도록 하여야 한다.

99 다음 중 폐기물 처리시설을 설치 · 운영하는자가 갖추어야 할 기술관리인의 자격기준으로 가장 알맞은 것은? (단, 매립시설의 경우)

① 화공기사 · 건설기계설비기사 중 1명 이상
② 토목기사 · 대기환경기사 중 1명 이상
③ 전기기사 · 일반기계기사 중 1명 이상
④ 전기공사기사 · 토목기사 중 1명 이상

✔ **폐기물 처분시설 또는 재활용시설 중 매립시설의 기술관리인 자격기준**
폐기물처리기사, 수질환경기사, 토목기사, 일반기계기사, 건설기계설비기사, 화공기사, 토양환경기사 중 1명 이상

100 폐기물 통계조사 중 폐기물 발생원 등에 관한 조사의 실시주기는?

① 3년　　② 5년
③ 7년　　④ 10년

정답 | 95.① 96.③ 97.③ 98.② 99.① 100.②

2023 제1회 폐기물처리기사 2023년 2월 13일 시행

제1과목 | 폐기물 개론

01 다음의 폐기물 파쇄에너지 산정공식을 흔히 무슨 법칙이라 하는가?

> $E = C\ln(L_1/L_2)$
> 여기서, E : 폐기물 파쇄에너지
> C : 상수
> L_1 : 초기 폐기물 크기
> L_2 : 최종 폐기물 크기

① 리팅거(Rittinger) 법칙
② 본드(Bond) 법칙
③ 킥(Kick) 법칙
④ 로신(Rosin) 법칙

02 투입량이 1ton/hr 이고, 회수량이 600kg/hr(그 중 회수대상 물질은 540kg/hr)이며, 제거량은 400kg/hr(그 중 회수대상 물질은 50kg/hr)일 때, Worrell에 의한 선별효율은?

① 약 65% ② 약 70%
③ 약 78% ④ 약 83%

✔ Worrell의 선별효율

$E(\%) = x_{회수율} \times y_{기각률} = \left(\frac{x_2}{x_1} \times \frac{y_3}{y_1}\right) \times 100$

여기서, E : 선별효율
x_1 : 총 회수대상 물질
x_2 : 회수된 회수대상 물질
y_1 : 총 제거대상 물질
y_3 : 제거된 제거대상 물질

$\therefore E = \left(\frac{540}{590} \times \frac{350}{410}\right) \times 100 = 78.13\%$

03 다음 유해폐기물 처리기술 중 미생물로 분해되기 어려운 물질이나 활성탄을 이용하기에는 농도가 너무 높은 물질 등에 대하여 적합한 방법은?

① 증류방법
② 화학침전방법
③ 용매추출방법
④ 화학적 환원방법

04 다음과 같은 조성의 폐기물의 저위발열량(kcal/kg)을 Dulong 식을 이용하여 계산한 값으로 적절한 것은? (단, 탄소, 수소, 황의 연소반응열은 각각 8,100kcal/kg, 34,000kcal/kg, 2,500kcal/kg으로 함) ★★★

> • 휘발성 고형물 50%, 수분 20%, 회분 30%
> • 휘발성 고형물의 원소 분석 결과
> : C 50%, H 30%, O 10%, N 10%

① 5682.5 ② 5782.5
③ 5882.5 ④ 5982.5

✔ Dulong 식

$Hl(\text{kcal/kg}) = Hh - 6(9\text{H} + W)$

여기서, Hh : 고위발열량(kcal/kg)
H, W : 수소, 수분의 함량(%)

이때, Hh(kcal/kg)

$= 81\text{C} + 340\left(\text{H} - \frac{\text{O}}{8}\right) + 25\text{S}$

$= 81(0.5 \times 50) + 340\left(0.5 \times 30 - \frac{0.5 \times 10}{8}\right) + 25(0.5 \times 0)$

$= 6912.5\,\text{kcal/kg}$

여기서, C, H, O, S : 탄소, 수소, 산소, 황의 함량(%)

∴ 저위발열량 $Hl = 6912.5 - 6(9 \times 0.5 \times 30 + 20) = 5982.5\,\text{kcal/kg}$

2023

정답 | 01.③ 02.③ 03.③ 04.④

05 폐기물 전과정평가(LCA)의 목적과 가장 거리가 먼 것은? ★★

① 환경부하, 저감 면에서의 제품, 제법 등의 개선점 도출
② 생활양식의 평가와 개선목표의 도출
③ 환경오염부하의 기준치 설정 및 저감기술 개발
④ 유통, 처리, 재활용 등 사회 시스템의 검토 및 평가

✔ 전과정평가는 환경에 미치는 영향을 평가하고 최소화하기 위한 방법이다.

06 다음 중 폐기물 파쇄의 이점으로 적절하지 않은 것은?

① 압축 시에 밀도증가율이 크므로 운반비가 감소된다.
② 대형 쓰레기에 의한 소각로의 손상을 방지할 수 있다.
③ 매립 시 폐기물 입자의 표면적 감소로 매립지의 조기 안정화를 꾀할 수 있다.
④ 곱게 파쇄하면 매립 시 복토가 필요 없거나 복토 요구량이 절감된다.

✔ ③ 매립 시 폐기물 입자의 비표면적 증가로 매립지의 조기 안정화를 꾀할 수 있다.

07 직경이 1.0m인 트롬멜 스크린의 최적속도(rpm)는 얼마인가? ★★★

① 약 63 ② 약 42
③ 약 19 ④ 약 8

✔ 트롬멜 스크린의 최적속도

$N = N_c \times 0.45$

여기서, N_c : 임계속도(rpm)$\left(= \sqrt{\frac{g}{4\pi^2 r}} \times 60\right)$

이때, g : 중력가속도(=9.8m/sec²)

r : 반경(m)

$\therefore N = \left(\sqrt{\frac{9.8}{4\pi^2 \times 0.5}} \times 60\right) \times 0.45 = 19.02\,\text{rpm}$

08 1일 1인당 폐기물 발생량이 1.6kg/인 · 일이다. 이때 폐기물의 밀도가 0.4ton/m^3, 차량 적재용량이 4.5m^{3}인 경우, 이 지역의 수거대상 인구(적재 가능 인구 수)는 최대 몇 명까지 가능한가?

① 1,025명 ② 1,125명
③ 1,225명 ④ 1,325명

✔ 수거대상 인구

$= \frac{\text{인·일}}{1.6\,\text{kg}} \left| \frac{0.4\,\text{ton}}{\text{m}^3} \right| \frac{4.5\,\text{m}^3}{} \left| \frac{10^3\,\text{kg}}{\text{ton}} \right. = 1,125\text{명}$

09 돌, 코르크 등의 불투명한 것과 유리 같은 투명한 것의 분리에 이용되는 선별방법은?

① Floatation
② Optical sorting
③ Inertial separation
④ Electrostatic separation

✔ ② Optical sorting은 광학선별이다.

10 폐기물 발생량 조사방법이 아닌 것은? ★★★

① 적재차량 계수분석법
② 직접계근법
③ 물질수지법
④ 경향법

✔ **폐기물 발생량 조사방법**
- 직접계근법
- 적재차량 계수분석법
- 물질수지법

11 폐기물의 관리단계 중 비용이 가장 많이 소요되는 단계는?

① 중간처리 단계
② 수거 및 운반 단계
③ 중간처리된 폐기물의 수송 단계
④ 최종처리 단계

✔ 폐기물 관리(처리) 단계에서 가장 많은 비용이 드는 단계는 수거 및 운반 단계이다.

정답 | 05.③ 06.③ 07.③ 08.② 09.② 10.④ 11.②

12 폐기물의 수거 및 운반 시 적환장의 설치가 필요한 경우로 가장 거리가 먼 것은? ★★★

① 처리장이 멀리 떨어져 있을 경우
② 저밀도 거주지역이 존재할 때
③ 수거차량이 대형인 경우
④ 쓰레기 수송비용 절감이 필요한 경우

✔ ③ 수거차량이 소형인 경우

13 함수율 90%(중량비)인 슬러지 내 고형물은 비중이 2.5인 FS 1/3과 비중이 1.0인 VS 2/3로 되어 있다. 이 슬러지의 비중은? (단, 물의 비중은 1임)

① 0.98　② 1.02
③ 1.18　④ 1.25

✔ • $\frac{100}{\rho_{SL}} = \frac{W\%}{\rho_W} + \frac{TS\%}{\rho_{TS}}$

• $\frac{100}{\rho_{TS}} = \frac{VS\%}{\rho_{VS}} + \frac{FS\%}{\rho_{FS}}$

여기서, ρ_{SL}, ρ_W, ρ_{TS}, ρ_{VS}, ρ_{FS} : 슬러지, 물, 총고형물, VS, FS의 밀도 또는 비중
$W\%$, $TS\%$, $VS\%$, $FS\%$: 물, 총고형물, VS, FS의 함량

$\frac{1}{\rho_{TS}} = \frac{2/3}{1.0} + \frac{1/3}{2.5}$ ➡ $\rho_{TS} = \frac{1}{\frac{2/3}{1.0} + \frac{1/3}{2.5}} = 1.25$

$\frac{100}{\rho_{SL}} = \frac{90}{1} + \frac{10}{1.25}$

∴ 슬러지 비중 $\rho_{SL} = \frac{100}{\frac{90}{1} + \frac{10}{1.25}} = 1.0204 \fallingdotseq 1.02$

14 pH가 2인 폐산 용액은 pH가 4인 폐산 용액에 비해 수소이온이 몇 배 더 함유되어 있는가? ★★

① 1/2배　② 2배
③ 100배　④ 0.01배

✔ • pH 2 = 10^{-2}M
• pH 4 = 10^{-4}M
∴ 100배 차이가 난다.

15 폐기물의 수거노선 설정 시 고려해야 할 사항으로 틀린 것은? ★★★

① 수거 지점과 빈도를 결정할 때 기존 정책이나 규정을 참고한다.
② 가능한 한 지형지물 및 도로 경계와 같은 장벽을 이용하여 간선도로 부근에서 시작하고 끝나도록 배치하여야 한다.
③ 아주 많은 양의 쓰레기가 발생되는 발생원은 하루 중 가장 먼저 수거한다.
④ 가능한 한 반시계방향으로 수거노선을 정하며 U자형 회전은 피하여 수거한다.

✔ ④ 가능한 한 시계방향으로 수거노선을 정하며 U자형 회전은 피하여 수거한다.

2023

16 유기물($C_6H_{12}O_6$) 5kg을 혐기성 분해로 완전히 안정화시키는 경우 이론적으로 생성되는 메테인의 체적은? (단, 표준상태 기준)

① 약 0.87m³　② 약 1.87m³
③ 약 2.87m³　④ 약 3.87m³

✔ 〈반응식〉 $C_6H_{12}O_6 \rightarrow 3CH_4 + 3CO_2$
180kg : 3×22.4Sm³
5kg : X

$\therefore X = \frac{5 \times 3 \times 22.4\text{Sm}^3}{180} = 1.8667 \fallingdotseq 1.87\text{Sm}^3$

17 폐기물 내 함유된 리그닌의 양으로 생분해도를 평가하기 위한 관계식으로 옳은 것은? (단, BF : 생물학적 분율(휘발성 고형분 함량 기준), LC : 휘발성 고형분 중 리그린 함량(건조무게 %로 표시))

① $BF = 0.83 - (0.028 \times LC)$
② $BF = 0.83 + (0.028 \times LC)$
③ $BF = 0.83/(0.028 \times LC)$
④ $BF = 0.83 \times (0.028 \times LC)$

정답 | 12.③ 13.② 14.③ 15.④ 16.② 17.①

18 어느 쓰레기의 입도 분석 결과 입도누적곡선상 10%, 30%, 60%, 80%의 입경이 각각 0.5mm, 1.0mm, 1.5mm, 2.0mm이었다면, 이 쓰레기의 균등계수는? ★★

① 0.5 ② 2.0
③ 3.0 ④ 4.0

✔ 균등계수 $C_u = \dfrac{D_{60}}{D_{10}}$

여기서, D_{60} : 처리물 중량백분율 60%가 통과하는 입경
D_{10} : 처리물 중량백분율 10%가 통과하는 입경

$\therefore C_u = \dfrac{1.5}{0.5} = 3.0$

19 다음 중 "characteristic particle size"에 관한 설명으로 가장 적합한 것은?

① 입자의 무게 기준으로 53.2%가 통과할 수 있는 체 눈의 크기
② 입자의 무게 기준으로 63.2%가 통과할 수 있는 체 눈의 크기
③ 입자의 무게 기준으로 73.2%가 통과할 수 있는 체 눈의 크기
④ 입자의 무게 기준으로 83.2%가 통과할 수 있는 체 눈의 크기

20 폐기물의 관로 수송 시스템에 대한 설명으로 틀린 것은?

① 폐기물의 발생밀도가 높은 지역이 보다 효과적이다.
② 대용량 수송과 장거리 수송에 적합하다.
③ 조대폐기물은 파쇄 등의 전처리가 필요하다.
④ 자동집하시설로 투입하는 폐기물의 종류에 제한이 있다.

✔ ② 장거리 수송에 적합하지 않다.

제2과목 | 폐기물 처리기술

21 밀도가 1.5g/cm³인 폐기물 20kg에 고형화 재료 10kg을 첨가하여 고형화시킨 결과, 밀도가 2.8g/cm³로 증가하였다면 부피변화율은?

① 0.2 ② 0.3
③ 0.7 ④ 0.8

✔ 부피변화율 $= \dfrac{V_2}{V_1}$

- $V_1 = \dfrac{20\,\text{kg}}{} \Big| \dfrac{\text{cm}^3}{1.5\,\text{g}} \Big| \dfrac{10^3\,\text{g}}{\text{kg}} = 13333.3333\,\text{cm}^3$
- $V_2 = \dfrac{30\,\text{kg}}{} \Big| \dfrac{\text{cm}^3}{2.8\,\text{g}} \Big| \dfrac{10^3\,\text{g}}{\text{kg}} = 10714.2857\,\text{cm}^3$

$\therefore$ 부피변화율 $= \dfrac{10714.2857}{13333.3333} = 0.8036 \fallingdotseq 0.8$

22 슬러지 고형화 방법 중 시멘트기초법에 관한 설명으로 적절하지 않은 것은?

① 고형화 재료로 포틀랜드 시멘트를 이용한다.
② 고농도의 중금속 폐기물 처리에 적합한 방법이다.
③ 폐기물 내에 고형물질이 많게 되면 최대강도를 내기 위한 물/시멘트 비는 증가한다.
④ 시멘트 혼합물 첨가제로 포졸란이 흔히 이용된다.

✔ ④ 포졸란은 무기성 고형화에서 이용된다.

23 매립지 입지 선정절차 중 후보지 평가단계에서 수행해야 할 일로 가장 거리가 먼 것은?

① 경제성 분석
② 후보지 등급 결정
③ 현장 조사(보링 조사 포함)
④ 입지 선정기준에 의한 후보지 평가

✔ ① 경제성 분석은 초기에 수행한다.

정답 | 18.③ 19.② 20.② 21.④ 22.④ 23.①

24 BOD가 15,000mg/L, Cl^-이 800ppm인 분뇨를 희석하여 활성오니법으로 처리한 결과 BOD가 30mg/L, Cl^-이 40ppm이었다면 처리효율은? (단, 희석수 중에 BOD, Cl^-은 없음)

① 90% ② 92%
③ 94% ④ 96%

✔ 처리효율 $\eta(\%) = \left(1 - \frac{C_o \times P}{C_i}\right) \times 100$

여기서, C_i : 유입 농도
C_o : 유출 농도
P : 희석배수$\left(= \frac{\text{유입 염소}}{\text{유출 염소}}\right)$

$\therefore \eta = \left(1 - \frac{30 \times \frac{800}{40}}{15,000}\right) \times 100 = 96\%$

25 혐기 소화과정의 가수분해단계에서 생성되는 물질과 가장 거리가 먼 것은?

① 아미노산
② 단당류
③ 글리세린
④ 알데하이드

✔ ④ 알데하이드는 산 생성단계에서 생성되는 물질이다.

26 다음 중 스크린 선별에 대한 설명으로 적절한 것은? ★★★

① 트롬멜 스크린의 경사도는 2~3°가 적정하다.
② 파쇄 후에 설치되는 스크린은 파쇄설비 보호가 목적이다.
③ 트롬멜 스크린의 회전속도가 증가할수록 선별효율이 증가한다.
④ 회전 스크린은 주로 골재 분리에 이용되며 구멍이 막히는 문제가 자주 발생한다.

✔ ② 파쇄 후 설치되는 스크린은 폐기물 분류가 목적이다.
③ 트롬멜 스크린의 회전속도가 증가할수록 선별효율이 감소한다.
④는 진동 스크린에 대한 설명이다.

27 유기성 폐기물의 생물학적 처리 시 화학 종속영양계 미생물의 에너지원과 탄소원을 나열한 것으로 옳은 것은?

① 유기 산화환원반응, CO_2
② 무기 산화환원반응, CO_2
③ 유기 산화환원반응, 유기탄소
④ 무기 산화환원반응, 유기탄소

✔ 미생물의 분류

구분	탄소원
독립영양계(autotrophic)	CO_2
종속영양계(heterotrophic)	유기탄소
구분	**에너지원**
광합성(photo)	빛
화학합성(chemo)	유기산화, 환원반응

28 폐기물 내 가스 생성과정을 기간에 따라 4개로 나눌때 1단계인 호기성 단계에 관한 설명으로 틀린 것은? ★

① 폐기물 내 수분이 많은 경우 반응이 늦어 호기성 단계가 길어진다.
② 가스의 발생량이 적다.
③ 질소의 양이 감소하기 시작한다.
④ 산소가 급감하여 거의 사라지고 탄산가스가 발생하기 시작한다.

✔ ① 폐기물 내 수분이 많은 경우에는 반응이 가속화된다.

29 결정도(crystallinity)가 증가할수록 합성차수막에 나타나는 성질이라 볼 수 없는 것은?

① 인장강도 증가
② 열에 대한 저항성 증가
③ 화학물질에 대한 저항성 증가
④ 투수계수 증가

✔ ④ 투수계수 감소

정답 | 24.④ 25.④ 26.① 27.③ 28.① 29.④

30 매립지에서 침출된 침출수의 농도가 반으로 감소하는 데 약 3.3년이 걸린다면 이 침출수의 농도가 90% 분해되는 데 걸리는 시간(년)은? (단, 1차 반응 기준)

① 약 7　　② 약 9
③ 약 11　　④ 약 13

✔ 1차 반응식

$$\ln\frac{C_t}{C_o} = -k \cdot t$$

여기서, C_t : t시간 후 농도
C_o : 초기 농도
k : 반응속도상수(year^{-1})
t : 시간(year)

$$k = \frac{\ln\frac{C_t}{C_o}}{-t} = \frac{\ln\frac{1}{2}}{-3.3\text{year}} = 0.2100\text{year}^{-1}$$

$$\therefore\ t = \frac{\ln\frac{C_t}{C_o}}{-k} = \frac{\ln\frac{10}{100}}{-0.2100} = 10.9647 ≒ 10.96\text{year}$$

31 다음 조건의 관리형 매립지에서 침출수의 통과 연수는? (단, 기타 조건은 고려하지 않음) ★

- 점토층 두께 = 1m
- 유효공극률 = 0.2
- 투수계수 = 10^{-7}cm/sec
- 침출수 수두 = 0.4m

① 약 6.33년　　② 약 5.24년
③ 약 4.53년　　④ 약 3.81년

✔ $$t = \frac{nd^2}{K(d+h)}$$

여기서, t : 침출수 통과 연수(year)
n : 유효공극률
d : 점토층 두께(cm)
K : 투수계수(cm/year)
h : 침출수 수두(m)

$$K = \frac{10^{-7}\text{cm}}{\text{sec}}\Big|\frac{3,600\text{sec}}{\text{hr}}\Big|\frac{24\text{hr}}{\text{day}}\Big|\frac{365\text{day}}{\text{year}} = 3.1536\text{cm/year}$$

$$\therefore\ t = \frac{0.20 \times 100^2}{3.1536 \times (100+40)} = 4.53\text{year}$$

32 매립공법 중 내륙매립공법에 관한 내용으로 틀린 것은? ★

① 셀(cell) 공법 : 쓰레기 비탈면의 경사는 15~25%의 구배로 하는 것이 좋다.
② 셀(cell) 공법 : 1일 작업하는 셀 크기는 매립처분량에 따라 결정된다.
③ 도랑형 공법 : 파낸 흙이 항상 남는데 이를 복토재로 이용할 수 있다.
④ 도랑형 공법 : 쓰레기를 투입하여 순차적으로 육지화하는 방법이다.

✔ ④ 쓰레기를 투입하여 순차적으로 육지화하는 방법은 순차투입공법이다.

33 일반적으로 매립장 침출수 생성에 가장 큰 영향을 미치는 인자는?

① 쓰레기의 함수율
② 지하수의 유입
③ 표토를 침투하는 강수
④ 쓰레기 분해과정에서 발생하는 발생수

34 다음 중 슬러지의 처리공정을 가장 합리적인 순서대로 배치한 것은? (단, A : 농축, B : 탈수, C : 건조, D : 개량, E : 소화, F : 매립)

① A－E－B－D－C－F
② A－E－D－B－C－F
③ A－B－E－D－C－F
④ A－B－D－E－C－F

35 질소가 생물학적인 탈질 제거공정에 의해 처리될 때 질소의 최종 제거물 형태는?

① NO_3^-　　② NH_3
③ N_2　　④ 잉여슬러지

✔ 탈질화 반응
$2NO_3^- + 5H_2 \rightarrow N_2 + 2OH^- + 4H_2O$

정답 | 30.③ 31.③ 32.④ 33.③ 34.② 35.③

36 다음 슬러지 물의 형태 중 탈수성이 가장 용이한 것은? ★

① 모관결합수
② 표면부착수
③ 내부수
④ 입자경계수

✔ **슬러지의 수분 함유형태별 탈수성의 크기**
간극수 > 모관결합수 > 표면부착수 > 내부수

37 일반적으로 매립지 침출수 중 중금속의 농도가 가장 높게 나타나는 시기는?

① 호기성 단계
② 산 형성단계
③ 메테인 발효단계
④ 숙성단계

38 1일 처리량이 100kL인 분뇨 처리장에서 중온 소화방식을 택하고자 한다. 소화 후 슬러지의 양(m^3/day)은?

- 투입 분뇨의 함수율 = 98%
- 고형물 중 유기물 함유율 = 70%
  (그 중 60%가 액화 및 가스화)
- 소화 슬러지 함수율 = 96%
- 슬러지 비중 = 1.0

① 15 ② 29
③ 44 ④ 53

✔
- 투입 분뇨의 양 = $\frac{100\,\text{kL}}{\text{day}}\Big|\frac{\text{m}^3}{\text{kL}} = 100\,\text{m}^3/\text{day}$
- 투입 분뇨의 고형물 = $2\,\text{m}^3/\text{day}$
  투입 분뇨의 수분 = $98\,\text{m}^3/\text{day}$
- 투입 분뇨의 고형물 중 유기물 = $1.4\,\text{m}^3/\text{day}$
  투입 분뇨의 고형물 중 무기물 = $0.6\,\text{m}^3/\text{day}$
- 소화 후 유기물 중 남은 양 = $0.56\,\text{m}^3/\text{day}$
- 소화 후 고형물 = $0.56 + 0.6 = 1.16\,\text{m}^3/\text{day}$

∴ 소화 후 슬러지 양 = $\frac{1.16\,\text{m}^3_{\text{TS}}}{\text{day}}\Big|\frac{100_{\text{SL}}}{4_{\text{TS}}}$
$= 29\,\text{m}^3/\text{day}$

39 연직차수막과 표면차수막에 대한 내용으로 옳지 않은 것은?

① 연직차수막은 지중에 수평방향의 차수층이 존재할 때 채용한다.
② 연직차수막은 지하수 집배수시설이 필요하다.
③ 표면차수막은 차수막 단위면적당 공사비가 싸다.
④ 표면차수막은 매립 전에는 보수가 용이하나 매립 후에는 어렵다.

✔ ② 연직차수막은 지하수 집배수시설이 불필요하다.

40 토양오염 처리기술 중 토양증기추출법에 대한 설명으로 틀린 것은? ★

① 증기압이 낮은 오염물은 제거효율이 낮다.
② 추출된 기체는 대기오염 방지를 위해 후처리가 필요하다.
③ 필요한 기계장치가 복잡하여 유지 · 관리비가 많이 소요된다.
④ 지반 구조의 복잡성으로 총 처리시간을 예측하기가 어렵다.

✔ ③ 기계장치가 간단하며, 유지 · 관리비가 적게 소요된다.

제3과목 | 폐기물 소각 및 열회수

41 다음의 기체 중 각각을 1Sm^3씩 연소하는 데 필요한 이론산소량이 가장 많은 것은? (단, 동일 조건임) ★★★

① C_2H_6 ② C_3H_8
③ CO ④ H_2

✔ 각 보기의 연소반응식은 다음과 같다.
① $C_2H_6 + 3.5O_2 \rightarrow 2CO_2 + 3H_2O$
② $C_3H_8 + 5O_2 \rightarrow 3CO_2 + 4H_2O$
③ $CO + 0.5O_2 \rightarrow CO_2$
④ $H_2 + 0.5O_2 \rightarrow H_2O$

2023

정답 | 36.① 37.② 38.② 39.② 40.③ 41.②

42 폐기물의 연소 및 열분해에 관한 설명으로 잘못된 것은?

① 열분해는 무산소 또는 저산소 상태에서 유기성 폐기물을 열분해시키는 방법이다.
② 습식 산화는 젖은 폐기물이나 슬러지를 고온·고압하에서 산화시키는 방법이다.
③ Steam reforming은 산화 시에 스팀을 주입하여 일산화탄소와 수소를 생성시키는 방법이다.
④ 가스화는 완전연소에 필요한 양보다 과잉 공기 상태에서 산화시키는 방법이다.

✔ ④ 가스화는 열분해방법 중 하나로 무산소·저산소 조건에서 적용하며, 산소 또는 공기 공급 대신 불활성 가스를 주입하여 처리한다.

43 굴뚝에 설치되며 보일러 전열면을 통하여 연소가스의 여열로 보일러 급수를 예열함으로써 보일러 효율을 높이는 열교환장치는?

① 공기예열기 ② 이코노마이저
③ 과열기 ④ 재열기

44 다음 조성의 기체연료 $1Sm^3$을 완전연소시키기 위해 필요한 이론공기량(Sm^3/Sm^3)은?

H_2 : 30%, CO : 9%, CH_4 : 20%, C_3H_8 : 5%, CO_2 : 5%, O_2 : 6%, N_2 : 25%

① 2.85 ② 3.75
③ 4.35 ④ 5.65

✔ 이론공기량 $A_o = O_o \div 0.21$

〈반응식〉 $H_2 + 0.5O_2 \rightarrow H_2O$ … 0.5×0.30
$CO + 0.5O_2 \rightarrow CO_2$ … 0.5×0.09
$CH_4 + 2O_2 \rightarrow CO_2 + 2H_2O$ … 2×0.20
$C_3H_8 + 5O_2 \rightarrow 3CO_2 + 4H_2$ … 5×0.05

$$\therefore A_o = (0.5\times0.30 + 0.5\times0.09 + 2\times0.20 + 5\times0.05 - 0.06) \div 0.21 = 3.7381\,Sm^3/Sm^3$$

45 황 함량이 4%인 벙커C유 1ton을 연소시킬 경우 발생되는 SO_2의 양은? (단, 황 성분 전량이 SO_2로 전환됨)

① 30kg ② 60kg
③ 80kg ④ 98kg

✔ 〈반응식〉 $S + O_2 \rightarrow SO_2$
32kg : 64kg
S 발생량 : X

$$\text{S 발생량} = \frac{1{,}000\,\text{kg}}{} \bigg| \frac{4}{100} = 40\,\text{kg}$$

$$\therefore X = \frac{64\times40}{32} = 80\,\text{kg}$$

46 유동층 소각로의 장단점이 아닌 것은? ★★★

① 반응시간이 빨라 소각시간이 짧은 장점이 있다.
② 상(床)으로부터 찌꺼기의 분리가 어려운 단점이 있다.
③ 기계적 구동부분이 많아 고장률이 높은 단점이 있다.
④ 투입이나 유동화를 위해 파쇄가 필요한 단점이 있다.

✔ ③ 기계적 구동부분이 적어 고장률이 낮다.

47 메테인을 공기비 1.1에서 완전연소시킬 경우 건조연소가스 중의 CO_2%는? ★

① 약 10.6 ② 약 12.3
③ 약 14.5 ④ 약 15.4

✔ 〈반응식〉 $CH_4 + 2O_2 \rightarrow CO_2 + 2H_2O$

$$A_o = O_o \div 0.21 = 2 \div 0.21 = 9.5238$$

$$\therefore CO_2\% = \frac{CO_2}{G_d} \times 100 = \frac{1}{(1.1-0.21)\times9.5238+1} \times 100 = 10.5528 \fallingdotseq 10.6\%$$

정답 | 42.④ 43.② 44.② 45.③ 46.③ 47.①

48 증기 터빈을 증기 이용방식에 따라 분류했을 때의 형식이 아닌 것은?

① 반동 터빈(reaction turbine)
② 복수 터빈(condensing turbine)
③ 혼합 터빈(mixed pressure turbine)
④ 배압 터빈(back pressure turbine)

✔ ① 반동 터빈은 증기 작동방식에 따른 분류이다.

49 폐기물의 원소 조성 성분을 분석해 보니 C 51.9%, H 7.62%, O 38.15%, N 2.0%, S 0.33% 이었다면 고위발열량(kcal/kg)은? (단, $Hh=$ 8,100C+34,000(H⁻(O/8))+2,500S) ★★

① 약 8,800 ② 약 7,200
③ 약 6,100 ④ 약 5,200

✔ Dulong 식

$Hh(\text{kcal/kg}) = 81\text{C} + 340\left(\text{H} - \frac{\text{O}}{8}\right) + 25\text{S}$

여기서, C, H, O, S : 탄소, 수소, 산소, 황의 함량(%)

$\therefore Hh = 81\times 51.9 + 340\left(7.62 - \frac{38.15}{8}\right) + 25\times 0.33$
$= 5181.58\,\text{kcal/kg}$

50 소각로 배기가스 중 HCl(분자량 36.5) 농도가 544ppm이면, 이는 몇 mg/Sm³에 해당하는가? (단, 표준상태 기준)

① 약 655 ② 약 789
③ 약 886 ④ 약 978

✔ HCl 농도 $= \frac{544\,\text{SmL}}{\text{Sm}^3}\Big|\frac{36.5\,\text{mg}}{22.4\,\text{mL}} = 886.43\,\text{mg/Sm}^3$

51 일반적으로 연소과정에서 매연(검댕)의 발생이 최대로 되는 온도는?

① 300~450℃
② 400~550℃
③ 500~650℃
④ 600~750℃

52 배기가스 성분을 검사한 결과 O_2의 양이 10.5%였다. 완전연소로 가정한다면 공기비는 약 얼마로 산정 가능한가?

① 1.5 ② 2.0
③ 2.5 ④ 1.0

✔ $m = \frac{21}{21 - O_2} = \frac{21}{21 - 10.5} = 2.0$

53 일반적으로 소각 연소과정에서 발생하는 질소산화물 중 Fuel NOx 저감효과가 가장 높은 방법은?

① 이단 연소에 의해 연소시킨다.
② 배기가스를 재순환시킨다.
③ 연소실에 수증기를 주입한다.
④ 연소용 공기의 예열온도를 낮게 유지한다.

54 고위발열량이 17,000kcal/Sm³인 에테인(C_2H_6)을 연소시킬 때 이론연소온도(℃)는? (단, 이론연소가스량은 2m³/Sm³, 연소가스의 정압비열은 0.63kcal/Sm³·℃, 기준온도는 15℃이고, 공기는 예열하지 않으며, 연소가스는 해리되지 않음) ★

① 588 ② 603
③ 632 ④ 660

✔ 연소온도 $t = \frac{Hl}{G\times C_p} + t_a$

여기서, Hl : 저위발열량(kcal/Sm³)
G : 연소가스 양(Sm³/Sm³)
C_p : 평균정압비열(kcal/Sm³·℃)
t_a : 실제 온도(℃)

이때, 저위발열량 $Hl = Hh - 480\sum H_2O$

여기서, Hh : 고위발열량(kcal/Sm³)
H_2O : H_2O의 몰수

〈반응식〉 $C_2H_6 + 3.5O_2 \rightarrow 2CO_2 + 3H_2O$

$Hl = 17,000 - 480\times 3 = 15,560\,\text{kcal/Sm}^3$

$\therefore t = \frac{15,560}{42\times 0.63} + 15 = 603.06℃$

2023

정답 | 48.① 49.④ 50.③ 51.② 52.② 53.① 54.②

55 NO_X 처리를 위하여 사용되는 선택적 촉매환원 기술(SCR)에 대한 설명으로 틀린 것은?

① SCR은 촉매하에서 NH_3, CO 등의 환원제를 사용하여 NO_X를 N_2로 전환시키는 기술이다.

② 연소방법의 개선이나 저농도 NO_X 연소기의 사용은 공정상에서 직접 이루어지는 질소산화물 저감방법이다.

③ 촉매독과 분진의 부착에 따른 폐색과 압력손실을 방지하기 위하여 유해가스 제거 및 분진 제거장치 후단에 설치되는 것이 일반적이다.

④ 분진 제거 SCR로 유입되는 배출가스의 온도가 150~200℃이므로 제거효율의 저하 및 저온 부식의 우려가 있다.

✔ ② 연소방법의 개선이나 저농도 NO_X 연소기의 사용은 공정상에서 직접 이루어지는 질소산화물 저감방법이지만, 근본적으로 NO_X를 제거하지 못하여 SCR 방법 등을 사용하여 제거한다.

56 쓰레기 소각능력이 100kg/m² · hr이며, 소각할 쓰레기 양이 20ton/day인 경우, 1일 20시간 가동 시 화격자의 면적(m²)은?

① 5 ② 10
③ 15 ④ 20

✔ 화격자의 면적 $= \frac{20\,\text{ton}}{\text{day}} \bigg| \frac{10^3\text{kg}}{\text{ton}} \bigg| \frac{\text{m}^2 \cdot \text{hr}}{100\,\text{kg}} \bigg| \frac{\text{day}}{20\,\text{hr}}$
$= 10\,\text{m}^2$

57 코크스 또는 분해연소가 끝난 석탄은 열분해가 일어나기 어려운 탄소가 주성분으로, 그것 자체가 연소하는 과정으로 적열(赤熱)할 따름이지 화염은 없는 연소형태는?

① 확산연소 ② 표면연소
③ 내부연소 ④ 증발연소

58 CO 100kg을 연소시킬 때 필요한 산소량(부피)과 이때 생성되는 CO_2의 부피는?

① $10Sm^3$ O_2, $40Sm^3$ CO_2
② $40Sm^3$ O_2, $80Sm^3$ CO_2
③ $60Sm^3$ O_2, $120Sm^3$ CO_2
④ $80Sm^3$ O_2, $160Sm^3$ CO_2

✔ 〈반응식〉 $CO + 0.5O_2 \rightarrow CO_2$
28kg : $0.5\times22.4Sm^3$: $22.4Sm^3$
100kg : X : Y

• O_2의 부피 $X = \frac{100\times0.5\times22.4}{28} = 40\,\text{Sm}^3$

• CO_2의 부피 $Y = \frac{100\times22.4}{28} = 80\,\text{Sm}^3$

59 플라스틱 폐기물의 소각 및 열분해에 대한 설명으로 옳지 않은 것은?

① 감압증류법은 황의 함량이 낮은 저유황유를 회수할 수 있다.

② 멜라민수지를 불완전연소하면 HCN과 NH_3가 생성된다.

③ 열분해에 의해 생성된 모노머는 발화성이 크고, 생성가스의 연소성도 크다.

④ 고온 열분해법에서는 타르, char 및 액체상태의 연료가 많이 생성된다.

✔ ④ 고온 열분해법은 가스상태의 연료가 생성된다.

60 프로페인(C_3H_8)이 완전연소할 때 AFR_v은 얼마인가?

① 12.48
② 18.15
③ 21.24
④ 23.81

✔ 〈반응식〉 $C_3H_8 + 5O_2 \rightarrow 3CO_2 + 4H_2O$

$$AFR_v = \frac{m_a \times 22.4}{m_f \times 22.4} = \frac{5 \div 0.21 \times 22.4}{1 \times 22.4} = 23.81$$

정답 | 55.② 56.② 57.② 58.② 59.④ 60.④

제4과목 | 폐기물 공정시험기준(방법)

61 폐기물의 강열감량 및 유기물 함량을 중량법으로 시험 시 시료를 탄화시키기 위해 사용하는 용액은?

① 15% 황산암모늄 용액
② 15% 질산암모늄 용액
③ 25% 황산암모늄 용액
④ 25% 질산암모늄 용액

62 대상 폐기물의 양과 채취시료의 최소수로 옳은 것은? ★★★

① 10톤 – 14
② 20톤 – 20
③ 200톤 – 36
④ 900톤 – 42

✔ 대상 폐기물의 양과 현장 시료의 최소수

대상 폐기물의 양(ton)	현장 시료의 최소수
~ 1 미만	6
1 이상 ~ 5 미만	10
5 이상 ~ 30 미만	14
30 이상 ~ 100 미만	20
100 이상 ~ 500 미만	30
500 이상 ~ 1,000 미만	36
1,000 이상 ~ 5,000 미만	50
5,000 이상 ~	60

63 유기인을 기체 크로마토그래피로 분석할 때 헥세인으로 추출하면 메틸디메톤의 추출률이 낮아질 수 있으므로 이에 대체하여 사용하는 물질로 가장 적합한 것은?

① 다이클로로메테인과 헥세인의 혼합액(15 : 85)
② 메틸에틸케톤과 에탄올의 혼합액(15 : 85)
③ 메틸에틸케톤과 헥세인의 혼합액(15 : 85)
④ 다이클로로메테인과 에탄올의 혼합액(15 : 85)

64 구리(자외선/가시선 분광법 기준) 측정에 관한 내용으로 ( ) 안에 옳은 내용은? ★

> 폐기물 중에 구리를 자외선/가시선 분광법으로 측정하는 방법으로 시료 중에 구리이온이 알칼리성에서 다이에틸다이티오카르바민산소듐과 반응하여 생성하는 황갈색의 킬레이트화합물을 ( )(으)로 추출하여 흡광도를 440nm에서 측정하는 방법이다.

① 아세트산뷰틸 ② 사염화탄소
③ 벤젠 ④ 노말헥세인

65 X선 회절기법으로 석면을 측정할 때의 정량범위는?

① X선 회절기로 판단할 수 있는 석면의 정량범위는 0~100.0wt%이다.
② X선 회절기로 판단할 수 있는 석면의 정량범위는 0.1~100.0wt%이다.
③ X선 회절기로 판단할 수 있는 석면의 정량범위는 1~100.0wt%이다.
④ X선 회절기로 판단할 수 있는 석면의 정량범위는 10~100.0wt%이다.

66 기체 크로마토그래피를 이용한 유기인의 정량방법에 관한 설명으로 틀린 것은?

① 정량한계는 사용하는 장치 및 측정조건에 따라 다르나 각 성분당 0.0005mg/L이다.
② 검출기로는 질소인 검출기 또는 불꽃광도 검출기를 이용한다.
③ 정제용 칼럼으로는 실리카겔 칼럼, 플로리실 칼럼, 활성탄 칼럼을 사용한다.
④ 운반기체는 순도 99.99% 이상의 헬륨을 사용하며 유량은 0.1~0.5mL/min으로 한다.

✔ ④ 운반기체는 부피백분율 99.999% 이상의 헬륨(또는 질소)을 사용하며 유량은 0.5~4mL/min으로 한다.

2023

정답 | 61.④ 62.① 63.① 64.① 65.② 66.④

67 비소(원자흡수 분광광도법) 측정에 관한 내용으로 틀린 것은?

① 액상 폐기물 또는 용출용액 중에 비소의 분석에 적용한다.
② 아르곤-수소 불꽃에 주입하여 분석한다.
③ 290nm에서 흡광도를 측정한다.
④ 정량한계는 0.005mg/L이다.

✔ ③ 193.7nm에서 흡광도를 측정한다.

68 다량의 점토질 또는 규산염을 함유한 시료에 적용되는 시료의 전처리방법으로 가장 적절한 것은? ★★

① 질산-과염소산-불화수소산 분해법
② 질산-염산 분해법
③ 질산-과염소산 분해법
④ 질산-황산 분해법

✔ ② 질산-염산 분해법 : 유기물 함량이 비교적 높지 않고 금속의 수산화물, 산화물, 인산염 및 황화물을 함유하고 있는 시료에 적용하며, 질산-염산에 의한 유기물 분해방법
③ 질산-과염소산 분해법 : 유기물을 높은 비율로 함유하고 있으면서 산화 분해가 어려운 시료들에 적용하며, 질산-과염소산에 의한 유기물 분해방법
④ 질산-황산 분해법 : 유기물 등을 많이 함유하고 있는 대부분의 시료에 적용하며, 질산-황산에 의한 유기물 분해방법

69 70mL의 0.08N-HCl과 0.04N-NaOH 수용액 130mL를 혼합했을 때 pH는? (단, 완전해리된다고 가정) ★★

① 2.7 ② 3.6
③ 5.6 ④ 11.3

✔ $N_m = \dfrac{N_1 \times Q_1 + N_2 \times Q_2}{Q_1 + Q_2}$

$= \dfrac{0.08 \times 70 - 0.04 \times 130}{70 + 130}$

$= 2.0 \times 10^{-3}$

$\therefore \text{pH} = \log \dfrac{1}{[\text{H}^+]} = \log \dfrac{1}{2.0 \times 10^{-3}} = 2.70$

70 25% 염산(HCl)은 몇 몰(M)인가? ★★★

① 4.35
② 5.27
③ 6.85
④ 7.45

✔ HCl의 몰농도$= \dfrac{25\text{g}}{100\text{mL}} \Big| \dfrac{\text{mol}}{36.5\text{g}} \Big| \dfrac{10^3\text{mL}}{\text{L}}$
$= 6.85\text{M}$

71 감염성 미생물의 분석방법으로 가장 거리가 먼 것은?

① 아포균 검사법
② 열멸균 검사법
③ 세균배양 검사법
④ 멸균테이프 검사법

✔ **감염성 미생물의 분석방법**
- 아포균 검사법
- 세균배양 검사법
- 멸균테이프 검사법

72 폐기물 시료 용기에 기재해야 할 사항으로 틀린 것은?

① 시료 번호
② 채취시간 및 일기
③ 채취책임자 이름
④ 채취장비

✔ **폐기물 시료 용기 기재사항**
- 폐기물의 명칭
- 대상 폐기물의 양
- 채취장소
- 채취시간 및 일기
- 시료 번호
- 채취책임자 이름
- 시료의 양
- 채취방법
- 기타 참고자료(보관상태 등)

정답 | 67.③ 68.① 69.① 70.③ 71.② 72.④

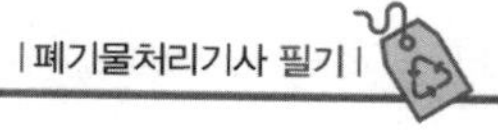

73 다음 중 폐기물 시료의 강열감량을 측정한 결과가 다음과 같았다. 이때 해당 시료의 강열감량(%)은? ★★

> • 도가니의 무게(W_1) = 51.045g
> • 강열 전 도가니와 시료의 무게(W_2) = 92.345g
> • 강열 후 도가니와 시료의 무게(W_3) = 53.125g

① 약 93　② 약 95
③ 약 97　④ 약 99

✔ 강열감량 또는 유기물 함량(%) $= \dfrac{(W_2 - W_3)}{(W_2 - W_1)} \times 100$

여기서, W_1 : 뚜껑을 포함한 증발용기의 질량
W_2 : 강열 전 뚜껑을 포함한 증발용기와 시료의 질량
W_3 : 강열 후 뚜껑을 포함한 증발용기와 시료의 질량

∴ 강열감량 $= \dfrac{92.345 - 53.125}{92.345 - 51.045} \times 100 = 94.96\%$

74 총칙에서 규정하고 있는 용어 정의로 적절한 것은? ★★★

① 비함침성 고상 폐기물 : 금속판, 구리선 등 기름을 흡수하지 않는 평면 또는 비평면 형태의 변압기 내부 부재를 말한다.
② 감압 또는 진공 : 따로 규정이 없는 한 15mmH_2O 이하를 뜻한다.
③ 정밀히 단다 : 규정된 수치의 무게를 0.1mg까지 다는 것을 말한다.
④ 밀봉용기 : 취급 또는 저장하는 동안에 밖으로부터의 공기 또는 다른 가스가 침입하지 아니하도록 내용물을 보호하는 용기를 말한다.

✔ ② 감압 또는 진공 : 따로 규정이 없는 한 15mmHg 이하를 뜻한다.
③ 정밀히 단다 : 규정된 양의 시료를 취하여 화학저울 또는 미량저울로 칭량함을 말한다.
④ 밀봉용기 : 취급 또는 저장하는 동안에 기체 또는 미생물이 침입하지 아니하도록 내용물을 보호하는 용기를 말한다.

75 5톤 이상의 차량에서 적재 폐기물의 시료를 채취할 때 평면상에서 몇 등분하여 채취하는가?

① 3등분　② 5등분
③ 6등분　④ 9등분

76 자외선/가시선 분광광도계 광원부의 광원 중 자외부의 광원으로 주로 사용되는 것은? ★

① 중수소방전관
② 텅스텐램프
③ 소듐램프
④ 중공음극램프

✔ 광원부의 광원으로 가시부와 근적외부의 광원으로는 주로 텅스텐램프를 사용하고, 자외부의 광원으로는 주로 중수소방전관을 사용한다.

77 다음 중 원자흡수 분광광도계에 대한 설명으로 틀린 것은?

① 광원부, 시료원자화부, 파장선택부 및 측광부로 구성되어 있다.
② 일반적으로 가연성 기체로 아세틸렌을, 조연성 기체로 공기를 사용한다.
③ 단광속형과 복광속형으로 구분된다.
④ 광원으로 넓은 선폭과 낮은 휘도를 갖는 스펙트럼을 방사하는 납 음극램프를 사용한다.

✔ ④ 광원으로 좁은 선폭과 높은 휘도를 갖는 스펙트럼을 방사하는 납 속빈음극램프를 사용한다.

78 석면의 종류 중 백석면의 형태와 색상에 관한 내용으로 가장 거리가 먼 것은?

① 곧은 물결 모양의 섬유
② 다발의 끝은 분산
③ 다색성
④ 가열되면 무색 ~ 밝은 갈색

✔ ① 꼬인 물결 모양의 섬유

2023

정답 | 73.② 74.① 75.④ 76.① 77.④ 78.①

79 원자흡수 분광광도법에서 사용되는 용어 중 파장에 대한 스펙트럼선의 강도를 나타내는 곡선으로 정의되는 것은?

① 멀티패스
② 공명선
③ 선프로파일
④ 근접선

✔ ① 멀티패스 : 불꽃 중에서의 광로를 길게 하고 흡수를 증대시키기 위하여 반사를 이용하여 불꽃 중에 빛을 여러 번 투과시키는 것
② 공명선 : 원자가 외부로부터 빛을 흡수했다가 다시 먼저 상태로 돌아갈 때 방사하는 스펙트럼선
④ 근접선 : 목적하는 스펙트럼선에 가까운 파장을 갖는 다른 스펙트럼선

80 유도결합 플라스마 발광광도법(ICP)에 관한 설명 중 틀린 것은?

① ICP는 시료를 고주파 유도코일에 의하여 형성된 아르곤 플라스마에 도입하여 4,000~6,000K에서 기저된 원자가 여기상태로 이동할 때 방출하는 발광선 및 발광강도를 측정하여 원소의 정성 및 정량 분석에 이용하는 방법이다.
② ICP는 아르곤가스를 플라스마가스로 사용하여 수정발진식 고주파 발생기로부터 발생된 27.13MHz 주파수 영역에서 유도코일에 의하여 플라스마를 발생시킨다.
③ ICP의 구조는 중심에 저온 · 저전자 밀도의 영역이 형성되어 도넛 형태로 되는데, 이 도넛 모양의 구조가 ICP의 특징이다.
④ 플라스마의 온도는 최고 15,000K까지 이른다.

✔ ① ICP는 시료를 고주파 유도코일에 의하여 형성된 아르곤 플라스마에 주입하여 6,000~8,000K에서 들뜬 원자가 바닥상태로 이동할 때 방출하는 발광선 및 발광강도를 측정하여 원소의 정성 및 정량 분석을 수행한다.

제5과목 | 폐기물 관계법규

81 매립시설의 설치를 마친 자가 환경부령으로 정하는 검사기관으로부터 설치검사를 받고자 하는 경우, 검사를 받고자 하는 날 15일 전까지 검사신청서에 각 서류를 첨부하여 검사기관에 제출하여야 하는데 그 서류에 해당하지 않는 것은?

① 설계도서 및 구조계산서 사본
② 시설 운전 및 유지관리 계획서
③ 설치 및 장비 확보명세서
④ 시방서 및 재료시험성적서 사본

✔ **폐기물 처리시설의 설치를 마친 후 설치검사 시 검사신청서의 첨부서류**(매립시설의 경우)
- 설계도서 및 구조계산서 사본
- 시방서 및 재료시험성적서 사본
- 설치 및 장비확보 명세서
- 환경부장관이 고시하는 사항을 포함한 시설설치의 환경성조사서(면적이 1만제곱미터 이상이거나 매립용적이 3만세제곱미터 이상인 매립시설의 경우만 제출)
- 종전에 받은 정기검사 결과서 사본(종전에 검사를 받은 경우에 한정)

82 폐기물 중간처분업자가 폐기물 처리업의 변경허가를 받아야 할 중요 사항으로 틀린 것은?

① 처분대상 폐기물의 변경
② 운반차량(임시차량은 제외한다)의 증차
③ 처분용량의 100분의 30 이상의 변경
④ 폐기물 재활용시설의 신설

✔ **폐기물 처리업의 변경허가를 받아야 하는 중요 사항**(폐기물 중간처분업, 폐기물 최종처분업 및 폐기물 종합처분업의 경우)
- 처분대상 폐기물의 변경
- 폐기물 처분시설 소재지의 변경
- 운반차량(임시차량은 제외)의 증차
- 폐기물 처분시설의 신설
- 폐기물 처분시설의 증설, 개 · 보수 또는 그 밖의 방법으로 허가 또는 변경허가를 받은 처분용량의 100분의 30 이상의 변경(허가 또는 변경허가를 받은 후 변경되는 누계를 말함)
- 주요 설비의 변경
- 매립시설 제방의 증 · 개축
- 허용보관량의 변경

정답 | 79.③ 80.① 81.② 82.④

83 폐기물 처리업에 종사하는 기술요원, 폐기물 처리시설의 기술관리인, 그 밖에 대통령령으로 정하는 폐기물 처리 담당자는 환경부령으로 정하는 교육기관이 실시하는 교육을 받아야 함에도 불구하고 이를 위반하여 교육을 받지 아니한 자에 대한 과태료 처분기준은?

① 100만원 이하의 과태료 부과
② 200만원 이하의 과태료 부과
③ 300만원 이하의 과태료 부과
④ 500만원 이하의 과태료 부과

84 주변 지역 영향조사대상 폐기물 처리시설 중 '대통령령으로 정하는 폐기물 처리시설' 기준으로 옳지 않은 것은? (단, 폐기물 처리업자가 설치·운영) ★★★

① 시멘트 소성로(폐기물을 연료로 사용하는 경우로 한정한다)
② 매립면적 3만제곱미터 이상의 사업장 일반폐기물 매립시설
③ 매립면적 1만제곱미터 이상의 사업장 지정폐기물 매립시설
④ 1일 처분능력이 50톤 이상인 사업장폐기물 소각시설(같은 사업장에 여러 개의 소각시설이 있는 경우에는 각 소각시설의 1일 처분능력의 합계가 50톤 이상인 경우를 말한다)

주변 지역 영향조사대상 폐기물 처리시설
- 1일 처분능력이 50톤 이상인 사업장폐기물 소각시설(같은 사업장에 여러 개의 소각시설이 있는 경우에는 각 소각시설의 1일 처분능력의 합계가 50톤 이상인 경우를 말함)
- 매립면적 1만제곱미터 이상의 사업장 지정폐기물 매립시설
- 매립면적 15만제곱미터 이상의 사업장 일반폐기물 매립시설
- 시멘트 소성로(폐기물을 연료로 사용하는 경우로 한정)
- 1일 재활용능력이 50톤 이상인 사업장폐기물 소각열 회수시설(같은 사업장에 여러 개의 소각열 회수시설이 있는 경우에는 각 소각열 회수시설의 1일 재활용능력의 합계가 50톤 이상인 경우를 말함)

85 폐기물 처리시설 주변 지역 영향조사기준에 관한 내용으로 ( )에 알맞은 것은?

> 미세먼지 및 다이옥신 조사지점은 해당 시설에 인접한 주거지역 중 ( ) 이상 지역의 일정한 곳으로 한다.

① 2개소 ② 3개소
③ 4개소 ④ 6개소

폐기물 처리시설 주변 지역 영향조사기준 중 조사지점
- 미세먼지와 다이옥신 조사지점은 해당 시설에 인접한 주거지역 중 3개소 이상 지역의 일정한 곳으로 한다.
- 악취 조사지점은 매립시설에 가장 인접한 주거지역에서 냄새가 가장 심한 곳으로 한다.
- 지표수 조사지점은 해당 시설에 인접하여 폐수, 침출수 등이 흘러들거나 흘러들 것으로 우려되는 지역의 상·하류 각 1개소 이상의 일정한 곳으로 한다.
- 지하수 조사지점은 매립시설의 주변에 설치된 3개의 지하수 검사정으로 한다.
- 토양 조사지점은 4개소 이상으로 한다.

2023

86 다음 중 한국폐기물협회의 수행업무에 해당하지 않는 것은? (단, 그 밖의 정관에서 정하는 업무는 제외)

① 폐기물 처리절차 및 이행 업무
② 폐기물 관련 국제 협력
③ 폐기물 관련 국제 교류
④ 폐기물과 관련된 업무로서 국가나 지방자치단체로부터 위탁받은 업무

한국폐기물협회의 수행업무
- 폐기물 관련 국제 교류 및 협력
- 폐기물과 관련된 업무로서 국가나 지방자치단체로부터 위탁받은 업무
- 그 밖에 정관에서 정하는 업무

87 폐기물 중간처분업, 최종처분업 등의 적합성 확인의 유효기간은?

① 2년 ② 3년
③ 4년 ④ 5년

정답 | 83.① 84.② 85.② 86.① 87.④

88 폐기물관리법상 과징금의 사용 용도로 맞지 않는 것은?

① 광역 폐기물 처리시설(지정폐기물 공공처리시설은 제외한다)의 확충
② 보관장소 외의 장소에 배출된 생활폐기물의 처리
③ 재활용 계획 확충
④ 생활폐기물의 수집 · 운반에 필요한 시설 · 장비의 확충

과징금의 사용 용도
- 광역 폐기물 처리시설(지정폐기물 공공처리시설은 제외)의 확충
- 보관장소 외의 장소에 배출된 생활폐기물의 처리
- 생활폐기물의 수집 · 운반에 필요한 시설 · 장비의 확충
- 생활폐기물 배출자 및 수집 · 운반자에 대한 지도 · 점검에 필요한 시설 · 장비의 구입 및 운영

89 환경정책기본법에 따른 용어의 정의로 옳지 않은 것은?

① "환경용량"이란 일정한 지역에서 환경오염 또는 환경훼손에 대하여 환경의 스스로 수용, 정화 및 복원하여 환경의 질을 유지할 수 있는 한계를 말한다.
② "생활환경"이란 지상의 모든 생물과 이들을 둘러싸고 있는 비생물적인 것을 포함한 자연의 상태를 말한다.
③ "환경훼손"이란 야생동식물의 남획 및 그 서식지의 파괴, 생태계 질서의 교란, 자연경관의 훼손, 표토의 유실 등으로 자연환경의 본래적 기능에 중대한 손상을 주는 상태를 말한다.
④ "환경보전"이란 환경오염 및 환경훼손으로부터 환경을 보호하고 오염되거나 훼손된 환경을 개선함과 동시에 쾌적한 환경상태를 유지 · 조성하기 위한 행위를 말한다.

② "생활환경"이란 대기, 물, 토양, 폐기물, 소음 · 진동, 악취, 일조, 인공조명, 화학물질 등 사람의 일상생활과 관계되는 환경을 말한다.

90 의료폐기물 발생 의료기관 및 시험 · 검사 기관에 대한 기준이 아닌 것은?

① 군부대 의무시설 ② 동물병원
③ 장례식장 ④ 혈액원

의료폐기물 발생 의료기관 및 시험 · 검사 기관
- 의료기관
- 보건소 및 보건지소
- 보건진료소
- 혈액원
- 검역소 및 동물검역기관
- 동물병원
- 국가나 지방자치단체의 시험 · 연구 기관(의학 · 치과의학 · 한의학 · 약학 및 수의학에 관한 기관)
- 대학 · 산업대학 · 전문대학 및 그 부속 시험 · 연구 기관(의학 · 치과의학 · 한의학 · 약학 및 수의학에 관한 기관)
- 학술연구나 제품의 제조 · 발명에 관한 시험 · 연구를 하는 연구소(의학 · 치과의학 · 한의학 · 약학 및 수의학에 관한 연구소)
- 장례식장
- 교도소 · 소년교도소 · 구치소 등에 설치된 의무시설
- 기업체의 부속 의료기관으로서 면적이 100제곱미터 이상인 의무시설
- 사단급 이상 군부대에 설치된 의무시설
- 노인요양시설
- 의료폐기물 중 태반을 대상으로 폐기물 재활용업의 허가를 받은 사업장
- 조직은행
- 그 밖에 환경부장관이 정하여 고시하는 기관

91 폐기물 처리시설의 설치 · 운영을 위탁받을 수 있는 자의 기준 중 음식물류 폐기물 처분시설 또는 재활용시설의 설치 · 운영을 위탁받을 수 있는 자의 기준에 해당되지 않는 기술인력은?

① 폐기물처리기사 ② 기계정비산업기사
③ 수질환경기사 ④ 위생사

폐기물 처리시설의 설치 · 운영을 위탁받을 수 있는 자의 기준에 따라 보유하여야 하는 기술인력(음식물류 폐기물 처분시설 또는 재활용시설의 경우)
- 폐기물처리기사 1명
- 수질환경기사 또는 대기환경기사 1명
- 기계정비산업기사 1명
- 1일 50톤 이상의 음식물류 폐기물 처분시설 또는 재활용시설의 시공 분야에서 2년 이상 근무한 자 2명
- 1일 50톤 이상의 음식물류 폐기물 처분시설 또는 재활용시설의 운전 분야에서 2년 이상 근무한 자 2명

정답 | 88.③ 89.② 90.① 91.④

92 대통령령으로 정하는 폐기물 처리시설을 설치 · 운영하는 자는 그 처리시설에서 배출되는 오염물질을 측정하거나 환경부령으로 정하는 측정기관으로 하여금 측정하게 하고, 그 결과를 환경부장관에게 보고하여야 한다. 다음 중 환경부령으로 정하는 측정기관이 아닌 것은?

① 수도권매립지관리공사

② 보건환경연구원

③ 국립환경과학원

④ 한국환경공단

폐기물 처리시설 배출 오염물질 측정기관
- 보건환경연구원
- 한국환경공단
- 「환경분야 시험 · 검사 등에 관한 법률」에 따라 수질오염물질 측정대행업의 등록을 한 자
- 수도권매립지관리공사
- 폐기물 분석 전문기관

93 폐기물관리법령상 용어의 정의로 적절하지 않은 것은? ★★★

① 폐기물 : 쓰레기, 연소재, 오니, 폐유, 폐산, 폐알칼리 및 동물의 사체 등으로서 사람의 생활이나 사업활동에 필요하지 아니하게 된 물질을 말한다.

② 폐기물 처리시설 : 폐기물의 중간처분시설 및 최종처분시설 중 재활용 처리시설을 제외한 환경부령으로 정하는 시설을 말한다.

③ 지정폐기물 : 사업장폐기물 중 폐유 · 폐산 등 주변 환경을 오염시킬 수 있거나 의료폐기물 등 인체에 위해를 줄 수 있는 해로운 물질로서 대통령령으로 정하는 폐기물을 말한다.

④ 폐기물 감량화시설 : 생산공정에서 발생하는 폐기물의 양을 줄이고, 사업장 내 재활용을 통하여 폐기물 배출을 최소화하는 시설로서 대통령령으로 정하는 시설을 말한다.

② "폐기물 처리시설"이란 폐기물의 중간처분시설, 최종처분시설 및 재활용시설로서 대통령령으로 정하는 시설을 말한다.

94 폐기물 처리시설을 사용 종료하거나 폐쇄하고자 하는 자는 사용 종료 · 폐쇄 신고서에 폐기물 처리시설 사후관리계획서(매립시설에 한함)를 첨부하여 제출하여야 한다. 이때 폐기물 매립시설 사후관리계획서에 포함되어야 할 사항으로 거리가 먼 것은?

① 지하수 수질 조사계획

② 구조물과 지반 등의 안정도 유지계획

③ 빗물 배제계획

④ 사후 환경영향 평가계획

폐기물 매립시설 사후관리계획서의 포함사항
- 폐기물 매립시설 설치 · 사용 내용
- 사후관리 추진일정
- 빗물 배제계획
- 침출수 관리계획(차단형 매립시설은 제외)
- 지하수 수질 조사계획
- 발생가스 관리계획(유기성 폐기물을 매립하는 시설만 해당)
- 구조물과 지반 등의 안정도 유지계획

95 폐기물 재활용을 금지하거나 제한하는 항목 기준으로 옳지 않은 것은?

① 폴리클로리네이티드바이페닐(PCBs)을 환경부령으로 정하는 농도 이상 함유하는 폐기물

② 폐유독물 등 인체나 환경에 미치는 위해가 매우 높을 것으로 우려되는 폐기물 중 대통령령으로 정하는 폐기물

③ 태반을 포함한 의료폐기물

④ 폐석면

재활용을 금지하거나 제한하는 폐기물
- 폐석면
- 폴리클로리네이티드바이페닐(PCBs)이 환경부령으로 정하는 농도 이상 들어 있는 폐기물
- 의료폐기물(태반은 제외)
- 폐유독물 등 인체나 환경에 미치는 위해가 매우 높을 것으로 우려되는 폐기물 중 대통령령으로 정하는 폐기물

2023

정답 | 92.③ 93.② 94.④ 95.③

96 다음 중 시멘트 소성로 및 환경부장관이 정하여 고시하는 시설에서 연료로 사용하는 활동 중 폐기물의 에너지 회수기준으로 잘못된 것은?

① 폐타이어　② 폐석면
③ 폐합성고무　④ 분진

✔ **폐기물의 에너지 회수기준**(시멘트 소성로 및 환경부장관이 정하여 고시하는 시설)
- 폐타이어
- 폐섬유
- 폐목재
- 폐합성수지
- 폐합성고무
- 분진[중유회, 코크스(다공질 고체 탄소 연료) 분진만 해당]
- 그 밖에 환경부장관이 정하여 고시하는 폐기물

97 사후관리 이행보증금의 사전적립에 관한 설명으로 ( )에 알맞은 것은? ★★

> 사후관리 이행보증금의 사전적립대상이 되는 폐기물을 매립하는 시설은 면적이 (㉠)인 시설로 한다. 이에 따른 매립시설의 설치자는 그 시설의 사용을 시작한 날부터 (㉡)에 환경부령으로 정하는 바에 따라 사전적립금 적립계획서를 환경부장관에게 제출하여야 한다.

① ㉠ 1만제곱미터 이상, ㉡ 1개월 이내
② ㉠ 1만제곱미터 이상, ㉡ 15일 이내
③ ㉠ 3천300제곱미터 이상, ㉡ 1개월 이내
④ ㉠ 3천300제곱미터 이상, ㉡ 15일 이내

98 재활용 환경성평가기관의 변경 지정에 대한 내용이 아닌 것은?

① 재활용 환경성평가기관의 명칭의 변경
② 사무실 용도의 변경
③ 대표자, 기술인력 또는 장비의 변경
④ 시험 · 분석 업무 대행계약의 변경

✔ **재활용 환경성평가기관의 변경 지정**
- 재활용 환경성평가기관의 명칭의 변경
- 사무실 또는 실험실 소재지의 변경
- 대표자, 기술인력 또는 장비의 변경
- 시험 · 분석 업무 대행계약의 변경

99 다음 중 의료폐기물 전용 용기 검사기관으로 옳은 것은?

① 한국의료기기시험연구원
② 환경보전협회
③ 한국건설생활환경시험연구원
④ 한국화학시험원

✔ **전용 용기 검사기관**
- 한국환경공단
- 한국화학융합시험연구원
- 한국건설생활환경시험연구원
- 그 밖에 환경부장관이 전용 용기에 대한 검사능력이 있다고 인정하여 고시하는 기관

100 폐기물 중간처분시설에 관한 설명으로 옳지 않은 것은?

① 용융시설(동력 7.5kW 이상인 시설로 한정한다)
② 압축시설(동력 7.5kW 이상인 시설로 한정한다)
③ 파쇄 · 분쇄 시설(동력 7.5kW 이상인 시설로 한정한다)
④ 절단시설(동력 7.5kW 이상인 시설로 한정한다)

✔ ③ 파쇄 · 분쇄 시설(동력 15kW 이상인 시설로 한정한다)

정답 | 96.② 97.③ 98.② 99.③ 100.③

2023 제 2 회 폐기물처리기사 2023년 5월 13일 시행

제1과목 | 폐기물 개론

01 수거대상 인구가 100,000명인 지역에서 30일간 일반폐기물의 수거상태를 조사한 결과가 다음과 같을 경우, 이 지역의 1일 1인당 쓰레기 발생량은? ★★

- 수거에 사용된 트럭 7대
- 수거횟수 250회/대
- 트럭의 용적 $10m^3$
- 수거된 쓰레기의 밀도 $400kg/m^3$

① 2.1kg/인 · 일 ② 2.3kg/인 · 일
③ 2.5kg/인 · 일 ④ 2.7kg/인 · 일

✔ 1일 1인당 폐기물 발생량

$$= \frac{400\,\text{kg}}{\text{m}^3} \left| \frac{10\,\text{m}^3}{\text{대}} \right| \frac{7\text{대}}{} \left| \frac{250}{} \right| \frac{}{100{,}000\text{인}} \left| \frac{}{30\text{일}} \right.$$

$= 2.33\,\text{kg/인·일}$

02 수거차의 대기시간 없이 빠른 시간 내에 적하를 마치므로 적환장 내 · 외에서 교통체증 현상을 감소시켜주는 적환 시스템은? ★★

① 직접 투하방식
② 저장 투하방식
③ 간접 투하방식
④ 압축 투하방식

✔ 저장 투하방식이란 쓰레기를 저장 피트(pit)나 플랫폼에 저장한 후 불도저 등의 보조장치를 사용하여 수송차량에 적환하는 방식으로, 대도시에 적용하며 수거차의 대기시간 없이 빠른 시간 내에 적하를 마치므로 적환장 내 · 외의 교통체증 현상을 없애주는 효과가 있다.

03 청소상태의 평가방법에 관한 설명으로 옳지 않은 것은?

① 지역사회 효과지수는 가로 청소상태의 문제점이 관찰되는 경우 각 25점씩 감점한다.
② 지역사회 효과지수에서 가로 청결상태의 scale은 1~4로 정하여 각각 100, 75, 50, 25, 0점으로 한다.
③ 사용자 만족도지수는 서비스를 받는 사람들의 만족도를 설문조사하여 계산되며 설문 문항은 6개로 구성되어 있다.
④ 지역사회 효과지수는 가로의 청소상태를 기준으로 평가한다.

✔ ① 지역사회 효과지수는 가로 청소상태의 문제점이 관찰되는 경우 각 10점씩 감점한다.

04 다음 중 폐기물 성상분석에 대한 분석절차로 옳은 것은? ★★★

① 물리적 조성 → 밀도 측정 → 건조 → 절단 및 분쇄 → 발열량 분석
② 밀도 측정 → 물리적 조성 → 건조 → 절단 및 분쇄 → 발열량 분석
③ 물리적 조성 → 밀도 측정 → 절단 및 분쇄 → 건조 → 발열량 분석
④ 밀도 측정 → 물리적 조성 → 절단 및 분쇄 → 건조 → 발열량 분석

✔ **폐기물의 성상분석절차**
시료 → 밀도 측정 → 물리 조성(습량무게) → 건조(건조무게) → 분류(가연성, 불연성) → 전처리(원소 및 발열량 분석)

2023

정답 | 01.② 02.② 03.① 04.②

05 어떤 시에서 발생되는 쓰레기의 성분을 조사한 결과, 비가연성이 약 72.7%(중량비)를 차지하는 것으로 조사되었다. 밀도 600kg/m³인 쓰레기 5m³가 있을 경우 가연성 물질의 양(ton)은? (단, 쓰레기는 가연성+비가연성)

① 0.82ton ② 1.23ton
③ 1.44ton ④ 2.17ton

✔ 가연성 물질의 양 $= \frac{5\,m^3}{} \bigg| \frac{600\,kg}{m^3} \bigg| \frac{27.3}{100} \bigg| \frac{ton}{1{,}000\,kg}$
$= 0.82\,ton$

06 적환장(transfer station)을 설치하는 일반적인 경우와 가장 거리가 먼 것은? ★★★

① 불법투기 쓰레기들이 다량 발생할 때
② 고밀도 거주지역이 존재할 때
③ 상업지역에서 폐기물 수집에 소형 용기를 많이 사용할 때
④ 슬러지 수송이나 공기 수송방식을 사용할 때

✔ ② 저밀도 거주지역이 존재할 때

07 선별을 위해 투입한 폐기물의 양이 1ton/hr이고, 회수량은 600kg/hr(그 중 회수대상 물질은 550kg/hr)이며, 제거량은 400kg/hr(그 중 회수대상 물질은 70kg/hr)일 때, 선별효율은? (단, Rietema 식 적용)

① 70.5% ② 72.3%
③ 75.6% ④ 78.4%

✔ Rietema의 선별효율

$E(\%) = x_{회수율} - y_{기각률} = \left(\frac{x_2}{x_1} - \frac{y_2}{y_1}\right) \times 100$

여기서, E : 선별효율
x_1 : 총 회수대상 물질
x_2 : 회수된 회수대상 물질
y_1 : 총 제거대상 물질
y_2 : 회수된 제거대상 물질

$\therefore E = \left(\frac{550}{620} - \frac{50}{380}\right) \times 100 = 75.6\%$

08 폐기물의 파쇄목적이 잘못 기술된 것은?

① 입자 크기의 균일화
② 밀도의 증가
③ 유가물의 분리
④ 비표면적의 감소

✔ ④ 비표면적의 증가로 소각 및 매립 시 조기안정화에 유리하다.

09 침출수의 처리에 대한 설명으로 가장 거리가 먼 것은?

① BOD/COD>0.5인 초기 매립지에선 생물학적 처리가 효과적이다.
② BOD/COD<0.1인 오래된 매립지에선 물리화학적 처리가 효과적이다.
③ 매립지의 매립대상 물질이 가연성 쓰레기가 주종인 경우 물리화학적 처리가 주로 이루어진다.
④ 매립 초기에는 생물학적 처리가 주체가 되지만 유기물질의 안정화가 이루어지는 매립 후기에는 물리화학적 처리가 주로 이루어진다.

✔ ③ 매립지의 매립대상 물질이 가연성 쓰레기가 주종인 경우 생물학적 처리가 주로 이루어진다.

10 연간 3,000,000ton의 쓰레기를 5,000명의 인부들이 매일 8시간 수거한다. 이때 인부의 수거능력(MHT)은? ★★

① 5.31ton/인 · 시간
② 4.96인/시간 · ton
③ 4.87인 · 시간/ton
④ 4.32ton/인 · 일

✔ $MHT = \frac{\text{쓰레기 수거인부(man)} \times \text{수거시간(hr)}}{\text{총 쓰레기 수거량(ton)}}$
$= \frac{5{,}000\text{명}}{} \bigg| \frac{year}{3{,}000{,}000\,ton} \bigg| \frac{365\,day}{year} \bigg| \frac{8\,hr}{day}$
$= 4.87\text{인}\cdot\text{시간}/ton$

정답 | 05.① 06.② 07.③ 08.④ 09.③ 10.③

11 폐기물의 열분해에 관한 설명으로 틀린 것은?

① 폐기물의 입자 크기가 작을수록 열분해가 조성된다.
② 열분해장치로는 고정상, 유동상, 부유상태 등의 장치로 구분될 수 있다.
③ 연소가 고도의 발열반응임에 비해 열분해는 고도의 흡열반응이다.
④ 폐기물에 충분한 산소를 공급해서 가열하여 가스, 액체 및 고체의 3성분으로 분리하는 방법이다.

✔ 폐기물의 열분해는 폐기물을 무산소상태 또는 공기가 부족한 상태에서 열(400~1,500℃)을 이용해 유용한 연료(기체, 액체, 고체)로 변형시키는 공정이다.

12 관거(pipeline)를 이용한 폐기물의 수거방식에 대한 설명으로 옳지 않은 것은? ★★

① 장거리 수송이 곤란하다.
② 전처리공정이 필요 없다.
③ 가설 후에 경로 변경이 곤란하고 설치비가 비싸다.
④ 쓰레기 발생밀도가 높은 곳에서만 사용이 가능하다.

✔ ② 전처리공정이 필요하다.

13 물렁거리는 가벼운 물질로부터 딱딱한 물질을 선별하는 데 사용하며 경사진 컨베이어를 통해 폐기물을 주입시켜 천천히 회전하는 드럼 위에 떨어뜨려서 분류하는 것은?

① Stoners ② Jigs
③ Secators ④ Table

✔ ① Stoners : 약간 경사진 판에 진동을 주어 무거운 것이 빨리 경사판 위로 올라가는 원리를 이용한 폐기물 선별장치
② Jigs : 스크린 상에서 비중이 다른 입자의 층을 통과하는 액류를 상하로 맥동시켜서 층의 팽창 · 수축을 반복하여 무거운 입자는 하층, 가벼운 입자는 상층으로 이동시켜 분리하는 중력분리방법
④ Table : 물질의 비중 차이를 이용하여 가벼운 것은 왼쪽, 무거운 것은 오른쪽으로 분류하는 방법

14 어떤 폐기물의 압축 전 부피는 $1.8m^3$, 압축 후 부피는 $0.38m^3$이다. 이때, Compaction Ratio(압축비)는? ★★★

① 0.21 ② 0.79
③ 3.47 ④ 4.74

✔ $\text{압축비 } CR = \frac{\text{압축 전 부피}}{\text{압축 후 부피}} = \frac{1.8}{0.38} = 4.74$

15 다음 쓰레기 선별방법 중 밀도차 선별방법과 가장 거리가 먼 것은?

① 풍력 선별
② 스토너(stoner)
③ 스크린 선별
④ 중액식 선별

✔ ③ 스크린 선별의 선별원리는 입자 크기 차이이다.

16 혐기성 소화에 대한 설명으로 틀린 것은?

① 가수분해, 산 생성, 메테인 생성 단계로 구분된다.
② 처리속도가 느리고 고농도 처리에 적합하다.
③ 호기성 처리에 비해 동력비 및 유지관리비가 적게 든다.
④ 유기산의 농도가 높을수록 처리효율이 좋아진다.

✔ ④ 유기산의 농도가 높을수록 pH가 낮아져 처리효율이 나빠진다.

17 쓰레기 수거노선 설정요령으로 적절하지 않은 것은? ★★★

① 지형이 언덕인 경우 내려가면서 수거한다.
② 시계방향으로 수거노선을 설정한다.
③ 아주 많은 양의 쓰레기가 발생되는 발생원은 하루 중 가장 먼저 수거한다.
④ U자 회전을 이용하여 수거한다.

✔ ④ U자 회전을 피하여 수거한다.

2023

정답 | 11.④ 12.② 13.③ 14.④ 15.③ 16.④ 17.④

18 4%의 고형물을 함유하는 슬러지 $300m^3$를 탈수시켜 70%의 함수율을 갖는 케이크를 얻었다면 탈수된 케이크의 양(m^3)은? (단, 슬러지의 밀도 $=1ton/m^3$) ★★★

① 50 ② 40
③ 30 ④ 20

✔ $V_1(100-W_1)=V_2(100-W_2)$
여기서, V_1 : 탈수 전 슬러지 부피
V_2 : 탈수 케이크 부피
W_1 : 탈수 전 슬러지 함수율
W_2 : 탈수 케이크 함수율
$300\times(100-96)=V_2\times(100-70)$
$\therefore V_2=300\times\frac{100-96}{100-70}=40m^3$

19 폐기물 발생량을 예측하는 방법 중 단지 시간과 그에 따른 쓰레기 발생량(또는 성상) 간의 상관관계만을 고려하는 것은? ★★★

① 동적모사모델
② 상관변수법
③ 경향법
④ 다중회귀모델

✔ ① 동적모사모델 : 쓰레기 배출에 영향을 주는 모든 인자를 시간에 대한 함수로 나타낸 후, 시간에 대한 함수로 표현된 각 영향인자들 간의 상관관계를 수식화하는 방법
④ 다중회귀모델 : 쓰레기 발생량에 영향을 주는 각 인자들의 효과를 총괄적으로 나타내어 복잡한 시스템의 분석에 유용하게 적용하는 방법

20 쓰레기의 화학적 조성 성분 분석치를 이용하여 발열량을 산출하는 방법으로 Dulong 식이 있다. 이 식과 관계없는 항목은? ★★

① S ② N
③ H ④ C

✔ Dulong 식
- Hh(kcal/kg) $=81C+340\left(H-\frac{O}{8}\right)+25S$
- Hl(kcal/kg) $=Hh-6(9H+W)$

여기서, C, H, O, S, W : 탄소, 수소, 산소, 황, 수분의 함량(%)

제2과목 | 폐기물 처리기술

21 매립지 내 물의 이동을 나타내는 Darcy의 법칙을 기준으로, 침출수의 유출을 방지하기 위한 방법으로 옳은 것은?

① 투수계수는 감소, 수두차는 증가시킨다.
② 투수계수는 증가, 수두차는 감소시킨다.
③ 투수계수 및 수두차를 증가시킨다.
④ 투수계수 및 수두차를 감소시킨다.

22 어느 수역에 유출된 유해물질이 초기 농도의 절반이 될 때까지 소요되는 시간이 1,000시간이었다면, 이때 유해물질의 1차 감소속도상수는?

① 0.69/hr
② 0.069/hr
③ 0.0069/hr
④ 0.00069/hr

✔ 1차 반응식 $\ln\frac{C_t}{C_o}=-k\cdot t$
여기서, C_t : t시간 후 농도
C_o : 초기 농도
k : 반응속도상수(hr^{-1})
t : 시간(hr)
$\therefore k=\frac{\ln\frac{C_t}{C_o}}{-t}=\frac{\ln\frac{1}{2}}{-1,000hr}=0.00069/hr$

23 매립지 기체 발생단계를 4단계로 나눌 때 매립 초기의 호기성 단계(혐기성, 비메테인화 전 단계)에 대한 설명으로 틀린 것은? ★

① 매립물의 분해속도에 따라 수일에서 수개월 동안 계속된다.
② N_2의 발생이 급격히 소모된다.
③ O_2가 대부분 소모된다.
④ 주요 생성기체는 CO_2이다.

✔ ② N_2가 감소한다.

정답 | 18.② 19.③ 20.② 21.④ 22.④ 23.②

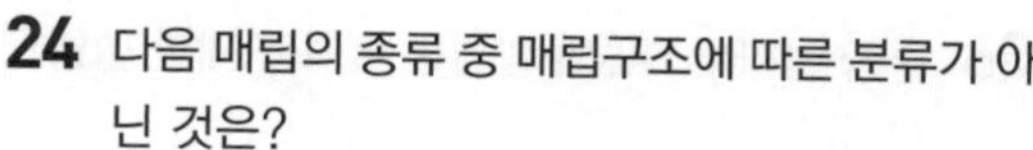

24 다음 매립의 종류 중 매립구조에 따른 분류가 아닌 것은?

① 혐기성 위생매립
② 위생매립
③ 혐기성 매립
④ 호기성 매립

✔ ② 위생매립 : 매립방법에 따른 분류

25 유해폐기물의 고형화 방법 중 열가소성 플라스틱법에 관한 설명으로 옳지 않은 것은?

① 고온에서 분해되는 물질에는 사용할 수 없다.
② 용출손실률이 시멘트기초법보다 낮다.
③ 혼합률(MR)이 비교적 낮다.
④ 고화 처리된 폐기물 성분을 나중에 회수하여 재활용할 수 있다.

✔ ③ 혼합률(MR)이 비교적 높다.

26 유기적 고형화 기술에 대한 설명으로 틀린 것은? (단, 무기적 고형화 기술과 비교)

① 수밀성이 크며, 처리비용이 고가이다.
② 미생물, 자외선에 대한 안정성이 강하다.
③ 방사성 폐기물 처리에 적용한다.
④ 최종 고화체의 체적 증가가 다양하다.

✔ ② 미생물, 자외선에 대한 안정성이 약하다.

27 다음 중 토양 층위를 나타내는 층위영역에 해당되지 않는 것은?

① R층　　② C층
③ O층　　④ E층

✔ **토양 층위**
- 암반층(R층)
- 모재층(C층)
- 집적층(B층)
- 용탈층(A층)
- 유기물층(O층)

28 다음 중 지하수의 특성으로 거리가 먼 것은?

① 수온변동이 적고 자정속도가 느리다.
② 지층 및 지역별로 수질 차이가 크다.
③ 미생물이 거의 없고, 오염물이 적다.
④ 지표수에 비해 염류의 함량이 크다.

✔ ② 지층 및 지역별로 수질 차이가 작다.

29 토양오염 정화방법 중 bioventing 공법의 장단점으로 틀린 것은? ★★

① 배출가스 처리의 추가비용이 없다.
② 지상의 활동에 방해 없이 정화작업을 수행할 수 있다.
③ 주로 포화층에 적용한다.
④ 장치가 간단하고 설치가 용이하다.

✔ ③ 주로 불포화층에 적용한다.

30 일반적으로 염소계 산화제를 사용하여 무해한 물질로 산화 분해시키는 처리방법을 사용하는 폐수의 종류는?

① 납을 함유한 폐수
② 사이안을 함유한 폐수
③ 수은을 함유한 폐수
④ 유기인을 함유한 폐수

✔ 염소계 산화제를 사용하여 무해한 물질로 산화 분해시키는 알칼리염소법은 사이안을 함유한 폐수를 처리하는 방법이다.

31 매립지 차수막으로써 점토의 조건으로 적합하지 않은 것은?

① 투수계수 : 10^{-7}cm/sec 미만
② 소성지수 : 50% 이상
③ 액성한계 : 30% 이상
④ 자갈 함유량 : 10% 미만

✔ ② 소성지수 : 10% 이상 30% 미만

2023

정답 | 24.② 25.③ 26.② 27.④ 28.② 29.③ 30.② 31.②

32 악취성 물질인 CH_3SH를 나타낸 것은?

① 메틸오닌
② 다이메틸설파이드
③ 메틸메르캅탄
④ 메틸케톤

33 하수처리장에서 발생한 생슬러지 내 고형물은 유기물(VS) 85%, 무기물(FS) 15%로 되어 있으며, 이를 혐기 소화조에서 처리하여 소화 슬러지 내 고형물이 유기물(VS) 70%, 무기물(FS) 30%로 되었을 때 소화율(%)은?

① 45.8 ② 48.8
③ 54.8 ④ 58.8

✔ 소화율 $= \left(1 - \dfrac{VSS_f / FSS_f}{VSS_s / FSS_s}\right) \times 100$

$= \left(1 - \dfrac{70 \div 30}{85 \div 15}\right) \times 100$

$= 58.82\%$

34 분뇨 처리 프로세스 중 습식 고온 · 고압 산화 처리방식에 대한 설명으로 옳지 않은 것은?

① 일반적으로 70기압과 210℃로 가동된다.
② 처리시설의 수명이 짧다.
③ 완전 멸균이 되고, 질소 등 영양소의 제거율이 높다.
④ 탈수성이 좋고 고액 분리가 잘 된다.

✔ ③ 질소 제거율이 낮다.

35 토양오염의 특성에 관한 설명으로 잘못된 것은?

① 오염경로가 다양하다.
② 피해 발현이 완만하다.
③ 오염의 인지가 용이하다.
④ 원상복구가 어렵다.

✔ ③ 토양오염은 즉각 발견하기가 어려워 인지가 용이하지 않다.

36 수중 탄화수소류의 활성탄 흡착에 대한 설명으로 틀린 것은?

① 용해도가 낮은 물질이 흡착이 잘 된다.
② 극성이 큰 물질보다 작은 물질의 흡착률이 높다.
③ 수산기(OH^-)가 있으면 흡착률이 낮아진다.
④ 불포화 유기물보다는 포화 유기물이 흡착이 잘 된다.

✔ ④ 불포화 유기물이 존재할수록 흡착이 잘 된다.

37 도랑식(trench)으로 밀도가 $0.55ton/m^3$인 폐기물을 매립하려고 한다. 도랑의 깊이가 2m이고, 다짐에 의해 폐기물을 2/3로 압축시킨다면 도랑 $1m^2$당 매립할 수 있는 폐기물은 몇 ton인가? (단, 기타 조건은 고려 안함)

① 2.55 ② 2.35
③ 1.65 ④ 1.45

✔ 매립할 수 있는 폐기물 $= \dfrac{0.55\,\text{ton}}{m^3} \Big| \dfrac{2\,m}{} \Big| \dfrac{3}{2} = 1.65\,\text{ton}$

38 매립지에서 침출된 침출수 농도가 반으로 감소하는 데 약 3년이 걸린다면 이 침출수 농도가 90% 분해되는 데 걸리는 시간(년)은? ★★★

① 6 ② 8
③ 10 ④ 12

✔ 1차 반응식 $\ln \dfrac{C_t}{C_o} = -k \cdot t$

여기서, C_t : t시간 후 농도
C_o : 초기 농도
k : 반응속도상수($year^{-1}$)
t : 시간(year)

$k = \dfrac{\ln \dfrac{C_t}{C_o}}{-t} = \dfrac{\ln \dfrac{1}{2}}{-3\,\text{year}} = 0.2310\,\text{year}^{-1}$

$\therefore t = \dfrac{\ln \dfrac{C_t}{C_o}}{-k} = \dfrac{\ln \dfrac{10}{100}}{-0.2310} = 9.9679 \fallingdotseq 9.97\,\text{year}$

정답 | 32.③ 33.④ 34.③ 35.③ 36.④ 37.③ 38.③

39 다이옥신과 퓨란에 대한 설명으로 틀린 것은?

① PVC 또는 플라스틱 등을 포함하는 합성물질을 연소시킬 때 발생한다.

② 여러 개의 염소원자와 1~2개의 수소원자가 결합된 두 개의 벤젠고리를 포함하고 있다.

③ 다이옥신의 이성체는 75개, 퓨란은 135개이다.

④ 2,3,7,8-PCDD의 독성계수가 1이며, 여타 이성체는 1보다 작은 등가계수를 갖는다.

✔ ② 여러 개의 염소원자와 1~2개의 산소원자가 결합된 두 개의 벤젠고리를 포함하고 있다.

40 혐기성 소화공법에 비해 호기성 소화공법이 갖는 장단점이라 볼 수 없는 것은?

① 상등액의 BOD 농도가 낮다.

② 소화 슬러지 양이 많다.

③ 소화 슬러지의 탈수성이 좋다.

④ 운전이 용이하다.

✔ ③ 소화 슬러지의 탈수성이 좋지 않다.

제3과목 | 폐기물 소각 및 열회수

41 소각 시 매연(검댕)의 생성에 대한 설명으로 옳지 않은 것은?

① 가열물의 원소조성에 있어서 C/N 비가 크면 발생된다.

② 연소공기 중 N_2, CO_2, Ar 등의 불활성 기체를 혼입하면 검댕이 증가한다.

③ 공기비가 과대일 때 많이 발생한다.

④ 화염온도가 높으면 검댕 발생이 적으므로 전열면 등으로 발열속도보다 방열속도가 빨라 화염온도가 저하될 때 발생한다.

✔ ③ 공기비가 과대일 때 생성량이 감소한다.

42 화격자 연소 중 상부투입연소에 대한 설명으로 잘못된 것은?

① 공급공기는 우선 재층을 통과한다.

② 연료와 공기의 흐름이 반대이다.

③ 하부투입연소보다 높은 연소온도를 얻는다.

④ 착화면 이동방향과 공기 흐름방향이 반대이다.

✔ ④ 착화면 이동방향과 공기 흐름방향이 같다.

43 발열량이 4,000kcal/kg인 폐기물 10ton/day를 소각 처리할 경우 소각로의 용적(m^3)은? (단, 소각로의 일일 가동시간은 8시간으로 가정, 소각로의 열부하율은 6,250kcal/m^3 · hr임)

① 800　　② 950

③ 1,050　　④ 1,250

✔ 소각로의 용적

$$= \frac{10\,\text{ton}}{\text{day}} \left| \frac{4{,}000\,\text{kcal}}{\text{kg}} \right| \frac{\text{m}^3 \cdot \text{hr}}{6{,}250\,\text{kcal}} \left| \frac{\text{day}}{8\,\text{hr}} \right| \frac{10^3\text{kg}}{\text{ton}}$$

$= 800\,\text{m}^3$

44 고체 연료의 연소형태로 적당하지 않은 것은?

① 증발연소

② 분해연소

③ 등심연소

④ 그을음연소

✔ ③ 등심연소는 액체 연료의 연소형태이다.

45 다음 중 액체 연료인 석유류에 관한 설명으로 옳지 않은 것은?

① 비중이 커지면 탄화수소비(C/H)가 커진다.

② 비중이 커지면 발열량이 감소한다.

③ 점도가 작아지면 인화점이 높아진다.

④ 점도가 작아지면 유동성이 좋아져 분무화가 잘 된다.

✔ ③ 점도가 작아지면 인화점이 낮아진다.

2023

정답 | 39.② 40.③ 41.③ 42.④ 43.① 44.③ 45.③

46 주성분이 $C_{10}H_{17}O_6N$인 활성슬러지 폐기물을 소각 처리하려고 한다. 폐기물 5kg당 필요한 이론적 공기의 무게(kg)는? (단, 공기 중 산소량은 중량비로 23%)

① 약 12 ② 약 22
③ 약 32 ④ 약 42

〈반응식〉

$C_{10}H_{17}O_6N$ + $11.25O_2$ → $10CO_2 + 8.5H_2O + 0.5N_2$
247kg : 11.25×32kg
5kg : X

$$X = \frac{11.25 \times 32 \times 5}{247} = 7.2874\,\text{kg}$$

∴ 이론적 공기의 무게 $A_o = O_o \div 0.232$
$= 7.2874 \div 0.232$
$= 31.4112 \fallingdotseq 31.41\,\text{kg}$

※ 부피비는 0.21, 무게비는 0.232이다.

47 다이옥신(dioxin)과 퓨란(furan)의 생성기전에 대한 설명으로 옳지 않은 것은?

① 투입 폐기물 내에 존재하던 PCDD/PCDF가 연소 시 파괴되지 않고 배기가스 중으로 배출
② 전구물질(클로로페놀, 폴리염화바이페닐 등)이 반응을 통하여 PCDD/PCDF로 전환되어 생성
③ 여러 가지 유기물과 염소공여체로부터 생성
④ 약 800℃의 고온 촉매화 반응에 의해 분진으로부터 생성

④ 다이옥신은 약 800℃의 고온일 경우 파괴된다.

48 석탄의 탄화도가 증가하면 감소하는 것은?

① 휘발분
② 착화온도
③ 고정탄소
④ 발열량

석탄의 탄화도 증가 시 휘발분, 매연 발생량, 비열, 산소량이 감소한다.

49 연소장치에서 공기비가 큰 경우에 나타나는 현상과 가장 거리가 먼 것은?

① 연소실에서 연소온도가 낮아진다.
② 배기가스 중 질소산화물 양이 증가한다.
③ 불완전연소로 일산화탄소 양이 증가한다.
④ 통풍력이 강하여 배기가스에 의한 열손실이 크다.

③ 불완전연소로 일산화탄소 양이 증가하는 경우는 공기비가 적은 경우이다.

50 밀도가 600kg/m³인 쓰레기 100ton을 소각한 결과, 밀도가 1,200kg/m³인 소각재가 60ton 발생하였다면 소각 시 쓰레기의 부피감소율(%)은 얼마인가? ★★★

① 70 ② 75
③ 80 ④ 85

$$\text{부피감소율} = \left(1 - \frac{60 \times 10^3\text{kg} \div 1,200\,\text{kg/m}^3}{100 \times 10^3\text{kg} \div 600\,\text{kg/m}^3}\right) \times 100$$
$$= 70\%$$

51 소각로에서 쓰레기의 소각과 동시에 배출되는 가스 성분을 분석한 결과 N_2 85%, O_2 6%, CO 1%와 같은 조성일 때 소각로의 공기비는?

① 1.25 ② 1.32
③ 1.81 ④ 2.28

$$\text{공기비 } m = \frac{N_2}{N_2 - 3.76(O_2 - 0.5CO)}$$
$$= \frac{85}{85 - 3.76(6 - 0.5 \times 1)} = 1.32$$

52 열분해 발생가스 중 온도가 증가할수록 함량이 증가하는 것은? (단, 열분해온도에 따른 가스 구성비(%) 기준)

① 메테인 ② 일산화탄소
③ 이산화탄소 ④ 수소

정답 | 46.③ 47.④ 48.① 49.③ 50.① 51.② 52.④

53 연소기 내에 단회로(short-circuit)가 형성되면 불완전연소된 가스가 외부로 배출된다. 이를 방지하기 위한 대책으로 가장 적절한 것은?

① 보조버너를 가동시켜 연소온도를 증대시킨다.
② 2차 연소실에서 체류시간을 늘린다.
③ Grate의 간격을 줄인다.
④ Baffle을 설치한다.

✔ ④ Baffle을 설치하면 난류형태를 일으키고 혼합효율이 좋아져 완전연소상태가 된다.

54 프로페인(C_3H_8)과 뷰테인(C_4H_{10})이 60% : 40%의 용적비로 혼합된 기체 $1Sm^3$이 완전연소될 때의 CO_2 발생량(Sm^3)은?

① $1.2Sm^3$ ② $2.3Sm^3$
③ $3.4Sm^3$ ④ $4.5Sm^3$

✔ 〈반응식〉 $C_3H_8 + 5O_2 \rightarrow 3CO_2 + 4H_2O$
$0.6Sm^3 \quad : \quad 3\times0.6Sm^3$
〈반응식〉 $C_4H_{10} + 6.5O_2 \rightarrow 4CO_2 + 5H_2O$
$0.4Sm^3 \quad : \quad 4\times0.4Sm^3$
$\therefore CO_2 = 3\times0.6+4\times0.4 = 3.4Sm^3$

55 RDF(Refuse Derived Fuel)가 갖추어야 하는 조건에 관한 설명으로 옳지 않은 것은? ★

① 제품의 함수율이 낮아야 한다.
② RDF용 소각로 제작이 용이하도록 발열량이 높지 않아야 한다.
③ 원료 중에 비가연성 성분이나 연소 후 잔류하는 재의 양이 적어야 한다.
④ 조성 배합률이 균일하여야 하고 대기오염이 적어야 한다.

✔ ② 발열량이 높아야 한다.

56 폐기물의 원소 조성이 C 80%, H 10%, O 10%일 때 이론공기량(kg/kg)은? ★★★

① 8.3 ② 10.3
③ 12.3 ④ 14.3

✔ 이론공기량 $A_o = O_o \div 0.232$
이때, $O_o = 2.667C+8H+S-O$
$= (2.667\times0.80+8\times0.10-0.10)$
$= 2.8336\,kg/kg$
$\therefore A_o = 2.8336 \div 0.232 = 12.2138 ≒ 12.21\,kg/kg$
※ 부피비는 0.21, 무게비는 0.232이다.

57 스크러버는 액적 또는 액막을 형성시켜 함진가스와의 접촉에 의해 오염물질을 제거시키는 장치이다. 다음 중 스크러버의 장점 및 단점에 대한 설명이 아닌 것은?

① 2차적 분진 처리가 불필요하다.
② 냉한기에 세정수의 동결에 의한 대책 수립이 필요하다.
③ 좁은 공간에도 설치가 필요하다.
④ 부식성 가스의 흡수로 재료 부식이 방지된다.

✔ ④ 부식성 가스의 용해로 인하여 재료 부식이 발생된다.

58 다음 중 열분해공정에 대한 설명으로 잘못된 것은?

① 배기가스 양이 적다.
② 환원성 분위기를 유지할 수 있어 3가크로뮴이 6가크로뮴으로 변화하지 않는다.
③ 황분, 중금속분이 회분 속에 고정되는 비율이 적다.
④ 질소산화물의 발생량이 적다.

✔ ③ 황 및 중금속이 회분 속에 고정되는 비율이 높다.

59 쓰레기 발열량을 H, 불완전연소에 의한 열손실을 Q, 태우고 난 후의 재의 열손실을 R이라 할 때 연소효율 η을 구하는 공식으로 옳은 것은?

① $\eta = \frac{H-Q-R}{H}$ ② $\eta = \frac{H+Q+R}{H}$
③ $\eta = \frac{H-Q+R}{H}$ ④ $\eta = \frac{H+Q-R}{H}$

2023

정답 | 53.④ 54.③ 55.② 56.③ 57.④ 58.③ 59.①

60 다음 조건에서 화격자 연소율(kg/m² · hr)은?

- 쓰레기 소각량 : 100,000kg/day
- 1일 가동시간 : 8시간
- 화격자 면적 : 50m²

① 185kg/m² · hr ② 250kg/m² · hr
③ 320kg/m² · hr ④ 2,300kg/m² · hr

✔ 화격자 연소율 $= \frac{100,000\,\mathrm{kg}}{\mathrm{day}} \Big| \frac{\mathrm{day}}{8\,\mathrm{hr}} \Big| \frac{}{50\,\mathrm{m}^2}$
$= 250\,\mathrm{kg/m^2 \cdot hr}$

제4과목 | 폐기물 공정시험기준(방법)

61 다음 중 온도에 관한 기준으로 적절하지 않은 것은? ★★

① 찬 곳은 따로 규정이 없는 한 0~15℃의 곳을 뜻한다.
② 각각의 시험은 따로 규정이 없는 한 실온에서 조작한다.
③ 온수는 60~70℃로 한다.
④ 냉수는 15℃ 이하로 한다.

✔ 각각의 시험은 따로 규정이 없는 한 상온에서 조작하고, 조작 직후에 그 결과를 관찰한다. 단, 온도의 영향이 있는 것의 판정은 표준온도를 기준으로 한다.

62 중량법으로 기름성분을 측정할 때 시료 채취 및 관리에 관한 내용으로 옳은 것은? ★

① 시료는 6시간 이내 증발 처리를 하여야 하나 최대한 24시간을 넘기지 말아야 한다.
② 시료는 8시간 이내 증발 처리를 하여야 하나 최대한 24시간을 넘기지 말아야 한다.
③ 시료는 12시간 이내 증발 처리를 하여야 하나 최대한 7일을 넘기지 말아야 한다.
④ 시료는 24시간 이내 증발 처리를 하여야 하나 최대한 7일을 넘기지 말아야 한다.

63 흡광광도법에서 투과도가 0.24일 경우의 흡광도는? ★★★

① 0.32 ② 0.42
③ 0.52 ④ 0.62

✔ 흡광도 $A = \log \frac{1}{10^{-\varepsilon C l}} = \log \frac{I_o}{I_t}$
$= \log \frac{1}{T} = \log \frac{1}{0.24} = 0.62$

64 환경측정의 정도보증/정도관리(QA/AC)에서 검정곡선방법으로 옳지 않은 것은?

① 절대검정곡선법 ② 표준물질첨가법
③ 상대검정곡선법 ④ 외부표준법

✔ **정도보증/정도관리에서의 검정곡선방법**
- 절대검정곡선법
- 표준물질첨가법
- 상대검정곡선법

65 사이안 분석 시 시료 중에 함유된 잔류염소를 제거하기 위한 적절한 방법은? (단, 자외선/가시선 분광법 기준)

① 잔류염소 20mg당 L-아스코르빈산(10W/V%) 0.6mL를 넣어 제거한다.
② 잔류염소 20mg당 초산아연(10W/V%) 2mL를 넣어 제거한다.
③ 잔류염소 20mg당 수산화소듐(10W/V%) 용액 0.8mL를 넣어 제거한다.
④ 잔류염소 20mg당 이산화비소산소듐(10W/V%) 용액 0.5mL를 넣어 제거한다.

66 다음 pH 표준액 중 pH 값이 가장 높은 것은? ★

① 붕산염 표준액 ② 인산염 표준액
③ 프탈산염 표준액 ④ 수산염 표준액

✔ **온도별 표준액의 pH 크기(0℃ 기준)**
수산염(1.67) > 프탈산염(4.01) > 인산염(6.98) > 붕산염(9.46) > 탄산염(10.32) > 수산화칼슘(13.43)

정답 | 60.② 61.② 62.④ 63.④ 64.④ 65.① 66.①

67 자외선/가시선 분광법으로 카드뮴을 정량하는 경우의 설명으로 적절하지 않은 것은?

① 시료 중에 카드뮴이온을 사이안화칼륨이 존재하는 알칼리성에서 디티존과 반응시켜 생성하는 카드뮴 착염을 사염화탄소로 추출한다.
② 520nm에서 측정한다.
③ 정량한계는 0.02mg이다.
④ 정량범위는 0.001~0.03mg이다.

✔ ③ 정량한계는 0.001mg이다.

68 폐기물 공정시험기준에 적용되는 관련 용어에 관한 내용으로 틀린 것은? ★★★

① 반고상 폐기물 : 고형물의 함량이 5% 이상 15% 미만인 것을 말한다.
② 비함침성 고상 폐기물 : 금속판, 구리선 등 기름을 흡수하지 않는 평면 또는 비평면 형태의 변압기 내부 부재를 말한다.
③ 바탕시험을 하여 보정한다 : 규정된 시료를 사용하여 같은 방법으로 실험하여 측정치를 보정하는 것을 말한다.
④ 정밀히 단다 : 규정된 양의 시료를 취하여 화학저울 또는 미량저울로 칭량함을 말한다.

✔ ③ 바탕시험을 하여 보정한다 : 시료에 대한 처리 및 측정을 할 때, 시료를 사용하지 않고 같은 방법으로 조작한 측정치를 빼는 것을 뜻한다.

69 자외선/가시선 분광법에서 시료액의 흡수파장이 약 370nm 이하일 때 일반적으로 사용하는 흡수셀은? ★

① 젤라틴셀　② 석영셀
③ 유리셀　④ 플라스틱셀

✔ 시료액의 흡수파장이 약 370nm 이상일 때는 석영 또는 경질유리 흡수셀을 사용하고, 약 370nm 이하일 때는 석영 흡수셀을 사용한다.

70 청석면의 형태와 색상으로 옳지 않은 것은? (단, 편광현미경법 기준)

① 꼬인 물결 모양의 섬유
② 다발 끝은 분산된 모양
③ 긴 섬유는 만곡
④ 특징적인 청색과 다색성

✔ ① 꼬인 물결 모양의 섬유 형태를 가진 것은 백석면이다.

71 이온전극법에 관한 설명으로 (　) 안에 옳은 내용은?

> 이온전극은 [이온전극 | 측정용액 | 비교전극]의 측정계에서 측정대상 이온에 감응하여 (　)에 따라 이온활동도에 비례하는 전위차를 나타낸다.

① 네른스트식　② 램버트식
③ 패러데이식　④ 플래밍식

72 유리전극법에 의한 수소이온농도 측정 시 간섭물질에 관한 설명으로 옳지 않은 것은? ★

① pH 10 이상에서 소듐에 의한 오차가 발생할 수 있는데 이는 '낮은 소듐 오차전극'을 사용하여 줄일 수 있다.
② 유리전극은 일반적으로 용액의 색도, 탁도, 염도, 콜로이드성 물질들, 산화 및 환원성 물질들 등에 의해 간섭을 많이 받는다.
③ 기름층이나 작은 입자상이 전극을 피복하여 pH 측정을 방해할 경우에는 세척제로 닦아낸 후 정제수로 세척하고 부드러운 천으로 수분을 제거하여 사용한다.
④ 피복물을 제거할 때는 염산(1+9) 용액을 사용할 수 있다.

✔ ② 유리전극은 일반적으로 용액의 색도, 탁도, 콜로이드성 물질들, 산화 및 환원성 물질들 그리고 염도에 의해 간섭을 받지 않는다.

2023

정답 | 67.③ 68.③ 69.② 70.① 71.① 72.②

73 다음 중 유기인화합물 및 유기질소화합물을 선택적으로 검출할 수 있는 기체 크로마토그래피 검출기는? ★

① TCD ② FID
③ ECD ④ FPD

74 용출시험방법의 용출조작기준에 대한 설명으로 옳은 것은? ★

① 진탕기의 진폭은 3~4cm로 한다.
② 진탕기의 진탕횟수는 매분당 약 100회로 한다.
③ 진탕기를 사용하여 6시간 연속 진탕한 다음 1.0μm의 유리섬유여지로 여과한다.
④ 여과가 어려운 경우 농축기를 사용하여 20분 이상 농축 · 분리한 다음 상등액을 적당량 취하여 용출시험용 검액으로 한다.

✔ ① 진탕기의 진폭은 4~5cm로 한다.
② 진탕기의 진탕횟수는 분당 약 200회로 한다.
④ 여과가 어려운 경우 원심분리기를 사용하여 매분당 3,000회전 이상으로 20분 이상 원심분리한다.

75 휘발성 저급 염소화 탄화수소류 측정을 위한 기체 크로마토그래피 정량방법에 관한 설명으로 틀린 것은?

① 시료 중의 트라이클로로에틸렌, 테트라클로로에틸렌을 헥세인으로 추출하여 기체 크로마토그래피법으로 정량하는 방법이다.
② 다이클로로메테인과 같이 머무름시간이 짧은 화합물은 용매의 피크와 겹쳐 분석을 방해할 수 있다.
③ 검출기는 전자포획검출기 또는 전해전도 검출기를 사용한다.
④ 이 시험기준에 의한 시료 중 트라이클로로에틸렌(C_2HCl_3)의 정량한계는 0.002mg/L이다.

✔ ④ 이 시험기준에 의한 시료 중 트라이클로로에틸렌(C_2HCl_3)의 정량한계는 0.008mg/L이다.

76 기름성분을 중량법으로 측정할 때의 정량한계 기준은?

① 0.1%까지 ② 1.0%까지
③ 3.0%까지 ④ 5.0%까지

77 5톤 이상의 차량에서 적재 폐기물의 시료를 채취할 때 평면상에서 몇 등분하여 채취하는가?

① 3등분 ② 5등분
③ 6등분 ④ 9등분

78 pH가 각각 9와 12인 폐액을 동일 부피로 혼합하면 pH는 얼마가 되는가? ★★

① 10.3 ② 10.7
③ 11.3 ④ 11.7

✔ $$[OH^-]_m = \frac{[OH^-]_1 \times Q_1 + [OH^-] \times Q_2}{Q_1 + Q_2}$$
$$= \frac{10^{-5} \times 1 + 10^{-2} \times 1}{1+1} = 5.005 \times 10^{-3}$$
$$\therefore \text{pH} = 14 - \log \frac{1}{[OH^-]}$$
$$= 14 - \log \frac{1}{5.005 \times 10^{-3}} = 11.70$$

79 시료채취 시 대상 폐기물의 양이 10톤인 경우 시료의 최소수는? ★★★

① 10 ② 14
③ 20 ④ 24

✔ 대상 폐기물의 양과 현장 시료의 최소수

대상 폐기물의 양(ton)	현장 시료의 최소수
~ 1 미만	6
1 이상 ~ 5 미만	10
5 이상 ~ 30 미만	14
30 이상 ~ 100 미만	20
100 이상 ~ 500 미만	30
500 이상 ~ 1,000 미만	36
1,000 이상 ~ 5,000 미만	50
5,000 이상 ~	60

정답 | 73.④ 74.③ 75.④ 76.① 77.④ 78.④ 79.②

80 다음 중 십억분율(parts per billion)을 표시하는 기호는?

① %　② g/L
③ ppm　④ μg/L

✔ 십억분율(ppb ; parts per billion)을 표시할 때는 μg/L, μg/kg의 기호를 쓰며, 1ppm의 1/1,000이다.

제5과목 | 폐기물 관계법규

81 폐기물 처리시설의 유지 · 관리에 관한 기술관리를 대행할 수 있는 자는? ★

① 환경보전협회　② 환경관리인협회
③ 폐기물처리협회　④ 한국환경공단

✔ **폐기물 처리시설의 유지 · 관리에 관한 기술관리를 대행할 수 있는 자**
- 한국환경공단
- 엔지니어링 사업자
- 기술사 사무소
- 그 밖에 환경부장관이 기술관리를 대행할 능력이 있다고 인정하여 고시하는 자

82 환경부장관이나 시 · 도지사가 폐기물 처리업자에게 영업의 정지를 명령하고자 할 때 천재지변이나 그 밖의 부득이한 사유로 해당 영업을 계속하도록 할 필요가 있다고 인정되는 경우 영업정지에 갈음하여 부과할 수 있는 과징금의 범위 기준으로 ( )에 들어갈 옳은 내용은?

매출액에 ( )을(를) 곱한 금액을 초과하지 아니하는 범위

① 100분의 3　② 100분의 5
③ 100분의 7　④ 100분의 9

83 국가환경종합계획의 수립주기로 옳은 것은?

① 5년　② 10년
③ 15년　④ 20년

84 생활폐기물 수집 · 운반 관련 안전기준을 준수하지 아니하였을 경우 과태료 부과기준은?

① 1천만원 이하　② 500만원 이하
③ 300만원 이하　④ 100만원 이하

85 폐기물관리법을 적용하지 아니하는 물질에 대한 내용으로 옳지 않은 것은?

① 용기에 들어 있지 아니한 기체상의 물질
② 「물환경보전법」에 의한 오수 · 분뇨 및 가축분뇨
③ 「하수도법」에 따른 하수
④ 「원자력안전법」에 따른 방사성 물질과 이로 인하여 오염된 물질

✔ **폐기물관리법의 적용범위**
- 「원자력안전법」에 따른 방사성 물질과 이로 인하여 오염된 물질
- 용기에 들어 있지 아니한 기체상태의 물질
- 「물환경보전법」에 따른 수질오염 방지시설에 유입되거나 공공수역으로 배출되는 폐수
- 「가축분뇨의 관리 및 이용에 관한 법률」에 따른 가축분뇨
- 「하수도법」에 따른 하수 · 분뇨
- 「가축전염병예방법」에 적용되는 가축의 사체, 오염 물건, 수입 금지물건 및 검역 불합격품
- 「수산생물질병관리법」에 적용되는 수산동물의 사체, 오염된 시설 또는 물건, 수입 금지물건 및 검역 불합격품
- 「군수품관리법」에 따라 폐기되는 탄약
- 「동물보호법」에 따른 동물장묘업의 등록을 한 자가 설치 · 운영하는 동물장묘시설에서 처리되는 동물의 사체
- 「전기 · 전자 제품 및 자동차의 자원순환에 관한 법률」에 따른 전기 · 전자 제품 재활용 의무생산자 또는 전기 · 전자 제품 판매업자(전기 · 전자 제품 재활용 의무생산자 또는 전기 · 전자 제품 판매업자로부터 회수 · 재활용을 위탁받은 자를 포함) 중 전기 · 전자 제품을 재활용하기 위하여 스스로 회수하는 체계를 갖춘 자
- 「자원의 절약과 재활용 촉진에 관한 법률」에 따른 재활용센터를 운영하는 자(대형 폐기물을 수집 · 운반 및 재활용하는 것만 해당)
- 「자원의 절약과 재활용 촉진에 관한 법률」에 따른 재활용 의무생산자 중 제품 · 포장재를 스스로 회수하여 재활용하는 체계를 갖춘 자(재활용 의무생산자로부터 재활용을 위탁받은 자를 포함)
- 「건설폐기물 재활용 촉진에 관한 법률」에 따라 건설폐기물 처리업의 허가를 받은 자(공사 · 작업 등으로 인하여 5톤 미만으로 발생되는 생활폐기물을 기준과 방법에 따라 재활용하기 위하여 수집 · 운반하거나 재활용하는 경우만 해당)

정답 | 80.④ 81.④ 82.② 83.④ 84.① 85.②

86 관리형 매립시설에서 발생하는 침출수의 배출허용기준 중 청정지역의 부유물질량에 대한 기준으로 옳은 것은? (단, 침출수 매립시설 환원정화설비를 통하여 매립시설로 주입되는 침출수의 경우에는 제외) ★★★

① 20mg/L 이하 ② 30mg/L 이하
③ 40mg/L 이하 ④ 50mg/L 이하

✔ **침출수의 배출허용기준**(관리형 매립시설)

구분	생물화학적 산소요구량	화학적 산소요구량	부유물질량
청정지역	30mg/L	200mg/L	30mg/L
가 지역	50mg/L	300mg/L	50mg/L
나 지역	70mg/L	400mg/L	70mg/L

87 폐기물 처리시설을 설치 · 운영하는 자는 환경부령이 정하는 기간마다 정기검사를 받아야 한다. 음식물류 폐기물 처리시설인 경우의 검사기간 기준으로 ( )에 옳은 것은?

> 최초 정기검사는 사용 개시일부터 (㉠)이 되는 날, 2회 이후의 정기검사는 최종 정기검사일로부터 (㉡)이 되는 날

① ㉠ 3년, ㉡ 3년
② ㉠ 1년, ㉡ 3년
③ ㉠ 3개월, ㉡ 3개월
④ ㉠ 1년, ㉡ 1년

88 환경보전협회에서 교육을 받아야 할 자가 아닌 것은?

① 폐기물 재활용신고자
② 폐기물 처리시설의 설치 · 운영자가 고용한 기술담당자
③ 폐기물 처리업자(폐기물 수집 · 운반업자는 제외)가 고용한 기술요원
④ 폐기물 수집 · 운반업자

✔ **환경보전협회 및 한국폐기물협회에서 교육을 받아야 할 자**
- 사업장폐기물 배출자 신고를 한 자 및 서류를 제출한 자 또는 그가 고용한 기술담당자
- 폐기물 처리업자(폐기물 수집 · 운반업자는 제외)가 고용한 기술요원
- 폐기물 처리시설(설치신고를 한 폐기물 처리시설만 해당)의 설치 · 운영자 또는 그가 고용한 기술담당자
- 폐기물 수집 · 운반업자 또는 그가 고용한 기술담당자
- 폐기물 처리 신고자 또는 그가 고용한 기술담당자

89 폐기물 처리시설의 사용 개시 신고 시에 첨부하여야 하는 서류는?

① 해당 시설의 유지관리계획서
② 폐기물의 처리계획서
③ 예상 배출내역서
④ 처리 후 발생되는 폐기물의 처리계획서

✔ **사용 개시 신고 시 첨부하여야 하는 서류**
- 해당 시설의 유지관리계획서
- 다음 시설의 경우에는 폐기물 처리시설 검사기관에서 발급한 그 시설의 검사결과서
  - 소각시설
  - 멸균분쇄시설
  - 음식물류 폐기물을 처리하는 시설로서 1일 처리능력 100kg 이상인 시설
  - 시멘트 소성로(폐기물을 연료로 사용하는 경우로 한정)
  - 소각열 회수시설
  - 열분해시설(가스화시설을 포함)

90 매립지의 사후관리기준 방법에 관한 내용 중 토양조사횟수기준(토양 조사방법)으로 옳은 것은?

① 월 1회 이상 조사
② 매분기 1회 이상 조사
③ 매반기 1회 이상 조사
④ 연 1회 이상 조사

91 폐기물 처리 신고자에게 처리금지를 갈음하여 부과할 수 있는 최대과징금은?

① 1천만원 ② 2천만원
③ 5천만원 ④ 1억원

정답 | 86.② 87.④ 88.① 89.① 90.④ 91.②

92 기술관리인을 두어야 할 폐기물 처리시설이 아닌 것은? ★★★

① 시간당 처리능력이 120킬로그램인 감염성 폐기물대상 소각시설
② 면적이 3천5백제곱미터인 지정폐기물 매립시설
③ 절단시설로서 1일 처리능력이 150톤인 시설
④ 연료화시설로서 1일 처리능력이 8톤인 시설

✔ **기술관리인을 두어야 할 폐기물 처리시설**
- 매립시설의 경우
  - 지정폐기물을 매립하는 시설로서 면적이 3천300제곱미터 이상인 시설. 다만, 최종처분시설 중 차단형 매립시설에서는 면적이 330제곱미터 이상이거나 매립용적이 1천세제곱미터 이상인 시설로 한다.
  - 지정폐기물 외의 폐기물을 매립하는 시설로서 면적이 1만제곱미터 이상이거나 매립용적이 3만세제곱미터 이상인 시설
- 소각시설로서 시간당 처분능력이 600킬로그램(의료폐기물을 대상으로 하는 소각시설의 경우에는 200킬로그램) 이상인 시설
- 압축 · 파쇄 · 분쇄 또는 절단 시설로서 1일 처분능력 또는 재활용능력이 100톤 이상인 시설
- 사료화 · 퇴비화 또는 연료화 시설로서 1일 재활용능력이 5톤 이상인 시설
- 멸균분쇄시설로서 시간당 처분능력이 100킬로그램 이상인 시설
- 시멘트 소성로
- 용해로(폐기물에서 비철금속을 추출하는 경우로 한정)로서 시간당 재활용능력이 600킬로그램 이상인 시설
- 소각열 회수시설로서 시간당 재활용능력이 600킬로그램 이상인 시설

93 지정폐기물의 분류번호가 07-00-00과 같이, 07로 시작되는 폐기물은?

① 폐유기용제
② 유해물질 함유 폐기물
③ 폐석면
④ 부식성 폐기물

✔ 보기에 주어진 지정폐기물의 분류번호는 다음과 같다.
① 폐유기용제 : 04
② 유해물질 함유 폐기물 : 03
③ 폐석면 : 07
④ 부식성 폐기물 : 02

94 폐기물관리법에서 사용하는 용어의 정의로 틀린 것은? ★★★

① 생활폐기물이란 사업장폐기물 외에 폐기물을 말한다.
② 폐기물이란 쓰레기, 연소재, 오니, 폐유, 폐산, 폐알칼리 및 동물의 사체 등으로서 사람의 생활이나 사업활동에 필요하지 아니하게 된 물질을 말한다.
③ 지정폐기물이란 사업장폐기물 중 폐유 · 폐산 등 주변 환경을 오염시킬 수 있거나 의료폐기물 등 인체에 위해를 줄 수 있는 해로운 물질로서 대통령령으로 정하는 폐기물을 말한다.
④ 폐기물 처리시설이란 폐기물의 최초 및 중간 처리시설과 최종처리시설로서 환경부령으로 정하는 시설을 말한다.

✔ ④ 폐기물 처리시설이란 폐기물의 중간처분시설, 최종처분시설 및 재활용시설로서 대통령령으로 정하는 시설을 말한다.

95 에너지 회수기준으로 알맞지 않은 것은?

① 다른 물질과 혼합하지 아니하고 해당 폐기물의 저위발열량이 킬로그램당 3천킬로칼로리 이상일 것
② 환경부장관이 정하여 고시하는 경우에는 폐기물의 30퍼센트 이상을 원료나 재료로 재활용하고 그 나머지 중에서 에너지의 회수에 이용할 것
③ 회수열을 50퍼센트 이상 열원으로 스스로 이용하거나 다른 사람에게 공급할 것
④ 에너지의 회수효율(회수에너지 총량을 투입에너지 총량으로 나눈 비율을 말한다)이 75퍼센트 이상일 것

✔ ③ 회수열을 모두 열원, 전기 등의 형태로 스스로 이용하거나 다른 사람에게 공급할 것

2023

정답 | 92.① 93.③ 94.④ 95.③

96 폐기물 처리시설 중 기계적 재활용시설에 해당되는 것은? ★★

① 시멘트 소성로
② 고형화시설
③ 열처리 조합시설
④ 연료화시설

기계적 재활용시설의 종류
- 압축 · 압출 · 성형 · 주조 시설(동력 7.5kW 이상인 시설로 한정)
- 파쇄 · 분쇄 · 탈피 시설(동력 15kW 이상인 시설로 한정)
- 절단시설(동력 7.5kW 이상인 시설로 한정)
- 용융 · 용해 시설(동력 7.5kW 이상인 시설로 한정)
- 연료화시설
- 증발 · 농축 시설
- 정제시설(분리 · 증류 · 추출 · 여과 등의 시설을 이용하여 폐기물을 재활용하는 단위시설을 포함)
- 유수분리시설
- 탈수 · 건조 시설
- 세척시설(철도용 폐목재 받침목을 재활용하는 경우로 한정)

97 환경정책기본법에 따른 용어의 정의로 옳지 않은 것은?

① "환경"이란 자연환경과 생활환경을 말한다.
② "환경기준"이란 국민의 건강을 보호하고 쾌적한 환경을 조성하기 위하여 국가가 달성하고 유지하는 것이 바람직한 환경상의 조건 또는 질적인 수준을 말한다.
③ "환경오염"이란 대기, 물, 토양, 폐기물, 소음 · 진동, 악취, 일조, 인공조명, 화학물질 등 사람의 일상생활과 관계되는 환경을 말한다.
④ "환경보전"이란 환경오염 및 환경훼손으로부터 환경을 보호하고 오염되거나 훼손된 환경을 개선함과 동시에 쾌적한 환경상태를 유지 · 조성하기 위한 행위를 말한다.

③ "환경오염"이란 사업활동 및 그 밖의 사람의 활동에 의하여 발생하는 대기오염, 수질오염, 토양오염, 해양오염, 방사능오염, 소음 · 진동, 악취, 일조 방해, 인공조명에 의한 빛공해 등으로서 사람의 건강이나 환경에 피해를 주는 상태를 말한다.

98 폐기물 처리 신고를 하고 폐기물을 재활용할 수 있는 자에 관한 기준으로 ( )에 알맞은 내용은?

유기성 오니나 음식물류 폐기물을 이용하여 지렁이 분변토를 만드는 자 중 재활용 용량이 1일 ( ) 미만인 자

① 1톤 ② 3톤
③ 5톤 ④ 10톤

99 폐기물 감량화시설의 종류가 아닌 것은?

① 폐기물 재사용시설
② 폐기물 재활용시설
③ 폐기물 재이용시설
④ 공정 개선시설

폐기물 감량화시설의 종류
- 폐기물 재이용시설
- 폐기물 재활용시설
- 공정 개선시설

100 위해 의료폐기물의 종류 중 시험 · 검사 등에 사용된 배양액, 배양용기, 보관균주, 폐시험관, 슬라이드, 커버글라스, 폐배지, 폐장갑이 해당되는 폐기물 분류는? ★

① 생물 · 화학 폐기물
② 손상성 폐기물
③ 병리계 폐기물
④ 조직물류 폐기물

위해 의료폐기물의 종류
- 조직물류 폐기물 : 인체 또는 동물의 조직 · 장기 · 기관 · 신체의 일부, 동물의 사체, 혈액 · 고름 및 혈액생성물(혈청, 혈장, 혈액제제)
- 병리계 폐기물 : 시험 · 검사 등에 사용된 배양액, 배양용기, 보관균주, 폐시험관, 슬라이드, 커버글라스, 폐배지, 폐장갑
- 손상성 폐기물 : 주삿바늘, 봉합바늘, 수술용 칼날, 한방침, 치과용 침, 파손된 유리 재질의 시험기구
- 생물 · 화학 폐기물 : 폐백신, 폐항암제, 폐화학치료제
- 혈액오염 폐기물 : 폐혈액백, 혈액 투석 시 사용된 폐기물, 그 밖에 혈액이 유출될 정도로 포함되어 있어 특별한 관리가 필요한 폐기물

정답 I 96.④ 97.③ 98.③ 99.① 100.③

2023 제 4 회 폐기물처리기사 2023년 9월 2일 시행

제1과목 | 폐기물 개론

01 쓰레기 수거효율이 가장 좋은 방식은?

① 타종식 수거방식
② 문전 수거(플라스틱 자루)방식
③ 문전 수거(재사용 가능한 쓰레기통)방식
④ 대형 쓰레기통 이용 수거방식

✔ MHT를 비교해보면, 문전식 수거가 2.7, 대형 쓰레기통 수거가 1.1, 타종식 수거가 0.84로, 타종식 수거의 MHT가 가장 낮아 수거효율이 가장 높다.

02 가연성분이 30%(중량기준), 밀도가 620kg/m^{3}인 쓰레기 5m^3 중 가연성분의 중량(kg)은?

① 650 ② 750
③ 870 ④ 930

✔ 가연성분의 중량 $= \frac{5\,\text{m}^3}{} \Big| \frac{620\,\text{kg}}{\text{m}^3} \Big| \frac{30}{100} = 930\,\text{kg}$

03 우리나라 폐기물관리법에서는 폐기물을 고형물 함량에 따라 액상, 반고상, 고상 폐기물로 구분하고 있다. 액상 폐기물의 기준으로 옳은 것은?

① 고형물 함량이 13% 미만인 것
② 고형물 함량이 5% 미만인 것
③ 고형물 함량이 10% 미만인 것
④ 고형물 함량이 15% 미만인 것

✔ **고형물 함량에 따른 폐기물의 구분**
- 액상 폐기물 : 5% 미만
- 반고상 폐기물 : 5% 이상 15% 미만
- 고상 폐기물 : 15% 이상

04 폐기물의 일반적인 수거방법 중 관거(pipeline)를 이용한 수거방법이 아닌 것은? ★★

① 캡슐 수송방법
② 슬러리 수송방법
③ 공기 수송방법
④ 모노레일 수송방법

✔ 관거를 이용한 수거방법에는 캡슐 수송, 슬러리 수송, 공기 수송이 있으며, 모노레일 수송은 쓰레기를 적환장에서 최종처분장까지 수송하는 데 적용하는 방법이다.

05 청소상태의 평가법 중 가로의 청소상태를 기준으로 하는 지역사회 효과지수를 나타내는 것은?

① USI ② TUM
③ CEI ④ GFE

✔
- USI : 사용자 만족도지수
- CEI : 지역사회 효과지수

06 어느 도시의 쓰레기 발생량이 3배로 증가하였으나 쓰레기 수거노동력(MHT)은 그대로 유지시키고자 한다. 수거시간을 50% 증가시키는 경우 수거인원은 몇 배로 증가시켜야 하는가? ★★

① 1.5배 ② 2배
③ 2.5배 ④ 3배

✔ $\text{MHT} = \frac{\text{쓰레기 수거인부(man)} \times \text{수거시간(hr)}}{\text{총 쓰레기 수거량(ton)}}$

쓰레기 발생량이 3배 증가 시 MHT가 유지된다면, man×hr 또한 3배 증가한다.
수거시간이 1.5배 증가했으므로, man×1.5=3
∴ man = 2배

정답 | 01.① 02.④ 03.② 04.④ 05.③ 06.②

07 도시 폐기물을 x=2.5cm로 파쇄하고자 할 때 Rosin-Rammler 모델에 의한 특성입자 크기 (x_0, cm)는? (단, n=1로 가정) ★

① 1.09 ② 1.18
③ 1.22 ④ 1.34

✔ $y=f(x)=1-\exp\left[-\left(\frac{x}{x_0}\right)^n\right]$

여기서, y : x보다 작은 크기 폐기물의 총 누적무게분율
x : 폐기물 입자의 크기
x_0 : 특성입자의 크기(63.2%가 통과할 수 있는 체 눈의 크기)
n : 상수

$0.9=1-\exp\left[-\left(\frac{2.5}{x_0}\right)^1\right]$ ➡ 계산기의 Solve 기능 사용

$\therefore x_0=1.0857 \fallingdotseq 1.09\,\text{cm}$

08 다음 중 전과정평가(LCA)의 평가단계 순서로 옳은 것은? ★★

① 목적 및 범위 설정 → 목록분석 → 개선 평가 및 해석 → 영향평가
② 목적 및 범위 설정 → 목록분석 → 영향평가 → 개선 평가 및 해석
③ 목록분석 → 목적 및 범위 설정 → 개선 평가 및 해석 → 영향평가
④ 목록분석 → 목적 및 범위 설정 → 영향평가 → 개선 평가 및 해석

09 폐기물 적재차량 중량이 28,500kg, 빈 차의 중량이 15,000kg, 적재함의 크기는 가로 300cm, 세로 150cm, 높이 500cm일 때 단위용적당 적재량(ton/m^3)은?

① 0.22 ② 0.46
③ 0.60 ④ 0.81

✔ 단위용적당 적재량

$=\frac{(28,500-15,000)\,\text{kg}}{}\Big|\frac{}{300\,\text{cm}\times150\,\text{cm}\times500\,\text{cm}}\Big|\frac{10^6\text{cm}^3}{\text{m}^3}\Big|\frac{\text{ton}}{10^3\text{kg}}$

$=0.60\,\text{ton/m}^3$

10 쓰레기의 입도를 분석하였더니 입도누적곡선 상에서 10%, 30%, 60%, 90%의 입경이 각각 2mm, 6mm, 16mm, 25mm이었다면 이 쓰레기의 균등계수는? ★★

① 2.0 ② 3.0
③ 8.0 ④ 13.0

✔ 균등계수 $C_u=\frac{D_{60}}{D_{10}}$

여기서, D_{60} : 처리물 중량백분율 60%가 통과하는 입경
D_{10} : 처리물 중량백분율 10%가 통과하는 입경

$\therefore C_u=\frac{16}{2}=8.0$

11 폐기물의 관리단계 중 비용이 가장 많이 소요되는 단계는?

① 중간처리 단계
② 수거 및 운반 단계
③ 중간처리된 폐기물의 수송 단계
④ 최종처리 단계

✔ 폐기물 관리(처리) 단계에서 가장 많은 비용이 드는 단계는 수거 및 운반 단계이다.

12 2차 파쇄를 위해 6cm의 폐기물을 1cm로 파쇄하는 데 소요되는 에너지(kW · hr/ton)는? (단, Kick의 법칙을 이용, 동일한 파쇄기를 이용하여 10cm의 폐기물을 2cm로 파쇄하는 데 에너지가 50kW · hr/ton 소모됨)

① 55.66 ② 57.66
③ 59.66 ④ 61.66

✔ $E=C\ln\left(\frac{L_1}{L_2}\right)$

여기서, E : 폐기물 파쇄 에너지
C : 상수
L_1 : 초기 폐기물 크기
L_2 : 나중 폐기물 크기

$50=C\ln\left(\frac{10}{2}\right)$ ➡ $C=\frac{50}{\ln(10/2)}=31.0667$

$\therefore E=31.0667\times\ln\left(\frac{6}{1}\right)$
$=55.6641 \fallingdotseq 55.66\,\text{kW}\cdot\text{hr/ton}$

정답 | 07.① 08.② 09.③ 10.③ 11.② 12.①

13 폐기물 선별과정에서 회전방식에 의해 폐기물을 크기에 따라 분리하는 데 사용되는 장치는?

① Reciprocating screen
② Air classifier
③ Ballistic separator
④ Trommel screen

✔ 트롬멜 스크린(trommel screen)은 회전방식에 의해 폐기물을 크기에 따라 분리하는 장치로, 선별효율이 좋고 유지관리상의 문제가 적으며, 길이가 길어질수록 효율은 증가하지만 그만큼 동력이 커지는 단점이 있다.

14 유해폐기물을 소각하였을 때 발생하는 물질로서 광화학스모그의 주된 원인이 되는 물질은?

① 염화수소　② 일산화탄소
③ 메테인　④ 일산화질소

✔ 광화학스모그는 질소산화물, 탄화수소 등이 태양에너지를 받아 발생된다.

15 폐기물 수집 · 운반을 위한 노선 설정 시 유의할 사항으로 가장 거리가 먼 것은? ★★★

① 될 수 있는 한 반복 운행을 피한다.
② 가능한 한 언덕길은 올라가면서 수거한다.
③ U자형 회전을 피해 수거한다.
④ 가능한 한 시계방향으로 수거노선을 정한다.

✔ ② 가능한 한 언덕길은 내려가면서 수거한다.

16 다음 중 폐기물 발생량 조사방법에 해당되는 것은? ★★★

① 물질수지법(material balance method)
② 경향법(trend method)
③ 동적모사법(dynamic simulation method)
④ 회귀법(regression method)

✔ **폐기물 발생량 조사방법**
- 직접계근법
- 적재차량 계수분석법
- 물질수지법

17 수거대상 인구가 100,000명인 지역에서 60일간 쓰레기 수거상태를 조사한 결과가 다음과 같다. 이 지역의 1일 1인당 쓰레기 발생량은? ★★

- 수거에 사용된 트럭 : 7대
- 수거횟수 : 250회/대
- 트럭의 용적 : 10m^3/대
- 수거된 쓰레기의 밀도 : 400kg/m^3

① 1.17kg/인 · 일　② 1.43kg/인 · 일
③ 2.33kg/인 · 일　④ 2.52kg/인 · 일

✔ 1인 1일당 쓰레기 배출량

$$= \frac{10\text{m}^3 \times 7 \times 250}{} \Big| \frac{400\text{kg}}{\text{m}^3} \Big| \frac{}{100{,}000\text{인}} \Big| \frac{}{60\text{일}}$$

$= 1.17\text{kg/인} \cdot \text{일}$

18 폐기물의 밀도가 0.45ton/m^{3}인 것을 압축기로 압축하여 0.75ton/m^{3}로 하였을 때 부피감소율(%)은? ★★★

① 36　② 40
③ 44　④ 48

✔ 부피감소율 VR(%)

$$= \frac{\text{압축 전 부피} - \text{압축 후 부피}}{\text{압축 전 부피}} \times 100$$

$$= \frac{\text{압축 후 밀도} - \text{압축 전 밀도}}{\text{압축 후 밀도}} \times 100$$

$$= \frac{0.75 - 0.45}{0.75} \times 100$$

$= 40\%$

19 폐기물 연소 시 저위발열량과 고위발열량의 차이를 결정짓는 물질은?

① 물
② 탄소
③ 소각재의 양
④ 유기물 총량

✔ 고위발열량은 단위질량의 시료가 완전연소될 때 발생하는 물의 증발잠열을 포함하며, 저위발열량은 물의 증발잠열을 포함하지 않는다.

2023

정답 | 13.④ 14.④ 15.② 16.① 17.① 18.② 19.①

20 다음 조건을 가진 지역의 일일 최소 쓰레기 수거 횟수(회)는?

- 발생 쓰레기 밀도 : 500kg/m^3
- 쓰레기 발생량 : 1.5kg/인 · 일
- 수거대상 : 200,000인
- 차량 대수 : 4대(동시 사용)
- 차량 적재용적 : 50m^3
- 적재함 이용률 : 80%
- 압축비 : 2
- 수거인부 : 20명

① 2　② 4
③ 6　④ 8

✔ 수거횟수

$$= \frac{1.5\,\text{kg}}{\text{인}\cdot\text{일}} \Big| \frac{200{,}000\text{인}}{} \Big| \frac{\text{m}^3}{500\,\text{kg}} \Big| \frac{}{2} \Big| \frac{\text{회}}{50\,\text{m}^3 \times 4 \times 0.8}$$

$= 1.875 \fallingdotseq 2$회

제2과목 | 폐기물 처리기술

21 침출수의 물리화학적 처리에 관한 설명으로 적절하지 않는 것은?

① CaO, $Al_2(SO_4)_3$, $Fe_2(SO_4)_3$ 등의 약품이 이용되는 화학적 침전은 색도 및 철의 제거에 효율적이다.
② 활성탄 흡착은 화학적 침전보다 난분해성 유기물 제거에 효율적이다.
③ 역삼투법은 대부분의 오염물질을 동시에 제거할 수 있는 방법이다.
④ 펜톤 처리는 철과 과산화수소를 이용하여 난분해성 물질을 생분해성 물질로 변화시키는 것으로 슬러지 생성량이 적은 장점이 있다.

✔ ④ 펜톤 처리는 철염과 과산화수소수를 이용하여 난분해성 물질을 생분해성 물질로 변화시키는 것으로 슬러지 생성량이 많아 처리에 장애가 된다.

22 매립지 기체 발생단계를 4단계로 나눌 때 매립 초기의 호기성 단계(혐기성 전 단계)에 대한 설명으로 틀린 것은? ★

① 폐기물 내 수분이 많은 경우에는 반응이 가속화된다.
② O_2가 대부분 소모된다.
③ N_2가 급격히 발생한다.
④ 주요 생성기체는 CO_2이다.

✔ ③ N_2가 감소한다.

23 토양의 현장처리기법 중 토양세척법의 장점이 아닌 것은?

① 유기물 함량이 높을수록 세척효율이 높아진다.
② 오염 토양의 부피를 급격히 줄일 수 있다.
③ 무기물과 유기물을 동시에 처리할 수 있다.
④ 다양한 오염 토양 농도에 적용 가능하다.

✔ ① 유기물 함량이 높을수록 세척효율이 낮아지므로 전처리 후 처리한다.

24 유기성 고형화법과 비교한 무기성 고형화법에 관한 설명으로 틀린 것은?

① 양호한 기계적 · 구조적 특성이 있다.
② 고형화 재료에 따라 고화체의 체적 증가가 다양하다.
③ 상압 및 상온하에서 처리가 가능하다.
④ 수용성 및 수밀성이 매우 크며 재료의 독성이 없다.

✔ ④ 수용성은 작고 수밀성은 양호하며, 독성은 적다.

25 토양의 현장처리기법인 진공추출법의 주요 인자와 가장 거리가 먼 것은?

① 오염물질의 증기압
② 토양의 공기투과성
③ 헨리상수
④ 분배계수

정답 | 20.① 21.④ 22.③ 23.① 24.④ 25.④

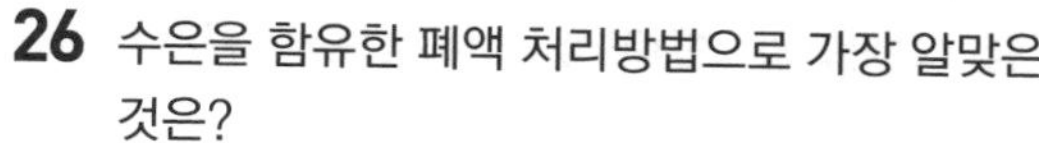

26 수은을 함유한 폐액 처리방법으로 가장 알맞은 것은?

① 황화물침전법
② 열가수분해법
③ 산화제에 의한 습식 산화분해법
④ 자외선 오존 산화 처리

✔ **수은을 함유한 폐액 처리방법**
- 황화물침전법
- 이온교환법
- 활성탄흡착법

27 퇴비화 대상 유기물질의 화학식이 $C_{99}H_{148}O_{59}N$이라고 하면, 이 유기물질의 C/N 비는?

① 64.9 ② 84.9
③ 104.9 ④ 124.9

✔ C/N 비 $= \frac{12 \times 99}{14 \times 1} = 84.86$

28 COD/TOC<2.0, BOD/COD<0.1이고, COD가 500mg/L 미만이며, 매립 연한이 10년 이상된 곳에서 발생된 침출수의 처리공정 효율성을 잘못 나타낸 것은?

① 활성탄 – 불량
② 이온교환수지 – 보통
③ 화학적 침전(석회 투여) – 불량
④ 화학적 산화 – 보통

✔ ① 활성탄 – 양호

29 매립지 바닥이 두껍고(지하수면이 지표면으로부터 깊은 곳에 있는 경우) 복토로 적합한 지역에 이용하는 방법으로, 거의 단층 매립만 가능한 공법은? ★

① 도랑굴착 매립공법
② 압축매립공법
③ 샌드위치공법
④ 순차투입공법

30 시멘트 고형화 방법 중 연소가스 탈황 시 발생된 슬러지 처리에 주로 적용되는 것은? ★

① 시멘트기초법 ② 석회기초법
③ 포졸란첨가법 ④ 자가시멘트법

31 퇴비화 과정에서 총 질소 농도의 비율이 증가되는 원인으로 가장 알맞은 것은? ★★

① 퇴비화 과정에서 미생물의 활동으로 질소를 고정시킨다.
② 퇴비화 과정에서 원래의 질소분이 소모되지 않으므로 생긴 결과이다.
③ 질소분의 소모에 비해 탄소분이 급격히 소모되므로 생긴 결과이다.
④ 단백질의 분해로 생긴 결과이다.

32 부식질(humus)의 특징으로 옳지 않은 것은?

① 병원균이 사멸되어 거의 없다.
② C/N 비가 60~70 정도로 높다.
③ 물 보유력과 양이온 교환능력이 좋다.
④ 뛰어난 토양개량제이다.

✔ ② 부식질의 C/N 비는 10~20 정도로 낮다.

33 퇴비화에 사용되는 통기개량제의 종류별 특성으로 옳지 않은 것은?

① 볏짚 : 포타슘분이 높다.
② 톱밥 : 주성분이 분해성 유기물이기 때문에 분해가 빠르다.
③ 파쇄목편 : 폐목재 내 퇴비화에 영향을 줄 수 있는 유해물질의 함유 가능성이 있다.
④ 왕겨(파쇄) : 발생기간이 한정되어 있기 때문에 저류공간이 필요하다.

✔ ② 톱밥 : 주성분이 난분해성 유기물이기 때문에 분해가 느린 편이다.

2023

정답 | 26.① 27.② 28.① 29.① 30.④ 31.③ 32.② 33.②

34 매립지에 흔히 쓰이는 합성차수막의 재료와 가장 거리가 먼 것은?

① High-Density Polyethylene(HDPE)
② Polyvinyl Chloride(PVC)
③ Polypropylene(PP)
④ Neoprene(CR)

✔ **합성차수막의 종류**
- HDPE
- LDPE
- PVC
- CR
- EPDM
- CPE
- CSPE
- IIR

35 쓰레기 매립지에 침출수 유량조정조를 설치하기 위해 과거 10년간의 강우조건을 조사한 결과가 다음 표와 같다. 매립작업 면적은 30,000m^{2}이며, 매립작업 시 강우의 침출계수를 0.3으로 적용할 때 침출수 유량조정조의 적정용량(m^3)은 얼마인가? ★

1일 강우량 (mm/일)	강우일수 (일)	1일 강우량 (mm/일)	강우일수 (일)
10	10	30	6
15	17	35	3
20	13	40	2
25	5	45	2

① 945m^3 이상 ② 930m^3 이상
③ 915m^3 이상 ④ 900m^3 이상

✔ $Q=\frac{1}{1,000}CIA$

여기서, Q : 침출수량(m^3/day)
C : 유출계수
I : 연평균 일 강우량(mm/day)
A : 매립지 내 쓰레기 매립면적(m^2)

※ 최근 10년간 1일 강우량이 10mm 이상인 강우일수 중 최다빈도 1일 강우량의 7배를 한다.

$\therefore Q=\frac{1}{1,000}\times 0.3\times 15\times 30,000\times 7=945\text{m}^3$

36 퇴비화의 장점이라 볼 수 없는 것은?

① 폐기물의 재활용
② 높은 비료가치
③ 과정 중 낮은 Energy 소모
④ 낮은 초기 시설투자비

✔ ② 생산된 퇴비는 비료가치가 낮다.

37 지하수 상·하류 두 지점의 수두차 1m, 두 지점 사이의 수평거리 500m, 투수계수 200m/day일 때, 대수층의 두께가 2m, 폭이 1.5m인 지하수의 유량(m^3/day)은?

① 1.2 ② 2.4
③ 3.6 ④ 4.8

✔ $Q=KIA$
$=\frac{200\text{m}}{\text{day}}\left|\frac{1}{500}\right|2\text{m}\times 1.5\text{m}$
$=1.2\text{m}^3/\text{day}$

38 포도당($C_6H_{12}O_6$)으로 구성된 유기물 3kg이 혐기성 미생물에 의해 완전히 분해되어 생성되는 메테인의 용적(Sm^3)은?

① 1.12 ② 1.37
③ 1.52 ④ 1.83

✔ 〈반응식〉 $C_6H_{12}O_6 \rightarrow 3CH_4 + 3CO_2$
180kg : 3×22.4Sm^3
3kg : X

$\therefore X=\frac{3\times 3\times 22.4}{180}=1.12\text{Sm}^3$

39 점토의 수분 함량 지표인 소성지수, 액성한계, 소성한계의 관계로 옳은 것은?

① 소성지수 = 액성한계 − 소성한계
② 소성지수 = 액성한계 + 소성한계
③ 소성지수 = 액성한계 / 소성한계
④ 소성지수 = 소성한계 / 액성한계

정답 | 34.③ 35.① 36.② 37.① 38.① 39.①

40 혐기성 소화법의 특성이 아닌 것은?

① 탈수성이 호기성에 비해 양호하다.
② 부패성 유기물을 안정화시킨다.
③ 암모니아, 인산 등 영양염류의 제거율이 높다.
④ 슬러지의 양을 감소시킨다.

✔ 혐기성 소화법은 유기물을 분해하여 CH_4, CO_2, NH_3 등이 발생한다.

제3과목 | 폐기물 소각 및 열회수

41 옥테인(C_8H_{18})이 완전연소하는 경우의 AFR은? (단, kg mol_{air}/kg mol_{fuel})

① 15.1　② 29.1
③ 32.5　④ 59.5

✔ 〈반응식〉 $C_8H_{18} + 12.5O_2 \rightarrow 8CO_2 + 9H_2O$

$$AFR_v = \frac{m_a \times 22.4}{m_f \times 22.4} = \frac{12.5 \div 0.21 \times 22.4}{1 \times 22.4} = 59.52$$

42 NO 400ppm을 함유한 연소가스 300,000Sm^3/hr를 암모니아를 환원제로 하는 선택접촉환원법으로 처리하고자 한다. NH_3의 반응률을 91%로 할 때 필요한 NH_3의 양(kg/hr)은? (단, 기타 조건은 고려하지 않음)

$4NO + 4NH_3 + O_2 \rightarrow 4N_2 + 6H_2O$

① 70　② 80
③ 90　④ 100

✔ 〈반응식〉 $4NO + 4NH_3 + O_2 \rightarrow 4N_2 + 6H_2O$

※ NO와 NH_3는 같은 몰비를 갖는다.

$$\frac{400\,SmL}{Sm^3} \Big| \frac{300,000\,Sm^3}{hr} \Big| \frac{17\,mg}{22.4\,SmL} \Big| \frac{kg}{10^6 mg} \Big| \frac{}{0.91} = 100.08\,kg/hr$$

43 배기가스 중 황산화물을 제거하기 위한 방법으로 옳지 않은 것은?

① 전자선 조사법　② 석회흡수법
③ 활성망가니즈법　④ 무촉매환원법

✔ ④ 무촉매환원법은 질소산화물 처리기술 중 하나이다.

44 CH_4 80%, CO_2 5%, N_2 3%, O_2 12%로 조성된 기체연료 1Sm^3을 12Sm^3의 공기로 연소한다면, 이때 공기비는?

① 1.4　② 1.7
③ 2.1　④ 2.3

✔ 〈반응식〉 $CH_4 + 2O_2 \rightarrow CO_2 + 2H_2O$

$$A_o = O_o \div 0.21 = (2 \times 0.80 - 0.12) \div 0.21 = 7.0476\,Sm^3$$

$$\therefore \text{공기비 } m = \frac{A}{A_o} = \frac{12}{7.0476} = 1.70$$

45 메테인 3Sm^3를 공기과잉계수 1.2로 완전연소시킬 경우 습윤연소가스의 양(Sm^3)은? ★★★

① 약 23.1　② 약 28.2
③ 약 31.2　④ 약 37.3

✔ 〈반응식〉 $CH_4 + 2O_2 \rightarrow CO_2 + 2H_2O$

$$A_o = O_o \div 0.21 = 6 \div 0.21 = 28.5714\,Sm^3$$

$$\therefore \text{습연소가스 양 } G_w = (m - 0.21)A_o + CO_2 + H_2O = (1.2 - 0.21) \times 28.5714 + 3 + 6 = 37.2857 ≒ 37.3\,Sm^3$$

46 다음 중 소각조건의 3T가 적절하게 나열된 것은? ★★★

① 온도, 연소량, 혼합
② 온도, 연소량, 압력
③ 온도, 압력, 혼합
④ 온도, 연소시간, 혼합

✔ 소각조건의 3T
- 온도(Temperature)
- 시간(Time)
- 혼합(Turbulence)

정답 | 40.③ 41.④ 42.④ 43.④ 44.② 45.④ 46.④

2023

47 폐처리가스 양이 5,400Sm^3/hr인 스토커식 소각시설 굴뚝의 정압을 측정하였더니 20mmH$_2$O였다. 여유율 20%인 송풍기를 사용할 경우 필요한 소요동력은? (단, 송풍기 정압효율 80%, 전동기 효율70%)

① 약 0.63kW ② 약 1.32kW
③ 약 2.46kW ④ 약 3.35kW

✔ 소요동력 $= \dfrac{\Delta \times Q}{102\eta} \times \alpha$

여기서, ΔP : 압력손실(mmH$_2$O)
Q : 배출가스 양(m^3/sec)
η : 효율
α : 여유율

• $Q = \dfrac{5,400\,\text{Sm}^3}{\text{hr}} \Big| \dfrac{\text{hr}}{3,600\,\text{sec}} = 1.5\,\text{Sm}^3/\text{sec}$

• $\eta = 0.80 \times 0.70 = 0.56$

∴ 소요동력 $= \dfrac{20 \times 1.5}{102 \times 0.56} \times 1.20 = 0.63\,\text{kW}$

48 저위발열량 10,000kcal/Sm^{3}인 기체연료 연소 시 이론습연소가스 양이 20Sm^3/Sm^{3}이고, 이론연소온도는 2,500℃라고 한다. 연료 연소가스의 평균정압비열(kcal/Sm^3 · ℃)은? (단, 연소용 공기, 연료 온도는 15℃)

① 0.2 ② 0.3
③ 0.4 ④ 0.5

✔ 평균정압비열 $= \dfrac{10,000\,\text{kcal}}{\text{Sm}^3} \Big| \dfrac{\text{Sm}^3}{20\,\text{Sm}^3} \Big| \dfrac{}{2,500℃}$
$= 0.2\,\text{kcal/Sm}^3 \cdot ℃$

49 다음 중 열분해공정에 대한 설명으로 잘못된 것은?

① 배기가스 양이 적다.
② 환원성 분위기를 유지할 수 있어 3가크로뮴이 6가크로뮴으로 변화하지 않는다.
③ 황분, 중금속분이 회분 속에 고정되는 비율이 적다.
④ 질소산화물의 발생량이 적다.

✔ ③ 황 및 중금속이 회분 속에 고정되는 비율이 높다.

50 연소에 있어 검댕이의 생성에 대한 설명으로 가장 거리가 먼 것은?

① A중유 < B중유 < C중유 순으로 검댕이가 발생한다.
② 공기비가 매우 적을 때 다량 발생한다.
③ 중합, 탈수소축합 등의 반응을 일으키는 탄화수소가 적을수록 검댕이는 많이 발생한다.
④ 전열면 등으로 발열속도보다 방열속도가 빨라서 화염의 온도가 저하될 때 많이 발생한다.

✔ ③ 중합, 탈수소축합 등의 반응을 일으키는 탄화수소가 많을수록 검댕이는 많이 발생한다.

51 프로판올(C_3H_7OH) 1kg을 완전연소하는 데 필요한 이론공기량은? ★★★

① 2.01Sm^3 ② 5.74Sm^3
③ 8.00Sm^3 ④ 11.50Sm^3

✔ 〈반응식〉 $C_3H_7OH + 4.5O_2 \rightarrow 3CO_2 + 4H_2O$
60kg : 4.5×22.4Sm^3
1kg : O_o

$O_o = \dfrac{1 \times 4.5 \times 22.4}{60} = 1.68\,\text{Sm}^3$

$\therefore A_o = O_o \div 0.21 = 1.68 \div 0.21 = 8.00\,\text{Sm}^3$

52 소각로 공정 중 주연소실에 관한 설명과 가장 거리가 먼 것은?

① 운전척도는 공기연료비, 혼합정도, 연소온도 등이다.
② 크기는 주입 폐기물 1톤당 4~6m^3/day로 설계된다.
③ 주연소실의 연소온도는 대략 600~1,000℃ 정도이다.
④ 직사각형, 수직원통형, 혼합형, 회전형등이 있으며 대부분 직사각형이다.

✔ ② 크기는 주입 폐기물 1톤당 0.4~0.6m^3/day로 설계된다.

정답 | 47.① 48.① 49.③ 50.③ 51.③ 52.②

53 처리가스 유량이 1,000m^3/hr이고, 여과포의 유효면적이 5m^2일 때, 여과집진장치의 겉보기 여과속도(cm/sec)는?

① 3.5cm/sec ② 4.5cm/sec
③ 5.5cm/sec ④ 6.5cm/sec

✔ 겉보기 여과속도

$= \frac{1,000\,m^3}{hr} \Big| \frac{}{5\,m^2} \Big| \frac{100\,cm}{m} \Big| \frac{hr}{3,600\,sec}$

$= 5.5\,cm/sec$

54 폐기물의 원소 조성 성분을 분석해 보니 C 51.9%, H 7.62%, O 38.15%, N 2.0%, S 0.33%이었다면 고위발열량(kcal/kg)은? (단, Hh = 8,100C + 34,000(H$^-$(O/8)) + 2,500S) ★★

① 약 8,800 ② 약 7,200
③ 약 6,100 ④ 약 5,200

✔ Dulong 식

$Hh\text{(kcal/kg)} = 81C + 340\left(H - \frac{O}{8}\right) + 25S$

여기서, C, H, O, S : 탄소, 수소, 산소, 황의 함량(%)

$\therefore Hh = 81 \times 51.9 + 340\left(7.62 - \frac{38.15}{8}\right) + 25 \times 0.33$

$= 5181.58\,kcal/kg$

55 어떤 폐기물 1kg의 성분 조성이 다음과 같을 때 실제 공기량이 8Sm^3이었다면 과잉공기량은?

- 가연성 성분 : C 40%, H 12%, O 15%, S 3%
- 수분 : 20%
- 회분 : 10%

① 1.65Sm^3 ② 2.25Sm^3
③ 3.75Sm^3 ④ 4.05Sm^3

✔ 이론공기량 $A_o = O_o \div 0.21$

이때, $O_o = 1.867C + 5.6H + 0.7S - 0.7O$

$= (1.867 \times 0.40 + 5.6 \times 0.12 + 0.7 \times 0.03 - 0.7 \times 0.15)$

$= 1.3348\,Sm^3/kg$

$A_o = 1.3348 \div 0.21 = 6.3562\,Sm^3$

∴ 과잉공기량 $= 8 - 6.3562 = 1.64\,Sm^3$

56 Rotary kiln 소각로에 대한 설명으로 잘못된 것은? ★

① 액상이나 고상의 여러 가지 폐기물을 동시에 처리할 수 있다.
② 노 내에서의 공기의 유출이 크고 대기오염제어 시스템에 분진 부하율이 높다.
③ 비교적 열효율이 높은 편이다.
④ 대체로 예열, 혼합, 파쇄 등 전처리 없이 주입이 가능하다.

✔ ③ 비교적 열효율이 낮은 편이다.

57 보일러 전열면을 통하여 연소가스의 여열로 보일러 급수를 예열하여 보일러 효율을 높이는 열교환장치는?

① 공기예열기 ② 절탄기
③ 과열기 ④ 재열기

✔ ① 공기예열기 : 굴뚝 가스 여열을 이용해 연소용 공기를 예열함으로써 보일러의 효율을 높이는 장치
③ 과열기 : 보일러에서 발생하는 포화증기를 과열하여 수분을 제거한 후 과열도가 높은 증기를 얻기 위해 설치하는 장치
④ 재열기 : 증기 터빈 속에서 소정의 팽창을 하여 포화증기에 가까워진 증기를 도중에 이끌어내 재차 가열하여 터빈을 돌려 팽창시키는 경우에 사용하는 장치

58 다음 중 연소의 특성을 설명한 내용으로 잘못된 것은?

① 수분이 많을 경우는 착화가 나쁘고 열손실을 초래한다.
② 휘발분(고분자물질)이 많을 경우는 매연 발생이 억제된다.
③ 고정탄소가 많을 경우 발열량이 높고 매연 발생이 적다.
④ 회분이 많을 경우 발열량이 낮다.

✔ ② 휘발분이 많을 경우는 매연 발생이 많아진다.

2023

정답 | 53.③ 54.④ 55.① 56.③ 57.② 58.②

59 석탄의 탄화도가 증가함에 따라 증가하는 것이 아닌 것은?

① 고정탄소 ② 착화온도
③ 매연 발생률 ④ 발열량

✔ ③ 매연 발생률은 탄화도가 작을수록 증가한다.

60 RDF(Refuse Derived Fuel)가 갖추어야 하는 조건에 관한 설명으로 옳지 않은 것은? ★

① 제품의 함수율이 낮아야 한다.
② RDF용 소각로 제작이 용이하도록 발열량이 높지 않아야 한다.
③ 원료 중에 비가연성 성분이나 연소 후 잔류하는 재의 양이 적어야 한다.
④ 조성 배합율이 균일하여야 하고 대기오염이 적어야 한다.

✔ ② RDF의 발열량이 높아야 한다.

제4과목 | 폐기물 공정시험기준(방법)

61 시료의 전처리방법 중 유기물 함량이 비교적 높지 않고 금속의 수산화물, 산화물, 인산염 및 황화물을 함유하고 있는 시료에 적용되는 방법으로 가장 적합한 것은? ★★

① 질산 분해법
② 질산-염산 분해법
③ 질산-황산 분해법
④ 질산-과염소산 분해법

✔ ① 질산 분해법 : 유기물 함량이 낮은 시료에 적용하며, 질산에 의한 유기물 분해방법
③ 질산-황산 분해법 : 유기물 등을 많이 함유하고 있는 대부분의 시료에 적용하며, 질산-황산에 의한 유기물 분해방법
④ 질산-과염소산 분해법 : 유기물을 높은 비율로 함유하고 있으면서 산화 분해가 어려운 시료들에 적용하며, 질산-과염소산에 의한 유기물 분해방법

62 유도결합 플라스마-원자발광분광기의 구성장치로 가장 옳은 것은?

① 시료도입부, 고주파전원부, 광원부, 분광부, 연산처리부, 기록부
② 시료도입부, 시료원자화부, 광원부, 측광부, 연산처리부, 기록부
③ 시료도입부, 고주파전원부, 광원부, 파장선택부, 연산처리부, 기록부
④ 시료도입부, 시료원자화부, 파장선택부, 측광부, 연산처리부, 기록부

✔ 유도결합 플라스마-원자발광분광기는 시료도입부, 고주파전원부, 광원부, 분광부, 연산처리부 및 기록부로 구성된다.

63 다음은 시료의 분할채취방법인 교호삽법 작업 순서에 관한 내용이다. ( ) 안에 들어갈 내용으로 옳은 것은?

1. 분쇄한 대시료를 단단하고 깨끗한 평면 위에 원추형으로 쌓는다.
2. 원추를 장소를 바꾸어 다시 쌓는다.
3. (　　　)
4. 육면체의 측면을 교대로 돌면서 각각 균등한 양을 취하여 두 개의 원추를 쌓는다.
5. 하나의 원추는 버리고 나머지 원추를 앞의 조작을 반복하면서 적당한 크기까지 줄인다.

① 원추를 눌러 평평하게 만들고 가로 4등분, 세로 5등분하여 육면체로 쌓는다.
② 원추에서 일정한 양을 취하여 장방형으로 도포하고 계속해서 일정한 양을 취하여 그 위에 입체로 쌓는다.
③ 원추의 꼭지를 수직으로 눌러서 부채꼴로 한 후 평평하게 만들고 도포하여 입체로 쌓는다.
④ 원추에서 일정한 양을 취하여 4등분한 후 계속 도포하여 입체로 쌓는다.

정답 | 59.③ 60.② 61.② 62.① 63.②

64 함수율 85%인 시료인 경우, 용출시험 결과에 시료 중의 수분 함량 보정을 위하여 곱하여야 하는 값은? ★★

① 0.5 ② 1.0
③ 1.5 ④ 2.0

✔ 시료 중의 수분 함량 보정을 위해 함수율 85% 이상인 시료에 한하여 "15/{100－시료의 함수율(%)}"을 곱하여 계산한 값으로 한다.

$\therefore \frac{15}{100-85}=1.0$

65 고상 폐기물의 pH(유리전극법)를 측정하기 위한 실험절차에서 ( ) 안에 들어갈 내용으로 옳은 것은? ★

고상 폐기물 10g을 50mL 비커에 취한 다음 정제수 25mL를 넣어 잘 교반하여 ( ) 이상 방치한 후 이 현탁액을 시료용액으로 하거나 원심분리한 후 상층액을 시료용액으로 사용한다.

① 10분 ② 30분
③ 2시간 ④ 4시간

66 석면(X선 회절기법) 측정에 관한 내용으로 옳지 않은 것은?

① X선 회절기로 판단할 수 있는 석면의 정량범위는 0.1~100.0wt%이다.
② 고형 폐기물을 포함한 건축자재의 분석에 사용되며 유기·무기 성분의 조합으로 된 모든 석면 함유 물질에서 석면 유무를 판단할 수 있다.
③ 시료의 양은 1회에 최소한 면적단위로는 $1cm^2$, 부피단위로는 $1cm^3$, 무게단위로는 1g 이상 채취한다.
④ 소형 크기의 석면 함유 의심 폐제품의 경우, 시료는 제품별로 채취하고 채취자가 시료량이 부족하다고 판단하는 경우에는 가능한 경우 2개 이상을 채취한다.

✔ ③ 시료의 양은 1회에 최소한 면적단위로는 $1cm^2$, 부피단위로는 $1cm^3$, 무게단위로는 2g 이상 채취한다.

67 비소(자외선/가시선 분광법) 분석 시 발생되는 비화수소를 다이에틸다이티오카르바민산은의 피리딘 용액에 흡수시키면 나타나는 색은? ★

① 적자색 ② 청색
③ 황갈색 ④ 황색

68 시료 준비를 위한 회화법에 관한 기준으로 ( ) 안에 옳은 내용은?

목적성분이 (㉠) 이상에서 (㉡)되지 않고 쉽게 (㉢)될 수 있는 시료에 적용

① ㉠ 400℃, ㉡ 회화, ㉢ 휘산
② ㉠ 400℃, ㉡ 휘산, ㉢ 회화
③ ㉠ 800℃, ㉡ 회화, ㉢ 휘산
④ ㉠ 800℃, ㉡ 휘산, ㉢ 회화

69 원자흡광분석에서 검량선 작성법에 해당되지 않는 것은?

① 검량선법 ② 표준첨가법
③ 검량표준법 ④ 내부표준법

70 중량법에 의해 기름성분을 측정할 때 필요한 기구 또는 기기와 가장 거리가 먼 것은?

① 전기열판 또는 전기멘틀
② 분별깔대기
③ 회전증발농축기
④ 리비히 냉각관

✔ **기름성분 – 중량법의 분석 기기 및 기구**

- 전기열판 또는 전기멘틀
- 증발접시
- ㅏ자형 연결관 및 리비히 냉각관
- 삼각플라스크
- 분별갈때기

2023

정답 | 64.② 65.② 66.③ 67.① 68.② 69.③ 70.③

71 폐기물 분석을 위한 일반적 총칙에 관한 설명으로 옳지 않는 것은? ★★★

① 천분율을 표시할 때는 g/L, g/kg의 기호를 쓴다.
② "바탕시험을 하여 보정한다"라 함은 시료에 대한 처리 및 측정을 할 때, 시료를 사용하지 않고 같은 방법으로 조작한 측정치를 빼는 것을 뜻한다.
③ "감압 또는 진공"이라 함은 따로 규정이 없는 한 15mmH_2O 이하를 뜻한다.
④ 방울수라 함은 20℃에서 정제수 20방울을 적하할 때, 그 부피가 약 1mL 되는 것을 뜻한다.

✔ ③ "감압 또는 진공"이라 함은 따로 규정이 없는 한 15mmHg 이하를 뜻한다.

72 다음 중 백분율에 대한 내용으로 틀린 것은?

① 용액 100mL 중 성분무게(g) 또는 기체 100mL 중의 성분무게(g)를 표시할 때는 W/V%의 기호를 쓴다.
② 용액 100mL 중 성분용량(mL) 또는 기체 100mL 중 성분용량(mL)을 표시할 때는 V/V%의 기호를 쓴다.
③ 용액 100g 중 성분용량(mL)을 표시할 때는 V/W%의 기호를 쓴다.
④ 용액 100g 중 성분무게(g)를 표시할 때는 W/V%의 기호를 쓴다. 다만, 용액의 농도를 %로만 표시할 때는 W/W%를 말한다.

✔ ④ 용액 100g 중 성분무게(g)를 표시할 때는 W/W%의 기호를 쓴다. 다만, 용액의 농도를 %로만 표시할 때는 W/V%를 말한다.

73 원자흡수 분광광도법으로 구리를 측정할 때 정밀도(RSD)는? (단, 정량한계는 0.008mg/L)

① ±10% 이내 ② ±15% 이내
③ ±20% 이내 ④ ±25% 이내

74 폐기물이 1톤 미만으로 야적되어 있는 적환장에서 채취하여야 할 최소 시료의 총량(g)은? (단, 소각재는 아님) ★★★

① 100 ② 400
③ 600 ④ 900

✔ 대상 폐기물의 양과 현장 시료의 최소수

대상 폐기물의 양(ton)	현장 시료의 최소수
~ 1 미만	6
1 이상 ~ 5 미만	10
5 이상 ~ 30 미만	14
30 이상 ~ 100 미만	20
100 이상 ~ 500 미만	30
500 이상 ~ 1,000 미만	36
1,000 이상 ~ 5,000 미만	50
5,000 이상 ~	60

1톤 미만일 경우 현장 시료의 최소수가 6이므로, 600g이 된다.

75 다음은 폐기물 용출시험에 관한 내용이다. ( ) 안에 들어갈 내용을 순서대로 나열한 것은? ★

> 시료용액 조제가 끝난 혼합액을 상온 · 상압에서 진탕횟수가 매분당 ( ), 진폭 ( )의 진탕기를 사용하여 ( ) 연속 진탕한 다음 여과하고 여과액을 적당량 취하여 용출시험용 시료용액으로 한다.

① 약 200회, 4~5cm, 6시간
② 약 200회, 4~5cm, 4시간
③ 약 300회, 5~6cm, 6시간
④ 약 300회, 5~6cm, 4시간

76 다음의 금속류 폐기물 중 유도결합 플라스마 원자발광분광법으로 측정하지 않는 것은?

① 납 ② 비소
③ 카드뮴 ④ 수은

✔ 수은 측정법
- 환원기화 – 원자흡수 분광광도법
- 자외선/가시선 분광법

정답 | 71.③ 72.④ 73.④ 74.③ 75.① 76.④

77 시료 중 수분 함량 및 고형물 함량을 정량한 결과가 다음과 같은 경우 고형물 함량(%)은 얼마인가? ★★

- 증발접시의 무게(W_1)=245g
- 건조 전 증발접시와 시료의 무게(W_2)=260g
- 건조 후 증발접시와 시료의 무게(W_3)=250g

① 약 21 ② 약 24
③ 약 28 ④ 약 33

✔ 강열감량 또는 유기물 함량(%) $= \frac{(W_2 - W_3)}{(W_2 - W_1)} \times 100$

여기서, W_1 : 뚜껑을 포함한 증발용기의 질량
W_2 : 강열 전 뚜껑을 포함한 증발용기와 시료의 질량
W_3 : 강열 후 뚜껑을 포함한 증발용기와 시료의 질량

∴ 강열감량 $= \frac{250-245}{260-245} \times 100 = 33.33\%$

78 운반가스로 순도 99.99% 이상의 질소 또는 헬륨을 사용하여야 하는 기체 크로마토그래피의 검출기는? ★

① 열전도도형 검출기
② 알칼리열이온화 검출기
③ 염광광도형 검출기
④ 전자포획형 검출기

79 시료채취에 관한 내용으로 ( )에 옳은 것은?

회분식 연소방식의 소각재 반출설비에서 채취하는 경우에는 하루 동안의 운전횟수에 따라 매 운전 시마다 (㉠) 이상 채취하는 것을 원칙으로 하고, 시료의 양은 1회에 (㉡) 이상으로 한다.

① ㉠ 2회, ㉡ 100g
② ㉠ 4회, ㉡ 100g
③ ㉠ 2회, ㉡ 500g
④ ㉠ 4회, ㉡ 500g

80 비소 측정방법 중 수소화물 생성 – 원자흡수 분광광도법에 대한 설명으로 틀린 것은?

① 전처리한 시료용액 중에 아연 또는 소듐붕소수화물을 넣어 생성된 수소화비소를 원자화시켜 정량한다.
② 270.3nm에서 흡광도를 측정한다.
③ 운반가스로 아르곤가스(순도 99.99% 이상)를 사용한다.
④ 원자흡수 분광광도계에 불꽃을 만들기 위해 가연성 가스와 조연성 가스를 사용하는데, 일반적으로 가연성 기체로 아세틸렌을, 조연성 기체로 공기를 사용한다.

✔ ② 193.7nm에서 흡광도를 측정한다.

2023

제5과목 | 폐기물 관계법규

81 환경부령으로 정하는 폐기물 처리시설의 설치를 마친 자는 환경부령으로 정하는 검사기관으로부터 검사를 받아야 한다. 검사를 받으려는 자가 검사를 받기 위해 검사기관에 제출하는 검사신청서에 첨부하여야 하는 서류가 아닌 것은? (단, 음식물류 폐기물 처리시설의 경우)

① 설계도면
② 폐기물 성질, 상태, 양, 조성비 내용
③ 재활용 제품의 사용 또는 공급 계획서(재활용의 경우만 제출한다)
④ 운전 및 유지관리 계획서(물질수지도를 포함한다)

✔ **폐기물 처리시설의 검사를 받으려는 자가 제출하여야 하는 서류**(음식물류 폐기물 처리시설의 경우)
- 설계도면
- 운전 및 유지관리 계획서(물질수지도를 포함)
- 재활용제품의 사용 또는 공급 계획서(재활용의 경우만 제출)

정답 | 77.④ 78.④ 79.③ 80.② 81.②

82 다음 폐기물 중 사업장폐기물에 해당되지 않는 것은?

① 「대기환경보전법」에 따라 배출시설을 설치 · 운영하는 사업자에서 발생하는 폐기물
② 「물환경보전법」에 따라 배출시설을 설치 · 운영하는 사업자에서 발생하는 폐기물
③ 「소음 · 진동관리법」에 따라 배출시설을 설치 · 운영하는 사업자에서 발생하는 폐기물
④ 환경부장관이 정하는 사업장에서 발생하는 폐기물

✔ 사업장폐기물이란 「대기환경보전법」, 「물환경보전법」 또는 「소음 · 진동관리법」에 따라 배출시설을 설치 · 운영하는 사업장이나 그 밖에 대통령령으로 정하는 사업장에서 발생하는 폐기물을 말한다.

83 다음 중 폐기물 처리업의 업종으로 적절하지 않은 것은?

① 폐기물 재생처리업
② 폐기물 종합처분업
③ 폐기물 중간처분업
④ 폐기물 수집 · 운반업

✔ **폐기물 처리업의 업종**
- 폐기물 수집 · 운반업
- 폐기물 중간처분업
- 폐기물 최종처분업
- 폐기물 종합처분업
- 폐기물 중간재활용업
- 폐기물 최종재활용업
- 폐기물 종합재활용업

84 생활폐기물 수집 · 운반 대행자에 대한 대행실적 평가 실시기준으로 옳은 것은?

① 분기에 1회 이상
② 반기에 1회 이상
③ 매년 1회 이상
④ 2년간 1회 이상

85 폐기물 처분시설 또는 재활용시설 중 의료폐기물을 대상으로 하는 시설의 기술관리인 자격기준에 해당하지 않는 자격은?

① 수질환경산업기사
② 폐기물처리산업기사
③ 임상병리사
④ 위생사

✔ **폐기물 처분시설 또는 재활용시설 중 의료폐기물을 대상으로 하는 시설의 기술관리인 자격기준**
폐기물처리산업기사, 임상병리사, 위생사 중 1명 이상

86 음식물류 폐기물을 대상으로 하는 폐기물 처분시설의 기술관리인 자격으로 틀린 것은?

① 일반기계산업기사
② 전기기사
③ 토목산업기사
④ 대기환경산업기사

✔ **폐기물 처분시설 또는 재활용시설 중 음식물류 폐기물을 대상으로 하는 시설의 기술관리인 자격기준**
폐기물처리산업기사, 수질환경산업기사, 화공산업기사, 토목산업기사, 대기환경산업기사, 일반기계기사, 전기기사 중 1명 이상

87 폐기물 처리업자에게 영업정지에 갈음하여 부과할 수 있는 과징금에 관한 설명으로 ( ) 안에 옳은 내용은?

> 환경부장관이나 시 · 도지사는 폐기물 처리업자에게 영업의 정지를 명령하려는 때 그 영업의 정지를 갈음하여 대통령령으로 정하는 ( )을 초과하지 아니하는 범위에서 과징금을 부과할 수 있다.

① 매출액에 100분의 1을 곱한 금액
② 매출액에 100분의 5을 곱한 금액
③ 매출액에 100분의 10을 곱한 금액
④ 매출액에 100분의 15을 곱한 금액

정답 | 82.④ 83.① 84.③ 85.① 86.① 87.②

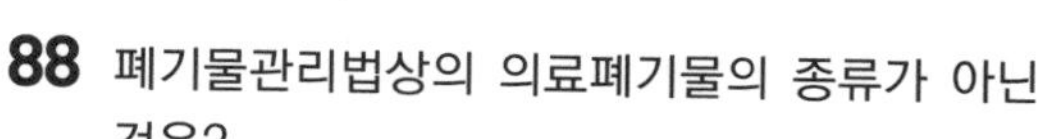

88 폐기물관리법상의 의료폐기물의 종류가 아닌 것은?

① 격리 의료폐기물
② 일반 의료폐기물
③ 유사 의료폐기물
④ 위해 의료폐기물

✔ **의료폐기물의 종류**
- 격리 의료폐기물
- 위해 의료폐기물
- 일반 의료폐기물

89 폐기물 처분업의 적합성확인신청서에 첨부해야 할 서류가 아닌 것은?

① 처분시설 설치명세서 및 그 도면
② 기술능력의 보유현황
③ 처분대상 폐기물의 처분공정도
④ 신청 당시 보관시설의 현장 사진

✔ **폐기물 처분업의 적합성확인신청서 첨부서류**
- 처분시설 설치명세서 및 그 도면
- 처분대상 폐기물의 처분공정도
- 신청 당시 보관시설의 현장 사진
- 적합성확인 직전연도의 연간 폐기물 반입량 · 처리량 및 연간 가동일수를 확인할 수 있는 서류

90 폐기물 처리시설을 설치 · 운영하는 자는 그 시설의 유지 · 관리에 관한 기술업무를 담당하게 하기 위하여 기술관리인을 임명하여야 하는데 이를 위반하여 기술관리인을 임명하지 아니하고 기술관리 대행계약을 체결하지 아니한 자에 대한 과태료 처분기준은?

① 100만원 이하의 과태료 부과
② 300만원 이하의 과태료 부과
③ 500만원 이하의 과태료 부과
④ 1,000만원 이하의 과태료 부과

91 환경정책기본법에 따른 용어의 정의로 옳지 않은 것은?

① "환경용량"이란 일정한 지역에서 환경오염 또는 환경훼손에 대하여 환경의 스스로 수용, 정화 및 복원하여 환경의 질을 유지할 수 있는 한계를 말한다.
② "생활환경"이란 지상의 모든 생물과 이들을 둘러싸고 있는 비생물적인 것을 포함한 자연의 상태를 말한다.
③ "환경훼손"이란 야생동식물의 남획 및 그 서식지의 파괴, 생태계 질서의 교란, 자연경관의 훼손, 표토의 유실 등으로 자연환경의 본래적 기능에 중대한 손상을 주는 상태를 말한다.
④ "환경보전"이란 환경오염 및 환경훼손으로부터 환경을 보호하고 오염되거나 훼손된 환경을 개선함과 동시에 쾌적한 환경상태를 유지 · 조성하기 위한 행위를 말한다.

✔ ② "생활환경"이란 대기, 물, 토양, 폐기물, 소음 · 진동, 악취, 일조, 인공조명, 화학물질 등 사람의 일상생활과 관계되는 환경을 말한다.

92 방치 폐기물의 처리를 폐기물 처리 공제조합에 명할 수 있는 방치 폐기물의 처리량 기준으로 옳은 것은? (단, 폐기물 처리업자가 방치한 폐기물의 경우) ★★

① 그 폐기물 처리업자의 폐기물 허용 보관량의 1.2배 이내
② 그 폐기물 처리업자의 폐기물 허용 보관량의 1.5배 이내
③ 그 폐기물 처리업자의 폐기물 허용 보관량의 2배 이내
④ 그 폐기물 처리업자의 폐기물 허용 보관량의 3배 이내

정답 | 88.③ 89.② 90.④ 91.② 92.③

93 폐기물 처리시설의 유지 · 관리를 위해 기술관리인을 두어야 하는 폐기물 처리시설의 기준으로 옳지 않은 것은? (단, 폐기물 처리업자가 운영하는 폐기물 처리시설은 제외) ★★★

① 멸균 · 분쇄 시설로서 시간당 처리능력이 100킬로그램 이상인 시설
② 압축 · 파쇄 · 분쇄 또는 절단 시설로서 1일 처리능력이 10톤 이상인 시설
③ 사료화 · 퇴비화 또는 연료화 시설로서 1일 처리능력이 5톤 이상인 시설
④ 의료폐기물을 대상으로 하는 소각시설로서 시간당 처리능력이 200킬로그램 이상인 시설

기술관리인을 두어야 할 폐기물 처리시설

- 매립시설의 경우
  - 지정폐기물을 매립하는 시설로서 면적이 3천300제곱미터 이상인 시설. 다만, 최종처분시설 중 차단형 매립시설에서는 면적이 330제곱미터 이상이거나 매립용적이 1천세제곱미터 이상인 시설로 한다.
  - 지정폐기물 외의 폐기물을 매립하는 시설로서 면적이 1만제곱미터 이상이거나 매립용적이 3만세제곱미터 이상인 시설
- 소각시설로서 시간당 처분능력이 600킬로그램(의료폐기물을 대상으로 하는 소각시설의 경우에는 200킬로그램) 이상인 시설
- 압축 · 파쇄 · 분쇄 또는 절단 시설로서 1일 처분능력 또는 재활용능력이 100톤 이상인 시설
- 사료화 · 퇴비화 또는 연료화 시설로서 1일 재활용능력이 5톤 이상인 시설
- 멸균분쇄시설로서 시간당 처분능력이 100킬로그램 이상인 시설
- 시멘트 소성로
- 용해로(폐기물에서 비철금속을 추출하는 경우로 한정)로서 시간당 재활용능력이 600킬로그램 이상인 시설
- 소각열 회수시설로서 시간당 재활용능력이 600킬로그램 이상인 시설

94 폐기물 처리시설의 중간처분시설 중 화학적 처분시설에 해당되는 것은? ★★

① 정제시설 ② 연료화시설
③ 응집 · 침전 시설 ④ 소멸화시설

중간처분시설 중 화학적 처분시설의 종류

- 고형화 · 고화 · 안정화 시설
- 반응시설(중화 · 산화 · 환원 · 중합 · 축합 · 치환 등의 화학반응을 이용하여 폐기물을 처분하는 단위시설을 포함)
- 응집 · 침전 시설

95 지정폐기물의 종류 및 유해물질 함유 폐기물로 옳은 것은? (단, 환경부령으로 정하는 물질을 함유한 것으로 한정) ★★

① 광재(철광 원석의 사용으로 인한 고로 슬래그를 포함한다)
② 폐흡착제 및 폐흡수제(광물유 · 동물유의 정제에 사용된 폐토사는 제외한다)
③ 분진(소각시설에서 발생되는 것으로 한정하되, 대기오염 방지시설에서 포집된 것은 제외한다)
④ 폐내화물 및 재벌구이 전에 유약을 바른 도자기 조각

① 광재(철광 원석의 사용으로 인한 고로 슬래그는 제외한다)
② 폐흡착제 및 폐흡수제(광물유 · 동물유 및 식물유의 정제에 사용된 폐토사를 포함한다)
③ 분진(대기오염 방지시설에서 포집된 것으로 한정하되, 소각시설에서 발생되는 것은 제외한다)

96 폐기물 처리시설을 설치 · 운영하는 자가 폐기물 처리시설의 유지 · 관리에 관한 기술관리 대행을 체결할 경우 대행하게 할 수 있는 자로서 옳지 않은 것은? ★

① 한국환경공단
② 「엔지니어링산업 진흥법」에 따라 신고한 엔지니어링 사업자
③ 「기술사법」에 따른 기술사 사무소
④ 국립환경과학원

폐기물 처리시설의 유지 · 관리에 관한 기술관리를 대행할 수 있는 자

- 한국환경공단
- 엔지니어링 사업자
- 기술사 사무소
- 그 밖에 환경부장관이 기술관리를 대행할 능력이 있다고 인정하여 고시하는 자

정답 | 93.② 94.③ 95.④ 96.④

97 주변 지역 영향조사대상 폐기물 처리시설기준으로 ( ) 안에 적절한 것은? ★★★

> 매립면적 ( )제곱미터 이상의 사업장 일반폐기물 매립시설

① 3만　② 5만
③ 10만　④ 15만

✔ **주변 지역 영향조사대상 폐기물 처리시설**
- 1일 처분능력이 50톤 이상인 사업장폐기물 소각시설(같은 사업장에 여러 개의 소각시설이 있는 경우에는 각 소각시설의 1일 처분능력의 합계가 50톤 이상인 경우를 말함)
- 매립면적 1만 제곱미터 이상의 사업장 지정폐기물 매립시설
- 매립면적 15만 제곱미터 이상의 사업장 일반폐기물 매립시설
- 시멘트 소성로(폐기물을 연료로 사용하는 경우로 한정)
- 1일 재활용능력이 50톤 이상인 사업장폐기물 소각열 회수시설(같은 사업장에 여러 개의 소각열 회수시설이 있는 경우에는 각 소각열 회수시설의 1일 재활용 능력의 합계가 50톤 이상인 경우를 말함)

98 폐기물 처리시설의 폐쇄 명령을 이행하지 아니한 자에 대한 벌칙기준은?

① 1년 이하의 징역 또는 1천만원 이하의 벌금
② 2년 이하의 징역 또는 2천만원 이하의 벌금
③ 3년 이하의 징역 또는 3천만원 이하의 벌금
④ 5년 이하의 징역 또는 5천만원 이하의 벌금

99 폐기물 감량화시설의 종류가 아닌 것은?

① 폐기물 재사용시설
② 폐기물 재활용시설
③ 폐기물 재이용시설
④ 공정 개선시설

✔ **폐기물 감량화시설의 종류**
- 폐기물 재이용시설
- 폐기물 재활용시설
- 공정 개선시설

100 관리형 매립시설 침출수 중 BOD의 청정지역 배출허용기준은? (단, 청정지역은 물환경보전법 시행규칙의 지역 구분에 따름) ★★★

① 30mg/L　② 40mg/L
③ 50mg/L　④ 60mg/L

✔ **침출수의 배출허용기준**(관리형 매립시설)

구분	생물화학적 산소요구량	화학적 산소요구량	부유물질량
청정지역	30mg/L	200mg/L	30mg/L
가 지역	50mg/L	300mg/L	50mg/L
나 지역	70mg/L	400mg/L	70mg/L

정답 | 97.④ 98.④ 99.① 100.①

2024 제 1 회 폐기물처리기사 2024년 2월 15일 시행

제1과목 | 폐기물 개론

01 함수율 30%인 쓰레기 1톤을 건조시켜 함수율 10%인 쓰레기로 만들었다면, 이때 증발된 수분량은? ★★★

① 약 104kg ② 약 184kg
③ 약 222kg ④ 약 324kg

✔ $V_1(100-W_1)=V_2(100-W_2)$

여기서, V_1 : 건조 전 폐기물 무게
V_2 : 건조 후 폐기물 무게
W_1 : 건조 전 폐기물 함수율
W_2 : 건조 후 폐기물 함수율

$1{,}000\,\text{kg}\times(100-30)=V_2\times(100-10)$

$V_2=1{,}000\,\text{kg}\times\dfrac{100-30}{100-10}=777.7778\,\text{kg}$

∴ 증발된 수분량 $=1{,}000-777.7778=222.22\,\text{kg}$

02 폐기물의 수거노선 설정 시 고려해야 할 사항으로 틀린 것은? ★★★

① 수거 지점과 빈도를 결정할 때 기존 정책이나 규정을 참고한다.
② 가능한 한 지형지물 및 도로 경계와 같은 장벽을 이용하여 간선도로 부근에서 시작하고 끝나도록 배치하여야 한다.
③ 아주 많은 양의 쓰레기가 발생되는 발생원은 하루 중 가장 먼저 수거한다.
④ 가능한 한 반시계방향으로 수거노선을 정하며 U자형 회전은 피하여 수거한다.

✔ ④ 가능한 한 시계방향으로 수거노선을 정하며 U자형 회전은 피하여 수거한다.

03 다음 중 쓰레기 발생량 조사방법이라 볼 수 없는 것은? ★★★

① 적재차량 계수분석법
② 물질수지법
③ 성상분류법
④ 직접계근법

✔ 폐기물 발생량 조사방법
- 직접계근법
- 적재차량 계수분석법
- 물질수지법

04 쓰레기의 pipeline 수송에 관한 설명으로 적절하지 않은 것은? ★★

① 쓰레기 발생밀도가 낮은 곳에서 현실성이 크다.
② 가설 후의 경로변경이 곤란하고 설비비가 막대하다.
③ 장거리 이용이 곤란하다.
④ 투입구를 이용한 범죄나 사고의 위험이 있다.

✔ ① 쓰레기 발생밀도가 높은 곳에서 현실성이 크다.

05 취성도가 낮은 쓰레기는 전단파쇄가 유효하다. 이때 취성도를 가장 바르게 나타낸 것은?

① 압축강도와 인장강도의 비로 나타낸다.
② 압축강도와 전단강도의 비로 나타낸다.
③ 충격강도와 전단강도의 비로 나타낸다.
④ 충격강도와 압축강도의 비로 나타낸다.

정답 | 01.③ 02.④ 03.③ 04.① 05.①

06 폐기물의 관리단계 중 비용이 가장 많이 소요되는 단계는?

① 중간처리 단계
② 수거 및 운반 단계
③ 중간처리된 폐기물의 수송 단계
④ 최종처리 단계

✔ 폐기물 관리(처리)단계에서 가장 많은 비용이 드는 단계는 수거 및 운반 단계이다.

07 물렁거리는 가벼운 물질로부터 딱딱한 물질을 선별하는 데 사용되는 선별장치는?

① Secators ② Stoners
③ Jigs ④ Table

✔ ② Stoners : 약간 경사진 판에 진동을 주어 무거운 것이 빨리 경사판 위로 올라가는 원리를 이용한 폐기물 선별장치
③ Jigs : 스크린 상에서 비중이 다른 입자의 층을 통과하는 액류를 상하로 맥동시켜서 층의 팽창 · 수축을 반복하여 무거운 입자는 하층, 가벼운 입자는 상층으로 이동시켜 분리하는 중력분리방법
④ Table : 물질의 비중 차이를 이용하여 가벼운 것은 왼쪽, 무거운 것은 오른쪽으로 분류하는 방법

08 함수율이 90%인 슬러지의 비중이 1.02이었다. 이 슬러지를 진공여과기로 탈수하여 함수율이 60%인 슬러지를 얻었다면 이 슬러지의 비중은? (단, 슬러지 내 고형물 비중은 일정함)

① 약 1.09 ② 약 1.14
③ 약 1.25 ④ 약 1.31

✔ $\frac{100}{\rho_{SL}}=\frac{W(\%)}{\rho_W}+\frac{TS(\%)}{\rho_{TS}}$

여기서, ρ_{SL}, ρ_W, ρ_{TS} : 슬러지, 물, 총 고형물의 밀도 또는 비중
W, TS : 물, 총 고형물의 함량(%)

$\frac{100}{1.02}=\frac{90}{1}+\frac{10}{\rho_{TS}}$ ➡ $\rho_{TS}=1.2439$

$\therefore \rho_{SL}=\frac{100}{\frac{60}{1}+\frac{40}{1.2439}}=1.0851 ≒ 1.09$

09 연간 2,500,000ton의 쓰레기를 4,000명의 인부들이 매일 7시간씩 수거한다. 이때 인부의 수거능력(MHT)은? ★★

① 1.71ton/인 · 시간
② 2.31인/시간 · ton
③ 3.36인 · 시간/ton
④ 5.16ton/인 · 일

✔ $\text{MHT}=\frac{\text{쓰레기 수거인부(man)}\times\text{수거시간(hr)}}{\text{총 쓰레기 수거량(ton)}}$

$=\frac{4{,}000\text{명}}{}\Big|\frac{\text{year}}{2{,}500{,}000\,\text{ton}}\Big|\frac{300\,\text{day}}{\text{year}}\Big|\frac{7\,\text{hr}}{\text{day}}$

$=3.36\,\text{MHT}$

10 다음 폐기물의 성상분석절차 중 가장 먼저 이루어지는 것은? ★★★

① 절단 및 분쇄 ② 건조
③ 밀도 측정 ④ 전처리

✔ **폐기물의 성상분석절차**
시료 → 밀도 측정 → 물리 조성(습량무게) → 건조(건조무게) → 분류(가연성, 불연성) → 전처리(원소 및 발열량 분석)

11 쓰레기를 압축시켜 용적감소율이 75%인 경우 압축비는?

① 2.5 ② 3.2
③ 3.8 ④ 4.0

✔ 압축비 $CR=\frac{\text{압축 전 부피}}{\text{압축 후 부피}}=\frac{100}{100-VR}$

$=\frac{100}{100-75}=4.0$

12 폐기물의 파쇄 및 분쇄 목적이 아닌 것은?

① 입경분포의 균일화
② 비표면적의 감소
③ 유기물의 분리
④ 겉보기비중의 증가

✔ ② 비표면적의 증가로 소각 및 매립 시 조기안정화에 유리하다.

2024

정답 | 06.② 07.② 08.① 09.③ 10.③ 11.④ 12.②

13 인구 200,000명인 도시에서의 폐기물 발생량이 1.1kg/인 · 일이라고 한다. 폐기물 수거밀도가 0.8kg/L, 수거차량의 적재용량이 10m^{3}라면, 1일 2회 수거하기 위한 수거차량의 대수는? (단, 기타 조건은 고려하지 않음)

① 14대 ② 15대
③ 16대 ④ 17대

✔ 수거차량 대수

$= \frac{1.1\,\text{kg}}{\text{인·일}} \Big| \frac{200{,}000\text{인}}{} \Big| \frac{\text{L}}{0.8\,\text{kg}} \Big| \frac{\text{m}^3}{10^3\text{L}} \Big| \frac{}{10\,\text{m}^3} \Big| \frac{\text{일}}{2\text{회}}$

$= 13.75 ≒ 14$대

14 폐기물 압축기에 관한 설명으로 옳지 않은 것은?

① 고정압축기는 주로 공기압으로 압축시킨다.
② 고정압축기는 압축방법에 따라 수평식과 수직식 압축기로 나눌 수 있다.
③ 백(bag) 압축기는 다종 · 다양하다.
④ 백(bag) 압축기 중 회분식이란 투입량을 일정량씩 수회 분리하여 간헐적인 조작을 행하는 것을 말한다.

✔ ① 고정압축기는 주로 수압으로 압축시킨다.

15 퇴비화 공정의 설계 및 조작 인자에 대한 설명으로 가장 거리가 먼 것은? ★★

① 공급원료의 C/N 비는 대략 30 : 1 정도이다.
② 포기, 혼합, 온도조절 등이 필요조건이다.
③ 적정 pH는 4.2~5.7이다.
④ 함수율은 50~60% 정도이다.

✔ ③ 적정 pH는 6.5~8.0이다.

16 하수처리장에서 발생되는 슬러지와 비교한 분뇨의 특성이 아닌 것은?

① 질소의 농도가 높음
② 다량의 유기물을 포함
③ 염분 농도가 높음
④ 고액 분리가 쉬움

✔ ④ 고액 분리가 어려움

17 쓰레기의 입도를 분석하였더니 입도누적곡선 상에서 10%, 30%, 60%, 90%의 입경이 각각 2mm, 6mm, 16mm, 25mm이었다면 이 쓰레기의 균등계수는? ★★

① 2.0 ② 3.0
③ 8.0 ④ 13.0

✔ 균등계수 $C_u = \frac{D_{60}}{D_{10}}$

여기서, D_{60} : 처리물 중량백분율 60%가 통과하는 입경
D_{10} : 처리물 중량백분율 10%가 통과하는 입경

$\therefore C_u = \frac{16}{2} = 8.0$

18 적환장(transfer station)에서 수송차량에 옮겨 싣는 방식이 아닌 것은? ★★

① 직접 투하방식
② 저장 투하방식
③ 연속 투하방식
④ 직접 · 저장 투하 결합방식

✔ **투하방식에 따른 적환장의 형식**

- 직접 투하방식
- 저장 투하방식
- 직접 · 저장 투하방식

19 전과정평가(LCA)를 구성하는 4부분 중, 조사분석과정에서 확정된 자원 요구 및 환경부하에 대한 영향을 평가하는 기술적 · 정량적 · 정성적 과정인 것은? ★★

① Impact analysis
② Initiation analys
③ Inventory analysis
④ Improvement analysis

✔ ① Impact analysis는 전과정평가 중 3단계인 영향평가에 해당된다.

정답 | 13.① 14.① 15.③ 16.④ 17.③ 18.③ 19.①

20 침출수의 처리에 대한 설명으로 틀린 것은?

① BOD/COD>0.5인 초기 매립지에선 생물학적 처리가 효과적이다.

② BOD/COD<0.1인 오래된 매립지에선 물리화학적 처리가 효과적이다.

③ 매립지의 매립대상 물질이 가연성 쓰레기가 주종인 경우 물리화학적 처리가 주로 이루어진다.

④ 매립 초기에는 생물학적 처리가 주체가 되지만 유기물질의 안정화가 이루어지는 매립 후기에는 물리화학적 처리가 주로 이루어진다.

✔ ③ 매립지의 매립대상 물질이 가연성 쓰레기가 주종인 경우 생물학적 처리가 주로 이루어진다.

제2과목 | 폐기물 처리기술

21 어떤 매립지의 침출수 특성이 COD/TOC=1.0, BOD/COD=0.03이라면 효율성이 가장 양호한 처리공정은? (단, 매립 연한은 15년 정도, COD는 400mg/L)

① 이온교환수지

② 활성탄

③ 화학적 산화

④ 화학적 침전(석회 투여)

22 유기성 고형화법과 비교한 무기성 고형화법에 관한 설명으로 틀린 것은?

① 양호한 기계적 · 구조적 특성이 있다.

② 고형화 재료에 따라 고화체의 체적 증가가 다양하다.

③ 상압 및 상온하에서 처리가 가능하다.

④ 수용성 및 수밀성이 매우 크며 재료의 독성이 없다.

✔ ④ 수용성은 작지만 수밀성은 양호하며 독성이 적다.

23 어느 수역에 유출된 유해물질의 농도가 초기 농도의 절반이 될 때까지 소요되는 시간이 1,000시간이었다면 이때 유해물질의 1차 감소속도상수는 얼마인가? ★★★

① 0.69/hr　② 0.069/hr

③ 0.0069/hr　④ 0.00069/hr

✔ 1차 반응식 $\ln\frac{C_t}{C_o} = -k \cdot t$

여기서, C_t : t시간 후 농도

C_o : 초기 농도

k : 반응속도상수(hr^{-1})

t : 시간(hr)

$$\therefore k = \frac{\ln\frac{C_t}{C_o}}{-t} = \frac{\ln\frac{1}{2}}{-1{,}000\,\text{hr}} = 0.00069\,\text{hr}^{-1}$$

24 폐기물을 화학적으로 처리하는 방법 중 용매추출법에 대한 특징이 아닌 것은?

① 높은 분배계수와 낮은 끓는점을 가지는 폐기물에 이용 가능성이 높다.

② 사용되는 용매는 극성이어야 한다.

③ 증류 등에 의한 방법으로 용매 회수가 가능해야 한다.

④ 물에 대한 용해도가 낮고 물과 밀도가 다른 폐기물에 이용 가능성이 높다.

✔ ② 사용되는 용매는 비극성이어야 한다.

25 침출수 처리를 위한 Fenton 산화법에 관한 설명으로 틀린 것은?

① 응집제를 첨가하여 침전시킨다.

② 침출수 pH를 9~10으로 조정한다.

③ Fenton 액을 첨가하여 난분해성 유기물질을 생분해성 유기물질로 전환시킨다.

④ Fenton 액은 철, 과산화수소수를 포함한다.

✔ ② 침출수 pH를 3~5로 조정한다.

2024

정답 | 20.③ 21.② 22.④ 23.④ 24.② 25.②

26 다음 중 위생매립의 장점이 아닌 것은?

① 매립이 종료된 매립지에 특별한 시공 없이 건축물을 세울 수 있다.
② 부지 확보가 가능할 경우 가장 경제적인 방법이다.
③ 거의 모든 종류의 폐기물 처분이 가능하다.
④ 처분대상 폐기물의 증가에 따른 추가 인원 및 장비가 크지 않다.

✔ ① 매립 완료 후 매립지 침하 문제로 일정 기간 유지관리가 필요하다.

27 합성차수막인 CSPE의 장점으로 적절하지 않은 것은?

① 미생물에 강하다.
② 접합이 용이하다.
③ 강도가 높다.
④ 산과 알칼리에 특히 강하다.

✔ ③ 강도가 낮다.

28 용적 1,200m^{3}인 슬러지 혐기성 소화조가 함수율 92%의 슬러지를 하루에 15m^3 소화시킨다면 이 소화조의 유기물 부하율(kgVS/m^3 · day)은? (단, 슬러지 고형물 중 무기물 비율은 35%이고, 슬러지의 비중은 1.0이라고 가정)

① 0.25kgVS/m^3 · day
② 0.45kgVS/m^3 · day
③ 0.65kgVS/m^3 · day
④ 0.85kgVS/m^3 · day

✔ 소화조의 유기물 부하율 $= \frac{VS}{V}$

여기서, VS : 유기물(kg/day)
V : 소화조의 부피(m^3)

이때, $VS = \frac{15\,m^3}{day} \Big| \frac{1{,}000\,kg}{m^3} \Big| \frac{8_{TS}}{100_{SL}} \Big| \frac{65_{VS}}{100_{TS}}$
$= 780\,kg/day$

$\therefore \frac{VS}{V} = \frac{780}{1{,}200} = 0.65\,kgVS/m^3 \cdot day$

29 퇴비화 과정에 관한 설명으로 적절하지 않은 것은?

① 초기단계 : 주로 저온성 진균과 세균들이 유기물을 분해하여 lignin 함량을 높이는 것으로 알려져 있다.
② 고온단계 : 고온성 미생물의 분해활동으로 이루어지며 주된 미생물은 bacillus sp. 등인 것으로 알려져 있다.
③ 숙성단계 : 유기물들은 난분해성인 부식질로 변화된다.
④ 숙성단계 : 방선균의 밀도가 높아지게 된다.

✔ ① 초기단계 : 주로 중온성 진균과 박테리아에 의해 유기물이 분해된다.

30 점토의 수분 함량 지표인 소성지수, 액성한계, 소성한계의 관계로 옳은 것은?

① 소성지수 = 액성한계 − 소성한계
② 소성지수 = 액성한계 + 소성한계
③ 소성지수 = 액성한계 / 소성한계
④ 소성지수 = 소성한계 / 액성한계

31 유기물($C_6H_{12}O_6$) 1kg의 혐기성 소화 시 생성될 수 있는 최대 메테인의 양(kg) 및 체적(Sm^3)은?

① 0.12kg, 0.31Sm^3
② 0.27kg, 0.37Sm^3
③ 0.34kg, 0.42Sm^3
④ 0.42kg, 0.47Sm^3

✔ 〈반응식〉 $C_6H_{12}O_6 \rightarrow 3CH_4 + 3CO_2$
180kg : 3×16kg
1kg : X

$\therefore X = \frac{1 \times 3 \times 16}{180} = 0.2667 \fallingdotseq 0.27\,kg$

〈반응식〉 $C_6H_{12}O_6 \rightarrow 3CH_4 + 3CO_2$
180kg : 3×22.4Sm^3
1kg : Y

$\therefore Y = \frac{1 \times 3 \times 22.4}{180} = 0.3733 \fallingdotseq 0.37\,Sm^3$

정답 | 26.① 27.③ 28.③ 29.① 30.① 31.②

32 수중 유기화합물의 활성탄 흡착에 관한 사항으로 틀린 것은?

① 가지 구조의 화합물이 직선 구조의 화합물보다 잘 흡착된다.
② 기공 확산이 율속단계인 경우, 분자량이 클수록 흡착속도는 늦다.
③ 불포화 탄화수소가 포화 탄화수소보다 잘 흡착된다.
④ 물에 대한 용해도가 높은 화합물이 낮은 화합물보다 잘 흡착된다.

✔ ④ 물에 대한 용해도가 높은 화합물은 낮은 화합물보다 잘 흡착되지 않는다.

33 폐수 유입량이 10,000m^3/day, 유입 폐수의 SS가 400mg/L라면, 이것을 alum[$Al_2(SO_4)_3 \cdot 18H_2O$] 350mg/L로 처리할 때 1일 발생하는 침전 슬러지(건조고형물 기준)의 양(kg)은? (단, 응집 침전 시 유입 SS의 75%가 제거되며, 생성되는 $Al(OH)_3$는 모두 침전하고 $CaSO_2$는 용존상태로 존재, Al : 27, S : 32, Ca : 40)

$$Al_2(SO_4)_3 \cdot 18H_2O + 3Ca(HCO_3)_2 \rightarrow 2Al(OH)_3 + 3CaSO_4 + 6CO_2 + 18H_2O$$

① 약 3,520　② 약 3,620
③ 약 3,720　④ 약 3,820

✔
- 침전 $SS = \frac{400\,\text{mg}}{\text{L}} \Big| \frac{10{,}000\,\text{m}^3}{\text{day}} \Big| \frac{\text{kg}}{10^6\,\text{mg}} \Big| \frac{10^3\text{L}}{\text{m}^3} \Big| \frac{75}{100} = 3{,}000\,\text{kg}$
- 침전 $Al(OH)_3$

〈반응비〉 $Al_2(SO_4)_3 \cdot 18H_2O$: $Al(OH)_3$
666kg : 156kg
Alum 주입량 : X

Alum 주입량 $= \frac{10{,}000\,\text{m}^3}{\text{day}} \Big| \frac{350\,\text{mg}}{\text{L}} \Big| \frac{\text{kg}}{10^6\,\text{mg}} \Big| \frac{10^3\text{L}}{\text{m}^3} = 3{,}500\,\text{kg}$

$X = \frac{156 \times 3{,}500}{666} = 819.8198\,\text{kg}$

∴ 침전 슬러지의 양 $= 3{,}000 + 819.8198 = 3819.8198 \fallingdotseq 3819.82\,\text{kg}$

34 슬러지 수분 결합상태 중 탈수하기 가장 어려운 형태는? ★

① 내부수
② 간극모관결합수
③ 표면부착수
④ 모관결합수

✔ **슬러지의 수분 함유형태별 탈수성의 크기**
간극수 > 모관결합수 > 표면부착수 > 내부수

35 지하수 상 · 하류 두 지점의 수두차 1m, 두 지점 사이의 수평거리 500m, 투수계수 200m/day일 때, 대수층의 두께가 2m, 폭이 1.5m인 지하수의 유량(m^3/day)은?

① 1.2　② 2.4
③ 3.6　④ 4.8

✔ $Q = KIA$
$= \frac{200\,\text{m}}{\text{day}} \Big| \frac{1}{500} \Big| \frac{2\,\text{m} \times 1.5\,\text{m}}{} = 1.2\,\text{m}^3/\text{day}$

36 침출수가 점토층을 통과하는 데 소요되는 시간을 계산하는 식으로 옳은 것은? (단, t : 통과시간(year), d : 점토층 두께(m), h : 침출수 수두(m), K : 투수계수(m/year), n : 유효공극률)

① $t = \frac{nd^2}{K(d+h)}$　② $t = \frac{dn}{K(d+h)}$
③ $t = \frac{nd^2}{K(2d+h)}$　④ $t = \frac{dn}{K(2h+d)}$

37 고형화 처리방법 중 가장 흔히 사용되는 시멘트 기초법의 장점에 해당하지 않는 것은? ★

① 원료가 풍부하고 값이 싸다.
② 다양한 폐기물을 처리할 수 있다.
③ 폐기물의 건조나 탈수가 필요하지 않다.
④ 낮은 pH에서도 폐기물 성분의 용출 가능성이 없다.

✔ ④ 낮은 pH에서 폐기물 성분의 용출 가능성이 크다.

2024

정답 | 32.④ 33.④ 34.① 35.① 36.① 37.④

38 오염토의 토양증기추출법 복원기술에 대한 장단점으로 옳은 것은? ★

① 증기압이 낮은 오염물질의 제거효율이 높다.
② 다른 시약이 필요 없다.
③ 추출된 기체의 대기오염 방지를 위한 후처리가 필요 없다.
④ 유지 및 관리비가 많이 소요된다.

✔ ① 증기압이 높은 오염물질의 제거효율이 높다.
③ 추출된 기체의 대기오염 방지를 위한 후처리가 필요하다.
④ 유지 및 관리비가 적게 소요된다.

39 다음 중 매립지 중간 복토에 관한 설명으로 틀린 것은?

① 복토는 메테인가스가 외부로 나가는 것을 방지한다.
② 폐기물이 바람에 날리는 것을 방지한다.
③ 복토재로는 모래나 점토질을 사용하는 것이 좋다.
④ 지반의 안정과 강도를 증가시킨다.

✔ ③ 복토재로 모래를 사용할 경우 침투가 잘 되지만, 점토를 사용할 경우 침투가 잘 안 되므로 사용하지 않는 것이 좋다.

40 내륙매립방법인 셀(cell) 공법에 관한 설명으로 옳지 않은 것은?

① 화재의 확산을 방지할 수 있다.
② 쓰레기 비탈면의 경사는 15~25%의 기울기로 하는 것이 좋다.
③ 1일 작업하는 셀 크기는 매립장 면접에 따라 결정된다.
④ 발생가스 및 매립층 내 수분의 이동이 억제된다.

✔ ③ 1일 작업하는 셀 크기는 매립 처분량에 따라 결정된다.

제3과목 | 폐기물 소각 및 열회수

41 어느 폐기물의 소각 처리 시 회분 중량이 폐기물의 20%라고 한다. 이때 회분의 밀도가 2g/cm^{3}이고, 처리해야 할 폐기물이 3×10^4kg이라면, 소각 후 남는 재의 이론체적은?

① $0.3m^3$　　② $3m^3$
③ $30m^3$　　④ $300m^3$

✔ 재의 이론체적

$$= \frac{3\times10^3\text{kg}}{} \left| \frac{\text{cm}^3}{2\text{g}} \right| \frac{10^3\text{g}}{\text{kg}} \left| \frac{\text{L}}{10^3\text{cm}^3} \right| \frac{\text{m}^3}{10^3\text{L}} \left| \frac{20}{100} \right. = 3\text{m}^3$$

42 중유 연소 가열로의 배기가스를 분석한 결과 용량비로 N_2 80%, CO 12%, O_2 8%의 결과를 얻었다. 이때, 공기비는 얼마인가?

① 1.1　　② 1.4
③ 1.6　　④ 2.0

✔ 공기비 $m = \frac{N_2}{N_2 - 3.76(O_2 - 0.5CO)}$

$$= \frac{80}{80 - 3.76(8 - 0.5\times12)} = 1.10$$

43 이론공기량(A_o)과 이론연소가스 양(G_o)은 연료 종류에 따라 특유한 값을 취하며, 연료 중의 탄소분은 저위발열량에 대략 비례한다고 나타낸 식은?

① Bragg의 식　　② Rosin의 식
③ Pauli의 식　　④ Lewis의 식

44 공연비(AFR ; Air-Fuel Ratio)가 높아질 때, 배기가스 중에서 생성량이 가장 많아지는 기체는?

① CO, HC　　② NO_X
③ HCl, Cl_2　　④ SO_X

✔ 공연비가 높을 경우 공기가 많기 때문에 질소산화물의 생성이 많아진다.

정답 | 38.② 39.③ 40.③ 41.② 42.① 43.② 44.②

45 유동층 소각로 방식에 관한 설명으로 가장 거리가 먼 것은? ★★★

① 유동매질의 손실로 인한 보충이 필요하다.
② 열량이 적고 난연성인 액상 오니의 소각이 용이하다.
③ 폐기물의 투입이나 유동화를 위해 파쇄공정이 필요하다.
④ 운전의 숙달이 필요하며 기계적인 고장이 많다.

✔ ④ 유동층 소각로는 기계적 구동부분이 없으므로 고장이 적다.

46 공기를 사용하여 Propane을 완전연소시킬 때 건조연소가스 중의 CO_2%는? ★

① 9.25 ② 11.76
③ 13.76 ④ 18.25

✔ 〈반응식〉 $C_3H_8 + 5O_2 \rightarrow 3CO_2 + 4H_2O$

$A_o = O_o \div 0.21$
$= 5 \div 0.21 = 23.8095$

$\therefore CO_2\% = \frac{CO_2}{G_d} \times 100$

$= \frac{3}{(1-0.21)\times 23.8095+3} \times 100$
$= 13.7555 \fallingdotseq 13.76\%$

47 메테인 $1Sm^3$를 공기과잉계수 1.2로 완전연소시킬 경우 습윤연소가스의 양(Sm^3)은?

① 약 9.1
② 약 10.2
③ 약 11.3
④ 약 12.4

✔ 〈반응식〉 $CH_4 + 2O_2 \rightarrow CO_2 + 2H_2O$

$A_o = O_o \div 0.21$
$= 2 \div 0.21 = 9.5238$

∴ 습연소가스 양 $G_w = (m-0.21)A_o + CO_2 + H_2O$
$= (1.2-0.21)\times 9.5238 + 1 + 2$
$= 12.4286 \fallingdotseq 12.43Sm^3$

48 폐기물 처리를 위한 소각로 형식 중 '다단로'의 장점으로 틀린 것은?

① 체류시간이 길어 특히 휘발성이 낮은 폐기물의 연소에 유리하다.
② 수분 함량이 높은 폐기물의 연소도 가능하다.
③ 물리 · 화학적 성분이 다른 각종 폐기물을 처리할 수 있다.
④ 온도반응이 빠르고 분진 발생률이 낮다.

✔ ④ 온도반응이 느리고 분진 발생률이 높다.

49 소각 시 탈취방법인 촉매연소법에 대한 설명으로 가장 거리가 먼 것은?

① 제거효율이 높다.
② 처리경비가 저렴하다.
③ 처리대상 가스의 제한이 없다.
④ 저농도 유해물질에도 적합하다.

✔ 촉매연소법은 촉매독물질(철, 납, 규소, 아연 등)이 포함된 가스를 사용하기 어렵다.

50 다음 중 연소에 관한 내용으로 옳지 않은 것은?

① 공연비 = 공기의 몰수/연료의 몰수
② 공기비(m) = 1+(과잉공기량/이론공기량)
③ 등가비(ϕ) >1 : 공기가 과잉으로 공급
④ 최대탄산가스율($CO_{2(max)}$, %)=(CO_2 발생량/이론 건조연소가스 양)×100

✔ ③ 등가비(ϕ)>1 : 연료가 과잉으로 공급

51 처리용량이 크고 먼지의 크기가 0.1~0.9μm인 것에 대해서도 높은 집진효율을 가지며, 습식 또는 건식으로도 제진할 수 있고, 압력손실이 매우 적고, 유지비도 적게 소요될 뿐 아니라 고온의 가스도 처리 가능한 집진장치는?

① 전기집진장치 ② 원심력집진장치
③ 세정집진장치 ④ 여과집진장치

2024

정답 | 45.④ 46.③ 47.④ 48.④ 49.③ 50.③ 51.①

52 어떤 소각로에서 배출되는 가스 양은 8,000kg/hr 이고, 온도는 1,000℃이다. 배기가스가 소각로 내에서 1초간 체류한다면 소각로 용적(Sm^3)은? (단, 표준상태에서 배기가스 밀도는 0.2kg/m^3)

① 약 32 ② 약 42
③ 약 52 ④ 약 62

✔ 소각로 용적

$$= \frac{8,000\,kg}{hr} \bigg| \frac{Sm^3}{0.2\,kg} \bigg| \frac{1\,sec}{} \bigg| \frac{hr}{3,600\,sec} \bigg| \frac{273+1,000}{273}$$

$$= 51.81\,Sm^3$$

53 CO_2 10kg의 표준상태에서 부피는? (단, CO_2는 이상기체이고, 표준상태로 가정)

① $3.1Sm^3$ ② $4.1Sm^3$
③ $5.1Sm^3$ ④ $6.1Sm^3$

✔ 표준상태에서 CO_2의 부피 $= \frac{10\,kg}{} \bigg| \frac{22.4\,Sm^3}{44\,kg}$

$$= 5.09\,Sm^3$$

54 탄소 85%, 수소 14%, 황 1% 조성의 중유 연소 시 배기가스 조성은 $(CO_2)+(SO_2)$가 13%, O_2가 3%, CO가 0.5%였다. 건조연소가스 중 SO_2의 농도(ppm)는?

① 약 525 ② 약 575
③ 약 625 ④ 약 675

✔ • $O_o = 1.867\times0.85+5.6\times0.14+0.7\times0.01 = 2.3780$

• $A_o = O_o \div 0.21 = 2.3780 \div 0.21 = 11.3238$

• $m = \frac{N_2}{N_2 - 3.76(O_2 - 0.5CO)} = \frac{83.5}{83.5-3.76(3-0.5\times0.5)} = 1.1413$

• $G_d = (m-0.21)A_o + CO_2 + SO_2 = (1.1413-0.21)\times11.3238+1.867\times0.85 +0.7\times0.01 = 12.1398$

$\therefore$ SO_2 농도 $= \frac{SO_2}{G_d}\times10^6 = \frac{0.7\times0.01}{12.1398}\times10^6 = 576.6158 \fallingdotseq 576.62\,ppm$

55 열분해가 소각 처리에 비해 갖는 장점으로 옳지 않은 것은?

① 배기가스 양이 적다.
② 황 및 중금속이 회분 속에 고정되는 비율이 적다.
③ 상대적으로 저온이기 때문에 NO_X의 발생량이 적다.
④ 환원성 분위기가 유지되므로 3가크로뮴이 6가크로뮴으로 변화되기 어렵다.

✔ ② 황 및 중금속이 회분 속에 고정되는 비율이 크다.

55 액체 연료의 연소속도에 영향을 미치는 인자로 거리가 먼 것은?

① 분무입경
② 기름방울과 공기의 혼합률
③ 충분한 체류시간
④ 연료의 예열온도

✔ 액체 연료의 연소속도에 영향을 미치는 인자
• 분무입경
• 분무각도
• 연료의 예열온도
• 기름방울과 공기의 혼합률

57 연소에 있어 검댕이의 생성에 대한 설명으로 가장 거리가 먼 것은?

① A중유 < B중유 < C중유 순으로 검댕이가 발생한다.
② 공기비가 매우 적을 때 다량 발생한다.
③ 중합, 탈수소축합 등의 반응을 일으키는 탄화수소가 적을수록 검댕이는 많이 발생한다.
④ 전열면 등으로 발열속도보다 방열속도가 빨라서 화염의 온도가 저하될 때 많이 발생한다.

✔ ③ 중합, 탈수소축합 등의 반응을 일으키는 탄화수소가 많을수록 검댕이는 많이 발생한다.

정답 | 52.③ 53.③ 54.② 55.② 56.③ 57.③

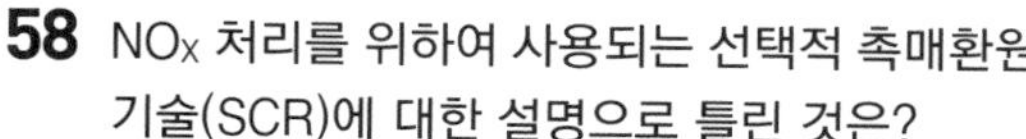

58 NO_X 처리를 위하여 사용되는 선택적 촉매환원 기술(SCR)에 대한 설명으로 틀린 것은?

① SCR은 촉매하에서 NH_3, CO 등의 환원제를 사용하여 NO_X를 N_2로 전환시키는 기술이다.
② 연소방법의 개선이나 저농도 NO_X 연소기의 사용은 공정상에서 직접 이루어지는 질소산화물 저감방법이다.
③ 촉매독과 분진의 부착에 따른 폐색과 압력손실을 방지하기 위하여 유해가스 제거 및 분진 제거장치 후단에 설치되는 것이 일반적이다.
④ 분진 제거 SCR로 유입되는 배출가스의 온도가 150~200℃이므로 제거효율의 저하 및 저온 부식의 우려가 있다.

✔ ② 연소방법의 개선이나 저농도 NO_X 연소기의 사용은 공정상에서 직접 이루어지는 질소산화물 저감방법이지만, 근본적으로 NO_X를 제거하지 못하여 SCR 방법 등을 사용하여 제거한다.

59 소각로에서 배출되는 비산재(fly ash)에 대한 설명으로 옳지 않은 것은?

① 입자 크기가 바닥재보다 미세하다.
② 유해물질을 함유하고 있지 않아 일반폐기물로 취급된다.
③ 폐열 보일러 및 연소가스 처리설비 등에서 포집된다.
④ 시멘트 재품 생산을 위한 보조원료로 사용 가능하다.

✔ ② 비산재는 일반폐기물이 아닌, 지정폐기물로 취급된다.

60 폐기물 소각 시 완전한 연소를 위해 필요한 조건이 아닌 것은? ★★★

① 적절히 높은 온도
② 충분한 접촉시간과 혼합이 된 상태
③ 충분한 산소 공급
④ 적절한 유동매체 보충 공급

✔ 완전연소조건의 3TO
- 온도(Temperature)
- 시간(Time)
- 혼합(Turbulence)
- 산소(Oxygen)

제4과목 | 폐기물 공정시험기준(방법)

61 다음 중 기체 크로마토그래피법에서 사용하는 열전도도형 검출기(TCD)에서 사용되는 가스의 종류는?

① 질소
② 수소
③ 프로판
④ 아세틸렌

✔ 열전도도형 검출기에는 순도 99.8% 이상의 수소나 헬륨가스를 사용한다.

62 다음 중 시료의 채취방법으로 적합하지 않는 것은?

① 서로 다른 종류의 폐기물이 혼재되어 있다고 판단될 때에는 혼재된 폐기물의 성분별로 각각에 대해 시료를 채취할 수 있다.
② PCB 및 휘발성 저급 염소화 탄화수소류 시험을 위한 시료의 채취 시는 무색 경질의 유리병을 사용하여야 한다.
③ 액상 혼합물의 경우 원칙적으로 최종 지점의 낙하구에서 흐르는 도중에 채취한다.
④ 콘크리트 고형화물이 소형일 때는 최대한 분쇄하여 균일한 상태로 제조한 후 임의의 3개소에서 채취한다.

✔ ④ 콘크리트 고형화물이 소형일 때는 적당한 채취도구를 사용하며, 한 번에 일정량씩을 채취하여야 한다.

2024

정답 | 58.② 59.② 60.④ 61.② 62.④

63 원자흡수 분광광도법에 의한 분석 시 일반적으로 일어나는 간섭과 가장 거리가 먼 것은?

① 장치나 불꽃의 성질에 기인하는 분광학적 간섭
② 시료용액의 점성이나 표면장력 등에 의한 물리적 간섭
③ 시료 중에 포함된 유기물 함량, 성분 등에 의한 유기적 간섭
④ 불꽃 중에서 원자가 이온화하거나 공존물질과 작용하여 해리하기 어려운 화합물을 생성, 기저상태 원자 수가 감소되는 것과 같은 화학적 간섭

✔ **원자흡수 분광광도법의 간섭 종류**
- 분광학적 간섭
- 물리학적 간섭
- 화학적 간섭

64 다음 중 실험 총칙에 관한 내용으로 적절하지 않은 것은? ★★★

① 연속 측정 또는 현장 측정의 목적으로 사용하는 측정기기는 공정시험기준에 의한 측정치와의 정확한 보정을 행한 후 사용할 수 있다.
② 분석용 저울은 0.1mg까지 달 수 있는 것이어야 하며 분석용 저울 및 분동은 국가검정을 필한 것을 사용하여야 한다.
③ 공정시험기준에 각 항목의 분석에 사용되는 표준물질은 특급시약으로 제조하여야 한다.
④ 시험에 사용하는 시약은 따로 규정이 없는 한 1급 이상의 시약 또는 동등한 규격의 시약을 사용하여 각 시험항목별 '시약 및 표준용액'에 따라 조제하여야 한다.

✔ ③ 공정시험기준에서 각 항목의 분석에 사용되는 표준물질은 국가표준에 소급성이 인증된 인증표준물질을 사용한다.

65 다음에 설명한 시료 축소방법은?

- 모아진 대시료를 네모꼴로 엷게 균일한 두께로 편다.
- 이것을 가로 4등분, 세로 5등분하여 20개의 덩어리로 나눈다.
- 20개의 각 부분에서 균등량씩을 취하여 혼합하여 하나의 시료로 한다.

① 구획법 ② 등분법
③ 균등법 ④ 분할법

66 폐기물 중 유기물의 함량은 다음 식으로 계산된다. 이때, ㉠과 ㉡은 각각 무엇인가? ★★

유기물 함량(%) = [(㉠)(%)÷(㉡)(%)]×100

① 강열감량, 시료
② 강열감량, 고형물
③ 휘발성 고형물, 시료
④ 휘발성 고형물, 고형물

67 사이안(CN)을 이온전극법으로 분석할 때에 대한 설명으로 옳지 않은 것은?

① 정량한계는 0.5mg/L이다.
② 이 시험기준은 액상 폐기물, 반고상 폐기물 및 고상 폐기물의 사이안 측정에 적용한다.
③ 액상 폐기물과 고상 폐기물을 pH 8~10의 알칼리성으로 조절한 후 이온전극과 비교전극을 사용하여 전위를 측정하고 그 전위차로부터 정량한다.
④ 시료는 미리 세척한 유리 또는 폴리에틸렌 용기에 채취한다.

✔ ③ 액상 폐기물과 고상 폐기물을 pH 12~13의 알칼리성으로 조절한 후 이온전극과 비교전극을 사용하여 전위를 측정하고 그 전위차로부터 정량한다.

정답 | 63.③ 64.③ 65.① 66.④ 67.③

68 다음 중 ( ) 안에 들어갈 알맞은 내용으로 짝지어진 것은?

> 용출시험에서 시료 용액의 조제는 조제된 시료 (㉠)g 이상을 정확히 달아 정제수에 염산을 넣어 pH를 (㉡)(으)로 한 용매(mL)를 시료 : 용매 = (㉢)의 비율로 (㉣)mL를 삼각플라스크에 넣어 혼합한다.

① ㉠ 100, ㉡ 5.8~6.3, ㉢ 1 : 10(W : V), ㉣ 2,000
② ㉠ 100, ㉡ 4.5~5.8, ㉢ 1 : 10(W : V), ㉣ 1,000
③ ㉠ 200, ㉡ 5.8~6.3, ㉢ 1 : 5(W : V), ㉣ 2,000
④ ㉠ 200, ㉡ 4.5~5.8, ㉢ 1 : 5(W : V), ㉣ 1,000

69 다음 중 가열속도가 빠르고 재현성이 좋으며, 폐유 등 유기물이 다량 함유된 시료의 전처리에 이용되는 방법으로 가장 적절한 것은?

① 회화에 의한 유기물 분해방법
② 질산-과염소산-불화수소산에 의한 유기물 분해방법
③ 마이크로파에 의한 유기물 분해방법
④ 질산에 의한 유기물 분해방법

70 다음 중 폐기물 공정시험법에서 규정하고 있는 '반고상폐기물'이란? ★

① 고형물 함량이 5% 이상 15% 이하인 것
② 고형물 함량이 5% 이상 15% 미만인 것
③ 고형물 함량이 5% 초과 15% 이하인 것
④ 고형물 함량이 5% 초과 15% 미만인 것

✔ **고형물 함량에 따른 폐기물의 구분**
- 액상 폐기물 : 5% 미만
- 반고상 폐기물 : 5% 이상 15% 미만
- 고상 폐기물 : 15% 이상

71 원자흡수 분광광도법으로 크로뮴을 측정할 때 사용되는 시약이 아닌 것은?

① 과망가니즈산칼륨
② 황산암모늄 용액
③ 염산
④ 암모니아수

72 청석면의 형태와 색상으로 옳지 않은 것은? (단, 편광현미경법 기준)

① 꼬인 물결 모양의 섬유
② 다발 끝은 분산된 모양
③ 긴 섬유는 만곡
④ 특징적인 청색과 다색성

✔ ① 꼬인 물결 모양의 섬유 형태를 가진 것은 백석면이다.

73 반고상 또는 고상 폐기물의 pH 측정방법으로 가장 적절한 것은?

① 시료 5g에 증류수 25mL를 넣고 잘 교반하여 30분 이상 방치
② 시료 5g에 증류수 50mL를 넣고 잘 교반하여 1시간 이상 방치
③ 시료 10g에 증류수 25mL를 넣고 잘 교반하여 30분 이상 방치
④ 시료 10g에 증류수 50mL를 넣고 잘 교반하여 1시간 이상 방치

74 20% 수산화소듐(NaOH)은 몇 몰(M)인가? (단, NaOH의 분자량은 40) ★

① 0.2M
② 0.5M
③ 2M
④ 5M

✔ NaOH의 몰농도 $= \frac{20\,g}{100\,mL} \Big| \frac{mol}{40\,g} \Big| \frac{10^3 mL}{L} = 5M$

2024

정답 | 68.① 69.③ 70.② 71.③ 72.① 73.③ 74.④

75 유기인 정량 시 검량선을 작성하기 위해 사용되는 표준용액이 아닌 것은? ★

① 이피엔 표준액
② 파라티온 표준액
③ 다이아지논 표준액
④ 바비트레이트 표준액

✔ **유기인 정량 시 검량선 작성을 위해 사용되는 표준용액**
- 이피엔 표준액
- 파라티온 표준액
- 다이아지논 표준액
- 펜토에이트 표준액

76 중량법에 의한 기름성분 분석방법에 관한 설명으로 옳지 않은 것은?

① 시료를 직접 사용하거나, 시료에 적당한 응집제 또는 흡착제 등을 넣어 노말헥세인 추출물질을 포집한 다음 노말헥세인으로 추출한다.
② 시험기준의 정량한계는 0.1% 이하로 한다.
③ 폐기물 중의 휘발성이 높은 탄화수소, 탄화수소유도체, 그리스유상 물질 중 노말헥세인에 용해되는 성분에 적용한다.
④ 눈에 보이는 이물질이 들어 있을 때에는 제거해야 한다.

✔ ③ 폐기물 중의 비교적 휘발되지 않는 탄화수소, 탄화수소유도체, 그리스유상 물질 중 노말헥세인에 용해되는 성분에 적용한다.

77 3,000g의 시료에 대하여 원추4분법을 5회 조작하여 최종 분취된 시료(g)는? ★

① 약 31.3　　② 약 62.5
③ 약 93.8　　④ 약 124.2

✔ 원추4분법으로 최종 분취된 시료

=시료의 양$\times\left(\frac{1}{2}\right)^n$

$=3{,}000\times\left(\frac{1}{2}\right)^5$

$=93.75\,\text{g}$

78 자외선/가시선 분광법에서 시료액의 흡수파장이 약 370nm 이하일 때 일반적으로 사용하는 흡수셀은? ★

① 젤라틴셀
② 석영셀
③ 유리셀
④ 플라스틱셀

✔ 시료액의 흡수파장이 약 370nm 이상일 때는 석영 또는 경질유리 흡수셀을 사용하고, 약 370nm 이하일 때는 석영 흡수셀을 사용한다.

79 발색용액의 흡광도를 20mm 셀을 사용하여 측정한 결과 흡광도는 1.34이었다. 이 액을 10mm의 셀로 측정한다면 흡광도는? ★★

① 0.32　　② 0.67
③ 1.34　　④ 2.68

✔ $A=\varepsilon Cl$이므로, 셀 길이와 흡광도는 비례한다.
20mm : 1.34 = 10mm : X

$\therefore X=\frac{1.34\times10}{20}=0.67$

80 대상 폐기물의 양이 1,100톤인 경우 현장 시료의 최소수(개)는? ★★★

① 40　　② 50
③ 60　　④ 80

✔ **대상 폐기물의 양과 현장 시료의 최소수**

대상 폐기물의 양(ton)	현장 시료의 최소수
~ 1 미만	6
1 이상 ~ 5 미만	10
5 이상 ~ 30 미만	14
30 이상 ~ 100 미만	20
100 이상 ~ 500 미만	30
500 이상 ~ 1,000 미만	36
1,000 이상 ~ 5,000 미만	50
5,000 이상 ~	60

정답 | 75.④ 76.③ 77.③ 78.② 79.② 80.②

제5과목 | 폐기물 관계법규

81 폐기물관리법을 적용하지 아니하는 물질에 대한 내용으로 옳지 않은 것은?

① 용기에 들어 있지 아니한 기체상의 물질
② 「물환경보전법」에 의한 오수 · 분뇨 및 가축분뇨
③ 「하수도법」에 따른 하수
④ 「원자력안전법」에 따른 방사성 물질과 이로 인하여 오염된 물질

폐기물관리법의 적용범위
- 「원자력안전법」에 따른 방사성 물질과 이로 인하여 오염된 물질
- 용기에 들어 있지 아니한 기체상태의 물질
- 「물환경보전법」에 따른 수질오염 방지시설에 유입되거나 공공수역으로 배출되는 폐수
- 「가축분뇨의 관리 및 이용에 관한 법률」에 따른 가축분뇨
- 「하수도법」에 따른 하수 · 분뇨
- 「가축전염병예방법」에 적용되는 가축의 사체, 오염 물건, 수입 금지물건 및 검역 불합격품
- 「수산생물질병관리법」에 적용되는 수산동물의 사체, 오염된 시설 또는 물건, 수입 금지물건 및 검역 불합격품
- 「군수품관리법」에 따라 폐기되는 탄약
- 「동물보호법」에 따른 동물장묘업의 등록을 한 자가 설치 · 운영하는 동물장묘시설에서 처리되는 동물의 사체
- 「전기 · 전자 제품 및 자동차의 자원순환에 관한 법률」에 따른 전기 · 전자 제품 재활용 의무생산자 또는 전기 · 전자 제품 판매업자(전기 · 전자 제품 재활용 의무생산자 또는 전기 · 전자 제품 판매업자로부터 회수 · 재활용을 위탁받은 자를 포함) 중 전기 · 전자 제품을 재활용하기 위하여 스스로 회수하는 체계를 갖춘 자
- 「자원의 절약과 재활용 촉진에 관한 법률」에 따른 재활용센터를 운영하는 자(대형 폐기물을 수집 · 운반 및 재활용하는 것만 해당)
- 「자원의 절약과 재활용 촉진에 관한 법률」에 따른 재활용 의무생산자 중 제품 · 포장재를 스스로 회수하여 재활용하는 체계를 갖춘 자(재활용 의무생산자로부터 재활용을 위탁받은 자를 포함)
- 「건설폐기물 재활용 촉진에 관한 법률」에 따라 건설폐기물 처리업의 허가를 받은 자(공사 · 작업 등으로 인하여 5톤 미만으로 발생되는 생활폐기물을 기준과 방법에 따라 재활용하기 위하여 수집 · 운반하거나 재활용하는 경우만 해당)

82 다음 중 의료폐기물 전용 용기 검사기관은?

① 한국화학융합시험연구원
② 한국건설환경기술시험원
③ 한국의료기기시험연구원
④ 한국건설환경시설공단

전용 용기 검사기관
- 한국환경공단
- 한국화학융합시험연구원
- 한국건설생활환경시험연구원
- 그 밖에 환경부장관이 전용 용기에 대한 검사능력이 있다고 인정하여 고시하는 기관

83 다음 용어의 정의 중 알맞지 않은 것은?

① 생활폐기물 : 사업장폐기물 외의 폐기물을 말한다.
② 사업장폐기물 : 「대기환경보전법」, 「물환경보전법」 또는 「소음 · 진동관리법」에 따라 배출시설을 설치 · 운영하는 사업장이나 그 밖에 대통령령으로 정하는 사업장에서 발생하는 폐기물을 말한다.
③ 폐기물처리시설 : 폐기물의 중간처분시설, 최종처분시설 및 재활용시설로서 대통령령으로 정하는 시설을 말한다.
④ 처리 : 폐기물의 소각 · 중화 · 파쇄 · 고형화 등의 중간처분과 매립하거나 해역으로 배출하는 등의 최종처분을 말한다.

④ 처리 : 폐기물의 수집, 운반, 보관, 재활용, 처분을 말한다.

84 의료폐기물 수집 · 운반 차량의 차체는 어떤 색으로 색칠하여야 하는가?

① 청색 ② 흰색
③ 황색 ④ 녹색

폐기물 수집 · 운반 차량의 차체 색상 기준
- 의료폐기물 : 흰색
- 지정폐기물 : 노란색

2024

정답 | 81.② 82.① 83.④ 84.②

85 폐기물 중간처분시설의 종류 중 기계적 처분시설이 아닌 것은?

① 멸균분쇄시설
② 절단시설(동력 7.5kW 이상인 시설로 한정한다)
③ 용융시설(동력 7.5kW 이상인 시설로 한정한다)
④ 고형화시설

중간처분시설 중 기계적 처분시설의 종류
- 압축시설(동력 7.5kW 이상인 시설로 한정)
- 파쇄 · 분쇄 시설(동력 15kW 이상인 시설로 한정)
- 절단시설(동력 7.5kW 이상인 시설로 한정)
- 용융시설(동력 7.5kW 이상인 시설로 한정)
- 증발 · 농축 시설
- 정제시설(분리 · 증류 · 추출 · 여과 등의 시설을 이용하여 폐기물을 처분하는 단위시설을 포함)
- 유수분리시설
- 탈수 · 건조 시설
- 멸균분쇄시설

86 다음 중 폐기물 처리업의 변경신고사항으로 틀린 것은?

① 운반차량의 증차
② 연락장소나 사무실 소재지의 변경
③ 대표자의 변경(권리 · 의무를 승계하는 경우를 제외한다)
④ 상호의 변경

폐기물 처리업의 변경신고사항
- 상호의 변경
- 대표자의 변경(권리 · 의무를 승계하는 경우는 제외)
- 연락장소나 사무실 소재지의 변경
- 임시차량의 증차 또는 운반차량의 감차
- 재활용 대상 부지의 변경(재활용 유형으로 재활용하는 경우만 해당)
- 재활용 대상 폐기물의 변경(재활용의 세부 유형은 변경하지 않고 재활용하려는 폐기물을 추가하는 경우만 해당)
- 폐기물 재활용 유형의 변경(재활용시설 또는 해당 시설의 소재지가 변경되지 않는 경우만 해당)
- 기술능력의 변경

87 폐기물 처리 신고자의 준수사항에 관한 내용으로 ( )에 알맞은 내용은?

폐기물 처리 신고자는 폐기물의 재활용을 위탁한 자와 폐기물 위탁 재활용(운반) 계약서를 작성하고, 그 계약서를 ( ) 보관하여야 한다.

① 1년간 ② 2년간
③ 3년간 ④ 5년간

88 음식물류 폐기물 배출자에 대한 기준으로 틀린 것은?

① 「관광진흥법」 규정에 의한 관광숙박업을 영위하는 자
② 「유통산업발전법」 규정에 의한 대규모점포를 개설한 자
③ 「식품위생법」 규정에 의한 집단급식소(「사회복지사업법」 규정에 의한 사회복시시설의 집단급식소를 제외한다) 중 1일 평균 총 급식인원이 100명 이상인 집단급식소를 운영하는 자
④ 「식품위생법」 규정에 의한 면적 $100m^2$ 이상의 휴게음식점을 운영하는 자

음식물류 폐기물 배출자의 범위
- 「식품위생법」 규정에 의한 집단급식소(「사회복지사업법」 규정에 의한 사회복시시설의 집단 급식소를 제외) 중 1일 평균 총급식인원이 100명 이상인 집단급식소를 운영하는 자(유치원에 설치된 집단급식소는 1일 평균 총급식인원이 200명 이상)
- 식품접객업 중 사업장 규모가 $200m^2$ 이상인 휴게음식점 영업(주로 다류 또는 아이스크림류를 조리 · 판매하는 경우는 제외) 또는 일반음식점 영업을 하는 자
- 「유통산업발전법 규정에 의한 대규모점포를 개설한 자
- 농수산물 유통 및 가격안정에 관한 법률에 따른 농수산물 도매시장 · 농수산물 공판장 또는 농수산물 종합유통센터를 개설 · 운영하는 자
- 「관광진흥법」 규정에 의한 관광숙박업을 영위하는 자
- 그 밖에 음식물류 폐기물을 스스로 감량하거나 재활용하도록 할 필요가 있어 특별자치시, 특별자치도 또는 시 · 군 · 구의 조례로 정하는 자

정답 | 85.④ 86.① 87.③ 88.④

89 다음 중 에너지 회수기준을 측정하는 기관이 아닌 것은? ★

① 한국환경공단
② 한국기계연구원
③ 한국산업기술시험원
④ 한국시설안전공단

✔ 에너지 회수기준을 측정하는 기관
- 한국환경공단
- 한국기계연구원 및 한국에너지기술연구원
- 한국산업기술시험원

90 환경부장관이나 시 · 도지사가 폐기물 처리업자에게 영업의 정지를 명령하려는 때 그 영업의 정지가 천재지변이나 그 밖에 부득이한 사유로 해당 영업을 계속하도록 할 필요가 있다고 인정되는 경우에 그 영업의 정지를 갈음하여 부과할 수 있는 최대과징금은?

① 5천만원 ② 1억원
③ 2억원 ④ 3억원

91 폐기물 처리시설의 설치를 마친 자가 폐기물 처리시설 검사기관으로 검사를 받아야 하는 시설이 아닌 것은?

① 소각시설
② 파쇄시설
③ 매립시설
④ 소각열 회수시설

✔ 폐기물 처리시설의 설치를 마친 후 폐기물 처리시설 검사기관으로부터 검사를 받아야 하는 시설
- 소각시설
- 매립시설
- 멸균분쇄시설
- 음식물류 폐기물 처리시설(음식물류 폐기물에 대한 중간처리 후 새로 발생한 폐기물을 처리하는 시설을 포함)
- 시멘트 소성로(폐기물을 연료로 사용하는 경우로 한정)
- 소각열 회수시설
- 열분해시설

92 특별자치시장, 특별자치도지사, 시장 · 군수 · 구청장은 토지나 건물의 소유자 · 점유자 또는 관리자가 청결을 유지하지 아니하면 해당 지방자치단체의 조례에 따라 필요한 조치 명령을 이행하지 아니한 자에 대한 과태료 기준은?

① 100만원 이하
② 200만원 이하
③ 300만원 이하
④ 500만원 이하

93 생활폐기물의 처리대행자 기준으로 옳지 않은 것은?

① 폐기물 처리업자
② 폐기물 처리 신고자
③ 가전제품 등을 제조, 수입 또는 판매하는 자
④ 「자원의 절약과 재활용 촉진에 관한 법률」에 따른 재활용 의무생산자 중 제품 · 포장재를 스스로 회수하여 재활용하는 체계를 갖춘 자

✔ 생활폐기물의 처리대행자
- 폐기물 처리업자
- 폐기물 처리 신고자
- 「한국환경공단법」에 따른 한국환경공단
- 「전기 · 전자 제품 및 자동차의 자원순환에 관한 법률」에 따른 전기 · 전자 제품 재활용 의무생산자 또는 전기 · 전자 제품 판매업자(전기 · 전자 제품 재활용 의무생산자 또는 전기 · 전자 제품 판매업자로부터 회수 · 재활용을 위탁받은 자를 포함) 중 전기 · 전자 제품을 재활용하기 위하여 스스로 회수하는 체계를 갖춘 자
- 「자원의 절약과 재활용 촉진에 관한 법률」에 따른 재활용센터를 운영하는 자(대형 폐기물을 수집 · 운반 및 재활용하는 것만 해당)
- 「자원의 절약과 재활용 촉진에 관한 법률」에 따른 재활용 의무생산자 중 제품 · 포장재를 스스로 회수하여 재활용하는 체계를 갖춘 자(재활용 의무생산자로부터 재활용을 위탁받은 자를 포함)
- 「건설폐기물 재활용 촉진에 관한 법률」에 따라 건설폐기물 처리업의 허가를 받은 자(공사 · 작업 등으로 인하여 5톤 미만으로 발생되는 생활폐기물을 재활용하기 위하여 수집 · 운반하거나 재활용하는 경우만 해당)

2024

정답 | 89.④ 90.② 91.② 92.① 93.③

94 '폐기물 처리시설의 설치 · 운영을 위탁받을 수 있는 자의 기준' 중 폐기물 처리시설이 소각시설인 경우 보유하여야 하는 기술인력기준에 포함되지 않는 것은?

① 폐기물처리기사 또는 대기환경기사 1명
② 폐기물처리기술사 1명
③ 토목공학기사 1명
④ 일반기계기사 1명

✔ **폐기물 처리시설의 설치 · 운영을 위탁받을 수 있는 자의 기준에 따라 보유하여야 하는 기술인력**(소각시설의 경우)
- 폐기물처리기술사 1명
- 폐기물처리기사 또는 대기환경기사 1명
- 일반기계기사 1명
- 시공 분야에서 2년 이상 근무한 자 2명(폐기물 처분시설의 설치를 위탁받으려는 경우에만 해당)
- 1일 50톤 이상의 폐기물 소각시설에서 천장크레인을 1년 이상 운전한 자 1명과 천장크레인 외의 처분시설의 운전 분야에서 2년 이상 근무한 자 2명(폐기물 처분시설의 운영을 위탁받으려는 경우에만 해당)

95 폐기물 처리시설을 설치 · 운영하는 자는 일정한 기간마다 정기검사를 받아야 한다. 소각시설의 경우 최초 정기검사는?

① 사용 개시일부터 5년이 되는 날
② 사용 개시일부터 3년이 되는 날
③ 사용 개시일부터 2년이 되는 날
④ 사용 개시일부터 1년이 되는 날

✔ **폐기물 처리시설의 최초 정기검사**
- 소각시설, 소각열 회수시설 및 열분해시설 : 사용 개시일부터 3년이 되는 날
- 매립시설 : 사용 개시일부터 1년이 되는 날
- 멸균분쇄시설 : 사용 개시일부터 3개월
- 음식물류 폐기물 처리시설 : 사용 개시일부터 1년이 되는 날
- 시멘트 소성로 : 사용 개시일부터 3년이 되는 날

96 관리형 매립시설에서 발생되는 침출수의 배출허용기준으로 옳은 것은? (단, 청정지역 기준, 항목 : 부유물질량, 단위 : mg/L) ★★★

① 10 ② 20
③ 30 ④ 40

✔ **침출수의 배출허용기준**(관리형 매립시설)

구분	생물화학적 산소요구량	화학적 산소요구량	부유물질량
청정지역	30mg/L	200mg/L	30mg/L
가 지역	50mg/L	300mg/L	50mg/L
나 지역	70mg/L	400mg/L	70mg/L

97 사후관리 이행보증금과 사전적립금의 용도에 관한 설명으로 ( )에 맞는 내용은?

> 사후관리 이행보증금과 매립시설의 사후관리를 위한 사전적립금의 ( )

① 융자 ② 지원
③ 납부 ④ 환불

✔ **사후관리 이행보증금과 사전적립금의 용도**
- 사후관리 이행보증금과 매립시설의 사후관리를 위한 사전적립금의 환불
- 매립시설의 사후관리 대행
- 최종 복토 등 폐쇄절차 대행
- 그 밖에 대통령령으로 정하는 용도

98 사업장폐기물 배출자는 환경부령으로 정하는 사업장폐기물을 배출하는 경우에는 환경부령으로 정하는 바에 따라 스스로 또는 환경부령으로 정하는 전문기관에 의뢰하여 유해성 정보자료를 작성해야 한다. 다음 중 유해성 정보자료에 해당하지 않는 것은?

① 사업장폐기물의 종류
② 사업장폐기물로 인하여 화재 등의 사고 발생 시 방제 등 조치방법
③ 사업장폐기물의 배출량
④ 사업장폐기물의 물리 · 화학적 성질 및 취급 시 주의사항

✔ **유해성 정보자료**
- 사업장폐기물의 종류
- 사업장폐기물의 물리 · 화학적 성질 및 취급 시 주의사항
- 사업장폐기물로 인하여 화재 등의 사고 발생 시 방제 등 조치방법
- 그 밖에 환경부령으로 정하는 사항

정답 | 94.③ 95.② 96.③ 97.④ 98.③

99 폐기물 처리시설의 사후관리에 대한 내용으로 틀린 것은?

① 폐기물을 매립하는 시설을 사용 종료하거나 폐쇄하려는 자는 검사기관으로부터 환경부령으로 정하는 검사에서 적합 판정을 받아야 한다.

② 매립시설의 사용을 끝내거나 폐쇄하려는 자는 그 시설의 사용 종료일 또는 폐쇄 예정일 1개월 이전에 사용 종료 · 폐쇄 신고서를 시 · 도지사나 지방환경관서의 장에게 제출하여야 한다.

③ 폐기물 매립시설을 사용 종료하거나 폐쇄한 자는 그 시설로 인한 주민의 피해를 방지하기 위해 환경부령으로 정하는 침출수 처리시설을 설치 · 가동하는 등의 사후관리를 하여야 한다.

④ 시 · 도지사나 지방환경관서의 장이 사후관리 시정 명령을 하려면 그 시정에 필요한 조치의 난이도 등을 고려하여 6개월 범위에서 그 이행기간을 정하여야 한다.

✔ ② 폐기물 처리시설의 사용을 끝내거나 폐쇄하려는 자는 그 시설의 사용 종료일 또는 폐쇄 예정일 1개월 이전에 사용 종료 · 폐쇄 신고서를 시 · 도지사나 지방환경관서의 장에게 제출하여야 한다.

100 재활용이 금지되거나 제한되는 폐기물의 종류가 아닌 것은?

① 의료폐기물을 멸균 · 분쇄한 잔재물

② 폐농약

③ 폐식용유

④ 폐의약품

✔ **재활용이 금지되거나 제한되는 폐기물**

- 다음의 어느 하나에 해당하는 물질 중 폐기되는 물질
  - 「산업안전보건법」에 따라 제조 등이 금지된 물질
  - 「화학물질의 등록 및 평가 등에 관한 법률」에 따라 금지물질로 지정 · 고시된 물질
  - 「화학물질의 등록 및 평가 등에 관한 법률」에 따라 제한물질로 지정 · 고시된 물질
- 폐농약(농약 중 폐기되는 것)
- 폐의약품(의약품 중 폐기되는 것)
- 의료폐기물을 멸균 · 분쇄한 잔재물
- 폐기물의 재활용 유형에 관한 세부 분류에 해당하지 않는 유형으로 재활용하려는 폐기물(재활용 환경성평가를 받아 재활용하는 경우는 제외)
- 천연방사성 제품 폐기물(「생활주변방사선 안전관리법」에 따른 조치를 이행할 제조업자가 없는 제품의 폐기물을 포함) 및 천연방사성 제품 폐기물 소각재(「생활주변방사선 안전관리법」에 따른 조치를 이행할 제조업자가 없는 제품의 폐기물 소각재를 포함)
- 그 밖에 환경부장관이 재활용하는 경우 사람의 건강이나 환경에 위해를 줄 수 있는 우려가 있다고 인정하여 고시하는 폐기물 재활용이 금지되거나 제한되는 폐기물

정답 | 99.② 100.③

2024 제2회 폐기물처리기사 2024년 5월 9일 시행

제1과목 | 폐기물 개론

01 도시 폐기물을 파쇄할 경우 $x=2.5$cm로 하여 구한 x_0(특성입자, cm)는 약 얼마인가? (단, Rosin-Rammler 모델 적용, $n=1$) ★

① 약 1.1　② 약 1.3
③ 약 1.5　④ 약 1.7

✔ $y=f(x)=1-\exp\left[-\left(\frac{x}{x_0}\right)^n\right]$

여기서, y : x보다 작은 크기 폐기물의 총 누적무게분율
x : 폐기물 입자의 크기
x_0 : 특성입자의 크기(63.2%가 통과할 수 있는 체 눈의 크기)
n : 상수

$0.9=1-\exp\left[-\left(\frac{2.5}{x_0}\right)^1\right]$ ➡ 계산기의 Solve 기능 사용

$\therefore x_0=1.0857 \fallingdotseq 1.09\text{cm}$

02 함수율이 77%인 하수 슬러지 20ton을 함수율 26%인 1,000ton의 폐기물과 섞어서 함께 처리하고자 한다. 이 혼합 폐기물의 함수율(%)은? (단, 비중은 1.0 기준) ★★

① 27　② 29
③ 31　④ 34

✔ $W_m=\frac{W_1 \cdot Q_1+W_2 \cdot Q_2}{Q_1+Q_2}$

여기서, W_m : 혼합 폐기물의 함수율
W_1 : 20ton 하수 슬러지의 함수율
W_2 : 1,000ton 폐기물의 함수율
Q_1 : 하수 슬러지의 양
Q_2 : 폐기물의 양

$\therefore W_m=\frac{77\times20+26\times1,000}{20+1,000}=27\%$

03 다음 중 전과정평가(LCA)의 절차로 적절하게 나열된 것은? ★★

① 목록분석 → 목적 및 범위 설정 → 영향평가 → 결과해석
② 목적 및 범위 설정 → 목록분석 → 영향평가 → 결과해석
③ 목적 및 범위 설정 → 목록분석 → 결과해석 → 영향평가
④ 목록분석 → 목적 및 범위 설정 → 결과해석 → 영향평가

04 다음 중 도시 폐기물의 성상분석절차로 적절한 것은? ★★★

① 시료채취 – 절단 및 분쇄 – 건조 – 물리적 조성 분류 – 겉보기밀도 측정 – 화학적 조성 분석
② 시료채취 – 절단 및 분쇄 – 건조 – 겉보기밀도 측정 – 물리적 조성 분류 – 화학적 조성 분석
③ 시료채취 – 겉보기밀도 측정 – 건조 – 절단 및 분쇄 – 물리적 조성 분류 – 화학적 조성 분석
④ 시료채취 – 겉보기밀도 측정 – 물리적 조성 분류 – 건조 – 절단 및 분쇄 – 화학적 조성 분석

✔ **폐기물의 성상분석절차**
시료 → 밀도 측정 → 물리 조성(습량무게) → 건조(건조무게) → 분류(가연성, 불연성) → 전처리(원소 및 발열량 분석)

정답 | 01.① 02.① 03.② 04.④

05 인구 50만명인 도시의 쓰레기 발생량이 연간 165,000톤일 때 MHT는? (단, 수거인부 148명, 1일 작업시간 8시간, 연간 휴가일수 90일) ★★

① 1.5
② 2
③ 2.5
④ 3

✔ $\text{MHT} = \dfrac{\text{쓰레기 수거인부(man)} \times \text{수거시간(hr)}}{\text{총 쓰레기 수거량(ton)}}$

$= \dfrac{148\text{명}}{} \Big| \dfrac{\text{year}}{165{,}000\,\text{ton}} \Big| \dfrac{(365-90)\text{day}}{\text{year}} \Big| \dfrac{8\,\text{hr}}{\text{day}}$

$= 1.97$

06 유기성 폐기물의 퇴비화에 대한 설명으로 가장 거리가 먼 것은? ★★

① 유기성 폐기물을 재활용함으로써 폐기물을 감량화할 수 있다.
② 퇴비로 이용 시 토양의 완충능력이 증가된다.
③ 생산된 퇴비는 C/N 비가 높다.
④ 초기 시설 투자비가 일반적으로 낮다.

✔ ③ 생산된 퇴비는 C/N 비가 낮다.

07 폐기물을 파쇄하여 입도를 분석하였더니 폐기물 입도분포곡선상 통과백분율 10%, 30%, 60%, 90%에 해당되는 입경이 각각 2mm, 4mm, 6mm, 8mm이었다. 곡률계수는?

① 0.93 ② 1.13
③ 1.33 ④ 1.53

✔ 곡률계수 $C_g = \dfrac{{D_{30}}^2}{D_{10} \cdot D_{60}}$

여기서, D_{60} : 처리물 중량백분율 60%가 통과하는 입경
D_{30} : 처리물 중량백분율 30%가 통과하는 입경
D_{10} : 처리물 중량백분율 10%가 통과하는 입경

$\therefore C_g = \dfrac{4^2}{2 \times 6} = 1.33$

08 적환장(transfer station)에서 수송차량에 옮겨 싣는 방식이 아닌 것은? ★★

① 직접 투하방식
② 저장 투하방식
③ 연속 투하방식
④ 직접 · 저장 투하 결합방식

✔ **투하방식에 따른 적환장의 형식**
- 직접 투하방식
- 저장 투하방식
- 직접 · 저장 투하방식

09 환경경영체제(ISO-14000)에 대한 설명으로 가장 거리가 먼 내용은?

① 기업이 환경문제의 개선을 위해 자발적으로 도입하는 제도이다.
② 환경사업을 기업 영업의 최우선과제 중의 하나로 삼는 경영체제이다.
③ 기업의 친환경성 이미지에 대한 광고효과를 위해 도입할 수 있다.
④ 전과정평가(LCA)를 이용하여 기업의 환경성과를 측정하기도 한다.

✔ 환경경영체제란 기업이 환경친화적인 경영목표를 설정하여 효율적 · 조직적으로 관리하는 것이다.

10 쓰레기 소각로에서 효율을 향상시키는 인자가 아닌 것은?

① 적당한 압력
② 적당한 온도
③ 적당한 연소시간
④ 적당한 공연비

✔ **쓰레기 소각로에서의 효율 향상 인자**
- 연소온도
- 연소시간
- 공연비
- 혼합정도

2024

정답 | 05.② 06.③ 07.③ 08.③ 09.② 10.①

11 2차 파쇄를 위해 6cm의 폐기물을 1cm로 파쇄하는 데 소요되는 에너지(kW · hr/ton)는? (단, Kick의 법칙을 이용, 동일한 파쇄기를 이용하여 10cm의 폐기물을 2cm로 파쇄하는 데 에너지가 50kW · hr/ton 소모됨)

① 55.66 ② 57.66
③ 59.66 ④ 61.66

✔ $E = C\ln\left(\frac{L_1}{L_2}\right)$

여기서, E : 폐기물 파쇄 에너지
C : 상수
L_1 : 초기 폐기물 크기
L_2 : 나중 폐기물 크기

$50 = C\ln\left(\frac{10}{2}\right)$

➡ $C = \frac{50}{\ln(10/2)} = 31.0667$

$\therefore E = 31.0667 \times \ln\left(\frac{6}{1}\right)$
$= 55.6641 ≒ 55.66\text{kW·hr/ton}$

12 함수율 95%인 분뇨의 유기탄소량이 TS의 35%, 총 질소량은 TS의 10%이다. 이와 혼합할 함수율 20%인 볏짚의 유기탄소량이 TS의 80%이고, 총 질소량이 TS의 4%라면 분뇨와 볏짚을 1 : 1로 혼합했을 때 C/N 비는? ★★

① 17.8 ② 28.3
③ 31.3 ④ 41.3

✔ ※ 전체를 100으로 가정한다.

분뇨의 TS $= \frac{100}{} \Big| \frac{5_{TS}}{100_{분뇨}} = 5$

- 분뇨의 유기탄소량 $= 5 \times 0.35 = 1.75$
- 분뇨의 총 질소량 $= 5 \times 0.1 = 0.5$

볏짚의 TS $= \frac{100}{} \Big| \frac{80_{TS}}{100_{볏짚}} = 80$

- 볏짚의 유기탄소량 $= 80 \times 0.80 = 64$
- 볏짚의 총 질소량 $= 80 \times 0.04 = 3.2$

$\therefore$ C/N 비 $= \frac{1.75+64}{0.5+3.2}$
$= 17.77$

13 건조된 쓰레기 성상분석 결과가 다음과 같을 때 생물분해성 분율(BF)은? (단, 휘발성 고형물량 = 80%, 휘발성 고형물 중 리그닌 함량 = 25%)

① 0.785 ② 0.823
③ 0.915 ④ 0.985

✔ $BF = 0.83 - 0.028LC$

여기서, BF : 생물분해성 분율
LC : 휘발성 고형분 중 리그닌 함량

$\therefore BF = 0.83 - 0.028 \times 0.25$
$= 0.823$

14 슬러지를 처리하기 위하여 생슬러지를 분석한 결과 수분은 90%, 총 고형물 중 휘발성 고형물은 70%, 휘발성 고형물의 비중은 1.1, 무기성 고형물의 비중은 2.2일 때 생슬러지의 비중은? (단, 무기성 고형물 + 휘발성 고형물 = 총 고형물)

① 1.023 ② 1.032
③ 1.041 ④ 1.053

✔
- $\frac{100}{\rho_{SL}} = \frac{W\%}{\rho_W} + \frac{TS\%}{\rho_{TS}}$
- $\frac{100}{\rho_{TS}} = \frac{VS\%}{\rho_{VS}} + \frac{FS\%}{\rho_{FS}}$

여기서, ρ_{SL}, ρ_W, ρ_{TS}, ρ_{VS}, ρ_{FS} : 슬러지, 물, 총 · 휘발성 · 무기성 고형물의 밀도 또는 비중
$W\%$, $TS\%$, $VS\%$, $FS\%$: 물, 총 · 휘발성 · 무기성 고형물의 함량(%)

$\frac{100}{\rho_{TS}} = \frac{70}{1.1} + \frac{30}{2.2}$

➡ $\rho_{TS} = \frac{100}{\frac{70}{1.1} + \frac{30}{2.2}} = 1.2941$

이때, $FS\% = TS\% - VS\% = 100 - 70 = 30$

$\frac{100}{\rho_{SL}} = \frac{90}{1} + \frac{10}{1.2941}$ ※ 물의 비중은 1이다.

$\therefore \rho_{SL} = \frac{100}{\frac{90}{1} + \frac{10}{1.2941}}$
$= 1.0233 ≒ 1.023$

정답 | 11.① 12.① 13.② 14.①

15 청소상태를 평가하는 방법 중 서비스를 받는 사람들의 만족도를 설문조사하여 계산하는 '사용자 만족도지수'는?

① USI
② UAI
③ CEI
④ CDI

✔ ③ CEI : 지역사회 효과지수
④ CDI : 에너지 저장원리의 이온 분리기술을 활용한 담수화 기술

16 쓰레기 종량제봉투의 재질 중 LDPE의 설명으로 맞는 것은?

① 여름철에만 적합하다.
② 약간 두껍게 제작된다.
③ 잘 찢어지기 때문에 분해가 잘 된다.
④ MDPE와 함께 매립지의 liner용으로 적합하다.

✔ LDPE는 온도에 대한 저항성 및 강도가 높고 접합상태가 양호하지만, 유연하지 못해 구멍 등의 손상을 입을 우려가 있다.

17 분뇨를 혐기성 소화공법으로 처리할 때 발생하는 CH_4 가스의 부피는 분뇨 투입량의 약 8배라고 한다. 분뇨를 500kL/day씩 처리하는 소화시설에서 발생하는 CH_4 가스를 24시간 균등 연소시킬 때 시간당 발열량(kcal/hr)은? (단, CH_4 가스의 발열량은 약 5,500kcal/m^{3}임)

① 9.2×10^5
② 5.5×10^6
③ 2.5×10^7
④ 1.5×10^8

✔ 시간당 발열량 $= \frac{5,500\,\text{kcal}}{\text{m}^3} \Big| \frac{500\,\text{kL}}{\text{day}} \Big| \frac{8}{} \Big| \frac{\text{m}^3}{\text{kL}} \Big| \frac{\text{day}}{24\,\text{hr}}$

$= 916666.6667 \fallingdotseq 9.2\times10^5\,\text{kcal/hr}$

18 폐기물 차량의 총 중량이 24,725kg, 공차량의 중량이 13,725kg이며, 적재함의 크기가 $L=$400cm, $W=$250cm, $H=$170cm일 때 차량 적재계수(ton/m^3)는?

① 0.757
② 0.708
③ 0.687
④ 0.647

✔ 차량 적재계수

$= \frac{(24,725-13,725)\,\text{kg}}{} \Big| \frac{}{4\,\text{m}\times2.5\,\text{m}\times1.7\,\text{m}} \Big| \frac{\text{ton}}{10^3\,\text{kg}}$

$= 0.647\,\text{ton/m}^3$

19 습량기준 회분량이 16%인 폐기물의 건량기준 회분량(%)은 얼마인가? (단, 폐기물의 함수율 =20%) ★★

① 20
② 18
③ 16
④ 14

✔ 건량기준 회분량(%) $= \frac{\text{회분}}{\text{건조물질}}\times100$

$= \frac{16}{100-20}\times100$

$= 20\%$

20 슬러지 처리과정 중 농축(thickening)의 목적으로 적합하지 않은 것은?

① 소화조의 용적 절감
② 슬러지 가열비 절감
③ 독성 물질의 농도 절감
④ 개량에 필요한 화학약품 절감

✔ 슬러지를 농축하여도 독성 물질의 농도는 줄어들지 않는다.

2024

정답 | 15.① 16.② 17.① 18.④ 19.① 20.③

제2과목 | 폐기물 처리기술

21 매립지에서 침출된 침출수 농도가 반으로 감소하는 데 약 3년이 걸린다면 이 침출수 농도가 90% 분해되는 데 걸리는 시간(년)은? ★★★

① 6　　② 8
③ 10　　④ 12

✔ 1차 반응식 $\ln\frac{C_t}{C_o} = -k \cdot t$

여기서, C_t : t시간 후 농도
C_o : 초기 농도
k : 반응속도상수(year^{-1})
t : 시간(year)

$$k = \frac{\ln\frac{C_t}{C_o}}{-t} = \frac{\ln\frac{1}{2}}{-3\text{year}} = 0.2310\,\text{year}^{-1}$$

$$\therefore t = \frac{\ln\frac{C_t}{C_o}}{-k} = \frac{\ln\frac{10}{100}}{-0.2310} = 9.9679 \fallingdotseq 9.97\,\text{year}$$

22 소각공정에 비해 열분해과정의 장점이라 볼 수 없는 것은?

① 배기가스가 적다.
② 보조연료의 소비량이 적다.
③ 크로뮴의 산화가 억제된다.
④ NO_x의 발생량이 억제된다.

✔ 열분해는 흡열반응이므로, 외부에서 열공급을 하기 위한 보조연료가 필요하다.

23 휘발성 유기화합물(VOCs)의 물리 · 화학적 특징으로 틀린 것은?

① 증기압이 높다.
② 물에 대한 용해도가 높다.
③ 생물농축계수(BCF)가 낮다.
④ 유기탄소 분배계수가 높다.

✔ ④ 유기탄소 분배계수가 낮다.

24 점토차수층과 비교하여 합성수지계 차수막에 관한 설명으로 틀린 것은?

① 경제성 : 재료의 가격이 고가이다.
② 차수성 : Bentonite 첨가 시 차수성이 높아진다.
③ 적용지반 : 어떤 지반에도 가능하나 급경사에는 시공 시 주의가 요구된다.
④ 내구성 : 내구성은 높으나 파손 및 열화 위험이 있으므로 주의가 요구된다.

✔ Bentonite는 점토에 첨가하는 물질로, 첨가 시 차수성이 높아지는 특징이 있다.

25 침출수의 혐기성 처리에 대한 설명으로 잘못된 것은?

① 고농도의 침출수를 희석 없이 처리할 수 있다.
② 온도, 중금속 등의 영향이 호기성 공정에 비해 작다.
③ 미생물의 낮은 증식으로 슬러지 발생량이 작다.
④ 호기성 공정에 비해 낮은 영양물 요구량을 가진다.

✔ ② 온도, 중금속 등의 영향이 호기성 공정에 비해 크다.

26 분뇨 소화조에서 소화 슬러지를 1일 투입량 이상 과다하게 인출하면 소화조 내의 상태는?

① 산성화된다.
② 알칼리성으로 된다.
③ 중성을 유지한다.
④ pH의 변동은 없다.

✔ 소화 슬러지를 과다하게 인출하면 산 생성이 증가하여 산성화가 된다.

정답 | 21.③ 22.② 23.④ 24.② 25.② 26.①

27 악취성 물질인 CH_3SH를 나타낸 것은?

① 메틸오닌
② 다이메틸설파이드
③ 메틸메르캅탄
④ 메틸케톤

28 진공 여과 탈수기로 투입되는 슬러지의 양이 240m³/hr이고, 슬러지 함수율이 98%, 여과율(고형물 기준)이 120kg/m² · hr의 조건을 가질 때 여과면적(m²)은? (단, 탈수기는 연속 가동, 슬러지 비중 =1.0)

① 40 ② 50
③ 60 ④ 70

✔ 여과면적 $= \frac{240\,m^3}{hr} \left| \frac{2}{100} \right| \frac{1{,}000\,kg}{m^3} \left| \frac{m^2 \cdot hr}{120\,kg} \right.$
$= 40\,m^2$

29 지정폐기물의 고화 처리에 대한 설명으로 알맞지 않은 것은?

① 고화의 비용은 다른 처리에 비하여 일반적으로 저렴하다.
② 처리공정은 다른 처리공정에 비하여 비교적 간단하다.
③ 고화 처리 후 폐기물의 밀도가 커지고 부피가 줄어 운반비를 절감할 수 있다.
④ 고화 처리 후 유해물질의 용해도는 감소한다.

✔ 고화 처리는 오염물질의 손실과 전달이 발생할 수 있는 표면적이 감소되는 것에 목적이 있다.

30 흔히 사용되는 폐기물 고화 처리방법은 보통 포틀랜드시멘트를 이용한 방법이다. 보통 포틀랜드시멘트에서 가장 많이 함유한 성분은?

① SiO_2 ② Al_2O_3
③ Fe_2O_3 ④ CaO

31 다음 조건의 관리형 매립지에서 침출수의 통과 연수는? (단, 기타 조건은 고려하지 않음) ★

• 점토층 두께 = 1m
• 유효공극률 = 0.2
• 투수계수 = 10^{-7}cm/sec
• 침출수 수두 = 0.4m

① 약 6.33년
② 약 5.24년
③ 약 4.53년
④ 약 3.81년

✔ $t = \frac{nd^2}{K(d+h)}$

여기서, t : 침출수 통과 연수(year)
n : 유효공극률
d : 점토층 두께(cm)
K : 투수계수(cm/year)
h : 침출수 수두(m)

$K = \frac{10^{-7}\,cm}{sec} \left| \frac{3{,}600\,sec}{hr} \right| \frac{24\,hr}{day} \left| \frac{365\,day}{year} \right.$
$= 3.1536\,cm/year$

$\therefore t = \frac{0.20 \times 100^2}{3.1536 \times (100+40)} = 4.53\,year$

32 다음 중 육상매립공법에 대한 설명으로 틀린 것은? ★

① 트렌치 굴착방식(trench method)은 폐기물을 일정한 두께로 매립한 다음 인접 도랑에서 굴착된 복토재로 복토하는 방법이다.
② 지역식 매립(area method)은 바닥을 파지 않고 제방을 쌓아 입지조건과 규모에 따라 매립지의 길이를 정한다.
③ 트렌치 굴착은 지하수위가 높은 지역에서 가능하다.
④ 지역식 매립은 해당 지역이 트렌치 굴착을 하기에 적당하지 않은 지역에 적용할 수 있다.

✔ ③ 트렌치 굴착은 지하수위가 낮은 지역에서 가능하다.

2024

정답 | 27.③ 28.① 29.③ 30.④ 31.③ 32.③

33 오염토의 토양증기추출법 복원기술에 대한 장단점으로 옳은 것은? ★

① 증기압이 낮은 오염물질의 제거효율이 높다.
② 다른 시약이 필요 없다.
③ 추출된 기체의 대기오염 방지를 위한 후처리가 필요 없다.
④ 유지 및 관리비가 많이 소요된다.

✔ ① 증기압이 높은 오염물질의 제거효율이 높다.
③ 추출된 기체의 대기오염 방지를 위한 후처리가 필요하다.
④ 유지 및 관리비가 적게 소요된다.

34 고형물 4.2%를 함유한 슬러지 150,000kg을 농축조로 이송한다. 농축조에서 농축 후 고형물의 손실 없이 농축 슬러지를 소화조로 이송할 경우 슬러지의 무게가 70,000kg이라면 농축된 슬러지의 고형물 함유율(%)은? (단, 슬러지 비중은 1.0으로 가정함)

① 6.0 ② 7.0
③ 8.0 ④ 9.0

✔ $\text{고형물 함유율(\%)} = \dfrac{\text{고형물}}{\text{소화 후 슬러지}} \times 100$

이때, $TS = \dfrac{150,000\,\text{kg}_{SL}}{} \left| \dfrac{4.2_{TS}}{100_{SL}} \right. = 6,300\,\text{kg}_{TS}$

$\therefore \text{고형물 함유율} = \dfrac{6,300}{70,000} \times 100 = 9.0\%$

35 석면 해체 및 제조 작업의 조치기준으로 적합하지 않은 것은?

① 건식으로 작업할 것
② 당해 장소를 음압으로 유지시킬 것
③ 당해 장소를 밀폐시킬 것
④ 신체를 감싸는 보호의를 착용할 것

✔ ① 석면 해체 시 석면 분진이 날릴 수 있으므로 습식으로 작업하도록 한다.

36 쓰레기 매립지에 침출수 유량조정조를 설치하기 위해 과거 10년간의 강우조건을 조사한 결과가 다음 표와 같다. 매립작업 면적은 30,000m^{2}이며, 매립작업 시 강우의 침출계수를 0.3으로 적용할 때 침출수 유량조정조의 적정용량(m^3)은 얼마인가? ★

1일 강우량 (mm/일)	강우일수 (일)	1일 강우량 (mm/일)	강우일수 (일)
10	10	30	6
15	17	35	3
20	13	40	2
25	5	45	2

① 945m^3 이상
② 930m^3 이상
③ 915m^3 이상
④ 900m^3 이상

✔ $Q = \dfrac{1}{1,000} CIA$

여기서, Q : 침출수량(m^3/day)
C : 유출계수
I : 연평균 일 강우량(mm/day)
A : 매립지 내 쓰레기 매립면적(m^2)

※ 최근 10년간 1일 강우량이 10mm 이상인 강우일수 중 최다빈도 1일 강우량의 7배를 한다.

$\therefore Q = \dfrac{1}{1,000} \times 0.3 \times 15 \times 30,000 \times 7 = 945\,\text{m}^3$

37 폐기물의 고화 처리방법 중 피막형성법의 장점으로 옳은 것은?

① 화재 위험성이 없다.
② 혼합률이 높다.
③ 에너지 소비가 적다.
④ 침출성이 낮다.

✔ ① 처리과정 중 화재가 발생할 수 있다.
② 혼합률(MR)이 비교적 낮다.
③ 에너지 요구량이 크다.

정답 I 33.② 34.④ 35.① 36.① 37.④

38 1일 처리량이 100kL인 분뇨 처리장에서 중온 소화방식을 택하고자 한다. 소화 후 슬러지의 양(m^3/day)은?

- 투입 분뇨의 함수율 = 98%
- 고형물 중 유기물 함유율 = 70% (그 중 60%가 액화 및 가스화)
- 소화 슬러지 함수율 = 96%
- 슬러지 비중 = 1.0

① 15 ② 29
③ 44 ④ 53

✔
- 투입 분뇨의 양 = $\frac{100\,\text{kL}}{\text{day}} \Big| \frac{\text{m}^3}{\text{kL}} = 100\,\text{m}^3/\text{day}$
- 투입 분뇨의 고형물 = $2\,\text{m}^3/\text{day}$
  투입 분뇨의 수분 = $98\,\text{m}^3/\text{day}$
- 투입 분뇨의 고형물 중 유기물 = $1.4\,\text{m}^3/\text{day}$
  투입 분뇨의 고형물 중 무기물 = $0.6\,\text{m}^3/\text{day}$
- 소화 후 유기물 중 남은 양 = $0.56\,\text{m}^3/\text{day}$
- 소화 후 고형물 = $0.56 + 0.6 = 1.16\,\text{m}^3/\text{day}$

∴ 소화 후 슬러지 양 = $\frac{1.16\,\text{m}^3_{TS}}{\text{day}} \Big| \frac{100_{SL}}{4_{TS}}$
$= 29\,\text{m}^3/\text{day}$

39 다음 중 소각로의 부식에 대한 설명으로 적절하지 않은 것은?

① 480~700℃ 사이에서는 염화철이나 알칼리철 황산염 분해에 의한 부식이 발생된다.
② 저온 부식은 100~150℃ 사이에서 부식속도가 가장 느리고, 고온 부식은 600~700℃에서 가장 부식이 잘 된다.
③ 150~320℃에서는 부식이 잘 일어나지 않고, 고온 부식은 320℃ 이상에서 소각재가 침착된 금속면에서 발생된다.
④ 320~480℃ 사이에서는 염화철이나 알칼리철 황산염 생성에 의한 부식이 발생된다.

✔ ② 저온 부식은 100~150℃ 사이에서 부식속도가 가장 빠르고, 고온 부식은 600~700℃ 사이에서 가장 부식이 잘 된다.

40 다음 토양오염물질 중 BTEX에 포함되지 않는 것은? ★★

① 벤젠 ② 톨루엔
③ 에틸렌 ④ 자일렌

✔ BTEX
- Benzene(벤젠)
- Toluene(톨루엔)
- Ethylbenzene(에틸벤젠)
- Xylene(자일렌)

제3과목 | 폐기물 소각 및 열회수

41 CH_4 75%, CO_2 5%, N_2 8%, O_2 12%로 조성된 기체 연료 $1Sm^3$을 $10Sm^3$의 공기로 연소할 때 공기비는?

① 1.22 ② 1.32
③ 1.42 ④ 1.52

✔ 〈반응식〉 $CH_4 + 2O_2 \rightarrow CO_2 + 2H_2O$
$A_o = O_o \div 0.21$
$= (2 \times 0.75 - 0.12) \div 0.21 = 6.5714\,\text{Sm}^3$
∴ 공기비 $m = \frac{A}{A_o} = \frac{10}{6.5714} = 1.5217 \fallingdotseq 1.52$

42 폐기물의 소각시설에서 발생하는 분진의 특징에 대한 설명으로 틀린 것은?

① 흡수성이 작고 냉각되면 고착하기 어렵다.
② 부피에 비해 비중이 작고 가볍다.
③ 입자가 큰 분진은 가스 냉각장치 등의 비교적 가스 통과속도가 느린 부분에서 침강하기 때문에 분진의 평균입경이 작다.
④ 염화수소나 황산화물을 포함하기 때문에 설비의 부식을 방지하기 위해 일반적으로 가스 냉각장치 출구에서 250℃ 정도의 온도가 되어야 한다.

✔ ① 흡수성이 크고 냉각되면 고착하기 쉽다.

2024

정답 | 38.② 39.② 40.③ 41.④ 42.①

43 연소에 대한 설명으로 옳지 않은 것은? ★

① 증발연소는 비교적 용융점이 낮은 고체가 연소되기 이전에 용융되어 액체와 같이 표면에서 증발되는 기체가 연소하는 현상이다.

② 분해연소는 가열에 의해 열분해된 휘발하기 쉬운 성분이 표면으로부터 떨어진 곳에서 연소하는 현상이다.

③ 액면연소는 산소나 산화가스가 고체 표면이나 내부의 빈 공간에 확산되어 표면반응하는 현상이다.

④ 내부연소는 물질 자체가 포함하고 있는 산소에 의해서 연소하는 현상이다.

✔ ③ 액면연소는 액면에서 증발하여 연료가스 주위를 흐르는 공기와 혼합하면서 연소하는 것으로, 연소속도는 주위 공기의 흐름속도에 거의 비례하여 증가한다.

44 다이옥신(dioxin)과 퓨란(furan)의 생성기전에 대한 설명으로 옳지 않은 것은?

① 투입 폐기물 내에 존재하던 PCDD/PCDF가 연소 시 파괴되지 않고 배기가스 중으로 배출

② 전구물질(클로로페놀, 폴리염화바이페닐 등)이 반응을 통하여 PCDD/PCDF로 전환되어 생성

③ 여러 가지 유기물과 염소공여체로부터 생성

④ 약 800℃의 고온 촉매화 반응에 의해 분진으로부터 생성

✔ ④ 다이옥신은 약 800℃의 고온일 경우 파괴된다.

45 소각로 배출가스 중 염소(Cl_2)가스의 농도가 0.5%인 배출가스 3,000Sm^3/hr를 수산화칼슘 현탁액으로 처리하고자 할 때 이론적으로 필요한 수산화칼슘의 양(kg/hr)은? (단, Ca 원자량은 40)

① 약 12.4	② 약 24.8
③ 약 49.6	④ 약 62.1

✔ 수산화칼슘의 양 $= \frac{3,000\,\mathrm{Sm^3}}{\mathrm{hr}} \Big| \frac{0.5}{100} \Big| \frac{74\,\mathrm{kg}}{22.4\,\mathrm{Sm^3}}$

$= 49.55\,\mathrm{kg/hr}$

46 다음 중 다단로 소각로에 대한 설명으로 잘못된 것은?

① 신속한 온도반응으로 보조연료 사용 조절이 용이하다.

② 다량의 수분이 증발되므로 수분 함량이 높은 폐기물의 연소가 가능하다.

③ 물리·화학적으로 성분이 다른 각종 폐기물을 처리할 수 있다.

④ 체류시간이 길어 휘발성이 적은 폐기물 연소에 유리하다.

✔ ① 보조연료 사용을 조절하기 어렵다.

47 프로페인(C_3H_8)의 고위발열량이 24,300kcal/Sm^3일 때 저위발열량(kcal/Sm^3)은? ★★

① 22,380	② 22,840
③ 23,340	④ 23,820

✔ 저위발열량 $Hl = Hh - 480\sum H_2O$

여기서, Hh : 고위발열량(kcal/Sm^3)

H_2O : H_2O의 몰수

〈반응식〉 $C_3H_8 + 5O_2 \rightarrow 3CO_2 + 4H_2O$

$\therefore Hl = 24,300 - 480 \times 4 = 22,380\,\mathrm{kcal/Sm^3}$

48 사이클론(cyclone) 집진장치에 대한 설명으로 틀린 것은?

① 원심력을 활용하는 집진장치이다.

② 설치면적이 작고 운전비용이 비교적 적은 편이다.

③ 온도가 높을수록 포집효율이 높다.

④ 사이클론 내부에서 먼지는 벽면과 마찰을 일으켜 운동에너지를 상실한다.

✔ ③ 온도가 높을수록 함진가스의 점도가 높아져 포집효율이 낮아진다.

정답 I 43.③ 44.④ 45.③ 46.① 47.① 48.③

49 고체 연료의 장점이 아닌 것은?

① 점화와 소화가 용이하다.
② 인화 · 폭발의 위험성이 적다.
③ 가격이 저렴하다.
④ 저장 · 운반 시 노천 야적이 가능하다.

✔ ① 고체 연료는 기체 및 액체 연료에 비해 점화와 소화가 용이하지 않다.

50 습식(액체) 연소법의 설명으로 옳은 것은?

① 분무연소법과 증발연소법이 있다.
② 압력과 온도를 낮출수록 산화가 촉진된다.
③ Winkler 가스 발생로로써 공업화가 이루어졌다.
④ 가연성 물질의 함량에 관계없이 보조연료가 필요하다.

✔ ② 압력과 온도가 높은 조건에서 처리하는 방법이다.
③ Winkler 가스는 유동층 가스화에 해당된다.
④ 가연성 물질의 함량이 적으면 보조연료가 필요하다.

51 플라스틱 처리에 가장 유리한 소각방식은?

① Grate 방식
② 고정상 방식
③ 로터리킬른 방식
④ Stoker 방식

✔ 고정상 소각로는 화상 위에서 폐기물을 소각하는 것으로, 플라스틱과 같은 열에 열화되는 물질 소각에 적합하다.

52 소각능이 있는 1,200kg/m^2 · hr인 스토커형 소각로에서 1일 80톤의 폐기물을 소각시킨다. 이 소각로의 화격자 면적(m^2)은? (단, 소각로는 1일 16시간 가동)

① 약 2.1 ② 약 2.8
③ 약 4.2 ④ 약 6.6

✔ 화격자 면적 $= \frac{80\,\text{ton}}{\text{day}} \Big| \frac{\text{m}^2 \cdot \text{hr}}{1,200\,\text{kg}} \Big| \frac{\text{day}}{16\,\text{hr}} \Big| \frac{10^3\text{kg}}{\text{ton}}$
$= 4.17\text{m}^2$

53 화상부하율(연소량/화상면적)에 대한 설명으로 옳지 않은 것은?

① 화상부하율을 크게 하기 위해서는 연소량을 늘리거나 화상면적을 줄인다.
② 화상부하율이 너무 크면 노 내 온도가 저하하기도 한다.
③ 화상부하율이 적어질수록 화상면적이 축소되어 compact화 된다.
④ 화상부하율이 너무 커지면 불완전연소의 문제가 발생하기도 한다.

✔ ③ 화상부하율이 적어질수록 화상면적이 확대된다.

54 가로 1.2m, 세로 2.0m, 높이 11.5m의 연소실에서 저위발열량 10,000kcal/kg의 중유를 1시간에 100kg 연소한다. 이때, 연소실의 열발생률(kcal/m^3 · hr)은?

① 약 29,200
② 약 36,200
③ 약 43,200
④ 약 51,200

✔ 연소실의 열발생률
$= \frac{10,000\,\text{kcal}}{\text{kg}} \Big| \frac{100\,\text{kg}}{\text{hr}} \Big| \frac{}{1.2\,\text{m} \times 2.0\,\text{m} \times 11.5\,\text{m}}$
$= 36231.88\,\text{kcal/m}^3 \cdot \text{hr}$

55 연소속도에 영향을 미치는 요인으로 가장 거리가 먼 것은?

① 산소의 농도
② 촉매
③ 반응계의 온도
④ 연료의 발열량

✔ **연소속도에 영향을 미치는 요인**
- 산소의 농도
- 촉매
- 반응계의 온도
- 산소 혼합비
- 활성화 에너지

정답 | 49.① 50.① 51.② 52.③ 53.③ 54.② 55.④

56 연소 배출가스 양이 5,400Sm^3/hr인 소각시설의 굴뚝에서 정압을 측정하였더니 20mmH_2O였다. 여유율 20%인 송풍기를 사용할 경우 필요한 소요동력(kW)은? (단, 송풍기 정압효율 80%, 전동기 효율 70%)

① 약 0.18　② 약 0.32
③ 약 0.63　④ 약 0.87

✔ 소요동력 $= \dfrac{\Delta \times Q}{102\eta} \times \alpha$

여기서, ΔP : 압력손실(mmH_2O)
Q : 배출가스 양(m^3/sec)
η : 효율
α : 여유율

• $Q = \dfrac{5,400\,\text{Sm}^3}{\text{hr}} \Big| \dfrac{\text{hr}}{3,600\,\text{sec}} = 1.5\,\text{Sm}^3/\text{sec}$

• $\eta = 0.80 \times 0.70 = 0.56$

∴ 소요동력 $= \dfrac{20 \times 1.5}{102 \times 0.56} \times 1.20 = 0.63\,\text{kW}$

57 배연탈황법에 대한 설명으로 틀린 것은?

① 석회석 슬러리를 이용한 흡수법은 탈황률의 유지 및 스케일 형성을 방지하기 위해 흡수액의 pH를 6으로 조정한다.
② 활성탄 흡착법에서 SO_2는 활성탄 표면에서 산화된 후 수증기와 반응하여 황산으로 고정된다.
③ 수산화소듐 용액 흡수법에서는 탄산소듐의 생성을 억제하기 위해 흡수액의 pH를 7로 조정한다.
④ 활성산화망가니즈는 상온에서 SO_2 및 O_2와 반응하여 황산망가니즈를 생성한다.

✔ ④ 활성산화망가니즈는 상온에서 SO_2 및 MnO_2와 반응하여 황산망가니즈($MnSO_4$)를 생성한다.

58 다음 중 불연성분에 해당하는 것은?

① H(수소)　② O(산소)
③ N(질소)　④ S(황)

59 황 성분이 0.8%인 폐기물을 20ton/hr 성능의 소각로로 연소한다. 배출되는 배기가스 중 SO_2를 $CaCO_3$로 완전히 탈황하려 할 때, 하루에 필요한 $CaCO_3$의 양(ton/day)은? (단, 폐기물 중의 S는 모두 SO_2로 전환되며, 소각로의 1일 가동시간은 16시간, Ca 원자량은 40임)

① 1.0　② 2.0
③ 4.0　④ 8.0

✔ 〈반응식〉 $S + O_2 \rightarrow SO_2$
$SO_2 + CaCO_3 \rightarrow CaSO_3 + CO_2$
따라서, S와 $CaCO_3$는 1 : 1 비율이다.
S : $CaCO_3$
32 : 100
S 발생량 : X

S 발생량 $= \dfrac{20\,\text{ton}}{\text{hr}} \Big| \dfrac{16\,\text{hr}}{\text{day}} \Big| \dfrac{0.8}{100} = 2.56\,\text{ton/day}$

∴ 필요한 $CaCO_3$의 양 $X = \dfrac{2.56 \times 100}{32} = 8\,\text{ton/day}$

60 폐타이어를 소각 전에 분석한 결과, C 78%, H 6.7%, O 1.9%, S 1.9%, N 1.1%, Fe 9.3%, Zn 1.1%의 조성을 보였다. 공기비(m)가 2.2일 때, 연소 시 발생되는 질소의 양(Sm^3/kg)은?

① 약 15.16
② 약 25.16
③ 약 35.16
④ 약 45.16

✔ • $O_o = 1.867\text{C} + 5.6\text{H} + 0.7\text{S} - 0.7\text{O}$
$= 1.867 \times 0.78 + 5.6 \times 0.067 + 0.7 \times 0.019 - 0.7 \times 0.019$
$= 1.8315\,\text{Sm}^3/\text{kg}$

• $A_o = O_o \div 0.21$
$= 1.8315 \div 0.21 = 8.7214\,\text{Sm}^3/\text{kg}$

∴ 발생되는 질소의 양 $= 0.79 \times mA_o$
$= 0.79 \times 2.2 \times 8.7214$
$= 15.1578 \fallingdotseq 15.16\,\text{Sm}^3/\text{kg}$

※ 0.79를 곱한 이유는 질소의 함량이기 때문이다.

정답 I 56.③ 57.④ 58.③ 59.④ 60.①

제4과목 | 폐기물 공정시험기준(방법)

61 기름성분을 중량법으로 분석할 때에 관련된 내용으로 ( ) 안에 옳은 내용은?

> 추출 시 에멀션을 형성하여 액층이 분리되지 않거나 노말헥세인층이 탁할 경우에는 분별깔때기 안의 수층을 원래의 시료 용기에 옮긴다. 이후 에멀션층이 분리되거나 노말헥세인층이 맑아질 때까지 에멀션층 또는 헥세인층에 적당량의 ( ) 또는 황산암모늄을 넣어 환류냉각관(약 300mm)을 부착하고 80℃ 물중탕에서 약 10분간 가열 · 분해한 다음 시험기준에 따라 시험한다.

① 질산암모늄 ② 염화소듐
③ 아비산소듐 ④ 질산소듐

62 중량법에 의해 기름성분을 측정할 때 필요한 기구 또는 기기와 가장 거리가 먼 것은?

① 전기열판 또는 전기멘틀
② 분별깔대기
③ 회전증발농축기
④ 리비히 냉각관

✔ 기름성분 – 중량법의 분석 기기 및 기구
- 전기열판 또는 전기멘틀
- 증발접시
- ㅏ자형 연결관 및 리비히 냉각관
- 삼각플라스크
- 분별갈때기

63 '항량으로 될 때까지 건조한다'라 함은 같은 조건에서 1시간 더 건조할 때 전후 무게의 차가 g 당 몇 mg 이하일 때를 말하는가? ★★★

① 0.01mg ② 0.03mg
③ 0.1mg ④ 0.3mg

64 다음 중 취급 또는 저장하는 동안에 기체 또는 미생물이 침입하지 않도록 내용물을 보호하는 용기는? ★

① 차광용기 ② 밀봉용기
③ 기밀용기 ④ 밀폐용기

✔ ① 차광용기 : 광선이 투과하지 않는 용기 또는 투과하지 않게 포장을 한 용기이며, 취급 또는 저장하는 동안에 내용물이 광화학적 변화를 일으키지 아니하도록 방지할 수 있는 용기
③ 기밀용기 : 취급 또는 저장하는 동안에 밖으로부터의 공기 또는 다른 가스가 침입하지 아니하도록 내용물을 보호하는 용기
④ 밀폐용기 : 취급 또는 저장하는 동안에 이물질이 들어가거나 또는 내용물이 손실되지 아니하도록 보호하는 용기

65 Lambert–Beer 법칙에 관한 설명으로 틀린 것은? (단, A : 흡광도, ε : 흡광계수, C : 농도, l : 빛의 투과거리) ★★

① 흡광도는 광이 통과하는 용액층의 두께에 비례한다.
② 흡광도는 광이 통과하는 용액층의 농도에 비례한다.
③ 흡광도는 용액층의 투과도에 비례한다.
④ 램버트–비어의 법칙을 식으로 표현하면 $A=\varepsilon\times C\times l$

✔ 흡광도 $A=\log\frac{1}{10^{-\varepsilon Cl}}=\log\frac{I_o}{I_t}$
따라서, 흡광도는 투광도에 반비례한다.

66 다음 완충용액 중 pH 4.0 부근에서 조제되는 것은?

① 수산염 표준액
② 아세트산염 표준액
③ 인산염 표준액
④ 붕산염 표준액

2024

67 자외선/가시선 분광법을 적용한 구리 측정에 관한 내용으로 옳은 것은? ★

① 정량한계는 0.002mg이다.
② 적갈색의 킬레이트화합물이 생성된다.
③ 흡광도는 520nm에서 측정한다.
④ 정량범위는 0.01~0.05mg/L이다.

✔ ② 황갈색의 킬레이트화합물이 생성된다.
③ 흡광도는 440nm에서 측정한다.
④ 정량범위는 0.002~0.03mg이다.

68 유기인-기체 크로마토그래피에 사용되는 검출기로 옳은 것은?

① 전자포획형 검출기
② 열전도도검출기
③ 질소인검출기
④ 불꽃열이온검출기

✔ 유기인-기체 크로마토그래피에 사용되는 검출기는 질소인검출기 또는 불꽃광도검출기이다.

69 수분 및 고형물을 중량법으로 측정할 때 사용하는 데시케이터에 관한 내용으로 옳은 것은?

① 실리카겔과 묽은 황산을 넣어 사용한다.
② 실리카겔과 염화칼슘이 담겨 있는 것을 사용한다.
③ 무수황산소듐이 담겨 있는 것을 사용한다.
④ 활성탄 분말과 염화포타슘을 넣어 사용한다.

70 함수율 85%인 시료인 경우, 용출시험 결과에 시료 중의 수분 함량 보정을 위하여 곱하여야 하는 값은? ★★

① 0.5　② 1.0
③ 1.5　④ 2.0

✔ 시료 중의 수분 함량 보정을 위해 함수율 85% 이상인 시료에 한하여 "15/{100−시료의 함수율(%)}"을 곱하여 계산한 값으로 한다.

$\therefore \dfrac{15}{100-85}=1.0$

71 폐기물이 적재되어 있는 운반차량에서 시료를 채취할 경우 5톤 이상의 차량에 적재되어 있을 때에는 적재 폐기물을 평면상에서 몇 등분한 후 각 등분마다 시료를 채취하는가?

① 3등분　② 6등분
③ 9등분　④ 12등분

72 기체 크로마토그래피에서 일반적으로 전자포획형 검출기에서 사용하는 운반가스는? ★

① 순도 99.9% 이상의 수소나 헬륨
② 순도 99.9% 이상의 질소 또는 헬륨
③ 순도 99.999% 이상의 질소 또는 헬륨
④ 순도 99.999% 이상의 수소 또는 헬륨

73 0.1N HCl 표준용액 50mL를 반응시키기 위하여 0.1M $Ca(OH)_2$를 사용하였다. 이때 사용된 $Ca(OH)_2$의 소비량(mL)은? (단, HCl와 $Ca(OH)_2$의 역가는 각각 0.995와 1.005임)

① 24.75　② 25.00
③ 49.50　④ 50.00

✔ 중화 공식

$N_1V_1f_1=N_2V_2f_2$

여기서, N_1 : HCl의 노르말농도(N)
N_2 : $Ca(OH)_2$의 노르말농도(N)
V_1 : HCl의 표준용액(mL)
V_2 : $Ca(OH)_2$ 소비량(mL)
f_1 : HCl의 역가
f_2 : $Ca(OH)_2$의 역가

$0.1\times50\times0.995=0.2\times V_2\times1.005$

이때, $N_2=\dfrac{0.1\,\mathrm{mol}}{\mathrm{L}}\Big|\dfrac{2\,\mathrm{eq}}{\mathrm{mol}}=0.2\,\mathrm{eq/L}$

$\therefore V_2=\dfrac{0.1\times50\times0.995}{0.2\times1.005}=24.75$

74 액상 폐기물에서 유기인을 추출하고자 하는 경우 가장 적합한 추출용매는?

① 아세톤　② 노말헥세인
③ 클로로폼　④ 아세토나이트릴

정답 | 67.① 68.③ 69.② 70.② 71.③ 72.③ 73.① 74.②

75 30% 수산화소듐(NaOH)은 몇 몰(M)인가? (단, NaOH의 분자량은 40) ★★★

① 4.5 ② 5.5
③ 6.5 ④ 7.5

✔ NaOH의 몰농도 $= \frac{30\,g}{100\,mL} \Big| \frac{mol}{40\,g} \Big| \frac{10^3 mL}{L}$
$= 7.5M$

76 이온전극법에 관한 설명으로 ( ) 안에 옳은 내용은?

> 이온전극은 [이온전극 | 측정용액 | 비교전극]의 측정계에서 측정대상 이온에 감응하여 ( )에 따라 이온활동도에 비례하는 전위차를 나타낸다.

① 네른스트식
② 램버트식
③ 패러데이식
④ 플래밍식

77 원자흡수 분광광도법에서 일어나는 분광학적 간섭에 해당하는 것은?

① 불꽃 중에서 원자가 이온화하는 경우
② 시료용액의 점성이나 표면장력 등에 의하여 일어나는 경우
③ 분석에 사용하는 스펙트럼선이 다른 인접선과 완전히 분리되지 않는 경우
④ 공존물질과 작용하여 해리하기 어려운 화합물이 생성되어 흡광에 관계하는 기저상태의 원자 수가 감소하는 경우

✔ **원자흡수 분광광도법의 분광학적 간섭**
- 분석에 사용하는 스펙트럼선이 다른 인접선과 완전히 분리되지 않는 경우
- 분석에 사용하는 스펙트럼의 불꽃 중에서 생성되는 목적원소의 원자 증기 이외의 물질에 의하여 흡수되는 경우

78 원자흡수 분광광도법에 의한 수은(Hg)의 측정 방법에 관한 내용으로 틀린 것은?

① 환원기화장치를 사용하여 수은증기를 발생시킨다.
② 시료 중의 수은을 금속수은으로 환원시키려면 이 염화주석 용액이 필요하다.
③ 황산 산성에서 방해성분과 분리한 다음 알칼리성에서 디티존사염화탄소로 수은을 추출한다.
④ 시료 중 벤젠, 아세톤 등의 휘발성 유기물질도 253.7nm에서 흡광도를 나타내므로 추출 · 분리 후 시험한다.

✔ 수은을 황산 산성에서 디티존사염화탄소로 일차 추출하고 브로민화포타슘 존재하에 황산 산성에서 역추출하여 방해성분과 분리한 다음 알칼리성에서 디티존사염화탄소로 수은을 추출한다.

79 다환방향족 탄화수소를 기체 크로마토그래피(질량분석법)로 측정할 경우의 정량한계는?

① 0.1mg/kg ② 0.3mg/kg
③ 0.5mg/kg ④ 0.7mg/kg

80 유도결합 플라스마 – 원자발광분광기의 구성 장치로 가장 옳은 것은?

① 시료도입부, 고주파전원부, 광원부, 분광부, 연산처리부, 기록부
② 시료도입부, 시료원자화부, 광원부, 측광부, 연산처리부, 기록부
③ 시료도입부, 고주파전원부, 광원부, 파장선택부, 연산처리부, 기록부
④ 시료도입부, 시료원자화부, 파장선택부, 측광부, 연산처리부, 기록부

✔ 유도결합 플라스마 – 원자발광분광기는 시료도입부, 고주파전원부, 광원부, 분광부, 연산처리부 및 기록부로 구성된다.

정답 | 75.④ 76.① 77.③ 78.③ 79.③ 80.①

제5과목 | 폐기물 관계법규

81 설치를 마친 후 검사기관으로부터 정기검사를 받아야 하는 환경부령으로 정하는 폐기물 처리시설만을 적절하게 짝지은 것은? ★★

① 소각시설 – 매립시설 – 멸균분쇄시설 – 소각열 회수시설

② 소각시설 – 매립시설 – 소각열 분해시설 – 멸균분쇄시설

③ 소각시설 – 매립시설 – 분쇄 · 파쇄 시설 – 열분해시설

④ 매립시설 – 증발 · 농축 · 정제 · 반응 시설 – 멸균분쇄시설 – 음식물류 폐기물 처리시설

✔ **환경부령으로 정하는 폐기물 처리시설**
- 소각시설
- 매립시설
- 멸균분쇄시설
- 음식물류 폐기물 처리시설(음식물류 폐기물에 대한 중간처리 후 새로 발생한 폐기물을 처리하는 시설을 포함)
- 시멘트 소성로(폐기물을 연료로 사용하는 경우로 한정)
- 소각열 회수시설
- 열분해시설

82 지정폐기물 중 부식성 폐기물(폐알칼리) 기준으로 옳은 것은? ★★

① 액체상태의 폐기물로서 수소이온농도지수가 12.0 이상인 것으로 한정하며 수산화포타슘 및 수산화소듐을 포함한다.

② 액체상태의 폐기물로서 수소이온농도지수가 12.0 이상인 것으로 한정하며 수산화포타슘 및 수산화소듐을 제외한다.

③ 액체상태의 폐기물로서 수소이온농도지수가 12.5 이상인 것으로 한정하며 수산화포타슘 및 수산화소듐을 포함한다.

④ 액체상태의 폐기물로서 수소이온농도지수가 12.5 이상인 것으로 한정하며 수산화포타슘 및 수산화소듐을 제외한다.

83 폐기물관리법을 적용하지 아니하는 물질에 대한 내용으로 틀린 것은? ★★

① 「원자력안전법」에 따른 방사성 물질과 이로 인하여 오염된 물질

② 용기에 들어 있는 기체상의 물질

③ 「하수도법」에 따른 하수

④ 「물환경보전법」에 따른 수질오염 방지시설에 유입되거나 공공수역으로 배출되는 폐수

✔ **폐기물관리법의 적용범위**
- 「원자력안전법」에 따른 방사성 물질과 이로 인하여 오염된 물질
- 용기에 들어 있지 아니한 기체상태의 물질
- 「물환경보전법」에 따른 수질오염 방지시설에 유입되거나 공공수역으로 배출되는 폐수
- 「가축분뇨의 관리 및 이용에 관한 법률」에 따른 가축분뇨
- 「하수도법」에 따른 하수 · 분뇨
- 「가축전염병예방법」에 적용되는 가축의 사체, 오염 물건, 수입 금지물건 및 검역 불합격품
- 「수산생물질병관리법」에 적용되는 수산동물의 사체, 오염된 시설 또는 물건, 수입 금지물건 및 검역 불합격품
- 「군수품관리법」에 따라 폐기되는 탄약
- 「동물보호법」에 따른 동물장묘업의 등록을 한 자가 설치 · 운영하는 동물장묘시설에서 처리되는 동물의 사체

84 재활용 환경성평가에 따른 재활용의 승인조건 중 매체접촉형에 대한 것으로 옳지 않은 것은?

① 재활용대상 폐기물의 종류 및 양

② 재활용대상 폐기물의 전처리 기준 및 방법

③ 재활용 유형

④ 승인의 유효기간(최대 3년까지)

✔ **재활용 환경성평가에 따른 재활용의 승인조건(매체접촉형)**
- 승인의 유효기간(최대 5년까지)
- 재활용대상 폐기물의 종류 및 양
- 재활용대상 부지 및 면적
- 재활용대상 폐기물의 전처리 기준 및 방법
- 재활용 유형
- 주변 지역의 환경오염을 방지하기 위한 시설 또는 장치 등의 설치 · 운영
- 환경변화 모니터링의 주기 · 항목 · 방법 및 기간 등 사후관리에 관한 사항
- 그 밖에 국립환경과학원장이 재활용에 따른 환경 위해의 방지를 위하여 필요하다고 인정하는 조건

정답 | 81.① 82.③ 83.② 84.④

85 폐기물부담금 및 재활용부담금의 용도로 틀린 것은?

① 재활용 가능 자원의 구입 및 비축
② 재활용을 촉진하기 위한 사업의 지원
③ 폐기물부담금(가산금을 제외한다) 또는 재활용부과금(가산금을 제외한다)의 징수비용 교부
④ 폐기물의 재활용을 위한 사업 및 폐기물 처리시설의 설치 지원

폐기물부담금과 재활용부과금의 용도
- 폐기물의 재활용을 위한 사업 및 폐기물 처리시설의 설치 지원
- 폐기물의 효율적 재활용과 폐기물 줄이기를 위한 연구 및 기술개발
- 지방자치단체에 대한 폐기물의 회수 · 재활용 및 처리 지원
- 재활용 가능 자원의 구입 및 비축
- 재활용을 촉진하기 위한 사업의 지원
- 폐기물부담금(가산금을 포함) 또는 재활용부과금(가산금을 포함)의 징수비용 교부
- 그 밖에 자원의 절약 및 재활용 촉진을 위하여 필요한 사업의 지원

86 폐기물 처분시설인 멸균분쇄시설의 설치검사 항목으로 틀린 것은?

① 분쇄시설의 작동상태
② 밀폐형으로 된 자동제어에 의한 처리방식인지 여부
③ 악취 방지시설 · 건조장치의 작동상태
④ 계량 · 투입 시설의 설치 여부 및 작동상태

멸균분쇄시설의 설치검사 항목
- 멸균능력의 적절성 및 멸균조건의 적절 여부(멸균검사 포함)
- 분쇄시설의 작동상태
- 밀폐형으로 된 자동제어에 의한 처리방식인지 여부
- 자동기록장치의 작동상태
- 폭발사고와 화재 등에 대비한 구조인지 여부
- 자동투입장치와 투입량 자동계측장치의 작동상태
- 악취 방지시설 · 건조장치의 작동상태

※ **계량 · 투입 시설의 설치 여부 및 작동상태 : 음식물류 폐기물 처리시설에 관한 검사 항목**

87 특별자치시장, 특별자치도지사, 시장 · 군수 · 구청장이 관할구역의 음식물류 폐기물의 발생을 최대한 줄이고 발생한 음식물류 폐기물을 적절하게 처리하기 위하여 수립하는 음식물류 폐기물 발생 억제계획에 포함되어야 하는 사항으로 틀린 것은?

① 음식물류 폐기물 처리기술의 개발계획
② 음식물류 폐기물의 발생 억제목표 및 목표 달성방안
③ 음식물류 폐기물의 발생 및 처리 현황
④ 음식물류 폐기물 처리시설의 설치현황 및 향후 설치계획

음식물류 폐기물 발생 억제계획의 수립사항
- 음식물류 폐기물의 발생 및 처리 현황
- 음식물류 폐기물의 향후 발생 예상량 및 적정 처리계획
- 음식물류 폐기물의 발생 억제목표 및 목표 달성방안
- 음식물류 폐기물 처리시설의 설치현황 및 향후 설치계획
- 음식물류 폐기물의 발생 억제 및 적정 처리를 위한 기술적 · 재정적 지원방안(재원의 확보계획을 포함)

2024

88 폐기물 처리시설 주변 지역 영향조사기준에 관한 내용으로 ( )에 알맞은 것은?

미세먼지 및 다이옥신 조사지점은 해당 시설에 인접한 주거지역 중 (   ) 이상 지역의 일정한 곳으로 한다.

① 2개소 ② 3개소
③ 4개소 ④ 6개소

폐기물 처리시설 주변 지역 영향조사기준 중 조사지점
- 미세먼지와 다이옥신 조사지점은 해당 시설에 인접한 주거지역 중 3개소 이상 지역의 일정한 곳으로 한다.
- 악취 조사지점은 매립시설에 가장 인접한 주거지역에서 냄새가 가장 심한 곳으로 한다.
- 지표수 조사지점은 해당 시설에 인접하여 폐수, 침출수 등이 흘러들거나 흘러들 것으로 우려되는 지역의 상 · 하류 각 1개소 이상의 일정한 곳으로 한다.
- 지하수 조사지점은 매립시설의 주변에 설치된 3개의 지하수 검사정으로 한다.
- 토양 조사지점은 4개소 이상으로 한다.

정답 | 85.③ 86.④ 87.① 88.②

89 특별자치시장, 특별자치도지사, 시장 · 군수 · 구청장이 생활폐기물 수집 · 운반 대행자에게 영업의 정지를 명하려는 경우, 그 영업정지를 갈음하여 부과할 수 있는 최대과징금은?

① 2천만원　② 5천만원
③ 1억원　④ 2억원

90 대통령령으로 정하는 폐기물 처리시설을 설치 · 운영하는 자는 그 시설의 유지관리에 관한 기술업무를 담당하게 하기 위해 기술관리인을 임명하거나 기술관리능력이 있다고 대통령령으로 정하는 자와 기술관리 대행계약을 체결하여야 한다. 이를 위반하여 기술관리인을 임명하지 아니하고 기술관리 대행계약을 체결하지 아니한 자에 대한 과태료 처분기준은?

① 2백만원 이하의 과태료
② 3백만원 이하의 과태료
③ 5백만원 이하의 과태료
④ 1천만원 이하의 과태료

91 폐기물 재활용을 금지하거나 제한하는 항목 기준으로 옳지 않은 것은?

① 폴리클로리네이티드바이페닐(PCBs)을 환경부령으로 정하는 농도 이상 함유하는 폐기물
② 폐유독물 등 인체나 환경에 미치는 위해가 매우 높을 것으로 우려되는 폐기물 중 대통령령으로 정하는 폐기물
③ 태반을 포함한 의료폐기물
④ 폐석면

재활용을 금지하거나 제한하는 폐기물
- 폐석면
- 폴리클로리네이티드바이페닐(PCBs)이 환경부령으로 정하는 농도 이상 들어 있는 폐기물
- 의료폐기물(태반은 제외)
- 폐유독물 등 인체나 환경에 미치는 위해가 매우 높을 것으로 우려되는 폐기물 중 대통령령으로 정하는 폐기물

92 지정폐기물 처리계획서 등을 제출하여야 하는 경우의 폐기물과 양에 대한 기준이 올바르게 연결된 것은?

① 폐농약, 광재, 분진, 폐주물사 – 각각 월평균 100킬로그램 이상
② 고형화 처리물, 폐촉매, 폐흡착제, 폐유 – 각각 월평균 100킬로그램 이상
③ 폐합성고분자 화합물, 폐산, 폐알칼리 – 각각 월평균 100킬로그램 이상
④ 오니 – 월평균 300킬로그램 이상

폐기물 처리계획서 등을 제출하여야 하는 지정폐기물 배출 사업자
- 오니를 월평균 500킬로그램 이상 배출하는 사업자
- 폐농약, 광재, 분진, 폐주물사, 폐사, 폐내화물, 도자기 조각, 소각재, 안정화 또는 고형화 처리물, 폐촉매, 폐흡착제, 폐흡수제, 폐유기용제 또는 폐유를 각각 월평균 50킬로그램 또는 합계 월평균 130킬로그램 이상 배출하는 사업자
- 폐합성고분자 화합물, 폐산, 폐알칼리, 폐페인트 또는 폐래커를 각각 월평균 100킬로그램 또는 합계 월평균 200킬로그램 이상 배출하는 사업자
- 폐석면을 월평균 20킬로그램 이상 배출하는 사업자. 이 경우 축사 등 환경부장관이 정하여 고시하는 시설물을 운영하는 사업자가 5톤 미만의 슬레이트 지붕 철거 · 제거 작업을 전부 도급한 경우에는 수급인(하수급인은 제외)이 사업자를 갈음하여 지정폐기물 처리계획의 확인을 받을 수 있다.
- 폴리클로리네이티드바이페닐 함유 폐기물을 배출하는 사업자
- 폐유독물질을 배출하는 사업자
- 의료폐기물을 배출하는 사업자
- 수은폐기물을 배출하는 사업자
- 천연방사성 제품 폐기물을 배출하는 사업자
- 지정폐기물을 환경부장관이 정하여 고시하는 양 이상으로 배출하는 사업자

93 의료폐기물 수집 · 운반 차량의 차체는 어떤 색으로 색칠하여야 하는가?

① 청색　② 흰색
③ 황색　④ 녹색

폐기물 수집 · 운반 차량의 차체 색상 기준
- 의료폐기물 : 흰색
- 지정폐기물 : 노란색

정답 I 89.③ 90.④ 91.③ 92.③ 93.②

94 폐기물 처분시설 또는 재활용시설 중 의료폐기물을 대상으로 하는 시설의 기술관리인 자격기준에 해당하지 않는 자격은?

① 수질환경산업기사
② 폐기물처리산업기사
③ 임상병리사
④ 위생사

✔ **폐기물 처분시설 또는 재활용시설 중 의료폐기물을 대상으로 하는 시설의 기술관리인 자격기준**
폐기물처리산업기사, 임상병리사, 위생사 중 1명 이상

95 폐기물 처리시설인 중간처분시설 중 기계적 처분시설의 종류로 틀린 것은? ★★

① 절단시설(동력 7.5kW 이상인 시설로 한정)
② 응집 · 침전 시설(동력 15kW 이상인 시설로 한정)
③ 압축시설(동력 7.5kW 이상인 시설로 한정)
④ 탈수 · 건조 시설

✔ ② 응집 · 침전 시설은 재활용시설 중 화학적 재활용시설에 해당된다.

96 폐기물 처리시설의 사용 개시 신고 시에 첨부하여야 하는 서류는?

① 해당 시설의 유지관리계획서
② 폐기물의 처리계획서
③ 예상 배출내역서
④ 처리 후 발생되는 폐기물의 처리계획서

✔ **사용 개시 신고 시 첨부하여야 하는 서류**
- 해당 시설의 유지관리계획서
- 다음 시설의 경우에는 폐기물 처리시설 검사기관에서 발급한 그 시설의 검사결과서
  - 소각시설
  - 멸균분쇄시설
  - 음식물류 폐기물을 처리하는 시설로서 1일 처리능력 100kg 이상인 시설
  - 시멘트 소성로(폐기물을 연료로 사용하는 경우로 한정)
  - 소각열 회수시설
  - 열분해시설(가스화시설을 포함)

97 폐기물관리법에서 사용되는 용어의 정의로 틀린 것은? ★★★

① 의료폐기물 : 보건 · 의료 기관, 동물병원, 시험 · 검사 기관 등에서 배출되어 인간에게 심각한 위해를 초래하는 폐기물로 환경부령으로 정하는 폐기물을 말한다.
② 생활폐기물 : 사업장폐기물 외의 폐기물을 말한다.
③ 지정폐기물 : 사업장폐기물 중 폐유 · 폐산 등 주변 환경을 오염시킬 수 있거나 의료폐기물 등 인체에 위해를 줄 수 있는 해로운 물질로서 대통령령으로 정하는 폐기물을 말한다.
④ 폐기물 처리시설 : 폐기물의 중간처분시설, 최종처분시설 및 재활용시설로서 대통령령으로 정하는 시설을 말한다.

✔ ① 의료폐기물 : 보건 · 의료 기관, 동물병원, 시험 · 검사 기관 등에서 배출되는 폐기물 중 인체에 감염 등 위해를 줄 우려가 있는 폐기물과 인체조직 등 적출물, 실험동물의 사체 등 보건 · 환경보호상 특별한 관리가 필요하다고 인정되는 폐기물로서 대통령령으로 정하는 폐기물을 말한다.

2024

98 폐기물 처리업의 변경허가를 받아야 하는 중요사항에 관한 내용으로 틀린 것은? (단, 폐기물 수집 · 운반업 기준)

① 운반차량(임시차량 제외)의 증차
② 수집 · 운반 대상 폐기물의 변경
③ 영업구역의 변경
④ 수집 · 운반 시설 소재지 변경

✔ **폐기물 처리업의 변경허가를 받아야 하는 중요 사항**(폐기물 수집 · 운반업의 경우)
- 수집 · 운반 대상 폐기물의 변경
- 영업구역의 변경
- 주차장 소재지의 변경(지정폐기물을 대상으로 하는 수집 · 운반업만 해당)
- 운반차량(임시차량은 제외)의 증차

정답 | 94.① 95.② 96.① 97.① 98.④

99 폐기물 처리업의 업종이 아닌 것은?

① 폐기물 재생처리업
② 폐기물 종합처분업
③ 폐기물 중간처분업
④ 폐기물 수집 · 운반업

폐기물 처리업의 업종
- 폐기물 수집 · 운반업
- 폐기물 중간처분업
- 폐기물 최종처분업
- 폐기물 종합처분업
- 폐기물 중간재활용업
- 폐기물 최종재활용업
- 폐기물 종합재활용업

100 폐기물 처분시설의 설치기준에서 재활용시설의 경우 파쇄 · 분쇄 · 절단 시설이 갖추어야 할 기준으로 ( )에 맞은 것은?

파쇄 · 분쇄 · 절단 조각의 크기는 최대직경 ( ) 이하로 각각 파쇄 · 분쇄 · 절단할 수 있는 시설이어야 한다.

① 3센티미터 ② 5센티미터
③ 10센티미터 ④ 15센티미터

정답 I 99.① 100.④

2024 제 3 회 폐기물처리기사 2024년 7월 5일 시행

제1과목 | 폐기물 개론

01 다음 중 적환장에 대한 설명으로 가장 거리가 먼 것은? ★★★

① 적환장의 위치는 주민들의 생활환경을 고려하여 수거지역의 무게중심과 되도록 멀리 설치하여야 한다.
② 최종처분지와 수거지역의 거리가 먼 경우 적환장을 설치한다.
③ 작은 용량의 차량을 이용하여 폐기물을 수집해야 할 때 필요한 시설이다.
④ 폐기물의 수거와 운반을 분리하는 기능을 한다.

✔ ① 적환장의 위치는 주민들의 생활환경을 고려하여 수거지역의 무게중심과 되도록 가까운 곳에 설치하여야 한다.

02 쓰레기의 입도를 분석하였더니 입도누적곡선 상에서 10%, 30%, 60%, 90%의 입경이 각각 2mm, 6mm, 16mm, 25mm이었다면 이 쓰레기의 균등계수는? ★★

① 2.0 ② 3.0
③ 8.0 ④ 13.0

✔ 균등계수 $C_u = \frac{D_{60}}{D_{10}}$

여기서, D_{60} : 처리물 중량백분율 60%가 통과하는 입경
D_{10} : 처리물 중량백분율 10%가 통과하는 입경

$\therefore C_u = \frac{16}{2} = 8.0$

03 쓰레기의 발생량 조사법에 대한 설명으로 옳은 것은? ★★★

① 적재차량 계수분석은 쓰레기의 밀도 또는 압축정도를 정확히 파악할 수 있는 장점이 있다.
② 직접계근법은 적재차량 계수분석에 비해 작업량은 적지만 정확한 쓰레기 발생량의 파악이 어렵다.
③ 물질수지법은 산업폐기물의 발생량 추산 시 많이 이용되는 방법이다.
④ 쓰레기의 발생량은 각 지역의 규모나 특성에 따라 많은 차이가 있어 주로 총 발생량으로 표기한다.

✔ ① 적재차량 계수분석법은 일정 기간 동안 특정 지역의 쓰레기 수거 · 운반 차량의 대수를 조사하고, 이 결과를 밀도로 이용하여 질량으로 환산하는 방법이다.
② 직접계근법은 적재차량 계수분석법에 비해 작업량이 많고 번거롭다.
④ 쓰레기의 발생량은 각 지역의 규모나 특성에 따라 많은 차이가 있어 총 발생량보다는 단위발생량으로 표기한다.

04 폐기물의 수거형태 중 인부가 각 가정에 방문하여 수거하는 방식은?

① 타종 수거 ② 문전 수거
③ 컨테이너 수거 ④ 대형 쓰레기통 수거

✔ ① 타종 수거 : 폐기물 수집차량이 특정 장소에서 종을 울려 폐기물을 배출하도록 알린 후 수거하는 방식
④ 대형 쓰레기통 수거 : 다량의 쓰레기의 투입 · 보관과 운반이 가능하도록 만들어진 기계식 상차용 롤온 박스 또는 컨테이너 등의 용기를 사용하여 수거하는 방식

2024

정답 | 01.① 02.③ 03.③ 04.②

05 함수율 50%인 폐기물을 건조시켜 함수율이 20%인 폐기물로 만들기 위해서는 쓰레기 톤당 얼마의 수분을 증발시켜야 하는가? (단, 비중은 1.0 기준) ★★★

① 255kg
② 275kg
③ 355kg
④ 375kg

✔ $V_1(100-W_1)=V_2(100-W_2)$
여기서, V_1 : 건조 전 폐기물 무게
V_2 : 건조 후 폐기물 무게
W_1 : 건조 전 폐기물 함수율
W_2 : 건조 후 폐기물 함수율
$1{,}000\,\text{kg}\times(100-50)=V_2\times(100-20)$
$V_2=1{,}000\,\text{kg}\times\dfrac{100-50}{100-20}=625\,\text{kg}$
∴ 증발시켜야 하는 수분의 양 $=1{,}000-625=375\,\text{kg}$

06 밀도가 200kg/m^{3}인 폐기물을 압축하여 밀도가 500kg/m^{3}가 되도록 하였다면 압축된 폐기물의 부피는? ★★★

① 초기 부피의 25%
② 초기 부피의 30%
③ 초기 부피의 40%
④ 초기 부피의 45%

✔ 부피감소율 VR(%)
$=\dfrac{\text{압축 후 밀도}-\text{압축 전 밀도}}{\text{압축 후 밀도}}\times 100$
$=\dfrac{500-200}{500}=60\%$
∴ 압축된 폐기물의 부피는 초기 부피의 40%이다.

07 퇴비화의 진행시간에 따른 온도의 변화단계가 순서대로 연결된 것은? ★★

① 고온단계 - 중온단계 - 냉각단계 - 숙성단계
② 중온단계 - 고온단계 - 냉각단계 - 숙성단계
③ 숙성단계 - 고온단계 - 중온단계 - 냉각단계
④ 숙성단계 - 중온단계 - 고온단계 - 냉각단계

08 혐기성 소화에 대한 설명으로 틀린 것은?

① 가수분해, 산 생성, 메테인 생성 단계로 구분된다.
② 처리속도가 느리고 고농도 처리에 적합하다.
③ 호기성 처리에 비해 동력비 및 유지관리비가 적게 든다.
④ 유기산의 농도가 높을수록 처리효율이 좋아진다.

✔ ④ 유기산의 농도가 높을수록 pH가 낮아져 처리효율이 나빠진다.

09 폐기물 연소 시 저위발열량과 고위발열량의 차이를 결정짓는 물질은?

① 물
② 탄소
③ 소각재의 양
④ 유기물 총량

✔ 고위발열량은 단위질량의 시료가 완전연소될 때 발생하는 물의 증발잠열을 포함하며, 저위발열량은 물의 증발잠열을 포함하지 않는다.

10 인구 15만명, 쓰레기 발생량 1.4kg/인 · 일, 쓰레기 밀도 400kg/m^3, 운반거리 6km, 적재용량 12m^3, 1회 운반 소요시간 60분(적재시간, 수송시간 등 포함)인 경우, 운반에 필요한 일일 소요차량 대수(대)는? (단, 대기차량을 포함하며, 대기차량은 3대, 압축비는 2.0, 일일 운전시간은 6시간임)

① 6　② 7
③ 8　④ 11

✔ 소요차량 대수
$=\dfrac{1.4\,\text{kg}}{\text{인}\cdot\text{일}}\Big|\dfrac{\text{m}^3}{400\,\text{kg}}\Big|\dfrac{150{,}000\text{인}}{}\Big|\dfrac{\text{대}}{12\,\text{m}^3}\Big|\dfrac{\text{일}}{6}\Big|\dfrac{}{2}$
$=3.6458$대
※ 대기차량 3대를 더해준다.
∴ 일일 소요차량 대수 $=3.6458+3$
$=6.6458\fallingdotseq 7$대

정답 | 05.④ 06.③ 07.② 08.④ 09.① 10.②

11 슬러지 수분 중 가장 용이하게 분리할 수 있는 수분의 형태로 옳은 것은? ★

① 모관결합수　② 세포수
③ 표면부착수　④ 내부수

✔ 슬러지의 수분 함유형태별 탈수성의 크기
간극수 > 모관결합수 > 표면부착수 > 내부수

12 유해폐기물 성분물질 중 As에 의한 피해증세로 가장 거리가 먼 것은?

① 무기력증 유발
② 피부염 유발
③ Fanconi 씨 증상
④ 암 및 돌연변이 유발

✔ ③ Fanconi 씨 증상 : 카드뮴(Cd)에 의한 피해증세

13 고형물의 함량이 30%, 수분 함량이 70%, 강열감량이 85%인 폐기물의 유기물 함량(%)은 얼마인가? ★★

① 40　② 50
③ 60　④ 65

✔ 강열감량 = 수분 + 유기물
유기물 = 강열감량 − 수분 = $85 - 70 = 15\%$
∴ 유기물 함량 = $\frac{15}{30} \times 100 = 50\%$

14 플라스틱 폐기물 중 할로겐화합물을 함유하고 있는 것은?

① 폴리에틸렌
② 멜라민수지
③ 폴리염화바이닐
④ 폴리아크릴로나이트릴

✔ 폴리염화바이닐(PVC)은 $(C_2H_3Cl)_n$ 이므로, 할로겐(F, I, Br, Cl) 중 Cl을 함유하고 있다.
① 폴리에틸렌 : $(C_2H_4)_n$ 이므로, 할로겐화합물이 없다.
② 멜라민수지 : $C_3H_6N_6$이므로, 할로겐화합물이 없다.
④ 폴리아크릴로나이트릴 : CH_2CHCN이므로, 할로겐화합물이 없다.

15 폐기물의 화학적 특성 중 3성분에 속하지 않는 것은?

① 가연분　② 무기물질
③ 수분　④ 회분

16 쓰레기에서 타는 성분의 화학적 성상 분석 시 사용되는 자동원소분석기에 의해 동시 분석이 가능한 항목을 모두 나열한 것은?

① 탄소, 질소, 수소
② 탄소, 황, 수소
③ 탄소, 수소, 산소
④ 질소, 황, 산소

17 하수처리장에서 발생되는 슬러지와 비교한 분뇨의 특성이 아닌 것은?

① 질소의 농도가 높음
② 다량의 유기물을 포함
③ 염분의 농도가 높음
④ 고액 분리가 쉬움

✔ ④ 고액 분리가 어려움

18 직경이 1.0m인 트롬멜 스크린의 최적속도(rpm)는 얼마인가? ★★★

① 약 63　② 약 42
③ 약 19　④ 약 8

✔ 트롬멜 스크린의 최적속도
$N = N_c \times 0.45$
여기서, N_c : 임계속도(rpm)$\left(= \sqrt{\frac{g}{4\pi^2 r}} \times 60\right)$
이때, g : 중력가속도(=9.8m/sec²)
r : 반경(m)
$\therefore N = \left(\sqrt{\frac{9.8}{4\pi^2 \times 0.5}} \times 60\right) \times 0.45$
$= 19.02\text{rpm}$

정답 | 11.① 12.③ 13.② 14.③ 15.② 16.① 17.④ 18.③

19 도시 폐기물의 유기성 성분 중 셀룰로오스에 해당하는 것은?

① 6탄당의 중합체
② 아미노산 중합체
③ 당, 전분 등
④ 방향환과 메톡실기를 포함한 중합체

✔ ② 5탄당과 6탄당의 중합체 : 헤미셀룰로오스
③ 아미노산 중합체 : 단백질
④ 방향환과 메톡실기를 포함한 중합체 : 리그닌

20 다음 중 열분해에 영향을 미치는 운전인자가 아닌 것은?

① 운전온도 ② 가열속도
③ 폐기물의 성질 ④ 입자의 입경

✔ **열분해 영향 운전인자**
- 운전온도
- 가열속도
- 폐기물의 성질
- 폐기물의 입자 크기
- 수분 함량

제2과목 | 폐기물 처리기술

21 쓰레기와 하수처리장에서 얻어진 슬러지를 함께 매립하려고 한다. 쓰레기와 슬러지의 고형물 함량이 각각 80%, 30%라면 쓰레기와 슬러지를 8 : 2로 섞었을 때, 이 혼합 폐기물의 함수율(%)은? (단, 무게 기준이며 비중은 1.0으로 가정) ★★

① 30 ② 50
③ 70 ④ 80

✔ ※ 쓰레기와 슬러지의 무게를 100kg으로 가정한다.
- 쓰레기 $TS = \frac{100\,\text{kg}}{} \Big| \frac{80}{100} = 80\,\text{kg}$, $W = 20\,\text{kg}$
- 슬러지 $TS = \frac{100\,\text{kg}}{} \Big| \frac{30}{100} = 30\,\text{kg}$, $W = 70\,\text{kg}$

∴ 혼합 폐기물의 함수율
$= \frac{20 \times 0.8 + 70 \times 0.2}{80 + 20} \times 100 = 30\%$

22 다음 중 유기적 고형화 기술에 대한 설명으로 적절하지 않은 것은? (단, 무기적 고형화 기술과 비교)

① 수밀성이 크며, 처리비용이 고가이다.
② 미생물, 자외선에 대한 안정성이 강하다.
③ 방사성 폐기물 처리에 적용한다.
④ 최종 고화체의 체적 증가가 다양하다.

✔ ② 미생물, 자외선에 대한 안정성이 약하다.

23 고형화 처리방법 중 가장 흔히 사용되는 시멘트 기초법의 장점에 해당하지 않는 것은? ★

① 원료가 풍부하고 값이 싸다.
② 다양한 폐기물을 처리할 수 있다.
③ 폐기물의 건조나 탈수가 필요하지 않다.
④ 낮은 pH에서도 폐기물 성분의 용출 가능성이 없다.

✔ ④ 낮은 pH에서 폐기물 성분의 용출 가능성이 크다.

24 매립폭 5m, 한 층의 매립고 3m인 셀에 매일 100ton의 폐기물을 매립하는 매립지에서 초기 압축밀도가 0.5ton/m^3일 때 일일 복토재 소요량(m^3)은? (단, 셀의 사면경사 = 3 : 1, 일일 복토의 두께 = 15cm)

① 32.08 ② 34.08
③ 36.08 ④ 38.08

✔ 매립량 $= \frac{100\,\text{ton}}{\text{day}} \Big| \frac{\text{m}^3}{0.5\,\text{ton}} = 200\,\text{m}^3/\text{day}$
경사는 3 : 1이므로,
빗변 길이 $= 3\,\text{m} \times 3 = 9\,\text{m}$
복토 길이 $= \frac{200\,\text{m}^3}{5\,\text{m} \times 3\,\text{m}} = 13.3333\,\text{m}$
총 면적 $= 5 \times 3\sqrt{10} + 5 \times 13.3333 + 13.3333 \times 3\sqrt{10}$
$= 240.5915\,\text{m}^2$
∴ 일일 복토재 소요량 $= 240.5915 \times 0.15$
$= 36.0887 \fallingdotseq 36.09\,\text{m}^3$

정답 | 19.① 20.④ 21.① 22.② 23.④ 24.③

25 매립공법 중 내륙매립공법에 관한 내용으로 틀린 것은? ★

① 셀(cell) 공법 : 쓰레기 비탈면의 경사는 15~25%의 구배로 하는 것이 좋다.
② 셀(cell) 공법 : 1일 작업하는 셀 크기는 매립처분량에 따라 결정된다.
③ 도랑형 공법 : 파낸 흙이 항상 남는데 이를 복토재로 이용할 수 있다.
④ 도랑형 공법 : 쓰레기를 투입하여 순차적으로 육지화하는 방법이다.

✔ ④ 쓰레기를 투입하여 순차적으로 육지화하는 방법은 순차투입공법이다.

26 화학구조에 따른 활성탄의 흡착정도에 대한 설명으로 가장 거리가 먼 것은?

① 수산기가 있으면 흡착률이 낮아진다.
② 불포화 유기물이 포화 유기물보다 흡착이 잘 된다.
③ 방향족의 고리 수가 증가하면 일반적으로 흡착률이 증가한다.
④ 방향족 내 할로겐족의 수가 증가하면 일반적으로 흡착률이 감소한다.

✔ ④ 방향족 내 할로겐족의 수가 증가하면 일반적으로 흡착률이 감소한다.

27 1일 쓰레기 발생량이 10톤인 지역에서 트렌치 방식으로 매립장을 계획한다면 1년간 필요한 토지면적(m^2/년)은? (단, 도랑의 깊이 2.5m, 매립에 따른 쓰레기의 부피감소율 60%, 매립 전 쓰레기 밀도 400kg/m^3, 기타 조건은 고려하지 않음)

① 1,153　　② 1,460
③ 2,410　　④ 2,840

✔ 1년간 필요한 토지면적

$$= \frac{10\times10^3\text{kg}}{\text{day}} \Big| \frac{\text{m}^3}{400\,\text{kg}} \Big| \frac{}{2.5\,\text{m}} \Big| \frac{40}{100} \Big| \frac{365\,\text{day}}{\text{year}}$$

$= 1{,}460\,\text{m}^2/\text{year}$

28 소각시설에서 다이옥신 생성에 미치는 영향인자가 아닌 것은?

① 투입되는 폐기물 종류
② 질소산화물 농도
③ 배출(후류)가스 온도
④ 연소공기의 양 및 분포

29 퇴비화 과정에서 총 질소 농도의 비율이 증가되는 원인으로 가장 알맞은 것은? ★★

① 퇴비화 과정에서 미생물의 활동으로 질소를 고정시킨다.
② 퇴비화 과정에서 원래의 질소분이 소모되지 않으므로 생긴 결과이다.
③ 질소분의 소모에 비해 탄소분이 급격히 소모되므로 생긴 결과이다.
④ 단백질의 분해로 생긴 결과이다.

30 COD/TOC<2.0, BOD/COD<0.1이고, COD가 500mg/L 미만이며, 매립 연한이 10년 이상 된 곳에서 발생된 침출수의 처리공정 효율성을 잘못 나타낸 것은?

① 활성탄 – 불량
② 이온교환수지 – 보통
③ 화학적 침전(석회 투여) – 불량
④ 화학적 산화 – 보통

✔ ① 활성탄 – 양호

31 수은을 함유한 폐액 처리방법으로 적절한 것은?

① 황화물침전법
② 열가수분해법
③ 산화제에 의한 습식 산화분해법
④ 자외선 오존 산화 처리

✔ 수은을 함유한 폐액 처리방법
- 황화물침전법
- 이온교환법
- 활성탄흡착법

2024

정답 | 25.④ 26.④ 27.② 28.② 29.③ 30.① 31.①

32 고형물 농도 80kg/m³의 농축 슬러지를 1시간에 8m³를 탈수시키려 한다. 슬러지 중의 고형물당 소석회 첨가량을 중량기준으로 20% 첨가했을 때 함수율 90%의 탈수 cake가 얻어졌다. 이 탈수 cake의 겉보기비중량을 1,000kg/m³로 할 경우 발생 cake의 부피(m³/hr)는?

① 약 5.5　② 약 6.6
③ 약 7.7　④ 약 8.8

✔ 소석회 첨가 후 고형물 $= \frac{80\,\text{kg}}{\text{m}^3} \Big| \frac{8\,\text{m}^3}{\text{hr}} \Big| \frac{120}{100} = 768\,\text{kg/hr}$

∴ 발생 cake의 부피 $= \frac{768\,\text{kg}}{\text{hr}} \Big| \frac{\text{m}^3}{1{,}000\,\text{kg}} \Big| \frac{100_{SL}}{10_{TS}}$
$= 7.68\,\text{m}^3/\text{hr}$

33 매립가스 추출에 대한 설명으로 틀린 것은?

① 매립가스에 의한 환경영향을 최소화하기 위해 매립지 운영 및 사용 종료 후에도 지속적으로 매립가스를 강제적으로 추출하여야 한다.
② 굴착정의 깊이는 매립깊이의 75% 수준으로 하며, 바닥 차수층이 손상되지 않도록 주의하여야 한다.
③ LFG 추출 시에는 공기 중의 산소가 충분히 유입되도록 일정 깊이(6m)까지는 유공 부위를 설치하지 않고, 그 아래에 유공 부위를 설치한다.
④ 여름철 집중호우 시 지표면에서 6m 이내에 있는 포집정 주위에는 매립지 내 지하수위가 상승하여 LFG 진공 추출 시 지하수도 함께 빨려 올라올 수 있으므로 주의하여야 한다.

✔ ③ LFG 추출 시에는 공기 중의 산소가 충분히 유입되지 않도록 일정 깊이(6m)까지는 유공 부위를 설치하지 않고, 그 아래에 유공 부위를 설치한다.

34 다음 중 슬러지를 안정화시키는 데 사용되는 첨가제는?

① 시멘트　② 포졸란
③ 석회　④ 용해성 규산염

35 토양오염 처리기술 중 화학적 처리기술이 아닌 것은?

① 토양증기 추출
② 용매 추출
③ 토양 세척
④ 열탈착법

✔ ④ 열탈착법 : 물리적 처리기술

36 다음 중 부식질(humus)의 특징으로 옳지 않은 것은?

① 뛰어난 토양개량제이다.
② C/N 비가 30~50 정도로 높다.
③ 물 보유력과 양이온 교환능력이 좋다.
④ 짙은 갈색이다.

✔ ② 부식질의 C/N 비는 10~20 정도로 낮다.

37 퇴비화 대상 유기물질의 화학식이 $C_{99}H_{148}O_{59}N$이라고 하면, 이 유기물질의 C/N 비는?

① 64.9
② 84.9
③ 104.9
④ 124.9

✔ C/N 비 $= \frac{12 \times 99}{14 \times 1} = 84.86$

38 매립지에서 폐기물의 생물학적 분해과정(5단계) 중 산 형성단계(제3단계)에 대한 설명으로 가장 거리가 먼 것은?

① 호기성 미생물에 의한 분해가 활발함
② 침출수의 pH가 5 이하로 감소함
③ 침출수의 BOD와 COD는 증가함
④ 매립가스의 메테인 구성비가 증가함

✔ ① 혐기성 미생물에 의한 분해가 활발함

정답 | 32.③ 33.③ 34.③ 35.④ 36.② 37.② 38.①

39 토양오염 복원기법 중 bioventing에 관한 설명으로 옳지 않은 것은? ★★

① 토양 투수성은 공기를 토양 내에 강제 순환시킬 때 매우 중요한 영향인자이다.
② 오염부지 주변의 공기 및 물의 이동에 의한 오염물질의 확산의 염려가 있다.
③ 현장 지반구조 및 오염물 분포에 따른 처리기간의 변동이 심하다.
④ 용해도가 큰 오염물질은 많은 양이 토양 수분 내에 용해상태로 존재하게 되어 처리효율이 좋아진다.

✔ Bioventing은 용해도가 큰 오염물질 처리에 사용하지 않는다.

40 분뇨를 1차 처리한 후 BOD 농도가 4,000mg/L이었다. 이를 약 20배로 희석한 후 2차 처리를 하려 한다. 분뇨의 방류수 허용기준 이하로 처리하려면 2차 처리공정에서 요구되는 BOD 제거효율은? (단, 분뇨 BOD 방류수 허용기준은 40mg/L, 기타 조건은 고려하지 않음)

① 50% 이상
② 60% 이상
③ 70% 이상
④ 80% 이상

✔ 제거효율 $\eta(\%)=\left(1-\dfrac{C_o}{C_i}\right)\times 100$

여기서, C_i : 유입 농도(mg/L)
C_o : 유출 농도(mg/L)

$C_i=4{,}000\times\dfrac{1}{20}=200\,\text{mg/L}$

$\therefore \eta=\left(1-\dfrac{40}{200}\right)\times 100=80\%$

제3과목 | 폐기물 소각 및 열회수

41 유동층 소각로의 bed(층) 물질이 갖추어야 하는 조건으로 틀린 것은?

① 비중이 클 것
② 입도분포가 균일할 것
③ 불활성일 것
④ 열충격에 강하고 융점이 높을 것

✔ ① 비중이 작을 것

42 RDF(Refuse Derived Fuel)가 갖추어야 하는 조건에 관한 설명으로 옳지 않은 것은? ★

① 제품의 함수율이 낮아야 한다.
② RDF용 소각로 제작이 용이하도록 발열량이 높지 않아야 한다.
③ 원료 중에 비가연성 성분이나 연소 후 잔류하는 재의 양이 적어야 한다.
④ 조성 배합율이 균일하여야 하고 대기오염이 적어야 한다.

✔ ② RDF의 발열량이 높아야 한다.

43 폐기물의 원소 조성 성분을 분석해 보니 C 51.9%, H 7.62%, O 38.15%, N 2.0%, S 0.33%이었다면 고위발열량(kcal/kg)은? (단, $Hh=$ 8,100C+34,000(H⁻(O/8))+2,500S) ★★

① 약 8,800　② 약 7,200
③ 약 6,100　④ 약 5,200

✔ Dulong 식

$Hh(\text{kcal/kg})=81\text{C}+340\left(\text{H}-\dfrac{\text{O}}{8}\right)+25\text{S}$

여기서, C, H, O, S : 탄소, 수소, 산소, 황의 함량(%)

$\therefore Hh=81\times 51.9+340\left(7.62-\dfrac{38.15}{8}\right)+25\times 0.33$
$=5181.58\,\text{kcal/kg}$

2024

44 탄소 85%, 수소 14%, 황 1% 조성의 중유 연소 시 배기가스 조성은 $(CO_2)+(SO_2)$가 13%, O_2가 3%, CO가 0.5%였다. 건조연소가스 중 SO_2의 농도(ppm)는?

① 약 525 ② 약 575

③ 약 625 ④ 약 675

✔ • $O_o = 1.867 \times 0.85 + 5.6 \times 0.14 + 0.7 \times 0.01$
$= 2.3780$

• $A_o = O_o \div 0.21 = 2.3780 \div 0.21 = 11.3238$

• $m = \dfrac{N_2}{N_2 - 3.76(O_2 - 0.5CO)}$
$= \dfrac{83.5}{83.5 - 3.76(3 - 0.5 \times 0.5)} = 1.1413$

• $G_d = (m - 0.21)A_o + CO_2 + SO_2$
$= (1.1413 - 0.21) \times 11.3238 + 1.867 \times 0.85 + 0.7 \times 0.01$
$= 12.1398$

$\therefore$ SO_2 농도$= \dfrac{SO_2}{G_d} \times 10^6 = \dfrac{0.7 \times 0.01}{12.1398} \times 10^6$
$= 576.6158 ≒ 576.62\,ppm$

45 기체 연료에 관한 내용으로 옳지 않은 것은?

① 적은 과잉공기(10~20%)로 완전연소가 가능하다.

② 황 함유량이 적어 SO_2 발생량이 적다.

③ 저질 연료로 고온 얻기와 연료의 예열이 어렵다.

④ 취급 시 위험성이 크다.

✔ ③ 저질 연료로도 고온을 얻을 수 있다.

46 소각 시 발생되는 황산화물(SO_X)의 발생 방지법으로 틀린 것은?

① 저황 함유 연료의 사용

② 높은 굴뚝으로의 배출

③ 촉매산화법 이용

④ 입자 이월의 최소화

✔ 황산화물은 가스상태이므로 입자와는 무관하다.

47 폐기물의 소각에 따른 열회수에 대한 설명으로 옳지 않은 것은?

① 회수된 열을 이용하여 전력만 생산할 경우 70~80%의 높은 에너지효율을 얻을 수 있다.

② 온수나 연소공기 예열 및 증기 생산 등의 에너지 활용은 단순에너지 활용으로 소규모 소각방식에 적합하다.

③ 열병합방식을 활용하면 에너지의 활용을 극대화시킬 수 있다.

④ 열회수장치는 고온 연소가스와 냉각수나 공기 사이에서 대류, 전도, 복사열 전달현상에 의하여 열을 회수한다.

✔ ① 회수된 열을 이용하여 높은 에너지효율을 얻는 것은 온도에 대한 것이다.

48 폐기물 소각 시 완전한 연소를 위해 필요한 조건이 아닌 것은? ★★★

① 적절히 높은 온도

② 충분한 접촉시간과 혼합이 된 상태

③ 충분한 산소 공급

④ 적절한 유동매체 보충 공급

✔ **완전연소조건의 3TO**

• 온도(Temperature)
• 시간(Time)
• 혼합(Turbulence)
• 산소(Oxygen)

49 백필터(bag filter) 재질과 최고운전온도가 적절하게 연결된 것은?

① Wool – 120~180℃

② Teflon – 300~330℃

③ Glass fiber – 280~300℃

④ Polyesters – 240~260℃

✔ ① Wool – 80℃
② Teflon – 150℃
④ Polyesters – 150℃

정답 | 44.② 45.③ 46.④ 47.① 48.④ 49.③

50 저위발열량이 9,000kcal/Sm^3인 가스 연료의 이론연소온도(℃)는? (단, 이론연소가스 양은 10Sm^3/Sm^3, 기준온도는 15℃, 연료 연소가스의 정압비열은 0.35kcal/Sm^3 · ℃) ★

① 1,008 ② 1,293
③ 2,015 ④ 2,586

✔ 연소온도 $t = \dfrac{Hl}{G \times C_p} + t_a$

여기서, Hl : 저위발열량(kcal/Sm^3)
G : 연소가스 양(Sm^3/Sm^3)
C_p : 평균정압비열(kcal/Sm^3 · ℃)
t_a : 실제 온도(℃)

$\therefore t = \dfrac{9{,}000}{10 \times 0.35} + 15 = 2586.43℃$

51 탄화도가 클수록 석탄이 가지게 되는 성질에 관한 내용으로 틀린 것은?

① 고정탄소의 양이 증가한다.
② 휘발분이 감소한다.
③ 연소속도가 커진다.
④ 착화온도가 높아진다.

✔ ③ 연소속도가 작아진다.

52 폐기물 1톤을 소각 처리하고자 한다. 폐기물의 조성이 C : 70%, H : 20%, O : 10%일 때 이론공기량(Sm^3)은? ★★★

① 약 6,200
② 약 8,200
③ 약 9,200
④ 약 11,200

✔ 이론공기량 $A_o = O_o \div 0.21$

이때, $O_o = 1.867C + 5.6H + 0.7S - 0.7O$
$= 1.867 \times 0.70 + 5.6 \times 0.20 - 0.7 \times 0.10$
$= 2.3569\,Sm^3/kg$

$\therefore A_o = 2.3569 \div 0.21 = 11.2233\,Sm^3/kg$
➡ $11.2233 \times 1{,}000 = 11223.3\,Sm^3$

53 질소산화물의 제거 · 처리를 위한 선택적 촉매환원법(SCR)과 비교한 선택적 비촉매환원법(SNCR)에 대한 설명으로 틀린 것은?

① 운전온도는 850~950℃ 정도로 고온이다.
② 다이옥신의 제거는 매우 어렵다.
③ 설치공간이 적고 설치비도 저렴하다.
④ 암모니아 슬립(slip)이 적다.

✔ ④ 암모니아 슬립이 발생한다.

54 화씨온도 100℉는 몇 ℃인가?

① 35.2 ② 37.8
③ 39.7 ④ 41.3

✔ $℃ = (°F - 32) \times \dfrac{5}{9}$
$= (100 - 32) \times \dfrac{5}{9}$
$= 37.78℃$

55 석탄의 재 성분에 다량 포함되어 있고, 재의 용점이 높은 것은?

① Fe_2O_3 ② MgO
③ Al_2O_3 ④ CaO

56 전기집진기의 집진성능에 영향을 주는 인자에 관한 설명 중 틀린 것은?

① 수분 함량이 증가할수록 집진효율이 감소한다.
② 처리가스 양이 증가하면 집진효율이 감소한다.
③ 먼지의 전기비저항이 10^4~$5 \times 10^{10}\Omega \cdot cm$ 이상에서 정상적인 집진성능을 보인다.
④ 먼지 입자의 직경이 작으면 집진효율이 감소한다.

✔ ① 수분 함량이 증가할수록 전기전도도가 증가하여 집진효율이 증가한다.

2024

정답 | 50.④ 51.③ 52.④ 53.④ 54.② 55.③ 56.①

57 다음 집진장치 중 압력손실이 가장 큰 것은?

① Venturi scrubber
② Cyclone scrubber
③ Packed tower
④ Jet scrubber

✔ 보기 집진장치의 압력손실 크기는 다음과 같다.
① Venturi scrubber : 약 300~800
② Cyclone scrubber : 약 50~300
③ Packed scrubber : 약 100~250
④ Jet scrubber : 약 0~150

58 연소과정에서 발생하는 질소산화물 중 Fuel NO_X 저감효과가 가장 높은 방법은?

① 연소실에서 수증기를 주입한다.
② 이단 연소에 의해 연소시킨다.
③ 연소실 내 산소 농도를 낮게 유지한다.
④ 연소용 공기의 예열온도를 낮게 유지한다.

59 용적밀도가 800kg/m^{3}인 폐기물을 처리하는 소각로에서 질량감소율과 부피감소율이 각각 90%, 95%인 경우 이 소각로에서 발생하는 소각재의 밀도(kg/m^3)는?

① 1,500 ② 1,600
③ 1,700 ④ 1,800

✔ 소각재의 밀도 $= \frac{800\,\text{kg}}{\text{m}^3} \Big| \frac{10}{100} \Big| \frac{100}{5} = 1,600\,\text{kg/m}^3$

60 연소실의 부피를 결정하려고 한다. 연소실의 부하율은 3.6×10^5kcal/m^3 · hr이고, 발열량이 1,600kcal/kg인 쓰레기를 1일 400ton 소각시킬 때 소각로의 연소실 부피는? (단, 소각로는 연속으로 작동 가능)

① 74 ② 84
③ 104 ④ 974

✔ 소각로의 연소실 부피

$$= \frac{400\times10^3\,\text{kg}}{\text{day}} \Big| \frac{1,600\,\text{kcal}}{\text{kg}} \Big| \frac{\text{m}^3\cdot\text{hr}}{3.6\times10^5\,\text{kcal}} \Big| \frac{\text{day}}{24\,\text{hr}}$$

$= 74.07\,\text{m}^3$

제4과목 | 폐기물 공정시험기준(방법)

61 검정곡선 작성용 표준용액과 시료에 동일한 양의 내부표준물질을 첨가하여 시험분석 절차, 기기 또는 시스템의 변동으로 발생하는 오차를 보정하기 위해 사용하는 방법은?

① 절대검정곡선법
(external standard method)
② 표준물질첨가법
(standard addition method)
③ 상대검정곡선법
(internal standard calibration)
④ 백분율법

✔ ① 절대검정곡선법 : 시료의 농도와 지시값과의 상관성을 검정곡선식에 대입하여 작성하는 방법
② 표준물질첨가법 : 시료와 동일한 매질에 일정량의 표준물질을 첨가하여 검정곡선을 작성하는 방법

62 유도결합 플라스마 – 원자발광분광법에 대한 설명으로 틀린 것은?

① 바닥상태의 원자가 이 원자 증기층을 투과하는 특유 파장의 빛을 흡수하는 현상을 이용한다.
② 아르곤가스를 플라스마가스로 사용하여 수정발진식 고주파 발생기로부터 발생된 주파수 영역에서 유도코일에 의하여 플라스마를 발생시킨다.
③ 아르곤플라스마를 점등시키려면 테슬라코일에 방전하여 아르곤가스의 일부가 전리되도록 한다.
④ 유도결합 플라스마의 중심부는 저온 · 저전자 밀도가 형성되며 화학적으로 불활성이다.

✔ 고온(6,000~8,000K)에서 들뜬 원자가 바닥상태로 이동할 때 방출하는 발광강도를 측정한다.

정답 | 57.① 58.② 59.② 60.① 61.③ 62.①

63 대상 폐기물의 양이 5,400톤인 경우 채취해야 할 시료의 최소수는? ★★★

① 20 ② 40
③ 60 ④ 80

✔ **대상 폐기물의 양과 현장 시료의 최소수**

대상 폐기물의 양(ton)	현장 시료의 최소수
~ 1 미만	6
1 이상 ~ 5 미만	10
5 이상 ~ 30 미만	14
30 이상 ~ 100 미만	20
100 이상 ~ 500 미만	30
500 이상 ~ 1,000 미만	36
1,000 이상 ~ 5,000 미만	50
5,000 이상 ~	60

64 기체 크로마토그래피 분석에 사용하는 검출기에 대한 설명으로 틀린 것은? ★

① 열전도도검출기(TCD) – 유기할로겐화합물
② 전자포획검출기(ECD) – 나이트로화합물 및 유기금속화합물
③ 불꽃광도검출기(FPD) – 유기질소화합물 및 유기인화합물
④ 불꽃열이온검출기(FTD) – 유기질소화합물 및 유기염소화합물

✔ ① 열전도도검출기(TCD)는 아르곤, 질소, 수소, 소형 탄화수소분자 등을 분석하는 데 사용하는 검출기이다.

65 용매 추출 후 기체 크로마토그래피를 이용하여 휘발성 저급 염소화 탄화수소류 분석 시 가장 적합한 물질은?

① Dioxin
② Polychlorinated biphenyls
③ Trichloroethylene
④ Polyvinylchloride

✔ 기체 크로마토그래피를 이용하여 휘발성 저급 염소화 탄화수소류 분석 시 적합한 물질은 트라이클로로에틸렌과 테트라클로로에틸렌이다.

66 폐기물 시료에 대해 강열감량과 유기물 함량을 조사하기 위해 다음과 같은 실험을 하였다. 이 결과를 이용한 강열감량(%)은? ★★

> • 600±25℃에서 30분간 강열하고 데시케이터 안에서 방냉 후 접시의 무게(W_1) : 48.256g
> • 여기에 시료를 취한 후 접시와 시료의 무게(W_2) : 73.352g
> • 여기에 25% 질산암모늄 용액을 넣어 시료를 적시고 천천히 가열하여 탄화시킨 다음 600±25℃에서 3시간 강열하고 데시케이터 안에서 방냉 후 무게(W_3) : 52.824g

① 약 74%
② 약 76%
③ 약 82%
④ 약 89%

✔ 강열감량 또는 유기물 함량(%) $= \dfrac{(W_2 - W_3)}{(W_2 - W_1)} \times 100$

여기서, W_1 : 뚜껑을 포함한 증발용기의 질량
W_2 : 강열 전 뚜껑을 포함한 증발용기와 시료의 질량
W_3 : 강열 후 뚜껑을 포함한 증발용기와 시료의 질량

∴ 강열감량 $= \dfrac{73.352 - 52.824}{73.352 - 48.256} \times 100 = 81.80\%$

67 수소이온농도(유리전극법) 측정을 위한 표준용액 중 가장 강한 산성을 나타내는 것은? ★

① 수산염 표준액
② 인산염 표준액
③ 붕산염 표준액
④ 탄산염 표준액

✔ **표준액의 pH 크기**(0℃ 기준)
수산염(1.67) > 프탈산염(4.01) > 인산염(6.98) > 붕산염(9.46) > 탄산염(10.32) > 수산화칼슘(13.43)

2024

정답 | 63.③ 64.① 65.③ 66.③ 67.①

68 다음 중 시료의 조제방법에 대한 내용으로 틀린 것은? ★

① 폐기물 중 입경이 5mm 미만인 것은 그대로, 입경이 5mm 이상인 것은 분쇄하여 입경이 0.5~5mm로 한다.
② 구획법 – 20개의 각 부분에서 균등량 취하여 혼합하여 하나의 시료로 한다.
③ 교호삽법 – 일정량을 장방형으로 도포하고 균등량씩 취하여 하나의 시료로 한다.
④ 원추4분법 – 원추의 꼭지를 눌러 평평하게 한 후 균등량씩 취하여 하나의 시료로 한다.

✔ ④ 원추4분법 – 원추의 꼭지를 수직으로 눌러서 평평하게 만들고 이것을 부채꼴로 4등분한다.

69 마이크로파에 의한 유기물 분해방법으로 옳지 않은 것은?

① 밀폐용기 내의 최고압력은 약 120~200psi 이다.
② 분해가 끝난 후 충분히 용기를 냉각시키고 용기 내에 남아 있는 질산가스를 제거한다. 필요하면 여과하고 거름종이를 정제수로 2~3회 씻는다.
③ 시료는 고체 0.25g 이하 또는 용출액 50mL 이하를 정확하게 취하여 용기에 넣고 수산화소듐 10~20mL를 넣는다.
④ 마이크로파 전력은 밀폐용기 1~3개의 경우 300W, 4~6개는 600W, 7개 이상은 1,200W로 조정한다.

✔ ③ 시료는 고체 0.25g 이하 또는 용출액 50mL 이하를 정확하게 취하여 용기에 넣고, 여기에 질산 10~20mL를 넣는다.

70 폐기물 공정시험기준에서 규정하고 있는 진공에 해당되지 않는 것은? ★★★

① 10mmHg
② 13torr
③ 0.03atm
④ $0.18mH_2O$

✔ "감압 또는 진공"이라 함은 따로 규정이 없는 한 15mmHg 이하를 뜻한다.

② 13torr = 13mmHg

③ $0.03\,\text{atm} = \dfrac{0.03\,\text{atm}}{} \Big| \dfrac{760\,\text{mmHg}}{1\,\text{atm}} = 22.8\,\text{mmHg}$

④ $0.18\,\text{mH}_2\text{O} = \dfrac{0.18\,\text{mH}_2\text{O}}{} \Big| \dfrac{760\,\text{mmHg}}{10.332\,\text{mH}_2\text{O}}$

$= 13.24\,\text{mmHg}$

따라서, 0.03atm은 해당되지 않는다.

71 이온전극법으로 분석이 가능한 것은? (단, 폐기물 공정시험기준 적용)

① 사이안 ② 비소
③ 유기인 ④ 크로뮴

✔ 사이안 분석시험
- 자외선/가시선 분광법
- 이온전극법
- 연속흐름법

72 pH 측정(유리전극법)의 내부 정도관리 주기 및 목표 기준에 대한 설명으로 옳은 것은? ★

① 시료를 측정하기 전에 표준용액 2개 이상으로 보정한다.
② 시료를 측정하기 전에 표준용액 3개 이상으로 보정한다.
③ 정도관리 목표(정도관리 항목 : 정밀도)는 ±0.01 이내이다.
④ 정도관리 목표(정도관리 항목 : 정밀도)는 ±0.03 이내이다.

정답 I 68.④ 69.③ 70.③ 71.① 72.①

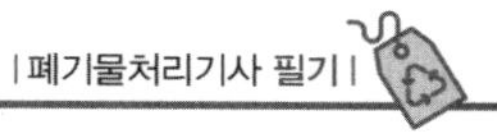

73 폐기물 공정시험기준에 적용되는 관련 용어에 관한 내용으로 틀린 것은? ★★★

① 반고상 폐기물 : 고형물의 함량이 5% 이상 15% 미만인 것을 말한다.

② 비함침성 고상 폐기물 : 금속판, 구리선 등 기름을 흡수하지 않는 평면 또는 비평면 형태의 변압기 내부 부재를 말한다.

③ 바탕시험을 하여 보정한다 : 규정된 시료를 사용하여 같은 방법으로 실험하여 측정치를 보정하는 것을 말한다.

④ 정밀히 단다 : 규정된 양의 시료를 취하여 화학저울 또는 미량저울로 칭량함을 말한다.

✔ ③ 바탕시험을 하여 보정한다 : 시료에 대한 처리 및 측정을 할 때, 시료를 사용하지 않고 같은 방법으로 조작한 측정치를 빼는 것을 뜻한다.

74 폐기물로부터 유류 추출 시 에멀션을 형성하여 액층이 분리되지 않을 경우, 조작법으로 옳은 것은? ★

① 염화제이철 용액 4mL를 넣고 pH를 7~9로 하여 자석교반기로 교반한다.

② 메틸오렌지를 넣고 황색이 적색이 될 때까지 (1+1)염산을 넣는다.

③ 노말헥세인층에 무수황산소듐을 넣어 수분간 방치한다.

④ 에멀션층 또는 헥세인층에 적당량의 황산암모늄을 넣고 환류냉각관을 부착한 후 80℃ 물중탕에서 가열한다.

✔ 폐기물로부터 유류 추출 시 에멀션을 형성하여 액층이 분리되지 않거나 노말헥세인층이 탁할 경우에는 분별깔때기 안의 수층을 원래의 시료 용기에 옮긴다. 이후 에멀션층이 분리되거나 노말헥세인층이 맑아질 때까지 에멀션층 또는 헥세인층에 적당량의 염화소듐 또는 황산암모늄을 넣어 환류냉각관(약 300mm)을 부착하고 80℃ 물중탕에서 약 10분간 가열 · 분해한 다음, 시험기준에 따라 시험한다.

75 자외선/가시선 분광광도계 광원부의 광원 중 자외부의 광원으로 주로 사용하는 것은? ★

① 속빈음극램프

② 텅스텐램프

③ 광전관

④ 중수소방전관

✔ 광원부의 광원으로는 가시부와 근적외부의 광원으로는 텅스텐램프를, 자외부의 광원으로는 중수소방전관을, 자외부 내지 가시부 파장의 광원으로는 광전관, 광전자증배관을 주로 사용한다.

76 감염성 미생물의 분석방법으로 가장 거리가 먼 것은?

① 아포균 검사법

② 열멸균 검사법

③ 세균배양 검사법

④ 멸균테이프 검사법

✔ 감염성 미생물의 분석방법
- 아포균 검사법
- 세균배양 검사법
- 멸균테이프 검사법

2024

77 노말헥세인 추출물질을 측정하기 위해 시료 30g을 사용하여 공정시험기준에 따라 실험하였다. 실험 전후 증발용기의 무게 차는 0.0176g이고, 바탕실험 전후 증발용기의 무게 차가 0.0011g이었다면, 이를 적용하여 계산된 노말헥세인 추출물질(%)은?

① 0.035 ② 0.055

③ 0.075 ④ 0.095

✔ 기름성분(%) $= (a-b)\times\dfrac{100}{V}$

여기서, a : 실험 전후 증발접시의 질량 차(g)

b : 바탕실험 전후 증발접시의 질량 차(g)

V : 시료의 양(g)

∴ 기름성분 $= (0.0176-0.0011)\times\dfrac{100}{30} = 0.055\%$

정답 | 73.③ 74.④ 75.④ 76.② 77.②

78 유기인의 정제용 칼럼이 아닌 것은?

① 실리카겔 칼럼
② 플로리실 칼럼
③ 활성탄 칼럼
④ 실리콘 칼럼

✔ **유기인의 정제용 칼럼**
- 실리카겔 칼럼
- 플로리실 칼럼
- 활성탄 칼럼

79 3,000g의 시료에 대하여 원추4분법을 5회 조작하여 최종 분취된 시료의 양(g)은? ★

① 약 31.3
② 약 62.5
③ 약 93.8
④ 약 124.2

✔ 원추4분법으로 최종 분취된 시료

$= \text{시료의 양} \times \left(\frac{1}{2}\right)^n$

$= 3{,}000\,\text{g} \times \left(\frac{1}{2}\right)^5$

$= 93.75\,\text{g}$

80 발색용액의 흡광도를 20mm 셀을 사용하여 측정한 결과 흡광도는 1.34이었다. 이 액을 10mm의 셀로 측정한다면 흡광도는? ★★

① 0.32
② 0.67
③ 1.34
④ 2.68

✔ $A = \varepsilon Cl$이므로, 셀 길이와 흡광도는 비례한다.
20mm : 1.34 = 10mm : X

$\therefore X = \frac{1.34 \times 10}{20} = 0.67$

제5과목 I 폐기물 관계법규

81 3년 이하의 징역이나 3천만원 이하의 벌금에 해당하는 벌칙기준에 해당하지 않는 것은?

① 고의로 사실과 다른 내용의 폐기물 분석 결과서를 발급한 폐기물 분석 전문기관
② 승인을 받지 아니하고 폐기물 처리시설을 설치한 자
③ 다른 사람에게 자기의 성명이나 상호를 사용하여 폐기물을 처리하게 하거나 그 허가증을 다른 사람에게 빌려준 자
④ 폐기물 처리시설의 설치 또는 유지 · 관리가 기준에 맞지 아니하여 지시된 개선명령을 이행하지 아니하거나 사용중지 명령을 위반한 자

✔ ③ 다른 사람에게 자기의 성명이나 상호를 사용하여 폐기물을 처리하게 하거나 그 허가증을 다른 사람에게 빌려준 자 : 2년 이하의 징역이나 2천만원 이하의 벌금

82 폐기물 처리시설을 설치 · 운영하는 자가 폐기물 처리시설의 유지 · 관리에 관한 기술관리 대행을 체결할 경우 대행하게 할 수 있는 자로서 옳지 않은 것은? ★

① 한국환경공단
② 「엔지니어링산업 진흥법」에 따라 신고한 엔지니어링 사업자
③ 「기술사법」에 따른 기술사 사무소
④ 국립환경과학원

✔ **폐기물 처리시설의 유지 · 관리에 관한 기술관리를 대행할 수 있는 자**
- 한국환경공단
- 엔지니어링 사업자
- 기술사 사무소
- 그 밖에 환경부장관이 기술관리를 대행할 능력이 있다고 인정하여 고시하는 자

정답 I 78.④ 79.③ 80.② 81.③ 82.④

83 지정폐기물의 종류 및 유해물질 함유 폐기물로 옳은 것은? (단, 환경부령으로 정하는 물질을 함유한 것으로 한정) ★★

① 광재(철광 원석의 사용으로 인한 고로 슬래그를 포함한다)
② 폐흡착제 및 폐흡수제(광물유 · 동물유의 정제에 사용된 폐토사는 제외한다)
③ 분진(소각시설에서 발생되는 것으로 한정하되, 대기오염 방지시설에서 포집된 것은 제외한다)
④ 폐내화물 및 재벌구이 전에 유약을 바른 도자기 조각

✔ ① 광재(철광 원석의 사용으로 인한 고로 슬래그는 제외한다)
② 폐흡착제 및 폐흡수제(광물유 · 동물유 및 식물유의 정제에 사용된 폐토사를 포함한다)
③ 분진(대기오염 방지시설에서 포집된 것으로 한정하되, 소각시설에서 발생되는 것은 제외한다)

84 다음 용어의 정의로 틀린 것은?

① "환경용량"이란 일정한 지역에서 환경오염 또는 환경훼손에 대하여 환경이 스스로 수용 · 정화 및 복원하여 환경의 질을 유지할 수 있는 한계를 말한다.
② "생활환경"이란 대기, 물, 토양, 폐기물, 소음 · 진동, 악취, 일조 등 사람의 일상생활과 관계되지 않는 환경을 말한다.
③ "자연환경"이란 지하 · 지표(해양을 포함한다) 및 지상의 모든 생물과 이들을 둘러싸고 있는 비생물적인 것을 포함한 자연의 상태(생태계 및 자연경관을 포함한다)를 말한다.
④ "환경보전"이란 환경오염 및 환경훼손으로부터 환경을 보호하고 오염되거나 훼손된 환경을 개선함과 동시에 쾌적한 환경의 상태를 유지 · 조성하기 위한 행위를 말한다.

✔ ② "생활환경"이란 대기, 물, 토양, 폐기물, 소음 · 진동, 악취, 일조, 인공조명, 화학물질 등 사람의 일상생활과 관계되는 환경을 말한다.

85 폐기물 처리시설을 설치 · 운영하는 자는 환경부령으로 정하는 기간마다 검사기관으로부터 정기검사를 받아야 한다. 환경부령으로 정하는 폐기물 처리시설(멸균분쇄시설 기준)의 정기검사기간 기준으로 (　) 안에 옳은 것은?

> 최초 정기검사는 사용 개시일부터 (㉠), 2회 이후의 정기검사는 최종 정기검사일로부터 (㉡)

① ㉠ 1개월, ㉡ 3개월
② ㉠ 3개월, ㉡ 3개월
③ ㉠ 3개월, ㉡ 6개월
④ ㉠ 6개월, ㉡ 6개월

86 폐기물 처리시설을 설치 · 운영하는 자는 환경부령이 정하는 기간마다 정기검사를 받아야 한다. 음식물류 폐기물 처리시설인 경우의 검사기간 기준으로 (　)에 옳은 것은?

> 최초 정기검사는 사용 개시일부터 (㉠)이 되는 날, 2회 이후의 정기검사는 최종 정기검사일로부터 (㉡)이 되는 날

① ㉠ 3년, ㉡ 3년
② ㉠ 1년, ㉡ 3년
③ ㉠ 3개월, ㉡ 3개월
④ ㉠ 1년, ㉡ 1년

87 폐기물관리법의 제정 목적으로 가장 거리가 먼 것은?

① 폐기물 발생을 최대한 억제
② 발생한 폐기물을 친환경적으로 처리
③ 환경보전과 국민생활의 질적 향상에 이바지
④ 발생 폐기물의 신속한 수거 · 이송 처리

✔ **폐기물관리법의 목적**
폐기물의 발생을 최대한 억제하고 발생한 폐기물을 친환경적으로 처리함으로써 환경보전과 국민생활의 질적 향상에 이바지하는 것

2024

정답 | 83.④ 84.② 85.② 86.④ 87.④

88 폐기물 처리시설의 유지 · 관리를 위해 기술관리인을 두어야 하는 폐기물 처리시설의 기준으로 옳지 않은 것은? (단, 폐기물 처리업자가 운영하는 폐기물 처리시설은 제외) ★★★

① 멸균분쇄시설로서 시간당 처리능력이 100킬로그램 이상인 시설
② 압축 · 파쇄 · 분쇄 또는 절단 시설로서 1일 처리능력이 10톤 이상인 시설
③ 사료화 · 퇴비화 또는 연료화 시설로서 1일 처리능력이 5톤 이상인 시설
④ 의료폐기물을 대상으로 하는 소각시설로서 시간당 처리능력이 200킬로그램 이상인 시설

✔ 기술관리인을 두어야 할 폐기물 처리시설
- 매립시설의 경우
  - 지정폐기물을 매립하는 시설로서 면적이 3천300제곱미터 이상인 시설. 다만, 최종처분시설 중 차단형 매립시설에서는 면적이 330제곱미터 이상이거나 매립용적이 1천세제곱미터 이상인 시설로 한다.
  - 지정폐기물 외의 폐기물을 매립하는 시설로서 면적이 1만제곱미터 이상이거나 매립용적이 3만세제곱미터 이상인 시설
- 소각시설로서 시간당 처분능력이 600킬로그램(의료폐기물을 대상으로 하는 소각시설의 경우에는 200킬로그램) 이상인 시설
- 압축 · 파쇄 · 분쇄 또는 절단 시설로서 1일 처분능력 또는 재활용능력이 100톤 이상인 시설
- 사료화 · 퇴비화 또는 연료화 시설로서 1일 재활용능력이 5톤 이상인 시설
- 멸균분쇄시설로서 시간당 처분능력이 100킬로그램 이상인 시설
- 시멘트 소성로
- 용해로(폐기물에서 비철금속을 추출하는 경우로 한정)로서 시간당 재활용능력이 600킬로그램 이상인 시설
- 소각열 회수시설로서 시간당 재활용능력이 600킬로그램 이상인 시설

89 폐기물 통계조사 중 폐기물 발생원 등에 관한 조사의 실시주기는?

① 3년 ② 5년
③ 7년 ④ 10년

90 폐기물 처리시설인 재활용시설 중 화학적 재활용시설이 아닌 것은? ★★

① 고형화 · 고화 시설
② 반응시설(중화 · 산화 · 환원 · 중합 · 축합 · 치환 등의 화학반응을 이용하여 폐기물을 재활용하는 단위시설을 포함한다)
③ 연료화시설
④ 응집 · 침전 시설

✔ 화학적 재활용시설
- 고형화 · 고화 시설
- 반응시설(중화 · 산화 · 환원 · 중합 · 축합 · 치환 등의 화학반응을 이용하여 폐기물을 재활용하는 단위시설을 포함)
- 응집 · 침전 시설
- 열분해시설(가스화시설을 포함)

91 다음 중 생활폐기물 처리에 관한 설명으로 틀린 것은?

① 시장 · 군수 · 구청장은 관할구역에서 배출되는 생활폐기물을 처리하여야 한다.
② 시장 · 군수 · 구청장은 해당 지방자치단체의 조례로 정하는 바에 따라 대통령령으로 정하는 자에게 생활폐기물 수집, 운반, 처리를 대행하게 할 수 있다.
③ 환경부장관은 지역별 수수료 차등을 방지하기 위하여 지방자치단체에 수수료 기준을 권고할 수 있다.
④ 시장 · 군수 · 구청장은 생활폐기물을 처리할 때에는 배출되는 생활폐기물의 종류, 양 등에 따라 수수료를 징수할 수 있다.

✔ ③ 환경부장관은 생활폐기물의 처리와 관련하여 필요하다고 인정하는 경우에는 해당 특별자치시장, 특별자치도지사, 시장 · 군수 · 구청장에 대하여 필요한 자료 제출을 요구하거나 시정조치를 요구할 수 있으며, 생활폐기물 처리에 관한 기준의 준수 여부 등을 점검 · 확인할 수 있다.

정답 I 88.② 89.② 90.③ 91.③

92 폐기물 중간처분업자가 폐기물 처리업의 변경허가를 받아야 할 중요 사항으로 틀린 것은?

① 처분대상 폐기물의 변경
② 운반차량(임시차량은 제외한다)의 증차
③ 처분용량의 100분의 30 이상의 변경
④ 폐기물 재활용시설의 신설

폐기물 처리업의 변경허가를 받아야 하는 중요 사항(폐기물 중간처분업, 폐기물 최종처분업 및 폐기물 종합처분업의 경우)
- 처분대상 폐기물의 변경
- 폐기물 처분시설 소재지의 변경
- 운반차량(임시차량은 제외)의 증차
- 폐기물 처분시설의 신설
- 폐기물 처분시설의 증설, 개·보수 또는 그 밖의 방법으로 허가 또는 변경허가를 받은 처분용량의 100분의 30 이상의 변경(허가 또는 변경허가를 받은 후 변경되는 누계를 말함)
- 주요 설비의 변경
- 매립시설 제방의 증·개축
- 허용보관량의 변경

93 제출된 폐기물 처리 사업계획서의 적합 통보를 받은 자가 천재지변이나 그 밖의 부득이한 사유로 정해진 기간 내에 허가신청을 하지 못한 경우에 실시하는 연장기간에 대한 설명으로 ( )에 들어갈 기간이 적절하게 나열된 것은?

> 폐기물 수집·운반업의 경우에는 총연장기간 (㉠), 폐기물 최종처리업과 폐기물 종합처리업의 경우에는 총연장기간 (㉡)의 범위에서 허가신청기간을 연장할 수 있다.

① ㉠ 6개월, ㉡ 1년
② ㉠ 6개월, ㉡ 2년
③ ㉠ 1년, ㉡ 2년
④ ㉠ 1년, ㉡ 3년

94 대통령령으로 정하는 폐기물 처리시설을 설치·운영하는 자는 그 처리시설에서 배출되는 오염물질을 측정하거나 환경부령으로 정하는 측정기관으로 하여금 측정하게 하고 그 결과를 환경부장관에게 제출하여야 하는데, 이때 '환경부령으로 정하는 측정기관'에 해당되지 않는 것은?

① 보건환경연구원
② 국립환경과학원
③ 한국환경공단
④ 수도권매립지관리공사

폐기물 처리시설 배출 오염물질 측정기관
- 보건환경연구원
- 한국환경공단
- 「환경분야 시험·검사 등에 관한 법률」에 따라 수질오염물질 측정대행업의 등록을 한 자
- 수도권매립지관리공사
- 폐기물 분석 전문기관

95 과징금으로 징수한 금액의 사용 용도로 알맞지 않은 것은?

① 불법 투기된 폐기물의 처리비용
② 폐기물 처리시설의 지도·점검에 필요한 시설·장비의 구입 및 운영
③ 폐기물 처리기준에 적합하지 아니하게 처리한 폐기물 중 그 폐기물을 처리한 자 또는 그 폐기물의 처리를 위탁한 자를 확인할 수 없는 폐기물로 인하여 예상되는 환경상 위해의 제거를 위한 처리
④ 광역 폐기물 처리시설의 확충

과징금으로 징수한 금액의 사용 용도
- 폐기물 처리시설의 지도·점검에 필요한 시설·장비의 구입 및 운영
- 폐기물 처리기준에 적합하지 아니하게 처리한 폐기물 중 그 폐기물을 처리한 자 또는 그 폐기물의 처리를 위탁한 자를 확인할 수 없는 폐기물로 인하여 예상되는 환경상 위해의 제거를 위한 처리
- 광역 폐기물 처리시설의 확충
- 공공 재활용 기반시설의 확충

2024

정답 | 92.④ 93.② 94.② 95.①

96 생활계 유해폐기물의 종류로 옳지 않은 것은?

① 폐농약

② 수은이 함유된 폐기물

③ 사이안이 함유된 폐기물

④ 천연방사성 제품 생활폐기물

생활계 유해폐기물의 종류

- 폐농약
- 폐의약품
- 수은이 함유된 폐기물
- 천연방사성 제품 생활폐기물(안전기준에 적합하지 않은 제품으로서 방사능 농도가 그램당 10베크렐 미만인 폐기물을 말한다. 이 경우 가공제품으로부터 천연방사성 핵종을 포함하지 않은 부분을 분리할 수 있는 때에는 그 부분을 제외한다)
- 그 밖에 환경부장관이 생활폐기물 중 질병 유발 및 신체 손상 등 인간의 건강과 주변 환경에 피해를 유발할 수 있다고 인정하여 고시하는 폐기물

97 폐기물 매립시설의 사후관리계획서에 포함되어야 할 내용으로 틀린 것은?

① 토양 조사계획

② 지하수 수질 조사계획

③ 빗물 배제계획

④ 구조물과 지반 등의 안정도 유지계획

사후관리계획서 포함사항

- 폐기물 매립시설 설치 · 사용 내용
- 사후관리 추진일정
- 빗물 배제계획
- 침출수 관리계획(차단형 매립시설은 제외)
- 지하수 수질 조사계획
- 발생가스 관리계획(유기성 폐기물을 매립하는 시설만 해당)
- 구조물과 지반 등의 안정도 유지계획

98 음식물류 폐기물 발생 억제계획의 수립주기는?

① 1년 ② 2년

③ 3년 ④ 5년

99 전용 용기의 검사기관으로 틀린 것은?

① 한국건설생활환경시험연구원

② 한국환경공단

③ 한국기계연구원

④ 한국화학융합시험연구원

전용 용기 검사기관

- 한국환경공단
- 한국화학융합시험연구원
- 한국건설생활환경시험연구원
- 그 밖에 환경부장관이 전용 용기에 대한 검사능력이 있다고 인정하여 고시하는 기관

100 다음 중 폐기물 수집 · 운반업의 허가를 받기 위한 허가신청서에 첨부해야 할 서류의 종류가 아닌 것은?

① 처분대상 폐기물의 처분공정도

② 시설 및 장비 명세서

③ 수집 · 운반 대상 폐기물의 수집 · 운반 계획서

④ 기술능력의 보유현황 및 그 자격을 증명하는 서류

폐기물 수집 · 운반업 허가신청서의 첨부서류

- 시설 및 장비 명세서
- 수집 · 운반 대상 폐기물의 수집 · 운반 계획서
- 기술능력의 보유현황 및 그 자격을 증명하는 서류

정답 | 96.③ 97.① 98.④ 99.③ 100.①

인생에서 가장 멋진 일은
사람들이 당신이 해내지 못할 것이라 장담한 일을
해내는 것이다.

-월터 배젓(Walter Bagehot)-

☆

항상 긍정적인 생각으로 도전하고 노력한다면,
언젠가는 멋진 성공을 이끌어 낼 수 있다는 것을 잊지 마세요.^^

폐기물처리기사 기출문제집 필기

2024. 4. 10. 초 판 1쇄 발행
2025. 1. 8. 개정 1판 1쇄 발행

지은이 | 김현우
펴낸이 | 이종춘
펴낸곳 | BM (주)도서출판 성안당
주소 | 04032 서울시 마포구 양화로 127 첨단빌딩 3층(출판기획 R&D센터)
10881 경기도 파주시 문발로 112 파주 출판 문화도시(제작 및 물류)
전화 | 02) 3142-0036
031) 950-6300
팩스 | 031) 955-0510
등록 | 1973. 2. 1. 제406-2005-000046호
출판사 홈페이지 | **www.cyber.co.kr**
ISBN | 978-89-315-8448-6 (13530)
정가 | 30,000원

이 책을 만든 사람들
책임 | 최옥현
진행 | 이용화, 곽민선
교정 · 교열 | 곽민선
전산편집 | 이다혜, 전채영
표지 디자인 | 임흥순
홍보 | 김계향, 임진성, 김주승, 최정민
국제부 | 이선민, 조혜란
마케팅 | 구본철, 차정욱, 오영일, 나진호, 강호묵
마케팅 지원 | 장상범
제작 | 김유석